呼和浩特市科学技术志

张振民　主编

内蒙古人民出版社

图书在版编目(CIP)数据

呼和浩特市科学技术志/张振民主编. -呼和浩特:内蒙古人民出版社,2019.8

ISBN 978-7-204-15881-2

Ⅰ.①呼… Ⅱ.①张… Ⅲ.①科学研究事业-概况-呼和浩特-1959-2016 Ⅳ.①G322.726.1

中国版本图书馆 CIP 数据核字(2019)第 154607 号

呼和浩特市科学技术志

作　　者　张振民
责任编辑　晓　峰
封面设计　赵国春　白采云
出版发行　内蒙古人民出版社
地　　址　呼和浩特市新城区中山东路 8 号波士名人国际 B 座 5 楼
印　　刷　内蒙古宏业包装印务有限公司
开　　本　889mm×1194mm　1/16
印　　张　46
字　　数　600 千
版　　次　2019 年 8 月第 1 版
印　　次　2019 年 8 月第 1 次印刷
书　　号　ISBN 978-7-204-15881-2
定　　价　280.00 元

图书营销部联系电话:(0471)3946298　3946267
如发现印装质量问题,请与我社联系。联系电话:(0471)3946120

▲ 2005年，和林格尔县科技综合服务站

▲ 2008年，武川县马铃薯现代化种植基地

▲ 2012年，新城区立体蔬菜栽培技术

▲ 2013年，和林格尔县设施花卉生产

▲ 2015年，和林格尔县新品种葡萄获得丰收

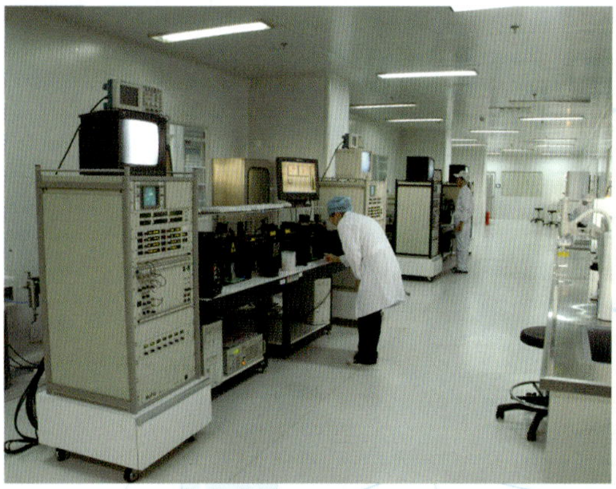

▲ 2008年，赛科星公司动物精子分离车间

▲ 2013年，蒙牛公司现代化挤奶厅

▲ 2013年，蒙牛公司全自动生产线

▲ 2015年，伊利集团母乳库实验室

▲ 2015年，金宇保灵生物药品公司纯化浓缩间

▲ 2012年，呼和浩特第一批科技特派员获聘

▲ 2014年，科技特派员在赛罕区送科技下乡

▶ 2014年，新城区科技特派员指导农民草莓种植技术

◀ 2018年，呼和浩特科技特派员优质农产品展示展销中心启动

▲ 2010年，天一集团研制的全自动膜元件生产线

▲ 2010年，大唐国际再生资源公司氧化铝生产线

◀ 2011年，内蒙古瑞隆重工装备制造有限公司研制的采煤掘进机

▶ 2011年，内蒙古中环光伏公司生产车间

▲ 2011年，金达威药业公司辅酶Q10发酵车间

▲ 2012年，内蒙古双奇药业公司益生菌发酵车间

▲ 2012年，中海石油天野化工股份有限公司

▲ 2012年，内蒙古神州硅业公司生产车间

▲ 2013年，内蒙古航大拓力科技发展公司生产的F12高强有机纤维

▲ 2013年，精诚绝缘子公司自动化生产线

▲ 2013年，呼和浩特市科技局局长张振民（前左二）、副局长刘晔（前右一）赴企业调研

▲ 2014年，内蒙古日月太阳能有限公司的电池组片方阵

▲ 2014年，显鸿新材料（内蒙古）有限公司生产的喷码机

▲ 2019年，市长冯玉臻（中）在内蒙古阜丰生物科技有限公司调研

▲ 2011年，呼和浩特市第一医院远程交流服务项目剪彩

▲ 2014年，广州市呼吸病研究所呼和浩特市第一医院临床协作部成立揭牌，中国工程院院士钟南山（右一）出席揭牌仪式

▲ 2015年，内蒙古自治区大学科技园

▲ 2016年，金山国家高新技术产业开发区

▲ 2016年，托克托县可持续发展实验区

▲ 2012年，呼和浩特市政府与内蒙古工业大学科技合作签约仪式

▲ 2013年，呼和浩特市政府与内蒙古农业大学科技合作签约仪式

▲ 2013年，呼和浩特市与广州市经贸科技合作交流暨项目签约仪式

▲ 2014年，呼和浩特市政府与自治区科技厅、教育厅产学研合作签约仪式

▲ 2019年，自治区科技厅厅长孙俊青（左）、中科院北京国家技术转移中心主任郭庆山为呼和浩特科技创新精准化服务平台揭牌

◀ 2011年，呼和浩特市专利展示交易会

▶2016年，呼和浩特市科技创新成果博览会

▲ 2016年，呼和浩特市参加深圳高交会

▲ 2017年，呼和浩特市科技特派员成果博览会

▲ 2012年，呼和浩特市科技创新暨奖励大会

▲ 2014年，呼和浩特市科技进校园活动

▲ 2014年，科技活动周启动现场

▲ 2014年，呼和浩特市科技局参加自治区三下乡活动

▲ 2014年，专利执法观摩现场会

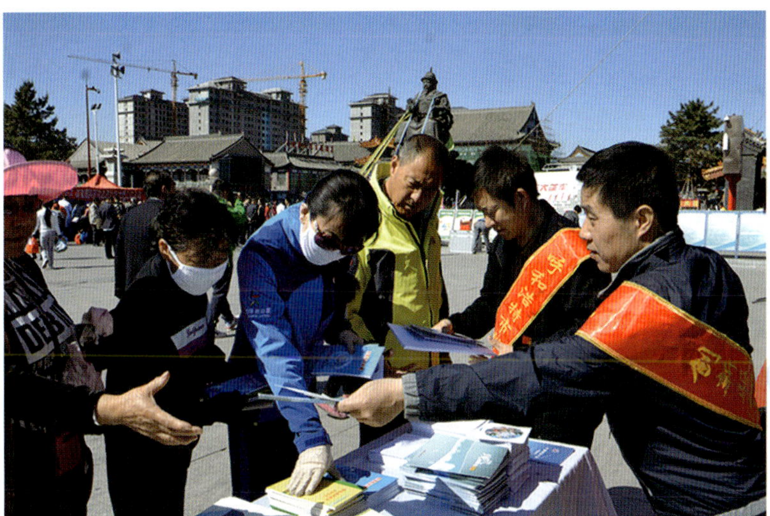

▲ 2015年，呼和浩特市科技进社区活动

▲ 2018年，《呼和浩特市科技志》评审委员会成员合影
前排左起：赵国春、赵剑平、张振民、王珺、谢勇
后排左起：刘鑫颖、杜占江、孙志杰、徐曼雅、赵娜、庄宏娟

▲ 2019年，《呼和浩特市科技志》编纂委员会部分成员合影
前排左起：常锐、刘文斓、白力红、张振民、刘晔、朱艳梅、成博
后排左起：李刚强、陈晓峰、卢军峰、姬卫东、张韬、张建中、杜占江

《呼和浩特市科学技术志》编纂委员会成员

（以姓氏拼音为序）

主 任 委 员：张振民

副主任委员：白力红　刘　晔　聂向东　王新厚

委　　　员：卜秀珍　成　博　常　锐　陈晓峰　杜占江　范林根

郭　满　姬卫东　康莹洁　李刚强　李慧玲　刘　博

刘文斓　卢军峰　诺　敏　奇继光　任喜用　孙　奇

王俊超　王秀云　温秀芬　邢林龙　云劲松　云秀龙

张　芳　张国材　张建中　张　韬　朱艳梅　张永平

主　　　编：张振民

副　主　编：白力红　刘　晔　聂向东　王新厚

执 行 主 编：杜占江　赵国春

执行副主编：赵剑平

编　　　辑：包文洁　白乙拉　芙　蓉　冯　陶　郭　鑫

李炜琦　刘鑫颖　尚金荣　申立苗　薛智平

庄宏娟　张　洁　翟雪姣

供稿及供图人员：

白　枚　伏广好　高建成　胡瑞霞　贾建宇　贾瑞生

金晓云　李福亮　李　辉　李　静　李　涛　李永彬

刘兴录　马　钦　马晓平　潘秀英　索喜军　田　宇

王春霞　王　慧　王惠捷　王胜利　王运来　武雪彬

薛建平　尤　海　杨卫东　袁淑珍　赵国春　赵山丹

周丽英　朱永禄　张国勇　张慧峰　张　洁　张秋生

张秀桢　张仲峰

《呼和浩特市科学技术志》评审委员会成员

（2018 年 12 月 21 日）

主 任 委 员：张振民　呼和浩特市科技局党组书记、局长

王　珺　呼和浩特市地方志编修办公室主任

副主任委员：谢　勇　呼和浩特市地方志编修办公室副主任

委　　　员：徐曼雅　呼和浩特市地方志编修办公室地方志科副科长

孙志杰　呼和浩特市地方志编修办公室副主任科员

杜占江　呼和浩特市科学奖励服务中心主任

刘鑫颖　呼和浩特市科学奖励服务中心编辑

赵剑平　内蒙古史志鉴传媒协会常务理事、副会长

赵国春　内蒙古史志鉴传媒协会专职副会长兼秘书长

序

科学技术是促进社会经济发展的强大动力，近年来，各领域、各行业都特别重视科学技术的发展。系统地收集、梳理、总结、研究科学技术发展及科技工作的历程，对于地区未来的发展和科技事业的建设具有重要的意义。为此，我们历时五年，编撰了全面、翔实、系统地记载呼和浩特市科技发展历史和现状的《呼和浩特市科学技术志》。

呼和浩特有着悠久的历史和灿烂的文化，尤其在科学技术方面创造了许多卓越的成就。70万年前大窑文化的发现，揭示了这里是中华民族远古文明的发祥地之一。千百年来，各民族在这里繁衍生息，征服自然，改造社会，创造了丰富的物质文明和精神文明。在农业、畜牧业和医药技术等方面，呼和浩特占有重要的历史地位。考古学家在呼和浩特市黄合少乡发现的汉代铁工厂遗址，在托克托古城发现的汉代铁木复合农具，标志着农业科技在当时有了较快的发展。丝绸之路繁荣时期，呼和浩特作为北方地区的交通枢纽和军事重地，在促进科技文化交流方面发挥着重要作用，在历史上留下浓墨重彩的一笔。随着近代科学技术自西方传入，呼和浩特市科技发展水平有了显著提升，开始开设新式学校培养科技人才，建立科研机构从事技术研究与推广。农业、医药卫生技术、交通通信事业、小型现代化工业实现较快发展。

作为内蒙古自治区首府，呼和浩特市是全区政治、经济、文化、教育、科技和金融中心。在“科学技术是第一生产力”思想的指引下，呼和浩特市率先在少数民族地区提出实施“科技兴市”战略，使传统产业得到有效提升，新兴产业蓬勃兴起。

党的十八大以来，在以习近平同志为核心的党中央领导下，呼和浩特市的科技创新呈现出新局面。通过健全科技发展政策、营造科技发展环境、完善区域科技创新体系、加大科技投入、引进创新人才、推动协同创新发展等一系列措施的实施，呼和浩特市整体创新能力明显提高，科技进步步伐显著加快。呼和浩特市聚焦科技创新需求，推动优势产业升级，在重点支持壮大以乳业为代表的传统优势产业同时，进一步培育发展新一代信息技术、生物技术与制药、先进装备制造、新能源、新材料、循环经济等战略性新兴产业。此外，在人口健康、生态环境、公共安全、防灾减灾、公共服务等民生领域实现创新发展。

呼和浩特市科技综合实力不断提升，对经济社会发展的支撑引领作用日益凸显，国家创新型试点城市建设日显成效。

习近平总书记在2016年全国科技创新大会上强调，必须坚持走中国特色自主创新道路，面向世界科技前沿，面向经济主战场，面向国家重大需求，加快各领域科技创新，掌握全球科技竞争先机。党的十九大也提出，要加快建设创新型国家，这无疑对呼和浩特市的科技发展提出更新、更高的要求。《呼和浩特市科学技术志》系统总结、研究呼和浩特市科学技术的历史和现状，对呼和浩特市当前创新型城市建设，对呼和浩特市科技的未来发展，对呼和浩特市社会主义建设事业，都具有重大的意义和贡献。

《呼和浩特市科学技术志》详细地记载呼和浩特市农牧业、工业、社会发展、知识产权等领域取得的科技成就，呼和浩特市科学技术机构变迁、科技政策法规和科学技术管理与服务的进程，呼和浩特市各族人民为建设创新型城市而付出的努力，呼和浩特市广大科技工作者的创业历程和业绩。《呼和浩特市科学技术志》的出版发行，将为今后的科技决策、指导科技工作提供历史借鉴和现实依据，为外界更好地了解呼和浩特市科技发展历程提供更多信息。可以预见，《呼和浩特市科学技术志》必将在呼和浩特市今后的科技工作中起到保存历史、总结经验、知往鉴今的作用。

呼和浩特市科技局局长：张振民

2019年5月25日

凡　例

一、《呼和浩特市科学技术志》（以下简称《科技志》）的编纂，以马列主义、毛泽东思想、邓小平理论、“三个代表”重要思想、科学发展观、习近平新时代中国特色社会主义思想为指导，运用辩证唯物主义和历史唯物主义的观点，坚持实事求是，与时俱进的原则，并严格遵守国家有关法律、法规。

二、记述时限：上限尽可能追溯到事物发端，下限断至2018年，但个别类目所记述事件为内容完整性，下限适当延到2019年。

三、记述范围：志书编纂坚持越界不书的原则，记述范围为呼和浩特市及所辖9个旗县区科技工作，详市略旗县区，对驻呼和浩特地区高校及国家、自治区属科技机构，采取集中概括和重点分述的方法记述。

四、《科技志》设：序、凡例、概述、大事记、专志、科技人物、附录、编纂始末共八大部分。专志包括：第一章科学技术机构，第二章科学技术管理与服务，第三章农业科学技术，第四章工业科学技术，第五章社会领域科学技术，第六章知识产权。

五、《科技志》本着“详近略远、实事求是”的原则，依据新观点、新材料、新方法，客观公正地记载呼和浩特地区科学技术发展的历史与现状，力求达到科学性、思想性、资料性的统一，突出呼和浩特地区科技特性。

六、《科技志》按照《地方志志书质量规定》《内蒙古自治区地方志书行文规则》，坚持横排竖写的体例，用现代汉语语体文，采用述、记、志、传、图、表、录7种体裁，以志为主。志书文字记述本着严谨准确、朴实规范、简明流畅，坚持述而不论，客观真实反映事物的本来面目为主旨。

七、大事记以编年体为主，辅以纪事本末体。

八、人物，坚持生不立传的原则。科技人物分为人物传略和人物简介。

九、附录选取了不同时期呼和浩特地区科技方面的法规文献，作为留存。

十、为统一格式、避免交叉重复，《科技志》所收内容采用互通互见法，大事记和个别内文中由于事务（事件）都需要记述，在处理过程中合理交叉。

十一、语言文字、标点符号、数字、计量单位等，均按照国家有关部门现行规定执行。志文所引用数据，均以统计部门或专业部门的权威数据为准。

十二、各种组织、机构、法律法规、文件、会议等专有名称使用全称，出现频率较高的名称在志中首次出现时使用全称，后使用简称。

十三、历史地名、机构、职官一律使用原名，在历史地名后括注今地名。对国名、地名、人名的译名，以新华社颁发或刊印的译名为准。

十四、历史纪年，清代前采用帝王纪年和年号纪年；民国时期采用民国纪年；中华人民共和国成立后采用公元纪年。帝王纪年、年号纪年、民国纪年均括注公元纪年。

十五、为确保《科技志》的严肃性、权威性并能反映科技行业的工作特色，突出工作亮点，所录用资料，均来源于呼和浩特市科技局内部存档资料、呼和浩特市档案馆及各有关单位提供的原始资料；有些内容出自相关志书、年鉴、文献资料、报刊及专著，一般不注明出处。

十六、表格中的“—”代表历史资料不详或无从考证。

目　录

ᠭᠠᠷᠴᠠᠭ

ᠭᠠᠷᠴᠠᠭ

[illegible]

Contents

概 述

呼和浩特为蒙古语,汉语意为“青色的城市”。呼和浩特是内蒙古自治区首府,中国历史文化名城,是自治区政治、经济、文化、科技、教育和金融中心,先后获得国家森林城市、国家创新型试点城市、中国优秀旅游城市、全国民族团结进步模范城、全国双拥模范城和中国经济实力百强城市称号,被誉为“中国乳都”。呼和浩特现已形成以乳业、电力、电子、新能源、新材料以及化工、生物制药、云计算等产业为主的工业体系。

一

呼和浩特地区有许多科技发展成果遗存,在反映石器时代的文化遗迹中,已有了原始科学技术的萌芽。1978 年,考古在呼和浩特近郊的大窑村南山发现了人类活动的灰烬遗迹和烧骨化石,证明早在 40 万年前居住在这一地区的人类已懂得用火。

在清水河县等地出土的石铲、石斧、石镰等历史文物证明,公元前 4000 年本地区已经开始了以锄作为代表的原始农业生产。

呼和浩特市郊二十家村南发现的冶铁工场遗迹和托克托县出土的铁木复合农具,证明公元前 206 年至公元 24 年本地区就已掌握了冶铁技术。

托克托县哈拉板申村出土的汉代石制日晷,证明公元前 89 年呼和浩特地区先民已懂得利用天文工具测量季节和时间。

17 世纪,呼和浩特地区先后传入并翻译刻印蒙古文版的医学著作《四部医典》《金光注释集》《蓝琉璃》《兰塔布》等,证明本地区医学技术有了很大发展。

18 世纪,呼和浩特地区建造的金刚座舍利宝塔(俗称“五塔寺”)造型精巧、做工精细,塔下北院墙上嵌有佛家轮回图和清代蒙古族天文学家明安图绘制的蒙古文星座图石刻,证明了当时蒙古族对天文历算的认知水平已达到了相当高度。

19 世纪以来,呼和浩特地区先后编辑出版医学著作《认药白晶鉴》《方海》《无误蒙药鉴》《元亨疗马集七十二症》;研制成功中成药“九转胆南星”“海马种玉丸”“夺命回生散”;设置牛痘局为呼和浩特地区居民接种牛痘;玉米、马铃薯等农作物被传入和引种。这都展现了呼和浩特地区科技文明的曙光。

民国时期,现代工业文明开始发展,电灯厂、电面厂、机器织毛染布厂、农林试验场、天文观测站、理化仪器室、电话局、测绘所、气象观测所的建立,标志着本地区科学技术领域的进一步发展和扩大。

二

中华人民共和国成立后，科学技术的发展进入一个崭新的历史时期。呼和浩特在建国后开始大力发展科学技术事业，培养科技人才，组建科技队伍，建立科研机构，制订科学技术发展规划，开展群众性科学技术实验和科学技术革新，推广科学普及活动，促进了经济发展和社会进步。

1952 年，归绥砖瓦厂（后呼和浩特砖瓦厂）开始采用机制砖瓦技术。1954 年，呼和浩特农业机械厂铸造成功韧性铸铁和球墨铸铁机件；呼和浩特新生铁工厂改进工艺开始用焊接技术代替铆接生产工业锅炉。1956 年，中共中央发出"向科学进军"的号召，并编制《十二年科学规划》。呼和浩特市相继成立水土保持、农业、轻化工、建筑、纺织、生物制药、畜牧、冶金、机械等十几个科研所，以及一批专业学会和科技情报机构。

1959 年 2 月 19 日，中共呼和浩特市委员会发布《关于成立科学技术委员会的通知》，经市委第 25 次常委会决定，市委书记高增贵兼任呼和浩特市科学技术委员会主任委员，副市长陈炳宇兼任副主任委员。呼和浩特市科学技术委员会的成立标志着呼和浩特市的科学技术事业走上有组织有计划的管理轨道。随后召开的全市科学技术工作会议做出"积极开展建国十周年科学技术献礼运动，为完成呼和浩特市 1959 年科学技术发展规划而奋斗"的决议。1959 年 4 月 3 日，中共呼和浩特市委批转市科委 1959 年科技发展规划，该规划包括十大类 61 项研究任务。

1960 年，呼和浩特市开展较大规模的以机械化半机械化、自动化半自动化为中心的"双革四化"运动。1961 年，内蒙古第一座火柴厂——呼和浩特市火柴厂建成投产，改变了火柴依靠外省市供应的局面。1963 年，内蒙古电子仪器厂研制成功 SBE－6 型二踪示波器，为中国第一颗原子弹爆炸试验现场提供测试，获得国家科技成果二等奖。同年，SR2 型四踪示波器研制成功，成为当时全国唯一直径达 320 厘米的大屏幕示波器。1965 年，呼和浩特市电子设备厂建立，开始生产电子计算机外部设备磁带机、绘图机和光电机等。

1966 年，开始的持续十年的"文化大革命"，使呼和浩特的科技事业受到了严重破坏，大部分的科技管理机构被撤销，许多科技人员被迫停止科研活动。即使在如此严峻的形势下，呼和浩特地区的一些企事业科研机构和科技人员仍然客服重重困难，坚持开展有限的研究工作，创造出许多科技成果。1967 年，内蒙古医学院附属医院外科医生阙求豪等实施的自治区首例断手再植手术取得成功。1968 年，呼和浩特市电子设备厂与中国科学院计算技术研究所共同研制成功 DL－1 型磁带机，受到中共中央、国务院表彰。1970 年，呼和浩特市汽车制造厂生产出自治区第一台 4 吨载重汽车，内蒙古电子仪器厂研制并生产出 SR3 二踪示波器，为中国发射第一颗人造地球卫星提供测试。1971 年，呼和浩特市机床厂研制的“三轴滑移公用齿轮机构”，被国家一机部列为年度全国重大科技成果之一。1972 年，呼和浩特市焦化厂建成一座年产能 10 万吨的焦炉。

三

1978 年，中共十一届三中全会以后，呼和浩特科学技术事业迎来了明媚的春天。科技人才有了用武之地，科技事业发展迅猛，科技在经济社会发展中的重要作用日益凸显。

1978 年 1 月，内蒙古自治区科学大会在呼和浩特召开，表彰 1949—1977 年自治区 16 个领域 506 个优秀科技成果及科技工作者。4 月，中共呼和浩特市委员会召开呼和浩特市 1978 年科技工作会议，传达全国科学大会和全国科学技术革新会议精神，讨论呼和浩特市科技规划，安排全年的科技工作。6 月，自治区科学技术协会、教育厅、共青团自治区委员会联合在呼和浩特举办全区第一届青少年科技作品展览。作品有航模、舰模、无线电、机器人等共 300 多件。1979 年 4 月，呼和浩特市科学技术委员会恢复成立。

20 世纪 80 年代，呼和浩特市的科技工作进入了发展的快车道。

1981 年，呼和浩特市政府成立技术协作办公室，先后与无锡、天津、北京等地签订技术协作项目 117 项，协作总额 1200 余万元。1984 年 10 月，中共呼和浩特市委办公室发布《关于成立科学技术领导小组的通知》，市委副书记、市长张启生任组长，副书记何祖侃、副市长刘学敏任副组长。同年，呼和浩特市获得全国科技进步先进市称号。

20 世纪 80 年代期间，呼和浩特市一大批科技成果在国内名声鹊起。1981 年，呼和浩特市制药厂生产的天坛牌甘草浸膏获国家级优秀产品银质奖。1983 年，内蒙古电视机厂生产的天鹅牌 14 英寸彩色电视机批量生产，并投放市场。呼和浩特市制锁公司设计生产的 65 毫米钢挂锁获国家轻工业部优秀新产品证书。1984 年，呼和浩特市电子设备厂生产的 DJ－2 型磁带机与上海无线电十三厂计算机配套，为国家发射地球同步通信卫星监测储存重要数据。中共中央、国务院、中央军委专门发来贺信向全厂职工表示祝贺。同年，由内蒙古大学研制、呼和浩特市化工厂生产的叔丁基二茂铁通过鉴定，该项目填补了国内燃速催化剂的空白。1982—1986 年，内蒙古第二毛纺织厂、毛条厂、第一毛纺织厂、呼和浩特市西装总厂，先后从英国、联邦德国、意大利、日本等国引进具有先进水平的

4800 锭精纺生产线、男女西装生产线、梳条生产线、1200 锭粗纺针织绒生产线、花式捻线机等成套设备，大大提高了企业的综合生产能力。内蒙古第二毛纺织厂出口的精纺产品“金羊牌”纯毛华达呢，被获准使用国际羊毛局纯羊毛标志。1987 年，呼和浩特市牧业机械研究所研制的“牧草机械研制和中间试验”项目获全国科技进步二等奖，研究成功的 9KX－304 型颗粒饲料压制机获全国科技进步三等奖。

1988 年，邓小平提出“科学技术是第一生产力”的思想。中共中央、国务院相继制定一系列推进科技发展的战略决策和方针、政策；制订了一系列科技发展计划。自治区先后印发《关于进一步推动科技体制改革，组织科技人员深入生产第一线的若干规定》《内蒙古独立科研机构承包经营责任制试行办法》等文件，大力推进科技兴区和科教兴区战略，出台了《关于深化科技体制改革的实施方案》等文件，加快企业科技进步的步伐。同年，呼和浩特市科学技术委员会编订《关于深化企业科技改革工作的若干规定》，为推进企业科技创新创造了条件。

1989 年，内蒙古大学实验动物研究中心在旭日干博士的指导下，培育出中国第一例“试管绵羊”。5 月，呼和浩特市机床附件厂产品三爪卡盘在法国巴黎荣获第十七届国际优质奖，这是中国机床工具行业获得的第一个国际奖。12 月 28 日，由呼和浩特市科学技术委员会、科学技术协会、电视台共同创办的“科技之窗”在呼和浩特市电视台开播，设有“科技动态”“科海漫步”“科苑风华”“致富之路”“科普知识”“专访”等栏目。

20 世纪 90 年代，呼和浩特市做出实施科技兴市战略的决定，标志着全市科学技术工作进入一个新的发展时期。

1991 年 6 月，呼和浩特市人大常委会第 13 次会议通过《呼和浩特市“科技兴市”战略的实施方案》。市委、市政府和各级科技管理部门先后配套出台一系列加强科技工作，加速科技进步，推动科教兴市主导战略实施的政策法规。形成科教兴工、科教兴农、高新技术及其产业、科技成果推广及其转化、科技投入、科技体制改革、科技人才培养使用、奖励和激励机制等比较完整的政策体系。1992 年 6 月，市政府发布《呼和浩特市实施“科教兴市”战略推动经济发展暂行规定》，从推进工业企业科技进步、推进农业科技进步、继续推进和深化科研机构改革、加强科技与经济的横向联合四个方面就“科技兴市”战略推动经济发展进行了部署。1994 年 6 月，呼和浩特市被列为全国科技兴市试点城市。1995 年 9 月，全国第三次科教兴市工作会议在呼和浩特召开。11 月，市委、市政府主持召开呼和浩特市科学技术大会，会议全面总结前五年全市实施科教兴市战略的经验。部署到 2010 年的科教兴市工作，确立科教兴市在呼和浩特市经济社会发展中的主导战略地位，确定科技经济一体化为实施科教兴市主导战略的主攻方向。

四

进入新世纪以来，呼和浩特坚持“改革、调整、创新、产业化”的新时期科技工作方针，以深化科技体制改革为突破口，以提高公共科技创新基础条件、增强创新能力为主线，大力发展高新技术产业，用信息技术和现代装备改造传统产业，加快农牧业产业化步伐，促进科技与经济结合，加强知识产权工作力度，开创科技事业快速发展的新局面。

2001 年，在国家科学技术奖励大会上，内蒙古大学校长旭日干教授主持完成的“牛体外受精技术的研究与开发”项目，获得 2000 年度国家科学技术进步二等奖。2003 年，内蒙古图书馆与内蒙古明安图互联网技术开发有限公司合作研制开发的“蒙古文数字图书馆”网络支撑技术通过专家鉴定。该技术填补了蒙古文国际标准编码在互联网应用技术上的空白。

“十五”期间，伴随着高新技术开发区的建立和国家、自治区火炬计划、高新技术产业化项目的实施，高新技术已经成为呼和浩特市产业结构调整和工业经济发展的主要支撑力量，高新技术产业产值保持着 30% 以上的增长幅度。以电子信息、生物医药、新材料、农牧业高新技术为主的产业格局基本形成；通过信息技术、现代管理技术和先进装备的改造，以乳品加工、化工、机械制造等为主的传统产业实现了升级换代。在短短的五年时间，呼和浩特市一跃成为全国最大的、现代化的原奶生产基地和乳品加工基地。期间，内蒙古首例异体干细胞移植手术在内蒙古医院获得成功，这标志着医学前沿技术——“动脉硬化的更生医学治疗”取得了重大突破。内蒙古大学高分子化学及蒙药研究所博·格日勒图教授带领的团队科研成果达到国际先进水平；在国内外蒙药研究史上率先成功合成具有降血脂作用的新型药用化合物 PLC。内蒙古首例体细胞克隆牛在呼和浩特市和林格尔县大正美联胚胎移植基地降生。

“十一五”期间，呼和浩特大力实施科教兴市、人才强市战略，坚持“自主创新、重点跨越、支撑发展、引领未来”的科技工作方针，狠抓区域性科技创新体系建设，大力提升自主创新能力，实施重大科技专项工程，加快高新技术产业和现代农牧业产业化步伐，大力培育科技创新人才团队，开创了科技事业的新局面。五年间，一批自主创新成果，如粉煤灰综合利用生产氧化铝、煤制富勒烯工艺、奶牛精子性别控制分离及生产、新型乳产品加工生产技术、煤炭黄腐植酸的提取、新型胶片挤出生产线等达到国际、国内先进水平，彰显呼和浩特市经济发展的科技含量。呼和浩特创新性地开展“三网一员”农村科技信息服务体系和社会化农村科技综合服务站建设工作，拓展全市科技创新体系的功能。

“十一五”期间，国家、自治区和呼和浩特三级政府在呼和浩特市投入的科技研发经费达34974万元，是“十五”科技投入的5倍，共实施各类科技项目688项，是“十五”期间实施科技项目的1.7倍，引导企业科技创新投入约48亿元，取得重大科技成果35项。通过自主创新、集成创新和引进、吸收、消化再创新，形成煤炭—电力—有色金属—建材的循环经济产业链、多晶硅—单晶硅—半导体级单晶硅片—光伏示范电站建设的硅产业链、玉米—淀粉—液糖—生物制品产业链，生物育种技术—动物疫苗—资源生物—腐植酸等生物技术产业、富勒烯—塑料光纤—高强有机纤维—碳纤维等新材料产业。这些产业链或产业呈现出技术水平高、经济规模大、增长速度快的特点。“十一五”期间，奶牛性控冻精累计在全国推广应用100万枚，动物疫苗悬浮培养生产技术进入了产业化，纯种肉羊良种繁育基地，累计提供良种肉种羊3000多只，马铃薯种薯组织培养基地为全市120万亩马铃薯种植提供原种，中棚马铃薯配套栽培技术得到了应用和推广。“十一五”期间，累计推广农业技术、适用技术、新产品175项，重点农业科技成果转化率达到90%以上。

“十二五”期间，呼和浩特市紧紧围绕“十二五”科学技术发展规划纲要目标，通过实施重大科技专项、农业科技特派员专项、厅市产学研协同创新专项等计划，不断完善科技创新政策体系，大力引进科技创新人才，培育创新团队，狠抓区域性科技创新体系建设，着力提升产业创新能力，全市高新技术产业、现代农牧业、和社会科技事业、知识产权工作得到了快速提升，科技进步明显加快。呼和浩特先后成为国家创新型试点城市、国家节能与新能源汽车示范推广试点城市、国家小微企业创业创新基地示范城市。

“十二五”期间，全市获得国家科技进步奖二等奖8项，获得内蒙古自治区科技进步奖66项；新增国家级高新技术产业开发区、国家级科技企业孵化器、国家可持续发展实验区、国家级大学科技园各1个；获得国家备案众创空间7家、自治区众创空间16家、自治区众创空间试点培育单位8家；全市建成各级各类企业研发机构231家。到“十二五”期末，呼和浩特市拥有高新技术企业88家，占全自治区高企总数的37.1%，居全区首位；拥有国家知识产权示范企业2家、国家知识产权优势企业6家；有效发明专利1379件，占全区有效发明专利的45.2%，居自治区首位。“十二五”以来，呼和浩特科技合作步伐加快。2011年11月，呼和浩特市政府与中国科学院北京分院科技合作签约仪式隆重举行。2012年8月，呼和浩特市政府与内蒙古工业大学科技合作签约仪式暨成果发布会举行。2013年5月，首届内蒙古·广东科技合作活动周在广州开幕。活动周期间，呼和浩特市科技局与广州市科技信息局缔结友好单位。2013年11月，呼和浩特市·内蒙古农业大学科技合作签约暨成果发布会举行。2014年6月，呼和浩特市政府与自治区教育厅、科技厅联合召开的科技合作签约暨驻呼和浩特高校、科研院所产学研合作交流座谈会在和林格尔县举行。

"十三五"以来，呼和浩特市按照"创新、协调、绿色、开放、共享"的发展思路和《呼和浩特市"十三五"科学技术创新规划纲要》指导思想和总体目标要求，在信息技术、新能源、新材料、生物技术、智能装备等高新技术产业领域、在乳业和冶金化工等传统优势特色产业领域、在现代农业领域实施科技创新发展工程；在社会科技领域和现代服务业领域实施协调和绿色发展工程；在京津环渤海和呼包鄂地区开展产学研科技合作和协同创新工程；在区域科技创新体系建设方面实施开放共享发展工程。

截至2018年，全市已获认定的国家级工程技术研究中心1家、自治区级工程技术研究中心76家、市级工程技术研究中心36家、自治区级企业研究开发中心71家、市级企业研究开发中心113家。全市高新技术企业总量达到273家，同比增长39.3%，继续领跑全区。全市已获认定的国家知识产权示范企业达到4家、国家知识产权优势企业14家、市级知识产权优势企业4家、市级知识产权工作试点单位57家。全市每万人发明专利拥有量达到6.63件，远高于自治区2.01件/万人，居全区首位。

近三年来，呼和浩特市出台一系列促进科技创新的政策。2016年6月，市政府印发《呼和浩特市人民政府关于实施创新驱动发展战略的意见》《呼和浩特市人民政府关于印发呼和浩特市加快推进高新技术企业和科技成长型企业发展实施办法的通知》《呼和浩特市人民政府办公厅关于印发市创新奖励扶持资金实施方案和创新投资引导基金项目优选工作实施方案的通知》等文件。2018年1月，市政府办公厅印发《呼和浩特市深化科技体制改革实施方案》，《方案》从推进科技项目改革、完善科技创新体系建设等方面明确改革任务。2018年3月，市政府制定出台《关于进一步推动科技创新构建区域创新中心的实施意见（试行）》。《实施意见》明确对全市各级各类创新创业主体的奖励和支持办法，科技创新活力进一步激发。

近三年来，科技合作工作也在扎实推进。2016年7月，呼和浩特首届科技创新成果博览会在内蒙古国际会展中心举行，呼和浩特市政府分别与中国航天科工集团航天云网科技发展有限责任公司、世界体育总会亚太区总部签署战略合作协议。2018年8月，通过与中科院的合作，推动中科院科技成果在呼和浩特科技城落地，启动呼和浩特市科技创新精准化服务平台建设。

近三年来，呼和浩特的大数据产业得到了迅猛发展。2016年10月，国家正式批复内蒙古为国家大数据综合实验区。呼和浩特市依托盛乐和鸿盛2个云计算园区，引进中国电信、中国联通、中国移动三大运营商，建成全国最大的数据中心。11月，市委、市政府在北京主办大数据产业洽谈会，市政府以及新城区、和林格尔县等与航天云网、百度等企业共签订38个合作项目，签约资金超过80亿元。

近三年来，呼和浩特强力推进自主创新，集中攻克一批制约产业发展的关键共性技术，提升产业创新能力，加快产业技术升级。在新能源产业方面，支持华德公司开展分布式光伏并网发电系统中蓄电池储能技术的探索和应用，提升蓄电池储能领域的技术水平，合理配置蓄电池储能装置有效稳定分布式光伏系统并网输出，维持电网的稳定性和安全性。在新材料产业方面，支持中拓铝业开发新能源汽车动力电池专用外壳铝带，年产动力电池专用外壳铝带3000吨；支持欧晶公司研发28英寸及以上大尺寸高纯度石英坩埚，为全市光伏产业发展奠定更加坚实的基础。在生物技术与制药产业方面，支持金宇保灵公司开展猪口蹄疫O型、A型二价灭活疫苗研制，填补国内猪口蹄疫O型、A型二价灭活疫苗的空白；支持和美科盛公司研发具有自主知识产权的工业化生产的高效复合乳酸菌发酵饲料发酵剂，推进养殖业绿色健康发展。在新一代信息技术产业方面，支持瑞特公司开发基于3D实景模型的全时空视频增强管控系统，将多种先进技术融合在一起，实现全时空全景视频监控；支持内蒙古数字方志馆公共信息服务平台建设，建设面向公众、基于互联网技术网页浏览的虚拟数字方志展馆。

呼和浩特的科技行政管理机构正式成立于60年前，经过60年风雨历程，呼和浩特市在完善科技创新政策、打造创新创业载体、开展技术研发攻关、培养科技创新人才、拓展科技合作方面开展卓有成效的工作，提升壮大传统优势产业，培育发展战略性新兴产业，区域科技创新体系进一步完善，科技创新发展环境得到优化，全市创新条件和整体创新能力明显提高，科技综合实力稳步提升，创新驱动作用日益凸显，有力推动了全市经济社会可持续发展。

新时代中国特色社会主义的航向已经明确，中华民族伟大复兴的巨轮正在乘风破浪前行，让我们广大科技工作者更加紧密地团结起来，坚定信心，攻坚克难，向着建设世界科技强国的伟大目标奋勇前进！

大 事 记

40 万年前

据 1978 年考古发掘，呼和浩特东北郊大窑村南山，在离石黄土层发现人类活动的灰烬遗迹和烧骨化石，这一发现表明距今 40 万年前居住在呼和浩特地区的人类已懂得用火。

公元前 399—前 387 年

公元前 399—前 387 年，赵国国君武侯修筑云中城（今托克托县境内）。城内建造殿舍所用的建筑材料主要有：土、木材、石灰、柳编、柴草、石料、砖、瓦和铜铁等。

西汉时期（公元前 206 年—公元 24 年）

1962 年，在呼和浩特市郊区黄合少公社二十家村南发现一处西汉铁工场遗址，表明当时冶铁技术已传入呼和浩特地区。

西汉初年（公元前 200 年）

云中（今托克托县城东北）、定襄（今呼和浩特市赛罕区东二十家村西）地区已有铁木复合农具。

西汉征和四年（公元前 89 年）

清光绪二十三年（1897），在今呼和浩特市托克托县哈拉板申村出土汉代日晷（石质，现藏于中国历史博物馆），表明呼和浩特地区在汉代就有天文测量工具——日晷。

明嘉靖年间（1522—1566）

蒙古族土默特部首领俺答汗在发展牧业的同时，接纳由山西流入的汉民发展农业。

至16世纪70年代土默川已聚集汉人5万余人,开垦良田万顷。沿大黑河两岸建立起数百个农牧结合的村庄(板申)。

清乾隆元年(1736)

归化城(今呼和浩特旧城)永合堂药店创制补肾良药“海马种玉丸”,远销山西、新疆等地。1958年,呼和浩特市中药厂将该药剂型改为水丸出口,名为“海马补肾丸”,是内蒙古第一个中成药出口产品。

清乾隆二年(1737)

归化城小召下院塔布斯普尔罕召的后院增建一座“金刚座舍利宝塔”,这座琉璃五塔造型精巧、做工精细,俗称“五塔寺”。塔下北院墙上嵌有佛家轮回图和清代蒙古族天文学家明安图绘制的蒙古文星座图石刻。

清乾隆四年(1739)

绥远城(今呼和浩特新城)钟鼓楼建成。楼高31米,上下三层,基座用青条石砌成,楼身砖木结构,是当时城内的最高建筑。

△ 绥远城体仁堂药店制造“九转胆南星”。该药具有独特的制造工艺,多用于小儿急热惊痫,风痰壅盛。疗效高,行销全国各地。

清乾隆三十五年(1770)

玉米、马铃薯等农作物品种相继传入呼和浩特地区。

清咸丰十年(1860)

归化城(今呼和浩特旧城)重修明代始建的席力图召。总体布局为长方形,由山门至后楼共五进院落,300余间,全为木构建筑,属西藏建筑风格,建筑宏丽,雕刻彩画精美。

清同治十一年(1872)

归化城(今呼和浩特旧城)广兴泰药铺研制的小儿急救药“夺命回生散”可治疗小儿高热惊痫。

清光绪三年(1877)

归化城(今呼和浩特旧城)设立牛痘局,系专门为居民接种牛痘的社会福利单位。

清光绪二十八年(1902)

归绥市(今呼和浩特市)开设邮政代办所,为内蒙古西部地区邮政通信业之始。

清光绪三十一年(1905)

归绥兵备道胡孚宸在归绥开办工艺局,织染毛布,首开归绥地区使用机器织毛染布先河。

清光绪三十二年(1906)

归绥中学堂(呼和浩特一中)开始讲授物理、化学课程,并建有一座理、化仪器室。

20 世纪初

绥远安兆麟精于医学,对伤寒论颇有研究,先后编撰《四珍挈要》《医学琐言》两书。

清宣统二年(1910)

绥远将军瑞良在绥远设立农事试验场附设农林小学堂,这是绥远(今内蒙古西部)地区内最早从事农林技术教学的场所。

民国 2 年(1913)

归绥(今呼和浩特市)电话局成立,开办市内电话业务。

△　绥远将军府测绘所在今呼和浩特地区实测 1∶2.5 万比例尺地形图 30 幅。1917 年,绥远都统署测绘所在伊克昭盟进行较大面积 1∶10 万比例尺地形图测绘,这是内蒙古地区最早的专业测绘,也是首次实地测绘不同比例尺地形图。

民国 3 年(1914)

9 月　民国政府农林部筹建绥远省垦务公所管理的绥远气象观测分所,地址在新城财神庙。1915 年 1 月开始气象观测。这是呼和浩特市历史上最早的一个气象机构。

民国 4 年(1915)

中国地质调查所翁文灏、曹树声对归绥、萨拉齐、托克托、清水河及和林格尔县五县进行以煤矿为重点的矿产地质调查,编写《绥远土默特矿产地质报告》,并附有 1∶100 万地质图。

民国 11 年(1922)

绥远省旅蒙商号大盛魁开始接办“绥远地方电灯股份有限公司”。1 月,在归绥县火车站西购地建厂;5 月,电厂竣工发电,装有 62 千瓦机组一台。

民国 14 年(1925)

7 月　绥远省教育厅公办职业专门学校成立,校内设商科、林垦科两个专业。次年 4 月,林垦科改为农业专修科。

民国 15 年(1926)

包头、归绥地区开通无线通信,这是绥远地区无线通信之始。

民国18年(1929)

4月 绥远省发布国民政府《中华民国权度标准方案》和《度量衡法》,训令各县局遵照广为布告。

是年 绥远省立农林试验场苗圃在原归绥城内西南角建成,面积70余亩。这是内蒙古最早建立的育苗技术试验机构。

民国22年(1933)

本年开始,国民政府陆地测量局三人在锡林郭勒盟、乌兰察布盟、巴彦淖尔盟、阿拉善、包头、归绥地区测定经纬度、观测天文方位角。

民国28年(1939)

归化城广巨药房以民间验方"八仙丸"制成"八仙戒烟丸",该药能使吸食鸦片烟者逐步减少吸食数量,进而达到戒烟效果。

民国33年(1944)

庞钧昌在归绥创办盛记铁工厂,有皮带车床、手摇钻各一台,主要修理磨面机、电动碾,后增加铜铁铸造。1950年1月12日,更名同生铁工厂,是解放初归绥市机械加工力量最强的私营企业。

△ 归绥市奋斗中学开设物理课。

民国35年(1946)

4月15日 绥远省开始执行国民政府经济部下达的61项国家标准。

1949年

9月19日 绥远省和平解放。绥远电灯股份有限公司(时有手烧炉2台,链条炉2台,848千瓦和1000千瓦发电机各1台)更名为地方国营归绥电面厂。

1950 年

11 月 地方国营归绥电面厂工人沈文翰利用废旧物资修复变压器 42 台，自制变压器 4 台，为恢复市区供电做出贡献，1950 年、1979 年两次获全国劳动模范称号。

1951 年

5 月 归绥电面厂工人张国齐对锅炉进行技术改进，提高锅炉热效率，使每度电耗煤由 2 公斤降至 1.45 公斤。张国齐被评为归绥市、绥远省劳模，参加首都“五一”观礼，在怀仁堂受到毛泽东等国家领导人接见。

1952 年

3 月 归绥面粉厂推广应用“前路出粉”的先进工艺。

5 月 1 日 归绥砖瓦厂建厂。到 1956 年，拥有 34 门轮窑两座，中型制砖机两台，压瓦机一台，年产砖 6600 万块，是自治区最大的国营砖瓦企业。

8 月 归绥第一面粉厂用氯化苦、氢氰酸熏蒸面粉车间害虫（赤拟谷蠹、杂拟谷蠹），这是自治区粮食部门使用熏蒸杀虫剂之始。

是年 内蒙古师范学院设立物理科，是为自治区高等学校物理教学之始。

1954 年

4 月 内蒙古畜牧兽医科学研究所成立。1979 年 8 月 7 日，该所改建为内蒙古畜牧科学院。

5 月 呼和浩特农业机械厂试制成功韧性铸铁和球墨铸铁。

7 月 呼和浩特市测量队邀请总参测绘局支援，使用 T3 型经纬仪，采用天文、三角测量方法，建立呼和浩特市独立坐标系统。

是年 呼和浩特新生铁工厂开始用焊接工艺代替铆接生产尼克修、兰开夏型号工业锅炉。

△ 呼和浩特市第一粮库从沈阳购进 10 米长移动式输送机用于粮食装卸。这是自治区最早使用机械进行仓储作业的仓库。

1955 年

9 月 16 日 内蒙古度量衡检定所成立，1957 年改为内蒙古自治区计量管理局。

冬 古拿、白清云等人相继从乌兰浩特蒙医联合诊所调往呼和浩特市自治区卫生厅，专门从事《四部医典》蒙古文译稿的修订工作。

1956 年

1 月 内蒙古人民广播电台第一座发射中心台在呼和浩特市南郊建成，设有 7.5 千瓦短波发射机 2 部和 20 千瓦中波机一部。

4 月 30 日 内蒙古医学院在呼和浩特成立，1977 年筹建药学系，1978 年招生上课。

4 月 呼和浩特北郊坝口子水土保持试验站成立。

5 月 1 日 内蒙古五里营农事试验场扩建为内蒙古农业科学研究所。

是月 内蒙古自治区中蒙医研究所在呼和浩特建立。

7 月 24 日 内蒙古科学技术普及协会成立。

是月 内蒙古轻化工研究所在呼和浩特成立，开始对天然碱、芒硝、盐的综合利用研究，之后以奶制品、制酒及工业分析等专业为重点。1974 年，化工专业分出，改称内蒙古轻工研究所。

8 月 27 日 中共内蒙古自治区委员会（以下简称“自治区党委”）在呼和浩特召开全区各地各部门知识分子工作汇报会。

是月 呼和浩特—武川改建公路建成，全长 45.5 千米，砂石路面，是自治区首条按照公路基本建设程序标准施工的正规公路。

△ 海拉尔—呼和浩特长达 2433 千米载波电话电路建成，加强了与自治区首府的通信联系。

△ 呼和浩特农业机械厂扩建后，设双轮双铧犁、铸工、机工车间等。设备增至 104 台。从上海调入 183 名四级以上生产工人，试制出捷克式摇臂收割机，机械牵引三刀割草机等新式农牧业机械。

△ 呼和浩特市城市建设工程学校成立，是自治区第一所设有中等测绘专业（地形与工程测量专业）的学校，至 1962 年共招生 220 人。

△ 呼和浩特市合作食品厂（后为市酿造厂）开始对酱油、食醋进行理化指标化验检查。

△ 内蒙古农学会在呼和浩特成立。

△ 内蒙古第一毛纺织厂开工建设，经过20个月的施工，1958年4月，绒线车间和长毛绒线车间先后试车投产。

1957年

3月5日 内蒙古自治区首届中兽医代表会在呼和浩特召开，自治区副主席王再天到会讲话。

是月 内蒙古人民出版社出版自治区畜牧厅编写的畜牧科技丛书《打狼》《打草贮草》《破雪工具》《抓膘保膘》《驱虫》等图书。

6月 自治区畜牧厅在呼和浩特市筹建内蒙古兽医生物药品制造厂，1958年正式投产。

7月26日 内蒙古地质学校在呼和浩特建立。

9月 内蒙古自治区地质学会在呼和浩特成立。

10月14日 内蒙古大学举行建校典礼。1962年，该校开始招收硕士研究生；1978年，被确定为全国重点大学；1984年，获博士学位授予权；1997年，被批准为国家“211工程”重点建设院校；2004年，成为自治区政府和国家教育部“省部共建”大学；2012年，入选国家“中西部高校提升综合实力计划”高校（“一省一校”）；2016年，被内蒙古自治区政府确定为“双一流”建设首选支持高校；2017年，入选国家一流学科建设高校。

12月1日 中国中医学会内蒙古自治区分会在呼和浩特成立。

是年 中国防痨协会内蒙古分会在呼和浩特成立。

1958年

1月28日 内蒙古地质局测绘队在呼和浩特正式成立，自治区大规模地质测绘工作从此开始。

3月1日 内蒙古医学院附属医院开诊。

3月26日 内蒙古自治区科学工作委员会成立，哈丰阿任主任，胡昭衡、李继侗、胡尔钦任副主任。

7月 呼和浩特机械厂试制出小型轧钢机，炼钢转炉及牛奶分离器、电动挤奶器等，并冶炼出自治区第一炉转炉钢水。

△ 内蒙古科学普及协会创办《内蒙古科学技术报》周报，1959年7月改为《内蒙古

科学技术》杂志。

△ 自治区开始“大炼钢铁”群众运动。

8 月 1 日 内蒙古工学院成立,前身为呼和浩特机械制造工业学校,在校大学生 282 人,设机械、矿业和化工三个系。1985 年,化工系开始招收硕士研究生。2003 年,学校获得博士学位授予权。

△ 内蒙古邮电学校成立。

△ 内蒙古畜牧兽医学院设立国内第一个草原专业,开始招收本科生,培养草原科学专业人才。

9 月 28 日 包头—呼和浩特 110 千伏输变电工程建成投产(160.3 千米,1.5 万千伏安)。呼包电网初步形成,是为内蒙古电网之始。

△ 呼和浩特钢铁厂 13 立方米高炉点火开炉,并于 9 月 29 日出铁。

是月 呼和浩特钢铁厂炼钢车间开始建设。

10 月 1 日 呼和浩特—锡林浩特—北京航空邮路开通。

10 月 3 日 呼和浩特—锡林浩特—海拉尔航线通航。

是月 中国科学院内蒙古分院在呼和浩特成立。分院化学所设在内蒙古大学化学系内(合署办公)。1962 年,科学院分院缩编为内蒙古综合研究所,化学所改为化学室。1970 年,综合所撤销,化学室人员并入内蒙古轻化工科研所。

12 月 1 日 自治区科学工作会议在呼和浩特召开。

是月 呼和浩特橡胶厂生产出自治区第一根吸引胶管,第一条汽车轮胎。

是年 内蒙古物理学会在呼和浩特成立。

△ 内蒙古化学化工学会在呼和浩特成立。

△ 中国解剖学会内蒙古分会在呼和浩特成立。

△ 内蒙古药学会在呼和浩特成立。

△ 内蒙古中蒙医院成立。

△ 内蒙古煤炭设计研究院在呼和浩特成立。

△ 内蒙古农牧业机械研究所在呼和浩特成立。有工程技术人员 9 名,其中工程师 2 名。

△ 呼和浩特市联合化工厂筹建电解烧碱厂,生产 17 种氯产品。

△ 呼和浩特市青年硫酸厂采用小节流工艺,在自治区最早生产出硫酸。

1959 年

1 月　内蒙古变压器厂试制成功自治区第一台电力变压器,并参加在上海举行的全国工业展览。

2 月 19 日　中共呼和浩特市委员会(以下简称“中共呼和浩特市委”)发布《关于成立科学技术委员会的通知》,经市委第 25 次常委会决定,由下列同志组成呼和浩特市科学技术委员会(以下简称“市科委”):主任委员高增贵(市委书记),副主任委员陈炳宇(副市长)、曹锡光(市委工业部部长)、张鹏林(市委宣传部副部长)、阿尔嘎木扎(市文教部副部长、科委专职副主任)。

2 月 23—27 日　呼和浩特市召开科学技术工作会议,会议代表 140 人。会议做出“全面贯彻呼和浩特市科学技术工作会议的精神,积极开展建国十周年科学技术献礼运动,为完成呼和浩特市 1959 年科学技术发展规划而奋斗”的决议。指出:根据呼和浩特市 1959 年科学技术发展规划中规定的项目,组织科学技术力量,组织检查评比,按全年“五一”“七一”“十一”和“元旦”四次献礼,分期分批的保证按时或提前完成。

是月　土默特旗乌宁(察素齐)人民公社大办小型化学工业,建起 5 个小型土法化学工厂,可生产硫酸、硝酸、盐酸、纯碱、硫化钠、硝酸钾、氯化钾、硫酸钾、畜用土霉素、畜用金霉素、骨粉、骨胶油、细菌肥料等 30 余种产品。

3 月 9 日　呼和浩特市科学技术协会(以下简称“市科协”)正式成立。

是月　根据国家地质部的规划部署,自治区水文地质观测总站在呼和浩特成立。并在全市组建水文地质观测分站。

4 月 1—3 日　呼和浩特市先进生产者和科学技术先进集体、先进个人代表会议召开。会议表彰了一批在增产节约运动中涌现出来的先进集体和模范人物,其中 3 人被推荐出席全国群英会。

4 月 3 日　中共呼和浩特市委批转市科委 1959 年科技发展规划。规划共包括 10 类 61 项研究任务,其中冶炼工业 5 项,机械制造工业 6 项,农牧林业 12 项,电力工业 3 项,化学工业 5 项,轻工业 3 项,基本建设与城市建设 10 项,交通运输和邮电 3 项,医药卫生 6 项,现代科学研究 3 项。

4 月 22 日　市科委、市科协发布《关于深入开展以技术革命为中心的群众运动的方案》。

4 月 23 日　中共呼和浩特市委发出“关于发动群众深入检查第一季度以技术革命

为中心的群众运动开展情况，进一步掀起生产高潮，保证完成二季度计划的指示。”

4 月 24 日　筹建中的呼和浩特市机床厂试制成功 B665 型牛头刨床。

是月　呼和浩特市以“五一”“七一”“十一”“元旦”献礼为中心，开展技术革新、技术革命运动。共完成革新项目 3363 项，19 547 件。

△　全市有 17 家工厂陆续投入生产，年工业总产值达到 3153 万元。通过自己的创造、发明，使 2000 余人使用上机械。

△　为支援内蒙古建设，沿海地区部分工厂内迁到呼和浩特，更名为内蒙古动力机厂、内蒙古电动工具厂、内蒙古电子设备厂、呼和浩特市机床附件厂、呼和浩特市制锁厂、内蒙古电线厂等，填补自治区工业不足。

△　呼和浩特市科学技术情报研究所成立。

5 月 26 日　自治区民航局使用苏制里 -2 型飞机开辟呼和浩特—北京—赤峰—通辽航线，每周 2 班。

7 月 14 日　内蒙古数学学会在呼和浩特成立。

是月　呼和浩特市焦化厂开工建设，年设计生产能力为 20 万吨机制焦炭。

△　呼和浩特市制药厂生产 40 吨甘草浸膏提供国家出口，合霉素片、硫黄噻唑片、麻黄片、阿司匹林、草酸和畜用土霉素等多种新产品在国内销售。

8 月　内蒙古地理学会在呼和浩特成立。

9 月 3 日　市科委发出《关于加强发明创造技术革新鉴定推广工作的初步意见》。意见要求把技术鉴定工作作为制度确定下来。鉴定工作应在各级党的领导下，成立有关的行政领导、科协会员、技术人员、革新者和工农群众参加的领导小组。

是月　内蒙古土木建筑学会在呼和浩特成立。

10 月 20 日　自治区科学技术协会第一次代表大会在呼和浩特召开。

是月　呼和浩特铁路局召开先进代表大会，展出全局技术革新成果 1126 件，并介绍了建局以来技术革新的经验。

11 月 22 日　内蒙古气象学会在呼和浩特成立。

12 月 11 日　内蒙古交通科学研究所（今内蒙古交通设计研究院）在呼和浩特成立。

12 月 21 日　自治区党委呼和浩特召开知识分子改造工作座谈会。

12 月 23 日　呼和浩特市钢铁厂轧钢车间正式投入生产，第一座 6 吨炼钢转炉流出第一炉钢水，每年能轧制方、圆、扁等形钢材 20 万吨。

是月　东胜—呼和浩特开通第一条电传电报电路。

△　内蒙古教育学会在呼和浩特成立。

△ 呼和浩特市建成土法洗煤厂。

△ 呼和浩特市水泥厂建成，内设自治区第一条中空干法回转窑，产品被评为自治区优质产品。

△ 呼和浩特市汽车配件制造厂从1959—1963年生产解放CA10型汽车轮毂、汽缸盖、活塞、活塞销、活塞环、气门、变速器各种齿轮和主轴、汽车半轴、钢板弹簧等40余种汽车配件。

△ 呼和浩特市肉类联合加工厂建成自治区第一条半机械化生猪屠宰加工生产线。

△ 自治区、呼和浩特市两级政府批准呼和浩特发电厂联校开设大专、中专班，并在联校的基础上成立呼和浩特市职工联合大学，与联校合署办公。

△ 天津市珞玲电线厂支援内蒙古建设，210名职工，140台设备搬迁到呼和浩特，并入内蒙古综合电机厂，成立电线分厂，第二年生产出橡皮线、花线、橡胶线和胶质线4种产品。

是年 全市机械工业系统4000职工提出30 000条革新建议，创造发明和改进设备6000台(件)，试制成功945种新产品。

△ 内蒙古农业科学研究所采用系统选育法选出蒙选5819、5802、5804、5814 4个谷子良种，并在呼和浩特市、乌兰察布盟(今乌兰察布市)及伊克昭盟(今鄂尔多斯市)推广。

1960年

1月12日 呼和浩特市新生钢铁厂焦化车间30孔焦炉建成投产，年生产焦炭10万吨。

是月 自治区水产科学研究所在呼和浩特成立。

△ 呼和浩特市糖厂投产。这是国内自行设计、制造、安装的糖厂，日处理甜菜1000吨。

2月4—7日 呼和浩特市技术革新经验交流大会召开。大会总结和交流了全市1959年各行各业大搞技术革新和技术革命的先进经验，进一步推动技术革新群众运动的深入开展，掀起了全面技术革新的高潮。

2月9日 中共呼和浩特市委决定将原呼和浩特市铁工厂附属中学移交市科委接办，拟将此校逐渐发展建设成为呼和浩特市的科学技术学校。

2月19日 市科委、科协发布《关于建立健全基层科技组织机构和实施研究、情报、宣传三网化的初步方案》，方案要求通过建设科学技术研究网、情报网、宣传网，广泛地掀起群众性技术革新和技术革命的新高潮。

2月24日 中共呼和浩特市委第106次常委会议讨论决定齐林任市科学技术委员会副主任。

是月 呼和浩特发电厂破土动工，一期工程2×1.2万千瓦，第一台机组在11月11日简易发电（1961年8月停运，1962年被列入缓建项目）。1965年12月7日，第一台机组经过“填平补齐”正式投产；第二台机组于12月18日投产发电。

△ 呼和浩特市开展以机械化半机械化、自动化半自动化为中心的“双革四化”运动，成立“双革”委员会和办公室。通过誓师会、比武会、现场会、经验交流会、评比会等形式，推动“双革”运动发展。

3月12日 呼和浩特市汽车制造厂改为呼和浩特市汽车配件厂（后改为内蒙古汽车修造厂和汽车齿轮厂），生产载重3.5吨全挂车，这是自治区生产的第一批全挂车。

3月16日 中共呼和浩特市委决定，陈炳宇任市科学技术委员会主任。

3月18日 呼和浩特市编制委员会下达《关于市科委建立综合化验室等机构人员编制的批复》，同意设综合化验室，人员编制30名；情报研究所，编制为10名；天象馆，编制为15名；计量管理所，编制为15名；科技学校，编制为13名。上述编制列入事业编制。

4月4日 呼和浩特市召开工业、农业、基建、交通运输、财贸、文教卫生等系统1300人参加的技术革新、技术革命经验交流誓师比武大会。

4月20日 呼和浩特市钢铁厂500毫米轧机轧制轻轨成功。

4月30日 自治区人民委员会批准在呼和浩特市成立电力技工学校（1961年停办）。

5月13日 呼和浩特市机场修建指挥部成立，新修混凝土跑道长1400米，宽60米，7月27日竣工。

6月23日 内蒙古第一座25米简易跳伞塔在呼和浩特市第二中学建成。

8月 内蒙古大学时学丹、罗辽复、徐行等在《物理学报》第16卷第6期上发表论文《核子与氘核散射中的极化》《自旋为1的粒子的电磁结构》。

9月10日 呼和浩特市畜牧机械研究所成立。

是月 呼和浩特市制药厂试制成功甘草次酸，并投入小批量生产。这在国内是首次生产。

11月 在《鞍钢宪法》精神的指引下，呼和浩特市有计划、有领导地掀起技术革命、技术革新高潮，广大职工提出合理化建议和总结出先进经验4370项，有54个工厂446个车间基本上实现了单机自动化或半自动化生产，其中比较大的项目有导电切削、负离子炼钢、红外线应用等。使17 353人摆脱笨重的体力劳动和手工操作，生产机械化程度由年初的22.7%提高到66.2%。

是年 呼和浩特发电厂职工联校被授予全国教育、文化、体育、新闻方面的社会主义建设先进单位。职工联校校长谭嘉喜出席市、自治区、全国文教群英会。

△ 呼和浩特市政府于1月、4月,先后召开呼和浩特市改良农具和创造发明新式农具比武大会及呼和浩特市"双革"经验交流和"比武大会",对两年来在农具改革方面做出贡献的攸攸板、西菜园农具修配厂等十几家单位授予锦旗,号召"更快地提高农业机械化水平,更大地提高劳动生产率"。

△ 自治区手工业管理局在呼和浩特市大召庙、西河沿举办新式农具展览会。自治区主席乌兰夫到会参观,自治区副主席王再天剪彩。

△ 呼和浩特市制药厂研究土霉素提取工艺,采用水提法代替有机溶媒沉淀法成功,并用于生产。

△ 为支援内蒙古建设,天津、上海、青岛沿海城市先后向呼和浩特市调迁8个整厂和车间,动员3000多名机械行业职工到呼和浩特市安家落户,形成迁入工厂和本地工厂结合,少数民族和汉族职工共同参加建设的地区机械工业特点,电线、电缆、漆包线、三爪卡盘、柴油机、手电钻、C615车床等产品属于迁入企业带来的产品,填补了自治区工业的空白。

△ 上海市地方国营第25五金制品厂,支边迁到呼和浩特,并入自治区商业厅五金机械厂,1962年更名为自治区商业厅制锁厂,1970年下放呼和浩特市,更名呼和浩特市制锁厂。经过20多年的扩建和技术改造,该厂已成为国内制锁工业基地之一,产品销往96个国家和地区。

1961年

1月 自治区水利电力科学研究所和水利电力设计院在呼和浩特成立。

3月8日 内蒙古林学会在呼和浩特成立。

3月13日 自治区第一座火柴厂——呼和浩特市火柴厂建成投产,改变了火柴依靠外省市供应的局面。

是月 呼和浩特市汽车配件厂(后改为内蒙古汽车修造厂和汽车齿轮厂)采用解放牌汽车的底盘角钢骨架试制成大青山牌长途客车,是自治区改装的第一台长途大客车。

9月 内蒙古大学建立半导体物理实验室,开始半导体物理教学和基础科学研究。

1962 年

6 月 3 日 自治区人民委员会在呼和浩特召开自治区第一次中西兽医工作会议。

9 月 内蒙古林学会在呼和浩特成立。

△ 内蒙古土壤学会在呼和浩特成立。

△ 呼和浩特市糕点厂从山海关购进饼干单机,建成第一条饼干生产线。

△ 内蒙古数学学会与内蒙古师范学院、内蒙古大学数学系共同邀请国内著名蒙古族数学家、南开大学教授杨宗磐来呼和浩特市讲学,主讲内容是泛函分析。这是自治区第一次邀请区外数学家讲学。

△ 内蒙古第二毛纺织厂建成投产。精纺锭 1 万枚,织机 168 台,两套羊毛制条设备和配套后整理设备,全部是 1958 年国产定型设备。

1963 年

1 月 8 日 内蒙古植保学会在呼和浩特成立。

1 月 10 日 呼和浩特—集宁 24 路微波通信工程建成,这是自治区首次开通的微波电路。

10 月 1 日 自治区第一座立体电影院改建竣工,位于呼和浩特市新城区,取名内蒙古电影宫。

11 月 1 日 内蒙古人民广播电台在呼和浩特市西郊(台阁牧村)建成一座大功率中波发射中心台。

12 月 23 日 内蒙古机械工程学会在呼和浩特成立。

是月 呼和浩特铁路局研究“美岱召石灰、碱法软水”成功解决了京包线机车锅炉上水问题。

△ 内蒙古电子仪器厂研制成功 SBE－6 型二踪示波器。1964 年 10 月 16 日,为中国第一颗原子弹爆炸试验现场提供测试仪器。国家科学技术委员会、国防科工委、国家科协发来贺电,并获国家科技成果二等奖。

△ 呼和浩特市举行科教电影放映周。

是年 呼和浩特百什户农用 35 千伏变电站建成,容量 2×1800 千伏安,线路 12.6 千米,3 千伏～10 千伏线路 218 千米供电线路;农村用电量达到 1266 万千瓦时,比上年增长 51%。

△ 自治区农牧业机械试验鉴定站在呼和浩特成立。

△ 内蒙古金属学会在呼和浩特成立。

△ 内蒙古心理学会在呼和浩特成立。

△ 呼和浩特市机床厂组织职工完成110项革新项目,主要产品生产实现机械化和半机械化,产品质量和生产效率得到提高,并解决了生产所缺部分关键设备。

△ 内蒙古师范学院乔殿励、吴炎先等开始研制TT6型合金结低频晶体管(后国家第四机械工业部统一型号为3AX1-5)。

△ 内蒙古煤田地质勘探公司在呼和浩特成立。

1964年

4月10日 自治区邮电系统第一届业务技术练功比赛大会在呼和浩特开幕,224人参加67个比赛项目。

5月 内蒙古数学学会在呼和浩特举办第一次中学生数学竞赛。市第九中学学生段禅仑获第一名。

6月22日 内蒙古机电工程学会在呼和浩特成立。

8月 自治区科学技术协会在呼和浩特举办植物保护科技展览。

12月23日 内蒙古农业机械学会在呼和浩特成立。

是月 天津市机床厂C615车间132名职工、39台设备,奉调迁到呼和浩特,并入呼和浩特市机床厂,次年开始生产C615车床。

△ 呼和浩特市新生砖瓦厂筹建新厂(呼和浩特市第二砖瓦厂),1969年投入批量生产。该厂建有96米隧道窑两条,是自治区第一家采用隧道窑烧砖工艺生产砖瓦。

1965年

1月1日 呼和浩特市电子设备厂建立。生产电子计算机外部设备磁带机、绘图机和光电机等。

2月8日 自治区农业厅根据中央要求,在呼和浩特市建立中华人民共和国呼和浩特植物检疫站。

4月 内蒙古作物学会在呼和浩特成立。

△ 呼和浩特—清水河公路宝贝河桥基础施工中,采用机械钻孔(冲击钻)灌注成桩获得成功。此项技术在国内尚属首次应用。

5月1日 自治区畜牧厅、科学技术协会、农牧学院、文化局、市科协等8个单位联合举办畜牧兽医科学技术普及展览。

7月1日 土默特左旗化肥厂正式建成投产。这是自治区第一个小型化肥厂。

是月 呼和浩特市人民委员会为总结交流呼和浩特市“比、学、赶、帮、超”劳动竞赛的经验,巩固工业战线开展“双革”的成果,由呼和浩特市经济委员会举办“技术革新、技术革命成果展览会”,展出呼和浩特市各工业企业“双革”成果400余项。

△ 天津杨柳青柴油机厂1212名职工及288台设备,迁到呼和浩特,在原内蒙古农牧业机械厂地址建起内蒙古动力机厂。次年生产1105型柴油机3500台。

11月 天津兴业电动工具厂280名职工和189台设备搬迁到呼和浩特市,建起呼和浩特市电动工具厂。并与内蒙古农牧业机械厂生产剪毛机部分合并,继续生产剪毛机。

12月7日 呼和浩特发电厂改建的汽轮发电机组正式投入生产。该机组发电能力相当于电厂原有发电能力的6倍。18日,第二台机组投产发电。

12月29日 呼和浩特发电厂老厂最后一台2000千瓦机组停机退役。

是月 呼和浩特电子设备厂按中国科学院计算机研究所设计,试制成功5RG－4型光电输入机,这是自治区电子计算机配套生产的第一台外部设备。

是年 呼和浩特发电厂将2台65吨/时链条炉改为煤粉炉。

△ 内蒙古冶金研究所在呼和浩特成立。

△ 呼和浩特市邮电局采用国产电子管代替进口电子管,改装苏式OB3三路载波机成功。

△ 内蒙古新生机械厂(后内蒙古橡塑机械厂)开始生产橡胶机械。

△ 呼和浩特市等地采用搁架式冷冻蒸发器,开始生产冷冻加工块肉。

△ 呼和浩特市硅酸盐制品厂开始筹建,1968年建成投产。年产粉煤灰砖1500万块。这是自治区第一家利用粉煤灰生产建材产品的企业。

△ 呼和浩特市制药厂土霉素碱全年大罐染菌率为2.9%,夺得全国土霉素染菌率最低的冠军。

△ 呼和浩特市实现革新项目3500个,其中属新技术普及推广的项目有1402个。

△ 呼和浩特市科技建议、革新创造的价值达200余万元,同时与上海236种产品3249项指标进行对比,赶上或超过的1484项,对存在差距的1765项制定赶超计划。

△ 呼和浩特市熟皮厂大力开展“双革”活动,实现熟皮关键性工序洗皮、出灰、揉软,刷毛等机械化生产,为熟皮工人摆脱繁重体力劳动创造条件,提高劳动效率。

1963—1965年,呼和浩特市采取短期技术培训、技术表演、技术观摩、技术协作、技术攻关等形式，重点交流了同行业的技术经验，使全市的工业产品质量有明显提高。如甘草浸膏、马拉割草机的质量指标接近国际水平；长毛绒大衣、提花毛毯、灯泡、火柴、电池等产品质量指标接近或赶上国内先进水平。

1964—1965 年，呼和浩特市工业企业认真落实中央制定的工业 70 条和手工业 35 条，开展了比、学、赶、帮劳动竞赛和技术革新、技术革命的群众运动，学习外地先进经验 8042 项，提出合理化建议 4000 余条，革新成功各种专用设备 32 台。

1966 年

4 月 20—26 日 全国先进刀具观摩推广队华北分队一行 24 人在呼和浩特市进行先进车床刀具推广活动，并留下先进刀具 24 种、资料 63 份。自治区党委书记奎璧接见推广队。

9 月 山东省烟台机床附件厂三爪卡盘车间迁至呼和浩特市，建立呼和浩特市机床附件厂。

10 月 天津市电缆厂 52 名职工，22 台设备迁到呼和浩特市，并入内蒙古电线厂，成立电缆车间。次年生产出橡套电缆、矿用电缆等。

△ 自治区第一座 110 千伏农村变电站——呼和浩特市郊区羊群窑变电站建成，主变压器容量 7500 千伏安。

△ 呼和浩特市邮电局用晶体管改装电子管 12 路载波增音机成功，并投入使用。

是年 呼和浩特市装卸搬运公司自制拉剪、手摇千斤顶、手摇吊车、刮扳打粮机、皮带输送机，实现半机械化装卸。

△ 呼和浩特市汽车装配厂派人到第一汽车制造厂学习装配和检修工艺、规范，回厂后由一汽供应总成及零配件，总装解放 CA10 型汽车。

△ 呼和浩特市锅炉厂从国外引进的 GTY－200－20 型工业探伤 X 射线机，是当时国内工业锅炉生产最先进的探伤 X 射线照相设备，全国同类生产厂中只此一台。

△ 呼和浩特市酿造厂采用 3042 菌种和低盐固态水浴发酵工艺生产酱油，生产周期由半年缩短到 28 天～30 天。

1967 年

是年 呼和浩特—包头公路的改建中，建成乌素图双曲拱大桥，该桥 7 孔，跨径 15 米，全长 127.2 米。

△　呼和浩特市汽车装配厂购入瑞士奥林肯铣齿机一套，至1970年生产出第一批解放CA10型汽车后桥主、从动锥齿轮。

△　内蒙古电子仪器厂研制成功SR2型四踪示波器。示波器具有慢扫描功能（300μS－100S），为全国唯一的大屏幕（Φ20厘米）示波器。1980年，参与中国向太平洋发射火箭试验。

△　内蒙古医学院附属医院外科医生阙求豪等实施的自治区首例断手再植手术取得成功。

1968年

9月　呼和浩特市电子设备厂与中国科学院计算技术研究所共同研制成功DL－1型磁带机，受到中共中央、国务院表彰。

10月25日　呼和浩特—卓资山110千伏输电线路工程正式开工（全长85.52千米，1969年4月13日竣工）。

12月　呼和浩特市电视设备厂成立。

是年　自治区国防工业办公室投资320万元在清水河县窑沟乡兴建火力发电厂，安装国产750千瓦和苏制1500千瓦汽轮发电机组各一台，翌年5月11日投产运行。

△　土默特旗水泥厂（察素齐西沟门）用包头冶金矿山机械厂生产的设备，进行技术改造，自行设计、安装，将土立窑改建为机械化立窑。

△　呼和浩特市邮电局开始使用上海ZB－319A型16路晶体管调频电报机。

1969年

3月　呼和浩特市机床附件厂试制成功平面螺纹动态测量仪。

4月　自治区广播事业局在呼和浩特市西郊山区建设一座对外广播短波台，设2部50千瓦短波发射机，备有播控机房。

△　呼和浩特市驼运社制造成功第一台三轮柴油运输车，解决短途运输的运力不足问题。

9月15日　呼和浩特市砖瓦厂提前3个半月超额20%完成全年计划，试制成功新产品大青瓦。

10月1日　内蒙古人民广播电台电视组使用自己装配的中心设备和1台50瓦黑白电视发射机，在呼和浩特市播出电视节目。

11月11日 呼和浩特市机床附件厂试制成功第一台新型万能铣床。

12月19日 呼和浩特市钢铁厂钛合金电炉投产。

是月 呼和浩特发电厂对2号机组进行“超出力”改造，造成汽缸焊裂大事故。

△ 呼和浩特市制酒厂采用液体发酵工艺生产白酒。是本市白酒工业的一次重大技术变革。

△ 呼和浩特市郊区巧报公社前巧报大队建成自治区第一个竹木结构塑料大棚，种植黄瓜。

△ 内蒙古广播设备修造厂（后为内蒙古电视机厂）开始生产35厘米天鹅牌黑白电视接收机。

1970年

1月 内蒙古生产建设兵团制药厂建成。1975年，建设兵团解散，后改属内蒙古农牧场管理总局。1980年7月，与内蒙古医药总公司联营，改称呼和浩特第二制药厂。

4月1日 呼和浩特市乳品厂引进丹麦生产奶粉的成套设备投产，日处理鲜奶20吨，设备节能效果显著。

5月1日 内蒙古人民广播电台电视组改称呼和浩特市电视台并正式播出。图像载波频率为57.75兆周，伴音频率为64.25兆周。播出的新闻节目大部分是新华社的图片稿。下半年，开始播放电视新闻片，每周播出一次。1973年7月1日，呼和浩特市电视台改为内蒙古电视台，正式使用内蒙古电视台台标播出。

是月 呼和浩特市汽车修配厂和呼和浩特市汽车配件厂合并成立呼和浩特市汽车制造厂（后为内蒙古汽车修造厂和汽车齿轮厂）。

7月 呼和浩特市汽车制造厂（后改为内蒙古汽车修造厂和汽车齿轮厂）生产出自治区第一台草原－120型4吨载重汽车，主要组成及大部分零部件为厂内制造。1972年，又试制生产草原－140型5吨载重汽车。

9月 内蒙古电子仪器厂研制并生产国家重点工程配套的SR3二踪示波器，为中国发射第一颗人造地球卫星提供测试仪器。中共中央、国务院、中央军委发来贺电。

11月30日 位于清水河县下城湾的“七〇黄河公路大桥”建成。结构为双曲拱6孔，跨径50米，长342.52米，是自治区内第一座跨越黄河的永久型公路桥梁。

12月 呼和浩特市电子设备厂研制成功CTS－1型平板式数字处理绘图机。1972年4月，被国家选送到法国参加巴黎世界博览会，此后又赴日本、马来西亚、菲律宾和保加利亚等国展出。

△ 呼和浩特市机床厂王存智等应用计算机进行辅助设计,制造出三轴滑移公用齿轮机构,成功地运用于C6132机床等新产品中(1980年,获自治区科技成果一等奖)。

是年 呼和浩特市电子局仿制国产TQ-1大型晶体管计算机获得成功。

△ 呼和浩特市建立无线电元件三厂、四厂,呼和浩特市第二中学建立呼和浩特市整流器厂,内蒙古大学建立半导体器件厂;包头市建立包头市半导体器件厂、半导体器件二厂。这些半导体器件厂的建立,形成了自治区半导体器件工业生产体系。

△ 呼和浩特市组织单晶硅大会战。到1974年底,成功地设计和制造出单晶硅炉,并拉制出单晶硅。

1971年

3月 呼和浩特市机床厂研制的"三轴滑移公用齿轮机构",使机床进箱大大简化传动分枝和路线,减少齿轮和零件,提高传动精度,被一机部评价为"机床进箱系统的一次革命",1971年度列为全国重大成果之一,并被国内许多机床企业采用。

7月1日 呼和浩特市装卸公司自制5吨电动吊车成功。

8月 自治区广播事业局在海拔2076米的料木山(呼和浩特—武川)建立第一座电视高山发射台(706台),发射功率为1千瓦;1972年10月,扩大为7.5千瓦;1979年5月,增设10千瓦彩色电视发射机。

10月 内蒙古电子研究所在呼和浩特成立。

12月4日 国家地震局同意内蒙古组建地震工作机构。并新建呼和浩特市乌素图地震台。

是年 自治区革命委员会生产建设指挥部批准呼和浩特发电厂2×2.5万千瓦工程设计及预算,投资总额为3987.64万元。

△ 呼和浩特市机床厂引进日本佳能公司SE-600台式电子计算机1台,用于"三轴滑移公用齿轮机构"科研项目。

△ 呼和浩特市装卸搬运公司开始自制仿制电动吊车、液压吊车、积垛吊车、各种拉力机及15吨、30吨平板挂车。到1978年基本实现机械化、半机械化装卸和搬运。

△ 呼和浩特市机床附件厂郭永坤、程玉明、侯文兹研制成功双头半自动平面螺纹磨床。磨床主轴为无级调速,自动测量。1974年和1975年分别在日本和联邦德国展出。1980年,获自治区科技成果二等奖。

△　呼和浩特市机床附件厂郭永坤、吕丰典研制成功双头半自动卡爪齿弧磨床。1980年，获自治区科技成果二等奖。

△　呼和浩特市郊区农机具研究所成立，主要任务是研究郊区农业生产用小型农机具，推广先进耕作机械。

1972年

4月1日　呼和浩特市北郊变电站（呼包公路南侧）土建工程正式开工，1974年12月26日，设备安装竣工，供受电压为：110/35/10.5千伏，装机容量为1500×2千伏安。

5月　自治区成立650毫米轧钢设备会战领导小组，组织呼和浩特市和包头地区机械企业，为呼和浩特市钢铁厂制造650毫米轧钢成套非标准设备。1980年5月22日，正式投入使用。

8月29日　呼和浩特市钢铁厂轧钢厂试轧3号角钢成功。

10月　呼和浩特市焦化厂建成一座年生产10万吨的焦炉。

11月　呼和浩特市电视设备厂试制成DCF－50型电视差转机并批量生产，销往20多个省、市、自治区。

△　自治区电业管理局、呼和浩特地区机械工业行业协作制造成功2.5万千瓦汽轮机，安装在呼和浩特发电厂。

△　呼和浩特市郊区建设温室、大棚、小棚、风障、阳畦等各类保护地共1498.1亩，成为自治区第一个拥有1000亩以上保护地的旗县级城市。

△　呼和浩特市电子设备厂大搞技术革新，为国家生产4种类型10个型号的产品1570余台，为中国第一次氢弹爆炸，第一颗人造卫星上天，第一台大型晶体管电子计算机，第一台每秒百万次集成电路电子计算机提供了外部设备，设计制造的电子平板数控绘图机，达到国际水平。与北京738厂生产的108Z型电子计算机配套参加1972年在法国巴黎举办的世界博览会，并在1972年春秋两届中国广州商品交易会上展出。

1973年

1月1日　呼和浩特市革命委员会、自治区电业管理局共同成立呼和浩特发电厂“二五”工程指挥部，开始组织制造该厂扩建工程需用的2.5万千瓦汽轮机。

1月19日　呼和浩特市电子设备厂试制成功MSB－1型平板数字式扫描仪。

7月6日　中共呼和浩特市委任命陈自忠兼任市科技局局长。

是月 呼和浩特市炼铁厂将土法烧结球团矿改进为机械化烧结。

△ 自治区畜牧局、内蒙古农牧学院在呼和浩特市举办首届中蒙兽市科技局，发掘整理才道尔（蒙古族）、杨万福、徐银宝等11位老中蒙兽医的医疗经验，并培训43名学员。

10月 呼和浩特市电子工业系统生产120种产品，其中有磁带机、光电机、描绘仪、示波器、脉冲毫伏表、电子管复用表、半导体收音机、扩音机、电视接收机、电视广播机、电视频率转播机等比较精密的产品。

△ 呼和浩特市和包头市邮电局试制成功供电局对自动局的准电子式长途电话半自动拨号接续设备，并在全国邮电系统技术革新成果展览会上展出。

△ 呼和浩特市公路管理处首创渣油砂石预制块修补旧油路面坑槽技术，解决油路冬季养护问题。

12月 呼和浩特市合作第二运输公司，以柴油机动板车取代骆驼板车。从此，呼和浩特市区内停办骆驼车运输。

是年 内蒙古农业科学研究所沈悌恂、刘世华、郎近仁等育成甜菜新品种内蒙五号，1980年获自治区科技成果二等奖。

1974 年

1月1日 呼和浩特市地震台地磁场观测开始，并向国家地震局上报数据。

4月 呼和浩特市郊区建立农研所，公社成立农科站，生产大队成立农科队，生产队成立农科组，形成四级农业科技网。

12月 呼和浩特铁路局与中国科学院兰州冰川、冻土、沙漠研究所共同承担桥墩冰压力的计算及防冰措施项目，完成《水压力观测试验阶段报告》《冰压力观测原始数据表》《冰压力观测研究报告》等有关资料，取得静态和部分动态研究成果。

是年 呼和浩特发电厂2×2.5万千瓦机组扩建工程全面开工。

△ 清水河县单台子村建成35千伏送变电工程和扬水站，这是自治区解决山区人畜饮水困难的第一个较大的饮水工程。

△ 由内蒙古药品检验所、呼和浩特市制药厂李仁、闵征雄、赵丽英研究制定的甘草浸膏国家质量标准，被中国药典（1977版）采纳。

△ 呼和浩特市第一砖瓦厂自行设计的半干法压瓦机试制成功。

△ 呼和浩特市糕点厂王来运研制成功月饼包馅机。

△ 内蒙古农牧业机械化研究所研制成功DJ－4型机动剪毛机。

△ 呼和浩特—海拉尔单边带电路首次开通。使用65Z型800瓦单边带电收发讯机各两部。能做单边带电传报和单边带话路,同时可进行四路通讯。

△ 呼和浩特市电子仪器二厂丁锡琴、王明安、顾友完成LGS－I型数字式电缆故障测试仪研制,1980年获自治区科技成果二等奖。

1975年

3月1日 内蒙古冶金地质勘探公司综合研究队在呼和浩特市成立,专门从事有色地质勘查研究工作。

是月 内蒙古果树研究所在呼和浩特成立。1981年,改称为内蒙古园艺科学研究所。

5月 清水河县单台子五级扬水站竣工,总扬程571米,是内蒙古高扬程最大的扬水站,也是“小、高、抽”的典型样板。

6月 内蒙古液压技术研究所在呼和浩特成立。

7月 内蒙古电子计算站在呼和浩特成立。1978年10月,更名为内蒙古电子计算中心。1983年4月12日,内蒙古电子计算中心增挂内蒙古计算机应用研究所牌子。

10月21日 中共呼和浩特市委常委会议决定,市地震办归市革命委员会直属领导,由市革命委员会秘书长姜梦林兼任市地震办公室主任。

12月4日 中共呼和浩特市委任命金久斗为市科技局党革命委员会,免去陈自忠市科技局党总支书记职务,免去德宝市科技局副局长、党总支副书记职务。

是月 呼和浩特市商品检验局甄宏太、杨淑贤完成炭疽荚膜双染荧光血清及炭疽噬菌体荧光血清项目。该成果达到国际先进水平,1978年获全国科学大会奖,1980年获自治区科技成果一等奖。

是年 呼和浩特市包装糊箱机试制成功。

△ 武川县上秃亥人民公社农机修配厂试制成功小型平地机,用两头耕牛或1台小型手扶拖拉机带动工作,相当于30个劳动力。

△ 内蒙古电线厂研制成功万伏橡胶套矿用电缆,填补国内空白。

△ 内蒙古畜牧科学研究所协同呼和浩特市郊区良种猪场进行“南北”猪杂交获得成功。这种杂交猪饲养6个月体重可达到60公斤。

△ 内蒙古轻工科学研究所、呼和浩特市酒厂、上海市糖业烟酒公司、无锡酶制剂厂沈怡芳、沈尧绅、高松柏承担的“提高液态发酵白酒质量的研究”课题,1980年获自治区

科技成果二等奖。

△ 内蒙古化工机械厂(后为呼和浩特市化工机械厂)开始生产二类受压容器设备。

1976 年

1 月 1 日 呼和浩特市地震台形变电阻率(俗称地电)正式开始记录,使用 ED－71 型电子自动补偿仪,后改为 DDC－2 型电子自动补偿仪。

1 月 12 日 呼和浩特发电厂 3 号(自制 2.5 万千瓦汽轮机)发电机组建成发电。

是月 呼和浩特铁路局与国家建设委员会建筑研究院首先完成螺栓球节点钢管网架设计试验和施工技术研究。同年,在建工部指导下,呼和浩特市什拉门更机械厂也成功研制生产螺栓球节点钢管网架。1978 年,在全国科学大会上获奖。

3 月 内蒙古农作物品种审定委员会在呼和浩特成立。

4 月 6 日 00 时 54 分 37.7 秒,北纬 40°14′,东经 112°12′,和林格尔县发生 6.3 级地震。震中位置在新丰和新店子公社。震中烈度Ⅷ度,震源深度 18 千米。

5 月 15—23 日 呼和浩特市农林局、科技局召开呼和浩特市地区奶牛工作及推广冷冻精液技术座谈会,会议讨论了呼和浩特市“五五”期间奶牛发展规划,部署 1976 年奶牛工作任务。

6 月 23 日 中共呼和浩特市委任命王更生为市科技局副局长。

是月 呼和浩特—武川 110 千伏输电线路建成。线路长 38.8 千米,跨越大青山,地形险峻,采用圆钢轻型拉线塔,节省投资,这种新型电塔在华北地区是首次采用。

是年 根据呼和浩特市革命委员会 122 号《关于成立呼和浩特市科技交流站的批复》,正式成立呼和浩特市科技交流站。先后举办无线电、工业电子、可控硅、数控、焊接、铸造、外语等学习班;举办自然辩证法、中医等讲座;1.5 万余人参加学习和交流。

△ 呼和浩特市中药厂生产的三花牌阿胶补血膏,1983 年,被国家医药管理局评为优质产品。

△ 自治区卫生防疫站和呼和浩特市卫生防疫站等单位共同完成黄河水系工业三废污染调查,1978 年在全国科学大会上获奖。

△ 呼和浩特市锅炉厂为市西郊发电厂制造出跨度 35 米、两侧可再延伸 10 米、5 吨起重龙门抓斗。

△ 和林格尔县邮电局试制成功市内磁石电话集中供电设备。

△ 内蒙古甜菜制糖工业研究所在呼和浩特成立。

1977 年

4 月 呼和浩特市电信局在自治区首次安装使用电报中文译码机。

△ 呼和浩特发电厂 4 号机组(2.5 万千瓦)建成投产。全厂装机容量达到 7.4 万千瓦。

5 月 内蒙古地质局物探队与内蒙古大学合作研制成功重力勘探区域改正新方法——网函数插值法。

△ 内蒙古交通勘察设计研究所设计的呼和浩特—白塔机场公路东风大桥建成,长 208.44 米,跨径 20 米,是自治区首座后张法预应力混凝土 T 型梁桥。1981 年 12 月,获自治区优秀项目设计奖。该桥在施工中首次采用国产 DPP－100 型汽车钻机,完成 Φ1.2 米钻孔桩施工。

△ 由内蒙古人民出版社翻译成蒙古文的医学著作《方海》(原书藏名:满阿嘎仁钦纵乃)共 6 篇出版发行。该书是由蒙医师占巴拉用藏文于 1800 年编著,是一部较完整的蒙药方选集。

7 月 1 日 呼和浩特市制药厂王乃文等人提取卡那霉素 B 成功。1979 年,参加全国卡那霉素 B 鉴定会。

8 月 20 日 内蒙古稀土推广应用办公室在市科技局的配合下,利用 95% 千里山铸铁和 5% 废钢,在市郊区农机修造厂试制出球墨铸铁。

是月 全国沙金生产技术经验交流现场会议在武川召开。

△ 呼和浩特市筹建 5 万立方米加气混凝土厂,1979 年投产,设备由国内自行设计制造。

11 月 17—22 日 呼和浩特市科学技术大会召开,会议表彰 172 个科技工作先进集体和 137 名先进个人。

是月 呼和浩特市商品检验局、上海商品检验局完成用反向间接血凝法检验肉毒毒素研究。1980 年,获自治区科技成果二等奖。

△ 中共呼和浩特市委任命从敬滋为市科技局副局长。

1978 年

1 月 10 日 自治区党委在呼和浩特召开科学大会,表彰 1949—1977 年自治区 16 个领域 506 个优秀科技成果及科技工作者。会议通过自治区科普工作 10 年发展规划,是自治区成立以来召开的第一次科学大会。

3 月 27 日　中共呼和浩特市委常委会议决定撤销市科技局和电子推广办公室;成立市科学技术委员会。

3 月　呼和浩特市郊区蔬菜研究所成立。

4 月 18 日　呼和浩特市医院五官科副主任张浦等成功为 1 名喉平滑肌肉瘤患者做超声喉半截除术和发音重建术,为治疗喉瘤开创新技术。

4 月 14—20 日　中共呼和浩特市委召开呼和浩特市 1978 年科技工作会议,传达全国科学大会和全国科学技术革新会议精神,讨论呼和浩特市科技规划,安排全年的科技工作。

4 月 20 日　内蒙古草原学会在呼和浩特成立。

是月　内蒙古中蒙医学会在呼和浩特重建。

6 月　自治区科学技术协会、教育厅、共青团自治区委员会联合在呼和浩特市举办全区第一届青少年科技作品展览。作品有航模、舰模、无线电、机器人等共 300 余件。展出期间观众 10 余万人次。

8 月 7 日　内蒙古遗传学会在呼和浩特成立。

是月　内蒙古动物学会在呼和浩特成立。

△　自治区科学技术协会邀请华罗庚为首的“双法”(优选法、统筹法)推广小分队到呼和浩特市等地推广“双法”。

9 月　呼和浩特市畜牧机械研究所主持研制的国内第一台 9KJ - 1. 4 型牧草捡拾压捆机通过自治区鉴定。

11 月　《蓝琉璃》一书由内蒙古医学院中蒙医系蒙医研究室译成蒙古文,内蒙古人民出版社出版。该书是第司 · 桑杰嘉措用藏文于 1640 年著成,此书对《四部医典》有详细注解。

△　内蒙古硅酸盐学会在呼和浩特成立。

△　呼和浩特市橡塑机械厂、青岛橡胶六厂蔚跃林、郭秉南研发 3. 25 × 8. 75 米框式平板硫化机,为中国制造宽幅运输带和钢丝绳运输带提供设备。1982 年,获自治区科技成果二等奖。

△　内蒙古农牧业机械化研究所、内蒙古工学院、呼和浩特市机床附件厂、呼和浩特市电动工具厂丁福忱、黄建洪完成剪毛机刀片磨损机理及热加工工艺的研究,1980 年,获自治区科技成果二等奖。

△　呼和浩特市电子设备厂、清华大学电子系自动控制教研室研制 CTS - 2 型数字

程序控制绘图机成功。1980 年,获自治区科技成果二等奖。

1979 年

2 月 18 日　内蒙古、河北、山西、青海、新疆、甘肃、宁夏七省区农业科学院和农业院校代表参加的胡麻科研协作会在呼和浩特市召开,研究 1979—1985 年全国胡麻(亚麻)科研规划和联合试验方案。

是月　呼和浩特铁路局在集二线白音察干火车站下行预告信号机上首先应用太阳能电池电源。

3 月 12 日　中共呼和浩特市委决定恢复成立呼和浩特市科学技术委员会,任命金久斗、丛敬滋、李纯、王更生、杜敬旺为副主任,设置综合计划科、业务一科、业务二科、办公室、科技干部管理科共 5 个科室。

4 月 13 日　经中共呼和浩特市委研究决定,任命曹沄为市科委党组书记。

4 月 15 日　内蒙古粮食科学设计所在呼和浩特成立。

是月　内蒙古计量测试研究所在呼和浩特成立。

△　内蒙古力学会在呼和浩特成立。

△　内蒙古生理学会在呼和浩特成立。

5 月 1 日　呼和浩特市开始播出彩色电视节目。1984 年,第一条彩电生产线在内蒙古电视机厂建成。

5 月 14 日　内蒙古测绘学会在呼和浩特成立。

△　呼和浩特市地震台的基尔诺斯式 SK 型中长周期地震仪正式开始记录。

5 月 19 日　内蒙古水产学会在呼和浩特成立。

是月　呼和浩特发电厂 2 号炉制粉系统改造(锤击式改为球磨式)工程开始,当年完成。全厂装机容量由 2.8 万千瓦提高到 6.2 万千瓦。

8 月　内蒙古自动化学会在呼和浩特成立。

10 月　呼和浩特市畜牧机械研究所研制成功电围栏脉冲器。

11 月　内蒙古建筑科学研究所在呼和浩特成立。

12 月 12 日　内蒙古自然辩证法研究会在呼和浩特成立。

是月　呼和浩特市地震台 RYC2－72 型压磁应力仪投入观测。

△　呼和浩特铁路局科研所配置首台 DJS－130 小型电子计算机。

△　内蒙古医学院附属医院妇产科应用中草药蒲黄对 60 例孕妇进行中期引产试

验,成功率为67%。

△ 内蒙古第一毛纺厂于长贵等5人在中国首创“自动拧绞机”,取代手工操作,避免操作工人职业病。1980年,获自治区科技成果二等奖。

△ 由国家铁道部铁道科学研究院主持,呼和浩特铁路局参加研制的4-2辆低摩擦系数合成闸瓦获国家级科技进步三等奖。

△ 内蒙古植物学会在呼和浩特成立。

△ 呼和浩特市等地将农用塑料薄膜覆盖技术应用于蔬菜种植,地膜覆盖蔬菜可提早上市7天~15天。随后该技术发展到甜菜和粮食作物。

△ 呼和浩特市橡塑机械厂李秀蓉开发出XJW-85冷喂料橡塑挤出机。1980年,获自治区科技成果二等奖;1983年,获国家优秀新产品金龙奖。

△ 国家农机部呼和浩特市畜牧机械研究所刘名英、唐云琪、赵力军完成9MB-2型牧草排种部件研究。1981年,获国家农机部科技成果二等奖。

△ 呼和浩特市机床附件厂王世杰、黄承谟分别完成“45号、40号铬钢在金相和热处理方面的探讨、冲天炉最佳热工参数”的选择课题。1980年,获自治区科技成果二等奖。

△ 呼和浩特市商品检验局、天津商品检验局何镜成、甄宏太完成沙门氏菌A-60多价荧光血清研究。1980年,获自治区科技成果二等奖。

△ 呼和浩特市制药厂白苏华、高娃完成从甘草浸出液中直接提取甘草酸新方法的研究。1980年,获自治区科技成果二等奖。

△ 呼和浩特市机床附件厂生产的环球牌三爪自定心卡盘,获第一机械工业部优质产品称号。

△ 内蒙古化学学会在呼和浩特成立。

1980年

1月1日 内蒙古人民广播电台在清水河县山区建成1座大功率短波战备台。设4部50千瓦短波发射机,同时自建3000千瓦火力发电厂。因台址选择不当,于1984年停止使用。

1月7日 中共呼和浩特市委研究决定,章渍洁任市科委副主任、党组成员,兼市科协副主席。

1月8日 呼和浩特市钢铁厂650毫米轧机联动试运行成功。5月22日竣工投产。

1月21日 呼和浩特市科委与内蒙古畜牧研究所签署协议,将所属的市科委大青山科技试验站移交给内蒙古畜研所。大青山科技试验站于1977年4月开始筹建，截至1979年12月底，有职工11人，固定资产13万元。

4月1日 呼和浩特—包头220千伏输电线路工程开工。全线183.6千米，于12月26日竣工投入运行。

4月9日 内蒙古计量测试学会在呼和浩特成立。

4月24日 自治区计划委员会邀请自治区科学技术委员会、内蒙古大学、内蒙古电子学会、自治区电子局、呼和浩特市电子局等单位的电子工艺专家、技术干部对内蒙古半导体厂的迁厂问题进行论证。会后由自治区计委向该厂投资730万元，在新址建厂。

5月17日 内蒙古公路学会在呼和浩特成立。

5月20日 内蒙古轻工学会在呼和浩特成立。

5月21日 内蒙古标准化协会在呼和浩特成立。

5月25日 呼和浩特市呼伦路立交桥开始施工。该桥由呼和浩特铁路局设计施工，获国家铁道部优质工程二等奖。

是月 自治区农机局从澳大利亚赛克龙公司引进1.4千米(一套)环扣强钢丝预制围栏(网围栏)，安装在和林格尔县西南15千米处脑木气村草场上。

6月17日 内蒙古珠算协会在呼和浩特成立。

6月20日 中共呼和浩特市委研究决定赵秋帆任市科委副主任、党组成员。

是月 呼和浩特铁路局开发出全局运输工作日况报告程序计算机软件。

△ 呼和浩特市第三机床厂刘振洲、王元光、何尚义等人研制成功MB4363A双盘半自动研磨机，为轴承、油泵、油嘴、液压件等行业提供一种较好的超精加工设备。1982年，获自治区科技成果二等奖。

7月5日 自治区地质局遥感地质站在呼和浩特成立。

7月30日 内蒙古通信学会在呼和浩特成立。

8月13日 呼和浩特市公路学会成立。

8月14日 内蒙古数学会协助中国数学会在呼和浩特召开组合数学与图论“三北”学术交流报告会。

是月 呼和浩特市饲料公司、饲料研制厂在内蒙古农牧学院的专家指导下，研制生产矿物质强壮剂、土霉素、四环素药渣粉、石粉、动物血粉等配合饲料添加剂。

9月 呼和浩特市机床附件厂生产的三爪自定心卡盘(80毫米、100毫米、250毫米)获国家银质奖。这是自治区机械产品首次获国家银质奖。

△ 全国计算机外部设备使用维护经验交流会在呼和浩特举行。

△ 内蒙古畜牧机械研究所和锡林郭勒盟宝昌牧机厂合作,研制出国内第一台 9JK－2.7 方草捆捡拾装载机,该机可与小方捆捡拾压捆机配套作业。

10 月 10 日 自治区政府在呼和浩特召开全区科学技术研究成果授奖大会。公布 1971—1979 年获奖项目 631 项,其中一等奖 7 项,二等奖 88 项,三等奖 214 项,四等奖 322 项。

是月 呼和浩特市气象台、内蒙古大学、内蒙古师范学院、河西公司陈光明、王守刚、刘天芬合作完成“土默川气候变迁初步分析”项目在 1980 年获自治区科技成果二等奖。

11 月 19 日 黄河流域水坠坝科研成果交流会在呼和浩特召开。水坠法筑土坝与碾压法比较,提高工效 5 倍～10 倍,节省投资 90% 左右。

11 月 24 日 中共呼和浩特市委研究决定云继明任市科委副主任、党组成员。

11 月 26 日 内蒙古科普创作协会在呼和浩特成立。

是月 内蒙古建筑科学研究所设计的自治区第一座被动式太阳能办公楼在呼和浩特市建成,建筑面积 340 平方米。

△ 内蒙古毛条厂刘秀英研制成功内蒙古改良毛 66 支、64 支毛条先复洗后精梳新工艺。改变了传统的先精梳后复洗旧工艺,减少精梳过程中羊毛纤维的损伤,提高毛条纤维平均长度。该项目 1982 年获自治区科技成果二等奖。1986 年获国家科学技术进步三等奖。

是年 内蒙古送变电工程公司在呼和浩特市东郊变电站施工中,首次采用倒装法安装 220 千伏少油断路器,氩弧焊接铅排,利用钢筋煨弯机改制成弯母线器,采用冷浇环氧树脂制作电缆头。

△ 为解决北方严寒地区城市污水二级处理设施的越冬问题,呼和浩特市排水工程设计组周时智等开展“城市低温污水机械表面曝气处理”的研究。经过三年研究,呼和浩特市开始污水处理厂建设。1982 年,获自治区科技成果二等奖。

△ 呼和浩特市机床厂试验成功机床铸造床身导轨高频淬火新工艺。

△ 呼和浩特市机床附件厂磨床 QC 小组获国家质量管理小组奖。这是自治区内机械行业获奖的第一个 QC 小组。

△ 呼和浩特市完成“五五”生产计划,企业总数达到 787 个,完成工业总产值 82 541 万元,比 1975 年增长 68.7%,平均每年递增 11%。

△ 呼和浩特市汽车修配厂试制成功奥林肯铣齿刀刀片和西德 BT201 铣齿刀片,被列入交通部重要科技成果光荣册。

△ 包头钢铁设计院、呼和浩特钢铁厂完成“差动调速技术在线材连轧机上的应用”

项目。1982年,获自治区科技成果二等奖。

△ 呼和浩特市师范学校徐连弟、马殿森完成稀模式铸型法项目。1982年,获自治区科技成果二等奖。

1981年

2月20日 内蒙古质量管理学会在呼和浩特成立。

3月18日 中共呼和浩特市委第九次常务会议决定免去曹沄市科学技术委员会主任职务。

3月23日 呼和浩特市政府市长办公会议决定,撤销市地震办公室,改为市科委地震办公室(科级单位)。

是月 海拉尔邮电局开通海拉尔—呼和浩特无线密台会晤与无线长途电话电报电路。

4月11日 自治区科学技术协会在呼和浩特市召开自治区科协工作经验交流会,表彰和奖励先进学会21个和优秀学会干部30名。

是月 内蒙古青少年科技辅导员协会在呼和浩特成立。

5月 内蒙古科技情报学会在呼和浩特成立。

6月25日 呼和浩特市邮政局阿拉塔设计的包裹分拣机械流水作业竣工使用。

9月25日 呼和浩特市制药厂天坛牌甘草浸膏获国家级优秀产品银质奖。

是月 呼和浩特市卷烟厂制丝生产线技术改造完工,制丝能力由原年产10万箱增加至20万箱。

10月17日 美国爱达荷大学森林、野生动物与草地学院院长艾伦莱奇和夫人以及美籍学者王启元教授到呼和浩特访问,并作《美国过去和现在草地利用管理问题》《区域历史研究》《林木、草原的遗传改进》等学术报告。

是月 国家地震局确定呼和浩特市等8个地震台为国家基本台网组成台。

△ 国家铁道部在呼和浩特铁路局召开全路信号应用硅太阳能电池技术交流会。

△ 呼和浩特市电子设备厂试制成功CTS-4型滚筒式绘图机。

11月 中国中西医结合学会内蒙古分会在呼和浩特成立。

12月3日 内蒙古建筑研究所、呼和浩特市新城区人民防空办公室周伟军、陶美萍、许世海等完成的太阳能热风系统在地下医院应用研究,为气候干燥地区的地下建筑利用太阳能解决升温、除湿和保证新鲜空气量的问题提供新的途径。1982年,获自治区科技成果二等奖。

12 月 28 日 内蒙古环境保护科学研究所、呼和浩特市环境保护研究所、内蒙古工业学校与内蒙古电线厂老工人王正相共同研制出胆环型茶炉。该炉采用多回程道流换热自然通风，炉体受热面积达到 88.8%，可充分利用余热，低灰尘，节煤 75%。1982 年，获自治区科技成果二等奖。

12 月 29 日 呼和浩特—太原的微波线路建成，并与太原—北京的微波线路接通。内蒙古电视台可通过该微波线路转播中央电视台一套节目。

是年 国家农机部呼和浩特市畜牧机械研究所刘名英、刘德、郭安殿研制出“9BC－2.1 型”牧草耕播机。1982 年，获国家农机部科学技术成果三等奖。

△ 呼和浩特市橡胶厂采用国产四滚大压延机生产尼龙帘线汽车外胎，实现尼龙帘线两面一次挂胶。1983 年，生产的 900－20 轮胎达到优质轻量化。

△ 呼和浩特市牧机所研制的“9MB－2 型牧草排种器部件”获国家农机部科技二等奖。

△ 国家农机部呼和浩特市畜牧机械研究所主办的《畜牧机械》杂志，荣获国家农机部科技进步二等奖。

△ 呼和浩特市建立遥测地震台网。

△ 呼和浩特市卷烟厂从泰国引进香料烟叶（巴事马）试种成功。

△ 呼和浩特市政府成立技术协作办公室，先后与无锡、天津、北京等地签订技术协作项目 117 项，协作物资总额 1200 余万元。

1982 年

2 月 1 日 呼和浩特市地震台 763 型长周期地震仪开始正式记录。

2 月 9 日 中共呼和浩特市委第 110 次常委会议研究决定陈金玉任市科委副主任、党组成员。

2 月 21 日 国家科学技术委员会二局和自治区科学技术委员会、经济委员会在呼和浩特市召开小型风力发电机技术攻关会。确定适合自治区地区的 50 瓦和 100 瓦发电机的技术参数暂行标准，明确锡林郭勒盟风能研究所和商都牧机厂为风机研制攻关单位，并确定区内外 9 个协作单位。

3 月 27 日 内蒙古种子协会在呼和浩特成立。

4 月 呼和浩特市汽车修配一厂生产载重 5 吨全挂车。1984 年，又生产载重 10 吨半挂车。1987 年,获自治区优秀新产品奖。

5 月 14 日　内蒙古电力试验研究所、清华大学、北京锅炉厂、呼和浩特发电厂等单位共同研究试验的“煤粉预燃室旋流燃烧器的改进”项目,经自治区电管局组织鉴定通过。是年获华北电管局合理化建议和技术改进成果一等奖。1983 年,获国家水电部科技成果二等奖。1984 年,获国家发明三等奖。

6 月　自治区科学技术协会、共青团委员会、妇女联合会、教育厅联合举办的全区第一届青少年“小发明、小创造、小论文”比赛在呼和浩特市进行。

△　呼和浩特市汽车修配一厂用解放 CA10B 汽车底盘改制成功了内蒙古第一台洒水车,并通过自治区鉴定。

7 月 8 日　内蒙古国土经济研究会在呼和浩特成立。

是月　清华大学应用数学系副主任肖树铁副教授应自治区高教局邀请来呼和浩特访问,作题为《应用数学的现状与展望》学术报告。

△　内蒙古蒙药学会在呼和浩特成立。

8 月 14 日　全国绵羊、山羊标准化技术委员会在呼和浩特成立。

是月　华北五省市区热学研讨会在呼和浩特举行。

△　内蒙古大学受国家教育部委托在呼和浩特举行全国植物生态学教材建设研讨会。生态学家曲仲湘、仲崇信、阳含熙、吴征镒等教授出席会议。

9 月　内蒙古煤炭学会在呼和浩特成立。

10 月 5 日　内蒙古马铃薯科研协作会在呼和浩特召开,研究自治区马铃薯的科研方向和重点,并决定成立内蒙古马铃薯科学研究中心。

11 月　中国药学会内蒙古药学分会第一次代表大会暨学术交流会在呼和浩特召开,并正式成立内蒙古药学分会。

△　内蒙古优选法、统筹法与经济数学研究会在呼和浩特成立。

△　国家农机部呼和浩特畜牧机械研究所李果、宝音苏荣研制出 50 瓦风力发电装置。1983 年,获国家机械工业部科学技术成果三等奖。

△　呼和浩特市橡塑机械厂研制的呼字牌 XJ－115A 橡胶挤出机,获化学工业部优质产品奖。1983 年,获国家银质奖。

是年　呼和浩特市造纸厂新建日处理 3000 吨的气浮法白水回收装置,实现纸浆机封闭循环用水,多余部分供制浆车间洗涤使用,减少废水的排放,提高水的重复利用率,回收了纸浆和滑石粉。

△　呼和浩特市中药厂研制的新药沙棘精获得成功并通过鉴定。1983 年,获国家经

委颁发的金龙牌优秀新产品奖。

△ 国家化工部在呼和浩特召开全国小氮肥厂扭亏增盈现场会，土默特左旗化肥厂等单位介绍经验。

1983 年

1 月 27 日 内蒙古电视机厂天鹅牌 14 英寸彩色电视机批量生产，并投放市场。

2 月 国家测绘局等部门开展重建中国高精度重力网，布测呼和浩特等 3 个重力基本点。并进行国际联测。1985 年 4 月通过国家鉴定，达到国际同类网水平，重新定名为“1985 重力基本网”。

3 月 9 日 呼和浩特市制锁公司设计生产的 65 毫米钢挂锁获国家轻工业部优秀新产品证书。

是月 呼和浩特市第三机床厂白三元、王芝祥、牛溪林以轻工科学研究所的成果为原型，经过改进试制的 RF2. 5 型乳粉成套设备，通过自治区级技术鉴定，并获国家经济委员会新产品金龙奖。

△ 呼和浩特市地毯厂与内蒙古冶金研究所合作进行稀土助染地毯纱试验获得成功。5 月 14 日通过自治区经济委员会、科学技术委员会、第二轻工业局、冶金局联合组织的鉴定。

4 月 呼和浩特市塑料厂正式开机批量生产农用地膜。

5 月 呼和浩特市电子设备厂生产的 ZDC－207 型 800/1600BP1 双密度磁带储存器，在全国第六次质量月授奖大会上获国家银质奖。

△ 呼和浩特市科技情报所、二轻工业科学研究所刘志伟、鲁恒坝、葛修洪完成调研报告《二轻工业的现状及发展的意见》。1985 年，获自治区科技进步二等奖。

8 月 1 日 山西、河北、内蒙古、天津 4 省市区首次计算数学学术研讨会在呼和浩特举行。内蒙古计算分会李德茂、郝敦元、张克伟分别作《抛物方程有限元方法的误差分析》《生态学中的若干数数模型》《力学中的离散模型》的学术报告。

9 月 12 日 全国沙金露天采矿、选矿技术交流会在呼和浩特召开。

11 月 25 日 全国 ALPHA 多用户微机技术交流会在呼和浩特举行。

12 月 5 日 自治区第一次邮电科技情报工作会议在呼和浩特召开。

12 月 17 日 内蒙古硅酸盐学会第一次会员代表大会暨年会在呼和浩特召开。

是月 呼和浩特—赛汉塔拉、呼和浩特—包头微波通讯线路建成。

是年 呼和浩特市利用焦化厂焦炉剩余煤气向市区供气的第一期煤气工程开始建设。1985 年春，部分居民使用上煤气，1986 年，具备可供 1 万户的供气能力。

△ 呼和浩特市经编厂(后为西装总厂)和英国棉丰公司、香港英亚公司合作，采用补偿贸易形式从西德百福公司引进男西装生产线，年产 40 万件。是全国首次从国外引进的西装生产流水线设备。

1984 年

1 月 30 日 中共呼和浩特市委常委会议决定云继明任市科委副主任、党组成员；刘朴任副主任；赵秋帆任顾问；杜敬旺任顾问。

是月 自治区农牧渔业厅水产处和水产公司在呼和浩特、包头两市郊区开展冰下生物增氧越冬技术实验取得成功。1985—1986 年冰期，进一步扩大试验后，在自治区推广。

△ 经国家学位委员会批准，内蒙古大学获应用数学专业博士学位授予权，陈天权为自治区第一位数学博士生指导师。1985 年，内蒙古大学数学系招收第一批博士，研究方向是数学物理。第一名博士生于 1988 年毕业。

3 月 11 日 内蒙古自治区人体科学学会在呼和浩特成立。

3 月 13—19 日 中华医学会内蒙古分会地方病学会成立大会暨第一次地方病学术会议在呼和浩特召开。

4 月 8 日 呼和浩特市电子设备厂生产的 DJ－2 型磁带机与上海无线电十三厂计算机配套，为国家发射地球同步通信卫星监测储存重要数据。该厂职工刘二毛参加电子工业部表彰大会，荣立三等功。中共中央、国务院、中央军委发来贺信，向全厂职工表示祝贺。

6 月 1 日 中国硅酸盐学会、国家建材局展览馆、情报所联合举办的节能技术巡回展览开始在呼和浩特、包头和乌海三城市巡回展出。

是月 自治区妇幼保健院遗传科与呼和浩特市各级计划生育委员会协作开始在呼和浩特市进行 7 类发育缺陷病的调查与研究。此项遗传病的流行病学调查研究在自治区尚属首次。

7 月 15 日 自治区政府确定内蒙古畜牧科学院、呼和浩特市郊区蔬菜科研所等 8 个科研单位作为有偿合同制改革试点。自治区科技体制改革工作从此起步。

是月 内蒙古科学、人才学、未来学(简称三学)研究会在呼和浩特成立。

9 月 1 日 国家卫生部、民族事务委员会在呼和浩特召开全国民族医药工作会议，制定《民族医药事业“七五”规划》。

9 月 21 日 内蒙古翻译工作者协会在呼和浩特成立。

9 月 24 日 美国涂料专家蔡诺威克斯教授来呼和浩特进行为期 10 天的讲学。

是月下旬 呼和浩特市少年宫工程竣工。包括科技馆、天象馆、文艺综合馆等组成，建筑占地 15 000 平方米。

9 月 自治区化学教学经验交流会在呼和浩特召开，同时成立内蒙古化学教学研究会。

是月 国家城乡建设环境保护部和农牧渔业部在呼和浩特联合召开全国草地类自然保护区调查规划会议，研究草原、荒漠和南方草地的自然保护区划大纲。

10 月 17 日 自治区计划生育委员会在呼和浩特主持召开全区计划生育科研座谈会。期间成立自治区计划生育科研领导小组，制定计划生育科研规划方案，建立 8 个科研协作组，落实 7 项科研课题。

10 月 26 日 中共呼和浩特市委办公室发布《关于成立科学技术领导小组的通知》，市委副书记、市长张启生任组长，副书记何祖侃、副市长刘学敏任副组长，市科委副主任云继明等 10 人为成员。

11 月 15 日 由内蒙古大学研制、呼和浩特市化工厂生产的叔丁基二茂铁通过鉴定，该项目填补了国内燃速催化剂的空白，为国防和航天工业发展做出贡献。

12 月 14 日 内蒙古奶牛协会在呼和浩特成立。

是年 呼和浩特市政府对从事自然科学 20 年以上的科技人员颁发荣誉证书并进行物质奖励。

△ 呼和浩特市获得全国科技进步先进市称号。赛罕区、新城区、回民区进入全国科技进步先进城区的行列。

△ 内蒙古第五毛纺厂试制成功绳状染呢机和洗呢机，填补自治区纺织机械制造的空白。

△ 内蒙古科学、人才学、未来学研究会在呼和浩特召开科技人员回娘家献计献策座谈会。自治区主席布赫为会议题词“为了繁荣内蒙古，请君再出一把力”。

△ 呼和浩特市第二制药厂研制正北芪蜂王浆获得成功并通过鉴定。畅销全国 25 个省市，并销往英国、加拿大、新加坡等国家及中国香港等地区。1986 年，获国家农牧渔业部优质产品奖。

△ 呼和浩特市橡塑机械厂试制的 Φ85、Φ65 冷喂料挤出机获国家经委新产品金龙奖。

△　呼和浩特市电子设备厂研制成功“迎春牌”半自动双缸洗衣机，开始批量生产。

△　呼和浩特市第三机床厂制造成新型高效联合洗毛机组 LB02H 洗毛联合机。该机在喂毛、开松爬架和烘燥等方面有所创新。1986 年，获自治区科技进步二等奖。

△　呼和浩特市电子元件五厂引进日本冈谷电机公司有感薄膜电容生产线及部分生产工艺软件。其中 TSC－810P 自动分选机可对 IEC 标准规定的薄膜电容器技术参数指标全部实行自动测试。

△　呼和浩特市聚酯大理石厂在国内首次从联邦德国 ADM 公司引进聚酯大理石生产线，年设计能力为 300 吨，生产人造大理石板材和卫生洁具。

△　内蒙古电影机械修配厂试制的 QSQ－Ⅱ型清扫器，清扫速度每分钟 60 米～70 米，每小时清扫面积 1600 平方米。1984 年，获自治区优秀新产品奖。

△　呼和浩特市制锁公司生产的狮牌热压铜锁和柯达拉光铜锁 7 个规格，获国家轻工业部和自治区优质产品奖；骆驼牌电镀钢挂锁获国家轻工业部科研成果三等奖和经委优秀新产品金龙奖；1983 年，评为自治区优质产品；1984 年，评为国家轻工业部优质产品。

1985 年

1 月　呼和浩特市第二制药厂在自治区使用绵羊胸腺组织提取胸腺素，制成胸腺肽注射液。该药品为一种新型免疫调节剂。

2 月 2 日　自治区政府与国家石油工业部在呼和浩特召开关于加速二连盆地石油勘探开发建设讨论会。

3 月　呼和浩特市油泵油嘴厂同北京航空学院合作试制成 M－5 型多用途超轻型飞机，于 10 月 1 日试飞成功。

4 月 29 日　中国内蒙古和日本关西地区土木建筑技术工作者友好协会在呼和浩特成立。

5 月　全国首届科技成果交易会呼和浩特市引进技术项目 29 项，签订意向书 30 多项。

△　呼和浩特市农学会、畜牧兽医学会、水电学会成立。

6 月 24 日　呼和浩特市机床附件厂生产的三爪自定心卡盘，经烟台机床附件研究所鉴定：成品几何精度合格率为百分之百，成品为一等品。按国际标准 ISO3089 要求，全部项目储备量达到 20% 以上，超过国际标准，达到国际名牌水平。当年获国家机械工业部优质产品称号。

7 月 6 日 呼和浩特市机电研究所齐绍良、杨存在、金贵元研制的“YDY－I 型氧(空气)弹老化试验仪”通过自治区级技术鉴定。经测试,该产品各项主要性能指标都达到和超过国内外同类产品水平。1985 年,获自治区科学技术进步二等奖。1986 年,研制成功 RYS 型热延伸试验仪。

8 月 15 日 自治区第一个固定技术市场——呼和浩特市技术信息市场开业。技术市场立足内蒙古、面向国内外,开展成果转让、咨询、信息、人才交流和技术培训等服务。同时,与国内外有关单位建立业务联系,形成了技术市场信息网络。

8 月 17 日 自治区第一家专营科学技术和文化教育图书的呼和浩特市科技文教书店开业。

是月 在呼和浩特召开华北城市科委联席会,有 20 余个中小城市科委代表参加会议。

8 月 28 日—9 月 2 日 内蒙古师范大学受中国科学技术史学会委托在呼和浩特主办“第二次全国数学史讨论会”。

9 月 10 日 由自治区经济委员会、科学技术委员会、科学技术协会、国际贸易促进会主办的国际先进食品加工、包装、畜牧业技术及设备展览会在呼和浩特开幕。法国、澳大利亚、瑞士、荷兰、中国香港等 12 个国家和地区的 31 个厂家参展,总成交额达到 351 万美元。

9 月 16 日 美国 RCA 公司戴维·撒诺夫(David Sarnoff)研究中心 R·威廉姆斯(Richard Williams)博士应邀到呼和浩特市访问,并作太阳能电池、传感器等方面学术报告,与呼和浩特市科技人员进行座谈与学术交流。

9 月 17 日 内蒙古印刷技术协会在呼和浩特成立。

10 月 6 日 内蒙古数理统计研究会在呼和浩特成立。

10 月 9 日 中共呼和浩特市委常委会议研究决定,任命曹兰为市科委副主任。

10 月 10 日 自治区第一届技术成果交易会在呼和浩特开幕。

△ 自治区经济委员会、科学技术委员会、科学技术协会联合举办的自治区第二届技术成果交易会在呼和浩特开幕。其间,参观洽谈人员 3.2 万人次,成交技术转让和难题招标 341 项,技术成交额 1534 万元。

是月 呼和浩特市锅炉厂引进日本 TU－300CSP 自动脉冲氩弧全位置自动焊机及 IK 光电跟踪切割机。

△ 呼和浩特市机床附件厂等单位员工丽延广、申润喜、铁木尔研制的 THE－COI

型光栅式平面螺纹检查仪通过自治区级鉴定。1987年，获自治区科技进步二等奖。

12月26日 呼和浩特市制锁工业公司等单位鲁恒坝、胡祖根、曹维新等人制订的“蒙Q/RQ28－83双性弹子挂锁自治区标准”，获自治区科技进步二等奖，为标准化科技成果在自治区首次获奖。

是月 呼和浩特市车务段李杰研制的电锁器联锁控制台手柄锁闭装置获国家专利。

△ 呼和浩特市第二制药厂生产的五塔牌土霉素糖衣片获自治区优质产品奖。

△ 呼和浩特市机床附件厂卡爪连续拉床创造拉削卡爪3个平面和2条槽的世界先例。3吨、5吨冲天炉的研制成功，创造炉内焦铁比最佳效果，出铁温度、浇铸温度、铸件成品合格率均达到世界先进水平。

△ 呼和浩特市西装总厂生产的“双鱼牌”男式西装得到国际羊毛局颁发的合格证书。这是中国服装行业中唯一得到国际羊毛局承认的生产厂家。

△ 呼和浩特市制锁公司试制成功的高档产品FGS－45型方钢锁，与美国柯达公司签订70万把的出口合同，价值为406万元。

1986年

1月6日 呼和浩特市卷烟厂从印度引进烤烟品种在土默特左旗朱尔沟村试种成功，亩产烟叶150公斤左右，定名为呼烟1号(HY01)。

是月 由自治区科学技术委员会主持，聘请著名植物学家、北京林业大学汪振儒教授等11位专家，在内蒙古大学举行《内蒙古植物志》评审会，对本项科学成果给予高度评价。

2月 呼和浩特市机床附件厂从南京机床厂引进全功能TND－360数控机床，提高了加工效率和产品精度。

3月15日 应自治区电管局邀请，联邦德国普士电力公司奥尔厂长古伊尔博士及兰吉斯集团锅炉专家尤力士来呼和浩特进行为期5天的技术交流和访问。

3月20—22日 武川县科委王敏清等人的科研项目——太阳能采暖鸡舍，通过自治区鉴定。同年4月27日，日本北见工业大学金川公夫教授及日本光化成株式会社千叶光律一行，到武川县参观太阳能采暖鸡舍等，并进行技术交流。

是月 自治区“七五”期间计算机科技发展规划讨论会在呼和浩特举行。会后制订出《内蒙古“七五”期间电子计算机科技发展规划》《内蒙古自治区计算机技术发展政策要点》。

5月20日 呼和浩特市第二塑料厂从日本引进一条塑料复合软包装生产线。

6月 在呼和浩特—丰镇—大同220千伏线路中,内蒙古送变电工程公司第一次完成了自治区电力系统线路高频参数测试工作,直接用磁石电话机通话成功。

7月8日 呼和浩特市电信局卫星地球站建成。在呼和浩特举行北京、呼和浩特、乌鲁木齐、拉萨卫星通信网开通仪式。

7月12日 呼和浩特市驼绒分梳厂董少云、陈建平、何家辉3人,成功纺出18支牦牛绒细纱。

是月 呼和浩特铁路局工务段大修队研制改进的“液压升降往复式轨排组装台”通过铁路局技术成果鉴定,1987年,获国家铁道部科技进步三等奖。

△ 内蒙古测绘学会在呼和浩特举办全国青少年测绘夏令营总开营式和自治区第一次青少年测绘夏令营活动。

△ 由内蒙古农牧学院设计,呼和浩特市郊区农机厂试制的自治区第一台9SJ－500型饲料加工机组,通过自治区级鉴定。

8月 自治区科学技术协会召开全区咨询工作经验交流会暨表彰大会,内蒙古变压器厂管理咨询项目被评为自治区科学技术协会咨询成果一等奖,呼和浩特市锅炉厂技术改造项目被评为自治区科学技术协会咨询成果二等奖。

9月15日 呼和浩特市测量队邀请中国科学院航空遥感中心对呼和浩特进行远红外摄影。

△ 呼和浩特—准格尔公路(呼和浩特—喇嘛湾)段建成。全长90.1千米,是自治区首次铺设的沥青混凝土路面,并采用加筋挡土墙和粉煤灰筑路技术。

△ 呼和浩特铁路局和国家铁道部铁道科学院、东北工学院研制的TDS－1型大揭盖式道碴清筛装置被国家铁道部选定参加中英铁路技术交流。该项目1985年7月通过国家铁道部技术鉴定。

10月 呼和浩特市电缆厂试制VZP矿用屏蔽电钻电缆成功。

11月5日 呼和浩特市职工机械协会举办首届科技交流会,向社会展出该会自1979年以来职工科技活动的优秀成果270项,评选出41项获奖技术成果。

12月2日 国际乳品联合会主席迪克斯特拉、秘书长斯托到内蒙古轻工科学研究所访问,并参观呼和浩特市乳品厂、大黑河奶牛场。

△ 呼和浩特铁路局于1978年开始太阳能电源在铁路上的应用研究。截至1986年底,呼和浩特铁路局已推广应用太阳能电池9845瓦;1986年,太阳能电池推广应用获国家科技进步三等奖。

△ 自治区地震局在呼和浩特建成无线传输遥测台网，下设8个子台。

△ 呼和浩特市科技工作重点推动四项改革：即科技经费拨款制度、职称评定工作、科技成果管理及鉴定制度、科研单位管理改革。

△ 内蒙古大学戎卫东的"呼和浩特市地区啤酒需求预测及应用双法与管理科学提高企业素质和效益"研究，获自治区统筹法、优选法与经济数学会优秀成果二等奖，获中国统筹法、优选法与经济数学会研究成果三等奖。

△ 由国家铁道部大同机车工厂研究所、呼和浩特铁路局邵承裕等人参加试验的综合改造前进型蒸汽机车在自治区试用成功。1987年，获国家铁道部科技进步二等奖。

△ 土默特左旗化肥厂生产的骏马牌农用碳酸氢铵被化工部评为优质产品。

△ 呼和浩特市已全部建立乡镇基层科普组织。

△ 呼和浩特市卷烟厂引进意大利、英国的卷烟制丝生产线及卷、接、包设备，使卷烟工艺流程连续化、自动化，达到国际20世纪70年代水平。年生产能力增加到30万箱，并扩大了甲级烟的品种数量。

△ 呼和浩特市机床附件厂，在1986年开发和试制成功为南京机床厂和联邦德国合作生产的数控车床配套的KP液压卡盘，初试达到联邦德国提供的同类产品水平。还试制成功出口美国的6英寸AT精密卡盘。

△ 内蒙古变压器厂投资170万元，试制成功具有20世纪80年代国际水平的第二代低耗S9系列节能变压器，并通过国家机械工业部鉴定，成为国内第一批生产S9系列节能变压器的厂家。

△ 呼和浩特市糖厂投资500余万元对制糖工艺进行改造，使甜菜日处理能力由原来的1000吨提高到1500吨，工艺水平达到国内同行业先进水平，1985年，该厂生产的"大青山"绵白糖被评为轻工部优质产品。

1987年

1月12日 自治区科学技术协会第二次代表大会在呼和浩特召开。

是月 内蒙古畜牧科技电子数据库及决策咨询系统在呼和浩特建成。

△ 自治区第一座人类冷冻精子库在呼和浩特市中蒙医研究所男性学科建成。

2月23日 内蒙古计算机学会在呼和浩特成立。

4月2日 国家地震局地震烈度评定委员会召开会议，认定呼和浩特市地震小区划研究报告的结果。同意成果可作为制定城市发展规划、抗震防灾计划的基础资料，也可作为一般工业和民用建筑的抗震防灾依据。

4月22日 内蒙古生态学会在呼和浩特成立。

5月20日 呼和浩特市至自治区各盟市间蒙古文传真电报业务正式开通。

是月 呼和浩特市电信局长途全自动电话线路开通。

7月21日 内蒙古太阳能学会在呼和浩特成立。23日,内蒙古太阳能协会在呼和浩特成立。

是月 呼和浩特铁路局和国家铁道部科学研究院西北所,在包兰线研制“乳化渣油结合沙生植物”大面积治沙成功。1988年,获国家铁道部科技进步三等奖。

△ 中国民用航空局和自治区政府共同投资2300万元,对呼和浩特白塔机场进行扩建。场道工程于1986年10月10日完工运营,机场道面等级为:PCN39/R/R/X/T,跑道长2600米,宽45米,厚29厘米,可供MD-82、波音737等中型飞机昼夜起降。

8月12日 澳大利亚科工组织资源分部原主任L·佩里率遥感考察团一行4人到内蒙古访问,与内蒙古大学自然资源研究所就草地及生物资源研究中的遥感技术应用进行交流,并参加在呼和浩特举办的“国际草地植被学术讨论会”。

8月15日 “国际草地植被学术讨论会”在呼和浩特召开,有50余位外国学者参加了会议。

是月 根据呼和浩特市政府办公室〔1987〕24号《关于民办科研,技术服务机构管理的暂行规定》文件,批准成立“呼和浩特应用科学设计研究所”为民办研究所,是呼和浩特首家民营科研机构。

△ 呼和浩特市整流器厂与内蒙古大学联合研制的小型太阳光伏发电系统,获国家农牧渔业部主持的全国评比三等奖。

9月1日 内蒙古师范大学受中国科学技术史学会委托在呼和浩特召开“第一届中国少数民族科技史讨论会”。内蒙古地区有25人参加会议。会上成立中国少数民族科技史研究会筹委会,内蒙古师范大学教授李迪任主任委员。

9月28日 法国电力专家伯道·皮脱特抵达呼和浩特,并对呼和浩特发电厂进行考察咨询活动。

10月30日 自治区交通厅引进日本·荣公司汽车测试设备,在呼和浩特建成汽车安全检测站。

11月 呼和浩特铁路局科研所研制的“自回水客车上水装置”获国家实用新型专利。

△ 内蒙古饲料协会在呼和浩特成立。

12月20日 呼和浩特市牧机研究所研制的“牧草机械研制和中间试验”项目获全

国科技进步二等奖,研究成功的9KX－304型颗粒饲料压制机与大同牧机厂共同研制的9FQ－40型饲草粉碎机获全国科技进步三等奖。

12月28日　内蒙古电力中心调度所——呼和浩特市东郊变电站30路数字式小微波调控正式开通。

是月　和林格尔县恼木气民族中学建成自治区第一座被动式太阳能采暖教室。为砖木结构,面积88.4平方米,采暖期间可节约煤炭86.1%。

△　呼和浩特市玛钢厂按照可锻铸铁车轮轮毂系列标准,生产蒙DB/HH413－87可锻铸铁车轮毂和蒙DB/HH414－87农用胶轮车轮毂,具有强度高、抗冲击、耐腐蚀等特点。

是年　呼和浩特市政府批转《关于进一步推动科研与生产横向联合的若干规定》《呼和浩特市科学技术进步奖励暂行办法》,市政府办公室转发《关于乡镇企业技术人员和从事农、牧、林、渔业技术工作的农民技术人员确定、晋升技术职称的暂行办法》《关于创建技术开发型企业的意见》《关于奖励企业自筹资金开发新产品的暂行规定》《呼和浩特市科学技术成果鉴定管理实施细则(试行)》。

△　《呼和浩特科学技术年鉴(1986)》编辑出版发行。

△　呼和浩特市举办两次大型科技成果交易会,提供技术成果287项和37项难题招标,总成交额200余万元。

△　呼和浩特召开科研与生产横向联合座谈会,科研单位、高等院校与企业代表双方签订技术协作、成果转让、联合开发项目13项。

△　内蒙古电机厂投资253万元,进行防爆电机、调速电机生产线的技术改造,使该厂达到年产防爆电机2万千瓦、电磁调速电机3万千瓦、电机总规模30万千瓦的生产能力,产品达到20世纪70年代末、80年代初国际水平。

△　清水河水泥厂建成年产2万吨的硫铝酸盐水泥生产线,填补自治区的空白。

1988年

1月　经自治区科委申请、人民银行呼和浩特市分行同意,呼和浩特市科技信用社开始筹备。10月4日,人民银行内蒙古分行为该社颁发经营金融业务许可证,呼和浩特市工商局颁发营业执照。

2月1日　市科委批复同意"呼和浩特市星期日工程师科技咨询所"成立。该所是由部分退离休工程师为主体组成的自筹资金、自主经营、独立核算、自负盈亏的民办科研所。通过各种形式的技术服务,为中小微企业产品开发和解决技术问题出力献策。

4 月 22 日 内蒙古生态学会在呼和浩特成立。

5 月 17—19 日 呼和浩特市召开科技工作会议,副市长刘学敏作科技工作报告。

5 月 21 日 市科委批复同意"呼和浩特市新能源技术开发研究所"成立。该所是由科研、教学工作者与新城区锡林办事处废旧加工厂联合组成的民办科研所。主要研究太阳能、风能等新能源开发利用及新产品研制、咨询和服务。

6 月 18 日 内蒙古工学院与土默特左旗催化剂厂实行厂校挂钩,实行科研生产相结合,研制成功新型稀土低铬中温变换催化剂。

7 月 10 日 呼和浩特市锅炉辅机厂生产的 TC 型浮动床钠离子交换器水处理设备,经有关单位鉴定,达到国内同行业先进水平。

7 月 23 日 内蒙古太阳能协会在呼和浩特成立。

10 月 呼和浩特市交通运输科学技术研究所引进 2 条汽车检测线,承担呼和浩特市地区机动车的安全检测、尾气检测、汽车维修技术质量检验与调试、车辆年检、车辆技术定级评定以及相关的科研工作。

11 月 14 日 中共呼和浩特市委常委会第 123 次会议研究决定云继明任中共市科委党组书记。

12 月 22 日 中共呼和浩特市委常委会研究决定邵日新任市科委副主任、增补为党组成员;任重远任市科委副主任、党组成员。

12 月 26—29 日 中国烟草公司在呼和浩特市召开呼和浩特卷烟厂"七五"技术改造一期工程竣工验收会。技术改造工程完成后,制丝生产能力达到 30 万箱,综合生产能力达到 25 万箱。

△ 市科技局完成 1987 年科技进步奖评审 48 项,其中获自治区科技进步二等奖 4 项,三等奖 6 项;获呼和浩特市科技进步一等奖 7 项,二等奖 12 项,三等奖 19 项。

△ 市科委编订《关于深化企业科技改革工作的若干规定》《呼和浩特市经济社会发展战略(2000 年)》。

1989 年

1 月 12 日 呼和浩特市科技信用社在中山路团结巷 2 号正式开业。1994 年 9 月 30 日,更名为呼和浩特市城市信用社。

1 月 18 日 呼和浩特市政府召开科技进步奖授奖大会,48 个获奖项目的承担单位及个人受到表彰和奖励。

是月 呼和浩特市107名农业科技人员深入农村,推广24项农林牧水实用技术。

3月8日 内蒙古大学实验动物研究中心在旭日干博士的指导下,培育出中国第一胎“试管绵羊”。

4月 内蒙古青松制衣有限公司(中、日、港合资)引进生产日本款式男西装等多条生产流水线,年产仕奇牌西装20万套。1989年4月,获准悬挂国际羊毛局标志。1990—1991年,被评为全国外商投资双优企业。1992—1993年,连续获得国内贸易部(原商业部)最畅销国产精品“金桥奖”。1994年,在首届中国十大名牌西装评选中荣登榜首。

5月15—17日 呼和浩特市机床附件厂获得在法国巴黎举行的第十七届国际优质奖杯,这是中国机床工具行业获得的第一个国际奖杯和证书。

9月25日 中共呼和浩特市委常委会议研究决定,王永夫任市科委党组书记。

9月29日 呼和浩特市第九届人民代表大会常务委员会第二次会议,决定任命王永夫为市科委主任。

10月5日 国家科学技术委员会、计委、能源部、农业部联合组织的新能源政策、规划研讨会在呼和浩特召开。

12月28日 由市科委、市科协、电视台共同创办的“科技之窗”在呼和浩特市电视台开播,设有“科技动态”“科海漫步”“科苑风华”“致富之路”“科普知识”“专访”等栏目,共播出500余期,于2008年初停播。

1990年

1月11日 中共呼和浩特市委、市政府领导邀请全市企事业单位150余名科技人员举行座谈会,共商“科技兴市”活动大计。

1月12日 呼和浩特发电厂4号炉除尘器改造工程质量评价会在呼和浩特召开。该厂积极治理烟尘污染,在4号炉加装文丘里除尘器,通过运行、测试,工程符合质量标准,通过验收。

3月21日 呼和浩特市政府决定,每年6月15日为市科学技术节;6月份为科技进步活动月。

3月30日 蒙古人民共和国科技信息中心考察团到呼和浩特考察参观。

是月 呼和浩特市在自治区率先提出实施“科教兴市”战略。1991年6月,市人大常委会第13次会议通过《呼和浩特市“科技兴市”战略的实施方案》。呼和浩特市的科技工作走上法制化的轨道。市委、市政府和各级科技管理部门先后配套出台一系列加强科技工作,加速科技进步,推动科教兴市主导战略实施的政策法规。形成科教兴工、科教兴农、高新技术及其产业、科技成果推广及其转化、科技投入、科技体制改革、科技人才培养使用、奖励和激励机制等比较完整的政策体系。

4 月 28 日 呼和浩特市科学技术进步奖评委会公布市科学技术进步奖一等奖 6 项,二等奖 13 项,三等奖 35 项。

7 月 24 日 市科委批复同意“呼和浩特市花木盆景艺术研究所”成立,该研究所为民办科研机构。

7 月 29 日 国家“八五”重点项目、中国石油系统 20 世纪 90 年代第一个百万吨级的炼油厂——呼和浩特市炼油厂正式全面开工。

8 月 15 日 市科协召开新闻发布会,王维珍(市城建局)、宋宝楹(内蒙古电缆厂)、王辛(内蒙古电子仪器厂)、刘彦(市教育科研所)、曲有义(市机床附件厂)、鲁恒坝(市二轻局)、吴学俭(市农牧局兽医部)、李瑞贞(女,市食品科研所)、孙敬训(市灯泡厂)等人获市“十佳”科技工作者称号。

9 月 13 日 华北电网电气设备在线诊断技术研讨会在呼和浩特召开。清华大学、中国电科院、华北五省市电研所及发供电 53 个单位 89 名代表参加交流研究。美国休斯公司专家在会上介绍“红外热电成像仪”,并在呼和浩特东郊变电站进行实地演示。

9 月 21 日 呼和浩特市化工厂年产 2000 吨四氯乙烯生产线试车成功,填补内蒙古化工厂生产一项空白。

10 月 呼和浩特市建立科技发展基金,并公布《科技发展基金管理暂行办法》。规定:科技发展基金由市科委负责管理,基金的来源:地方财政的专项拨款、科技三项费、社会团体和个人的捐赠经费等。科技发展基金主要用于“火炬计划”“星火计划”的匹配拨款、科技成果推广项目、引进消化吸收项目、重大技术开发项目等。

11 月 5 日 呼和浩特市炼铁厂 3 号高炉竣工投产。

12 月 31 日 呼和浩特发电厂燃烧系统改造工程投入使用。工程总投资 433 万元。治理了烟尘,净化了环境,除尘效率达 93% 以上,烟尘量减少 79%。同时,经过技术改造一号炉制粉系统热效率提高 4.5%,每年仅此一项就可多发电 2000 万千瓦时,节煤 4000 余吨,增加效益 70 余万元。

12 月 新城区党委、政府提出“科技兴区”战略口号。

年底 呼和浩特市电信通信形成空中有卫星,地面有程控,地下有光缆,网络纵横交错的体系,可直拨 186 个国家和地区,国内 757 个城市的电话。

是年 国家“七五”重点科技攻关项目 GTS－14 型大幅面高速滚动式绘图机，由中科院电工研究所与呼和浩特市电子设备厂联合研制成功，填补中国滚动绘图的空白。

△ “七五”计划时期，呼和浩特市新研发 63 项科研新产品，达到国际先进技术水平 2 项，国家技术水平 10 项，自治区级技术水平 28 项。

1991 年

1 月 19 日 由呼和浩特市电视设备厂研制和生产的共用天线 CATV 系统产品 5 大类 17 个品种，通过自治区有关部门鉴定。共用天线系统产品符合国家标准，各项技术性能指标均已达到国内同类产品的先进水平。

2 月 20 日 市科委批准成立“呼和浩特市宝通电子技术研究所”，为个人集资、独立核算、自主经营、自负盈亏的民办科研机构。

3 月 6 日 市科委同意成立“呼和浩特市科华生物工程科技研究所”，为民办科研机构。

4 月 12 日 市科委同意批准成立“呼和浩特市中山建筑勘测设计所”，为民办科研机构。

5 月 6 日 市科委同意批准成立“呼和浩特市力达科技开发研究所”，为民办科研机构。

6 月 1 日 呼和浩特市第九届人大常委会第十三次会议通过《呼和浩特市科技兴市战略的实施方案（1991—2000）》。

6 月 14 日 中共呼和浩特市委、市政府召开市科学技术大会，市委书记贾才在会上讲话。

6 月 15 日 呼和浩特市九届人大常委会第十三次会议通过，每年 6 月 15 日为“呼和浩特市科学技术节”。

6 月 23 日 新城区被呼和浩特市委、市政府列为“科技兴区”试点区。

7 月 1 日 市科委批准成立“呼和浩特职工新技术开发研究所”，为民办科研机构，赵文军任所长。

7 月 10 日 市科委同意批准成立“呼和浩特橡胶制品研究所”为自负盈亏、科工贸三位一体、自筹资金的民办科研机构。

7 月 20 日 呼和浩特市“科技兴工”大会召开。

8 月 3—6 日 第九届华北城市科技工作联席会在呼和浩特召开。

8月23日 市科委批准成立“呼和浩特科技开发研究所”，为呼和浩特市科技开发中心的二级单位，单位性质为集体所有制。

△ 市科委批准成立“呼和浩特市煤炭气化研究所”，隶属呼和浩特市科技开发中心管理。

8月26日 市科委批准成立“呼和浩特3C技术研究所”，为民办科研机构，法人代表姜德希。

△ 市科委批准成立“呼和浩特星火技术研究所”为自筹资金、自负盈亏、自主经营、科工贸一体化的民办科研机构。

9月4日 市科委批准成立“呼和浩特三力技术研究所”，为民办科研机构，法人代表王树东。

9月20日 市科委批准成立“呼和浩特民族经济技术咨询服务中心”，该中心由老龄委员会主管，实行自负盈亏、自主经营，科工贸一体化的民办科研机构。

9月21日 呼和浩特市公众网移动电话系统正式开通。

是月 市科委批准成立“中国民主建国会呼和浩特工农业应用研究所”，该所隶属于市民建和呼和浩特市离退休科技工作者团体联合会下属的民办集体单位，实行自主经营、独立核算、自负盈亏，是技术开发和技术服务实体。

10月1日 市科委批准成立“呼和浩特华北科技研究所”，为民办科研机构，法人代表张觉民。

11月13日 中共呼和浩特市委书记白音率领市工业系统40余名厂长和科技人员走访内蒙古大学。内蒙古大学领导表示，愿为支持呼和浩特市科技兴市做出贡献。

12月11日 市科委批准成立“金钥匙科技开发研究所”，为民办科研机构，法人代表刘国樟。

1992年

1月22日 中共呼和浩特市委书记贾才出席呼和浩特市科技工作者迎春座谈会并讲话。

1月24日 内蒙古电影宫在呼和浩特建成，是自治区第一家现代化立体声电影院。

5月15日 呼和浩特市科技人才训练中心正式成立。

5月20日 呼和浩特市如意高新技术开发区举行奠基仪式。

6月11日 呼和浩特市政府发布《呼和浩特市实施“科教兴市”战略推动经济发展

暂行规定》，从推进工业企业科技进步、推进农业科技进步、继续推进和深化科研机构改革、加强科技与经济的横向联合四个方面就“科技兴市”战略推动经济发展进行了部署。

7 月 26 日 国务委员、国家科学技术委员会主任宋健在呼和浩特视察。

7 月 27 日 蒙古族科学家明安图诞生 300 周年学术讨论会在呼和浩特举行。

是月 清水河县脱水蔬菜厂试产成功，投入批量生产。

8 月 8 日 呼和浩特市金川经济技术开发区举行奠基仪式。

8 月 13 日 中国星火计划成果向中西部转移暨内蒙古技术洽谈会在呼和浩特开幕，17 个省市的 300 余名代表，携带 400 余个项目参会。

11 月 23 日 内蒙古大学研制的高科技成果——“马铃薯卷叶病毒分离物外壳蛋白基因分子克隆”通过国家鉴定，达到国内领先水平，跻身国际基因工程前沿。

11 月 24 日 俄罗斯列宁格勒金属加工厂汽轮机厂和列宁格勒发电机厂一行 4 人到呼和浩特市与自治区电管局就呼和浩特发电厂扩建引进 2×60 万千瓦机组进行磋商谈判。1993 年 2 月 11 日第二次来呼和浩特磋商，2 月 22 日双方在北京进行最后一轮技术贸易谈判。

是年 回民区制定《回民区人民政府吸引外商投资优惠办法》，与内蒙古大学生物系联合创办远大生化制品有限公司，生产高科技含量的超氧化物歧化酶。

△ 经国家林业部批准设立乌素图国家森林公园。

△ 卡氏植树法在呼和浩特试验成功，市科委用该方法在呼和浩特植树 1 万株，成活率高达 90% 以上。

1993 年

4 月 6 日 国家星火项目“百万肉羊技术开发”在呼和浩特通过验收。该项目 3 年共获直接经济效益 1.4 亿元。

5 月 呼和浩特市防疫站承担的“呼和浩特盆地西部地方性砷中毒研究”项目，在北京通过由自治区科委与市科委主持的技术鉴定，与会专家对该项科研成果给予高度评价。

6 月 15 日 第三届科学技术节大会在呼和浩特召开。

8 月 24 日 呼和浩特市钢铁厂 Φ10 毫米～20 毫米系列小圆钢获全国冶金产品博览会用户可信产品和金杯奖。

9 月 15 日 呼和浩特市科技干部人才库建成，并通过专家鉴定。至 1992 年底全市

1.2万名高级以上职称的专业技术人员的80余项信息全部入库,信息内容、格式、编码符合国家标准。

10月29日—11月1日 世界银行中蒙局中国电力组长马斯特洛维奇、高级顾问片冈和赵建平一行3人到内蒙古电力总公司就托克托电厂项目进行访问考察。在呼和浩特期间,自治区主席乌力吉、副主席沈淑济会见。

11月21日 呼和浩特市实验电炉厂自行设计研制成功中国新一代超高温电阻炉,在氧化条件下炉膛温度可达到1800℃,这一高科技成果填补国内一项空白。

1994年

1月2日 呼和浩特市玛钢工业总公司研制生产的“发达”牌FD5080型微型汽车,通过自治区技术鉴定,这项新产品结束了呼和浩特地区不能生产微型汽车的历史。

2月24日 内蒙古电力总公司引进丹麦15×300千瓦风力发电机合同签字仪式在呼和浩特市举行。该项目为国家重点科研项目,总价款2600万丹麦克朗。

2月28日 呼和浩特市锅炉制造总厂设计制造的TC型体内擦洗浮动床钠离子交换器,被国家专利局授予“中国专利优秀奖”。

4月6日 呼和浩特市钢铁厂新建10吨电炉竣工投产,该电炉是地方钢铁工业“八五”规划目标的重要项目之一。

6月13日 呼和浩特市被列为全国科技兴市试点城市。

6月26日 全国少数民族地区科技兴市研讨会暨呼和浩特市第四届科技节在呼和浩特举行。自治区领导刘震乙、王崇仁、呼和浩特市领导白音、周喜成及国家有关部门负责人和呼和浩特等16个城市代表参加大会。

8月29日 中共呼和浩特市委同意建立金川经济技术开发区工作委员会。

是月 全国科技进步方式与对策研究理论研讨会在呼和浩特召开,17个省、市、自治区40余名代表出席会议,交流论文61篇。

9月10日 内蒙古工业大学电力学院开学典礼暨百日工程祝捷大会在呼和浩特金川开发区金蒙电力城举行。

11月27日 呼和浩特市星光树脂衬布厂(残疾人福利企业)投入试生产。生产的新型树脂衬布和无纺衬布,填补自治区的空白。

12月2日 呼和浩特市精密制管厂和燕山大学共同研制的三层卷焊钢管,通过自治区科委主持的鉴定,该产品是国际制管工业的一项重大技术突破。

1995 年

4 月 6 日 由内蒙古神农保健制品有限公司生产的九转回天医疗保健内裤——东方神裤，在北京开展的“中国专利十年成就展”博览会上获保健品类唯一的金奖。

5 月 16 日 应呼和浩特市煤气公司、华德新技术公司和内蒙古煤矿机械厂邀请，德国萨尔泰公司经理盖斯纳和副经理韦勃抵达呼和浩特进行为期 5 天的参观访问。呼和浩特市领导却金扎布及有关方面负责人会见盖斯纳和韦勃。

5 月 17 日 呼和浩特市移动电话实现自动漫游通达 18 个省、市、自治区。

5 月 20 日 呼和浩特市副市长却金扎布会见瑞典莱克白淀粉集团总裁格拉斯。在考察和林格尔变性淀粉厂后，格拉斯与市政府达成合作意愿。

5 月 30 日 呼和浩特发电厂扩建 2×5 万千瓦集中供热工程首台 5 号机组移交生产。

5 月 31 日 首都高校集团科技成果发布会在呼和浩特举行。

6 月 5 日 北京—呼和浩特—银川—兰州光缆通信干线工程呼和浩特段进入施工，该工程被称为邮电通信“国道”。

6 月 8 日 呼和浩特市青少年科技教育基金会举行首次颁奖大会。市领导白音、奇英成、云秀梅、王天恩向荣获青年科技基金会、少年科技基金奖的潘春香等 18 名同志、刘宁等 13 名同学及荣获科教园丁基金奖的徐焕武等 7 名教师颁发荣誉证书和奖金。

是月 呼和浩特市金川开发区管委会正式批准金蒙电力城统称为金川电力经济技术开发区。

7 月 3 日 呼和浩特市名牌战略暨名牌产品新闻发布会在北京人民大会堂举行。全国人大常委会副委员长王光英、程思远，原中顾委常委王首道、陈锡联，自治区和呼和浩特市领导白音、沈淑济、张国民，国家技术监督局副局长李保国，自治区技术监督局副局长胡书捷，以及首都新闻界、呼和浩特市名牌企业代表近百人出席新闻发布会。

8 月 在第 50 届世界统计大会上，内蒙古荣冠集团被国家统计局、中国技术进步评价中心命名为“中国梭织羊绒制品之王”，厂长荣文彬获首批“中国经营管理大师”称号。

9 月 9 日 全国第三次科教兴市工作会议在呼和浩特召开。

9 月 19 日 呼和浩特市首届农业科技成果大奖赛在市农业技术培训中心开幕。大奖赛展示了“八五”期间呼和浩特市农业科技成就。

11 月 28—30 日 中共呼和浩特市委、市政府主持召开市科学技术大会。自治区和市领导白音、周维德、冯士亮等出席。会议全面总结前五年呼和浩特市实施科教兴市战略的经验。部署到2010年的科教兴市工作，确立科教兴市在呼和浩特市经济社会发展中的主导战略地位，出台6个政策性文件，确定科技经济一体化为实施科教兴市主导战略的主攻方向。

12月 北京恩波智业研究所长、北京大学经济学院客座教授王力应邀到呼和浩特讲学，并被聘为市政府经济技术顾问。

是年 呼和浩特市被国家科学技术委员会评为全国科教兴市先进市。

△ 呼和浩特市郊区建成科普乡镇9个，科普村117个，科技示范户7997户。良种推广率85%。科技贡献率达到40%。

△ 呼和浩特市生生甘草制品有限责任公司研制成功9301号甘草增香剂。

△ 内蒙古华蒙金河实业公司生产的牧星牌饲料金霉素，远销欧、美、澳洲等国家和地区，及国内30个省、市、自治区。1995年，被自治区命名为名牌产品。

1996年

1月30日 自治区乡镇企业表彰大会在呼和浩特召开，自治区主席乌力吉出席并讲话。

8月 呼和浩特市益华新型防水材料厂生产的SBS改性沥青柔性油毡，在第三届中国科技新产品名优产品博览会上获金奖。

9月 呼和浩特市固定电话装机达到10.44万部，BP机（传呼机）实现自治区、全国联网；“大哥大”（移动电话）实现全国联网漫游。

11月26日 呼和浩特供电局用电处技术员段志彦获“全国技术能手”称号。

10月15—18日 自治区新技术新产品交易洽谈会在呼和浩特举行。全国10余个省市及自治区12个盟市的307家科研机构、大专院校和生产厂家参加交易洽谈会。其间，达成意向性协议138项，总金额2.09亿元；签订合同5项，总金额3297.68万元。

是年 呼和浩特市生生甘草制品有限责任公司研制成功1328号烟用香精。

△ 呼和浩特市供电局引进使用GIS软件——地理信息管理系统对供用电情况进行管理。

1997年

2月17日 全面防治大气污染动员大会在呼和浩特召开，确定“三年见成效，五年达到国家二级标准”治理大气污染的目标。

5月 呼和浩特郊区、新城区获全国科技工作先进县市称号。

6月6日 内蒙古大学成立计算机学院。

7月12日 国家水利部部长钮茂生一行21人到清水河县视察指导集雨节水灌溉工程建设。

11月26日 国家计委批准内蒙古大学“211工程”建设立项。2001年7月1日,“211工程”“九五”期间建设项目通过专家组验收。2002年10月30日,进行“十五”“211工程”建设项目可行性研究报告专家论证。

1998年

4月9日 内蒙古大学计算机学院在国内首次研制成功蒙古文刻绘系统软件。

4月28日 自治区农村牧区科普经验交流会在呼和浩特举行。全市35个先进集体和51名先进个人受到自治区科学技术协会的表彰奖励。

6月16日 呼和浩特市第八届科学技术节暨科教兴市表彰大会在呼和浩特举行。市政府授予水利管理站“输水管道衬砌节水技术推广”等8个项目组和杨连宽等10名科技人员科教兴市市长特别奖。授予内蒙古华利达电子工程有限公司“110综合报警指挥系统”等7个项目科教兴市效益奖,授予“三股钢绞线预应力混凝土圆孔板的研制”等87项科技成果科学技术进步奖。

8月28日 呼和浩特市引黄供水工程在市南郊金河水厂正式开工建设。工程采用压力输水暗管,全长66公里,总投资18.2亿元。

9月26日 托克托县“金河工程”奠基。“金河工程”是自治区一项跨世纪的农业产业化工程,工程总投资35亿元,计划10年内在国家级星火计划项目密集区托克托县境内建成全国最大规模的兽药工业园和饲料添加剂产业基地,是自治区首批农业产业化开发实验基地之一,该项目列入国家级农业产业化示范基地。

10月15日 内蒙古自治区与中科院、北京大学、北京航空航天大学、中国农业大学、中国材料科学院就农林畜牧业,新材料、稀土工业、信息技术及医药等领域签署科技合作协议。

11月28日 “金河工程”高级理论研讨会在北京举行。全国人大常委会副委员长布赫、国家民委副主任文精及自治区、呼和浩特市领导张国民、郝存柱、王振义等出席会议。国家有关部委、首都经济、科技、新闻界专家学者100余人参加研讨会。

12月28日 中共呼和浩特市委召开常委会议,听取市科委关于科教兴市的工作汇报。

是年 呼和浩特市郊区、土默特左旗、托克托县建立信息网和项目储备库，为乡镇企业发展提供快捷服务。

1999 年

1 月 25 日 呼和浩特市召开科技报告会，深圳市科技创业中心副主任欧阳建国作"深圳高科技发展与对策"专题报告。

1 月 26 日 呼和浩特市"科技文化村工程项目"通过国家、自治区专家论证。该工程由内蒙古天元集团联合部分民营企业开发，基础投资超过 1.5 亿元。

4 月 13 日 内蒙古血液中心成功地采用血细胞分离机采集血小板，经临床应用，效果良好，填补了内蒙古机采成分血的空白。

9 月 21 日 中共呼和浩特市委、市政府组织召开"呼和浩特市技术创新报告会"。中国科学院科技政策与管理科学研究所副所长、研究员方新博士作《完善与发展国家创新系统》报告。

10 月 16 日 内蒙古自治区在上海市建立首家科研机构——金河工程上海国家生物工程技术研究中心，自治区和呼和浩特市领导乌云其木格、张国民等出席揭牌仪式。

2000 年

5 月 15 日 内蒙古林业科学院在光肩星天牛病虫害防治技术上取得重大突破，经自治区科委鉴定，此项技术具有重要学术意义和推广价值，其中部分科研成果已达到国际领先水平。

8 月 28 日 国家级经济技术开发区挂牌仪式举行，自治区党委书记刘明祖等领导参加庆典仪式。该开发区分东西两个园区，经国务院批准，将金川和如意开发区合并组建为国家级呼和浩特市经济技术开发区。

是月 呼和浩特众环集团卡盘附件工程技术研究中心、内蒙古伊利集团生物乳品工程技术研究中心、呼和浩特市生物研究中心、内蒙古仕奇研究中心、呼和浩特市新能源技术研究开发中心被认定为自治区级工程技术研究中心。

12 月 内蒙古沃绿康高科技生物肥有限公司在呼和浩特市金海工业园区成立。

是年 和林格尔县实施奶牛生产基地模式化建设项目，使奶牛单产由项目实施前平均 4.95 吨提高到 6.1 吨，平均单产提高 1150 公斤，项目区人均收入提高 1500 余元，新增效益295.9万元。项目区奶牛数量由2400头发展到3300头,年产鲜奶3488吨。

△ 呼和浩特市引进杂交玉米种子8.75万公斤,推广播种硬质小麦1.2万亩,种子包衣完成2万亩,新增蔬菜保护地20亩,引进名、优、特、新品种蔬菜40余个。

2001年

1月17日 清水河县被国家农业部批准为草种繁育基地项目县,项目总投资637万元。

2月19日 在国家科学技术奖励大会上,内蒙古大学校长旭日干教授主持完成的"牛体外受精技术的研究与开发"项目,获得2000年度国家科学技术进步二等奖。

2月22日 内蒙古科技信息网络工程研究中心挂牌暨内蒙古科技信息网开通仪式在呼和浩特举行。自治区党委书记刘明祖为科技信息网络开通点击,自治区主席乌云其木格为内蒙古科技信息网络工程研究中心的开通授匾并揭牌。

3月24—25日 全国人大常委会副委员长布赫一行,在自治区及呼和浩特市领导刘明祖、白志健、任亚平、宋志民、王铁小等陪同下对新城区乌兰不浪村生态建设,伊利集团、蒙牛乳业进行视察。布赫为蒙牛乳业题词"百年蒙牛"。

3月26日 中共中央政治局委员、军委副主席、国务委员兼国防部部长迟浩田一行视察内蒙古伊利集团。迟浩田为伊利集团题词:"抓住机遇、迎接挑战、迅猛发展、再创辉煌。"

4月10日 自治区第六届科普宣传周启动仪式在呼和浩特举行。2001年科普宣传周的主题是"内蒙古是我家,生态建设靠大家"。

4月18日 呼和浩特市园艺科技实验中心承担的园艺科技示范区建设项目,通过由国家、自治区和呼和浩特市有关专家组成的专家委员会的鉴定。

5月初 内蒙古铁骑纺织有限责任公司棉纺分厂研制的新产品"七彩呢"正式投入生产。9月中旬,新研制的"贡丝锦"在棉纺分厂正式投入生产。

5月22日 中共呼和浩特市委《关于2000年度旗县区、市直部门党政领导班子工作实绩考核结果的通报》中,市科委取得"实绩比较突出"等次。

是月 呼和浩特市代表团参加第四届中国北京高新技术产业国际周暨中国北京国际科技博览会投资贸易洽谈会。期间,呼和浩特市代表团正式签订协议书、合同书12项,协议金额达到10亿元。合同协议金额超过自治区其他11个盟市的总和。

6月5日 呼和浩特市环保局正式开通局域网,该系统安装了国内技术先进的环境数据发布软件与办公自动化软件。

8 月 18—20 日 经国家科技部批准，由自治区政府和国家中医药管理局主办、自治区卫生厅与中国民族医药学会承办的“2001 国际蒙医药学术会议”在呼和浩特召开，来自蒙古、日本、俄罗斯、波兰，中国香港、中国台湾等 9 个国家和地区，及国内 300 余名蒙医药专家共聚一堂，交流探讨蒙医药事业的继承与发展大计。国家卫生部部长张文康讲话，自治区党委副书记、自治区主席乌云其木格致辞。

8 月 19 日 2001 年度国家第一批科技型中小企业技术创新基金项目公布，呼和浩特市有 4 家企业获得国家 2001 年度科技型中小企业技术创新基金，总计 240 万元。

10 月 20 日 呼和浩特市经济技术开发区如意区招商服务中心、科技孵化中心、归国留学生创业园落成。

11 月 10 日 经国家科技部、环保总局批准，呼和浩特市被列入全国 17 个清洁能源行动示范城市之一。

11 月 20 日 土默特左旗铁帽乡试种棉花成功。

是月 根据《内蒙古党委、政府关于呼和浩特市党政机构改革方案的通知》（内党发〔2001〕30 号）精神，市科委更名为呼和浩特市科学技术局（以下简称“市科技局”），挂呼和浩特市知识产权局牌子。

12 月 27 日 中国第一个应用于啤酒发酵生产的技术软件——FEC 工业监控管理系统在内蒙古计算机应用研究院通过自治区级鉴定。

是年 内蒙古奈伦集团、内蒙古金宇集团、内蒙古金河集团 3 家企业被认定为自治区级企业技术中心。

△ 呼和浩特市有 5 个项目获得国家中小型科技企业创新基金资助，引进创新基金 300 万元；列入国家重点新产品计划 4 项，引入资金 50 万元；3 个项目列入国家火炬计划；2 个项目获得国家农业科技成果转化基金支持；11 个项目列入自治区科技发展计划，引入资金 367 万元。

△ 受国家科技部委托，自治区科技厅组织专家对呼和浩特科教兴市工作进行审查和验收，专家组一致认为，呼和浩特科教兴市总体情况居自治区之首。

△ 回民区被自治区命名为“先进科普示范城区”。

△ 内蒙古伊利集团引进 HACCP 危害分析和生产关键控制体系和国际食品行业专用的产品质量认证管理标准体系 GMP，加强产品安全的控制。

2002 年

1 月 4 日—2 月 5 日 呼和浩特市科协开展“为了生活更美好”科学知识竞答活动并

组织青少年参加自治区第十七届青少年科技创新大赛。其中,有4个项目代表自治区参加全国竞赛。市科协获全国青少年科技活动优秀组织奖和自治区青少年科技活动优秀组织奖。

1月18日 和林格尔县盛乐经济园区被国家农业部命名为全国乡镇企业科技园区。盛乐经济园区建于1999年5月,已实现协议引资21.8亿元,销售收入13.43亿元。

2月19日 应内蒙古盘古集团邀请,澳大利亚英达克公司有关领导和专家抵达呼和浩特,考察大青山前坡绿化工程和盘古科技生态园。市委副书记王铁小会见澳大利亚客人。

是月 呼和浩特市确定重点技改项目49项,其中22个工业项目列入自治区百项重点项目计划。主要为乳制品、纺织、生物制品、中蒙药、化工、电子、机械、电力、烟草、金银精炼行业。

3月1日 内蒙古蒙牛乳业股份有限公司的"蒙牛及图形MENGNIU"商标正式被国家工商行政管理局商标局认定为中国驰名商标。

4月9日 呼和浩特举行百万吨鲜奶奶源基地建设项目论证会。自治区政协副主席许柏年、自治区畜牧厅厅长于铁夫,市领导王铁小及有关方面负责人出席论证会并听取专家学者的意见。

是月 经自治区科技厅、民政厅批准,内蒙古铁河蒙古马综合研究中心正式成立。该中心为非营利性公益事业性质的科技类民办单位,主要从事蒙古马遗传资源多样性研究、应用、推广及蒙古马文化艺术等领域的综合研究。

4月11日 呼和浩特召开奶业发展研讨会。

4月16日 呼和浩特市科协邀请中国无神论学会副理事长、中国反邪教协会副理事长郭正谊教授作"崇尚科学反对邪教"报告会。同时,市科协组织全市10余个学会的会员积极参与"反对邪教、保障人权"百万公众签名活动。

5月7—11日 第四届中国北京高新技术产业国际周暨中国北京科技博览会投资贸易洽谈会召开。期间,呼和浩特市与70余家中外客商进行项目洽谈,正式签订协议书9项、合同书3项,投资金额约合人民币12.93亿元,拟引进资金10项,约合人民币10.24亿元。

5月15日 中共呼和浩特市委中心组成员在内蒙古大学多功能厅听取中国工程院院士、内蒙古大学校长旭日干教授的《现代生物技术对畜牧业生产的影响》报告,初步学习了胚胎移植的有关知识。

5月19日 经专家实地考察、评审,国家科技部火炬中心审查认定,同意建立"国家火炬计划呼和浩特生物医药产业基地”。内蒙古金宇集团、内蒙古双奇药业、内蒙古宇航人、内蒙古金河集团4家企业被认定为呼和浩特市生物医药产业基地首批骨干企业。

6月15日 自治区暨呼和浩特市科教进社区活动启动仪式在新城区芳汀花园社区举行。活动主题为“讲科学生活，建文明社区。”

6月18日 呼和浩特市金山经济技术开发区基础设施建设开工奠基仪式举行。该开发区位于土默特左旗东部，东邻金川开发区，规划面积18平方千米。该区已引进内蒙古北方建设机械有限责任公司等企业和项目2个，合同引进资金约2亿元。

7月6日 呼和浩特市利用2001年度卫星遥感成果开展土地执法检查。

7月30日 引黄入呼供水工程的重点项目——金海调蓄水库竣工。该水库总投资为1.47亿元。2000年4月份开工，主要作用是当黄河水含沙量大于20公斤/立方米时，位于黄河岸边的取水泵站便停止取水，金海调蓄水库发挥作用，库水通过泵站向金河水厂输水，保证水厂正常运行。

8月4日 由国家计委高技术发展司等有关部门联合主办、呼和浩特市政府承办的“2002国际企业创新论坛城市产业发展高峰会”在呼和浩特开幕。

9月6日 内蒙古水利科学研究院、中国农业大学、中国水利水电科学研究院及呼和浩特市清水河县共同完成，国家科技部、水利部、农业部联合招标的“山丘区雨水汇集贮存农业高效用水模式与产业化示范”项目，属于国家重大科技产业工程项目。该项目通过国家和自治区鉴定。

9月8日 自治区科协、科技厅、水利厅、农业厅、畜牧厅及和林格尔县共同筹办的干旱区水资源优化配置及生态环境建设与可持续发展国际学术会议在呼和浩特开幕。

9月12日 呼和浩特市·北京市乡街企业经济技术合作项目洽谈会在呼和浩特举行。

9月14日 自治区暨呼和浩特市科教、文体、法律、卫生进社区活动启动仪式在赛罕区地质局北街社区举行。

9月25日 中共中央组织部副部长、国家人事部部长张学忠一行到如意开发区，视察“中国·呼和浩特留学人员创业园”建设进展情况。

10月底 引黄入呼供水工程试运行，标志着呼和浩特市引黄入呼一期工程已顺利完成。

11月4日 北京师范大学副校长、博士生导师史培军教授在自治区政府秘书长乌兰巴特尔、科技厅厅长徐凤君及呼和浩特市副市长刘菊茹的陪同下，考察如意、金川开发区生物技术产业。

11月10日 内蒙古蒙牛乳业公司在和林格尔县盛乐园区举行第四期工程开工仪式,投资额3亿元,新建20条液态奶生产线,日处理鲜奶能力增加600吨。

11月29日 呼和浩特市邮政局自主开发研制的“邮政大用户管理分析系统”通过自治区邮政局项目验收并在全区推广投入运行,投资改造185个客户服务系统,新增10个受理台席,30条中继线,已具备咨询、查询、受理投诉、增值业务和电话银行5大服务功能。

12月 金川开发区科技大楼建成,建筑面积7200平方米,总投资1200万元。科技大楼是金川科技园的主要载体,内设生产力促进中心、科技服务中心及留学生创业园,具有软件开发、科技创新、信息交流、留学生创业等功能。已进驻软件生产开发企业16家。

是年 呼和浩特市出台《呼和浩特生物技术产业发展计划纲要》《呼和浩特农业科技发展“十五”计划实施方案》《奶牛关键技术示范推广实施方案》。

△ 呼和浩特市组织有关部门和企业参加“中国东西部投资合作洽谈会”“第三届中国国际高新技术成果交易会”“第三届中国重庆高新技术成果交易会”等大型科技交流、合作活动,先后签订合同、协议23项,合同协议金额24.1亿元。

△ 呼和浩特市荣获全国科技进步先进市称号;赛罕区、新城区荣获全国科技进步先进城区;回民区通过全国科技进步先进城区考核。

△ 呼和浩特市建成计算机局域网。

△ 截至2002年底,内蒙古伊利集团先后为奶源基地投入5亿余元,建标准奶站和奶牛小区。并引进国际一流的现代化挤奶机和原奶质量检测分析系统。

△ 呼和浩特市供电局建立全局综合信息管理系统。软件系统包括:生产技术、调度通讯、安全监察、工程、物资、劳动人事、计划统计、综合查询、科技信息管理子系统。另建成办公自动化系统、营销管理和财务管理子系统由内蒙古电力公司统一配备开发。该系统的建立,实现调度运行、生产管理、电力销售、人事、财务、物资管理等系统联网和资源共享。

△ 呼和浩特市优良农作物覆膜面积达到106.78万亩,比上年增加16.88万亩;坡耕地改造11.9万亩;秸秆还田66.72万亩,秸秆利用率74%;主要农作物良种面积291.48万亩;间套复种74.5万亩;紧凑型玉米66万亩;化学除草18.5万亩;座水点种9.4万亩;订单农业面积62.73万亩。

△ 呼和浩特市优质专用农作物品种推广面积66.56万亩,完成目标的133.12%;无公害瓜果菜生产面积11.4万亩,完成目标的114%,其中无公害蔬菜生产面积2.9万亩,重点示范面积2100亩,完成目标的145%和105%;新增蔬菜保护地429.8亩,完成目

标的214.9%；种子包衣面积130.85万亩，完成目标的130.9%，良种覆盖率92.2%；平衡施肥技术推广面积227.7万亩，完成目标的113.9%；培训农民26.9万人次，其中绿色证书培训6580人，发证人数1850人，完成目标的107.6%、140%和102.8%；农村专业合作经济组织比上年增加10%，超过目标值2%，培育农村经纪人比上年增加6%；鲜鱼总产量7826吨，渔业产值达到6260万元。

2003年

1月16日 内蒙古图书馆与内蒙古明安图互联网技术开发有限公司合作研制开发的"蒙古文数字图书馆"网络支撑技术通过专家鉴定。该技术填补蒙古文国际标准编码在互联网应用技术上的空白。

1月18日 和林格尔县盛乐经济园区被国家农业部命名为全国乡镇企业科技园区。

2月20日 呼和浩特市科技开发中心增挂生产力促进中心牌子。

3月8日 呼和浩特市邮政局《综合信息管理系统》研发成功，开始试运行。

3月23日 内蒙古伊利集团生产的婴幼儿奶粉获国家免检产品证书。

3月26日 呼和浩特市软件园在金川开发区建成，投资1200万元。软件园主要从事软件开发研究，同时具有软件孵化器的作用。

4月 市科协协同市内四区科协制作科学防治非典的宣传展板，在社区、学校、街道进行巡展，累计发放科普挂图、疫病防治知识小册子6000余套（册）。6月，自治区科学技术协会和市科协联合在新城区长海社区举办"科教进社区活动"，受到广大居民的欢迎。

5月6日 市科技局印发《关于实行防控"非典"工作零申报制度的紧急通知》。

5月11日 呼和浩特市"青椒疫病发生规律及防治研究""呼和浩特市城区景观生态空间格局及其生态建设"等6项科技成果获得自治区科技进步奖。

5月18日 由自治区党委宣传部、自治区科技厅、科协及呼和浩特市委、市政府联合举办的全区第七届科普活动宣传周暨第二届全国科技活动周开幕式在呼和浩特举行。

5月20日 呼和浩特市举办"WTO与知识产权保护形势报告会"，邀请中国社科院知识产权中心副主任、研究员、博士生导师李顺德作专题报告。市委副书记杭桂林主持报告会。

5月22日 西部地区"奶业工程核心技术"高级研讨班在呼和浩特开课。

5月25—26日 由首都企业家俱乐部副理事长、中国地区开发促进会会长郑焕明率领的首都企业家俱乐部考察团，在呼和浩特市经济技术开发区进行参观考察，并就投资项目进行洽谈。

5月29日 市科协第五次代表大会召开。选举产生新一届领导班子，围绕建设现代化首府城市总目标，研究确定今后5年市科协工作总的指导思想和基本任务。

6月6日 土默特左旗金山经济技术开发区晋升为自治区级开发区，标志着该区建设与发展进入新阶段。

6月21日 呼和浩特市“科教兴医”命名表彰大会召开。命名一批科教兴医优秀学科带头人，共有65位各类医学人才受到表彰。

7月17日 上海浦东美商生物高科技环保有限公司独资建设呼和浩特市东郊生活垃圾生化处理厂项目签约仪式在呼和浩特举行。该项目占地面积150亩，投资1.2亿元人民币，7月底开始施工。

8月16日 国内最大的商品化奶牛生产基地在和林格尔县克略村建成。该基地由内蒙古正大置业(集团)美联现代奶牛工程有限公司投资6450万元兴建，运用现代信息技术与生物技术，以黄牛为受体，胚胎移植为手段，批量生产和林格尔县品牌胚胎牛。

△ 全国科技振兴城市经济研究会华北联络网第五届年会暨《科学与科学技术管理》理事会工作会议在呼和浩特召开。

8月22日 呼和浩特市政府第73次常务会议上原则同意制定《呼和浩特市科学技术奖励办法》。

△ 由中国计算机用户协会和国家信息产业部电子信息中心技术工程部主办的中国企业信息化研讨会暨展示会在呼和浩特召开。

9月16日 呼和浩特市领导郭健、刘菊茹、王天恩率农业畜牧、科技等有关方面的专家和负责人参观和林格尔县的饲用农作物和青贮技术示范工程。

是月 中国科协和中国科学院组织的科普报告西部行演讲团莅临呼和浩特市，市科协组织在全市大、中、小学及相关单位举办16场专题报告会，涉及航天、航空、材料、天文、信息、国防、超导、地震等学科领域最新科研成果。

10月12—17日 第四届中国国际高新技术成果交易会在深圳举行。由市科技局、外经局、计委及有关企业组成共50余人的代表团参会。会上，呼和浩特市共签约12项、合同金额44 500万元。

10月28日 内蒙古盘古集团与美国恒信亚洲集团在呼和浩特共同举行生产经营预防奶牛乳腺炎疫苗合资项目签字仪式。自治区和市领导杨利民、宝音德力格尔、雷·额尔德尼、邬宝恒、柳秀、郭健等出席。

12月15日 中国首次载人科技航天飞行展(内蒙古展)在呼和浩特展出。

2004 年

1 月 13 日　呼和浩特市民营企业科技工作会议召开。

1 月 23 日　呼和浩特市首家规模最大的科普画廊落成。自治区科学技术协会主席王林和、市人大常委会副主任溪琇珊、副市长王刚为画廊落成剪彩。

2 月 11 日　呼和浩特市正式通过 2001—2002 年度全国科技进步先进市考核。

2 月 13 日　上海复星高科技集团董事长郭广昌一行到呼和浩特市进行投资环境考察。自治区及呼和浩特市领导储波、任亚平、牛玉儒、柳秀等会见考察团。

2 月 25 日　呼和浩特市科技培训基地在土默特左旗挂牌。

2 月 26 日　呼和浩特市科技工作会议召开，会上颁发 2003 年度市科学技术进步奖。

2 月 27 日　呼和浩特市第一家旗县区网站——新城区信息网站正式开通。

3 月 11 日　内蒙古蒙牛乳业与印度尼西亚佳发公司合作建设现代化示范牧场项目合作签字仪式，在和林格尔县盛乐园区举行。

3 月 18 日　呼和浩特市科普联席会议制度第一次会议召开。

4 月 18 日　内蒙古首例冠状动脉搭桥加全胃切除术在内蒙古医学院附属医院获得成功，结束了内蒙古地区心脏病人无法同时开展其他外科手术的历史。

5 月 19 日　呼和浩特市举行自治区农牧业科技服务体系暨呼和浩特市农业科技服务热线 96048 开通仪式。

5 月 20 日　呼和浩特市“百万农民科技培训工程”启动。

5 月 27 日　自治区科技厅、计算机应用研究院向自治区、呼和浩特市两级非典防治指挥部捐赠了价值 55 万元的“SARS 控制预警地理信息系统”软件。

6 月 7—10 日　经过论证、评估审核和实地查勘，《呼和浩特抽水蓄能电站预可研补充报告》通过国家审查。

6 月 9 日　大唐内蒙古托克托发电有限公司一期工程首台 60 万千瓦机组完成 168 小时试运转，正式投产。

6 月 10 日　呼和浩特市经济技术开发区如意区大唐药业高科技园区等 4 个重点项目举行开工奠基仪式。市领导牛玉儒、柳秀、吴浩峰及有关部门负责人出席仪式。

6 月 11 日　新城区蒙古族幼儿园承担的国家科研课题《开展蒙汉双语互动教学促进城市蒙古族幼儿语言智能的发展》，在借鉴多元智能理论及其在教学中的应用国际研讨会上荣获一等奖。

6月15日 自治区科技厅和呼和浩特市政府联合在赛罕区舍必崖村举办内蒙古奶业科技服务体系示范单位授牌仪式。全市18个奶牛养殖小区、综合服务站等命名挂牌。副市长刘菊茹参加授牌仪式,并与市旗县区科技局相关人员参观舍必崖奶牛专家大院。

6月16日 台湾建鼎集团在呼和浩特市经济技术开发区如意区投资设立的汉鼎光电(内蒙古)有限公司举行奠基庆典。自治区及市领导牛玉儒等出席奠基庆典。

6月20日 呼和浩特市经济技术开发区金川区两个重点项目——内蒙古复旦蒙耀生物技术园区、呼和浩特市金川汽车城开工建设。市领导吴浩峰等出席开工典礼。

6月29日 内蒙古腾飞轮胎有限责任公司60万套全钢载重子午胎项目开工奠基仪式在呼和浩特市经济技术开发区金川西区举行。自治区和呼和浩特市领导牛玉儒、连辑、柳秀、吴浩峰及有关部门负责人出席奠基仪式。

6月30日 中国电子口岸数据中心呼和浩特分中心在呼和浩特海关挂牌成立。

7月24日 中国草学会第六届二次会议暨草业科学与技术创新国际学术研讨会在呼和浩特市召开。全国人大常委会副委员长乌云其木格发来贺信,自治区副主席雷·额尔德尼致辞。会议总结中国近年来在草业科学技术发展、草地建设、草地保护及草业产业化方面的成就,探讨草地资源可持续发展道路。

7月30日 呼和浩特市经济技术开发区金川区仕奇工业园开工奠基仪式举行。

8月3日 由中国保健协会养生保健专业委员会主办,自治区科技厅、科学技术协会协办,内蒙古呼和浩特泰尔力图医疗保健用品有限公司承办的"2004纳米技术与西部资源开发研讨会"在呼和浩特召开,全国政协常委、民族宗教委员会副主任夏日出席会议。自治区人大常委会副主任陈瑞清,副市长王刚及有关部门负责人出席会议。

8月13日 国家科技部副部长李学勇率调研组在呼和浩特听取自治区《科技进步法》执行情况的汇报,并征求修订《科技进步法》的建议。自治区副主席连辑、副市长刘菊茹等参加汇报会。

8月17日 中国林业科学研究院内蒙古分院举行揭牌仪式。全国政协人口资源环境委员会副主任、中国林科院院长江泽慧,自治区副主席雷·额尔德尼出席。

8月24—27日 西部城市科技开发技术创新研讨会在呼和浩特召开。

是月 一头由鲁西黄牛胚胎移植产出的小奶牛诞生在和林格尔县樊家窑乡大湾村姜露家,经专家鉴定,此头小奶牛属加拿大纯种荷斯坦奶牛品种。

9月3日 西部六省(区)中心城市园林科技信息网第23次会议在呼和浩特召开。乌鲁木齐、西宁、兰州、西安、银川和呼和浩特的有关城市园林部门80人参加会议。

9月25日 国家科技部副部长邓楠一行先后对内蒙古蒙牛乳业集团、内蒙古宇航人高新技术产业有限责任公司、内蒙古金宇集团生物制药厂进行考察。自治区及呼和浩特市领导雷·额尔德尼、柳秀、刘菊如,及自治区科技厅厅长徐凤君等陪同考察。

10月12日 第六届中国国际高新技术交易会在深圳举办。呼和浩特市共有40个项目参展,8家企业进行现场展示交易。有7个项目与德国,中国香港、珠海等国家和地区的企业达成协议,签约成交金额4.5亿元。

10月18日 自治区奶牛星火科技专家大院,伊利兵州亥奶业专家大院、舍必崖奶业专家大院等认定为国家星火计划农村科技服务体系建设示范单位。

10月20日 呼和浩特市认定和林格尔县、清水河县、土默特左旗、托克托县和赛罕区为呼和浩特市科技工作试点旗县。

是月 市科技局成立呼和浩特市科学技术发展"十一五"规划工作领导小组。

△ 呼和浩特市建立全市科技成果申报评审系统。实现成果提交、成果分组、成果流程管理、成果评审等功能的计算机管理系统。

△ 呼和浩特市赛罕区被国家科技部列入全国科技进步示范区。

11月12日 呼和浩特市百万农民科技培训工程成绩显著,据统计,累计完成农民培训50万人次。

11月13日 呼和浩特市与浙江省乐清市经济技术合作代表团举行经济技术合作座谈会。市领导吴浩峰、李岳清出席座谈会。副市长兰恩华主持座谈会。

11月15日 总投资额达到13.8亿元的呼和浩特市温州机电城、自治区温州商业大夏、呼和浩特市民族特色新商圈等3个浙蒙经济技术合作项目签约仪式在呼和浩特市举行。自治区和呼和浩特市领导储波、岳福洪、赵双连、乌兰巴特尔、柳秀等出席签约仪式。

△ 全区高新技术产业现场会在呼和浩特举行。自治区党委副书记陈光林、自治区副主席连辑,自治区党委副秘书长张守孝以及市委副书记、市纪委书记杨静平、副市长刘菊茹出席开幕式。

11月16日 2003年自治区自然科学学术年会在呼和浩特分会场举行专题报告会。主题是"现代科技与奶业发展"。

11月22日 内蒙古首例异体干细胞移植手术在内蒙古医院获得成功,这标志着该院自行探索研究的医学前沿技术——"动脉硬化的更生医学治疗"取得重大突破。

11月29日 海南航空集团有限公司考察团一行在自治区及呼和浩特市领导赵双连、吴浩峰的陪同下,到呼和浩特市经济技术开发区如意区、金川区的部分企业进行参观考察。

12月18日 呼和浩特市政府与工商银行内蒙古分行经过协商,就市基础设施建设、重点项目以及教科文卫等方面的金融合作事宜制定切实可行的方案和计划。双方正式签署财务顾问服务协议。市委书记牛玉儒出席签字仪式并讲话,市长柳秀和工商银行内蒙古分行行长范尔钢在合作协议上签字。

12月26日 呼和浩特市经济技术开发区荣获自治区科教兴区突出贡献奖。

12月27日 新城区被中国科学技术协会命名为“全国科普示范城区”。

是年 呼和浩特市工业企业共完成国家、自治区、市级科技项目60余项,获得自治区级科技成果45项,自治区科技进步奖10项,专利50项。

2005年

1月25日 内蒙古大学高分子化学、蒙药研究所博·格日勒图教授带领的团队科研成果再次达到国际先进水平:在国内外蒙药研究史上率先成功合成具有降血脂作用的新型药用化合物PLC。这是博·格日勒图在首次成功地合成抗艾滋药用多糖后,在蒙药研究方面的又一突破性进展。

2月11日 呼和浩特市通过2001—2002年度全国科技进步先进市考评。这是继1995年以来呼和浩特市连续第4次荣获全国科技进步先进市光荣称号。

2月26日 呼和浩特市科技工作暨科技奖励大会召开。市委副书记郭健主持会议。

3月1日 汉鼎光电项目在呼和浩特市经济技术开发区如意区落户并顺利投产。

3月9日 经国家标准化管理委员会审查,内蒙古伊利实业集团股份有限公司承担建设的“伊利奶牛养殖标准化示范区”“托克托县金河草原标准化示范区”被确定为第五批全国农业标准化示范一类项目。

3月23日 中共呼和浩特市委、市政府奖励“科技、文化、卫生三下乡”先进集体和先进工作者。

3月28日 国家发展和改革委员会、财政部、海关总署、国家税务总局联合公布第10批国家级企业技术中心名单,内蒙古伊利集团技术中心位列其中。

4月5—7日 呼和浩特党政领导考察团赴天津考察,就天津经济技术开发区电子信息产业发展情况进行为期3天的调研学习。

4月28日 呼和浩特市科技工作暨科技奖励大会召开。内蒙古双奇药业股份有限公司邓承远获科教兴市市长特别奖,奖励人民币10万元。

△ 呼和浩特市政府与北京斯普科技开发有限公司签约,合作开发建设全程办事代理及配套电子政务系统。自治区副主席连辑,北京市科委副主任李锦涛,北京中关村管

委会邵顺昌，北京斯普科技开发公司负责人，呼和浩特市政府有关人员等参加签约仪式。

5月14—20日 呼和浩特举办2005年科技活动周暨第十五届科技节。

5月25日 自治区合谦电子有限公司液晶显示器项目开工投产仪式在呼和浩特经济技术开发区金川区举行。市领导柳秀、吴浩峰等以及自治区海关、商务厅等部门的有关负责人出席剪彩仪式。

5月26日 呼和浩特昆明卷烟有限责任公司卷接车间QC小组成果获中国烟草实业发展中心第一届优秀QC成果二等奖。

5月28日 内蒙古昆明卷烟有限责任公司技术改造工程奠基仪式在呼和浩特市金桥开发区举行。自治区副主席余德辉及市领导柳秀、吴浩峰等出席奠基仪式。

6月1日 市科技局荣获“中国·内蒙古首届国际草原文化节暨呼和浩特第五届昭君文化节”先进集体。

6月9日 内蒙古伊利集团联合自治区科技厅成立内蒙古乳业研究院。自治区党委副书记陈光林、人大常委会副主任宝音德力格尔、科技厅厅长徐凤君，呼和浩特市副市长刘菊茹，伊利集团总裁潘刚及加拿大国际发展署、加拿大驻华大使馆有关官员，澳大利亚CRC乳业研究中心驻华代表，部分中外乳品专家出席揭牌仪式。

6月20日 呼和浩特市政府召开专题会议，研究部署编制全市科学技术发展“十一五”规划工作。市科技局、发改委、财政局等15个委办局的有关负责人和专家出席会议。副市长刘菊茹主持会议。

6月25日 内蒙古首例体细胞克隆牛在和林格尔县大正美联胚胎移植基地降生。克隆牛“蒙蒙”高0.77米，长1.05米，体重46.5公斤。

7月15日 呼和浩特市完成“十一五”科技规划重点课题——“呼和浩特市人口健康与公共卫生安全技术问题研究报告”。

7月31日 中国·内蒙古发展高层论坛暨自治区科技顾问委员会、虚拟科学技术研究院成立。

8月8日 欧美投资集团（内蒙古）生物发酵工业园、创维电子（内蒙古）有限公司生产基地建设项目奠基仪式在呼和浩特市经济技术开发区金川区举行。

8月21日 由中国计算机学会数据库专业委员会主办、内蒙古大学承办的第二十二届中国数据库学术会议在呼和浩特召开。自治区副主席连辑出席并介绍内蒙古基本情况。国内外数百名专家学者进行学术交流，并为内蒙古计算机数据库事业发展提出建议。

9月4日 由中国科学院、中国工程院、中国社会科学院院士以及部分专家组成的院士专家咨询服务团到呼和浩特进行考察调研。自治区和市领导陈朋山、乌兰、杨飞云、云丽珠、刘菊茹及有关部门负责人陪同考察。

10月17日　呼和浩特市参加在深圳举行的第七届中国国际高新技术成果交易会，共成交项目18项，成交金额1.97亿元。

是月　呼和浩特市"十一五"科技规划重点课题:《呼和浩特市农业科技发展战略研究(讨论稿)》《呼和浩特市"十一五"科技人才开发和科技支撑保障及服务体系建设研究》完成。

11月21日　国家商务部、科技部、财政部、商务总局、环保总局等13个部委联合召开的全国三绿工程工作会议公布，内蒙古伊利集团被评为全国绿色加工生产线样板单位。

12月23日　内蒙古伊利集团"中外乳业专利信息服务平台"正式开通。这是中国乳品行业建立的第一个专利信息平台。国家知识产权局党委书记、局长田力普，自治区副主席连辑，伊利集团董事长总裁潘刚，知识产权出版社副社长段丹星，自治区科技厅厅长徐凤君，副市长刘菊茹出席。

2006年

1月11日　内蒙古医学院第一附属医院胸心外科成功、独立地完成自治区首例单一右胸口切口治疗食管癌手术。

1月18日　2006年自治区文化、科技、卫生"三下乡"冬季集中行动启动仪式在新城区毫沁营镇哈拉更村举行。启动仪式上，自治区和呼和浩特市各单位共为哈拉更村和武川县大青山乡井尔沟村赠送9万元现金和价值20余万元面粉、图书资料、衣被等物品。

2月16日　呼和浩特市政府有关领导到市经济技术开发区如意区，听取开发区园区建设、招商引资各方面工作情况汇报。市发改委、财政局、土地局等部门负责人参加汇报会。

△　自治区第二十一届青少年科技创新大赛开幕。呼和浩特市90项参赛作品中有82项入围。

2月25日　呼和浩特市机构编制委员会同意市科技局所属呼和浩特市地震局改变隶属关系，其职能、人员等整建制划出为市政府直属事业单位；同意将呼和浩特市食品科研所更名为呼和浩特市科技成果推广中心并加挂呼和浩特市科技创业服务中心的牌子；同意呼和浩特市科技情报所增挂"呼和浩特市科技宣教中心"牌子；同意将呼和浩特市科技局计算站更名为呼和浩特市科技信息中心；同意呼和浩特市纺织科研所更名为呼和浩特市知识产权服务中心。

3月28日 内蒙古师范大学科学技术史学科成为国家一级学科博士学位授权点。

5月8日 中共呼和浩特市委召开常委扩大会议,专题研究全市IT产业发展问题。市人大常委会主任吴一微及市人大、政府、政协等有关部门负责人参加会议。

5月20日 呼和浩特市正式开通公共科技信息服务平台,包括农业科技信息服务、企业科技信息服务、科研条件与研发信息服务、知识产权服务、科研成果转化推广服务五个平台。

7月10日 国家知识产权局批准呼和浩特市为国家知识产权试点城市,试点时间自2006年7月1日起算。

7月28日 "2006年中国乳都·呼和浩特市国际乳业高峰论坛"在呼和浩特举行,本次论坛的主题为"乳都文化与自主创新"。

8月17日 中国航天科技集团公司内蒙古托克托航天生物产业基地举行揭牌仪式。项目总投资2.65亿元,由中国航天科技集团公司第五研究院和金河集团合作建立。

8月28日 呼和浩特市抽水蓄能电站项目正式获国家发展改革委员会核准。

9月26日 受国家标准委委托,自治区质量技术监督局聘请有关专家组成考核组,对托克托县绿色蔬菜农业标准化示范区进行考核验收,该项目以98.5的高分通过考核验收。

10月10日 内蒙古医学院附属医院首次独立完成肝脏移植手术,手术的成功标志着自治区已经具备自主开展肝脏移植手术的能力。

10月20日 自治区气象局、科技厅和科学技术协会联合在呼和浩特召开全区气象科技工作会议。确定了自治区气象科技创新的5大目标和8项任务。

11月10日 自治区信息化工作办公室、呼和浩特市政府共同主办,内蒙古银安科技开发有限责任公司协办的"推广应用自治区拥有自主知识产权IT产品"会议在呼和浩特召开。副市长龚晓峰和自治区信息化工作办公室有关负责人出席。

11月18日 内蒙古社科院、统计局等7家单位联合主办的自治区自主创新50强暨自主创新年度人物评选活动在呼和浩特市召开,自治区100余家企业参与评选。内蒙古伊利集团获"内蒙古自主创新企业50强"榜首。内蒙古伊利集团新闻发言人张剑秋获自主创新年度人物。

12月19日 和林格尔县委、县政府举行表彰会,200万元重奖蒙牛乳业(集团)特仑苏荣获国际乳联(IDF)"全球乳业创新大奖"。

12月23日 呼和浩特市第十九届青少年科技创新大赛揭晓。全市28所中小学校参与大赛,47 件作品获一等奖。

12 月 26 日　呼和浩特市经济技术开发区获自治区科教兴区突出贡献奖。

12 月 28 日　国家信息产业部和中国信息产业研究院领导一行到呼和浩特,调研物流信息化建设。市领导龚晓峰和经济技术开发园区相关负责人陪同。

是月　神舟生物科技有限责任公司在呼和浩特市托克托工业园区成立。公司是专业从事生物发酵生产的工业企业,主打产品为辅酶 Q10 精提原料项目。注册资本 22 878 万元,在职员工 536 人。公司投资 6.5 亿元,项目占地 900 亩,建有年发酵能力在 1 万立方米的大型产业化基地。辅酶 Q10 年生产能力达到 200 吨,并远销美国、日本和欧洲等国家和地区。2012 年辅酶 Q10 原料出口量达到 104 吨,全球销量第二,实现年销售收入 3 亿余元。

△　呼和浩特市经济技术开发区金川区全年引进研发新技术新产品 110 项,其中产学研合作项目 13 项,推广应用 15 项。申报自治区科技计划项目 12 项,市科技计划项目 12 项,共争取各类科技扶持资金 1838.1 万元,其中贴息贷款 123.1 万元。管委会全年投入科技三项费用达到 174 万元,占金川工业园区地方财政收入的 1%。

△　市科技局组织起草《呼和浩特市专利费用资助及奖励暂行办法》《呼和浩特市政府关于加强知识产权工作的通知》《呼和浩特市人民政府科研计划项目研究成果知识产权管理暂行办法》《市委、市政府关于鼓励科技创新,建设创新型首府城市的意见》《市政府关于鼓励技术创新的若干政策规定》《市政府关于推进旗县区科技进步的通知》等政策措施,进一步完善科技工作的配套政策。

△　呼和浩特市自治区级以上高新技术企业达到 66 家。高新技术产业产值达到 180 亿元,同比增长 26%。

△　赛罕区荣获"自治区科技进步先进区"称号。

△　市科技局完成《呼和浩特市科学技术发展"十一五"规划纲要》编制工作,并经市政府印发实施。《纲要》明确"十一五"期间科技发展的指导思想、总体目标,确立了科技事业发展的 8 个重点领域、40 个优先主题和 10 个重大研究专项的 26 个研究课题,是呼和浩特市"十一五"科技工作的纲领性文件。

2007 年

1 月 10 日　呼和浩特市电视台数字硬盘播出系统正式开通。

1 月 23 日　呼和浩特市举行有突出贡献专业技术人员迎新春座谈会。博士服务团、硕士服务团、自治区有关单位的专家及全市各领域的专业技术人员和拔尖人才代表为呼和浩特经济建设和社会全面进步建言献策。

4月25日 由自治区科技厅(知识产权局)组织的自治区西部六盟市专利联合执法行动在呼和浩特举行启动仪式。

6月4日 呼和浩特市经济技术开发区金川工业园区与上海电气集团举行项目签约仪式,上海电气内蒙古电缆厂有限公司项目正式落户金川工业园区。

6月8日 自治区副主席赵双连在呼和浩特市领导吴浩峰等陪同下,先后到如意开发区内蒙古晟纳吉光伏材料有限公司太阳能单晶硅试生产车间、金川开发区工业园区内的欧美项目工地、明捷科技公司山地车生产车间、康师傅矿泉水生产车间以及金川南区一汽工业园建设工地、内蒙古阜丰生物科技有限公司建设工地视察。

6月13日 呼和浩特市第一个社区信息网络——新城区东街办事处社区信息化网络正式开通。

7月22日 和林格尔县委、县政府主办的蒙牛高科技乳品研究院暨高智能化生产基地落成典礼在盛乐经济园区举行。自治区及呼和浩特市领导雷·额尔德尼、柳秀,中国工程院副院长旭日干、中国乳品工业协会理事长宋昆风、国家公众营养发展中心主任于小冬等参加活动。

7月28日 沈阳华创风能有限公司与赛罕区政府举行签约仪式。该公司将投资兴建的30万千瓦风力发电机组制造项目在赛罕区落户。自治区科技厅厅长徐凤君等出席。

8月2日 呼和浩特市与重庆力帆实业(集团)有限公司乘用车合作项目签字仪式在重庆市举行。全国政协委员、重庆力帆控股有限公司董事长尹明善,呼和浩特市主要领导出席签字仪式。

8月6日 呼和浩特市信息化培训基地揭牌暨处级干部电子政务培训班开学典礼在市委党校举行。

8月8日 高铝粉煤灰冶炼合金示范工程大唐国际再生资源开发有限公司、大唐同方硅铝科技有限公司成立暨庆典仪式在托克托县举行。

8月11日 国家科技部党组书记、副部长李学勇在自治区政府副秘书长孙惠民及科技厅厅长徐凤君,副厅长林莉、田颖男和呼和浩特市副市长刘菊茹等的陪同下,视察内蒙古大学、内蒙古科技城投资管理有限公司、内蒙古医学院新校园、内蒙古奥特奇蒙药有限公司和呼和浩特市众环(集团)有限责任公司。

9月15日 自治区科协、市政府主办的2007年全国科普日——内蒙古自治区启动仪式举行。2007年科普日活动的主题“节约能源资源、保护生态环境、保障安全健康”。

是月 第三届全国中小城市可持续发展高峰论坛在北京举行。中国中小城市科学发展评价体系课题组发布“2006年度全国十佳节约型中小城市”“2006年度全国最具投资潜力中小城市百强”“2006年度全国中小城市综合实力百强”三项评价结果,呼和浩特市托克托、和林格尔县榜上有名。

10月24—25日 自治区农牧业科技服务体系建设现场会在呼和浩特举行。自治区副主席连辑、自治区政府副秘书长孙惠民、科技厅副厅长马强、副市长刘菊茹及各盟市分管科技的负责人等参观舍必崖奶业专家大院,和林格尔县农业科技园区。

11月10日 由自治区信息化工作办公室、呼和浩特市政府共同主办,自治区银安科技开发有限责任公司协办的“推广应用自治区拥有自主知识产权IT产品”会议在国航大厦召开。副市长龚晓峰和自治区信息化工作办公室有关负责人出席会议。

11月29日 内蒙古昊源科技有限公司风光互补发蓄电系统项目工程正式落户玉泉区裕隆工业园。呼和浩特市领导及市发改委、经委、建委、规划局等相关部门负责人出席奠基仪式。

是年 市科技局编辑《“十五”呼和浩特市科学技术发展要览》出版,并举办“十五”科技成就展览,展示全市科技成就。

△ 呼和浩特市知识产权局被评为全国专利系统先进集体。

△ 呼和浩特市认定市级企业研究开发中心9家,申报自治区级工程技术中心3家,批准6家自治区级企业重点实验室,建立以企业为主体,市场为导向产学研相结合的技术创新体系,为提高企业科技创新水平和创新能力奠定基础。

2008年

1月25日 全球最大畜禽沼气发电厂——蒙牛生物质能沼气发电厂试运行成功,列入“联合国开发计划署全球环境基金加速中国可再生能源商业化能力建设”项目。

2月3日 在全国县(市)科技进步考核中,呼和浩特市荣获2005—2006年度全国科技进步考核先进市称号并连续12年获此殊荣。同时参与考核的托克托县、赛罕区、和林格尔县、新城区、玉泉区和回民区全部通过考核,其中托克托县、赛罕区、和林格尔县、新城区和玉泉区获评全国科技进步考核先进县(区)。

2月16日 和林格尔县盛乐镇、赛罕区金河镇舍必崖村,入选国家首批新农村建设科技示范点。

2 月 21 日　2008 年自治区农牧业科技下乡暨科技入户工程在土默特左旗启动。

3 月 5 日　托克托县新营子镇成立村委会联盟电子商务网站，成为“村委会联盟网”试点镇。帮助农民通过网络获取农业生产信息、涉农物资，使农产品快速进入市场。该镇 27 个村委会得到“村委会联盟网”捐赠的电脑和长期技术支持。副市长刘菊茹出席捐赠仪式。

4 月 7 日　自治区副主席赵双连，市有关领导到中国航天科工院在建装备制造业项目进行调研。赵双连希望航天科工六院要巩固现有成果，尽快形成产业化规模，借助自身科技力量，进一步研究技术含量高的新型装备制造产业，加强体制创新，形成符合现代企业的发展机制。呼和浩特市今后要与航天科工六院共同努力，把航天科工六院的新企业建设成为装备制造业基地。市领导表示市政府会全力以赴支持和推进项目进展，争取早日达产达效。

4 月 8 日　呼和浩特市科技工作会议召开。总结 2007 年全市科技工作成绩，部署 2008 年科技工作重点。副市长刘菊茹从科技发展的形势、科技工作的责任及 2008 年科技工作重点和要求等方面，对全市当前和今后科技工作的发展提出意见。自治区科技厅副厅长马强，市人大常委会副主任李岳清、市政协副主席陈曼莉出席。

6 月 12 日　丹麦维斯塔斯风力有限公司在金山开发区投资的维斯塔斯风力系统（中国）有限公司风力发电机组生产项目举行签约仪式。自治区及呼和浩特市领导巴特尔、吴一微等出席。

7 月 4 日　呼和浩特市马铃薯中棚种植模式现场观摩会在武川召开。

7 月 16 日　自治区科技厅厅长徐凤君带领调研组到赛罕区金桥开发区，就呼和浩特市硅产业建设情况进行调研。副市长刘菊茹陪同调研。

7 月 21 日　呼和浩特市副市长刘菊茹到清水河县就农村产业体系下一步发展方向进行考察指导。

7 月 22 日　全国县域经济科学发展理论研讨会，发布第八届全国县域经济基本竞争力与科学发展评价报告，公布第八届中国西部百强县（市）名单，和林格尔县连续 6 年进入该名单。

7 月 28 日　呼和浩特市举行重大科技专项启动暨奶牛性控繁育技术示范项目签约仪式。自治区科技厅副厅长田颖男出席。副市长刘菊茹要求实施重大专项的旗县区政府、企业及有关部门要把奶牛性控繁育技术示范专项工作列入重要议事日程，根据项目需求，有针对性地对管理人员和农民进行培训。完善监督管理，建立健全旗县区与企业、企业与技术人员、企业与农户间的责任关系，确保科技示范专项的顺利实施。

8 月 5 日　呼和浩特市电视台第一辆电视转播机——“6 + 2”标清全数字电视转播车正式启动。

8 月 6 日　呼和浩特市副市长刘菊茹到武川县,就农业科技产业体系发展方向进行考察指导。

8 月 13 日　呼和浩特市文化局牵头,市教育局、科技局、体育局、广电局、文联、总工会、妇联、团市委、市日报社参与的呼和浩特文化人才(库)百人百组百万人工程活动启动仪式举行。副市长白金祥出席。

8 月 28—30 日　国家科技部、中国科学院、自治区政府共同主办的第三届满洲里中俄蒙科技展暨中俄蒙高新技术交易会在满洲里市开幕。市科技局组团参会。

9 月 7 日　“2008 乳业发展国际论坛”在呼和浩特举行。

9 月 16 日　呼和浩特市政府配发 1000 台计算机到基层公安机关,为全市基层公安机关开展信息化建设提供便利。

9 月 19 日　呼和浩特市知识产权局获“全国专利执法先进集体”。

10 月 12 日　大唐国际与清华大学、清华同方合作,成功开发出综合利用粉煤灰生产铝硅钛合金(二期扩建)示范项目启动会在大唐托克托电厂召开。

10 月 20 日　第十届中国国际高新技术成果交易会上,呼和浩特市泰尔力图医疗保健用品有限公司生产的“康欣宝”胶囊获转化优秀项目奖。

10 月 24 日　天津市中环电子信息集团有限公司及上海航天技术研究院与呼和浩特市政府签订建设“内蒙古光伏产业基地”框架协议。

10 月 28—29 日　国家工业和信息化部副部长杨学山率调研组到呼和浩特,就全市工业经济发展现状和信息化工程进行考察。

11 月 8 日　呼和浩特市质监局申报的“沙棘种植农业标准化示范区”“小香米种植农业标准化示范区”“奶牛养殖标准化示范区”“绿色马铃薯标准化示范区”“无公害玉米农业标准化示范区”“绿色食品红辣椒农业标准化示范区”,通过国家标准化管理委员会审批,成为“全国第六批农业标准化示范区”项目。

11 月 12 日　呼和浩特市首家农民专业合作社在土默特左旗毕克齐镇正式成立。21 户农民加入合作社,将带动毕克齐镇沿山地区 4 万亩大紫李子、苹果梨等区域经济发展。

11 月 13 日　内蒙古伊利集团第七牧场“奶牛养殖标准化示范区”被列为全国第五批农业标准化示范区项目,通过国家考核验收。

11 月 16 日　首届中国专利技术展示交易周暨呼和浩特市首届专利技术展示交易会在呼和浩特举行。主题为“发展知识产权市场,推进创新型国家建设”。自治区科技厅副厅长、知识产权局副局长田颖男出席。

11 月 18 日 国际学术界著名建筑与城市规划学家、中国科学院院士、中国工程院院士、清华大学教授吴良镛一行到呼和浩特考察城市建设与规划。清华大学建筑学院、清华大学建筑与城市规划研究所、华南理工大学有关专家,及尹稚、林澎、武延海、吴晨等教授同行。自治区建设厅、市规划局等有关负责人陪同参观。

11 月 20 日 呼和浩特众环(集团)有限责任公司生产的“众环”牌相关产品获得国家质检总局颁发的“出口商品免检验”证书,是中国首家获得“国家出口商品免验”的机床附件产品企业。“众环”商标获得自治区工商行政管理局认定“内蒙古著名商标”。自治区副主席余德辉向众环集团颁发“国家出口商品免验”证书和“内蒙古著名商标牌匾”。中国机床工具工业协会会长于成廷,自治区出入境检验检疫局长周永生,工商行政管理局副局长霍武,市领导赵刚等出席。

12 月 10 日 内蒙古金宇保灵生物药品有限公司获批“兽用疫苗国家工程试验室”,揭牌仪式在呼和浩特举行。中国工程院院士夏成柱,解放军军事医学科学院军事兽医研究所所长高宏伟,自治区和市领导柳秀、连辑、牛广明等出席。

12 月 11 日 国家科技部中国技术管理促进中心、中国房地产产业协会、中华全国工商联住宅产业商会联合主办,第九届中国国际住宅与建筑科技展览会在北京举行。呼和浩特市的“金隅时代城·时代星座”成为自治区唯一被推选进入“中国名盘”行列的房地产项目。

12 月 15 日 天津市中环集团、上海航天八院与呼和浩特市人民政府三方框架协议及项目入区协议签字仪式在呼和浩特举行。协议为总投资 30 亿元的太阳能硅片项目。

12 月 18 日 呼和浩特老年科学技术工作者协会成立暨第一次代表大会召开。自治区老年科技工作者协会副会长王守陆,市领导兰恩华、李岳清、刘菊茹、陈曼莉等出席。

是年 中化三联一期双 8 万吨项目,年产 8 万吨烧碱和 8 万吨聚氯乙烯全面达产达效;二期双 8 万吨项目建成投产达到双 16 万吨的生产能力;呼和浩特金山热电厂实现 1 号机组并网发电。

2009 年

2 月 16 日 呼和浩特市正式颁布实施《呼市推广应用新型墙体材料管理办法》。

2 月 20 日 自治区科技厅公布 2008 年自治区十大科技成果评选结果,呼和浩特市科技成果占据 4 项,位居自治区之首。

2月26日 内蒙古金岗重工有限公司冷凝汽器产品推介会在呼和浩特举行。

3月19日 呼和浩特市经济技术开发区金川工业园区与齐鲁制药生物发酵药物生产基地项目签约仪式举行。副市长刘菊茹出席。

3月25日 硅基太阳能材料未来发展方向研讨会在呼和浩特召开。中国科学院半导体研究所梁骏吾院士从世界能源危机、热力学效率等方面对硅基太阳能材料的未来发展方向进行专题讲座，并回答与会人员提问。中国半导体材料协会秘书长朱黎辉就企业如何投资参与硅产业生产和研发等与参会企业进行探讨。全国19家太阳能光伏材料企业70多位企业家参会。

3月26日 中环集团下属环欧公司和上海航天机电股份有限公司光伏材料有限公司投资建设的“绿色可再生能源太阳能电池用单晶硅材产业化工程”一期工程在赛罕区金桥开发区奠基。

3月30日 内蒙古鲁阳节能材料有限公司在土默特左旗金山开发区奠基。

4月3日 2008年度中国轻工业联合会科学进步颁奖大会上，内蒙古伊利集团“有机奶产业链建设及产品开发”项目获科学技术进步三等奖。

4月9日 呼和浩特市政府与内蒙古移动呼和浩特分公司签署共建“无线呼和浩特”协议，承诺利用国家自主创新的3G技术，加快推进无线呼和浩特建设。

4月28日 呼包鄂地区国家信息化和工业化融合创新实验基地揭牌暨内蒙古软件创意示范基地开工奠基仪式，在新城区鸿盛工业园区举行。国家工业和信息化部信息化推进司副司长董宝青，北京理工大学党委书记郭大成、副校长杨树兴，中科院化学所纳米重点研究室常务副主任王春儒等出席。

5月2日 呼和浩特市副市长刘菊茹对全市医疗机构防控人感染甲型H1N1流感情况进行督查。

5月7日 全国政协副主席、国家科技部部长万钢在内蒙古神舟硅业调研，自治区及呼和浩特市领导储波、符太增、娜仁等陪同调研。

5月22日 总投资5亿元年产2.5万吨HDPE（聚乙烯）大口径管材项目、年产1.2万吨电解电容器用电子铝箔项目、年加工1万吨亚麻籽综合开发利用项目在如意工业园区奠基。

6月18日 内蒙古大气环境改善项目——东区集中供热（金桥厂）开工奠基。

7月10—11日 中国石油呼和浩特石化公司500万吨/年炼油扩能改造项目环境影响报告书技术评估会在北京召开。

7月16日 “城市规模化光伏发电应用示范预可行性、相关政策及技术措施”研究项目启动会在呼和浩特召开。

7月17日 2009年乳业发展国际论坛在呼和浩特举行。全国人大农业委员会副主任尹成杰、国家质量监督局法规司司长刘兆彬,美国环球种畜有限公司北京分公司首席专家、技术总监阿拉斯迪尔·皮尔森等国内外专家、学者及企业家出席论坛,从社会责任、奶业发展战略、奶业可持续发展、国际合作等方面作演讲。市领导作《全力推动奶业振兴,再创"中国乳都"的新辉煌》主旨演讲。

7月25日 《"数字呼和浩特"2010—2015发展规划》专家论证会在呼和浩特召开。与会专家一致通过《"数字呼和浩特"2010—2015发展规划》,就具体内容发表意见和建议。

7月28日 呼和浩特市"信息化便民服务一体化工程"协调领导小组工作会议召开。

7月30日 自治区科学技术协会副主席亢贵厚带领自治区党委督查组,重点对呼和浩特市贯彻落实《内蒙古党委关于进一步加强新时期科协工作的意见》情况进行督查。副市长刘菊茹介绍全市贯彻落实情况及市科协工作开展情况。市人大、市科协等主要负责人参加督查。

8月3—7日 全国乳制品行业知识产权保护专题培训班在呼和浩特举办,市科技局(知识产权局)局长郭树出席。

8月15日 第十八届昆明发明展览会闭幕,呼和浩特市知识产权服务中心(国家专利技术展示交易中心)组织全市6家企业、1位个人的11件专利,代表自治区参展。获2项金奖、3项银奖、5项铜奖。

8月19—25日 全国第二十五届中心城市科技情报(信息)研究所所长会议在呼和浩特召开。市科技局副局长聂向东主持会议,局长郭树致欢迎词。

8月20日 市科技局召开学习实践科学发展观活动总结大会。

8月28日 创维电子(内蒙古)有限公司下线第一台本地生产的液晶电视。

9月7日 呼和浩特市政府决定,郭树任市科技局调研员,免去市科技局党组书记、党组成员职务。

9月10日 市科技局成立市国防动员委员会科技动员办公室。

11月12日 2009第三届中国专利周内蒙古地区专利技术展示交易会在呼和浩特召开。自治区副主席连辑,自治区科技厅厅长徐凤君,副市长刘菊茹等领导出席并致辞。自治区知识产权局、市知识产权局主要负责人及自治区各盟市科技局代表和各高校、研究院所工作人员参加开幕式。

12月4—6日 "2009年中国新能源产业发展年会"在北京召开。呼和浩特获"最具投资价值的中国新能源产业城市"位列第三,武川县获"2009中国新能源产业百强县"。

12 月 18 日　自治区科技厅“粉煤灰综合利用生产氧化铝联产活性硅酸钙”技术成果鉴定会在呼和浩特召开。自治区科技厅副厅长林莉出席。中国工程院院士陆钟武、邱定蕃、孙传尧等 8 位鉴定组专家,对项目进行考察、研讨和鉴定。

是年　呼和浩特市综合科技进步水平指数为 50.74%,比 2008 年提高 0.57%,比自治区平均指数 40.34% 高 10.4%,在自治区 12 盟市中排第 1 名。

△　呼和浩特市新建中棚马铃薯基地 8300 亩,累计达 9800 亩。中棚马铃薯两茬作物每亩纯收入达 4400 元,是普通大田单茬马铃薯收入的 8 倍左右。

△　呼和浩特市新建马铃薯脱毒种薯繁育温室 670 亩,全部投产。新建成原种生产田 3574 亩,新增一级种薯生产田 3.25 万亩。2009 年生产微型薯 500 万粒,原原种 28.4 万公斤,原种 523.2 万公斤,一级种薯 2542.1 万公斤,可以保障 31.2 万亩商品薯种植用上优质种薯。

△　呼和浩特市高新技术产业产值达 341 亿元,高新技术产业产值的增幅达 13.6% 以上。

2010 年

1 月 6 日　呼和浩特市召开国家知识产权试点城市考核验收会议。副市长刘菊茹出席。

1 月 21 日　自治区、呼和浩特市、赛罕区“三下乡”领导小组组织的文化科技卫生“三下乡”集中活动暨赛罕区第一届冬季文化节启动仪式在赛罕区西把栅乡东鼓楼村举行。

1 月 23 日　呼和浩特市引进高层次人才见面会召开。市委主要领导为中国工程院副院长旭日干院士,国际著名胚胎学家、英国皇家学会 Robert Moor 院士,中国国家中长期重大科学计划项目首席科学孙方臻院士颁发“呼和浩特市特聘专家”聘书。

△　以高科技胚胎工程和育种工程为依托,实现自治区低产种群改良和养殖的大型牧业公司——内蒙古圣牧高科牧业公司发展战略高层论坛在呼和浩特举行。

3 月 15 日　市科技局局长朱建国一行前往和林格尔县,就内蒙古畜牧业高新技术产业示范园区项目前期设计规划情况进行调研。

3 月 20 日　市科技局局长朱建国一行参加内蒙古(赤峰)第八届农牧业科技成果博览会。内蒙古龙腾科技发展有限责任公司、内蒙古和信园蒙草抗旱绿化有限公司、内蒙古蒙牛繁育生物技术有限公司、呼和浩特市知新生物高新技术有限责任公司参展。

3 月 24 日　呼和浩特市召开科技工作暨科技表彰会议。

3月26日 中国·呼和浩特留学人员创业园(新址)在呼和浩特经济技术开发区举行奠基仪式。

3月30日 内蒙古硅材料研究开发中心暨神舟硅业有限责任公司硅材料研发分公司揭牌成立。自治区副主席连辑及呼和浩特市领导出席并讲话。

3月31日 移动"智慧校园"正式启动。"智慧校园"包含家校园、数学校园、校讯通、家教手机服务等多类智慧校园信息服务。呼和浩特市副市长刘菊茹出席。

4月2日 呼和浩特市政府与中国航天科工六院就高强有机纤维产业化项目签署投资合作协议。

4月19日 呼和浩特市两大科技项目——大唐国际与清华同方合资建设的大唐高铝粉煤炭综合利用及产业化项目、中国科学院化学研究所与内蒙古京蒙碳纳米材料高科技有限责任公司共同承担的煤制富勒烯产业化开发项目,获2009年公众关注的内蒙古科技十大进展。

4月21日 "2010年呼和浩特塑料光纤产业交流会暨系统产品合作签字仪式"在呼和浩特举行。

4月22日 中国光华科技基金会向呼和浩特职业学院捐赠"千万图书"。

4月23日 自治区西部六盟市贯彻实施新专利法联合执法研讨会在呼和浩特举行。自治区科技厅(知识产权局)副厅长田颖男出席并讲话,市科技局(知识产权局)党组书记聂向东、局长朱建国出席。呼和浩特、包头、鄂尔多斯、乌海、巴彦淖尔和阿拉善盟科技局的有关领导参加。赤峰市、锡林郭勒盟科技局列席会议。

4月24日 第四批全国企事业单位知识产权试点工作内蒙古启动仪式在呼和浩特举行。副市长刘菊茹出席并致辞。

4月27日 呼和浩特市召开全民科学素质工作领导小组第二次工作会议。副市长刘菊茹出席并讲话。

5月12日 呼和浩特市知识产权局联合自治区知识产权局开展"雷雨""天网"保护知识产权专项执法检查。

5月16日 呼和浩特市科技活动周暨新城区科技进社区活动启动仪式在新城区佳地小区举行。

5月17日 呼和浩特市2010年科技进社区暨玉泉区科技活动周在玉泉区大召广场启动。副市长刘菊茹、市政协副主席陈曼莉出席。

5月27日 维斯塔斯在呼和浩特金山开发区举行维斯塔斯风力系统(中国)有限公司项目(二期)暨2010年生产启动仪式。

5月31日 国际乳品联合会(IDF)乳品创新奖在奥地利首都维也纳揭晓。内蒙古伊利集团“畅轻”酸奶获“2010年IDF最佳功能乳制品创新金奖”。

6月18日 自治区政府主办的第二届中国内蒙古国际低碳产业及节能减排科技博览会在呼和浩特开幕。

6月26日 中国航天科工集团第六研究院F-12高强有机纤维50吨产业化项目开工奠基仪式在呼和浩特市鸿盛工业园区举行。

7月5日 国家科技支撑计划益生菌产业化示范项目生产研发基地竣工暨内蒙古普泽生物制品有限责任公司投产庆典仪式举行。自治区及呼和浩特市领导连辑、刘菊茹、常志刚,自治区科技厅厅长徐凤君、科学技术协会党组书记景建华,自治区发改委、经委、财政厅、内蒙古农业大学等有关负责人出席。

7月16日 2010乳业发展国际论坛在呼和浩特举行。主题是“规模化、标准化、一体化”。

7月31日 国家财政部、科技部、工业和信息化部及发展改革委下发《关于增加公共服务领域节能与新能源汽车示范推广试点城市的通知》(财建〔2009〕434号),呼和浩特市列入公共服务领域节能与新能源汽车示范推广试点城市。

△ 国家科技部农村司副司长郭志伟到土默特左旗,考察验收科技富民强县专项行动计划——无公害设施奶源基地建设项目实施情况。呼和浩特市副市长刘菊茹及自治区、市、旗科技部门有关负责人陪同。

8月13日 呼和浩特代市长王波主持召开市长办公会议,专题研究2010年全市第一批重大科技专项资金安排的有关事宜。确定全市2010年第一批重大科技专项共23项,投入科技专项资金2280万元。

8月18日 内蒙古中环光伏材料有限公司“绿色可再生能源太阳能电池用单晶硅材产业化工程”一期项目竣工暨二期项目开典礼在中环呼和浩特项目基地举行。

8月18—21日 2010首届中国西部国际专利技术暨产品博览会(简称西专会)在鄂尔多斯举行。呼和浩特市知识产权局组织选定200余项专利、高新技术参展洽谈。

8月24日 国家科技部在北京召开“新增示范城市电动汽车示范运行科技支撑计划工作会”,呼和浩特市生产力促进中心被推荐为项目科技支撑计划课题承担单位。

8月28日 国家火炬计划呼和浩特市生物发酵特色产业基地揭牌仪式在托克托县举行。

9月5日 呼和浩特市被国家财政部、科技部等四部委确定为公共服务领域节能与新能源汽车示范推广试点城市。

9月8日　内蒙古农业大学农学院，市科技局、财政局、蔬菜技术推广站、种子管理站，和林格尔县政府在和林格尔县农业综合开发技术研究基地共同签订市农业综合开发技术研究基地建设及管理合作协议。

9月15日　呼和浩特市金环锅炉制造有限责任公司的《热超导高技术涡旋式燃气锅炉》等4项专利技术在第十九届全国发明展览会上获银奖。

10月15日　内蒙古机电设计研究院有限责任公司承担的国家科技支撑计划“研发中试高寒干旱地区地源热泵机组”，及自主开发项目“风光互补环保节能产品”双下线暨可再生能源研发、孵化、生产基地落成仪式在金山开发区内蒙古科技城举行。自治区政协副主席郭子明，中共呼和浩特市委常委、土默特左旗委书记王恒俊，副市长刘菊茹等出席。

10月19日　内蒙古荣丰新能源有限责任公司锂电池项目正式落户呼和浩特市新城区鸿盛工业园区。自治区科技厅厅长徐凤君，市领导王波、刘菊茹、云公和、刚布和等出席。

10月21—22日　国家科技部调研组到呼和浩特检查指导自治区畜牧业高新技术园区建设规划项目，并对自治区畜牧业高新技术园区申报国家农业科技园区提出指导性意见。副市长刘菊茹出席汇报会。

11月7日　以“运用专利制度，推动发展方式转变，促进创新型自治区建设”为主题的“2010·第四届中国专利周自治区地区专利技术展示交易会”在呼和浩特开幕。自治区政协副主席牛广明，国家知识产权局初审及流程管理部副部长何越峰，自治区政府副秘书长孙惠民及自治区科技厅、商务厅，呼和浩特、包头、赤峰市科技局知识产权局等有关部门负责人参会。副市长刘菊茹出席并致辞。

11月8日　呼和浩特市副市长刘菊茹到金桥开发区、盛乐经济园区、金川和金山开发区调研全市第二批科技重大专项备选项目。刘菊茹到内蒙古中环光伏材料有限公司、必威安泰生物科技有限公司、蒙草抗旱股份有限公司研发中心，蒙泰大地生物技术发展有限责任公司、精诚高压绝缘子有限责任公司和神舟光伏电力有限公司5兆瓦光伏示范电站项目进行调研。

11月15日　呼和浩特市副市长刘菊茹赴广东省知识产权局考察调研。市政府副秘书长史荣恩，市科技局局长朱建国、副局长云晓宁、刘晔等随同考察。

11月18日　内蒙古现代远程开放教育呼和浩特中心在呼和浩特职业学院成立。

11月29日　2010年中国绿色产业和绿色经济高科技国际博览会在北京召开。授予内蒙古伊利集团“低碳节能减排奖”。

12月9日　自治区知识产权系统执法专项行动启动仪式在呼和浩特举行。自治区政协副主席牛广明、自治区知识产权局局长徐凤君等出席。

12 月 10 日 由呼和浩特市政府、法国诺本集团主办的 2010 太阳能技术与投资高峰论坛召开。副市长吕慧生出席致开幕词。

12 月 14 日 呼和浩特市副市长刘菊茹赴如意工业园区、武川县考察全市第二批科技重大专项备选项目。市政府副秘书长史荣恩、市科技局局长朱建国、副局长刘晔等随同考察。

12 月 27 日 内蒙古干细胞生命科技产业化基地奠基,自治区和呼和浩特市领导连辑、王恒俊、刘菊茹及有关负责人出席。

是年 在乳品加工方面,内蒙古伊利集团的脱盐乳清粉生产工艺研究及其产业化示范项目实现投产,各项指标均达到国际领先水平,工艺操作成本大大降低,日处理甜乳清粉 30 吨,已申报国家发明专利;蒙牛乳业优质乳酸菌筛选及菌株特性研究与应用项目,已生产出酸奶直投式发酵剂,降低生产成本,提高国际竞争力。

△ 呼和浩特市财政投入科技资金 6947 万元,比上年增长 11.7%,争取国家及自治区支持资金 8680 万元、项目 94 项。年内专利申请量 910 件,授权专利 633 件。安排重大科技引导资金 5463 万元。

△ 内蒙古畜牧业科技园区申报国家农业科技园区工作,已经国家科技部核准批复。申报国家级高新技术产业开发区的前期调研及材料准备工作已完成。呼和浩特市留学人员创业孵化中心通过科技部组织评审答辩。市科技创业服务中心工程已完成前期筹备工作。

△ 呼和浩特市围绕主导产业和战略性新兴产业,全力推进企业技术创新机构建设,新认定国家级高新技术企业 10 家,自治区工程技术研究中心 4 家,新认定自治区企业技术研发中心 5 家,市级 10 家。创新平台、创新载体、创新人才、创新环境、公共科技服务体系“五位一体”的科技创新体系建设初见成效。

2011 年

1 月 6 日 和林格尔县政府与香港浩源国际控股有限公司正式签订“浩源碳纤维产业园”项目,该项目对呼和浩特市新材料产业发展具有里程碑式意义。

1 月 14 日 根据国家科技部《关于认定汇龙森科技北京有限公司等 67 家单位为国家科技企业孵化器的通知》,呼和浩特市留学人员创业园被正式认定为国家科技企业孵化器。

2月23日 市科技局局长朱建国一行赴和林格尔县出席推进内蒙古和林格尔县国家农业科技园区建设项目研讨会。县政府、科技局、园区涉及的各委办局、乡镇、有关企业负责人参会。

3月9日 呼和浩特召开2010年度科学技术奖励委员会评审会议。

3月10日 和林格尔县国家农业科技园区建设实施方案论证会召开。呼和浩特市副市长刘菊茹、副秘书长史荣恩出席。市发改委、科技局、农牧业局、食品药品监督管理局,县委、县政府、科技局等有关负责人参会。

3月15日 呼和浩特市节能与新能源汽车示范推广领导小组工作会议召开。市财政局、科技局、交通局、规划局、公交公司、内蒙古电力(集团)有限责任公司等有关部门领导出席。市科技局局长朱建国主持会议。

4月10—13日 呼和浩特市副市长刘菊茹带队,市科技局、和林格尔县政府、县科技局有关人员一行10人,就和林格尔县国家农业科技园区建设事宜赴沈阳沈北国家农业科技园区、湖南望城国家农业科技园区考察学习。

4月15日 市科技局召开研究落实自治区重大科技专项会议,市发改委、经信委、农牧局、科技局相关人员,各旗县区科技局、开发区经发局,相关企业负责人参会。

4月28日 自治区副主席赵双连会见了中兴能源有限公司总裁于涌一行,双方就中兴能源在呼和浩特投资建设多晶硅提纯项目进行座谈。市委副书记、市长王波,副市长吕慧生参会。

4月29日 中共呼和浩特市委、市政府发布奖励科技创新优秀企业、优秀研发机构、优秀专利、优秀科技特派员、科技进步旗县区和科技进步先进开发区五类奖项名单。

5月4—5日 中共呼和浩特市委宣传部、市科技局组织开展第一阶段的“科技创新记者行”活动。

5月6日 国家863重大科技专项——万头奶牛科技产业化示范牧场项目签字仪式在和林格尔县盛乐经济园区蒙牛集团总部举行。

5月10日 呼和浩特市与中科院北京分院科技合作座谈会在呼和浩特召开,来自中科院的合肥智能所、基础局等10余家科研机构的代表与呼和浩特地区11家科技创新企业就“十二五”规划时期,科技合作项目进行探讨与沟通。

5月11日 中科院北京分院考察团在自治区科技厅、市科技局有关领导陪同下,赴托克托县调研。

5月15日 2011年自治区科技活动周暨全区第十六届科普活动宣传周启动仪式在呼和浩特举行。

5 月 24 日　国家科技部正式批准呼和浩特市为国家创新型试点城市。

6 月 8 日　中国科协下发《关于命名 2011—2015 年度全国科普示范县(市、区)的决定》,呼和浩特市新城区、赛罕区、回民区、托克托县被命名为“2011—2015 年度全国科普示范县(区)”。

6 月 12 日　由中国科协和财政部组织评审并公示的 2011 年“全国科普惠农兴村先进单位”“全国科普惠农兴村带头人”,呼和浩特市少数民族科普工作队、和林格尔县城关镇大南沟蔬菜种植协会、赛罕区金河镇根堡村蔬菜示范基地,托克托县科普惠农养殖示范基地被授予“全国科普惠农兴村先进单位”;武川县得胜沟乡东坡村杨福龙被授予“全国科普惠农兴村带头人”。

7 月 14 日　“倡导绿色新能源,引领时尚科技”呼和浩特市新能源客车运行启动仪式在新华广场举行。

7 月 25 日　呼和浩特市科技创新创业协会成立暨第一届会员大会召开。

7 月 26 日　自治区企业知识产权托管工程试点启动会议在包头召开。呼和浩特市知识产权服务中心获“知识产权托管试点单位”牌匾;呼和浩特市知识产权局、市知识产权服务中心与市有关企业代表签署三方托管协议。

7 月 27 日　《呼和浩特市科学技术奖励办法》经市政府第 37 次常务会议审议通过,10 月 1 日施行。

8 月 2 日　中国科协下发《关于命名 2011—2015 年度全国科普示范县(市、区)的决定》,呼和浩特市新城区、赛罕区、回民区、托克托县名列其中。

8 月 10 日　呼和浩特市政府召开科学技术奖励暨建设国家创新型城市动员大会。总结全市“十一五”规划期间科技工作成就,对建设国家创新型城市作全面部署。表彰并颁发 2009 年和 2010 年度科技进步奖、科技创新优秀企业、优秀科技研发机构等奖项。

△　西部六省(区)中心城市园林科技信息网第 29 次会议在呼和浩特召开。副市长包钢出席并讲话。市建委、园林局及西部六省(区)园林部门主要负责人参会。

8 月 18 日　国家科技图书文献中心呼和浩特市开发区服务站成立。

9 月 8 日　市科技局局长朱建国带领有关负责人赴内蒙古和羊牧业科技有限公司调研。

10 月 14 日　市科技局有关领导参加京蒙现代农业新技术成果供需对接现场会。

11 月 1 日　赛维 LDK 一期 3 万吨高纯硅项目在土默特左旗金山开发区举行开工奠基仪式。

11 月 2 日　呼和浩特市与中科院北京分院签署科技合作协议。

11 月 9 日 国家知识产权局主办,自治区与呼和浩特市政府协办,内蒙古知识产权局、市知识产权局、国家专利技术(呼和浩特)展示交易中心承办的第五届中国专利内蒙古地区专利技术展示交易会开幕。

11 月 23 日 自治区创新方法报告会在呼和浩特举行。自治区科技厅、市科技局有关领导出席。

11 月 29 日 2010 年中国绿色产业和绿色经济高科技国际博览会在北京召开。内蒙古伊利集团荣膺"低碳节能减排奖"。

是月 市科技局与中国联通呼和浩特分公司共同举办"青城 12396 惠农卡"启动仪式暨呼和浩特市星火科技 12396 服务站揭牌仪式等系列活动。

12 月 14 日 呼和浩特市副市长刘菊茹就全市第二批科技重大专项备选项目赴如意开发区、武川县考察。刘菊茹一行考察内蒙古日月太阳能科技有限公司、大唐药业有限公司、恒方科技有限公司、永业富民科技有限责任公司的科技项目。

12 月 15 日 国际干细胞产业发展高峰论坛在呼和浩特开幕,2007 年诺贝尔医学奖得主马丁·伊文思,中国科学院院士、同济大学校长裴钢,国家"863"计划组织器官工程重大专项总体专家组组长、首席科学家、军事医学科学院输血医学研究所所长裴雪涛,国家"973"重大科学计划(干细胞资源库与关键技术平台建设项目)首席科学家、同济大学医学院院长徐国彤等出席。自治区党委常委、市委书记那顺孟和作欢迎致辞。

12 月 22 日 呼和浩特市第一医院远程交流服务项目剪彩。

2012 年

1 月 11 日 呼和浩特市知识产权局联合内蒙古自治区知识产权局对华润万家生活超市、国美电器万达店开展专利执法检查活动。

2 月 2 日 中共呼和浩特市委副书记、代市长秦义会见中国航天科技集团公司副总经理张建恒一行,就内蒙古神舟硅业项目建设相关事宜及硅产业发展进行交流。

2 月 16 日 2011 年度呼和浩特市科学技术进步奖评审会议召开,副市长王恒俊出席并讲话。

2 月 18 日 新城区新城西街办事处艺南社区开通呼和浩特市首个社区微博。

2 月 21 日 市科技局局长朱建国、副局长云晓宁赴土默特左旗金山经济开发区鲁阳节能材料有限公司、雷奥世纪防砸窗有限公司和内蒙古瑞隆重工装备制造有限公司调研。

2 月 23 日 自治区科技厅厅长徐凤君在市科技局负责人的陪同下,赴金桥开发区内蒙古神舟硅业、中环光伏等企业调研，了解全市硅产业发展现状。

△　自治区党委常委、市委书记那顺孟和会见上海长城计算机网络工程公司董事长、总经理邢彦文一行，并举行签约仪式。

△　市科技局局长朱建国带领科技局有关人员到市留学人员创业园、如意南区、和林格尔县，就全市2012年重大科技专项备选项目调研。

2月27日　利乐包装（呼和浩特）有限公司包材厂二期项目正式竣工投产，利乐中国总裁殷长勋等嘉宾出席竣工庆典。自治区党委常委、市委书记那顺孟和，市委常委、秘书长狄瑞明，副市长刚布和，市经济技术开发区管委会主任李博宏出席。

2月28日　呼和浩特市知识产权局组织召开专利法修改调研座谈会，就专利法及实施细则部分条款修改一事，广泛听取企业代表、学术界代表、一线执法人员代表及中介机构代表的意见。

2月29日　市科技局局长朱建国赴托克托县宇嘉实业有限责任公司、金达威药业有限公司、嘉丰农业科技培训中心调研。

3月3日　就3GW高效太阳能电池项目投资事宜，中共呼和浩特市委副书记、市长秦义与内蒙古晟纳吉光伏材料有限公司董事长周俭一行座谈。

3月5日　自治区党委常委、市委书记那顺孟和，中共呼和浩特市委副书记、市长秦义，与美国SunPower公司副总裁戴安娜·马博士一行和内蒙古中环光伏材料公司共建项目事宜举行会谈。市领导狄瑞明、吕慧生与中环股份公司总经理、内蒙古中环光伏材料公司董事长沈浩平及有关负责人参会。

3月19日　呼和浩特市科协六届五次全委会召开。总结2011年工作，部署2012年的工作任务，并对2011年涌现出的先进集体和先进个人进行表彰。市领导王恒俊、陈曼莉出席。

3月28日　自治区党委常委、市委书记那顺孟和，中共呼和浩特市委副书记、市长秦义会见天津中环电子信息集团党委书记、董事长由华东一行，双方就中环集团单晶硅项目扩能相关事宜进行会谈。

3月29—31日　2012中国北方农业科技成果博览会在赤峰开幕。呼和浩特市有16个农业科技项目参展。副市长王恒俊率市代表团参会，并赴辽宁省朝阳市考察设施农业发展情况。

4月7日　内蒙古首个青年创业人才示范基地、青年就业创业见习基地在呼和浩特市经济技术开发区留学人员创业园揭牌成立。

4月12—15日　第十届中国重庆高新技术交易会暨第六届中国国际军民两用技术

博览会在重庆国际会议展览中心开幕。市政府副市长王恒俊率呼和浩特市代表团参会，全市共有5家企业参展。

4月18日 市科技局局长朱建国带领有关负责人到清水河县韭菜庄乡黑山子村调研扶贫。5月14日，朱建国一行赴韭菜庄乡黑山子村部署扶贫工作。5月24日，市委常委、组织部部长张平江在市科技局局长朱建国的陪同下，赴黑山子村指导扶贫。

4月20日 2012年内蒙古知识产权宣传周启动仪式暨知识产权“进园区”活动在新城区鸿盛工业园区内蒙古金三角光纤科技有限公司举行。

4月22日 呼和浩特市同创科技示范培训基地举行建设开工仪式。市科技局党组书记聂向东、局长朱建国出席开工仪式。

4月26日 自治区知识产权局、内蒙古高级人民法院、呼和浩特市知识产权局、市中级人民法院共同在内蒙古工业大学开展“知识产权进校园活动”。

△ 呼和浩特市政府与宽带天地资本管理公司（宽带资本）共建云计算创新产业园框架合作协议签约仪式在呼和浩特举行。自治区党委常委、市委书记那顺孟和与宽带资本董事长田溯宁一行就共建云计算创新产业园相关事宜进行交流。

5月7日 市科技局组织召开全市科技重点工作部署会议，对2012年科技重点工作进行部署。

5月9日 呼和浩特市副市长吕慧生会见北京华胜天成科技股份有限公司总裁王维航一行，双方围绕中小型企业业务支撑与供应链金融云服务平台等相关项目的合作事宜进行洽谈交流。

5月10日 中国·内蒙古呼和浩特云计算产业基地暨重点项目开工奠基仪式在和林格尔县盛乐现代服务业集聚区和新城区鸿盛工业园区同时举行。北京京能热电冷三联供工程项目和内蒙古电力云计算产业园区电网建设工程也同日开工。全国大型云计算基地落户首府。

5月16日 市科技局局长朱建国、副局长云晓宁一行赴内蒙古电力科学院和市公共交通总公司实地考察调研节能与新能源汽车示范推广工作相关情况。

5月18日 2012年自治区科技活动周暨自治区第十七届科普活动宣传周启动仪式在内蒙古大学举行。

5月19日 中共呼和浩特市委宣传部，市科技局、科协主办，回民区委宣传部、区科技局、科协及中山西路办事处共同承办的2012年全市科技活动周暨回民区科技进社区活动启动仪式在清真大寺广场举行。

5月23日 第十五届国际科技产业展览会在北京开幕，呼和浩特市7家企业参会。

△ 市科技局局长朱建国、副局长刘晔、副调研员王新厚赴武川县调研马铃薯种薯繁育和小尾寒羊纯种繁育情况。

5月22—27日 市科技局党组书记聂向东带领设施蔬菜重点种植旗县区科技局局长、相关企业人员8人，赴山东寿光市进行设施蔬菜种苗繁育、种植管理、新品种、新技术引进等调研考察。

6月13日 内蒙古电力集团浩源碳纤维复合导线项目投产庆典仪式在和林格尔县盛乐经济开发区举行。中共呼和浩特市委副书记、市长秦义，内蒙古电力（集团）有限责任公司总经理张福生、副总经理杨泓，市委常委、秘书长刘文玉等出席。

7月1日 中国联通西北（呼和浩特）基地项目在新城区鸿盛工业园区举行开工仪式。

7月4日 呼和浩特市副市长王恒俊率市代表团参加第九届满洲里中俄蒙科技展暨高新技术产品展览会。

7月12日 市科技局召开全市科技系统传达贯彻全国科技创新大会精神会议，认真学习贯彻胡锦涛总书记、温家宝总理在全国科技创新大会上的重要讲话精神。

7月13日 国家科技部公布"第十批国家级示范生产力促进中心"名单，呼和浩特市生产力促进中心被正式认定为国家级示范生产力促进中心。

7月16日 中国航天科工集团第六研究院建院50周年，来自中国航天科工集团的专家、学者及自治区、市党政军有关领导齐聚呼和浩特，共同庆贺。

7月20日 市科技局局长朱建国一行到托克托县内蒙古塞上乌拉尔中药材种植有限公司，调研全市2012年重大科技专项《甘草繁育新技术的产业化及示范基地建设》进展情况。

7月24日 中国科学院过程工程研究所承担的国家科技支撑重大项目"典型工业园区清洁生产与循环经济关键技术及示范"中设置的"能源冶金共生园区产业链风险控制与集成示范"课题，启动仪式在呼和浩特召开。市科技局局长朱建国主持会议。

8月2日 呼和浩特市节能与新能源汽车示范推广领导小组第3次工作会议召开，听取节能与新能源汽车示范推广工作进展情况，对主要工作进行部署。

8月11日 "2012国际光纤通信论坛"在呼和浩特举行。市科技局局长朱建国、副局长刘晔出席。

8月12日 中国电信云计算内蒙古信息园首座数据中心机房封顶仪式在和林格尔县举行。

8月13日 "呼和浩特市政府与内蒙古工业大学科技合作签约仪式暨成果发布会"在呼和浩特举行。副市长王恒俊，内蒙古工业大学校长邢永明出席并致辞，市科技局局长朱建国主持会议。市政府与内蒙古工业大学、内蒙古工业大学、金川工业园区与市科技局分别签署合作协议;内蒙古工业大学与全市5家企业签署合作协议。内蒙古工业大学化工学院、能源与动力工程学院、机械学院、材料学院、信息工程学院发布各自的研究成果。

8月14日 自治区领导在调研呼和浩特市云计算产业发展情况时强调,要认真实施好内蒙古发展云计算产业的决策部署,加快项目建设进度,统筹谋划云计算相关产业的发展,引领云计算产业在内蒙古生根、开花、结果,为自治区保增长、调结构发挥积极的作用。

8月27日 内蒙古企业知识产权托管工程实施情况调研暨知识产权托管企业工作座谈会在呼和浩特召开,市科技局副局长刘晔参会。

9月13日 “2012中小企业服务年——创新中国行呼和浩特市中小企业信息化知识讲座与体验活动”在呼和浩特举行。

9月17日 国家农业科技园区考察组对和林格尔县国家农业科技园区建设情况进行中期评估考察。市科技局党组书记聂向东、局长朱建国等陪同考察。

9月20日 全国肉羊万枚胚胎移植工程在呼和浩特启动。自治区政协副主席伏来旺,呼和浩特市副市长王恒俊出席。

10月15日 国家知识产权局监察局关宝兰一行3人到呼和浩特,就2012年全国专利事业发展战略推进计划的贯彻落实情况进行检查。

10月18日 自治区科技创新暨奖励大会在呼和浩特召开。全市2名个人、13项科技成果获得表彰和奖励。

10月23日 中纪委驻国家卫生部纪检组组长李熙一行,就全市医疗卫生事业、卫生服务信息化建设以及医改工作情况,到呼和浩特调研。

10月30日 TCL内蒙古液晶产业园落成投产庆典仪式和创维内蒙古产业基地扩建投产庆典仪式在如意广场举行。自治区及呼和浩特市主要领导巴特尔、任亚平、那顺孟和等出席。

10月31日 呼和浩特市2012年度科学技术奖励委员会评审会议召开,评审专家对全市2012年度科教兴市市长特别奖、引进人才科技贡献奖和科学技术进步奖进行评审。副市长王恒俊出席,市科技局局长朱建国主持会议。

11月2日 呼和浩特市设施农业技术现场培训会召开。市政府副秘书长杨云峰,市科技局党组书记聂向东、局长朱建国等领导出席。

11月5日 呼和浩特市卫生局新农合管理中心与中国医学科学院医学信息研究所建立新农合信息平台,使全市在跨省就医管理上实现信息共享,成为全国首个开展跨省就医管理地区。

11 月 15 日 第十四届中国专利奖揭晓，市科技局推荐的 3 项发明专利获中国专利优秀奖。

11 月 23 日 市科技局局长朱建国赴武川县耗赖山乡圪顶盖村调研扶贫工作。

11 月 25 日 赛罕区羊盖板万头牧场园区举行奶牛入园启动仪式，4000 头荷斯坦奶牛入住园区。奶牛由新西兰引进，价值 1 亿元，在天津口岸经过隔离观察后运抵呼和浩特。市领导秦义、云公和出席。

11 月 29 日 市科技局召开学习贯彻党的十八大精神干部大会。

11 月 30 日 以“引领燕麦产业发展、推动燕麦技术创新”为主题的自治区燕麦产业技术创新战略联盟成立大会在呼和浩特举行。

是月 呼和浩特市知识产权局获“全国知识产权系统人才工作先进集体”。副局长刘晔获“全国知识产权系统人才工作先进个人”。

12 月 2 日 天津中环半导体股份有限公司、自治区电力（集团）有限责任公司、美国 SunPower 公司及呼和浩特市金桥城建发展有限责任公司就投资组建华夏聚光（内蒙古）光伏电力有限公司举行签约仪式。市委副书记、市长秦义，副市长吕慧生出席签约式。

12 月 21 日 呼和浩特市科技创新暨奖励大会召开。表彰奖励 2011 年度科学技术进步奖和 2012 年度科教兴市市长特别奖、引进人才科技贡献奖的获奖单位和个人。表彰奖励为全市科技事业和现代化建设做出突出贡献的科技工作者，安排部署今后一个阶段全市科技创新工作重点。

2013 年

2 月 7 日 内蒙古自治区（鸿盛）大学科技园揭牌暨建设启动仪式在呼和浩特鸿盛工业园区举行。

3 月 6 日 呼和浩特市政府决定张振民任市科技局局长。

3 月 20 日 中共呼和浩特市委副书记、市长秦义会见中国电信集团公司副总经理张继平一行，就中国电信（呼和浩特）IDC 数据中心项目建设相关事宜进行交流。

4 月 14 日 呼和浩特市政府主办，新城区政府、自治区大学科技园、内蒙古干细胞生命科技产业化基地承办的自治区大学科技园与内蒙古干细胞生命科技产业化基地全面合作暨内蒙古中英干细胞与再生医学联合实验室签约仪式在呼和浩特举行。世界著名干细胞生物学家马丁·伊文思博士等出席。

4 月 19—26 日 呼和浩特市开展第十三个“4·26 世界知识产权日”宣传周活动，主题为“实施知识产权战略，支撑创新驱动发展”。

5 月 25 日 首届内蒙古·广东科技合作活动周启动暨签约仪式在广州举行。中共中央政治局委员、广东省委书记胡春华出席。自治区党委副书记、主席巴特尔，广东省委副书记、省长朱小丹分别致辞。自治区领导与广东常务副省长徐少华签署两省区全面合作框架协议。中共呼和浩特市委副书记、市长秦义与中共广州市委副书记、市长陈建华签署呼和浩特市·广州市缔结友好城市协议。市领导狄瑞明、王恒俊等出席。

5 月 26 日 首届内蒙古·广东科技合作活动周期间，市科技局与广州市科技信息局缔结友好单位并召开科技合作交流座谈会。全市 3 家企业分别与广东省的 3 家高校及企业签订科技合作协议。市委副书记、市长秦义，广州市副市长欧阳卫民出席并致辞。市领导狄瑞明、王恒俊、李岳清参加，市经济技术开发区管委会主任赵俊生出席。

6 月 9 日 呼和浩特市政府与杭州锦江集团签署清水河煤电灰铝一体化循环经济产业集群项目投资合作协议。市领导那顺孟和、秦义、刘文玉，杭州锦江集团董事长钭正刚、总经理王元珞参加签约仪式。

△ 国家科技部专家组就呼和浩特市金山高新区升级国家高新区工作进行调研。市委副书记、市长秦义出席。副市长王恒俊向专家组介绍市金山高新区升级各项准备工作。

6 月 13 日 中共呼和浩特市委副书记、市长秦义主持召开市长办公会议，就呼和浩特数字化城市管理工作进行专题研究部署。

6 月 26—27 日 市科技局领导刘晔、王新厚带队率有关人员，到河北省石家庄市科技局和山西省太原市科技局调研科技企业孵化工作。

7 月 15 日 呼和浩特市知识产权局与市公安局签署《协作备忘录》，双方就建立联络员制度、案件线索移交机制、信息共享机制和重大案件督办机制等达成共识，为“打击侵犯知识产权和制造假冒伪劣商品专项”行动奠定基础。

7 月 22 日 内蒙古乳业技术研究院在内蒙古伊利集团成立，并举行揭牌仪式。呼和浩特市副市长王恒俊主持仪式。中国首个青少年乳品科技创新基地同时成立。

8 月 6 日 2013 赤峰·中国北方农业科技成果博览会在赤峰开幕，呼和浩特市 12 家企业参会。

8 月 7 日 呼和浩特市重大科技专项、由中国航天科工集团第六研究院四十六所研发的 F－12 高强有机纤维技术，经过国内权威专家组鉴定达到国际先进水平，并已实现产业化生产。该项日填补国内相关领域空白。

8 月 13 日 呼和浩特市主办，市经济技术开发区、SEMI 中国承办的 2013 中国·呼和浩特第五届光伏产业大会举行，市领导出席并致开幕词。大会以“研读国八条，促进光伏产业可持续”为主题，主要包括2013中国·呼和浩特第五届光伏产业大会、SEMI中国光伏标准委员会工作会议、SEMI中国光伏顾问委员会工作会议、经济技术开发区及赛罕区投资环境推介会、赛罕区项目对接会和考察开发区及企业等主要活动。包括世界第二大多晶硅生产商瓦克化学、世界排名第五的多晶硅制造商美国瑞科先进硅材料有限公司等多家国际、国内领先光伏产业生产和制造商高层领导200余人参会。

8月16日 呼和浩特市政府、中国信息安全测评中心、国家工信部国际经济技术合作中心及自治区发改委、经信委、科技厅、云计算产业领导小组办公室主办的2013中国首届国际云计算博览会在呼和浩特开幕。“云博会”展出面积1.3万平方米，中国移动、中国联通、中国电信、联想、360、华为、华山、锐捷等189家国内知名企业参展。

△ 呼和浩特市政府主办主题为“云聚青城”第二届中国·呼和浩特云计算产业高峰论坛举行；同时中国电信内蒙古云基地·云业务发布会举行。

8月23—25日 2013中国西安国际科学技术产业博览会暨第八届中国西安国际高新技术成果交易会举办，呼和浩特市副市长王恒俊率团参会。

9月23—26日 市科技局副调研员、市科技创新创业协会执行副理事长王新厚带队赴银川调研科技特派员工作。

9月30日 70万吨LNG循环经济全产业链项目在呼和浩特市玉泉区裕隆工业园区开工奠基。中共呼和浩特市委副书记、市长秦义等出席。

10月15日 市科技局成立《呼和浩特市科学技术志》编纂委员会。

10月22—25日 市科技局局长张振民带队到四川省成都参加“第十四届中国西部国际博览会”，考察四川省拓丰生态农业科技开发有限责任公司核桃种植基地建设项目和成都美溢德生物技术有限公司生物肽饲料项目。

11月5日 呼和浩特市·内蒙古农业大学科技合作签约暨成果发布会举行。

11月5—9日 第二十届中国杨凌农业高新科技成果博览会在陕西省杨凌举行，市科技局组织今博科技有限责任公司、康莱纳（内蒙古）食品有限公司、正隆谷物食品有限公司3家企业携3个项目参会。

11月16—21日 第十五届中国国际高新技术成果交易会在深圳举办。市科技局组织华昕立合科技有限公司、金宇保灵生物药品有限公司、雷奥世纪防砸窗有限公司、天一环境技术有限公司、中环光伏材料有限公司等企业参会。

2014 年

1 月 1 日 国务院批复自治区人民政府，同意将呼和浩特市金山高新技术产业开发区（简称呼和浩特金山高新区）升级为国家高新技术产业开发区。

△ 呼和浩特市数字化城管信息系统正式开通运行。

1 月 2 日 自治区科技厅厅长李秉荣一行到新城区调研，呼和浩特市副市长王恒俊陪同调研。

1 月 3 日 内蒙古蒙牛集团技术中心通过国家发改委、科技部等五部委联合评审，被认定为"国家企业技术中心"。

1 月 10 日 市科技局召开全市企业研究开发中心建设座谈会，局长张振民出席。

1 月 13 日 呼和浩特市生产力促进中心承担的 2011 年国家火炬计划项目"呼和浩特市新兴产业公共科技服务平台建设"通过验收。

1 月 21 日 呼和浩特市就科技进步促进条例的制定工作召开立法调研座谈会。市科技局局长张振民、副局长刘晔参加座谈会。

1 月 27 日 国家财政部、科技部、工业和信息化部、发展改革委员会发布《关于支持沈阳、长春等城市或区域开展新能源汽车推广应用工作的通知》，呼和浩特市进入国家第二批新能源汽车推广应用城市名单，继续开展新能源汽车推广应用工作。

2 月 25 日 呼和浩特市承担的国家"十二五"重大科技项目"电动汽车应用技术研究与规模化示范"项目，通过国家科技部专家组验收。

3 月 14 日 呼和浩特市政府、自治区科技厅组织召开关于推进建设呼和浩特金山高新区工作汇报会。

3 月 20—26 日 市科技局副局长王新厚带队参加第十八届中国锦州农业科技博览会，并赴辽宁省考察设施农业情况。

3 月 24 日 呼和浩特市政府法制办召开《呼和浩特市科学技术进步促进条例》立法征求意见会。

3 月 26 日 国家知识产权局委托自治区知识产权局批复市知识产权局《关于呼和浩特市转入国家知识产权示范城市培育阶段的复函》，呼和浩特市正式进入国家知识产权示范城市培育阶段。

3 月 27 日 中国保华集团与自治区建设国家新媒体与云计算创新产业先行示范区项目合作框架协议签约仪式在呼和浩特举行。自治区党委常委、宣传部部长乌兰，自治区党委常委、市委书记那顺孟和，中国保华集团总裁陈吴，市领导狄瑞明、刘文玉、王雪峰等出席。

3月28—30日 2014中国（赤峰）北方农业科技成果交易博览会暨全国农高会新丝绸之路创新品牌展览会在赤峰举办。市科技局组织12家企业和单位参展。

4月2日 呼和浩特市人大常委会相关负责人到市相关企业，就《呼和浩特市科学技术进步促进条例》立法工作进行调研。市科技局局长张振民、副局长刘晔及相关人员陪同调研。

4月4日 2014年度内蒙古民营科技企业认定工作结束，呼和浩特市有11家企业被认定为2014年度自治区民营科技企业。

4月8日 中共呼和浩特市委副书记、市长秦义主持召开市政府第3次常务会议，对《呼和浩特市科学技术进步促进条例（草案）》进行审议。市科技局张振民局长作立法说明，市政府法制办主任张海涛作审查说明。

4月10—13日 第七届中国国际军民两用技术博览会暨第十一届中国重庆高新技术交易会举行。呼和浩特市组织大唐国际发电股份有限公司等3家企业参展。

4月15—21日 呼和浩特市人大教科文卫委员会、法制工作委员会、市政府法制办负责人到四川省成都市、陕西省西安市进行《呼和浩特市科学技术进步促进条例（草案）》立法调研。市科技局有关人员陪同调研。

4月16日 自治区知识产权局同意设立“中国（内蒙古）知识产权维权援助中心呼和浩特分中心”。

4月20—26日 市科技局组织15家企业参加自治区科技厅与清华大学举办的内蒙古科技企业创新管理高级研修班。

4月24—26日 呼和浩特市知识产权局组织有关企业参加“第二届中国（上海）国际技术进出口交易会”。

4月25日 呼和浩特市十四届人大常委会举行第十次会议，对《呼和浩特市科学技术进步促进条例（草案）》进行审议。

4月27日 呼和浩特市中蒙医院承担的2012年市级重大科技专项“蒙药心康胶囊质量标准制定与安全性评价”项目通过专家组验收。

4月30日 市科技局召开全局干部大会，对2013年度科技工作先进旗县区进行表彰，宣布市科技局科级干部任免事宜，并传达2014年自治区科技工作会议精神。

5月4日 呼和浩特市人大常委会有关领导就《呼和浩特市科学技术进步促进条例（草案）》起草工作再次进行立法座谈。市科技局局长张振民及政策法规与科技合作科人员参加座谈会。

5月14—18日 第十七届中国北京国际科技产业博览会在北京召开。市科技局局长张振民、副局长刘晔带队参会。全市7家企业参加博览会。

5月17日 2014年自治区科技活动周暨全区第十九届科普活动宣传周在呼和浩特启动。自治区人大常委会副主任杭桂林、政协副主席牛广明、科技厅党组书记白宝玉、副厅长吴苏海，副市长王恒俊，市科技局局长张振民、副局长刘晔、王新厚出席启动仪式。市科技局在启动仪式现场进行科普宣传。

5月19日 由市科技局、市委宣传部、市科协主办的科技进社区活动在新城区山水小区举行。

6月6日 呼和浩特市人大法制委、法工委、市科技局共同组织《呼和浩特市科学技术进步促进条例(草案修改稿)》专家征求意见座谈会。内蒙古农业大学、内蒙古工业大学、自治区科技厅政策法规处有关专家和领导参加座谈会。

△ 国家火炬计划呼和浩特市生物发酵特色产业化基地通过国家科技部专家答辩，完成复审工作。

6月11日 广州市科技和信息化局副局长王越西一行3人到呼和浩特调研，并与市科技局进行工作交流座谈。市科技局局长张振民、副局长刘晔及局属相关部门人员参会。

6月12日 阿拉善盟科技局副局长侯开光一行5人到呼和浩特考察调研知识产权工作，与市科技局党组书记聂向东及相关科室负责人进行座谈。

△ 广东省科技厅副巡视员姚化荣、广州市科技和信息化局王越西副局长一行到呼和浩特调研科技合作情况，参观考察内蒙古华昕立合科技有限公司、内蒙古精诚高压绝缘子公司和内蒙古伊利股份有限公司3家企业。

6月14日 广州市呼吸疾病研究所与呼和浩特市第一医院成立临床协作部，正式揭牌开诊。

6月25日 呼和浩特市十四届人大常委会第十三次会议对《呼和浩特市科学技术进步促进条例(草案修改稿)》进行分组讨论，市科技局局长张振民、政策法规与科技合作科人员分赴各讨论组，回答各位委员和代表的提问。

△ 呼和浩特市政府领导接待美国商务部副助理部长钱德拉·布朗女士一行，就能源合作及云计算绿色数据中心等议题进行会谈。

6月26日 呼和浩特市人大法制委、法工委组织召开《呼和浩特市科学技术进步促进条例(草案修改稿)》立法讨论会，针对分组讨论中提出的各项意见和建议再次修改，并形成《呼和浩特市科学技术进步促进条例(草案表决稿)》。市科技局政策法规与科技合作科人员参加讨论会。

△ 中共呼和浩特市委常委、常务副市长狄瑞明会见青岛昌盛日电太阳能科技股份有限公司董事长李坚之一行。

6 月 27 日 呼和浩特市十四届人大常委会第十三次会议表决通过《呼和浩特市科学技术进步促进条例(草案表决稿)》,并提交自治区人大审议。

6 月 28 日 市科技局与内蒙古百瑞达项目管理咨询有限公司签订“呼和浩特市科技创业孵化器工程”建设招标代理合同。

6 月 30 日 呼和浩特市政府、自治区教育厅、科技厅联合召开的科技合作签约暨驻呼和浩特高校、科研院所产学研合作交流座谈会在和林格尔县举行。市委副书记、市长秦义,自治区科技厅厅长李秉荣、教育厅厅长侯元出席并讲话。

△ 国家工业和信息化产业部党组成员、纪检组组长金书波一行到呼和浩特调研,市政府有关领导参加。

7 月 4—6 日 呼和浩特市 6 家企业参加在满洲里举办的第十一届中国(满洲里)北方国际科技博览会。市科技局局长张振民、副局长刘晔参加博览会的专项活动——科技外交官合作项目推介会。

7 月 17—18 日 国家电动汽车重大项目管理办公室协助四部委对呼和浩特市 2013 年度新能源汽车推广应用车辆进行现场核查。

7 月 23 日 自治区政府批复,呼和浩特市金桥经济开发区被认定为自治区级高新技术产业开发区。

7 月 24 日 市科技局(知识产权局)召开企业知识产权管理规范贯彻 ISO9000 质量管理体系标准等国际化标准工作。正式启动全市企业知识产权贯标工作。

7 月 28—30 日 市科技局组织 8 家企业参加在锡林浩特举办的 2014 中国新丝绸之路锡林郭勒·草原畜牧业创新品牌展示交易会。

8 月 2—3 日 应市科技局的邀请,中国农业科学研究院果树研究所所长刘凤之、国家设施葡萄首席专家王海波等专家对设施葡萄生产进行技术指导。

8 月 7 日 2013 年度呼和浩特市科学技术奖励委员会评审会议召开,对全市 2013 年度科学技术进步奖进行评审。共有 48 项成果获奖,其中一等奖 3 项,二等奖 22 项,三等奖 23 项。

△ 内蒙古蒙联石油化工有限公司年产 20 万吨液化气深加工项目在呼和浩特投产。

8 月 8—10 日 第九届中国西安国际高新技术成果交易会在西安举办。市科技局组织内蒙古元和药业等 9 家企业参展。

8月19日 第二届内蒙古"草原英才"高层次人才合作交流会暨呼和浩特人才创新周开幕。

8月20日 市科技局承办的院士专家科技创新讲座举行。北京化工大学校长、中国工程院院士谭天伟,国家纳米科学中心党委书记刘洪海作科技报告。

8月26日 呼和浩特市副市长王恒俊带队到巴彦淖尔市参加"全区科技创新驱动现代农牧业发展现场会",呼和浩特市2家企业参会。

8月27日 内蒙古再生资源产业技术创新联盟在呼和浩特成立。

9月3日 国家科技部、教育部联合下发通知,认定内蒙古自治区大学科技园等21家大学科技园为第十批国家大学科技园。

9月10日 自治区科技厅副巡视员云涛到内蒙古航天红岗机械有限公司调研,市科技局相关人员陪同调研。

△ 内蒙古对外科技交流中心主办,呼和浩特市生产力促进中心、赛罕区科技局承办的"北京——呼和浩特市农业科技项目供需对接座谈会"在呼和浩特召开。

9月11日 市科技局邀请日本知名草莓专家宫本重信,到土默特左旗对2014年部分市级科技特派员进行草莓种植技术培训。

9月12—14日 呼和浩特市知识产权局组织部分科技企业的专利技术人员参加在大连举行的"2014年中国国际专利技术与产品交易会"。

9月17日 中国大唐集团公司自主开发的"高铝粉煤灰提取氧化铝多联产工艺技术优化与产业示范"项目,在托克托工业园区通过国家科技部验收,标志着中国已成功实现高铝粉煤灰提取氧化铝技术的产业化。

9月18日 国家知识产权示范企业内蒙古伊利集团召开企业知识产权管理贯标启动大会,这是自治区召开的第一个企业知识产权管理规范贯标启动大会。

9月20日 市科技局新版科技计划项目申报书、合同书、监督检查调查表、验收申请书、验收证书、验收专家随机抽取登记表正式执行,以此推动科技管理的规范化。

9月22日 市科技局参加自治区举办的2014年"全国科普日"活动启动仪式。

9月25日 自治区十二届人大常委会第十二次会议对《呼和浩特市科学技术进步促进条例》进行分组讨论。市科技局局长张振民及政策法规与科技合作科人员参会,回答委员和代表对《呼和浩特市科学技术进步促进条例》的提问。

△ 由国家科技部农村中心主办、自治区科技厅协办、市科技局和市科技创新创业协会承办的2014年全国优秀科技特派员巡讲报告会(内蒙古地区)在呼和浩特举行。

9月26日 中共呼和浩特市委决定,张振民任市科技局(知识产权局)党组书记。

9月27日 自治区第十二届人民代表大会常务委员会第十二次会议通过《关于批准<呼和浩特市科学技术进步促进条例>的决议》。

9月28日 中共呼和浩特市委副书记、市长秦义会见中国建设股份有限公司副总裁张翌一行，双方就市城市轨道交通建设事宜进行交流，并共同签署项目建设合作协议。

10月10日 《呼和浩特市科学技术进步促进条例》，正式公布实施。

10月14日 呼和浩特市科技特派员网(www.hhhtktp.com)正式开通运行。

10月15日 国家科技部农村中心主任贾敬敦、科技扶贫与信息处处长白启云一行到呼和浩特调研。

10月20日 市科技局举办全市创新型城市建设系列培训班。

10月23—26日 第十五届中国西部国际博览会在四川成都举办，呼和浩特市3家科技企业参展。

11月5—9日 第二十一届中国杨凌农业高新科技成果博览会在陕西省西安杨凌举行。市科技局组织内蒙古华欧淀粉工业股份有限公司等4家企业参会。

11月6日 国家知识产权局公布《关于第十六届中国专利奖授奖的决定》，呼和浩特市有2件专利获得中国优秀专利奖。

11月7—8日 第三届中国科技服务业论坛暨第七届"金桥奖"颁奖大会在成都召开。呼和浩特市生产力促进中心荣获先进集体和先进个人各一项。

11月13日 呼和浩特市知识产局荣获国家知识产权局授予的"全国知识产权系统人才工作先进集体"。

11月16—21日 呼和浩特市6家企业参加在深圳举办的第十六届中国国际高新技术成果交易会。

11月18日 第八届中国专利周内蒙古地区活动在内蒙古伊利实业集团股份有限公司启动，自治区科技厅与呼和浩特市知识产权局联合举办全市企业知识产权战略培训班。

△ 市科技局局长张振民、副局长刘晔等一行5人到福建省厦门市调研厦门中开信息技术有限公司，重点了解科易网的运行情况。

11月27日 市科技局完成国家科技部专家组关于全市国家云计算高新技术产业化基地建设及认定工作的答辩。

11月28日 呼和浩特市知识产权局下发《关于认定2014年呼和浩特市知识产权工作试点单位的通知》，认定内蒙古金宇保灵生物药品有限公司等10家单位为2014年呼和浩特市知识产权工作试点单位。

12月6日 自治区科技厅对2013年度自治区科学技术奖进行公示，呼和浩特市15

个项目在列,其中一等奖1项;二等奖4项;三等奖10项。

12月16日　托克托县被自治区科技厅批准为内蒙古可持续发展实验区。

2015年

1月22日　福建省厦门中开信息技术有限公司政府事务部总经理康中天一行来访,与市科技局就网上技术交易平台的建设进行对接。

1月23日　国家科技部办公厅调研室到自治区及呼和浩特调研科技工作情况。

2月9日　2014年度呼和浩特市科学技术奖励委员会召开评审会议,各领域专家对全市2014年度科学技术进步奖进行审定。

3月19日　国家科技部农村中心科技扶贫与科普处处长白启云一行到呼和浩特调研科技特派员工作。

3月23—24日　自治区科技厅纪检组长曲帆、副厅长吴苏海到呼和浩特调研科技工作。

4月21—27日　2015年呼和浩特市知识产权宣传周活动启动仪式在玉泉区裕隆工业园区举行。主题为“保护、运用、发展”。其间,相关部门以深入企业和园区进行展示、咨询、讲座等形式,强化知识产权宣传与普及力度,宣传党和国家关于知识产权工作决策部署及政策措施内容。

4月22日　呼和浩特市知识产权领导小组办公室召开全市知识产权领导小组协调会,市工商局、质监局等21个成员单位40余人参会。

5月12日　市科技局副局长刘晔、政策法规与科技合作科人员带领内蒙古伊利实业集团股份有限公司科研人员到中国科学院微生物研究所进行产学研用技术对接。

5月13日　第十八届中国北京国际科技产业博览会在北京开幕,市科技局局长张振民、副局长刘晔带领5家企业组成的代表团参加科博会。

5月14日　市科技局副局长刘晔带领政策法规与科技合作科人员会同内蒙古工业大学科技处副处长冯银虎一行到中国科学院自动化研究所,与该所科技产业化办公室人员进行座谈。

5月15日　2015年呼和浩特市科技进社区暨玉泉区科技活动周启动仪式在玉泉区大召广场举行。

5月16日　主题为“创新创业 科技惠民”的2015年自治区科技活动周暨全区第二十届科普活动宣传周在呼和浩特启动,市科技局领导张振民、聂向东、刘晔、王新厚等出席。

5月20日　国家知识产权局副局长杨铁军一行5人到和林格尔县盛乐经济园区调研。

△　呼和浩特市2015年科技活动周“科技进校园”系列活动在回民区段家窑小学举行。

△　国家知识产权局呼和浩特市代办处在呼和浩特举行开业授牌仪式。

5月26日　呼和浩特市人大常委会召开“一法两条例”执法检查培训会，市人大常委会副主任付东海出席会议，市科技局领导班子成员参加培训。是日，市人大常委会召开执法检查汇报座谈会，启动“一法两条例”执法检查。副市长王恒俊出席。

△　呼和浩特市副市长王恒俊参加和盛育林绿色发展战略会议和盛生态科技研究院LEED（绿色建筑）认证揭牌仪式。

5月27日　呼和浩特市人大常委会组织委员和人大代表，就全市贯彻实施“一法两条例”情况进行执法检查。

6月6日　内蒙古创客传媒主办的“创客星空路演活动第一季——代际创客路演活动”在如意开发区举行。是自治区首次举行创客路演，开创自治区投融资O2O（线上线下电子商务）路演的先河。

6月26日　呼和浩特市十四届人大常委会第二十二次会议对“一法两条例”贯彻实施情况进行分组审议。市科技局局长张振民参加分组审议。

7月3—5日　第十二届（满洲里）北方国际科技博览会在满洲里市举办。市科技局副局长刘晔带领6家企业组成代表团参加科博会。

7月7日　国家知识产权局公布2014年度国家知识产权试点示范城市工作先进集体和先进个人名单，呼和浩特市被评为2014年度国家知识产权试点示范城市工作先进集体。

7月13日　由内蒙古塞上乌拉尔中药材种植有限公司承担实施的市级重大科技专项“甘草繁殖新技术的产业化及示范基地建设”通过专家组验收，项目首次在国内采用甘草横生茎繁殖技术种植甘草。

7月16日　2015中国新丝绸之路·锡林郭勒草原畜牧业创新品牌展示交易会在锡林浩特召开。呼和浩特市9家企业组成代表团参会。

7月21—25日　市科技局、市科技创新创业协会组织各旗县区科技局领导、科技特派员到乌海市、宁夏回族自治区考察学习。

8月4—7日　市科技局邀请辽宁草莓科学技术研究院副院长姜兆彤为市科技特派员讲授草莓栽培技术，分别在土默特左旗昌德和、赛罕区同创、新城区鑫冠、托克托县云中4个科技特派员培训班授课。

8月5日 中共呼和浩特市委副书记、市长秦义出席政府新闻发布会，就全市深化改革、转型发展等情况作介绍，副市长狄瑞明、孙建华、王恒俊等出席。

8月6日 市科技局召开高新技术领域新一代信息技术科技专项规划座谈会，高校、科研院所的3名专家和相关领域的10家企业参会。

8月13日 市科技局局长张振民、副局长刘晔一行到陕西省西安科技大市场调研，对大市场的服务内容、服务模式、加盟机构及特色服务项目等进行考察。

8月14—16日 2015中国西安国际科学技术产业博览会暨第十届中国西安国际高新技术成果交易会在西安举行，市科技局局长张振民带领10家企业组成的代表团参加。

8月17日 自治区科技厅党组书记白宝玉一行对呼和浩特市的园区基地建设进行调研。

8月18日 自治区科技厅厅长助理李志军、台湾果蔬花卉产业科技发展协会副总理事长方冠二等到赛罕区调研设施蔬菜生产建设情况。

8月20日 四川省科技厅调研组一行到呼和浩特市和林格尔县调研畜牧业产业发展情况。市科技局局长张振民、副局长王新厚及和林格尔县科技局领导陪同调研。

8月21日 自治区人大常委会教科文卫委员会主任博彦一行到呼和浩特调研科技创新工作。

8月26日 “京蒙合作农业生物技术转移对接会”在内蒙古生物技术研究院太平庄科技园区召开。

8月27日 2015年自治区科技创新驱动现代农牧业发展现场会在通辽召开。市科技局局长张振民、副局长王新厚参加会议。

9月6日 市科技局局长张振民、副局长王新厚带领相关科室人员到玉泉区、回民区调研新农村科技示范建设情况。

9月8日 自治区科技厅举办的北京——山东内蒙古籍高层次人才科技合作与技术转移对接会在呼和浩特举行，市科技局副局长刘晔参加会议。

△ 第三届自治区“草原英才”高层次人才合作交流会暨呼包鄂人才创新创业周活动在呼和浩特开幕，市科技局组织全市科技园区负责人参会。

9月9日 呼和浩特市直属机关工作委员会召开表彰会，市科技情报研究所党支部获评先进基层党组织，市科技局党总支专职副书记刘博获评优秀党务工作者。

9月10日 中共呼和浩特市委、市政府办公厅与自治区科技厅联合主办的科技创新专家讲座会在呼和浩特召开。

9月27日—10月1日 市科技局副局长刘晔带领局相关人员到上海市、浙江省宁波市等地就基金管理运作情况进行调研学习。市科技局副局长王新厚带领相关人员到广州、武汉等地就创业投资基金管理运作情况进行调研学习。

10月13日 市科技局举办科技项目与经费管理培训班,承担2015年市本级科技计划项目单位的项目和财务负责人、市科技局各业务科室相关人员参加培训。

10月16日 中共呼和浩特市委常委、常务副市长狄瑞明到和林格尔县调研企业科技创新工作。

10月23日 贵阳市科技局党组副书记刘国玉带调研组一行来市科技局考察学习。

△ 中国蒙古国技术转移暨创新合作大会在呼和浩特召开。市科技局局长张振民带领全市相关产业园区负责人参加会议。

10月28日 国家科技部农村司副司长蒋丹平一行到和林格尔县就国家科技示范园区建设情况进行视察调研。

11月3—6日 市科技局局长张振民、副局长王新厚带领科技特派员一行30余人到陕西省西安市调研,观摩学习特色农业发展、农业科技园、农业成果推广及创新服务模式等内容。

11月5日 第二十二届中国杨凌农业高新科技成果博览会在陕西省杨凌农业高新技术产业示范区举办,市科技局局长张振民、副局长王新厚带领4家企业组成的代表团参会。

11月10日 国家科技部火炬中心公布自治区2015年第一批74家高新技术企业名单,其中呼和浩特市新增22家国家级高新技术企业。到2015年底,全市高新技术企业总数达到88家。

11月16日 第十七届中国国际高新技术成果交易会在深圳举办。市科技局局长张振民、副局长刘晔带领10家企业组成的代表团参会。

11月24日 2015年·第九届中国专利周内蒙古地区活动启动仪式在呼和浩特举行。

11月26—29日 全国第二届“三农科技服务金桥奖”颁奖大会在成都和广元举行,市科技局参加大会并获得3个奖项。

12月15—31日 市科技局发布《关于认定2016年度呼和浩特市工程技术研究中心、企业研究开发中心和知识产权工作试点单位的通知》,内蒙古欧晶科技股份有限公司企业研发中心、科元胜力金山稀土科技有限公司企业研发中心、中牧生物药业有限公司研发中心、盛仁电子科技有限公司研发中心、苏鲁锭民族文化艺术品企业研发中心、蒙谷香生物科技有限公司研发中心等6家单位被认定为市级企业研究开发中心,全市企业研究开发中心数量达到95家。

12月30日 自治区科技厅公布《2015年度自治区高新技术领域科技创新平台载体的认定通知》,2015年,共认定自治区级企业研究开发中心41家。其中,呼和浩特市兽用缓控释制剂创新技术研究中心等6家企业研发中心获批,至此全市已认定自治区级企业研发中心47家。认定自治区级科技企业孵化器7家。金山高新技术产业开发区建立的呼和浩特金山高新技术产业开发区科技企业孵化器获批。至此,全市自治区级(含)以上科技企业孵化器达到7家。呼和浩特金山高新技术产业开发区科技企业孵化器是金山国家高开区内设立的科技型中小企业孵化机构。认定自治区级高新技术特色工业产业化基地8家。其中,呼和浩特市可再生能源——地热及空气源利用技术研发产业化基地和兽用生物制药高新技术特色工业产业化基地获批。两家基地分别依托内蒙古机电设计研究院有限责任公司和金河生物科技股份有限公司,是依托龙头企业建立的行业性高新技术特色工业产业化基地。

2016年

1月13—15日 呼和浩特市人大常委会召开财经委全体委员和专家组联席会议,听取市发改委2015年计划执行和计划编制情况及市财政局2015年计划预算执行情况和2016年预算安排情况。市科技局副局长王新厚带领有关人员参加会议,并回答专家组提出的市科技局2015年计划预算执行和2016年预算安排情况。

2月18日 市科技局邀请自治区人大常委会、党委组织部,市委组织部、市人力资源和社会保障局、市政府政策研究室有关专家,对《"十二五"科技合作及科技人才工作专题规划》进行论证。该规划是市科技发展规划的重要组成部分,为科学合理编制《"十三五"呼市科技发展规划》,前期进行调研工作并起草《"十三五"科技合作及科技人才工作专题规划(讨论稿)》。

3月3日 自治区科技厅、呼和浩特留学人员创业园、创客全球——全球孵化器和创客星空同步发起的"春融行动"——2016创客星空科技创新主体日活动在呼和浩特留学人员创业园创客奶茶屋举行。

3月4日 自治区科技信息工作研讨会暨内蒙古科技情报学会第九届理事会第三次会议在呼和浩特召开。各盟市科技系统科技信息工作负责人,市科技局副局长王新厚参加会议。

3月9日 "呼和浩特市肉羊种业企业研究开发中心、内蒙古瑞特优化科技股份有限公司研究开发中心、内蒙古和美科盛生物技术有限公司乳酸菌微生态制剂研发中心、创维电子（内蒙古）有限公司研究开发中心、内蒙古新创环境科技有限公司研究开发中心、内蒙古生一伦稀土材料有限责任公司企业研究开发中心”被认定为2015年度呼和浩特市企业研究开发中心，至此，全市已经认定的市级企业研究开发中心为89家。

3月14日 呼和浩特市知识产权局认定内蒙古兰太药业有限责任公司、内蒙古阜丰生物科技有限公司、呼和浩特市海日瀚生物技术有限公司、内蒙古金河动物药业有限公司、内蒙古金河生物科技股份有限公司、托克托县宏昌机械制造有限公司、呼和浩特华欧淀粉制品有限公司、内蒙古九强机械有限公司、内蒙古粮食科学研究设计院有限责任公司、内蒙古红太阳食品有限公司、内蒙古和美科盛生物技术有限公司、内蒙古晶新科技有限责任公司、内蒙古航天红岗机械有限公司13家企业为2015年度市级知识产权工作试点单位，全市共有市级知识产权工作试点单位41家。

3月25日 乌兰察布市科技局副局长马少明一行到市科技局，就科学技术奖励评审工作组织及科技奖励评审管理系统使用等进行交流调研。

△ 呼和浩特“互联网+双创”高峰论坛在呼和浩特举行。

3月29日 内蒙古自治区政府和国家科技部主办，自治区科学技术厅、赤峰市人民政府、国家农业科技园区协同创新战略联盟承办的“2016赤峰·中国北方农业科技成果博览会暨全国农高会新丝绸之路创新品牌展示交易会”在赤峰开幕。市科技局副局长王新厚和9个旗县区科技局局长及企业人员参会。

3月31日 国家科技部农村科技司助理巡视员胡京华到呼和浩特市和林格尔县国家农业科技园区进行调研。自治区科技厅农村科技处刘百里副处长、市科技局王新厚副局长及相关人员陪同调研。

4月5日 市科技局局长张振民、副局长刘晔带领政策法规与科技合作科、金山高新技术开发区相关人员，参加自治区科技厅与中科院北京分院科技合作座谈会。

4月11日 呼和浩特市科技奖励服务中心微信公众号正式上线运行。

△ 国家科技部公布新认定2015年度国家级科技企业孵化器名单，内蒙古自治区大学科技园管理有限责任公司作为自治区唯一获批单位。至此，自治区国家级科技企业孵化器达8家，其中呼和浩特市2家。

4月14日 国家科技图书文献中心呼和浩特开发区服务站成功迁入市政务云计算中心。

4月17日 市科技局组织设施农业相关企业赴北京参加第四届北京农业嘉年华，并调研昌平区种子管理站、蔬菜技术推广站试验基地、小汤山特菜基地。

4 月 20 日　呼和浩特市知识产权宣传周在自治区国家级大学科技园正式启动。

4 月 21—24 日　国家科技部、工业和信息化部、中国科学院、中国工程院、中央军委科技委、中国发明协会和重庆市政府举办的“第十二届中国重庆高新技术成果交易会暨第八届中国国际军民两用技术博览会”，主题为“军民融合、创新创业”。市科技局局长张振民、副局长刘晔带领内蒙古航天新材料科技有限公司、内蒙古航联科技开发有限责任公司、内蒙古科元胜利金山稀土科技有限公司、中国航天科工集团六院情报信息中心 4 家企业及科技局相关科室人员参加。

5 月 9 日　自治区科技厅公布第二批众创空间试点及试点培育名单，呼和浩特市博连众创基地等 8 家众创空间试点、优创互联网众创空间等 3 家众创空间试点培育单位入选。

5 月 10 日　自治区副主席王波一行在呼和浩特市长李杰翔、呼和浩特经济技术开发区书记李建平等陪同下，到国家级高新技术企业内蒙古坤瑞玻璃股份有限公司视察指导工作。

5 月 13 日　根据国家财政部、工业和信息化部、科技部、商务部和工商行政管理总局《关于支持开展小微企业创业创新基地城市示范工作的通知》《关于组织申报 2016 年小微企业创业创新基地城市示范的通知》，呼和浩特市通过竞争性评审。

5 月 14 日　以“创新引领 共享发展——科技 · 创新 · 创业 · 梦想”为主题的呼和浩特科技活动周科技进校园活动在内蒙古工业大学东邦科尼众创空间举办。市科技局工作人员向师生们介绍呼和浩特市对于大学生创新创业的科技扶持政策。

5 月 15—17 日　“2016 科技列车行”驶进呼和浩特市，全市科技特派员培训交流活动同时举行。

5 月 17 日　呼和浩特市召开科技创新工作推进会。市政府副秘书长张利平主持，副市长王恒俊出席并讲话，市科技局局长张振民作《强化科技创新引领支撑作用 助力全市供给侧结构性改革》的工作报告。

5 月 19—22 日　国家科技部、知识产权局、中国国际贸易促进委员会和北京市政府联合主办的第十九届中国北京科技产业博览会在北京举办。市科技局组织内蒙古航联科技开发有限责任公司的工业互联网、中国航天科工六院的“实践十号”固体火箭发动机技术、内蒙古乐科生物技术有限公司的种羊扩繁及规模化羊场信息管理系统等 11 个项目参加展会。

5 月 26 日　国家财政部等 5 部门组织第二批小微企业创业创新基地城市示范竞争性评审工作，呼和浩特市通过评审。

6 月 2 日　呼和浩特市政府印发《呼和浩特市人民政府关于实施创新驱动发展战略

的意见》《呼和浩特市人民政府关于印发呼和浩特市加快推进高新技术企业和科技成长型企业发展实施办法的通知》《呼和浩特市人民政府办公厅关于印发市创新奖励扶持资金实施方案和创新投资引导基金项目优选工作实施方案的通知》等文件。

6月6日 "可再生能源太阳能电池和半导体集成电路用单晶硅材料产业化工程四期项目"在呼和浩特市金桥经济技术开发区奠基。市长李杰翔、天津中环集团董事长张旭光等200余名来宾出席。赛罕区长吴文明主持仪式。

6月8日 自治区知识产权局、呼和浩特市知识产权局、中国(内蒙古)知识产权维权援助中心呼和浩特市分中心,到托克托县开展区市县三级专利行政执法维权护航专项行动。

6月14日 国家科技部火炬中心发布《关于通报国家高新区评价(试行)结果的通知》,呼和浩特金山高新区在2015年国家高新区评价中综合排名第78位。在单项排名中,知识创造和技术创新能力名列第67位;产业升级和结构优化能力第68位;国际化和参与全球竞争能力第72位;可持续发展能力第116位。

6月15日 2015年度国家知识产权优势示范企业、国家知识产权专家库专家及通过贯标认证企业表彰会议,对呼和浩特市5家企业、2名专家进行表彰。

6月24日 呼和浩特市科学技术奖励委员会召开奖励评审会,对经初评推荐的2015年度全市科学技术进步奖申报成果进行终审。

6月28日 自治区科技厅邀请国家科技部火炬中心专家到呼和浩特市为各盟市科技部门相关工作人员及相关企业,就2016高新技术企业认定管理办法工作指引进行培训。市科技局组织相关企业有关人员参加。

△ 呼和浩特日报社、市科技局门户网、市科技奖励服务中心微信公众平台开始对2015年度呼和浩特市科学技术进步奖进行为期30天的公示。2015年度呼和浩特市科学技术进步奖共评出获奖成果54项,其中一等奖5项、二等奖23项、三等奖26项。成果分布在农业、工业、医疗卫生、教育等4个领域,涉及10余个专业。

7月3—5日 第十三届中国(满洲里)北方国际科技博览会在满洲里举办。呼和浩特市知识产权局局长聂向东、市科技局副局长王新厚带领内蒙古利诚实业有限公司、内蒙古开盛生物科技有限公司、启明星宇节能科技股份有限公司、呼和浩特市通用金属结构有限责任公司、金宇保灵生物药品有限公司等16家企业组成的代表团参加。

7月11日 "实践十号"卫星搭载内蒙古牛羊等家畜的体细胞、干细胞、精子等材料飞上太空。这是世界上首次在太空进行的家畜航天生物育种实验。

7月14日 第五届中国创新创业大赛(内蒙古赛区)初赛在呼和浩特举行,全市18

家企业和18个团队进入复赛。

7月18日 国家知识产权局表彰2015年全国知识产权系统人才工作先进集体和个人。市科技局(知识产权局)田宇获“全国知识产权系统人才工作先进个人”。

7月19日 “2016中国新丝绸之路·锡林郭勒草原畜牧业创新品牌展示交易会”举办。呼和浩特市组织内蒙古赛科星繁育生物技术公司、内蒙古蒙羊牧业股份有限公司等13家企业参展。

7月29—31日 呼和浩特首届科技创新成果博览会在内蒙古国际会展中心举行。

8月5—6日 京津冀蒙四地生产力联合倡导发起的“2016京津冀蒙生产力促进服务联盟项目对接洽谈暨新会员发展活动”交流大会在鄂尔多斯召开。呼和浩特市生产力促进中心作为理事单位参加。

8月8日 自治区人大常委会副主任、教科文卫委员会主任委员吴团英带领执法检查组,在呼和浩特市开展《中华人民共和国促进科技成果转化法》执法检查。

8月9日 第四届内蒙古“草原英才”高层次人才合作交流会暨呼和浩特人才创新创业周活动在呼和浩特举行。市委常委、副市长孙建华出席并致辞,副市长王恒俊主持开幕式,市人大常委会副主任付东海、市政协副主席陈曼莉出席。与会领导为全市入选2016年度自治区“草原英才”工程的2个基地、6个团队和5位个人颁发奖牌和证书。市科技局局长张振民、副局长刘晔及市人才领导小组成员单位负责人,全市各行业优秀人才代表近900人参加会议。同时,市委组织部与市科技局联合举办科技创新专家讲座,邀请西安交通大学快速制造国家工程研究中心副主任王永信教授作“3D打印技术与产业应用及人才培养”专题报告。

8月15日 第五届中国创新创业大赛(内蒙古赛区)总决赛在呼和浩特结束。全市共推荐21家企业和24家团队参赛,数量居各盟市之首。内蒙古超牌建材科技有限公司和小骏马育成计划团队分别获得企业组和团队组冠军,并分获20万元和10万元的奖金。市科技局等单位获优秀组织奖。

8月19日 自治区科技厅发布首批自治区“星创天地”试点名单。市科技局申报的内蒙古蒙清农业科技开发有限责任公司蒙清·创优乡村创客中心、市百岁果蔬种植专业合作社百岁园农业·星创天地等9家获批自治区“星创天地”试点单位;新城区野马图裕丰种植农民专业合作社现代农民合作社信息化服务平台、内蒙古农广通大宗谷物(杂粮)电子交易有限公司“互联网+粮食大宗交易”信息化平台和内蒙古创筹网络科技有限公司内蒙古i创筹3家获批试点培育单位。

8月29日 呼和浩特市自治区首批知识产权5家“贯标”试点企业中,内蒙古伊利实业集团股份有限公司已于2015年12月通过《企业知识产权管理规范》国家体系认证，成为自治区首家通过知识产权贯标体系审核认证的企业。元和药业股份有限公司向中知（北京）认证有限公司提交外审申请；内蒙古蒙科立软件有限公司完成3个月的知识产权管理体系试运行，正在筹备外审；金宇保灵生物药品有限公司正处于管理体系试运行阶段；内蒙古蒙牛乳业（集团）股份有限公司已开展管理体系内审工作。

9月8—9日 自治区党委宣传部、自治区科技厅、科协主办的2016年全区科普事业发展研讨会在包头召开。国家科技部政策法规与监督司调研员邱成利作《中国科普工作战略目标及工作重点》报告；中科院物理研究所研究员魏红祥作《互联网＋科普》讲座。各参加单位就科普工作开展情况、面临的问题以及科普工作思路进行交流研讨。

9月9日 呼和浩特市建设国家创新型城市领导小组办公室组织召开创新型城市建设指标体系研讨会暨领导小组成员单位联络员会议，对科技部创新发展司《关于征求对建设创新型城市工作指引意见的函》进行研讨，征求答复意见。市发改委、财政局、经信委、统计局、金融办、环保局、地税局、科技局等部门负责人参加，市科技局副局长刘晔主持会议。

9月9—11日 呼和浩特市组织部分企业参加由国家知识产权局和辽宁省政府主办，大连市政府承办的2016年中国国际专利技术与产品交易会。内蒙古显鸿科技股份有限公司专利项目“纳米抗擦墨防伪喷码技术及其标识系统”（2014年获韩国世界发明大会金奖），在专交会上受到广大参会者的关注。

9月12日 国家科技部火炬中心公布第三批国家级众创空间名单，呼和浩特市创客星空众创空间、呼和浩特金山高新区众创基地等7家单位入选。

△ 呼和浩特市入选2015年度国家知识产权试点示范城市先进集体。

9月19日 呼和浩特市金山高新技术产业开发区新能源汽车产业园二期开工。市人大常委会副主任李博宏、市政协副主席陈曼莉出席。项目规划总投资200亿元，先期占地面积1041亩，建筑面积102.7万平方米。项目建设方式为PPP模式，中国一冶集团作为社会资本投资方与土默特左旗政府共同出资进行基础设施及园区配套设施建设。二期工程计划总投资80亿元，其中基础设施投资20亿元，企业设备投资60亿元，占地面积1564亩，建筑面积为60万平方米。新入驻20家企业，其中整车企业3家，电动飞机1家，新能源汽车销售运营公司4家，新能源汽车配套企业12家，全部投产后可实现产值350亿元。

△ 市科技局（知识产权局）组织市辖区内的国家级知识产权示范企业、优势企业以及部分市级知识产权工作试点单位参加北京第七届中国专利信息年会。

9 月 20 日 自治区科技厅、教育厅、科学技术协会主办 2016 年内蒙古自治区“全国科普日”活动暨内蒙古科技馆新馆开放仪式举行。

10 月 8 日 国家正式批复内蒙古为国家大数据综合实验区。呼和浩特市依托盛乐和鸿盛两个云计算园区,引进中国电信、中国联通、中国移动三大运营商,已经建成全国最大的数据中心,投资规模近 500 亿元,已形成 66 万台服务器的承载能力。

10 月 12 日 “发展新经济、培育新动能”2016 年全国大众创业万众创新活动周内蒙古分会场启动仪式在呼和浩特举行。市科技局组织有关人员参加活动和论坛。

10 月 14 日 呼和浩特金山高新技术产业开发区和内蒙古广播电视台共同主办,自治区科技厅和市科技局指导,2016《创客中国》那达慕“高新助力众创同行”投融资峰会在呼和浩特启动。峰会聚焦高新、发展、资本、众创和共享,国内 10 余位著名企业家、知名学者、投资精英和优秀创客参会,市科学技术局副局长刘晔等参加。

10 月 20 日 国家科技部发布《关于公示第一批“星创天地”备案名单的通知》,呼和浩特农牧业双创平台等纳入国家级科技企业孵化器的管理和服务体系,享受国家规定的相关优惠政策。

10 月 27 日 国家科技部发布《关于第三、第四批国家农业科技园区验收结果的通知》,和林格尔县通过国家农业科技园区验收。

11 月 2 日 乌兰察布国家农业科技园区管委会主任连冰带领有关人员到和林格尔县国家农业科技园区调研。

11 月 7 日 国家发改委、工信部、网信办、商务部、科技部和自治区政府共同主办的内蒙古大数据产业推介会在北京召开。国家相关部委、部分国家驻华使节和商务参赞、科研机构、大数据行业组织、商界代表以及自治区政府和呼和浩特等 12 个盟市政府代表人士 1000 余人参加。自治区主席布小林主持会议,自治区党委书记李纪恒致辞。呼和浩特市委、市政府主办的大数据产业洽谈会同时举行。市政府以及新城区、和林格尔县等与航天云网、百度等企业共签订 38 个合作项目,签约资金超过 80 亿元。中国电信、中国移动、中国联通内蒙古分公司分别进行项目介绍。新城区、和林格尔县分别作《呼和云镇,活力新城》《中国云谷,和林格尔县》的推介。

11 月 11 日 内蒙古中环光伏材料有限公司承担的 2013 年市重大科技专项“N 型高效太阳能电池用硅单晶及钻石线切割技术的研发”通过专家验收。项目在研究实施过程中,通过对工艺及关键技术的研究与改进,提升了 N 型太阳能级单晶硅和钻石线切割技术的研发水平。

11 月 16—21 日 第十八届中国国际高新技术成果交易会(高交会)在深圳举行。

市科技局局长张振民、副局长刘晔带领内蒙古金宇保灵、内蒙古泰尔力图等12家企业携相关项目组成代表团参加展会。

11月30日 呼和浩特市4家产业技术创新战略联盟日前通过自治区科技厅全面评估,取得A级以上的评估结果,其中内蒙古草原生态修复产业技术创新战略联盟和内蒙古马铃薯产业技术创新战略联盟取得A+级别的优异成绩。

△ "第十六届中国西部国际博览会(西博会)"在成都举办。市科技局有关人员参加。

12月14日 国家知识产权局公布第十八届中国专利奖评选结果,呼和浩特市两项专利获第十八届中国专利优秀奖,分别为内蒙古蒙牛乳业(集团)股份有限公司"一种风味稳定的长保质期酸奶及其制备方法"、内蒙古山水绿景生态建设有限公司"一种现浇生态护坡及其施工方法"。

2017年

1月9日 中共中央、国务院在北京人民大会堂举行2016年度国家科学技术奖励大会。呼和浩特市3家企业和2位个人获奖。

3月2日 市科技局、农牧业局、科协主办的呼和浩特首届草莓文化节在赛罕区都市现代农业园区开幕,全市9个旗县区的草莓种植户参加文化节。

3月28日 呼和浩特市副市长王继平到市科技局调研科技工作。市科技局局长张振民、副局长刘晔,市科技局各科室和二级单位负责人参加调研座谈。

△ 2016年度呼和浩特市科学技术奖励委员会评审会议召开,副市长王继平,市科技局局长张振民以及11位奖励委员会委员参加会议。

△ 2017赤峰·中国北方农业科技成果博览会暨全国农高会新丝绸之路创新品牌展示交易会在赤峰开幕,市科技局组织金宇保灵生物药品有限公司等6家企业参加博览会。

是月 自治区科技厅发布《关于公布自治区部分科技企业孵化器复核结果的通知》,对2013年(含)之前认定的自治区级科技企业孵化器进行复核,呼和浩特市内蒙古宇峰华电子信息企业孵化中心等4家自治区级科技企业孵化器通过复核。

△ 2017年度国家科学技术奖推荐工作结束,呼和浩特市申报3个项目参加2017年度国家科技奖项评选。

△ 自治区认定第三批自治区众创空间工作结束,呼和浩特市获得认定15家,试点

培育5家。截至2017年底,全市有自治区众创空间试点31家,试点培育13家。

4月10—14日、4月17—21日 呼和浩特市科技系统创新管理培训班分两期在上海科技管理干部学院举办。市科技局机关及二级单位人员,部分旗县区科技局、经济技术开发区经发局、科技园区相关负责人,有关企业、研究院所、众创空间人员参加学习。

4月20日 2017年内蒙古自治区知识产权宣传周启动仪式在呼和浩特举办。

4月20—21日 市科技局组织有关单位参加由2017智慧农业科技成果应用交流会组委会主办,北京现代农业科技创新服务联盟承办的“北京智慧农业科技成果应用交流会”。

4月21日 自治区科技厅下发《关于认定第二批内蒙古自治区“星创天地”试点和试点培育的通知》,呼和浩特市新增14家“星创天地”试点单位、8家试点培育单位。截至2017年底,全市共有“星创天地”34家。

4月22—23日 市科学技术局主办,市创新创业协会承办的“呼和浩特科技特派员创新创业大赛”决赛在新城区鑫冠科技特派员创业培训基地举行。在150名入围决赛的科技特派员中,决出一等奖11名,二等奖22名,三等奖41名。

4月24—5月6日 市科技局组织旗县区科技特派员工作分团负责人、果蔬专业科技特派员共计56人参观第十八届中国(寿光)国际蔬菜科技博览会。

5月4—5日 在第三届内蒙古科普讲解大赛暨第四届全国科普讲解大赛选拔赛总决赛上,市科技局荣获第三届内蒙古科普讲解大赛优秀组织奖。

5月20日 2017年内蒙古科技活动周暨全区第二十二届科普活动宣传周启动仪式在呼和浩特举行,市科技局携全市多个委办局及9个旗县区,同步开展各类科技科普活动。

5月26日 2017呼和浩特·科技特派员科技成果展览会在国际会展中心南广场开幕。

5月27日 自治区党委常委、组织部部长曾一春等领导参观呼和浩特科技特派员科技成果展。

6月1—2日 自治区科技创新引领产业转型升级现场会在鄂尔多斯召开。呼和浩特市副市长王继平,市科技局局长张振民,副局长、市知识产权局局长聂向东参加会议。

6月9日 市科技局组织内蒙古金宇生物技术股份有限公司、内蒙古尚科科技有限公司在第二十届中国北京国际科技产业博览会上举办科技合作项目签约仪式。

6月23日 呼和浩特市中小学知识产权教育工作座谈会在市第二中学举行。市第二中学被授予“内蒙古自治区中小学知识产权教育基地”“国家知识产权局专利局呼和浩特代办处工作站”牌匾,成为自治区首家中小学知识产权教育基地和代办处工作站。

是月 2016年度呼和浩特市科教兴市市长特别奖揭晓，内蒙古蒙草生态环境（集团）股份有限公司董事长王召明和中国农业机械化科学研究院呼和浩特分院副总工程师王全喜分获该奖项。

△ 2016年度呼和浩特市引进人才科技贡献奖揭晓。内蒙古超牌建材科技有限公司高级工程师冯建明、内蒙古蒙牛乳业集团股份有限公司高级工程师喻东威、内蒙古优然牧业有限责任公司高级兽医师马甫行和内蒙古伊利实业集团股份有限公司高级工程师黄小平4人获奖。

△ 内蒙古晶环电子材料有限公司发布最新自主研发创新成果——300公斤级超大尺寸高品质泡生法蓝宝石晶体，外形规整，通体透明，无裂纹，无晶界，气泡较少，可应用于LED的4英寸晶棒有效长度达到3400毫米左右，实现中国蓝宝石晶体生长领域的重大突破。

7月12日 第五届内蒙古"草原英才"高层次人才合作交流会暨呼包鄂人才创新创业周活动正式启动，呼和浩特市科技局组织"众创空间及孵化器发展研讨会""国家级创新创业导师认证培训"活动。

7月19—21日 2017中国新丝绸之路·锡林郭勒草原畜牧业创新品牌展交会在锡林浩特举行。市科技局组织金宇保灵生物药品有限公司等5家企业参加展会。

7月31日 上海科技管理干部学院副院长张庆杰、对外培训处处长张文杰等一行5人到呼和浩特培训调研。

8月 市科技局（知识产权局）根据《呼和浩特市知识产权优势企业认定管理办法》，正式认定内蒙古金宇保灵生物药品有限公司、内蒙古和美科盛生物技术有限公司、内蒙古神舟硅业有限责任公司为首批"呼和浩特市知识产权优势企业"。

9月20日 自治区科技厅发布《关于公布通过2016年自治区高新技术领域科技创新平台载体复核最终结果的通知》，呼和浩特市有2个基地、4家科技企业孵化器和34家企业研究开发中心通过复核。

9月21日 市科技局修订的新版《呼和浩特市企业研究开发中心认定管理办法》（呼科字〔2017〕47号）正式印发实施。

10月30日 国家科技部火炬中心高技术产业开发中心核定，呼和浩特市和林格尔县新区大数据特色产业基地为2017年第二批国家火炬特色产业基地。至此，全市有2家基地被核定为国家火炬特色产业基地。

11月24日 国家科技部印发《关于公布第二批星创天地名单的通知》，呼和浩特市有2家星创天地通过国家科技部备案。

11月28日 自治区科技厅(知识产权局)、呼和浩特市政府主办的2017年第十一届中国专利周内蒙古及呼和浩特市启动仪式暨中科院“普惠计划”专利对接会在呼和浩特举行。自治区科技厅(知识产权局)副巡视员巴根那出席并讲话。

12月7日 呼和浩特市知识产权服务中心被国家知识产权局认定为全国专利文献信息服务网点单位。

是月 国家科技部火炬高技术产业开发中心发布《关于2017年度拟确定为国家备案众创空间名单的公示》,呼和浩特市6家众创空间进入国家众创空间公示名单。

2018年

1月8日 在国家科学技术奖励大会上,内蒙古大唐国际再生资源开发有限公司和大唐国际发电股份有限公司共同完成的“高铝粉煤灰提取氧化铝多联产技术开发与产业示范项目”;内蒙古工业大学参与完成的“超高层建筑钢骨高强混凝土结构体系抗震关键技术及其应用”项目获得2017年度国家科学技术进步二等奖。

2月 重达450公斤的人造蓝宝石晶体在内蒙古晶环电子材料有限公司诞生。该晶体为公司自主研发产品,经初步检测,晶体外形规整,通体透明,无裂纹,无晶界,气泡较少,可应用于LED的4英寸晶棒,有效长度达4550毫米以上。蓝宝石晶体具有良好的力学、热学性能,属于国家重点支持、鼓励发展的能源材料及光电子材料。此前国际上尺寸最大的泡生法蓝宝石晶体是俄罗斯生产的350公斤晶体。

3月8日 市科技局、新城区政府主办的呼和浩特第二届草莓文化节在新城区大青山林下经济主题公园(鲜花港)开幕。142个草莓种植户携24个品种参加草莓评比大赛。

3月29日 呼和浩特市政府制定出台《关于进一步推动科技创新构建区域创新中心的实施意见(试行)》。该《意见》采取“财政后补助”“以奖代补”等方式,支持各级科技创新平台载体建设,鼓励以企业为主的各类创新主体开展创新活动,鼓励工业技术体系转型升级,推动农业科技示范引领,引导文化创意产业和战略性新兴产业布局。同时,支持科技合作基地、院士专家工作站等合作平台载体建设,提升区域协同创新能力;加大自主知识产权的创造、运用、管理和保护力度,简化科技成果转移转化审批手续,并对科技成果转化活动实施配套补贴;鼓励科研人员创新创业,将创新活动作为人才评价的重要指标,提高对科研人员的奖励比例,奖励各级各类优秀科技创新创业主体。

△ 第十六届中国(临沂)草莓文化旅游节暨中国·临沂草莓·大会(2018)草莓擂

台赛开幕。市科技局选送推荐的11个品种21个样品经过角逐,斩获17个奖项,其中荣获金奖4个,银奖5个,优秀奖8个。

3月30日—4月1日 2018赤峰·中国北方农业科技成果博览会召开。呼和浩特市组织7家企业参会。本届展会到场参观人数超过16万人,现场成交额3.4亿元,意向成交额达6.5亿元。

4月4日 2018年京蒙科技人才及项目对接会举办。市科技局组织旗县区科技局、创维电子(内蒙古)有限公司等企业代表参加。

4月18日 市科技局召开全市科技系统工作会议,全面总结2017年度全市科技工作,表彰在2017年科技工作中做出突出成绩的旗县区和先进个人,安排部署2018年度全市科技工作任务和重点工作。

4月20日 市科技局党组书记、局长张振民,市科技局党组成员、派驻市科技局纪检监察组组长白力红等一行6人赴武川县上秃亥乡等地开展科技扶贫工作。

4月21日 以“倡导创新文化,尊重知识产权”为主题的2018年全国知识产权宣传周内蒙古活动启动仪式在呼和浩特举行。自治区科技厅厅长、知识产权局局长孙俊青出席启动仪式并致辞。科技局领导张振民、聂向东、白力红参加启动仪式。启动仪式现场为来自自治区高校的120余名知识产权志愿者代表授旗,为内蒙古首个“版权服务工作站”揭牌,并为区内的全国及自治区中小学知识产权教育试点学校代表授牌。

5月7日 自治区科技厅公示2018年第二批拟入库科技型中小企业名单,自治区共有83家中小企业进入公示名单。其中呼和浩特市的32家中小企业进入此次公示,总数居自治区各盟市之首。

5月11日 呼和浩特市人大常委会组织常委会委员、部分自治区人大代表、市人大代表和特邀创新创业导师,就呼和浩特市贯彻实施《中华人民共和国科学技术进步法》《内蒙古自治区科学技术进步条例》《呼和浩特市科学技术进步促进条例》(简称“一法两条例”)情况赴回民区影视动画及游戏产业孵化器、和林格尔云计算大数据创客中心、和林格尔新区大数据及人工智能应用孵化基地进行执法检查并召开座谈会。副市长毕国臣参加座谈会并发言,市科技局党组书记、局长张振民汇报全市“一法两条例”贯彻落实情况。市人大常委会副主任卢晓岩参加检查,市科技局副局长刘晔陪同检查。

5月16日 市科技局党组书记、局长张振民,副局长刘晔一行9人赴土默特左旗恰台吉村稼泰绿色农业开发有限公司,就该公司同中科院遗传与发育生物学研究所开展水稻育种工作进行调研。

5月17—20日 第二十一届中国北京国际科技产业博览会召开,市科技局组织7家企业参加展会。

5月28日 自治区科技厅印发《关于下达2018年度“三区”人才支持计划科技人员专项计划的通知》,共有44名科技型“三区”人才选派到呼和浩特市武川县和清水河县,专业涉及畜牧、农学、蔬菜、食品科学等领域。

5月29日 赛罕区教育局、科技局、科协共同举办的赛罕区科技活动进校园主题活动在腾飞路小学举办。活动展示3D打印、无人机、机器人等科技产品,向学生讲解机器人编程、3D打印操作方法、无人机操作等相关知识。活动现场还举办智能无人车拼装比赛,赛罕区大学路小学、南门外小学、北京四中等8所中小学代表队参加比赛。

是月 中科汇通(内蒙古)投资控股有限公司半导体材料院士专家工作站获批建立。该工作站依托中国科学院力学研究所胡文瑞院士、陈启生研究员和中国科学院半导体研究所赵有文研究员、董志远副研究员,使他们有关碳化硅材料的科研成果在呼和浩特落地转化,助推产业升级。

6月1日 2018中国(内蒙古)科技合作与国际技术转移对接会举行,市科技局组织市内50余家企业参会,并与塞尔维亚科学促进中心、新加坡国立大学、荷兰代尔夫特理工大学、日本富士包装株式会社等机构达成初步合作意向。

6月8日 自治区政府公布《内蒙古自治区人民政府关于2017年度自治区科学技术奖励的决定》,呼和浩特市本级21项成果获得科技进步奖,其中二等奖5项,三等奖16项,获奖成果数目居自治区各盟市之首。

6月21—24日 第十三届中国重庆高新技术交易会暨第九届中国国际军民两用技术博览会在重庆举行。呼和浩特市有6个项目参加展会。

6月22日 自治区科技厅公布2018年第二批入库科技型中小企业名单,呼和浩特市的内蒙古维力斯信息技术有限公司、内蒙古爱众医学影像有限公司等7家企业进入名单。

7月6日 第十五届中国(满洲里)北方国际科技博览会开幕。呼和浩特市组织伊利集团国际科技合作基地、内蒙古干细胞生命科学产业化基地院士专家工作站参加展会。

7月20日 国家科技部党组成员、副部长李萌一行到呼和浩特调研科技创新工作。先后前往内蒙古赛科星科技有限公司、内蒙古蒙草生态集团、蒙牛集团等企业,自治区科技厅党组书记龚家栋,市委副书记、市长、内蒙古和林格尔新区党工委书记冯玉臻,副市长毕国臣,市科技局党组书记、局长张振民等陪同调研。

7月26日 市科技局(知识产权局)联合自治区科技厅(知识产权局)、托克托县教科局,对通过双随机抽查系统抽选的托克托县世福堂药房的3家连锁店、浙加都超市进行三级联合专利行政执法检查。

8月1日 呼和浩特科技城、呼和浩特市科技创新精准化服务平台、中科院老专家技术中心呼和浩特工作站揭牌仪式在呼和浩特科技城核心区同时举行。自治区科技厅厅长孙俊青,市委、市政府主要领导出席揭牌仪式。

8月15—17日 2018中国新丝绸之路·锡林郭勒草原畜牧业创新品牌展示交易会在锡林浩特举办。呼和浩特市有4家企业参展。

8月27日 市科学技术局组织内蒙古阜丰生物科技有限公司、内蒙古众谊环保科技股份有限公司、内蒙古朝日农业科技有限公司和创维电子(内蒙古)有限公司等10余家企事业单位参加内蒙古——广东推动经济质量发展合作与产业对接会。

是月 国家知识产权局公布2018年度国家知识产权示范企业和优势企业名单,内蒙古阜丰生物科技有限公司被确定为国家知识产权示范企业,内蒙古金宇保灵生物药品有限公司等4家企业被确定为国家知识产权优势企业。呼和浩特市入选示范、优势企业数量分别占自治区的50%、33.3%。

△ 呼和浩特市软通动力玉泉乐业空间、涵度众创空间、中筑众研众创空间等14家众创空间被认定为自治区第四批众创空间。

△ 呼和浩特科技特派员张培冬把云南香蕉树移植到赛罕区根堡村,成功地实现南果北种。

△ 呼和浩特市有7家企业第四批进入全国科技型中小企业信息库。至此全市入库的科技型中小企业共有74家。

9月4日 呼和浩特市政府召开成立乳业大学研讨会,会议由市政府副秘书长袁亮主持,市科技局派人参加会议。

9月7日 市科技局举办的内蒙古"草原英才"高层次人才合作交流会暨呼包鄂人才创新创业周系列活动——中科院"普惠计划"专利池专利对接会举行,为企业与中科院之间搭建桥梁,促进了知识产权与创新资源、金融资本、产业发展的有效融合。

9月8日 第六届内蒙古"草原英才"高层次人才合作交流会暨第七届中国创新创业大赛(内蒙古赛区)总决赛在呼和浩特市举行,市科技局获得了赛事优秀组织奖。

9月9日 中共呼和浩特市委组织部、宣传部、讲师团主办,市科技局承办的科技创新专场报告会举行,邀请国务院参事刘燕华(原国家科技部副部长、党组成员)作"创新模式的转型——创新产品的供给"专场报告。

10月11日 呼和浩特市科技特派员优质农产品展示展销中心正式启动。自治区科技厅副厅长张志宽,副市长毕国臣出席启动仪式。

10月23日 自治区科技厅厅长孙俊青一行赴托克托县、和林格尔县实地调研科技创新工作。呼和浩特市副市长毕国臣、市科技局局长张振民、副局长刘晔等陪同调研。

11月5日 第二十五届中国杨凌农业高新科技成果博览会在陕西杨凌开幕。市科技局党组书记、局长张振民带领市相关涉农企业、单位参加博览会。全市4家单位7项涉农科技产品在博览会上进行集中展示。

11月8日 国家科技部农村科技司副司长韩文胜赴土默特左旗调研县域创新驱动发展工作。自治区科技厅副厅长张志宽、呼和浩特市副市长黄继刚陪同调研。

11月15日 乌海市科技局副调研员刘丽洁等3人到呼和浩特市,就科技特派员创新体系建设、农业科技创新平台建设等工作进行调研。

12月4日 国家科技部发布《关于第三批星创天地备案名单公示的公告》,呼和浩特市科创中心星创天地列入名单。

12月6日 自治区第十三届人大常委会第十次会议全票表决通过修订《内蒙古自治区促进科技成果转化条例》。新修订条例由原有6章38条,增为7章44条,内容凸显突出企业主体地位,突出政府职能转变,重视科技成果转化服务,明确成果转化各方权责,坚持知识价值导向的分配激励,支持民营经济,支持军民融合发展。新条例于2019年3月1日起正式施行。

12月14日 市科技局组织区外部分现代农业与生态环境领域的专家走进首府,开展全市企业科技创新精准化服务平台"呼和浩特行"活动。

12月17日 自治区科技厅印发《关于公布内蒙古星创天地名单的通知》,呼和浩特市共有38家自治区级星创天地,其中有11家"星创天地"通过科技部备案,纳入国家级科技企业孵化器管理和服务体系。全市星创天地数量占自治区总数(164家)的23.2%,居自治区首位。

12月21日 《呼和浩特市科学技术志》(稿)评审会在呼和浩特召开。评审委员一致认为,该志书客观、真实地记述呼和浩特科学技术领域发端、发展与现状,内容系统全面,资料翔实,结构合理,体例较为完备,归属得当,符合市情。评审委员会决定通过《呼和浩特市科学技术志》(稿)评审。

12月29日 呼和浩特市科技系统辞旧迎新文艺会演暨科技特派员表彰会在内蒙古大学南校区内蒙古艺术学院剧场举行,市科技局党组书记、局长张振民致新年贺词,全市科技系统干部职工和科技特派员代表表演节目。

第一章　科学技术机构

第一节　呼和浩特市科学技术管理机构

一、机构沿革

1959 年 2 月 19 日,呼和浩特市科学技术委员会成立。3 月 9 日,成立呼和浩特市科学技术协会,与呼和浩特市科学技术委员会合署办公。内设机构“一室三科”:办公室、组训科、科学技术科、情报资料科。人员编制 25 人。组织领导机构设主任委员 1 人,副主任委员 4 人。

1960 年 3 月 16 日,中共呼和浩特市委决定改组市科学技术委员会领导班子,组成新的科学技术委员会。6 月 10 日,由市委、市政府批准,市科委人员编制增加到50 名(行政 35 名,事业 15 名)。内设机构“一室四科”:办公室、规划科、一科、二科、宣传普及科。科委下属 4 个事业单位:科技情报所编制 10 名,综合化验室编制 30 名,天象馆编制 15 名,标准计量所改为标准计量局,编制 10 名。

1961 年,国家处于经济困难时期,进行机构精简,市科委、科协在精简机构中被撤销。

1964 年 2 月 4 日,市科委、科协恢复成立。暂定行政编制 4 名。12 月,编制增加到 9 名;市科委下属 2 个事业单位:科技情报研究所、标准计量所。

1966 年 5 月,“文化大革命”开始后,市科委工作基本处于停滞状态。1967 年 10 月,呼和浩特市革命委员会成立后,市科委改为科技组,隶属于市革命委员会生产建设指挥部。科技组长由解放军“军管”人员担任。1971 年,“军管”撤销。1974 年,成立市科技局,编制为 20 人。

1979 年 4 月,市科技局与市电子技术推广应用办公室合并,恢复成立市科委。内设机构“一室四科”:办公室、科技干部管理科(政工科)、综合计划科、业务一科、业务二科。市科委下属 3 个事业单位:科技情报研究所、计量管理所、地震办公室。

1983 年,市科委组建新的领导班子。内设机构“一室五科”:办公室、政工科、科技干部管理科、综合计划科、科技攻关科、科技成果管理科。市科委下属 3 个事业单位:科技情报研究所、新技术开发研究所、地震办公室。市科委行政编制 25 名,事业编制 38 名。

1988 年 12 月,市科委领导班子进行新的调整。内设机构“一室六科”:办公室、政工科、科技干部管理科、综合计划科、工业科、农业科、科技成果管理科。市委、市政府成立科教兴市领导小组办公室,机构设在市科委。市科委下属6个事业单位:科技情报研究所、科技开发中心(原新科技开发研究所)、计算站、地震办公室、技术市场管理办公室。

1994年,市科委领导班子重新调整。内设机构"二室六科":办公室、"科教兴市"办公室、人事科、党总支办公室(纪检监察科)、综合计划科、工业科技科、农业与社会发展科技科、科技成果专利科。市科委下属6个事业单位:地震局(由原来的地震办改为地震局,为准处级事业单位)、科技情报研究所、科技开发中心、技术市场管理办公室、计算站、机关事务服务中心(1994年新成立的科级事业单位,核定事业编制8名)。

1997年,根据市政府〔1997〕14号市长办公会议纪要精神,将原市商务局管理的市食品科研所划归市科委管理。

2001年,根据《内蒙古党委、政府关于呼和浩特市党政机构改革方案的通知》(内党发〔2001〕30号)精神,呼和浩特市科学技术委员会更名为呼和浩特市科学技术局,挂呼和浩特市知识产权局牌子。市科技局内设7个职能科(室):办公室、人事科、政策法规与科技合作科、计划与财务科、高新技术发展与产业化科、农村与社会发展科、知识产权科。局机关行政编制为21名。处级领导职数3名(1正2副),科级领导职数15名(8正7副)。核定纪检组长行政编制1名。科技局下属7个事业单位:地震局、科技情报研究所、科技开发中心、技术市场管理办公室、计算站、机关事务服务中心、食品科研所。

2002年,根据《内蒙古党委、政府关于内蒙古自治区盟市、旗县(市、区)党政机构改革实施意见》(内党发〔2001〕16号)和《内蒙古党委、政府关于呼和浩特市党政机构改革方案的通知》(内党发〔2001〕30号)精神,将市纺织工业管理局所属的纺织科研所划归市科学技术局管理。

2006年2月25日,市地震局与市科技局改变隶属关系,其职能、人员等整建制划出,为市政府直属事业单位。市科技局食品科研所更名为"呼和浩特市科技成果推广中心"并加挂"呼和浩特市科技创业服务中心"牌子。市科技局情报所增挂"呼和浩特市科技宣教中心"牌子。市科技局计算站更名为"呼和浩特市科技信息中心"。市科技局纺织科研所更名为"呼和浩特市知识产权服务中心"。

2006年后,市科技局有8个内设机构:办公室、人事科、政策法规与科技合作科、科研条件与计划财务科、高新技术发展及产业化科、农村科技科、社会发展科技科、知识产权管理科。局机关行政编制25名,其中:局长1名,副局长2名,科级领导职数18名(9正9副)。科技局下属7个事业单位:机关事务服务中心、生产力促进中心、科技信息中心、科技情报研究所、科技成果推广中心、知识产权服务中心、技术市场管理办公室。

2014年11月21日,根据市编办《关于市科技局所属部分事业单位机构整合的通知》(呼机编发〔2014〕70 号)文件精神,将市科学技术情报研究所撤销,人员编制整建制划转到市科技信息中心。将市技术市场管理办公室撤销,技术市场管理职能划回市科技局。成立正科级事业机构市科学奖励服务中心。2016 年,机构整合完成。

2016 年 5 月 31 日,市科技局机关事务服务中心更名为市科技创新创业服务中心。

1959—2017 年呼和浩特市科技管理机构领导名录

表 1-1-1

姓　名	性别	职　务	任职时间	备　注
高增贵	男	主　任	1959.2-1960.3	市委书记兼任
陈炳宇	男	副主任	1959.2-1960.3	副市长兼任
曹锡光	男	副主任	1959.2-1960.3	市委工业部部长兼任
张鹏林	男	副主任	1959.2-1960.3	市委宣传部部长兼任
阿尔嘎木扎	男	副主任	1959.2-1960.3	市委文教部副部长兼任
陈炳宇	男	主　任	1960.3-1961.7	副市长兼任
齐　林	男	副主任	1960.3-1961.7	
书　路	男	主　任	1964.2-1967.10	
刘　仁	男	副主任	1964.2-1967.10	
牛竞存	男	副主任	1964.2-1967.10	
李生富	男	组　长	1971-1974	1967 年 10 月,市科委改为科技组,隶属市革命委员会生产建设指挥部。
杜敬旺	男	副组长	1971-1974	
郑宗贵	男	副组长	1971-1974	
陈自忠	男	局　长	1974-1979.4	1974 年,成立市科学技术局。
德　宝	男	副局长	1974-1979	
金久斗	男	副局长	1974-1979.4	
		副主任	1979.4-1981.1	
宋凤琴	女	副局长	1974-1979	
周　瑜	男	副局长	1974-1979.4	

续表 1

<table>
<tr><th>姓　名</th><th>性别</th><th>职　务</th><th>任职时间</th><th>备　注</th></tr>
<tr><td>曹　沄</td><td>男</td><td>主　任</td><td>1979.4－12</td><td rowspan="11">1979 年,恢复成立市科学技术委员会。</td></tr>
<tr><td rowspan="2">丛敬滋</td><td rowspan="2">男</td><td>副主任</td><td>1979.4－12</td></tr>
<tr><td>主　任</td><td>1979.12－1983</td></tr>
<tr><td>李　纯</td><td>男</td><td>副主任</td><td>1979－1981</td></tr>
<tr><td>赵秋帆</td><td>男</td><td>副主任</td><td>1979－1982</td></tr>
<tr><td>王更生</td><td>男</td><td>副主任</td><td>1980－1983</td></tr>
<tr><td>杜敬旺</td><td>男</td><td>副主任</td><td>1980－1983</td></tr>
<tr><td rowspan="2">云继明</td><td rowspan="2">男</td><td>副主任</td><td>1980－1988.12</td></tr>
<tr><td>主　任</td><td>1988.12－1989.10</td></tr>
<tr><td>陈金玉</td><td>男</td><td>副主任</td><td>1980－1983</td></tr>
<tr><td>乔殿励</td><td>男</td><td>主　任</td><td>1983－1988.12</td></tr>
<tr><td rowspan="2">刘　朴</td><td rowspan="2">男</td><td>副主任</td><td>1983－1994</td><td rowspan="2"></td></tr>
<tr><td>主　任</td><td>1994.1－1999.5</td></tr>
<tr><td>曹　兰</td><td>女</td><td>副主任</td><td>1985－1988</td><td></td></tr>
<tr><td>邵日新</td><td>男</td><td>副主任</td><td>1988.12－1994.9</td><td></td></tr>
<tr><td>任重远</td><td>男</td><td>副主任</td><td>1988.12－1996</td><td></td></tr>
<tr><td>王永夫</td><td>男</td><td>主　任</td><td>1989.10－1994.1</td><td></td></tr>
<tr><td>苏荣巴图</td><td>男</td><td>副主任</td><td>1992.7－1994.1</td><td></td></tr>
<tr><td>卢如孝</td><td>男</td><td>党组书记</td><td>1994.1－1996.7</td><td></td></tr>
<tr><td>尹幼民</td><td>男</td><td>党组书记</td><td>1996.7－2002.11</td><td></td></tr>
<tr><td>鲁恒坝</td><td>男</td><td>副主任</td><td>1994.8－2000.6</td><td></td></tr>
<tr><td rowspan="2">李占维</td><td rowspan="2">男</td><td>副主任</td><td>1994－1995</td><td rowspan="2"></td></tr>
<tr><td>调研员</td><td>2008.2－2013.2</td></tr>
<tr><td>李苏军</td><td>男</td><td>副主任</td><td>1994－2002</td><td></td></tr>
<tr><td>岳玉珍</td><td>女</td><td>纪检组长</td><td>1995.6－2001.11</td><td></td></tr>
<tr><td>陈　珍</td><td>男</td><td>副主任</td><td>1999－2002</td><td></td></tr>
</table>

续表 2

姓　名	性别	职　务	任职时间	备　注
郭　树	女	主　任	1999.5－2001.9	2001 年，市科学技术委员会更名为市科学技术局。
		局　长	2001.9－2002.11	
		党组书记、局长	2002.11－2009.9	
		调研员	2009.9－2013.1	
云学智	男	纪检组长	2001.11－2007.11	2007 年 11 月，调任市纪检委。
刘国才	男	副局长（正处级）	2001.12－2003	
聂向东	男	副局长（正处级）	2002.2－2010.1	
		党组书记	2010.1－2014.9	
		市科技局副局长、知识产权局局长（正处级）	2014.9－2018.9	
云晓宁	男	副局长	2003.12－2013.3	2013 年 3 月，调任市农牧业局党委书记。
王新厚	男	副调研员	2007.3－2013.9	2016 年 9 月，调任市统计局副局长。
		副局长	2013.9－2016.9	
朱建国	男	局　长	2010.1－2013.1	
刘　晔	女	副局长	2010.2－	
张振民	男	局　长	2013.3－2014.9	
		党组书记、局长	2014.9－	
白力红	女	纪检组长	2018.2－	

2017—2018 年呼和浩特市科技局内设机构及负责人名录

表 1－1－2

序号	姓　名	机　　构	职　务	备　注
1	陈晓峰	办公室	主　任	
	胡瑞霞		副主任	2018 年调离
	孙　奇		副主任	

续表 1

序号	姓　名	机　　构	职　务	备　注
2	范林根	人事科	科　长	
	刘文斓		副科长	
3	李慧玲	政策法规与科技合作科	科　长	2018 年 3 月退休
	常　锐		副科长	
4	朱艳梅	科研条件与计划财务科	科　长	
	王秀云		副科长	
5	成　博	高新技术发展及产业化科	科　长	
6	李刚强	农村科技科	科　长	
7	刘　博	社会发展科技科	科　长	
	张　芳		副科长	
8	奇继光	知识产权管理科	科　长	
	武雪彬		副科长	
9	王俊超	机关党总支	专职副书记	
10	姬卫东	市生产力促进中心	主　任	
	张仲峰		副主任	
11	杜占江	市科学奖励服务中心	主　任	
	郭　鑫		副主任	
12	诺　敏	市科技信息中心	主　任	
	尤　海		副主任	
	杨卫东		副主任	
13	张　韬	市科技成果推广中心	主　任	
	闫彩霞		副主任	2017 年 10 月退休
14	卢军峰	市知识产权服务中心	主　任	
	田　宇		副主任	
15	张建中	市科技创新创业服务中心	主　任	
	贾建宇		副主任	

二、职能

2019 年 3 月,经中共呼和浩特市委机构编制委员会办公室审定的市科技局主要职能是:

(一)贯彻落实国家、自治区科技创新驱动发展战略及各项政策法规,牵头拟订市科技创新发展规划,起草有关规范性文件并组织实施。

(二)组织拟订市科技人才队伍建设规划和政策并监督实施,建立健全科技人才评价和激励机制,推动科技创新创业人才队伍建设。

(三)统筹推进全市创新体系建设和科技体制改革,会同有关部门健全技术创新激励机制。优化科研条件基础,推动科研机构和企业科技创新能力建设。承担推进科技军民融合发展相关工作。

(四)编制市科技计划并监督实施,统筹关键共性技术研发和创新,牵头组织重大技术攻关和成果应用示范。

(五)牵头建立科研项目资金协调、评估、监管机制。会同有关部门提出优化配置科技资源的政策建议,推动多元化科技投入体系建设,协调管理市财政科技计划(专项、基金等)并监督实施。

(六)牵头组织市研发机构的建设,推动科研条件保障建设和科技资源开放共享。开展相关领域基础研究需求分析并组织实施。负责管理市自然科学基金。

(七)组织拟订高新技术发展、科技促进农牧业和社会发展的规划、政策和措施。组织开展市重点领域技术发展需求分析,提出重大任务并监督实施。

(八)牵头市技术转移体系建设,拟订科技成果管理、转移转化和促进产学研结合的相关政策措施并监督实施。指导科技服务业、技术市场和科技中介组织发展。拟订科学普及及科学传播规划、政策。组织开展科学普及宣传工作。负责科技成果奖励推荐、申报工作。

(九)指导市创新发展、科技资源合理布局和协同创新能力建设,推动科技创新平台、载体及园区建设。

(十)负责科技监督评价体系建设和相关科技评估管理,指导科技评价机制改革,统筹科研诚信建设。组织实施市创新调查和科技报告制度。

(十一)负责拟订市科技对外交往与创新能力开放合作的规划、政策和措施,组织开展科技合作与科技人才交流工作。指导旗县区和有关部门对外开展科技合作与科技人才交流工作。

(十二)落实国家和自治区引进国(境)外人才和智力政策,负责市引进国(境)外人才和智力工作。落实国家、自治区外国专家总体规划、计划并组织实施，推动建立外国专家、团队吸引集聚机制和重点外国专家联系服务机制。

（十三）完成市委、市政府交办的其他任务。

（十四）职能转变。围绕贯彻实施创新驱动发展战略，加强、优化、转变政府科技管理和服务职能，完善科技创新制度和组织体系，加强宏观管理和统筹协调，减少微观管理和具体审批事项，加强事中事后监管和科研诚信建设。从研发管理向创新服务转变，推进科技计划管理改革，优化科技资源配置。推动政府部门不直接管理具体科研项目，委托项目管理专业机构开展受理、评审、立项、过程管理、验收等具体工作。对科研机构组建和调整事项不再进行审核，重在加强规划布局和绩效评价。进一步改进科技人才评价机制，统筹市科技人才队伍建设和智力工作。

（十五）有关职责分工。与相关部门职责分工。在外国人来华工作许可的细则制定上，A 类人员的实施细则由市科学技术局会同市人力资源和社会保障局制定，B 类和 C 类人员的实施细则由市人力资源和社会保障局会同市科学技术局制定。在外国人来华工作许可的组织实施上，继续使用现有的“外国人来华工作管理服务系统”，由市行政审批和政务服务局负责管理维护，继续使用由人力资源和社会保障部、外国专家局联合印制的《外国人工作许可证》，由市科学技术局负责 A 类和 B 类人员许可审批事项的事中事后监管工作。

第二节　旗县区科学技术管理机构

一、新城区

1. 机构沿革

1960 年，成立新城区科学技术委员会。1961 年，区科委撤销。

1979 年，恢复成立新城区科学技术委员会。1980 年，并入新城区计划委员会。

1983 年 11 月，成立新城区科学技术协会，与新城区科学技术委员会合署办公。

1984 年，新城区科学技术委员会从新城区计划委员会独立单设。

2002 年，新城区科学技术委员会更名为新城区科学技术局，设有办公室、业务股 2 个科室，农业科技服务中心、科技信息中心、生产力促进中心 3 个二级单位。

2004 年，新城区科学技术协会从新城区科学技术局独立单设。

1979—2017 年新城区科技管理机构领导名录

表 1 – 2 – 1

姓　名	职　务	任职时间	备　注
韩世文	副主任	1979 – 1980	
丁铭元	主　任	1980 – 1981	区计委内设
达木丁	副主任	1981 – 1984	区计委内设
史凤仙	副主任	1984 – 1990	
	主　任	1990 – 2000	
黄晓君	局　长	2000 – 2006.1	
齐绥生	副局长	2000 – 2004.10	
吴　真	副局长	2002.5 – 2007.5	
要彩霞	局　长	2006.1 – 2011.9	
朱瑞祥	副局长	2006.4 – 2010.3	
刘志远	副局长	2008.8 – 2013.4	
张翠丽	局　长	2011.10 – 2013.3	
温瑞祥	局　长	2013.3 – 2016.3	
张利英	副局长	2013.3 – 2017.11	
温秀芬	局　长	2016.3. –	

2. 工作概况

高新产业与自主创新。新城区鼓励引导企业自主创新，着力调整产业结构，重点发展现代信息技术、新能源、新材料、生命科技等战略性新兴产业，加大对非资源依赖型产业和高科技产业的支持力度，形成了高强有机纤维、干细胞、液晶电视、云计算等新材料、信息化高新技术产业发展格局。经过长期培育，内蒙古奈伦农业科技有限公司等企业获得国家级高新技术企业荣誉称号，内蒙古国讯富通有限公司、内蒙古金三角塑料光纤有限公司等企业获得市级以上研发中心、工程技术中心称号，内蒙古金三角塑料光纤有限公司等企业被认定为自治区民营科技企业；同时，抓好创新服务平台建设，建设内蒙古干细胞生命科技产业化基地和国家级内蒙古大学科技园 2 个大型科研及应用转化基地，内蒙古大学科技园晋升为国家级大学科技园。

农业园区特色产业建设。新城区确立观光农业与旅游业深度融合的理念，利用现有林地资源发展种植、养殖及生态旅游的新型发展模式，紧紧围绕科技示范带动农业发展，重点实施新品种、新技术引进和示范推广，强化和完善服务体系建设，引进了草莓、蝴蝶兰、百合、大樱桃等一批果蔬和花卉新品种，推广植物补光灯、熊蜂等多项农业先进适用技术；突出示范园区、基地和龙头企业的示范带动作用，规划建设了讨思浩——塔利果蔬花卉种植示范基地、内蒙古香岛生态农业产业园区，种植培育了适合本区种植的蝴蝶兰、百合、君子兰等花卉品种，形成本区的特色产业；进一步完善农业科技服务体系，建立农业科技综合服务站，新城区5000亩休闲观光农业科技园区获“自治区农牧业科技示范园区”称号。

科技信息化建设。新城区科技局先后创立“新城区科技局网站”“青城花卉网”，为进一步完善科技服务体系建设，畅通信息服务渠道建立平台。2012年，建立野马图农业科技综合服务站，将“三网合一”远程教育中心和野马图食用菌合作社引进该站，形成培训、专家指导、合作社服务、12396科技服务热线为一体的综合服务体系。围绕智慧城区建设工作，安排200万科技资金，支持社区网格化建设；鼓励科技企业参与到智慧城区建设工作中，积极协调和支持内蒙古国讯富通科技有限公司参与新城区社区网格化建设；重点支持西街办事处星火巷社区和东风路办事处兴安北社区作为科技信息化建设试点单位。2014年，市科技局对水磨村预投入100万元重大科技专项经费，用于科技信息服务平台和智能监控系统建设。

科技成果。新城区立足本地资源，重点以鸿盛工业园区为载体，搭建服务平台，组织协助并指导辖区企业做好各类科技项目、科技进步奖、高新技术企业、民营科技企业的申报工作，引导企业研发一批较高水平的科技成果。2014年，内蒙古京蒙碳纳米材料高科技有限公司的富勒烯产业化关键技术开发项目获得自治区2013年度科技进步二等奖、中国科学院内蒙古草业研究中心等两家单位获得科技进步三等奖、内蒙古光太铝业有限公司获得市级科技进步二等奖、内蒙古通用电梯有限公司等三家单位获得市级科技进步三等奖。2010—2015年，获得各级科技进步奖共计34项。

基层科普和知识产权。新城区在社区和农村积极开展科普宣传、科技培训、科技信息网络建设、科普设施建设、科普惠农、科普益民工程，建立社区科技学校，每年开展“科技活动周”“科普日”“科技进社区（学校）”“科技下乡”等各类宣传培训活动。创建17所科普示范学校、3所社区科普大学、9个社区科技学校、3个农村科技培训中心、1个多媒体多功能科普活动工作室，制作科普橱窗28处，共计180延长米；20个社区建立网格化信息管理服务平台，通过创新型社区管理示范，不断提升社区管理和服务水平。新城区依托鸿盛工业园区、大学生科技园区、驻区高校、科技企业做好知识产权工作。内蒙古航天新材料科技有限公司等13家企业获得市级以上知识产权试点单位称号。

科技政策与规划。1995年,制定科技工作"九五"计划和2010远景规划、《关于实施科教兴区战略,推动经济发展的暂行规定》《重奖在科教兴区工作中有突出贡献人员的试行办法》《关于开展创建科技进步企业活动的实施意见》等11个优惠政策和规定。1998年,制定《新城区科技人员职工培训计划》《加强科技人员的使用管理》等3个规定。2012年,出台《新城区科技特派员工作制度》《新城区科技特派员工作管理办法(试行)》,使科技工作走向制度化、法制化,优化人文环境,调动科技人员参与经济建设、科技发展的积极性和创造性。

二、玉泉区

1. 机构沿革

1984年7月,玉泉区成立科学技术协会,与玉泉区科学技术委员会合署办公。

2002年5月,玉泉区科学技术委员会更名为玉泉区科学技术局。2004年,科学技术局与科学技术协会分设。

2012年,玉泉区地震办设立在科技局,是区政府批准区编办下文的全额拨款事业单位,属科技局下属的事业单位,核定参照公务员执行编制3人。2014年2月,玉泉区科学技术局与玉泉区地震局分设。

1984—2017年玉泉区科技管理机构领导名录

表1-2-2

姓　名	性别	职　务	任职时间	备　注
孟新元	男	主　任	1984.9-1995.1	
吉勒戈	男	主　任	1995.1-2002.12	
金栓宝	男	局　长	2003.1-2004.9	
云树刚	男	局　长	2004.9-2008.7	
卜秀珍	女	局　长	2009.4-	
王　颖	女	副局长	2003.1-2013.12	
段要理	男	副局长	2012.4-	

2. 工作概况

科技成果。截至2005年底，共组织6家企业申报内蒙古自治区民营科技企业，其中呼和浩特市泰尔力图医疗用品保健有限公司、内蒙古新雅绝热防腐有限公司获得内蒙古自治区民营科技企业称号。2007年，内蒙古新雅绝热防腐材料有限公司、内蒙古蒙康盛业有限公司获得自治区级民营科技技术企业称号；呼和浩特市第十二中学被自治区科技厅命名为自治区级星火学校；呼和浩特市泰尔力图公司、内蒙古星光电熔耐火材料有限公司、呼和浩特市吉远建材有限公司被自治区科技厅评为自治区高新技术企业。2010年，组织金宇保灵生物药品有限公司成功申报国家级高新技术企业，金宇保灵生物药品有限公司技术中心被审定为“国家认定企业（集团）技术中心”。

农业科技服务。2008年，聘请2名科技人员为6个蔬菜种植大村首批科技特派员。2010年，在茂林太村开展农村信息化基地建设，建成本区首个“三网合一”的农业科技培训信息服务平台；同年，建成“内蒙古星火科技12396农牧业科技服务站”。2012年，在达赖庄建设600平方米玉泉区农业科技服务站，开展科技推广、农民和干部培训、科普教育等工作。2017年，聘请科技特派员累计达24名，科技特派员深入生产一线，进行蔬菜种植技术、田间管理、病虫害防治、新技术、新品种等技术指导服务。

科普工作。2001年，玉泉区科委举办3期干部计算机培训班，100余人参加学习，在区辖3个乡推广“农信机”。2010年，开展“送文化、科技、法律、卫生”四下乡活动，发放科技及农村实用技术宣传资料5000余份，接受咨询500余人次。2014年，请专家进行科普知识、保健医疗、实用农技讲座7次，群众接受科技和农业咨询、服务1万余人次。2017年，开展科普宣传进企业、科普实践进校园、科普益民进社区、科普惠农进乡村活动12次，累计发放科普宣传资料1万余份，科技书籍5000余册。

三、回民区

1. 机构沿革

1959年，回民区成立科学技术委员会，附设在区工业科，有1名兼职人员兼管此项工作。

1980年，科技工作划由回民区计划委员会管理。1984年7月，回民区科委从计委独立，成为专门科技管理机构。

2002年，根据（回党发〔2002〕14号和17号）文件，回民区科学技术委员会更名为科学技术局。

2011年，根据（回政办发〔2011〕23号）文件，回民区科学技术局设局长1名，副局长2名，内设办公室、知识产权管理科。

1979—2017 年回民区科技管理机构领导名录

表 1－2－3

姓　名	性别	职　务	任职时间	备　　注
张　骏	男	主　任	1984.7－1988.4	调离
白　越	男	副主任	1989.10－1995.4	退休
		主　任	1995.4－1998.4	
胡永竹	女	副主任	1999.3－2002.6	调离
		局　长	2002.6－2013.12	
徐大林	男	副局长	2001.5－2002.6	离岗
吴军艳	女	副局长	2002.10－2004.1	调离
张秋生	男	副局长	2007.5－2016.4	
张　平	男	副局长	2010.10－2017.9	
张国材	男	局　长	2013.12－	
云建国	男	副局长	2016.4－	
贾育梅	女	副局长	2017.10－	

2. 工作概况

1998 年,回民区被评为“全国科技先进区”,科技事业快速发展。大力推进科技创新,坚持自主创新、重点跨越、支撑发展、引领新时期科技工作指导方针,坚持科教兴区战略和人才强区战略,以科技进步促进回民区社会、经济各项事业协调和可持续发展,以深化科技体制改革为突破口,完善公共科技创新基础条件、增强创新能力,大力发展高新技术产业,用信息和现代装备技术改造传统产业,加快农牧业产业化步伐,促进科技与经济结合,推动回民区社会、经济、科技事业进步与发展。

科技成果。回民区科委自成立后,积极组织生产,加大科技投入,以“科学技术是第一生产力”为指导思想,不断开发、引进新产品、新技术、新工艺,截至 2016 年,已获市级科技进步奖 16 项。

1985 年,回民区建材化工厂研制生产的“显字香”出口马来西亚、日本、意大利、新加坡等国,填补自治区的一项空白。

1988 年,呼和浩特市电子器件厂开发的“限位断火器”产品填补全市的空白,荣获全市成果三等奖。

1989 年,回民区太平街小学新型材料厂开发研究的“菱镁混凝土活动板房”获呼和浩特市科技成果二等奖。

1991 年 5 月 1 日,回民区印发《回民区科教兴区工作规划与实施办法》;9 月,制定回民区企业科技进步指标,根据国家科学技术委员会《关于在全国开展县(市)科技工作达标意见》,开始科技达标工作,其间,科技在促进本地区经济建设和社会各项事业发展中所起的作用明显。同年,回民区制订《回民区科技发展计划和十年规划》《回民区科技兴区工作规划与实施办法》。

1992 年,通道办事处琴岛塑钢门窗厂生产的“塑钢门窗”产品通过自治区科委主持的专家鉴定,该产品填补自治区的空白。呼和浩特市电子器件厂开发的“LGK 型空气等离子切割机”获市科技成果三等奖。

1993 年,制订《回民区引进人才优惠政策》。

1994 年,回民区社会福利信昌玻璃工艺厂开发的“特色镀膜彩色幕墙(热反射)玻璃”获呼和浩特市科技成果三等奖。

1996 年 5 月,回民区重新修订《呼市回民区科教兴区工作规划实施方案》,全面启动科教兴区战略。为确保科教兴区工作健康顺利地发展,区委、区政府注重政策指导和措施保障,出台《关于实施科教兴区战略,推动回民区经济发展的暂行规定》《呼市回民区科教兴区规划(实施方案)》等政策文件,科教兴区被确定为促进回民区经济及各项社会事业发展的根本措施和长期战略。同年,回民区被评为市级科技工作先进区;编制《回民区科教兴区规划》《回民区科技发展“九五”计划和 2010 年远景规划》。

1997 年 3 月,内蒙古蓝天液体燃料有限责任公司的“民用合成液体及输送装置”项目获得国家实用新型专利证书,在三峡国际科技贸易组织主办“新技术与企业交流会”上被评为金奖;中外华麟运动制衣有限责任公司生产的防寒系列手套获 1997 年大连服装节“宏孚杯”金奖;同年,汽车附件厂的“宽幅多功能播种机”获市级科技进步奖;回民区获“自治区级科技工作先进旗县区”称号。

1998 年 4 月,被评为全国科技工作先进区。

2000 年,通过全国科技先进工作区复检;同年,制订《呼市回民区科技发展“十五”规划》《回民区科普工作联席会议工作制度》。

2001—2013 年,通过全国市、县、区每两年一次的科技进步考核;2013 年,获国家科技部 2013 年全国县市科技进步考核先进县市。

2005 年,编制《呼市回民区科技发展“十一五”规划》。

2005—2014 年，回民区专利申请量累计 1743 件，专利授权量达到 981 件。并与内蒙古欣洋瑞知识产权代理有限公司建立长期合作，通过知识产权培训为企业提供知识产权服务。

2010 年，呼和浩特众环集团的“杠杆式火车轮毂卡盘”获市科技进步一等奖，该项目获得国家 6 项专利，呼和浩特众环集团还获得第四批全国企事业知识产权试点企业称号。同年，编制《呼市回民区科技发展“十二五”规划》。

2012 年，内蒙古宏立达橡塑机械有限责任公司的“宽幅橡塑板材直挤压延机组研制”项目获呼和浩特市科技进步二等奖。

2017 年，内蒙古爱众医学影像有限公司的“CT、MRI 胃肠道造影剂”项目获自治区科技进步二等奖。

四、赛罕区

1. 机构沿革

1959 年 5 月，成立郊区科学技术协会。11 月，成立郊区科学技术委员会，与郊区科协合署办公，下辖计量鉴定站。

1962 年 5 月，在精简机构、压缩编制中，郊区科委、科协撤销。

1976 年 1 月，成立郊区科技局，下设标准计量所。

1980 年初，撤销郊区科技局，成立郊区科学技术委员会，郊区科委兼管郊区科协工作。1982 年，郊区地震办公室撤销，其业务划归郊区科委。

1999 年 5 月，郊区技术监督所，转为郊区技术监督局，划转市技术监督局管理。

2000 年 6 月，呼和浩特市郊区划为市赛罕区，原郊区科委更名为赛罕区科委，职能不变。2002 年 2 月，根据中共呼和浩特市委员会（呼党字〔2002〕14 号）《关于批准赛罕区党政机关改革方案的通知》和赛罕区（赛党办通〔2002〕13 号）通知规定，赛罕区科委更名为赛罕区科学技术局。

2003 年 8 月，经市编办同意，成立赛罕区地震局，为副科级事业单位，隶属于赛罕区科技局。

2010 年 4 月，赛罕区生产力促进中心成立，为科技局隶属事业单位，不设人员编制，主任由科技局人员兼任。2012 年 3 月，赛罕区地震局升格为正科级事业单位，归口到区城乡和住房建设局。

2017 年，赛罕区科技局内设办公室、综合科技股、计划项目股、直属单位赛罕区生产力促进中心。

1976—2017年赛罕区科技管理机构领导名录

表1－2－4

姓 名	性别	职 务	任职时间	备 注
云兆祥	男	局 长	1976.10－1980.1	
梁方来	男	副局长	1976.1－1984.12	离休
		调研员	1985.9－1990	
高 钰	男	副局长	1976.1－1979.10	
王锁柱	男	主 任	1980.1－1984.12	退休
		调研员	1985.9－1989	
肖振永	男	主 任	1981.11－1983.1	病故
李素洁	男	主 任	1985.5－1991.6	
温宝山	男	副主任	1984.12－1989.2	
宝音其其格	女	副主任	1985.5－1994.6	
王浩然	男	主 任	1991.6－1994.6	
王秉和	男	副主任	1991.6－1994.6	
侯交运	男	主 任	1994.6－2002.1	
王 蔚	男	副主任	1994.6－1999.5	
云引娣	女	支部书记	1999.10－2002.1	
		局 长	2002.1－2007.9	
韩旭东	女	副主任	1999.5－2002.1	
		副局长	2002.1－2017.9	
侯建英	男	副局长	2006.5－2017.9	
刘建刚	男	局 长	2007.9－2012.3	
任喜用	男	局 长	2012.3－	

2. 工作概况

赛罕区通过实施“科教兴区”战略，有效整合科技资源优势，在高新技术产业、科技项目的推广应用、园区特色产业建设等方面取得长足发展。

高新产业与自主创新。内蒙古神舟硅业有限公司《三氯氢硅合成气除尘工艺技术研究》项目，获批立项市重大科技专项。中石化呼和浩特分公司《催化裂化分馏塔全填料技术的工业应用》项目，获批立项市重大科技专项。2013 年认定捷创科技有限公司、华腾科技有限公司为民营科技企业；申报内蒙古和信源生态科技有限责任公司为自治区民营科技企业。金桥开发区申报自治区高新技术开发区工作，通过自治区专家组评审。内蒙古万华新技术设备有限公司“高层供暖技术研发中心”申报市级研发中心。

科技项目推广应用。依托内蒙古农科院蔬菜研究所和内蒙古农业大学的技术力量和人才资源，引进膜下微喷技术和二氧化碳气肥施肥技术等 10 项配套技术，进行试验示范和推广；继续实施市《奶牛性控繁育技术示范和推广》重大科技专项，以 26 个牧场园区为项目点进行重点推广，完成推广奶牛新型性控冻精 6000 支。按照《高原草莓葡萄反季节立体高产技术示范》项目要求，在黄合少镇南地村桃林合作社基地进行草莓种苗繁育，面积达 15 亩，繁育生产用苗 50 万株 ~ 70 万株，可辐射 60 亩 ~ 80 亩日光温室进行推广生产。内蒙古呼和浩特市立信电气技术有限责任公司市重大科技专项《火电厂燃料全闭环自动监管系统的研发与应用》项目技术，已推广到全国火电市场，进入产业化进程，成功应用于中国五大电力集团及地方能源集团，服务近 30 余家火电厂。

园区特色产业建设。自治区科技厅、市科技局和赛罕区科技局共同打造的呼和浩特市同创农业科技示范培训基地，是一个集农业科技示范、培训、交流、服务，以及产学研一体化的特色产业科技示范培训基地。基地对网纹甜瓜、网纹西瓜、西红柿、樱桃西红柿、黄瓜、牛角椒和角瓜等 10 个蔬菜瓜果新品种进行试验示范栽培，及无土、立体栽培示范。在羊盖板村实施奶牛性控繁育技术项目，支持该村万头奶牛牧场园区建设；在前白庙村以蔬菜栽培新设施、新技术和新品种支持该村设施农业发展；培育舍必崖村为新农村科技示范村、工厂化育苗科技示范中心；积极培育农民专业合作社，达到 30 余家，创建“宝丽鑫”“绿禾源”2 个无公害蔬菜品牌。2013 年 4 月，赛罕区被国家科技部批准为 2013 年度国家可持续发展实验区；11 月，赛罕区被评为国家级科技进步考核先进区。

科技信息化建设。赛罕区科技局引进内蒙古工业大学信息化技术建立赛罕区科技信息网，加强对全区的科技服务。联合上级科技部门在金河镇根堡村和舍必崖村建设数字化新农村，完善东把栅、闫土绿 2 个社会化农村科技综合服务站，“三网一员”农村科技信息化服务站得到了进一步完善。市同创农业科技示范培训基地物联网及数字化软件完成开发并投入应用。内蒙古中环光伏材料公司被授予自治区“十二五”制造业信息化科技工程示范企业称号。

知识产权。2012 年，赛罕区被评为国家知识产权强县工程试点区。2013 年，驻本区的中国农业机械科学研究院呼和浩特分院、内蒙古神舟硅业有限责任公司被认定为市知识产权工作试点单位；内蒙古中环光伏材料有限公司成为知识产权托管企业。截至2012年，全区专利申请量累计1022件，专利授权量达到693件。

科技政策与规划。2001年，赛罕区制定印发《赛罕区关于加强技术创新，发展高新技术，实现产业化决定》《呼市赛罕区科技发展“十五”计划和2010年发展规划》《呼市赛罕区关于加强街道办事处科技工作的实施意见》《呼市赛罕区现代农业示范园区产业结构调整科技示范小区实施方案》等科技事业发展规划和政策。2008年，下发《呼市赛罕区科技计划项目管理细则》，进一步规范科技项目管理，确保科技计划项目顺利实施。

五、土默特左旗

1. 机构沿革

1958年7月，中共土默特旗委设立土默特旗科学研究委员会；9月，组成土默特旗科学技术跃进运动委员会。

1959年7月，土默特旗科学技术委员会成立。

1961年底，在国家精简机构、压缩编制中，旗科委撤销。

1973年夏，土默特左旗计划委员会增设科技组，有2名专人员；8月，组成土默特左旗科学技术领导小组，由旗计委科技组办理日常工作。

1975年12月，根据呼和浩特市（呼党发〔75〕53号）文件精神，经旗委批准，在原旗计委科技组的基础上正式成立土默特左旗科技局，下辖土默特左旗计量所，有3名人员。

1980年，根据旗委《关于成立土默特左旗科学技术委员会的决定》（土左党发〔80〕74号）精神，6月撤销旗科技局，在原旗科技局的基础上成立上默特左旗科学技术委员会。

1997年1月，根据“上默特左旗委员会，土默特左旗人民政府转发呼和浩特市机构编制委员会关于土默特左旗党政机构调整及编制问题的通知”精神，土默特左旗科学技术委员会更名为土默特左旗科学技术局。

1958—2017年土默特左旗科技机构领导名录

表1-2-5

姓　名	性别	职　务	任职时间	备　注
郭崇道	男	1958.7-1958.9	主　任	兼任
阎兆麟	男	1958.9-1961	主　任	兼任
高树华	男	1973.8-1975	组　长	兼任

续表 1

姓　名	性别	职　务	任职时间	备　注
尚家平	男	局　长	1975－1980.5	
夏季海	男	主　任	1980.6－1984.6	兼任
云东贵	男	主　任	1984.6－1987.7	
呼和吉勒图	男	主　任	1987.7－1992.10	
王　耀	男	主　任	1992.10－1999.8	
云改涛	男	局　长	1999.8－2001.1	
刘建英	男	党支部书记	1999.12－2001.11	
云文汇	男	局　长	2001.1－2017	
郝绪奎	男	党支部书记	2001.1－2002.4	
云月仲	男	党支部书记	2002.4－2006.4	
谷秀宏	女	党支部书记	2006.4－2016.6	
云劲松	男	局长兼党支部书记	2018.2－	

2. 工作概况

高新科技。推进国家级高新技术产业开发区、科技企业孵化器建设。金山高新区科技服务中心以促进科技成果商品化、产业化和国际化,培育和支持创新型企业发展,引导新兴产业发展为宗旨的科技创新服务载体,已取得自治区级孵化器资格。金山高新区加强创新创业生态体系建设,在取得自治区级众创空间试点资格基础上,2016 年底又取得国家级众创空间资格。经过发展,金山高新区已经形成乳业、装备制造、生物医药、新材料、节能环保和现代物流六大主导产业,其中与科技创新完美结合的乳业、节能环保产业发展尤为迅速。金山高新区建设的沃特玛新能源汽车产业园项目属于科技企业孵化器节能环保项目,项目规划总投资 200 亿元,占地面积 2605 亩,建筑面积 102.7 万平方米,签订入园企业 25 家。2013—2017 年,共组织推荐申报市级以上各类科技计划项目 201 个,完成立项 121 项,项目资金合计 7440 万元,有效提升了科技创新能力,为该旗经济社会发展进步,提供强有力的科技支持。

农业科技。引进推广农业新技术、新成果。加强农业科技创新园区、科技创新示范基地建设,建立农村产业科技创新信息服务平台,全力推进科技政策、信息、资料、咨询、推广、示范、人才建设等服务。引导企业及科研单位进行科研开发和科技成果转化,使科技创新服务体系建设进一步加快，逐渐形成科技创新服务网络。依托科技创新示范园区、科技创新示范基地、科技特派员创业行动、农业科技专家大院、农村专业合作组织、专业技术协会等为农民提供产前、产中和产后服务，解决生产过程中出现的热点、难点问题。

六、托克托县

1. 机构沿革

1959 年，托克托县科学技术委员会成立。1961 年，县科委撤销。

1973 年，托克托县科技局成立，下属 2 个机构：标准计量所、地震办公室。

1980 年 4 月，县科技局撤销，成立托克托县科学技术委员会。县科委内设科技股、信息股和办公室，并设专人分管农业、工业科技工作。县科技兴县办公室和技术市场办公室均设在县科委，并有专兼职人员。

1983 年 11 月，托克托县科学技术协会(简称县科协)成立，县科协与县科委两块牌子、一套人员，合署办公。

2002 年 5 月，县科学技术委员会更名为县科学技术局，内设综合办公室、技术市场办公室、地震办公室，与县科协两块牌子、一套人马，合署办公。

2005 年 5 月，县科学技术局与县科协分署办公。

2014 年 12 月，县科学技术局与县教育局合并成立县教育和科学技术局。

1980—2017 年托克托县科技机构领导名录

表 1 -2 -6

姓　名	性别	职　务	任职时间	备　注
乔殿福	男	副局长	1980.2 - 1980.6	
		副主任	1980.6 - 1984.5	
		主　任	1984.5 - 1990.1	县科委
米耀庭	男	副主任主持工作	1980.6 - 1984.5	县科委
云秀芳	女	副主任	1984.5 - 2000.6	
薛海德	男	副主任	1984.5 - 1990.1	
高　炬	男	主　任	1990.1 - 1999.11	县科委
赵维志	男	副主任	1994.4 - 2002.3	
高瑞军	男	主　任	1999.11 - 2002.5	县科委
高　毅	男	局　长	2002.5 - 2012.4	县科技局

续表 1

姓　名	性别	职　务	任职时间	备　注
马景龙	男	副局长	2002.5－2015.6	
赵　亮	男	副局长	2002.5－2008.5	
张建平	男	局　长	2012.4－2015.6	县科技局
马景龙	男	副局长	2002.4－2015.6	
孙震洲	男	副局长	2008.5－2015.6	
樊瑞平	男	局　长	2015.6－2017.1	县教科局
张建平	男	副局长	2015.6－2017.1	
秦　禄	男	局　长	2017.1－	县教科局
康莹洁	女	副局长	2017.1－	

2. 工作概况

科技机构。1999 年,华蒙金河集团与上海国家生物技术中心等科研单位协作,建立金河工程生物技术研究中心。2003 年,开始建设的托克托工业园区,围绕大唐托电的建设,园区内大部分企业都建有自己的研发机构,其中大唐再生资源建有自治区级高铝粉煤灰资源化利用工程技术研究中心;金河生物建成博士后流动工作站和自治区级生物发酵工程重点实验室;金河生物、金达威药业建成自治区级研发中心;金河动物药业、常盛制药、再生资源、正隆谷物、健隆等企业建成市级研发中心。

农业科技。2001 年后,全县引进、推广粮食作物良种有彩色谷子、玉米(先玉、大民、华农等系列)、英明 1 号葡萄等;良种覆盖率达 90% 以上。科学技术在牧业生产中的推广应用,促进畜牧业发展。截至 2014 年底,全县牲畜总头数 53.1 万头(只),其中奶牛存栏 10.1 万头、羊存栏 39.6 万只、生猪存栏 3.1 万口。良种化覆盖率达 93% 以上。

科技创新。“十五”期间,以金河集团、华玉淀粉厂、云中酒业公司、蒙川脱水蔬菜厂、永康枸杞药膳有限责任公司、金河现代农业公司为龙头的农副产品加工企业快速发展,进一步促进托克托县农业产业化进程。加快高新技术与循环经济产业区建设,重点推进大唐再生资源、宇嘉、豪邦等企业进行高铝粉煤灰、硅钙渣等固体废弃物综合利用。推进国家火炬计划呼和浩特生物发酵特色产业基地建设,坚持以“科技创新”为主线,依靠科技进步创新支撑经济发展。以神舟生物科技孵化器为载体,运用高新技术改造和提升生物发酵产业结构,培育形成自主创新能力,增强生物发酵产业生态工业系统的稳定性和抗市场风险能力。大力支持金河生物、金达威药业、神舟生物、常盛制药等生物制药企业进行产品结构调整。

七、和林格尔县

1. 机构沿革

1958 年,和林格尔县科学技术委员会成立,同时设立文教协会、医务工作协会、农牧林水协会。

1970 年,县科学技术委员会改为县科学技术组。

1976 年,县科学技术组改为县科学技术局。

1979 年,县科学技术局改为县科学技术委员会,下设二级单位有县地震办、标准计量所、科技信息情报站。

1992 年,和林格尔县标准计量所划归呼和浩特市条管单位,改称和林格尔县技术质量监督局。

1999 年 4 月,县科学技术委员会改称为县科学技术局。

2013 年,县地震台划归县城乡建设规划局。

2014 年 1 月,成立和林格尔县国家农业科技园区管委会,为和林格尔县科学技术局的股站级事业单位。

2017 年,和林格尔县科技局下设办公室、计划发展股、知识产权股、科普培训股。二级单位:县科技信息情报站、生产力促进中心、国家级农业科技园区管委会。

1976—2017 年和林格尔县科技机构领导名录

表 1 -2 -7

姓　名	性别	职　务	任职时间	备　注
刘金山	男	主　任	1976 -1981	
孙殿川	男	主　任	1981 -1984	
李福员	男	副主任	1981 -1984	
张崇山	男	副主任	1981 -1990	
刘宣厚	男	主　任	1984 -1990	
陈守信	男	副主任	1984 -1990	
苏志孝	男	主　任	1990 -1992	
康　桐	男	党支部副书记	1990 -1992	

续表 1

姓　名	性别	职　务	任职时间	备　注
鞠蕴秋	男	副主任	1990－1999.4	1999 年 4 月，县科学技术委员改为县科学技术局。
		副局长	1999.4－2000.7	
刘　吉	男	主　任	1992－1994	
李生荣	男	党支部书记	1992－1994	
张　俊	男	主　任	1994－1999.4	1999 年 4 月，县科学技术委员改为县科学技术局。
		局　长	1999.4－2000.7	
孟　赟	男	党总支书记 兼科协主席	1994－2007.3	
孙银海	男	副主任副局长	1994－2000.7	1999 年 4 月，县科学技术委员改为县科学技术局。
聂埃兵	男	副主任副局长	1994－2015.4	
田玉恩	男	副主任副局长	1994－2007.3	
席和平	男	局　长	2000.7－2007.3	
刘瑞明	男	局　长	2007.3－2015.4	
樊国君	男	副局长	2007.3－2015.4	
云秀龙	女	局　长	2015.4－	
侯　健	男	副局长	2015.4－	

2. 工作概况

农业科技。1984 年，和林格尔县农业科技服务体系创建，先后在原公喇嘛、新店子、三道营、巧什营等 17 个乡建起科技综合服务站。2005 年开通“农牧业专家服务台”实现 24 小时全天候服务，启动“96048”农牧业科技服务热线。2011 年，组建科技信息网络，完善 27 个“三网合一”科技信息示范点，通过“三网合一”科技信息服务平台面向农村开展农业科技成果推广、农业科技资讯、农民科技培训和产品交易等内容的农技综合信息服务。2012 年，和林格尔县国家农业科技园区联合内蒙古赛科星繁育生物技术股份有限公司、盛乐镇农技推广协会、华欧淀粉公司、天赫农牧业技术服务公司等单位，采用公司化管理模式建设和运用科技综合服务站 7 个，主要功能是引进、示范推广农牧业新技术、新品种。2012 年，全县建立和推行科技特派员工作机制，共选派科技特派员 15 名。2013

年,科技局组建50人的科技特派员队伍,并发放聘书,直接与工厂企业、农牧业产业化基地进行技术对接。2014年,又选拔18名服务蔬菜大棚的科技特派员和18名服务肉羊养殖的科技特派员。特派员创业主要采用“科技特派员+企业(基地)+农户”“科技特派员+协会(合作社)+基地+农户”两种模式运行。同时提出“五个一”工作目标,即每位特派员在工作期间推广一项农牧生产新技术、新品种;建立一个科技示范点;培养一名农村乡土人才;开展一次以上大型科技培训与讲座;促进蔬菜基地增收1万元、农户增收1000元。

科技成果。1986年后,科委承担自治区“星火计划”项目,引进商品肉鸡,建立了种鸡场,社会效益和经济效益明显。1989年2月,中科院与和林格尔县科委共同建立“和林格尔县畜禽综合开发中心”,以养殖肉鸡为主,同时发展蛋鸡生产。1992年,马铃薯脱毒种薯繁育体系建设项目在国营良种场实施,生产的脱毒种薯与老品种相比,每亩纯收入增加154元。该项目获得呼和浩特市科技成果进步奖三等奖,呼和浩特市科教兴市效益奖二等奖。2008年,优质奶源基地建设技术集成与产业示范项目,列为国家科技部国家富民强县专项,项目获支持180万元。通过项目引领带动,促进和林格尔县奶业发展,取得社会经济效益,经测算新增效益2.52亿元。同年,和林格尔县被自治区知识产权局确立为“国家级知识产权试点县”。2009年,实施农村沼气实用技术项目,建造沼气池1140座,产生经济效益1200余万元。2010年,组织上报国家级农业科技园区,经评估论证,通过国家6部委批准立项。依托蒙牛繁育生物技术公司实施奶牛繁育性控技术项目,全县完成性控冷配奶牛20 980头,完成目标104.9%,性控母犊率达到93.4%,实现重大技术突破。截至2017年,全县高新技术企业总数达到17家,研发平台总数达到37家。

科普工作。1996—2004年,培训工作做到因材施教、因地制宜,使农民逐渐步入科学养殖、种植的轨道,科技在农牧业生产中的贡献率明显提高。2005年后,县科技局组织实施“百万农民科技培训”工程,聘请专家在各乡镇举办新型农村合作社、农民专业协会、中央政策、产销信息、订单种植、技术创新方法等新型培训。

八、清水河县

1. 机构沿革

1959年6月,清水河县科学技术委员会成立;同年,建立县科学技术普及协会,与科委合署办公。翌年,机构撤销。

1966—1976年,“文化大革命”期间,县科委、科协工作停顿。

1979年,县科委重建,设主任、副主任各1人,工作人员16人。内设技术、情报、后勤3个小组;同年,召开县科学技术委员会第一次代表大会。

1993 年,更名为县科学技术中心,全县 14 个乡镇均设科技站,共有人员 127 人。

1996 年,县科委更名为县科技局,设局长 1 人,副局长 2 人,工作人员 8 人。

2015 年,县科技局有 17 名工作人员。内设办公室、科技培训中心、生产力促进中心、知识产权中心。

1979—2017 年清水河县科技管理领导机构任职情况一览表

表 1 -2 -8

姓　名	性别	职　务	任职时间	备　　注
李治安	男	主　任	1979 -1981	
章福禄	男	主　任	1981 -1984.4	
郝世秀	男	主　任	1984.4 -1986.1	
范志恒	男	主　任	1986.1 -1987.9	
杨先良	男	主　任	1987.9 -1994.4	
吕达天	男	局　长	1994.4 -1999.12	1996 年,县科委更名为县科技局。
王再明	男	局　长	1999.12 -2003.12	
刘有存	男	局　长	2004.5 -2008.3	
刘　欣	男	局　长	2008.3 -2013.5	
邢林龙	男	局　长	2013.5 -	

2. 工作概况

农牧产业科技。在全县范围建立优质特色小杂粮科技示范田 13.2 万亩,分别是:小香米谷子 2.2 万亩(其中“旱地膜下打窝穴播小香米谷子栽培技术”普及推广重点示范田 5000 亩);推广张杂谷系列品种,按照东、中、西部、水旱地的特点示范张杂谷 3、5、6 号的适应性种植。建立张杂谷系列品种示范推广田 3.5 万亩(其中优质旱地品种——张杂谷 3 号 3.2 万亩,优质水地品种——张杂谷 5 号 3000 亩);种植其他优质特色小杂粮 6.5 万亩(其中莜麦、荞麦 1.5 万亩,糜黍 2.5 万亩,豆类 2.5 万亩)。并扶持蒙清小香米有限责任公司和农苑小杂粮开发中心等龙头企业。宏河镇西库伦图村建设 5000 平方米高标准智能日光蔬菜育苗温室 1 座,年培育优质壮苗 400 万株 ~500 万株,开展规模化、集约化生产蔬菜秧苗生产,年销售收入 200 万元以上,年新增效益 100 万元以上,可满足全县 2000 亩保护地蔬菜栽培用苗。开展防虫网、中棚瓜薯轮作、菜薯轮作、瓜菜轮作栽培模式示范。科技局及科协继续与科技示范户合作，引进种植草莓、中国农大“超甜3号”水果玉米等特色品种，拓宽特色农业领域，探索适合本地气候、土壤的优质特色农作物栽培模式。2017年，全县选聘科技特派员51人，服务覆盖全县8个乡镇4000余户，开展各种技术培训2300余人次；推广新技术12项，引进新品种19个。喇嘛湾脱水蔬菜厂争取意大利政府混合贷款250万美元，引进意大利全自动脱水蔬菜生产线。通过“461”农牧业综合科技示范工程，带动全县饲养肉羊15万只，年出栏肉羊10万只以上，年纯增效益2000万元以上。引进加拿大优质牧草阿尔冈金、润布伦、号角等紫花苜蓿品种，试种50亩，并在各乡镇建立人工优良牧草繁育基地1000亩。开展特种野猪、七彩野山鸡、梅花鹿养殖示范与技术研究，发挥地域优势，发展特色养殖业。

工业产业科技。以提高企业技术创新能力和产品核心竞争力为目标，支持清水河县天拓民族陶瓷文化发展有限公司在窑沟乡开展传统窑炉烧制工艺的技术改造与艺术陶瓷新产品开发。该公司采用传统工艺，试验生产出高仿内蒙古博物馆馆藏一级文物——北魏绿釉鹦鹉壶、磁州窑铁地白花瓶、白釉剔花飞凤牡丹瓶，以清水河县老牛湾为背景具有浓郁地方特色的旅游纪念品等仿古民族陶瓷艺术品。内蒙古超牌建材科技有限公司的科技项目“年产10万吨超细煅烧高岭土示范生产线”获2016年度呼和浩特市科技进步奖一等奖，公司董事长冯建明获2016年度呼和浩特市引进人才科技贡献奖；同蒙化工有限责任公司运用先进的信息技术手段，从管理制度、工艺技术和经营管理上保证企业高效生产经营，实现利润最大化、成本最小化。

九、武川县

1. 机构沿革

1979年，武川县科学技术委员会成立。

2002年，县科委更名为县科学技术局，内设科学技术协会、地震办、工业股、农业股、财务室。

2003年3月，县科学技术局党支部更名为科学技术局科协党支部。

2006年6月，县科学技术协会从县科学技术局独立。

2011年8月，县地震办由县科学技术局独立，划归县建设规划局（后住房和城乡建设局）。

2013年，县科学技术局内设机构：办公室、科普综合部、计划项目股。

1997—2017 年武川县科技行政管理领导名录

表 1－2－9

姓　名	性别	职　务	任职时间	备　　注
张贵恒	男	主　任	1997.10－2002.4	
		局　长	2002.4－2005.7	
徐计仁	男	副主任	1997.10－2002.4	
		副局长	2002.4－2005.5	
尹良贵	男	副主任	1997.10－2000.2	
梁尚栋	男	副主任	1997.10－1999.2	
郭引旺	男	副主任	1999.2－2002.4	
		副局长	2002.4－2008.11	
常介光	男	局　长	2005.7－2013.4	
雷文华	男	副局长	2006.6－2013.4	
张建雄	男	副局长	2006.6－2008.11	
张永平	男	副局长	2008.11－	
王永利	男	局　长	2013.4－2014.12	2014 年 12 月，县科技局与教育局合并后任县教科局副局长。
赵振华	男	副局长	2013.4－2018.4	
彭少冲	男	局　长	2014.12－	2014 年 12 月，县科技局与教育局合并后任县教科局局长。

2. 工作概况

1991 年，武川县全面推进科技兴县战略目标，组成由县委、县政府四大班子领导和各有关部门主要负责人参加的“科技兴县”领导小组；政府专门设置科技副县长一职，各乡镇设置科技副乡长，成立科技服务站；从县农牧部门选派一批懂技术的专业干部充实到基层科技服务站工作，对农民进行技术指导。各科技服务站为当地提供科技培训、技术指导及种子化肥使用等服务。科技兴县战略，为武川县全面开展科技综合服务、科技应用推广和科技培训教育奠定了基础；促进全县农牧业特色产业建设发展和高新产业创新。

科普宣传培训。开展科技下乡活动，举办旱地作物栽培、畜牧业养殖、燕麦种植技术等培训 147 场;科技讲座、咨询 240 场;累计培训农民 11 万人(次);在 16 个乡 93 个村委会巡回放映科技影片 70 余场;为广大农民提供技术指导和致富信息。县科技局每年举办“科技活动周”“科普日活动”,累计发放科普知识宣传单 6 万份、技术手册及适用技术光盘 9500 份。

园区特色产业建设。2012 年,在耗赖山乡圪顶盖村建成投资 2000 余万元厚墙体温室大棚 100 栋、一条菌棒生产线及 3000 平方米办公用房的食用菌基地。2013 年,投资 820 余万元续建 50 栋厚墙体温室大棚;2014 年,投资 3780 余万元又续建 220 栋厚墙体温室大棚和一条菌棒生产线,同时建成食用菌产品 QS 加工认证车间。以塞丰马铃薯种业有限责任公司为基地的种薯繁育中心,年生产脱毒试管苗 1200 万株,微型薯 1200 万粒,200 万公斤,提高种薯繁育质量,达到标准化、规模化种薯生产,为全县及周边地区提供马铃薯优良种薯。

科技公共服务。加强科技公共服务平台建设,在上秃亥乡东黑山村建成农民科技培训教育基地一处;在上秃亥乡刘家村、可镇三圣太村、耗赖山圪顶盖村新建 3 个综合科技服务站,在马铃薯、食用菌、燕麦生产方面为农民提供技术培训和技术服务。

科技人才建设。2013 年,选拔科技特派员 10 名。2014 年,选拔科技特派员 53 名。2015 年,选拔科技特派员 40 名。分配到各基地、农场、种植大户、示范中心进行技术指导和技术把关。

高新产业。支持三联淀粉公司“从马铃薯种提取氨基酸液”的重大科技项目。该项目属马铃薯深加工技术,可延长马铃薯产业链,提高马铃薯附加值,是武川县高新产业的重大突破。该项目共获得科技重大项目投资 600 万元,正式投入生产。三联淀粉公司在县科技局培育下建立研发机构,聘请专家指导,成为市级企业研发中心。

科技推广。武川县贯彻落实科学发展观,坚持以山坡、草地为依托,以市场需求为导向,以先进适用技术为支撑,围绕无公害产业,打造绿色品牌,通过政府鼓励引导,龙头企业和专业合作社牵头,完善科技社会服务体系,形成了肉羊、虫草鸡、食用菌规模化养殖生产。

第三节　研究机构

呼和浩特市作为自治区政治、经济、文化、教育、科技中心,拥有一批科学技术研究机构。这些机构为推动地方科技经济发展提供了强大动力,特别为科学技术转移、成果转化、产业化及产业发展提供了科技条件支撑。

一、科研院所

(一)国家驻呼和浩特市科研院所

1. 水利部牧区水利科学研究所

该所组建于1979年,隶属于国家水利部,是国内唯一专门从事牧区水利研究的科研机构。2001年,按照国家科技体制改革的要求,作为非营利性研究所,整建制归并到中国水利水电科学研究院。

该所是主要针对“牧区水资源短缺、生态环境脆弱、经济社会发展相对滞后”等突出问题,以草地生态保护与牧区可持续发展“双赢”为目标,开展牧区水利应用基础理论研究、应用技术研究、集成应用与推广的科研机构。主要研究方向为水资源与水环境、草地节水灌溉、清洁能源与供水技术、草地水土保持与生态、牧区水利宏观发展战略以及高新技术的集成与应用研究等;同时开展工程勘察、设 计、监理、咨询、论证等业务和工作。

经过30余年发展,已建成支撑科研发展的创新平台。主要有通过国家级计量认证的“水利部牧区水利科学研究所实验中心”“草地水土保持生态监测实验基地”等;同时拥有“建设项目水资源论证资质(甲级)”“水文、水资源调查评价资质(甲级)”“水土保持监测资质(甲级)”以及咨询、勘察、设计等资质,为科技开发走向市场奠定了良好的基础和发展条件。

建所以来,先后承担国家、水利部、省(自治区)以及地市的各类科研、咨询、论证项目,取得多项成果。为国家、行业和地方发展提供了重要支撑和保障,取得良好的经济效益和社会效益。

2017年,该所拥有一批教授级高级工程师、博士、硕士等人才,具有雄厚的技术力量和丰富的经验,为牧区水利发展提供支撑和服务。

2. 中国农业机械化科学研究院呼和浩特分院

该院前身是1960年成立的机械工业部呼和浩特畜牧机械研究所。1998年11月,整建制并入中国农业机械化科学研究院。1999年,转制为中央直属科技型企业。

该院是从事畜牧业装备技术研究与产品开发并具有自营进出口权的专业科研机构,也是较早从事风能、太阳能利用技术研究的科研单位之一。是全国畜牧机械行业技术归口单位、国家草原畜牧业装备工程技术研究中心、国家地方联合太阳能干燥技术工程实验室、全国风力机械标准化技术委员会、全国农业机械标准化技术委员会畜牧机械分技术委员会、中国农业机械学会畜牧机械学会和机械工业畜牧机械产品质量监督检测中心、风力机械产品质量监督检测中心的挂靠单位,其中国家草原畜牧业装备工程技术研究中心已经成为中国草原畜牧业装备行业工程化集成化技术源头、工程化科研成果试验测试基地和中试基地、高水平工程化人才培养基地及科研成果工程化信息服务中心。

该院现有人员 652 人，其中各类专业技术人员 187 人，高中级专业技术人员 99 人，研究员 21 人，获国家特殊津贴专家 3 人。截至 2016 年，共完成科研项目 1036 项，拥有专利 145 项；绝大部分在生产中得到推广应用，获国家级、省部级等科技成果奖 120 项。"十三五"以来，承担国家和地方重点科技项目(课题)107 项。

内蒙古华德牧草机械有限责任公司是该院控股的产业化生产基地，具有自主知识产权的方草捆捡拾压捆机、灌木平茬机、气流式免耕播种机、切割压扁机、太阳能饲草烘干成套设备、风光互补供电设备等产品行销全国。

3. 中国农业科学院草原研究所

该所成立于 1963 年，是中国唯一的国家级草业科学公益性研究机构。该所以中国 60 亿亩草地为研究对象，以解决草地生态环境问题、提高草地生产力等重大科学技术问题为主攻方向，以促进中国草业科学进步和可持续发展为目标，着重研究牧草遗传资源与育种，天然草地保护与改良，人工草地建植与管理技术，草地鼠虫病害、雪灾、火灾等灾害监测与综合防控，草地生产力的动态监测与评价，草地综合发展与宏观决策研究；饲草料加工、调制及反刍动物营养；草地改良与牧草加工机械的研制和草产品开发及城市草坪绿化等。

该所已形成科技创新、科技开发和后勤服务保障三个体系。科技创新体系由办公室、人事处(党委办公室)、科技处、条财处 4 个职能管理部门和牧草资源与育种、草地生态与监测、草地生产与管理、草地综合发展、草地工程机械 5 个研究室以及草业科技信息中心、牧草及草产品检测与分析测试中心构成；科技开发体系由内蒙古中农草业发展有限公司构成；后勤服务保障体系由后勤服务中心构成。2017 年 4 月，有职工 164 人，其中科技人员 117 人，正高级专业技术职务 15 人，有硕士、博士在学人员 33 人。

该所经过 50 余年的建设，已成为草业科学研究基地。承担国家、部门(地区)众多研究项目；收集、保存一批优良、珍贵的草类种质资源，培育出优良牧草品种；建立草地资源信息系统，可以进行快速大面积草地估产、草畜平衡估算和草地灾害评估；建立了草地资源、草类种质资源信息网站；在天然草地合理利用、退化草地综合治理、人工草地建植与利用、草地保护与减灾等研究领域取得一系列科研成果；研究制造出适合草地改良、人工草地建植和牧草收获、加工的机械。

该所主办的国家级草地科学学术期刊《中国草地学报》被国内外多种数据库和二次文献收录。先后有美国、英国、新西兰、加拿大、澳大利亚、俄罗斯、日本、波兰、蒙古、印度、尼泊尔等国家的专家、学者来所进行访问并就草业科学的研究与发展方面共同关心的问题进行探讨;所里有多名专家、学者到国外与同行进行共同研究与学术交流。

该所建有牧草种子繁育、生产基地和现代化育苗车间,可以提供优良牧草种子和种苗。建有牧草种子清选车间、草块加工车间、挂藏室、农机具库等。拥有各类喷灌、牧草播种、收获、加工等农牧业机械设备,可以满足牧草种植、生产、加工等作业以及在此进行科学研究工作的需要。

该所为国家草地资源生态重点开放实验室、呼和浩特沙尔沁牧草资源重点野外科学观测试验站、鄂尔多斯沙地草原生态环境重点野外科学观测试验站、呼和浩特农业遥感分中心,旱生牧草种子繁育基地,国家多年生牧草种质资源圃,国家牧草基因库,牧草收获机械中试车间。

(二)自治区及呼和浩特市科研院所

截至2018年,全市共有自治区级驻呼科研机构41家,市级科研院所9家。

自治区驻呼和浩特科研院所一览表

表1-3-1

序号	机　构　名　称
1	内蒙古自治区气象科学研究所
2	内蒙古自治区矿产实验研究所
3	内蒙古自治区轻工科学研究所有限责任公司
4	内蒙古自治区劳动保护科学研究所
5	内蒙古自治区计算机应用研究院
6	内蒙古自治区体育科学研究所
7	内蒙古自治区生物技术研究院
8	内蒙古建筑材料工业科学研究设计院有限责任公司
9	内蒙古自治区机电设计研究院
10	内蒙古自治区农牧业机械化研究所
11	内蒙古自治区医药工业研究所有限责任公司
12	内蒙古自治区地方病防治研究中心
13	内蒙古自治区计量测试研究院
14	内蒙古自治区粮食科学研究所
15	内蒙古自治区交通设计研究院有限责任公司

续表 1

序号	机　构　名　称
16	内蒙古自治区林业科学研究院
17	内蒙古自治区电子研究所
18	内蒙古自治区中蒙医研究所
19	内蒙古自治区水利科学研究院
20	内蒙古自治区冶金研究院
21	内蒙古自治区电力科学研究院
22	内蒙古自治区环境科学研究院
23	内蒙古自治区煤炭科学研究院有限责任公司
24	内蒙古自治区建筑科学研究所有限责任公司
25	内蒙古自治区农牧业科学院
26	内蒙古自治区石油化工科学研究院有限责任公司
27	内蒙古自治区老年医学研究所
28	内蒙古自治区水产技术推广站
29	内蒙古自治区健康教育研究所
30	内蒙古自治区艺术研究所
31	内蒙古自治区统计科学研究所
32	内蒙古自治区教育科学研究所
33	内蒙古自治区社会科学院
34	内蒙古自治区文物考古研究所
35	内蒙古自治区发展研究中心
36	内蒙古自治区财政科学研究所
37	内蒙古自治区工业信息研究所
38	内蒙古自治区科学技术信息研究所
39	呼和浩特铁路局科研所
40	内蒙古草原勘察设计院
41	内蒙古园艺研究院

呼和浩特科研院所一览表

表 1－3－2

序号	机　构　名　称
1	呼和浩特市中蒙医研究所
2	呼和浩特市粮油科学研究所
3	呼和浩特市蔬菜技术推广站
4	呼和浩特市环境科学研究所
5	呼和浩特市建筑勘察设计研究院有限责任公司
6	呼和浩特市交通运输科学技术研究所
7	呼和浩特市园林科研所
8	呼和浩特市教育科学研究所
9	呼和浩特市经济社会发展研究中心

二、新型科技研究开发机构

新型科技研究开发机构一览表

表 1－3－3

序号	机　构　名　称	认定年度
1	内蒙古乳业技术研究院	2013
2	内蒙古盛唐国际蒙医药研究院	2013
3	内蒙古和盛生态科技研究院	2014
4	内蒙古赛科星家畜种业与繁育生物技术研究院	2015
5	内蒙古金宇保灵生物技术研究院	2015
6	内蒙古矿业科技研究院	2015
7	内蒙古蒙草种业科技研究院	2016

1. 内蒙古乳业技术研究院

该院是在自治区政府倡导下，2013 年 7 月，由自治区、呼和浩特市、呼伦贝尔市政府资金资助、伊利集团投资成立的企业化运营新型研究与开发机构。研究院依托伊利集团科技研发能力和人才储备能力，以服务为本、集聚资源、加速创新、合作共赢为宗旨，通过政府引导和项目化运作，加速内蒙古乳业技术创新成果转化，促进内蒙古乳业产业集群成长，力争把内蒙古打造成国际知名、国内一流的乳业技术创新基地，提升自治区乳业自主创新能力和产业竞争力。

该院作为自治区新型创新平台得到自治区、市政府支持。与中国农业大学、中国农业科学院、北京大学、中山大学、苏州大学、内蒙古大学、内蒙古农大学等国内数十家高校、科研院所开展项目合作。截至 2015 年底，公司参与修订、制定国家标准 29 项，地方标准 6 项，行业标准 3 项；拥有国家注册商标 3628 个，境外注册商标 642 个；拥有国家专利 1835 项，其中发明专利 413 项，实用新型专利 437 项，外观设计专利 985 项；拥有驰名商标 5 件，著名商标 7 件；发明专利的授权率居国内乳品行业首位。专利保护遍及液奶、奶粉、酸奶、冷饮、原奶等领域。累计承担国家科技攻关项目 8 项，自治区重大专项 3 项、战略新兴项目 2 项，呼和浩特市重大科技专项 1 项。获得国家科技进步二等奖 1 项，中华农业科技一等奖 1 项，全国工商联科技进步一等奖 1 项，中国优秀专利奖 2 项，中国商标金奖 1 次，自治区科技进步一等奖 2 项，自治区主席质量奖 1 次，市科技进步一等奖 2 项。食品安全检测中心获得国家认可委员会认可，建立检测方法共 149 个。获得国际 IDF 奖 1 项，GDP 奖 1 项，Sial China Innovation 奖 4 项。

2. 内蒙古盛唐国际蒙医药研究院

该院以提高蒙医药自主创新能力为目标，依靠大唐药业“研发中心”自身与合作单位各种优势，加强自治区中蒙药用植物资源挖掘与技术研究，加速蒙医药新产品开发及蒙医药资源综合利用，提升蒙医药产品质量及药材培植标准，提高蒙药健康产品市场竞争力，提升内蒙古蒙医药品牌知名度，推动自治区蒙医药整体研究水平，引领中国民族医药产品制造业健康发展。该院地址在大唐药业科技产业园区，民办非企业法人单位，实行理事会领导下的院长负责制，依托企业建设，政府资助，独立运行。院长负责立项、人员选聘、项目实施等具体经营管理工作。项目实施包括国内外专项团队独立研发；高等院校、企业与科研院所合作立项；国内外机构委托项目等。

该院大力推进蒙药材种子资源培育、驯化、种植。拥有丸剂、片剂、口服液、颗粒剂、散剂、酊剂（含外用）、硬胶囊剂、糖浆剂、煎膏剂、茶剂、合剂、凝胶剂等 18 个剂型，266 个品种，13 条生产线均通过新版 GMP 认证。其中国家中药保护品种 1 个，全国独家品种 7 个，包括三花牌皮炎宁酊、复方樟脑乳膏，肝肾滋、阿胶补血膏，沙棘糖浆、小儿健脾止泻丸，妇科产品暖宫七味散、吉祥安坤丸等。

3. 内蒙古和盛生态科技研究院

该院2013年在自治区、市两级政府机构支持下，以内蒙古和盛生态育林有限公司为依托单位成立，是自治区第一家以生态科技为核心方向的研究机构。致力于生态屏障修复、干旱半干旱地区苗木研究与开发、功能性园林建设、环境治理等领域的技术研究和成果转化。为自治区生态科技研究和实践人才提供支持平台。对干旱半干旱地区生态修复、城市绿化、可持续农林循环产业进行关键技术研究和创新模式探索。

4. 内蒙古赛科星家畜种业与繁育生物技术研究院

该院是在自治区政府领导下，由自治区、市两级政府通过重大科技项目经费支持、内蒙古赛科星繁育生物技术股份有限公司共同出资成立，独立法人新型科技类企业研究机构。该院定位自治区畜牧种业与现代繁育生物技术的产业化应用发展战略，通过现代生物技术与传统育种技术相结合的方法培育适合内蒙古经济生产需要的良种牛、羊新品种，研究开发良种家畜扩繁的性别控制、动物克隆、胚胎移植和人工授精等繁育新技术，建立国际先进水平的科学研究、技术创新、人才培养机制与科技成果转化平台，提升中国在该领域产业核心竞争力与科技国际影响力。该院立足国际产业发展战略，扩大国际产业信息与技术合作，研究家畜种业和繁育技术行业的课题，为正确把握产业和技术前途提供科学依据。

该院有研发人员414名（博士8名，硕士24名），4名主要研发人员均具有长期国外工作经验。申请获得12项发明专利，制定4项国家和地方标准，主持和参加国家、自治区和市科技项目18项，发表科学论文和出版专著50余篇（部）。科技研发成果获得国家、自治区和市科技奖励12项。2008—2014年度的技术产品年度平均增长率保持在50%以上。

5. 内蒙古金宇保灵生物技术研究院有限公司

2015年7月25日，该公司成立，注册资金1000万元。研究院位于呼和浩特市玉泉区鄂尔多斯西街58号，面积约2000平方米，是重点研究和开发生物制品新产品、新技术、新工艺及诊断试剂的新型生物技术研究机构。

该公司有工作人员17人（其中高级职称6人，硕士及以上学历8人），博士后1人。设细胞培养实验室、病毒检测与培养实验室、细菌检测与培养实验室、分子生物学实验室、工艺技术研究实验室等5个独立的实验室，在新型病毒和细菌疫苗工程化研究、疫苗免疫增强剂的开发、基因工程技术研究、产品生产工艺提升、产品配套诊断试剂盒的研究与开发、兽用生物制品等领域开展研究。该公司依托金宇保灵生物药品有限公司和兽用疫苗国家工程实验室两大工艺和技术平台，与扬州大学、华中农业大学、内蒙古农业大学、中国兽医药品监察所、中国农科院兰州兽医研究所、中国农科院哈尔滨兽医研究所等国内著名科研院所合作，为自治区及国家动物疫病防控及畜牧业发展做出贡献。

6. 内蒙古矿业科技研究院

该院在自治区政府及市政府支持下，由内蒙古矿业（集团）有限责任公司全资建设，为贯彻创新驱动、“一带一路”发展战略，发挥自治区矿产资源优势，提高矿产资源综合开发利用水平，提升科技创新在产业链条中的带动作用，研究院立足体制机制创新，以矿业集团直属企业内蒙古地矿科技有限责任公司为承办单位，与北京大学地球与空间科学学院开展校企合作，建设成产学研结合、集理论创新、高新技术研发与成果转化为一体、国际一流的大型矿业研究机构及第三方检测机构。

该院下设产学研一体的研究中心、产业转化平台、公共服务平台，并在此基础上设立博士后科研和专家院士工作站。通过与北京大学等国内外知名科研院所共建研发机构、中试基地和成果转化基地，加强信息共享和人才交流，为自治区、矿业集团在地质找矿、煤化工、矿业开发、金属冶炼等方面提供信息、人才与技术支持。

7. 内蒙古蒙草种业科技研究院

该院应用互联网、云计算、“3S”技术，结合大数据平台对基础数据进行深度挖掘分析，制定出符合研究区域的生态保护、建设、利用技术路线，并把技术方案镶嵌到数据平台里，开展数据与方案对外交流，在建立生态数据平台的数据分析技术上将定量遥感技术与生态系统监测有机结合，建立“检测任务制定——数据处理——检测指标提取——问题分析——成果输出——任务反馈”的监测业务运行模式和快速监测评估与预警的数据平台，形成快速检索图，及时判读内蒙古生态系统相关信息；利用检测阀检测整个生态系统平衡状况；导航器为生态资源使用者提供科学合理的技术路线。对内蒙古野生植物种质资源进行调查，收集内蒙古境内野生植物种质资源，建立内蒙古野生植物种质资源库，在收集保存基础上，选育抗逆生态建设植物及抗逆优良牧草品种，为自治区退化土地生态恢复工程提供植物材料，加快自治区牧草产业的发展。

该院与中国科学院植物研究所、内蒙古草原勘察规划院、内蒙古农业大学、内蒙古大学、中国农业科学院草原研究所、内蒙古农牧业科学院等科研院所合作，打造“数据采集——数据管理——数据相关关系分析——数据服务”为一体的生态修复、智慧草业数据平台。在数据引导下，进行生态环境建设技术集成及成果转化，推动产业化发展。

三、企事业研发机构

多年来，呼和浩特市强化科技创新能力建设，加强企事业研发机构建设，重点建设企业研究开发中心、工程技术研究中心、重点实验室等机构，推动科技创新，增强科技服务能力。

自治区级企业研究开发中心

表 1-3-4

序号	机 构 名 称	依托单位	认定年份
1	金河集团实业有限公司研究开发中心	金河集团实业有限公司	2006
2	内蒙古奥特奇蒙药股份有限公司研究开发中心	内蒙古奥特奇蒙药股份有限公司	2006
3	呼和浩特众环(集团)有限责任公司研究开发中心	呼和浩特众环(集团)有限责任公司	2006
4	内蒙古蒙牛乳业(集团)股份有限公司研究开发中心	内蒙古蒙牛乳业(集团)股份有限公司	2006
5	内蒙古万德研究开发中心	内蒙古万德系统集成有限责任公司	2008
6	内蒙古阜丰生物科技有限公司研发中心	内蒙古阜丰生物科技有限公司	2009
7	蒙草抗旱植物研发中心	内蒙古和信园蒙草抗旱绿化股份有限公司	2009
8	内蒙古硅材料研究开发中心	内蒙古神舟硅业有限公司	2009
9	现代服务业信息技术研究开发中心	内蒙古银安科技开发有限公司	2009
10	华腾科技研究开发中心	内蒙古华腾科技发展有限公司	2010
11	内蒙古金达威药业有限公司研究开发中心	内蒙古金达威药业有限公司	2010
12	内蒙古西蒙集团腐殖酸研究开发中心	内蒙古西蒙集团有限公司	2010
13	内蒙古大唐药业有限公司研究开发中心	内蒙古大唐药业有限公司	2010
14	内蒙古国讯富通3S技术一体化应用研发中心	内蒙古国讯富通科技有限公司	2011
15	内蒙古双奇药业企业研究开发中心	内蒙古双奇药业股份有限公司	2011
16	内蒙古高性能有机纤维研究开发中心	内蒙古航天拓力科技发展公司	2011
17	内蒙古金岗重工研究开发中心	内蒙古金岗重工有限公司	2011
18	内蒙古光太铝业有限公司新型铝合金材料研究开发中心	内蒙古光太铝业有限公司	2011
19	电子信息工程技术研究开发中心	内蒙古方维电器制造有限责任公司	2011
20	超(特)高压瓷绝缘子研究开发中心	内蒙古精诚高压绝缘子有限责任公司	2011

续表 1

序号	机　构　名　称	依托单位	认定年份
21	内蒙古宏立达橡塑机械有限公司研究开发中心	内蒙古宏立达橡塑机械有限责任公司	2011
22	内蒙古奶联社技术研究开发中心	内蒙古奶联科技有限公司	2011
23	内蒙古元和蒙药研究院	内蒙古元和药业股份有限公司	2012
24	内蒙古大有光能源光伏农林业研究开发中心	内蒙古大有光能源有限公司	2012
25	内蒙古中环光伏材料有限公司企业研究开发中心	内蒙古中环光伏材料有限公司	2012
26	内蒙古纳顺研究开发技术中心	内蒙古纳顺装备工程(集团)有限公司	2012
27	内蒙古航天亿久复合材料产品研发中心	内蒙古航天亿久科技发展有限责任公司	2012
28	内蒙古太阳能电池研究开发中心	内蒙古日月太阳能科技有限责任公司	2012
29	内蒙古华昕立合科技有限公司软件工程技术研究开发中心	内蒙古华昕立合科技有限公司	2013
30	内蒙古煤炭测控研究开发中心	内蒙古呼和浩特市立信电气技术有限责任公司	2013
31	齐鲁制药(内蒙古)有限公司研发中心	齐鲁制药(内蒙古)有限公司	2013
32	兰太—科信必成新型药物制剂研究开发中心	内蒙古兰太药业有限责任公司	2013
33	内蒙古光伏能源工程研究开发中心	内蒙古神舟光伏电力有限公司	2013
34	内蒙古中拓铝业电子箔研究中心	内蒙古中拓铝业股份有限公司	2013
35	金三角 POF 研发中心	内蒙古金三角光纤科技有限公司	2013
36	内蒙古华德新技术有限公司研究开发中心	内蒙古华德新技术有限公司	2014
37	呼阀科技控股有限公司高性能阀门研发中心	呼阀科技控股有限公司	2014
38	众环数控机床装备有限公司研究开发中心	呼和浩特众环数控机床装备有限公司	2014
39	内蒙古瑞隆重工装备制造有限公司企业研究开发心	内蒙古瑞隆重工装备制造有限公司	2014
40	兽用缓控释制剂创新技术研究中心	内蒙古金河动物有限公司	2015
41	内蒙古必威安泰生物科技有限公司研究开发中心	内蒙古必威安泰生物科技有限公司	2015
42	内蒙古常盛制药有限公司研究开发中心	内蒙古常盛制药有限公司	2015
43	内蒙古仁达特种电缆有限公司特种电缆产品研究开发中心	内蒙古仁达特种电缆有限公司	2015

续表2

序号	机　构　名　称	依托单位	认定年份
44	内蒙古金源康生物科技研究开发中心	内蒙古金源康生物工程有限公司	2015
45	内蒙古晶新科技研究开发中心	内蒙古晶新科技有限责任公司	2015
46	内蒙古和美科盛生物技术有限公司乳酸菌微生态制剂研发中心	内蒙古和美科盛生物技术有限公司	2016
47	创维电子(内蒙古)有限公司研究开发中心	创维电子(内蒙古)有限公司	2016
48	纳米功能墨企业研究开发中心	内蒙古显鸿科技股份有限公司	2016
49	内蒙古雷奥世纪防砸窗研究开发中心	内蒙古雷奥世纪防砸窗有限公司	2016
50	内蒙古华富饲料有限责任公司企业研究开发中心	内蒙古华富饲料有限责任公司	2016
51	内蒙古新开元动物药业发展有限公司研发中心	内蒙古新开元动物药业发展有限公司	2016
52	健隆生物研究中心	健隆生物科技股份有限公司	2016
53	内蒙古新创环境科技有限公司研究开发中心	内蒙古新创环境科技有限公司	2016
54	高性能碳纤维复合芯导线研究开发中心	内蒙古浩源新材料股份有限公司	2016
55	内蒙古优牧特农牧科技股份有限公司反刍动物饲料研发中心	内蒙古优牧特农牧科技股份有限公司	2016
56	内蒙古正隆谷物食品有限公司研究开发中心	内蒙古正隆谷物食品有限公司	2016
57	内蒙古瑞特优化科技股份有限公司	内蒙古瑞特优化科技股份有限公司	2016
58	金宇保灵生物药品研究开发中心	金宇保灵生物药品有限公司	2017
59	生一伦磁业钕铁硼永磁材料研究开发中心	生一伦磁业有限公司	2017
60	鲁阳陶瓷纤维研究开发中心	内蒙古鲁阳节能材料有限公司	2017
61	蒙谷香亚麻籽深加工研究开发中心	呼和浩特市蒙谷香生物科技有限公司	2017
62	北方稀土生一伦稀土分离加工研究开发中心	北方稀土生一伦高科技有限公司	2017
63	中牧生物泰万菌素研究开发中心	内蒙古中牧生物药业有限公司	2017
64	苏鲁锭民族文化艺术品研究开发中心	呼和浩特市苏鲁锭皮业有限责任公司	2017
65	佳惠科技 LED 技术研究开发中心	内蒙古佳惠科技有限公司	2017
66	海日瀚羊胎素应用研究开发中心	内蒙古海日瀚生物科技有限公司	2017
67	欧晶科技高纯石英坩埚研究开发中心	内蒙古欧晶科技股份有限公司	2018

续表 3

序号	机　构　名　称	依托单位	认定年份
68	呼和浩特市博洋风力发电机及控制系统研究开发中心	呼和浩特市博洋可再生能源有限责任公司	2018
69	凯蒙药业中蒙医药研究开发中心	内蒙古凯蒙药业有限公司	2018
70	内蒙古红太阳调味品研究开发中心	内蒙古红太阳食品有限公司	2018
71	内蒙古银宏干细胞生物资源储存及应用研究开发中心	内蒙古银宏干细胞生命科技投资有限公司	2018

呼和浩特市企业研究开发中心

表 1－3－5

序号	机　构　名　称	依托单位	认定年份
1	石药集团中润制药（内蒙古）有限公司药物研究开发中心	石药集团中润制药（内蒙古）有限公司	2007
2	内蒙古元和药业股份有限公司新药研究开发中心	内蒙古元和药业股份有限公司	2007
3	金宇保灵生物药品有限公司兽用生物制品研究开发中心	金宇保灵生物药品有限公司	2007
4	内蒙古蒙科立软件有限责任公司蒙古语言文字信息处理技术研究开发中心	内蒙古蒙科立软件有限责任公司	2007
5	内蒙古方维电器制造有限责任公司煤矿安全自动化监测、监控研究开发中心	内蒙古方维电器制造有限责任公司	2007
6	内蒙古万德系统集成有限责任公司信息技术开发与应用研究开发中心	内蒙古万德系统集成有限责任公司	2007
7	内蒙古大唐同方硅铝科技有限公司高铝粉煤灰资源化利用技术研究开发中心	内蒙古大唐国际再生资源有限公司	2007
8	内蒙古新诺生态供暖科技发展有限公司智能生态供暖研究开发中心	内蒙古新诺生态供暖科技发展有限公司	2007
9	内蒙古奈伦农业科技股份公司薯类淀粉工业技术研究开发中心	内蒙古奈伦农业科技股份公司	2007
10	内蒙古银安科技现代服务业信息技术研究开发中心	内蒙古银安科技开发有限公司	2008

续表 1

序号	机 构 名 称	依托单位	认定年份
11	内蒙古天讯科技研发中心	内蒙古天讯网络科技发展公司	2008
12	内蒙古阜丰生物科技有限公司研发中心	内蒙古阜丰生物科技有限公司	2008
13	内蒙古晟纳吉光伏材料研发中心	内蒙古晟纳吉光伏材料有限公司	2008
14	内蒙古兰太药业兰太—科信必成新型药物制剂研究开发中心	内蒙古兰太药业有限责任公司	2008
15	内蒙古富特橡塑机械有限公司研发中心	内蒙古富特橡塑机械有限公司	2008
16	内蒙古奶联社技术研究开发中心	内蒙古奶联科技有限公司	2008
17	内蒙古华利达科技发展股份有限公司研发中心	内蒙古华利达科技发展股份有限公司	2008
18	内蒙古双奇药业股份有限公司研究开发中心	内蒙古双奇药业股份有限公司	2009
19	上海电气内蒙古电缆厂有限公司研发中心	上海电气内蒙古电缆厂有限公司	2009
20	呼和浩特市博思达淀粉加工新技术研究开发中心	呼和浩特市博思达机械制造有限公司	2009
21	内蒙古光太铝业有限公司新型铝合金材料研究开发中心	内蒙古光太铝业有限公司	2009
22	呼和浩特市泰尔力图健康材料研究开发中心	呼和浩特市泰尔力图医疗保健用品有限公司	2009
23	内蒙古宏立达橡塑机械有限公司研发中心	内蒙古宏立达橡塑机械有限公司	2009
24	内蒙古国讯富通“3S”技术一体化应用研发中心	内蒙古国讯富通科技有限公司	2009
25	内蒙古北特通信有限公司研发中心	内蒙古北特通信有限公司	2009
26	内蒙古永业农丰腐殖酸研究开发中心	内蒙古永业农丰生物科技有限责任公司	2010
27	内蒙古华生新型高岭土材料研究开发中心	内蒙古华生高岭土有限责任公司	2010
28	内蒙古航天拓力高性能纤维研究开发中心	内蒙古航天拓力科技发展公司	2010
29	内蒙古金源康生物科技研究开发中心	内蒙古金源康生物工程有限公司	2010
30	内蒙古大唐药业有限公司研究开发中心	内蒙古大唐药业有限公司	2010
31	内蒙古华腾科技研发中心	内蒙古华腾科技发展有限公司	2010
32	内蒙古硕方水电设备研究开发中心	内蒙古硕方水电设备有限公司	2010
33	内蒙古精诚超(特)高压绝缘子研究开发中心	内蒙古精诚高压绝缘子有限责任公司	2010
34	内蒙古浩蓝科技研发中心	内蒙古浩蓝科技有限公司	2010

续表 2

序号	机构名称	依托单位	认定年份
35	内蒙古兆通管道系统有限公司技术研究中心	内蒙古兆通管道系统有限公司	2010
36	内蒙古航天亿久复合材料产品研究开发中心	内蒙古航天亿久科技发展有限责任公司	2011
37	内蒙古佳惠大屏幕电子信息有限责任公司LED 技术研究开发中心	内蒙古佳惠大屏幕电子信息有限责任公司	2011
38	呼和浩特华欧淀粉制品有限公司马铃薯种植、淀粉加工技术及副产品利用研究开发中心	呼和浩特华欧淀粉制品有限公司	2011
39	内蒙古飞鹰汽车齿轮研究开发中心	内蒙古飞鹰汽车齿轮有限责任公司	2011
40	呼和浩特市博洋风力发电机及控制系统研发中心	呼和浩特市博洋可再生能源有限责任公司	2011
41	内蒙古瑞隆重工装备制造有限公司研究开发中心	内蒙古瑞隆重工装备制造有限公司	2011
42	内蒙古呼和浩特市立信电气技术有限责任公司企业研究开发中心	内蒙古呼和浩特市立信电气技术有限责任公司	2011
43	内蒙古中环光伏材料有限公司企业研究开发中心	内蒙古中环光伏材料有限公司	2011
44	内蒙古通用电梯研究开发中心	内蒙古通用电梯有限公司	2011
45	内蒙古山源非金属物料科技研究开发中心	内蒙古山源非金属物料开发有限公司	2011
46	清水河县同蒙化工有限责任公司研发中心	清水河县同蒙化工有限责任公司	2012
47	内蒙古神元生物工程股份有限公司蛋白质与多肽兽药研究开发中心	内蒙古神元生物工程股份有限公司	2012
48	内蒙古天一环境技术有限公司介电电泳膜元件研究开发中心	内蒙古天一环境技术有限公司	2012
49	呼和浩特市博海流体节能加热技术及控制系统研发中心	内蒙古博海电子科技有限公司	2012
50	内蒙古必威安泰生物科技有限公司研究开发中心	内蒙古必威安泰生物科技有限公司	2012
51	内蒙古凯蒙药业研究开发中心	内蒙古凯蒙药业有限公司	2012
52	内蒙古太昊农牧业有限责任公司企业研究开发中心	内蒙古太昊农牧业有限责任公司	2012
53	内蒙古金河动物药业有限公司兽用缓控释制剂创新工程技术研究中心	内蒙古金河动物药业有限公司	2012

续表3

序号	机构名称	依托单位	认定年份
54	内蒙古宇航人药业有限责任公司生物制品研发中心	内蒙古宇航人药业有限责任公司	2012
55	内蒙古金三角光纤科技有限公司金三角 POF 研发中心	内蒙古金三角光纤科技有限公司	2012
56	内蒙古熙源生物工程有限公司生物技术研究开发中心	内蒙古熙源生物工程有限公司	2012
57	呼和浩特市海日瀚生物技术有限公司研发中心	呼和浩特市海日瀚生物技术有限公司	2012
58	内蒙古东方变压器有限责任公司 S(B)H15 型非晶合金铁心配电变压器研发中心	内蒙古东方变压器有限责任公司	2012
59	内蒙古星光电熔耐火材料有限公司研发中心	内蒙古星光电熔耐火材料有限公司	2012
60	呼和浩特众环数控机床装备有限公司研究开发中心	呼和浩特众环数控机床装备有限公司	2013
61	呼阀科技控股有限公司高性能阀门研究开发中心	呼阀科技控股有限公司	2013
62	内蒙古华德新技术公司灌溉技术研究开发中心	内蒙古华德新技术公司	2013
63	内蒙古科鑫源食品(集团)有限公司研发中心	内蒙古科鑫源食品(集团)有限公司	2013
64	内蒙古雷奥世纪门窗幕墙研究开发中心	内蒙古雷奥世纪防砸窗有限公司	2013
65	内蒙古晶新科技有限责任公司研究开发中心	内蒙古晶新科技有限责任公司	2013
66	蒙伊萨公司食品有限责任公司研究开发中心	内蒙古蒙伊萨食品有限责任公司	2013
67	内蒙古仁达特种电缆有限公司特种电缆产品研究开发中心	内蒙古仁达特种电缆有限公司	2013
68	内蒙古优牧特农牧科技股份有限公司反刍动物饲料研究开发中心	内蒙古优牧特农牧科技股份有限公司	2013
69	际华五三零三服装有限公司技术研究开发中心	际华五三零三服装有限公司	2013
70	内蒙古生力资源集团红旗化工有限公司研究开发中心	内蒙古生力资源集团红旗化工有限公司	2013
71	内蒙古鲁阳节能材料有限公司陶瓷纤维研究开发中心	内蒙古鲁阳节能材料有限公司	2013
72	高性能碳纤维复合芯导线研究开发中心	呼和浩特市浩源碳纤维有限公司	2014
73	新型纳米抗擦墨研究开发中心	显鸿新材料(内蒙古)有限公司	2014
74	内蒙古民航信息科技有限公司研究开发中心	内蒙古民航信息科技有限公司	2014

续表 4

序号	机　构　名　称	依托单位	认定年份
75	天和牧业市级企业研究开发中心	内蒙古天和荷斯坦牧业有限公司	2014
76	内蒙古新开元动物药业发展有限公司研发中心	内蒙古新开元动物药业发展有限公司	2014
77	内蒙古河西航天科技发展有限公司食品工业洗消技术研究开发中心	内蒙古河西航天科技发展有限公司	2014
78	内蒙古红太阳食品有限公司研究开发中心	内蒙古红太阳食品有限公司	2014
79	内蒙古华富饲料有限责任公司企业研究开发中心	内蒙古华富饲料有限责任公司	2014
80	内蒙古正隆谷物企业研究开发中心	内蒙古正隆谷物食品有限公司	2014
81	健隆生物研究中心	内蒙古健隆生化有限公司	2014
82	内蒙古银宏干细胞生命科技投资有限公司企业研究开发中心	内蒙古银宏干细胞生命科技投资有限公司	2014
83	呼和浩特市易司贝生物科技企业研究开发中心	呼和浩特市易司贝牧业科技有限公司	2014
84	呼和浩特市肉羊种业企业研究开发中心	内蒙古赛诺草原羊业有限公司	2015
85	内蒙古瑞特优化科技股份有限公司研究开发中心	内蒙古瑞特优化科技股份有限公司	2015
86	内蒙古和美科盛生物技术有限公司乳酸菌微生态制剂研发中心	内蒙古和美科盛生物技术有限公司	2015
87	创维电了(内蒙古)有限公司研究开发中心	创维电子(内蒙古)有限公司	2015
88	内蒙古新创环境科技有限公司研究开发中心	内蒙古新创环境科技有限公司	2015
89	内蒙古生一伦稀土材料有限责任公司企业研究开发中心	内蒙古生一伦稀土材料有限责任公司	2015
90	内蒙古欧晶科技股份有限公司企业研发中心	内蒙古欧晶科技股份有限公司	2016
91	内蒙古科元胜力金山稀土科技有限公司企业研发中心	内蒙古科元胜力金山稀土科技有限公司	2016
92	内蒙古中牧生物药业有限公司研发中心	内蒙古中牧生物药业有限公司	2016
93	内蒙古盛仁电子科技有限公司研发中心	内蒙古盛仁电子科技有限公司	2016
94	苏鲁锭民族文化艺术品企业研发中心	呼和浩特市苏鲁锭皮业有限责任公司	2016
95	内蒙古蒙谷香生物科技有限公司研发中心	内蒙古蒙谷香生物科技有限公司	2016
96	内蒙古恒新消防科技有限公司研究开发中心	内蒙古恒新消防科技有限公司	2017

续表 5

序号	机构名称	依托单位	认定年份
97	内蒙古巨鹏电子科技开发有限公司软件研发中心	内蒙古巨鹏电子科技开发有限公司	2017
98	反刍动物微生态制剂研究开发中心	内蒙古粮食科学研究设计院有限责任公司	2017
99	德力海蒙古文信息技术研究开发中心	内蒙古德力海信息技术有限公司	2017
100	内蒙古东润能源科技有限公司企业研发中心	内蒙古东润能源科技有限公司	2017
101	托克托县宏昌机械特色农机研究开发中心	托克托县宏昌机械制造有限公司	2017
102	内蒙古科电数据服务有限公司研发中心	内蒙古科电数据服务有限公司	2017
103	华动泰越科技有限责任公司研究开发中心	华动泰越科技有限责任公司	2017
104	内蒙古云科数据服务企业研究开发中心	内蒙古云科数据服务股份有限公司	2018
105	内蒙古证联信息技术有限责任公司电子政务容灾备份企业研究开发中心	内蒙古证联信息技术有限责任公司	2018
106	内蒙古航天信息有限公司研究开发中心	内蒙古航天信息有限公司	2018
107	呼和浩特市奥祥电力自动化研究开发中心	呼和浩特市奥祥电力自动化有限公司	2018
108	内蒙古坤瑞玻璃股份有限公司企业研究开发中心	内蒙古坤瑞玻璃股份有限公司	2018
109	融成玉米研发中心	内蒙古融成玉米开发有限公司	2018
110	内蒙古超牌建材科技有限公司企业研究开发中心	内蒙古超牌建材科技有限公司	2018
111	内蒙古蒙清农业科技开发有限责任公司研究开发中心	内蒙古蒙清农业科技开发有限责任公司	2018
112	内蒙古泰利达乳业有限公司企业研究开发中心	内蒙古泰利达乳业有限公司	2018
113	呼和浩特市佰邦科技企业研发中心	内蒙古佰邦科技开发有限公司	2018

国家级、自治区级工程技术研究中心

表1－3－6

序号	机　构　名　称	依托单位	级别
1	国家草原畜牧业装备工程技术研究中心	中国农业机械化科学研究院呼和浩特分院	国家级
2	内蒙古自治区科技信息网络工程技术研究中心	内蒙古科技信息研究院	自治区级
3	内蒙古自治区畜牧业装备工程技术研究中心	中国农业机械化科学研究院呼和浩特分院	自治区级
4	内蒙古自治区新能源工程技术研究中心	中国农业机械化科学研究院呼和浩特分院	自治区级
5	内蒙古自治区农业节水装备工程技术研究中心	中国农业机械化科学研究院呼和浩特分院	自治区级
6	内蒙古自治区蒙药工程技术研究中心	内蒙古生产力促进中心	自治区级
7	内蒙古自治区制造业信息化工程技术研究中心	内蒙古计算机应用研究院	自治区级
8	内蒙古自治区沙生灌木资源开发利用工程技术研究中心	内蒙古农业大学	自治区级
9	内蒙古自治区草品种育繁工程技术研究中心	内蒙古农业大学	自治区级
10	内蒙古自治区畜产品加工工程技术研究中心	内蒙古农业大学	自治区级
11	内蒙古自治区杂粮工程技术研究中心	内蒙古农业大学	自治区级
12	内蒙古自治区马业科学工程技术研究中心	内蒙古农业大学	自治区级
13	内蒙古自治区寒旱区水文科学与水资源开发利用工程技术研究中心	内蒙古农业大学	自治区级
14	内蒙古自治区设施园艺工程技术研究中心	内蒙古农业大学	自治区级
15	内蒙古自治区新材料工程技术研究中心	内蒙古工业大学	自治区级
16	内蒙古自治区内燃机代用燃料工程技术研究中心	内蒙古工业大学	自治区级
17	内蒙古自治区绿色建筑工程技术研究中心	内蒙古工业大学	自治区级
18	内蒙古自治区液压传动与控制工程技术研究中心	内蒙古工业大学	自治区级
19	内蒙古自治区煤基固废高值化利用工程技术研究中心	内蒙古工业大学	自治区级
20	内蒙古自治区马铃薯工程技术研究中心	内蒙古大学	自治区级
21	内蒙古自治区电子工程技术研究中心	内蒙古大学、内蒙古方维电子科技有限责任公司	自治区级

续表 1

序号	机　构　名　称	依托单位	级别
22	内蒙古自治区中蒙药材规范化生产工程技术研究中心	内蒙古大学	自治区级
23	内蒙古自治区煤化工废水处理与资源化工程技术研究中心	内蒙古大学	自治区级
24	内蒙古自治区桥梁检测与维修加固工程技术研究中心	内蒙古大学	自治区级
25	内蒙古自治区细胞分子工程技术研究中心	内蒙古大学	自治区级
26	内蒙古自治区民族雕塑工程技术研究中心	内蒙古师范大学	自治区级
27	内蒙古自治区生活污水资源化利用工程技术研究中心	内蒙古师范大学	自治区级
28	内蒙古自治区数字转化医学工程技术研究中心	内蒙古医科大学	自治区级
29	内蒙古自治区分子与功能影像工程技术研究中心	内蒙古医科大学	自治区级
30	内蒙古自治区农作物生物工程技术研究中心	内蒙古自治区农牧科学院	自治区级
31	内蒙古自治区玉米工程技术研究中心	内蒙古自治区农牧科学院	自治区级
32	内蒙古自治区保护性耕作工程技术研究中心	内蒙古自治区农牧科学院	自治区级
33	内蒙古自治区绿色冷凉蔬菜工程技术研究中心	内蒙古自治区农牧科学院	自治区级
34	内蒙古自治区农业节水工程技术研究中心	内蒙古水利科学研究院	自治区级
35	内蒙古自治区铁路安全运输工程技术研究中心	呼和浩特铁路局科学技术研究所	自治区级
36	内蒙古自治区沙棘工程技术研究中心	内蒙古宇航人高技术产业有限责任公司	自治区级
37	内蒙古自治区高铝粉煤灰资源化利用工程技术研究中心	内蒙古大唐国际再生资源开发有限公司	自治区级
38	内蒙古自治区航天生物工程技术研究中心	神舟生物科技有限责任公司	自治区级
39	内蒙古自治区益生菌工程技术研究中心	内蒙古普泽生物制品有限责任公司、内蒙古农业大学、内蒙古轻工科学研究所	自治区级
40	内蒙古自治区光伏能源工程技术研究中心	内蒙古神舟光伏电力有限公司	自治区级
41	内蒙古自治区家畜性别控制生物工程技术研究中心	内蒙古赛科星繁育生物技术股份有限公司	自治区级

续表 2

序号	机 构 名 称	依托单位	级别
42	内蒙古自治区有色金属及稀贵金属工程技术研究中心	内蒙古冶金研究院	自治区级
43	内蒙古自治区公共安全与应急管理物联网工程技术研究中心	内蒙古国讯富通科技有限公司	自治区级
44	内蒙古自治区蒙古高原土著植物资源利用工程技术研究中心	内蒙古和信园蒙草抗旱绿化股份有限公司	自治区级
45	内蒙古自治区腐殖酸工程技术研究中心	内蒙古永业生物技术有限责任公司	自治区级
46	内蒙古自治区水（地）源热泵工程技术研究中心	内蒙古机电设计研究院有限责任公司	自治区级
47	内蒙古自治区农村牧区信息化工程技术研究中心	内蒙古自治区生物技术研究院、内蒙古中生联网络商务有限责任公司	自治区级
48	内蒙古自治区蒙古语信息工程技术研究中心	内蒙古蒙科立软件有限责任公司	自治区级
49	内蒙古自治区高性能纤维工程技术研究中心	内蒙古航天新材料科技有限公司	自治区级
50	内蒙古自治区蛋白质与多肽兽药工程技术研究中心	内蒙古神元生物工程股份有限公司	自治区级
51	内蒙古自治区分离膜工程技术研究中心	内蒙古天一环境技术有限公司	自治区级
52	内蒙古自治区非常规天然气工程技术研究中心	内蒙古自治区煤田地质局	自治区级
53	内蒙古自治区生物饲料工程技术研究中心	内蒙古斯隆生物技术有限责任公司	自治区级
54	内蒙古自治区无线传感网工程技术研究中心	内蒙古电子研究所	自治区级
55	内蒙古自治区道路材料循环利用与养护工程技术研究中心	内蒙古路桥有限责任公司	自治区级
56	内蒙古自治区食品加工行业洗消工程技术研究中心	内蒙古河西航天科技发展有限公司	自治区级
57	内蒙古自治区草原生态修复工程技术研究中心	内蒙古和信园蒙草抗旱绿化股份有限公司	自治区级
58	内蒙古自治区生物制品原辅材料工程技术研究中心	内蒙古维克生生物科技有限公司	自治区级

续表3

序号	机构名称	依托单位	级别
59	内蒙古自治区微生态制剂工程技术研究中心	内蒙古双奇药业股份有限公司	自治区级
60	内蒙古自治区向日葵工程技术研究中心	内蒙古自治区农牧业科学院	自治区级
61	内蒙古自治区农业遥感工程技术研究中心	内蒙古自治区农牧业科学院	自治区级
62	内蒙古自治区农田土壤肥料工程技术研究中心	内蒙古农业大学	自治区级
63	内蒙古自治区山羊遗传育种工程技术研究中心	内蒙古农业大学	自治区级
64	内蒙古自治区草原遥感监测与评估工程技术研究中心	内蒙古自治区草原勘察规划院	自治区级
65	内蒙古自治区草业与养殖业智能装备工程技术研究中心	内蒙古农业大学	自治区级
66	内蒙古自治区水工程安全工程技术研究中心	内蒙古自治区水利水电勘测设计院	自治区级
67	内蒙古自治区蒙医器械研发工程技术研究中心	内蒙古医科大学	自治区级
68	内蒙古自治区地缘经济数据工程技术研究中心	内蒙古大学	自治区级
69	内蒙古自治区俄蒙进口木材加工利用工程技术研究中心	内蒙古农业大学	自治区级
70	内蒙古自治区工程创面修复及路域生态系统建设工程技术研究中心	内蒙古交通设计研究院有限责任公司	自治区级
71	内蒙古自治区移动新媒体企业应用工程技术研究中心	内蒙古万德系统集成有限责任公司	自治区级
72	内蒙古自治区能源化工标准工程技术研究中心	内蒙古自治区石油化工监督检验研究院、内蒙古大学	自治区级
73	内蒙古自治区 CO2 捕集与资源化工程技术研究中心	内蒙古工业大学	自治区级
74	内蒙古自治区风电技术与检测工程技术研究中心	内蒙古工业大学	自治区级
75	内蒙古自治区盐碱地改良工程技术研究中心	内蒙古蒙草土壤修复与盐碱地改良科技有限公司、内蒙古蒙草生态环境(集团)股份有限公司	自治区级
76	内蒙古自治区光伏单晶硅材料工程技术研究中心	内蒙古中环光伏材料有限公司	自治区级
77	内蒙古自治区农兽药生物发酵工程技术研究中心	齐鲁制药(内蒙古)有限公司	自治区级

市级工程技术研究中心

表 1－3－7

序号	机　构　名　称	依托单位	认定年份
1	呼和浩特市农业生物发酵工程技术研究中心	内蒙古禾华农牧林综合开发有限公司	2012
2	呼和浩特市移动信息化软件工程技术研究中心	内蒙古华腾科技发展有限公司	2012
3	呼和浩特市蒙古高原土著植物资源利用工程技术研究中心	内蒙古和信园蒙草抗旱绿化股份有限公司	2012
4	呼和浩特市风力发电工程技术中心	内蒙古航天亿久科技发展有限责任公司	2012
5	呼和浩特市塑料光纤工程技术研究中心	内蒙古金三角光纤科技有限公司	2013
6	呼和浩特市 DEP 分离膜工程技术研究中心	内蒙古天一环境技术有限公司	2013
7	呼和浩特市数字电视机顶盒工程技术研究中心	内蒙古蒙瑞科技有限公司	2013
8	呼和浩特市生物质能应用工程技术研究中心	内蒙古恒方科技有限公司	2013
9	呼和浩特市微生态制剂工程技术研究中心	内蒙古双奇药业股份有限公司	2013
10	呼和浩特市农业信息化工程技术研究中心	内蒙古中生联网络商务有限责任公司	2013
11	呼和浩特市光伏系统工程技术研究中心	内蒙古日月太阳能科技有限责任公司	2013
12	呼和浩特市光伏农林业工程技术研究中心	内蒙古大有光能源有限公司	2013
13	呼和浩特市生物饲料工程技术研究中心	内蒙古斯隆生物技术有限责任公司	2013
14	呼和浩特市蒙古语信息工程技术研究中心	内蒙古蒙科立软件有限责任公司	2013
15	呼和浩特市高性能纤维工程技术研究中心	内蒙古航天拓力科技发展公司	2013
16	呼和浩特市蒙药制药工程技术研究中心	内蒙古凯蒙药业有限公司	2013
17	呼和浩特市植物功能成分工程技术研究中心	内蒙古鑫吉利生物科技有限公司	2014
18	呼和浩特市阀门工程技术研究中心	呼阀科技控股有限公司	2014
19	呼和浩特市心血管药物工程技术研究中心	内蒙古元和药业股份有限公司	2014
20	呼和浩特市移动新媒体企业应用工程技术研究中心	内蒙古万德系统集成有限责任公司	2014
21	呼和浩特市兽用生物制品原材料工程技术研究中心	内蒙古维克生生物科技有限公司	2015
22	呼和浩特市草原生态修复技术工程技术研究中心	内蒙古和信园蒙草抗旱绿化股份有限公司	2015

续表1

序号	机 构 名 称	依托单位	认定年份
23	马铃薯淀粉加工工程技术研究中心	内蒙古华欧淀粉工业股份有限公司	2015
24	呼和浩特市生物发酵绿色制造工程技术研究中心	内蒙古阜丰生物科技有限公司	2016
25	呼和浩特市特高压绝缘子工程技术研究中心	内蒙古精诚高压绝缘子有限责任公司	2016
26	呼和浩特市动物疫苗细胞株选育与放大工程技术研究中心	内蒙古金源康生物工程有限公司	2016
27	呼和浩特市生物制品生产工艺工程技术研究中心	内蒙古必威安泰生物技术股份有限公司	2016
28	呼和浩特市乳制品工程技术研究中心	内蒙古蒙牛乳业(集团)股份有限公司	2017
29	呼和浩特市旋压工程技术研究中心	内蒙古航天红岗机械有限公司	2017
30	呼和浩特市光伏单晶硅材料工程技术研究中心	内蒙古中环光伏材料有限公司	2017
31	呼和浩特市林木种苗工程技术研究中心	内蒙古和盛生态育林有限公司	2017
32	呼和浩特市农兽药生物发酵工程技术研究中心	齐鲁制药(内蒙古)有限公司	2017
33	呼和浩特市兽用氨基酸添加制剂工程技术研究中心	金河生物科技股份有限公司	2018
34	呼和浩特市高纯石英坩埚工程技术研究中心	内蒙古欧晶科技股份有限公司	2018
35	呼和浩特市电缆产品设计与制造工程技术研究中心	内蒙古仁达特种电缆有限公司	2018
36	呼和浩特市纳米功能墨工程技术研究中心	内蒙古显鸿科技股份有限公司	2018

国家级、自治区级企业技术中心

表1-3-8

序号	机 构 名 称	级别	认定年份
1	金宇保灵生物药品有限公司技术中心	国家级	2013
2	内蒙古蒙牛乳业(集团)股份有限公司技术中心	国家级	2013
3	内蒙古电力(集团)有限责任公司技术中心	国家级	2014
4	内蒙古阜丰生物科技有限公司技术中心	国家级	2015
5	内蒙古伊利实业集团股份有限公司技术中心	国家级	2015
6	金河生物科技股份有限公司技术中心	自治区级	2002

续表 1

序号	机　构　名　称	级别	认定年份
7	内蒙古双奇药业股份有限公司技术中心	自治区级	2002
8	内蒙古金达威药业有限公司技术中心	自治区级	2010
9	内蒙古大唐药业有限公司技术中心	自治区级	2011
10	内蒙古呼和浩特立信电气技术有限责任公司	自治区级	2011
11	内蒙古华腾科技发展有限公司技术中心	自治区级	2012
12	内蒙古正大有限公司技术中心	自治区级	2012
13	齐鲁制药(内蒙古)有限公司技术中心	自治区级	2013
14	内蒙古灵奕高科技(集团)有限责任公司技术中心	自治区级	2014
15	内蒙古华昕立合科技有限公司技术中心	自治区级	2014
16	内蒙古神舟硅业有限责任公司技术中心	自治区级	2014
17	内蒙古巨华集团大华建筑安装有限公司技术中心	自治区级	2015
18	内蒙古航天新材料科技有限公司技术中心	自治区级	2015
19	内蒙古电力建设(集团)有限公司技术中心	自治区级	2015
20	内蒙古中环光伏材料有限公司技术中心	自治区级	2015
21	内蒙古国讯富通科技有限公司技术中心	自治区级	2016
22	内蒙古常盛制药有限公司技术中心	自治区级	2016

国家级、自治区级重点实验室

表 1－3－9

序号	机 构 名 称	依 托 单 位	级别	批准时间
1	兽用疫苗国家工程实验室	金宇保灵生物药品有限公司	国家级	2003
2	内蒙古自治区遥感与地理信息系统重点实验室	内蒙古师范大学	自治区级	2003
3	内蒙古自治区水资源保护与利用重点实验室	内蒙古农业大学	自治区级	2003
4	内蒙古自治区旱作农业重点实验室	内蒙古农牧业科学院	自治区级	2003
5	内蒙古自治区岩石矿物综合分析重点实验室	内蒙古矿产实验研究所	自治区级	2003

续表 1

序号	机构名称	依托单位	级别	批准时间
6	内蒙古自治区动物遗传育种与繁殖重点实验室	内蒙古农业大学	自治区级	2003
7	内蒙古自治区牧草与特色作物生物技术重点实验室	内蒙古大学	自治区级	2003
8	内蒙古自治区草食动物营养科学重点实验室	内蒙古农牧业科学院	自治区级	2003
9	内蒙古自治区中蒙药重点实验室	内蒙古医科大学	自治区级	2003
10	内蒙古自治区蒙药化学重点实验室	内蒙古大学	自治区级	2003
11	内蒙古自治区机电控制重点实验室	内蒙古工业大学	自治区级	2005
12	内蒙古自治区离子束生物工程重点实验室	内蒙古大学	自治区级	2005
13	内蒙古自治区稀土材料化学与物理重点实验室	内蒙古大学	自治区级	2005
14	内蒙古自治区无线网络与移动计算重点实验室	内蒙古大学	自治区级	2005
15	内蒙古自治区应用软件重点实验室	内蒙古计算机应用研究院	自治区级	2005
16	内蒙古自治区工业催化重点实验室	内蒙古工业大学	自治区级	2007
17	内蒙古自治区煤炭化学重点实验室	内蒙古大学	自治区级	2007
18	内蒙古自治区轻金属材料重点实验室	内蒙古工业大学	自治区级	2007
19	内蒙古自治区蒙古文信息处理技术重点实验室	内蒙古大学	自治区级	2007
20	内蒙古自治区可再生能源重点实验室	内蒙古工业大学	自治区级	2007
21	内蒙古自治区功能材料物理与化学重点实验室	内蒙古师范大学	自治区级	2007
22	内蒙古自治区森林培育林业菌根生物技术重点实验室	内蒙古农业大学	自治区级	2007
23	内蒙古自治区作物栽培与遗传改良重点实验室	内蒙古农业大学	自治区级	2007
24	内蒙古自治区基础兽医学重点实验室	内蒙古农业大学	自治区级	2007
25	内蒙古自治区心理学重点实验室	内蒙古师范大学	自治区级	2007

续表 2

序号	机构名称	依托单位	级别	批准时间
26	内蒙古自治区野生特有蔬菜种质资源与种质创新重点实验室	内蒙古农业大学	自治区级	2007
27	内蒙古自治区人工影响天气重点实验室	内蒙古气象科学研究所	自治区级	2007
28	内蒙古自治区乳品深加工技术与乳品安全企业重点实验室	内蒙古伊利实业集团股份有限公司	自治区级	2007
29	内蒙古自治区畜牧业装备技术企业重点实验室	中国农业机械化科学研究院呼和浩特分院	自治区级	2007
30	内蒙古自治区兽用生物制品企业重点实验室	金宇保灵生物药品有限公司	自治区级	2007
31	内蒙古自治区乳品与奶牛繁育生物工程技术企业重点实验室	内蒙古蒙牛乳业（集团）股份有限公司	自治区级	2007
32	内蒙古自治区生物发酵工程企业重点实验室	金河生物科技股份有限公司	自治区级	2007
33	内蒙古自治区蒙药资源利用企业重点实验室	内蒙古奥特奇蒙药股份有限公司	自治区级	2007
34	内蒙古自治区流程工业信息化企业重点实验室	内蒙古灵奕高科技（集团）有限责任公司	自治区级	2007
35	内蒙古自治区动植物检疫重点实验室	内蒙古出入境检验检疫局技术中心	自治区级	2011
36	内蒙古自治区半导体光伏技术重点实验室	内蒙古大学	自治区级	2011
37	内蒙古自治区生物制造重点实验室	内蒙古农业大学	自治区级	2011
38	内蒙古自治区工业产品设计研究重点实验室	内蒙古师范大学	自治区级	2011
39	内蒙古自治区数据挖掘与知识工程重点实验室	内蒙古大学	自治区级	2011
40	内蒙古自治区绿色催化重点实验室	内蒙古师范大学	自治区级	2011
41	内蒙古自治区医学细胞生物学重点实验室	内蒙古医科大学	自治区级	2011
42	内蒙古自治区电能变换传输与控制重点实验室	内蒙古工业大学	自治区级	2011
43	内蒙古自治区先进制造技术重点实验室	内蒙古工业大学	自治区级	2011

续表 3

序号	机 构 名 称	依 托 单 位	级别	批准时间
44	内蒙古自治区天然气化工重点实验室	内蒙古工业大学	自治区级	2013
45	内蒙古自治区土木工程结构与力学重点实验室	内蒙古工业大学	自治区级	2013
46	内蒙古自治区纳米科学与技术重点实验室	内蒙古大学	自治区级	2013
47	内蒙古自治区环境污染控制与废物资源化重点实验室	内蒙古大学	自治区级	2013
48	内蒙古自治区分子病理学重点实验室	内蒙古医科大学	自治区级	2013
49	内蒙古自治区蒙古高原环境与全球变化重点实验室	内蒙古师范大学	自治区级	2013
50	内蒙古自治区沙生灌木资源纤维化和能源化开发利用重点实验室	内蒙古农业大学	自治区级	2013
51	内蒙古自治区分子生物学重点实验室	内蒙古医科大学	自治区级	2013
52	内蒙古自治区分子影像学重点实验室	内蒙古医科大学	自治区级	2013
53	内蒙古自治区植物蛋白质组学重点实验室	内蒙古自治区农牧业科学院	自治区级	2013
54	内蒙古自治区草原遥感及应急技术储备重点实验室	内蒙古自治区草原勘察规划院	自治区级	2014
55	内蒙古自治区精细有机合成重点实验室	内蒙古大学	自治区级	2003
56	内蒙古自治区沙地(沙漠)生态系统与生态工程重点实验室	内蒙古林业科学研究院	自治区级	2015
57	内蒙古自治区风沙物理与防沙治沙工程重点实验室	内蒙古农业大学	自治区级	2015
58	内蒙古自治区土壤质量与养分资源重点实验室	内蒙古农业大学	自治区级	2015
59	内蒙古自治区低阶碳质资源高值功能化利用重点实验室	内蒙古工业大学	自治区级	2015
60	内蒙古自治区理论与计算化学模拟重点实验室	内蒙古工业大学	自治区级	2015
61	内蒙古自治区岩浆活动成矿与找矿重点实验室	内蒙古自治区地质调查院	自治区级	2015
62	内蒙古自治区表面工程重点实验室	内蒙古工业大学	自治区级	2015

续表 4

序号	机构名称	依托单位	级别	批准时间
63	内蒙古自治区雷达技术与应用重点实验室	内蒙古工业大学	自治区级	2015
64	内蒙古自治区细胞分子调控重点实验室	内蒙古大学	自治区级	2016
65	内蒙古自治区呼吸疾病重点实验室	内蒙古自治区人民医院	自治区级	2016
66	内蒙古自治区内镜消化疾病重点实验室	内蒙古自治区人民医院	自治区级	2016
67	内蒙古自治区蒙古高原灾害与生态安全重点实验室	内蒙古师范大学	自治区级	2016
68	内蒙古自治区临床病原微生物重点实验室	内蒙古医科大学	自治区级	2016
69	内蒙古自治区特色植物分子生物学重点实验室	内蒙古自治区生物技术研究院	自治区级	2016
70	内蒙古自治区道路结构与材料重点实验室	内蒙古自治区交通建设工程质量监督局	自治区级	2016
71	内蒙古自治区感知技术与智能系统重点实验室	内蒙古工业大学	自治区级	2016
72	内蒙古自治区电力系统智能化电网仿真企业重点实验室	内蒙古电力科学研究院	自治区级	2016
73	内蒙古自治区蒙药新药研发企业重点实验室	内蒙古大唐药业股份有限公司	自治区级	2016
74	内蒙古自治区草原生态资源数据综合利用企业重点实验室	内蒙古蒙草生态环境(集团)股份有限公司	自治区级	2016
75	内蒙古自治区特殊环境公路建设技术企业重点实验室	内蒙古交通设计研究院有限责任公司	自治区级	2016
76	内蒙古自治区电气设备性能及电网稳定控制企业重点实验室	国网内蒙古东部电力有限公司	自治区级	2016
77	内蒙古自治区高等级公路养护技术企业重点实验室	内蒙古高等级公路建设开发有限责任公司	自治区级	2016
78	内蒙古自治区太阳能硅材料企业重点实验室	内蒙古中环光伏材料有限公司	自治区级	2016
79	内蒙古自治区高电压与绝缘技术企业重点实验室	内蒙古电力(集团)有限责任公司内蒙古电力科学研究院分公司	自治区级	2016
80	内蒙古自治区新能源装备企业重点实验室	内蒙古华德新技术有限公司	自治区级	2016

中国科学院、中国工程院院士专家呼和浩特工作站

表 1－3－10

序号	名　　称	确定时间	入站院士
1	内蒙古干细胞生命科技产业化基地院士工作站	2011 年	裴　钢
2	内蒙古航天红岗机械有限公司碳基复合材料院士专家工作站	2014 年	孙晋良
3	内蒙古鑫吉利生物科技有限公司天然产物有效成分提取院士专家工作站	2015 年	谭天伟
4	内蒙古山水绿景生态建设有限公司生态城市建设研究与集成技术开发院士专家工作站	2015 年	尹伟伦
5	内蒙古和信园蒙草抗旱绿化股份有限公司草原生态修复院士专家工作站	2015 年	任继周
6	内蒙古交通设计研究院有限责任公司地下工程结构安全与节能环保院士专家工作站	2016 年	孙　钧
7	内蒙古航天红峡化工有限公司固体火箭发动机新一代装药技术院士工作站	2016 年	黄　维
8	呼和浩特金盛投资有限责任公司 3D 打印院士工作站	2016 年	卢秉恒
9	内蒙古伊利实业集团股份有限公司乳制品功效与感官研究院士专家工作站	2017 年	孙宝国
10	金宇保灵生物药品有限公司生物制药院士专家工作站	2017 年	金宁一
11	内蒙古动力机械研究所陶瓷基复合材料院士专家工作站	2017 年	张立同
12	内蒙古和盛生态育林有限公司林业生态建设院士专家工作站	2017 年	尹伟伦
13	呼和浩特市蒙医中医医院中医针灸院士专家工作站	2018 年	石学敏
14	中科汇通（内蒙古）投资控股有限公司半导体材料院士专家工作站	2018 年	胡文瑞

第四节　呼和浩特市科学技术协会

一、机构沿革

呼和浩特市科学技术协会（简称市科协），是中共呼和浩特市委员会领导下的科学技术工作者群众团体，是全市性协会和旗、县、区科协的联合组织，是市委、市政府联系科技工作者、发展科技事业的纽带和机构。

1958 年 5 月 11 日，市科普协会成立，各条战线 124 名代表通过民主选举，产生由 19

人组成的科普协会工作委员会。成立初，有基层科普工作委员会 37 个，会员 270 名。1959 年 3 月 9 日，市科普协会更名为科学技术协会。

1959—1961 年 7 月，市科协与市科委合署办公，为一套人马，两个牌子。市科协有基层组织 121 个，会员 4764 人。1959 年，人员编制 25 人，内设机构为 1 室 4 科，即办公室、组训科、科学技术科、科技普及科和情报资料科，其中科普科负责科协的具体业务工作，组训科负责科协的组织建设。1960 年，人员编制增加到 50 名，其中行政 35 名，事业 15 人；内设机构 1 室 4 科，即办公室、规划科、一科、二科和宣传普及科，其中宣传普教科负责科协的各项业务工作。

1961 年 7 月至 1964 年 2 月，在精简机构中，市科协被撤销。基层组织和学会（协会、研究会）也被遣散。

1964 年 2 月，市科协和科委合署办公。科委科协共有 4 名专职干部，1964 年底增加到 9 名，基层科协组织逐渐恢复。

1966 年 5 月，市科协撤销，各级科技群众团体停止活动，工作人员遣散。

1974—1979 年 4 月，市科技局成立，设有科普科，该科室主要负责技术交流、科学普及、学会活动和青少年科技活动等工作。

1979 年 9 月 18 日，市科协召开第一次代表大会，通过科协工作报告和大会决议，修改科协章程，选举产生市科协第一届委员会，领导人均为兼职。市科协第一届委员会办事机构为 2 部 1 室，即学会部、普及部和办公室。

1980 年 5 月，市科协和市科委分设，开始独立建制办公。

1985 年 5 月，市科协第二次代表大会召开，选举产生市科协第二届委员会，其办事机构为 4 部 1 室，即学会工作部、科学普及工作部、组织宣传部、咨询部（市科技咨询服务中心）和办公室。

1990 年 8 月，市科协第三次代表大会召开，选举产生市科协第三届委员会，组成新的工作委员会共 4 个，即国内外学术交流工作委员会、科学技术普及工作委员会、科技咨询工作委员会和科技宣传教育工作委员会。

1995 年 9 月，市科协第四次代表大会召开，选举产生市科协第四届委员会，仍设 4 个工作委员会。

1996 年 6 月，中共呼和浩特市委办公厅印发《呼和浩特市科学技术协会机关改革方案》的通知，同意市科协内设 5 个部室（均为科级），即办公室、宣传部、学会工作部、科学技术普及部、青少年工作部。机关使用事业编制 20 名，其中领导职数 3 名（主席 1 名，副主席 2 名）；科级领导职数 8 名（正科级 5 名，副科级 3 名）。

1997 年 10 月，市科协根据中共呼和浩特市委办公厅通知设置机关职位，正科级职位 5 名，副科级职位 3 名，设非领导职位 6 名，其中副处级干事 1 名，正科级干事 1 名，副科级干事 3 名，干事、办事员 1 名。市科协机关内设 5 个职能部室，各部室所设职位为办公室 4 名，组织宣传部 2 名，学会工作部 3 名，科学技术普及工作部 3 名，青少年工作部 2 名。

2002 年 3 月，市委办公厅以“呼党办〔2002〕46 号文”通知印发《呼和浩特市科学技术协会机关机构改革方案》，确定市科协内设 5 个部室，事业编制 16 名，处级领导职数 3 名，其中主席 1 名，副主席 2 名；科技领导职数 10 名。下设 2 个二级单位，其中科技咨询中心 1 个（为自收自支事业单位）编制 10 名，实有 3 名；民族科技馆编制 15 名，实有 14 名。

2007—2017 年，全市性学会（协会、研究会）35 个，企业科协 21 个，院校科协 1 个；全市 9 个旗县区及所辖乡镇、街道均建有科协组织。

1958 年 5 月至 1959 年 3 月呼和浩特市科普协会时期领导名录

表 1－4－1

职　务	姓　名
主　任	阿尔嘎木扎
委　员	王锁全、刘文龙、吕振明、成志新、李　峰、李信三、宋义熊、阿尔嘎木扎、陈佩兰、苏以长、周树钧、徐化民、崔梦松、舒兆勋、蔡化芃、黄一平、梁仲仁、鲁　平、薛助麟

1979—1984 年呼和浩特市科学技术协会第一次代表大会领导名录

表 1－4－2

年份	职　务	姓　名
1979	主　席	李　丰
	副主席	曹　沄、任　斌、张务深、金一华、王孙力、曲光健、戈维武、张建民、萨仁图雅、徐化民
1980	副主席	章渍洁
	秘书长	彭建滨
	副秘书长	巴　根
1981	专职副主席	娜布琪
	副秘书长	王　斌
1982	专职副主席兼秘书长	彭建滨
1984	专职副主席	斯琴卦、卢如孝

1985—1990 年呼和浩特市科学技术协会第二次代表大会领导名录

表 1－4－3

姓　名	性别	民族	职务	任职时间	备注
刘学敏	男	汉族	兼主席	1985.5－1986.8	
斯琴卦	女	蒙古族	副主席兼秘书长	1985.5－1986.8	
卢如孝	男	汉族	副主席兼秘书长	1985.5－1990.8	
王　斌	男	汉族	副秘书长	1985.5－	

1990—1995 年呼和浩特市科学技术协会第三次代表大会领导名录

表 1－4－4

姓　名	性别	民族	职务	任职时间	备注
刘学敏	男	汉族	名誉主席	1990－	
李振洪	男	汉族	名誉主席	1990－	
斯琴卦	女	蒙古族	主　席	1990.8－1995.10	
卢如孝	男	汉族	副主席	1990.8－1995.10	
王成玺	男	汉族	副主席	1990.8－1995.10	
王桂清	女	蒙古族	副主席	1990.8－1995.10	兼职
刘　朴	男	汉族	副主席	1990.8－1995.10	兼职
刘　彦	男	汉族	副主席	1990.8－1995.10	兼职
刘宝琦	男	满族	副主席	1990.8－1995.10	兼职

1995—2002 年呼和浩特市科学技术协会第四次代表大会领导名录

表 1－4－5

姓　名	性别	民族	职　务	任职时间	备注
斯琴卦	女	蒙古族	名誉主席	1995.10－2002.5	名誉主席
王成玺	男	汉族	主　席	1995.10－1999.1	
任文厚	男	蒙古族	副主席	1995.10－1999.1	
王　斌	男	汉族	副主席	1995.10－1990.8	

续表 1

姓　名	性别	民族	职　务	任职时间	备注
左　岱	男	汉族	副主席	1995.10－1999.1	
刘　朴	男	汉族	副主席	1995.10－2002.5	兼职
刘　彦	男	汉族	副主席	1995.10－2002.5	兼职
吴闻真	男	蒙古族	副主席	1995.10－2002.5	兼职
郭　树	女	汉族	副主席	1995.10－2002.5	兼职

2002—2007 年呼和浩特市科学技术协会第五次代表大会领导名录

表 1－4－6

姓　名	性别	民族	职　务	任职时间	备注
周恩铁	男	汉族	党组书记	2001－2007	
李洪瑞	女	汉族	主　席	2002－2007	
张　宁	男	满族	副主席	2002－2007	
陈曼莉	女	满族	副主席	2002－2007	
李忠忠	男	蒙古族	副主席	2002－2007	兼职
张　赢	男	汉族	副主席	2002－2007	兼职
郭　树	女	汉族	副主席	2002－2007	兼职

2008—2019 年呼和浩特市科学技术协会领导名录

表 1－4－7

<table>
<tr><th>姓　名</th><th>性别</th><th>民族</th><th>职　务</th><th>任职时间</th><th>备注</th></tr>
<tr><td rowspan="2">李建社</td><td rowspan="2">男</td><td rowspan="2">汉族</td><td>党组书记、主席</td><td>2008－2011</td><td></td></tr>
<tr><td>主　席</td><td>2012－2013</td><td></td></tr>
<tr><td rowspan="2">李开元</td><td rowspan="2">男</td><td rowspan="2">汉族</td><td>党组书记</td><td>2012－2013</td><td></td></tr>
<tr><td>党组书记、主席</td><td>2013－</td><td></td></tr>
<tr><td rowspan="2">张　宁</td><td rowspan="2">男</td><td rowspan="2">满族</td><td>副主席</td><td>2008－2018.9</td><td></td></tr>
<tr><td>调研员</td><td>2018.9－</td><td></td></tr>
<tr><td>梁亚东</td><td>男</td><td>汉族</td><td>副主席</td><td>2008－2018.6</td><td></td></tr>
<tr><td>卜音太</td><td>男</td><td>蒙古族</td><td>副主席</td><td>2019.3－</td><td></td></tr>
</table>

二、工作概况

1958—1959年，市科普协会时期，其成员都是兼职，主要由市委文教部、农牧部、工会、团委、妇联等有关单位组成。各局、区也有科普工作委员会，并设有领导小组，负责定期向本单位党委及市科普协会汇报工作，主要工作就是组织领导本系统干部带头学习科学技术并宣传普及科技知识。

1959—1961年，与市科委合署办公。市科协有基层组织121个，会员4764人。初步实现科研、情报、科普"三网化"：科学技术研究网以建立科研所为重点，发展成为网络；科学技术情报网以市科技情报所为重点，在各基层学会成立情报组，设立情报员，形成全市性的网络；科学技术普及网以各级科协为主，在各乡组成科普宣传组，普及科学技术，组织会员参加以机械化半机械化、自动化半自动化为中心的技术革新、技术革命运动。1961年7月，市科委、科协在精简机构中被撤销，相应的工作也随之停滞。

1964年，市科协、科委又恢复成立，编制为9名，内设机构为4部分，即科委、科协、情报研究所和标准计量所。其中市科协与之对应的工作也相对开展。直至1966年"文化大革命"开始，市科协工作又一次停滞不前。

1978—1985年，市科协开展不同程度的活动，据不完全统计，国内外学术交流共291次，有1.22万余人参加；征集论文1712篇，其中参加全国交流的有36篇，参加自治区学术交流的有206篇，参加全市（包括本系统）交流的有1700余篇，荣获市级优秀论文证书的有69篇，各种类型培训班共举办209期，参加学习1.3万余人次；科普讲座及专题讲座479次，听众5万余人次。科技咨询、技术承包合同、技术服务760项，咨询建议、方案329条，多数被采纳，会刊、科普材料、简报和各种专业杂志21种，合计114期，除发到各基层单位和学会会员外，还同外省、市、自治区和盟市学会交流资料、互通信息。

1986—1987年，市委、市政府委托市科协召开科技工作者迎春座谈会，有内蒙古高等院校、科研单位和全市地区的专家、教授、科技工作者、科技致富能手、农牧企业家等参加，"为振兴呼市经济建设献计献策"。

1986年3月，市科协受市政府委托召集部分专家、学者、知名人士座谈，商讨"为市委市政府设立智囊机构"问题，并制定出"关于尽快建立智囊团机构"的方案。5月，市科协召开"学会如何当好智囊团现场会"，受到与会同仁的肯定。

1987年10月，市科协召开"学会办实体以会养会现场会"，与会专家介绍办实体、开展科技咨询服务的体会和经验。

1988年，市科协设计制作"市长关心项目征集意见表"分发给全市科技人员和有关单位；召开"呼和浩特市科学技术为经济建设服务表彰动员大会"；编辑《（1984—1988）

优秀学术论文选集》,其中获得市级一等奖 17 篇,二等奖 57 篇。全市各学会、协会、研究会的会员向本系统本部门提出合理化建议 485 条,被采纳 318 条;实现增益项目 70 个,新增经济效益 3399.7 万元;所属基层学会组织共完成专题论证项目 111 项,其中有 72 项被采纳。据市科协统计,全市共举办培训班 192 期,培训各类人员万余人次;征集 1987—1988 年学术论文 1142 篇,其中参加国际交流 11 篇,在国家级刊物上发表 37 篇,参加自治区交流 111 篇、市级交流 420 篇。

1989 年,市科协统计,会员向本系统本部门提出合理化建议 869 条,被采纳 636 条。实现增益项目 92 个,新增经济效益 2426.4 万元,完成专题论证项目 104 项,其中有 92 项被采纳。举办各类培训班 277 期,撰写学术论文 1019 篇。

1990 年,市科协工作突出改革精神,强调三个转变,一是把纯学术型讨论转变为科技与经济、社会三位一体的学术活动;二是把知识形态的生产力转变为现实的生产力;三是把智囊团的思想转变为领导者的决策思想。

1991 年,市科协工作重点为"科技兴市"为主线,以经济建设为中心,以开展全市科协系统"五一"科技杯竞赛活动为重点,开展各项活动,发挥科技群众团体的整体效益。10 月,市科协颁发"关于评选自然科学优秀论文的(试行)标准"。

1992 年 6 月,市科协设立"呼和浩特市科协技术经济实体管理办公室",为科技群众团体和社会广大科技工作者从事科技开发、技术服务、咨询、引进转让的科技型企事业机构进行协调、指导和管理。同月,市科协编辑出版《(1987—1990)优秀学术论文选集》,其中一等奖 17 篇,二等奖 47 篇,三等奖 60 篇,四等奖 95 篇。据市科协统计,截至 1992 年底,基层学会已兴办 32 个实体性服务机构,6 个旗县区办了科技服务实体。

1993 年 9 月,市科协召开"学会兴办技术经济实体,加速发展第三产业"现场会,与会代表对群众团体为促进科技进步、促进科技与经济紧密结合,积极面向经济、社会、基层,开展有偿服务,发展第三产业,加速自身改革,增强学会自主活动,自我发展能力等经验交流。

1995 年,市属学会拓宽学术活动领域,推动决策的科学化、民主化。如公交、农业方面的学会结合本行业、地区特点组织会员编制行业发展规划和地区科教兴工、兴农规划;市质量管理协会组织名牌战略研讨会,参加自治区名牌战略研究探讨;市卫生系统组织学会开发"科教兴医"战略研讨,确定在全系统中实施科教兴医战略。12 月,市科协组团参加自治区科协举办的内蒙古首届青年学术年会,并推荐优秀论文 50 篇;向中国科协第二届青年学术年会内蒙古卫星会议推荐优秀论文 113 篇,其中 16 篇论文获大会一等奖。

1996 年,市科协在全市卫生系统组织召开"加强双行服务,促进学会工作和科技工作一体化”现场会,从而推动全市学会工作改革,争取全社会,特别是挂靠单位对学会工作的支持,促进学会在经济社会发展更好地发挥作用。10 月,市科协加入全国省会城市学会工作协作网。

1997 年,市科协举办“提倡科学文明,揭批法轮大法”科普展览,近 30 个学会在科技宣传周、科技节和科技下乡活动中,参与科学普及和批判“法轮功”邪教组织的宣传活动。市科协与卫生局、文教工会组织协调各学会举办 9 场“迎大庆,庆回归,科技兴医健康文明主体报告会”,聘请全市地区卫生系统专家、学科带头人作专题讲座报告,宣讲健康知识,普及文明理念,有 2000 余人参加报告会。10 月,召开由市科协主办,自治区科协、呼和浩特城市环境科学研究会、市环境科学学会协办的“呼和浩特地区可持续发展环境科学学术研讨会”。上百名专家、学者参与并为全市的“蓝天绿地工程”出谋献策。研讨会征集到论文 60 余篇,精选优秀论文 41 篇入选论文专集,并向市政府呈送《专家建议》纪要。

1999 年,市科协、质量管理协会联合举办“呼市工业技术管理及质量检验人员专业技术培训班”。此外,市科协组织全市科技工作者听取美国亚利桑那大学教授关于“水环境污染与防治”“水资源决策支持系统”的学术报告;组织农业方面技术人员听取中国工程院院士汪懋华教授关于“精细农业的实践与农业工程科技创新”的学术报告。根据中国科协首届学术年会安排,市科协征集优秀论文 15 篇上报中国科协。

2000 年,市科协在自治区第五届科普宣传周期间推出以“捍卫科学尊严、破除封建迷信、反对伪科学”为主题的展览。市科协及所属学会、协会、研究会共举办各类培训班 33 期,培训各类人员 1498 人,参加各类科技竞赛 1.3 万余人,征集学术学术论文 103 篇,召开各种论证会、进行技术咨询活动 50 余次,各学会组织学术会议和报告共计 6 次。

2001 年 4 月,市科协邀请国内反伪科学斗士、中国反邪教协会副理事长、中国无神论学会理事长郭正谊教授做题为“反伪科学、反邪教”报告,全市 1000 余名干部、科技工作者及大专院校师生听取报告。7 月,市科协为配合市委、市政府“城市建设年”的实施,邀请国际著名城市规划、土木及城市交通专家 R. Duane Shinn 博士到呼和浩特进行为期 10 天的科学考察活动,并做题为“现代化城市建设与小城镇建设”学术报告,对全市远期的城市规划和小城镇建设提出科学见解。市科协学术交流工作重点抓征集、评审、推荐自然科学优秀论文活动,共征集论文 70 余篇,评选出优秀论文 60 篇,其中向自治区自然科学学术年会推荐 44 篇,向中国科协 2001 年学术年会推荐优秀论文 19 篇。

2002 年 5 月,自治区第七届科普活动宣传周暨第二届全国科技活动周和呼和浩特市第十二个科技节期间,市科协及市四区科协共展出展板 120 余块,围绕“科技创造未来”这一主题,组织 1000 余名小学生参观“科普大篷车——流动的青少年科学工作室”。全市部分科技教育场馆免费对学生开放,市科协组织2000余名小学生进行参观,内容涉及到高新技术、农村科普、防震减灾、环保和青少年创新等。市科协共征集学术论文50余篇,其中有9篇论文入选中国科协2002年学术年会,7篇论文入选第五届“中西部科技进步与经济社会发展专家论坛”。据不完全统计,2002年由市属各学会、协会、研究会举办的各种类型培训班百余期,共培训各类人员2989人。完成计划外技术合同认定登记14项,合同金额378.92万元。共参与项目投资额2000余万元,完成“四技”项目350项,参加科技咨询活动1500余人次。

2003年,市科协主办“现代科技与奶业发展”专题报告会,邀请自治区农牧厅副厅长、高级畜牧师赵存发,自治区兽医站相关领导,自治区畜牧科学院教授、博士生导师卢德勋分别就“奶业发展的关键问题”“奶牛疫病与防治体系的建设”“粗饲料的科学利用”等方面作专题讲座。市科协征集并向中国科协学术年会推荐论文7篇,为自治区学术年会征集论文38篇,推荐31篇。全年共完成计划外技术合同认定登记7项,合同金额669万元。

2004年,市科协组织全市科技(科普)工作者,在组织开展群众性、社会性、经常性科普活动的同时,协同相关部门紧紧围绕“科普周”“科普日”“主题科普日”(如“世界知识产权日”“环境日”等)、“青少年科技创新大赛”等大型科普品牌活动,以科教进社区、科技下乡、科普进校园、科普报告会等形式开展大量的科普活动。全年共举办科普报告会、讲座、培训班500余场,听众10万人次;举行科技下乡、科教进社区及科技咨询活动200余次,服务群众上万人次;推广“奶牛良种繁育技术”等先进适用技术10余项;举行公众科普知识有奖问答、竞赛3场次,参与群众2000人次;发放《奶牛胚胎移植及饲养技术》等相关书籍、科教片和其他科普宣传资料2万余份,制作展板600余块。举行青少年科技竞赛、科普进校园活动11次,参加学生上万人次。全年参与科普活动的科普志愿者达1000余人次。

2005年4月,召开市属学会、协会、研究会工作会议。会议表彰奖励12名优秀学会干部及科技工作者,表彰8个先进学会。9月,市科协围绕“树立科学发展观,共建和谐社会——科学普及你我共参与”这个主题,组织旗县区科协和市属学会开展活动,活动涉及市内4区和武川县的党政部门及相关单位40余个,涉及4个市属学会,10个街道办事处和60余个社区居委会,共展出科普宣传展板300余块,发放科普资料、宣传资料万余份,出刊墙报60版,科普专栏21处,悬挂宣传横幅20余条,活动期间设置科普咨询宣传点15个,并组织科普知识有奖问答,服务群众达5000余人次。市科协有重点,分阶段地面向社会征集中国科协2005年学术年会、中国西部科技进步与经济社会发展专家论坛、自治区2005年学术年会等方面的论文总计百余篇,其中15篇获奖。全年指导成立市人力资源协会、气象学会、咨询业协会,清水河县小香米专业技术协会等。举办第二十二届全国城市科协联网工作会议。

2006年5月,由市委宣传部、科技局、科协主办的2006年科技活动周暨呼和浩特市第十六届科技节在全市范围内展开。自治区各相关委办厅局和市科协、科技局、农牧业局等30余家单位参与此次活动。活动期间共展出科普宣传图板200余块,组织“科教进社区”“科技下乡”等活动20余次。市科协围绕“预防疾病、科学生活”及“节约能源”的活动主题,组织旗县区科协和市属学会累计开展活动项目30余项,举办科普讲座55场次,举办科普展览46次,组织科普咨询服务23次,发放科普宣传资料上万余份,受益群众达10万人次。编印科普知识丛书《身边科学》《科学饮食》各1万册,免费发放到社区居民手中;编撰科普读本《保护地和露地蔬菜栽培实用技术》丛书,发放1万余册。开展“一站、一栏、一员”科普设施建设,召开呼和浩特市“一站、一栏、一员”科普设施建设成果推广现场会。开展健康教育与健康促进活动,组织医学科普志愿者为社区居民提供关于传染病防治、职业卫生、食品卫生、妇幼保健、日常急救等方面的卫生科普知识咨询、专题讲座;组织科普志愿者服务团深入社区,定期举办科技讲座、科技培训、科技咨询和科普结对等活动。全年累计开展科普进社区活动50余次。全市各学会开展创新研讨学术交流活动15场,举办人力、环保、亲子教育、农业技术等方面的知识讲座30场。为国家和自治区一级学术年会征集论文12篇。筹建市科协系统中、高级人才库,录入100余名中高级人才。

2007年,市科协在全市范围内开展第四批科普示范乡镇、科普文明街道、科普文明社区创建活动。截至2007年,全市已创建全国科普示范城区(县)3个,科普示范乡镇33个,科普文明街道32个,科普文明社区95个,科普示范村101个,科普示范基地48个。成立少数民族科普工作队,开展“科普大篷车”下农村、进校园活动。全年累计行程3500千米,近5万名青少年受到科技教育;建设全市首家社区青少年科学工作室。活动室配备电脑、机器人、电子万花筒等科普展教设备,已接待近千名中小学生;拓宽科普阵地,开通市公众科普网。市科协、财政局联合开展“科普惠农兴村计划”。全市3个项目荣获中国科协、国家财政部“科普惠农兴村”项目奖励,累计争取科普奖励资金45万元。全年共开展“送科技下乡”活动67次,发放科普书籍、资料120余种,10万余册(份)。展出科普展板155块,播放科普电影50余场次,举办各类实用技术培训班772期,培训人员达9万余人。举办科普讲座40余场,开展科技咨询55次,近4万户农户受益。与市农村种养加区域规划研究会、气象学会、品牌协会、人力资源协会共同举办“农牧业学术沙龙”“气象科技学术沙龙”“亲子教育”“大学生就业指导”等大型报告会,参与群众5000余人次;与自治区科协共同主办内蒙古天文——宇航科普成长计划暨首届内蒙古——香港天文交流合作论坛活动,活动吸引上万名大中小学生参与;为中国科协2007年学术年会征集推荐优秀论文1篇,为内蒙古科协学术年会征集推荐优秀论文9篇,入选7篇。

2008年5月,围绕“携手建设创新性国家——努力构建和谐首府”这一主题,联合有关部门,共同开展“科技周”主题科普活动。市科协、科技局、市委宣传部及赛罕区科协在赛罕区人民路广场组织开展科普进社区活动。活动共向广大居民发放各类科普宣传资料5000余册。联合市科技局在武川县上图亥乡开展送科技下乡活动。特邀市农业专家,结合本地种植特色,举办马铃薯种植技术培训班。在和林县蒙古族小学举办“科普之春”科普大篷车进校园活动。科技周期间,全市科协系统累计组织开展专家科技服务、专场讲座44次,举办科普展览18次,各种形式的科技培训活动100余次,培训人数5万余名。9月,围绕“节约能源资源、保护生态环境、保障安全健康”这一主题,市科协组织4个城区科协及市环保学会、气象学会、天文爱好者协会等有关单位的200余名科技工作者、科普志愿者到场,向市民宣传节约能源资源、倡导保护生态环境、普及安全健康的基本知识。活动中,共展出展板280块,发放科普宣传资料5000余册,参与群众近5000人次。科普日期间,全市科协系统累计开展活动项目30余项,举办科普讲座39场次,举办科普展览24次,组织科技下乡、科普咨询服务51次,受益群众达10万人次。市科普大篷车在全国科普日暨科普大篷车联合行动活动中获优秀单位奖,并获奖金1万元。组织参加自治区第二十三届青少年科技创新大赛,获一等奖29项、二等奖24项、三等奖37项;参加全国第二十三届青少年科技创新大赛,在8个竞赛类项目中获一等奖1项、二等奖6项、三等奖1项。

2009年,市科协对全市科普志愿者队伍进行重新登记注册和网上招募,全市科普志愿者队伍人数增加近千人。全市已建有市级科技馆1座,青少年科学工作室1个(工作室设有电脑机器人室、科普讲座室和模型制作室),“科普大篷车”1台,建有市公众科普网站1个,旗县区科协网站9个。为全市1000余个行政村全部免费订阅1份《内蒙古科技报》,达到科普报刊村村通。全市9个旗县区新增社区科普画廊(宣传栏、橱窗)25处,150延长米,全市科普画廊(宣传栏)累计建设达到600多延长米。完成61个行政村的“一站一栏一员”建设。市科协出资3万余元对建栏进行补贴。全年共办理农牧民职业资格证书104人,针对农民,开展实用技术培训,增加农民科学种养,科学经营的本领,促进农民增收;针对领导干部和公务员,在市委党校开设《领导干部科学素质》课程,纳入全市党员领导干部和公务员培训计划。针对青少年,举办青少年科技创新大赛及校园科普剧大赛和青少年科普知识有奖竞赛、科普大篷车进校园等项活动。针对城镇职工,在社区开展科普文明社区创建活动,以创建带科普,以活动提素质。开展第五批科普示范乡镇、科普文明街道、社区创建,共创建1个科普示范乡镇,17个科普文明社区。新增10个农技协,8个农村科普示范基地,有2个农技协、3个农村科普示范基地被内蒙古科协命名为自治区星级农技协、科普示范基地。全年指导成立市营养师协会、土壤肥料协会;指导市农牧业科技学会进行换届。组织召开市城市气象服务、蔬菜保护地学术沙龙。为中国科协2009年学术年会征集推荐优秀论文9篇,入选6篇;为自治区第五届学术年会征集推荐优秀论文40篇,入选19篇。

2010年5月,围绕"携手建设创新型国家"这一主题,由市委宣传部、市科技局、科协主办的2010年科技活动周暨呼和浩特市第十六届科技节在全市范围内展开。自治区各相关委办厅局和市科协、科技局、农牧业局等30余家单位参与此次活动。活动期间共展出"防震减灾""科学生活"等科普宣传图板200余块,组织"科教进社区""科技下乡""科普大篷车进校园"等活动20余次。7月,中共呼和浩特市委批复由市科协牵头,联合市文明办、社区办创建呼和浩特社区科普大学。社区科普大学体校巷分校、展览馆分校、友谊巷分校分别于9月29日、10月22日、11月19日正式开学,玉泉区五塔北街社区分校年底开学。9月,以"节约能源资源、保护生态环境、保障安全健康"为主题,在全市各旗县区集中开展1周左右的科普宣传活动,累计开展活动项目30余项,举办科普讲座55场次,举办科普展览46次,组织科普咨询服务23次,发放科普宣传资料上万余份,受益群众达10万人次。全市建成科普惠农服务站25个。举办奶牛养殖、蔬菜种植等实用技术培训班33期,培训1.6万人次。组织科普志愿者服务团深入各旗县区开展农技咨询30余次,赠送科技图书2000册、科技资料1万余份,累计推广实用技术9项。组织参加自治区第二十五届青少年科技创新大赛,获一等奖38项、二等奖26项、三等奖36项;参加全国第二十五届青少年科技创新大赛,获二等奖4项、三等奖2项;参加首届中俄蒙青少年科技教育论坛暨内蒙古青少年科技创新研讨会、"我的低碳生活"——2010年青少年科学调查体验活动等青少年系列科普活动10余场次,参与人数近万人。组织论文参与中国科协2010年学术年会和内蒙古自治区第五届学术年会,征集优秀论文12篇,入选8篇。

2011年,全年新建基地、协会9个,科普惠农服务站15个。市少数民族科普工作队和赛罕区金河镇根堡村蔬菜科普示范基地、托县惠农养殖示范基地、和林县城关镇大南沟蔬菜种植协会及武川县杨福龙获得全国科普惠农惠牧先进集体和先进个人称号。玉泉区南台什蔬菜种植流通协会、回民区慧丰生态农业有机种植科普示范基地、武川县裕丰绿色农产品产业技术开发协会3个单位被评为自治区科普惠农惠牧先进单位,总计获得奖补资金145万元。武川县推荐内蒙古塞宝燕麦食品有限公司中国燕麦博物馆被自治区科协命名为"内蒙古自治区科普教育基地",赛罕区金河镇、西把栅乡,土默特左旗沙尔沁、毕克齐镇,托克托县双河、伍什家镇被命名为"内蒙古自治区科普示范乡镇(苏术)”。全年共举办奶牛养殖、蔬菜种植等实用技术培训班33期,培训1.6万人次。全年组织科普志愿者服务团深入各旗县区开展农技咨询30余次,赠送科技图书2000册、科技资料1万余份,累计推广实用技术9项。市科协组织参加自治区第二十六届青少年科技创新大赛,获一等奖32项、二等奖26项、三等奖25项,市科协被评为优秀组织单位。组织参加全国第二十六届青少年科技创新大赛,获一等奖2项、二等奖2项、三等奖2项,其中2项获得自治区主席奖,1项获得21世纪科技创新奖,1项获得华东理工大学青少年科技创新奖,5项青少年科技实践活动均获得三等奖,市科协获得基层赛事优秀组织单位奖。举办市第二十五届青少年科技创新大赛,全市30余所中小学校的3000余名学生参加此项活动,共征集论文和作品500余项,一等奖110项,二等奖51项,三等奖25项。在赛罕区巨海社区成立全市首家社区青少年科学工作室。全年累计开展活动19次,受益学生达2万人次。制定《呼市科协公众科普网信息工作管理办法》,全年总计在市公众科普网发布信息100余条,在自治区科协网、市政府网发布信息80余条,并对报送信息较为突出的个人进行表彰奖励。组织论文参与中国科协2011年学术年会和内蒙古自治区第六届学术年会,征集优秀论文12篇,入选8篇。

2012年,在市4区又开办4所社区科普大学,分校总数达13所,在校学员600余人,开设有《安全常识》《饮食与健康》等8门课程。市科协组织参加自治区第二十七届青少年科技创新大赛,获一等奖47项、二等奖29项、三等奖19项;参加全国第二十七届青少年科技创新大赛,获二等奖4项、三等奖6项;举办市第二十六届青少年科技创新大赛,征集论文和作品465项,评出一等奖83项,二等奖53项,三等奖45项。全市30余所中小学校的3000余名学生参加此项活动,共征集论文和作品465项,评出一等奖83项、二等奖53项、三等奖45项。与市气象学会联合举办“呼和浩特市第六届气象学术沙龙”,与市土壤肥料学会联合举办“呼和浩特市第五届农牧业学术沙龙暨‘测土配方与农民增收’产业论坛”,与市品牌协会、健康协会联合举办“激发孩子学习兴趣,培养孩子学习能力”大型报告会,承办由自治区科协和市政府主办的“2012第九届草原星空大会开幕式暨内蒙古天文科学发展研讨会”“第七届内蒙古自治区自然科学学术年会云计算产业发展论坛”。

2013年,市科协科技活动周期间展出“建设节约型社会”“疾病预防”“防震减灾”等科普宣传图板200余块,发放宣传材料10万余份,组织“科教进社区”“科技下乡”“科普大篷车进校园”等活动20余次。全国科普日期间,累计开展活动项目30余项,举办科普讲座55场次,举办科普展览46次,组织科普咨询服务23次,发放科普宣传资料1万余份,受益群众达到10万人次。组织参加自治区二十八届青少年科技创新大赛,获一等奖47项、二等奖29项、三等奖19项,居自治区之首,市科协被评为优秀组织单位。举办市第二十七届青少年科技创新大赛。30 余所中小学校 3000 余名学生参加活动。与市气象学会联合举办“呼和浩特市第七届气象学术沙龙”;与市土壤肥料学会联合举办“呼和浩特市第六届农牧业学术沙龙”;承办由自治区科协和市政府主办的“2013 年第十届草原星空大会”,来自全国各地的天文科普志愿者和天文爱好者及驻呼各大媒体记者 300 余人参加开幕式。

2014 年,市科协在全国科普日期间,开展活动 20 余项,举办科普讲座 15 场次,科普展览 46 次,组织科普咨询服务 23 次,发放科普宣传资料 1 万余份,受益群众达到 10 万人次。举办“全市科普志愿者授旗仪式”“科普志愿者基层行活动启动仪式暨科普志愿者走进清水河县”等系列活动。截至年末,全市科普志愿者队伍已达千余人。赛罕区百岁果蔬种植基地等 7 家单位与新城区保合少镇甲兰板村李春霞等 3 名个人,被中国科协、财政部 2014 年基层科普行动计划评为先进单位和个人。承办自治区科协组织开展“大手拉小手——科普报告内蒙古草原希望行”活动。举办市第二十八届青少年科技创新大赛,组织参加自治区和全国第二十九届青少年科技创新大赛。举办“呼和浩特市天文科普与校园科技教育论坛”“呼和浩特市第七届农牧业学术沙龙暨盐碱地改良学术研讨会”“2014 年第十一届草原星空大会”等系列学术研讨活动。

2015 年,市科协建设内蒙古盛乐老区现代农业科普示范基地、清水河县杨家窑乡科普教育培训基地、新城区青少年素质教育基地、和林格尔县现代牧业科技展示中心等 5 个基地,被自治区科协正式命名为自治区科普教育基地。全国科普日期间,开展活动 20 余项,举办科普讲座 10 余场,科普展览 40 余次,组织科普咨询服务 20 余次,发放科普宣传资料 1 万余份,受益群众达 10 万人次。组织参加自治区第三十届青少年科技创新大赛,获得青少年科技创新竞赛项目一等奖 8 项、二等奖 10 项、三等奖 12 项;参加全国第三十届青少年科技创新大赛,推荐 8 个项目参加评比,获青少年科技创新成果竞赛三等奖 1 项,获得青少年科技实践活动三等奖 5 项。举办市第二十九届青少年科技创新大赛,20 所中小学校的学生参加。联合有关单位举办“第十二届中国・内蒙古国际草原星空大会”“呼和浩特市第八届气象学术沙龙”“呼和浩特市第八届农牧业学术沙龙暨腐殖酸类肥料改良盐碱地技术研讨会”等系列学术研讨会议。

2016 年,市科协举行中国流动科技馆武川县巡展启动仪式,作为全市巡展第二站,接待观众 5 万人次。全国科普日期间,组织开展科普进社区、进农村、进校园等科普宣传活动近百次。以“创城”为载体,开展社区科普大学建设。举办各类科普知识、健康知识讲座 400 余场,受益居民 3 万人次。与内蒙古科普之窗联合,开展线上线下同步的科普益民活动 4 次,由内蒙古科普之窗网站进行视频直播。组织参加自治区及国家青少年科技创新大赛、中国青少年机器人竞赛、全国青少年高校科学营等青少年科普活动;联合有关单位举办全市青少年航空航天模型公开赛暨首届无人机应用大赛、全市中小学科技模型辅导员培训班,以及院士专家主题报告会;继续开展市青少年科技教育示范基地和示范学校创建工作,并予以命名。举办“呼和浩特市第九届气象学术沙龙”“新型肥料发展学术研讨会”“智慧旅游产业发展大会”等系列学术研讨会议,在气象、控肥增效等方面进行研讨,并取得成果。

2017 年,市科协聘请 62 名各领域专家学者为市科协智库专家,为党和政府科学决策建言献策,增强服务经济社会发展能力。编发《社区科普知识手册》《优质特色小杂粮栽培实用技术手册》等科普资料 4 万册。在全市 9 个旗县区的社区、乡村建设科普 E 站 25 座,实现科普服务的精准推送,打通科普工作“最后一千米”,助推首府人民群众科学素质提升。第一个全国科技工作者日期间表彰科普工作先进个人 37 人;走访慰问优秀科技工作者代表 2 名。加强科普阵地建设,建设 14 个校园科技馆和社区科技馆;实施“科普报刊村村通”项目,建设乡村网络书屋,举办农村流动科普大讲堂,深入开展农村实用技术培训和科普宣传。举办全市首届青少年机器人竞赛活动、市青少年参加青少年高校科学营活动、自治区第三十二届青少年科技创新大赛、第十七届中国青少年机器人(内蒙古赛区)竞赛活动等。指导成立市草莓产业协会等 5 家行业学会、协会,带动相关产业发展。联合市气象局为市 6 所学校建立红领巾科普气象站。

第五节　驻呼高校

呼和浩特市作为内蒙古自治区政治、经济、文化、教育、科技中心,拥有 20 余所高等院校。多年来培养大量科技人才,研发出大量科技成果,为呼和浩特科技经济发展注入活力。

驻呼和浩特市部分高等院校一览表

表 1－5－1

序号	名　称	序号	名　称
1	内蒙古大学	10	内蒙古机电职业技术学院
2	内蒙古工业大学	11	内蒙古化工职业学院
3	内蒙古农业大学	12	内蒙古商贸职业学院
4	内蒙古师范大学	13	内蒙古警察职业学院

续表 1

序号	名　　称	序号	名　　称
5	内蒙古财经大学	14	内蒙古科技职业学院
6	内蒙古医科大学	15	内蒙古大学创业学院
7	内蒙古广播电视大学	16	内蒙古师范大学鸿德学院
8	内蒙古建筑职业技术学院	17	呼和浩特民族学院
9	内蒙古电子信息职业技术学院	18	呼和浩特职业学院

一、内蒙古大学

该校建于 1957 年,是中华人民共和国成立后在少数民族地区最早创立的一所综合性大学。1962 年招收研究生,1978 年被确定为全国重点大学,1984 年获博士学位授予权,1997 年被批准为国家“211 工程”重点建设院校,2004 年成为内蒙古自治区人民政府和国家教育部共建大学。设置学科经济学、法学、文学、历史学、理学、管理学、艺术学等 11 个学科,有中国少数民族语言文学、动物学 2 个国家重点学科,生态学 1 个国家重点培育学科;18 个自治区重点学科、8 个自治区重点培育学科。12 个博士学位授权一级学科、1 个博士学位授权二级学科,27 个硕士学位授权一级学科、4 个硕士学位授权二级学科,10 个硕士专业学位授权类别(工程硕士含 7 个领域),7 个博士后科研流动站。

该校有校本部、交通学院、鄂尔多斯学院、满洲里学院,另设 1 个独立二级学院——创业学院。在蒙古学、生物学、生态学、化学等领域设有国家教育部人文社会科学重点研究基地、科技部省部共建国家重点实验室培育基地、农业部重点实验室、教育部重点实验室、教育部工程研究中心等部级重点研究平台 6 个;有自治区重点实验室、工程技术研究中心、人文社会科学重点研究基地 35 个。“十二五”以来,完成国家部委科研项目 488 项、新获批立项 759 项;完成自治区科研项目 624 项、新获批 899 项,获科研经费 6.2 亿元。主持或参与国家科技重大专项、国家科技支撑计划等国家级自然科学重大重点项目 45 项,国家社科基金重大项目 5 项、重点项目 1 项,教育部人文社会科学重大攻关项目 2 项、重大委托项目 1 项。获国家科学技术奖和国家科学技术进步奖二等奖、国家技术发明奖各 1 项,教育部高等学校科学研究优秀成果二等奖 1 项;自治区哲学科学成果奖 187 项,自然科学奖、科技进步奖 26 项。

该校在现代农牧业、生态环境建设、能源与新材料、矿物资源利用、生物医药、食品安全、新一代信息技术、民族文化大区强区建设、战略决策与咨询等领域的研究与应用取得重要进展,对地方发展的贡献度与日俱增。实现牛羊繁殖生物技术体系的完善与产业化应用,建立牛、羊和骆驼生态养殖新模式;集成草地适应性放牧利用技术、退化草地综合改良技术和刈割草场持续利用技术,进行现代家庭牧场生态畜牧业综合示范区建设;依托国家科技支撑计划项目,研究解决马铃薯行业产业中存在的共性关键技术;利用现代药学技术开发创新蒙药;针对原矿杂质矿物质提纯分离关键技术问题,开发系列膨润土深加工专利技术;为自治区发展战略性光伏产业与现代农牧业融合示范基地提供重要技术支撑;开发出以蒙古文为主的多语种手机电子词典软件和蒙古文与基里尔蒙古文互译系统、国内首款蒙古语语音识别和语音合成系统等。该校与国内外 95 所高校和科研机构建立合作、交流。

二、内蒙古工业大学

该校前身是建于 1951 年的绥远省高级工业学校,1958 年在清华大学支援下成立内蒙古工学院,曾隶属国家机械工业部、农业机械部。1983 年划归内蒙古自治区。1993 年更名为内蒙古工业大学。学校有新城校区、金川校区、准格尔校区,面积 3227 亩。

"十二五"以来,先后承担国家自然科学基金、国家社会科学基金、国家"863" 计划等各级各类科研项目 582 项,获省部级以上科学技术奖励 22 项,获得国家授权专利 31 项,被 SCI、EI、ISTP、CSSCI 等检索系统收录论文 1248 篇。

截至 2016 年 8 月,有教职工 2045 人,专任教师 1437 人,其中教授 155 人,副教授 455 人,博士生导师 54 人,硕士生导师 557 人,专任教师中有 82.67% 获得博士、硕士学位。71 人次享受国务院政府特殊津贴,授予国家和自治区"有突出贡献中青年专家"称号,1 人入选国家"百千万人才工程"一、二层次。9 位教师获"内蒙古杰出人才奖"。12 人入选国家教育部"新世纪优秀人才工程"。48 人入选内蒙古"草原英才"工程,7 个团队入选"草原英才"创新团队。42 人入选自治区"新世纪 321 人才工程"一、二层次,11 人入选内蒙古自治区高等教育人才培养"111"工程一、二层次,14 人入选自治区"高等学校科技英才支持计划"。学校还聘请国内外知名学者担任兼职教授。有 22 个教学单位,62 个研究院(所);1 个博士后流动站,博士学位授权一级学科 3 个,博士学位授权二级学科个;硕士学位授权一级学科 18 个,硕士学位二级学科 10 个,工程硕士(13 个领域)、工商管理硕士(MBA)、工程管理硕士(MEM)、建筑学硕士、社会工作硕士、翻译硕士等 6 个专业;有本科专业 70 个。

截至 2016 年 8 月,该校与清华大学、天津大学、哈尔滨工业大学、北京工业大学、华东理工大学等 20 余所院校建立长期合作伙伴关系;与美国普渡大学、日本明治大学、加拿大魁北克大学等 10 余所国外知名大学建立长期校际合作关系。1995 年,学校创建国际商学院,分别与澳大利亚维多利亚大学、法国大学科技学院在物流管理、工商管理等专业开展富有成效的合作。2003 年,该校成为内蒙古自治区实施《1 - 2 - 1 中美人才培养计划》项目的高校,2004 年加入"西部地区留学人才培养特别项目",2005 年获准具有自治区政府奖学金蒙古国留学生项目招生资格,2007 年成为国家教育部留学生项目"中国政府奖学金项目"招生单位。

三、内蒙古农业大学

该校是自治区重点大学,国家首批 32 个大学生文化素质教育基地。是一所以农为主,以草原畜牧业为优势特色,具有农、工、理、经、管等 8 个学科的多科性大学。学校设有动物科学学院等 22 个院(部),职业技术学院是全国高等职业教育示范院校建设单位。学校有 1 个国家重点学科、3 个国家重点(培育)学科、1 个国家农业部重点学科、2 个国家林业总局重点学科、5 个自治区重点一级学科、22 个自治区重点学科、4 个自治区重点(培育)学科。有 10 个博士后科研流动站,11 个一级学科博士学位授权点,21 个一级学科硕士学位授权点,7 种专业学位授权点,学位涉及经济学、法学、农学、管理学等学科。

"十二五"以来,该校有国家 973、863、科技支撑、国际科技合作以及公益性行业科研专项、自治区重大科技专项等科技项目和课题 1324 项,其中,国家自然科学基金 390 项,国家杰出青年科学基金 1 项、优秀科学青年基金 1 项、重点项目 4 项、重点国际合作研究项目 1 项;科研经费 6.8 亿元。先后有 973 个项目通过鉴定评审和结题验收。学校在特色动物基因组及乳酸菌等研究领域的 3 项成果发表在影响因子超 10.00 的国际知名期刊《Nature Counications》,研制开发"益生菌 Lactobacillus casei Zhang""口蹄疫疫苗中完整病毒含量的破乳检测技术"等成果成功应用于伊利集团、金宇集团、内蒙古金河生物制品有限公司等知名企业。承担并组织实施的草原绿色肉业、牧区生产生态生活优化、传统乳制品现代化生产技术、内蒙古春玉米小麦持续丰产高效技术、河套灌区粮油作物节水技术等国家和行业科技集成与示范类项目,取得重要进展和成果,在科技引领和支撑区域经济发展方面发挥重要作用。2 名教师获得自治区科学技术特别贡献奖,1 位专家获得何梁何利科学与技术创新奖。学校作为第一完成单位获得省部级科技和社科类成果奖 51 项,作为主要完成单位获得国家科技进步二等奖 2 项、科普二等奖 1 项。

该校立项资助 30 个校级科技创新(培育)团队,其中 3 个团队入选国家科技部重点领域创新团队支持计划、3 个团队入选国家教育部科技创新团队支持计划、8 个团队入选自治区科技创新团队支持计划。"乳酸菌筛选与乳品发酵技术国家地方联合工程实验室"获得国家发改委立项建设,学校已建成 1 个国家级野外科学研究观测站,38 个省部级重点实验室、工程研究中心、野外台站和人文社科基地。2010 年,学校被国家科技部批准为“国际科技合作基地”。2013 年,内蒙古农业大学新农村研究院被列入第二批国家高等学校新农村发展研究院建设计划。2015 年学校“绿色畜产品加工协同创新培育中心”“现代马业健康发展协同创新培育中心”分别获得自治区教育厅批准立项建设。

四、内蒙古师范大学

该校创建于 1952 年,是党和国家在边疆少数民族地区最早建立的高等学校,自治区重点大学,具有鲜明师范和民族教育特色的综合性师范大学。是自治区中学教师培养中心、中小学教师继续教育中心、基础教育与民族教育改革发展研究中心,被誉为“民族教育的摇篮”。

该校有赛罕和盛乐两个校区,下设 21 个职能处室,33 个二级学院(盛乐校区 20 个、赛罕校区 13 个),4 个合作办学学院,1 个独立学院,2 个教研部,4 个教辅部门,5 个服务机构及校办企业,3 个附属中学。有教职工 2053 人,专任教师 1274 人,硕士、博士学位教师 929 人,占专任教师总数的 73%,副高级以上职称教师 618 人,占专任教师总数的 48.5%;博士生、硕士生导师 909 人,自治区级教学名师 18 人、教坛新秀 10 人,国家和自治区有突出贡献中青年专家 23 人,入选国家“百千万人才工程”、自治区“新世纪 321 人才工程”113 人(次)、自治区“草原英才”26 人,享受国务院特殊津贴专家 25 人。

该校有 79 个本科专业(其中蒙古语授课专业 30 个),涵盖 10 大学科。国家级精品课程 1 门,国家级精品视频公开课 1 门,国家级教学团队 2 个,教育部特色专业建设点 6 个;自治区级品牌专业 32 个,自治区重点建设专业 4 个,国家级专业综合改革试点 1 个,自治区级专业综合改革试点 1 个,自治区精品课程 73 门,自治区级教学团队 15 个;中央与地方高校共建基础实验室和特色实验室 12 个,自治区级实验教学示范中心 9 个,自治区重点学科和重点培育学科 18 个,校级重点学科 37 个。

该校有博士学位授予权一级学科 2 个、二级学科 4 个,博士后科研流动站 1 个,硕士学位授予权一级学科 24 个、二级学科 131 个,硕士专业学位 10 种;具有硕士研究生免试推荐入学资格。学校有科研机构 91 个,自治区协同创新中心 1 个、校级协同创新中心 6 个,自治区级重点实验室 6 个、高校重点实验室 2 个、高等学校重点实验室培育基地 1 个、高等学校人文社会科学重点研究基地 4 个、哲学社会科学研究基地 2 个、工程技术研究中心 2 个、工程实验室 1 个、工程研究中心 1 个、院士专家工作站 1 个,全国“人文社科普及基地”1 个。

该校与蒙古、俄罗斯、日本、韩国、马来西亚、美国、英国、澳大利亚等国家及国内院校和科研机构建立合作关系;2009 年,被批准为汉语国际教育硕士研究生培养单位。该校先后聘请包括 5 位两院院士在内的近 400 位国内外专家学者任学术顾问、客座和兼职教授。

五、内蒙古财经大学

该校于1960年创建，经过多年建设与发展，已成为一所以本科教育为主、承担研究生培养任务，以经济学和管理学为主，理学、法学、工学、文学融合发展，具有鲜明地区和民族特色的财经大学。

该校有理论经济学、应用经济学、工商管理、统计学4个一级学科、23个二级学科硕士学位授权点以及MBA（工商管理硕士）、MPACC（会计硕士）、MF（金融硕士）3个专业硕士授权点；54个本科专业，其中有27个专业设置蒙汉双语授课班；5个自治区级重点学科，2个自治区级重点培育学科，19个自治区级品牌专业，2个自治区级重点建设专业，49门自治区级精品课程；18个学院、1个教学部和5个教学辅助机构；1个国家级实验教学示范中心，3个国家级特色专业，1个教育部专业综合改革试点项目。是内蒙古重要的财经类专业人才培养基地，经济管理研究与咨询基地，经济管理高级专业技术人员和管理干部再教育基地，全国少数民族蒙汉兼通财经类专业人才培养基地。

该校坚持“人才强校”战略，以高层次人才队伍建设为重点，优化师资队伍结构，形成以高学历、高职称教师为主的骨干队伍。有专任教师929人，高级职称专任教师485人；硕士及以上学位的教师748人，博士及在读博士296人。享受政府特殊津贴专家12人，自治区“草原英才”工程人选8人，自治区教学名师11人，自治区有突出贡献中青年专家11人，自治区“新世纪321人才工程”一、二层次人选29人，自治区高等教育人才培养“111”工程人选3人，自治区级优秀教学团队11个。

该校重视科学研究与社会服务，有国家级研究基地等机构，承担国家级项目78项、省部级项目330项。发表论文5300余篇，其中核心期刊3200余篇；出版专著和教材441部；获自治区哲学社会科学优秀成果政府奖89项。《财经理论研究》杂志是全国高校社科百强期刊，也是中国人文社科核心期刊扩展版期刊之一；《民族财经研究》是全国唯一的蒙古文版财经类专业期刊；《内蒙古财经大学学报》是自治区优秀学报。

六、内蒙古医科大学

该校成立于1956年，是少数民族地区最早建立的高等医学院校之一。是以医学、药学、蒙医学、管理学等多科性高等医药院校。有金山、新华、锡林3个教学园区，总面积1 231 808平方米，建筑面积530 466平方米。其中，教学行政面积247 956平方米。教学科研设备33 941.41万元，图书期刊112.24万册（种）。学校设有基础医学院、药学院、中医学院、蒙医药学院、公共卫生学院、口腔医学院、卫生管理学院（自治区卫生政策研究所）、护理学院（卫生技术学校）、研究生学院等15个教学单位。3所直属附属医院、4所非直属附属医院，8所临床医学院。在区内外设有实践教学基地97个，其中医学类专业实践教学基地66个、非医学类专业实践教学基地31个。内蒙古蒙医药博物馆和内蒙古卫生政策研究所、心血管研究所、骨科研究所设在学校。学校全力打造蒙医药学科与专业特色,使该学科成为学校的优势特色学科,被自治区和国家中医药管理局评为重点学科。2016年,完成国家中医药管理局重点学科蒙医学验收工作和蒙药学建设任务,蒙药学重点实验室和蒙医药博物馆(蒙医文献学科)获批为自治区医疗卫生领域重点实验室,巩固该学科在世界上的领跑地位。

该校有专任教师933人。享受国务院政府特殊津贴专家64人,国家和自治区有突出贡献的中青年专家35人,国家"新世纪百千万人才工程"人选1人,国家级教学名师1人,全国优秀教师1人,自治区杰出人才6人,自治区草原英才创新团队34个、自治区草原英才70人,自治区"新世纪321人才工程"一、二层次人选140人次,自治区高等教育"111人才工程"一、二层次人选9人,自治区师德标兵1人,自治区教学名师12人,自治区优秀教师10人,自治区教坛新秀9人,自治区重点建设专业2个,创建1个国家级教学团队和9个自治区级教学团队,4个自治区科技创新团队和2个自治区高等学校创新团队。著名蒙医专家苏荣扎布、吉格木德教授被评为"国医大师"。学校现有6个一级学科、47个二级学科硕士学位授权点、6个专业学位类别、31个本科专业。

该校承担科研项目1700余项。其中国家自然科学基金项目189项,国家社科基金项目3项。学校参与研究的科研成果荣获国家科技进步二等奖1项,自治区科学技术奖76项(一等奖2项、中青年科技创新奖1项、二等奖31项、三等奖42项);自治区哲学社会科学优秀成果政府奖15项(一等奖1项、二等奖3项、三等奖11项)。获得国家专利授权48项,其中发明专利24项、实用新型专利22项、外观设计专利2项。《内蒙古医科大学学报》被教育部评为"中国高校特色科技期刊",被中国科学技术信息研究所确定为"中国科技论文统计源期刊";《疾病监测与控制》是中华预防医学会系列杂志。

七、内蒙古广播电视大学

该校成立于1979年。实行"统筹规划,分级办学,分级管理"的办学体制。经过多年的建设与发展,已形成以内蒙古电大校部为中心,基本覆盖自治区城乡现代远程开放教育系统。2000年,开办"中央广播电视大学人才培养模式改革和开放教育试点"项目,在自治区设立开放教育教学点93个,其中分校级教学点20个,旗县教学点73个。校部有5个直属二级学院。电大系统有教职工3877人,其中专职教师2637人。学校建有与中央电大和自治区电大各分校互联的双向视频会议系统以及VOD视频点播系统、校内闭路电视播出系统、KU波段数字卫星接收系统和远程教学平台、数字图书馆、多功能视听教室、电子阅览室、视听阅览室等软硬件设施,有力地保障高质量人才的培养。

建校以来，该校紧密结合自治区经济建设和社会发展的实际，坚持面向地方、面向基层、面向农村、牧区和面向民族地区的办学方向，按需办学，形成多种层次、多种规格、多种功能、多种形式的办学格局。

八、内蒙古建筑职业技术学院

该院是自治区唯一独立设立的建筑类高等院校。2007 年 9 月，学院被国家教育部、财政部确定为“国家示范性高等职业院校建设计划”立项建设单位。2014 年，成为自治区首批招收应用型本科专业的高职院校。

该院有教职工 605 人，专任教师 438 人，副高以上职称专任教师 175 人，硕士以上学位 220 人（含博士 1 人），在读博士 11 人。“双师”素质教师比例占 75% 以上。国家级优秀教学团队 1 个，自治区级优秀教学团队 10 个；全国优秀教师 1 人，全国优秀教育工作者 1 人，自治区高等学校教学名师 12 人，自治区优秀教师 5 人，自治区“师德标兵”3 人，优秀教育工作者 1 人，自治区“教坛新秀”8 人。

该院主持或参与建筑工程项目 500 余项，近 20% 是自治区重大建设项目。学院教师设计的“北京人民大会堂内蒙古厅”装饰设计方案获得全国室内设计双年展金奖 5 项、铜奖 2 项。学院教师任副总工程师的“呼和浩特电信长途枢纽工程”获中国建筑工程最高奖——鲁班奖。专业教师有 200 余人次参加 72 个科研项目，其中部级课题 6 项，高职高专教育学会课题 8 项，自治区级课题 15 项。《水质混凝土隔离剂的生产方法》获国家发明专利，3 项技术成果获自治区科技进步二等奖。

九、内蒙古电子信息职业技术学院

该院是自治区唯一全日制电子信息类高等职业院校。经多年发展，已形成以高职教育为主，中等教育和成人教育为辅，兼有职业资格鉴定培训资质。学院坚持科研为教学服务，积极开展科研活动，取得国家、自治区级科研成果 9 项，申报国家、自治区级科研课题 4 个，获 11 项国家发明专利，被自治区科技厅等部门评为“科技创新学校”。

该院设有软件工程、电子工程、数字媒体与艺术等 6 个系。形成以实验室、实习车间、校外实习基地、开放实验室等完整的实践教学体系。2003 年 11 月，学院获国家教育部批准，成为“国家示范性软件职业技术学院”。

该院立足为自治区电子信息产业、地方经济建设和社会发展服务，加强学科建设，努力提高学院办学层次和科研水平，实现“规模、结构、质量、效益”协调发展，为西部大开发和科教兴区战略，培养高素质应用型专门人才。

十、内蒙古机电职业技术学院

该院前身为内蒙古工业学校，创建于 1952 年 9 月，原名扎拉屯工业学校。2003 年 5

月，经自治区政府批准，升格为高等职业技术学院，更名为内蒙古机电职业技术学院。是国家教育部、国防科工委、中国机械工业联合会开展数控技术应用专业领域技能型紧缺人才培养培训基地。

该院设有机电工程、电气工程、冶金与材料工程、信息与管理工程等9个系。25个专业，形成了制造、材料与能源、水利3个专业群。机电一体化、数控、电气自动化技术为自治区级品牌专业。

该院升格以来，以服务区域经济为宗旨，围绕自治区的支柱产业设置和调整专业，注重学生的综合素质教育和职业技能训练，实现了由知识本位向能力本位的转移。《机械设计基础》《单片机》等7门课程被评为自治区精品课程。学院探索校企合作、产学结合、订单培养、校际联合的办学模式，与内蒙古利丰集团等企业建立产学研校企合作关系。构建工学结合，校企双向介入人才培养模式，培养适应汽车行业维修、服务、销售等一线高技能人才，此项教学改革成果获2009年自治区教学成果一等奖。

十一、内蒙古化工职业学院

该院位于自治区首府呼和浩特市高职园区，是自治区教育厅直属的具有化工行业特色和技术优势，公办全日制普通高等职业院校，是2010年度国家骨干高职院校建设立项单位。

该院建有120个校内实验室和实训基地，覆盖学院所有专业，满足了实践教学需要。电工电子及自动化实训基地、数控技术实训基地、石油和化工实训基地是国家级示范性实训基地。该院拥有高素质教师队伍，有专职教师278人，教授、副教授79人、中级职称123人、具有双师证85人、硕士学位60人。专任教师361人；副高级以上职称120人，教授17人、享受国务院政府特殊津贴专家1人，自治区级教学名师4人；“双师素质”教师占专业课教师的81%。

该院设有化学工程系、测控与机电工程系、材料工程系、计算机与信息工程系、管理工程系；开设化工、自动化、材料、电子信息和管理类39个专业。其中，应用化工技术、工业分析与检验、石油化工生产技术、煤炭深加工与利用、机电一体化技术、生产过程自动化技术、化工设备维修技术、数控技术、材料工程技术、食品营养与检测10个专业为自治区级品牌专业。国家计划内全日制高职在校生9000余人。

十二、内蒙古商贸职业学院

该院创建于1952年，是国家教育部批准独立设置的隶属于自治区教育厅的学科类别齐全、面向区内外招生的公办全日制普通高等职业院校，是自治区示范性高职院校建设单位、全国100所现代学徒制试点学校之一。

该院现设7系4部:商务、经营管理、会计、旅游、信息技术、艺术设计、食品工程,国际教育教学部、社科基础教学部、体育教学部和中职教育教学部。开设10类44个专业课程。有教职工617人,专任教师375人,自治区教学团队6个,在校生万余人。设有国家奖学金、国家励志奖学金、国家助学金、企业奖学金、单项奖学金,并设有充足的勤工助学岗位和多种补贴等学生奖励资助渠道。

该院坚持以立德树人为根本,服务自治区经济社会发展为宗旨,促进就业为导向,按照“重点建设、示范引领、特色发展”的原则,实施“优势做强、特色做精”品牌战略,坚持“产教融合、校企合作、文化育人”办学理念,构建“岗课证赛”融通、“校企交融,校企共赢、文化相融”人才培养模式,培养高素质劳动者和技术技能人才。

十三、内蒙古警察职业学院

该院(内蒙古警察训练总队)是自治区唯一的公安类高等院校,系自治区公安厅直属参公管理单位,面向自治区公安机关培养专门人才,同时承担全区公安民警在职培训、公安理论和实战研究及应急处理突发事件等职能。

该院开设刑事侦查、治安、交通、国内安全保卫、信息网络安全监察等专业。刑事侦查、治安管理两个专业设蒙汉双语授课班。学院师生积极参加重大突发性事件处置、抢险救灾及重大活动的安全保卫任务,成为公安机关应急处置的一支重要维稳力量,为确保自治区社会安全稳定、震慑和打击违法犯罪活动发挥积极作用。

该院与蒙古国警察大学结为友好交流院校。2000年以来,根据国家公安部、自治区公安厅安排,先后为蒙古国举办刑侦业务、中高级警官等多期培训班。2008年,按照公安部与俄罗斯联邦内务部有关加强两国警方合作交流的精神,学院与俄罗斯联邦内务部东西伯利亚学院和鄂木斯克学院确立为对口交流院校,每年定期进行交流互访活动,并互派教师学习交流。

十四、内蒙古科技职业学院

该院是经自治区政府批准成立的首批民办高等职业学院,前身为内蒙古科技专修学院。是自治区首批“民办示范高校”“民办教育十强”单位,多次被评为“自治区先进办学单位”。学院设有外语、电子信息、计算机、经济管理、工程、艺术系,留学生部等机构。开展普通高等学历教育、成人高等教育、电大、自考等多种学历教育,开设20余个专业课程。

该院利用首府大型企业的优势,与内蒙古东方甘迪尔蒙古风情园、天泽龙泰、内蒙古祺泰服饰业有限公司、内蒙古白雁湖化工股份有限公司、文化部机关会议服务中心、内蒙古利诚实业有限公司、内蒙古晟纳吉光伏材料有限公司、内蒙古新创传媒有限公司、内蒙古东升庙矿业有限公司、万城矿业有限公司等企业签署就业实习协议,为学生尽早接触专业实践，开通就业途径。

该院经自治区劳动和社会保障厅批准，建立了8个国家级和自治区级职业技能鉴定站；经自治区教育厅批准，建立普通话鉴定站；经内蒙古考试中心批准，设立三级英语考点。

十五、内蒙古大学创业学院

该院于2008年经国家教育部批准成立，是内蒙古大学与内蒙古东达蒙古王集团有限公司合作院校。

该院依托内蒙古大学优质教育教学、管理资源，确保学院在全日制本科生的教学、学籍、就业推荐及毕业派遣等方面，按照国家和自治区的有关规定落实执行。2008年，学院首次计划招生新闻学、绘画、艺术设计、信息与计算科学、计算机科学与技术、土木工程等6个专业，15个专业方向。培养目标：培养基础厚、口径宽、素质高、动手强的复合型应用人才。学生应具有良好的思想政治道德素质、深厚的人文科学素养和健康的身心素质；掌握主修专业的基础知识、基本理论和基本技能；具有较丰富的专业知识积累和较宽的专业知识视野，了解和熟悉本学科及相关学科的基本知识、发展动态；具备初步的学习、科研和较强的实践动手能力。

十六、内蒙古师范大学鸿德学院

该院是2008年国家教育部正式批准设立的独立学院，是自治区仅有的2所独立学院之一。学院依据人才培养定位与市场需求设置学科和专业。有文学、教育学、管理学、艺术学、工学和经济学6大学科，新闻学、旅游管理、物业管理、环境设计、视觉传达设计、广播电视编导、动画、摄影等20个本科专业。

该院成立之初即建立科研工作促进委员会，出台《科研成果奖励办法》等政策，激发全院教职工的科研积极性。近年来，该院教师参与各类科研立项近百项，发表论文上千篇；学院每年的科研经费以100万元为基数逐年递增。自2013年起，每年开展一次“学术交流活动月”。2015年，该院中国北方岩画研究所被吸纳为世界岩画组织。

该院聘英、法、美、荷兰等10余个国家的20余名外籍教师。招收多哥、加纳、科特迪瓦、利比里亚、巴基斯坦等国留学生100余名。

十七、呼和浩特民族学院

该院是由国家教育部批准，自治区政府主办的普通本科高等学校。学校建于1953年，是自治区成立最早的民族院校之一。

该院科研特色和优势为翻译学、蒙古民俗、新闻传播学、蒙古文书法、蒙古文学、蒙文信息处理、哈撒儿、应用数学、草原生态与环境研究。有2个国家民委重点建设学科：中国少数民族史（蒙元文化）、中国少数民族语言文学（汉文蒙古文翻译）。是国家民委人文社科重点研究基地有“蒙古族非物质文化遗产研究基地”“内蒙古社会科学普及基地”2个民族文化传承平台；有国家民委“国家语言资源监测与研究中心少数民族语言分中心蒙古语文研究基地”、自治区民委“八省区蒙古语文规范化研究中心”“内蒙古语言与翻译中心”“内蒙古自治区蒙古语言文字信息技术重点实验室”、自治区教育厅“蒙古语翻译重点研究基地”等5个学科平台；获批国家教育部民族教育发展中心“民族院校应用型学科专业重点研究基地”、高等教育出版社“民族院校英语教学改革与研究基地”2个教改平台。

学报《蒙古学研究》被国家新闻出版广电总局认定为A级学术期刊，是自治区首批学术期刊。“蒙古学研究·历史文化研究”立项为自治区高校“名栏建设”项目，“民俗学研究”“蒙古思想史研究”栏目分别获得“第四届全国高校社科期刊特色栏目奖”与“首届全国民族地区学报名栏”奖。

十八、呼和浩特职业学院

该院办学历史可追溯到清光绪三十三年(1907)的归绥学堂，迄今已有百余年，其中职业教育办学历经50多年。形成以高等职业教育为主体，成人教育、远程教育、岗位与职业培训教育等并举，综合发展的高职院校。

该院实行党委领导下的院长负责制。设有党政办公室、教务处、科研处、招生就业处、学生处等13个管理机构；有生物化学工程学院、机电工程学院、计算机信息学院、建筑工程学院、铁道学院、人文与旅游学院、美术与传媒学院、经济管理与法学院、外国语学院、国际教育学院、师范学院、培训学院、继续教育学院、呼和浩特市广播电视大学、马列部等15个教学机构；有高职高专研究所(项目办)、图书馆、网络管理中心等3个教学辅助机构。该院教师发表学术论文1100余篇，出版教材、专著40余部，获国家专利1项，国家级、省部级科研课题52项，获得各类奖励102项，完成应用技术研究13项，实现技术转化6项。

第二章 科学技术管理与服务

第一节 科技发展规划及计划

一、科技发展规划

（一）呼和浩特市科学技术发展十年规划（1976—1985）

1975年，呼和浩特科技局编制《全市科学技术十年规划（1976—1985年）》，规划包括科技发展纲要、重点项目、事业规划三个部分。规划清理“四五”计划期间呼和浩特市科技发展计划项目，“四五”计划期间呼和浩特市承担国家计划项目313项，投资530万元。清理结果已完成122项，已用于生产中的122项，正在进行的有41项，中途停止9项。

（二）呼和浩特市科学技术发展“七五”规划（1986—1990）

1986年，呼和浩特市编制《科学技术发展“七五”规划》。规划指出全市科技工作要以提高社会经济效益为中心，加速新兴技术研究，有重点地扶持新兴产业的发展；以开发新、优产品和企业技术改造为突破口，围绕骨干企业对技术进步的要求，积极开展科技攻关；支持小企业和乡镇企业的技术进步，着重抓好“星火计划”的实施。把经济的增长建立在科技进步的基础上。“七五”规划科技发展的主要目标。5年内，初步安排科研项目250项，力争完成率达到80%。其中，新技术推广应用和新产品开发的重点项目50项，重点科技攻关项目10项；做好科技下乡，积极组织实施“星火计划”，抓好25项为乡镇企业服务的科技示范项目。以毛纺、机电、食品和电子等行业为重点，组织技术攻关，推广先进技术成果，促进产品更新换代。力争使毛纺、服装、民用电子产品和啤酒、卷烟、食糖、乳品、饲料等，在生产技术上达到国内先进水平。对农业、畜牧业和乡镇企业要组织多方面的科技力量，切实抓好“星火计划”实施，重点解决菜、奶、蛋、禽、鱼、果、甜菜和大麦等在生产、储藏和加工方面的关键技术课题，及优良牧草的引种、牲畜改良、疫病防治、饲料加工、农牧业机械制造方面的技术难题。积极组织科技人员下乡，抓好基层农牧业技术人员的培训工作。生产、管理和科研中，广泛应用微电子技术，开发、推广一批具有应用价值的软件成果。社会科学的发展，要把呼和浩特市经济、科技、社会发展战略和经济体制改革作为重点研究课题。同时，加强对马克思主义基础理论和民族问题的研究。做好现代化经济管理知识和法律知识的普及工作。

（三）呼和浩特市科学技术发展“八五”规划及十年规划（1991—2000）

1991 年,呼和浩特市科技局制定《呼和浩特市科学技术发展“八五”规划及科学技术发展十年规划(1991—2000 年)》。

呼和浩特市科学技术发展“八五”规划纲要及科学技术发展十年规划突出了科教兴工和科教兴农两个重点,围绕 8 个计划(科技攻关计划、火炬计划、星火计划、丰收计划、节能降耗技术计划、技术改造和开发新产品计划、引进消化吸收创新计划、改善城市生态环境计划),实施五项工程(绿色工程、菜篮子工程、商品粮基地工程、低产田改造工程、轻工业原料基地工程),建设科学化、民主化决策咨询的软科学服务体系,从战略思想上转向依靠科学技术,实现全市经济社会的长期发展目标和市委提出的四项近期奋斗目标,形成科技经济协调发展的新格局。

1. 工业科技发展主要指标。通过技术改造和技术引进、消化、吸收使全市重点产业中骨干企业的生产技术、生产工艺总体水平达到发达国家 20 世纪 70 年代末 80 年代初的先进水平:通过应用节能、降耗技术和开发新产品、新技术大幅度节约能源和原材料,提高产品质量,不断优化产品结构使呼和浩特市工业综合实力再上一个新台阶。工业企业全员劳动生产率每年以 3.4% 的幅度递增,到 2000 年达到 2.6 万元/人。机电、轻纺工业依靠增加技术含量,提高产品附加值,增加出口创汇额 2000 万美元。同时,提高产品国产化程度,以产顶进,节约外汇 1000 万美元以上。建立科学技术先导型企业 15 个~20 个,到 1995 年,科技先导型企业的平均产值利税率达到 20%,投入产出比将达到 1∶4 。全民所有制工业企业技术投入产出比 1995 年达到 1∶3,2000 年达到 1∶4 。产品更新率、优质产品率、出口产品产值率 1995 年分别达到 25%、30% 和 18%;2000 年分别达到 30% 和 18%,2000 年分别达到 30%、40% 和 20%。利用科学技术节能降耗,使呼和浩特市万元产值综合能耗,由 1989 年的 4.67 标吨,下降到 1995 年的 2.45 标吨,到 2000 年达到 2 标吨。

2. 农业科技发展目标。农业以研究和推广农业适用技术为基础,综合运用系统工程和生物技术,合理配置生物种群,同时延伸农产品加工深度和精度,有效利用自然资源,夺取粮、油、糖、菜、肉、奶、蛋、禽、鱼、果全面稳步增产,“八五”期末,除肉食外,菜、奶、鱼、蛋基本实现自给,粮食产量达到 3.5 亿公斤。逐步实现经济、社会、生态的协调发展。粮食、甜菜地膜覆盖率,由 1989 年的 8.6%,扩大到 1995 年的 15%,2000 年达到 30%。小麦科学配方施肥面积占播种面积的比例,由 1989 年的 19%,扩大到 1995 年的 50%,2000 年达到 100%。在培育、引进、复壮的基础上,到 20 世纪末,主要农作物基本实现良种化。模式化栽培面积占粮食播种面积的比例,由 1989 年的 14.5%,扩大到 1995 年的 20%,2000 年达到 30%。病虫害防治及增产菌喷施面积占粮食播种面积的比例,由 1989 年的 29%,扩大到 1995 年的 35%,2000 年达到 40%。建立健全农业技术推广服务体系,到1993年，土默特左旗、托克托县、郊区都要配备科技副旗（县、区）长和科技副乡（镇）长，30%的村要设立科技副村长，每个村要建立5%~10%科技示范户，2000年所有的村都要设立科技副村长，每个村要建立30%的科技示范户。

3. 环境保护科技发展目标。城市环境重点以改造小气候，净化环境为目标，主要研究和应用科学技术，从根本上控制和治理城市污染，大面积扩大园林绿地，绿化、美化、净化城市。通过技术改造，使冷却水循环利用率提高到80%，重复利用率提高到57%。通过二期供热和煤气工程及各种技术措施，使大气中二氧化硫含量和颗粒物含量达到国家规定的二级排放标准。到2000年大气环境质量达到国家二级标准，实现无黑烟城市。固体废弃物实现资源化和无害化处理，其中工业废渣处理达到60%，生活垃圾（有机部分）无害化处理达到85%以上。基本控制污染源，使主要污染物基本达到国家规定排放标准，绿化覆盖率由22.8%提高到40%，人均占有公共绿地面积达到4方米以上。

4. 社会发展目标。到20世纪末，全市总人口控制在156.4万人，其中，城市人口70.5万人，农村人口85.9万人，自然增长率按10‰控制，严格控制机械增长。基本解决社会就业问题。市区普及高中、农村普及初中、全市普及九年制义务教育。文化发展要具有民族特点，把继承开发传统文化精华与吸收外来现代文化结合起来，使呼和浩特市成为自治区的文化交流中心。大力改善城乡卫生状况，促进预防医学、健康医学和社会医学的发展，挖掘中、蒙医学遗产，增加医疗保健设施，扩大医护队伍，使危害严重的地方病和多发常见病得到较好的控制，城乡居民的健康水平和平均寿命有显著的提高。实现城市居民一户一套住房，人均居住面积达到8.5平方米~9平方米，全市日供水能力达到47.9万吨（包括引黄入呼后的供水量），城市居民普及自来水；生活燃料基本气化。集中供热普及率达到70%以上；在打通一外环路的基础上，开通二外环路，修建拓宽道路348万平方米，市区人均道路面积达到8.5平方米；电话普及率达到20%，邮电、通讯畅通国内外。到20世纪末，城市就业人口中专业技术人员的比重由现在的11%提高到15%，四级以上的工人要占全部工人的50%，农村从事各项生产、经营的主要人员都要持有一份技术、业务培训合格证书。

（四）呼和浩特市科学技术发展“九五”规划（1996—2000）

1996年，呼和浩特市科技局制定《科学技术发展“九五”规划》。规划提出的主要任务是加速科技经济战略一体化的进程，重点实施“533111工程”，即组织开发新产品500项，形成自治区最大的3个星火密集区，其中，托克托县星火密集区列入国家级，土默特左旗、郊区星火密集区为自治区级，有30家乡镇企业要发展为龙头企业，引进和推广科技成果、专利技术100项，加速建成呼和浩特市高新技术园区，有10项火炬计划项目在高新技术园区安家落户并成为高科技带头企业,形成产值10亿元。

“九五”计划时期末全市农业科技的多数领域达到国内先进水平,到2010年重点领域达到国际水平。到20世纪末建成和发展呼和浩特市高新技术园区,力争培育出一批年产值超亿元的10个高新技术企业,高新技术产值占工业总产值的15%,到2010年力争培育出5个年产值超10亿元的高新技术企业或集团,高新技术产值占全市工业总产值的20%。

加速科技成果推广应用。“九五”计划时期末引进、推广科技成果50项,科技成果应用率达到60%,到2010年引进科技成果推广项目达到100项,科技成果推广应用率达到75%。加强农业适用技术的推广,使农业先进适用技术覆盖率达到90%,农作物良种覆盖率达到95%以上。

加强专利和技术市场管理工作。“九五”末,专利实施率达到60%,技术交易额达到2500万元,到2010年专利实施率提高10个百分点,技术交易额达到5000万元。

加速产业结构和产品结构的调整。“九五”计划时期末科技攻关计划以开发新产品为主,力争开发新产品500项,新产品投产率达到70%,年新产品产值和利税占当年工业总产值和利税5%和8%,优秀产品率达20%左右。到2010年各项指标都要有大幅度的提高。

国有大中型企业都要建立起相应的科技开发机构成为企业推进科技进步的骨干力量。“九五”末70%以上大中型企业建立科技开发机构,并有10%以上大中型企业达到自治区级科技先导型企业标准,5%达到国家级标准,2010年企业的科技开发机构全部建成,并有20%以上大中型企业达到自治区级科技先导型企业标准,10%达到国家级标准。

加速民营科技实业的发展。“九五”计划时期末民营科技实业数量、销售额、利润在“八五”基础上翻一番,到2010年翻两番。“九五”末,创建3个民营科技企业集团,产值达5亿元,到2010年建成5个~10个民营科技企业集团,年产值达到10亿元以上,全市民营科技实业的总产值要占全市非公有制企业产值的60%以上。

大力发展教育事业,重点发展以提高“双技”素质为主和培养造就跨世纪科技人才队伍相结合的统筹教育。“九五”计划时期末在职工人40%以上通过专业培训达到高、中级技术工人等级标准,50%科技人员进行再教育,培养30名青年优秀科技带头人。到2010年培养50名优秀科技带头人。

(五)呼和浩特市科学技术发展“十五”规划(2001—2005)

2001年,呼和浩特市科技局编制《呼和浩特市科学技术发展“十五”规划纲要》。“十五”规划的主要目标是通过深化科技体制改革,初步建立适应社会主义市场经济体制和科技自身发展要求的技术创新体系。在发展高新技术产业、改造提升传统产业、推进农牧业产业化,搞好结构调整,提高国民经济整体素质;在调节能源供给结构、提高资源和能源利用率,促进生态环境保护建设、实现可持续发展;在尊重知识、尊重人才、提高全民科技素质等方面取得明显成效,使全市科技整体实力保持自治区一流水平,并发挥后发优势,逐步在某些领域赶上全国先进水平。

技术创新体系建设方面。要建立起以政府引导为保障、以科技产业化为核心、以企业为主体、以高等院校和科研机构为依托、以金融机构为支撑、以信息化网络的技术服务和传播体系为纽带的产学研有机结合的技术创新体系。大中型企业都要建立健全技术开发机构,主导产业的重点企业要逐步建立区域性、行业性工程研究中心,到2005年,全市建成5个自治区级以上的工程研究中心。市属科研机构都要转为科技型企业和科技服务机构。

科技进步对经济增长的贡献率。全市国民经济要保持较快发展速度,必须进行结构调整和依靠科技进步,加速经济增长方式由粗放型向集约型的转变,明显提高经济增长的质量和效益。到2005年,科技进步对经济增长的贡献率达到48%。

现代农牧业技术方面。大力增加绿色、特色、名牌产品。基本建成乳品、玉米、马铃薯、蔬菜四大主导产业的科技产业化基地;全市引进、选育农畜新品种30个;主要农作物良种覆盖率达到98%;牲畜良种改良种比率达到85%;建成10个各具特色的农业科技示范园区(基地)。

改造提升传统产业方面。纺织、机械制造、食品、建材、石化等传统产业,必须运用高新技术改造提升,同时,继续实施名牌战略。到2005年,全市工业综合技术装备水平,60%达到国内先进水平;主要工业技术装备水平,70%达到国内先进水平;重点企业的关键技术装备水平;80%达到国内先进水平,其中30%达到国际先进水平。新产品销售收入,占工业产品销售收入的比重达20%以上。

高新技术产业方面。经过五年努力,全市生物技术、新材料、电子信息、新能源、光机电一体化等高新技术产业增加值的增长率要高于工业增加值的平均增长率,高新技术产品出口增长速度要高于工业制成品的出口增长速度。到2005年,高新技术产业增加值占工业增加值的比重达到15%以上。

生态环境保护建设方面。依靠科技进步促进生态环境保护建设。大力引进和推广环境保护建设所需的新材料、新工艺、新技术,进行生态治理科技攻关试验示范,并取得突破性进展:巩固“一控双达标”成果,环境污染明显减轻,使城区内大气总悬浮微粒(TSP)稳定达到三级标准,氮氧化物、二氧化硫达到二级标准;地表水退化得到控制,全市森林覆盖率达到26%左右;自然保护区覆盖率达到8%以上,城市绿化覆盖率达到30%左右。到2005年,城市大气环境质量达到国家二级标准。

科技人才队伍建设方面。培养引进一批能够解决全市经济、科技、社会发展中关键技术难题和适应市场竞争的科技创新人才。全市培养引进50名左右技术开发和学术带头人，500名左右技术创新骨干；到2005年，呼和浩特市地区拥有在国内外知名的科技专家、学者20名左右。

科技投入方面。随着全市经济的发展，增加全社会科技投入，确保科技投入的增长速度高于国内生产总值的增长速度。到2005年，地方财政科技拨款占地方财政支出总额的比重达到国家和自治区的要求，全社会研究开发经费(R&D)占国内生产总值(GDP)的比例，达到1.6%以上；企业R&D经费投入占总R&D投入的比例达到60%以上，企业技术开发的资金投入占年销售额的比重；一般企业达到1%以上，大中型企业达到3%以上，高新技术企业达到5%以上。

(六)呼和浩特市科学技术发展“十一五”规划(2006—2010)

2006年，呼和浩特市科技局编制《呼和浩特市科学技术发展“十一五”规划纲要》，规划提出建设创新型城市的思想，坚持“自主创新、重点跨越、支撑发展、引领未来”的科技工作方针，建设以企业为主体，市场为导向，产学研相结合的科技创新体系，增强科技自主创新能力，为提高呼和浩特市竞争能力，推动构建和谐社会和实现经济、社会和生态环境可持续发展战略目标提供支撑力量。

“十一五”规划充分考虑呼和浩特地区经济和社会发展对科技的需求，在《自治区中长期科学和技术发展规划纲要》的框架下，结合呼和浩特市“十一五”科技发展的指导思想和战略目标的要求，确定在10个国民经济发展、社会发展、生态建设和环境保护重点领域选择有可能在“十一五”期间取得技术突破的40个优先主题进行重点安排，开展重大关键技术和技术集成的专项应用研究和攻关。

高新技术产业领域。围绕电子信息、生物医药、新材料、新能源等产业确定11个优先主题，力争在电子信息、生物医药、新材料、新能源4个的特色研究和前沿技术取得突破和自主知识产权。

优势传统产业领域。围绕电力、乳品、化工、冶金、机械制造等产业确定8个优先主题，开发新产品、提高产品质量、节能降耗、治污和提高劳动生产率等目标，加快先进技术、设备、工艺的引进、消化、吸收和创新，加快计算机辅助设计、辅助制造、智能控制等重大共性技术的应用研究，实现生产技术的跨越。

现代农牧业领域。围绕种植业、现代畜牧业、环保生态型农业、生物安全、农牧业机械化等产业，确定7个优先主题，力争在优良品种选育和扩繁、配套栽培、养殖技术、环保型肥料农药关键技术、有害生物检测和防控技术、有效控制人畜共患传染病关键技术和产品开发、绿色农畜产品生产综合配套技术集成创新6个研究方向,取得重大突破和进展。

信息化与现代服务业领域。围绕信息化社会服务体系建设,生产与市场服务环节的信息技术开发与应用等,确定1个优先主题,力争在新兴服务行业和知识、技术密集型服务行业的知识与技术服务产品升级上有重大突破。

人口与健康领域。围绕全面提高呼和浩特市人口素质与健康水平,在生殖健康、重大传染病控制2个领域,选择1个优先主题,力争在生殖健康、新药开发、重大传染病和地方病及慢性多发病控制3个研究方向有所突破。

公共安全领域。在食品和药品安全、气象、地震、公共安全等4个方面,选择2个优先主题,力争在食品、药品安全监测与监控2个研究方向取得较大进展。

交通与城市化领域。在规划设计、运营管理等两个方面,确定1个优先主题,力争在现代综合交通体系研究和建设,交通安全监控等两个研究方向上有所突破。在资源可持续利用、城市管理两个方面,确定两个优先主题,力争在解决城市可持续发展、人居环境及生态规划、城市管理运营的信息技术开发应用、城市抗灾害及风险技术等4个研究方向上有所突破。

循环经济领域。在自然资源利用、农畜产品加工、冶金化工等3个方面,确定4个优先主题,力争在资源有效利用、精深加工、循环利用、提高生产效率4个研究方向取得较大进展。

环境保护与生态建设领域。在改善城市环境质量、减少工业环境污染、恢复自然生态植被等3个方面,确定2个优先主题,力争在城市污染源综合治理技术、农牧业副产品综合利用技术、生态恢复与重建、有毒有害污染物控制、城乡“三废”和垃圾综合治理与利用技术5个方向取得突破,初步建成生态环保城市。

科技创新载体与条件。通过实施工程技术研究中心、创新示范工程、企业技术中心建设项目,加强科技中介机构的扶持,为加快全市主导产业的研发和科技创新创造条件和搭建平台。

(七)呼和浩特市科学技术发展“十二五”规划(2011—2015)

2011年,在分析研究“十一五”时期呼和浩特市科技发展的基础上,根据《呼和浩特市国民经济和社会发展“十二五”规划纲要》,市科技局编制《呼和浩特市科学技术发展“十二五”规划纲要》。确定在区域性创新体系建设、战略性新兴产业科技发展、优势传统产业科技发展、现代农牧业科技发展、现代服务业科技发展、资源环境与生态保护科技发展、医药卫生与安全科技发展、交通与城市化科技发展等8个重点领域,选择在“十二五”期间能够提升创新服务、取得创新发展和技术突破的47个优先主题进行重点安排,强化创新服务功能和创新培育功能,开展重大关键技术和技术集成专项应用研究和攻关,实现区域性科技创新能力的提升。

区域性科技创新体系建设。围绕转变发展方式,建设创新型城市的战略和任务,推进创新平台建设、创新创业基地建设、创新人才与产业技术创新战略联盟建设、培育创新主体、推进创新服务体系建设5个方面,确定7个优先主题,到2015年建成以企业为主体、市场为导向、产学研紧密结合、创新机构健全、创新人才汇聚、创新效率高、创新效益好的区域性科技创新体系。

战略性新兴产业。围绕呼和浩特市新能源产业、新材料产业、生物技术及制药产业、电子信息产业、节能环保等战略性新兴产业方面确定16个优先主题,集中力量攻克制约产业发展的技术难题和共性技术,形成10个产业特色鲜明、产业链较完善、企业创新能力强、辐射带动作用强的战略性新兴产业基地,成为呼和浩特—包头—鄂尔多斯沿黄河经济带区域经济发展的重要引擎和产业结构调整、经济发展方式转变的重要支撑。

优势传统产业。围绕乳品、化工冶金、机械制造产业方面确定6个优先主题,围绕先进技术、设备、工艺的引进、消化、吸收和再创新,加快计算机辅助设计、辅助制造、智能控制等重大共性技术的应用研究,实现生产技术的提升。到2015年,优势特色传统产业完成技术改造任务,大中型企业技术水平进入国内先进行列,新上重点项目全部采用国际、国内先进技术。

现代农牧业。围绕农牧业高新技术的开发应用、实用技术的集成和提升,在现代畜牧业、种植业、设施农业、生物安全、农牧业机械化等方面,确定7个优先主题,力争在动物繁育生物技术研究,现代养殖技术,设施农业技术,优良品种选育与配套栽培技术研究,盐碱地改良、生物饲料、生物肥料和生物农药关键技术研究与产品开发,有害生物监测和防控技术研究,人畜共患传染病防控关键技术集成和产品开发,农牧业机械化技术装备等方面,取得重大突破和自主知识产权。

现代服务业。在信息化社会服务体系建设,生产与市场服务环节的信息技术开发与应用等方面,确定1个优先主题,力争在新兴服务行业和知识、技术密集型服务行业的知识与技术服务产品升级上有重大突破。

资源、环境与生态保护。围绕资源有效利用、环境保护和生态建设,在自然资源有效利用、改善城市环境质量、恢复自然生态植被等方面确定3个优先主题,开展技术攻关,取得技术突破。

医药卫生与人类安全。围绕提升中蒙医药、卫生、食品安全、气象、地震、公共安全等领域的技术装备水平和应急处置能力,选择3个优先主题,力争在中蒙药新药研发,重大疾病预警、预防控制技术研究，重大传染病、地方病及慢性多发病控制，食品、药品安全监测与监控等研究方向有所突破。

交通与城市化。立足研究国内外先进的城市和交通建设规划、设计、管理模式，结合呼和浩特市的特点，选择 4 个优先主题，制订出科学的城市和交通建设发展模式，研究制约城市交通建设的关键性技术难题，研究建立现代化大城市及城市交通体系的模式。开展北方城市新能源汽车运行技术参数研究，加快新能源汽车试点城市建设。

（八）呼和浩特市科学技术创新“十三五”规划（2016—2020）

《呼和浩特市科学技术创新“十三五”规划》总体目标是围绕培育打造“五个中国第一”、实现“创新型城市”的总体目标，全面实施科教兴市和人才强市战略，努力创建创新型呼和浩特。建成支撑呼和浩特市科技和经济发展的科技创新体系，形成完善的、适应社会主义市场经济发展的科技创新机制和体制，科技和经济的竞争力显著增强，在自治区率先实现科学技术现代化，为全面建成小康社会提供科技支撑。

科技创新投入。研究与试验发展经费投入强度（R&D/GDP）达到 2.5%。

高新技术产业。高新技术企业营业收入达到 1000 亿元，新增高新技术企业 80 家，培育形成销售收入过 10 亿元的高新技术企业 10 家，过亿元的企业 30 家。

技术合同成交金额达到 20 亿元。

科技进步贡献率和成果转化率。科技对经济增长的贡献率（科技贡献率）达到 58%，农牧业先进适用技术推广率和主要农作物良种覆盖率分别达到 90% 和 100%，重点科技成果转化率达到 90% 以上。

企业核心竞争力。全市专利申请量年均增长 8% 以上，年均专利申请量达到 3300 件，其中发明专利申请量占 35%；年均专利授权量达到 1600 件；每万人口有效发明专利拥有量达到 8 件；30% 的规模以上工业企业拥有自主知识产权。

创新人才。引进和培养高层次科技领军和创新创业人才 100 名，组建创新创业团队 20 个。

创新体系。新增自治区级以上科技企业孵化器 5 家，建成呼和浩特市科技创业服务中心；新建各级各类研发机构 60 所，新建自治区众创空间试点基地和星创天地共 30 个，新增自治区级新型研究院 3 所。

科技惠民。人均科普经费达到 3 元以上，公民科学素质明显提高。

规划的主要任务是高新技术产业科技创新发展工程。根据国家和自治区发展高新技术产业部署，立足呼和浩特市实际，优化资源配置，把发展高新技术产业与区域特色和优势相结合，围绕呼和浩特市新能源、新材料、生物技术、信息技术、智能装备制造、节能环保等高新技术产业领域确定 9 个优先主题,攻克制约产业发展的技术难题和共性技术,形成产业特色鲜明、产业链比较完善、企业创新能力强、辐射带动作用明显的战略性新兴产业基地,成为呼包鄂区域经济协同发展的重要引擎和产业结构调整、经济发展方式转变的重要支撑。

二、呼和浩特市"科技兴市"战略

1990 年 3 月 21 日,呼和浩特市政府做出实施"科技兴市"战略的决定,并正式实施。

"科技兴市"总体目标是围绕全市经济、社会发展的总体战略,到 20 世纪末全市国民生产总值达到 48 亿元,工农业总产值达到 69.04 亿元,其中,工业总产值达到 65 亿元,农业总产值达到 4.4 亿元,实现粮食总产量 3.5 亿公斤,充分发挥科学技术先导作用,使呼和浩特市经济发展,逐步走向以内涵为主的发展道路,逐步把呼和浩特市建设成为经济、社会繁荣,科学技术先进,具有民族特色的、多功能、开放型的社会主义现代化的中心城市。

本着"着眼远期、立足中期、落实近期"原则,用一年作准备阶段,五年的实施阶段和五年的初见成效阶段。战略近期(1990—1995)目标是把经济搞上去,以"科技兴农""科技兴工"为启动点和突破口,带动整个经济、社会的发展。中期(1996—2000)和远期目标是逐步达到经济、科技、教育、社会的协调发展,推进整个城市现代化建设的进程,高新技术产业有较大的发展,科技进步的贡献额要达到 50% ~60% 。

1. 科技兴工

全市企业要把科技进步的指标纳入承包经营责任制中,并认真进行考核。开展创建科技先导型企业的试点工作,以后逐步铺开。创先进企业或上等级企业,不仅要看当年的经济效益,而且要考核科技进步程度。凡完不成科技进步指标的企业,不能评为先进企业或上等级企业。

全市企业要逐步建立和健全总工程师负责制和技术开发体系,并要广泛持久地开展群众性的"双增双节"和技术革新活动,加快企业技术进步的步伐。采取倾斜政策,扶持一批骨干企业大力开发高技术含量、高附加值的产品,逐步形成呼和浩特市和自治区的新的拳头产品,跻身于国内国际市场。

有计划地把发展应用电子技术、生物工程技术、新材料、新能源的高、新技术产业,列为呼和浩特市工业结构和产品结构调整的重要内容,逐步形成自己的特色。带动产业结构乃至整个经济结构的调整,充分发挥科学技术的超前作用。

积极引进、消化、吸收国内外先进成果,大力改造传统工业,注入技术进步因素,并加以创新,改变呼和浩特市工业企业传统技术的旧有形态,使呼和浩特市工业企业的技术素质跃居自治区的前列。

2. 科技兴农

围绕呼和浩特市农业发展规划，发挥科学技术优势。通过产前、产中、产后的科技全程服务和各种形式的技术承包，引进、示范、推广先进的农业适用技术成果，使呼和浩特市粮食及副食品生产要跃上新的台阶。

做好“星火计划”“丰收计划”“菜篮子工程”“绿色工程”的协调工作，提高农牧民的科技意识和文化素质，因地制宜地变资源优势为商品优势，促进农村生产由自然经济向商品经济转化，依靠科学技术的大幅度地提高农业生产的经济效益。

在逐步建立起来以农业专业技术人员为主体与农村各专业技术协会紧密配合的农业技术推广队伍，为加速农业科技成果推广的工作，做出积极的贡献。努力提高农民的文化素质。到1995年，要为全市每个农户培养一个初中级的家庭技术员。

三、呼和浩特市科技计划类别

2008年前，呼和浩特市的科技计划只设有应用技术研究与开发资金。从2008年开始，呼和浩特市的科技计划中增设重大科技专项资金，从2014年开始又增设厅市产学研协同创新专项资金。科技计划分为科技创新能力建设计划、高新技术产业发展计划、现代农业科技发展计划、社会事业科技发展计划、知识产权发展计划、科技成果推广计划、科技合作与交流计划和科技政策兑现计划等8项计划。

应用技术研究与开发资金主要支持以下类别的科技研发和推广项目：呼和浩特市工业高新技术研究与开发项目、科技型中小企业自主创新项目、新农村建设科技示范项目、农业新技术示范推广应用项目、社会发展科技事业技术创新项目、知识产权项目、已经认定的市级研发机构政策兑现项目等。

2008年10月7日，呼和浩特市政府转发市财政局、科技局制定的《呼和浩特市重大科技专项经费管理办法》。重大科技专项资金重点支持具有自主知识产权且已经进入中试及产业化初期、即将产生显著经济和社会效益的重大科技成果转化和技术创新项目；优先支持呼和浩特市科技发展规划纲要确定的研究内容和重大科技创新项目；支持列入呼和浩特市引进和培养的创新创业人才及团队申报的重大创新创业项目；支持重大公共科技服务平台建设项目；支持根据有关要求给予政策兑现的自治区级以上研发机构创建项目以及国家科技项目配套资金。

2014年6月30日，呼和浩特市政府、自治区教育厅、科技厅联合召开科技合作签约暨驻呼和浩特高校、科研院所产学研合作交流座谈会在和林格尔县举行，启动厅市产学研协同创新科技合作活动。厅市产学研协同创新专项资金是由自治区教育厅、科学技术厅和呼和浩特市政府三方出资，专项用于支持呼和浩特企业与驻呼和浩特高校、科研院所合作开展的科技研发及成果转化项目的资金。重点支持科技创新体系建设、关键技术难题攻关、国际和省际的产学研合作、重大科技成果转化、人才团队培养以及标准制定等项目。

产学研专项资金由呼和浩特市政府每年预算安排2000万元,教育厅和科技厅按一定比例配套。呼和浩特市政府安排的经费主要用于支持参与合作项目的呼和浩特企业,教育厅安排的经费主要用于支持参与合作项目的高等院校,科技厅安排的经费主要用于支持参与合作项目的企事业单位。

四、年度科技计划任务

1959年4月3日,中共呼和浩特市委批转市科委1959年科技发展计划。是呼和浩特市第一个年度科技发展计划。计划旨在加快技术革命的速度,提高科学技术水平。采取以“生产带科学”“任务带科学”的方法,广泛开展科学技术工作,研究解决工农业生产中的关键问题,及时总结群众的发明创造,交流和推广先进经验,并积极地开展建国十周年科学技术献礼运动,以保证完成全国四大指标,自治区五大指标和呼和浩特市的六项任务。年度计划包括10项61条科研任务,其中冶炼工业5条、机械制造工业6条、农牧林业12条、电力工业3条、化学工业5条、轻工业3条、基本建设与城市建设10条、交通运输和邮电3条、医药卫生6条、现代科学研究3条。

根据呼和浩特市1959年科学技术计划中规定的项目,各级政府逐步建立了相应的组织机构,组织科学技术力量,开展检查评比,按全年“五一”“七一”“十一”和“元旦”四次献礼,分期分批地保证按时或提前完成。

1975年,全市安排科技计划项目41项,年底按计划完成或初见成果的有35项,实现阶段成果的有12项,占计划项目总数的86.2%。

1979年,全市安排科学技术发展计划项目28项,其中自治区项目7项,呼和浩特市项目21项。

1980年,科学技术发展年度计划,按市委确定的“以经济工作为中心,以工业为重点,发展农牧业生产、繁荣市场,加强城乡建设,逐步满足城乡人民物质文明生活的需要,加快实现四个现代化”的工作方针,紧密结合呼和浩特市国民经济计划,贯彻国民经济调整、改革、整顿、提高的方针,扬长避短发挥优势,突出毛纺、轻化工业和副食品生产技术研究项目,适当照顾其他行业。共安排科学技术发展计划项目42项,其中工业22项、农业20项。

1981年,安排科技项目128项,其中自治区7项。按行业划分:工业66项,农业62项。按类别划分:新产品52项,科研(试验)73项,中间试验1项。呼和浩特科技年度计划管理实行“统一计划,分级负责”办法,全市科技研究项目统一下达,由市科委和旗县区科委分级管理。要求各项目承担单位年终或项目完成后逐项上报技术成果和经济效果，各级管理部门对计划执行情况定期检查，妥善解决出现的问题，项目完成后及时组织鉴定（技术鉴定工作要积极、负责、严肃、认真），经过鉴定的科研成果要搞好接产和推广工作。要求各级管理部门年终提出总结报告。

1982 年，科技发展计划在安排科学技术研究项目时，强调在调查研究基础上进行科学技术论证，经济效益测算，社会效果分析，坚持从本地区实际情况出发，以解决当前和近期生产建设中的科学技术问题为主。当年科学技术研究项目计划安排 108 项，其中工业（包括医药卫生）科研项目 56 项，农业科研项目 52 项。

1983 年，科学技术研究项目计划实际安排数为 107 项，工业 62 项，农业 45 项。

1984 年，安排科技计划项目 95 项，有 5 项列入自治区重点项目。科技计划项目采取“突出重点，兼顾一般”的原则，集中资金和精力抓好 12 个重点项目。计划项目仍实行“统一计划，分级管理”的办法。由土默特左旗、托克托县和郊区科委负责的项目，在审核各项目所需经费后，将科技三项费用指标一次性划拨给旗县区科委，由旗县区科委负责本地区科研项目实施。

1985 年，全市安排科研项目 48 项，其中工业 37 项，农业 11 项。

1986 年，全市安排科研项目 61 项，4 个研究课题，经费 355 万元（其中自治区 137 万元，市财政 90 万元，旗县区 12 万元，企业自筹 65 万元，贷款 51 万元）。

1987 年，全市安排科技计划 69 项，其中工农业项目 57 项、软科学研究项目 8 项、星火计划 4 项。工业项目主要从调整机械、轻纺、电子等行业的产品结构出发，强调上水平、上质量、上品种和提高经济效益。农业项目主要从发展城郊型经济出发、在引种、防治病虫害、养殖业等方面重点安排科研项目。

1988 年，全市安排项目 63 项，其中工业项目 26 项，农业及其他项目 37 项。工业项目主要围绕调整机械、轻纺、电子等行业的产品结构，提高经济效益安排的。农业项目主要围绕城郊型经济的发展，重点安排农业实用技术的推广和蔬菜引种、防病的试验。

1989 年，全市科学技术发展计划包括科研项目计划、人才培训计划、情报调研计划等，共安排科技项目 60 项。

1990 年，全市科学技术发展计划，围绕“科技兴工、科技兴农”安排项目 72 项。

1991 年，全市围绕“科技兴工、科技兴农”安排科技攻关计划、火炬计划、星火计划、科技成果推广计划和软科学研究计划，安排科技计划项目 83 项。

1995 年，全市科技计划重点围绕“科技兴工、科技兴农”安排项目 117 项，其中科技攻关计划 56 项、星火计划 9 项、科技成果推广计划 19 项、软科学研究计划 18 项、其他 15 项。

1996年,全市科技计划项目安排坚持“选中项目,合理规划;突出重点,兼顾一般;分级管理,分步实施;滚动发展,注重效益”的原则,安排5大科技计划项目——科技攻关计划、火炬计划、星火计划、科技成果推广计划和软科学研究计划55项。

2001—2005年“十五”时期,全市支持科技项目201项,用于支持科技创新体系、平台、研发中心建设,农业科技项目,工业科技项目,基础社科类科技项目,科技合作项目,科技培训、科普,旗县区、开发区、科技项目,政府科技奖励,知识产权和科技计划管理等。科技三项经费支持项目:2001年47项;2002年48项;2003年53项;2004年19项;2005年34项。

2006—2010年“十一五”时期,全市制定了每个年度的科技计划,共支持项目385项。重点支持的领域和方向是科技条件、科技创新、科技能力等公共科技基础条件能力建设,工业科技创新、科技攻关、产业化、新技术新产品科技成果转化,农业科技创新、新品种引进示范推广、科技成果转化推广,医疗卫生等社会科技领域的项目。科技三项经费支持项目:2006年26项;2007年46项。应用技术研发资金和重大科技专项资金支持项目:2008年81项;2009年109项;2010年123项。

2011—2015年“十二五”时期,全市每年制定年度科技计划,共支持项目584项。市本级支持科技项目:2011年88项;2012年113项;2013年132项;2014年110项;2015年141项。重点支持的项目,一是科技创新能力提升,包括呼和浩特市科技创业服务中心、金山高新技术产业开发区科技企业孵化器建设、合创农业科技研究中心实施的“十二五”期间科研体系建设和留学人员创业园公共技术服务展示平台等;二是市委市政府确定的重大项目,在优势、特色、新兴产业的技术提升开展的工农业重大科技项目;三是关系到社会民生的资源利用、中蒙药发展的重大科技项日等。

2016年,市本级支持科技项日101项。其中,应用研发99项,重大专项2项,科技特派员专项1项。

2017年,市本级支持科技项目共计149项,重点支持呼和浩特市“十三五”科学技术创新规划纲要确定的优先主题,带动产业发展的重大科技创新、应用技术研究和知识产权等主题。

五、专项计划

呼和浩特市科技计划一直没有明确设立专项计划,所有项目计划基本延续国家和自治区的各类计划。2008年开始,呼和浩特市科技计划细分为科技创新能力建设计划、高新技术产业发展计划、现代农业科技发展计划、社会事业科技发展计划、知识产权发展计划、科技成果推广计划、科技合作与交流计划和科技政策兑现计划等8项计划。

第二节 科技经费管理

呼和浩特市财政预算的科技经费包括科技事业费(基本支出经费)、科技项目经费和科技基本建设费等三大部分。

呼和浩特市支持科技研发项目经费,2008 年前只有应用技术研究经费与开发资金,2008 年后增设重大科技专项资金,2014 年后又增设厅市产学研协同创新专项资金。

“四五”时期呼和浩特市财政科技经费投入情况

表 2-2-1　　单位:万元

年份	经费总额	增幅
1971	146.00	
1972	127.60	-12.60%
1973	132.00	3.45%
1974	65.60	-50.30%
1975	59.60	-9.15%
合计	530.80	

“五五”时期呼和浩特市财政科技经费投入情况

表 2-2-2　　单位:万元

年份	经费总额	增幅
1976	41.10	-31.04%
1977	57.30	39.41%
1978	34.00	-40.66%
1979	44.55	31.02%
1980	70.00	57.12%
合计	246.95	

“六五”时期呼和浩特市财政科技经费投入情况

表 2－2－3　　单位:万元

年份	经费总额	增幅
1981	90.50	29.28%
1982	85.60	－5.41%
1983	131.20	53.27%
1984	143.50	9.37%
1985	120.50	－16.03%
合计	571.30	

“七五”时期呼和浩特市财政科技经费投入情况

表 2－2－4　　单位:万元

年份	经费总额	增幅
1986	152.00	26.14%
1987	108.50	－28.62%
1988	195.00	79.72%
1989	235.00	20.52%
1990	245.00	4.26%
合计	935.50	

“八五”时期呼和浩特市财政科技经费投入情况

表 2－2－5　　单位:万元

数额 年份	自治区科委划拨	市本级财政	达到同级财政支出数%
1991	85.00	210.00	0.45
1992	85.00	230.00	0.50
1993	85.00	280.00	0.58
1994	85.00	300.00	0.68

续表1

年份＼数额	自治区科委划拨	市本级财政	达到同级财政支出数%
1995	85.00	327.00	0.78
合计	425.00	1347.00	

“九五”时期应用技术研究与开发专项资金投入情况

表2-2-6　　单位:万元

年份＼数额	财政预算	增长百分比	归口管理	增长百分比
1996	480.00	46.80	480.00	46.80
1997	625.00	30.20	625.00	30.20
1998	800.00	28.00	800.00	28.00
1999	830.00	3.80	830.00	3.80
2000	915.00	10.20	915.00	10.20
合计	3650.00		3650.00	

“十五”时期国家、自治区、呼和浩特市三级科技项目经费投入情况

表2-2-7　　单位:万元

年份	国家	自治区	呼和浩特市		合计	
	金额	金额	金额	增幅	金额	增幅
2001	620.00	69.00	499.00		1188.00	
2002	410.00	57.00	420.00	-15.80	887.00	-25.30
2003	710.00	95.00	404.00	-3.80	1209.00	36.30
2004	1000.00	451.00	410.00	1.50	1861.00	54.00
2005	1114.00	314.00	470.00	14.60	1898.00	2.00
合计	3854.00	986.00	2203.00		7043.00	

"十一五"时期国家、自治区、呼和浩特市三级科技项目经费投入情况

表2-2-8 单位:万元

年份	国家	自治区	呼和浩特市		合计	
	金额	金额	金额	增幅	金额	增幅
2006	265.00	460.00	515.00	9.60	1204.00	-36.60
2007	2152.00	520.00	705.00	36.90	3377.00	180.40
2008	846.00	883.00	3725.00	428.30	5454.00	61.50
2009	1939.00	2960.00	5125.00	37.60	10 024.00	83.80
2010	5294.00	3386.00	6263.00	22.20	14 943.00	49.10
合计	10 496.00	8209.00	16 333.00		35 038.00	

"十二五"时期国家、自治区、呼和浩特市三级科技项目经费投入情况

表2-2-9 单位:万元

年份	国家	自治区	呼和浩特市		合计	
	金额	金额	金额	增幅	金额	增幅
2011	12 200.00	2852.00	6853.00	9.40	21 905.00	46.60
2012	10 951.20	3268.70	8086.00	18.00	22 305.90	1.80
2013	3025.00	8951.5	11 343.00	40.30	23 319.50	4.50
2014	1672.00	8567.00	13 591.50	19.80	23 830.50	2.20
2015	150.00	5110.00	10 593.50	-22.10	15 853.50	-33.50
合计	27 998.20	28 749.20	50 467.00		107 214.40	

2016年,市本级投入科技研发资金17 452.2万元,共立项支持科技项目101项。其中,应用研发资金12 252.2万元,安排项目99项;重大专项资金1000万元,安排项目2项;科技特派员专项4200万元。全市共争取上级科技项目经费7762万元,其中国家投入762万元,立项27项;争取自治区科技研发经费7000万元,立项66项。

2017年,市本级投入科技研发资金15 850万元,共立项支持科技项目149项。其

中，应用研发资金1000万元，安排项目64项；重大专项资金3000万元，安排项目23项；自治区重大专项配套资金2500万元，安排项目2项；知识产权专项资金200万元，安排项目9项，双创项目资金6300万元，安排项目11项；政策兑现850万元，立项23项；协同创新专项资金2000万元，安排项目17项；科技特派员专项3000万元。全市共争取上级科技项目经费8028万元，其中国家投入1232万元，立项9项；自治区科技经费6796万元，立项219项。

2018年，市本级投入科技研发资金15 263万元，共立项支持科技项目137项。全市共争取上级科技项目经费45 374.8万元，共争取上级科技项目157项，其中争取中央引导地方科技发展专项资金项目6项，争取资金550万元；争取自治区各类科技项目151项，争取资金44 824.8万元。

第三节　科技成果管理

一、科技成果鉴定

呼和浩特市科技成果鉴定工作严格按照国家科技部、自治区科技厅关于科技成果鉴定的相关要求开展。“十五”期间，完成科技成果鉴定53项；“十一五”期间，取得重大科技成果35项；“十二五”期间，完成科技成果鉴定203项。2016年完成科技成果鉴定46项。

2017年，根据国务院办公厅《关于做好行政法规部门规章和文件清理工作有关事项的通知》（国办函〔2016〕12号）要求，按照依法行政、转变职能、加强监管、优化服务的原则和稳增长、促改革、调结构、惠民生的要求，决定对科学技术成果鉴定办法等规章予以废止。呼和浩特市科技成果鉴定工作随之取消。

2011—2016年呼和浩特市科技成果鉴定项目表

表2-3-1

年份	成果名称	完成单位
2011	优秀荷斯坦种公牛的培育技术	内蒙古天和荷斯坦牧业有限公司
	CT胃肠道造影剂	内蒙古爱众医学影像有限公司
	隔膜法钙离子膜法烧碱技术改造项目	内蒙古三联金山塑胶有限责任公司
	工厂化育苗项目的研究与开发	内蒙古香岛生态农业开发有限公司
	大规模悬浮培养技术生产口蹄疫灭活疫苗	内蒙古必威安泰生物科技有限公司
	口蹄疫二价灭活纯化疫苗的研制	内蒙古必威安泰生物科技有限公司
	大行程弹簧气动管子卡盘	呼和浩特众环(集团)有限责任公司
	厚墙体日光温室建造及越冬蔬菜生产技术研究、示范	呼和浩特昌德和农牧业科技发展有限责任公司
	风光互补路灯系统中试及产业化	呼和浩特市博洋可再生能源有限责任公司
	利用液相色谱检测系统定量口蹄疫抗原中146S含量的方法	内蒙古必威安泰生物科技有限公司
	大型风力发电机组叶片模具研制	内蒙古航天亿久科技发展有限责任公司
	美加系荷斯坦良种牛冷冻精液生产与推广应用	内蒙古天和荷斯坦牧业有限公司
	高寒干旱地区中棚高效种植模式试验示范	武川县生产力促进中心
	XJDF-200*200销钉冷喂料巨型斜交胎双复合挤出机	内蒙古纳顺装备工程(集团)有限公司
	三联益生菌粉剂生产研究	内蒙古双奇药业股份有限公司
	干法造粒工艺应用与微生态活菌片剂生产研究	内蒙古双奇药业股份有限公司
	中华(内蒙古)骨髓库蒙古族人群HLA-A、B、DRB1等位基因多态性研究	呼和浩特市中蒙医院
	大规格橡胶冷喂料排气挤出机研制	内蒙古宏利达橡塑机械有限责任公司
	神舟光伏5兆瓦发电示范项目	内蒙古神舟光伏电力有限公司
	婴幼儿配方乳制品中sn-2位脂肪酸检测技术的研究	内蒙古蒙牛乳业(集团)股份有限公司
	双色料间隔交替环绕雪糕关键技术研究及开发	内蒙古蒙牛乳业(集团)股份有限公司
	蒙牛新养道珍养牛奶的研制	内蒙古蒙牛乳业(集团)股份有限公司
	微冰粒雪糕关键技术研究与开发	内蒙古蒙牛乳业(集团)股份有限公司

续表 1

年份	成果名称	完成单位
2011	蒙牛未来星儿童成长牛奶的研制	内蒙古蒙牛乳业(集团)股份有限公司
	蒙牛特仑苏醇纤牛奶的研制	内蒙古蒙牛乳业(集团)股份有限公司
	伊利“优酸乳”系列乳饮料 CMC 冷化料工艺推广应用	内蒙古伊利实业集团股份有限公司
	营养均衡型长保质期儿童成长牛奶的开发研究	内蒙古伊利实业集团股份有限公司
	果之优酸乳饮品系列产品的研制	内蒙古伊利实业集团股份有限公司
	乳品安全预防控制体系建设	内蒙古伊利实业集团股份有限公司
	原料奶生产冷热联供节能减排技术开发与产业化	内蒙古伊利实业集团股份有限公司
	蒙科立多文种网站内容管理系统	内蒙古蒙科立软件有限责任公司
	香薯泥应用开发技术	康莱纳(内蒙古)食品有限公司
	窑炉余热综合利用技术	内蒙古精诚高压绝缘子有限责任公司
	蒙医五疗针刺治疗颈、腰椎间盘突出症的临床研究	呼和浩特市中蒙医院
	野生二色补血草人工繁育及在园林绿化中的应用	内蒙古和信园蒙草抗旱绿化股份有限公司
	蒙药复方菖蒲四味的剂型改革及质量标准研究	内蒙古元和蒙药研究院、内蒙古医学院
	大型风力发电机组叶片模具研制	内蒙古航天亿久科技发展有限责任公司
	针刺纤维增强的风电机组叶片及其制作工艺	内蒙古工业大学博远风电装备制造有限公司
	兆瓦级风电机组叶片电热模具的制作方法	内蒙古工业大学博远风电装备制造有限公司
	益生菌制剂在口咽部的应用研究	内蒙古医学院附属医院
2012	肉羊杂交改良与育肥技术集成示范	呼和浩特市家畜改良站、内蒙古赛澳牧业科技发展有限公司
	北方奔驰汽车螺旋锥齿轮研制	内蒙古飞鹰汽车齿轮有限责任公司
	宽幅橡塑板材直挤压延机组研制	内蒙古宏利达橡塑机械有限责任公司
	携带化放疗微粒支架置入治疗食管癌的临床研究	呼和浩特市第一医院
	物理冶金多晶硅太阳电池研制及性能改善	内蒙古日月太阳能科技有限责任公司、内蒙古大学

续表 2

年份	成果名称	完成单位
2012	富勒烯产业化关键技术开发	内蒙古京蒙碳纳米材料高科技有限责任公司
	呼和浩特市体育人口体能测试与检测应用	呼和浩特市体育总会
	马铃薯原原种微喷及综合丰产技术研究示范	内蒙古惠华农业科技有限公司
	酸性乳饮料中复配稳定剂的优化及产品稳定性分析方法的研究	内蒙古蒙牛乳业(集团)股份有限公司
	熏制奶酪关键技术的研究及开发	内蒙古蒙牛乳业(集团)股份有限公司
	老化罐自动控制－冰水自动排空回收系统的开发	内蒙古蒙牛乳业(集团)股份有限公司
	三氯乙烯生产关键技术改造与优化	内蒙古三联化工股份有限公司
	多晶硅副产物二氯二氢硅回收利用	内蒙古神舟硅业有限责任公司
	氯硅烷除硼技术开发	内蒙古神舟硅业有限责任公司
	1.5 孔免气腹悬吊式腹腔镜手术治疗良性卵巢肿物的临床比较研究	呼和浩特市第一医院
	1.5 孔腹壁皮下悬吊式腹腔镜子宫肌瘤切除术的临床研究	呼和浩特市第一医院
	薯蓉奶茶系列饮品开发技术	康莱纳(内蒙古)食品有限公司
	CPP 型舒化奶产品开发研究	内蒙古伊利实业集团股份有限公司
	高粘性低后酸酸奶发酵剂的开发研究	内蒙古伊利实业集团股份有限公司、内蒙古自治区轻工科学研究所
	系列新型奶粉的研究	内蒙古伊利实业集团股份有限公司
	XJDF－(250/200)/200 三复合工程巨型胎胎面生产线	内蒙古纳顺装备工程(集团)有限公司
	联苯咔唑凝胶的研发与推广应用	内蒙古大唐药业有限公司
	传统补益药品“肝肾滋”品质升级和推广应用项目	内蒙古大唐药业有限公司
	无糖型健胃消炎颗粒的研发与推广应用	内蒙古大唐药业有限公司
	草原地区煤田开发环境影响后评估示范研究	呼和浩特市环境科学研究所
	呼和浩特市危险化学品事故环境安全与健康应急决策系统研究	呼和浩特市环境科学研究所

续表 3

年份	成果名称	完成单位
2012	青贮玉米混种饲用扁豆高效栽培模式试验示范	呼和浩特市农业技术推广中心
	大型高精度五轴数控纤维缠绕机研制	内蒙古航天金岗重工有限公司
	大型复合材料固化成型设备热压罐研制	内蒙古航天金岗重工有限公司
	通过实施素质教育、培养小学生创新能力的研究	呼和浩特市新城区苏虎街实验小学
	奶牛体细胞克隆技术商业化开发与应用研究	内蒙古赛科星繁育生物技术股份有限公司、内蒙古大学蒙古高原动物遗传资源研究中心
	学校体育与学生体能研究	呼和浩特市教育科学研究所
	整体构建新时期呼和浩特市中小学、幼儿园有效德育的研究与实验	呼和浩特市教育科学研究所
	连续复投生产太阳能级单晶硅技术研发及产业化	内蒙古中环光伏材料有限公司
	高效率 6&6.5&8 英寸太阳能硅单晶及超薄硅片	内蒙古中环光伏材料有限公司
	通过中国传统文化教育培养幼儿的自信心和民族自豪感的行动研究	呼和浩特市回民区第五幼儿园
	口蹄疫○型、亚洲Ⅰ型、A 型三价灭活疫苗(○/MYA98/BY/2010 株 + Asian/JSL/06 株 + Re - A/WH/09 株)	金宇保灵生物药品有限公司
	呼和浩特市第一中学“导·学·评三位一体教学模式”	呼和浩特市第一中学
	武川县测土配方施肥技术研究与应用	武川县农业技术推广中心、呼和浩特市土壤肥料工作站
	基于物联网技术的设施农业自动化控制系统	内蒙古国讯富通科技有限公司
	以微型课题研究为引领的教师专业化发展研究	呼和浩特市土默特中学
	中学音乐教学中渗透相关文化的实践与研究	呼和浩特市赛罕区第三十五中学
	土霉素碱生产提取工艺改进研究(盐酸与草酸并用)	内蒙古开盛生物科技有限公司
	玉米黄金粉的研发	内蒙古正隆谷物食品有限公司
	高速连续喷码机用抗擦墨	显鸿新材料(内蒙古)有限公司
	高性能碳纤维复合芯导线开发及应用	呼和浩特市浩源碳纤维有限公司、山东大学
	奶牛性控新技术研究与示范应用	内蒙古赛科星繁育生物技术股份有限公司

续表 4

年份	成果名称	完成单位
2012	公安工作信息采集智能终端及其管理平台系统	内蒙古银安科技开发有限责任公司
	倒挂葫芦导座式电动附着升降脚手架设计安装技术	内蒙古巨华集团大华建筑安装有限公司、深圳特辰科技股份有限公司
	新型 GRC 弧形外墙板设计、制作、安装成套技术	内蒙古巨华集团大华建筑安装有限公司、南京倍立达实业有限公司
	肉羊三元杂交组合筛选及配套技术集成与示范	内蒙古赛澳牧业科技发展有限公司、呼和浩特市家畜改良站
	甲烷转化烟道气中 CO2 的回收与利用技术改造	中海石油天野化工股份有限公司
	聚甲醛生产过程分析方法的技术改进与创新	中海石油天野化工股份有限公司
	尿素装置二氧化碳压缩机控制开发升级改造	中海石油天野化工股份有限公司
	尿素合成塔组合式塔盘的开发与应用	中海石油天野化工股份有限公司
	高氯黄河水替代地下水用于工业生产的关键技术开发与应用	中海石油天野化工股份有限公司
	优质乳酸菌筛选及菌株特性研究应用	内蒙古蒙牛乳业(集团)股份有限公司
	乳制品中低聚半乳糖检测方法研究	内蒙古蒙牛乳业(集团)股份有限公司
	新鲜奶酪及其延伸系列产品的研究与开发	内蒙古蒙牛乳业(集团)股份有限公司
	食品安全检测服务平台建设与应用	呼和浩特市疾病预防控制中心
	呼和浩特市雨污水管网地理信息查询系统	呼和浩特市排水事业管理局
	呼和浩特地区园林植物有害生物无公害防治技术及应用的研究	呼和浩特市园林科研植保站
	内蒙古中西部地区节水型野生观赏花卉引种应用研究	呼和浩特市园林科研所
	用于防治奶牛生殖道感染的微生态制剂的研究	内蒙古双奇药业股份有限公司、呼和浩特市兽药监察所
	基于自感应亮度变化的 LED 路灯	内蒙古佳惠大屏幕电子信息有限责任公司
	基于户外环境下的柔性 LED 亮化灯管	内蒙古佳惠大屏幕电子信息有限责任公司
	基于风光互补的 LED 路灯	内蒙古佳惠大屏幕电子信息有限责任公司
	基于自带节电开关的 LED 节能灯	内蒙古佳惠大屏幕电子信息有限责任公司

续表 5

年份	成果名称	完成单位
2013	呼和浩特市饮用水检测平台与检测体系建设	呼和浩特市疾病预防控制中心
	优质全株青贮玉米合作化生产技术模式推广应用	内蒙古奶联科技有限公司
	奶牛乳房炎预防与控制技术集成推广应用	呼和浩特市动物疫病防控中心
	测土配方施肥技术研究与大面积推广	呼和浩特市土壤肥料工作站
	高密度聚乙烯硅芯地下通信管研制与产业化	内蒙古仁达特种电缆有限公司
	集束电缆系列产品挤出工艺控制	内蒙古仁达特种电缆有限公司
	矿用防潮抗拉型通信电缆研制与产业化	内蒙古仁达特种电缆有限公司
	PET 系列产品关键技术的研究及其应用	内蒙古蒙牛乳业(集团)股份有限公司
	焕轻系列中老年牛奶的研制	内蒙古蒙牛乳业(集团)股份有限公司
	蒙牛搅拌型发酵乳工艺技术改造创新	内蒙古蒙牛乳业(集团)股份有限公司
	蒙牛蒂兰圣雪 5 +1 系列冰淇淋关键技术研究及开发	内蒙古蒙牛乳业(集团)股份有限公司
	蒙牛雪糕前处理系统改造技术创新	内蒙古蒙牛乳业(集团)股份有限公司
	壳聚糖妇科外用抗菌器的研发和产业化	内蒙古东银科技有限公司
	壳聚糖妇科抗菌栓剂的研发和产业化	内蒙古东银科技有限公司
	壳聚糖痔疮抗菌凝胶的研发和产业化	内蒙古东银科技有限公司
	每小时 70 吨马铃薯全自动淀粉生产线	内蒙古博思达科技有限公司
	艾滋病合并卡氏肺囊虫肺炎 CT 的影像研究	呼和浩特市第二医院
	自升塔式起重机技术改造项目	呼和浩特市通用金属结构有限责任公司
	EBZ160 型采煤掘进机研制与产业化	内蒙古瑞隆重工装备制造有限公司
	新课程理念下高中生地图能力培养策略研究	呼和浩特市第十四中学
	呼和浩特市第六中学导学案教学模式	呼和浩特市第六中学
	“整体教学、问题导学、合作教学”课题教学改革实验研究	呼和浩特土默特学校
	芪参蛭龙散对阿耳茨海默病疗效机理及临床的研究	呼和浩特市中蒙医院、内蒙古自治区中医医院
	炸药自动包装装箱生产线技术与设备	清水河县同蒙化工有限责任公司
	口咽部抗炎益生菌的筛选、功能研究及产品开发	内蒙古伊利实业集团股份有限公司
	果粒优酸乳酸奶饮品系列产品的研制	内蒙古伊利实业集团股份有限公司

续表 6

年份	成果名称	完成单位
2013	HDPE 瓶 QQ 星营养果汁酸奶饮品项目	内蒙古伊利实业集团股份有限公司
	木瓜奶昔乳产品的研制	内蒙古伊利实业集团股份有限公司
	QQ 星儿童成长牛奶健护型	内蒙古伊利实业集团股份有限公司
	移动办公信息化平台	内蒙古万德系统集成有限责任公司
	含高浓度氯化钠与氯化铵稀土的废水处理回收利用工艺	内蒙古天一环境技术有限公司
	氯化铵稀土废水处理回收利用工艺	内蒙古天一环境技术有限公司
	“自主式”教学模式在小学语文教学中的运用	呼和浩特市新城区满族小学
	野生蒙中药植物引种驯化技术研究暨数字教学药圃园建设	内蒙古天际绿洲特色生物资源研发中心
	蓝元医院管理软件系统	内蒙古蓝元科技发展有限公司
	KM(DG)精密自定心卡盘系列产品研发项目	呼和浩特众环(集团)有限责任公司
	大型刀库及自动换刀装置的开发项目	呼和浩特众环(集团)有限责任公司
	火车轮毂系列卡盘研发项目	呼和浩特众环(集团)有限责任公司
	混凝土用高活性偏高岭土	内蒙古超牌建材科技有限公司
	超细煅烧高岭土新工艺新设备	内蒙古超牌建材科技有限公司
	CYM11000 型超细研磨机	内蒙古超牌建材科技有限公司
	食品加工设备用复合清洗剂的研制	内蒙古河西航天科技发展有限公司
	水源热泵与回灌技术应用示范项目	内蒙古瑞特科技有限公司
	中央空调节能管理专家系统开发与示范项目	内蒙古瑞特科技有限公司
	拓展学习空间、适应多样化学习方式培养小学生学习能力	呼和浩特市赛罕区大学路小学
	干旱缺水地区(武川)马铃薯水肥耦合应用研究	武川县农业技术推广中心、呼和浩特市土壤肥料工作站
	香辣传奇牌托克托县香辣酱的研发	内蒙古正隆谷物食品有限公司
	玉米淀粉分离及气流干燥的技术改进	内蒙古开盛生物科技有限公司
	辅酶 Q10 精提工艺优化与放大项目	神舟生物科技有限公司
	区域推进科技教育活动、提升小学教师科技素养、发展学生综合能力的实践研究	呼和浩特市教育科学研究所

续表 7

年份	成果名称	完成单位
2013	建筑废料再生混凝土技术研究与应用	内蒙古巨华集团大华建筑安装有限公司、内蒙古工业大学
	建筑工程中高强度高性能混凝土的技术研究与应用	内蒙古巨华集团大华建筑安装有限公司、内蒙古工业大学
	马铃薯滴灌高效栽培技术集成示范推广	呼和浩特市农业技术推广中心
	50 000 吨/年四氯化硅低温转化项目	内蒙古神舟硅业有限责任公司
	36 对棒大型多晶硅还原炉装备及工艺技术研究	内蒙古神舟硅业有限责任公司
	黄瓜商业化制种技术体系研究与应用	内蒙古杜卜种苗有限公司
	南瓜商业化制种技术体系研究与应用	内蒙古杜卜种苗有限公司
	旱作玉米全覆膜盖双垄沟播高产栽培模式试验示范项目	呼和浩特市农业技术推广中心
2014	隔震技术在砌体结构抗震加固中的应用研究	内蒙古泰格尔建筑技术发展有限责任公司
	伊利畅轻风味发酵乳(利乐冠)产品的开发与研究	内蒙古伊利集团
	帕瑞缇风味发酵乳的开发与研究	内蒙古伊利集团
	火炬自动平板涂挂机的开发与应用	内蒙古伊利集团
	欣活配方奶粉的研发及应用	内蒙古伊利集团
	乳铁蛋白品质评价体系的建立及其生物特征研究	内蒙古伊利集团
	生态园林城市景观形态建设与乡土植物推广应用研究	呼和浩特市园林科研所
	农企合作配方肥的开发与推广应用	呼和浩特市土肥工作站
	有机儿童牛奶产品的研制与开发	内蒙古蒙牛乳业集团
	猪口蹄疫○型灭活疫苗(○/Mya98/2010 + O/GX/09 -7 株)研究与开发	金宇保灵生物制品公司
	智能控制自升塔式起重机的研制与开发项目	呼和浩特市通用金属结构有限公司
	反刍动物绿色生物饲料技术研究	内蒙古斯隆生物技术有限公司
	提高金色链霉菌生产能力的基因工程技术开发与应用	金河生物科技股份有限公司
	瑞特建筑智能一体化平台开发与应用	内蒙古瑞特科技有限公司

续表 8

年份	成果名称	完成单位
2014	智能建筑安全监控系统的开发与应用	内蒙古瑞特科技有限公司
	纤维支气管镜下永久植入联合经皮植入放射性粒子治疗主打气管肺癌的临床研究	呼和浩特市第一医院
	大尺寸热场及配套工艺研发项目	内蒙古中环光伏材料有限公司
	超薄高效太阳能电池用硅单晶切片项目	内蒙古中环光伏材料有限公司
	呼和浩特市第四中学义务教育阶段整体开发校本课程的行动研究	呼和浩特市第四中学
	初中各学科"30+15"循环课堂模式的研究	呼和浩特市第二十七中学
	风电场风电功率预测系统项目	内蒙古东润能源科技有限公司
	DEP 分离膜元件产业化研究项目	内蒙古天一环境技术有限公司
	酒店中央空调(制冷机)废热回收项目	呼和浩特市多维太阳能配套工程有限公司
	大口径高真空三偏心双密封蝶阀研制和开发	呼阀科技控股有限公司
	大规模优质苜蓿青贮技术研究与应用	内蒙古奶联科技有限公司
	树脂基纤维增强复合材料加油站檐面研制	内蒙古航天亿久科技发展有限责任公司
	树脂基纤维增强复合材料精密仪器储运箱研制	内蒙古航天亿久科技发展有限责任公司
	辅酶 Q10 发酵工艺优化－降低葡萄糖消耗研究项目	神舟生物科技有限责任公司
	辅酶 Q10 发酵防治噬菌体感染方法研究	神舟生物科技有限责任公司
	纤果奶茶饮料关键技术研究及开发	内蒙古蒙牛乳业集团
	低聚半乳糖组分、性能及应用研究	内蒙古蒙牛乳业集团
	慢性肝病健康教育系列读本的开发与临床应用	呼和浩特市第二医院
	氟保护漆增强乳牙抗龋性的实验研究	呼和浩特市口腔医院
2015	优质高产奶牛科学养殖技术推广示范	呼和浩特市家畜改良工作站
	鸡艾美耳球虫早熟弱毒疫苗(三价/五价)中试生产	内蒙古神元生物工程股份有限公司
	裸燕麦产业化关键技术研究与应用	内蒙古上禾生物技术有限公司
	高空长悬挑结构现浇混凝土模板及支撑支设关键技术研究与应用	内蒙古绰勒水利水电有限责任公司

续表 9

年份	成果名称	完成单位
2015	高寒地区单层铺建厚度 35cm 碾压式沥青混凝土心墙冬季施工技术研究与应用	内蒙古绰勒水利水电有限责任公司
	大鼠腹腔灌注碳酸氢钠溶液后 CO2 气腹对腹腔液 PH 及 THF－α 影响的实验研究	呼和浩特市赛罕区医院
	“天骄”系列番茄新品种选育与配套技术推广	呼和浩特市广禾农业科技有限公司、呼和浩特市土壤肥料工作站、呼和浩特市蔬菜技术推广站
	PDCDI 基因多态与北方汉族人群系统性红斑狼疮相关性研究	呼和浩特市第一医院、内蒙古医科大学附属医院
	每益添活性乳酸菌饮料低糖型产品开发与研究项目	内蒙古伊利集团股份有限责任公司
	金领冠呵护婴幼儿配方奶粉的研发与应用	内蒙古伊利集团股份有限责任公司
	三片罐核桃植物蛋白饮料产品开发	内蒙古伊利集团股份有限责任公司
	康美包颗粒燕麦牛奶的开发研究	内蒙古伊利集团股份有限责任公司
	QQ 星儿童成长花色奶系列	内蒙古伊利集团股份有限责任公司
	铝电解槽预焙阳极用磷生铁材料改性与熔炼技术应用研究	内蒙古大堂国际再生资源开发有限公司
	φ80μm 金刚石线切割太阳能级硅片工艺的研发及应用	内蒙古中环光伏材料有限公司
	高中新课程有机化学教学策略的行动研究	呼和浩特市第十四中学
	安慕希希腊酸奶系列产品的研制	内蒙古伊利集团股份有限责任公司
	托菲尔婴幼儿配方奶粉	内蒙古伊利集团股份有限责任公司
	压缩空气在线除菌过滤装置设计与应用	内蒙古伊利集团股份有限责任公司
	糯米类冰淇淋产品金黄色葡萄球菌控制项目	内蒙古伊利集团股份有限责任公司
	仿形多间隔奶冰结合切割成型技术	内蒙古伊利集团股份有限责任公司
	导学互动高效课堂的研究	托克托县第二中学
	中华传统文化对小学生成长的影响之研究——方法与途径研究	呼和浩特市回民区钢铁路小学
	三四分层教学法的实践研究	呼和浩特市回民区钢铁路小学
	随变爆料麦片曲奇雪糕关键技术研究与开发	内蒙古蒙牛乳业集团股份有限公司

续表 10

年份	成果名称	完成单位
2015	溶溶豆关键技术研究与开发	内蒙古蒙牛乳业集团股份有限公司
	新型谷粒乳关键技术研究与产业	内蒙古蒙牛乳业集团股份有限公司
	火电厂锅炉脱硝优化控制系统的开发与应用	内蒙古瑞特优化科技股份有限公司
	基于大数据挖掘的电站锅炉煤质修正及 AGC 策略优化的研究与应用	内蒙古瑞特优化科技股份有限公司
	高强度钢丝加强架空绝缘电缆产品研制与标准化	内蒙古仁达电缆有限公司
	防老化电缆的机理研究与应用	内蒙古仁达电缆有限公司
	环保型阻燃电缆研制与产业化	内蒙古仁达电缆有限公司
	基于园本研修的幼儿教师五项专业技能提高的研究	呼和浩特市回民区回族第二幼儿园
	提升内涵式发展的学校管理研究 –“自由组合双向选择”的教育运行机制	呼和浩特市实验中学
	新型金霉素微囊化制剂产品的开发与应用	金河生物科技股份有限公司
	MB 型土壤固化剂在治理退化草地植被重建的技术研究	内蒙古沙谷丰林环境科技有限责任公司
	奶牛营养评估体系的建立和推广	内蒙古伊利集团股份有限责任公司
	防治奶牛蹄病与抗热应激系列功能性营养包的研究与开发	内蒙古伊利集团股份有限责任公司
	鲜奶运输车升发与应用	内蒙古九强机械有限公司、内蒙古腾驰重汽专用汽车有限公司
	地方志在线编纂系统	呼和浩特市传星科技有限责任公司
	贴壁培养 BHK –21 细胞的低血清培养低的开发	内蒙古金源康生物工程有限公司
	大肠杆菌高表达培养基的开发与应用	内蒙古金源康生物工程有限公司
	良性非抢救患者使用 PICC 导管致感染的相关性研究	呼和浩特市第一医院
	基于培养小学生创新能力的模型系列课程研究	呼和浩特市锡林南路小学
	建筑施工升降机智能测控应用研究	呼和浩特市通用金属结构有限责任公司
	智能塔吊喷淋系统应用研究开发	呼和浩特市通用金属结构有限责任公司
	玉米宽覆膜高密度高产高效栽培技术集成推广	呼和浩特市农业技术推广中心
	磷元素对辅酶 Q10 发酵水平的影响研究及其工业化应用	神州生物科技有限责任公司

续表 11

年份	成果名称	完成单位
2016	速卸 LED 显示模组关键技术研究与应用	内蒙古佳惠科技有限公司
	LED 感应小夜灯关键技术研究与应用	内蒙古佳惠科技有限公司
	新型太阳能 LED 触摸灯关键技术研究与应用	内蒙古佳惠科技有限公司
	军工数字化车间质量管控系统的研究与应用	中国航天科工集团六院情报信息研究中心、内蒙古航天红峡化工有限公司
	生物工程技术保健型沙棘果醋的研究开发	内蒙古宇航人高技术产业有限责任公司
	基于线径 60μm 金刚石线切割太阳能级硅片技术	内蒙古中环光伏材料有限公司
	呼和浩特市利用巨菌草栽培鹿角灵芝新品种技术研究	内蒙古沙谷丰林环境科技有限责任公司
	呼和浩特市森林主要鼠害综合治理研究	呼和浩特市森林保护站
	利乐钻 QQ 星儿童风味酸奶	内蒙古伊利实业集团股份有限公司
	乳糖水解技术在酸奶中的研究与应用	内蒙古伊利实业集团股份有限公司
	巧乐兹心悦小脆筒冰淇淋突破性研发项目	内蒙古伊利实业集团股份有限公司
	PET、HDPE 瓶装畅意 100% 乳酸菌饮品	内蒙古伊利实业集团股份有限公司
	有机酸奶的研究与开发	内蒙古伊利实业集团股份有限公司
	实施“一二五”自主课堂“导学案”教学模式，促进学生学习力发展的实证研究	呼和浩特市第三十八中学
	开展科技教育活动、培养中学生创新能力的实践研究	呼和浩特市第二十一中学
	“双载体 · 四导型”自主课堂模式的实践与研究	呼和浩特市第十九中学
	乳制品质量控制信息化管理系统的研究及建立	内蒙古蒙牛乳业(集团)股份有限公司
	生乳微生物快速定量检测技术的开发和规模化应用	内蒙古蒙牛乳业(集团)股份有限公司
	乳中钙快速检测技术研究、开发及应用	内蒙古蒙牛乳业(集团)股份有限公司
	特仑苏纯牛奶产品关键技术的研究及其应用	内蒙古蒙牛乳业(集团)股份有限公司
	蒂兰圣雪酸奶冰淇淋关键技术的研究及开发	内蒙古蒙牛乳业(集团)股份有限公司
	UHT 再制干酪关键技术的研究及开发	内蒙古蒙牛乳业(集团)股份有限公司
	随芯果雪糕关键技术研究及开发	内蒙古蒙牛乳业(集团)股份有限公司
	基于 3S 技术的呼和浩特市耕地地力评价与施肥决策体系研究与应用	呼和浩特市土壤肥料工作站

续表 12

年份	成果名称	完成单位
2016	沙棘糖浆品质提升与推广应用	内蒙古大唐药业股份有限公司
	牧场粪污综合利用模式的新技术研究	内蒙古优然牧业有限责任公司
	纳米银抑菌凝胶的研发和产业化	内蒙古东银科技有限公司
	呼和浩特地区过敏性鼻炎患者吸入过敏原谱分析	呼和浩特市第一医院
	“三步五环”高效课堂教学的行动研究	呼和浩特市第八中学
	学科教学与社会实践活动渗透德育有效性研究	呼和浩特市回民区通道街回族小学
	创新园本艺术教育活动促进幼儿身心健康发展的研究	呼和浩特市回民区第二幼儿园
	内蒙古自治区公共文化服务管理平台建设项目	内蒙古蒙科立软件股份有限公司
	秸秆等生物质发酵栽培技术在呼和浩特地区设施蔬菜中的集成创新与应用	呼和浩特市农业环保能源监测管理站
	常规 P 型单晶硅抗 PID 高效太阳电池性能改善与提高	内蒙古日月太阳能科技有限责任公司
	12 对棒多晶硅还原炉节能降耗、提升产能及产品质量工艺技术研究	内蒙古神舟硅业有限责任公司
	利福霉素 SV 发酵工艺参数研究	神舟生物科技有限责任公司
	“启发・三动・创新”高效课堂教学模式研究	呼和浩特市土默特中学
	普通高中课程标准实验教材语文必修二有效性学案研究	呼和浩特市土默特中学
	红领巾小社团对学生全面发展作用的实践研究	呼和浩特市新城区胜利街小学
	呼和浩特市综合实践活动课程与各学科课程整合的研究	呼和浩特市教育科学研究所
	“511”绿色课堂教学模式研究	呼和浩特市清水河县第一中学
	内蒙古和盛生态科技园区绿色建筑应用示范	内蒙古和盛生态育林有限公司
	2 万升大型超细研磨机研发与应用项目	内蒙古超牌建材科技有限公司
	立式湿法球磨机研发与应用项目	内蒙古超牌建材科技有限公司
	年产 10 万吨超细煅烧高岭土示范生产线项目	内蒙古超牌建材科技有限公司
	利用新型诱变技术筛选辅酶 Q10 高产菌株及其应用研究	神舟生物科技有限责任公司

二、科学技术奖励工作

1978 年后，呼和浩特市科学技术奖励工作步入正轨，一批科研成果受到国家、自治区和呼和浩特市的表彰。

2000—2017 年，呼和浩特市获得国家科学技术奖 25 项，其中科学技术进步奖二等奖 23 项，自然科学奖二等奖 1 项，技术发明奖二等奖 1 项。

2001—2017 年，呼和浩特市获得自治区科学技术特别贡献奖 1 人，中青年科学技术创新奖 6 人；获得内蒙古自治区科学技术进步奖 186 项，其中科学技术进步奖一等奖 14 项，科学技术进步奖二等奖 41 项，科学技术进步奖三等奖 131 项。

1980 年，呼和浩特市开始市级科学技术奖励工作，至 2016 年底，有近 1000 项科技成果获得奖励。

2004 年，设立呼和浩特市科教兴市市长特别奖，每两年评选一次，至 2016 年底，共有 13 人获奖。

2012 年开始，根据修订的《呼和浩特市科学技术奖励办法》，设立引进人才科技贡献奖，每两年评选一次，至 2016 年底，共有 11 人获奖。

2016 年后，市科技局共开展科技成果鉴定 46 项，组织推荐自治区科技进步奖 22 项，征集呼和浩特市科技进步奖 88 项，申报呼和浩特市科教兴市市长特别奖 8 人、呼和浩特市引进人才特殊贡献奖 5 人。

2017 年 5 月 31 日，国务院办公厅印发《关于深化科技奖励制度改革方案的通知》规定：省级以下各级人民政府及其所属部门，其他列入公务员法实施范围的机关，以及参照公务员法管理的机关（单位），不得设立由财政出资的科学技术奖。2017 年后，呼和浩特市取消市级科技奖励。

2000—2017 年呼和浩特市获得国家科学技术奖情况（共 25 项）

表 2－3－2

序号	年度	获奖类别	等级	获奖成果名称	完成单位
1	2000	科学技术进步奖	二	牛体外受精技术的研究与开发	内蒙古大学
2	2001	科学技术进步奖	二	内蒙古河套灌区开发治理技术研究	内蒙古自治区水利水电勘测设计院
3	2004	科学技术进步奖	二	半干旱区沙地综合治理技术研究与推广	内蒙古自治区林业科学研究院
4			二	煤粉锅炉等离子点火及稳燃技术	内蒙古电力（集团）有限责任公司

续表 1

序号	年度	获奖类别	等级	获奖成果名称	完成单位
5	2007	科学技术进步奖	二	沙漠地区公路建设成套技术研究	内蒙古交通设计研究院有限责任公司
6	2008	科学技术进步奖	二	中国北方草地退化与恢复机制及其健康评价	内蒙古大学
7	2009	科学技术进步奖	二	功能性益生乳酸菌高效筛选及应用关键技术	内蒙古农业大学
8	2010	科学技术进步奖	二	枣林高效生态调控关键技术的研究与示范	内蒙古永业生物技术有限责任公司
9			二	干旱半干旱农牧交错区保护性耕作关键技术与装备的开发和应用	内蒙古自治区农牧业科学院、内蒙古农业大学、内蒙古自治区农牧业机械技术推广站、内蒙古大学
10			二	国家土地资源遥感监测关键技术及重大工程应用	内蒙古自治区土地勘测规划院
11	2011	科学技术进步奖	二	玉米高产高效生产理论及技术体系研究与应用	内蒙古农业大学
12		自然科学奖	二	《中华人民共和国植被图(1：100 万)》的编研及其数字化	内蒙古大学
13	2013	科学技术进步奖	二	森林资源综合监测技术体系	内蒙古自治区林业科学研究院
14			二	巴美肉羊新品种培育及关键技术研究与示范	内蒙古自治区农牧业科学院、内蒙古农业大学、内蒙古自治区家畜改良工作站
15			二	干酪制造与副产品综合利用技术集成创新与产业化应用	内蒙古伊利实业集团股份有限公司
16	2015	科学技术进步奖	二	满足国家第四阶段汽车排放标准的清洁汽油生产成套技术开发与应用	中国石油天然气股份有限公司呼和浩特石化分公司
17			二	3.6 万吨黑色金属垂直挤压机成套装备与工艺技术研发及产业化	内蒙古工业大学
18			二	航天器舱体结构变极性等离子弧穿孔立焊关键技术与应用	内蒙古工业大学
19			二	中国生态交错带生态价值评估与恢复治理关键技术	内蒙古自治区环境监测中心站

续表 2

序号	年度	获奖类别	等级	获奖成果名称	完成单位
20	2016	科学技术进步奖	二	大型汽轮发电机组次同步谐振/震荡的控制与保护技术、装备及应用	北方联合电力有限责任公司
21			二	针对新传入中国口蹄疫流行毒株的高效疫苗的研制及应用	金宇保灵生物药品有限公司
22			二	阿维菌素的微生物高效合成及其生物制造	齐鲁制药(内蒙古)有限公司
23	2016	技术发明奖	二	良种牛羊高效克隆技术	内蒙古农业大学、内蒙古大学
24	2017	科学技术进步奖	二	高铝粉煤灰提取氧化铝多联产技术开发与产业示范项目	内蒙古大唐国际再生资源开发有限公司、大唐国际发电股份有限公司
25			二	超高层建筑钢骨高强混凝土结构体系抗震关键技术及其应用	内蒙古工业大学

2001—2017 年呼和浩特市获内蒙古自治区科学技术奖情况一览表

表 2－3－3

年度	科学技术进步奖				中青年科学技术创新奖	科学技术特别贡献奖
	一等奖	二等奖	三等奖	合计		
2001		2	9	11		
2002		2	2	4		
2003		1	2	3		
2004			4	4		
2005		1	6	7		
2006	2		5	7		
2007	2	1	7	10		1
2008	1		6	7		
2009		1	3	4	1	

续表 1

年度	科学技术进步奖				中青年科学技术创新奖	科学技术特别贡献奖
	一等奖	二等奖	三等奖	合计		
2010	3	1	3	7		
2011	1	2	8	11		1
2012		5	11	16		
2013	1	6	10	17		1
2014	3	3	16	22		
2015	1	4	13	18		2
2016		7	11	18		
2017		5	16	21		1
合计	14	41	131	186	1	6

呼和浩特市获得内蒙古自治区科学技术特别贡献奖人员

表 2－3－4

序号	姓　名	完　成　单　位	年度
1	李喜和	内蒙古赛科星繁育生物技术有限责任公司	2009

呼和浩特市获得内蒙古自治区中青年科技创新奖人员

表 2－3－5

序号	姓　名	完　成　单　位	年度
1	李喜和	内蒙古赛科星繁育生物技术有限责任公司	2007
2	孙俊民	内蒙古大唐国际再生资源开发有限公司	2011
3	侯云浩	北方联合电力有限责任公司	2013
4	张志耕	内蒙古高等级公路有限责任公司	2015
5	吴景龙	北方联合电力有限责任公司	2015
6	辛　强	内蒙古交通设计研究院有限责任公司	2017

2001年度呼和浩特市获得自治区科学技术进步奖项目表

表2-3-6

序号	等级	获奖成果名称	完成单位
1	二等	鸡沙门氏菌病病原及外膜蛋白亚单位免疫原性研究	呼和浩特市兽药监督管理所
2	二等	防雹新技术开发与提高防雹总体效益的研究	呼和浩特市人工降雨防雹办公室
3	三等	青椒疫病发生规律及防治研究	呼和浩特市赛罕区蔬菜病虫害测报防治站、呼和浩特市蔬菜良种场
4	三等	秸秆饲料快速发酵复合转化剂推广应用研究	呼和浩特市大鹏生物技术发展中心
5	三等	环保型SBS改性沥青超低温抗裂防水材料	内蒙古益华防水有限责任公司
6	三等	内蒙古化肥厂试生产过程的技术改进研究与实施	内蒙古天野化工(集团)有限责任公司
7	三等	呼和浩特市城区景观生态空间格局及其生态建设	呼和浩特市城市科学研究会
8	三等	呼和浩特地区丙型肝炎的病原学及临床转归研究	呼和浩特市第二医院
9	三等	应用固定矫治器牵引第二恒磨牙对青少年第一恒磨牙早失进行非义齿性修复的研究	呼和浩特市口腔医院
10	三等	构建学校素质教育机制提高学生素质创新能力	呼和浩特市回民区南马路小学、呼和浩特市教育科学研究所
11	三等	发挥体育艺术活动优势,促进幼儿身心和谐发展的实验研究	呼和浩特市回民区第五幼儿园

2002年度呼和浩特市获得自治区科学技术进步奖项目表

表2-3-7

序号	等级	获奖成果名称	完成单位
1	二等	啤酒糖化自动控制系统	内蒙古灵奕高科技(集团)有限责任公司
2	二等	国际标准金银锭的研制与生产	内蒙古乾坤金银精炼股份有限公司
3	三等	蒙牛利乐枕液态奶的开发	内蒙古蒙牛乳业股份有限公司
4	三等	NA逆变器系列	内蒙古蒙辰新能源有限公司

2003 年度呼和浩特市获得自治区科学技术进步奖项目表

表 2－3－8

序号	等级	获奖成果名称	完成单位
1	二等	FEC View 工业监控管理系统	内蒙古灵奕高科技(集团)有限责任公司
2	三等	金、银中杂质光谱分析标准物质	内蒙古乾坤金银精炼股份有限公司
3	三等	饮水砷暴露与其特异性皮损、皮肤癌及肺癌的环境流行病学研究	呼和浩特市卫生防疫站

2004 年度呼和浩特市获得自治区科学技术进步奖项目表

表 2－3－9

序号	等级	获奖成果名称	完成单位
1	三等	呼和浩特市地区兔出血症病原及特异性防制措施研究	呼和浩特市兽药监督管理所
2	三等	呼和浩特市水利综合治理“两河一库”工程多媒体演示系统的研究与开发	呼和浩特市春华水务开发有限责任公司
3	三等	利用羊(胚)胎盘提取小分子生物活性肽	内蒙古盘古生物技术有限公司
4	三等	旅客信息图文采集系统	内蒙古银安科技开发有限责任公司

2005 年度呼和浩特市获得自治区科学技术进步奖项目表

表 2－3－10

序号	等级	获奖成果名称	完成单位
1	二等	非接触 IC 卡读写器的研制	内蒙古银安科技开发有限责任公司
2	三等	内蒙古呼和浩特市水资源可持续利用规划	呼和浩特市水务局
3	三等	LTY－vs 天目 GPS 卫星定位系统	内蒙古天迅网络科技发展有限责任公司
4	三等	XJDF－120×150×120 三复合销钉式冷喂料挤出机的开发、制造	内蒙古富特橡塑机械有限公司
5	三等	盐霉素产品	华蒙金河实业有限公司
6	三等	净宫栓治疗子宫颈糜烂的临床研究	呼和浩特市妇幼保健医院
7	三等	火力发电厂膜法处理循环水排污水工程	内蒙古大唐国际托克托发电有限责任公司

2006 年度呼和浩特市获得自治区科学技术进步奖项目表

表 2 -3 -11

序号	等级	获奖成果名称	完成单位
1	一等	蒙古文远程教育及教育资源库系统	内蒙古明安图互联网技术开发有限公司
2	一等	新型胶片挤出生产线	内蒙古富特橡塑机械有限公司
3	三等	KLY 系列水处理剂在高硬度高碱度高腐蚀离子浓度循环水中推广应用	内蒙古科绿源精细化工有限责任公司
4	三等	吉远干粉及在外墙外保温系统中的应用	内蒙古吉远建材有限责任公司
5	三等	总线式宽频一线通电视监控系统成套产品的研发	内蒙古方维电器制造有限责任公司
6	三等	运用 QACP(质量保障控制点)技术生产液态奶制品	内蒙古蒙牛乳业(集团)股份有限公司
7	三等	沙棘血脂康的研究与开发	内蒙古复旦蒙耀生物技术有限责任公司

2007 年度呼和浩特市获得自治区科学技术进步奖项目表

表 2 -3 -12

序号	等级	获奖成果名称	完成单位
1	一等	伊利营养舒化奶系列产品	内蒙古伊利实业集团股份有限公司
2	一等	奶牛 X/Y 精子分离 - - 性别控制产业化关键技术的研究	内蒙古蒙牛繁育生物技术有限公司
3	二等	小儿双解止泻颗粒的研发与生产	内蒙古惠丰药业有限公司
4	三等	马铃薯系列变性淀粉	内蒙古奈伦农业科技股份有限公司
5	三等	纳米硒等微量元素复合功能纤维及制品	呼和浩特市泰尔力图医疗保健用品有限公司
6	三等	胶辊缠绕装置	内蒙古宏立达橡塑机械有限责任公司
7	三等	数控刀库及刀具自动交换装置的研发	呼和浩特众环(集团)有限责任公司
8	三等	低温条件下天然气汽车技术在公交车上的推广应用	呼和浩特市公共交通总公司
9	三等	警务终端的研制	内蒙古银安科技开发有限责任公司
10	三等	蒙古文整词智能化输入输出系统	内蒙古蒙科立软件有限责任公司

2008 年度呼和浩特市获得自治区科学技术进步奖项目表

表 2－3－13

序号	等级	获奖成果名称	完成单位
1	一等	国家西部沙棘综合开发利用高技术产业化示范工程	内蒙古宇航人高技术产业有限责任公司
2	三等	优质高产杂交茄子系列新品种的选育与推广应用	呼和浩特市蔬菜科学研究所
3	三等	伊利早餐奶系列产品	内蒙古伊利实业集团股份有限公司
4	三等	带 PC/PLC 控制系统的大型马铃薯淀粉加工成套设备	呼和浩特市博思达机械制造有限责任公司
5	三等	台式居民身份证阅读器	内蒙古银安科技开发有限责任公司
6	三等	多文种图书管理系统	内蒙古蒙科立软件有限责任公司
7	三等	白云牌“BY－1”环保节能型锅炉防垢除垢剂	内蒙古山源非金属物料开发有限公司

2009 年度呼和浩特市获得自治区科学技术进步奖项目表

表 2－3－14

序号	等级	获奖成果名称	完成单位
1	二等	金领冠系列婴儿配方奶粉研制	内蒙古伊利实业集团股份有限公司
2	三等	伊利谷粒多谷物奶系列产品	内蒙古伊利实业集团股份有限公司
3	三等	直投式酸奶发酵剂研制及应用	内蒙古蒙牛乳业(集团)股份有限公司
4	三等	印染废水闭路循环处理装置与技术开发	内蒙古富佳工贸有限责任公司、内蒙古工业大学

2010 年度呼和浩特市获得自治区科学技术进步奖项目表

表 2－3－15

序号	等级	获奖成果名称	完成单位
1	一等	煤炭黄腐植酸的提取及绿色农用产品的开发与应用研究	内蒙古永业农丰生物科技有限责任公司
2	一等	高铝粉煤灰矿热法冶炼铝硅合金关键技术及其产业化	内蒙古大唐同方硅铝科技有限公司
3	一等	牛口蹄疫○型、亚洲Ⅰ型二价灭活疫苗研制	金宇保灵生物药品有限公司

续表 1

序号	等级	获奖成果名称	完成单位
4	二等	调理肠道益生菌的筛选和功效研究及其应用产品“畅轻”酸奶的开发	内蒙古伊利实业集团股份有限公司
5	三等	优质高产青椒系列杂交新品种选育及推广应用	呼和浩特市蔬菜科学研究所
6	三等	QQ 星儿童成长牛奶系列产品开发项目	内蒙古伊利实业集团股份有限公司
7	三等	移动警务终端	内蒙古银安科技开发有限责任公司

2011 年度呼和浩特市获得自治区科学技术进步奖项目表

表 2－3－16

序号	等级	获奖成果名称	完成单位
1	一等	农牧交错区奶业现代化生产技术集成与产业化示范	内蒙古伊利实业集团公司、内蒙古农牧业科学院、内蒙古家畜改良工作站、内蒙古农业大学
2	二等	马铃薯变性淀粉湿法生产新工艺的研究	内蒙古奈伦农业科技股份有限公司
3	二等	内蒙古烟草现代物流系统优化研究	中国烟草总公司内蒙古公司、北京科技大学
4	三等	蒙牛果蔬系列牛奶饮品的研制	内蒙古蒙牛乳业（集团）股份有限公司
5	三等	果之优酸乳饮品系列产品的研制	内蒙古伊利实业集团股份有限公司
6	三等	400KN 悬式瓷绝缘子产品开发应用项目	内蒙古精诚高压绝缘子有限责任公司
7	三等	蒙汉文并用资源应用管理系统	内蒙古蒙科立软件有限责任公司
8	三等	金融机构客户身份识别及联网核查管理信息系统	内蒙古银安科技开发有限责任公司
9	三等	天然胡萝卜素胶丸	内蒙古兰太药业有限责任公司
10	三等	工业蒸汽锅炉高效燃烧支持系统综合应用	呼和浩特市环境监测中心站
11	三等	6XST－11G×180 型刷式土豆清洗机组	托克托县宏昌机械制造有限公司

2012年度呼和浩特市获得自治区科学技术进步奖项目表

表2-3-17

序号	等级	获奖成果名称	完成单位
1	二等	优秀荷斯坦种公牛的培育及优质冷冻精液的生产与推广应用	内蒙古天和荷斯坦牧业有限公司
2	二等	谷氨酸生产关键技术与装备研究开发及应用	内蒙古阜丰生物科技有限公司
3	二等	现代草原畜牧业关键装备与设施研发与应用	中国农业机械化科学研究院呼和浩特分院
4	二等	神舟光伏5WM发电示范项目	内蒙古神舟光伏电力有限公司
5	二等	面向Web UI控件的用户体验感知与定制平台研发与应用	中国移动通信集团内蒙古有限公司
6	三等	规模化牧场优质原料奶生产、精准与连锁管理、合作化发展集成体系	内蒙古奶联科技有限公司
7	三等	乳铁蛋白型舒化奶技术开发项目	内蒙古伊利实业集团股份有限公司
8	三等	乳品安全预防控制体系建设	内蒙古伊利实业集团股份有限公司
9	三等	大型风力发电机组叶片研制	内蒙古航天亿久科技发展有限责任公司
10	三等	钢轨拉阀尔喷风冷却淬火新工艺及设备	呼和浩特铁路局焊轨段
11	三等	原料奶生产冷热联供节能减排技术开发与产业化	内蒙古伊利实业集团股份有限公司
12	三等	蒙科立多文种网站内容管理系统	内蒙古蒙科立软件有限责任公司
13	三等	采暖空调水系统高层直供技术	呼和浩特高层供暖技术有限公司
14	三等	内蒙古高等级公路档案管理信息化研究	呼和浩特市绕城高速公路建设管理办公室
15	三等	苁蓉益肾颗粒	内蒙古兰太药业有限责任公司
16	三等	干法造粒工艺应用于微生态活菌片剂生产研究	内蒙古双奇药业股份有限公司

2013年度呼和浩特市获得自治区科学技术进步奖项目表

表2－3－18

序号	等级	获奖成果名称	完成单位
1	一等	高铝粉煤灰提取氧化铝多联产技术开发与产业示范	内蒙古大唐国际再生资源开发有限公司、大唐国际发电股份有限公司高铝煤炭资源开发利用研发中心
2	二等	双菌混合发酵生产聚谷氨酸技术及装备的研究与开发	内蒙古阜丰生物科技有限公司
3	二等	富勒烯产业化关键技术开发	内蒙古京蒙碳纳米材料高科技有限责任公司
4	二等	种子收获与加工关键技术研究与设备开发	中国农业机械化科学研究院呼和浩特分院、内蒙古华德新技术公司
5	二等	现浇网格生态护坡技术与应用研究	内蒙古和信源生态工程研发中心、北京林业大学边坡绿化研究所
6	二等	蒙药方剂数据库管理系统开发研究	内蒙古医科大学、内蒙古蒙科立软件有限责任公司
7	二等	生态与经济双赢的家庭牧场新型管理模式研究与示范	内蒙古赛诺草原羊业有限公司
8	三等	基于风光互补的LED路灯研究	内蒙古佳惠大屏幕电子信息有限责任公司
9	三等	XSP1－420、XSP－550交流系统用盘形悬式瓷绝缘子新产品	内蒙古精诚高压绝缘子有限责任公司
10	三等	连续复投生产太阳能级单晶硅技术研发及产业化	内蒙古中环光伏材料有限公司
11	三等	高氯黄河水替代地下水用于工业生产的关键技术开发与应用	中海石油天野化工有限责任公司
12	三等	三氯乙烯生产技术优化项目	内蒙古三联金山化工有限责任公司、内蒙古三联金山塑胶有限责任公司
13	三等	50 000吨/年四氯化硅低温转化项目	内蒙古神舟硅业有限责任公司
14	三等	高性能碳纤维复合芯导线开发及应用	呼和浩特市浩源碳纤维有限公司
15	三等	蒙药新药“三味檀香胶囊”	内蒙古凯蒙药业有限公司
16	三等	风力发电直接提水型风光互补发电综合应用系统	内蒙古国飞风力发电技术开发有限责任公司
17	三等	基于煤质实时分析技术的火电厂燃煤全过程监管平台的开发与应用	内蒙古呼和浩特市立信电气技术有限责任公司、北方联合电力有限责任公司

2014 年度呼和浩特市获得自治区科学技术进步奖项目表

表 2－3－19

序号	等级	获奖成果名称	完成单位
1	一等	以“受精推流”原理为基础的奶牛性控冻精生产新技术开发与产业化应用	内蒙古赛科星繁育生物技术股份有限公司
2	一等	含杂环的芳香族聚酰胺纤维（F－12 纤维）50 吨/年产业化技术	内蒙古航天新材料科技有限公司、中国航天科工六院四十六所
3	一等	农牧交错区旱作农田丰产高效关键技术与装备	呼和浩特市得利新农机制造有限责任公司
4	二等	水溶性腐植酸提取新技术及其产品推广应用	内蒙古永业生物技术有限责任公司
5	二等	基于物联网技术的设施农业智能管理系统	内蒙古国讯富通科技有限公司
6	二等	高性能碳纤维材料快速加固混凝土梁式桥理论研究及工程应用	内蒙古泰格尔建筑技术发展有限责任公司
7	三等	发酵法高产辅酶 Q10 技术研究与应用	内蒙古金达威药业有限公司
8	三等	氯化铵稀土废水处理回收利用技术	内蒙古天一环境技术有限公司
9	三等	沙棘番茄提取物抗氧化保健食品的研究开发	内蒙古宇航人高技术产业有限责任公司
10	三等	离子膜烧碱三效降膜蒸发技术国产化及其应用	内蒙古三联金山化工有限责任公司、内蒙古三联金山塑胶有限责任公司
11	三等	伊利“每益添”活性乳酸菌饮料产品的开发	内蒙古伊利实业集团股份有限公司
12	三等	混凝土用高活性偏高岭土	内蒙古超牌建材科技有限公司、内蒙古超牌高岭土有限公司、湖南超牌科技有限公司
13	三等	全膜法提取苏氨酸新技术研究与开发	内蒙古阜丰生物科技有限公司
14	三等	CYM11000 型超细研磨机	内蒙古超牌建材科技有限公司、湖南超牌科技有限公司
15	三等	果粒优酸乳酸奶饮品系列产品的研制	内蒙古伊利实业集团股份有限公司
16	三等	电梯安全运行信息化监督管理系统	内蒙古通用电梯有限公司
17	三等	XZP－210、XZWP－210、XZSP－210 直流系统用盘形悬式瓷绝缘子新产品	内蒙古精诚高压绝缘子有限责任公司

续表 1

序号	等级	获奖成果名称	完成单位
18	三等	警务通产品及基层信息采集应用系统	内蒙古银安科技开发有限责任公司
19	三等	携带放疗微粒支架置入治疗食管癌的临床研究	呼和浩特市第一医院
20	三等	野生蒙药植物引种驯化技术研究及数字药圃园系统建设	内蒙古天际绿洲特色生物资源研发中心
21	三等	高速连续喷码机用纳米抗擦墨	显鸿新材料(内蒙古)有限公司
22	三等	优质功能性乳生产营养调控技术	内蒙古自治区农牧业科学院、内蒙古奶联社科技有限公司、成都大帝汉克生物科技有限公司

2015 年度呼和浩特市获得自治区科学技术进步奖项目表

表 2－3－20

序号	等级	获奖成果名称	完成单位
1	一等	景天属植物在干旱半干旱区引种、抗逆性及应用研究	呼和浩特园林管理局
2	二等	蒙古文文本校对系统	内蒙古天堂草原文化传媒有限责任公司
3	二等	高铝粉煤灰制备多孔硅酸钙高加填造纸技术	大唐国际发电股份有限公司高铝煤炭资源开发利用研发中心、内蒙古大唐国际再生资源开发有限公司
4	二等	竖向节理发育地层隧道围岩稳定与支护关键技术研究	内蒙古交通设计研究院有限责任公司、呼和浩特市国道 109 线十七沟至大饭铺(呼和浩特市境内)高速公路建设管理办公室
5	二等	内蒙古高等级公路现场再生技术研究与示范	内蒙古高等级公路建设开发有限责任公司、内蒙古交通设计研究院有限责任公司、内蒙古路桥有限责任公司
6	三等	橡胶颗粒沥青路面在冰雪环境下的应用技术研究	内蒙古交通设计研究院有限责任公司
7	三等	超大间冷塔优化设计	内蒙古电力勘测设计院有限责任公司
8	三等	生物质电厂锅炉水处理系统方案研究与应用	内蒙古电力勘测设计院有限责任公司

续表 1

序号	等级	获奖成果名称	完成单位
9	三等	火电厂烟气过滤、除湿、混合装置及测量系统研发与工程应用	内蒙古富山能源有限责任公司
10	三等	常温酸奶关键技术研究与开发	内蒙古蒙牛乳业(集团)股份有限公司
11	三等	氯化铵稀土废水处理回收利用工艺	内蒙古天一环境技术有限公司
12	三等	XP-550、XWP-550 交流系统盘形悬式瓷绝缘子新产品	内蒙古精诚高压绝缘子有限责任公司
13	三等	风电集约化运行维护管理系统的研究与开发	内蒙古大唐国际新能源有限公司
14	三等	基于正交试验设计与人工神经网络技术的工业锅炉燃烧性能优化系统的研发	内蒙古瑞特优化科技股份有限公司
15	三等	燕麦米加工关键技术的开发	三主粮集团股份公司
16	三等	绿咖啡豆中提取绿原酸新工艺技术研究与开发	内蒙古鑫吉利生物科技有限公司
17	三等	大口径高真空三偏心双密封蝶阀研制和开发	呼阀科技控股有限公司
18	三等	番茄高产优质系列新品种的选育与推广	呼和浩特市广禾农业科技有限公司、呼和浩特市土壤肥料工作站、呼和浩特市蔬菜技术推广站、呼和浩特市经济作物工作站

2016 年度呼和浩特市获得自治区科学技术进步奖项目表

表 2-3-21

序号	等级	获奖成果名称	完成单位
1	二等	海拉尔河流域基于生态健康的水资源动态模拟评价与合理调控	内蒙古农业大学、南京大学、河海大学、内蒙古大学、内蒙古金华源环境资源工程咨询有限责任公司
2	二等	草原绿色肉业发展关键技术研究与产业化示范	内蒙古农业大学、内蒙古自治区农牧业科学院、内蒙古赛澳繁育技术有限公司、内蒙古德美纯种肉羊种羊场、内蒙古蒙伊萨食品有限公司
3	二等	高透明黄原胶关键技术与装备研究开发及应用	内蒙古阜丰生物科技有限公司、内蒙古工业大学

续表 1

序号	等级	获奖成果名称	完成单位
4	二等	新型无皮食品卫生级 PVC 树脂开发	内蒙古三联金山化工有限责任公司、内蒙古三联金山塑胶有限责任公司
5	二等	农业节水工程技术开发与应用	中国农业机械化科学研究院呼和浩特分院、内蒙古华德新技术有限公司
6	二等	DCS 系统升级的节能研究 - 发电机组控制系统改造的创新与研究	内蒙古能源发电投资集团有限公司
7	二等	1.5 孔腹壁皮下悬吊式腹腔镜下子宫肌瘤切除术的临床研究	呼和浩特市第一医院
8	三等	奶牛乳房炎治疗仪技术开发与产业化	内蒙古硕高生物科技有限责任公司、乌兰察布市畜牧科学研究所
9	三等	反刍动物新型复合生物饲料产业化开发与示范	内蒙古斯隆生物技术有限责任公司、内蒙古农业大学
10	三等	新型谷粒乳关键技术研究及产业化	内蒙古蒙牛乳业(集团)股份有限公司
11	三等	高效金霉素与高含量盐酸金霉素项目研究与开发	金河生物科技股份有限公司
12	三等	沙棘生物工程高技术产业化	内蒙古宇航人高技术产业有限责任公司
13	三等	羊胎盘转移因子注射液(兽用)	内蒙古神元生物工程股份有限公司
14	三等	纤维支气管镜下永久植入联合经皮植入放射性粒子治疗主大气管肺癌的临床研究	呼和浩特市第一医院
15	三等	土工织物散体桩加固软基推广应用技术研究	内蒙古高等级公路建设开发有限责任公司、内蒙古交通设计研究院有限责任公司、上海朗琦土木工程技术有限公司
16	三等	一级改高速路基路面拓宽相关控制技术研究	绥满国道主干线牙克至海拉尔高速公路项目建设管理办公室、内蒙古交通设计研究院有限责任公司、同济大学
17	三等	内蒙古电网供热机组远程监测系统研发与应用	内蒙古电力(集团)有限责任公司、北京中科伏瑞电气技术有限公司
18	三等	基于 GIS 的测土配方施肥技术研究与应用	呼和浩特市土壤肥料工作站、呼和浩特市蔬菜技术推广站、呼和浩特市土壤肥料协会

2017 年度呼和浩特市获得自治区科学技术进步奖项目表

表 2－3－22

序号	等级	获奖成果名称	完成单位
1	二等	内蒙古电网新能源调度技术支持系统研发与应用	内蒙古电力(集团)有限责任公司、北京中科伏瑞电气技术有限公司
2	二等	干旱半干旱区菌草在生态修复与产业化开发中的应用	内蒙古沙谷丰林环境科技有限责任公司、福建农林大学、内蒙古农业大学、水利部牧区水利科学研究所、内蒙古自治区林业科学研究院
3	二等	1.8 毫米同轴微切口白内障超声乳化联合超薄人工晶状体植入术关键技术的建立和应用研究	内蒙古自治区人民医院、内蒙古自治区红十字会呼和浩特朝聚眼科医院
4	二等	大吨位 T 形刚构桥转体施工控制与稳定性研究	内蒙古高路公司建设项目管理第八分公司、武汉理工大学
5	二等	CT、MRI 胃肠道造影剂	内蒙古爱众医学影像有限公司、上海复旦大学附属肿瘤医院
6	三等	氨基酸行业烟气高效治理关键技术	内蒙古阜丰生物科技有限公司
7	三等	数控供热大数据云计算行业节能服务平台	启明星宇节能科技股份有限公司、呼和浩特市坤泰热力有限责任公司、呼和浩特市鸿坤热力有限责任公司
8	三等	基于线径 60μm 金刚石线切割太阳能级硅片技术的开发及应用	内蒙古中环光伏材料有限公司
9	三等	UHT 再制干酪关键技术的研究与开发	内蒙古蒙牛乳业(集团)股份有限公司
10	三等	基于物联网技术的开放式实验室管理系统研发项目	呼和浩特市杰创科技有限责任公司
11	三等	空冷凝汽器运行跟踪策略关键技术研究	内蒙古电力勘测设计院有限责任公司、华北电力大学
12	三等	U300BP/195－1、U300BP/195－2、U300B/195、U300BP/195T 交流盘型悬式瓷绝缘子新产品	内蒙古精诚高压绝缘子有限责任公司
13	三等	家畜繁育生物技术集成应用	内蒙古农业大学、内蒙古赛科星繁育生物技术(集团)股份有限公司、内蒙古赛澳繁育技术有限公司、内蒙古大学、内蒙古自治区农牧业科学院

续表 1

序号	等级	获奖成果名称	完成单位
14	三等	草原区煤田开发环境影响后评估与生态修复示范技术研究	内蒙古自治区环境科学研究院、中国地质大学(北京)、内蒙古大学、呼和浩特市环境科学研究所
15	三等	中老年牛奶产品开发项目	内蒙古伊利实业集团股份有限公司
16	三等	基于 CO 控制的电站锅炉运行优化系统研究与应用	内蒙古大唐国际托克托发电有限责任公司、华北电力科学研究院有限责任公司
17	三等	大容量机组高效节能技术研究	内蒙古电力勘测设计院有限责任公司
18	三等	工序可变型人工湿地水处理设施的建立与推广应用	内蒙古众谊环保科技股份有限公司
19	三等	呼和浩特市森林鼠害综合治理技术推广示范	呼和浩特市森林保护站(呼和浩特市森林病虫害防治检疫站)、和林格尔县森林病虫害防治站、内蒙古武川县森林病虫害防治检疫站
20	三等	乳制品质量控制信息化管理系统的研究及建立	内蒙古蒙牛乳业(集团)股份有限公司
21	三等	金领冠呵护婴幼儿配方奶粉	内蒙古伊利实业集团股份有限公司

2002—2016 年呼和浩特市科学技术奖奖励情况统计表

表 2－3－23

奖项 年度	科技进步奖				市长特别奖	引进人才科技贡献奖
	一等奖	二等奖	三等奖	小计		
2002－2003	3	6	14	23		
2004	2	5	13	20	1	
2005	2	7	13	22		
2006	3	8	9	20	2	
2007	5	8	20	33		
2008	6	10	14	30	2	
2009	5	9	15	29		
2010	3	13	18	34	1	
2011	6	19	18	43		

续表 1

年度＼奖项	科技进步奖				市长特别奖	引进人才科技贡献奖
	一等奖	二等奖	三等奖	小计		
2012	6	18	22	46	2	5
2013	4	22	23	49		
2014	3	12	20	35	2	2
2015	5	23	26	54		
2016	5	18	24	47	2	4
合计	58	178	249	485	12	11

2004—2016 年呼和浩特市科教兴市市长特别奖获奖者名单

表 2－3－24

序号	年度	姓　名	工　作　单　位
1	2004	邓承远	内蒙古双奇药业股份有限公司
2	2006	潘　刚	内蒙古伊利实业集团股份有限公司
3	2006	张占奎	呼和浩特众环(集团)有限责任公司
4	2008	李喜和	内蒙古赛科星繁育生物技术股份有限公司
5	2008	谢昌贤	内蒙古金河生物科技股份有限公司
6	2010	孙俊民	内蒙古大唐国际再生资源开发有限公司
7	2012	魏学峰	金宇保灵生物药品有限公司
8	2012	仝宝生	内蒙古永业生物技术有限责任公司
9	2014	冯艳丽	内蒙古航天新材料科技有限公司
10	2014	张耀辰	内蒙古精诚绝缘子有限责任公司
11	2016	王召明	内蒙古蒙草生态环境集团股份有限公司
12	2016	王全喜	中国农业机械化科学研究院呼和浩特分院

2012—2016年呼和浩特市引进人才科技贡献奖获奖者名单

表2-3-25

序号	年度	姓　名	工　作　单　位
1	2012	李兆林	内蒙古奶联科技有限公司
2	2012	鏖洪武	内蒙古赛澳牧业科技发展有限公司
3	2012	郭继彤	内蒙古赛科星繁育生物技术有限公司
4	2012	司德亮	内蒙古神舟光伏电力有限公司
5	2012	李银凤	呼和浩特市第一医院
6	2014	李　蓓	显鸿新材料(内蒙古)有限公司
7	2014	李建昭	内蒙古开盛生物科技有限公司
8	2016	冯建明	内蒙古超牌建材科技有限公司
9	2016	喻东威	内蒙古蒙牛乳业集团股份有限公司
10	2016	马甫行	内蒙古优然牧业有限责任公司
11	2016	黄小平	内蒙古伊利实业集团股份有限公司

1983—1985年度呼和浩特市科学技术进步奖获奖项目表

表2-3-26

序号	等级	获奖成果名称	完成单位
1	一等	研制KY200-1A15、C5、D5短锥直装式三爪自定心卡盘	呼和浩特机床附件厂
2	一等	RF2.5型小乳品成套设备	呼和浩特市第三机床厂
3	一等	VGP-10KV移动式橡套软电缆	内蒙古电缆厂机械部上海电缆研究所
4	一等	仿毛产品松式染整新工艺	呼和浩特市西装总厂
5	一等	健美花呢	内蒙古第二毛纺厂
6	一等	786、787异体染色花式绒线	内蒙古第一毛纺厂
7	一等	气体微量封闭实验研究	土默特中学
8	一等	QHH-95-84《叔丁基二茂铁》	呼和浩特市化工厂
9	一等	皮毛工尘肺的研究	呼和浩特市职业病研究所
10	一等	甜菜地膜覆盖栽培技术的研究	呼和浩特市农牧水利局

续表 1

序号	等级	获奖成果名称	完成单位
11	一等	木面中音马头琴	呼和浩特市民族乐器厂
12	一等	酸牛奶	呼和浩特市乳品厂
13	一等	DY－Y1 型氧(空气)弹老化实验仪	呼和浩特市机电研究机
14	一等	HTF－C01 型光栅式平面螺纹检查仪	呼和浩特机床附件厂、内蒙古电子研究所
15	一等	土默特左旗综合农业区划	土默特左旗农业区划办公室、土默特左旗农牧局
16	一等	人工草场综合措施研究	呼和浩特市科委、内蒙古大学、土默特左旗科委、土默特左旗北什轴乡出彦村
17	一等	中国北部城镇饮水氟国限浓度研究	呼和浩特市防疫站、呼和浩特市口腔医院、内蒙古医学院附属医院二院
18	一等	“羊绒粗纺呢”研制	内蒙古第三毛纺厂
19	一等	热塑性弹性体 SBSH 粒料	呼和浩特市塑料公司、呼和浩特市塑料科研所、呼和浩特市塑料一厂
20	二等	LBO2H 联合洗毛机	呼和浩特市第三机床厂
21	二等	UGSP－6KV 矿用监视型屏蔽电缆	内蒙古电缆厂
22	二等	B665A 型牛头刨床	呼和浩特市第二机床厂
23	二等	Y100、Y132、Y160、Y180、Y200 共 24 个规格电机推广	内蒙古电机厂
24	二等	PDB－15 单项潜水泵	托克托县农机修造厂
25	二等	FD1.6－50 型风力发电机	内蒙古动力机厂
26	二等	四千八百锭毛纺织染整设备引进	内蒙古第二毛纺厂
27	二等	900－20－8N 尼龙帘线轮胎研制	呼和浩特市橡胶厂
28	二等	轮胎帘线胶中扩大合成胶用量	呼和浩特市橡胶厂
29	二等	论著《服装专业全面质量管理》	呼和浩特市二轻科研所、呼和浩特市服装鞋帽公司
30	二等	全面质量管理调研报告	呼和浩特市机械工业局
31	二等	电动工具的生产发展行业调研	呼和浩特市科技情报研究所等
32	二等	垂直运输安全捕捉器	内蒙古第二建筑公司
33	二等	全保温玻璃熔炉设计	呼和浩特市灯泡厂

续表 2

序号	等级	获奖成果名称	完成单位
34	二等	无机氟对大鼠毒性阈值的实验研究	呼和浩特市防疫站
35	二等	中蒙药治疗血栓性脉管炎疗效探讨	呼和浩特市中蒙医研究所
36	二等	呼和浩特市服装工业的发展方向科技情报调研	呼和浩特市科技情报所等
37	二等	呼和浩特市小街区区域供热的评价	呼和浩特市建筑设计研究所
38	二等	粉煤灰砖结构设计工程施工及验收暂行规定	呼和浩特市建工局
39	二等	GZR2 型双眼家用煤气灶	呼和浩特市煤气灶厂
40	二等	虹鳟鱼引进试养技术研究	呼和浩特市水产站、呼和浩特市郊区鱼种站
41	二等	菱镁混凝土包装箱	呼和浩特市代木制品厂
42	二等	城镇社会卫生管理	呼和浩特市卫生局
43	二等	儿童保健营养食品	呼和浩特市食品科研所
44	二等	TBE 设备研制	内蒙古铸锻厂、中国船舶总公司第 725 所、自贡井盐设计所
45	二等	SPZ－3060 型水平管道螺旋钻机	呼和浩特市一机厂、北京市政研究所、呼和浩特市市政公司
46	二等	ZX7－315 逆变弧焊机	呼和浩特市机床电器厂
47	二等	高强度优质孕育铸铁	内蒙古铸锻厂
48	二等	菜根蛆种类调查、葱蝇发生规律及其防治试验研究	呼和浩特市植保站、内蒙古农牧学院、呼和浩特市郊区蔬菜研究所、内蒙古农业学校
49	二等	番茄高产协作攻关	呼和浩特市多种经营站、内蒙古多种经营站、呼和浩特市郊区蔬菜局
50	二等	大白菜高产协作攻关	呼和浩特市多种经营站、内蒙古多种经营站、呼和浩特市郊区蔬菜局
51	二等	YH 系列高效节能荧光灯	呼和浩特市灯泡厂
52	二等	慢性苯中毒对免疫功能影响的研究	呼和浩特市防疫站
53	二等	GB4346－84 标准《三爪自定心卡盘》、GB4347－84《基本参数和尺寸、精度》	呼和浩特机床附件厂

续表3

序号	等级	获奖成果名称	完成单位
54	二等	CL11F 涤纶电容器	呼和浩特市电子元件五厂
55	二等	拔针山羊皮毛、革两用绒面革	呼和浩特市二轻科研所、呼和浩特市皮毛厂
56	二等	42×54m 双向正交斜放网架高空滑移法施工	呼和浩特市建筑公司、内蒙古工学院建筑设计研究所
57	三等	XZD 型旋风除尘器	呼和浩特市锅炉辅机厂
58	三等	QXL240－10/110－70－AⅡ型热水锅炉	呼和浩特市锅炉厂
59	三等	LKD－950 型立式单层饮水锅炉	呼和浩特市五金制品厂
60	三等	环球牌 S－195 柴油机	内蒙古动力机厂
61	三等	彩色聚脂漆包圆铜线	内蒙古漆包线厂
62	三等	牛头刨床采用国外先进标准应用	呼和浩特市第二机床厂
63	三等	粮油食品工业的现状及其设想	呼和浩特市粮油科研所等
64	三等	儿童食品的生产与发展情报调研	呼和浩特市商业局等
65	三等	“以铝代银”真空镀铝新技术引进	呼和浩特市制镜厂
66	三等	次氯酸钠加十二烷基苯磺酸钠洗消餐具的研究	呼和浩特市防疫站
67	三等	呼和浩特市第一次急性感染性多发性神经炎爆发流行的调查研究	呼和浩特市防疫站
68	三等	水泥工尘肺 X 线诊断标准	呼和浩特市职研所
69	三等	关于引进秋白菜新品种和栽培技术推广的成效	呼和浩特市郊区菜研所
70	三等	鸡新城疫Ⅰ系苗饮水免疫	呼和浩特市郊区畜牧兽医站
71	三等	呼和浩特市淡季蔬菜生产调查研究	呼和浩特市郊区蔬菜研究所
72	三等	713 毛巾混纺花式线（锁链绒线）	内蒙古一毛
73	三等	麸曲浓香型酒的研制	呼和浩特市一轻科研所等
74	三等	迎春牌Ⅱ型单缸洗衣机	呼和浩特市电子设备厂
75	三等	空实腹结合钢窗	呼和浩特市玉泉区钢窗厂
76	三等	太阳能直流闷晒式热水系统	土默特左旗科委呼和浩特市建筑设计研究所

续表4

序号	等级	获奖成果名称	完成单位
77	三等	橡塑并用胶面鞋	呼和浩特市第二橡胶厂
78	三等	橡胶并用试制夹布胶管	呼和浩特市橡胶厂
79	三等	在漂粉精生产中对石灰石质量要求的探讨	呼和浩特市化工厂、内蒙古大学
80	三等	为开发SL-3逻辑分析仪所做的情报服务	内蒙古电子仪器厂
81	三等	血粉药渣粉喂肥猪效果试验	呼和浩特市饲料公司
82	三等	关于不同配方鸡饲料的试验	呼和浩特市饲料公司
83	三等	鸡粪日粮养肥猪效果的研究	呼和浩特市饲料公司、内蒙古畜牧科学院
84	三等	“京多一号”饲料玉米引种、示范、推广实验	呼和浩特市种子公司、呼和浩特市兽医站
85	三等	“毛酒二号”谷子示范、推广	呼和浩特市种子公司
86	三等	引种示范、推广周至红优良西瓜品种	呼和浩特市种子公司
87	三等	彩色橡胶地毯研制	呼和浩特市轮胎翻修厂
88	三等	“灰-碱”法生产漂粉精新工艺试验研究	呼和浩特市化工厂
89	三等	胶皮气罐	呼和浩特市皮鞋厂
90	三等	胆囊扭转临床研究	呼和浩特市医院
91	三等	乙型肝炎表面抗原(HB-SAG)家族集聚现象的研究	呼和浩特市传染病的研究
92	三等	门脉高压症肠腔静脉侧侧分流术	呼和浩特市医院
93	三等	197株沙门氏菌的菌型鉴定与药敏实验结果的分析	呼和浩特市传染病院
94	三等	蒙DB831-85标准《聚酯大理石板材》	呼和浩特市聚酯大理石厂
95	三等	《YDY-1型氧(空气)弹老化试验仪(试行)》标准	呼和浩特市机电研究所、机械部上海电缆研究所
96	三等	《电镀钢挂锁》自治区地方标准	呼和浩特市制锁公司、呼和浩特市二轻局
97	三等	高支纯毛单面华达呢研制	内蒙古第二毛纺厂
98	三等	空心式煮呢辊筒新技术研究	内蒙古第二毛纺厂
99	三等	金属涂镀技术	呼和浩特市电镀制版厂
100	三等	QBJ-Jm4A报警器	呼和浩特市二轻科研所
101	三等	高蛋白、低脂肪、低热量营养食品	呼和浩特市食品科研所

1988年度呼和浩特市科学技术进步奖获奖项目表

表2－3－27

序号	等级	获奖成果名称	完成单位
1	一等	粗纺牦牛绒针织纱	呼和浩特市驼绒梳纺厂
2	一等	彩色电视机生产线	内蒙古电视厂、北京第三机床厂、呼和浩特市运输公司修理厂
3	一等	《呼和浩特科学技术年鉴》	呼和浩特市科委、内蒙古科技情报研究所
4	一等	内蒙古集中供热的技术途径于技术政策的研究	呼和浩特市城建局、呼和浩特市建筑勘察设计研究院
5	一等	"内麦十四号"选育	呼和浩特市郊区良种场、呼和浩特市种子公司
6	一等	甜菜新品种"呼育一号"	呼和浩特市糖厂、毕克齐甜菜育种试验站
7	一等	YDT812－2N彩电用电动式纸盆扬声器	内蒙古电声器材厂
8	二等	CF－Ⅰ型饮用水混凝沉淀除氟剂	内蒙古半导体器件厂、呼和浩特市防疫站、内蒙古地方病防治研究所
9	二等	RYS热延伸试验仪	呼和浩特市机电研究所、机械委上海电缆研究所
10	二等	呼和浩特市农田杂草研究	呼和浩特市植保植检站、呼和浩特市郊区农业技术推广站
11	二等	HB44－3A型黑白电视机	内蒙古电视机厂
12	二等	LRF5乳粉联合机组	呼和浩特市第三机床厂
13	二等	彩电国产化CS37－V1型彩色电视机、CS47－S1型彩色电视机、CS37－V2D型直流彩色电视机	内蒙古电视机厂
14	二等	计算机蒙医癫痫病诊疗系统	呼和浩特市二轻科研所、呼和浩特市第一医院
15	二等	高层建筑综合液压滑模施工工艺	内蒙古第一建筑工程公司
16	二等	KF型加脂剂	呼和浩特市合成洗涤剂厂轻工部日化研究所
17	二等	有感薄膜电容器生产线	呼和浩特市电子元件五厂
18	二等	敕勒川老窖酒	土默特左旗制酒厂、呼和浩特市轻工科研所

续表 1

序号	等级	获奖成果名称	完成单位
19	二等	农用荧光灯研究	呼和浩特市灯泡厂、内蒙古农牧学院、北京农业大学、北京有色金属研究总院
20	二等	精养鱼高产技术开发试验	呼和浩特市郊区科委、郊区蔬菜局、郊区鱼种站
21	二等	呼和浩特市地区大气、地表水、噪音环境质量评价	呼和浩特市环保科研所
22	二等	托克托县地下水、氟水普查及氟改水规划	呼和浩特市农牧水利局、内蒙古供水勘测开发总队
23	二等	茄子新品种选育	呼和浩特市蔬菜研究局
24	二等	呼和浩特市苯中毒的状况和早期诊断指标的研究	呼和浩特市防疫站
25	二等	FDI. 6 – 100 型风力发电机组	内蒙古动力机厂
26	三等	JLB – 150 聚酯大理石搅拌机、JLE15 – 3/100 聚酯大理石浇注机	内蒙古化工厂机械厂、呼和浩特市聚酯大理石厂
27	三等	JDQ – 1 型电动机 Y/三角转换节能器	呼和浩特市节能器厂、包钢节能器厂
28	三等	高浓度发酵后稀释啤酒新工艺	呼和浩特市啤酒厂
29	三等	GE 型隔声箱、XE 型消音器	呼和浩特市静电除尘设备厂
30	三等	古云中老窖酒	托克托县葡萄酒厂、内蒙古轻工科研所
31	三等	显字香、盘香	呼和浩特市建材化工厂
32	三等	LDS 型立式多用双层燃烧锅炉	呼和浩特市二轻金属制品厂、呼和浩特市五金制品厂
33	三等	DWO – 20 型电控式断火器	呼和浩特市电子器件厂
34	三等	大棚黄瓜引种试验	呼和浩特市蔬菜研究所
35	三等	牦牛绒衫研制	呼和浩特市第一羊毛衫厂、呼和浩特市驼绒梳纺厂
36	三等	《CF – 1 型饮用水混凝沉淀除氟剂》《混凝沉淀除氟剂试验规程》	内蒙古半导体器件厂
37	三等	微型机在产品设计与企业管理上的应用	呼和浩特市机电研究所
38	三等	SHL120 – 7/95/70 – A3 型热水锅炉	呼和浩特市锅炉厂
39	三等	蒙 DB373 – 86《男女风雨衣》	呼和浩特市服装四厂

续表 2

序号	等级	获奖成果名称	完成单位
40	三等	铝合金卷帘门窗	呼和浩特市金属结构厂、呼和浩特市玉泉区技术开发公司
41	三等	1680D/Z(粗紫)尼龙帘线在 9.00－20 汽车外胎中的应用	呼和浩特市橡胶厂
42	三等	无纺织布试制	呼和浩特市无纺织布厂
43	三等	高密度聚乙烯吹塑薄膜	呼和浩特市第三塑料厂
44	三等	沙棘系列糖果	呼和浩特市天马糖果食品厂上海冠生园食品厂
45	三等	XZZ－Ⅲ型旋风除尘器、XPP－Ⅱ型低阻旋风除尘器、CSC－Ⅰ型双旋流板除尘器	呼和浩特市静电除尘设备厂
46	三等	法定计量单位公制杆秤	呼和浩特市衡器厂
47	三等	利用废料生产聚乙烯钙塑制品	呼和浩特市第五塑料厂

1989 年度呼和浩特市科学技术进步奖获奖项目表

表 2－3－28

序号	等级	获奖成果名称	完成单位
1	一等	NM4340 型示波器、NM4320 型示波器	内蒙古电子仪器厂
2	一等	杂色兔皮褪色漂白新工艺	呼和浩特市二轻科研所
3	一等	甜菜冻藏工程研究	呼和浩特市糖厂
4	一等	催化燃烧热风循环包漆机及其配套设备改造	内蒙古漆包线厂、江苏省江都电工机械设备厂
5	一等	呼和浩特地区蔬菜病虫害普查	呼和浩特市植保植检站、呼郊蔬菜技术推广站
6	一等	防回气式热水采暖自动排气阀	呼和浩特市建筑工程公司
7	二等	425 号早强矿渣硅酸盐水泥	呼和浩特市水泥厂
8	二等	呼和浩特市地区回弹－超声综合法制定砼弹度曲线	内蒙古第三建筑公司、内蒙古构件公司
9	二等	毛纺专用缩呢剂	呼和浩特市合成洗涤剂厂
10	二等	内蒙古呼和浩特市地区中蒙药材资源普查研究	呼和浩特医药分公司

续表 1

序号	等级	获奖成果名称	完成单位
11	二等	硅橡胶治疗鞍鼻效果观察	呼和浩特市第一医院
12	二等	多次醇化低温低湿处理“大青山”卷烟新工艺混合型“昭君”卷烟处理新工艺	呼和浩特卷烟厂
13	二等	YB 系列防爆电机	内蒙古电机厂
14	二等	TJGS 土建概算软件	内蒙古第三建筑公司
15	二等	山楂粉蝶发生规律观察及防治试验研究	呼和浩特市植保植检站
16	二等	UZP 矿用屏蔽电钻电缆	呼和浩特市电缆厂
17	二等	甜菜维管束环选种法	呼和浩特市糖厂毕克齐甜菜育种实验站
18	二等	南双树农防林效益观测研究	呼和浩特市林业工作站、土默特左旗林业工作站、沙尔营乡南双树村
19	二等	鸳鸯蒙古刀	呼和浩特市民族用品厂
20	二等	蒙古棋象棋	呼和浩特市民族用品厂
21	二等	草坪植物引种栽培试验	呼和浩特市园林科研所、呼和浩特市园林二处苗圃
22	二等	YCT 电磁调查电动机	内蒙古电机厂
23	二等	对夹式蝶阀 D370 - 16CDN200	呼和浩特市阀门厂
24	二等	呼和浩特市园林植物病虫害、天敌资源普查及检疫对象名录的研究	呼和浩特市园林科研所
25	三等	干部测评系统在微机上的实现	中共呼和浩特市委组织部
26	三等	用葡萄糖溶液稀释贝尼尔静注治疗牛泰勒焦虫病的效果观察	土默特左旗兽医站
27	三等	用超微量法检验肝功能 SGPT、TTT 的研究	呼和浩特市卫生局、呼和浩特市卫生防疫站
28	三等	利用野生山楂培育山楂苗及推广栽培	呼和浩特市郊区多种经营站
29	三等	健美连裤袜(舞蹈裤)研制	呼和浩特市袜厂
30	三等	小井沟经济开发战略研究	内蒙古科技情报所
31	三等	200 升闭口钢桶自动生产线	呼和浩特市郊区农机厂
32	三等	采用旋转发酵新工艺试制优质红葡萄酒	托克托县葡萄酒厂、内蒙古轻工科研所
33	三等	NMF - 300NA 高效逆变器	呼和浩特市整流器厂

续表 2

序号	等级	获奖成果名称	完成单位
34	三等	NQ 型气刹车装置	内蒙古动力机厂
35	三等	呼和浩特市机械“七五”科技规划调研和编制	呼和浩特市机械工业局
36	三等	XZB－L 型线切割自动编程系统	内蒙古机电设计研究所、呼和浩特市电子设备厂
37	三等	新型门窗研制	呼和浩特市玉泉钢窗厂
38	三等	《呼和浩特市农村经济情况主要指标汇编》	呼和浩特市农业经营管理站
39	三等	CHN 合膜电容器	呼和浩特市电子元件五厂
40	三等	C6140－1 普通车床设计研制	呼和浩特市机床厂
41	三等	特种钢阀门 J41W－25N8N9	呼和浩特市阀门厂、包头稀土研究所
42	三等	低脂乳酸冰激凌	呼和浩特市食品科研所、呼和浩特市大黑河牛奶厂奶食冷饮加工厂
43	三等	熟制品系列产品研制	呼和浩特市熟制品厂
44	三等	“骏马牌”餐具洗洁精	呼和浩特市合成洗涤剂厂
45	三等	电站阀 J61H－200DN20	呼和浩特市阀门厂
46	三等	《羊剪绒翻毛服装》内蒙古地方标准	呼和浩特市皮毛厂、内蒙古轻工业厅
47	三等	《蒙古袍》呼和浩特市地方标准	呼和浩特市民族服装厂
48	三等	呼和浩特市控制和消除麻疹条件的探讨	呼和浩特市卫生防疫站
49	三等	QJ10 空气式手动自耦减压启动器	呼和浩特市低压开关厂
50	三等	驼绒脱色、驼绒驼毛、理化性能分析	内蒙古第一毛纺织厂、天津纺织工学院
51	三等	QZ－1/Z、155/Ⅱ型聚酯漆包圆铜线	内蒙古漆包线厂
52	三等	Y200、Y225、Y250Y、Y280、Y315 三相异步自动机	内蒙古电机厂
53	三等	油木工板	呼和浩特市木器厂
54	三等	毛皮渐变色服装	呼和浩特市二轻科研所
55	三等	可锻铸车轮	呼和浩特市郊区坞钢厂

1990年度呼和浩特市科学技术进步奖获奖项目表

表2-3-29

序号	等级	获奖成果名称	完成单位
1	一等	S9-30-1600/10低损耗节能变压器	内蒙古变压器厂
2	一等	原发性三叉神经痛病因和治疗效果的研究	呼和浩特市口腔医院
3	一等	《呼和浩特工业史》	呼和浩特市经委、呼和浩特市计委、呼和浩特市统计局
4	一等	4A合成沸石在洗衣膏中的应用研究	呼和浩特市合成洗涤剂厂
5	一等	CL-12聚酯薄膜电容器	呼和浩特市电子元件五厂
6	二等	一体式现场指纹卡片	呼和浩特市公安局、呼和浩特市压敏材料厂
7	二等	阻抗法测定蒙古族、汉族战士心功能指标及差异和相关因素分析的研究	武警内蒙古总队医院
8	二等	QXS-5630型球型门锁	呼和浩特市金华五金制品有限公司、呼和浩特市制锁工业公司科研所
9	二等	水地小麦亩产650斤模式化栽培	呼和浩特市农业技术推广中心、土默特左旗农业技术推广中心、托克托县农业技术推广站、呼和浩特市郊区农业技术推广站
10	二等	DOY、POY加弹纸质筒管	呼和浩特市化纺器材厂、内蒙古化学纤维厂劳动服务公司
11	二等	TC型体内擦洗浮动床钠离子交换器	呼和浩特市锅炉辅机厂
12	二等	HZP阻性片式消声器、HGZ组合式隔声罩	呼和浩特市噪声控制设备厂
13	二等	几种蔬菜及花卉的组织培养基筛选	呼和浩特市蔬菜研究所、内蒙古农牧学院
14	二等	蒙DB/HH446-88《彩砂外墙涂料》采用国际标准	呼和浩特市建材局
15	二等	脱脂培型制冷熟热食品新工艺研究	呼和浩特市食品公司合作商店加工厂
16	二等	SFSL7-SFL7-8000/110低损耗节能变压器	内蒙古变压器厂
17	二等	呼和浩特市地区土壤普查	呼和浩特市农业局区划办、土默特左旗、托克托县、呼和浩特市郊区区划办、呼和浩特市土肥站、呼和浩特市农牧业推广中心

续表 1

序号	等级	获奖成果名称	完成单位
18	二等	高效电子节能灯	呼和浩特市整流器厂
19	二等	稀土渗碳在齿轮热处理工艺上的应用	呼和浩特市第二热处理厂
20	三等	SR 型有机硅(工业、食品用)消泡器	呼和浩特市聚合化工厂
21	三等	呼和浩特市地区甜菜配方施肥研究开发应用	呼和浩特市土壤肥料站
22	三等	ZXS－400 型可控硅整流弧焊机	呼和浩特市电焊机厂
23	三等	彩色山羊正面服装革、彩色猪修饰鞋面革	呼和浩特市皮革厂
24	三等	QQ－2 聚乙烯醇缩醛漆包圆钢线	内蒙古漆包线厂
25	三等	注塑冷粘 PU 革系列鞋	呼和浩特市布鞋厂
26	三等	微机在织物边字设计上的应用	内蒙古第二毛纺织厂
27	三等	三大项目的实施与呼和浩特市产业结构的调整	呼和浩特市计委、内蒙古大学
28	三等	三大项目的实施与呼和浩特市产业政策研究报告	呼和浩特市经济战略研究所、内蒙古经济研究所
29	三等	甘草酊系列产品	呼和浩特市甘草酊厂
30	三等	蒙 DB/HH440－88《交流电焊机技术条件》	呼和浩特市电焊机厂
31	三等	无氮酸钾安全闪光鞭炮	呼和浩特市花炮厂
32	三等	TC－1.5 型挂车	呼和浩特市郊区农机厂
33	三等	无感薄膜电容器生产技术改造	呼和浩特市电子元件五厂
34	三等	52g/平方米胶印书刊纸	呼和浩特市造纸厂
35	三等	“土地电”的实验研究	土默特左旗化肥厂地测组
36	三等	YDT509－Ish 跑道式彩电用扬声器	内蒙古电声器材厂
37	三等	YD78－2N 电动式扬声器	内蒙古电声器材厂
38	三等	油法再生胶	呼和浩特市轮胎翻修厂
39	三等	LXC 型彩电用消磁线圈	呼和浩特市电视设备厂
40	三等	悬挂轻钢结构简易厂房	呼和浩特市机械局建筑设计所、呼和浩特市电子局工程公司
41	三等	呼和浩特市黄土高原水地保持规划	呼和浩特市水土保持站、呼和浩特市郊区、土默特左旗、托克托县水土保持站

续表 2

序号	等级	获奖成果名称	完成单位
42	三等	丰州牌低度丰州老窖酒	呼和浩特市制酒厂
43	三等	几种蔬菜的引种试验	呼和浩特市蔬菜研究所
44	三等	创建无鼠害城市(省会级)	呼和浩特市爱卫会、内蒙古流行病研究所呼和浩特市卫生局
45	三等	关于建立卡盘及其他机床附件生产集团的设想	呼和浩特机床附件厂
46	三等	DCZJ－10 型交直流两用彩电视差转机	呼和浩特市电视设备厂
47	三等	HMY－1 型民用节煤省柴灶	呼和浩特市农业技术推广中心
48	三等	《注塑发泡布鞋》标准	呼和浩特市布鞋厂
49	三等	托克托县农业区划	托克托县农用区划办、农牧局、林业局、水电局
50	三等	呼和浩特市郊区农业综合区划	呼和浩特市郊区农业局区划办
51	三等	《本色棉维粘混纺纱布》标准	内蒙古棉纺织厂
52	三等	FA－40 型轴流式排风扇	呼和浩特市桥靠机械厂
53	三等	静电吸尘刷	呼和浩特市二轻科研所、呼和浩特市科技开发中心

1991 年度呼和浩特市科学技术进步奖获奖项目表

表 2－3－30

序号	等级	获奖成果名称	完成单位
1	一等	NM4360 型 100HZ 便携式示波器	内蒙古电子仪器厂
2	一等	KM31A 系列精密可调卡盘	呼和浩特机床附件总厂卡盘研究所、呼和浩特机床附件总厂分厂
3	一等	舒纶纤维新产品开发	内蒙古化学纤维厂
4	一等	呼和浩特市综合农业区划	呼和浩特市区划办、林业局、农牧局、乡镇局内蒙古农牧学院
5	二等	呼和浩特市 1987 年投入产出模型	呼和浩特市统计局
6	二等	天鹅牌 CS47－S4 型 18 时遥控彩色电视机	内蒙古电视机厂
7	二等	呼和浩特市创建无蟑害推广应用研究	呼和浩特市爱卫会、呼和浩特市卫生防疫站

续表 1

序号	等级	获奖成果名称	完成单位
8	二等	呼和浩特市城市发展及生态环境对策研究	呼和浩特市环保科研所、呼和浩特市环保检测站
9	二等	30 万立方米溶解乙炔技改工程	呼和浩特市溶解乙炔厂
10	二等	不同日粮组合对生长肥育猪饲养效果的实验研究	土默特左旗国营猪场
11	二等	NM4360－100MHX 便携式示波器产品标准	内蒙古电子仪器厂
12	二等	毛纺回丝回条下脚料综合利用及产品的开发	呼和浩特市光华织布厂
13	二等	20ML 畜用自动灌药注射器	内蒙古机械厅配件厂
14	二等	天鹅牌 HB－35－5A/B 交直流立式黑白电视接收机	内蒙古电视机厂
15	二等	青椒、番茄、病毒原、鉴定流行规律及防治研究	呼和浩特市蔬菜研究所
16	二等	QD6－18－0.75 单项潜水泵	托克托县农机厂
17	三等	呼和浩特市地区小麦配方施肥实验示范推广	呼和浩特市农牧局土肥站
18	三等	CTD－1 型微型打印绘图机	呼和浩特市电子设备厂
19	三等	呼和浩特市奶业的现状及发展预测	呼和浩特市科技情报所、呼和浩特市农牧商联合企业公司、呼和浩特市奶牛协会
20	三等	微机五金仓库管理系统	内蒙古第二毛纺织厂
21	三等	CBB－13 型金属箔式聚丙烯分质直流固定电容器	呼和浩特市电子元件五厂
22	三等	三组合育肥猪对比实验	土默特左旗国营种猪场
23	三等	呼和浩特市果树区划	呼和浩特市农牧水利局
24	三等	毛呢西裤采用国际标准的贯彻实施	呼和浩特市友谊服装厂
25	三等	呼和浩特市畜牧业区划	呼和浩特市农牧水利局
26	三等	35KV 及以下交联聚乙烯绝缘电力电缆	内蒙古电缆厂
27	三等	呼和浩特市林业区划	呼和浩特市林业局
28	三等	丰镇电厂补给水管悬索吊主跨加劲钢桁梁制作安装综合施工技术	呼和浩特市安装工程公司、呼和浩特市市政工程公司

续表 2

序号	等级	获奖成果名称	完成单位
29	三等	呼和浩特市能源区划	呼和浩特市农业技术推广中心
30	三等	羊绒毯	内蒙古第四毛纺织厂
31	三等	呼和浩特地区山楂引种栽培实验	呼和浩特市农牧水利局、呼和浩特市郊区多种经营站
32	三等	甜菜新品种《呼育一号》的推广	呼和浩特市糖厂、糖厂毕克齐育种试验站
33	三等	阻燃橡套电缆	内蒙古电缆厂
34	三等	《经济信息工作手册》	内蒙古管理干部学院呼和浩特市分院、呼和浩特市经济信息协会
35	三等	粗纺梭织羊绒围巾	内蒙古第三毛纺织厂
36	三等	天鹅牌 HB35、44 －4A 型宽电源交直流黑白电视机	内蒙古电视机厂
37	三等	呼和浩特市种植业区划	呼和浩特市农牧水利局
38	三等	呼和浩特市乡镇企业现状及发展意见	呼和浩特市乡镇企业局、呼和浩特市科技情报所、呼和浩特市二轻局
39	三等	LWS 型立式五用双层燃烧锅炉	呼和浩特市青山环保设备厂
40	三等	什色羊剪绒染色服装	呼和浩特市皮毛厂
41	三等	增产菌大面积推广应用	呼和浩特市植保站、呼和浩特市郊区蔬菜技术推广站、托克托县、土默特左旗、市郊区农业技术推广站、土默特左旗多种经营站
42	三等	国产酸性染料羊剪绒染色色卡	呼和浩特市二轻局皮革皮毛试验厂
43	三等	土默特左旗巴什村庭院经济种植实验研究	土默特左旗科委、呼和浩特市多种经营站
44	三等	提高磁蔽性能及大生产研究	内蒙古电子仪器厂
45	三等	农房水泥构件研制	内蒙古建筑构件公司
46	三等	稀土微肥在农业上的应用	呼和浩特市土肥站
47	三等	SB8910 型短螺纹车床	呼和浩特市机床厂
48	三等	防火防盗安全门	呼和浩特市新城区防火防盗保温门厂
49	三等	褐藻酸钠在食品工业中的应用与开发调研	呼和浩特市糕点厂、呼和浩特市科技情报所
50	三等	YDFP59 －ISN 型电动式跑道型扬声器	内蒙古电声器材厂
51	三等	S11X 型节水冲洗阀	内蒙古通达机械厂

续表 3

序号	等级	获奖成果名称	完成单位
52	三等	无农药污染蔬菜调查研究	呼和浩特市郊区科委、郊区蔬菜技术推广站
53	三等	Z941H 电动阀门、J941H 电动截止阀门	呼和浩特市阀门厂
54	三等	防盗保险柜	呼和浩特市托克托县五金厂
55	三等	采用 BZ－11 型添加剂氯化甲全光亮镀锌新工艺新技术	呼和浩特市丝钉厂
56	三等	《质量情报概论》	呼和浩特市二轻局、内蒙古科技情报所

1996 年度呼和浩特市科学技术进步奖获奖项目表

表 2－3－31

序号	等级	获奖成果名称	完成单位
1	一等	BL－653G 异噻唑啉酮杀生剂	内蒙古百灵精细化工有限公司
2	一等	白二爷沙坝造林治沙试验研究	和林格尔县白二爷沙丘生物工程治理试验站、农业局、林业局、水电局、畜牧局、财政局、科委
3	一等	氧化物电解单一稀土金属(镧、铈、镨、钕)新工艺研究	内蒙古三吉利稀土公司
4	一等	呼和浩特心脑血管病防治研究	呼和浩特市卫生局、内蒙古老年医学研究所、呼和浩特新城区医院
5	一等	DHW4.2－0.7/95/70－AⅢ型热水锅炉、DHW7－1.0/115/70－AⅢ型热水锅	呼和浩特市青山锅炉厂
6	一等	农作物种子包衣技术的引进推广	呼和浩特市种子公司
7	一等	HG－公文处理系统	呼和浩特市人民政府办公厅
8	一等	碱法生产氯化稀土工艺技术条件研究	呼和浩特市鑫荣五金化工有限公司
9	二等	双拉链式移动密封装置	内蒙古集成机电一体化技术公司
10	二等	ABS 过流部件在 QY10－54/3－3 高扬程水电泵上的应用	托克托县农机修造厂
11	二等	低热微膨胀水泥的试制生产	内蒙古亚华水泥有限公司、长江水利科学研究院
12	二等	猪苓多糖合并甲、乙肝疫苗乙肝病毒临床研究	呼和浩特市第二医院

续表 1

序号	等级	获奖成果名称	完成单位
13	二等	参苓白术口服液	内蒙古黄河制药厂
14	二等	NZ 系列改水砂在地方性砷、氟中毒的应用研究	呼和浩特市化工总厂
15	二等	计算机安全监察档案管理系统	和林格尔县畜牧局、科委、新红乡、大红城乡
16	二等	GXZ－8 型旋转薄膜蒸发器与 PE－LSB－100 型浓烧碱过滤器配套生产高浓度液碱新工艺新技术	呼和浩特市化工厂
17	二等	模式化育肥羊技术推广	和林格尔县畜牧局、科委、新红乡、大红城乡、土城子乡
18	二等	呼和浩特 1996－2010 年产业结构调整研究报告	呼和浩特市经济研究所
19	二等	干法中密度纤维板生产线技术改造	呼和浩特海兴人造板有限公司
20	二等	旱地地膜玉米栽培技术大面积推广	清水河县科委、农业局
21	二等	精纺高支驼绒纱的研制开发	山丹企业集团内蒙古皇后羊绒纺织有限公司、内蒙古昭君绒毛制品有限公司
22	二等	用外科方法治疗成人牙齿错颌畸形的应用研究	呼和浩特市口腔医院
23	二等	内单 4 号玉米引进、推广	和林格尔县种子公司、农业技术推广站、国营良种场
24	二等	9301#甘草增香剂	呼和浩特市生生甘草制品有限公司
25	二等	呼和浩特市环境综合整治规划	呼和浩特市环保局、内蒙古大学
26	二等	“金奖”牌民族服装新工艺研究	呼和浩特市民族服装厂
27	二等	海藻碘系列产品研究开发	金士明海藻碘内蒙古有限公司
28	二等	精炼提纯低镁低钙稀土金属	呼和浩特市金属稀土有限公司
29	二等	瘦肉型俄罗斯大白猪引种驯化研究	土默特左旗国营种猪场
30	二等	甲胺磷毒米防治地下害虫的应用研究	清水河县植保植检站
31	二等	覆膜马铃薯种植推广	武川县农业技术推广中心
32	二等	呼和浩特地区蒙医药的发展现状调查与对策研究	呼和浩特市中蒙医院

续表 2

序号	等级	获奖成果名称	完成单位
33	三等	马铃薯脱毒种薯繁殖推广体系建设及配套高产栽培技术大面积推广	清水河县科委、农业局
34	三等	营养素一氮、磷、钾与微量元素复合和稀土元素国产化研制开发	呼和浩特市四维化工研究所
35	三等	水夹套盐酸合成炉及热能综合利用	呼和浩特市化工总厂
36	三等	鲜食玉米新品种“津鲜一号”引种研究	呼和浩特市农业技术推广中心
37	三等	C－LRS 型系列高效热管热水锅炉	呼和浩特市生活锅炉厂、呼和浩特市锅炉总厂
38	三等	新优乔灌木引种栽培实验研究	呼和浩特市园林科研所
39	三等	水泥生料掺加稀土吸烧实验	呼和浩特市水泥厂
40	三等	32/Z＊32/Z 英文边字棉织物	内蒙古棉纺织厂
41	三等	聚氯乙烯阴性冷弯阻燃电线管	内蒙古科迪高技术产业有限责任公司
42	三等	保护地蔬菜利用二氧化碳技术应用研究	呼和浩特市土壤肥料工作站、呼和浩特市郊区巧报乡、西菜园乡
43	三等	呼和浩特市新城区“科教兴区”战略实施方案	呼和浩特市新城区科教兴区领导小组办公室
44	三等	天鹅牌 CS54－A3 型彩色电视接收机	彩虹电视机厂
45	三等	丁香属植物引种与推广研究	呼和浩特市园林局、内蒙古林科院
46	三等	脑出血和脑血栓患者血液六种元素测定研究	呼和浩特市第一医院
47	三等	XXY－Ⅲ型系列锅炉开发研制	呼和浩特市环境保护设备研究制造厂
48	三等	ZL36B 变速器	呼和浩特市齿轮厂
49	三等	高纬度，高海拔，高寒地区红薯引种及栽培技术试验研究	呼和浩特市农业技术推广中心
50	三等	三种频道写入器及遥控器功能检测仪	彩虹（内蒙古）电视机厂
51	三等	鲤鱼新品种实验示范推广	呼和浩特市水产管理站
52	三等	铝合金公交锁	呼和浩特市制锁工业公司
53	三等	加速建立如意经济技术开发区高新技术产业园区	呼和浩特市如意开发区管理委员会
54	三等	稀有蔬菜大面积推广	呼和浩特市郊区蔬菜局

续表3

序号	等级	获奖成果名称	完成单位
55	三等	ZX7－400(IGBT)全集成化逆变弧焊机	呼和浩特市电焊机厂
56	三等	肉兔模式化饲养技术	武川县畜牧局
57	三等	呼和浩特市破坏性地震应急预案	呼和浩特市地震局
58	三等	骨粉液体肥料	呼和浩特市荣川农业科技推广有限责任公司、内蒙古大学
59	三等	呼和浩特医学情报信息社会效益研究	呼和浩特市卫生局
60	三等	采用国际新工艺标准的服装应用研究	呼和浩特市友谊服装总厂
61	三等	乙状结肠代阴道的引进推广	呼和浩特市第一医院
62	三等	波特系列纯天然粗粮保健食品的开发研究	内蒙古波特食品有限公司
63	三等	梦丽舒高档防缩针织新工艺研究	呼和浩特山丹企业集团宏业针织时装厂
64	三等	日光温室高效益栽培	呼和浩特市郊区蔬菜局
65	三等	有光高级乳胶涂料	呼和浩特市建筑材料厂
66	三等	哈素海水环境应用研究	内蒙古自治区环境保护监测中心站、土默特左旗哈素海管理局
67	三等	羊绒衫嵌花新工艺研究	山丹企业集团内蒙古宝丰壹昉羊绒制品有限公司
68	三等	黄牛磨砂革新工艺研究	呼和浩特市皮革总厂
69	三等	伊利奶牛精饲料系列产品的研究	内蒙古伊利实业股份有限公司工贸公司饲料厂、内蒙古畜牧科学院
70	三等	中、小型企业现代化管理实用技术的研究	呼和浩特市二轻工业局、经委、科委
71	三等	不同用途的草坪开发应用研究	呼和浩特市草原工作站
72	三等	枸杞乳酸菌产品的开发研究	内蒙古永康枸杞药膳有限公司、内蒙古轻工科研所
73	三等	三优系列教育的开发与推广	呼和浩特市计划生育服务站
74	三等	呼和浩特地区铅作业人员健康与营养膳食状况调查与研究	呼和浩特市劳动卫生职业病预防研究所
75	三等	果粮套种示范推广	呼和浩特市郊区多种经营站
76	三等	托克托县农村科技服务体系建设探索	呼和浩特市科技情报研究所、托克托县科委

续表 4

序号	等级	获奖成果名称	完成单位
77	三等	抗静电阻燃式矿工安全帽	呼和浩特市第四塑料厂、内蒙古大学
78	三等	双味面包系列产品开发	内蒙古伊利实业股份有限公司面包厂、内蒙古畜牧科学院
79	三等	微控透明显示玻璃钢沙盘试制及技术	呼和浩特市建材局新型建筑材料装饰队、内蒙古森警总队

1997 年度呼和浩特市科学技术进步奖获奖项目表

表 2－3－32

序号	等级	获奖成果名称	完成单位
1	一等	三股钢绞线预应力混凝土圆孔板的研制	内蒙古建筑构件公司、中国建筑科学研究院
2	一等	PVF 高分子广谱燃油滤芯	呼和浩特市模具机械厂
3	一等	羊绒高比例、高支纱系列精纺面料	内蒙古青鸟毛纺织有限责任公司、内蒙古鹿王羊绒集团
4	一等	超临界二氧化碳萃取沙棘油工业化开发	内蒙古科迪高技术产业有限责任公司
5	二等	2500 吨/年烧碱技术改造工程	呼和浩特市化工总厂
6	二等	呼和浩特市农作物新品种引进试验示范及推广	呼和浩特市种子公司、土默特左旗、托克托县、市郊区、和林格尔县种子公司
7	二等	日处理 40 吨鲜奶成套奶粉设备	呼和浩特市轻工机械有限公司
8	二等	呼和浩特市传统建筑基础调查及应用研究	呼和浩特市规划管理局、城建档案局、文物处,内蒙古文物考古研究所
9	二等	萃取分离单一稀土－稀土氧化物新工艺	内蒙古三吉利稀土材料有限责任公司
10	二等	旱地主要农作物地膜覆盖栽培技术推广	呼和浩特市农业技术推广中心,土默特左旗、托克托县、和林格尔县、清水河县、武川县农技推广站
11	二等	A－K115 三爪自定心卡盘	呼和浩特市机床附件总厂
12	二等	呼和浩特市土地有偿使用的应用研究	呼和浩特市土地管理局
13	二等	BL－XI 百灵广谱消毒液	内蒙古百灵精细化工厂有限公司
14	二等	绵羊绒衫后整理技术的研究	呼和浩特市奥羊绒毛衫厂

续表 1

序号	等级	获奖成果名称	完成单位
15	二等	旱作农业集雨水蓄水灌溉试验示范	呼和浩特市水利管理站、清水河县水利水保局
16	二等	建筑工程材料检测信息管理系统软件包	呼和浩特市建工局质量监督站、建工质量检测试验中心
17	二等	北方肉羊产业技术开发	呼和浩特市家畜改良站，土默特左旗、托克托县、市郊区、和林格尔县、武川县、清水河县改良站
18	二等	导热油加热沥青新工艺研究	呼和浩特市公路工程处
19	二等	竹节呢	内蒙古铁骑集团棉纺厂
20	二等	《呼和浩特经济史》	呼和浩特市统计局、工商局、计委、经委
21	二等	硫酸法碳酸稀土生产工艺技术条件及产品开发研究	呼和浩特市鑫荣五金化工有限公司、呼和浩特市新城区科委
22	二等	PVC 大型露天储粮技术	呼和浩特市第一粮食仓库、呼和浩特市粮油科学研究所
23	二等	内蒙古砷病区口腔疾病的流行病学研究	呼和浩特市口腔医院
24	二等	现代生物技术在功能型保健饮品中的研究（维康口服液）	呼和浩特市孔源生物保健总厂、内蒙古农牧学院
25	二等	呼和浩特市地区应用“佳灵三特”驱治羊内外寄生虫技术推广	呼和浩特市兽医工作站，和林格尔县、武川县、托克托县、清水河县兽医站
26	二等	日光温室高产高效栽培	呼和浩特市郊区蔬菜副食品局
27	二等	呼和浩特市石化小区规划	呼和浩特市石化区规划建设领导小组办公室、内蒙古经济社会发展研究中心、呼和浩特市建设局、呼和浩特市环保科研所
28	二等	农用转光膜	内蒙古瑞光实业公司
29	三等	荷兰 OKAL 红椒新品种引进	托克托县农业技术推广中心
30	三等	羊绒呢系列服装新技术开发	呼和浩特市友谊服装总厂
31	三等	S 型彩陶琉璃瓦与大型浮雕彩陶艺术壁画	呼和浩特市紫砂陶瓷开发总公司
32	三等	SX18 实验用箱式电阻炉	内蒙古广兴加热设备有限公司
33	三等	热－电－煤气“三联产”技术动态研究	呼和浩特市城建局

续表 2

序号	等级	获奖成果名称	完成单位
34	三等	腹部大血管损伤的治疗	呼和浩特市郊区医院
35	三等	枸杞优良品种引种与病虫害防治研究	呼和浩特市森林保护站
36	三等	预拌砼应用推广	内蒙古第三建筑工程公司
37	三等	年产 1500 吨 700A 型“三合一炉”法盐酸生产装置的设计和应用	内蒙古呼和浩特市化工厂
38	三等	NM4320A 示波器	内蒙古电子仪器厂
39	三等	有机薄膜电容器生产技术改造	呼和浩特市电子元件五厂
40	三等	应用猪三联疫苗及猪瘟单抗新技术综合防制猪瘤、猪丹毒、猪肺疫	呼和浩特市兽医站
41	三等	HTF－K49 全自动盘体三口铣床	呼和浩特市机床附件总厂
42	三等	多巴酚丁胺负荷超声心动图试验诊断冠心病临床研究	呼和浩特市第一医院
43	三等	小体积网箱养鲤实验	呼和浩特市水产管理站
44	三等	呼和浩特公路枢纽总体布局规划	呼和浩特交通局
45	三等	应用系统工程方法推进呼和浩特市地区墙体材料革新工程的研究	呼和浩特市科技咨询中心建材技术服务部、呼和浩特市建材局、呼和浩特市硅酸盐学会
46	三等	生物降解淀粉树脂开发应用	内蒙古生华降解树脂有限公司
47	三等	碱化利多卡因硬膜阻滞的临床研究	呼和浩特市第一医院
48	三等	呼和浩特金川资源经济开发区发展战略	呼和浩特市金川资源经济开发区
49	三等	“青梅”牌半甜白葡萄酒	内蒙古托王集团酿酒总公司
50	三等	呼和浩特市地区次生林经营技术研究	呼和浩特市林工站、内蒙古林学院、呼和浩特市大青山林场
51	三等	RVV 型聚氯乙烯绝缘聚氯乙烯护套圆形软电缆、RX 橡皮绝缘总编织圆形软电线	呼和浩特市东风电线厂
52	三等	水泥搅拌桩引进技术开发	呼和浩特市建筑勘察设计院地基技术服务部
53	三等	黄土丘陵区森林能源工程	和林格尔县林业工作站
54	三等	干旱丘陵果树经济生态沟建设	清水河县林业局经济林工作站
55	三等	EA303 酸性碳钢电焊条新配方的研究	呼和浩特市电焊条厂

续表 3

序号	等级	获奖成果名称	完成单位
56	三等	排烟防火阀、排烟口系列产品	呼和浩特市新城区防火防盗保温门窗厂
57	三等	远红外系列服装	呼和浩特市服装四厂
58	三等	黄腐酸植物营养液	武川县发达实用科学技术研究所
59	三等	优良花灌木的推广	呼和浩特市园林局
60	三等	马铃薯脱毒种薯繁育基地建设及技术开发	和林格尔县农业局科委
61	三等	水泥聚苯保温板	内蒙古建筑构件公司
62	三等	野燕麦和阔叶类杂草化学防治的研究	武川县农业技术推广中心
63	三等	良种肉鸡引进推广的模式化饲养	和林格尔县蛋肉鸡总公司、县科委
64	三等	ZX50 电动软轴行星插入式混凝土振动器	呼和浩特市电动工具厂
65	三等	天霸牌系列产品	呼和浩特市日用化学工业公司
66	三等	观赏菊类早花品种筛选及应用	呼和浩特市园林科研所
67	三等	电脑全自动彩印、复合、制袋生产线	呼和浩特市火炬塑料厂
68	三等	南天门林场华北落叶松良种基地营造技术研究	和林格尔县南天门林场
69	三等	呼和浩特市园林植物刺吸式害虫综合防治技术研究	呼和浩特市园林科研所
70	三等	秸秆技术推广	呼和浩特市郊区草原工作站
71	三等	遮阳网在秋延后蔬菜育苗和生产上的应用	呼和浩特市郊区蔬菜副食品局
72	三等	呼和浩特市农业系统科技人员现代化管理追踪决策研究	呼和浩特市农业局畜牧副食品局
73	三等	《呼和浩特市“九五”至 2010 年农业结构定位分析研究报告》	呼和浩特市委政策研究室
74	三等	增产技术措施示范－喷施宝、丰产素推广	呼和浩特市植保植检站，市郊区蔬菜局，土默特左旗、托克托县农业技术推广站
75	三等	健康教育声像情报系统创建国家卫生城效果评价研究	呼和浩特市卫生局、呼和浩特市科技情报研究所
76	三等	MZ－1－1000 自动埋弧焊机	呼和浩特市焊接设备厂包头第一机械制造厂
77	三等	小麦生产综合机械化增产技术	呼和浩特市农机推广站

续表 4

序号	等级	获奖成果名称	完成单位
78	三等	低压管道输水灌溉工程	呼和浩特市郊区水电局蔬菜局
79	三等	新疆杨扦插繁育技术研究	呼和浩特市郊区实验苗圃
80	三等	关于四爪单动卡盘丝杆材质、硬度选用问题的探讨	呼和浩特机床附件总厂
81	三等	数字化测图技术的引进与应用	呼和浩特市勘察测绘处
82	三等	机电井灌区节能综合技术配套试验示范	呼和浩特市水利管理站
83	三等	县级调度自动化系统工程	托克托县农电局
84	三等	武川县壕赖山农村经济和社会发展规划	呼和浩特市人事局、呼和浩特市农业区划办、武川县委、县政府
85	三等	多用途宽幅播种机	呼和浩特市汽车附件厂
86	三等	兰州大接杏丰产栽培试验研究	呼和浩特市多种经营站
87	三等	韩国抱头白菜的大面积推广	呼和浩特市郊区巧报乡政府

1998 年度呼和浩特市科学技术进步奖获奖项目表

表 2－3－33

序号	等级	获奖成果名称	完成单位
1	一等	呼和浩特市城市总体规划	呼和浩特规划管理局、呼和浩特市环保局
2	一等	110 综合报警指挥系统	内蒙古华利达电子有限公司
3	一等	喷射器在工业节能中的推广应用	呼和浩特市能源监督检测站、内蒙古工业大学
4	一等	呼和浩特市区土地定级估价研究	呼和浩特市土地管理局、内蒙古师范大学地理系
5	一等	胸导管左颈外静脉吻合治疗门脉高压顽固性腹水	呼和浩特第一医院
6	一等	利用精煤防治呼和浩特市大气污染环境效益及实施方案研究	呼和浩特市环境保护局
7	一等	中行内蒙古分行营业办公楼新技术应用示范工程	呼和浩特市建筑工程公司
8	一等	哈伦牌远红外保健品驼绒恒温库	呼和浩特市金川开发区红日经贸有限责任公司、中国医学科学院血液学研究所

续表 1

序号	等级	获奖成果名称	完成单位
9		呼和浩特市地区草甸草地生产力动态模型研究	呼和浩特市郊区草原工作站
10		奇灵康片研制生产	呼和浩特市经济技术开发区东奥药业有限公司
11		等级粉生产线技改工程	呼和浩特市第三面粉厂、呼和浩特市粮油科学研究所
12		呼和浩特交通志	呼和浩特市交通局
13		羊绒毛成衣染色技术	呼和浩特市双树羊绒衫厂
14		沙棘系列化妆品工业开发	内蒙古科迪高技术产业有限责任公司、内蒙古宇航人化妆品有限责任公司
15		游离拇甲皮瓣移植再造拇指	内蒙古自治区医院、呼和浩特市玉泉区妇幼保健院
16		新型烟草薄片胶的研究和应用	呼和浩特市甘草制品厂
17		汽车综合性能台架模拟检验系统推广	呼和浩特市交通运输科学技术研究所
18		益气软坚治疗猪囊虫病的临床观察	呼和浩特市中蒙医院
19		四课时六步作文程序训练	呼和浩特市新城区教育局教研室、呼和浩特市新城区满族小学、呼和浩特市新城区关帝庙小学
20		钢质防火卷帘系列产品开发	呼和浩特市金鼎门窗有限责任公司
21		呼和浩特市垃圾综合处理厂碱化土壤绿化技术研究	呼和浩特市园林科研所
22		呼和浩特市地下水硝酸盐简化污染控制应用技术试验研究	呼和浩特市地下水资源管理局
23		绵山羊胚胎技术移植研究试验	呼和浩特市家畜改良工作站
24		通过课外阅读和课外活动提高小学生整体素质实验研究	呼和浩特市新城区东门外小学
25		农作物危险性有害物质调查及防除研究	呼和浩特市植保植检站、呼和浩特市农业技术推广中心、内蒙古农牧学院
26		超声监测不孕症卵泡发育及子宫内膜厚度的变化与受孕关系	呼和浩特市第一医院
27		SBS 改性沥青防水卷材及涂料	益华新型防水材料厂

续表2

序号	等级	获奖成果名称	完成单位
28		东京一号等高产大豆栽培推广	呼和浩特郊区蔬菜局
29		呼和浩特市绿化树种选择和应用	呼和浩特园林管理局、内蒙古林业科学研究院、呼和浩特规划管理局
30		万亩粮菜经饲混套复种高产优质高效田建设	呼和浩特郊区桃花乡政府
31		工程网络计划应用器工程应用技术	呼和浩特建筑工程公司
32		蒜苔栽培试验示范应用	呼和浩特郊区蔬菜副食品局
33		关于呼和浩特市转变经济增长方式提高经济增长质量的研究报告	呼和浩特市经济研究所
34		减少基层医院胆囊手术并发损伤的讨论	呼和浩特市郊区医院
35		呼和浩特市污水地质环境处理系统野外场地实验报告	呼和浩特市地下水资源管理局
36		计算机辅助设计在园林规划中的应用	呼和浩特市园林管理局
37		兔毛系列大衣呢	内蒙古莎日娜棉毛纺织总厂
38		FC5－8 液体燃料及管道工程	内蒙古蓝天液体燃料有限责任公司
39		MD－机制轻质墙板	内蒙古蒙栋墙体材料有限责任公司
40		伟达牌远红外磁疗保健绒毛制品	呼和浩特市伟达绒毛有限责任公司
41		激浪牌大败毒胶囊的研制和推广	内蒙古黄河制药厂
42		中西药治疗血小板减少性紫癜	和林格尔县人民医院
43		黄土丘陵区中华鼢鼠综合防治实验	和林格尔县林业局森保站
44		低温地板辐射供暖应用技术	内蒙古第三建筑工程公司第五分公司
45		卡托普利与地高辛联用治疗扩张性心肌病心衰的临床研究	呼和浩特市第一医院
46		多元复合材料门	呼和浩特市荣昌新型复合材料制品厂
47		亲油固体微粒乳液型混凝土脱模剂的研究	内蒙古工业大学、呼和浩特市建材厂
48		黄瓜嫁接技术的引进和推广	呼和浩特市郊区巧报乡政府
49		NG－1 型拒水防潮隔热粉的研制和中间实验	内蒙古工业大学、呼和浩特市建材厂
50		CLHG 热风助燃消烟常压立式锅炉	呼和浩特市塞北建材厂

2002—2003年度呼和浩特市科学技术进步奖获奖项目表

表2-3-34

序号	等级	获奖成果名称	完成单位
1	一等	林木菌根菌剂生产及其应用技术研究	内蒙古农业大学、呼和浩特市林工站
2	一等	呼和浩特市地区兔出血症病原及特异性防治措施研究	呼和浩特市兽药监督管理所
3	一等	纳米生物活性多功能纺织制品	呼和浩特市泰尔力图医疗保健用品公司
4	二等	《蒙古文化》网站及蒙古文互联网应用技术	内蒙古明安图互联网技术开发公司
5	二等	卡式植树法的推广应用	呼和浩特市科技局中国希腊合作项目办
6	二等	应用现代教育技术培养学生信息技术能力	呼和浩特市土默特中学
7	二等	高白超细煅烧高岭土	内蒙古三保高岭土有限公司
8	二等	动植物性食品中稀土元素的测定	呼和浩特市防疫站
9	二等	《中国加入WTO后呼和浩特市产业的发展商机与影响》	呼和浩特市经济发展研究中心
10	三等	金、银中杂质光谱分析标准物质研究与生产	内蒙古乾坤金银精炼公司
11	三等	杂交茄子系列新品种的选育及大面积推广	呼和浩特市蔬菜研究所
12	三等	几种地被植物的引种推广应用	呼和浩特市园林所
13	三等	甜菜耐丛根病新品种毕抗1号的选育与推广	呼和浩特市糖厂毕克齐甜菜所
14	三等	天然胡萝卜素胶丸	内蒙古吉兰泰盐化集团呼和浩特市制药厂
15	三等	旅客信息图文采集系统	内蒙古银安科技开发公司
16	三等	超高超限运输装卸机具的研制与开发	呼和浩特市大型物资运输公司
17	三等	地方性砷中毒治疗效果观察	呼和浩特市防疫站
18	三等	腕高率对判断腕骨塌陷的临床意义	呼和浩特市中蒙医院
19	三等	净宫栓治疗子宫颈糜烂的临床研究	呼和浩特市妇幼保健医院
20	三等	脑血管与院内感染相关因素研究	呼和浩特市第一医院
21	三等	城市小学区域性素质教育机制研究	呼和浩特市回民区教育局
22	三等	呼和浩特市"十五"及2015年城市化发展战略研究	呼和浩特市发展计划委员会
23	三等	构建素质教育德育模式实验研究	呼和浩特市实验中学

2004年度呼和浩特市科学技术进步奖获奖项目表

表2-3-35

序号	等级	获奖成果名称	完成单位
1	一等	胡萝卜新杂交种选育及推广应用	内蒙古农科院蔬菜研究所、呼和浩特市农牧业局
2	一等	口蹄疫灭活疫苗产业化工程	内蒙古金宇集团股份有限公司
3	二等	马铃薯脱毒微型薯工厂化繁育技术体系研究	内蒙古铃田生物技术有限责任公司、内蒙古万事特生物科技有限责任公司
4	二等	"乳杆菌活菌胶囊(阴道用)"生产项目	内蒙古双奇药业股份有限公司
5	二等	毛纺织粗梳高支纱产品及装备技术	内蒙古秦龙纺织有限责任公司
6	二等	年产30000立方米柠条中密度纤维板	呼和浩特市海兴人造板有限公司、内蒙古农业大学
7	二等	蒙药广枣黄酮(TFC)抗心律失常作用的机制研究	内蒙古自治区中蒙医研究所
8	三等	大剂量甘草甜素治疗SARS的临床研究	呼和浩特市第二医院、内蒙古医学院第一附属医院
9	三等	牛生长激素抗独特型抗体促生长作用机理研究	内蒙古畜牧科学院、呼和浩特市动物防疫站
10	三等	呼和浩特市垃圾与粪便无害化处理与利用途径的研究	内蒙古农业大学、呼和浩特市垃圾无害化处理场、呼和浩特市环境保护局
11	三等	奶牛胚胎移植技术试验示范	呼和浩特市家畜改良站、和林格尔县、托克托县、赛罕区、土默特左旗、清水河县、武川县等家畜改良站、玉泉区农牧水利局
12	三等	《蒙古文数字图书馆》网络支撑技术	内蒙古明安图互联网技术开发有限公司、内蒙古图书馆
13	三等	蒙牛随变雪糕的开发	内蒙古蒙牛乳业(集团)股份有限公司
14	三等	年分离4000吨混合碳酸稀土系列产品	呼和浩特市东友稀土有限责任公司
15	三等	沙棘果汁生产工艺的研究与应用	内蒙古宇航人高技术产业有限责任公司
16	三等	羽绒衬衫产品的研制与开发	呼和浩特铁路服装厂
17	三等	GSM通信直放机	内蒙古华利达科技发展有限公司
18	三等	1/4,半秒延期导爆管雷管的研究与开发	内蒙古红旗化工有限责任公司
19	三等	传染性非典型肺炎医院感染控制的研究	呼和浩特市第二医院、内蒙古卫生厅
20	三等	超级马铃薯淀粉精加工	呼和浩特华欧淀粉制品有限公司

2005 年度呼和浩特市科学技术进步奖获奖项目表

表 2－3－36

序号	等级	获奖成果名称	完成单位
1	一等	奶牛 X/Y 精子分离－－性别控制产业化关键技术的研究	内蒙古赛科星生物技术有限责任公司
2	一等	呼和浩特市清洁能源行动	呼和浩特市清洁能源推广办公室
3	二等	两种高效兽药新剂型的研制与应用研究	内蒙古农牧业科学院
4	二等	无公害蔬菜标准化生产技术示范	呼和浩特市植保植检站
5	二等	高产优质奶牛快速繁育技术与现代绿色饲养技术集成研究与开发	内蒙古自治区家畜改良工作站
6	二等	NA－1000VA 多功能新型逆变器	内蒙古蒙辰新能源有限公司
7	二等	秸秆饲料加工关键装备与技术的推广应用	内蒙古农业大学机械厂
8	二等	沙棘血脂康的研究与开发	内蒙古复旦蒙耀生物技术有限责任公司
9	二等	突聋患者血清 ET SOD MDA NO 作用及机制的研究	内蒙古医学院第一附属医院
10	三等	康复出院 SARS 患者远期追踪观察	呼和浩特市第二医院
11	三等	新型兽药消毒剂的研究与推广	呼和浩特市兽药监督管理所
12	三等	优质果树品种立体生态种植模式的推广应用	呼和浩特市多种经营站
13	三等	高产奶牛新技术配方浓缩料研制及推广应用	伊利集团、内蒙古牧泉元兴饲料有限责任公司
14	三等	呼和浩特市光肩星天牛工程治理技术研究及应用	呼和浩特市森林保护站
15	三等	检疫对象美洲斑潜蝇发生规律与监控防治研究	呼和浩特市植保植检站
16	三等	总线式宽频一线通电视监控系统成套产品的研发	内蒙古方维电器制造有限责任公司
17	三等	低乳糖奶粉的研制	伊利集团奶粉事业部
18	三等	KLY 系列水处理剂及水处理技术在高硬度、高碱度及高腐蚀性离子浓度循环冷却水中的推广应用	内蒙古科绿源精细化工有限责任公司
19	三等	鼎星文档一体化管理系统	内蒙古鼎星软件有限公司

续表 1

序号	等级	获奖成果名称	完成单位
20	三等	奶酒系列产品的研究与开发	内蒙古昂格丽玛奶酒科研所
21	三等	扫日劳 -4 胶囊	内蒙古兰太药业有限责任公司
22	三等	托克托电厂一期烟气调质改造	内蒙古大唐国际托克托发电有限责任公司

2006 年度呼和浩特市科学技术进步奖获奖项目表

表 2 -3 -37

序号	等级	获奖成果名称	完成单位
1	一等	LGG 益生菌菌种在乳制品中的应用	内蒙古伊利实业集团股份有限公司
2	一等	数控刀库及刀具自动交换装置	呼和浩特众环(集团)有限责任公司
3	一等	新型胶片挤出生产线	内蒙古富特橡塑机械有限责任公司
4	二等	马铃薯系列变性淀粉	内蒙古奈伦农业科技股份有限公司
5	二等	吉远膨胀聚苯板薄抹灰外墙外保温系统	内蒙古吉远泡塑有限责任公司
6	二等	工业燃气稀土添加剂	内蒙古明达伟业科技有限公司
7	二等	蒙古文远程教育及教育资源库系统	内蒙古明安图互联网技术开发有限公司
8	二等	呼和浩特地区牛皮蝇蛆病防治技术研究及应用	呼和浩特市动物疫病防控中心
9	二等	农牧交错区奶牛疾病监测及防治体系建设	内蒙古畜牧科学院
10	二等	优质饲用作物种植与加工利用技术研究及产业化开发	呼和浩特市多种经营站
11	二等	艾滋病温馨病房的建设和系统化管理的研究	呼和浩特市第二医院
12	三等	小儿氨氛伪麻分散片的产业化	内蒙古惠丰药业有限公司
13	三等	青霉素碱化液直通工艺生产 6 - APA 项目	石药集团中禾制药(内蒙古)有限公司
14	三等	一种保护胃粘膜保健食品的研究与开发	内蒙古宇航人高技术产业有限责任公司
15	三等	蒙牛“绿色心情”雪糕的开发	内蒙古蒙牛乳业(集团)股份有限公司
16	三等	利用高铝粉煤灰生产铝硅合金及其产业化	托克托大唐高铝粉煤灰开发有限责任公司
17	三等	社会化应急联动与综合服务系统	内蒙古国讯富通科技有限公司
18	三等	蒙药呼春吉呼 -1 号治疗阳痿病临床研究	内蒙古中蒙医院、呼和浩特市中蒙医院

续表 1

序号	等级	获奖成果名称	完成单位
19	三等	超声心电图对 2 型糖尿病患者左室功能检测指标的变化及临床意义的研究	呼和浩特市第一医院
20	三等	慢性乙肝患者血清 T 淋巴细胞变化与干扰素应答的关系	呼和浩特市第二医院

2007 年度呼和浩特市科学技术进步奖获奖项目表

表 2 - 3 - 38

序号	等级	获奖成果名称	完成单位
1	一等	营养舒化奶系列产品	内蒙古伊利集团实业股份有限公司
2	一等	牛口蹄疫○型灭活疫苗(JMS 株)研制项目	金宇保灵生物药品有限公司
3	一等	国家西部沙棘综合开发利用高技术产业化示范工程	内蒙古宇航人高技术产业有限责任公
4	一等	饮水砷的峰值浓度、累积摄入量及致病阈值	呼和浩特市疾病预防控制中心
5	一等	真果粒牛奶饮品	内蒙古蒙牛乳业(集团)股份有限公司
6	二等	伊利 CBP 高钙奶粉	内蒙古伊利集团实业股份有限公司
7	二等	KB500 型卡片包装机	内蒙古正星实业有限公司
8	二等	熔铸耐火材料系列产品	内蒙古星光电熔耐火材料有限公司
9	二等	马铃薯生产关键装备及技术的研究与推广	内蒙古农业大学机械厂
10	二等	小儿双解止泻颗粒的研发与生产	内蒙古惠丰药业有限公司
11	二等	旱地膜下打窝穴播小香米谷子栽培技术	内蒙古清水河县科学技术局
12	二等	引入肉用绵羊杂交改良及育肥技术的示范与推广	内蒙古自治区农牧业科学院
13	二等	膦甲酸钠合人工肝支系统治疗重型乙型肝炎的临床研究	呼和浩特市第二医院
14	三等	手机蒙古文短信收发系统	内蒙古易科软件开发有限责任公司
15	三等	公安消防部队警务管理信息系统	内蒙古万德系统集成有限责任公司
16	三等	工业蒸汽锅炉高效燃烧支持系统综合应用	呼和浩特市环境监测中心站
17	三等	纳米硒等微量元素复合功能纤维及制品	呼和浩特市泰尔力图医疗保健用品有限公司

续表 1

序号	等级	获奖成果名称	完成单位
18	三等	警务终端	内蒙古银安科技开发有限责任公司
19	三等	高性能复合改性乳化沥青的制备方法及应用	内蒙古路翔公路养护技术有限责任公司
20	三等	新型高效节能发酵罐应用在阿维菌素在发酵过程中发酵效价的提高	浙江升华拜克生物股份有限公司内蒙古分公司
21	三等	煤炭固体黄腐殖酸的提取研究与植物生长营养液的开发应用	内蒙古永业生物技术有限责任公司
22	三等	有机奶产业链建设及产品开发	内蒙古伊利集团实业股份有限公司
23	三等	特仑苏低脂牛奶	内蒙古蒙牛乳业(集团)股份有限公司
24	三等	金典纯牛奶	内蒙古伊利集团实业股份有限公司
25	三等	早餐奶系列产品	内蒙古伊利集团实业股份有限公司
26	三等	纯脆草莓香草脆皮雪糕	内蒙古蒙牛乳业(集团)股份有限公司
27	三等	奶牛精饲料生产与配售服务体系	内蒙古牧泉元兴饲料有限责任公司
28	三等	食用玉米淀粉细度提高的实验研究	内蒙古健隆淀粉有限公司
29	三等	奶联社模式及奶牛养殖集成技术示范与推广	内蒙古加牛科技有限公司
30	三等	淀粉生产过程中工艺水的闭环使用	石药集团内蒙古中抗糖业有限公司
31	三等	呼和浩特市土地资源及其人口承载力研究	呼和浩特市国土规划办公室
32	三等	蒙药"阿各萨－13味制剂"治疗支气管哮喘	呼和浩特市中蒙医院
33	三等	纳滤浓缩回收结晶母液中的 6－APA	石药集团中润制药(内蒙古)有限公司

2008 年度呼和浩特市科学技术进步奖获奖项目表

表 2－3－39

序号	等级	获奖成果名称	完成单位
1	一等	高铝粉煤灰生产硅铝初始合金及其产业化	内蒙古大唐国际再生资源开发有限公司
2	一等	12 英寸太阳能硅单晶的研制	内蒙古晟纳吉光伏材料有限公司
3	一等	牛口蹄疫〇型、亚洲 1 型二价灭活疫苗研制项目	金宇保灵生物药品有限公司
4	一等	奶牛冷冻精液生产新技术研究	内蒙古蒙牛生物繁育公司

续表 1

序号	等级	获奖成果名称	完成单位
5	一等	杠杆式火车轮毂卡盘	呼和浩特众环(集团)有限责任公司
6	一等	中国不同地区母乳组成成分差异的研究及母乳研究数据库的建设	内蒙古伊利实业集团股份有限公司
7	二等	煤矿井下安全生产自动化检测、监控系统和煤矿井下本安工业电视成套产品	内蒙古方维电器制造有限责任公司
8	二等	呼和浩特市公共科技信息服务平台建设	呼和浩特市科技信息中心
9	二等	农村科技服务体系建设	呼和浩特市生产力促进中心
10	二等	厄贝沙坦氢氯噻嗪胶囊	内蒙古元和药业股份有限公司
11	二等	从 6 - APA 废液中回收苯乙酸项目	石药集团中润制药(内蒙古)有限公司
12	二等	奶牛分离精子的深部输精技术开发	内蒙古蒙牛生物繁育公司
13	二等	马铃薯淀粉工业废水生物固定化技术处理农田肥水应用	内蒙古奈伦农业科技股份有限公司
14	二等	印染废水闭路循环处理装置与技术开发	内蒙古富佳工贸有限责任公司
15	二等	奶牛现代化饲养管理综合技术推广应用	呼和浩特市家畜改良站
16	二等	全球最大奶牛粪便处理沼气发电综合项目	内蒙古蒙牛生物质能有限公司
17	三等	环保节能隔热断桥铝合金型材研发生产项目	内蒙古光太铝业有限公司
18	三等	带 PC/PLC 控制系统得大型马铃薯淀粉加工成套设备	呼和浩特市博思达机械制造有限责任公司
19	三等	热超导高技术螺旋式燃气锅炉	呼和浩特市金环锅炉制造有限责任公司
20	三等	萘普生钠颗粒的研究与开发	内蒙古惠丰药业有限公司
21	三等	税收票证管理系统	内蒙古万德系统集成有限责任公司
22	三等	天迅宇视达乳品企业奶站远程无线图像监控系统	内蒙古天迅网络科技发展有限责任公司
23	三等	德国维卡铝塑复合节能门窗型材料应用及推广	内蒙古维德富凯隆门窗材料工程有限责任公司
24	三等	总线式宽频网络电视监控成套产品	内蒙古方维电器制造有限责任公司
25	三等	社会应急联动与综合服务系统	内蒙古国讯富通科技有限公司
26	三等	谷粒多系列谷物奶产品	内蒙古伊利实业集团股份有限公司

续表 2

序号	等级	获奖成果名称	完成单位
27	三等	“妙点”谷粒奶餐牛奶饮品	内蒙古蒙牛乳业(集团)股份有限公司
28	三等	内蒙古大青山呼和浩特段野生观赏植物调查及野生观赏花卉引种应用研究	呼和浩特市园林科研所
29	三等	台式居民身份证阅读器	内蒙古银安科技开发有限责任公司
30	三等	13 种新优园林植物生物学特性及繁殖技术研究	呼和浩特市园林科研所

2009 年度呼和浩特市科学技术进步奖获奖项目表

表 2 - 3 - 40

序号	等级	获奖成果名称	完成单位
1	一等	呼和浩特市高精度三维 GPS 控制网的建立及似大地水准面精化	呼和浩特市勘察测绘管理处(研究院)
2	一等	煤炭固体黄腐殖酸的提取研究与植物生长营养液的开发应用	内蒙古永业农丰生物科技有限责任公司
3	一等	金银的湿法精炼提纯新工艺	内蒙古乾坤金银精炼股份有限公司
4	一等	马铃薯变性淀粉湿法生产新工艺的研究	内蒙古奈伦农业科技股份有限公司
5	一等	农牧业交错区奶业现代化生产技术集成与产业化示范	内蒙古伊利实业集团股份有限公司
6	二等	“畅轻”Pro - ABB 复合益生菌酸奶功效研究及应用开发	内蒙古伊利实业集团股份有限公司
7	二等	沙棘黄酮提取纯化技术研究及产业化	内蒙古宇航人高技术产业有限责任公司
8	二等	冠益乳酸牛奶	内蒙古蒙牛乳业(集团)股份有限公司
9	二等	泡沫喷雾灭火系统装置	内蒙古硕方水电设备有限公司
10	二等	(20 万吨)甲醇装置猪尾管集气管改造项目	中海石油天野化工股份有限公司
11	二等	保护性耕作技术及机具示范推广	呼和浩特市晨海机电设备有限公司
12	二等	生物饲料及添加剂系列产品的研制与中试生产	呼和浩特市兽药监察所
13	二等	三分地可移动拆装式脱毒马铃薯原原种网室繁育推广体系建设项目	清水河县科学技术局
14	二等	实时测温射频消融治疗肺癌的临床研究	呼和浩特市第一医院

续表1

序号	等级	获奖成果名称	完成单位
15	三等	微生物发酵法生产辅酶 Q10	内蒙古金达威药业有限公司
16	三等	旋转式间歇断料出料装置	内蒙古伊利实业集团股份有限公司
17	三等	优益 C 乳酸菌乳饮料	内蒙古蒙牛乳业(集团)股份有限公司
18	三等	旅游移动信息化综合平台开发	呼和浩特市华腾科技发展有限公司
19	三等	北方沼气新技术研发示范与环境空气质量相关性研究	呼和浩特市环境科学研究所
20	三等	新型铝合金建筑装饰节能材料的开发	内蒙古光太铝业有限公司
21	三等	中石油网络视频集中监控系统	内蒙古国讯富通科技有限公司
22	三等	易信综合办公企业信息平台	中国电信集团系统集成有限责任公司内蒙古分公司
23	三等	细叶百合组织培养和再生体系建立的研究	内蒙古和信园蒙草抗旱绿化有限公司
24	三等	呼和浩特市地区蛀干害虫双条杉天牛无公害防治技术应用研究	呼和浩特市园林科研所
25	三等	煅烧精细高白煤系硬质高岭土生产新技术	内蒙古华生高岭土有限责任公司
26	三等	户用风光互补(发电)泵水系统研究开发	呼和浩特市得利新技术设备厂
27	三等	多种文字牌匾审批系统	内蒙古蒙科立软件有限责任公司
28	三等	贝加尔湖牌 J 型纯水机	呼和浩特市春华水务应急供水有限责任公司
29	三等	全膜法提取苏氨酸新技术研究与开发	内蒙古阜丰生物科技有限公司

2010年度呼和浩特市科学技术进步奖获奖项目表

表2-3-41

序号	等级	获奖成果名称	完成单位
1	一等	马鹿精子分离－－性别控制关键技术研究与应用示范	内蒙古赛科星繁育生物技术股份有限公司
2	一等	大型风力发电机组叶片研制	内蒙古航天亿久科技发展有限责任
3	一等	沙棘番茄提取物抗氧化保健食品的研究开发	内蒙古宇航人高技术产业有限责任公司
4	二等	中药“黄氏嗣育丸”治疗男性不育症的研究	呼和浩特市中蒙医院

续表1

序号	等级	获奖成果名称	完成单位
5	二等	9HZ－0.2型太阳能牧草种子干燥设备	中国农业机械化科学研究院呼和浩特分院
6	二等	气化炉升温烧嘴研发与应用项目	中海石油天野化工股份有限公司
7	二等	多功能茎秆收获压扁技术与装备研究及产业化	中国农业机械化科学研究院呼和浩特分院
8	二等	药肥复合型植物生长营养液的研制与开发	内蒙古永业农丰生物科技有限责任公司
9	二等	3G网信应用系统	中国电信集团系统集成有限责任公司内蒙古分公司
10	二等	谷物牛奶饮品系列新产品开发研究	内蒙古伊利实业集团股份有限公司
11	二等	蒙牛果蔬系列牛奶饮品的研制	内蒙古蒙牛乳业(集团)股份有限公司
12	二等	肉羊改良育肥新技术集成研究与示范	呼和浩特市家畜改良站
13	二等	呼和浩特园林树木害虫种类调查及综合防治	呼和浩特市园林科研植保站
14	二等	呼和浩特市不同人群艾滋病病毒(HIV)感染状况的研究	呼和浩特市疾病预防控制中心
15	二等	“脂欣康”治疗高脂血症的临床研究	呼和浩特市中蒙医院
16	二等	奶联社模式应用与推广	内蒙古奶联科技有限公司
17	三等	电石渣浆乙炔回收装置	内蒙古三联化工股份有限公司
18	三等	LED及新型节能照明产品	内蒙古佳惠大屏幕电子信息有限责任公司
19	三等	风力发电机测试仪	呼和浩特市睿力能源有限公司
20	三等	苁蓉益肾颗粒	内蒙古兰太药业有限责任公司
21	三等	蒙药创新药参竹精片的市场开发与二次开发	内蒙古元和药业股份有限公司
22	三等	金融机构客户身份识别及联网核查管理信息系统	内蒙古银安科技开发有限责任公司
23	三等	百米钢轨焊接生产线辊道输送新技术	呼和浩特铁路局焊轨段
24	三等	采暖空调水系统高层直供技术	呼和浩特高层供暖技术有限公司
25	三等	乙炔清净液循环回用	内蒙古三联化工股份有限公司

续表2

序号	等级	获奖成果名称	完成单位
26	三等	降血脂创新产品“博日吉汗牌黄芪多糖咀嚼片”的研发成果	内蒙古博日吉汗高新技术开发有限公司
27	三等	蒙药新药“三味檀香胶囊”	内蒙古凯蒙药业有限公司
28	三等	蒙汉文并用资源应用管理系统	内蒙古蒙科立软件有限责任公司
29	三等	电子政务手机客户端应用系统	内蒙古华腾科技发展有限公司
30	三等	双活塞回转油缸	呼和浩特众环(集团)有限责任公司
31	三等	规模化奶牛牧场数字化管理系统	内蒙古伊利实业集团股份有限公司
32	三等	“科尔沁型”华北驼绒藜繁育技术研究及其生态建设应用	呼和浩特市草原工作站
33	三等	丁香新品种引种、选育、扩繁技术及应用研究	呼和浩特市园林科研所
34	三等	呼和浩特地区肾综合征出血热病毒基因型别的研究	呼和浩特市疾病预防控制中心

2011年度呼和浩特市科学技术进步奖获奖项目表

表2-3-42

序号	等级	获奖成果名称	完成单位
1	一等	乳品安全预防控制体系建设	内蒙古伊利实业集团股份有限公司
2	一等	干法造粒工艺应用于微生态活菌片剂生产研究	内蒙古双奇药业股份有限公司
3	一等	氯乙烯工段精馏尾气回收及制氢联合装置	内蒙古三联金山化工有限责任公司
4	一等	高寒干旱地区中棚高效种植模式试验示范	武川县生产力促进中心
5	一等	美加系荷斯坦良种牛冷冻精液生产与推广应用	内蒙古天和荷斯坦牧业有限公司
6	一等	大规模悬浮培养技术生产口蹄疫灭活疫苗	内蒙古必威安泰生物科技有限公司
7	二等	沥青混合料抗车辙添加剂的推广应用研究	内蒙古交通设计研究院有限责任公司
8	二等	大型风力发电机组叶片模具研制	内蒙古航天亿久科技发展有限责任公司
9	二等	兆瓦级风电机组叶片电热模具的制作方法	内蒙古工大博远风电装备制造有限公司
10	二等	大规格橡胶冷喂料排气挤出机研制	内蒙古宏立达橡塑机械有限责任公司

续表 1

序号	等级	获奖成果名称	完成单位
11	二等	原料奶生产冷热联供节能减排技术开发与产业化	内蒙古伊利实业集团股份有限公司
12	二等	大行程弹簧气动管子卡盘	呼和浩特众环(集团)有限责任公司
13	二等	香薯泥奶香味系列产品的研制	康莱纳(内蒙古)食品有限公司
14	二等	婴幼儿配方乳制品中 sn－2 位脂肪酸检测技术的研究	内蒙古蒙牛乳业(集团)股份有限公司
15	二等	蒙牛未来星儿童成长牛奶的研制	内蒙古蒙牛乳业(集团)股份有限公司
16	二等	自走式灌木平茬系列装备的研究与开发	中国农业机械化科学研究院呼和浩特分院
17	二等	呼和浩特市科技项目与成果网上申报评审系统开发及应用	呼和浩特市科技信息中心
18	二等	炼油厂驰放气回收利用的技术开发	中海石油天野化工股份有限公司
19	二等	窑炉余热综合利用技术	内蒙古精诚高压绝缘子有限责任公司
20	二等	神舟光伏 5 兆瓦发电示范项目	内蒙古神舟光伏电力有限公司
21	二等	呼和浩特地区农业植物有害生物与外来有害生物疫情监测综合防控技术推广应用	呼和浩特市植保植检站
22	二等	厚墙体日光温室建造及越冬蔬菜生产技术研究、示范	呼和浩特昌德和农牧业科技发展有限责任公司
23	二等	70－300KN 系列瓷绝缘子产品开发应用	内蒙古精诚高压绝缘子有限责任公司
24	二等	中华(内蒙古)骨髓库蒙古族人群 HLA－A、B、DRB1 等位基因多态性研究	呼和浩特市中蒙医院
25	二等	经皮肺恶性肿瘤的放射粒子永久植入术治疗临床研究	呼和浩特市第一医院
26	三等	内蒙古自治区公路交通指路标志研究	呼和浩特市绕城高速公路建设管理办公室
27	三等	针刺纤维增强的风电机组叶片及其制作工艺	内蒙古工大博远风电装备制造有限公司
28	三等	风光互补路灯系统中试及产业化	呼和浩特市博洋可再生能源有限责任公司
29	三等	XJDF－200×200 销钉式冷喂料巨型斜交胎双复合挤出机	内蒙古纳顺装备工程(集团)有限公司

续表 2

序号	等级	获奖成果名称	完成单位
30	三等	三联益生菌粉剂生产研究	内蒙古双奇药业股份有限公司
31	三等	种子制丸成套设备及其试验研究装备开发	中国农业机械化科学研究院呼和浩特分院
32	三等	基于 OPEN TYPE 技术的蒙汉文快易通系统	内蒙古明安图互联网技术开发有限公司
33	三等	蒙科立多文种网站内容管理系统	内蒙古蒙科立软件有限责任公司
34	三等	前置式双圆盘割草机研制与推广	内蒙古农业大学机械厂
35	三等	直通工艺生产青霉素亚砜技术研究与应用	石药集团内蒙古信汇制药有限公司
36	三等	华欧淀粉公司马铃薯淀粉加工细胞液综合利用及酵母单细胞蛋白饲料开发应用示范	呼和浩特华欧淀粉制品有限公司
37	三等	大功率 LED 发光芯片的研究与开发	内蒙古佳惠大屏幕电子信息有限责任公司
38	三等	“掌中校园”数字空间应用系统	内蒙古华腾科技发展有限公司
39	三等	蒙药植物香青兰引种驯化与优质高效栽培关键技术的研究	内蒙古天际绿洲特色生物资源研发中心
40	三等	口蹄疫二价灭活纯化疫苗的研制	内蒙古必威安泰生物科技有限公司
41	三等	肉羊改良繁育技术集成与应用	呼和浩特市家畜改良站
42	三等	野生地榆人工繁育及在园林绿化中的应用	内蒙古和信园蒙草抗旱绿化股份有限公司
43	三等	CT 胃肠道造影剂	内蒙古爱众医学影像有限公司

2012 年度呼和浩特市科学技术进步奖获奖项目表

表 2－3－43

序号	等级	获奖成果名称	完成单位
1	一等	蒙牛特仑苏醇纤牛奶的研制	内蒙古蒙牛乳业(集团)股份有限公司
2	一等	乳铁蛋白型舒化奶技术开发项目	内蒙古伊利实业集团股份有限公司
3	一等	水溶性腐殖酸提取新技术及其产品推广应用	内蒙古永业生物技术有限责任公司
4	一等	高性能碳纤维复合芯导线开发及应用	呼和浩特浩源碳纤维有限公司

续表 1

序号	等级	获奖成果名称	完成单位
5	一等	优秀荷斯坦种公牛的培育技术研究	内蒙古天和荷斯坦牧业有限公司
6	一等	1.5 孔腹壁皮下悬吊式腹腔镜子宫肌瘤切除术的临床研究	呼和浩特市第一医院
7	二等	高黏性低后酸酸奶发酵剂的开发研究	内蒙古伊利实业集团股份有限公司
8	二等	多晶硅副产物二氯二氢硅的回收利用	内蒙古神舟硅业有限责任公司
9	二等	三氯乙烯生产关键技术改造与优化	内蒙古三联化工集团
10	二等	富勒烯产业化关键技术开发	内蒙古京蒙碳纳米材料高科技有限责任公司
11	二等	发酵法高产辅酶 Q10 技术研究和应用	内蒙古金达威药业有限公司
12	二等	国家二类新兽药盐酸沃尼妙林的研制与产业化	金河生物科技股份有限公司
13	二等	蒙药新药五味沙棘颗粒制剂的研究与开发	内蒙古宇航人药业有限责任公司
14	二等	传统补益药品“肝肾滋”品质升级和推广应用项目	内蒙古大唐药业有限公司
15	二等	宽幅橡塑板材直挤压延机组研制	内蒙古宏立达橡塑机械有限责任公司
16	二等	公安工作信息采集智能终端及其管理平台系统	内蒙古银安科技开发有限责任公司
17	二等	420KN 系列瓷绝缘子产品开发应用项目	内蒙古精诚高压绝缘子有限责任公司
18	二等	新型 GRC 弧形外墙板设计、制作、安装成套技术	内蒙古巨华集团大华建筑安装有限公司
19	二等	武川县测土配方施肥技术研究与应用	武川县农业技术推广中心
20	二等	奶牛体细胞克隆技术商业化开发与应用研究	内蒙古赛科星繁育生物技术股份有限公司
21	二等	携带化放疗微粒支架置入治疗食管癌的临床研究	呼和浩特市第一医院
22	二等	蒙医针刺治疗颈、腰椎间盘突出症的临床研究	呼和浩特市中蒙医院
23	二等	通过实施素质教育,培养小学生创新能力的研究	呼和浩特市新城区苏虎街实验小学
24	二等	呼和浩特市第一中学导学评三位一体教学模式	呼和浩特第一中学

续表 2

序号	等级	获奖成果名称	完成单位
25	三等	薯蓉奶茶系列饮品开发技术	康莱纳(内蒙古)食品有限公司
26	三等	玉米黄金粉的研发	内蒙古正隆谷物食品有限公司
27	三等	酸性乳饮料中复配稳定剂的优化及产品稳定性分析方法的研究	内蒙古蒙牛乳业(集团)股份有限公司
28	三等	正压式加热室	内蒙古光太铝业有限公司
29	三等	百藻堂牌维蜂盐藻胶丸的研发与产业化项目	内蒙古兰太药业有限责任公司
30	三等	滴灌关键技术装备开发与应用	中国农业机械化科学研究院呼和浩特分院
31	三等	农业保护性耕作技术示范与推广	内蒙古农业大学机械厂
32	三等	XJDF－(250/200)/200 三复合工程巨型胎胎面生产线	内蒙古纳顺装备工程(集团)有限公司
33	三等	大型高精度五轴数控纤维缠绕机	内蒙古航天金岗重工有限公司
34	三等	基于物联网技术的设施农业自动化控制系统	内蒙古国讯富通有限公司
35	三等	高效率 6&6.5&8 英寸太阳能硅单晶及超薄硅片	内蒙古中环光伏材料有限公司
36	三等	冶金多晶硅太阳电池研制及性能改善	内蒙古日月太阳能科技有限责任公司
37	三等	马铃薯原原种微喷及综合丰产技术研究示范	内蒙古惠华农业科技有限公司
38	三等	青贮玉米混种饲用扁豆高效栽培模式试验示范	呼和浩特市农业技术推广中心
39	三等	工厂化育苗项目的研究与开发	内蒙古香岛生态农业开发有限公司
40	三等	呼和浩特地区市售蔬菜农药残留现状研究	呼和浩特市疾控中心
41	三等	奶牛新型饲料改性柠条粉的中试生产技术	内蒙古天际绿洲特色生物资源研发中心
42	三等	呼和浩特市体育人口体能测试与检测应用	呼和浩特市体育总会
43	三等	学校体育与学生体能的研究	呼和浩特市教育科学研究所
44	三等	以微型课题研究为引领的教师专业化发展研究	呼和浩特市土默特中学
45	三等	中学音乐教学中渗透相关文化的实践与研究	呼和浩特市第三十五中学
46	三等	呼和浩特市危险化学品事故环境安全与健康应急决策系统研究	呼和浩特市环境科学研究所

2013 年度呼和浩特市科学技术进步奖获奖项目表

表 2－3－44

序号	等级	获奖成果名称	完成单位
1	一等	XP－550、XWP－550 交流系统盘形悬式瓷绝缘子新产品	内蒙古精诚高压绝缘子有限责任公司
2	一等	口蹄疫○型、亚洲 1 型、A 型三价灭活疫苗研究与开发	金宇保灵生物药品有限公司
3	一等	大型电动圆形喷灌机开发与应用	中国农业机械化科学研究院呼和浩特分院
4	一等	氯化铵稀土废水处理回收利用工艺	内蒙古天一环境技术有限公司
5	二等	CPP 型舒化奶产品开发研究	内蒙古伊利实业集团股份有限公司
6	二等	蒙牛蒂兰圣雪 5＋1 系列冰淇淋关键技术研究及开发	内蒙古蒙牛乳业(集团)股份有限公司
7	二等	双菌混合发酵生产聚谷氨酸技术及装备的研究与开发	内蒙古阜丰生物科技有限公司
8	二等	离子膜烧碱三效降膜蒸发技术国产化及其应用	内蒙古三联金山化工有限责任公司
9	二等	50 000 吨/年四氯化硅低温转化项目	内蒙古神舟硅业有限责任公司
10	二等	烟道除尘器	内蒙古光太铝业有限公司
11	二等	沙棘生物工程高技术产业化	内蒙古宇航人高技术产业有限责任公司
12	二等	自升塔式起重机技术改造项目	呼和浩特市通用金属结构有限责任公司
13	二等	大型刀库及自动换刀装置的开发项目	呼和浩特众环(集团)有限责任公司
14	二等	炸药自动包装装箱生产线技术与设备	清水河县同蒙化工有限责任公司
15	二等	每小时 70 吨马铃薯全自动淀粉生产线	内蒙古博思达科技有限公司
16	二等	矿用防潮抗拉型通信电缆研制与产业化	内蒙古仁达特种电缆有限公司
17	二等	高氯黄河水替代地下水用于工业生产的关键技术开发与应用	中海石油天野化工股份有限公司
18	二等	肉羊杂交改良与育肥技术集成示范	呼和浩特市家畜改良站
19	二等	呼和浩特地区园林植物有害生物无公害防治技术及应用的研究	呼和浩特市园林科研植保站
20	二等	测土配方施肥技术研究与大面积推广	呼和浩特市土壤肥料工作站

续表 1

序号	等级	获奖成果名称	完成单位
21	二等	优质全株青贮玉米合作化生产技术模式推广应用	内蒙古奶联科技有限公司
22	二等	1.5 孔免气腹悬吊式腹腔镜手术治疗良性卵巢肿物的临床比较研究	呼和浩特市第一医院
23	二等	艾滋病合并卡氏肺囊虫肺炎 CT 的影像研究	呼和浩特市第二医院
24	二等	呼和浩特市第六中学导学案教学模式	呼和浩特市第六中学
25	二等	区域推进科技教育活动,提升小学教师科技素养,发展学生综合能力的实践研究	呼和浩特市教育科学研究所
26	二等	新课程理念下高中生地图能力培养策略研究	呼和浩特市第十四中学
27	三等	基于风光互补的 LED 路灯	内蒙古佳惠大屏幕电子信息有限责任公司
28	三等	焕轻系列中老年牛奶的研制	内蒙古蒙牛乳业(集团)股份有限公司
29	三等	伊利“每益添”活性乳酸菌饮料产品的开发与功能研究	内蒙古伊利实业集团股份有限公司
30	三等	壳聚糖妇科外用抗菌器研发和产业化项目	内蒙古东银科技有限公司
31	三等	玉米淀粉分离及气流干燥的技术改进	内蒙古开盛生物科技有限公司
32	三等	香辣传奇牌托克托县香辣酱的研发	内蒙古正隆谷物食品有限公司
33	三等	食品加工设备用复合清洗剂的研制	内蒙古河西航天科技发展有限公司
34	三等	节能铝棒加热炉	内蒙古光太高科铝业有限公司
35	三等	辅酶 Q10 精提工艺优化与放大项目	神舟生物科技有限责任公司
36	三等	高效金霉素与高含量盐酸金霉素项目研究与开发	金河生物科技股份有限公司
37	三等	北方奔驰汽车螺旋锥齿轮研发	内蒙古飞鹰汽车齿轮有限责任公司
38	三等	电梯安全运行信息化监督管理系统	内蒙古通用电梯公司
39	三等	蓝元医院管理系统	内蒙古蓝元科技发展有限公司
40	三等	绿色农畜产品智能物流平台	内蒙古华腾科技发展有限公司
41	三等	通信用突变型塑料光纤连续化工业生产技术研究	内蒙古金三角光纤科技有限公司
42	三等	涂布级高岭土稀相换热煅烧技术及装备开发	内蒙古华生高岭土有限责任公司

续表 2

序号	等级	获奖成果名称	完成单位
43	三等	建筑工程中高强度高性能混凝土的技术研究与应用	内蒙古巨华集团大华建筑安装有限公司
44	三等	中央空调节能管理专家系统开发与示范项目	内蒙古瑞特科技有限公司
45	三等	内蒙古中西部地区节水型野生观赏花卉引种应用研究	呼和浩特市园林科研所
46	三等	干旱缺水地区(武川)马铃薯水肥耦合应用研究	武川县农业技术推广中心
47	三等	马铃薯滴灌高效栽培技术集成推广	呼和浩特市农业技术推广中心
48	三等	野生蒙中药植物引种驯化技术研究暨数字教学药圃园建设	内蒙古天际绿洲特色生物资源研发中心
49	三等	黄瓜商业化制种技术体系研究与应用	内蒙古杜卜种苗有限公司

2014 年度呼和浩特市科学技术进步奖获奖项目表

表 2-3-45

序号	等级	获奖成果名称	完成单位
1	一等	含杂环的芳香族聚酰胺纤维(F-12 纤维)50 吨/年产业化技术	内蒙古航天新材料科技有限公司
2	一等	欣活配方奶粉的研发及应用	内蒙古伊利实业集团股份有限公司
3	一等	长保质期发酵乳关键技术研究与开发	内蒙古蒙牛乳业(集团)股份有限公司
4	一等	超薄高效太阳能电池用硅单晶切片	内蒙古中环光伏材料有限公司
5	一等	奶牛性控新技术研究与示范应用	内蒙古赛科星繁育生物技术股份有限公司
6	二等	超细煅烧高岭土新工艺新设备	内蒙古超牌建材科技有限公司
7	二等	光学级 P 毫米 A(聚甲基丙烯酸甲酯)材料的研究与开发	内蒙古金瑞明材料科技有限公司
8	二等	气吸式精量铺膜播种机研制与开发	内蒙古农业大学机械厂
9	二等	大口径高真空三偏心双密封蝶阀研制和开发	呼阀科技控股有限公司
10	二等	呼和浩特市四中义务教育阶段整体开发校本课程的行动研究	呼和浩特市第四中学

续表 1

序号	等级	获奖成果名称	完成单位
11	二等	谷氨酸钠生产新工艺关键技术研究与开发	内蒙古阜丰生物科技有限公司
12	二等	有机儿童牛奶产品的研制及开发	内蒙古蒙牛乳业(集团)股份有限公司
13	二等	伊利畅轻风味发酵乳(利乐冠)产品的开发与研究	内蒙古伊利实业集团股份有限公司
14	二等	大规模优质苜蓿青贮技术研究与应用	内蒙古奶联科技有限公司
15	二等	反刍动物绿色生物饲料技术研究	内蒙古斯隆生物技术有限责任公司
16	二等	纤维支气管镜下永久植入联合经皮植入放射性粒子治疗主大气管肺癌的临床研究	呼和浩特市第一医院
17	三等	基于自带节电开关的 LED 节能灯	内蒙古佳惠科技有限公司
18	三等	智能建筑安全监控系统的应用与开发项目	内蒙古瑞特科技有限公司
19	三等	呼和浩特市雨污水管网地理信息查询系统	呼和浩特市排水事业管理局
20	三等	特种多功能树脂基纤维增强复合材料精密仪器储运箱研制项目	内蒙古航天亿久科技发展有限责任公司
21	三等	火车轮毂系列卡盘研发项目	呼和浩特众环(集团)有限责任公司
22	三等	智能控制自升塔式起重机研制与开发项目	呼和浩特市通用金属结构有限责任公司
23	三等	高性能防砸窗产业化开发	内蒙古雷奥世纪防砸窗有限公司
24	三等	拓宽学生学习空间,适应多样化学习方式,提高小学生学习能力	呼和浩特市赛罕区大学路小学
25	三等	初中各学科“30+15”循环课堂模式的研究	呼和浩特市第二十七中学
26	三等	整体教学、问题导学、合作教学课堂教学改革实验研究	呼和浩特土默特学校
27	三等	酒店中央空调(制冷机)废热回收	呼和浩特市多维太阳能配套工程有限公司
28	三等	旱作玉米全膜沟播高产栽培模式试验示范项目	呼和浩特市农业技术推广中心
29	三等	提高金色链霉菌生产能力的基因工程技术开发与应用	金河生物科技股份有限公司
30	三等	悬浮培养 BHK-21 细胞的无血清无动物源培养基的研发	内蒙古金源康生物工程有限公司
31	三等	36 对棒大型多晶硅还原炉装备及工艺技术研究	内蒙古神舟硅业有限责任公司

续表 2

序号	等级	获奖成果名称	完成单位
32	三等	U300BP/195 交流盘形悬式瓷绝缘子	内蒙古精诚绝缘子公司
33	三等	风电场风电功率预测系统项目	内蒙古东润能源科技有限公司
34	三等	壳聚糖痔疮抗菌凝胶的研发和产业化项目	内蒙古东银科技有限公司
35	三等	混凝土用高活性偏高岭土	内蒙古超牌建材科技有限公司

2015 年度呼和浩特市科学技术进步奖获奖项目表

表 2－3－46

序号	等级	获奖成果名称	完成单位
1	一等	安慕希希腊酸奶系列产品研制	内蒙古伊利实业集团股份有限公司
2	一等	新型谷粒乳关键技术研究及产业化	内蒙古蒙牛乳业(集团)股份有限公司
3	一等	XSP1－300 交流系统盘形悬式瓷绝缘子新产品	内蒙古精诚高压绝缘子有限责任公司
4	一等	被动式建筑用节能玻璃产业化项目	内蒙古坤瑞玻璃股份有限公司
5	一等	羊胎盘转移因子注射液(兽用)	内蒙古神元生物工程股份有限公司
6	二等	每益添活性乳酸菌饮料低糖型产品开发与研究项目	内蒙古伊利实业集团股份有限公司
7	二等	谷氨酸数字化发酵专家优化系统研究开发与应用	内蒙古阜丰生物科技有限公司、内蒙古工业大学
8	二等	食品安全检测服务平台建设与应用	呼和浩特市疾病预防控制中心
9	二等	Φ80μm 金刚石线切割太阳能级硅片工艺的研发及应用	内蒙古中环光伏材料有限公司
10	二等	草原文化数字化创意资源平台建设项目	内蒙古安达文化传媒有限责任公司
11	二等	新型太阳能 LED 触摸灯技术的研究和应用	内蒙古佳惠科技有限公司
12	二等	跨平台蒙古语言文字输入系统	内蒙古蒙科立科技有限公司
13	二等	益生菌制剂工艺改进 GMP 产业化项目	内蒙古双奇药业股份有限公司
14	二等	无糖型健胃消炎颗粒的研发与推广应用	内蒙古大唐药业有限公司
15	二等	活性硅高净化甲醛涂料技术研究与应用	内蒙古伊晨环境材料有限公司、内蒙古工业大学
16	二等	新型无皮食品卫生级 PVC 树脂开发	内蒙古三联金山化工有限责任公司、内蒙古三联金山塑胶有限责任公司

续表 1

序号	等级	获奖成果名称	完成单位
17	二等	高寒地区单层铺筑厚度 35cm 碾压式沥青混凝土心墙冬季施工技术研究与应用	内蒙古蒙水水资源股份有限公司
18	二等	高透明黄原胶关键技术与装备研究开发及应用	内蒙古阜丰生物科技有限公司、内蒙古工业大学
19	二等	新型金霉素微囊化剂型产品的开发与应用	金河生物科技股份有限公司、华南农业大学、金河动物药业有限公司
20	二等	种子工程技术开发与应用	中国农机院呼和浩特分院、内蒙古华德新技术有限公司
21	二等	大型复合材料固化成型设备热压罐研制	内蒙古金岗重工有限公司
22	二等	MB 型土壤固化剂在防沙治沙中推广与示范	内蒙古沙谷丰林环境科技有限责任公司
23	二等	天骄系列番茄新品种选育与配套技术推广	呼和浩特市广禾农业科技有限公司、呼和浩特市土壤肥料工作站、呼和浩特市蔬菜技术推广站、呼和浩特市经济作物工作站
24	二等	裸燕麦产业化关键技术研究与应用	内蒙古上禾生物科技有限公司、呼和浩特市经济作物工作站、内蒙古农牧业科学院、呼和浩特市种子管理站、内蒙古农业大学生命科学学院
25	二等	慢性肝病健康教育系列读本的开发与临床应用	呼和浩特市第二医院
26	二等	高中新课程有机化学教学策略的行动研究	呼和浩特市第十四中学
27	二等	“三·四”分层教学法的实践研究	呼和浩特市第三十四中学
28	二等	玉米新品种“种星 618”的研发与推广	内蒙古种星种业有限公司
29	三等	联苯苄唑凝胶的研发与推广应用	内蒙古大唐药业有限公司
30	三等	氯硅烷除硼技术开发	内蒙古神舟硅业有限责任公司
31	三等	载入移动式缠绕胶管成型机	内蒙古立诚橡塑机械有限公司
32	三等	EBZ160 型采煤掘进机研制与产业化	内蒙古瑞隆重工装备制造有限公司
33	三等	松散物料大型移动式堆料站研制	内蒙古金岗重工有限公司
34	三等	绿咖啡豆中提取绿原酸新工艺技术研究与开发	内蒙古鑫吉利生物科技有限公司
35	三等	辅酶 Q10 发酵工艺优化－－降低葡萄糖消耗研究项目	神舟生物科技有限责任公司

续表 2

序号	等级	获奖成果名称	完成单位
36	三等	火电厂锅炉脱硝优化控制系统的开发与应用	内蒙古瑞特优化科技股份有限公司
37	三等	城镇供水水质监测站信息化管理系统	呼和浩特市水质监测中心
38	三等	流动人口治安管理治安管理信息系统	华动泰越科技有限责任公司
39	三等	XZP－160、XZWP－160 直流系统盘形悬式瓷绝缘子新产品	内蒙古精诚高压绝缘子有限责任公司
40	三等	环保型阻燃电缆产品研制与产业化	内蒙古仁达特种电缆有限公司
41	三等	集中式光伏功率预测系统	内蒙古东润能源科技有限公司
42	三等	随变爆料麦片曲奇雪糕关键技术研究及开发	内蒙古蒙牛乳业(集团)股份有限公司
43	三等	奶牛营养评估体系的建立和推广	内蒙古伊利实业集团股份有限公司
44	三等	一种亚麻籽油的加工方法	呼和浩特市蒙谷香生物科技有限公司
45	三等	健康养殖高效生物饲料技术研究	内蒙古斯隆生物技术有限责任公司、内蒙古农业大学动物科学学院
46	三等	农企合作配方肥的开发与推广应用	呼和浩特市土壤肥料工作站、内蒙古耕宇化肥有限公司、呼和浩特市经济作物工作站
47	三等	奶牛疾病智能诊疗专家系统研究及推广应用	呼和浩特市动物卫生监督所、内蒙古农业大学兽医学院
48	三等	PDCD1 基因多态与北方汉族系统性红斑狼疮相关性研究	呼和浩特市第一医院、内蒙古医科大学附属医院
49	三等	乙肝肝衰竭合理化救治方案的临床研究	呼和浩特市第二医院
50	三等	“自由组合双向选择”简化学校管理,内涵式发展研究	呼和浩特市实验中学
51	三等	中华传统文化对小学生成长的影响之研究－方法与途径研究	呼和浩特市回民区钢铁路第二小学
52	三等	基于培养小学生创新能力的模型系列校本课程研究	呼和浩特市赛罕区锡林南路小学
53	三等	导学互动高效课堂的研究	托克托县第二中学
54	三等	基于园本研修的幼儿教师五项专业技能提高的研究	呼和浩特市回民区回族第二幼儿园

2016 年度呼和浩特市科学技术进步奖获奖项目表

表 2－3－47

序号	等级	获奖成果名称	完成单位
1	一等	基于线径 60μm 金刚石线切割太阳能级硅片技术的开发及应用	内蒙古中环光伏材料有限公司
2	一等	年产 10 万吨超细煅烧高岭土示范生产线	内蒙古超牌建材科技有限公司
3	一等	酶法制备阿莫西林工艺研究及产业化应用项目	内蒙古常盛制药有限公司
4	一等	氨基酸行业烟气高效治理关键技术	内蒙古阜丰生物科技有限公司
5	一等	反应器纸片载体生产猪瘟耐热保护剂活疫苗项目	金宇保灵生物药品有限公司
6	二等	金领冠呵护婴幼儿配方奶粉	内蒙古伊利实业集团股份有限公司
7	二等	乳制品质量控制信息化管理系统的研究及建立	内蒙古蒙牛乳业（集团）股份有限公司
8	二等	氨基酸超高速二次离心除菌及浓缩连续等电离交提取技术研究与开发	内蒙古阜丰生物科技有限公司
9	二等	XHP1－210、XWP2－210 交流系统用盘形悬式瓷绝缘子新产品	内蒙古精诚高压绝缘子有限责任公司
10	二等	内蒙古自治区公共文化服务管理平台建设项目	内蒙古蒙科立软件股份有限公司
11	二等	地方志在线编纂系统	呼和浩特市传星科技有限责任公司
12	二等	国内首例 600 兆瓦空、湿冷机组联合提效	内蒙古大唐国际托克托发电有限责任公司
13	二等	生物工程技术保健型沙棘果醋的研究开发	内蒙古宇航人高技术产业有限责任公司
14	二等	基于物联网技术的开放式实验室管理系统	呼和浩特市杰创科技有限责任公司
15	二等	高产、优质、粮饲兼用玉米新品种“种星 619”研发与推广	内蒙古种星种业有限公司
16	二等	基于 3S 技术的呼和浩特市耕地地力评价与施肥决策体系研究与应用	呼和浩特市土壤肥料工作站
17	二等	呼和浩特地区过敏性鼻炎患者吸入过敏原谱分析	呼和浩特市第一医院
18	二等	腹腔灌注碳酸氢钠溶液后 CO2 气腹对腹腔液 PH 及 TNF－α 影响的实验研究	呼和浩特市赛罕区医院

续表 1

序号	等级	获奖成果名称	完成单位
19	二等	一种对青霉素生产废水实现环保无排放的工艺研究及产业化应用项目	内蒙古常盛制药有限公司
20	二等	内蒙古和盛生态科技园区绿色建筑应用示范	内蒙古和盛生态育林有限公司
21	二等	牧场粪污综合利用模式的新技术研究	内蒙古优然牧业有限责任公司
22	二等	清水河县第一中学“511”绿色课堂教学模式研究	清水河县第一中学
23	二等	“双载体四导型”自主课堂模式的实践与研究	呼和浩特市第十九中学
24	三等	绿色青红椒搓核分选加工与综合利用成套设备关键技术研究与产业化开发	托克托县宏昌机械制造有限公司
25	三等	中老年牛奶产品开发项目	内蒙古伊利实业集团股份有限公司
26	三等	UHT 再制干酪关键技术的研究与开发	内蒙古蒙牛乳业(集团)股份有限公司
27	三等	12 对棒多晶硅还原炉节能降耗、提升产能及产品质量工艺技术研究	内蒙古神舟硅业有限责任公司
28	三等	高强度钢丝加强芯架空绝缘电缆产品研制与标准化	内蒙古仁达特种电缆有限公司
29	三等	常规 P 型单晶硅抗 PID 高效太阳电池性能改善与提高	内蒙古日月太阳能科技有限责任公司
30	三等	互联网＋社区〇2〇便民服务平台	内蒙古国讯富通科技有限公司
31	三等	气象观测网络信息化管理系统的研究与应用	内蒙古北青信息技术有限公司
32	三等	速卸 LED 显示模组关键技术研究与应用	内蒙古佳惠科技有限公司
33	三等	风电场限电功率评估系统项目	内蒙古东润能源科技有限公司
34	三等	军工数字化车间质量管控系统的研究与应用	内蒙古航天红峡化工有限公司
35	三等	移动校园平台的开发	内蒙古华腾科技股份有限公司
36	三等	数控供热大数据云计算行业节能服务平台	启明星宇节能科技股份有限公司
37	三等	玉米宽覆膜高密度高产高效栽培技术集成推广项目	呼和浩特市农业技术推广中心
38	三等	蒙药参竹精片质量标准提升以及对骨质疏松症预防及治疗作用研究	元和药业股份有限公司
39	三等	特色中成药“康复春口服液”关键技术研发及产业化	内蒙古大唐药业股份有限公司

续表 2

序号	等级	获奖成果名称	完成单位
40	三等	利福霉素 SV 发酵工艺参数研究	神舟生物科技有限责任公司
41	三等	银离子妇科外用抗菌凝胶	内蒙古东银科技有限公司
42	三等	良性非抢救患者使用 PICC 导管致感染的相关性研究	呼和浩特市第一医院
43	三等	呼和浩特市森林主要鼠害综合治理技术研究	呼和浩特市森林保护站
44	三等	实施"一二五"自主课堂"导学案"教学模式促进学生学习力发展的实证研究	呼和浩特市第三十八中学
45	三等	学科教学与社会实践活动渗透德育有效性研究	呼和浩特回民区通道街回族小学
46	三等	"启发・三动・创新"高效课堂教学模式研究	呼和浩特市土默特中学
47	三等	呼和浩特市综合实践活动课程与各学科课程整合的研究	呼和浩特市教育科学研究所

三、科技兴市奖励

1990 年 3 月 21 日，市政府做出实施"科技兴市"战略的决定。鼓励在"科技兴市"中做出贡献的各类人才，设立"科技兴市市长特别奖"，每年进行一次表彰和奖励活动。

1992 年 6 月 1 日，市政府出台《呼和浩特市"科技兴市效益奖"奖励规定》。进一步调动科技人员的积极性，发挥他们的聪明才智，推动科技与经济的结合，促进科技兴市战略的实施。

1991—2000 年，呼和浩特市对科技兴市集体、个人和项目进行奖励。

1991 年度呼和浩特市"科技兴市"奖获奖名单

表 2－3－48

奖　项	获奖名单
科技兴市特别奖（10 人）	徐跃荣、董雍铭、徐文英、刘志伟、肖　枫、赵鹤鸣、崔兰莉、乌学俭、郭　树、刘　彦
科技兴市先进集体（11 个）	内蒙古化纤厂、内蒙古电视机厂、内蒙古变压器厂、呼和浩特机床附件总厂、市回民奶食品加工厂、市运动衣厂、市"科技之窗"摄制组、市农业技术推广中心小麦模式化栽培组、土左旗"五三二"工程项目技术组、市郊区巧报乡、市节水办
科技兴市先进工作者（19 人）	吕新旺、史　憨、武　嘎、史凤仙、蔡子富、云拉俊、张炳成、夏　鼎、齐跃峰、韩世喜、魏　柱、常正德、刘　朴、卢如孝、柳宗胤、李　立、李瑞贞、王志民、薛文智

续表 1

奖项		获奖名单
科技兴工先进集体（15 个）		内蒙古电机厂、内蒙古电缆厂、市水泥厂、市布鞋厂、新城区科委、计经委、市大型物资运输公司、市酿造厂、市洗涤剂厂、市化工厂、土左旗化肥厂、市郊区玛钢厂、市电子元件五厂、内蒙古第二毛纺织厂、内蒙古第三毛纺织厂
科技兴工先进个人（22 人）		任安定，马践平、刘铁良、吕贤瑜、陈志跃、铁大铮、管世光、李景山、胡秀珍、苏玉茂、韩　瑞、张　锐、蔡德香、刘大伟、柳宗信、云英男、曹　顾、迟忠恕、王光元、段荣贵、张耀武、何风鸣
科技兴农先进集体（20 个）	土默特左旗（6 个）	白庙子乡、三两乡、青山乡、把什乡、台阁牧乡栽生村、北什轴乡波林岱村
	托克托县（4 个）	乃只盖乡、伍什家乡、乃只盖一间房村、古城乡甜菜专业技术研究会
	郊区（5 个）	巧报乡、小黑河乡、桃花乡、毫沁营乡、区科委
	市级单位（5 个）	市多种经营站、呼和浩特生产资料采购供应站、市计划委员会、市财政局、市扶贫办公室

1991 年度呼和浩特市科技兴农先进个人

表 2-3-49

地区		先进个人
土默特左旗（14 人）	把什乡古城村	汪连相
	把什乡五里坡	刘五毛
	把什乡红房子村	赵铁旦
	三两乡	李　瑞
	旗兽医站	武培金
	青山乡丈房塔村	张成刚
	旗科委农艺师	李　池
	旗水利局	高正和
	毕克齐镇杨家堡村	赵大文
	此老乡	云乐义
	北什轴乡出彦村	熊秉义
	旗农牧局农艺师	弓成林
	白庙子乡新营子村	王月海
	沙尔沁乡二道凹村	阎　俊

续表 1

地　　区		先进个人
托克托县(7 人)	新营子镇缸房夭子村	高　毅
	南坪乡大羊场村	赫仓小
	五什家乡高家西滩村	高保全
	黑城乡科技副乡长	张　元
	古城乡科技副乡长	杨　靖
	永胜域乡科技副乡长	颉　耕
	中滩乡科技服务站	郑建中
郊区(9 人)	小黑河乡科协副主席	任靖诚
	桃花乡科协副主席	李　举
	巧报乡桥靠保护地实验基地	朱银宽
	市蔬菜研究所所长	郭　树
	黄合少乡科技副乡长	张连威
	郊区多种经营站站长	高　宇
	郊区蔬菜技术推广站	史林峰
	郊区科协秘书长	刘永旺
	郊区良种场	李凤先
市级单位(10 人)	市农牧水利局水产工程师	亢月莲
	市农牧水利局	张一波
	市科协主席	斯琴卦
	市农业银行	文　明
	市职教委	杜月鲜
	大黑河牛场副场长	曲庆春
	市农机管理总站	陈　英
	市科委	王　瑞
	市委政研室主任	王家恒
	市林业局局长	辛昌盛

1992—2000 年度呼和浩特市“科技兴市”奖一览表

表 2－3－50

年度	奖项		获奖单位及项目及获奖人
1992	科技兴市市长特别奖（11 人）		王荣敏、韩　瑞、王家业、梁福德、云文广、王　珍、王建宣、曲有义、李惠来、史林峰、刘庆临
	科技兴市效益奖（6 项）	一等奖	邱连军主研伊利雪糕科技项目
			李贺主研毛高档牙签呢科技项目
		二等奖	董少云主研羊绒短纤维系列产品科技项目
			宋宝楹主研 35KV 及交联聚乙烯绝缘电力电缆科技项目
			刘志军主研大白菜配套新品种大面积科技推广项目
		三等奖	范德元主研啤酒发酵分布式微机控制系统科技推广项目
1993	科技兴市组织奖（2 人）		市财政局　王士廉
			市科委　王永夫
	科技兴市先进集体（3 个）		市总工会职工技协办公室
			市林业局机械开沟抗旱造林课题组
			市卫生防疫站地方性砷中毒防治小组
	科技兴市市长特别奖（6 人）		内蒙古金河饲料添加剂厂　王东晓
			呼和浩特紫砂陶瓷开发总公司　尹成忠
			内蒙古漆包线厂　李淑良
			内蒙古北方煤气化设计研究所　张凡佳
			市农业技术推广中心　邢立中
			内蒙古电机总厂　巫松亭
1994	科教兴市先进集体（5 个）		畜牧业“11151 工程”办公室
			农业“7754”工程办公室
			呼和浩特教育科研所
			市科学技术咨询服务中心
			市卫生学会办公室
	科教兴市市长特别奖（2 人）		内蒙古第四毛纺织厂　胡积栋
			市机械工业建筑安装工程公司　寿　臻

续表 1

<table>
<tr><th>年度</th><th>奖项</th><th>获奖单位及项目及获奖人</th></tr>
<tr><td rowspan="5">1995</td><td rowspan="3">科教兴市先进集体
（3 个）</td><td>土左旗科委《庭院种植业实验示范推广》项目组</td></tr>
<tr><td>市农业技术推广中心《小麦复种大白菜栽培技术推广》项目</td></tr>
<tr><td>“科教兴市效益奖”农牧业预审专家组</td></tr>
<tr><td>科教兴市市长特别奖
（4 人）</td><td>林廷熙、郑　勇、宇文利强、孙文忠</td></tr>
<tr><td>科教兴市组织奖</td><td>斯琴卦</td></tr>
<tr><td rowspan="5">1996</td><td rowspan="4">科教兴市先进集体
（4 个）</td><td>市土肥站《保护地蔬菜施用二氧化碳气肥增产技术》项目组</td></tr>
<tr><td>市郊区科协、市郊区榆林镇《无灌溉旱地玉米栽培》项目组</td></tr>
<tr><td>清水河县科委《马铃薯脱毒种薯繁殖体系建设及高产攻关》项目组</td></tr>
<tr><td>市郊区桃花乡、市郊区科委《粮菜经饲混套复种高产优质高效田建设》项目组</td></tr>
<tr><td>科教兴市市长特别奖
（10 人）</td><td>赵文军、张　星、郝怀荣、王　凯、郭文英、巴开明、赵建英、包国梁、张国汉、刘永和</td></tr>
<tr><td rowspan="14">1997</td><td rowspan="8">科教兴市先进集体
（8 个）</td><td>市水利管理站</td></tr>
<tr><td>土左旗畜牧局</td></tr>
<tr><td>郊区蔬菜推广站</td></tr>
<tr><td>郊区巧报乡</td></tr>
<tr><td>市建设局</td></tr>
<tr><td>伊利集团冷冻食品公司</td></tr>
<tr><td>市勘查测绘研究院</td></tr>
<tr><td>市益华新型防水材料厂</td></tr>
<tr><td rowspan="6">科教兴市市长特别奖
（10 人）</td><td>市金马集团建筑总公司　杨连宽</td></tr>
<tr><td>伊利集团冷冻食品公司　邱连军</td></tr>
<tr><td>市环保局　杨英葤</td></tr>
<tr><td>内蒙古三吉利稀土材料有限责任公司　谢丁宁</td></tr>
<tr><td>新城区科委　史凤仙</td></tr>
<tr><td>内蒙古变压器厂　谭中平</td></tr>
</table>

续表 2

年度	奖项	获奖单位及项目及获奖人
1997	科教兴市市长特别奖（10 人）	武川县种子公司　杨来文
		金川开发区　冀占成
		市机床附件厂　王志才
		市菜篮子市场工作站　包牧原
1998	科技工作先进县(1 个)	武川县
	科技工作先进开发区（2 个）	如意经济技术开发区
		金川资源经济开发区
	科技工作先进集体（3 个）	市农业局
		市畜牧局
		市机械局
	科教兴市市长特别奖（6 人）	邢国良、毛允飞、张瑞霞、张富全、刘有存、张　渊
1999	科教兴市市长特别奖（7 人）	呼和浩特大众锅炉集团　韩凤玉
		市建设局　王维珍
		托克托县农业技术推广中心　樊步连
		托克托华玉淀粉厂　霍树华
		市园艺科技试验中心　朱建国
		乾坤金银精炼股份有限公司　吴根喜
		市水资源管理局　刘俊平
2000	科教兴市先进县（2 个）	托克托县
		和林格尔县
	科教兴市市长特别奖（2 人）	市兽药监理所　李利平
		市农业技术推广中心　张一波

1993—2000年度呼和浩特市“科教兴市”效益奖一览表

表2-3-51

年度	等级	获奖成果名称	完成单位
1993	一等	粗防梭织羊绒围巾系列产品	内蒙古第三毛纺织厂
	一等	大青山绒山羊基地建设	—
	三等	羊绒大衣呢系列产品	内蒙古第三毛纺织厂
	三等	旱作适用技术大面积推广	—
	三等	推广应用“四良四改”养猪配套技术	—
	三等	猪囊虫病早期诊断与治疗技术推广	—
	三等	应用“灭虫丁”防治羊内外寄生虫病	—
	四等	丝绒混纺纱系列产品	市驼绒梳纺厂
	四等	羊绒衫	市第一羊绒衫厂
1994	一等	饲料金霉素	内蒙古金河饲料添加剂厂
	二等	细并捻纺纱轻薄织物	内蒙古第二毛纺厂
	二等	玉米模式化高产栽培技术推广	市郊区农牧局
	三等	托王酒的研制开发	托克托酿酒有限公司
	三等	节约用水减少排污工程	市糖厂
	三等	日光温室高产高效栽培技术推广	市郊区蔬菜局
	三等	玉米吨粮田种植技术推广	托克托县科委
	三等	应用油乳剂防治鸡新城疫综合症	市兽医站
	三等	青贮饲料喂奶牛技术推广	市草原站
	四等	QXW1.4.2.8.7-0.7/95/70热水锅炉	市第二锅炉总厂
	四等	Φ76、Φ42机组技术改造	市钢管总公司
	四等	筒子染纱新技术开发与应用	内蒙古青鸟毛纺织有限公司
1995	一等	粗纺梳毛机实用新型专利的应用	内蒙古奕兴绒制品有限公司
	三等	B1124钢锭模产品开发	内蒙古铸锻厂
	三等	系列奶茶粉开发	内蒙古伊利实业股份有限公司
	三等	黄土丘陵区薪炭林营造技术	和林县林业站

续表 1

年度	等级	获奖成果名称	完成单位
1995	三等	奶牛增产技术应用	市家畜改良站
	三等	推广瘦肉型大白猪配套生产技术	土左旗国营猪场
	三等	内单 4 号玉米引进推广	和林县种子公司和林县推广站
	三等	玉米制种高产攻关	土左旗种子公司
	三等	模式化育肥羊	和林县畜牧局
	四等	氯化稀土产品开发及生产工艺条件研究	市鑫荣五金化工有限公司
	四等	掺配粉煤灰生黏土瓦新技术	市第一砖瓦厂
	四等	高应变动力试桩技术研究与应用	市质监站检测中心
1996	二等	烧碱技术创新	市化工总厂
	二等	计算机在金霉素生产中的应用	内蒙古华蒙金河实业有限公司
	二等	种子包衣技术推广	市种子公司
	三等	北方肉羊产业技术开发	市家畜改良站
	三等	旱地覆膜玉米栽培	清水河县科委、清水河县农业局
	三等	覆膜马铃薯栽培技术推广	武川县农业技术推广中心
	三等	呼和浩特市地区推广应用佳灵三特驱治羊内外寄生虫病	市兽医站
	三等	种养结合高产高效农业技术开发	和林县科委、和林县公喇嘛乡
	三等	肉兔模式化饲养	武川县家畜改良站
	四等	第四期节水工程	市化工总厂
1997	一等	110 综合报警指挥系统	内蒙古华利达电子工程有限公司
	二等	马铃薯脱毒种薯繁育推广	和林县农业局、和林县科委
	三等	英文边织物开发	内蒙古棉纺厂
	三等	枸杞综合栽培技术推广	土左旗林业局
	三等	秸秆微贮技术推广	市草原工作站、郊区草原工作站
	三等	集雨节水灌溉试验示范	清水河县水利水保局
	三等	应用猪三联疫苗及猪瘟单抗新技术综合防制猪三病	市兽医站

续表 2

年度	等级	获奖成果名称	完成单位
1998	一等	标准金银锭的研制和生产	内蒙古乾坤金银精炼股份有限公司
	二等	武川县首期旱作农业工程等高田建设	武川县农业技术推广中心
	三等	竹节呢研制开发	内蒙古铁骑集团棉纺厂
	三等	大败毒胶囊开发	内蒙古黄河制药厂
	三等	瘦肉型猪基地建设	土左旗畜牧局
	三等	高效广谱抗寄生虫新兽药《阿福丁》推广试验	市兽医工作站
	三等	小杂粮基地建设	清水河县农业技术推广站、清水河县科委及县农业局
1999	一等	羊绒短纤维粗纺低捻度梭织高支纱研制开发	内蒙古奕兴羊绒制品有限公司
	一等	耐久耐磨王载重汽车精品轮胎研制开发	三角集团呼呼浩特三角有限公司
	二等	马铃薯脱毒种薯繁育体系建设	武川县种子公司
	二等	环保型 SBS 改性沥青超低温抗裂防水卷材研制开发	内蒙古益华防水有限公司
	三等	和玉 1 号玉米繁育推广	和林县种子公司
	三等	大西沟小流域综合治理	市水土保持站
	三等	呼和浩特发电厂废水回收利用工程	市水资源管理局、呼和浩特发电厂
	三等	纯羊绒精纺系列高支纱研制开发	内蒙古山丹羊绒制品有限公司
2000	一等	双歧三联活菌片研制开发	内蒙古双奇药业股份有限公司
	二等	超级马铃薯淀粉开发	呼和浩特华欧淀粉有限公司
	三等	黄河托县什四份险工治理	市防汛办公室
	三等	呼和浩特市土默川枸杞栽培技术推广	市林业作站
	三等	呼和浩特市地区奶牛业生产基地模式化建设	赛罕区家畜改良站

第四节 科技政策与法制建设

呼和浩特市政府历来重视科技政策与法制建设，使科技工作逐步走上有法可依的道路。科技政策法规体系日趋完善，为科技工作进步、创建创新型城市建设提供了重要制度保证。

一、地方性法规

2011 年 5 月，呼和浩特市被国家认定为国家级创新型试点城市，并承诺在 2015 年国家级创新型试点城市验收时达到相关指标，其中科技创新制度建设情况将作为验收硬性指标予以考核。为实现全市提出的在自治区率先建设创新型试点城市的目标，解决科技进步中遇到的问题，不仅需要在指导思想和工作内容上进行新的规划与部署，更需要从制度上明确全市科技发展的战略和方向。同时，该项立法也是推动全市科技进步的现实需要。全市科技成果成效显著，科技综合实力得到提升，专利授权量持续增长，科技进步对经济增长贡献率不断提高。但在科技进步取得成果的同时，全市科技投入严重不足、科技支撑产业核心竞争力作用不强、首府科技人才集聚的优势没有充分发挥等一系列问题凸显出来，需要通过立法予以解决。

2013 年 11 月 7 日，市科技局根据 2014 年地方性法规立法计划精神，经局务会研究决定，向市人大法工委、教科文卫委、市政府法制办公室报送《关于 2014 年地方性法规立法计划建议项目的报告》，提请将《呼和浩特市科学技术进步促进条例》列入市人大 2014 年地方法规立法计划，并获批准。

2014 年 1 月 21 日，市人大常委会法工委、教科文卫委员会以及市政府法制办相关领导，会同市科技局局长张振民、副局长刘晔和政策法规部门工作人员，邀请市相关行政部门、企事业单位科研负责人以及驻呼科研院所知名专家、学者就《条例》相关内容召开立法调研座谈会。

2014 年 3 月 24 日，市政府法制办召开《呼和浩特市科学技术进步促进条例》的立法征求意见会。市政府法制办副主任张海涛主持，市人大教科委、法制委、法工委，市科技局、市财政局等单位负责人参加会议。

2014 年 4 月 2 日，市人大常委会主任云公和率副主任孙建国、斯钦毕力格、傅东海、张红霞，市人大常委会办公厅、法制委员会、教育科学文化卫生委员会、法制工作委员会有关人员组成视察组，深入全市相关企业，就《呼和浩特市科学技术进步促进条例》的立法工作进行调研，重点视察全市企业科技投入情况。

2014 年 4 月 8 日，中共呼和浩特市委副书记、市长秦义主持召开市政府第 3 次常务会议，对《呼和浩特市科学技术进步促进条例(草案)》进行审议，市科技局局长张振民做立法说明，市政府法制办主任张海涛做审查说明。

2014 年 4 月 15—21 日，市科技局有关人员陪同市人大教科文卫委员会、法制工作委员会、市政府法制办负责人赴成都、西安进行《呼和浩特市科学技术进步促进条例(草案)》立法调研。

2014 年 4 月 25 日，市十四届人大常委会第十次会议对《呼和浩特市科学技术进步促进条例(草案)》进行审议。副市长王恒俊向大会作条例起草说明，市科技局局长张振民、政策法规科室负责人及工作人员按照大会安排参加分组讨论，到组听取对草案的意见并回答代表和委员的询问。

2014 年 5 月 4 日，市科学技术局同市人大，就《呼和浩特市科学技术进步促进条例(草案)》起草工作再次进行立法座谈。主要围绕市十四届人大常委会第十次会议对《呼和浩特市科学技术进步促进条例(草案)》提出的各项审议意见，进行集中研究，并部署下一步立法修改计划。

2014 年 6 月 6 日，市人大法制委、法工委组织对《呼和浩特市科学技术进步促进条例(草案修改稿)》进行专家征求意见座谈会。内蒙古农业大学、内蒙古工业大学、自治区科技厅专家和领导参加会议、提出建议。

2014 年 6 月 25 日，市十四届人大常委会第十三次会议对《呼和浩特市科学技术进步促进条例(草案修改稿)》进行了分组讨论，市科技局局长张振民携相关负责同志分赴各讨论组，解答各位委员和代表的提问。6 月 26 日，市科技局相关人员参加市人大法制委、法工委组织的《呼和浩特市科学技术进步促进条例(草案修改稿)》立法讨论会，针对分组讨论中提出的各项意见和建议再次修改，并形成《呼和浩特市科学技术进步促进条例(草案表决稿)》。

2014 年 6 月 27 日，市十四届人大常委会第十三次会议表决通过《呼和浩特市科学技术进步促进条例(草案表决稿)》，并提交自治区人大审议。

2014 年 9 月 27 日，内蒙古自治区第十二届人民代表大会常务委员会第十二次会议通过该条例，自 2014 年 10 月 10 日起施行。

《呼和浩特市科技进步促进条例》首次以立法的形式加强全市科技创新工作，在科技经费投入、创新载体平台扶持、技术研发、产业支持、科技人才引进激励、科技项目管理、科普宣传等多个方面进行了规范，强化了政策导向作用，建立了科技进步的法律保障机制，对深化科技体制改革、优化科技创新环境起到促进作用。

二、地方政府规章

1.《呼和浩特市科学技术进步奖励办法》

1994 年 4 月 14 日，呼和浩特市政府第九十九次常务会议审议通过《呼和浩特市科学技术进步奖励办法》，该办法共 13 条，规定市科学技术进步奖分为三等，一等奖奖市政府科学技术进步奖奖状、证书和奖金 5000 元，二等奖奖市政府科学技术进步奖奖状、证书和奖金 3000 元，三等奖奖市政府科学技术进步奖奖状、证书和奖金 1000 元。《呼和浩特市科学技术进步奖励办法》自 1994 年 9 月 19 日起实施，原《呼和浩特市科学技术进步奖励暂行办法》（呼政通字〔1987〕150）号同时废止。

2.《呼和浩特市科学技术奖励办法》

2003 年 8 月 22 日，市政府第 73 次常务会议讨论通过《呼和浩特市科学技术奖励办法》，共 44 条，规定市政府设立呼和浩特市科学技术奖，分设呼和浩特市科教兴市市长特别奖和呼和浩特市科学技术进步奖。呼和浩特市科教兴市市长特别奖不分等级，每两年奖励一次，授奖数额不超过 2 人（可以空缺）。呼和浩特市科学技术进步奖分为一等奖、二等奖、三等奖 3 个等级，每年奖励一次，每次授奖项目总数不超过 30 项。科教兴市市长特别奖，由呼和浩特市市长签署并颁发奖励证书和奖金，奖金数额为每人 10 万元。科学技术进步奖，由呼和浩特市政府颁发奖状、证书和奖金，奖金数额分别为：一等奖 5 万元，二等奖 3 万元，三等奖 1 万元。对获奖项目的授奖人数实行限额，其中一等奖每项授奖人数不超过 9 人，二等奖每项不超过 7 人，三等奖每项不超过 5 人。除了对奖项、奖金分配进行细化外，2003 年办法还对评奖、授奖、异议处理、纪律责任等方面做了严格细致的规定。本次审议通过的《呼和浩特市科学技术奖励办法》自 2003 年 11 月 1 日起施行。1992 年 6 月 11 日呼和浩特市政府发布的《呼和浩特市“科技兴市效益奖”奖励规定》和 1994 年 4 月 19 日呼和浩特市政府发布的《呼和浩特市科学技术进步奖励办法》同时废止。

2011 年 8 月 9 日，呼和浩特市政府令第 3 号公布 2011 年 7 月 27 日市政府第 37 次常务会议审议通过《呼和浩特市科学技术奖励办法》，共 38 条，规定市政府设立“呼和浩特市科学技术奖”，分设科教兴市市长特别奖、引进人才科技贡献奖和科学技术进步奖。根据科技发展需要，经市人民政府批准，可增设科学技术奖奖项。科教兴市市长特别奖不分等级，每两年奖励一次，授奖名额不超过 2 人（可以空缺）。引进人才科技贡献奖不分等级，每两年奖励一次，授奖名额不超过 5 人（可以空缺）。科学技术进步奖分为一等奖、二等奖、三等奖 3 个等级，每年奖励一次，每次授奖项目总数不超过 60 项。科教兴市市长特别奖由市长签署并颁发奖励证书和奖金，奖金数额为每人税后 30 万元。引进人才科技贡献奖由市长签署并颁发奖励证书和奖金,奖金数额为每人税后 20 万元。科学技术进步奖,由市政府颁发奖状、证书和奖金。奖金数额分别为:一等奖税后 10 万元,二等奖税后 5 万元,三等奖税后 2 万元。对获奖项目的授奖人数实行限额,其中一等奖每项授奖人数不超过 9 人,二等奖每项不超过 7 人,三等奖每项不超过 5 人。本次审议通过的《呼和浩特市科学技术奖励办法》自 2011 年 10 月 1 日起施行。2003 年 9 月 24 日公布,2003 年 11 月 1 日起施行的《呼和浩特市科学技术进步奖励办法》(呼和浩特市人民政府令第 31 号)同时废止。

2017 年,根据《国务院办公厅印发关于深化科技奖励制度改革方案的通知》(国办函〔2017〕55 号)文件精神,2011 年 10 月 1 日起实施的《呼和浩特市科学技术奖励办法》(呼和浩特市人民政府令第 3 号)废止,呼和浩特市科学技术奖评审工作取消。

呼和浩特市政府及各有关部门涉及科技类文件一览表

表 2 - 4 - 1

发文机构	文　　号	文件名称
呼和浩特市政府	呼政发〔2006〕8 号	呼和浩特市人民政府关于加强知识产权工作的通知
	呼政发〔2006〕24 号	呼和浩特市人民政府关于印发《呼和浩特市科研计划项目研究成果知识产权管理暂行办法》的通知
	呼政发〔2011〕38 号	呼和浩特市人民政府关于印发《呼和浩特市专利费用资助及奖励办法》的通知
	呼政发〔2011〕51 号	呼和浩特市人民政府关于印发《科学技术发展第十二个五年规划纲要》的通知
	呼政发〔2011〕53 号	呼和浩特市人民政府关于印发推进自主创新建设国家型创新城市若干意见的通知
	呼政发〔2011〕54 号	呼和浩特市人民政府关于印发《建设国家创新型城市试点工作实施方案》的通知
	呼政发〔2011〕94 号	呼和浩特市人民政府关于修改呼政发〔2011〕53 号和呼政发〔2011〕54 号文件的通知
	呼政字〔2015〕174 号	呼和浩特市人民政府、内蒙古自治区教育厅、内蒙古自治区科学技术厅关于印发《厅市产学研协同创新专项资金使用管理暂行办法》等文件的通知
	呼政发〔2016〕20 号	呼和浩特市人民政府关于实施创新驱动发展战略的意见

续表 1

发文机构	文　　号	文件名称
呼和浩特市政府	呼政发〔2016〕21 号	呼和浩特市人民政府关于印发《呼和浩特市加快高新技术企业和科技成长型企业发展实施办法》的意见
	呼政发〔2017〕28 号	呼和浩特市人民政府关于印发《呼和浩特市“十三五”科学技术创新规划纲要》的通知
	呼政发〔2018〕18 号	呼和浩特市人民政府关于印发《呼和浩特市人民政府关于进一步推动科技创新构建区域创新中心的实施意见(试行)》的通知
呼和浩特市政府办公厅	呼政办发〔2007〕76 号	呼和浩特市人民政府办公厅转发市科技局关于推进旗县区科技进步意见的通知
	呼政办发〔2008〕132 号	呼和浩特市人民政府办公厅关于转发呼和浩特市重大科技专项经费管理办法的通知
	呼政办〔2011〕38 号	呼和浩特市人民政府关于印发《呼和浩特市专利费用资助及奖励办法》的通知
	呼政办发〔2011〕59 号	呼和浩特市人民政府办公厅关于印发《呼和浩特市重大科技专项经费预算审查办法》的通知
	呼政办发〔2012〕101 号	呼和浩特市深入推进科技特派员农村科技创业行动的实施意见
	呼政办发〔2016〕12 号	呼和浩特市人民政府办公厅关于印发市创新奖励扶持资金实施方案和创新投资引导基金项目优选工作实施方案的通知
	呼政办发〔2018〕8 号	呼和浩特市人民政府办公厅关于印发《呼和浩特市深化科技体制改革实施方案》的通知
呼和浩特市部分委办局	呼财教〔2004〕33 号	关于印发《呼和浩特市应用技术研究开发资金管理暂行办法》的通知
	呼科新字〔2007〕3 号	呼和浩特市企业研究开发中心认定管理办法
	呼科政字〔2010〕2 号	呼和浩特市科技创新人才引进培养工程实施方案
	呼科农字〔2010〕3 号	呼和浩特市社会化农村科技综合服务站建设管理办法(试行)
	呼科农字〔2010〕4 号	呼和浩特市社会化农村科技综合服务站评价规范(试行)
	呼科计字〔2010〕16 号	呼和浩特市科技计划项目跟踪评价管理办法(试行)

续表 2

发文机构	文　　号	文件名称
呼和浩特市部分委办局	呼科办字〔2011〕14 号	呼和浩特市工程技术研究中心认定管理暂行办法
	呼科计字〔2011〕19 号	呼和浩特市科技计划项目管理办法
	呼知字〔2012〕1 号	呼和浩特市知识产权工作试点单位认定管理办法(试行)
	呼科农字〔2013〕4 号	市科技局关于印发《呼和浩特市社会主义新农村科技示范村建设实施方案》的通知
	呼科字〔2016〕4 号	市科技局(知识产权局)关于印发《呼和浩特市知识产权工作试点单位认定管理办法》的通知
	呼科字〔2016〕5 号	市科技局关于印发《呼和浩特市工程技术研究中心认定管理办法》的通知
	呼科字〔2016〕6 号	市科技局关于印发《呼和浩特市科技储备项目管理暂行办法》的通知
	呼科字〔2017〕11 号	市科技局关于印发《呼和浩特市知识产权优势企业认定管理办法》的通知
	呼科字〔2017〕12 号	市科技局关于印发《呼和浩特市农业科技园区认定管理办法(试行)》的通知
	呼科字〔2017〕17 号	市科技局关于印发《呼和浩特市科学技术局合法性审查程序规定》的通知
	呼科字〔2017〕36 号	市科技局(知识产权局)关于印发《呼和浩特市科学技术局(知识产权局)“双随机一公开”工作实施细则》的通知
	呼科字〔2017〕47 号	市科技局关于印发《呼和浩特市企业研究开发中心认定管理办法》的通知
	呼科字〔2017〕52 号	市科技局关于印发相关工作制度的通知
	呼科字〔2017〕53 号	市科技局(知识产权局)关于一进步做好社会信用信息建设工作的通知

第五节　科技合作与交流

一、国际科技合作与交流

1984年4月,呼和浩特市与日本国爱知县冈崎市进行了文化交流。两市达成了在电子、纺织、轻工、机械工业等方面开展合作的意向。

1985年4月,内蒙古土建学会与日本关西地区、中国内蒙古建筑友好协会会议代表团来呼和浩特市就内蒙古展览馆设计方案进行讨论和交流。随后以山田峻满先生为团长的第二次中日技术访华团到内蒙古进行科技交流活动。6月,内蒙古兽医学会接待日本竞马协会教练竹中良三先生在呼和浩特访问,并接收捐赠。内蒙古草原学会协同内蒙古农牧学院草原系先后邀请新西兰草原专家朱昌平博士和美国牧草遗传育种专家杜威博士讲学。同年,该学会派人参加在日本举行的第十五届国际草地会议。8月,内蒙古水产学会邀请加拿大英属哥伦布省鱼类及野生动物环境保护局研究员、渔业管理专家彼得·郎在呼和浩特作水产资源保护和利用的学术报告。9月,日本九州大学富井教授来内蒙古作题为高层建筑及抗震的学术报告。内蒙古遗传学会理事梁德霖去秘鲁马铃薯国际中心进行短期考察。

1985年9月16日,美国RCA公司撒诺夫(David Sarnoff)研究中心威廉姆斯(Richard Williams)博士应邀到呼和浩特访问。威廉姆斯博士作太阳能电池、传感器等方面学术报告,并与呼和浩特市从事半导体器件、传感器研究、生产和应用的科技人员进行座谈与学术交流。

1989年2—3月,呼和浩特市与俄罗斯联邦布里亚特共和国乌兰乌德市开展科技等方面的交流。1991年5月21日,双方签订开展科技方面合作和提供各自贸易信息的协议。

1992年,市科委承担了中国与希腊开展的“应用稀土植树治沙”技术合作项目。该技术是由希腊爱奥尼亚大学乔治·卡利斯特拉斯教授为在干旱沙漠地区植树而研究发明的一种植树方法,也称为“卡氏植树法”。1992—2002年,应用该技术共计植树52.476万株,经对比观察、利用该方法栽植的林木成活率平均提高10%,果树的平均成活率提高47%,保存率达85%以上。

2014年7月4日,第十一届中国(满洲里)北方国家科技博览会的专项活动之一——科技外交官合作项目推介会在满洲里市国际会展中心举行。会上,市科技局将伊利集团报送的“规模化牧场粪污综合利用”技术需求递交给驻日使馆参赞阮湘平,阮湘平表示将尽快与日本企业联系,早日促成企业间的科技合作交流。科技部国际合作司、中国驻日本使馆、驻俄罗斯使馆、驻哈巴罗夫斯克总领馆、驻伊尔库斯克总领馆、驻白俄罗斯使馆等科技外交官参加了项目推介会。

2017年6月28日,“中国(内蒙古)—以色列科技合作与技术转移大会”在呼和浩特举办,来自以色列15家科技企业代表和内蒙古79家科技企业、高校、院所机构代表共计300余人参加。市科技局组织农业、水利、种植业、设施养殖业等领域的企业参加了研讨会。7月11日,中日“樱花科技计划”宣讲会在呼和浩特举行,自治区科技厅副厅长吴苏海、日本国家科学技术振兴机构(JST)特别顾问冲村宪树出席会议。市科技局组织市企事业单位、高初中生30余人参会。“樱花科技计划”是由日本科技振兴机构(JST)发起、全额资助以亚洲国家为主的青少年赴日开展科技交流的合作项目,旨在促进日本与中国及其他亚洲国家青少年之间相互交流了解。自2014年项目实施以来,内蒙古已有41名青少年赴日进行交流。同年,市科技局组织企业赴日参加了“中日大学展暨中日大学论坛2017”产学研对接展会。

2018年,组织呼阀科技有限责任公司参加中德政府间科技合作协定签订四十周年暨第五届中德创新大会。组织内蒙古嘉瑞农牧业有限公司参加2018年以色列农业科技博览会。

二、自治区外科技合作与交流

1998年10月28日,市科委与深圳市科学技术局签署全面开展科技合作交流的协议。根据协议双方组建深圳、呼和浩特科技合作中心,分别在深圳、呼和浩特市挂牌运作。合作协议主要任务:一是加强深、呼两地科技合作、交流两地科技发展经验、促进两地科技产品的销售。每年提出两地科技合作的项目单,组织科技考察团进行互访和洽谈,建立企业界之间的紧密合作。二是互派科技经济合作联络员,常态化开展科技经济合作工作。三是深圳市科技局与当地高科技企业进行协调,使更多的高新技术及产品通过多种形式与呼和浩特市进行合作。帮助呼和浩特市用高新技术改造传统产业。与此同时,深圳市积极鼓励当地的企业和投资机构到呼和浩特市投资,呼和浩特市将根据有关政策对投资者提供优惠条件。四是呼和浩特市科委将根据深圳市科技投入“三不限”(不限地域、不限所有制、不限层次)的原则,积极为深圳寻找投资项目。并充分发挥呼和浩特的资源优势和区位优势,为深圳的投资项目提供服务。

2011年5月10日,呼和浩特市与中科院北京分院科技合作座谈会在呼和浩特召开,来自中科院的生物物理、化学、微生物等10余个科研机构的代表与首府地区的11家科技创新企业就十二五期间科技合作项目进行了探讨与沟通。5月11日,中科院北京分院考察团赴托克托县进行调研。

2011 年 11 月 2 日，市政府与中国科学院北京分院科技合作签约仪式隆重举行，标志着呼和浩特市与中科院北京分院科技合作的全面开始。中科院北京分院副院长李静、自治区科技厅厅长徐凤君、呼和浩特市副市长王恒俊出席会议。签约仪式上，呼和浩特市人民政府与中科院北京分院签署了科技合作协议，中科院化学研究所与呼和浩特市托克托县政府签署了建立中科院金属富勒烯及水处理联合研发中心合作项目，中科院遗传与发育生物学研究所与内蒙古犇腾牧业有限公司签署了合作建立中科院"超级奶牛"育种基地项目，中科院自动化研究所自动化技术工程研究中心与内蒙古清源有限公司签署了分布式零碳能源系统、节能减排系的开发和产业化项目，中科院北京国家技术转移中心与呼和浩特市生产力促进中心签署了共建技术转移转化产学研合用平台项目。中科院北京分院相关院所负责人介绍有关院所的技术和成果，企业和参会个人也就各自的技术需求与中科院北京分院专家学者们进行对接。

2012 年 4 月 20 日，呼和浩特市第一医院与中国人民解放军武警总医院、空军总医院、海军总医院开展远程医疗合作，建立了远程医疗服务平台，该平台可为全市 9 个旗县区及帮扶区域内的患者提供远程会诊、手术转播、专家异地手术等高技术医疗服务，同时也可实现异地医护人员培训、教学，获取最新医疗信息和技术。6 月 9 日，市第一医院开始与上海华山医院在神经外科领域开始技术合作，通过讲学、临床教学、查房、手术等合作方式，不仅培训了技术骨干，提高了神经外科手术的医疗水平，也使全市的医疗技术研发工作机制得到创新。两家医院科技合作关系扩展到神经内科、内分泌科、重症监护科等众多科室，激发了全院科技人员的创新活力。10 月 15—18 日，东北三省一区科技厅厅长联席会议在沈阳举行，市科技局参会，与会人员围绕提高区域科技创新能力、科技交流与合作进行了深入探讨。

2013 年 5 月 24—30 日，为期一周的"首届内蒙古—广东科技合作活动周"在广州白云国际会议中心举行。本次活动由内蒙古自治区人民政府主办，广东省人民政府协办。5 月 26 日，呼和浩特市政府与广州市政府缔结友好城市并举办经贸科技交流活动，市科技局局长张振民与广州市科技与信息化局副局长王越西代表两局共同签订了缔结友好单位协议；内蒙古金河生物科技股份有限公司、内蒙古精诚高压绝缘子有限责任公司、呼和浩特市海日瀚生物技术有限公司分别与广东省的三家企业签订了科技合作协议。活动期间，市科技局组织电子信息领域、生物医药、医疗卫生、环保等领域的 6 家企事业单位与广州市 7 家企事业单位进行项目对接；呼和浩特市代表团考察广州市科技与信息化局、广州市南方创业服务中心、广州国际孵化器，并参观了部分入孵企业，与广州市科信局、创业服务中心、国际孵化器、广州生产力促进中心、广州市火炬中心就科技管理、公共科技服务体系、创新人才队伍建设,科技金融运行等情况进行深入沟通。8月16日,呼和浩特广州两市科技合作项目签约暨项目对接会在呼和浩特召开。内蒙古方维电子科技有限责任公司分别与广州友迪咨询科技有限公司和深圳东深电子股份有限公司、内蒙古华昕立合科技有限公司与广州中国科学院软件应用技术研究所、内蒙古大唐药业与广药集团医药工业研究院签订科技合作协议。内蒙古元和药业股份有限公司、内蒙古国讯富通科技有限公司、内蒙古立新电器有限公司等8家企业同广州的多家企业进行项目洽谈和对接。

2014年6月11日,广州市科技和信息化局副局长王越西一行3人赴呼和浩特出席广州呼吸疾病研究所与内蒙古医院与呼和浩特市第一人民医院合作挂牌仪式,并参加粤蒙两省科技合作调研相关活动;王越西一行与市科技局进行座谈,市科技局长张振民、副局长刘晔及相关业务科室负责人参加座谈会。刘晔介绍全市社会经济和科技创新基本情况;王越西介绍广州市在科技管理方面的先进经验,随后双方就两地财政性科技经费投入和保障机制、科技奖励评审程序、科技计划项目管理方式方法等科技管理工作存在的问题进行深入探讨,并就呼穗两市优势特色产业对接、优势资源深加工承接等问题进行对接,为两地开展更深层次、多领域、全方位的科技合作达成初步意向。同月,“广州医科大学附属第一医院广州呼吸疾病研究所呼和浩特市第一医院临床协作部”启动。中国工程院院士、广州呼吸疾病研究所荣誉所长钟南山与呼和浩特市市长秦义共同为启动仪式揭牌。临床协作部主要在流感、肺癌、哮喘等项目方面开展合作,推动少数民族地区呼吸病诊治技术的进步。

2014年6月12日,广东省科技厅副巡视员姚化荣一行到呼和浩特调研两地合作情况并召开座谈会,市政府副市长王恒俊、市政府办公厅副主任张利平、市科技局局长张振民出息座谈会。市第一人民医院、市海日瀚生物技术有限公司、金河生物科技股份有限公司等与广东省开展科技合作的企事业单位代表,围绕各自项目进展、成果及存在问题进行了交流。调研组分别到内蒙古华昕立合科技有限公司、内蒙古精诚高压绝缘子公司和内蒙古伊利股份有限公司参观调研,了解与广东开展科技合作的项目进展情况。7月9日,内蒙古伊晨环境材料有限公司、深圳市晶宫设计装饰工程有限公司和内蒙古自治区煤基固废高值化利用工程实验室在广东省深圳市签订战略合作框架协议。协议旨在让深圳市晶宫设计装饰工程有限公司对绿色建材开发应用的先进技术与内蒙古丰富的矿产资源相结合,共同推进利用呼和浩特市煤基固废制备绿色建材的技术开发及其在建筑装饰行业中的应用,提高建筑装饰行业的节能环保水平。

2015年5月12日,市科技局副局长刘晔、内蒙古伊利实业集团股份有限公司科研人员赴中科院微生物研究所进行产学研用技术对接。中科院微生物研究所科技处副处长石学卿、伊利集团吴太平博士分别对院企各自情况作了介绍,就菌种鉴别、菌种保藏、酸奶发酵剂新品种研发和产业化等专业问题进行探讨,并达成初步合作意向。14 日,市科技局副局长刘晔、内蒙古工业大学科技处副处长冯银虎一行共赴北京中国科学院自动化研究所,与中科院自动化所科技处产业化办公室徐岩主任、科技处院地合作主管刘尧阳开展座谈。徐岩、刘尧阳分别介绍中国科学院自动化研究所的发展历程、院地合作情况、科研方向及科技成果。双方就现代物联网、大数据、智慧城市建设、文化产业动漫设计、自动化机械制造等方面进行深入交流。9 月 8 日,自治区科技厅举办北京—山东内蒙古籍高层次人才科技合作与技术转移对接会在呼和浩特召开。市科技局副局长刘晔参会。市天瑞鸿运热力服务有限公司与山东索普节能科技有限公司就“利用高效煤粉工业锅炉系统节能减排技术改造工业链条式锅炉应用与推广”记性科技合作项目签约。

2016 年 5 月 24 日,首届京津冀科技农业诚信品牌推介会在北京举行,呼和浩特市生产力促进中心派员参加会议。推介会倡导“树诚信、送绿色,立品牌、送健康,重服务、促流通”,探索建立健全诚信品牌产品质量、食品安全追溯体系和信息追溯平台;充分发挥舆论监督的重要作用,着力培育诚信放心产品品牌,用诚信品牌保证人民群众对食品安全的信心。参会企业通过媒体向社会公开承诺诚信经营、接受监督;消费者代表、市场流通代表、农业投资代表、采购商代表等参与互动,利用线上和线下两种形式,重点向社会推介诚信品牌单位,开辟产供销新渠道。市生产力促进中心开展活动,为全市开展农业科技体系建设以及今后开展此类活动积累了宝贵经验。同年,市科技局继续深入推进与中科院的科技合作,参加自治区科技厅与中科院北京分院科技合作座谈会,就“十二五”期间中科院与呼和浩特市科技合作情况进行初步的总结和回顾,探讨下一步工作计划。市科技局充分发挥桥梁纽带作用,继续找准中科院与呼和浩特市产业、企业合作的契合点,高效、务实地搭建起科技合作的绿色通道,信息共享、资源集聚,不断将优秀、先进的科技成果和人才引入呼和浩特市,在乳品产业、云计算、现代农牧业、新能源装备及材料、生物制药等呼和浩特市优势特色产业领域密切合作,加强在产业共性关键技术攻关、园区建设规划升级、公共平台和人才队伍建设等方面的合作力度,实现互利共赢,持续推动呼和浩特市创新发展。

2017 年 6 月 9 日,在第二十届中国北京国际科技产业博览会期间,内蒙古金宇生物技术股份有限公司分别与北京大北农科技集团圆环病毒 2 型杆状病毒载体、猪肺炎支原体二联灭活疫苗(DBN01 株 + DJ - 166 株)新署猪圆兽药联合研发科技合作协议;与北京标驰惠生物科技有限公司签署胶体金快速检测试剂研发项目的科技合作协议。其中,新兽药联合研发科技合作项目主要由双方联合研制猪圆环病毒2型杆状病毒载体、猪肺炎支原体二联灭活疫苗(DBN01株+DJ-166株),完成实验室、中试、临床各项研究工作并联合国家新兽药注册证书,最终实现产业化规模生产;胶体金快速检测试剂研发项目主要由双方联合开发胶体金法猪圆环病毒抗体测试卡、布鲁氏菌病抗体测试卡、牛传染性鼻气管炎抗体测试卡、牛病毒性腹泻抗体测试卡,完成实验室、中试、临床各项研究工作并联合国家新兽药注册证书,并实现产业化规模生产,同时建立抗体测试卡生产制造工艺与质量标准。两个项目的合同金额近5000万元。

内蒙古伊利集团承担的国家"十一五"科技支撑项目、市科技重大项目"脱盐乳清粉生产工艺研究及其产业化示范项目",与中国农业大学开展科技合作,在奶酪生产中对副产品甜乳清粉的提取进行技术攻关,取得重大成果,建立了日处理36吨产业化示范生产线,使国内乳品原料摆脱了完全依赖进口的现状,年新增利润2190万元。

内蒙古瑞隆重工装备公司承担的全市重大科技专项"EBZ160型悬臂式掘进机"项目,与辽宁工程技术大学和内蒙古工业大学开展产学研科技合作,成功研制了具有稳定性能强、功率大、掘进速度快等特点的新型EBZ160型悬臂式掘进机,填补了自治区掘进机项目的空白。

在新材料研发方面,内蒙古金三角光纤科技有限公司与中科院理化技术研究所共同研发"关于通信及塑料光纤生产技术"科技合作项目,通过两年的攻关取得了重大进展,现已顺利完成研发和技术改造,并于2012年投产,产品的技术指标达到了国内先进水平。

在生物技术研发方面,赛科星公司与国内外多家院校和科研机构合作,奶牛性控冻精制备新技术研发取得重大成果,累计在全国推广应用280万支,经济和社会效益显著。

2018年,市科技局组织创维电子(内蒙古)有限公司、政商汇等企业和科技中介服务机构参加"2018年京蒙科技人才及项目对接会";组织呼和浩特市博洋可再生能源有限责任公司和内蒙古昇利体育设施有限公司等50余家企业、100余名企业家和科技人员参加由自治区科技厅与北京市科学技术研究院主办的"2018中国(内蒙古)科技合作与国际技术转移对接会";组织内蒙古阜丰生物科技有限公司、内蒙古众谊环保科技股份有限公司、内蒙古朝日农业科技有限公司和创维电子(内蒙古)有限公司等10余家企业参加内蒙古—广东推动经济质量发展合作与产业对接会;主办了呼和浩特企业科技创新精准化服务平台"呼市行"活动,组织全市近20家企事业单位的40余名负责人和科研人员参加活动。

三、自治区内科技合作与交流

1987年,全市召开科研与生产横向联合座谈会,科研单位、高等院校与企业代表双方签订技术协作、成果转让、联合开发项目13项。

2012年8月13日,“呼和浩特市政府与内蒙古工业大学科技合作签约仪式暨成果发布会”在呼和浩特市举行。副市长王恒俊,内蒙古工业大学校长邢永明出席并致辞,会议由市科技局局长朱建国主持,市人民政府与内蒙古工业大学,内蒙古工业大学、金川工业园区与市科学技术局分别签署合作协议;内蒙古工业大学相关处室、学院分别与全市5家企业签署合作协议。内蒙古工业大学化工学院、能源与动力工程学院、机械学院、材料学院、信息工程学院发布了各自的研究成果。

2013年11月5日,“呼和浩特市·内蒙古农业大学科技合作签约暨成果发布会”在市党政大楼会议中心举行。副市长王恒俊、内蒙古农业大学校长李畅游出席并致辞,王恒俊与内蒙古农业大学副校长芒来分别代表呼和浩特市政府和内蒙古农业大学签署“呼和浩特市·内蒙古农业大学全面科技合作协议”。自治区教育厅副巡视员倪培霖、科技厅副厅长杨劼参加签约会并讲话。内蒙古农业大学专家围绕燕麦高产高效栽培与保护性种植模式,马铃薯高产高效理论与技术,优质、耐旱、耐寒草品种,内保温智能日光温室,乳酸菌菌种资源库建设及发酵剂产业化关键技术开发应用,节水灌溉成果应用,奶牛围产期中药保健技术和发酵工程等8个方面发布了成果。内蒙古农业大学有关学院和团队与呼和浩特市企业在9个研究方面签署了科技合作协议。合作单位分别是马属动物种质资源创新与遗传改良创新团队与内蒙古蒙骏畜牧业有限责任公司;燕麦产业研究中心与内蒙古三主粮天然燕麦产业股份有限公司;食品科学与工程学院与内蒙古伊利实业集团股份有限公司技术中心;生命科学学院与呼和浩特市伯奥维生物科技有限公司;生命科学学院与呼和浩特市宝丰农牧林开发有限公司;生命科学学院与内蒙古武川县塞丰马铃薯种业有限责任公司;机电工程学院与内蒙古华德新技术公司;动物科学学院与蒙古斯隆生物技术有限责任公司;农学院设施农业教研组与内蒙古宝坤农业科技发展有限责任公司。

2014年6月30日,市政府、自治区教育厅、科技厅在和林格尔县联合召开科技合作签约暨驻呼和浩特高校、科研院所产学研合作交流座谈会,市长秦义分别与自治区教育厅厅长侯元、科技厅厅长李秉荣签署产学研协同创新科技合作协议。副市长王恒俊主持会议,秦义介绍全市经济社会发展和科技创新工作情况;内蒙古工业大学副校长栗文义、内蒙古农业大学副校长芒来、内蒙古农牧业科学院副院长路战远、中国农业机械化科学研究院呼和浩特分院院长刘贵林、内蒙古国讯富通有限责任公司董事长张日升、内蒙古赛科星生物技术(集团)股份有限公司总裁李喜和6名参会人员,代表驻呼高等院校、科研院所和企业作交流发言。

2017年6月9日,内蒙古尚科科技有限公司与内蒙古工业大学张永锋教授签署废旧轮胎资源化利用项目合作协议,该项目由双方合作联合开发煤基固废生产新型橡塑填料,与废旧轮胎利用相结合,生产无污染的塑胶跑道、足球场、密封条等橡胶制品技术。项目开发中,内蒙古尚科科技有限公司投资1000万元进行技术成果产业化,该技术占股25%。

第六节　科技服务

一、公共科技服务

2003年,呼和浩特市举办科技下乡活动119次,涉及70个乡,1522个自然村。其中举办科普大集9次,举办农牧业实用技术培训班719期,赠送农民科普图书5410册,科普挂图7695套,科普录像片33部,科普光盘197套,科技资料77 700余份。全市组织青少年参加自治区科学技术协会组织的第十八届青少年科技创新评比活动,共上报论文作品78篇(件),集体优秀活动项目8项,科幻画90幅,获奖率占上报总数的90%,位居自治区之首。市科协获此项活动优秀组织奖。组织举办全市第十七届青少年科技创新大赛的评比活动。有38所中小学参加了此项活动,参加活动的学生近5000人,活动收到论文313篇,作品75件,优秀活动项目20项。以“走进飞翔文明——纪念航空百年科普系列活动”为主题,开展了2003年度科技传播行动,组织400余名学生参观了百年来世界航空事业发展的图片展览和神舟五号载人航天图片展。开展“青少年科技教育示范学校”“青少年科技教育示范基地”的创建工作,对参与创建活动的14所学校和4个示范基地进行认真细致的指导和严格的考察验收,对符合评选标准的青少年科技教育活动示范学校2所,青少年科技教育示范基地1处进行命名。

2004年10月16日,是“神舟五号”飞船成功返回地面一周年纪念日。由中共呼和浩特市委宣传部、团市委、市大型活动办公室、市教育局、市科协、市少工委联合,在呼和浩特市举行大型“中国航天科普教育展”。同年,市科技局牵头,农牧业局、林业局、供销社、产业化办公室等部门协调配合建立了全市农业科技信息服务体系。

2005年,市科技局“呼和浩特市科技公共服务平台”正式开通运行。市科技公共服务平台主要以信息服务为主,包括农业科技信息服务体系;企业科技信息服务平台;科研条件、研发信息服务平台;科技成果转化、推广服务平台;知识产权服务平台。面向社会提供全市地区各类科研院所、高校、研发中心、重点实验室、副高以上人才、大型科研仪器资源现状等相关信息。

2009年,市科技公共服务平台完善各业务应用系统基础功能,筹建科技计划应用技术研究与开发项目网上申报系统、网上评审系统；科技咨询专家数据库及系统，数据库共有1200余名来自高等院校、企事业单位、科研院所的各类专家，专业涵盖农业、医药、生物、制造、电子、知识产权等多个行业，均具有较高的专业知识水平。该系统2010年正式上线使用。

2011年8月18日，“国家科技图书文献中心呼和浩特开发区服务站揭牌仪式”召开，该平台实现国内外科技文献共享，可提供CNKI中文文献数据库和NSTL中外文科技文献数据库的检索服务。

2012年，市科技局筹建重大科技专项网上申报系统、网上评审系统，系统于2013年上线使用。

2013年，市科技局开展全市科技资源调查工作，筹建全市科技资源管理系统，系统于2014年正式上线使用。

截至2014年8月底，市公共服务平台集成包括科技项目预审评估；应用技术项目申报、评审；重大专项申报、评审；科技奖励成果申报、评审；科技查新；呼和浩特市科技咨询专家数据库；决策支持等7大业务系统，各业务系统运行良好。

二、农业科技服务

1994年6—12月，呼和浩特市政府分别在郊区、土默特左旗、托克托县组织召开3次农村社会化科技综合服务体系建设现场经验交流会，在全市范围内形成社会化科技综合服务体系建设热潮。至1995年底，达到“五有”标准（有专业技术人员，有独立的办公场所，有必要的服务设施，有试验示范基地，有经营服务实体）的一类站36个。对于基本建设抓得好，经营服务有成效的6个站，自治区进行挂匾表彰。市政府同时表彰12个服务优胜红旗站，在全市开创了齐抓共管，典型引路，注重服务，讲求实效的农村社会化科技综合服务体系建设新局面。

2000年5月20日，市科技局举行内蒙古农牧业科技服务体系暨呼和浩特市农业科技服务热线96048启动仪式。拨打96048，可以通过电话语音应答、专家即席作答的形式，了解到有关农牧业生产中的相关实用技术，农产品市场信息，相关涉农的政策、法律、法规等信息。已组建的市、县农业科技专家服务团，还可提供现场服务，真正为农民朋友搭起了致富的桥梁，有效地解决了呼和浩特市农业科技信息“最后一公里”问题。

市科技特派员工作从2012年正式全面启动实施，印发《呼和浩特市科技特派员农村创业服务行动实施方案》，当年选聘科技特派员20名，2013年选聘34名，科技特派员工作初见成效，受到各园区、基地等基层农业企业及农户的认可。由于科技特派员数量有限，不能满足基层对农业科技人才的巨大需求。

2012年以来，市科技局充分利用各种培训资源，对科技特派员开展多层次、多形式的科技培训。一是邀请宫本重信、刘凤之、王海波、姜卓俊、鲁会玲和姜兆彤等多位国内外知名专家国来呼和浩特市为科技特派员进行专业技术培训和实操指导。二是多次组织科技特派员赴辽宁、山东，银川、西安，杨凌、中卫、乌海、乌兰察布、赤峰等地考察学习，开展多方面的交流合作。三是经常性地举办各种现场观摩、交流座谈等活动。

2014年4月9日，市委、市政府发布《关于开展农业科技特派员和大学生志愿服务"三农"工作的通知》，文件要求市科技局会同市农牧业局、财政局开展科技特派员工作。从2014年起，市政府大力支持科技特派员工作，拨专项资金3500万元，用于选聘500名科技特派员的补贴。同年，科技特派员服务覆盖和辐射的设施蔬菜种植面积近6万亩，涵盖各类日光温室（大棚）16 150栋，解决闲置空棚8789栋，服务涉及的农业科技园区（基地）150余个、规模化养殖场和养殖大户608个，全年共引进203项农业实用技术，164个新品种，创办、领办、合办企业、协会、合作社等经济组织128个。10月13日，市科技局、市科技创新创业协会主办的呼和浩特科技特派员网于正式开通运行。网站设立了培训园地、专家解答、经验交流、供求信息等栏目。

2015年，市科技特派员服务覆盖和辐射的设施蔬菜种植面积达到7万亩，涵盖各类日光温室（大棚）18 804栋，解决闲置空棚2654栋，服务涉及的农业科技园区（基地）190多个、规模化养殖场和养殖大户616个，共引进农业先进实用技术218项，新品种182个，创办、领办、合办的企业、协会、合作社等经济组织累计达到152个，辐射和带动农户1.5万余户。通过专家和科技特派员的各类技术培训、技术咨询、现场指导服务等活动，全市受益农民达150多万人次。其中，举办各类专题实用技术培训班180期，培训科技特派员和职业化农民1.5万余人次。

"十三五"时期，制定《呼和浩特市科技特派员工作管理办法（试行）》《呼和浩特市科技特派员专项经费管理办法（试行）》《呼和浩特市科技特派员工作协议书》《呼和浩特市科技特派员考核细则（试行）》等规范性文件和措施，明确科技特派员的工作任务、服务待遇等职责权利，形成一整套选聘、管理、督查、考核机制。

全市从内蒙古农业大学、内蒙古农牧科学院、内蒙古园艺研究院等高校、科研院所聘请10个专业的17位专家教授，组建科技特派员专家团队伍。专家组特派员受委托对推荐申报科技特派员的人员进行面试考察；为科技特派员工作的深入开展组织相关调研，提出有关工作计划、规划建议，对科技特派员相关项目实施进行评估论证等；作为专业培训的主要师资力量，对科技特派员和职业农民进行培训指导。通过专家团的工作，提高了科技特派员选聘管理服务的专业性、针对性，特派员的素质有了明显提高。

2016 年,市科技特派员队伍进一步壮大,科技特派员的数量由 2015 年的 500 名发展到现在的 600 名,选聘类型、涉及领域、人才结构更加合理,创业能力和服务水平有了显著提高。同年,市科技特派员参与实施科技开发项目 42 项,科技成果转化为生产力效果显著,提升了科技产出的能力;创办、领办、协办各类农村经济合作组织或专业协会达到 232 个,直接或间接带动农业企业发展,推动了农业现代化发展的进程。除积极带动产业、经济的发展之外,呼和浩特科技特派员推广新技术 210 项、引进新品种 420 个、培训农民 52 584 人次、技术咨询 80 万人次、发放科普资料 10 万余份,积极开展科技服务,提高农村劳动力的科技理解能力,带动新技术的推广与发展。此外,科技特派员直接或间接带动当地农村劳动力的就业,带动农户 14 116 户、安置劳动力就业 3.5 万人,促进农村剩余劳动力与青壮年劳动力的就业与安置,对市县域经济社会发展做出贡献。

2017 年 5 月 26—28 日,市科技特派员科技成果展览会在国际会展中心南广场开幕。展览会共设 280 个展位,分为科技特派员成果摄影展、新品种精品展、科技特派员成果展(9 个旗县区)、星创天地展、农业企业服务展、区外科技特派员成果展 6 个主体展区,采取实物产品与图片、文字、视频相结合的方式,集中展示全市现代农业发展新成果和名特优农产品;展示星创天地建设成果;开展科技交流合作、产销对接、专家咨询服务、科技特派员科技成果摄影展等活动。全市 9 个旗县区及区内外的科技特派员服务、创办、领办、合办的农业企业、协会、农业专业合作社经济组织;星创天地运营机构;农资、金融、保险等农业相关服务企业参加此次展会。同年,出台《科技特派员选聘条件》,下发《关于加强科技特派员选聘工作的通知》,全年共组织 6 次选聘,淘汰 78 人,聘用 600 名科技特派员,科技特派员服务覆盖日光温室(大棚)16 150 栋,206 个农(牧)业生产基地。组织农业品牌建设、草莓种植技术、果树管理技术、创新创业能力提升等 55 次培训会,开展现场指导 480 次,全年开展培训 1.4 万人次,编辑印刷发放各类技术辅导资料 6.7 万册;9—11 月组织开展了科技特派员专家基层行活动,为全市 77 个种植基地、50 个养殖基地开展了服务、调研、培训活动;建立了 20 家呼和浩特科技特派员专家工作站;完成了 18 家呼和浩特科技特派员创新创业示范基地挂牌;为进一步激励先进,评选表彰了 80 名 2015—2016 年度优秀科技特派员。

2018 年,市科技局围绕全市贫困地区产业发展需求实施产业扶贫项目,在土默特左旗、武川县为帮扶贫困户发放蛋鸡,发展蛋鸡养殖产业;在清水河县实施栖谷乳鸽养殖技术示范项目,为养殖户提供标准化笼舍、基础栖谷种鸽及其他养殖用具,由农户进行养殖,每个养殖户每年实现利润 2000 元左右。同年,市科技局开展“科技特派员科技扶贫在行动”主题活动,建立 10 个专业科技特派员服务团,针对贫困村产业发展和技术需求情况，在武川县、清水县等地开展16期现场指导、咨询、培训等活动，累计培训农民1300人次，发放科普材料2000册，提高当地群众的综合素质，增强了贫困户的自我发展能力。在科技特派员的服务和带动下，推广新技术218项，引进新品种432个，带动农户1.6万户，解决就业2.5万人，实现人均增收约3万元。

三、技术市场

1987年，市科技局组织参加2次大型科技成果交易会，提供科技成果287项和37项难题招标，总成交额达到200余万元。

1991年1月18日，市政府发布《呼和浩特市技术市场管理办法》《呼和浩特市技术合同认定登记工作暂行规定》。

1992年，呼和浩特市技术市场管理办公室成立，隶属于市科技局。办公室遵循“背靠政府，面向市场，依托科技，服务社会”的方针，为促进科技与经济的有效结合，技术市场切实发挥在企业与大专院校、科研单位之间的桥梁和纽带作用。2011年12月，市技术市场管理办公室获得“第五届中国技术市场协会金桥奖”。

“八五”期间，市技术市场管理办公室贯彻执行中共中央制定的“放开、搞活、扶植、引导”八字方针，配合“科教兴市”主导战略的实施，组织多层次多形式的技术交易活动，利用广播电视报刊为全社会提供技术成果信息。5年间共组织市级以上大型科技成果展示会6次，旗县区级技术交易会9次，展出新技术新成果2500余项，专利技术21万项，技术信息10万条，各种新产品上千种。其中，“1992内蒙古海外精品展示会”“1993呼和浩特新产品新技术成果展示会”“1994呼和浩特科技成果展示会”“1995呼和浩特市产学研联合恳谈会”取得了显著的经济效益和社会效益，受到自治区人民政府和呼和浩特市人民政府的表彰奖励，荣获全国技术市场金桥奖8个(集体奖5个、个人奖3个)，荣获自治区级技术市场先进集体奖9个。

“八五”期间，全市共签订各类技术合同945项(市属270项)成交总金额11 562.89万元(市属6126.6万元)。1991年全市技术合同成交额仅有万元;1993年达到2155万元;1995年突破4000万元，标志着全市技术市场规模和水平迈上一个新的台阶。

据自治区技术市场统计监测报告显示:2007—2012年，全市吸纳区内技术1239项，成交合同金额104.51亿元;输出到区内3061项，实现合同金额103.27亿元。全市吸纳区内技术合同成交额、输出到区内技术合同成交额、引进区内外技术合同成交额持续居自治区首位。在技术开发、转让、服务、咨询四类合同中，技术开发合同比例明显增加，说明市科研机构与企业注重研发与创新，提升了全市技术创新能力。

1999年，全市共签订各类技术合同87项，成交金额5569万元。其中，技术开发合同

37 项,成交金额 4520 万元;技术转让合同 2 项,成交金额 270 万元;技术咨询合同 35 项,金额 201 万元;技术服务合同 13 项,金额 578 万元。

2000 年,全市共签订各类技术合同 61 项,成交金额 7308 万元。其中,技术开发合同 37 项,金额 3854 万元;技术转让合同 2 项,金额 1273 万元;技术咨询合同 2 项,金额 202 万元;技术服务合同 20 项,金额 1978 万元。

2015 年,全市全年技术市场合同成交额达到 8.9 亿元,其中技术交易额为 8717 万元。

2016 年,全市共认定登记技术合同 110 项,实现合同成交额 2.13 亿元,其中技术交易额 5138.8 万元。认定登记的 110 项技术合同中,技术开发合同 57 项,技术服务合同 53 项;地市县计划合同 108 项,计划外合同 2 项;技术输出地域呼和浩特市 110 项;技术吸纳地区区外 1 项(北京)、区内 109 项;涉及知识产权情况为发明专利 19 项、实用新型 13 项、技术及软件著作权 8 项、生物医药新品种 2 项、技术秘密 1 项。同年,全市(含驻呼机构)共吸纳区内外技术 1030 项,实现合同金额 50.195 亿元。共输出到区内外技术 357 项,实现合同金额 6.135 亿元。根据技术合同网上登记系统显示,认定登记的技术合同涉及电子信息、先进制造、生物医疗和医疗器械、新材料及其应用、新能源与高效节能、环境保护资源综合利用、农业、城市建设与社会发展 8 大领域。

2017 年,全市共认定登记技术合同 137 项,实现合同成交额 5.76 亿元,其中技术交易额 7134.26 万元。技术合同认定登记各项指标呈增长态势,合同成交额大幅提高,较去年相比增长 170%。认定登记的 137 项技术合同中,技术开发合同 85 项,技术服务合同 52 项;地市县计划合同 134 项,计划外合同 2 项,部门计划 1 项;技术输出地域呼和浩特市 137 项;技术吸纳地区区外 2 项(北京)、区内 135 项;涉及知识产权情况为发明专利 28 项、实用新型 23 项、技术及软件著作权 16 项、植物新品种 4 项、生物医药新品种 3 项、技术秘密 4 项。根据技术合同网上登记系统显示,经认定登记的技术合同涉及电子信息、先进制造、生物医药和医疗器械、新材料及其应用、新能源与高效节能、环境保护与资源综合利用、农业、城市建设与社会发展 8 大领域。

四、科技情报研究

呼和浩特市的科技情报事业,始于 1959 年 2 月。发展过程可分为四个阶段:

(一)科技情报机构初建阶段(1959—1961)

1959 年 2 月 19 日,呼和浩特市科学技术委员会成立。情报科成为市科委四个职能科中的一个科,定编 4 人。并明确指出情报科主要负责科技情报、经验总结、科技总结、科技刊物的出版和内外情报的交流。3 月 15 日,情报科编辑出版的《科技工作》创刊。10 月,该刊物正式定名为《科技情报》。《科技情报》不断地总结市内“双革”(技术革新,技术革命）动态、成就、经验，对促进科技情报交流、改变呼和浩特市科技工作的落后面貌起到了积极作用。刊物开始与外地140余个地区和单位建立起了情报资料交换关系。

1960年，市科委根据1959年市编委同意成立市科技情报所的意见，成立了科技情报所，定编10人，实派6人。情报所成立后一年中，举办了科技培训班19期，受训人数达到1200余人；印发《科技资料快报》10期，1200余份；《科技情报》3期，3000余份；《科技资料》2期，1800余份。

（二）科技情报调整时期（1962—1969）

1961年10月，市科委与市科技情报所被同时撤销。

1963年，国民经济出现了好势头，工农业和各项社会事业都得到了恢复和发展。

1964年11月25日，中共呼和浩特市委第280次常委会决定成立呼和浩特市科技情报所，定编5人，但实际的专职情报人员只有1人。在这样的情况下，继续出版《科技参考》《科技动态》，对收集来的资料进行了归类整理、建立查阅卡，并同全国147个城市科技情报单位建立了科技情报联络关系，收到交换资料500余份。期间，还同市经委合作，进行科技情报资料展览和“双革”现场展览，展出近40天，近千人次参观。“文化大革命”开始后，科技情报所仅有的1名科技情报专职人员，无法正常工作，致使大量文献资料以及照相器材散失，全市的科技情报工作再次陷入谷底。

（三）科技情报事业恢复时期（1970—1979）

1971年，根据国务院总理周恩来对科技情报工作的指示，中央及自治区的科技情报机构恢复。

1974年，市科技局成立，并扩大编制。呼和浩特科技情报所搬进新楼，设立中文图书资料室、中文阅览室和外文图书阅览室。当时情报所7人，工作有了起色。

1976年，挂靠在呼和浩特科技情报所的科技翻译网成立，组织呼和浩特地区有翻译能力人员上百名，开展了英、俄、日、德、法等语种的翻译工作，解决当时“翻译难”的问题。对于当时尚未开放的社会环境具有重要意义，得到自治区和呼和浩特市有关领导的好评，《光明日报》曾刊文盛赞。

1978年8月，市科技情报工作会议召开，初具规模的呼和浩特科技情报系统和科技情报网得到进一步发展。

在这期间，呼和浩特市从事工业方面的科技情报专职人员达到800余名，农村四级农业科技网专兼职人员达到3.8万余名。科技情报工作为推动生产、发展经济做出了贡献。

（四）科技情报事业的全面发展时期（1979—2013）

1979年4月，呼和浩特市科委重新成立，市科技情报所成为市科委的二级单位，定编

15 人,每年的经费 7 万元、8 万元。初步形成了科技文献和情报调研为支柱,以编译报道和声像服务为重要交流手段的科技情报事业局面。

1982 年 3 月,中国情报所召开全国中小城市科技情报工作会议,会间由承德科技情报所牵头,呼和浩特、兰州、西安、开封等市科技情报所发起组建"华北、西北城市科技情报协会网"。

1983 年,共进行科技情报调研课题 13 项,涉及农业、二轻工业、橡胶工业等课题,其中对本地区或本行业、部门产生较大影响的有 5 项。

1984 年 10 月,市政府批准转发《关于加强呼和浩特市科技情报工作的意见》《科学技术情报工作条例》《科技情报成果奖励实施细则》。

呼和浩特科技情报所出版的 190 余期《呼和浩特科技》,编辑的 500 余期电视栏目《科技之窗》始终坚持科技为人民服务的宗旨,刊发播出了大量科技文章、节目,得到了有关部门、领导和广大读者、观众的好评。

呼和浩特科技情报所先后编辑《科技管理参考》《情报与决策》等科技情报类资料。从 2012 年开始,加大科技情报搜集、分析、研究力度,选取对全市科技工作有重要参考价值的情报,每年编辑 20 期《科技情报参考》。2013 年后,市科技情报所开展了与内蒙古科技促进发展研究中心、中国科技情报学会在科技情报方面的合作,利用中国科技情报网的情报资源,进行科技情报方面的分析研究,2013 年编辑的部分《科技情报参考》被中国科技情报网录用刊发。

五、科技培训

1978 年,市科技局、市委办公室和宣传部共同举办市级领导干部科技培训班,举办讲座 8 次,每次有 40 人 ~50 人参加。为青少年在寒假举办 6 次科普讲座,暑假共有 200 余名青少年参加了青少年科学参观活动。举办各种类型的科学讲座和学习班 10 余期,参加人员 1000 余人次。放映科技电影 60 余场,观众达 1.5 万余人次。

1979—1985 年,全市共举办各种类型的科技培训班 1328 期,参加培训的有 6.2 万余人次,举办科普讲座 412 场,培训了 2500 余名企业领导干部。组织编写科普教材 100 余万字。

2004 年 2 月 25 日,市科技培训基地在土默特左旗挂牌。同年,由市科技局牵头,协同农牧、林业、教育、卫生、财政等 13 个部门实施"呼和浩特市百万农民科技培训工程",即利用三年时间,投入 400 万元,上下联动,使全市农民平均接受 3 次不同内容的科技培训,平均每个农业劳动者掌握 3 门以上农业实用增产技术。工程于 5 月 20 日正式启动,各地区均成立工作机构,制定实施方案,开展相关工作。截至 11 月底,全市举办各类科技培训班2957期次,开展科技、文化、卫生三下乡活动121次,培训农民89万人次;市科技部门和相关部门分别组建了由专家、教授、技术人员组成的培训教师队伍,重点为基层培训师资骨干。2004年底,已培训师资骨干1560人次,培训农村基层干部5400人次;编印培训教材137 006册,发放各类资料40余万份(册)。其中,市科技局编印奶牛和肉羊科学饲养技术等培训丛书4套8万册,刻录《奶牛科学饲养管理与关键技术》光盘3000张;加强了培训阵地建设,先后创建市级星火培训学校基地9个,其中土默特左旗职业中学和托克托县职业中学被列入国家星火计划星火培训学校;全年科技培训经费投入达到322万元。

2005年,全年累计举办各类传染病防治培训班14期、科技讲座50次、卫生科技展览20余次,培训科技人员及基层师资700余人,为乡镇卫生院、社区卫生服务机构等基层医疗卫生单位,发放人禽流感防治知识等科普光盘1000张、在职卫生技术人员传染病防治知识培训教材5类共计2800余册。

2006年,以县、乡、村培训为主,继续实施全市百万农民科技培训工程。举办各类培训班4686期次,举办科技展览357次,培训人数99.96万人次,发放培训资料62.9万册(份),在广播电台、电视台播放北方科技节目471.1小时,全年投入科技培训经费279.06万元。

2007年,全市继续组织实施百万农民科技培训工程,培训45万人次,农民科技意识和劳动技能明显提高。全市新型农民培训工程在和林格尔县、清水河县的78个村实施,共培训新型农民学员3364人,发放培训资料6.4万份。农村劳动力转移阳光工程举办培训班23期,共培训2276人,实现转移就业2048人,转移就业率90%。

2010年,全年在奶业、蔬菜、马铃薯、肉羊四大主导产业以及玉米高创建体系、沼气等惠农项目上共计培训了1700名科技带头人,其中:奶牛养殖技术方200名,肉羊养殖技术方面300名,蔬菜种技术方面470名,马铃薯种植技术500名,玉米高产创建带头人130名,测土配方施肥技术带头人100名。

2013年,全市共培训各级农牧业技术人员、种养大户、致富能手、科技示范户等农村实用人才近20万人次,发放技术资料20万册(份)。

2014年,以市科技特派员、有关专家为师资,在全市举办12期设施农业技术实用技能特色品牌培训班,以集中培训理论和现场实际操作相结合的培训方法,对各个培训班进行20天~57天的集中培训,培训职业农民377人,使每位学员基本上掌握1项~2项实用技术,成为一名既具有专业知识和又具有实践技能的职业农民。

2015年,市科技局培训基层技术人员、种养殖科技致富带头人、新型农民、科技特派员等2.7万余人次。编印“呼和浩特市科技特派员科普挂图”1万份,《呼和浩特市地区观光果园建园及管理技术手册》《草莓栽培实用技术》等各类设施农业技术培训教材3万册。

2016年,市科技局先后举办多期设施蔬菜、葡萄、草莓等农业技术培训班及农产品安全生产技术培训班,培训科技特派员及农民5万余人次。编印发放“呼和浩特市科技特派员科普挂图”及各种设施农业技术培训手册10万余册。

2017年7月8日,按照呼和浩特市科技特派员培训计划,全市科技特派员果树管理技术培训会在托克托县双河镇举办。邀请科技特派员专家、内蒙古农业大学教授胡俊、索全义围绕核果类常见病虫害识别与绿色防控、果树营养与平衡施肥等进行讲解。全市9个旗县区100余名科技特派员参加培训。同年,市科技局组织农业品牌建设、草莓种植技术、果树管理技术、创新创业能力提升等55次培训会,开展现场指导480次,全年开展培训1.4万人次,编制印刷发放各类技术辅导资料6.7万册;9—11月,组织开展科技特派员专家基层行活动,为全市77个种植基地、50个养殖基地开展服务、调研、培训活动。

2018年,市科技局建立10个专业科技特派员服务团,针对贫困村产业发展和技术需求情况,在武川县、清水县等地开展16期现场指导、咨询、培训等活动,累计培训农民1300人次,发放科普材料2000册。

六、科技信息化建设

科技信息化建设工作主要包括科技政务信息化、业务工作信息化及科技服务信息化。

1.科技政务信息化

该信息化主要通过呼和浩特市科技门户网站向社会进行政务公开。1999年,呼和浩特市科技信息网站开通,随着计算机技术及互联网技术的发展经过5次改版,内容及功能逐步丰富完善,成为可动态维护的网站系统。2011年,制定《呼和浩特市科技信息网站信息发布管理办法》,保证网站内容合法,及时更新。网站开设通知公告、办事指南、政策法规、首府科技动态、科技局工作动态、数据资源、科技创新等21个栏目。

2.业务工作信息化

该信息化主要是将原来需要大量人力物力的各业务科室的工作实现信息化服务,实现了呼和浩特市应用技术研究与开发项目、重大科技专项、科技奖励的网上申报、网上评审,科技咨询专家、科技计划项目评审专家、科技项目验收专家、绩效评估专家、科技成果鉴定专家、科技奖励评审专家、科技研发机构认定专家的数据库管理和随机抽取工作。节省了人力、物力、财力,保证了科技工作规范、公开、公正、公平。

3.科技服务信息化

该信息化具体作了呼和浩特市“12396”科技公共服务平台和呼和浩特市制造业信息化科技工程。“12396”是国家科技部与工业和信息化部在全国统一开通的农村科技信息服务公益热线，呼和浩特市“12396”科技公共服务平台采用信息平台加专家坐诊服务加农村科技服务站的模式，利用电话、短信、网站、远程视频、农村科技服务站等服务手段为“三农”服务，服务内容包括农业技术服务、农业气象指导、动物疾病防治信息、供求信息、市场行情、“12396”惠农专题活动等，通过专家远程坐诊，解决农民生产中遇到的问题，实现了专家在身边，服务在身边。

1998 年 9 月，托克托县委、县人民政府组建了托克托县信息化管理领导小组，县长任组长，分管副书记、副县长任副组长，各有关职能部门的主要领导为成员。呼和浩特市旗县区首家与呼和浩特信息网联网，注册了国际顶级域名 tktinfo. com，并且首次在互联网上有了《托克托县信息网》主页，国际互联网络演示成功。

1999 年，托克托县被列为内蒙古自治区旗县首家政府上网工程试点县。

2000 年，托克托县 11 个乡镇都联入了托克托信息网，并联通了国际互联网；同时，组织实施农信网村村通工程。为进一步加快信息化进程、实现资源共享，市环保局积极引进和利用日元贷款 20 万美元和无偿提供的全套计算机设备，建成环境信息中心，并于 2001 年 6 月 5 日正式开通局域网，该系统安装了国内技术先进的环境数据发布软件与办公自动化软件。同年，土默特左旗科技信息一期工程开工，涉及旗政府、财政局、科委、教育局等单位。到 2001 年底，已完成旗政府大楼、科技、教育、财政、扶贫办的布点安装、线路联通，科技局中心平台到政府大楼、财政局楼的光缆架设，网络平台建设等工程。共设置终端 50 个，总投资 27. 5 万元。

2004 年，托克托县建成呼和浩特市首个村委会联盟网(后更名为“三网一员”科技信息服务系统)，2013 年建成“科技成果服务平台”。

2005 年，组织实施呼和浩特市农业科技信息服务体系方案，搭建了农业科技信息服务平台的基础框架，注册开通了“乳都在线”网站，开展网站及旗县区信息员、栏目维护员的组建和培训工作。全年发布信息 6297 条，访问累计超过 63 357 次。呼和浩特市农业科技服务热线“96048”正式启动运行，同时印制发放热线《查询指南》1. 3 万册，宣传资料 5 万余份(册)，全年热线访问 7741 次，专家解答问题 1169 次。

2008 年，推进农村科技信息化服务建设试点，在托克托县、赛罕区、玉泉区的 3 个村建设开通村委会联盟网试点，为进一步推动“三网合一”远程农牧业科技教育培训提供示范和经验。

2010 年开始，呼和浩特市开展制造业信息化科技工程。7 月 22 日，市科技局召开中小企业“在线ERP”技术应用推介会。旨在提升各中小企业利用现代管理科学和信息技术建立现代信息网络系统，使企业管理活动各个环节通过信息的快捷流通和有效服务，实现资金流、物流、工作流和信息流的整合，达到企业资源的优化配置，提高企业管理的效率和水平，进而提高企业经济效益和核心竞争力。

2012年5月，市科技局与内蒙古联通呼和浩特市分公司共同推出“青城12396惠农卡”，将12396电话与短信包月融合在资费中，为农民提供更优惠的话费，农户可通过12396的电话、视频、网络，更方便地获得相关专家服务。分别在土默特左旗、托克托县、和林格尔县、清水河县、武川县、新城区、回民区、玉泉区、赛罕区举行“呼和浩特市星火科技12396服务站”揭牌仪式及“青城12396惠农卡”服务启动仪式系列活动，农民用户达3万户。11月7日，市科技局云晓宁副局长及相关科室、部门负责人并组织全市相关企业参加自治区“十二五”制造业信息化科技工程启动大会。为自治区“十二五”制造业信息化科技工程首批示范企业授牌，呼和浩特众环（集团）有限责任公司、内蒙古鲁阳节能材料有限公司、石药集团中润制药（内蒙古）有限公司、内蒙古伊利实业集团股份有限公司、内蒙古中环光伏材料有限公司共5家企业被授予自治区“十二五”制造业信息化科技工程示范企业称号。

2013年10月10日，自治区科技厅厅长李秉荣带领科技厅农村处、高新处、生物技术研究所、计划处、农村中心等负责人到市科技信息中心专程考察市12396科技公共服务运行情况，市科技局局长张振民，副局长刘晔陪同，实地考察全市12396服务站建设情况，听取市科技信息中心关于全市12396科技服务情况的汇报后，对全市的12396工作给予充分肯定，为搭建“自治区服务三农大平台”提供了经验，要求市科技信息中心负责人参与自治区大平台建设工作。11月27日，市科技局召开制造业信息化技术应用推广培训座谈会，呼和浩特市17家企业和8个科技系统单位共25家单位参加培训。呼和浩特经济技术开发区对信息化建设持续加强，通过技术创新，推进信息化与工业化的融合，继续完善开发区信息化网站，建成并运行“数字化城市管理中心”，进一步完善社区网格化服务管理。构建网格巡控网、企业安保网、企业视频监控网、警企协作网。

2014年5月12日，市科技局印发《呼和浩特市制造业信息化科技工程工作方案》，确定全市制造业信息化工作定位是两个体系和两个培育，即科技公共服务体系，技术示范和推广体系；发展和培育信息产业，信息技术服务业，推进重点行业、典型应用技术、应用服务体系建设。

第七节　创新型试点城市建设

2010 年,中共呼和浩特市委、市政府与国家科技部、自治区科技厅协调,组织开展申请列入国家创新型试点城市的各项前期筹备工作。

2011 年 5 月 24 日,国家科技部正式批准呼和浩特市为国家创新型试点城市。8 月,中共呼和浩特市委、市政府成立以时任市委副书记、市长王波为组长,市委宣传部、人社局、发改委、环保局、财政局、科技局及开发区等 29 个部门主要领导为成员的市建设国家创新型试点城市工作领导小组。同时,设立领导小组办公室,办公室设在市科技局,负责日常工作协调。同月,市委、市政府召开呼和浩特市建设国家创新型试点城市动员大会,对创新型试点城市工作进行全面部署。明确提出到 2015 年,呼和浩特市要在内蒙古自治区率先建成创新体系健全、创新要素聚集、自主创新能力强、创新产业突出、创新效益显著、服务功能完善、具有鲜明地区特色的国家创新型试点城市。

在创新型试点城市建设过程中,对各市直部门、各旗县区相关任务指标进行分解细化,印发《呼和浩特市人民政府办公厅关于印发创新型试点城市建设评价指标体系(试行)的通知》《呼和浩特市人民政府办公厅关于印发创新型试点城市建设旗县区开发区考核办法的通知》《呼和浩特市建设国家创新型试点城市目标任务分解(2012—2015)》,建立创新型试点城市建设考核评价指标体系。

2010—2015 年,呼和浩特地区生产总值由 1865.7 亿元增加到 3090.5 亿元,年均增长 9.7%,跨越 2000 亿元和 3000 亿元两个台阶。人均 GDP 由 1 万美元提高到 1.6 万美元,位居全国大中城市前列。一般公共预算收入由 126.8 亿元增加到 247.4 亿元,年均增长 18%,高于 GDP 增速 8.3%。社会消费品零售总额达到 1353.5 亿元,比 2010 年翻了近一番,年均增长 12.3%。全面建成小康社会实现程度达到 93%。三次产业结构由“十一五”规划末的 4.9∶36.4∶58.7 演进为“十二五”末的 4.1∶28.0∶67.9,形成了以服务业为主导,多元发展、多极支撑的产业格局。各项社会事业得到全面发展,城乡面貌发生重大变化,2015 年空气质量在北方 15 个省会城市中排名第一,实施京津风沙源治理、天然林保护、退耕还林等重大生态修复工程,完成绿化造林 20 万亩,全市森林覆盖率提高到 24.9%,生态环境全面改善。

“十二五”期间,呼和浩特市以建设国家级创新型试点城市为目标,以支撑经济发展方式转变、增强主导产业核心竞争力为主线,以提升自主创新能力为核心,以整合科技创新资源、完善科技创新体系为突破口,着力推进创新载体升级、关键共性技术应用研发和创新服务体系建设，实现了自主创新能力逐年提升、科技创新体系日趋完善、高新技术产业发展成效显著、农业与社会发展领域创新成果广泛应用、科技创新政策环境不断完善、科技合作交流不断加强、科技创新管理水平显著提高的可喜成绩。

到“十二五”末，全市建成国家级高新技术产业开发区 1 个、国家级农业科技示范园区 1 个、国家级可持续发展试验区 1 个、国家级大学科技园 1 个和国家级科技企业孵化器 1 个、自治区级科技企业孵化器 8 个。全市拥有各级各类创新创业园区、基地 17 家，拥有各级各类研发机构 338 个，并在云计算、光伏、清洁能源、新能源汽车等产业领域形成了明显优势。“十二五”期间，全市累计拥有有效发明专利 1379 件，居自治区首位，每万人发明专利提升到 4.5 件，是自治区平均水平的 3.69 倍。到“十二五”末，有效期内的高新技术企业达到 88 家，比“十一五”末的 25 家增加 252%，约占自治区总数的 37.1%，居自治区首位。

通过科技创新，第一，推动了现代农业快速发展，本地蔬菜供应率由 36% 提高到 57.8%，奶牛规模化养殖水平由 50% 提高到 97%，农业产业化水平居全区首位。第二，“五大基地”建设取得重要进展，培育形成了绿色农畜产品加工、清洁能源、光伏材料、生物制药等一批在全国具有明显优势的特色产业集群。伊利、蒙牛两大企业主营业务收入合计超过 1000 亿元，电力总装机超过 1000 万千瓦，单晶硅和多晶硅产量分别达到 8569 吨和 4966 吨，生物发酵能力达到 10 万吨，战略性新兴产业占全市工业比重超过 30%。在高新技术产业领域，通过技术引进和自主开发，形成了一批技术水平高、经济规模大、增长速度快的高新技术产业：一是粉煤灰综合利用技术研究取得了多项重大科技成果和自主知识产权，形成煤电→粉煤灰→氧化铝→电解铝→铝合金、建材等下游产品这条最具发展潜力和影响的巨大产业链；二是形成多晶硅→单晶硅→单晶硅片→硅太阳能电池→光伏示范电站较为完整的硅产业链；三是生物技术与制药产业已形成玉米→淀粉→液糖→生物原料药→生物制品的产业链，四是通过科技合作与自主研发初步建立了 F－12 高强有机纤维等新材料及其下游产品的新材料产业基地；呼和浩特市已经成为全国较大的生物发酵产业基地。第三，新兴服务业蓬勃发展，建成全国最大的云数据基地，各类电商企业达到 1600 余家，旅游总收入、接待总人数稳居全区首位，自治区级服务业集聚区达到 16 个，新兴服务业占第三产业比重超过 40%。

"十二五"期间呼和浩特市创新型试点城市建设投入

表 2－7－1　　　　单位:亿元

序号	投入部门	投入经费
1	呼和浩特市科技局	11.47
2	呼和浩特市经信委	2.45
3	呼和浩特市公安局	2.3
4	呼和浩特市环保局	1.37
5	呼和浩特市林业局	245
6	呼和浩特市科协	550
7	经济技术开发区	1.77
8	留学人员创业园	1250
9	各旗县区	6.06
合计		25.62

"十二五"末创新型试点城市相关数据比重

表 2－7－2

序号	项　目	比重
1	全社会研究与开发投入占地区生产总值	0.99%
2	高新技术企业主营业务收入占规上工业企业主营业务收入	12.22%
3	知识密集型服务业增加值占地区 GDP	17.6%
4	研发经费加计扣除所得税减免额占企业研发经费	2.7%

为配合国家创新型城市建设工作,全市重点选择具有代表性的部分学校和社区开展了创新型单位的创建工作。在创新型社区建设中,积极支持社区开展具有特色的创新工作,创新社区管理机制。如新城区麻花板社区开展的"和谐讲堂、科普知识讲堂、健康教育讲堂、道德讲堂"使社区受益居民达 1800 余人,提升社区居民的素质,推进社区精神文明建设。赛罕区人民路办事处和中专路办事处开展的社区数字化、信息化建设在巨海社区、山丹社区、兴康社区进行了示范应用,示范社区开展了各类创新特色服务,在完善社区服务功能和优化社区服务质量上取得了很好的成效,并推进了先进适用技术在社区的应用转化,使科技惠及于民。巨海社区重点打造数字社区,推广"15 分钟便民生活服务

圈”社区服务新模式；山丹社区依托驻区企业的人才和技术力量，建立了科技信息服务试验点；兴康社区引进“电子保姆—老年人家居服务呼叫系统”，为社区家居养老服务提供了新模式。

在创新型学校建设中，支持中小学开展各类学生创新活动，培养学生的团队精神、创新精神及创新思维能力和动手能力，并在教学管理中采用先进理念和现代手段进行教学模式创新，营造良好的创新氛围。大学路小学每年10月举办“书海扬帆，科技畅想”校园科普节，并建立科普教育馆和创新实验教室进行学生科普教育，不定期开展名家进校园活动讲授科普知识、讲解科学实验，组织学生积极参加“全国科普日”“知识产权进校园”等科普活动。石东路小学在教学楼开辟科技走廊、校园内创设“石东科普橱窗专栏”、校红领巾广播站设“科技瞭望角”栏目营造出浓郁的科普教育宣传氛围，成立“阳光少科苑”“科学梦工厂”“草原生态研究院”等科技社团，开展科学探究主题活动，培养学生的科学探究能力与团队合作精神，同时在学校“科技创新活动月”开展各类科技竞赛活动，展示科技社团的研究成果，并选拔优秀成果参加市、自治区及全国的科技创新大赛。参加呼和浩特市科技创新大赛获奖率占全市50%，2013年在全国青少年“节约粮食，从我做起”科学调查体验活动展示评比活动中荣获全国一等奖。胜利街小学在学校科学探究中心设有科技活动室和科学探究室，并在科普课堂教学中探索出一个适合学校实验教学的校本课程——《小学科学趣味实验的探究与实践》，学校每年开展科技周活动和科技月活动，每周各类科技探究实验社团开展科普活动，在科技之路的探索、实践、创新中让师生们收获了累累硕果。第二十一中学开展机器人方面的创新特色教育，引入智能教育机器人的研究学习，在学校设立机器人活动室，并建立机器人研究社团，由专职辅导员负责，有200余名学生在智能机器人研究领域受到影响，并在全国青少年机器人竞赛中获奖，2014年被评为内蒙级科技示范校。

“十二五”期间，全市对国家级企业重点实验室、企业技术中心、工程技术研究中心、企业研究开发中心、博士后工作站的研发投入，按照其实际投入额，分别给予50万元~100万元的科技项目经费支持；对自治区级企业重点实验室、企业技术中心、企业研究开发中心、工程技术研究中心，按照研发机构实际投入，分别给予20万元~50万元的科技项目经费支持；对市级企业研究开发中心、工程技术研究中心，按照研发机构实际投入，分别给予10万元~20万元的科技项目经费支持。

为了推动创新型试点城市建设，全市设立产学研协同创新资金，支持产学研合作。全市每年设立总额2000万元的产学研协同创新专项资金，支持驻呼科研院所、高等院校与企业进行产学研合作。对以企业为主体，联合高等院校和科研院所等新组建的产业技术创新战略联盟或产学研联合体,给予不低于50万元的科技项目经费支持。

全市积极鼓励企业不断提升知识产权创造、运用和保护能力。对发明专利、实用新型专利给予的定额资助和对产业化的发明专利给予的奖励,按照《呼和浩特市专利费用资助及奖励办法》的规定执行。经市、自治区主管部门推荐,国家知识产权局新认定的国家知识产权示范、试点企业,分别给予10万元和5万元科技项目经费支持;对列入国家知识产权示范、试点园区的,分别给予20万元和10万元科技项目经费支持。对入选国家知识产权示范、自治区知识产权工作试点企业、市级知识产权优势企业的非公有制企业,分别给予一次性50万元、30万元、20万元的奖励。

按照《呼和浩特市建设国家创新型试点城市试点工作实施方案》的具体目标,32项考核指标中有25项达到了100%及以上,完成指标率78.13%,完成率平均值达到142.72%。

2017年3月14日,全市建设国家创新型试点城市领导小组办公室组织成员单位召开呼和浩特市国家创新型试点城市建设总结评估会。市科技局副局长刘晔按照国家科技部与发改委对建设创新型试点城市总结评估的要求,向各成员单位作评估任务说明。市科技局局长张振民向各成员单位说明本次工作的重要性,要求各单位明确责任、落实任务,提供明确的数据与来源。3月25日,市政府赴北京向国家科技部与发改委作呼和浩特创新型试点城市建设情况做总结汇报。

第八节　其他科技管理工作

一、科学技术会议

1956年7月24日,内蒙古自治区科学技术普及协会在呼和浩特成立。自治区有关领导出席大会。

1957年3月5日,内蒙古自治区首届中兽医代表会在呼和浩特召开,自治区人民政府副主席王再天到会讲话。

1958年3月26日,内蒙古自治区科学工作委员会成立。主任哈丰阿,副主任胡昭衡、李继侗、胡尔钦。

1959年2月23—27日,全市召开科学技术工作会议,140名代表出席。会议作出“关于全面贯彻呼和浩特市科学技术工作会议的精神,积极开展建国十周年科学技术献礼运动,为完成呼和浩特市1959年科学技术发展规划而奋斗的决议”。决议指出根据呼和浩特市1959年科学技术发展规划中规定的项目,组织科学技术力量,组织检查评比,按照“五一”“七一”“十一”“元旦”四次献礼。4 月 1—3 日,全市先进生产者和科学技术先进集体、先进个人代表会议召开。会议表彰在增产节约运动中涌现出来的先进集体和模范人物,有 3 人被推荐出席全国群英会。

1960 年 2 月 4—7 日,市技术革新经验交流大会召开。大会总结和交流全市 1959 年各行各业大搞技术革新和技术革命的先进经验,进一步推动技术革新群众运动的深入开展,掀起全面大搞技术革新的高潮。市工业、交通、邮电、铁路、基本建设、商业、粮食、卫生、教育等部门相关人员出席会议。

1977 年 11 月 17—22 日,市科学技术大会召开。会议表彰全市 172 个科技工作先进集体和 137 名先进个人。

1978 年 1 月 10—15 日,中共内蒙古自治区委员会在呼和浩特召开全区科学大会。大会表彰 1949—1977 年自治区 16 个领域 506 个优秀科技成果及一批科技工作者。通过自治区科普工作 10 年发展规划。这是自治区成立以来召开的第一次科学大会。4 月 14—20 日,中共呼和浩特市委员会召开全市 1978 年科技工作会议,传达全国科学大会和全国科学技术革新会议精神,讨论全市科技规划,安排全年的科技工作。

1980 年 10 月,内蒙古自治区电子学会第一届年会在呼和浩特召开。会议正式代表 148 名,选收论文 91 篇,这是自治区电子科学技术工作者第一次会议。

1982 年 2 月 21 日,国家科学技术委员会二局和自治区科学技术委员会、经济委员会在呼和浩特召开小型风力发电机技术攻关会。确定了适合内蒙古地区的 50 瓦和 100 瓦发电机的技术参数暂行标准,明确锡林郭勒盟风能研究所和商都牧机厂为风机研制攻关单位,并确定区内外 9 个单位为协作单位。8 月,内蒙古大学受国家教育部委托在呼和浩特举行全国植物生态学教材建设研究会。生态学家曲仲湘、仲崇信、阳含熙、吴征镒等教授出席会议。10 月 5 日,内蒙古马铃薯科研协作会在呼和浩特召开。会议研究自治区马铃薯的科研方向和重点,并决定成立内蒙古马铃薯科学研究中心。

1984 年 3 月 13—19 日,中华医学会内蒙古分会地方病学会成立大会暨第一次地方病学术会议在呼和浩特召开。10 月 17 日,自治区计划生育委员会在呼和浩特主持召开全区计划生育科研座谈会,并成立自治区计划生育科研领导小组,制定计划生育科研规划方案,建立 8 个科研协作组,落实 7 项科研课题。1984 年,内蒙古科学、人才学、未来学研究会在呼和浩特召开科技人员回娘家献计献策座谈会。自治区主席布赫为会议题词“为了繁荣内蒙古,请君再出一把力”。

1985 年 8 月,在呼和浩特召开华北城市科委联席会,有 20 余个中小城市科委派代表参加会议。

1986年6月17—19日，自治区电管局知识分子工作会议在呼和浩特召开。自治区党委组织部、市科技局领导参加会议。会议印发自治区电管局1977—1985年获奖科技成果汇编，表彰奖励优秀知识分子65人。

1987年8月15日，“国际草地植被学术讨论会”在呼和浩特召开，有50余位外国学者参加会议。9月1日，内蒙古师范大学受中国科学技术史学会委托在呼和浩特召开“第一届中国少数民族科技史讨论会”。内蒙古25位代表参加会议，成立中国少数民族科技史研究会筹委会，内蒙古师范大学教授李迪任主任委员。

1991年6月，市人大常委会第13次会议正式审议通过《呼和浩特市“科技兴市”战略的实施方案》，并决定每年6月15日为“呼和浩特市科学技术节”。呼和浩特市科技工作逐步走上法制化的轨道。市委、市政府和各级科技管理部门先后配套出台一系列加强科技工作，加速科技进步，推动科教兴市主导战略实施的政策法规。形成科教兴工、科教兴农、高新技术及其产业、科技成果推广及其转化、科技投入、科技体制改革、科技人才培养使用、奖励和激励机制等比较完整的政策体系。

1995年11月28—30日，中共呼和浩特市委，市政府召开市科学技术大会。自治区和市领导白音、周维德、冯士亮等出席。会议总结前5年全市实施科教兴市战略的经验。部署1996—2010年科教兴市工作，确立科教兴市在呼和浩特市经济社会发展中的主导战略地位，出台6个政策性文件，确定科技经济一体化为实施科教兴市主导战略的主攻方向。

1998年11月28日，“金河工程”高级理论研讨会在北京举行。全国人大常委会副委员长布赫、国家民委副主任文精及自治区、市领导张国民、郝存柱、王振义等出席会议。国家有关部委、首都社科、经济、科技、新闻界专家学者100余人应邀参加研讨会。

2001年8月18—20日，经国家科技部批准，由自治区政府和国家中医药管理局主办、自治区卫生厅与中国民族医药学会承办的“2001国际蒙医药学术会议”在呼和浩特召开，来自蒙古、日本、俄罗斯、波兰等9个国家，中国香港、台湾等地区及国内300余名蒙医药专家共聚一堂，交流探讨蒙医药事业的继承与发展大计。国家卫生部部长张文康讲话，自治区主席乌云其木格致辞。

2004年7月24日，中国草学会第六届二次会议暨草业科学与技术创新国际学术研讨会在呼和浩特召开。全国人大常委会副委员长乌云其木格发来贺信，自治区副主席雷·额尔德尼致辞。会议全面总结中国近年来在草业科学技术发展、草地建设、草地保护及草业产业化方面的成就，探讨草地资源可持续发展道路，努力促进中国草学和草业事业不断发展。8月3日，中国保健协会养生保健专业委员会主办，自治区科技厅、科学技术协会协办，内蒙古呼和浩特泰尔力图医疗保健用品有限公司承办的“2004纳米技术与西部资源开发研讨会”在呼和浩特召开,全国政协常委、民族宗教委员会副主任夏日出席会议。自治区人大常委会副主任陈瑞清,副市长王刚及有关部门负责人出席会议。

2006年11月10日,由自治区信息化工作办公室、市政府共同主办,内蒙古银安科技开发有限责任公司协办的“推广应用自治区拥有自主知识产权IT产品”会议召开。副市长龚晓峰和自治区信息化工作办公室有关负责人出席会议。

2008年4月8日,市科技工作会议召开。会议总结2007年全市科技工作所取得的成绩,部署2008年全市科技工作重点。副市长刘菊茹从科技发展的形势、科技工作的责任及2008年科技工作的重点和要求等方面,对全市科技工作的发展提出意见和要求。自治区科技厅副厅长马强出席会议。市人大常委会副主任李岳清、市政协副主席陈曼莉出席会议。7月28日,呼和浩特市举行重大科技专项启动暨奶牛性控繁育技术示范项目签约仪式。自治区科技厅副厅长田颖男参加。副市长刘菊茹要求实施重大专项的旗县区政府、企业及有关部门要把奶牛性控繁育技术示范专项工作列入重要议事日程,根据项目需求,有针对性地对管理人员和奶农进行培训。完善监督管理,建立健全旗县区与企业、企业与技术人员、企业与农户间的责任关系,以确保科技示范专项的顺利实施。

2010年4月23日,自治区西部6盟市贯彻实施新专利法联合执法研讨会在呼和浩特举行。自治区科技厅(知识产权局)副厅长田颖男出席并讲话,市科技局(知识产权局)党组书记聂向东、局长朱建国出席会议。参加会议的呼和浩特、包头、鄂尔多斯、乌海、巴彦淖尔和阿拉善盟科技局有关领导。赤峰市、锡林郭勒盟科技局代表列席会议。8月13日,代市长王波主持召开市长办公会议,专题研究2010年全市第一批重大科技专项资金安排有关事宜。会议确定呼和浩特市2010年第一批重大科技专项共23项,投入科技专项资金2280万元。

2011年6月16日,市政府召开全市2011年落实全国县(市)科技进步考核工作会议,各旗县区分管科技工作的旗、县、区长,科技局局长;市政府办公厅、科技局、财政局、统计局等相关单位负责人参加会议;特邀市人大教科文卫委员会负责人参加。市政府副秘书长史荣恩参加并主持会议。8月10日,市政府召开科学技术奖励暨建设国家创新型城市动员大会。会议总结全市“十一五”期间科技工作成就,并对建设国家创新型城市工作进行全面部署。会议表彰并颁发2009年和2010年度科技进步奖、科技创新优秀企业、优秀科技研发机构等奖项。

2012年4月12—15日,第十届中国重庆高新技术交易会暨第六届中国国际军民两用技术博览会在重庆国际会议展览中心开幕。副市长王恒俊率呼和浩特市代表团参加博览会,共有5家企业参展。10月31日,市2012年度科学技术奖励委员会评审会议召开,评审专家对全市2012年度科教兴市市长特别奖、引进人才科技贡献奖和科学技术进步奖进行评审。副市长王恒俊出席,市科技局局长朱建国主持会议。12月21日,市科技创新暨奖励大会召开。会议表彰奖励2011年度科学技术进步奖和2012年度科教兴市市长特别奖、引进人才科技贡献奖的获奖单位和个人。表彰奖励为呼和浩特市时期全市科技创新工作重点。自治区党委常委、市委书记那顺孟和出席会议,并为获奖者颁奖。市领导吴一微、赵江涛、张平江、刘文玉、王恒俊等出席会议。

2013年8月13日,由市政府主办,市经济技术开发区、SEMI中国承办的2013中国·呼和浩特第五届光伏产业大会举行,市领导出席并致开幕词。大会以“研读国八条,促进光伏产业可持续”为主题,主要包括2013中国·呼和浩特第五届光伏产业大会、SEMI中国光伏标准委员会工作会议、SEMI中国光伏顾问委员会工作会议、经济技术开发区及赛罕区投资环境推介会、赛罕区项目对接会和考察开发区及企业等主要活动。包括世界第二大多晶硅生产商瓦克化学、世界排名第五的多晶硅制造商美国瑞科先进硅材料有限公司等多家国际、国内领先光伏产业生产和制造商高层领导200余人参加会议。11月5日,呼和浩特市·内蒙古农业大学科技合作签约暨成果发布会举行。自治区科技厅副厅长杨劼、教育厅副巡视员倪培霖、内蒙古农业大学校长李畅游、副校长芒来,市人大常委会副主任付东海,副市长王恒俊、政协副主席陈曼莉及市科技局主要领导出席。

2014年4月8日,中共呼和浩特市委副书记、市长秦义主持召开市政府第3次常务会议,对《呼和浩特市科学技术进步促进条例(草案)》进行审议。市科技局局长张振民作立法说明,市政府法制办主任张海涛作审查说明。

2016年6月24日,市人大常委会十四届四次会议第197号建议答复的网上提交工作完成,市科学技术局2016年政协提案和人大建议答复工作已经全部完成,相关建议已全部上传平台。2016年共提交涉及市科技局提案和建议8份,其中主办5份,会办2份,分办1份。市科技局重视政协提案和人大建议答复工作,高新、农村、条件与财务科和机关事务中心主动与提案和建议代表沟通联系,按时完成答复工作。8月9日,第四届内蒙古“草原英才”高层次人才合作交流会暨呼和浩特人才创新创业周活动在呼和浩特举行。中共呼和浩特市委常委、副市长孙建华出席开幕式并致辞,副市长王恒俊主持开幕式,市人大常委会副主任付东海、市政协副主席陈曼莉出席开幕式。与会领导为呼和浩特市入选2016年度自治区“草原英才”工程的2个基地、6个团队和5名个人颁发奖牌和证书。市科技局局长张振民、副局长刘晔及市人才领导小组成员单位有关负责人,全市各行业优秀人才代表近900人参加会议。9月9日,呼和浩特市建设国家创新型城市领导小组办公室组织召开创新型城市建设指标体系研讨会暨领导小组成员单位部分联络员会议,对国家科技部创新发展司印发《关于征求对建设创新型城市工作指引意见的函》进行研讨，部署意见征求答复等相关工作。市发改委、财政局、经信委、统计局、金融办、环保局、地税局、科技局等部门负责人参加，市科技局副局长刘晔主持会议。

2017 年 3 月 28 日，2016 年度市科学技术奖励委员会评审会议召开，副市长王继平，市科技局局长张振民以及 11 位奖励委员会委员参加会议。

二、科技进步考核

全国科技进步考核是国家科技部对一个地方科技进步工作最科学、最权威的评价，已成为衡量一个城市或旗县区综合科技实力和可持续创新发展能力的标志。考核工作从 2003 年开始启动，每两年一次对科技进步工作整体情况进行考核。考核内容涉及当地党委政府对科技工作的重视、科技管理机构建设等定性指标，本级科技支出占当年财政一般预算支出比例、万人授权专利数、高新技术企业数等定量指标。“全国科技进步先进市（旗县区）”从通过科技进步考核的市（县）中评选产生。2013 年后，全国科技进步考核取消。

2003—2013 年呼和浩特市科技进步考核情况一览表

表 2－8－1

<table>
<tr><th>考核年度</th><th colspan="2">考核项目</th><th>先进地区及先进人物</th></tr>
<tr><td rowspan="5">2003</td><td colspan="2">通过考核城市</td><td>呼和浩特市</td></tr>
<tr><td colspan="2">通过考核旗县区</td><td>新城区、回民区、赛罕区</td></tr>
<tr><td rowspan="2">全国科技进步考核先进市（旗县区）</td><td>先进市</td><td>呼和浩特市</td></tr>
<tr><td>先进旗县区</td><td>新城区、赛罕区</td></tr>
<tr><td colspan="2">全国科技进步考核先进个人</td><td>柳　秀、郭　健、刘菊茹、郭　树</td></tr>
<tr><td rowspan="9">2005</td><td colspan="2">通过考核城市</td><td>呼和浩特市</td></tr>
<tr><td colspan="2">通过考核旗县区</td><td>回民区、新城区、赛罕区、托克托县、和林格尔县</td></tr>
<tr><td rowspan="2">全国科技进步考核先进市（旗县区）</td><td>先进市</td><td>呼和浩特市</td></tr>
<tr><td>先进旗县区</td><td>回民区、新城区、托克托县</td></tr>
<tr><td colspan="2">全国科技进步示范市（旗县区）</td><td>赛罕区</td></tr>
<tr><td rowspan="4">全国科技进步考核先进个人</td><td>呼和浩特市</td><td>刘菊茹、郭　树</td></tr>
<tr><td>回民区</td><td>崔世清、李春燕、胡永竹</td></tr>
<tr><td>新城区</td><td>吴安俊、武志强、刘金库</td></tr>
<tr><td>托克托县</td><td>张志林、高　毅</td></tr>
</table>

续表 1

<table>
<tr><th>考核年度</th><th colspan="2">考核项目</th><th>先进地区及先进人物</th></tr>
<tr><td rowspan="10">2007</td><td colspan="2">通过考核的城市</td><td>呼和浩特市</td></tr>
<tr><td colspan="2">通过考核的旗县区</td><td>玉泉区、新城区、回民区、赛罕区、和林格尔县、托克托县</td></tr>
<tr><td rowspan="2">全国科技进步考核先进市(旗县区)</td><td>先进市</td><td>呼和浩特市</td></tr>
<tr><td>先进旗县区</td><td>玉泉区、新城区、赛罕区、和林格尔县、托克托县</td></tr>
<tr><td rowspan="6">全国科技进步考核先进个人</td><td>呼和浩特市</td><td>刘菊茹、郭　树</td></tr>
<tr><td>新城区</td><td>张和平、刘金库、要彩霞</td></tr>
<tr><td>玉泉区</td><td>云建东、李晓东</td></tr>
<tr><td>赛罕区</td><td>李博宏、康存耀、云引娣</td></tr>
<tr><td>托克托县</td><td>斯钦毕力格、张志林、高　毅</td></tr>
<tr><td>和林格尔县</td><td>刘文玉、吴志强、王慧英</td></tr>
<tr><td rowspan="8">2009</td><td colspan="2">通过考核的城市</td><td>呼和浩特市</td></tr>
<tr><td colspan="2">通过考核的旗县区</td><td>新城区、回民区、玉泉区、赛罕区、托克托县、和林格尔县、清水河县、武川县</td></tr>
<tr><td colspan="2">全国科技进步考核先进市(旗县区)</td><td>玉泉区、新城区、赛罕区、托克托县、和林格尔县</td></tr>
<tr><td rowspan="5">全国科技进步考核先进个人</td><td>新城区</td><td>薛燕群、孙　德、刘金库</td></tr>
<tr><td>玉泉区</td><td>格尔图、卜秀珍、王　颖</td></tr>
<tr><td>赛罕区</td><td>刘　晶、王　宏、刘建刚</td></tr>
<tr><td>托克托县</td><td>斯钦毕力格、李　红、高　毅</td></tr>
<tr><td>和林格尔县</td><td>刘文玉、吴志强、刘瑞明</td></tr>
<tr><td rowspan="4">2011</td><td colspan="2">通过考核的城市</td><td>呼和浩特市</td></tr>
<tr><td colspan="2">通过考核的旗县区</td><td>赛罕区、新城区、回民区、玉泉区、和林格尔县、托克托县、清水河县、武川县</td></tr>
<tr><td rowspan="2">全国科技进步考核先进市(旗县区)</td><td>先进市</td><td>呼和浩特市</td></tr>
<tr><td>先进旗县区</td><td>赛罕区、玉泉区、新城区、武川县、和林格尔县、土默特左旗、托克托县</td></tr>
</table>

续表 2

<table>
<tr><th>考核年度</th><th>考核项目</th><th colspan="2">先进地区及先进人物</th></tr>
<tr><td rowspan="8">2011</td><td rowspan="8">全国科技进步考核先进个人</td><td>呼和浩特市</td><td>刘菊茹、朱建国、聂向东、李慧玲</td></tr>
<tr><td>新城区</td><td>薛燕群、刘金库、要彩霞</td></tr>
<tr><td>玉泉区</td><td>格尔图、云　飞</td></tr>
<tr><td>赛罕区</td><td>王　宏、刘建刚、李志勇</td></tr>
<tr><td>土默特左旗</td><td>董文煜、云文汇、谷秀宏</td></tr>
<tr><td>托克托县</td><td>斯钦毕力格、卜音太、高　毅</td></tr>
<tr><td>和林格尔县</td><td>刘文玉、吴志强、樊玉根</td></tr>
<tr><td>武川县</td><td>徐银荀、常介光、赵振华</td></tr>
<tr><td rowspan="12">2013</td><td>通过考核的城市</td><td colspan="2">呼和浩特市</td></tr>
<tr><td>通过考核的旗县区</td><td colspan="2">新城区、回民区、玉泉区、赛罕区、土默特左旗、托克托县、和林格尔县、清水河县、武川县</td></tr>
<tr><td rowspan="2">全国科技进步考核先进市（旗县区）</td><td>先进市</td><td>呼和浩特市</td></tr>
<tr><td>先进旗县区</td><td>新城区、玉泉区、赛罕区、回民区、土默特左旗、托克托县、和林格尔县、武川县</td></tr>
<tr><td rowspan="8">全国科技进步考核先进个人</td><td>呼和浩特市</td><td>王恒俊、张振民、聂向东、李慧玲</td></tr>
<tr><td>新城区</td><td>刘　惠、张　锐、杨祥麟、温瑞祥</td></tr>
<tr><td>玉泉区</td><td>周　强、王继平、李　峰、卜秀珍</td></tr>
<tr><td>回民区</td><td>赛青克、马慧军、金　晶、胡永竹</td></tr>
<tr><td>土默特左旗</td><td>金　强、刘志同、云文汇、王剑锋</td></tr>
<tr><td>托克托县</td><td>杜延峰、张国平、张建平、高建成</td></tr>
<tr><td>和林格尔县</td><td>吴志强、张晓明、樊国君、韩　彪</td></tr>
<tr><td>武川县</td><td>周振光、王永利、赵振华、常介光</td></tr>
</table>

三、科技资源调查

呼和浩特市科技资源调查工作从2013年7月开展，资源调查的对象主要涉及驻呼和浩特高校、科研院所、企事业单位。

（一）调查内容

1. 科技文献资源，包括科技文献数据库资源，科技期刊资源，科学数据资源基本信息及使用情况。

2. 植物、动物、微生物种质资源、动植物标本资源及其保存机构（设施）的基本信息和利用情况。

3. 单台（件、套）原值在10万元以上的大型科学仪器设备（设施）基本信息及利用情况。

4. 成果转化、技术转移服务机构情况调查，包括创业孵化机构，高新技术产业开发区，特色产业基地，生产力促进中心，科技风险投资机构，技术交易机构，科技咨询机构等。

5. 在科研单位、企业专兼职工作的副高以上职称的高层次科技人员情况。

6. 研究实验基地及其科技基础条件的基本信息（本次调查所涉及研究实验基地专指经各级政府部门批准并依托法人单位建立或设立的从事各类科技活动的机构，包括重点实验室，工程中心，企业技术中心，分析测试中心，研究试验基地，生物安全实验室，野外台站等）。

（二）调查的目的

为了摸清市科技文献资源、科学数据资源、大型科学仪器设备资源、研究试验基地、生物种质资源、高层次科技人员、成果转化技术转移服务机构现状及利用情况，建成相应的科技资源数据库，建立科技资源数据动态更新机制，初步形成呼和浩特市科技基础条件资源管理信息和决策支持系统，促进科技资源共享，为呼和浩特市科技发展提供决策参考。

此次调查工作经过数据采集与填报，科技资源数据库系统建设，调查数据整理入库与分析。用户可通过呼和浩特市资源数据库系统查询相关资源信息，编辑出版《呼和浩特市科技资源汇编》一书。

第九节　科普宣传工作

1989年12月28日，由市科委、科协、电视台共同创办的“科技之窗”在呼和浩特市电视台开播，宣传党的方针政策，报道科教兴市的动态，推广适用技术、科技成果以及科技兴工、科技兴农的经验，使科学技术走进千家万户。国务委员、国家科学技术委员会主任宋健为“科技之窗”节目题词。“科技之窗”设有“科技动态”“科海漫步”“科苑风华”

"致富之路""科普知识""专访"等栏目,共播出500余期,节目于2008年初停播。

1995年,市郊区建成科普乡镇9个,科普村117个,科技示范户7997户。

1998年4月28日,全区农村牧区科普经验交流会在呼和浩特举行。全市35个先进集体和51名先进个人受到自治区科学技术协会的表彰奖励。

2001年4月10日,自治区第六届科普宣传周在呼和浩特启动,本次科普宣传周的主题是"内蒙古是我家,生态建设靠大家"。

2002年1月,市科协制定"呼和浩特市科普文明街道、科普文明社区(居委会)创建标准",将科普工作纳入文明社区创建规划,锡林北路办事处等4个首批呼和浩特市科普文明街道、人民路健康街居委会等6个首批科普文明社区于2002年5月市科协"五大"期间命名。新城区被中国科协确定为全国第二批科普示范城区创建单位。4月16日,市科协邀请中国无神论学会副理事长、中国反邪教协会副理事长郭正谊教授作"崇尚科学反对邪教"报告会。同时,科协组织全市10余家学会的会员积极参与"反对邪教、保障人权"百万公众签名活动。

2003年4月,市科协协同市内四区科协制作科学防治非典的宣传展板,在社区、学校、街道进行了巡展,并累计发放科普挂图、疫病防治知识小册子6000余套(册)。6月,自治区科学技术协会和市科协联合在新城区长海社区举办了"科教进社区活动",活动受到社区广大居民的欢迎。5月18日,由中共内蒙古自治区委员会宣传部、自治区科技厅、科协及市委、市政府联合举办的全区第七届科普活动宣传周暨第二届全国科技活动周开幕式在新华广场举行。同时自治区"科普大篷车"活动也正式启动。6月23日,市科技局印发《关于建立呼和浩特市科普工作联席会议制度的通知》。6月29日,市科协组织300余人参加自治区有关部门组织的纪念《中华人民共和国科学技术普及法》颁布实施一周年暨"六进社区"大型活动。9月,中国科协和中国科学院组织的科普报告西部行演讲团莅临呼和浩特市,市科协积极联系组织,在全市大、中、小学及有关单位举办了航天、航空、材料、天文、信息、国防、超导、地震等学科领域最新科研成果的专题报告会共16场。

2004年1月23日,全市首家规模最大的科普画廊落成。自治区科学技术协会主席王林和、市人大常委会副主任溪琇珊、副市长王刚为画廊落成剪彩。3月18日,全市科普联席会议第一次会议召开。

2007年9月15日,自治区科协、市政府主办的2007年全国科普日——内蒙古自治区启动仪式举行。该科普日活动的主题是"节约能源资源、保护生态环境、保障安全健康"。同年,和林格尔县农民科技教育培训中心被中国科协、国家财政部评为全国"科普惠农兴村示范基地"。

2010 年 5 月 16 日,全市科技活动周暨新城区科技进社区活动启动仪式在新城区佳地小区举行。自治区科技厅副厅长田颖男、市政协副主席陈曼莉、科技局党组书记聂向东、市委宣传部副部长韩丽出席启动仪式。

2011 年 5 月 15 日,2011 年自治区科技活动周暨全区第十六届科普活动宣传周启动仪式在呼和浩特市举行。6 月 8 日,中国科协下发《关于命名 2011—2015 年度全国科普示范县(市、区)的决定》,新城区、赛罕区、回民区、托克托县 4 个县区被命名为“2011—2015 年度全国科普示范县(区)”。6 月 12 日,由中国科协和国家财政部组织评审并公示的 2011 年“全国科普惠农兴村先进单位”及“全国科普惠农兴村带头人”,呼和浩特市少数民族科普工作队、和林格尔县城关镇大南沟蔬菜种植协会、赛罕区金河镇根堡村蔬菜示范基地,托克托县科普惠农养殖示范基地等 4 家单位被授予“全国科普惠农兴村先进单位”称号;武川县得胜沟乡东坡村杨福龙被授予“全国科普惠农兴村带头人”称号。

2012 年 5 月 18 日,2012 年自治区科技活动周暨自治区第十七届科普活动宣传周启动仪式在内蒙古大学举行。

2014 年 5 月 17 日,2014 年自治区科技活动周暨全区第十九届科普活动宣传周在呼和浩特启动。自治区人大常委会副主任杭桂林,自治区政协副主席牛广明,自治区科技厅党组书记白宝玉、副厅长吴苏海,副市长王恒俊,市科技局局长张振民、副局长刘晔、王新厚出席启动仪式。市科技局在启动仪式现场进行科普宣传。9 月 22 日,市科技局参加自治区举办的 2014 年“全国科普日”活动启动仪式。

2015 年 5 月 16 日,主题为“创新创业 科技惠民”的 2015 年自治区科技活动周暨全区第二十届科普活动宣传周在呼和浩特启动,市科技局领导张振民、聂向东、刘晔、王新厚等出席启动仪式。

“十二五”期间,利用科技活动周、科技三下乡、科普宣传日等活动契机,以宣传日、宣传周的形式,组织全市及旗县区各有关部门深入农村、社区和学校,开展一系列的科普宣传培训活动,向大众普及科学知识,展示我市最新科技成果,现场解决群众在生产、生活中遇到的问题,受到了普遍欢迎。同时,在各类活动中注重加强与新闻媒体的合作,弘扬科学精神,传播科学思想,在全社会营造了“学科学、懂科学、爱科学”的文化氛围。五年来,共组织各类科普宣传活动 60 余项,其中科技下乡、科普进社区活动 16 次,科普报告会、讲座 23 次,科普展览 18 次,科普知识竞赛 8 次,科技培训 25 次,捐赠科普图书 8000 余册,发放科普宣传资料 3 万余份,受益群众达到 12 万人次。

2016 年,市科技局以科普周、科技展会、知识产权宣传周、中国专利周等为契机,开展了科技(知识产权)进园区、进社区、进校园及科技下乡等科普活动和知识产权宣传活动,发放宣传单万余份,发放各类科普知识书籍、读本、画册万余册。编纂出版《呼和浩特市“十二五”科技成果汇编》,全面展示呼和浩特市“十二五”时期科技创新工作的成果和成效。

2017 年,市科技局组织举办第三届“内蒙古科普讲解大赛”呼和浩特选拔赛,荣获 2017 年内蒙古科普讲解大赛优秀组织奖。同年,市科技局组织开展 2017 年内蒙古科技活动周暨全区第二十二届科普活动宣传周系列活动,并荣获自治区先进集体。

2018 年 5 月 19 日,由自治区科技厅、党委宣传部、科协共同主办,以“科技创新,强国富民”为主题的 2018 年内蒙古科技活动周暨全区第二十三届科普活动宣传周启动仪式在内蒙古大学启动。市科技局组织 10 余项先进科技成果参加展示活动。自治区政协副主席其其格出席启动仪式并宣布科技活动周启动,自治区科技厅厅长孙俊青代表 2018 年内蒙古科技活动周组委会致辞,市科技局局长张振民、副局长刘晔参加启动仪式。同年,市科技局组织举办第四届“内蒙古科普讲解大赛”呼和浩特地区选拔赛,17 名选手参赛,并择优选拔 3 名选手参加自治区决赛。市科技局获得第四届“内蒙古科普讲解大赛”优秀组织奖。推荐内蒙古蒙草生态环境(集团)股份有限公司的“蒙草·草博园科普示范基地”、内蒙古天源国际文化教育有限公司的“天源国际创新业态园”申报自治区级科普示范基地,并获得认定。市科技局还举办科技进校园、科技下乡等一系列科普宣传活动,获得 2018 年内蒙古科技活动周暨全区第二十三届科普活动宣传周先进集体。

第三章　农业科学技术

第一节　种植业

清水河县出土的石铲,托克托县出土的石锄、石铲、石镢、石磨盘和磨棒等文物,表明公元前4000年新石器晚期内蒙古地区已经有以锄作为代表的原始农业。汉高祖七年(公元前200年),云中(今托克托县东北古城)、定襄(今呼和浩特市东45千米二十家子村西)地区有了铁木复合农具。

呼和浩特地区蔬菜栽培历史悠久。明隆庆四年(1570),阿拉坦(谙达)汗与明朝建立互市关系后,从中原传入瓜、葫、芥、葱、韭等蔬菜。清道光二十年(1840)鸦片战争后,许多早熟性蔬菜也先后传入。

东晋咸康六年(340年),鲜卑族拓跋氏建都于盛乐(今呼和浩特市和林格尔县西北),制定法律,"息众保农",开始定居生活。都城"近畿",包括今呼和浩特近郊农业发展。东晋太和二年(367年),前燕兵进攻北魏途经大黑河两岸,曾损坏稷田。东晋太元二十年(395年),前燕兵在今呼和浩特西郊至五原一带,共收割了100万斛糜子。辽、金、元时期,呼和浩特郊区(时称丰州川)农业生产有了进一步发展。农作物品种有黍、谷、粱、豆,还有蔬菜、瓜果。元代刘秉忠《过丰州诗》写道:"山边弥弥水西流,夹路离离禾黍稠",可见农作物之茂盛。意大利人马可·波罗也在《马可·波罗游记》里介绍过当时丰州川的农业生产情况。呼和浩特郊区小麦栽培始于明代中后期,清康熙年间大量种植。

1950—1970年,托克托县粮食作物播种占农田总面积的90%左右,经济作物只占10%。主要种植品种有大红糜子、大黄糜子、白糜子、扫帚糜子、小红糜子、小青糜子,这些品种有100余年的种植历史。黍子品种有大黑黍子(绿鹦哥黍)、黄黍子、留半白黍子、小黑黍子、格登大黑黍子(老杜营村杨格登从大黑黍子中穗选,经过连年培育而成)。

清水河县农业生产从明代后期起开始垦殖,尚处于春来秋归的"雁行"阶段,广种薄收,靠天吃饭,遇到水旱等灾害,收成便没有保障,农民遂弃地而去。清末,由于战争影响、土地沙化、农业生产技术落后等原因,使境内的农业生产发展缓慢。《清水河厅志》载,清末原有开垦成熟地13 426顷;清光绪十一年(1885),沙碱退化地达到8143顷,占垦地的61%。农民多采取广种薄收的办法,将牧场、沙碱地半开垦耕种。农业生产用的肥料以柴草灰及牛、马、羊粪为最多,亦仅施之于少数上等农田中,多数农家肥只限于菜园中,其他作物不多施。糜子是清水河县传统作物,年均种植面积4.5万余亩,主要种植于县境中西部地区,糜子生长期短,一般70天左右,亩产量50公斤左右,糜子是制作炒米的原料,县境西南部山区有吃酸饭的习俗。酸饭即以糜米酿成,糜秸是上好饲草。

秦汉时期,武川县境内已有种植业,有铁制农具出土。《魏书·雷绍传》谓北魏时曾任大都督的雷绍将军,青年时在武川镇躬耕垄亩。当时北魏统治者实行移民实边政策,军屯和民垦并举,朝廷曾专门对边镇下令"各修水田""劝课农耕"。清乾隆二十六年(1761),大青山后的十五道沟以官粮地为由,垦放4万亩。清乾隆六十年(1795)和清嘉庆二年(1797),两次丈放后山八旗牧场地69万亩,所垦之地在今壕赖山、大豆铺、大蓝旗、哈乐等乡和可可以力更镇一带。

中华人民共和国成立前,由于战乱和自然灾害频仍,呼和浩特地区缺乏灌溉设施和技术,农作物产量低下,种植业发展缓慢。

一、技术推广

(一)新技术在种植业中的应用

呼和浩特市结合实际情况,重点围绕小麦、玉米、糜黍、马铃薯、莜麦等进行新品种的引进、培育和推广。20世纪50年代,呼和浩特市及旗县区均设有农业技术推广站。各站推广挖坑积肥法和沤制绿肥法;推广打井、磙地、顶冻耙磨、提早播种等抗旱保墒技术;推广穗选、拌种、浸种、马铃薯拌灰和春化处理等新技术;推广疏播密植技术和轮作换茬技术。1953年,开始推广赛力散拌种新技术,并推广使用化肥。20世纪50年代后期,推广合理密植、耕作田园化、土壤改良、灌水、间混作等新技术;推广双轮双铧犁、播种机、圆盘耙等新式农机具;推广喷雾器、喷粉器、拌种机等设备。

20世纪60年代,全市推广深耕、疏播密植、耧双下籽等技术,提高麦类、豆类、谷子、胡麻等作物的密植程度,达到增产目的。1960年以前,全市的糜黍主要以种植地方品种为主,之后推广一批新育成的品种,同时引进十三号黄糜子、扬留半黍子和白黍。莜麦多以地方品种为主,如大莜麦、小莜麦、托克托县小莜麦等。谷子地方品种有大白流沙、大白谷、鸡腿黄、二白谷等,还引进辽东黄、大同一号、大同黄谷二号、蒙选5814、刀把齐、繁峙黄等。

1971—1975年,引进推广抗逆性较强、产量较高的农作物品种,主要有小麦、莜麦、黍子、高粱、玉米、谷子、马铃薯等7种作物53个品种。高粱、玉米的播种面积不断扩大,成为主要的高产作物。为提高单产,呼和浩特市开始推行合理密植推广普及"两杂"种子,建立公社、大队良种场500余个,健全了县、社、队三级良种体系。1970年冬至1971年春,由自治区统一组织,呼和浩特市抽调3名技术人员,去海南岛陵水县,进行杂交高粱玉米的繁殖制种。虽然人数不多,面积不大,但为1972年推广普及“两杂”种子奠定了基础。1971年冬至1972年春,全市统一抽调技术干部和重点社队技术员124名,组成南繁工作队,去海南岛陵水县,繁殖千亩面积的玉米、高粱杂交种。通过5次组织技术人员到海南岛、云南进行南繁、南育,并成立了南繁南育总指挥部,南繁面积达到1210.5亩。呼和浩特市大面积推广普及玉米、高粱杂交种,对提高单位面积产量发挥了重要作用。

蔬菜生产大量引进外地优良品种,保护地开始增加。引进的主要品种有:津研一号和二号黄瓜,保加利亚西葫芦、永远青椒、大厂茄子、早粉二号番茄、金早生甘蓝、白雁羽笋等15个优良品种。保护地从1971年开始使用大棚种植蔬菜,至1975年呼和浩特市郊区大棚面积达到120亩,保护地面积达到689亩,其中温室108亩、阳畦建成850个。

大面积推广间、混、套种新技术。小麦套种马铃薯、小麦套种玉米、小麦套种甜菜、小麦套种药材、莜麦套种玉米、高粱套种胡麻、玉米套种胡麻、玉米间作谷子、玉米间作多纳夫豌豆、小麦混作扁豆、高粱混作豆类、谷子混作豆类等,农作物间、混、套种面积达到19.5万亩,增产效益明显。1979年,大面积推广双麦套种玉米新技术,平均公顷产量达到4500公斤;同时,继续推广播种机、收割机、双向犁、脱粒机等;推广使用920、702、5406等植物生长激素;推广在小麦苗期叶面喷施磷肥、氮肥、过磷酸钙新技术。20世纪70年代末,开始示范推广塑料地膜覆盖技术。新式农机具和耕作技术的推广和应用,均达到增产目的。在高粱方面,引进包五1号、黑龙11A小老头、同杂2号为主体品种。1981年后,杂交高粱推广市种子公司提纯复壮的品种,呼和浩特市高粱单产平均达到150余公斤,比1970年平均单产增长75公斤,比1973—1976年间平均增长25公斤~50公斤。同时,高粱品种在种植布局上,大青山沿山小气候好的土默特左旗把什村、西沟门村、沙尔沁村、此老村、大朱尔沟村、郊区的坝口子村种植晋杂5号、忻杂52号。土默特左旗的北部沿山地带,呼包公路两侧,以包五1号为主栽品种;台阁牧、兵州亥一带以黑龙11A小老头为主栽品种。托克托县、郊区、土默特左旗南部,以同杂2号为主栽品种。

1976—1980年,小麦、玉米、高粱等农作物进行优良品种的选育推广。同时,地膜覆盖技术、丰产栽培技术、植物生长调节剂三十烷醇的试验推广、除草剂2.4-D丁酯等一系列技术的推广应用,使农作物的增产效果更加显著。通过大面积推广应用甜菜栽培“三关十六法”,甜菜单产和总产都创历史最高水平,全市甜菜种植面积达17万亩。

1979年,引进地膜覆盖技术,并在毕克齐乡、白庙子乡、巧报乡进行了试验示范,供试验的有粮食和经济作物两大类。通过几年的试验示范,发现地膜覆盖对经济作物的增产效果显著。1983年,在甜菜、瓜类、烟叶和蔬菜作物上开始大面积推广应用,收到了显著的增产效果。据统计,地膜覆盖各种作物面积达到70 005亩。

1980 年,全市推行甜菜地膜覆盖技术。1982—1984 年,试验推广植物生长调节剂三十烷醇、除草剂 2. 4 - D 丁酯。1985 年,地膜覆盖面积达到 2 万亩,单产提高 50% 左右。

1981—1990 年,间、混、套种技术在生产中得到广泛推广应用,建立大面积稳产高产田。同时推广普施磷肥、马铃薯幼龄植株埋土、小麦叶龄控制、小麦玉米模式化栽培、配方施肥、节水灌溉(渠道衬砌)、中低产田改造和除草剂、增产菌的使用等新技术。在蔬菜生产中,进行新农药 7216、乙磷铝、溴氢菊酯(敌杀死)的试验,取得初步成果,并得到推广。

1986 年开始,市郊区西把栅乡前不塔气村大棚黄瓜生产,在内蒙古农牧学院和呼和浩特市蔬菜局指导下连年获得高产。菜农乔柱柱创亩产 23 004 公斤的高产纪录。20 世纪 80 年代后期,呼和浩特市蔬菜研究所总结研究大棚番茄早熟丰产技术。于 1986 年引进的早熟番茄 821 早红和丽春大棚春种,亩产量分别达到 4500 公斤和 3500 公斤。同期,内蒙古农牧学院对番茄越冬栽培的 5 个问题进行研究。

1987 年,市农业技术推广中心用甜菜废丝加小麦秸秆代替棉籽壳作培养基质生产蘑菇获得成功。生产的平菇和凤尾菇周期短、品质好,生物效率高,原料来源广和成本低。内蒙古农科院用马铃薯渣代替棉籽壳培养平菇,为加工马铃薯淀粉的企业发展食用菌提高效益提供了途径。20 世纪 80 年代末,内蒙古农牧学院在简易温室黄瓜行内间作平菇获得成功。在黄瓜产量基本无影响的情况下,净收入增加 64%。

1989 年,全市落实各类科技承包面积 120 万亩。1990 年,发动全市农技干部和各族农民群众实施“五二一一”工程,即 50 万亩小麦,20 万亩玉米、高粱等高产作物,10 万亩套种、10 万亩地膜覆盖栽培技术。推广模式化栽培小麦 20. 6 万亩,玉米 5 万亩,小麦套种玉米 4. 75 万亩,地膜覆盖玉米 3. 4 万亩,配方施肥面积 20. 5 万亩。

1990 年,全市实施重点农业科技项目《3 万亩甜菜地膜覆盖》《20 万亩小麦模式化栽培技术推广》。

20 世纪 90 年代,引进、推广小麦、马铃薯、荷兰甜椒、无籽西瓜、章丘大葱、益都红椒、无籽南瓜、黑田五寸小人参红萝卜、星火花葵、京亚和里扎马特葡萄等 17 个品种。1998 年,推广中绿一号绿豆。地膜覆盖技术在大田作物栽培中广泛推广,机械铺膜技术在生产中广泛应用,大大提高了生产效率。推广粮粮套种、缩垅增行、立体化种植、区域化种植、果粮间作种植、豆类地膜覆盖、旱作农业、地膜覆盖穴播、甜菜纸筒育苗移栽、农作物秸秆氨化、秸秆还田、杂豆丰产栽培、塑料淀粉容器降解袋等 10 余种新技术。同时,引进、试验、示范、推广喷施宝、增产菌、稀土微肥、化肥、旱地龙多功能营养剂、高硅肥、388 农家宝复合肥、肥力高生物固氮菌肥、高效多元素复合肥、盐碱丰抗盐碱剂、EM 有效生物肥料、尿素等 10 余种新肥料和高效生物农药爱福丁。疏播密植、配方施肥、节水灌溉等技术继续得以推广。

1991—1995 年,全市推广应用农作物种子包衣、农作物模式化栽培等大量适用技术,共引进各类农作物优良品种 90 个,安排试验 45 项,农业生产获得稳步增长,农民生活水平有明显提高。大面积推广应用增产菌技术,实现经济效益 101. 61 万元;旱作农业实用技术示范推广,实现经济效益 403. 9 万元。甜菜的新品种"呼育一号"推广,实现经济效益 610 万元;通过推广"0. 2 万公顷甜菜地膜覆盖技术""133 公顷甜菜纸筒育苗新技术",使甜菜产量每公顷平均达到 45 吨,含糖量提高 11 个百分点。

在农作物种子包衣技术中使用的种衣剂,所含活性组分不同、作用不同,可以适应不同地区不同作物种子包衣的需要。包衣技术推广,经济效益十分显著,以玉米种子包衣为例,1995 年推广 32. 4 万亩,节约玉米种子 32. 42 万公斤,增产玉米 1389. 955 万公斤,纯增经济效益 1368. 12 万元,对呼和浩特地区的商品粮生产和种子的商品化、标准化产生巨大作用。1992—1996 年,农作物种子包衣面积如下表:

1992—1996 年呼和浩特市农作物种子包衣发展情况统计表

表 3 - 1 - 1　　单位:亩

年份	1992 年	1993 年	1994 年	1995 年	1996 年
面积	400. 05	7600. 05	63 499. 95	252 700. 05	376 000. 05

农作物模式化栽培技术是一项综合组装配套技术,运用多项科技成果和适用技术,互相渗透融合,产生互动和叠加效应,充分发挥科技的整体功能。其特点是,将传统栽培技术和播前准备精选良种、平衡施肥、合理灌溉、病虫害防治等实用增产技术优化组合、综合适时应用,可达到任何单项技术所不能起到的效能。模式化栽培技术的增产机理,一是实现传统农业与现代农业的有机结合,使其形成农业突破的新合力;二是进一步优化栽培技术,在作物生长的不同时期,应用不同的技术,解决影响产量和质量的主要矛盾,强化可操作性;三是经过优化、组装、配套技术,进一步协调了农作物不同生育阶段间的矛盾,个体与群体之间的矛盾;四是进一步协调了农业生产内部因素与外部环境的关系,充分发挥优良品种自身的增产潜力,表现出良种的丰产性状。通过对此项技术验收统计,"八五"时期组织实施的小麦、玉米模式化栽培面积累计达到 198. 3 万亩,包括辐射面积共计 300 万亩,占小麦、玉米累计播种面积的 63. 1% 。累计增产小麦、玉米 1. 8 亿公斤。其中小麦单产平均每公顷由"七五"期末的 3270 公斤增加到"八五"期末的 3439. 5 公斤,增长率为 5. 2% ;玉米单产平均每公顷由 5167. 5 公斤增加到 7518 公斤,增长率为 45. 5% 。

2001—2005 年,根据农业产业结构调整需要,全市共引进粮食作物、蔬菜、畜类、牧草新品种 400 余个,选育出适宜于制作青储饲料的玉米新品种 10 个、饲养奶牛、肉羊的饲草新品种 15 个、脱毒马铃薯新品种 6 个及蔬菜小杂粮数十个新品种。在全市各旗县区进行试验示范,安排试验点 318 个,示范点 280 个,形成固定的品种核心示范区 13 个,面积 2000 余亩。

2014 年,全市累计建设蔬菜保护地 12.6 万亩,全部建设投产后,可提供蔬菜总量 65 万吨。2015 年,全市的光伏农业一体化——“特色果蔬花卉高效生产技术集成示范”项目完成,建成光伏厚墙体温室 58 栋、智能联动温室 2 栋,建设特种苗木基地 500 亩,制订相应的生产技术规程,取得 1 项发明专利,带动全市无公害农产品生产快速、健康和可持续发展。

2015 年,全市主要粮食作物全部实现良种化,主要农作物良种覆盖率达到 96% 以上。实现 3 个百万增粮工程,即“玉米高产创建 100 万亩”“马铃薯脱毒种薯一级种推广 100 万亩以上”“节水灌溉及旱作农业综合技术集成推广 100 万亩”,总面积达 318 万亩。落实国家级万亩高产创建示范片 17 个,其中玉米 9 个、马铃薯 4 个、杂粮 3 个、小麦 1 个,共计面积 17.53 万亩;落实整建制玉米高产创建示范片 1 个,高产创建总面积 21.65 万亩,辐射带动面积 37.6 万亩。

2016 年,全市农作物总播面积达到 695.47 万亩,比 2015 年增加 8.36 万亩。粮食作物种植 431.19 万亩,经济作物种植 118.23 万亩,优质牧草种植 146.05 万亩,经济作物和饲草料比重增加,种植业结构进一步优化,粮经饲比例从 2015 年的 68∶16∶16 调整到 61∶17∶22。全市农业产业化经营水平不断提高,形成以托电园区为中心玉米加工产业集群。全市共有农牧业产业化龙头企业 322 家,其中国家级龙头企业 7 家,自治区级龙头企业 66 家,市级龙头企业 249 家,上市公司 8 家。粮食加工企业 50 家,瓜果蔬菜加工企业 32 家,特色产业 60 家,流通企业 5 家,其他 57 家。农业电子商务发展迅猛。全市 90% 以上的现代农业企业建立了自己的网上交易平台。全产业链示范企业迅速增加。一、二、三产业融合发展示范企业增加到 12 家,如:昌德和蔬菜种植建立了直销点等,农业电子商务、蔬菜的基地采摘、定制种植、认领种植等发展迅速。

2017 年,全市农作物总播面积 670.95 万亩,较上年减少 24.52 万亩,原因主要是由于大青山前坡改造及退耕还林还草所致。粮食作物播种 475.63 万亩,较上年减少 29.7 万亩,其中小麦 37.07 万亩,与去年基本持平;玉米 255.21 万亩(包括青贮玉米 80 万亩),较上年减少 11.59 万亩;马铃薯 97.97 万亩,较上年减少 16.07 万亩。经济作物播种 122.17 万亩,较上年增加 2.88 万亩。青饲料等其它作物播种 73.15 万亩,较上年增加2.3万亩。粮经饲比例调整到59:18:23,种植业结构进一步优化。农业综合机械化率达到89.6%,较上年提高2个百分点,粮食总产量达到126万吨。全市有农民专业合作社3092家,市级以上农牧业产业化龙头企业324家,其中上市公司9家。全市成立县域农村电子商务公司6家,发展村级电子商务和配送中心终端店900余家。选定16宗集体经营性建设用地作为入市试点,总面积约643.65亩。已入市地块3宗,面积约286.69亩。建成1个县级电子商务公共服务中心、76座电商服务站和41座淘帮手服务站。

1. 小麦

1958年后,在满足供应旱作小麦品种的同时,积极引进繁殖推广亩产200公斤~250公斤的高产水浇地品种:甘肃96号、松花江2号、南大2419。1960年,旱地小麦引进自治区农研所育成的毕红穗品种,水地引进红欧柔、白欧柔,经试验,适应性强,产量稳定,成为小麦种植的主要品种。

1968年,从巴彦淖尔盟(今巴彦淖尔市)引进内麦四号(白欧柔),经过试种,逐步形成主栽品种。高粱以昭农303、昭农505为主。这些新引进的品种明显优于当地品种。

1973年,进行墨西哥小麦引种试验,通过3年引种试验,鉴评出适合呼和浩特地区种植品种有卡捷姆、叶考拉、波他姆、纽瑞,并推广于大田生产中。同时,卡捷姆在土默特左旗沿山井灌区,成为主栽品种。其中,欧柔、卡捷姆、叶考拉、纽瑞等墨西哥小麦品种,麦秆短,抗倒伏能力强。根据墨麦特性,结合生产条件,播种量增加到每亩22.5公斤左右,大面积推广密植,不仅增加了密度,还使小麦群体结构得到改善,提高土地利用率,取得小麦的高产。市郊区引进京红1号、京红2号、京红9号,经过几年试验,京红9号成熟早,面粉质量好,是很好的推广品种。

1976年,小麦种植新引进的矮秆、抗锈、适应高水肥,高产品种红欧柔经过南繁后,进行大面积推广。同时,巴彦淖尔盟农科所从红欧柔小麦中系统选育而成的内麦4号(白欧柔)也成为呼和浩特地区主栽品种。1979年,内蒙古农牧学院育成内麦5号通过区试、示范,在呼和浩特市大面积推广。蒙杂7408在托克托县黑河下游作为搭配品种,大面积种植。参加呼和浩特市第一轮区试中鉴评出的郊区良种场系统选育的7822小麦,通过示范,1983年大面积推广于郊区、土默特左旗沿山地带和托克托县的南部各乡。内麦11号和内麦12号,通过内蒙古区域试验、生产示范,被推广于土默特左旗、郊区的沿山地带。

1990年,全市实施重点的小麦农业科技项目,即《20万亩小麦模式化栽培技术推广》。

1991—1995年,全市以“高水肥模式化栽培技术”为依托,推广面积达到19.95万亩,增产小麦800万公斤,经济效益达到720万元;以“节水灌溉新技术”为依托,推广面积达到30 000亩，不仅提高了产量，而且每公顷可节约资金150元。

2001年，自治区2个农业园区，一个落实在和林格尔县10万亩市级园区；另一个落实在市农业技术推广中心，面积200亩，主要突出展示名、优、特农作物新品种的引进实验，其中有5个优质小麦品种。

2. 玉米

1956年，发表《全国农业发展纲要》，呼和浩特市提倡种植高产作物，玉米播种面积逐年增加，至1965年播种面积达到5.33万亩，比1957年增加15%。

1966—1970年，全市先后引进杂交玉米吉双4号、维尔156、黑玉46、中杂22、中杂44、中杂11、忻黄单17、胜利115、胜利104，经过几年的实践生产示范、选择，最后保留推广维尔156、吉双4号、黑玉46。同时引进内蒙古东部选育的玉米品种白马牙、山西选育的金皇后。

1991—1995年，全市推广优质玉米品种58.05万亩，共增产玉米3480万公斤，经济效益3132万元，平均每公顷产6862.5公斤（自治区“八五”时期玉米平均公顷产5553公斤）。1994年，全市玉米单产创历史最高纪录，达到8053.5公斤/公顷，试验推广田比对照田平均增产10%左右。

2001年，全市重点推广玉米大垄双行覆膜栽培、病虫害综合防治、旱作基本田建设，综合抗旱、平衡施肥、农机节本增效等适用增产增效技术，为大灾之年农业生产提供了技术保障。

2006年，全市确定14个玉米良种为补贴品种。

2012年，全市按照国家、自治区的总体安排，共落实完成国家级万亩高产创建玉米示范片11个，并完成整乡制玉米示范片1个，完成“玉米高产创建推广100万亩”工程项目。

2013年，全市示范推广玉米新品种20个，玉米总播种面积达280.68万亩。

2015年，全市玉米新品种162个，新增40个，新品种播种面积占玉米总播种面积的85%以上，同比增加5个百分比。落实整建制玉米高产创建示范片1个。

3. 马铃薯

1963年前，种植以产量高、品质好的地方品种紫山药为主。1964年，晚疫病大发生，紫山药被传染，失去生产价值。地方品种里外黄发病较轻，逐步取代了紫山药，成为当地主栽品种，白发财为搭配品种。

1966—1970年，全市马铃薯主栽品种为有性杂交的乌盟601和乌盟623，这些品种抗病和抗退化强，逐步取代了退化低产的里外黄等品种。

2002年，全市确定的种植业结构调整的总体思路是“减粮、增经、扩草”马铃薯作为经济作物计算,全市播种总面积达 123. 34 万亩,比 2001 年增加 18. 7 万亩。马铃薯全年总产量为 21 万吨,比 2001 年增长 14. 32 万吨。

2005 年,全市增加清水河县和武川县作为农业示范园区,集中对马铃薯等新优品种进行了展示、示范,并确定 4 个马铃薯良种为补贴品种,据不完全统计,全市农作物良种使用率达 95%。

2009 年,全市新建中棚马铃薯基地 8300 亩,累计达到 9800 亩。中棚马铃薯两茬作物每亩纯收入达 4400 元,是普通大田单茬马铃薯收入的 8 倍左右。头茬马铃薯平均单产达 1750 公斤/亩,每亩纯收入 2600 元;二茬种植作物主要以白萝卜、芥菜等根类菜为主,平均产量 4500 公斤/亩,每亩纯收入 1800 元。同年,全市新建成马铃薯脱毒种薯繁育温室 670 亩,全部投产。新建成原种生产田 3574 亩,新增一级种薯生产田 3. 25 万亩。2009 年生产微型薯 500 万粒,原原种 28. 4 万公斤,原种 523. 2 万公斤,一级种薯 2542. 1 万公斤,可以保障 31. 2 万亩的商品薯种植用上优质种薯。

2010 年,武川县新建中棚马铃薯基地 3000 亩,全市中棚马铃薯种植面积近 1. 2 万亩,最高产量 4500 斤/亩,最低产量达 1750 斤/亩,平均销售价格 0. 8 元/斤。马铃薯脱毒种薯繁育及推广体系建设项目继续在清水河、和林格尔和武川县实施,全市新建网棚累计达 1813. 7 亩。脱毒苗繁育原原种(微型薯)1813. 6 亩;原原种(微型薯)繁育原种 10 840 亩,产量 2146. 65 万公斤,完成任务的 334%;原种扩繁 90 895 亩,产量 16 459. 2 万公斤,完成任务的 174%;一级种薯推广面积 70. 2 万亩,完成任务的 100%。一级种薯推广应用面积达全市马铃薯种植面积的 50%。

2012 年,全市马铃薯一级种植面积达 110. 5 万亩,完成任务的 110. 5%,其中武川县完成 15. 5 万亩、清水河县完成 40 万亩,和林格尔县完成 15. 5 万亩。同时马铃薯脱毒种薯及繁育推广工程体系建设项目继续实施,新建成网室面积 680 亩,全市网室面积累计达 2493. 6 亩。

2013 年,全市马铃薯脱毒种薯种植一级种覆盖率达到 85% 以上,即 100 万亩以上的目标,实施地点为武川、清水河县。马铃薯一级种种植达到 110 万亩。新建网室面积 270 亩,网室累计达到 2763. 6 亩。

2014 年,全市马铃薯脱毒种薯繁育及推广工程体系建设继续在清水河、和林格尔、武川县实施。网室累计总面积达到 3000 亩以上,马铃薯脱毒种薯一级种推广面积达到 110 万亩。

2015 年,全市推动“马铃薯脱毒种薯一级种推广 100 万亩以上”增粮工程。落实国家级万亩高产创建马铃薯示范片 4 个。

4. 蔬菜

1959年,呼和浩特市郊区提出大白菜丰产的四大关键技术措施。1974年,又提出一套在生产上推广应用的系列化技术措施。通过比较试验,选育出具有抗病、优质、丰产、耐贮存的大白菜新品种。技术推广到包头、乌海、赤峰等地。

1991—1995年,全市通过地膜覆盖技术推广,实现经济效益456.09万元;稀特蔬菜引进及推广,实现经济效益215万元;通过重点扶持呼和浩特市蔬菜研究所,培育蔬菜新品种13个,引进新品种158个,从中筛选出52个适合该市种植的蔬菜品种。同时,又引进国内外65个稀有蔬菜品种,边试验、边推广、边总结,筛选出青花菜、紫甘蓝、苦瓜、生菜等22个适合该市种植又有一定销售市场的稀有蔬菜。1992年推广252亩,产量25万公斤,1995年累计推广510亩,产量达到50万公斤。

2001年,全市贯彻落实自治区政府下达的建设5000亩无公害蔬菜生产基地,其中示范田500亩,主要落实在赛罕区。

2005年,全市9个旗县区的23个乡镇参与蔬菜基地的开发与建设,共新增蔬菜播种面积23 450亩,其中已完成和正在建设的保护地面积3500亩,建成投产保护地1198亩。

2010年,全市蔬菜播种面积17万亩,其中蔬菜保护地生产面积2.5万亩,产量达到70万吨。全市建成蔬菜集约化育苗中心2处。依托育苗中心,在全市共建立育苗示范点15个,完成育苗1450万株,示范推广面积5830亩。其中穴盘基质育苗1440万株,示范推广面积5790亩;泥炭营养块育苗10万株,示范推广面积40亩。种类有黄瓜、番茄、青椒、西葫芦、茄子、绿菜花等。

2011年,全市累计建成蔬菜保护地2.5万亩。托克托县建成工厂化集约育苗中心1处,并为周围生产基地提供优质种苗;新城区建成工厂化智能育苗中心2处;赛罕区、土默特左旗建设工厂化智能育苗中心各1处,计划集中培育蔬菜秧苗。

2012年开始,市政府对新建成的蔬菜保护地补贴标准进行调整,后墙体温室市政府补贴2万元/亩,旗县区政府补贴1万元/亩,贴息贷款3万元/亩。截至2013年底,全市蔬菜保护地面积累计达11.8万亩,其中2013年建设3.3万亩,共建设完善育苗中心19个,全市共有30余家企业、专业合作组织参与市蔬菜基地的建设。

2014年,全市续建2012年、2013年蔬菜保护地共计17 399栋,共建成温室12 517栋,100个蔬菜基地已有70个全部投产,投产率达到70%,建成1479栋。新增露地菜3.2万亩,种植面积达到7.88万亩。

2015年,全市蔬菜大棚建成总数达到15 466栋,总建成投产率达到98%,本地蔬菜供应率达到57.8%。果蔬类引进西红柿等4类41个品种,冷凉菜引进西兰花等5类16

个品种,推广瓜果类蔬菜田秀3号茄子10余个品种。

(二)农业先进实用技术的推广及应用

1. 种子工程技术

2000年,呼和浩特市政府实施种子工程,在全市6个农业旗县区重点推广12项自治区级以上的先进适用技术,经济效益显著。特别是市种子管理站专门进行保绿粮饲兼用型玉米新品种引种推广,筛选出高赖氨酸青秆成熟玉米新品种中单9409,赖氨酸含量达到0.42%,比普通玉米高出近1倍,是全市推广的青贮玉米中营养价值最高的品种。

2000年呼和浩特市种子工程示范推广项目表

表3-1-2　　单位:万元

序号	项目名称	承担单位	资金
1	新春六号小麦综合栽培技术示范推广	呼和浩特市种子管理站	10.00
2	乡土名优果树开发立体种植模式的应用示范	呼和浩特市多种经营站	3.00
3	盐碱化土壤改良试验示范	内蒙古农业大学、托克托县科委	15.00
4	保护地蔬菜有机生态型无土栽培试验示范	赛罕区科委巧报乡	4.00
5	优质荞麦品种引种示范推广	武川县农业推广中心	5.00
6	抱头大白菜新品种的选育及推广	呼和浩特市蔬菜良种场	8.00
7	马铃薯脱毒网室建设	武川县科委、安字号村	5.00
8	卡氏植树法技术综合应用	卡氏植树项目办	35.50
总计		投入资金总计	85.50

2001年,全市加大农业新技术的应用、推广和选育,提高了良种覆盖率,通过重点强化新品种的引进推广和试验示范工作,培育稳定和相对稳定的种子生产基地,逐步形成引进一批、试验一批、推广一批的种源建设格局。全市安排各类农作物良种推广面积3.43万亩,种子包衣面积达到116万亩。全年引进各类农作物种子97个,其中玉米47个、小麦9个、蔬菜瓜类23个、其他作物18个。为配合"奶业兴市"战略的实施,推广优质蛋白玉米"中单9409"32万亩、"永良15"100亩。主要农作物良种覆盖率97%,新品种应用率24.6%。

全市重点引进培育优质、高效、多抗、高产的专特用玉米和马铃薯等新品种,推广脱毒马铃薯栽培技术、无公害蔬菜标准化栽培技术、中草药栽培技术等自治区级以上农业先进实用技术,选育出适宜于全市栽培的脱毒马铃薯新品种6个,使原有的低产品种得到更新,提高了产量和质量,增加了农民收入;围绕龙头加工企业需求,引进高油、高淀粉玉米和优质高产专用型马铃薯以及蔬菜、水果等新品种。在土默特左旗、武川县、和林格尔县、赛罕区等主要制种旗县区,建立三级配套专用玉米新品种、优质专用型马铃薯新品种为主的原原种、原种、良种繁育基地;新建成和完善农经种子生产基地达到4.17万亩,其中玉米种子生产基地3.1万亩,马铃薯原种生产基地0.65万亩,蔬菜瓜类种子生产基地0.42万亩。

种子工程满足加工企业的需求。2001年,全市引进高油、高淀粉玉米和优质高产专用型马铃薯新品种以及蔬菜、水果等新品种;依托种植业优势,加强基地建设,进行技术提升,以玉米为原料的华蒙金河(集团)实业有限公司、托克托县华玉淀粉厂,以马铃薯为原料的华欧淀粉制品有限公司,以无公害蔬菜为原料的清水河脱水蔬菜厂等一批农业产业化龙头企业不断发展壮大,形成市场牵龙头,龙头带基地,基地连农户的发展格局。其中,托克托县围绕华蒙金河集团和华玉淀粉厂,推广高淀粉玉米品种的种植36万亩;和林格尔县主要围绕华欧淀粉厂发展马铃薯种植16.4万亩;武川县围绕马铃薯交易市场、奈伦集团和三联淀粉厂,发展马铃薯生产基地,种植面积50万亩;土默特左旗围绕青山药材加工,发展中药材种植9.4万亩,市四区围绕东瓦窑蔬菜副食品批发市场,发展蔬菜生产基地10万亩。根据农业产业发展情况调查,全市9家农业龙头企业带动农户26.7万户,带动农民约80万人,农业产业化组织就业16.5万人,专业批发市场交易额1亿元以上的2家,带动农户1万户,就业人数近千人。

2. 农业先进技术推广应用

2001年后,全市推广农业新技术包括双覆膜技术、秸秆堆肥技术、秸秆气化技术、测土配方施肥技术、厚墙体温棚技术、撒可富复合肥生物技术、黄瓜嫁接技术、膜下滴灌、喷灌、食用菌栽培技术等。

新技术推广及应用。2002年,全市覆膜技术推广面积达到106.78万亩,比2001年增加16.88万亩;坡耕地改造11.9万亩;秸秆还田66.72万亩,秸秆利用率74%;主要农作物良种面积291.48万亩;间套复种74.5万亩;紧凑型玉米66万亩;化学除草18.5万亩;座水点种9.4万亩;订单农业面积62.73万亩。全市优质专用农作物品种推广面积达到66.56万亩;无公害瓜果菜生产面积达到11.4万亩;其中无公害蔬菜生产面积达到2.9万亩,重点示范面积达到2100亩;新增蔬菜保护地达到429.8亩;种子包衣面积达到130.85万亩;良种覆盖率达到92.2%;平衡施肥技术推广面积达到227.7万亩;推广以节水、保水为主的10项旱作农业增产栽培技术。市种子管理站经过引种试验,筛选出适合呼和浩特市种植的高赖氨酸青秆成熟玉米新品种中单9409和金坤9号,在和林格尔县农业园区推广种植3万亩。通过推广多项农业实用新技术,粮食总产量达到87.47万吨,比2001年增加35.1万吨,其中小麦3.8万吨,玉米57.9万吨,豆类1.3万吨,马铃薯21万吨,分别比2001年增加0.5万吨、23.7万吨、0.7万吨和14.32万吨;油料7.8万吨,比2001年增加3.44万吨;蔬菜、瓜类59.23万吨,比2001年增加10.8万吨。农民人均纯收入2882元,比2001年增长321元。

快速繁殖和保鲜技术的推广及应用。2003年,加大植物快繁技术的应用推广、蔬菜保鲜技术示范推广的资金支持力度;在试验示范的基础上,重点进行脱毒马铃薯种薯繁育及高产栽培技术、节水灌溉技术和抗旱造林技术等实用技术推广;结合奶牛养殖业,通过实施农业种子工程,以引进和推广青秆成熟粮饲兼用型玉米新品种为主要目标,支持市种子管理站和内蒙古农业大学等单位,进行保绿粮饲兼用型玉米和牧草新品种引种试验,引进玉米和牧草新品种80余个,进行试验示范大力推广,全市共推广青秆成熟粮饲兼用型玉米26.33万亩;在9个旗县区重点推广脱毒马铃薯种薯繁育、无公害蔬菜种植配套技术等15项实用技术,新增效益1亿元以上。赛罕区万亩无公害蔬菜特色产业化基地被认定为“自治区级农业科技园区及特色科技产业化基地”;托克托县围绕华蒙金河集团和华玉淀粉厂,推广高淀粉玉米品种28.15万亩;和林格尔县围绕华欧淀粉厂种植优质马铃薯24万亩;武川县围绕马铃薯交易市场奈伦集团民大薯业和三联淀粉厂,发展马铃薯生产基地,种植面积67.81万亩;土默特左旗围绕青山药材加工,发展中药材种植3.71万亩,围绕蒙丰等农业制种企业发展制种面积达到3万亩,也形成市场牵龙头,龙头带基地,基地连农户的发展格局。

农经作物种子科技工程的推广及应用。围绕奶牛养殖业,引进、培育、推广青秆成熟粮饲兼用型玉米。围绕龙头加工企业需求引进高油、高淀粉玉米和优质高产专用型马铃薯新品种以及蔬菜等新品种。2003年,全市种植优质玉米、马铃薯和蔬菜分别达172万亩、115万亩和12.36万亩。其中用于青贮的专用玉米达43.6万亩,脱毒马铃薯达100.5万亩。在土默特左旗、武川县、和林格尔县、赛罕区等主要制种旗县区,完善三级配套的专用玉米新品种、优质专用型马铃薯新品种为主的原原种、原种、良种繁育基地。通过种子科技工程的实施,加快了农作物良种化,全市农作物良种覆盖率达到98%。

2003年,引进各类农作物优良品种128个,继续加大新品种的试验、示范、展示力度,为呼和浩特市农业产业结构调整和“奶业兴市”战略的实施筛选出适宜呼和浩特市种植的品种20余个。建立以玉米为主的农作物品种展示田300亩,同时展示、推广青贮玉米金坤9号0.3万亩,青饲健宝牧草1万亩,优质蛋白玉米中单9409等饲用玉米10万亩。

2004年,全市各旗县区进一步加大推广自治区级以上农业先进实用技术,主要农作物良种覆盖率达到98%,新增效益6714.5万元,农牧业先进实用技术情况如下:

2004年旗(县、区)推广自治区级以上农牧业先进实用技术情况统计表

表3-1-3

序号	项目名称	承担单位	指标完成情况		
			推广数量	单位增收	新增效益/万元
1	甘草丰产栽培技术推广	土默特左旗科技局	2万亩	400元/亩	800.00
2	绿色蔬菜种植技术推广	托克托县科技局	萝卜2.5万亩 甘蓝7000亩	220元/吨/亩 650元/吨/亩	550.00 455.00
3	青贮玉米冬凌白种植技术推广	和林格尔县科技局	11.5万亩	400元/亩	4600.00
4	马铃薯脱毒种薯繁育及大面积推广	清水河科技局	11.5万亩	200元/亩	2300.00
5	马铃薯覆膜栽培技术推广	武川县科技局	5万亩	83.5元/亩	417.50
6	马铃薯脱毒种薯新品种推广	武川县科技局	50万亩	22元/亩	1100.00
7	青贮玉米新品种综合应用技术	赛罕区科技局	3.5万亩	200元/亩	700.00
8	青贮技术推广	新城区科技局	210个窖		
9	玉米长城799新品种推广	回民区科技局	9000亩	400元/亩	360.00
合计					11 282.50

2005年,制定全市无公害蔬菜生产地方标准30项(2004年18项,2005年12项),对农民进行无公害蔬菜标准化技术培训和业务指导,推广应用高效、低毒、低残留化肥和农药,使标准化蔬菜田每亩平均增产15%~25%,激发了农民生产无公害蔬菜的积极性和主动性,使全市无公害蔬菜生产步入规范化生产的轨道。

通过指导监控旗县区推广自治区级以上农业先进实用技术,新增效益11 493.52万元,具体农牧业先进实用技术情况如下:

2005 年旗(县、区)推广自治区级以上农牧业先进实用技术情况统计表

表 3-1-4

序号	项目名称	承担单位	指标完成情况			备注
			推广数量	单位增收	新增效益/万元	
1	马铃薯丰产栽培密植技术推广	和林格尔县科技局	10 万亩	200 公斤/亩 0.40 元/公斤	800.00	
2	小香米膜下打窝穴播栽培技术推广	清水河县科技局	3.50 万亩	700 元/亩	2450.00	
3	马铃薯脱毒种薯繁育及大面积推广	清水河县科技局	15 万亩	300 元/亩	4500.00	预计
4	马铃薯密植种植技术	武川县科技局	10 万亩	126.30 元/亩	1263.00	
5	旱作农作物保护性耕作技术推广	武川县科技局	7.2 万亩	34.0 元/亩	244.80	
6	青贮玉米新品种综合应用技术推广	赛罕区科技局	3 万亩	400 元/亩	1200.00	
7	优质果类菜栽培新技术推广	赛罕区科技局	1500 亩	2000 元/亩	300.00	
8	青贮技术推广	新城区科技局	1200 头	2218.5 元/头	266.22	
9	“金秀”葡萄新品种推广	回民区科技局	500 亩		10.00	
10	冀 3359 玉米新品种推广	回民区科技局	1.5 万亩		300.00	
11	玉米新品种推广	玉泉区科技局	5.1 万亩	30 元/亩	153.00	
12	红萝卜新品种推广	玉泉区科技局	6000 亩	40 元/亩	24.00	
13	蔬菜栽培新技术推广	玉泉区科技局	7000 亩	50 元/亩	35.00	
14	中药材栽培技术推广	玉泉区科技局	31 亩	200 元/亩	0.62	
合计					11 546.64	

2006 年,市种子管理站对极早熟、早熟玉米新品种的引进与推广,为适应气候变暖提供品种和技术贮备,拓宽全市低温地区作物种植的种类,促进种植业结构的调整。粮饲兼用、青贮、鲜食专用玉米新品种的推广,大幅度提高粮食单产,增加农民收入,减少玉米茎叶资源的浪费,减轻秸秆燃烧造成的空气污染,增加饲草总量,促进农区畜牧业发展和农牧业产业结构调整,加快玉米向优质、多元、高效、持续稳定、生态保护型的发展,对呼和浩特市及周边地区农牧业生产和国民经济的发展起到积极的推动作用。

2007 年,和林格尔县通过农民科技培训教育基地,推广粮饲兼用玉米、青贮玉米、优质马铃薯、饲用高粱、蔬菜瓜类、优质牧草 162 个品种,同时配套推广测土配方施肥、节水灌溉、粮草间作等 47 项实用增产技术。

2008—2009 年,全市实施《干旱地区设施农业(中棚马铃薯)无公害栽培技术集成与示范》《脱毒马铃薯繁育推广体系技术集成应用》《清水河县三分地可移动拆装式脱毒马铃薯繁育体系建设技术集成应用》《中棚高效种植模式试验示范》《优质特色小香米谷子技术集成应用》《无公害蔬菜育苗和高效生产技术集成示范》等重大专项农科项目。通过协会等科技中介机构,引进、开发新品种,对农民进行系统的高产栽培技术培训,提高土地生产效率,促进了农民增收。

2009 年,全市实施《干旱地区设施农业(中棚马铃薯)无公害栽培技术集成与示范》,新建中棚马铃薯基地 8300 亩,累计达到 9800 亩。中棚马铃薯两茬作物亩纯收入达到 4400 元,是普通大田单茬马铃薯收入的 8 倍左右。实施《脱毒马铃薯繁育推广体系技术集成应用》重大科技专项,全市新建成马铃薯脱毒种薯繁育网室 670 亩,全部投产。新建成原种生产田 3574 亩,新增一级种薯生产田 3.25 万亩。当年生产微型薯 500 万粒,原原种 28.4 万公斤,原种 523.2 万公斤,一级种薯 2542.1 万公斤,可以保障 31.2 万亩的商品薯种植用上优质种薯。

实施《清水河县三分地可移动拆装式脱毒马铃薯繁育体系建设技术集成应用》重大科技专项,新建高标准三分地可移动拆装式脱毒马铃薯原原种繁育示范网室 53 座,通过示范使全县三分地可移动拆装式脱毒马铃薯原原种网室保有量达到 1250 座,可保证 7 万亩大田马铃薯生产用种原种化和 100 万亩大田马铃薯生产用种一级化。按每亩增产 500 公斤计算,每公斤种薯 0.8 元,每亩增收可达到 400 元,100 万亩大田马铃薯年总增收可达 4 亿元;通过建设脱毒马铃薯微型薯高产繁育田 102 亩、建设脱毒马铃薯原种繁育及高产攻关田 600 余亩,实现 40 万亩马铃薯种植大田种薯一级化和部分大田种薯原种化,基本形成“县有脱毒种薯繁育推广协会、脱毒种苗和微型薯生产基地,乡有分会和贮窖,村有三分地种薯网室繁育户”的脱毒马铃薯种薯繁育技术推广体系。

实施《优质特色小香米谷子技术集成应用》重大科技专项,引进试种优质谷子新品种——张杂谷 3 号、5 号,取得良好效果。小香米品种得到进一步提纯复壮;旱地膜下打窝穴播农机具初步研发成功后,以高茂泉为中心,示范小香米谷子推广面积 1.3 万亩,小香米标准化集成技术得到全面推广应用。

“十一五”规划时期,全市推广农牧业新技术、新产品 175 项,重点科技成果转化率达到 90% 以上。

2010年，在蔬菜基地建设方面，呼和浩特市蔬菜播种面积17万亩，其中蔬菜保护地面积为2.5万亩，产量达到70万吨，建成蔬菜集约化育苗中心2个，7个旗县区共建立育苗示范点15个，完成育苗1450万株，示范推广面积5830亩。其中穴盘基质育苗1440万株，示范推广面积5790亩；泥炭营养块育苗10万株，示范推广面积40亩。种类有黄瓜、番茄、青椒、西葫芦、茄子、绿菜花等。

在马铃薯种薯繁育及推广方面，全市中棚马铃薯种植面积超过1.2万亩，最高产量4500斤/亩，最低产量1750斤/亩，销售价格0.8元/斤，亩收入达到3000元左右。其中，武川县新建中棚马铃薯基地3000亩，第二茬白萝卜等秋菜每亩产量可达到8000斤左右。每亩收入2500元左右。两茬种植每亩收入可实现5000余元。

马铃薯脱毒种薯繁育及推广体系建设继续在清水河、和林格尔县和武川县实施。2010年，全市新建网棚面积687.2亩，完成任务的137%，网棚累计达到1813.7亩。脱毒苗繁育原原种(微型薯)10 840亩，产量2146.65万公斤，完成任务的334%；原种扩繁90 895亩，产量16 459.2万公斤，完成任务的174%；一级种薯推广面积70.2万亩，完成任务的100%；一级种薯推广应用面积达到呼和浩特市马铃薯种植面积的50%。

2011年，通过开展杂交谷子新品种引进与模式化栽培技术集成示范，引进张杂谷3号、5号、6号，推广11.2万亩。适应干旱，优良品种平均单产550斤，比当地品种亩产增产50%以上。

2012年，按照国家、自治区的总体安排，呼和浩特市一是落实完成国家级万亩高产创建示范片18个，其中玉米11个、马铃薯2个、小麦3个、杂粮2个，并完成整乡制玉米示范片1个。“玉米高产创建推广100万亩”“马铃薯一级以上脱毒种薯推广100万亩”“节水灌溉及旱作农业综合技术集成推广100万亩”即“三个百万”工程共增加粮食23.7万吨，为全市粮食丰产丰收发挥重要作用。二是深化测土配方施肥项目技术普及和成果应用。全年共采集土样1400个，完成各类肥料试验18个，推广测土配方施肥面积430万亩，建立测土配方施肥村级示范点401个，指导服务农户21万户。施用品牌配方肥面积295万亩。三是农村能源建设稳步推进。户用沼气完成5400户，乡村服务网点服务设备已经全部接收到位，正在开展技术服务工作，全年建设和完善2009—2011年批复的11个中央预算内大中型沼气工程项目。

2014年，土默特左旗恒鑫泰大葱种植农民专业合作社开展大葱新品种引进及无公害栽培技术推广。

二、农业科技研究

呼和浩特市在种植业良种选育、生物防治、产期调节、土壤改良、工厂化栽培等科学技术研究方面，取得成效。

（一）“二五”计划时期至1965年（1958—1965）

1959年，市郊区提出大白菜丰产的四大关键技术措施。

20世纪60年代后，种植业的本土科学研究还较少，以引进外地品种进行试验为主。小麦种植，引进欧柔小麦品种。此品种适应性强，耐水肥，产量稳定。加之这一时期有了机耕作业，播种工具不断更新，化肥、水浇地增加，种植密度提高了土地利用率，粮食亩产和总产均有所提高。

高粱。进行品种引进选育。1965年以前，高粱品种以耐旱、耐瘠薄、适应性强的地方品种歪脖红、短三尺、牛心高粱为主体品种。但产量低，品质差，对病虫抵抗能力弱；1965年以后，从外地引进一批选育品种昭农303、昭农500、黄罗伞等。产量、品质均比当地品种好。

谷子。开始引进毛谷二号，黄玉4号品种。这些品种种性优良，耐水肥，采取扩垅增株，植增宽行距，缩小株距方法进行密植，每亩留苗提高到3万株～4万株，谷子产量显著提高，达到200公斤以上。

莜麦。引进华北1号、2号莜麦。提高播种密度，每亩播种量10公斤左右，播幅提高到2寸左右，使莜麦群体和品种及生产条件较为协调，提高了产量，亩产75公斤左右。

糜黍。按生态类型划分早熟种：乌盟小青糜子、乌盟小红黍子、小黑黍子。中熟种：乌盟二黄糜子、巴盟13号糜子，紫秆黑黍子、葡萄黍、黄罗黍、杨六半白黍子。土默川大黄糜子、内糜4号、紫秆大白黍子、土默川紫秆大黄黍子、乌盟紫秆大红黍子。晚熟种有土默川大红糜子、托克托县白糜子、天绎黄黍了、乌盟大黄黍子、大黑黍子、同白黍等。不同品种特性，适应不同气候区，得到更好的发育。马铃薯种植，随着品种的更新，栽培条件的改变，种植密度提高到了每亩播种5000穴～6000穴。种植方式大多采用空二犁点播二犁，这种方法不仅增加亩穴数，还便于田间管理和增加培土量，从而提高产量。

（二）“三五”计划时期（1966—1970）

全市的农作物品种，除原有主栽品种外，加快优良种子引进工作。1968年，从巴彦淖尔盟引进由红欧柔小麦中经系统选育育成的内麦4号（白欧柔），经过试种，逐步形成主栽品种。玉米以内蒙古东部选育品种白马牙、山西选育的金皇后，高粱以昭农303、昭农505为主。这些新引进的品种，明显优于当地品种。马铃薯类主栽品种为有性杂交的乌盟601和乌盟623，这些品种抗病和抗退化性强，逐步取代了退化低产的里外黄等品种。马铃薯通过利用实生苗块茎选种育种工作。1970年，托克托县乃只盖乡祝乐沁良种场杂交育成了祝乐1号品种，并在托克托县加速繁殖扩大种植。油料作物，亚麻（胡麻）品种逐步引进推广即提升了出油率和又给工业纤维提供了油纤品种。引进的品种以雁农1号、匈牙利3号、雁杂10号为生产主体品种。

（三）"四五"计划时期（1971—1975）

呼和浩特市人民政府连续3年派出三批科技人员和农民到广东省海南岛、云南省等地培育和繁殖高粱、玉米"两杂"品种，种植高产作物，农业生产迅速发展。期间，从中国农科院、中国科学院及山西省、黑龙江省，引进杂交高粱反修10号、原杂11、原杂12、晋杂5号、忻杂7号、忻杂52、同杂1号、同杂2号、同杂6号等，种植密度提高到每亩留苗6000株~8000株，亩产上升到200公斤~400公斤。

玉米。杂交玉米种植密度提高到2500株/亩，改善了玉米群体生长发育环境，亩产250公斤~300公斤，在水肥条件较好的地块上，亩产可达到400公斤500公斤以上。

马铃薯。引进高产品种白薯8号、沙杂15、虎头等，经过试验示范，成为1972—1978年水浇地主栽品种。

蔬菜。大量引进外地优良品种，主要有：津研一号和二号黄瓜，保加利亚西葫芦、永远青椒、大厂茄子、早粉二号番茄、金早生甘蓝、白雁羽笋等15个优良品种，在市郊区种植。1972年，武川县哈乐公社小马莲渠生产队农民技术员王月小经多年育种，培育出"七二一"马铃薯新品种，在同等条件下，单位面积产量比普通品种提高一倍左右。

（四）"五五"计划时期（1976—1980）

蔬菜。栽培技术不断改进，特别是保护地发展很快，产量增加，质量提高，品种增多，细菜多，淡季减少，基本做到蔬菜均衡供应。同时，农作物间种、套种、复种又有了新的发展。

高粱。1978年后，在品种区域化的前提下，全市进行杂交高粱按区域布局，实行引进品种必须进行区域试验，生产示范，避免引种的盲目性。

马铃薯。1980年，武川县安字号公社小花以力更生产队采用深施碳铵技术种植马铃薯，亩产由原来的750公斤增加到2000公斤。

"四化一供"方面。1976年，市郊区巧报乡前巧报村科研队育成老屯青麻叶长白菜同舒心青口白长白菜品种间一代杂种。市郊区良种场由青麻叶采用混合选择法育成呼郊中青麻叶。实现种子"四化一供"的准备阶段，呼和浩特市完成农作物品种生态类型区划工作。根据国务院1978年提出的实现"种子生产专业化、加工机械化，质量标准化，品种布局区域化以县为单位统一供种"（简称"四化一供"）的种子方针，1979年后，对各种农作物生产用主体品种进行有计划的提纯。

（五）"六五"计划时期（1981—1985）

全市在蔬菜品种引进选育，蔬菜集约栽培，小麦、玉米、高粱、谷子、莜麦等品种选育方面都取得较好效果。选出早熟、丰产性和抗病性更具优势的小麦品种。小棚蔬菜可以提前20天成熟。

1979—1984年，为实现品种布局区域化，市种子公司根据自然资源和生产实践调查及分区布点种植验证，完成农作物品种生态类型区划工作。依据无霜期间积温为一级指标，大气湿润度为二级指标，土壤肥力，耕作栽培水平为三级指标，划分为偏中晚熟区、中熟区、中早熟区、早熟区和极早熟区五大生态类区，为种植业发展提供科学依据。

偏中晚熟区。这一区域占地面积很小，分布在托克托县南部邻黄河畔的河湾地带，包括中滩乡的中滩、和尚营、河口、下沙拉胡滩、皮条沟、格兔营、郝家夭、海生不浪村和燕山营乡的章盖营村。土默特左旗的大青山脚下，小气候好的山湾地带，包括把什乡的西沟门，此老乡的大小朱尔沟。这一区域无霜期130天，无霜期间作物有效利用积温在2600℃左右，晚熟品种成熟保证率在60%以上。

中熟区。这一区域集中，包括呼和浩特市大部分平原地带。即土默特左旗大青山南部平原乡，郊区的巧报乡、西菜园乡、小黑河乡、攸攸板乡、西把栅乡、桃花乡及托克托县大部分。无霜期126天～130天，无霜期间农作物有效利用积温平均在2500℃～2600℃，中熟品种成熟保证率在90%以上。

中早熟区。分布在大青山南麓，蛮汉山西端的缓坡延伸地带。包括郊区的攸攸板、罗家营、太平庄、黄合少、八拜、章盖营、西把栅和土默特左旗的沙尔沁8个乡，40个自然村。无霜期120天～125天，无霜期间有效积温在2400℃～2500℃。

早熟区。这一区域分布在郊区和蛮汗山衔接地带。包括郊区的黄合少、保合少、罗家营、毫沁营、榆林5个乡20个自然村。无霜期115天～120天，无霜期间有效积温在2300℃～2400℃。

极早熟区。这一区域集中于郊区和土默特左旗的山间地带，农业播种面积很小，主要以林、牧为主，故不作农业区划。无霜期仅115天，无霜期积温不足2300℃，种植作物主要以麦类、马铃薯为主。为搞好品种布局区域化，适时推广对路的接班新品种，市种子公司从1980年起，每隔3年对新育成、引进品种，按各区域设点，进行品种区域试验。小麦已布置两轮区域试验，莜麦完成一轮区域试验。

黄瓜引种选育。市郊区巧报乡东瓦窑村从山东宁阳大刺瓜和北京小刺瓜天然杂交后代系选育而成东瓦窑刺瓜；市郊区西菜园乡五里营村从当地刺瓜和宁阳大刺瓜天然杂交种中选育而成五里营刺瓜。

豌豆选育。市郊区蔬菜研究所通过福建软荚和青海1341杂交选育而成矮软1号豌豆。

茄子选育。市蔬菜研究所根据郊区巧报乡后巧报村种植的二敏茄和本地茄天然杂交后代单株选育成“呼茄1号”。

小麦品种选育。内蒙古农科院、内蒙古农牧学院、内蒙古农业学校、呼和浩特市农研所、旗县区良种场,先后开展以改造引进品种为主的系统选育和杂交工作。为加快选育速度,市农研所、郊区良种场,1979年到云南进行小麦育种加代繁殖。市种子公司根据品种布局区域化,于1980年主持每3年一轮的小麦品种区域试验,根据区试中鉴评出优良品种迅速推广到各区域。1979年,内蒙古农牧学院育成的内麦5号通过区试,生产示范,在呼和浩特地区大面积推广,成为水浇地的主栽品种。蒙杂7408在托克托县黑河下游作为搭配品种大面积种植。在同等条件下,单位面积产量比普通品种提高25%左右,获乌兰察布盟科技成果奖。1977—1982年,农业科技人员李久清、刘敬儒、田锡箴等3人培育旱地小麦新品种9号、10号获得成功,1985年获自治区科学技术进步三等奖。1977—1983年,助理农艺师任文庭,利用两圃法繁育生产原种小红麦,利用系统法选育78－8旱坡地小麦新品系,经试种均比原种小红麦每亩平均增产20%左右,得到推广。1980年,武川县助理农艺师李久清等配合哈乐公社农科站进行当地小红麦提纯复壮试验取得成功。1980—1981年,参加呼和浩特市第一轮区域中鉴评出的郊区良种场系统选育的7822小麦,通过示范,于1983年大面积在郊区、土默特左旗沿山地带及托克托县的南部各乡推广。内麦11号及内麦12号通过内蒙古区域试验,生产示范,也应用于土默特左旗、郊区的沿山地带。1980年后,呼和浩特地区小麦生产主体品种旱地以小白麦、小白皮、小红麦、毕红穗为主。水浇地小麦,托克托县以内麦5号为主,搭配种植纽瑞、蒙杂7408。土默特左旗沿山灌区,以卡捷姆为主体,搭配种植内麦11号、7822、内麦12号;南部地区以内麦5号、内麦11号为主体,搭配种植纽瑞、7822,郊区以内麦5号、京红9号、内麦11号为主体,搭配种植7822、白欧柔。

大白菜综合丰产栽培技术。自治区农研所针对产量不稳定问题,提出呼和浩特市夺取大白菜高产丰收的3个关键措施,总结研究秋白菜“长炮弹”在市郊区平均亩产7500公斤和9000公斤的高产经验。内蒙古农牧学院阐述大白菜稳产高产理论与技术规程;市蔬菜研究所提出呼和浩特市大白菜生产中存在问题及解决途径,指出大白菜品种上存在品种混杂退化,类型单一和主栽品种生育期偏长;在栽培管理上存在底肥不足,追肥太迟,密度过大,忽视苗期管理和日趋严重的病虫害防治等问题。市郊区巧报公社总结4702亩秋白菜平均亩产近5000公斤,最高亩产9000公斤的栽培经验。在大白菜引种选育方面,市郊区从北京引进青白口和小青口、青麻叶的天然杂交后代中选育而成杂交青白口大白菜;巧报乡前巧报村科研队通过将老屯青麻叶与舒心青口白杂交,育成品种间一代杂种大白菜;巧报乡大台什村栽培的李楼青麻叶、邓善沽青麻叶、灰堆青麻叶天然杂交后代中选育成大台什青麻叶；市郊区良种场由青麻叶采用混合选择法育成呼郊中青麻叶。

番茄综合丰产技术。内蒙古农牧学院探讨了番茄越冬栽培种的5个问题。市蔬菜研究所总结研究大棚番茄早熟丰产技术。1986年，引进的早熟番茄821早红和丽春大棚春种，亩产量分别达到4500公斤和3500公斤。

蔬菜保护地栽培技术。1981年，市郊区建立曲线空心大棚。

（六）“七五”计划时期（1986—1990）

蔬菜保护地栽培技术。1987—1988年，市郊区蔬菜保护地达到1.9万亩，比1985年增加3.2倍，其中温室6195.4亩，塑料大棚8813亩，中小棚3979.5亩。保护地年生产提供鲜菜11 343万公斤，对缓解城市冬春淡季鲜菜供应的紧张状况起到重要作用，并有效地增加广大菜农的经济收入。

食用菌类的研究。20世纪80年代末，内蒙古农牧学院在简易温室内黄瓜行内间作平菇获得成功，在黄瓜产量基本无影响的情况下，净收入增加64%。

蔬菜的组织培养。1986年，内蒙古农牧学院进行石刁柏（芦笋）离体组织培养与培养基筛选，对培养条件、取材等方面进行研究。1985—1990年，市蔬菜研究所和内蒙古农牧学院园艺系协作，利用组织培养技术，将花椰菜的下胚轴接种在筛选出的培养基上，40天左右形成完整植株，再切段接种在另一种配方的培养基上，25天形成整株。同样，培养甘蓝下胚轴（同时生根长芽）和番茄茎尖（带一个叶原茎）均获得成功。番茄经组培脱毒率达到75%。

莜麦种植技术。全市有关科研单位，开展莜麦系统选育、杂交育种、提纯复壮和引进工作，逐步解决莜麦品种不适应生产发展的被动局面。

科学实验田。1989年，市农科委和农牧局组织570名科技干部下乡蹲点。全市共安排典型科学实验面积35万亩，并带动点100余万亩左右农田科学种植。

（七）“八五”计划时期（1991—1995）

全市对农作物种子包衣技术进行实验研究，共安排试验示范点34个，试验田164.85亩，示范田8500.05亩，累计提供包衣种子77.56万公斤。

以玉米包衣种子为例，试验、示范结果表明：进行精量播种，每公顷玉米节约种子15公斤；在苗期，出苗率增加2%～6%，病虫害导致死苗率减少15%左右，保苗率提高20%～20.4%；促进植株生长，使幼苗提前一天出苗；在4叶期测定，株高增加0.9厘米～2.2厘米，单株鲜重增加0.1克～0.3克，茎粗增加0.1厘米，次生根增加1条～1.5条；12片～14片叶测定时，株高增加13厘米～23厘米，单株鲜重增加115克～135克，茎粗增加

0.5 厘米～0.8 厘米，根长增加 1.2 厘米～2.3 厘米，次生根增加 2 条～3 条；平均每亩增产 9.5%～16.5%，百粒重增加 2.5 克～3.1 克，穗粒数增加 26 粒～35 粒，提前 3 天～4 天成熟。

蔬菜种子包衣技术。使大白菜增产 4.5%～16.2%，黄瓜增产 13.9%，种子包衣后，还可以减少农药的喷撒次数，减少对空气的污染，具有一定的生态效益。

甜菜。市甜菜育种试验站，经过近 20 年艰苦努力培育出具有苗期生长较快、纯度较高、根头率小、丰产性能好、含糖较高、抗病性强、品质好的甜菜新品种，经自治区甜菜品种审定委员会审定命名为“呼育 302”，在全市甜菜产区大面积推广取得重大的经济效益和社会效益。针对甜菜丛根病的蔓延，呼和浩特市科委组织科技人员进行抗甜菜丛根病育种研究，进行大量的组合配制和鉴定试验，选出抗性较强的品系。经测算，推广种植 1 公顷抗丛根病新品种甜菜，可使糖厂多产糖 4137 公斤，创造效益 1.5 万元，给农民带来效益 8062.5 元。抗丛根病新品种的选育成功，促进了呼和浩特市制糖工业的发展，提高了农民种植甜菜收入。

蔬菜。针对呼和浩特市地区蔬菜供应期短、品种不全、淡季旺季供应不均匀状况，采取引进新品种、改善质量、提纯复壮、提高单产等措施，使新鲜蔬菜供应期长达 10 个月，形成“春提前、夏排开、秋延后、冬生产”的新格局，上市量成倍增长，彻底扭转过去“冬没菜、春少菜、夏烂菜、秋不稳”的被动局面。品种在过去已有的基础上，开发出雪韭、空心菜、苦瓜、金丝瓜等稀有蔬菜新品种，稀有蔬菜种植面积达到 4999.5 亩，平均亩纯增效益 800 元，累计纯增经济效益 400 万元。

（八）“九五”计划时期（1996—2000）

通过玉米等农作物种植实验、示范，为品种布局的区域化和合理化提供依据，为呼和浩特市“九五”期间乃至以后的粮食增产奠定了基础。

中国农业科学院内蒙古草原研究所及内蒙古大学在花药、花粉、染色体、细胞、新植株研究、基因分子单克隆开发研究方面已进入试验阶段和并有分段成果鉴定；内蒙古农科院开发的有很大经济、社会效益和开拓前景的土豆、大蒜、地梨（地环也称螺丝菜）等无菌栽培技术和小麦花胚育种，向日葵幼胚培养生产胚状全再生植株等研究顺利进行。

2000 年，市科委在和林格尔县、赛罕区、土默特左旗园区开展科技样板示范（研究）；内蒙古农业大学开展盐碱化土壤改良试验示范；武川县水利局开展非充分灌溉试验研究；武川县开展马铃薯脱毒网室建设；清水河县科委在清水河县开展旱作农业区集雨蓄水节水灌溉技术应用研究。

（九）“十五”计划时期（2001—2005）

以引进和培育青秆成熟粮饲兼用型玉米新品种为主要目标。2001 年,在引进高赖氨酸青秆成熟玉米新品种中单 9409 的基础上,又引进 108 个粮饲兼用玉米新品种,其中在和林格尔县现代农业科技示范园区内进行引种试验 102 个;市农业技术推广中心,重点开展名、优、特农作物新品种的引进试验,包括 55 个特种丰产型、潜力型优质玉米品种,15 个订单洋葱后备品种,4 个豆类订单品种,10 个瓜类绿色化生产品种,2 个青贮优质牧草品种,4 个法国优质啤酒大麦订单筛选品种,5 个优质小麦品种,"101"杂交油菜、法国转基因白豌豆、白皮洋葱等品种和技术示范;清水河县科技局开展农业集雨高效用水科技产业化示范;土默特左旗科技局开展无籽枸杞引种繁育;托克托县科技局从日本、荷兰、美国引进 3 个优质红萝卜品种。

新技术研发。2002 年,市园艺科技实验中心开展水苏糖原料银白条(泽兰)的种植技术及种条贮藏技术研究;市种子管理站进行粮饲兼用保绿型玉米品种的选育;内蒙古农业大学生态环境学院开展优质青贮青饲料引种栽培及应用研究。

农经作物种子科技工程。2003 年,土默特左旗、武川县、和林格尔县、赛罕区等主要制种旗县区,完善了三级配套的专用玉米新品种、优质专用型马铃薯新品种为主的原原种、原种、良种繁育基地,加快农作物良种化,全市农作物良种覆盖率达到 98%。同时,市农业局开展优质饲用农作物种植与加工利用技术研究及产业化开发;市植保站、赛罕区蔬菜局开展无公害蔬菜安全生产和标准化技术开发;赛罕区科技局开展蔬菜生产标准化设施和技术开发;内蒙古通波亚科技有限责任公司开展干燥花植物活本吸收试验和应用。

2004 年,市植保植检站开展全市无公害蔬菜标准化生产技术示范。9 月,托克托县五申镇发展优质牧草种植,用 3 年时间,建成全市最大的人工草场,优质牧草紫花苜蓿的种植面积达到 2.1 万亩。

饲料作物种质资源开发利用。2005 年,为提高农业生产效益,开发饲用作物种质资源,主要进行饲用作物新品种展示与示范,引进饲用玉米、饲用高粱、马铃薯、苜蓿、向日葵、黑麦草、饲用甜菜等 7 大类作物品种,选育出杂交高丹草 F5 代以上 3 个株系类型的品系;示范玉米品种 30 余个,示范面积达到 1.5 万亩。完善新品种的配套种植技术,在引进新品种的同时,新技术、新产品同步进行配套示范,开展测土配方施肥、叶龄管理、合理密植、规范种植、地膜覆盖、全株青贮等配套技术示范、应用。内蒙古农业大学开展苏丹草杂种优势遗传成因的分子标记及新品种选育推广的应用研究、高粱与苏丹草杂交新品种的繁育及配套技术研究;市蔬菜研究所进行十字花科蔬菜新品种选育;内蒙古农科院植保所和市植保站开展呼和浩特市无公害蔬菜生产技术集成与产业化示范。2005 年,呼和浩特市农牧业优良品种应用率达到 98%。在全市重点推广 23 项农牧业先进实用技术,创直接、间接经济效益2.3亿元。“十五”计划时期,国家、自治区和市本级先后实施农牧林水各类科技项目157项,投入科研经费2904万元,配套经费近亿元,累计推广新技术、实用技术120余项,推广新品种230余个。呼和浩特市农牧业先进适用技术覆盖率由“九五”末期的50%提高到76%以上,一些关键技术达到90%以上。全市奶产业链、马铃薯、蔬菜以及旱作农业等,累计新增产值达到46.9亿元,其中奶产业累计新增产值达到25亿元,农民新增收入达到15亿元;马铃薯种植累计新增产值12亿元,农民新增收入10.8亿元;蔬菜种植累计新增产值达到5亿元,农民新增收入4亿元。

实施百万农民科技培训工程,举办各类科技培训班5685期次,共培训102.1万人次;组织编印、发放各类科技资料65万份(册)。

(十)“十一五”规划时期(2006—2010)

2006年,全市不断调整和优化农牧业经济结构,促进农牧业产业化升级,始终坚持实施“为养而种,为牧而农”发展思路,种植业结构逐步形成以粮食作物为主转变为粮饲兼用型作物为主,经济作物和其他作物全面发展的产业结构,实现了农牧业增效和农牧民增收。围绕牲畜饲养和龙头加工企业的需要,全市以玉米、马铃薯、油料、小杂粮为主的优势农作物进一步向优势产区集中,优势区域内优势农产品的规模化、标准化、无公害化生产示范基地建设成效显著,提高了全市优势农产品的质量和效益;借助国家和自治区良种推广补贴项目的实施,优质高产高效农作物的种植面积进一步增加,通过加大推进适应性种植品种的发展,加快以设施农业为重点的避灾型农业的建设,变被动抗灾为主动避灾生产,耐旱作物面积约占全市总种植面积的90%左右。

同年,市种子管理站开展优质饲用玉米杂交种选育与栽培技术研究应用。主要目标是选育产量高,适口性好,叶片含水量高,营养成分比例合理,牲畜消化率高,适宜青饲、青贮的饲用型玉米品种;选育活杆成熟,籽粒产量高,综合性状好的粮饲兼用型玉米品种;完成繁殖亲本材料206个,选出优秀组合3个;报请区试品种4个;该项目使全市玉米生产水平接近国内先进水平,改变了育种资源狭窄、育种工作落后的局面。

2007年,市种子管理站开展优质饲用玉米杂交种选育与栽培技术研究应用;和林格尔县科技局开展优质饲用作物品种选育及产业化开发专项。

2008年,市种子管理站开展高淀粉马铃薯新品种选育;武川县生产力促进中心开展干旱地区设施农业(中棚马铃薯)无公害栽培技术集成与示范;清水河县生产力促进中心开展脱毒马铃薯繁育推广体系技术集成应用;蒙清小香米有限责任公司开展优质特色小香米谷子技术集成应用。

2009年,呼和浩特华欧淀粉制品有限公司开展马铃薯良种繁育基地建设及细胞液综合利用应用技术示范。2010年,为建设和林格尔县马铃薯生产基地,形成企业为龙头的社会化科技服务体系,有效解决品种混杂问题,实施马铃薯脱毒种薯良种繁育基地组培室及马铃薯科技综合服务站建设项目;内蒙古华欧淀粉厂建成年产脱毒马铃薯试管苗30万株的组培室,完善了马铃薯种薯繁育基地,提高了马铃薯种薯生产能力和质量水平;研发培育高产、高淀粉含量的马铃薯新品种。

2009年,内蒙古泓利进出口贸易有限公司开展全日光能现代温室全营养有机蔬菜研究;呼和浩特市昌德和蔬菜种植有限公司开展有机蔬菜生产技术集成示范;武川县生产力促进中心开展中棚高效种植模式试验示范。同年,内蒙古郑氏燕麦开发有限公司进行燕麦新品种选育及燕麦产业化建设。市种子管理站开展优质高产胡麻新品种配套栽培技术示范;内蒙古盛禾种子股份有限公司开展杂交谷子新品种引进与模式化栽培技术集成示范。赛罕区生产力促进中心、蔬菜局、气象局开展厚墙体日光温室高效集成技术研究与示范;市农业技术推广站开展杂交谷子新品种引进与模式化栽培技术集成示范。清水河县生产力促进中心开展旱作节水高效种植模式集成技术示范;内蒙古禾创农业科技发展有限公司开展呼和浩特市盐碱地改良集成研究与示范。

(十一)"十二五"规划时期(2011—2015)

2011年,内蒙古香岛生态农业开发有限公司(位于新城区保合少镇)以内蒙古丰富的风化煤腐殖酸为原料,研究开发高效环保植物生长营养液。该产品可提高作物产量、改善品质和增强抗逆性。该公司研究开发工厂化穴盘育苗技术和腐殖酸生态有机育苗基质配置生产技术,运用智能化、工程化、机械化的育苗技术,实现种苗工厂化生产、商品化供应,不断推进设施农业向高标准、无公害、精细化方向转变;武川县中棚模式化高效集成技术研究与示范项目,筛选马铃薯、蔬菜新品种,研究中棚高效生产新技术、环境因子自动监测、测土配方施肥、生物有机肥应用、节水灌溉、病虫害综合防控技术等,集成示范中棚高效种植模式,具有保温、保湿、保土壤肥力的优点,延长无霜期60余天,节水30%,有效地克服了武川县干旱少雨,农业基础设施薄弱,抗御自然灾害能力差的缺点,提高了农业抗灾能力。同年,托克托县政府组织实施的"无公害玉米种植农业标准化示范区""红辣椒种植标准化示范区",武川县政府组织实施的"绿色马铃薯种植标准化示范区",内蒙古宇航人高新技术产业有限责任公司组织实施的"沙棘种植标准化示范区",清水河县蒙清小香米有限责任公司组织实施的"小香米种植农业标准化示范区"等5项国家级农业标准化示范区项目经国家标准化委员会委托的专家考核,全部通过验收。

2012年,武川塞丰马铃薯种业有限公司开展马铃薯种薯繁育关键技术研究开发及产业化研究。2013年,清水河县兴田种养殖专业合作社、内蒙古蒙清农业科技开发有限公司分别开展清水河县五良太乡菠菜营村中低产田改造技术示范和农业服务体系建设研究；武川县圣丰农产品专业合作社开展武川县有机品牌作物（南瓜、马铃薯）种植示范；呼和浩特市农业技术推广中心开展玉米宽覆膜高密度栽培技术研究示范。

2014 年，呼和浩特市种子管理站开展旱作微垄覆膜沟播马铃薯水肥耦合机理的研究。在武川县、清水河县建设马铃薯种薯繁育基地；集成示范种薯繁育技术和丰产栽培技术，建立马铃薯种薯繁育体系；开展马铃薯精深加工及产业化开发，打造优质的种薯、食用鲜薯、加工专用薯生产基地。内蒙古三联淀粉制品有限责任公司（位于武川县安字号乡）与内蒙古医科大学开展产学研合作，进行马铃薯精深加工关键技术研发，完成 100 吨马铃薯提取氨基酸液中试加工，从马铃薯中提取富含氨基酸液比例达到 40% 以上，生产的淀粉提取率达到 94% 以上，产业化后延长马铃薯的产业链，取得较好的经济和社会效益。

2015 年，全市组织实施农业领域科技项目 37 个，科技投入 1530 万元，争取自治区科技项目 10 个，获得经费支持 450 万元。

三、化肥技术研究

随着农业生产的需要，全市在提倡积造农家肥的同时，积极推广化学肥料。化肥施用经历了从局部试用到全面推广的过程。

1960 年，全市化肥用量为 300 余吨，以进口硫酸铵肥田粉为主。1960—1970 年，农业生产条件进一步改善，水浇地面积不断扩大，随着化肥工业的发展和群众对化肥增产效果认识的提高，化肥的施用数量、品种不断增加，由单纯的施用氮肥，转变为氮肥、磷肥、复合肥等搭配施用。施用面积逐步扩大，由水地到旱地，由平川到丘陵。1965 年 6 月 29 日，土默特旗化肥厂（位于察素齐）投产，以煤、水蒸气、空气生产半水煤气为主要原料，生产合成氨，再制成氨水吸收二氧化碳的工艺制碳酸氢铵，产品含氮量 17% 左右。

1971 年，土默特左旗化肥厂将直径 700 毫米的滤油器改造成年产万吨合成氨的外筒、内筒触媒筐应用扁平管换热、下部为螺旋板换热器的一套合成塔装置，代替原有两台直径 420 毫米的合成塔。

1975 年，全市化肥用量增加到 1.6 万余吨，其中氮肥 1.4 万吨，磷肥 1100 吨，钾肥 110 吨，复合肥 900 余吨。1975 年后，随着生产的发展和作物产量的提高，化肥的施用量大幅度增长，品种亦有增加，磷肥肥效得到重视，化肥在生产上的推广和应用，使粮食产量有较大幅度的增长。由于化肥有速效、简便的优点，在实际使用中一度出现重视化肥忽视农家肥的偏见。农家肥施用量明显下降，使一些旱地、水浇地出现板结现象，降低了化肥的经济效益，增大农业投资，出现增产增收少或增产不增收的现象。

1976年，内蒙古工学院和土默特左旗化肥厂设计直径500毫米扁平单管并流螺旋换热合成塔内件，触媒筐容积由原来的0.45米提高到0.62米，合成氨生产能力由3000吨/年提高到5000吨/年。为改善碳酸氢铵吸湿性大、易结块、易分解的缺点，土默特左旗化肥厂在生产过程中添加少量的十五烷基磺酰氯添加剂，缓解了碳酸氢铵易结块、氨易挥发的弊病，提高了氮的有效利用率。

1983年，土默特左旗化肥厂进行择优改造，对主要设备更新换代，将造气炉、变换炉、碳化塔、铜洗塔、合成塔的压力改为320公斤/平方厘米，转动设备如离心机、压缩机都以新产品取代能耗较高的老产品，提高了技术装备水平，使主要设备形成标准化和系列化，生产规模和技术装备更趋合理，经技改后产品（骏马牌碳酸氢铵）被化工部评为优质产品。

1986年，内蒙古工学院和土默特左旗催化剂厂研制开发BX型稀土低铬铁系中温变换催化剂。BX型催化剂活性温度低，可降低能耗，减少铬酐的用量，减轻环境污染。

1991年，全市开展小麦配方施肥试验示范推广，实现经济效益381.9万元。1995年，列入自治区火炬计划项目的“用褐煤生产化肥原料气”在土默特左旗化肥厂获得中试成功，是化肥制气一项新的革新。

2001年，市农业技术推广中心开展配方复合肥、生物有机肥、抗旱增产剂等技术示范。托克托县推广使用“肥力高”生物菌肥5吨。2002年，继续实施“农业增效”工程，推广生物有机、无机配方肥料，为华欧淀粉厂发展14.8万亩优质马铃薯生产基地提供高效肥料。

2005年，新城区科技局开展生物菌肥推广，每亩增收180元；托克托县科技局开展测土配肥增效技术推广，推广面积达到1万亩，每亩增收50元，新增效益50万元。2007年，呼和浩特市园艺科技试验中心、内蒙古稼圃鑫源农业股份有限公司分别开展节水灌溉施肥技术在保护地蔬菜栽培中的应用研究。2008年，市土肥站开展玉米发酵副产物生产有机肥在测土配方施肥中的研究与应用。

2010年，全市实施国家测土配方施肥项目，该项目全面覆盖9个旗县区。累计采集土壤样品4360个，调查农户4360户，分析化验土壤样品4405个，落实示范点221个，示范面积6.74万亩，推广测土配方施肥技术面积421.4万亩，覆盖村数995个，涉及农户15 022户，发放施肥建议卡19.5万份，研制配方肥配方19个，施用配方肥总量5.05万吨，施用配方肥面积213.2万亩。总计节本增效21 467.52万元。

2011年，高效环保型植物生长营养液的产业化开发被列为专项进行研究。腐殖酸生物技术成为肥料研究的重要方向，包括内蒙古西蒙腐殖酸生物技术有限公司开展的专用腐殖酸肥料开发应用、内蒙古香岛生态农业开发有限公司研究开发的工厂化穴盘育苗技术和腐殖酸生态有机育苗基质配置生产技术、内蒙古永业生物技术有限责任公司开展腐殖酸肥料的研制与科技服务体系的建设。这一专项主要是以内蒙古丰富的风化煤腐殖酸为原料，研究开发高效环保植物生长营养液，显著提高作物产量、改善品质和增强抗逆性，蔬菜应用该技术增产15%～30%，增收100元/亩～150元/亩；粮食作物增产10%～20%，增收50元/亩～80元/亩；农民新增收益至少2500万元。同年，永业生物技术公司腐殖酸肥料的研制与科技服务体系的建设项目被列入“十二五”重大专项，支持资金达100万元。全市建立100余个科技服务站，覆盖120余个自然村，研发3种新型腐殖酸肥料，项目年产值达到1500万元。

第二节　农业科技园区及设施农业新技术应用

一、农业科技园区与农业科技示范基地建设

1999年，呼和浩特市开始建设现代农业科技示范园区和各种示范基地。和林格尔县最先建成万亩现代农业科技示范园区。农业科技园区作为全市农业产业结构调整、农业科技项目实施、新品种的试验、示范、成果转化基地，改变过去单一种养结构，组织实施了农业科技园区种养结构调整工程，初步形成规模特色、布局合理、集奶牛养殖示范、优质牧草、粮饲兼用玉米、中草药、无公害蔬菜种植等多种形式的示范园区。

2000年，市科技局组织开展和林格尔县、赛罕区、土默特左旗园区科技样板示范（研究）项目；市水产推广站开展水产名优品种引进试验示范推广。

2001年，市农业局、农技推广中心和赛罕区蔬菜局在赛罕区建设无公害蔬菜绿色产品综合栽培技术示范基地；赛罕区科委在赛罕区金河镇合林村建设赛罕区农业高科技示范园区。截至6月末，全市共启动4个总面积42万亩的“呼和浩特市现代农业示范园区”建设，即土默特左旗、和林格尔县、赛罕区、托克托县现代农业示范园区；全市已建成和在建的各类农业示范区24个，奶牛小区18个，无公害蔬菜生产示范园区4个。全市无公害蔬菜种植面积达2万余亩。基本形成政府、企业及各乡镇建设园区的格局。和林格尔县现代农业示范园，按照“奶业立园，为养而种，以种促养”发展思路确定产业规模，进行资源优化配置。园区10万亩各类作物全部实现了良种化，实现人均1头奶牛，园区内饲养的1.7万头奶牛全部采用优质冷冻精液进行配种，采用模式化饲养管理。仅奶业一项，人均收入就超过5500元。按照“为养而种”发展思路，园区调整种植业结构，扩大粮饲兼用玉米、优质牧草的种植面积，重点推广中单9409高赖氨酸玉米2万亩，青贮玉米2.5万亩（其中冬陵白1万亩）；加拿大阿尔冈金、法国香槟苜蓿等优质牧草1万亩。

推广机耕播种、节水灌溉、良种推广、奶牛模式化养殖等20余项适用增产技术,引进玉米、高粱、牧草、花卉等新品种。全市4个总面积为42万亩的现代农业示范园区基础设施建设全面完成,基本实现渠、路、林、田、水五配套,逐步形达成了田成方、林成网、地平整、渠相通、路相连,全部实现节水灌溉。市科委、农业局抽调科技人员组成园区结构调整工作领导小组,重点开展产业结构调整工作。

自治区级2个农业园区建设。和林格尔县10万亩市级园区统筹建设;呼和浩特市农业技术推广中心,面积200亩,主要展示名、优、特农作物新品种的引进试验。其中安排55个特种丰产型、潜力型优质玉米品种,15个订单洋葱后备品种,4个豆类订单品种,10个瓜类绿色化生产品种,2个青贮优质牧草品种,4个法国优质啤酒大麦订单筛选品种,5个优质小麦品种,及"101"杂交油菜、法国转基因白豌豆、白皮洋葱、配方复合肥、生物有机肥、抗旱增产剂等品种和技术示范。

2002年,内蒙古远古基因工程有限公司开展设施高效农业示范园区建设;武川县农业局开展东土城科技示范园区建设;和林格尔县农业开发办开展和林格尔县农业科技园区核心园建设示范。

2003年,赛罕区万亩无公害蔬菜特色产业化基地被认定为自治区级特色科技产业化基地。全市依托资源优势和地域特点,农业科技示范园区稳步发展,建成和在建的各类农业科技示范区(基地)24个,奶牛小区30个,无公害蔬菜生产示范园区4个。各类园区在基础设施建设、发展定位、区域布局、产业选择及园区内种养业的结构调整方面,逐步趋于完善和合理,农业科技园区成为呼和浩特市农业经济发展的一大亮点。尤其是全市重点建设的4个"精品示范园区",已完成园中8万亩精品示范工程的基础建设,达到"五高五化"(劳动生产率高,土地生产率高,投入产出率高,科学贡献率高,经济社会效益高;农田标准化,操作机械化,服务社会化,管理科学化,生态良性化)的设计标准。

2004年,农业科技园区成为全市农业产业结构调整、农业科技项目实施、新品种的试验、示范、成果转化基地。全市建设的农业科技示范园区、基地有10个,其中初具规模的有7个,在建的有3个。年内共建成核心示范区5个,总面积近4000亩,分别完成计划任务的2.5倍和8倍。和林格尔县公喇嘛乡大林坝村农作物新品种展示区120亩,农作物优良品种示范1000亩;西沟门乡禾华农牧业科技开发公司青贮玉米新品种展示和示范区1220亩;托克托县专特用玉米和优质葵花等作物品种示范区1000亩;土默特左旗毕克齐无公害蔬菜生产示范区,蔬菜温室10栋。通过核心示范区的试验、展示,年内共展示玉米、饲用高粱、饲用甜菜、苜蓿、向日葵、马铃薯、粮饲兼用玉米,优质青贮、专用玉米、各种蔬菜十几类近300个品种,成为引导广大农民实行科学种田、选择优良品种的平台。

2005年，市科技局、和林格尔县农业科技园区开展县农牧业科技示范园区科技创新服务中心建设。

2006年，在农业科技园区及特色产业化基地建设方面，利用和林格尔县农业科技示范园、托克托县金河草业科技园区、土默特左旗毕克齐经济林农业科技园区、伊利牧场科技园区、赛罕区万亩无公害蔬菜特色科技产业化基地和沙棘综合开发利用产业化基地等连接千家万户农民的优势，发挥园区基地集人才培训、新技术推广、农产品销售和加工于一体的综合性绿色农产品生产基地，初步实现规模生产，提升农副产品价值，起到产前引导、产中服务、产后带领农民进入市场的重要作用；通过推广先进适用技术，示范推广饲用作物新品种及配套种植、奶牛性控冷配、肉羊品种改良、奶牛科学饲养管理、脱毒马铃薯栽培和无公害蔬菜标准化栽培等技术，把项目展示点建成为农业生产的平台。

2008年，和林格尔县、托克托县、土默特左旗、赛罕区等地建成自治区级科技园区4个、特色产业化基地2个。引导农民进行结构调整，确定各自的发展重点，培植体现各具特色的主导产业和产品，初步实现规模生产，提升农副产品价值，对当地现代农业技术和农业产业化发展起到辐射和带动作用。

2009年，赛罕区蔬菜技术推广站开始建设首家无公害蔬菜育苗中心；呼和浩特市昌德和蔬菜种植有限公司开展有机蔬菜生产技术集成示范及培训基地建设；武川县绿野农产品合作社开展特种种植示范区和生态养殖基地建设。

2010年，玉泉区生产力促进中心、小黑河镇西地村委会开展高效特色综合种养殖科技示范基地建设；市财政局农业综合开发办开展农业综合开发技术研究示范基地建设。

2011年，和林格尔县国家农业科技园区，完成园区建设总体规划，成立组织实施机构，提出国家农业科技园区科技创业孵化园（4万平方米）建设方案。经国家科技部等6部委正式批准后，开始为期3年（2011—2013）的建设工作。扶持昌德和、香岛公司、嘉丰科技等农业经营企业做大做强，建设2个农牧业生态循环一体化科技示范点。呼和浩特昌德和农牧业科技发展有限责任公司，建设农牧业生态循环一体化科技示范点，研究与应用“资源—能源—有机肥”循环再生的模式，对粪污和污水经FBBR/SBBR发酵产生沼气，开展优质奶源、有机蔬菜基地建设、高效种养殖一体化技术研究与应用；内蒙古香岛生态农业开发有限公司，研究开发工厂化穴盘育苗技术和腐殖酸生态有机育苗基质配置生产技术，运用智能化、工程化、机械化的育苗技术，实现种苗的工厂化生产、商品化供应，推进设施农业向高标准、无公害、精细化方向转变。

2012年，和林格尔县国家农业科技园区新建10万只现代化蛋鸡养殖基地、万头奶牛科技产业化示范牧场——国家863重大专项和2万头高产奶牛的繁育牧场。新城区科技局开展工厂化育苗科技示范基地；呼和浩特市昌德和农牧业科技发展有限责任公司开展厚墙体日光温室有机蔬菜生产技术集成示范；玉泉区科技局开展无公害蔬菜基地标准化生产技术集成示范；内蒙古哈素海水库有限责任公司开展哈素海渔业综合开发及生态保护技术模式研究；托克托县嘉丰农业科技公司开展设施蔬菜科技示范培训基地及育苗中心建设。

2013 年，内蒙古蒙宏农牧业科技开发有限公司、内蒙古宝坤农业科技发展有限公司、呼和浩特信原农业生物科技有限责任公司、内蒙古正缘农牧业有限责任公司分别建设了设施农业工厂化育苗科技示范中心；新城区休闲观光农业科技园区建成自治区级的农业科技园区。

“十一五”规划时期，各马铃薯种薯组织培养基地为全市 120 万亩马铃薯种植提供原种，中棚马铃薯配套栽培技术得到应用和推广，设施观光农业达 5 万亩。培育厚墙体日光温室高效生产技术集成示范基地，建设设施蔬菜高科技示范基地 6 个。引进草莓、樱桃、油桃、葡萄、核桃等名优果品、稀特蔬菜和花卉等新品种；新品种、新技术的引进提升了呼和浩特市采摘农业的品位，丰富了休闲观光农业的内涵，对发展都市休闲观光农业起到显著的示范作用。

二、新技术、新材料应用

2000 年，赛罕区巧报乡科委开展保护地蔬菜有机生态型无土栽培试验示范；武川县科委、东安字号村开展马铃薯脱毒网室建设；清水河县科委开展旱作农业区集雨蓄水节水灌溉技术应用。

2001—2005 年，全市把无公害蔬菜栽培生产技术、生态化养殖作为研究的重点，市农业局、农技推广中心、赛罕区蔬菜局开展无公害蔬菜绿色产品综合栽培技术示范基地建设；赛罕区科技局开展蔬菜生产标准化设施和技术开发；市植保站和赛罕区蔬菜局开展全市无公害蔬菜安全生产和标准化技术开发；土默特左旗哈素海万亩生态渔场实施寒地淡水鱼深加工综合利用项目；玉泉区开展蔬菜栽培新技术应用；赛罕区开展优质果类菜栽培新技术应用。

2007 年，市园艺科技试验中心和内蒙古稼圃鑫源农业股份有限公司开展节水灌溉施肥技术在保护地蔬菜栽培中的应用研究。

2008—2010 年，为使农业增效，农民增收，全市加大对设施农业科技的支持力度，重点实施武川县中棚模式化高效集成技术研究与示范、厚墙体日光温室高效集成技术研究与示范、脱毒马铃薯繁育推广体系集成应用、无公害蔬菜育苗和高效生产技术集成示范等重大专项。

通过实施中棚高效种植模式试验示范这一重大科技专项，在干旱的武川县探索发展规模化设施农业，实现马铃薯和蔬菜两茬种植，试验示范种植区保温、保湿、保肥，增产增收，耕作方式和生产经营理念转变。中棚马铃薯项目的实施改变山旱地区靠天吃饭的现状，保障农民收入的可持续增长。该项目筛选马铃薯、蔬菜新品种，研究中棚高效生产新技术、环境因子自动监测、测土配方施肥、生物有机肥应用、节水灌溉、病虫害综合防控技术等，集成示范中棚高效种植模式，形成标准化中棚高效生产技术规程。

通过实施脱毒马铃薯繁育推广体系集成应用这一重大科技专项，清水河县新建高标准三分地可移动拆装式脱毒马铃薯原原种繁育示范网室53座，通过示范使全县三分地可移动拆装式脱毒马铃薯原原种网室保有量达到1250座左右；建设脱毒马铃薯微型薯高产繁育田102亩；建设脱毒马铃薯原种繁育及高产攻关田600余亩。

针对全市建成的厚墙体日光温室利用率低、种植效益差的现状，市科技部门开展厚墙体日光温室高效集成技术研究与示范，不断发展壮大反季节蔬菜产业，解决市民菜篮子问题。研究与示范项目，主要进行茬口安排、新品种引进筛选示范和嫁接、膜下暗灌、秸秆生物反应堆CO_2施肥技术、防冻防寒应急技术等多技术组装配套越冬果类菜生产技术研究与示范。形成5种标准化集成技术模式，如温室内外环境因素智能监控服务系统研究与示范，工厂化育苗基质、营养液及管理技术研究与示范等。

无公害蔬菜育苗和高效生产技术集成示范项目，支持赛罕区蔬菜技术推广站、赛罕区润土绿蔬菜合作社（农民专业合作社模式）和呼和浩特市昌德和蔬菜种植有限公司（公司+基地+农户）等开展无公害蔬菜育苗和高效生产技术集成示范，统一育苗，提高种苗质量，降低育苗成本，保障无公害蔬菜的产业化生产，进一步丰富市民菜篮子。

市蔬菜良种场开展无公害蔬菜贮藏保鲜技术研究。内蒙古泓利进出口贸易有限公司在土默特左旗开展全日光能现代温室全营养有机蔬菜基地建设。市园艺科技试验中心继续开展呼和浩特市蔬菜、花木新技术集成试验示范。呼和浩特市桃林种植业农民专业合作社、呼和浩特市信原农业生物科技发展有限公司共同开展内蒙古高原葡萄草莓反季节立体优质高效栽培技术示范。市园艺科技试验中心开展呼和浩特市蔬菜、花木新技术集成试验示范。

2011年，市经济作物工作站、园艺科技试验中心和内蒙古泓利进出口贸易有限公司开展蔬菜集约化育苗技术研究与厚墙体日光温室优质高效生产技术集成示范。在厚墙体日光温室高效集成技术研究与示范项目中，进行膜下暗灌、秸秆生物反应堆CO_2施肥技术，为蔬菜的生长发育提供保障。和林格尔县农民科技推广示范教育基地开展航天育种蔬菜新品种标准化生产示范基地建设。在实施武川县中棚模式化高效集成技术研究与示范项目中，筛选马铃薯、蔬菜新品种，进行测土配方施肥、生物有机肥应用等，使中棚栽培具有保土壤肥力的特点，确保蔬菜增收。

2012年，武川县中棚模式化高效集成技术研究与示范项目，获得呼和浩特市科技进步一等奖。在武川县建成1400平方米马铃薯脱毒繁育组培室，生产脱毒苗1100万株，种植原种田2000亩，一级种薯田3000亩，推广种植一级种薯5万亩。清水河县完成1000平方米马铃薯脱毒繁育组培室主体建设工程。

通过科技重大专项的实施，重点在土默特左旗、赛罕区、新城区、托克托县设施蔬菜种植面积大、辐射范围广的连片种植区，培育建设工厂化育苗科技示范中心4个，从育苗环节入手，通过引进新品种、新技术、新设备，提升设施蔬菜产业发展水平；重点在土默特左旗、托克托县、清水河县、新城区、玉泉区和赛罕区建设厚墙体日光温室高效生产技术集成示范基地，培育设施蔬菜高科技示范基地6个，引进设施蔬菜、花卉、果树新品种；集成示范嫁接、智能化节水灌溉、秸秆生物反应堆CO_2施肥技术、病虫害生物防控、防冻防寒应急技术等综合丰产栽培技术，形成了高效生产技术规程。

2013年，新城区科技信息中心、呼和浩特市嘉丰农业科技有限公司、土默特左旗锦秀田园农业综合开发建设有限公司、呼和浩特昌德和农牧业科技发展有限责任公司、内蒙古昕奇绒毛制品有限责任公司、内蒙古大有光能源有限公司、内蒙古奈伦农业科技股份有限公司分别开展特色果蔬花卉高效生产技术集成示范。中国航天工程育种托克托产业化示范基地、赛罕区生产力促进中心、呼和浩特市永春盛实果菜发展有限公司分别开展特色果蔬高效生产技术集成示范。玉泉区科技局、清水河县生产力促进中心分别开展设施农业高效生产技术集成示范。呼和浩特蒙禾源菌业有限公司开展日光温室栽培食用菌生产技术示范及产业化。

内蒙古正缘农牧业有限责任公司在建成蛋鸡场基础上，建成连栋智能温室近1.44万平方米，配备移动式苗床、灌溉设施等配套设施，开展工厂化育苗技术研发示范。建设节能日光温室330栋，开展精品果蔬高效种植示范，带动1600余人就业。

2014年，呼和浩特市硕丰蔬菜种植农民专业合作社以全市主要草莓品种快繁体系为研究方向，开展高效草莓设施集约化育苗新技术集成示范推广。呼和浩特市薯宝农业有限公司开展番茄品种选育及绿色生产技术研究。内蒙古杜卜种苗有限公司开展蔬菜品种选育及绿色生产技术研究。呼和浩特市农业技术推广中心开展日光温室秸秆生物反应堆技术应用示范。

“十二五”规划时期，重点在设施蔬菜种植面积大、辐射范围广的连片种植区，培育建设工厂化育苗科技示范中心，从育苗环节入手，通过引进新品种、新技术、新设备，提升设施蔬菜产业发展水平。在呼和浩特市建设厚墙体日光温室高效生产技术集成示范基地。积极扶持引进设施农业新品种和新技术,引进草莓、樱桃、油桃、葡萄、核桃等名优果品、稀特蔬菜和花卉等新品种206个,继续进行反季节栽培试验。

全市培育建设工厂化育苗科技示范中心6个,有效提升设施蔬菜产业发展水平。引进设施葡萄新品种13个,在清水河、赛罕区大山大海合作社种植100余亩,引进试验设施葡萄"矮、密、早、快、优"绿色栽培技术,利用品种和促早、延迟栽培调控技术,延长呼和浩特市地区葡萄生产和采摘期。设施葡萄、高档花卉蝴蝶兰和白草莓栽培对全市设施农业的结构调整、农民增收起到重要作用。

2017年,内蒙古森利奥能源科技有限公司承担的重大科技专项"呼和浩特市蔬菜集约化育苗技术集成与示范——呼和浩特主要蔬菜工厂化育苗集成技术研究与示范"经过验收,该项目筛选出蔬菜新优品种7个,优质砧木品种2个,制定出呼和浩特地区早春茬蔬菜工厂化育苗壮苗技术规程1套、工厂化无土育苗消毒集成技术规程1套,呼和浩特喜凉蔬菜工厂化育苗技术规程1套,实现年工厂化育苗300万株。

2018年,呼和浩特信原农业生物科技有限责任公司实施"设施农业工厂化育苗科技示范中心建设——新型太阳能连动温室草莓工厂化育苗核心技术应用示范"项目,筛选出红颜、京藏香、隋珠和章姬4个适合呼和浩特地区栽培的草莓品种,形成草莓主要病毒检测、病虫害防治技术,研发出育苗基质配方,建立草莓脱毒种苗繁育技术体系,编制《设施草莓基质种苗繁育技术规程》。同年,呼和浩特昌德和农牧业科技发展有限公司通过实施"呼和浩特果蔬、花卉高效生产技术集成示范——昌德和优质蔬菜规模化种植技术集成与产业化"项目,使蔬菜种子育成适龄壮苗率达到91%以上,种子利用率提高26%以上,建成优质蔬菜规模化种植技术集成与产业化示范基地并通过了无公害农产品产地、产品认证。市科技局支持华欧淀粉公司建立"种薯繁育—马铃薯种植—淀粉加工"的薯产业完整链条,建成马铃薯良种繁育中心,年生产脱毒马铃薯微型薯300万粒。

第三节　林果业

一、品种引进选育

根据自然气候、土壤、水利条件等特点,呼和浩特市的林木在采种、引进选育方面进行了良种化的过程。

林木良种化是从乡土树种开始到多品种的引进,经过淘汰选择进而确定主要推广的优良树种。从无选择、无区域的采种到有目的的营建针叶树、母树林、种子园的过程。

（一）阔叶树

主要进行杨树的良种化。20 世纪 70 年代后，呼和浩特市的 4 个苗圃开始杨树新品种的引进、繁育和对比试验，在圃地内建立杨树繁育的“三圃一区”，即引种圃、品种选择圃、良种推广圃和定植试验区。1972 年，土默特左旗苗圃在内蒙古林研所的协助下，营建汇集呼和浩特地区 190 余个引进杨树品种，面积为 187.5 亩的杨树良种对比试验区。

20 世纪 80 年代，杨树在呼和浩特市的人工造林面积中占 75% 左右，是农田防护林的主栽品种。杨树良种化首先在国有林场和苗圃开展。其他苗圃和平原林场根据所处的类型区，有目的地开展杨树良种选育试验，经过 20 余年的杨树良种选育推广，根据 1979 年全市杨树良种普查和 1983 年全市造林技术调查，评选出北京杨、隆可夫健杨、群众杨、小黑杨、小美 12 号、新疆杨、斯大林工作者杨、箭杆杨、二青杨、箭小杨、山杨、美山杨等 14 种生长快、干形好、抗逆性强的杨树良种。

在杨树良种化的同时，也开展了榆树和柳树良种引进和推广。当地栽培的旱柳和家榆冠形不好，主干不明显，木材利用率低。20 世纪 70 年代，土默特左旗从土默特右旗引进白皮柳，在西河沿、善友板、白皮营子、店上等村进行繁育，从山西调进河南白榆苗用于造林。市郊区从河北引进白榆种子进行育苗。白皮柳和河南白榆主干明显、干形通直、冠形好，生长速度远远超过当地的乡土榆、柳树种，是榆、柳的优良品种，适宜在呼和浩特地区生长。

（二）针叶树

全市针叶树的良种化从建立母树林和无性系种子园起步。1973 年，郊区古路板林场开始营造油松母树林，造林地选择在场部东侧的缓坡上，土层较厚，土质较好，并可引山泉水灌溉，选用 5 年 ~10 年生，冠形好、干形直的油松壮苗，单株进行带冻土移栽。1974 年，母树林基地进行水利设施配套，并建成种子园。1984 年，种子园调整后因其经营面积小，无性系号小，决定不再作为种子园经营。1985 年，油松母树林经营面积达 999 亩，其中实行水肥管理的有 300 亩。母树林的树高达到 8 米 ~10 米，胸径达到 8 厘米 ~15 厘米，冠覆 5 米 ~8 米，林内已郁闭，从 1984 年起开始进行隔行疏伐。母树林从 1982 年开始结实产籽，1983 年采集球果 5 万多公斤，单株产球果量最高达 40 多公斤。母树林的种子质量好于一般林地的种子，种粒大而且饱满，育苗苗全苗壮。

1975 年，开始筹建大青山祝乐沁种子园，总面积 1105.5 亩，建成种子园 630 亩，经复选保留的落叶油松无性系 59 个，油松无性系 150 个。1984 年，又续建 565.5 亩油松种子园，建成的种子园内有少量油松无性系结实，正进行半同胞子代测定。

1975 年，营建土默特左旗苗圃油松种子园，初期规模为 99 亩。1984 年，整顿后增到

300 亩,经复选后保留 101 个油松无性系。古路板林场落叶松种子园,面积 40.5 亩,保留 24 个落叶松无性系。

上述两处种子园建成后,生产的种子不仅可以满足呼和浩特地区的油松、落叶松造林的需要,还为自治区提供品质优良的种子。

(三)果树

1960 年后,全市陆续从扎兰屯、乌兰浩特等地引进黄太平、花红、大秋等抗寒力强的小苹果,从吉林延边地区引进苹果梨、朝鲜洋梨等结果早、产量高的果树品种。

20 世纪 60 年代末到 80 年代,果树引进选育经历了如下几个阶段:

1968—1978 年,苹果引种推广阶段。1968 年春的大冻害,全市优质桃树、梨、板栗、柿子等冻死 80% 左右。小苹果发挥了抗寒的优势,产量逐渐上升。20 世纪 70 年代初,先后从东北引进中型苹果,主要是金红,其次是红宝、东风、57307、沈农 2 号等。这些品种抗寒丰产,尤其金红适应性强,结果早,品质好,大量繁殖推广。截至 1978 年底,中型苹果种植达 9840 亩,与小苹果面积基本相等。

1978—1982 年,建立大苹果、梨生产基地阶段。1978 年,沿大青山南麓建立大苹果和梨基地,落实 19 995 亩基地任务。新建和扩建社队果园 40 个,其中千亩果园 13 个。1979 年,建立起毕克齐、台阁牧、兵州亥、此老、察素齐、陶思浩、把什、攸攸板等 8 个公社千亩果园,扩建水磨、坝口子、东乌素图、苏木沁、野马图、讨思浩等 6 个大队千亩果园,及 499.5 亩以上果园 7 个,100.5 亩以上果园 20 个。1978—1982 年,共定植果树 16 995 亩,育苗 612 亩,补植果树 15.1 万株,社员栽植果树 13.3 万株,营造防风林 98 万株,打机井 74 眼,截伏流 4 处,建蓄水池 11 个,基地果园建设初具规模。1985 年,呼和浩特市果品产量达 600 余万公斤。

1982—1985 年,建立葡萄基地。根据自治区农委要求,在大青山沿山地区和托克托县黄河一溜湾地区,发展农户庭院栽培和个体成片种植。1984 年,两片基地同时开始建设,托克托县基地以黄河一溜湾的皮条沟、郝家夭、蒲滩拐、海生不浪、格图营、东营子、章盖营等 7 个村为主。同年,呼和浩特市区内建立攸攸板、坝口子、南店 3 个葡萄村。土默特左旗建立此老、红房子 2 个葡萄村,发展庭院葡萄 730 户,栽植葡萄 2.5 万株。1985 年,建立新营子、同府姚、东丈圐圙 3 个葡萄村。大青山南麓地区,包括土默特左旗、郊区沿山一带和京包铁路以北部分村庄。同年,市郊区又建立 7 个葡萄村 238 户,栽植葡萄 2000 株。土默特左旗参将村 29 户农民,栽植葡萄 1.2 万株。

1993 年,市郊区乌素图栽种兰州大接杏示范栽培与推广,实现经济效益 237 万元。

2001 年,土默特左旗科技局开展无籽枸杞引种繁育。2003 年,内蒙古骑士现代农业开发有限公司承担的《大欧李产业化种植及综合开发利用》国家星火计划项目，将原有大欧李种植基地扩大到1公顷，在新扩建基地进行土地平整、规划、灌溉设施等，新增种植苗39 000株；在盘古生物科技园的智能型大棚扦插欧李苗2万株，成活率56%，且无病虫害。

2005年，回民区推广“金秀”葡萄引种面积达500亩。

2007年，市园林科研所和市北方绿化研究所开展丁香、卫茅新品种引种、选育、扩繁技术应用研究。

2009年，内蒙古开泰旱作生态研究所开展观赏树引种试验示范；呼和浩特市园林科学研究所和市职业学院共同开展内蒙古中西部地区节水型野生观赏花卉引种应用的研究。

2013年，内蒙古大地生态农林科技研究发展中心开展欧李优质丰产新品种选育及无性繁殖技术研究；土默特左旗林荫苗木有限公司开展樟子松培育。2014年，内蒙古中农草业发展有限公司开展主要生态景观植物品种选育。

2017年，内蒙古绿野农牧业发展有限公司承担的重大科技专项“呼市特色果蔬、花卉高效生产技术集成示范——设施无公害果蔬新品种引进及配套技术集成示范”经过验收，该项目示范种植51亩红心火龙果，亩产量达3500斤，实现年产值175万元，产品获得国家绿色食品认证及商标注册证书。

二、造林、防寒、抗旱技术

（一）造林技术

20世纪60年代，全市引进优良树种用植大苗和扦插造林的方法，提高了造林质量。20世纪70年代后，分类区确定适宜的造林良种。促进社队育苗的发展，育成充足的大苗壮苗，推动农防林、四旁植树的发展。林业技术推广、培训的重点是社队建立林场、苗圃。有950余个社队建有苗圃，280余个社队建有林场，技术人员和农民都受到培训。社队林场、苗圃、果园得到全面发展。育苗技术的推广，出现一批管理水平较高的社队苗圃，如桃花公社、攸攸板公社、新营子大队、黑兰土力庆大队、南双树大队、本滩大队等苗圃。造林技术的推广，南双树、金星、新营子、东把栅等大队一年实现农田林网化。毕克齐、把什、察素齐、新营子、八拜等公社，用1年~3年基本建成农田林网化的农业防护林。这些社队的农防林造林数量大、质量好、一次造林成活率高。

（二）防冻害技术

全市栽植葡萄的果农对葡萄的越冬防寒有丰富的经验，一般都是在霜降至立冬左右覆土防寒。20世纪60年代，总结出“空心防寒”效果较好，被庭院栽培广泛采用，即改变埋实土为留空心，沟内形成约15厘米高的空间，填充保温秸秆，其保温效果依次为糜子、黍子、小麦和玉米秸秆。

1973—1978 年,内蒙古园艺研究所和呼和浩特市郊区以金红苹果密植,每亩定植 78 株,比过去多 50 株,实现高产。

20 世纪 70—80 年代,全市在林业科技方面开展一系列的研究,取得丰硕成果。1980 年,开始胡杨引种育苗研究,试验点设在土默特左旗苗圃、托克托县苗圃和郊区西苗圃,主要进行胡杨苗期的锈病防治和人工管理方法的试验研究。除市科委管理的和已鉴定的项目之外,还开展木本粮油引种栽培试验,试验点设在土默特左旗西沟门和水磨大队,利用沿山小气候条件进行引种并栽培核桃,利用本地酸枣嫁接大枣的试验。1981 年,开始农防林综合效益观测研究,试验点设在土默特左旗沙尔营乡南双树村。主要观测研究农防林对农田小气候改善的效益,对农作物产量、质量影响的效益和农防林本身的经济效益。1982 年,开始乔、灌、草综合治理沙地试验,试验点设在土默特左旗沙尔营乡林场,进行杨树、柠条、牧草不同配置对沙地的改造,及乔灌草相互影响以及促进的试验研究。1982 年,开展不同类型区杨树丰产林的栽培试验,试验点设在土默特左旗的白庙子乡林场、托克托县新营子村和刺尾沟村、郊区的攸攸板乡苗圃和南店村,进行 5 个不同地区的杨树丰产栽培研究。内蒙古林学院与大青山林场,在旧窝铺林区开展大青山水源涵养林效益的观测研究。1983 年,内蒙古林科院和大青山林场,在白石头沟林区开展干旱阳坡综合治理试验研究。1984 年,开展杨树速生丰产林试验,试验点在市郊区乌素图实验林场。用北京杨、合作杨、美山杨等,配置不同的株行距,实行丰产抚育措施,进行杨树不同品种、不同株行距、不同径级的速生丰产研究。1986 年,开展落叶松叶蜂的生活史观察和防治试验,观察点设在古路板林场。

1972—1973 年和 1980—1981 年,进行 2 次林木病虫害及天敌资源的普查,查清全市的林木病虫及天敌资源的科、目、种类,为全市进行林木病虫害的综合防治和天敌资源的保护、林木检疫和疫区的划分提供可靠依据,并取得三项科技成果。“呼和浩特市地区森林资源普查”“呼和浩特市地区森林病虫害及天敌资源普查”,均获 1984 年呼和浩特市科技成果二等奖。1975 年和 1980—1981 年,分别进行 2 次全市森林资源普查,查清森林资源和林木增长情况,为领导决策和制定各种规划、计划提供可靠依据。1980 年,进行“大青山干旱阳坡造林研究”“天然次生林的抚育间伐”两项专题调查。1983 年,进行呼和浩特地区造林技术调查,编写论文 4 篇,在此基础上组织科技人员进行讨论,发表《呼和浩特市地区造林技术要点》一文,对呼和浩特的乡村、国有林场、苗圃的造林起到指导作用。

1991—1995 年,呼和浩特市林业生产,本着坚持因地制宜,林果结合的原则,经常性的举办技术培训班,对林业生产进行技术指导,引进“机械开沟抗旱造林”“卡氏植树法”“乔、灌、草结合改造中低产林”等新技术和新树种,增加林业生产的科技含量,不断提高造林质量,同时加强病虫害的防治工作,使林业生产得到持续、稳定、快速的发展。

(三)抗旱技术

机械开沟抗旱造林技术是国家科委、林业部的一项重大科技成果推广项目。开沟造林系列技术是室以开沟整地为基础,由开沟整地、选用壮苗、苗木保水,浸苗保水、适当深栽、分层踩实、培抗旱堆等 7 个部分组成。在先期试验的 499. 5 亩林地推广应用获得成功的基础上,1990—1992 年,在土默特左旗、托克托县、郊区共推广开沟造林面积 2. 4 万亩。经历年跟踪调查统计,试验区当年造林成活率均在 90% 以上,推广区当年造林成活率均在 85% 以上,无论试验区还是推广区,成活的苗木都得到保存,面积保存率达到 100% ,试验区林木年均高度生长量为 25 厘米,年均基茎为 0. 4 厘米,在托克托县永胜域乡东黑沙图村搞的插条造林,平均高度为 50 厘米,最高为 90 厘米。应用开沟抗旱造林技术获得成功的林地,在防风固沙,保护农田,改善生态环境各方面均起到重要作用,社会生态效益明显。

为尽快改变大青山干旱阳坡山前冲积扇的砂石地,黄河岸边丘陵沙地等干旱少雨、多石多沙、土壤贫瘠地区的生态环境,减少大气污染,改变此类地区的贫困状况。市科委承担中国与希腊技术合作“应用稀土植树治沙”的项目。该方法是由希腊爱奥尼亚大学乔治・卡利斯特拉斯教授为在干旱沙漠地区植树而研究发明的一种把树苗栽在装有营养素、保水剂、熟土的营养袋内的方法,也称为“卡氏植树法”。1992 年,被正式列入中国—希腊政府科技合作协定。利用“卡氏植树法”实施项目以来,共栽植 7 个树种 1. 7 万株。经对比观察,利用该方法栽植的林木,成活率平均提高 10% ,果树的平均成活率提高 47% ,保存率达到 85% 以上。经过几年努力,呼和浩特地区应用“卡氏植树法”植树的总量已超过全世界其他国家用此方法植树量的总和,位居世界之首。项目实施过程中,课题组对该植树方法在不同土地条件下的适应性进行探索,还对该技术进行消化吸收和改进创新,使所用材料全部实现国产化,充分发挥该方法在林业经济建设中的作用,为大面积推广这一技术提供了依据。经测算,使用“卡氏植树法”植树,每株比常规方法节省费用近 1 元,成活率提高 10% ~47% ,省水三分之一,省肥料二分之一,每公顷减少投入 1650 元,该项目获 1995 年度呼和浩特市科技进步奖二等奖。

2000 年,市园艺科技试验中心开始建设园艺科技示范园区。市多种站开展乡土名优果树开发立体种植模式的应用示范。卡氏植树项目办开展卡氏植树法技术综合应用。市林工站开展山区林木菌根菌技术应用及开发,培育菌根菌苗 17 万株,并栽植成功,长势良好。

2001 年,全市林业技术推广工作不断扩大,自治区下达三项技术推广任务 11.6 万亩,实际完成 25.18 万亩,重点开展抗旱造林技术推广。市林工站、园林所和北方园艺所共同开展油松及落叶松等生态绿化优良品种综合技术示范及种子园区建设,主要针对油松、落叶松种子园改良技术的研究和三倍体白杨等新品种快速繁殖技术研究。2002 年,内蒙古远古基因工程有限责任公司的白皮松优质苗木快速繁育及开发项目被认定为国家级星火项目;内蒙古农业大学和市林业局开展胶囊菌根菌剂中试及应用技术示范;市园艺科技实验中心进行水苏糖原料银白条(泽兰)的种植技术及种条贮藏技术研究。2003 年,市林工站对全天候培育一体化植物快繁技术进行推广;内蒙古通波亚科技有限责任公司开展干燥花植物活本吸收试验和应用。2004 年,内蒙古宇航人高技术产业有限责任公司承担的"海红果(海棠)的示范种植与深加工"获得国家星火科技计划项目立项。2005 年,赛罕区科技局开展优质果类菜栽培新技术推广,总面积达到 1500 亩,每亩增收 2000 元,新增效益 300 万元;回民区科技局开展"金秀"葡萄新品种推广,总面积达到 500 亩,新增效益 10 万元。

2007 年,市林工站开展呼和浩特干旱山区、丘陵抗旱造林系列技术研究应用。2008 年,市北方绿化研究所开展园林新品种引种、选育、扩繁技术应用研究;采用菌根菌苗种植油松达到 200 万株,成活率达到 85% 以上。2009 年,全市林业有害生物发生面积 51.89 万亩,测报准确率 94.3% 。采取有效措施适时进行防治。防治面积 48.43 万亩,其中化学防治面积 1.76 万亩,无公害防治率达到 91.7%;成灾面积 4.55 万亩,成灾率 6‰。各旗县区林业部门开展种苗产地检疫、调运检疫和复检工作。种苗产地检疫率 100%,严密防控外来林业有害生物入侵。2009—2010 年,市园艺科技试验中心开展蔬菜、花木新技术集成试验示范。

"十一五"规划时期(2006—2010),在呼和浩特市干旱山区、丘陵区采取营养袋苗、菌根菌苗、生根粉、地膜覆盖、抗旱枪浇水等造林技术,探索出一套适宜在全市干旱地区的典型造林模式,加快成林速度,提高林业的生态、经济、社会效益。内蒙古和信园蒙草抗旱绿化股份有限公司通过分子生物学手段,选育、培植出多种具有抗旱、抗寒、抗贫瘠、抗盐碱等抗逆性特征的节水抗旱园林景观植物。市园林局完成全市园林树木害虫名录和综合防治手册,制定全市主要园林树木害虫防治预案等。市园林科研所开展丁香新品种引种、选育、扩繁技术及应用研究项目,研究出适合呼和浩特地区丁香品种及其规模化生产模式、操作方案等。

2011—2012 年,托克托县森泰种苗发展有限公司开展林业立体种植与特色养殖技术开发与示范。2012 年,内蒙古华宜新技术开发推广有限责任公司在重度盐碱荒地营造 200 亩竹柳速生林。2013 年,土默特左旗大青山林业总场实施园林绿化技术集成及产业化项目。2014 年,呼和浩特市春源农民专业合作社在清水河县窑沟乡建设海红果(海棠)科技示范基地。

第四节 畜牧业

一、畜牧业科技

(一)中华人民共和国成立后至“文化大革命”时期

20 世纪 50—60 年代,呼和浩特市引进芦花、边鸡等优良品种。内蒙古畜牧兽医科学研究所,引入多个优良鸡种。其中来航鸡,在城镇及附近农村广为饲养。

1956 年,土默特旗引进英国良种猪巴克夏 40 口,托克托县引进 10 口,分配到农户繁殖良种。1966—1967 年,土默特旗引进北京花猪 260 口,给每个集体猪场分配一对,供饲养繁殖。

20 世纪 50 年代末,全市从苏联引入杜勒斯卡公马,饲养在郊区、土默特左旗配种站。20 世纪 60 年代,从呼伦贝尔盟大量引入三河马,该品种与卡巴金杂交效果很好,培养优杂或直接补充种马使用。

(二)改革开放时期

20 世纪 70 年代初,引进奥尔洛夫公马 2 匹,苏维埃重挽公马 4 匹,高代优杂公马 10 匹,分别饲养在郊区八拜公社、托克托县五申公社等 10 余个配种站,各站使用的种公马、种公驴 3 年轮换 1 次,以防止近亲交配。1981 年后,农民拉马上站配种积极性高涨,各站进一步完善承包责任制。1982 年,全市有 26 处马配种站,其中国营站 11 处,社办站 6 处,个体站 9 处。共有 28 匹种公马,31 头种公驴(属国营的分别是 24 匹和 16 头)。种马有卡巴金 5 匹,苏纯血、高血 3 匹,奥尔洛夫 1 匹,苏维埃重挽 3 匹,俄罗斯重挽 1 匹,还有其他品种和优杂 15 匹;种驴是关中驴(6 头)和本地驴。这其中老化与接近老化的马 17 匹、驴 9 头。马(驴)占全市公马(驴)总数的 20%。上站母畜计 6300 头(匹),占全市适龄母马(驴)的 40%。1983 年,郊区畜牧科技人员在八拜配种站制备出马、驴冷冻精,当年配马 50 匹,次年配马、驴 209 头(匹),取得初步效果,降低配种成本,方便用户。

郊区种猪场,位于呼和浩特市城南 5 千米帅家营村西,面积 19.95 亩。1971 年后,引进北京黑、北京花、内江、长白等品种。1979 年秋,存栏猪 285 口,其中基础母猪 94 口,公猪 17 口。

土默特左旗种猪场，位于察素齐镇南 6 千米，那什图村东，面积 1399.5 亩。1972 年，作为旗良种场的养猪队，开始引进长白、苏白、约克夏等种猪。1977 年，良种场迁出，留作种猪场，养公猪、母猪 48 口。1978 年，建起一栋半机械化猪舍。1979 年，养猪 142 口，其中基础母猪 105 口，公猪 17 口，累计成活仔猪 2000 口。1984 年，产仔成活率比 1983 提高 21%，全年总收入增加 1 万元。1985 年，仔猪成活率又提高 1%，亏损降低 28%。

良种鸡的引进和鸡舍、孵化站、太阳能鸡舍建设。良种鸡的引进。20 世纪 70 年代中期，呼和浩特市大面积引进和推广良种鸡。1977 年，土默特左旗白庙子公社及刘家营、四德堡、潘庄等生产队建起 10 个集体鸡场。其中 8 处购进孵化器，引进巴基斯坦来航鸡，星杂 288 等良种。该公社供销社，在内蒙古畜研所和改良站的物资、技术支持下首先使用电器化孵鸡。初有芦花、澳洲黑、白洛克等品种，后则以来航鸡为主。较大型电孵化器，一次出雏量大，又是良种鸡，当时影响颇大，为全市城乡开辟了良种雏鸡来源。

这时期各有关部门和科研单位，连年从外地引进种鸡或良种商品鸡。例如，1976 年引进红育鸡，1978 年引进庄河鸡，下发至农村大队饲养。1980 年，内蒙古畜研所由北京引进京白祖代原种鸡Ⅰ、Ⅱ、Ⅲ系 450 只，北京红鸡曾相代Ⅰ、Ⅱ系及高蛋鸡 893、823 父母代 8000 只，所内繁育和向社会推广。1981 年，市业务部门引入良种雏鸡 3500 只；1982 年 3000 只；1983 年 5 批共 1.6 万只，投放到集体鸡场和专业户。1983 年，市科委从大连引进荷兰希赛斯父母代种蛋 1 万枚，孵化出雏后用于专业户饲养，较适应呼和浩特地区条件。这种鸡又具伴性遗传特点，杂交后的商品代从羽毛颜色即能鉴别出壳雏鸡雌雄。同年，上级部门还调拨进石家庄孵化的尼克鸡 1500 只。1985 年，全市引进星杂 579 蛋鸡 1900 只，罗曼肉鸡 1100 只。其他部门所引进的品种更为复杂，引进的蛋、雏量更大。所引良种，多为蛋鸡，适应性较好，产蛋性能显著着高于土种鸡。教学、科研单位都有良种肉鸡，一些鸡场和个别家庭也开始饲养。

1976—1990 年，在机械化、半机械化猪场建设方面，市郊区太平庄公社按标准建起猪舍、办公、饲料加工室、水塔等 1000 平方米，并在场周围栽植防护林，通过采取以精料为主的“一步快速育肥法”，经 6 个月饲养，个体毛重 75 公斤～80 公斤，共生产胴体肉 17 631 公斤。

1975—1979 年，成活良种仔猪 1.3 万头。该场引入哈白、苏白、长白、约克夏、内江等优良品种，并保留本地大耳猪，在各个品种纯繁的基础上，先后进行 17 个杂交组合试验。其中以大耳猪为母本，哈白、长白为父本的三元杂交为主，在杂交基础上选择优良个体横交固定，为培育“呼包白猪”（后又称内蒙古白猪）做了细致工作。

1977—1978 年，郊区保合少公社，榆林公社古力板大队，西把栅公社东古楼大队，巧报公社的前巧报大队等社队先后办起养鸡场。1973 年,土默特左旗奶山羊场开始养鸡,先用煤油灯供热孵化;1981 年,开始电孵;到 1985 年,累计孵鸡 10 万余只。1980 年,把什乡鸡场建成孵化、育雏、成鸡舍 400 平方米。1980 年 4 月,进雏鸡 950 只,年底成鸡 300 只。1984 年,一位停薪留职的干部借场舍养鸡;到 1985 年底,存栏头年成鸡 2000 只,当年新鸡 8000 只,全部笼养,产蛋率在寒冷的冬季达到 60%。

1978 年,种猪引种育肥方面,全市建立种猪场。托克托县种猪场位于旧县城东北,面积 999 亩。饲养各类猪 559 口,其中基础母猪 334 口,种公猪 35 口,后备种猪 120 口,育肥试验猪 70 口,全年产仔 280 窝,成活 4035 口。1983 年,引进杜洛克瘦肉型种猪 6 口。1985 年,又引进 40 口,生产方向转为繁育瘦肉型猪。

1979 年 5 月,郊区西讨速号鸡场(原由保合少公社兴办,后下放到大队)。调入成鸡 792 只,进雏鸡 3610 只,年末存栏鸡千只左右。1981—1985 年,开始起孵化计算,累计出雏鸡 13 万只。郊区鸡场。东喇嘛营子鸡场,该场实行高床密闭笼养,建有宽 8.8 米,长 66 米的大鸡舍,1980 年 5 月,进雏 5000 余只,到年底存留 2400 只。1981—1985 年,累计孵化 26 万只。1981 年,前巧报大队重建鸡场,第二年引进 4 台孵化器、2 台出雏器的孵化厅搞孵化。托克托县畜牧兽医站在格尔图营子设孵化点。全市主要鸡场都兼营孵化,再加上孵化站点,共有大小孵化器、出雏器 30 余台,年孵鸡 40 余万只,是扩大优良鸡种的有效途径。

1980 年,通过改善圈舍、新建标准较高的双列式牛舍,种植青饲料、实行青贮、建永久性青贮窖,简易窖贮备青干草等措施降低养牛成本;应用优良个体精粒,扩大冷配范围,淘汰低产牛,调整牛群。全市黑白花奶牛比重达 85%。在自治区农业厅等有关部门帮助下,土默特左旗北塔尔号村建设现代化示范牧场,围栏 1.1 万亩,购买细毛羊 300 只,育肥试验羊 90 只、黄牛 210 头,种植牧草 600 亩。1982—1983 年,呼和浩特市与郊区业务站分别进行奶牛犊早期断奶育肥试验,分别试验 38 头与 23 头,取得一定成果。

1984 年 3 月,内蒙古大学动物实验中心兽医学博士旭日干,在日本学习期间,不但以难度较大的家畜体外受精论文破格获得博士学位,而且用实践验证理论,与日本的花田章博士合作,培育成功世界上第一只试管羔羊。他的科研论文《山羊、绵羊体外受精的研究》,在 1985 年获得自治区科技成果特等奖。

1985 年,全市购进部分良种,更新猪群,各猪场生产状况都有不同程度改进,所产仔猪或供农户培育公猪、母猪,或育肥肉猪,对全市养猪生产发挥了积极作用。

1987 年,和林格尔县城关镇南渠村建成当时自治区最大的太阳能鸡舍建筑群,面积 926 平方米。经生产考核,每年在最冷时候只需点燃辅助热源 15 天,其余时间全靠太阳能采暖,即可保证舍内温度高于5℃,平均湿度65%,产蛋率由50%提高到70%。

1991—1995,全市推广“奶牛高产试验技术”,总结出一套科学饲养管理的新技术,使群体奶牛年单产达到6000公斤以上。推广“四良四改”养猪配套技术,实现经济效益80.9万元。郊区蒙龙养殖场承担的银狐养殖项目,实施过程中有可靠的技术依托,产品有一定的市场潜在需求力,创产值400万元,利税50万元,被列入国家星火计划。内蒙古畜牧科学院研究的中国美利奴科尔沁羊、中国黑白花奶牛育种研究以及饲料热喷均获研究成效并通过技术鉴定。

2000年,内蒙古农业大学进行奶牛高产优质生产综合配套技术开发研究;内蒙古太平农业公司开展香猪种质特性的系统研究;呼和浩特市陆源经贸有限公司开展肉鸽引种及繁育技术推广。

2001年,由内蒙古农业大学动物科学与医学学院承担的科研项目——“奶牛工程关键技术”(包括阶段饲养、营养调控工程和饲草料加工调制等技术),取得阶段性成果。实验证明,在相同条件下,采用该成果进行科学饲养管理和饲料的合理饲喂,可增强奶牛的体质,降低奶牛代谢病、乳房炎等常见疾病的发病率和饲喂成本,提高个体产奶量和原奶质量。呼和浩特市制定《奶牛工程关键技术推广实施方案(草案)》,以项目研发的青牧牌浓缩饲料为推广载体,把奶牛高产优质综合配套生产技术规程,在全市奶牛基地各旗县区进行推广。

和林格尔县现代农业示范园按照“奶业立园,为养而种,以种促养”发展思路确定产业规模,并进行资源优化配置,园区内10万亩各类作物全部实良种化,实现人均一头奶牛,饲养的1.7万头奶牛全部采用优质冷冻精液进行配种,采用模式化饲养管理。仅奶业一项,人均收入就超过5500元。

托克托县在5个乡镇进行“百日快速养猪新法”推广,实现平均日增重2公斤以上,饲料报酬率达到250%。

2002年,内蒙古农业大学、市畜牧局在大黑河乳业集团推广应用奶牛工程关键技术;内蒙古禾华农林牧综合开发公司开展高产奶牛繁育技术研究应用。

2003年,在实施畜牧业种子工程中,内蒙古禾华公司购进高产奶牛300余头,初步建立千头奶牛良种繁育基地;市科技局、赛罕区农牧局和市奶牛协会共同开展奶牛工程关键技术推广应用及科技服务体系建设,以奶牛工程关键技术项目研发的浓缩饲料作为推广载体,把奶牛高产优质综合配套生产技术规程,在全市奶牛基地、旗县区进行推广,60%以上的奶农采用该技术,60%的泌乳牛平均单产提高0.6吨~1吨;市科技局和内蒙古禾华农林牧综合开发有限公司开展高产奶牛繁育技术研究应用推广;土默特左旗第一职业中学建设奶牛养殖教学基地。

同年，继续搞好奶牛冻精管理、规范奶牛冻精冷配技术和市场、加强对奶牛冷配员的技术培训，继续实施奶牛胚胎移植项目，保证全市奶牛改良配种的正常进行。建成1750个奶牛冷配站(点)，基本覆盖全市乡村，使奶牛全部实现冷配。全市大小畜良种和改良品种比重达到76.8%，比实施前提高15%，个体质量大为提高。赛罕区奶牛增加到10万余头，头均产奶达到5.2吨，人均占有鲜奶796公斤，位居全国前列。农民人均纯收入为4194元，其中来自奶牛的收入为1887.3元，占人均纯收入的45%，是1999年的5倍。在市科技局帮助下，内蒙古伊利集团和内蒙古蒙牛乳业公司分别承担"十五"国家重大科技专项"农牧业交错区奶业现代化生产技术集成与产业化示范""北方牧区奶业现代化生产技术集成产业化示范"科研课题。呼和浩特市争取到国家科技部的奶业科技服务体系建设项目。同时，被自治区科技厅列为内蒙古奶业科技服务体系建设示范专项。三级科技部门共投入150余万元。建成国家级科技示范单位8个；建成自治区级科技示范单位18个。科技服务示范站(点)的服务功能已辐射到全市奶业基地的60%，使项目区奶农的收入平均提高20%左右。当年使全市奶业增加产值2.4亿元。

2004年，在国家、自治区和市科技部门的支持下，通过科技项目带动，呼和浩特市的奶牛业向着高产、优质、高效、可持续的方向发展，建立存栏41万头的奶牛基地，其中存栏10万头以上奶牛的基地旗县区2个，5万头以上奶牛的基地旗县区2个，全市奶牛养殖业的产值达到20亿元，仅奶业一项给全市农牧民人均增收1300元。由土默特左旗科技局承担的"奶牛模式化饲养技术推广"项目完成奶牛推广2.5万头，每头增奶0.6吨，新增效益2595万元；全旗奶牛发展到12.5万头，农民人均纯收入达3540元。由清水河县科技局承担的"舍饲育肥羊快速出栏技术"项目，完成育肥羊5万只，每只增收200元，新增效益1000万元。市生产力促进中心承担的"农村奶牛科技信息网络建设"获得国家星火计划项目立项。

2005年，经自治区、市两级质量技术监督部门考核、推荐，国家标准化管理委员会审查，内蒙古伊利实业集团股份有限公司承担建设的"伊利奶牛养殖标准化示范区""托克托县金河草原标准化示范区"被确定为第五批全国农业标准化示范项目。

2007年，国家奶业专项——内蒙古伊利实业集团股份有限公司承担的"农牧交错区奶牛养殖技术规范建立与高产核心牛群构建"项目，获得367万元支持资金；内蒙古蒙牛乳业(集团)股份有限公司承担的"北方牧区舍饲半舍饲奶业生产技术开发与应用"项目，获得204万元支持资金。争取国家奶牛优质冻精补贴资金780万元，选配奶牛共26万头。年内共建设标准化牛人工授精站600处，羊人工授精站335处，1550个点已全部投入使用。自治区肉羊良种补贴资金 90 万元,共引进种公羊 709 只。争取到能繁母猪补贴资金 145 万元,规模养猪场项目补贴资金 330 万元,同时开展能繁母猪政策性保险工作。

2009 年,和林格尔县生产力促进中心获得重大科技专项支持资金 50 万元,开展自治区畜牧业高新技术产业示范园区建设;内蒙古猛源牛业股份有限公司获得重大科技专项支持资金 30 万元,在土默特左旗开展优质肉牛高效饲养技术集成示范及产业化。

2011—2014 年,全市以奶牛、肉羊、禽类养殖技术集成示范为重点,以规模化、标准化、专业化养殖为主攻方向,发展特色养殖业。

奶牛养殖。呼和浩特市认真贯彻落实国家和自治区促进奶业发展的政策措施,实施标准化规模养殖,优化奶牛区域布局,在不断创新经营方式的基础上,奶业规模、产业结构和生产水平得到大幅提升,全市奶业总体上保持持续稳定发展势头。2011 年 11 月 2 日,作为国家级农业标准化示范区项目——内蒙古蒙牛乳业(集团)股份有限公司组织实施的“奶牛养殖标准化示范区”,经国家标准化委员会委托的专家考核,全面通过验收。

肉羊养殖。2011 年,“十二五”规划时期国家现代肉羊产业技术体系建设正式启动,在呼和浩特市武川、和林格尔、清水河县 3 个示范县的基础上,又增加托克托县和新城区作为重点扶持地区。从品种选择、繁育技术、饲料配制、饲养规程、疫病防治等方面开展综合配套生产技术推广应用,并在养殖条件较好的乡镇建设肉羊养殖专业村,成立专业合作社,发展壮大肉羊产业。包括清水河县金农种植农民专业合作社开展的“肉羊高效养殖技术集成示范”、呼和浩特市宝丰农牧林开发有限公司开展的“宝丰高效肉羊养殖与牧草种植基地建设”、呼和浩特市毅丰农业科技发展有限公司开展的“肉羊高效养殖核心技术集成示范”、和林格尔县绿源肉业协会、土默特左旗秃力亥实验农场有限公司开展的“优质肉羊健康养殖技术集成示范”、内蒙古赛澳繁育技术有限公司和呼和浩特市家畜改良站开展的“优质肉羊规模化高效养殖核心技术集成示范”、内蒙古友联家畜繁育生物技术研究公司开展的“规模化肉羊健康养殖技术集成示范”、内蒙古金戈尔有机畜牧有限公司开展的“有机‘雪花’肉羊饲养技术体系研究示范”、呼和浩特市丙晟种养殖专业合作社开展的“优质肉羊健康高效规模化养殖核心技术集成示范”等项目。

其他特色养殖。内蒙古正缘农牧业有限公司开展“特种蛋鸡产业化养殖技术集成示范”;呼和浩特蒙川禽业有限公司开展“肉鸡标准化养殖技术集成示范”;武川县得胜沟林业工作站、托克托县新一农业发展有限责任公司、乌素图林果蔬菜农业专业合作社分别开展“优特畜禽健康养殖技术集成示范”;武川县兴旺农副产品专业合作社开展“优质笨鸡养殖技术集成与示范”;市蒙骏国际马术俱乐部开展“运动用马健康养殖及调教训练技术集成示范”;玉泉区万胜禾种猪养殖场开展“斯格种猪养殖技术推广及应用”等项目。

家畜生物繁育技术。内蒙古赛科星公司是自治区从事动物繁育的高新技术企业，成功建立动物干细胞分子育种模型。在全国5000个大中型牧场推广奶牛性控冻精420万支，已繁育良种奶牛130余万头，总产值达到65亿元，为奶牛养殖农户新增效益39亿元；在全市建立奶牛性控技术推广和技术服务网络，推广应用奶牛性控冻精21万支，性控冻精平均情期受胎率53.2%，奶牛母犊性控准确率93%，出生性控良种奶牛母犊10万余头，新增产值5亿元，为奶牛养殖农户新增效益3亿元。呼和浩特市奶牛性控冻精累计在全国推广应用100万枚，动物疫苗悬浮培养生产技术进入产业化，纯种肉羊良种繁育基地累计提供良种肉羊3000余只。

2014年，全市有伊利、蒙牛和奈伦公司等龙头乳品加工企业，有赛科星、圣牧高科、奶联社、和美科盛、斯隆生物、优牧特等奶牛繁育、养殖和饲料生产企业。全市拥有规模化奶牛牧场315个，奶牛存栏63.1万头，奶产量316万吨。以伊利、蒙牛为主的乳制品年生产能力达775万吨，实现产值近1000亿元。企业拥有存栏120头种公牛育种中心和存栏1000头母牛的实验基地，性控冻精年生产能力超过100万支，营业收入为6.3亿元；生物饲料年产量达10万吨，实现产值5亿元。全市拥有内蒙古蒙羊牧业、赛澳牧业、猛源牛业、禾硕生物等养殖、品种改良、加工重点企业。拥有肉羊存栏342.7万只，基础母羊达195万只，5000只种公羊基地；2个肉牛养殖基地，存栏4000头肉牛；年加工170万只肉羊生产线、年加工10.72万头肉牛生产线；利用牛羊畜副产品提取高档微生物发酵用蛋白胨企业1家，肉产业链2014年产值达9850万元。

国家、自治区、市各级科技部门给内蒙古赛科星公司投入科技引导资金3828万元，研究开发奶牛超级性控冻精二代新产品，开发试制智能型奶牛人工输精枪等设备；申请国家发明专利13项，获得授权10项；制定奶牛和鹿性控繁育相关的国家和地方标准4项。2015年11月16日，赛科星公司在全国新三板挂牌上市，迈开出家畜种业与繁育生物技术在资本市场的第一步。赛科星公司通过实施国家"十二五"奶业重大攻关课题，选育后备种公牛112头；建立生产优质冷冻精液100万剂的生产线一条；研究开发一套奶牛性控冻精生产新技术，使奶牛性控冻精生产能力由3万支~4万支提高到8万支~9万支（提高生产效率2.3倍~2.7倍），新技术产品平均情期受胎率达到50%以上，后代性控准确率达到93%以上。开发牛奶成分及初乳活性成分检测方法3个；制定奶牛性控冻精生产新技术和产品的国家标准2个，申请专利6项。

伊利集团通过实施国家"十二五"奶业重大攻关课题，在国内首次提出并推广奶牛养殖场营养评估体系，将牧场现场评估、化验室检测、数据统计（饲草料质量、配方合理性、饲喂管理，牛体状况，牛奶质量产量）等方面相结合，评价养殖效益和管理缺陷，为牧场饲养管理提供全方位的诊断和解决措施;其完善的体系有较强的可复制性,便于牧场技术管理水平的提高和人才的培养,是搭建奶牛健康养殖模式的基础。制定奶牛营养评估宣传册、操作手册各一套,在全国73个牧场和伊利公司28个自建牧场中广泛使用。培育建设万头奶牛科技示范牧场2个,依托圣牧高科与内蒙古大学生物科技中心承担实施的欧米伽-3国家863项目,利用现代生物技术,生产牛奶中富含欧米伽-3的高端奶牛,利用胚胎移植技术快速扩繁,建设高端奶牛万头牧场。引进中科院遗传发育研究所超高产奶牛繁育技术,依托和林格尔县国家农业科技园区建设2万头超高产奶牛繁育示范基地。

主要通过现代生物技术与传统育种技术相结合的方法培育适合生产需要的良种牛、羊新品种,并研究开发良种家畜扩繁的性别控制、动物克隆、胚胎移植和人工授精等繁育新技术,加强家畜良种繁育。集成示范奶牛标准化养殖技术,培育建设万头奶牛科技示范牧场,提高大中型牧场的生产水平。对肉羊的品种改良、舍饲规模化养殖和特色养殖进行技术攻关,取得一系列成果,并开展大规模的试验示范和推广。

2015年,全市"肉羊高效养殖核心技术集成示范"项目建成,形成完整的肉羊扩繁杂交育肥技术体系,建成齐全的肉羊扩繁杂交育肥基地,年出栏达4000只,对地区肉羊养殖起到示范带动作用。

2016年,畜牧业电子商务发展迅速,全市具有一定规模的农牧业企业154家,其中有电子商务交易活动的企业数约16家,交易额约8亿元。全市90%以上的现代农牧业企业建立自己的网上交易平台。全产业链示范企业迅速增加。一产、二产、三产业融合发展示范企业增加到12个,例如:圣牧高科增加奶制品加工,赛科星增加奶牛养殖等。

2017年,推进农业示范园区建设,土默特左旗国家现代农业示范园区总占地面积5000亩,总体规划是涵盖农林草网、文旅融合、多产联动的集博览、科研、旅游、生产销售于一体的综合型农业产业示范园,规划已通过初审。托克托县现代农业科技示范园已制定初步规划。武川县的绿色农产品和有机食品交易中心区已开始运营。倡导互联网+现代农业的运作模式,建设土默特左旗昌德和基地、四季青基地,赛罕区万春鑫基地等9个物联网+现代农业技术控制智能基地。规模化奶牛牧场194个,全部实现TMR机智能化饲喂,70%的牧场使用电子化管理软件。

2018年,市科技局围绕全市乳业升级3年行动计划,重点支持伊利集团、蒙牛乳业、赛科星、富源牧业、现代牧业、圣牧高科、初元等乳业龙头企业开展科技研发,通过新技术研发、新产品开发,着力提升乳产业链创新水平,打造国家奶牛良种繁育、优质原奶生产与高品质乳品加工基地,构建具有国际领先水平的乳产业链创新体系。支持蒙羊牧业开展高端羊肉制品的深加工,通过先进的低温冷却排酸工艺实现真正地冷鲜羊肉,成为国家航天员专供食品，拓展产品的高端市场。支持内蒙古赛科星繁育生物技术（集团）股份有限公司开展航天诱变及动物干细胞诱导新技术的研究与推广。

二、家畜改良

1955 年开始，呼和浩特市在郊区、工矿区及铁路沿线，利用三河牛进行自群繁育，引入部分黑白花母牛和犊牛进行繁育。1958 年，呼和浩特地区开始群众性黄牛杂交改良。1964 年，大黑河奶牛场引进荷兰系黑白花种公牛、北京黑白花种公牛与原有的本地奶牛和三河牛进行杂交改良。

为提高牲畜质量，自治区政府提出“发展牲畜要数量和质量并举，以提高质量为主”的方针。呼和浩特地区引进国内外优良种畜，掀起牲畜改良配种高潮。1958—1960 年，3 年共培训配种技术员 462 人次，改良绵羊 57 940 只。1958 年，为适应改良工作的需要，自治区畜牧厅将包头市麻池中心配种站所属的茂林太、三两、察素齐、大岱、双龙、苏卜盖等 6 个种马配种站转交土默特旗管理，同时引新品种三河马、三河种公牛，设立种牛配种站。1958 年后，呼和浩特市绵羊改良全面铺开。土默特旗引进新疆细毛羊 163 只，设立 50 个配种站。1959 年，又引进新疆细毛羊 156 只，设立配种站 73 处，输精点 5 个。1960 年，土默特旗种牛配种站发展到 17 处。该旗从 1953—1960 年共有改良牛 5417 头。绵羊配种站增加到 102 处。1960 年后，随着农业机械化水平的提高，对牛的改良工作逐步放松，种公牛放群，自由交配，种牛配种站转为种马配种站。1971 年，全市引进高代杂种母羊 39 只，罗姆系公羊 45 只，来斯特公羊 10 只，东德美利奴公、母羊 25 只，苏联美利奴公羊 6 只，还引进大量的新疆细毛羊、内蒙古细毛羊，从而使绵羊改良工作进入新的发展阶段。1972—1973 年，全市旗县区各建成一个国营种猪场，另有几个集体猪场和商业部门猪场，是当时引进和繁殖良种猪的基地。科技工作者对“三化养猪”，即公猪良种化，母猪土种化，肉猪杂交化，做了大量工作，利用杂交优势，提高育肥性能。

1974 年，全市开始将冷冻精液人工授精技术（简称冷配），应用于奶牛生产中。呼和浩特从北京、天津、上海、杭州、宁夏等地引进黑白花奶牛，先后派人去北京种公牛站学习，购置液氮罐等设备，举办冷冻精液技术配种训练班，设立输精点，对劣质种公牛予以淘汰。这一时期奶牛产奶量每年平均以 9% 的速度增长，每头奶牛平均单产由 1974 年的 1231. 6 公斤，增加到 1978 年 2495. 4 公斤，提高将近一倍。

1978 年前后，市科委在郊区小井公社集中一部分土种母牛，用肉用利木辛种公牛的冷冻精液颗粒进行杂交改良。1979 年，土默特左旗、托克托县、郊区进行育肥公牛试验，共育肥公牛 84 头。

20 世纪 80 年代后，全市加强改良配种工作，陆续引进许多优良品种，改良当地土种畜群,增加牲畜个体产值,整个畜牧业生产水平普遍提高。1985 年,建有冷配点 30 处,其中国营点 3 处,集体点 1 处,个体户点 26 处;配牛 3285 头,其中冷配奶牛 2668 头,改良黄牛 517 头。1985 年,全市基础母牛平均产奶量是 20 世纪 70 年代初期的 3 倍多,改良种马 1100 匹,改良种牛 6500 头,改良种绵羊数量 14 万只,占比 40%,种公母猪已良种化,育肥猪杂交化,改良种鸡比 35 万只。

特别是黑白花奶牛,经过引进、杂交改良、选优去劣、选育提高等阶段,基本形成呼和浩特地区具有黑白花奶牛品种特征的奶牛群,基础母牛平均单产有显著提高。

市科委制定以保护、种植林草为中心,杂交改良土种山羊为重点,改善饲养管理,加强畜病防治,培育大青山绒肉兼用型山羊的方针,在土默特左旗青山乡建立绒山羊改良实验基地。经过几年的努力,该乡山羊总数已由 2 万只增加到 12 万只,其中 85% 以上为改良种,产绒量由原来每只山羊不足 125 克提高到 270 克,胴体重增加 4 公斤,农民人均收入达到 960 元。在生命科学和生物工程技术及产品方面,内蒙古大学生物系、内蒙古大学试验动物中心取得试管山羊、试管绵羊、试管牛、山羊和绵羊的体外受精技术、绵羊冷冻精液保存技术等 5 项研究成果。

2000 年,市家畜改良站开展奶牛胚胎技术应用;通过第一期牧业畜种子工程建设,全市建立健全奶牛冷配站(点)528 个、羊人工授精站(点)335 个,配备必要的设备,达到自治区的验收标准,保证全市牛羊改良配种的正常进行。

2001 年,全市实施第二期畜牧业"种子工程"的第二年,做好奶牛冻精管理、规范奶牛冻精市场的同时,还加强对奶牛冷配员的培训和考核工作。2002 年,国家农业部万枚高产奶牛胚胎移植富民工程和自治区"主席工程"项目启动,年内完成 1000 枚奶牛胚胎移植。通过实施畜牧业种子工程良繁体系、监测体系和服务体系建设,全市大小畜良种和改良种比重达到 78.5% 以上,比实施前提高 16.3%,快速有效提高牲畜个体生产性能,奶牛胚胎移植工作取得突破性进展。

2002 年,全市围绕奶业的发展,调整农业产业结构,通过实施畜牧业种子科技工程,大力发展农区畜牧业,全面开展奶牛优质冻精冷配育种和牛羊胚胎移植工作,奶牛全部实现冷配(包括引进奶牛性别鉴定、精子分离技术等奶牛选育技术);通过继续加大奶牛胚胎移植技术的推广和应用,提高优质奶牛冻精冷配的比例,年内完成了 1205 枚高产奶牛胚胎移植;奶牛冷配站(点)覆盖全市乡村。从加拿大引进奶牛胚胎性别鉴定技术,在和林格尔县建立生产和推广基地—大正美联现代奶牛工程有限公司和林格尔县基地。该公司形成年生产 1 万枚雌性奶牛胚胎的能力,向农户推广用黄牛生产高产奶牛技术,有效加快全市奶牛良种化进程,对提高奶牛质量和产奶量有重要意义。全市进行牛冷配

18.28 万头,累计建成羊人工授精站(点)429 个,进行羊人工授精 75.56 万只。全市新增奶牛 11.18 万头,肉羊种羊生产 4948 只,绒山羊种羊生产 1635 只。6 月末,改良大小畜比重达到 82.1%,超任务指标 5.1%。年内完成大小畜改良配种 92.36 万头(只)。

2004 年,内蒙古大正置业(集团)现代奶牛工程公司开展优质奶牛性别鉴定胚胎移植繁育技术开发、应用及产业化研究;呼和浩特市海日瀚生物技术有限公司承担的"草原羊胚胎综合利用技术产业化开发"获得国家星火计划项目立项。

2005 年,全市大小畜良种比重达到 82%,比"九五"末期提高 8.27%。

"绿色奶牛工程关键技术集成与示范"项目。集成从奶牛品种改良、奶牛疫病诊疗、奶业科技服务体系建设到为养而种的饲用作物新品种的引进、选育、示范、加工及饲草节水栽培等先进适用技术,为实施吨奶工程提供科技支撑。

"肉羊品种改良杂交和快速育肥试验示范"项目。围绕全市肉羊产业的发展,利用内蒙古赛澳牧业科技发展有限公司成熟的胚胎移植技术,快速扩繁优质种公羊 200 余只;由自治区肉羊首席专家荣威恒研究员(内蒙古农牧业科学院副院长)牵头,进行肉羊品种改良杂交和快速育肥研究试验,制定小尾寒羊改良和快速育肥技术规程,已在和林格尔、清水河和武川县安排 5 个国外进口种公羊品种,选择了 20 余个示范农户,优选出适合于改良本地羊和小尾寒羊的种羊 2 个～3 个品种,对本地土种羊和小尾寒羊进行杂交改良,改良数量近万只。通过试验结果分析,改良后的杂交羊既保持小尾寒羊的高繁殖率,又具有优质种公羊生长发育快的特点,与本地品种及小尾寒羊相比,日增重平均在 220 克以上,出栏时平均胴体重比小尾寒羊及土种羊高出 1.5 倍,保持肉用羊的优良肉用特性。据初步测算:农民饲养 1 只小尾寒羊基础母羊通过用国外肉用种公羊杂交,年纯收入在 1000 元左右。这一项目的实施与推广,加快肉羊育肥速度,提高产肉率,为肉羊加工企业提供符合屠宰标准的加工原料,提升全市肉羊养殖的科技含量,加快了农业产业化进程。

"奶牛性别控制技术示范"项目。应用奶牛 X 性控冻精改良现有的中、低产奶牛,在奶牛 X 冻精生产和产业化应用上取得突破性进展,提高精子分离速度和分离准确性,精子分离速度达到 5000 个/秒～6000 个/秒,性控准确率达到 95%;通过在 133 家大中型牧场和农户中示范应用,总计实施 10 万例以上的人工授精结果表明,情期受胎率达到 55%～60%,母犊性控准确率为 94%以上,改良后奶牛平均单产提高 2 吨,牛奶收购价按 2400 元/吨计算,每年每头奶牛可增加收入 4800 元。奶牛 X 性控冻精新技术的应用示范,使母牛连续生产母犊,生产母犊数提高近 1 倍,实现良种高产奶牛群的快速扩繁,迅速提高奶牛生产性能及质量,大幅度提高奶牛养殖户的经济效益,满足乳制品企业对优质奶源的需求,促进奶牛业的健康快速发展。

争取到优质奶牛冻精补贴项目资金。国家农业部奶牛良种补贴项目资金672万元,补贴优质冻精45.4万支,选配奶牛22.7万头。自治区奶牛良种补贴资金90万元,补贴优质冻精6万支,选配奶牛3万头。全市共调进种公羊959只,新建羊人工授精站(点)1000个,使全市羊人工授精站(点)总数达到1470个。大小畜改良配种107.3万头(只)。

2005—2007年,围绕乳业、肉业两大主导产业,全市实施畜牧业种子工程,改良奶牛、肉羊品种,在自治区的支持下,上下联动,重点开展《绿色奶牛工程关键技术集成与示范》《肉羊品种改良杂交和快速育肥试验示范》《肉羊胚胎移植和品种改良技术研究示范》《奶牛性别控制技术示范》等项目。

2008—2009年,全市重点实施《奶牛性控繁育技术示范》《肉羊改良繁育技术集成与应用》专项。包括内蒙古赛科星生物技术有限责任公司、内蒙古蒙牛繁育生物技术有限责任公司开展的《奶牛性别控制技术示范应用》、内蒙古赛澳牧业科技发展有限公司开展的《通过体细胞克隆胚胎移植新技术的集成应用建设标准化优质肉羊繁育基地》、内蒙古赛澳牧业科技发展有限公司与呼和浩特市家畜改良站共同开展的《肉羊改良育肥新技术集成研究与示范》、内蒙古畜牧科学院开展的《引入肉用绵羊杂交育肥及配套技术的推广示范》等项目。土默特左旗科技局承担的《高产奶牛优质冻精冷配技术推广》项目,完成奶牛推广4.5万头,每头增收1800元,新增效益7000万元;和林格尔县科技局承担的《优质肉羊杂交改良技术》项目,推广数量达到12.48万只,新增效益936万元。

《奶牛性控繁育技术示范》专项,是全市启动的第一个重大科技专项,也是继市政府出台的63项惠民政策后的又一项惠民政策。主要在和林格尔县、赛罕区、新城区进行大面积示范应用,覆盖124个自然村,1年内完成1万头优质奶牛性控冻精冷配任务(怀胎),受胎率达到50%、母犊率达到90%以上。出生母犊按90%计算,出生9000头优质母牛,所产母犊的当时市场价格3000元/头,收益2775万元;按1年每头牛产奶量提高500公斤计算,奶价按2.4元/公斤计算,9000头母牛5年产奶收入达到5400万元。

肉羊改良繁育技术集成与应用。一是引进肉用种公羊2075只,二是全市新建人工授精站40处,三是建成小尾寒羊纯繁场3处,每年向社会提供300只的纯种小尾寒羊基础母羊。这一项目的实施共调拨优质顶级种公羊400只,发放到规模养殖户手中,共辐射农户392户。这批种公羊改良全市基础母羊数量达到1.2万只,杂交所产后代胴体肉重每只增加5公斤左右,每只增加收入120元,项目覆盖农户新增加收入144万元。采用内窥镜移植技术,经过9个~10个月的实施,成功移植208只受体羊,第二年将产出种羊100余只、其中种公羊和种母羊各占一半,这为全市种公羊缺乏和种母羊的再生产发挥重要作用。

2010年,全市继续实施奶牛性控繁育技术示范专项,由内蒙古赛科星公司牵头,在土默特左旗、托克托县、和林格尔县和赛罕区规模化牧场实施2万头奶牛性控繁育技术示范项目,改良后的奶牛平均单产提高2吨,牛奶收购价按2800元/吨计算,每年每头奶牛可增加收入5600元。包括蒙牛繁育生物技术股份有限公司开展的奶牛种公牛性控分子育种新技术研究开发和奶牛体细胞克隆技术商业化开发与应用研究;内蒙古圣牧高科牧业有限公司在和林格尔县盛乐园区建设奶牛科技示范牧场。在肉羊养殖方面,内蒙古赛澳牧业科技发展有限公司开展的利用羔羊超数排卵体外受精技术高效繁殖优质肉羊研究;内蒙古赛澳牧业科技发展有限公司、呼和浩特市家畜改良站共同开展肉羊三元杂交组合筛选及配套技术集成与示范;呼和浩特市家畜改良工作站开展生猪育肥技术与粪便无害化处理技术集成示范;呼和浩特市旭丰牧业有限公司开展肉羊三元杂交组合筛选及配套技术集成与示范。全市累计建成人工授精站476处,建成种羊场7个。

2011—2013年,内蒙古赛科星繁育生物技术公司与英国剑桥大学合作,成功诱导出小鼠和奶牛的干细胞,以小鼠干细胞为基础建立动物细胞分子育种模型。研究开发添加异种动物精子生产混合奶牛性控冻精的新技术,使奶牛性控冻精生产效率提高50%,生产成本降低60%;研究改进X/Y精子DNA染色、卵黄过滤和过氧化剂添加等技术方法,提高分离精子活力,延长冷冻精子解冻后的存活时间,优化奶牛性控冻精生产技术流程,提高产品质量;奶牛性控生产技术流程申报国家发明专利2项,获得授权3项;制定《奶牛性控冻精生产技术流程》《奶牛性控冻精产品》2个国家标准。在呼和浩特地区建立奶牛性控技术推广和技术服务网络,推广应用奶牛性控冻精13万支,性控冻精平均情期受胎率达到53.2%,性控准确率达到93.1%,出生性控良种奶牛母犊5万头,新增产值2.5亿元,为奶牛养殖农户新增效益1.5亿元。性控奶牛后代年平均牛奶单产达到8.02吨,与同类牧场奶牛平均单产5.81吨相比,经济效益显著增加。

科技示范牧场建设。依托圣牧高科与内蒙古大学生物科技中心承担实施的欧米伽-3国家863科技项目,繁育功能性奶牛,生产富含欧米伽-3的高端牛奶,在和林格尔县国家农业科技园区建设万头功能性奶牛科技产业化示范牧场,建成投产5栋泌乳牛舍,并配备装载机、TMR饲喂车等大型机械及牧场生产配套设施,存栏育成牛近4000头;通过现代生物技术,配种成功300余头牛,转化成功20头小犊牛,并陆续扩大规模生产。依托犇腾牧业,引进中科院遗传发育研究所超高产奶牛繁育技术,在和林格尔县国家农业科技园区建设2万头超高产奶牛繁育示范基地,从国外引进超高产荷斯坦奶牛胚胎进行移植,完成近900头奶牛胚胎移植,牧场有受体牛3000余头。此外,内蒙古天和荷斯坦牧业有限公司开展肉牛新品种引种、选育、扩繁;内蒙古赛澳牧业科技发展有限公司开展肉羊高效杂交组合筛选及配套技术集成示范;山羊工程技术研究中心开展山羊改良及品种选育技术研发。

2014年,内蒙古犇腾牧业有限公司开展基因检测技术和活体采卵繁殖技术在超级奶牛筛选和快速扩群应用的研究和示范;内蒙古泰澳牧业有限责任公司开展肉羊高效杂交组合筛选及配套技术集成示范与品种选育。

三、生物饲料

呼和浩特市养猪业饲料来源,着重是利用农作物秸秆等副产品,并开始应用粉碎发酵方法,学习外地制备抗菌素配入饲料喂猪。20世纪60年代,市郊区加工饲料的场点有77处,加工量达到20万公斤;解决饲料的另再一个办法是大量采集野生植物。进入20世纪70年代,养猪开始推广醣化发酵饲料(将秸秆粉碎加中曲、庆曲、无曲水发酵,提高适口性和可消化率)。1971年,呼和浩特地区牛的饲料开始利用农作物秸秆,粉碎后经发酵醣化处理喂牛。

1986—1990年,全市针对风大沙多、气候干旱、冬春寒冷、草场载畜量过大的特点,研制牲畜过冬保膘的颗粒饲料和保护牧场的网围栏。特别是为绵羊冬春补饲的颗粒配合饲料研制成功,改变牲畜只喂单一饲料的习惯,提高饲料的利用率,使有限的抗灾保畜饲料粮发挥出更大的作用。试验结果表明,补饲颗粒配合饲料比补饲草料的妊娠母羊增重比过去增加4倍~5倍,产奶量提高39.6%,羔羊的出生重和日增重分别提高45%和36%,尤其是妊娠母羊和产后哺乳母羊,以颗粒配合饲料喂养,对增膘、增奶、增毛、壮羔等都收到良好的效果。在饲料增加剂上,内蒙古农牧学院副教授王守清利用生物工程法研制的发酵血粉,为自治区饲料工业的发展开辟新的领域。过去每年自治区大约有2900万吨屠宰家畜的血液白白浪费,随着饲料工业的兴起,区内外一些地区开始利用血粉,由于多用高温法生产,血粉蛋白质含量降低,工艺复杂,成本高,不易推广。利用生物工程法生产的血粉不仅各种营养成分保存完备,而且蛋白含量高达33%,不受高温、血缘多少限制,特别适宜养殖专业户掌握生产。这种血粉作为饲料添加剂喂牛、羊、猪、禽、鱼等都有理想效果。鸡饲料中添加3%~4%,产蛋量可提高30%,牛饲料中添加3%~5%,饲料报酬可提高1倍以上。

内蒙古金河饲料添加剂厂承担的“饲料金霉素添加剂”项目,着眼于上规模、上档次、上水平,生产规模由建厂的1200吨/年增加到1994年的6000吨/年饲料金霉素,年销售额达6000余万元,产品销往美国、德国、加拿大以及东南亚各国,成为世界最大的饲料添加剂生产厂家。该项目的建成投产带动了农民种植玉米的积极性,促进托克托县玉米淀粉加工业的发展,及“万吨玉米淀粉开发”“万头肉牛”项目的开发实施,成为托克托县区域性支柱产业。

1995 年,全市推广稀土饲料添加剂饲喂育肥猪技术,实现经济效益 99.16 万元。

2000 年,呼和浩特市农牧技术有限公司开展高效利用秸秆营养工程技术及其相关产品的应用推广。

2002 年,内蒙古农业大学生态环境学院开展优质青饲料引种栽培及应用研究。

2003 年,市科力乳品研究所推广奶牛用生物酶制剂。

2004 年,内蒙古金河集团牧星牌饲料金霉素已通过 FDA 认证,生产能力占世界总产量的 70%,获得第二届中国农业博览会金奖,销售收入达到 4 亿元,出口创汇 3000 万美元。2005 年,武川县科技局承担的"TMR 饲料示范推广技术"项目,推广数量达到 5 万头(只),新增效益 645 万元。

2009 年,内蒙古牧泉元兴饲料有限责任公司开展奶牛微生态制剂的研究与应用;呼和浩特市华欧淀粉制品有限公司开展马铃薯淀粉废水综合利用及酵母单细胞蛋白饲料开发研究。

2010—2014 年,反刍动物非常规生物饲料、复合生物肽饲料、功能性饲料和复合微生态制剂等成为研究开发的重点。内蒙古斯隆生物技术有限责任公司开展反刍动物绿色生物饲料研究开发,运用微生物发酵技术、复配技术,围绕反刍动物非常规生物饲料、复合生物肽饲料和复合微生态制剂等方面进行研究,开发出具备微生态调控和饲料养分利用促进 2 种功效的新型微生态制剂和具有替代抗生素功能新型生物肽饲料;内蒙古蒙泰大地生物技术发展有限责任公司开展功能性饲料开发及产业化项目;呼和浩特市亿羊达生物科技有限责任公司开展畜禽健康养殖微生态制剂技术集成示范。

依托和美科盛、斯隆高科、优牧特高科技生物企业进行重大专项的实施,采用现代微生物发酵技术和复配技术,选用优质饲料原料和高活性益生菌,开发出具有微生态调控和饲料养分利用促进两种功效又替代抗生素功能的生物饲料、生物精华系列产品。产品明显改善饲料适口性,促进动物消化吸收,提高动物养殖效率,使肉羊每天多增重 1 两左右,使奶牛产奶量和奶品质明显提高。

四、草产业

呼和浩特市草产业发展,具有天然草场植物种类繁多,资源较为丰富,属于优良牧草,适口性好,有较高的饲用价值等条件。各类草场多为良好的放牧场地,部分草场是质美量丰的割打草场。

1964 年起,内蒙古草原科学研究所在土默特旗沙尔营建立实验场地,研究草原利用改良、牧草饲料栽培、植物保护和牧草生理等课题。20 世纪 70 年代,全市大量种植紫花苜蓿等优良牧草，面积从30亩扩大到300亩，青贮种植从75亩增加到795亩，贮制青贮100万公斤，先后围建7995亩草库伦，封滩育草，使天然草场的产草量提高1倍，每年可打草100余万公斤。夏秋季喂苜蓿青草，冬春有青贮，一年四季不断青，不仅让牛吃得饱，还能吃得好，做到了奶牛膘情稳定，季节产奶均衡，牛奶质量稳定，产奶量稳步提高。实现了稳定、优质、高产、低成本。1977年，呼和浩特地区开始围栏封育草场的试验，由市科委主持，在土默特左旗北什轴公社出彦村、恰台基民族村发展以养奶牛、羊为主的养殖业，进行草牧场建设，围建草库伦7000亩。1979年，自治区和市两级共建托克托县永圣域万头奶牛场，并飞播牧草5000亩。

1971—1984年，全市地区"人工草场综合措施研究"项目的实施，为在半干旱及盐碱化草地上建立人工草场树立样板。

1985年，全市草场总面积225万亩，平原草场约99万亩。土默特左旗有草场94.5万亩，占42%；托克托县39.9万亩，占18%；郊区90万亩，占40%。

1994年，全市实施草田轮作效益研究及推广，经济效益达到1759.32万元。随着奶业兴市战略的实施，种草养畜成为全市农村经济新的亮点，本着"立草为业，优化结构"发展思路，草业成为全市畜牧业、特别是奶牛业健康发展的基础。

2001—2002年，全市围绕"奶业兴市"战略的深入实施，开展牧草种子科技工程，加强优质饲用农作物和牧草基地建设，重点进行优质地方牧草品种繁育和配套技术研究，建成托克托、清水河县2个国家级优质牧草繁育基地，解决全市和周边地区发展畜牧业和生态建设所需的优良牧草种子的可持续供给。全市种植优质牧草达到31.2万亩，80%为加拿大阿尔冈金牧草新品种，还引进法国香槟苜蓿"三得利"、苏丹草、赛特、健宝高丹草、大力士、乐食等30余种优质牧草新品种。

清水河县作为国家农业部万亩优质牧草种子繁育基地，种植4000亩加拿大阿尔冈金、6000亩羊柴，完备喷灌设施，每年为社会提供20万公斤的优质牧草种子和近2万吨优质牧草。

和林格尔县现代农业示范园，按照"为养而种"的发展思路，调整种植业结构，扩大粮饲兼用玉米、优质牧草的种植面积，重点推广中单9409高赖氨酸玉米2万亩，青贮玉米2.5万亩(其中冬陵白1万亩)；加拿大阿尔冈金、法国香槟苜蓿等优质牧草1万亩。

内蒙古金河工程农业发展公司开展牧草抗旱转基因育种"中苜一号"育种基地建设，并进行"中苜一号"繁育技术研究。

2003年，在实施牧草种子科技工程中，全市继续优质牧草品种的引进、繁育、推广和配套服务技术研究。饲草种植面积达到65.74万亩，其中，优质苜蓿30.89万亩，80%为新品种加拿大阿尔冈金,健宝高丹草、大力士、乐食等一年生优质牧草,面积34.85万亩。武川县科技局组织开展的牧草新品种——菊芋的引种与示范。和林格尔县现代农业示范园在原有加拿大阿尔冈金、法国香槟苜蓿等优质牧草1万亩的基础上,新增连片种植2万亩,实行“五统一分”管理模式。蒙丰种业有限公司建立国家级优质牧草新品种试验示范基地,每年培育数10个牧草新品种的试验示范。托克托县金河集团现代农业有限责任公司从中国农科院畜牧所购买“中苜一号”苜蓿种子的繁育经营权,建成1.1万亩苜蓿良种繁育基地,该品种具有抗盐、耐旱、耐瘠薄和生长迅速、早熟的特点,适于呼和浩特地区种植,进一步提高盐碱地利用率,为全市及西部大开发地区生态建设发挥更大作用。托克托县金河草业科技园区发展草产业,组建农机服务队,实施定单农业,鼓励农民种草7900亩,与政府联合免费提供牧草种子,免费提供从播种到收获的全程技术、农机全套服务,政府补贴100元/亩,并建成年产6000吨的苜蓿加工厂,带动农业结构调整,推动农业产业化进程。

牧草种子科技工程重点开展优质牧草品种引进、繁育、推广和配套服务技术研究。呼和浩特地区人工种草面积达135.46万亩,其中优质牧草种植面积36.43万亩。截至2003年底,优质牧草保存面积达87.6万亩。青贮玉米种植面积达75.43万亩。制作青贮饲料12.46亿公斤,新增草原围栏12.1万亩。

2004年,呼和浩特市种子管理站、市农技推广中心开展优质饲用作物新品种选育、引进与饲草加工、贮藏综合技术集成示范;国家水利部牧区水科所开展饲草节水栽培综合技术应用示范。玉泉区科技局开展天香草推广面积达6000亩,每亩增收500元,新增效益300万元。托克托县星火技术密集区,在中国最大的饲料添加剂生产企业——华蒙金河集团的带动下,实施星火计划项目12项,总投资2.3亿元,以“公司加农户”的运作模式建成12万亩农业科技示范园,引进国内外优良牧草、农作物、苗木新品种和新技术,进行试验示范,建立国家级牧草种子繁育基地,形成草产业链。

2005年,全市实施优质饲用作物新品种选育、引进与饲草加工、贮藏综合技术集成示范专项,引进、选育、示范和应用饲用作物新品种,开展配套良种和加工贮藏新技术研究。内蒙古农业大学开展高丹草杂种优势遗传成因的分子标记新品种选育推广应用,高粱与苏丹草杂交新品种的育繁及配套技术研究。

2010年,全市草原建设总规模完成395.86万亩,其中人工种草86.94万亩,饲料作物种植84.04万亩,饲用灌木种植24.75万丛,草地围栏41万亩,草场改良13.95万亩。青贮种植145.18万亩。2010—2011年,内蒙古中农草业发展有限公司开展玉米秆穗分离青贮技术研究。内蒙古和信园蒙草抗旱绿化有限公司开展干旱、半干旱地区节水园林及生态建设植物开发利用，蒙草抗旱植物产业化示范。土默特左旗秃力亥实验农场有限公司开展青贮玉米新品种引进示范。

2012 年，内蒙古稼泰绿色农业开发有限公司开展饲草料基地建设。内蒙古奶联科技有限公司开展饲草料加工关键技术研究与应用。内蒙古和信园蒙草抗旱绿化股份有限公司开展节约型生态环境建设植物引种培育关键技术研究与示范应用。

2014 年，和林格尔县禾丰达农牧业有限公司开展呼和浩特地区优良苜蓿种子选育基地建设。

2015 年，全市加快优质饲草料基地建设，研发根瘤菌肥，水肥耦合，杂草防治、病虫害防治综合配套技术，集成示范推广苜蓿高产栽培、管护及病虫害防治技术，提高苜蓿产量和质量。支持“公司 + 基地 + 农户”模式，增强苜蓿草种植业技术指导和销售服务，建设优质奶源基地，实现牧草本地化，降低奶牛养殖饲草成本、提高效益。

第五节　动植物疫病防治

一、动物疫病防治

20 世纪 50 年代末到 60 年代初，呼和浩特市及旗县建立健全畜牧兽医业务机构。城乡成立诊疗所、畜牧兽医站，以预防为主的畜疫防治工作得到加强，常见危害性畜生命安全的烈性传染病得到控制，保证畜禽的健康生长。20 世纪 50—60 年代的防治，以马的普通病为重点，其次是猪的杂症。之后马、牛母畜生殖系统病、奶牛消化系统疫病、代谢病逐渐增多，新老兽医互相学习，医疗技术得到提升。

20 世纪 70—80 年代，为提高诊断疫病与检疫能力，呼和浩特市，土默特左旗和郊区兽医院等业务站先后建成化验室，进行一般常规化验、寄生虫病诊断、血清学诊断与某些细菌培养。同时，疫(菌)苗、抗生素、消毒药品生产供应逐渐充足，检疫防疫措施日趋完善。化学灭虫药剂不断向高效低毒更新换代。在治疗上，草药方剂的整理提高，白针、血针、火针到电针因症选用。新的医学知识的学习普及，西医、西药广泛应用，兽医防治工作走上中西医结合的道路。从诊断到治疗，从技法到用药，中西医结合，取长补短，相得益彰，一些疑难病例被治愈。动物疫病防治研究有了进一步发展和分类，防治疫病有了更加科学的方法。

(一) 内科病的防治主要有

1. 马疝痛。疝痛，俗称肚子痛。这种病在使役重、饲养管理差的集体役畜中多发。之后通过加强管理，本类病的发病率下降。

2. 过食疝和风气疝。前者因吃精料过多引起，后者由采食大量易发酵饲料所致。治疗方法尽快导出食物或导出、放出发酵气体，再投服健胃药品。

3. 肠痉挛。饮水或吃草料不适，造成肠管痉挛，灌服镇静止痉健胃药。此病在疝痛中比例最高，但多转归良好。

4. 肠便秘。中医叫结症，治疗方法是根据便秘部位，用大黄、芒硝及油类泻剂等通便药物。对此病在直肠检查时，用手隔肠壁做一些诸如捏、压、震等手法。20世纪70年代，曾将这些手法总结为“锤结术”，也有用电针治的叫“针结法”。呼和浩特市兽医人员应用针灸、中药、西药手法等配合运用，提高治愈率。

5. 中毒症。砒霜、有机磷农药，保管不严混入饲料或畜禽误食毒饵、喷洒农药不久的植物茎叶，用农药拌过的籽种。中毒事例屡见发生，中毒严重，可谓不治之症，故关键在于防范。

6. 代谢病。饲料中钙磷比例不恰当，或对孕畜、高产奶牛补钙不足，致使机体缺钙而骨质疏松，行走无力，步态不稳，病重时躺卧不起。防治方法，主要在于补充钙剂。

7. 其他常见内科病。如：急（慢）性胃肠炎症、痢疾（仔畜拉痢较重）、气管炎、支气管炎、肺炎（有些是感冒或某些传染病的症状）、慢性肺气肿、心力衰竭（见于劳伤）、急性肺充（淤）血、尿路炎症、结石、牛羊前胃弛缓、瘤胃积食、臌气、胃瓣阻塞尿路炎症等都是常见多发病。通过及时治疗，中西结合，辨证施治，大都可以转归良好。农牧民旧有给役畜灌服四季药的习惯，特别是春季灌服中草药剂，对调理脾、胃、肺功能有良好作用，是一种预防兼治疗的投药。饲料中若混有如铁丝、钉子等尖硬异物，则会造成牲畜发病。可在饲喂前先行检查草料（若用磁铁更好），还有从食道投入恒磁吸引器，于瘤胃探测，吸出有害的金属物件。

（二）外科病的防治与劁骟

主要是四肢病与外科病。耕役畜特别是骡、马，常常跌、扑、闪、摔，造成四肢关节扭伤、骨折；皮肤肌肉挫伤、创伤，脓肿、腹壁疝、阴囊疝等外科病，有时也能遇到。以上病症用药、针灸、手术，因症而异，灵活运用。对于公畜都要阉割睾丸去势，俗称骟。方法又有水骟、火骟、药骟之分。劁猪系指去势公猪与摘除母猪卵巢。

（三）母畜病的防治主要有

1. 生殖器官病。马、牛的卵巢囊肿，使发情不正常，可于直肠检查加以按摩，也可注射激素治疗。

2. 子宫内膜急性、慢性、脓性炎症。除用抗菌素消炎外，常口服中草药，用消毒药液，高渗盐水，生理盐水局部冲洗治疗。

3. 乳房炎症。奶牛多发,造成泌乳能力减退,某个乳头拥堵瞎奶,以致使母畜完全失去奶用价值。要注意挤奶卫生,发病后及时治疗。

4. 产科病。难产,尤以奶牛,多胎的猪多见;各种孕畜流产。局部施治与全身补中益气相结合。

(四)传染病防治

1. 人畜共患传染病的防治

炭疽。20 世纪 60 年代初,在畜间采用 19 号疫苗预防接种,取得一定效果。1971 年以后,全自治区推广猪型 2 号疫苗饮水免疫(溶于水中口服)。呼和浩特市连续使用 3 年,收到显著的防疫灭病效果。1980—1982 年,经对 3 个旗县重点村羊群及奶牛进行细菌查源,均未查出布鲁氏杆菌。

流行性乙型脑炎。卫生、畜牧部门的技术人员与广大群众共同采取封锁、消毒,对症治疗。1976 年,开始使用乙脑弱毒苗。

其他人畜共患疫病。主要有破伤风病、狂犬病等。破伤风病的防治方法主要是对创伤及时处理,在外科手术、给牲畜去势时注意消毒。狂犬病是由病畜(多为狗)咬伤人畜。扑杀病畜,注射疫苗乃防范之法。

2. 牛、羊传染病的防治

牛肺疫(牛传染性胸膜肺炎)。1957—1964 年,该疫在个别村庄发生,全市年发病几十头至上百头,病牛约一半死亡。从 1958 年自制免化弱毒胸水症苗给牛注射,连续使用几年,该病得到控制。全市牛结核病,偶有发生,病程长而临床症状不明显。

羊的其他疫病。羊肠毒血症是一种早已存在的传染病,发病急、死亡率高,常呈局部区域发病,以 1976 年最重,全市 10 个乡发病 2845 只,全部死亡。对本病只能采取预防的办法,接种羊三联苗(兼防猝疽、快疫)。绵羊痘也是一种老病,1959 年新发之后,断续发现,年染病羊数百只到上千只,致死畜 30% 左右,对症治疗和采用羊痘疫苗预防。

3. 马属传染病的防治

马鼻疽。是一种对养马危害极重的疫病。据不完全统计,1956—1982 年,呼和浩特地区多因买进阳性马爆发鼻疽,爆发点 36 个,感染马、驴、骡 593 头(匹),死亡 259 头(匹),死亡率为 43.67%。1958—1959 年,市政府下令,发动全市扑灭马鼻疽大会战。大会战的 5 字方针是:检(检疫)、隔(隔离阳性病畜)、封(封锁鼻疽疫区)、消(销毁尸体、环境消毒)、处(扑杀开放马,治疗阳性马),以后基本控制了马鼻疽。

马的其他疫病。几乎每年都有散发的疫病马腺疫,幼畜易感,多数能耐过,若及时用抗菌素治疗更好。1974 年 4 月,市大黑河牛场 50 匹孕马,流产 29 匹,诊断为马沙门氏菌病。

4. 猪、鸡的传染病防治

猪、鸡主要传染病。猪肺疫、猪丹毒、仔猪副伤寒，时早有蔓延流行。3 种病用三联苗（3 种苗制作时混装在同一小瓶，一次注射，兼防三病）进行治疗。

猪口蹄疫。该疫是呼和浩特地区的一种新病，病毒由外地调入的肉猪传染。以高烧及蹄叉处起泡破溃为主要症状，仔猪死亡率很高。要采取隔离、消毒、拔除疫点等紧急措施，处理病猪。1981 年，试用疫苗，之后又扩大免疫范围。

鸡瘟（鸡新城疫）、鸡霍乱（鸡出血性败血病），是呼和浩特地区鸡的传统病症，俗称传鸡。尤其是鸡瘟，流行面广，速度快，传染时一户户夺窝死亡。急性鸡霍乱死亡率也很高，及时注射青霉素可治好。

马立克氏病，雏鸡白痢，20 世纪 70 年代中后期从外地引进良种鸡的过程中带入。鸡群感染前种病，断续发病，零星死亡。后一种病借调换种蛋，出售雏鸡等途径广为传播，使小鸡大批死亡。预防办法是常给雏鸡喂止痢药品。

20 世纪，呼和浩特地区同时对猪、鸡等传染病进行免疫和防治。对于猪的免疫预防，20 世纪 50 年代，先用猪瘟结晶紫苗，后用微化毒湿苗、干苗。20 世纪 60—70 年代初，加用口服干菌、猪丹毒干菌。1975 年，开始用猪三联干菌，单防一种病时可用各自的单价苗。对于鸡的免疫预防，鸡瘟（鸡新城疫）、鸡霍乱（鸡出血性败血病），通过鸡新城疫Ⅰ Ⅰ系、Ⅱ系配合使用进行防治。20 世纪 70 年代后，单用Ⅱ系点鼻，也进行过喷雾免疫、饮水免疫试验，但大面积应用时，很难确保有效剂量，故未全面推广。猪鸡防疫工作量大，困难很多，20 世纪 50—60 年代除突击性会战外，预防接种面小量少，有时仅对发病局部开展灭火式应急措施。20 世纪 70 年代后，每年开展春秋两季防猪鸡病大会战。开展“群防群治”，提高防疫密度和效果。1979 年秋防前，市郊区兽医站提出“创百双”的倡议，“双百”就是猪鸡防疫密度分别都达到“百分之百”（除特殊例外，全部接受免疫）。1982 年，郊区秋防工作，共防疫猪 34 388 口，防疫鸡 199 161 只，预防密度都在 99% 以上；郊区组织人力抽查，共检查 89 个大队 2974 个养猪鸡户，实防疫猪 3490 口，密度 99. 8%；实防疫鸡 17 807 只，密度 97. 5%。

（五）体内寄生虫病防治

1. 蠕虫病。虫体扁平，长 10 厘米 ~ 20 厘米，又叫“面条虫”。仔猪、雏鸡多寄生蛔虫，使猪、鸡生长受阻，甚至危及生命。猪蛔虫，如筷子粗细，长 20 厘米左右，除吸取宿主营养外，有时十几条堆缩在一起，造成肠道堵塞。更有甚者，钻入胆管，是种要命的急腹症。多种家畜有消化道线虫，肺线虫，虫体多较细小。蠕虫病的绦虫用槟榔等药品，线虫用敌百虫、四咪唑等驱治。

2. 肝片吸虫病。低洼下湿地带的牛羊,特别是羊,易发此病。虫卵污染水草,被牲畜摄入,在肝脏发育,使病畜消瘦,出现黄疸,同时颌下、胸前、腹下水肿,俗称“水嗉子病”。投服四氯化碳等治疗。

3. 昆虫幼虫病。马胃蝇卵被马食入,发育成幼虫,于胃肠寄生,指头肚大小,往往量很大,引起家畜胃肠机能障碍。投服敌百虫驱治。羊胃蝇幼虫寄生于鼻窦,侵害鼻粘膜,使羊鼻孔流涕,鼻痒难耐,个别幼虫钻入大脑,致畜死亡。鼻腔注入敌百虫防治。

4. 牛皮蝇。幼虫寄生在牛背部皮下组织,渐成蚕豆大的隆起,并现小孔待成熟后钻出。早期肌肉注射倍硫磷,后期皮肤喷洒敌百虫水溶液治疗。

5. 原虫病。焦虫很微小,寄生于红血球。1974—1978 年,在土默特左旗一些地区发现牛泰氏焦虫病;1979 年 6 月,3 个奶牛场从上海引进的奶牛发病 35 头,死亡 16 头。典型表现是贫血、黄疸、血红素尿,应用贝尼尔等注射治疗。

6. 鸡、兔有球虫病。将磺胺类药物拌入饲料进行防治。

(六)体外寄生虫的防治

主要是羊疥癣。1980 年冬发现此病,1982 年波及到全市 3 个旗县区 10 个公社的 66 个羊群,发病羊 1.4 万只,发病率 4.2%。修建固定药浴池(石头、水泥筑成)10 个,上级业务部门支援流动药浴池(帆布)15 个。市里购置下拨六六粉 1000 公斤、克辽林 1000 公斤、林丹乳油 500 公斤,全部作为药浴用。托克托县病羊群 1981 年春秋各药浴一次,发病羊由 1980 年 1480 只降为 280 只。郊区小井乡 1981 年药浴羊 1.7 万只,1982 年 2.5 万只,还消毒羊圈、卧盘 42 万平方米,使 2 年前很重的疥癣基本得到控制。

1994 年,推广“猪囊虫病”检疫治疗增产适用技术,新增效益 413 万元。

1995 年,应用油乳剂灭活苗及综合防治措施防治鸡新城疫新技术,新增效益 570.4 万元。

2003 年,呼和浩特市疫苗注射预防畜禽 1422.34 万头(只、次),完成任务的 105.4%,其中五号病疫苗注射预防牲畜 382.27 万头(只、次),应防牲畜免疫密度均达到了 100%。累计向旗县区下发免疫户册 13.9 万册。在做好防疫工作的同时,全市十分重视检疫工作,严把检疫关,做到防检结合,以检促防。全市设立乡镇报检站 85 个,村报检点 62 处,检疫员 136 人,助检员 140 人,产地检疫率达到 90% 以上。从全市大量调运奶牛的实际出发,加强对外购奶牛的监督检疫,严格执行报批报检、隔离观察制度,严防奶牛疫情传入。奈伦天然乳品公司奶源基地开展奶牛不孕症综合防治新方法研究。

2004 年,赛罕区科技局推广奶牛疾控综合防治技术,数量达 12 万头,新增效益 1000 万元。内蒙古伊利集团等单位承担的“奶牛无规定疫病牧场园区组织建设示范”、呼和浩特市生产力促进中心承担的“奶牛120急救中心基地服务网络体系建设及示范”“农村奶牛科技信息网络建设”“奶农科技培训”获得国家星火计划项目立项。“内蒙古奶牛星火科技专家大院”“舍必崖奶业专家大院”“呼和浩特市土默特左旗秃力亥奶牛小区服务站专家大院”成为第一批国家星火计划农业科技专家大院模式示范单位。

2004—2007年,依托人才和技术优势,推动奶业这一主导产业,呼和浩特地区重点培育奶业科技服务专家大院,围绕奶牛疾病的防治技术等开展科技服务,为乳产业健康发展奠定了基础。

2005年,奶业专家大院的职责是采用先进技术为奶牛养殖业服务。奶牛养殖业因饲料价格上涨加之奶牛疫病蔓延,使农民养牛的积极性受到影响;由于奶牛养殖条件差,奶牛乳房炎的发病率一度上升至70%。针对这种情况,呼和浩特市舍必崖奶业专家大院组织当地一家生物高技术研究所的专家对这一课题进行攻关,经过半年研发,开发出预防和治疗奶牛乳房炎的“生物活性浴剂”,对500余头奶牛进行治疗,实现有效率96%、治愈率82%的效果。通过免费治疗,典型引路,广大农民认可“生物活性浴剂”的治疗效果,实现治疗奶牛乳房炎成本低、疗效高、操作简单、复发率低的目的。

2005年,内蒙古生物制药厂承担的“牛口蹄疫ASIA－Ⅰ型－O型双价灭活疫苗”研究作为国家攻关项目,获支持60万元;内蒙古农业大学和市动物防疫监督检验所开展奶牛疫病专家诊疗系统开发研究。组织供应生物制品4843.35万头份(万毫升),完成疫苗预防牲畜932.77万头(只)次,疫苗预防家禽2052.89万羽次。对21头“高热病”猪实行无害化处理。

2007年,全市完成疫苗预防牲畜937.24万头(只)次、家禽1399.79万羽次,重点动物疫病免疫密度达100%。市兽医实验室于8月申请通过自治区质量管理体系认证。共完成屠宰检疫39.61万头(只),完成活畜产地检疫18.16万头(只),禽类115.12万羽,完成公路运输检疫活畜13.46万头(只)、肉类6012吨。共检查动物诊疗机构335家,依法查处不合格动物诊疗机构32家、无证行医人员27人。年底,全市建成有赛罕区舍必崖奶业专家大院、伊利牧场园区奶业专家大院、内蒙古奶加牛奶联社奶牛专家大院等11个奶业星火科技专家大院。呼和浩特市知新生物高科技有限责任公司开展奶牛乳房炎防治与提高奶牛免疫功能技术开发。

2008年,市动物防疫监督检验所和市兽药监督管理所开展用于防治奶牛生殖道感染的微生态制剂研究。

2009—2010年,内蒙古伊利实业集团股份有限公司开展牛乳布鲁氏杆菌免疫磁分离/PCR检测方法的建立研究。市动物疫病防控中心开展奶牛乳房炎预防与控制技术集成应用推广。呼和浩特知新生物高科技有限责任公司开展无抗生素防治奶牛乳房炎新技术示范应用。

2012—2013 年,呼和浩特市把高效价、高纯度口蹄疫疫苗作为研究重点,通过悬浮培养、纯化浓缩生产工艺提升产品质量,并进行产业化开发。内蒙古必威安泰生物科技有限公司开展的大规模悬浮培养技术生产口蹄疫纯化高端疫苗项目。内蒙古金宇保灵生物药品有限公司开展高效价高纯度口蹄疫疫苗配套技术研究与产业化项目。

2014 年,内蒙古天和荷斯坦牧业有限公司开展基于 DHI 技术的奶牛隐性乳房炎预警系统研究。依托必威安泰、金宇保灵等国家农业部批准的口蹄疫疫苗定点生产企业,与中国农业大学、中国农业科学院兰州兽医研究所、中国农业科学院哈尔滨兽医研究所等联合,开发高效价、高纯度口蹄疫疫苗,通过口蹄疫疫苗的抗原纯化与浓缩工艺技术、146S 检测技术研究,建立固相竞争 ELISA 抗体检测方法并制备检测试剂盒。通过悬浮培养、纯化浓缩生产工艺提升产品质量,并进行产业化开发。为全市优质奶源基地建设提供保障。

二、植物病虫害防治

1956 年后,呼和浩特地区建立农作物病虫预测预报和植检组织,培训植保干部和农民测报员,有计划、有组织地开展病虫害防治工作,改变防治的被动局面,不仅对粮食作物病虫害进行防治,而且对经济作物以及农田鼠害也进行防治。由于新农药的使用,防治技术不断提高,防治效果明显。麦类黑穗病发病率降低到 0.1%;小麦锈病、地下害虫、草地螟、蝗虫基本上得到控制;麦秆蝇、马铃薯晚疫病也减轻危害。

1966 年后,呼和浩特地区被控制的农作物病虫害又有回升,新的病虫、杂草不断蔓延。1973 年麦秆蝇大发生,损失小麦约 210 万公斤。1978 年,又一次危害成灾,成灾面积达 30 万亩,其中毁种绝收 5.33 万亩。马铃薯坏环腐病传播蔓延到全市范围,野燕麦遍布所有小麦产区。1979—1982 年,草地螟大发生,面积 10 万亩,百步惊蛾量每平方米达 500 头 ~1000 头,严重的达万头以上,超过历史水平。

1977 年,呼和浩特市成立植保检疫站,从植物检疫到病虫害、鼠害防治,多方面做好植物农作物病虫害防治工作,为农业生产做好技术保障。1979 年,土默特左旗作为试验点,开始进行“肿腿蜂防治青杨天牛试验”。1984 年,该项试验荣获呼和浩特市科技成果三等奖。

1981 年,呼和浩特市开展林木病虫害的生物防治试验,利用红点唇瓢虫防治杨园蚧,试验点设在郊区讨号板村;利用长尾小蜂防治杨二尾舟蛾,试验点设在土默特左旗苗圃;利用核多角体病毒防治杨尺蠖试验,试验点设在托克托县大羊场大队。

（一）检疫与防治方法

林木检疫。20世纪70年代后，由于科学造林，引进培育大量新品种，林木种苗的调运也越来越频繁，危险病虫害的蔓延也随之增加，为此，制定“关于呼和浩特地区林木检疫暂行规定”，对全市范围内的国营苗圃、集体苗圃和个体苗圃的出圃苗，实行严格的产地检疫，每年苗木出圃前，由林木检疫人员进行检疫，凡疫苗率在0.1%以下者，发给合格证，批准出圃；超过标准一律不准出圃，并责令其采取适当的检疫处理，无法处理的疫苗就地销毁。对带有落叶松种子小蜂、柠条种子小蜂、柠条豆象的落叶松、柠条种子要施行熏蒸处理。通过林木检疫，确保林木种苗不带有检疫对象，把危险性病虫害控制、消灭在种苗产地，以预防不向保护区蔓延。为进一步加强林木检疫工作，1985年，由市林业局推荐，自治区林业局批准，全市有正式林木检疫员4名，并根据需要，在各旗县区配备一定数量的兼职检疫员。

植物检疫。植保检疫站从市到旗县配备专职检疫人员，1979—1982年，进行农作物检疫对象普查；在开展植物检疫宣传基础上，根据自治区严禁调入的植物检疫名单，和“国内植物检疫试行办法”，开展从呼和浩特市调出种子、苗木、接穗、插条、块茎等送样、抽样检疫和签发检疫证书工作。严禁随着种苗调运带入呼和浩特地区，防止已在全市局部发生危险病、虫、杂草扩大蔓延。

防治杨树腐烂病，组织市林业技术人员参加“杨树腐烂病的发生和防治”专题技术讨论会，针对北什轴、八拜公社发生大面积的杨树腐烂病，林业技术人员从育苗、栽植、抚育管理等方面提出防治杨树腐烂病的新见解和技术要求，对防止杨树腐烂病的再度发生起了重要作用。

防治病虫害的方法上，贯彻“预防为主，综合防治”方针，采取土法防治，选育抗病品种、改进栽培技术、化学和生物防治相结合的方法，先后引进乙磷铝、多菌灵、DT杀菌剂、辛硫磷、喹硫碱粉锈宁等数十种新农药，取代氯制剂、汞制剂等高残毒农药。通过开展农田杂草普查，发现危害农田杂草34科、95属、136种。为更好地进行综合性防治，1979—1980年，开展天敌昆虫种类调查，发现天敌昆虫7目、27科、77种，病原微生物有白僵菌和绿僵菌，并采集到内蒙古很少记载过的黄花蝶角蛉、多斑次蚁蛉、蠕蛉、多斑草蛉、蚁蛉等稀有种类。通过开展危险性病虫害、鼠害普查研究，发现小麦全蚀病、小麦腥黑穗病、小麦线虫病、胡麻枯萎病、胡麻斑点病、马铃薯环腐病、马铃薯黑胫病、苹果锈果病等病害。在普查基础上，通过开展生物防治，引进农抗769、7216，菜青虫颗粒体病毒和梨小、桃小性引诱剂等，防治害虫均收到一定效果。

防治鼠害。田鼠危害农作物损失巨大。1983—1985年，大规模消灭田鼠，据不完全统计,共消灭田鼠185万只。

(二)主要病害

普查结果证实,禾谷类黑穗病、小麦锈病、马铃薯环腐病(黄眼病)、甜菜褐斑病、苹果腐烂病、葡萄根癌病、茄子黄萎病、白菜软腐病、黄瓜细菌性角斑病、黄瓜枯萎病等是呼和浩特地区常发生的主要病害。

1. 禾谷类黑穗病,即小麦、玉米、高粱、谷子等黑穗病,是由黑粉菌侵染引起的病害,是本地区历史上主要病害之一,分布广,种类多。有小麦腥黑穗、小麦散黑穗、谷子粒黑穗、高粱丝黑穗、玉米黑粉病等,主要以种子、粪肥、土壤传播。随着种子带菌引起苗期侵染的有小麦腥黑穗和杆黑粉病,高粱散黑穗病。带菌种子播种后在幼苗出土前侵入,故出苗时间越长,侵染机会越多。一般采取播种前用农药拌种、浸种,可控制或减少危害。

2. 小麦锈病,俗称"黄疸",是危害小麦的一种严重病害。发生范围广,为害程度较大。主要以秆锈、叶锈为主,条锈次之。受害损失程度与品种、病发早晚和侵染度有关。防治上主要采取选育抗锈品种,调节播种期等。小麦全蚀病又称"烂根""青死",是一种毁灭性病害,轻者减产1成~2成,重者减产5成以上,甚至绝产。1979年普查时,该病已蔓延到11个大队,发病990亩。发病率一般4%~5%,严重地块可达20%~40%。

3. 马铃薯环腐病(黄眼病)是一种细菌性病害。随着调种的频繁和检疫手续不严,逐年扩大蔓延,是本地区马铃薯生产上的一种重要病害。危害严重,不仅病株腐烂,缺苗断垄,同时在贮藏时感染致使严重烂窖。1974—1978年,全市曾开展防治马铃薯环腐病大会战,推广三大战役,在春播、夏管、秋收环节,实施八项措施(即选抗病品种、整薯播种、淘汰病薯、切刀消毒、拔除病株、种植实生薯、改善窖藏、晚播施磷肥)。通过加强种薯检验,马铃薯环腐病大大减轻。

4. 甜菜褐斑病是甜菜产区的主要病害。发病严重时,可造成严重减产,含糖量降低。1979年,本地区大面积发生,产量减少20%,含糖量降低一度左右。甜菜黄化毒病也是栽培区的主要病害之一,由病毒所致,发病率一般在10%~20%,严重地块达50%~90%。对甜菜的产量、糖分含量影响极大。据科研单位测定,含糖量比健康株降低13.2%,块茎重量比健康株降低25%。

5. 苹果腐烂病是呼和浩特地区苹果树上的主要病害。危害苹果、沙果、海棠等苹果树。全市果园都有发生,发病严重的树上病疤累累,枝干残缺不全,甚至整株枯死。据1983—1984年在市东郊果园调查,发病率达82%左右,其中病树占33%,残树占29%,死树占20%。

6. 葡萄根癌病是一种危害葡萄根、蔓的细菌性病害,是自治区重点检疫对象。发病轻者葡萄产量下降，严重者毁园。据1982年普查，土默特左旗发病范围广，程度重，全旗平均发病率在44.93%，托克托县、郊区个别果园也有发生。发病严重品种是玫瑰香和马奶葡萄，各地发病率均在67%以上，严重的达到100%。

7. 茄子黄萎病又叫半边疯、黑心病。是茄子的主要病害，一般地区发病率达50%～70%，减产20%～30%，严重地块发病率在90%以上，减产40%左右，土壤传播，较难防治。

8. 白菜软腐病又叫腐烂病、烂疙瘩、脱帮，是白菜上普遍发生的病害，除田间危害，运输、贮藏时也能造成重大损失。一般发病率在20%～30%，严重地块达到70%以上。

9. 黄瓜细菌性角斑病，在明地常与黄瓜霜霉病交替或混合发生，温室、大棚是与霜霉、白粉病交替或混合发生。是黄瓜生长前期的主要病害。1984年，开始使用DT杀菌剂进行防治，防治效果好，成本低，经济效益高。

10. 黄瓜枯萎病，是镰刀菌引起的土壤传播病害，危害黄瓜、西瓜。发病植株叶片枯死，几天后全株萎蔫死亡。1974年，西菜园乡西菜园二队，利用嫁接防治黄瓜枯萎病，防治效果在77%左右。1981年，在西菜园、攸攸板乡6个生产队，11座大棚调查，均有此病。宁阳小刺发病率49%，北京小刺50%，连茬6年黄瓜发病率高达71.2%，大棚栽培发病率重于露明地。

（三）主要虫害

呼和浩特地区常发生的虫害主要有麦秆绳、蝼蛄、蛴螬、金针虫、小地老虎、草地螟、粘虫、土蝗、甜菜根蛆、甜菜象甲、天幕毛虫、犁星毛虫、菜青虫、根蛆等。

1. 麦秆绳又叫小麦钻心虫、麦蛆。一年发生二代，以第一代幼虫钻茎危害大，使小麦形成枯心苗，烂穗、白穗、坏穗等症状。年年有发生，尤其是1973年、1978年最为严重。1973年仅托克托县中滩乡，播种小麦8640亩，受害面积占播种面积的80%左右，损失小麦约32.9万公斤，全市损失小麦约210余万公斤。1978年，麦秆绳普遍发生，危害严重，全市共种植小麦505 695亩，发生面积达422 400亩。成灾减产面积30万亩，占种植面积的67.7%，其中毁种绝收的有53 295亩。

2. 蝼蛄，又称拉拉蛄，据调查有非洲蝼蛄和华北蝼蛄两种。山坡旱地多非洲蝼蛄，平川水浇地多华北蝼蛄。属杂食性害虫，危害种子、小苗嫩茎基部，造成苗枯、发育不良或枝生分孽等。蝼蛄喜欢栖息于涝洼地或温暖潮湿多腐植质的沙壤土中。1961—1964年，土默特左旗黄河灌区14个公社大面积发生，危害严重，损失粮食约1500万公斤。1960年后，采取毒谷、毒饵防治，结合伏天深翻，秋天深耕，取得显著效果，基本控制危害。

3. 蛴螬，又称核桃虫，是金龟子的幼虫，种类很多。有大黑金龟子、阔胸金龟子、黄褐金龟子、铜绿金龟子、黑绒金龟子等，属杂食性害虫。成虫、幼虫均危害植物，以春秋两季危害严重。由于种类不同,生活史长短不一,有大小年之分,大年幼虫越冬基数多,翌年春危害严重,小年幼虫越冬少,翌年春危害轻。

4. 金针虫是叩头虫,又叫黄蛐蜓、铁丝虫、金齿耙。本地区有两种,一种是细胸金针虫,一种是沟金针虫,以细胸金针虫为常见,危害较普遍,往往造成缺苗断垅甚至毁种。分布在沙壤土、粘壤土等地土壤中,2 年 ~3 年完成一代。春秋两季危害,以幼虫危害高粱、玉米、小麦、谷子、糜黍、山药、麻类、豆类等作物种子和幼苗的地下根茎部分。

5. 小地老虎又称灰不浪,种类很多,在本地区主要发生有小地老虎、黄地老虎、白边地老虎、警纹地老虎。以小地老虎分布最广,发生期早,危害严重。一年发生 2 代 ~3 代,主要危害甜菜、玉米、小麦、蔬菜等幼苗,造成缺苗断垅,甚至毁种。

6. 草地螟又称螺虫,是杂食性害虫。1953 年、1954 年、1956 年发生比较严重,后经“三北”联防,基本控制危害。1979—1982 年,草地螟又有回升。1979 年,发生面积约 99 990 亩,百步惊蛾量每平方米达 500 头 ~1000 头,严重的达 1 万头以上,幼虫虫口密度每平方米为 20 头 ~360 头,超过历史最高水平。1980 年,幼虫虫口密度每平方米为 100 头 ~540 头。1982 年,受害面积为 429 990 亩,损失产量 9.5 万公斤左右,并在本地区第一次出现二代幼虫的严重危害,成片的白菜被吃得仅剩较粗的叶腺。

7. 粘虫又称虸蚄五花虫。在本市一年发生两代,以第一代幼虫危害重。1959 年、1962 年、1964 年、1965 年、1975 年粘虫大发生。1975 年,危害面积最大,发生面积达到 60 万亩。成虫数量多、来势猛;幼虫虫龄不整齐,虫口密度一般每平方米 100 头 ~300 头,最高达到 1537 头,危害严重的小麦占水地小麦的 70% 左右,减产约一成。

8. 土蝗在本地区种类多,食性杂,分布范围广,山前山后,农田牧场均有不同种类的分布。有夏土蝗和秋土蝗两种,夏土蝗主要危害山坡丘陵及草滩低洼地;秋土蝗主要危害杂草稀疏的半农半牧区,以苗期作物为食。1978 年,土默特左旗此老乡、北什轴乡,市郊区八拜乡发生,危害面积约 30 万亩,严重地块虫口密度每平方米达到 1000 只。

9. 甜菜根蛆是本地区 1970 年发现严重危害的一种新害虫。成虫是蝇子,幼虫是蛆型。当地老乡叫根蛆,主要危害块根,不蛀入也不咬断主根。常以成百头或数百头以上的数量集中在一株甜菜根部,食害根部和块根的嫩表皮,使甜菜不能正常生长,使叶片萎蔫全株枯萎。1975 年,土默特左旗沙尔营乡潮忽闹村受害严重地块,甜菜减产 60% 左右,含糖量明显下降。根蛆一年一代,以老熟幼虫越冬,翌年化蛹羽化,6 月危害盛期。

10. 甜菜象甲,俗称放羊牛牛,本地区在 1950 年后发现,是甜菜苗期主要害虫之一。成幼虫都危害甜菜,成虫危害幼苗子叶和真叶,严重时可将整个幼苗地上部分吃光;幼虫则在土中取食幼根、咬成空洞,破坏组织,阻碍养分和水分的输送,致使地上叶片萎蔫死亡。1960 年后，开始使用 3911 浸种，基本控制危害。1980 年后，采用甲基硫环磷拌种，大大减轻危害。

11. 天幕毛虫，又称顶针虫，是林木害虫。全市各果园普遍发生，食性较广，危害苹果、桃、李、杏、樱桃、海棠、沙果等。一年发生一代，以发育成熟的胚胎在卵内越冬，翌年春果树发芽时，幼虫从卵壳中钻出群居在小枝上吐丝作巢，食芽和嫩叶。随着幼虫长大，食量增加，严重时可把整个树木叶片吃光。

12. 犁星毛虫又称饺子虫。一年发生一代，以 2 龄、3 龄幼虫潜伏在树干裂缝及粗皮间越冬，也有极少数寄生根部土缝内结茧过冬。翌年 4 月，果树发芽时开始向树冠转移活动，危害花芽和叶芽，造成连年减产。1980 年，在呼和浩特市各果园普遍发生，10% 的树受害严重。

13. 菜青虫是菜粉蝶的幼虫，蔬菜的主要害虫之一。食性杂，发生普遍，虫口密度大，危害甘蓝、白菜、萝卜等十字花科。1981 年，调查显示，7—9 月份虫口密度最低每株 2 只 ~5 只，一般在 10 只 ~20 只，最高可达 80 只。发生不整齐，自 4 月中下旬越冬成虫出现，至 10 月底可连续发生，7—8 月份基本每天都可见到成虫、卵、初老龄幼虫。多发生在管理不善，杂草多的地块，危害比较严重，采用生物农药 7216 菌粉和菜青虫颗粒体病毒与化学农药交替防治效果良好。

14. 根蛆又称地蛆，是蝇类的幼虫，分布广，种类多，经科技人员初步鉴定，本地区主要有种蝇、葱蝇、萝卜绳。根蛆在根部危害而成的伤口，利用软腐病菌侵入传染，得软腐病的病株又适宜地蛆危害，二者成恶性循环，给蔬菜生长带来严重损失。1965 年，在萝卜、白菜、心里美、芥菜、大蒜、大葱等品种地调查，平均被害率 66%，最低为 25%，最高为 100%。根蛆种类不同，发生早晚、危害习性各不相同。种蝇食性较杂，据调查主要寄生在十字花科、豆科、葫芦科、藜科的蔬菜，同时还危害玉米、麻类、薯类。葱蝇只危害百合科的葱蒜类。萝卜蝇危害十字花科秋白菜、秋萝卜等。

（四）防治

1982—1984 年，呼和浩特市试验推广植物生长调节剂三十烷醇、除草剂 2.4 – D 丁酯。

1991—1995 年，结合科技示范乡镇建设，全市创办巧报乡、把什乡、桃花乡 3 个庄稼医院，在全市加以示范和引导，为植物病虫害防治提供技术服务，及时解决农民生产中的实际问题，深受广大农户的欢迎。

2005 年，内蒙古铃田生物技术有限责任公司开展马铃薯病虫害综合防治技术研究和推广；内蒙古农业大学开展氯钾离子共体“化学疫苗”诱导黄瓜对霜霉病抗性及其机理的研究。

森林病虫害防治。全市坚持"预防为主,综合防治"的方针,并逐渐从"治"向"防"的方向发展。20世纪70年代前,由于林地面积不大,对于森林病虫害只开展一般性的防治;20世纪70年代后,森林病虫害防治队伍逐渐壮大,专业技术力量不断加强,药械药剂的数量与种类增多,从预测预报、科学研究、病虫害防治等方面开展较全面的森林病虫害防治工作。为掌握病虫害发生的准确时间、地点和防治最佳日期,在全市范围内开展森林病虫害预测预报工作。全市人工林中,杨树面积占总人工林面积的75.2%,1981—1983年,杨树造林比例已下降到50.8%;1984—1985年,下降到41%。同时,平原区大比例地发展柳树、榆树、红柳、枸杞、柠条等树种。山区对以白桦为主的天然次生林进行改造更新,并大力开展人工营造落叶松、油松、柠条等树种,同时加强对现有林的经营管理,保持林木生长旺盛,增加林木抗御病虫害的能力。

在防治措施上,采取综合防治、化学药物防治、生物防治相结合。

1. 综合防治。全面考虑育、造、管各个生产环节的因素。首先采用良种壮苗,以增强树木的生长势。其次实行科学造林,特别注重营造混交林,克服纯林易染病虫害的现象,改变本地区单一发展杨树的弊病。1973—1985年,全市林地内的病虫害发生面积累计为3 661 995亩,其间动用全市病虫害防治的全部人力、物力,共防治146.4万亩,占发生面积的40%,其中飞机防治收到良好的效果。1980年,全市地区的药剂主要有六六六、敌敌畏、敌百虫、1059、溴氰菊酯、辛硫磷等。

2. 化学药物防治。主要包括药液、药粉的喷杀及烟雾熏杀。主要使用的药械有工农36型、支农40型、背负式机动喷雾器等;全市共设立测报点15个,1980年调整为11个,有专业技术人员14名,各点都配备兼职测报员。各测报点通过大量观察记载和科学研究,及时进行预测预报,为防治工作提供可靠的依据,提高防治病虫害的效果。

20世纪70年代初期,托克托县发生较严重的森林病虫害。当时全县有林地289 995亩,其中有15万亩虫情严重,据调查有80%的植株上有虫害发生,主要害虫为杨尺蠖。1970—1975年,使用运-5型飞机,先后飞行防治4次,飞防面积达339 990亩,实际防治109 995亩,杀虫率达到90%,飞机防治有速度快、效率高、成本低、节省人力等优点。在化学药物的使用上,逐步向高效、低毒、残留量小的方向发展。

3. 生物防治。主要是利用病虫害的天敌资源,实行"以虫治虫"进行防治。这项工作的开展,一是坚持科普宣传,提高广大群众保护天敌的认识与觉悟;二是制定保护益鸟益虫的制度和措施。市政府曾发布"呼和浩特地区禁止狩猎的通令",对保护全市范围内森林病虫害天敌资源起到积极作用。三是采取引进外地天敌,开展的生物防治有:长尾小蜂防治杨二尾舟蛾、猫头鹰防治鼠害、肿腿蜂防治青杨天牛等。1978年,从河北林专引进肿腿蜂，由土默特左旗林工站负责进行肿腿蜂防治青杨天牛的实验，采取的方法是室内繁蜂，林间人工放蜂，取得一定的防治效果。1981—1983年，先后在8个点的防护林与片林中进行放蜂防治，寄生率可达60%～90%，该项目获得1984年市科技成果三等奖。用肿腿蜂防治青杨天牛有效率高、无毒、不污染环境等优点。

2001年，继续农作物病虫害测报防治工作。病虫害的中长期预报准确率达82.8%，短期预报准确率达96.7%，分别超过目标值2.8%和6.7%；完成上级部门下达的检疫对象普查任务，实地进行病虫害监测，加强农药管理。综防统治占应防治面积的92.2%，超过任务12.2%。

2002年，全市森林病虫害防治面积24.48万亩，防治率达到85.83%，监测覆盖率100%，种苗产地检疫率达到97%。重点对光肩星天牛、松毛虫、中华鼢鼠进行防治。

2003年，全市有林地面积283万亩，病虫鼠害发生面积为24.38万亩，其中，成灾面积4.45万亩，成灾率15.72%，比自治区下达年度指标19‰，低3.28‰。全市完成防治面积21.28万亩，防治率87.3%，比自治区下达年度指标79%高出8.3%。针对森林病虫鼠害发生危害比较严重的情况，全市进一步加强监测预报工作，对重点森林病虫害如光肩星天牛、落叶松毛虫、舞毒蛾、落叶松尺蛾、中华鼢鼠等进行重点监测，对其他森林病虫鼠害进行常规性监测，有效地保证全市森林病虫鼠害防治的顺利进行。全市农作物病虫草鼠害发生面积648.08万亩次，防治面积669.01万亩次。

2004年，全市森林病虫害的发生面积为34.51万亩，成灾面积6.84万亩，成灾率1.85%。加强监测工作，对全市283万亩森林进行监测，对危害较重的森林病虫鼠害进行重点监测和预测预防，对其他突发性和危险性病虫鼠害进行常规性监测，监测覆盖率达100%。进一步加强森林植物检疫工作，共办理检疫证书625份，调运木材3845立方米，苗木321.5万株、种子54.3吨。森林植物检疫的基础是产地检疫，为此全市明确规定凡种苗、花卉及其他繁殖材料必须实施产地检疫。全市共签发产地检疫合格证379份，实施产地检疫面积86.4万亩，种苗产地检疫率达到100%。由于林木产品和苗木调运频繁，全市加强检疫执法工作力度，开展市场检疫，定期或不定期深入各花卉市场、木材市场进行检疫检查，对有可能传带危险性病虫害的植物及其产品开展抽样复检，对无证调运根据情节轻重，按检疫法规及时处理。开展流动检查，对全市花卉、木材、果品等林木及其产品经营场所开展检查，防止危险性病虫害的传播。对重点、突发性病虫鼠害的防治，采取生物、化学、人工等多种措施，做到早发现、早防治，治小治了的“两早”“两治”目标。2004年，全市防治面积达到30.6万亩，其中化学防治4.78万亩，生物制剂防治15.73万亩，人工防治10.09万亩，防治率达88.68%。通过有效的防治，达到了控灾减灾的目的。

2005 年,全市林业有害生物的发生总面积为 43. 5 万亩。其中病害面积 1. 4 万亩,虫害面积 22. 4 万亩,鼠害面积 14. 7 万亩,兔害面积 5 万亩。全市成灾面积为 5. 1 万亩,成灾率 18%。进一步强化监测、测报工作,对危害较重的林业有害生物如落叶松尺蛾、沙棘木蠹蛾、中华鼢鼠、棕背平鼠等进行重点监测,对突发性和危险性的有害生物进行常规性监测,共设立 94 个监测点,304 名监测员,监测覆盖率达到 100%。进一步加强森林植物检疫工作,确保良种壮苗进入造林地。加强检疫执法工作力度,深入林场苗圃进行严格的产地检疫,对带有危险性病虫害的苗木,一律杜绝出圃。全市 9000 亩苗木全部实施产地检疫,产地检疫率达到 100%。为加强复检工作力度,对调入本市的苗木均由各地检查合格后方予接收,全年复检苗木 2300 万株。组织专业的外勤队伍设卡检疫,全年调运检疫木材 4350 立方米、种子 62. 3 吨、苗木 32 万株。为确保生态建设成果,对重点、突发性病虫鼠害采取生物、化学、人工等多种防治措施。全市防治面积达到 38. 6 万亩,其中化学防治 6. 3 万亩,生物制剂防治 7. 3 万亩,人工防治 19. 2 万亩,其他防治 5. 8 万亩,防治率为 88. 7%,达到控灾减灾目的。

2006 年,全市农作物病虫草鼠害发生面积 648. 08 万亩次,防治面积 669. 01 万亩次。

2007 年,市林业局对林业有害生物采取有效防范措施,坚持预防为主,科学防控,取得无突发性林业有害生物灾害的好成绩。全市林业有害生物发生面积为 50. 07 万亩,其中重度发生 4. 6 万亩,中度发生 11. 09 万亩,轻度发生 34. 38 万亩。市林业局在已有设备基础上,制定新的联系报告制度和监测员职责,印发监测员实地监测记录表,组织专业技术人员对各监测点基本情况进行调查,定人、定点、定任务,监测员与监测点对应,对全市所有林地进行全面监测。各旗县区森防站都设立虫情监测专线,专门用于接听各监测点的监测情况,各旗县区森防站接到监测点的监测情报,及时组织专业技术人员进行现场调查。全市共设立 94 个测报点,304 个监测点,初步形成覆盖全市的监测预警网络体系,为本市测报工作的科学化和规范化奠定基础。

2008 年,全市无突发性林业有害生物灾害发生,林业有害生物发生面积为 49. 44 万亩,防治面积为 44. 96 万亩,主要病虫害有森林鼠、兔害、沙棘木蠹蛾、光肩星天牛等,分布于清水河县、和林格尔县、武川县、回民区、赛罕区、土默特左旗等地。依靠已建立的监测预警网络体系进行,对全市林业有害生物进行预测预报。各地在预测预报中加强对重点林业有害生物生物学特性的观察和研究,对其发生期和发生量都做出较为准确的预测,为防治工作提供基础性材料。市林业局加大对造林苗木检疫力度,认真开展种苗产地检疫、调运检疫和复检工作,严密防范外来林业有害生物,全年产地检疫苗木 1. 36 万亩,调运检疫苗木 153.8 万株,木材 1626 立方米。复检苗木 3.7 万株,苗木 3.7 万株,木材 702 立方米。全市无检疫性事故灾害发生。

2009 年,全市林业有害生物发生面积为 51.89 万亩,测报准确率 94.3%,通过采取有效措施,适时进行防治,防治面积达到 48.43 万亩。其中化学防治面积 11.76 万亩,无公害防治率达到 91.7%;成灾面积 4.55 万亩,成灾率 6‰;在工程造林用苗防治方面,各旗县区林业部门开展种苗产地检疫、调运检疫和复检工作。种苗产地检疫率 100%,严密防控外来林业有害生物入侵,确保各项工程造林用苗质量。

2010 年,全市农作物病虫草鼠的发生面积 1161.15 万亩次,防治面积 708.95 万亩次,占应防治面积 93%,据不完全统计,挽回粮食损失 19.59 万吨。全年发布病虫情报、警报 96 期 1 万份,可视化预报 4 期 23 份,中长期预报准确率为 85%,短期预报准确率为 92%。市植保植检站开展大田作物除草剂使用技术研究及应用对策;市园林科研植保站开展园林树木害虫种类调查及综合防治项目。通过各种方式的防治,本地区森林病虫害基本控制在有害而不成灾的程度。

2011 年,全市无突发性林业有害生物灾害发生。经统计林业有害生物发生面积为 46.8 万亩,主要分布于武川县、和林格尔县、回民区、清水河县。市林业局采取有效措施适时防治,防治面积 44.2 万亩,成灾面积 4.9 万亩,成灾率 6‰,测报准确率为 91%,危害成灾的动物种类主要有森林鼠、兔害、落叶松毛虫、松针小卷蛾、光肩星天牛。进一步规范林业有害生物预测预报,监测方法更加科学,重点加大对林业有害生物特性的观察和研究,初步掌握部分病虫害的发生规律,为有效预防生物灾害奠定了基础。加大对产地和调运苗木的检疫,产地和调运检疫率达到 100%。全面超额完成"四率"指标任务。

2012 年,全市重点加强对外来林业有害生物的检测检疫,针对城市周边出现植物疫情,启动监测预警网络,对所有调入本市的苗木开展现场检疫和复检工作,对从松材线虫病、美国白蛾、红脂大小蠹等重大外来有害生物发生区调入的苗木认真排查登记。全市林业有害生物发生面积为 48.98 万亩,防治面积 45.42 万亩,有效防治率 93%。检疫苗木 1204 万株,种子 5.5 吨,查验检疫证书 39 份。投入防疫经费 2.8 万元,购置 100 套美国白蛾诱捕器,全部下发各旗县区林业检疫部门。

2013 年,市园林科研植保站开展园林植物害虫天敌资源调查与利用。

2014 年,市森防检疫部门加大对造林苗木的产地检疫和调运复检工作,在复检中发现美国白蛾蛹,针对疫情,市政府召开紧急动员会议,成立防控美国白蛾指挥部,印发《呼和浩特市人民政府办公厅关于开展防控美国白蛾的紧急通知》,与各旗县区政府签订植物疫情防控责任状,并紧急下拨疫情防控经费,由于安排部署及时、防控措施到位疫情没有进一步扩散。全市实施产地检疫6150亩,产地检疫率100%,林业有害生物发生面积69.27万亩,防治69.45万亩,成灾率5.58%。其中,无公害防治68.56万亩,无公害防治率98.7%。监测预警网络体系基本建成,测报准确率90%,“四率”指标均达到国家要求。呼和浩特市绿昂园林绿化服务有限责任公司开展新城区园林植物病虫害综合防治技术研究。

2015年,全市实施产地检疫6150亩,产地检疫率100%,检验检疫证书156份,复检各类苗木146万株。全市林业有害生物发生面积53.8万亩,防治面积48.3万亩,防治率90%,无公害防治面积48.3万亩,无公害防治率100%。

2016年,全市实施产地检疫2.132万亩,产地检疫率100%,检验检疫证书68份,复检各类苗木46万株。全年林业有害生物发生面积25.9万亩,防治面积26万亩,其中无公害防治面积10万亩。对防治美国白蛾疫情上,配备美国白蛾诱捕器等相关设备,并加强有害生物预测预报,坚持动态监测等。

2017年,全市对调运苗木开展产地检疫和复检工作,产地检疫率100%。开展重点林业有害生物学特性观察和研究,实施动态监测,对发生期和发生量开展预测,为防治工作提供科学依据。全年林业有害生物发生面积47.45万亩,预测发生面积为50.5万亩,测报准确率为94%;成灾面积为2.17万亩,成灾率3.1‰,低于自治区4.5‰防治目标。

三、兽药研发

20世纪50—60年代,黄合少、榆林公社等基层兽医院、站,在上级业务部门支持下,建立制药室,制剂有银花当归注射液、猪感灵等10余种,后又有生理盐水、葡萄糖等大输液,以及分装青霉素。

20世纪70—80年代,针对牲畜、家禽类体内、体外寄生虫病的防治,采用药物治疗方式,效果较为显著。

2001年,呼和浩特市兽药监督管理所研究与开发了新型兽用消毒剂。

2002年,内蒙古金河实业集团有限公司开展5万吨饲用盐酸金霉素产品开发;呼和浩特新元兴业动物药业公司研究开发奶牛猪禽等兽药。

2003年,呼和浩特科力乳品研究所开展奶牛用生物酶制剂——无抗奶的实验与推广。

2005年,内蒙古农业大学、市动监所、兽药监督所开展奶牛疫病专家诊疗系统及治疗奶牛乳房炎复方中药制剂的开发研究;金宇集团内蒙古生物药品厂成为自治区首家通过国家农业部GMP认证的兽药企业。

2008年,内蒙古新元兴业动物药业有限公司开展劳格松散(王甲通乳散)等新蒙医兽药的研究开发。

2014 年,呼和浩特知新生物高科技有限责任公司开展奶牛乳房炎无抗生素防治技术开发及产业化;金宇保灵生物药品有限公司开展新型羊布鲁氏菌病(Rev1 株)活疫苗产业化开发;呼和浩特市菜篮子市场工作站开展建立呼和浩特市地区乳制品中兽药残留现状调查及乳制品质量安全追溯系统研究。

2017 年,金宇保灵生物药品有限公司承担的重大科技专项"高效价、高纯度口蹄疫疫苗配套技术研究及产业化开发项目"通过验收。该项科研目解决传统口蹄疫疫苗效价低、疫苗副反应大的问题,成功实现高效价、高纯度口蹄疫疫苗的产业化。

2018 年,呼和浩特市知新生物高科技有限责任公司实施"动物新型疫苗和觉病防治技术开发及产业化——奶牛乳房炎无抗生素防治技术开发及产业化"项目,研发生产 3 万余瓶"复合矿物活性抑菌剂",并在 2 万余头奶牛中推广示范,示范区奶牛隐性乳房炎发病率下降到 10% 以下,临床型乳房炎发病率 5% 以下,获发明专利 1 项。

第六节　农业机械及农村新能源开发利用

一、农机具推广

20 世纪 50 年代中后期,呼和浩特市推广使用 7.5 寸 ~8.5 寸的三腿耧,并开始使用 10 行、12 行的畜力播种机和大型机引播种机。1960 年 1 月、4 月,先后召开全市改良农具和创造发明新式农具比武大会、呼和浩特市"双革"经验交流和"比武大会",对两年来在农具改革方面做出贡献的攸攸板、西菜园农具修配厂等 10 余个单位授予锦旗,号召"更快地提高农业机械化水平,更大地提高劳动生产率"。新式农具受到广大农民的欢迎,同时,拖拉机、动力排灌机械、机动脱粒机、载重汽车等大型农业机械也有较大增长。1970 年后,发明宽幅耧和宽幅播种机进行播种,同时采用了靠耧双下籽的种植形式。这种耧播幅 3 寸左右,可使土地利用率提高 40% ~50% 左右。采用这些工具和播种形式,下籽量一般每亩在 20 公斤左右。

1980 年,通过使用大型机引播种机,全市机播种面积达到 39 万亩,占播种面积的 15% 。而通过使用大型机械牵引收割机,收获面积达到 6 万亩。

2002 年,全市农业机械化新机具、新技术的引进示范有了新进展,机耕、机播、机收面积分别为 335.7 万亩、214 万亩、50 万亩。一是引进推广犁用马铃薯播种机 130 台;二是市农机管理站引进推广农作物秸秆(牧草)加工设备;三是引进示范推广免耕播种技术,对内蒙古农业大学、河北邯郸、呼和浩特市农机厂、山西绛县生产的免耕播种机的综合性能进行试验,示范面积 300 亩;四是引进推广饲用作物收贮加工机械、多功能揉碎切草机,4类2000台,资金300万元,其中市政府补贴100万元,清水河县、和林格尔县、土默特左旗、武川县政府补贴合计58万元,其余由农民自筹;五是争取自治区农业厅、财政厅大型拖拉机更新资金70万元,为全市机械化装备水平的提高提供有力保障。全市良种覆膜面积达到106.78万亩,比2001年增加16.88万亩;坡耕地改造11.9万亩;秸秆还田66.72万亩,秸秆利用率74%;主要农作物良种面积291.48万亩;间套复种74.5万亩;紧凑型玉米66万亩;化学除草18.5万亩;座水点种9.4万亩;订单农业62.73万亩。优质专用农作物品种推广达66.56万亩;无公害瓜果菜生产达11.4万亩,其中无公害蔬菜生产达2.9万亩,重点示范达2100亩;新增蔬菜保护地达429.8亩;种子包衣达130.85万亩,良种覆盖率达92.2%;平衡施肥技术推广达227.7万亩;培训农民26.9万人次,其中绿证培训6580人,发证人数1850人;农村专业合作经济组织比2001年增加10%,比目标值超2个百分点,培育农村经纪人比2001年增加6%。国家、自治区、市级财政下拨农机具补贴资金210万元,共补贴购置农机具480台。其中大中型拖拉机60台。共引进、购置、改装保护性耕作机械484台(套),完成保护性耕作7.3万亩,保护性耕作辐射6.9万亩。

2003年,农作物的耕、播、收农机化水平达52.7%,全市农用机动车拥有量74 361台(辆),其中大中型拖拉机2132台,94 628千瓦;小型拖拉机41 473台,468 412千瓦;农用三轮、四轮运输车30 756台。检验农用机动车31 910台,检验率达82.6%,审验驾驶员17 845人,审验率达83%,农用机械上户率达到72%。小型饲料加工机械保有量达到6102台,秸秆及牧草加工量达5.03亿公斤。农副产品加工动力机械11 175台,87 246千瓦;作业机械10 121台。市政府加大对机械化推广的投入,每年补贴100万元,推广饲草收贮加工机械4000余台。推广大中型耕、播、收机械74台(套)。

截至2010年,全市拥有农用机械总动力206.2万千瓦,大中型拖拉机保有量3673台,配套机具比为1∶1.64;小型拖拉机保有量73 493台,配套机具比为1∶1.71。平均每百亩拥有机械动力30.51千瓦,机耕、机播、机收水平分别为89%、83%、25%,机械化作业综合水平达68%。

2011年,内蒙古惠华农业科技有限公司、市农机管理总站开展马铃薯全程机械化丰产技术集成研究与示范。

2012年,内蒙古清源能源有限责任公司开展高温奶源热泵在牧场奶站的应用。

二、农村新能源能源开发利用

呼和浩特市农村新能源开发建设,以低碳环保、生态文明、绿色生产、循环经济的科学发展为方向,以沼气为重点,努力拓展农村能源多方面利用和节能增效技术的推广,效果显著。

2004—2011 年,全市借助中国“乳都”的优势,大力推广农村沼气建设,沼气事业得到长足发展。9 个旗县区沼气使用呈现出逐年提升的趋势,共投建使用沼气项目 1.1 万立方米两座、8 立方米 ~ 10 立方米户用沼气 1.5 万座,产生的沼气满足自用外,还解决周边村民的用气问题。

2004 年,市科技局开展牛粪无害化技术研究与开发。乳牛排出的大量养殖粪便是生产沼气的最好原料,循环利用可保护环境,减少养殖粪便污染。通过回收有机肥料实现再循环、再利用、资源化的循环经济,提高和改善农牧户的生活环境质量。2005 年,新城区推广沼气发酵技术,新增效益 50 万元。2006 年, 全市重点实施农村清洁能源专项,研究开发牛粪沼气发酵新技术,在土默特左旗、赛罕区、回民区建设 12 个两池联体沼气池,为改善奶牛养殖小区环境,解决污染起到示范带动作用。2007 年,市农业技术推广站和市环境科学研究所开展北方沼气新技术研发示范与环境空气质量相关性研究。

2012 年,内蒙古大有生物肥业股份有限公司开展畜禽养殖废弃物无害化处理示范。2013 年,全市累计建设完成户用沼气池 3 万余个,建成大中型沼气工程 16 个,每年可减少二氧化碳排放总量达 3.68 万吨,替代标煤总量达到 1.48 万。

2012—2014 年,在赛罕区、托克托县开展农村牧区清洁能源关键技术转化应用建设,建设高效低排放节能炉具、节能架空炕、阳光式太阳房、玻璃钢沼气池,实现夏季沼气烧火做饭和冬季炉、炕、灶节能保暖,解决农户四季平衡用能。沼气能源新技术模式将多种先进清洁能源技术与节能设施有机结合,合理开发利用生物质能、太阳能,提高能源利用率,推动低碳型新农村建设。

第四章　工业科学技术

第一节　工业沿革

1987年,呼和浩特市工业企业759家,其中轻工业434家,重工业325家,全民所有制工业218家,集体所有制工业541家。工业总产值18.21亿元,其中轻工业12.16亿元,重工业6.05亿元,全民所有制工业产值15.74亿元,集体所有制工业产值2.47亿元。全市主要工业产品产量,其中饮料酒10 504吨,乳制品1525吨,卷烟193 010箱,布1398.5万米,毛线2254吨,呢绒548.1万米,毛毯250 114条,鞣制皮革(折牛皮)7.8万张,机制纸及纸板10 927吨,原盐0.1万吨,糖34 564吨,原煤2.8万吨,发电量4.3亿千瓦时,钢0.3万吨,生铁5.7万吨,钢材11.3万吨,水泥33.5万吨,木材0.4万立方米,合成氨28 811吨,农用化肥20 684吨。市全民所有制独立核算工业企业数174家,全员劳动生产率15 250元/人;集体所有制独立核算工业企业数520家,全员劳动生产率7102元/人。

1990年,全市工业企业788家,其中轻工业463家,重工业325家,全民所有制工业229家,集体所有制工业557家。工业总产值22.88亿元,其中轻工业14.9亿元,重工业7.98亿元,全民所有制工业产值19.34亿元,集体所有制工业产值3.14亿元。全市主要工业产品产量,其中饮料酒19 589吨,乳制品3035吨,卷烟235 033箱,布1701万米,毛线1606吨,呢绒438.91万米,毛毯120 694条,鞣制皮革(折牛皮)8.03万张,机制纸及纸板15 105吨,原盐0.09万吨,糖16 689吨,原煤1.17万吨,发电量3.75亿千瓦时,钢2.32万吨,生铁5.22万吨,钢材13.44万吨,水泥29.87万吨,木材0.87万立方米,合成氨28 734吨,农用化肥20 770吨。全民所有制独立核算工业企业数178家,全员劳动生产率17 649元/人;集体所有制独立核算工业企业数433家,全员劳动生产率9938元/人。

1991年,全市工业企业779家,其中轻工业451家,重工业328家,全民所有制工业226家,集体所有制工业549家。工业总产值39.32亿元,其中轻工业24.27亿元,重工业15.06亿元,全民所有制工业产值33.8亿元,集体所有制工业产值5.17亿元。全市主要工业产品产量,其中饮料酒26 312吨,乳制品4214吨,卷烟226 009箱,布2097万米,毛线1479吨,呢绒472.63万米,毛毯106 339条,鞣制皮革(折牛皮)1.81万张,机制纸及纸板16 962吨,原盐0.12万吨,糖19 811吨,原煤1.7万吨,发电量3.96亿千瓦时,钢2.36万吨，生铁4.64万吨，钢材14.59万吨，水泥32.21万吨，木材0.5万立方米，合成氨28 695吨，农用化肥20 807吨。市全民所有制独立核算工业企业数172家，全员劳动生产率8584元/人；集体所有制独立核算工业企业数410家，全员劳动生产率4166元/人。

1996年，全市工业企业1523家，其中轻工业849家，重工业674家，国有工业411家，集体工业889家。工业总产值61.31亿元，其中轻工业36.79亿元，重工业24.52亿元，国有工业产值40.43亿元，集体工业产值11.65亿元。全市主要工业产品产量，其中饮料酒65 534吨，乳制品8542万吨，卷烟191 276箱，布2521万米，毛线1678吨，呢绒368.9万米，毛毯135 445条，鞣制皮革（折牛皮）1.88万张，机制纸及纸板21 425吨，原盐0.03万吨，糖13 524吨，原煤95.09万吨，发电量10.14亿千瓦时，钢0.14万吨，生铁5.65万吨，钢材2.5万吨，水泥64.59万吨，木材0.95万立方米，农用化肥23 166吨，地毯17.65万平方米。全市国有独立核算工业企业数330家，工业增加值14.45亿元。

2000年，全市国有及规模以上非国有企业193家，总产值997 336万元；国有及国有控股企业128家，总产值840 471万元；集体企业12家，总产值15 543万元；股份有限公司18家，总产值237 987万元；外商投资企业16家，总产值38 002万元，港澳台商投资企业13家，总产值17 928万元；轻工业企业98家，总产值511 308万元，重工业企业95家，总产值486 028万元。大型企业11家，总产值187 866万元；中型企业45家，总产值624 585万元；小型企业137家，总产值184 884万元。全市国有及规模以上非国有工业企业工业增加值306 634万元，资产合计1 832 741万元，负债合计1 024 152万元，产品销售收入910 462万元，利润总额18 513万元。全市主要工业产品产量，其中白酒产量11 083吨，乳制品35 825万吨，卷烟220 000箱，布2230.52万米，毛线111吨，呢绒83.13万米，原盐0.01万吨，机制纸及纸板27 578吨，原煤19.53万吨，发电量9.72亿千瓦时，焦煤16.47万吨，生铁8.47万吨，成品钢材1.08万吨，水泥102.99万吨，化肥200 348吨。

2006年，全市国有及规模以上非国有企业279家，总产值6 431 716万元；国有及国有控股企业68家，总产值2 961 819万元；集体企业7家，总产值6636万元；股份有限公司11家，总产值1 216 022万元；外商投资企业20家，总产值1 058 565万元，港澳台商投资企业15家，总产值975 525万元；轻工业企业140家，总产值3 816 326万元，重工业企业139家，总产值2 615 391万元。大型企业5家，总产值2 761 954万元；中型企业41家，总产值2 137 211万元；小型企业233家，总产值1 532 551万元。全市国有及规模以上非国有工业企业工业增加值2 300 681万元，资产合计6 208 229万元，负债合计

3 823 435万元，主营业务收入 6 074 302 万元，利润总额 459 317 万元，利税总额 819 361 万元。全市主要工业产品产量，其中白酒产量 7915 吨，液体乳 211.39 万吨，卷烟 1 400 000万支，布 11 000 万米，毛线 208 吨，机制纸及纸板 21 118 吨，原煤 444.59 万吨，发电量 271.29 亿千瓦时，焦煤 26.81 万吨，生铁 14.98 万吨，成品钢材 0.01 万吨，水泥 230.89 万吨，化肥 28.89 万吨。

2010 年，全市规模以上工业企业 320 家，总产值 11 885 198 万元；国有及国有控股企业 57 家，总产值 5 072 426 万元；集体企业 6 家，总产值 17 998 万元；股份有限公司 15 家，总产值 1 962 946 万元；外商投资企业 25 家，总产值 2 061 828 万元，港澳台商投资企业 14 家，总产值 1 012 763 万元；轻工业企业 141 家，总产值 5 811 217 万元，重工业企业 179 家，总产值 6 073 980 万元。大型企业 6 家，总产值 2 489 392 万元；中型企业 61 家，总产值 7 071 963 万元；小型企业 253 家，总产值 2 323 842 万元。全市规模以上工业企业资产合计 13 156 368 万元，负债合计 8 963 572 万元，主营业务收入 11 539 656 万元，利润总额 1 879 576 万元，利税总额 2 850 685 万元。全市主要工业产品产量，其中白酒产量 2236 吨，液体乳 156.31 万吨，机制纸及纸板 13 223 吨，原煤 601.07 万吨，发电量 352.61 亿千瓦时，焦炭 60.29 万吨，钢 57.39 万吨，水泥 523.65 万吨，化肥 54.5 万吨。

2011 年，全市规模以上工业企业 267 家，总产值 13 659 098 万元；国有及国有控股企业 52 家，总产值 5 832 157 万元；集体企业 6 家，总产值 16 884 万元；股份有限公司 22 家，总产值 2 283 106 万元；外商投资企业 22 家，总产值 2 238 493 万元，港澳台商投资企业 12 家，总产值 1 486 239 万元；轻工业企业 116 家，总产值 6 413 384 万元，重工业企业 151 家，总产值 7 245 715 万元。大型企业 15 家，总产值 5 550 393 万元；中型企业 60 家，总产值 5 097 985 万元；小型企业 175 家，总产值 2 885 193 万元。全市规模以上工业企业资产合计 15 225 383 万元，负债合计 10 216 464 万元，主营业务收入 13 206 673 万元，利润总额 2 044 018 万元，利税总额 2 985 617 万元。全市主要工业产品产量，其中白酒产量 4853 吨，液体乳 176.41 万吨，机制纸及纸板 29 548 吨，原煤 1076.93 万吨，发电量 396.8 亿千瓦时，焦炭 53.49 万吨，水泥 728.8 万吨，化肥 26.15 万吨。

2015 年，全市规模以上工业企业 277 家，总产值 16 675 793 万元；国有及国有控股企业 58 家，总产值 7 832 509 万元；轻工业企业 119 家，总产值 7 832 886 万元，重工业企业 158 家，总产值 8 842 906 万元。大型企业 14 家，总产值 7 946 700 万元；中型企业 52 家，总产值 5 582 060 万元；小型企业 187 家，总产值 2 459 167 万元。全市规模以上工业企业资产合计 26 204 433 万元，负债合计 16 889 124 万元，主营业务收入 17 198 446 万元，利润总额 716 003 万元，营业利润 589 089 万元。全市规模以上工业增加值增速 8.6%，其中轻工业增速 11.3%，重工业增速 8%，国有及国有控股企业增速 3.2%，大中型企业增速 7.3%。全市主要工业产品产量，其中白酒产量 2037 吨，液体乳 164.72 万吨，机制纸及纸板 61 534 吨，原煤 352.19 万吨，发电量 436.95 亿千瓦时，焦炭 35.73 万吨，水泥 573.17 万吨，化肥 32.28 万吨。

2016 年，全市规模以上工业企业 265 家，总产值 17 308 578 万元；国有及国有控股企业 58 家，总产值 8 164 910 万元；轻工业企业 121 家，总产值 7 948 642 万元，重工业企业 144 家，总产值 9 359 936 万元。大型企业 15 家，总产值 8 339 386 万元；中型企业 49 家，总产值 5 100 166 万元；小型企业 179 家，总产值 3 242 131 万元。全市规模以上工业企业资产合计 26 847 856 万元，负债合计 17 113 469 万元，主营业务收入 17 245 649 万元，利润总额 998 389 万元，营业利润 878 255 万元。全市规模以上工业增加值增速 7.2%，其中轻工业增速 5.9%，重工业增速 7.5%，国有及国有控股企业增速 1.4%，大中型企业增速 3.9%。全市主要工业产品产量，其中白酒产量 957 吨，液体乳 205.35 万吨，机制纸及纸板 57 656 吨，原煤 292.18 万吨，发电量 437.59 亿千瓦时，焦炭 11.12 万吨，水泥 647.42 万吨，化肥 20.29 万吨。

2017 年，全市规模以上工业增加值增速 6.1%，其中轻工业增速 6.6%，重工业增速 5.8%，国有及国有控股企业增速 9.2%，大中型企业增速 7.3%。

第二节　机械工业科技

一、机械工业发展

呼和浩特市机械工业的历史有 90 多年。1926 年，从山西大同迁来的金华铁工厂是归绥最早拥有机加工生产设备的铁工厂。1949 年，归绥市（今呼和浩特市）主要铁工厂有义盛公（后更名为天义公）铁工厂、恒源（后更名为久丰）铁工厂、金华铁工厂、绥远电灯股份有限公司修理部（官商合办）、德丰义铁工厂、盛记铁工厂、第 12 战区修械所（官办）等几家小厂。

1949 年 9 月 19 日，绥远和平解放后，归绥市人民政府开始注重机械工业的发展，在国民经济恢复时期，着手地方机械工业建设。

在国家第一个五年计划时期（1953—1957）。建立新生加工制造厂（后更名为新生铁工厂），并将一些分散的个体工业户组织成立合作机械厂。1954 年，通过对资本主义工商业的社会主义改造，将十几个私营小厂合并改造成公私合营同生铁工厂。归绥市农业机械厂成立时，占地面积 20 000 平方米，职工 60 多人，有车、钻、刨床和电焊机等旧式机加工设备16台,年工业总产值31.3万元,是当时归绥市最大的一个机械厂。“一五”计划末,呼和浩特市机械工业总产值近1000万元。产品有解放式水车、双轮双铧犁、马拉搂草机、割草机、亚麻机、勘探建筑器材和低压工业锅炉等。1957年,呼和浩特市新生铁工厂仿制成功J型10千瓦以下电动机;1958年,该厂仿制成功54千瓦发电机。1960年。内蒙古新生联合机械制造厂和内蒙古综合电机厂相继试制成功1000千瓦和2000千瓦机械整流同步发电机。

“二五”计划时期(1958—1962),在国家“以工业为主导,以农业为基础”“优先发展重工业”方针指导下,呼和浩特市掀起大办工业的高潮。至1959年底,包括原有企业,呼和浩特市已建成具备生产能力的机械工厂17个,即内蒙古冶金矿山机械厂、内蒙古综合电机厂、内蒙古电影机械制造厂、内蒙古地质局探矿机械厂、内蒙古粮食厅机械制造厂、内蒙古广播器材厂、内蒙古工学院机械厂、内蒙古轻工业厅合作电机厂、内蒙古邮电机械厂、呼和浩特机床厂、通用机械厂(即原同生铁工厂)、新生联合机械厂(即原新生铁工厂)、工程局机械厂、交通局车辆修配厂、新城区电机厂、玉泉区机械厂等,年工业总产值3153万元。机械工业产品由简单的农机具,发展到B665型牛头刨床、8尺皮带车床、交流发电机、电动机、变压器、蒸汽机、皮带运输机等30多种。机械行业通过群众性的技术革新和技术革命,逐步提高机械生产能力,摆脱或减轻了笨重的体力劳动。1959年,呼和浩特市新建的内蒙古综合电机厂,是国营电气机械企业,该厂生产规模大,职工900余人,全年生产交流电动机3237.5千瓦,生产变压器1680千伏安;11月,由天津路玲电线厂调来职工210名,生产设备143台,全部并入综合电机厂,该厂增加了布电线的生产能力。1960年,生产各型号布电线2万余千米。新生机械制造厂、内蒙古综合电机厂等企业还相继试制成功了机械整流同步发电机。

在国民经济调整中,国家从沿海城市动员成建制的工厂、车间内迁,扶持发展自治区的机械工业。1960年起,先后从天津、上海、烟台等城市迁来6个整厂和车间,动员3000多名机械行业职工来自治区首府安家,促进了呼和浩特市机械工业的发展。内迁企业带来电线、电缆、漆包线、三爪卡盘、柴油机、手电钻、C615车床等工业产品和生产技术,填补了自治区工业的空白。市增产节约委员会号召全市广大职工全面开展技术革新、技术革命运动。全市各企业的职工积极改进设备、工具和操作方法。1960年底,全市有446个车间(小组)基本上实现单机自动化或半自动化生产;提出合理化建议和推广先进经验共4000多项,其中比较大的项目有导轨切削、负离子炼钢、红外线应用等。开展技术革新、技术革命使一批工人摆脱了笨重的体力劳动和手工作业,提高了劳动生产率。1960年,呼和浩特市机械工业初具规模,由过去的小型机器修配和简单的机器制造转变为以仿制为主的重型机械制造，可以生产破碎机、卷扬机、皮带车床、Φ25 毫米立式转床、B665 牛头刨床、交流发电机、变压器、电动机、低压锅炉、35 毫米移动式提包放映机，炼钢、洗煤、造纸、制糖、炼铁、炼焦等 50 大类的机电设备。截至 1966 年底，全市已有 29 个国营机械工业企业，年工业总产值近 6000 万元。

“三五”计划时期(1966—1970)。1966 年 10 月，天津电缆厂部分职工和设备调入内蒙古电线厂，成立电缆车间。1969 年，内蒙古电线厂新建漆包线生产车间，原呼和浩特市柳制品生产合作社和花炮社两个合作企业又转产电器产品。至此，电气机械及器材生产能力大增，已有工业锅炉、电机、变压器、漆包线、手电钻、电缆、电线、机床电器等产品。该时期改建和新建 5 个地方国营机械工业厂，由几个铁业社、花炮厂和柳编制品手工业小厂改建成生产汽车工具、机床电器和电器开关的机械厂。在工人、技术人员和管理干部的共同努力下，开发和新增了一批新产品，包括齿轮、轴承、标准紧固件、125 毫米镀铬游标卡尺，CW6163 型车床、工业用快装锅炉、矿车、碾米机、潜水泵、交流接触器、电焊机、电线电缆、纺织机械配件等 20 多种。1970 年，在大办“五七”工业的热潮中，全市许多地方国营机械厂组织职工家属办起各种“五七厂(队)”。“五七厂”大都以大厂为依托，独立经济核算，由大厂委派管理和技术人员指导，无偿或低偿转让大厂的一些设备和技术。部分“五七厂”自行开发产品，有的利用大厂的边角料，加工生产大厂需求的副产品，填补市场空白。1975 年，呼和浩特市机床厂“五七厂”有职工 100 余人。主要生产机床配件、刀具，并承揽机床维修、汽车喷漆等业务，有车、铣、刨、钻、冲压床等十几台加工设备。电动工具厂“五七厂”产品有碳刷、胶木环、灯座、电插座、电热毯等，年工业总产值 13 万余元。

“四五”计划时期(1971—1975)。1971 年，市机床厂技术人员发明设计的“机床齿轮三轴滑移机构”，获 1977 年全国科技大会三等奖和自治区科技成果一等奖。第一机械工业部将该成果编入《机床设计手册》，在全国机床行业推广。市机床附件厂自行设计制造的“半自动平面螺纹磨床”“半自动卡爪齿弧磨床”获自治区科技成果二等奖。

“五五”计划时期(1976—1980)。20 世纪 70 年代末，在地方国营企业加强经济核算、注重经济效益的形势下，各“五七厂”逐渐成为独立核算企业。其中，经营管理好的部分“五七厂”划归各区县，成为城市街办工业的基础，个别“五七厂”因脱离大厂后，不能独立支撑而逐渐解体。1980 年，经过调整，内蒙古电缆厂、电机厂、变压器厂、漆包线厂，呼和浩特锅炉厂、电动工具厂、机床电器厂、电器开关厂等 8 个电气机械及器材生产厂都得到巩固和发展。

“六五”计划时期(1981—1985)。1985 年，内蒙古综合电机厂有固定资产(原值)5671.1 万元，主要生产设备 1279 台，职工 6162 名，约占市机械工业系统职工总数的

30%；年工业总产值完成9295万元，约占全市机械工业总利润的55%；实现利润1390.9万元，约占机械工业总利润的62%。所产电气机械及器材9大类、23小类、数百个规格。其中，变压器厂的电力变压器和低损耗电力变压器4个规格产品分别在1984年、1985年被评为机械工业部优质产品。漆包线厂生产的高强度聚酯漆包圆铜线全系列产品和变压器厂生产的13个规格低损耗电力变压器，在1983年、1984年被评为自治区优质产品。USP-6KV矿用双屏蔽电缆、QXL240万大卡强制循环热水锅炉、XZD/G-2旋风式除尘器、Y100-180电机、彩色聚酯漆包圆铜线和低损耗变压器等6类7个规格的产品获自治区优秀新产品奖。

1987年，呼和浩特市玛钢厂按照可锻铸铁车轮轮毂系列标准，生产出蒙DB/HH413-87可锻铸铁车轮和蒙DB/HH414-87农用胶轮车轮毂，具有高强度、抗冲击、耐腐蚀等特点。

1990年，内蒙古煤矿机械厂开发SDG矿用上山带式输送机、KZB型干式变压器、水仓清理机、装车机、移动电钻等新产品，取得很好的经济效益。

“七五”计划时期(1986—1990)，呼和浩特齿轮厂研发了6DL螺杆泵和SC1321A变速箱并全部通过技术鉴定。呼和浩特市阀门厂新建具有国内一流水平的精密铸造车间，更新生产设备，完善检测手段，建成较先进的机加工车间、装配车间、综合辅助车间。采用计算机辅助管理，计算机辅助设计，微机程控高频淬火机床等现代化手段。应用等离子喷焊、气体保护焊、电弧气刨、专用机床、组合机床等新技术新工艺。呼和浩特市橡塑机械厂开发一系列新产品：冷喂料挤出机、复合挤出机、排气式挤出机等。开发的全液压传动，带力矩喂料辊快速内部更换滤胶装置的抽真空排气式挤出机，技术水平达到当时国际先进水平。

1991年，呼和浩特市油泵油嘴厂开发和研制CB306齿轮泵和邢台后盖总成。1992年，开发和研制TL-15液压提升器和分配器，投入小批量试生产并向石家庄拖拉机厂提供了105台样机。

1994年1月2日，呼和浩特市玛钢工业总公司研制生产的“发达”牌FD5080型微型汽车问世，结束呼和浩特地区不生产微型汽车的历史。2月28日，呼和浩特市锅炉制造总厂设计制造的TC型体内擦洗浮动床钠离子交换器获得国家专利局授予的“中国专利优秀奖”。

“十五”计划时期(2001—2005)。2001—2002年，根据国有企业改革发展要求，按照市政府关于国企股份制改造的部署，内蒙古飞鹰汽车齿轮有限责任公司由国有转为民营企业，完成股份制改造，注册为有限责任公司。该公司占地20万平方米，在岗人员1000

余人,其中专业人员420人,高级工程技术人员20余人。公司有锻造、机械加工、热处理及检测设备1000台,3条车桥装备生产线。主要以拓宽齿轮轮速比系列为主,在完善9T、10T单双桥的基础上,开发13T车型单双桥产品,并储备美国DNA桥,斯泰尔桥和奔驰桥技术。

"十一五"规划时期(2006—2010),全市加快对传统产业的技术改造,以传统机械装备制造业为重点,大力推动其向自主创新、低碳经济、信息化的方向转变发展。呼和浩特众环(集团)有限责任公司,自主研发21个品种、60余个系列、近600个规格的新产品,生产的卡盘类产品在国内的市场占有率约为40%以上,出口量约占国内同类产品出口总量的80%。内蒙古宏立达橡塑机械有限公司自主研发的具有运行参数监测系统功能的大规格橡胶冷喂料排气挤出机,整机效益提高了20%。内蒙古瑞隆重工装备制造有限公司自主研发的EBZ160型悬臂式掘进机,技术达到国内领先水平,填补自治区大型煤矿机械装备制造领域的空白。

2012年,呼和浩特众环(集团)有限责任公司研制的BT50－80LSY80工位链式刀库、KT421100A火车轮毂卡盘荣获中国数控机床展览CCTM2012春燕奖;内蒙古纳顺装备工程(集团)有限公司通过科技项目的实施,在2012—2014年获得授权12项实用新型专利。

"十二五"规划时期(2011—2015),全市在机械工业方面支持科技经费855万元,引导企业投入3.2亿元,主要用于科技成果转化与整机制造产业化,加快技术攻关与产业技术提升,以企业技术进步来推进先进装备制造业的整体效益。内蒙古华农机械有限公司成功研制出进出料输送机、大型挤奶转盘机、液态奶运输车等,其中部分设备已经取代了国外进口设备。内蒙古瑞隆重工装备制造有限公司研发制造的EBZ系列采煤掘进机取得完全的自主知识产权并投放市场。

二、机电工业技术

电焊机。1957年,呼和浩特市新生机械厂开始生产电焊机。1965年,呼和浩特市变压器电机修配厂试制成功BS－330型交流弧焊机。1976年,生产ZS－300型硅整流弧焊机。20世纪80年代初,开发出BX1系列8种电焊机及ZXG1－400型整流弧焊机。1983年,产品抽查合格率和成品一次装配合格率均达98%。1985年,呼和浩特市机床电器厂从成都电焊研究所引进ZX7－250型电焊机,以此开发出ZX7－315型逆变弧焊机,性能指标达到ISO－700－82及JP2等国际标准和国内弧焊整流标准。

电线电缆。1959年,天津市珞玲电线厂迁至呼和浩特,并入内蒙古综合电机厂,主要产品有橡皮线、花线、塑胶线、胶质线等4个品种。1960年,建成裸线车间。1961年,开始生产裸线和钢芯铝绞线。1966年,天津市电缆厂部分设备和人员迁至呼和浩特,并入内蒙古电线厂(后电缆厂)。1967 年,生产出橡套电缆、矿用电缆;7 月,研制成功 25 平方毫米的非热处理稀土铝合金绞线,代替同规格的钢芯铝绞线,使塔杆费用降低 40%。1970 年,制成氯丁橡皮线,简化了工艺,节约了原材料,降低成本 19.5%。1971 年,与上海电缆研究所合作,研制成功全国独家生产 UGP10 千伏高压双屏蔽橡套软电缆。1978 年,研制成功自动冷喂料连续硫化机组,引进采煤机组配套的矿用千伏级软电缆和 10 千伏移动式橡套电缆、UGSP-6 千伏矿用监视屏蔽电缆。1986 年,投资 2835.5 万元,进行大规模矿缆技术改造工程,引进芬兰连续硫化生产线、联邦德国电解镀锡机、意大利连续退火小拉机等设备,采用拉丝连续退火、电解镀锡、多层电缆一次挤出的微电脑控制工艺参数等新工艺,使产品达到国际标准。可生产各种橡套电缆、新型交联聚乙烯电缆和 35 千伏级高压电缆。

内蒙古电缆厂开发的非热处理型稀土铝合金裸铝绞线,重量轻、拉力大、导电性能好,经试验,可代替同规格钢芯铝绞线,安全可靠,大幅度降低架线投资,经测算杆塔费降低 40%。该产品获自治区科技成果三等奖,为稀土元素在电缆、电线产品中的应用开辟了新途径。6000 伏矿用监视屏蔽式软电缆,填补了自治区空白,适应矿山的急需。钢芯铝绞线有 IGS 型、IGQ 型和 IGSS 加强型 3 种型号 25 个规格。1985 年,内蒙古电缆厂获市级科技成果 44 项,其中,《YDY 氧弹(空气弹)老化试验仪》填补中国线缆行业推行 AEC 国际标准测试设备的空白。宋宝楹主研的《35KV 及以下聚乙烯绝缘电力电缆》项目获 1993 年度"科技兴市效益奖"二等奖。

内蒙古漆包线厂在"七五"时期,研制成功 QA 聚氨酯漆包圆铜线;QZS 彩色聚酯漆包圆铜线;QZ—1/2155/Ⅱ改性聚酯漆包圆铜线;QQ 聚乙烯醇缩醛包圆铜线均通过市级鉴定并投入生产。

呼和浩特市电缆厂是市郊区(今赛罕区)巧报乡的村办企业。1991 年,承担呼和浩特市科技攻关计划项目"氯化聚乙烯护套矿用电缆"研制,产品经国家电线电缆质量监督中心检测,各项技术指标均达到并超过国家最新标准(GB12972-91),并达到美国 ASTM 及西德 IEC 标准。经行业专家审查鉴定认为,该产品技术处于全国领先水平。产品年产量 120 吨,年可节约材料费 20.4 万元,降低能耗 50%,年可节电 34 200 度,降低能耗 5 万元,仅新材料应用一项,年新增利润 40 万元。1993 年,该项目获呼和浩特市科技进步一等奖。1991 年,该厂产值利税率 19.65%,全员劳动生产率 40 011.29 元,居全国先进之列。"热塑弹性体护套橡套软电缆"获 1993 年度呼和浩特市科技进步二等奖。

变压器。1959 年,呼和浩特市铜铝锌冶炼厂与火电设备厂、变压器厂合并为内蒙古综合电机厂。1 月,内蒙古电机变压器厂试制成功自治区第一台电力变压器,并参加全国工业展览会（上海）。自治区投资170万元进行技术改造，试制投产节能变压器，是国内最早实现产品更新换代的厂家。1977—1981年，内蒙古电机厂生产电热毯、家用吹风机。1986—1990年，内蒙古电机变压器厂从国外硅钢片剪切线，为开发新产品和提高生产效率创造了条件，陆续开发成功新产品，填补了国内空白。1986年，试制成功具有国际水平的第二代低耗S9系列节能变压器，通过国家机械工业部鉴定，成为全国首批生产S9系列节能变压器的厂家。研发的“S9－30－1600/10低损耗节能变压器”项目，获呼和浩特市1990年度科学技术进步奖一等奖；“SFSL7－SFL7－8000/110低损耗节能变压器”项目获呼和浩特市1990年度科学技术进步奖二等奖。1984年，内蒙古变压器厂获自治区全面质量管理先进企业称号，工厂目标管理QC小组获全国优秀全面质量管理小组奖。该厂生产的SL7系列电力变压器各项技术指标达到国际电工委员会IEC标准，被自治区及国家机械工业部评为优质产品。

1987年，内蒙古电机厂投资253万元，进行防爆电机、调速电机生产线技术改造，达到年产防爆电机2万千瓦、电磁调速电机3万千瓦、电机总规模30万千瓦的能力，产品达到20世纪80年代初国际水平。该厂制造JO2和Y两大系列交流电动机。其中，JO2系列产品电磁设计数据在华北地区领先，被北京电机总厂等企业采用，该产品温升低，启动转矩高，与旧JO2系列产品比较，降低一个机座号，提高一个功率等级。Y系列电动机按国际电工委员会IEC标准设计制造，经实测，效率比联邦德国西门子公司I（A）3/4系列高1.543%，启动转矩比美国西屋公司T系列高33%，噪音比国际IEC标准低5分贝，达世界先进水平，且与进口设备配套电机有很好的互换性；1984年，获呼和浩特市科技成果三等奖。20世纪80年代，该厂在市科委支持下，开发出换代新产品中型高压电机22种，中型低压电机6种，两类产品产值389万元，利税40万元。

1966年，呼和浩特市变压器电机修配厂（后为市电焊机厂）试制生产BS－330交流电焊机、STM－100KVA三相电力变压器、BX－100型机床变压器、ZS－300硅整流弧焊机、STM－30/10三相电力变压器。

1968年8月，筹建呼和浩特市机床电器厂。1969年引进技术，试制成功BX系列变压器，并批量生产；同时引进MQC系列牵引电磁铁、BE系列照明变压器，CJO－10交流接触器和JR1－10热继电器等。

呼和浩特市电器开关厂。1970年，组装生产磁力启动器。1978年，生产CJ10、JQ15、QZ610三个系列11个规格的产品。1979年经行业检查，零件合格率67%。后从北京低压开关厂引进技术，建起两条流水生产线，恒温作业。1985年经检查，零件合格率上升到97%，装配一次合格率达96%。

呼和浩特市日用品生产合作社(后为市低压开关厂)。1970年,试制并批量生产QJ3系列减压启动器。1974年,生产XJ01启动器。1981年,试制成功QJ10系列启动器。

1975年,呼和浩特市第七中学校办工厂采用上海实验电炉厂图纸,生产SRX－4－9、SRJX－8－13型实验电炉。1986年,开发出SX2系列。1987年,自行研制出SX18型超高温实验用箱式电阻炉,该产品升温到1350℃时,仅需18分钟,最高温度可达1400℃。

2008年,内蒙古精诚高压绝缘子有限责任公司"年产6000吨特高压瓷绝缘子项目",被国家科技部列入"火炬计划"。2009年,系列超(特)高压瓷绝缘子生产新技术,获自治区科技进步三等奖。2010年,"70－530KN高压耐污型盘型瓷绝缘子"被国家科技部认定为国家重点新产品。2011年,"窑炉余热综合利用项目""70－300KN系列瓷绝缘子产品开发应用技术"获呼和浩特市科技进步二等奖;"400KN悬式瓷绝缘子产品开发应用项目"获自治区科技进步三等奖。2012年,"420KN系列瓷绝缘子产品研发应用项目"获呼和浩特市科学技术进步二等奖。2013年,"XP－550、XWP－550交流系统盘形悬式瓷绝缘子新产品"获呼和浩特市科学技术进步一等奖。

专用机械。1958年,以自治区文化局电影机器修理站为基础,扩建成立电影机械制造厂,是本地区最早的专用机械生产厂;9月,电影机械机器修理站仿制出第一部电影放映机,还生产电影机配件5000件。1959年,该厂扩建并引进南京电影机械厂FL－35毫米放映机图纸改制生产。1960年,生产25台"大青山"牌35毫米放映机,完成工业总产值12.9万元。1961年,调整压缩,改为内蒙古电影机械修配厂,产品转为电影机械配件。

纺织机械和汽车工具。1965年,内蒙古纺织机械修配厂成立,有职工20人,机加工设备4台,生产以修配为主,产品只有喷雾咀1种,年产值10万元。1969年,投资150万元,购置设备,新建生产车间,形成了纺织机械配件的生产能力。1971年,生产纺机零配件111.1吨,完成工业总产值50万元。1980年后,转为生产大型纺织机械成套设备,产品行销全国9个省市自治区。1985年,该厂制造大型联合洗毛机12台,完成工业总产值347.7万元,是建厂初的7倍多。呼和浩特市第三机床厂除主攻生产乳品机械外,也生产了大型纺织机械。1982年,该厂自行设计制造LB024型联合洗毛机列为国家纺织工业部最新机型,获自治区优秀新产品奖。1968年,呼和浩特市第二铁业生产合作社开始试制汽车工具和汽车轮胎套筒,产品经第一机械部汽车局鉴定通过,转入批量生产。1969年,该厂改为呼和浩特市汽车工具厂,工业总产值19.6万元。1970年后,生产汽车用火花塞套筒、5吨油压千斤顶、解放牌卡车、北京吉普车离合器从动盘总成等产品。

煤矿机械。1969年,投资80万元,筹建内蒙古煤炭工业呼和浩特机械修配厂。1970

年9月,原在包头的煤炭部内蒙古煤田地质勘采公司三〇一总机厂迁至呼和浩特市,合并成立内蒙古煤矿机械厂,建厂初有职工117人。1971年,生产小型矿车655辆、调度绞车11台,完成工业总产值65万元。1974年,制造出300吨的油压机。20世纪80年代后,开始向制造大中型煤矿机械发展,定型产品增至16种,生产了TD系列皮带输送机、电磁给料机、0.5吨~3吨焊接变位机等新产品。1982年,研制的XZ煤矿防爆激光指向仪获自治区科研成果奖。1984年,试制成功高压细水流掘进机。1985年,完成工业总产值262万元,是建厂初的4倍多。

乳品机械。1982年,呼和浩特第三机床厂经过市场调查和经济信息分析,停止生产滞销的磨床和研磨机,转产符合内蒙古经济发展需求的小型乳品加工设备。试产两套RF2.5吨小型乳粉成套设备,受到用户欢迎。1983年,通过自治区级技术鉴定转入批量生产。

车床。1964年底,天津市机床厂C615车间搬迁并入呼和浩特机床厂。1965年,批量生产C615型普通车床。1970年,呼和浩特机床厂王存智等研究出"三轴滑移公用齿轮机构",是机床系统设计的一次重大技术突破,在全国机床行业中得到重视和推广。1968年,呼和浩特市第一机械厂试制出C620型普通车床;1970年正式投产,并被列为国家计划内定型产品,1980年停产。1980年6月,呼和浩特市第三机床厂刘振洲、王元光、何尚义等研制成功MB4363A双盘半自动研磨机,为轴承、油泵、油嘴、液压件等行业提供一种超精细加工设备;1982年,获自治区科技成果二等奖。1980年,呼和浩特机床厂试验成功机床铸造床身导轨高频淬火新工艺;同时该厂在自治区首次应用计算机进行辅助设计;"ZCW6132万能型普通车床"获自治区科技成果二等奖。1984年,呼和浩特机床附件厂引进微型计算机控制机床等新技术。1986年,该厂建起自治区第一个组合夹具站,先后从天津组合夹具厂购入1万余件基础元件。1987年,从匈牙利进口1台1米工作台的加工中心。

刨床。1959年4月,呼和浩特机床厂仿制出B665型牛头刨床。经三年努力,产品未达到国家技术标准而停产。1966年,呼和浩特市橡塑机械厂试制生产BQ2010、B2151型龙门刨床;呼和浩特市机械厂(后呼和浩特第二机床厂)试制生产B665型牛头刨床。1979年,根据全国联合设计的图纸制造出BD6063型牛头刨床,并把这种刨床的抬刀装置改为电磁结构。1984年,设计制造出B665A型牛头刨床,工作台可作垂直和水平方向快速移动和机动进给。该厂还试B6050、B60100、B6035型牛头刨床和B5032型插床等。

磨床。1969年,呼和浩特机床附件厂试制成功HF-K2型双轴平面螺纹磨床,攻克了加工三爪自定心卡盘盘丝上平面螺纹的难关。该磨床可以磨削加工130、165、200、240、

325、380 毫米三爪自定心卡盘盘丝上的平面螺纹。左磨头磨削外扣,右磨头磨削内扣,左右磨头同时加工,工作程序全部自动控制;主轴采用可控硅无级变速,达到恒速磨削;工件卡紧,工作台快速进退采用液压装置;自动进刀、退刀,采用自制低速电机控制,并带有小电感测量仪。操作方便,加工零件精度高,生产效率高,劳动强度低,实现了生产半自动化。HF-K3 型卡爪齿弧磨床是机床附件厂根据该厂生产的三爪卡盘规格及生产中存在的问题而设计制造的新型产品,它用于自动磨削三爪自定心卡盘的卡爪齿弧,两个磨头安装上不同规格的砂轮,可以同时磨削两块同规格卡爪的大弧和小弧。当需要改换产品规格时,只要更换机床上相应附件即可。机床采用液压控制,走刀可以无级调速。除上下工件手动以外,加工过程实现了自动循环,操作简单,加工零件精度高、效率高、劳动强度低。该产品在 1971 年“全国机电革新展览会”上展出,1974 年,赴日本展出。

1971 年,呼和浩特机床附件厂研制成功双头半自动平面螺纹磨床,主轴为无级调速,自动测量。同时还研制成功双头半自动卡爪齿弧磨床,其牙齿分度为等差盘机构,分度和进给装置为液压操纵,磨齿精度高且稳定。同期,该厂研制成功中国第一台电动磁盘平面螺纹动态双头磨床。1980 年,该厂双头半自动平面螺纹磨床、双头半自动卡爪齿弧磨床分获自治区科技成果二等奖。内蒙古机床修理厂(后呼和浩特第三机床厂)研制出 M7130 型卧轴矩台平面磨床,并批量生产;1975 年,又研制成 M4340 型双盘研磨机;1980 年,该厂研制成 MB43663A 型双盘半自动研磨机,1981 年获自治区科技成果二等奖,该机能自动工作循环、操作简便、工效高,机床的每个进给均可单动,以便进行修盘、调整及其他非自动循环研磨工作。上、下盘有 9 种运动组合,偏心机构无级调速,可充分满足各种使用要求。此机床属于超精加工设备,适于研磨平面、平行平面和圆柱面工件,自动化程度高,特别适用于油泵油嘴、轴承和量具刃具等成批量生产的企业。

机床卡盘。1966 年 9 月,山东省烟台机床附件厂三爪卡盘车间迁至呼和浩特市,建立呼和浩特市机床附件厂,初期年产机床卡盘 6 万余件。1980 年,该厂生产的直径 80 毫米、100 毫米、250 毫米环球牌三爪自定心卡盘获国家优质产品银质奖,这是内蒙古自治区机械产品首次获得该奖项。1985 年 6 月,该厂进行卡盘精度技术改造,生产出众环牌 ZK 系列三爪自定心卡盘,经烟台机床附件研究所鉴定,成品几何精度合格率为 100%,均为一等品,达到国际先进水平,超过国际标准 ISO3089 要求,达到国际名牌 Pratt Burnerd 和联邦德国 ROHM 产品水平。1985 年,为国家创汇 500 万美元。同年该厂生产的 KQ63 轻型卡盘、KY-250-1D6、KY250-1A6 短锥卡盘获国家经委优秀新产品金龙奖。该厂与内蒙古电子研究所合作,研制成“THE-CO1”型光栅式平面螺纹检查仪。1985 年底,该厂固定资产 2643 万元,累计实现利润 1900 余万元。产量由 1980 年前的 8.5 万件,增加到17万件,居世界同行业之首。1980—1985年上缴国家利润等于1966—1979年的总和。“六五”期间,出口产品16.5万余件,比“五五”期间增加了一倍,年均创外汇120万美元。多次被评为国家、自治区和呼和浩特市的先进企业。1986年,该厂研制成功为南京机床厂与联邦德国合作生产数控车床配套的KP液压卡盘,初试达到联邦德国同类产品水平。并研制成功出口美国的6英寸AT精密卡盘,还研制生产出电动、气动卡盘,1990年建成流水生产线,年产2万台,创汇百万美元,远销美国、日本和东南亚地区。呼和浩特机床附件总厂卡盘研究所和二分厂研制的“KM31A系列精密可调卡盘”,获呼和浩特市1991年度科学技术进步一等奖。该厂“K93系列斜齿条式高速通孔动力卡盘”,是国家机械工业部“七五”科技攻关计划和自治区新产品开发项目。世界上仅个别著名卡盘厂家才能生产该产品,在消化国外同类产品基础上,该厂改进设计研制成功,经鉴定该产品达到或超过德国SMW公司的水平,填补了国内空白,获得1993年度呼和浩特市科技进步二等奖。2005年,呼和浩特众环集团有限责任公司(由呼和浩特机床附件厂改制)研发出圆盘式、斗笠式、伞式、链式、转塔式、立车式、直排式、转盘式等8个品种、22个系列、100个规格的数控刀库,为国内30多个主机厂配套。该集团自主研发21个品种、60多个系列、近600个规格的新产品,生产的卡盘类产品在国内市场占有率40%以上,出口量约占国内同类产品80%。2007年4月,呼和浩特众环集团作为《高档数控机床与基础制造装备重大专项》课题组成员,负责“数控刀库及刀具自动交换装置”项目的研究和攻关。该项目被自治区科技厅评为2006年内蒙古自治区十大科技进展项目之一,并获得2007年呼和浩特市科技进步一等奖,2008年自治区科技进步三等奖。KL51系列立车卡盘获得自治区职工“经济技术创新工程”活动重大创新成果奖。杠杆式火车轮毂卡盘获呼和浩特市科技进步一等奖。该集团公司拥有国内第一条自主知识产权的数控刀库生产线,被国家发改委列为“重大装备自主化专项”。2011年3月,呼和浩特众环(集团)有限责任公司张占奎、张国斌、胡明坤、刘青、栾芝研究的双活塞回转油缸获得2011年度呼和浩特市科技进步三等奖。

齿轮。1966年12月,呼和浩特标准件厂试制出1105型柴油机齿轮。1967年7月4日,自治区投资90万元,将该厂改建为呼和浩特内燃机齿轮厂,年生产柴油机齿轮达10万件。截至1971年,已能生产东方红-54、红草原-50型拖拉机等36个品种的配套齿轮。1967年,呼和浩特汽车修配厂进口一套奥林肯铣齿机。1975年,该厂研制成功奥林肯铣刀片。

油泵油嘴。1969年,呼和浩特市建立拖拉机修配厂(后市油泵油嘴厂),试制生产195型柴油机油泵及柱塞、出油阀和喷油嘴3种偶件,以及495柴油机油泵、295柴油机油泵等。1974 年，生产以日本汽车为主的 3 种偶件和高压油泵。1982 年，该厂完成“BH6AF80 型油泵及 RSQ 调速器总成”课题。

阀门。1964 年 8 月，呼和浩特市新生高中压阀门厂（后为市阀门厂）成立，生产钢截止阀和高压管件。20 世纪 70 年代初，生产的高中压阀门，有锻钢截止阀和铸钢截止阀两种，毛坯原从沈阳等地购进。1972 年，自建铸钢和锻钢车间；1973 年，自制半吨工频电炉；1976 年，又建成一吨半电炉。20 世纪 80 年代，开发出高温、高压阀门和耐酸、耐盐碱腐蚀的特种钢阀门，以及专供城市集中供热的蝶阀和自动控制电动阀等。

轴承。1969 年，筹建内蒙古轴承厂（后为市轴承厂），厂址在察素齐镇。1970 年 7 月，试制出 D 类 210 型轴承。至 1987 年，生产 0、6、8 类 70 多种规格的轴承和 9/32 - 3/4 英寸的铬钢钢球轴承。

标准紧固件。1969 年 9 月，筹建呼和浩特市标准件厂。1970 年 5 月，试制出 Φ4 铆钉和 M6、M8 螺栓、螺母，当年生产标准件 34.43 万件。1987 年，开始生产 M5—M12 的螺栓、螺母。20 世纪 60 年代末，呼和浩特市丝钉厂开始生产各种规格的钢钉、冷拔丝、螺栓、螺母等制品。

液压气动装置。1968 年，呼和浩特机床附件厂试制成功 KQD160、250 毫米气动操纵阀。1975 年 2 月，内蒙古工学院成立内蒙古液压技术研究所。该所研制成功的组合块纵向叠积液压装置，可驱动程序控制液压动力头等组合机床和专用机床，实现半自动和自动化工作循环。“组合液压系统”有 60 个典型回路，可构成上千种液压控制系统，能驱动和控制执行机构，实现各种性能要求的工作循环。该所还有 LZY - M 超高压增压站、液压机具和防护门液压自动控制装置等成果。

20 世纪 70 年代，呼和浩特机械工业还试制成功直径 1 米的立式车床、20 立方米空气压力机、B6010 和 B6050 牛头刨床、B5032 插床、M131W 万能磨床、万能铣床、大型剪切设备等，显示了本地区机械工业技术工艺水平和生产能力。

三、通用机械技术

通用机械。20 世纪 50 年代后，呼和浩特市成立过通用机械厂，但实际生产的只有铸铁件、橡胶轮大车、小型农机具和民用铁器制品。1964 年 8 月，在天津召开的华北地区工业定点会上，将呼和浩特市新生亚麻厂正式改建为呼和浩特新生高中压阀门厂。当年试制出锻钢截止阀门和高压管件，通过自治区级技术鉴定，投入批量生产，年产量 6 吨。1969 年，呼和浩特第二机械厂制造成两米联合冲剪机，填补了内蒙古冲压设备制造的空白，被树为自治区红旗单位。1970 年 3 月，新生阀门厂由内蒙古监狱系统移交地方工业部门管理，成为市内唯一的通用机械专业生产厂。1971 年，生产截止阀 171.39 吨、闸阀 175.4 吨。1969

年秋冬，开始筹建呼和浩特市标准件厂和轴承厂，1970 年试制出产品。20 世纪 80 年代，市阀门厂加强新产品开发，提高产品质量，取得连续 5 年盈利经济效益。该厂产品有截止阀、闸阀、节流阀、止回阀 4 大类工业阀门；所产 J41H－40DG10、15、25 规格的截止阀 1983 年被自治区评为优质产品。1980 年后，该厂开发了高温阀、高压阀、电站阀、耐化学腐蚀的特种钢阀、自动控制的电动阀和城市集中供热用的蝶阀等新产品，其中，J41W－250DN10－150 的特种钢阀是国内首创产品，D371J－160/50－600 蝶阀的技术水平居全国领先地位。市标准件厂生产 M4－M12 等各种规格的标准紧固件，新增邮电架线器材和热镀锌钢丝产品。市轴承厂可生产 0、6、8 三类 70 多种规格的轴承和“1/16”铬钢球。1985 年底，通用机械企业有职工 2213 人，其中工程技术人员 78 人；固定资产原值 2159.4 万元，主要生产设备 468 台；共完成工业总产值 1040.2 万元，约占全市机械工业总产值的 6.2%；实现利润 98 万元，约占全市机械工业总利润的 4.4%。

2009 年，内蒙古瑞隆重工装备制造有限公司具有年生产风电塔筒 300 基、煤矿掘进机 60 台。自主研发的 EBZ160 型悬臂式掘进机，技术达到国内领先水平，填补自治区大型煤矿机械装备制造领域的空白。2011 年，二期扩建为年产 1100 基风电塔筒、100 台 EBZ160 掘进机，投资 83 814.71 万元，占地 389.6 亩。

锅炉。1954 年，呼和浩特新生铁工厂生产尼克修、兰开夏等型号工业锅炉，开始以焊接技术代替铆接。1965 年，建立新生锅炉厂（后为市锅炉厂），自行设计制造 1200 吨水压机和大型卷板机，可以压制大吨位锅炉封头和卷筒。1970 年后，生产 2 吨卧式手烧炉和链条炉。自行设计新产品有 140YP 兰开夏、1－8 型锅炉、20 吨油炉及 20 吨煤粉炉。1975 年，设计制造出 900 万大卡热水锅炉。1983 年，该厂工程师张清获劳动人事部射线检测Ⅰ级（高级）证书，后又获中国无损检测学会的超声、射线、磁粉检测Ⅲ级（高级）证书。1985 年，该厂研制成功 KZL4－B－A3 型卧式快装链条锅炉。1986 年，该厂从杭州引进并生产 DHL－13/130－A 节能型高温热水锅炉，为城市集中供暖主机，单机可供 15 万平方米～20 万平方米建筑采暖。还从国外引进 TV－300CSP 型脉冲氩弧全位置自动焊机、IK－2000 型光电跟踪切割机、成套热工测量和周向曝光 X 射线等 20 世纪 80 年代先进设备。1986 年，设在该厂的自治区无损检测技术培训中心和焊接技术培训中心成立。至 1987 年，共举办焊工培训班 18 期，培训焊工 275 名，有 270 名获锅炉压力容器焊工资格证书。

呼和浩特锅炉辅机厂根据市场需求研发的“TC 型体内擦洗浮动床钠离子交换器”，实现该厂钠离子交换器产品的升级换代，获呼和浩特市 1990 年度科学技术进步二等奖；到 1995 年新增产值 600 万元，新增利税 120 万元；1995 年，参加北京国际环保展览，获中国专利优秀奖。

2010年9月15日，呼和浩特金环锅炉制造有限责任公司《热超导高技术涡旋式燃气锅炉》等4项专利技术在第十九届全国发明展览会上获得银奖。

呼和浩特青山锅炉厂依靠自身科技力量，先后研制出QXWO.7/95-70-A型、DHW4.2-0.7/95-70-A型和DHW7-1/115-70A型热水锅炉，在科技新产品鉴定会上获得区内外专家一致好评，荣获联合国技术信息促进系统中国分部颁发“发明创造科技之星奖”。企业经济效益综合指标进入国内同行业先进水平，连续7年被评为市“小型巨人企业”，被自治区政府授予首批“内蒙古科技先导型企业”。

橡塑机械。2007年，内蒙古宏立达橡塑机械有限责任公司研制的“胶辊缠绕装置”获自治区科技进步三等奖。2011年，“大规格橡胶冷喂料排气挤出机研制”获呼和浩特市科学技术进步二等奖。2012年，“宽幅橡塑板材直挤压延机组研制”获呼和浩特市科学技术进步二等奖。同年，内蒙古富特橡塑机械有限责任公司研发的世界第一条宽幅胶片挤出法热贴合生产线，填补了国内空白。该生产线创造了两层胶片可热贴合，降低了能耗、提高了产品质量，成为世界橡胶工业钢丝绳芯输送带生产线的最新技术和设备。

柴油机。1957年10月，市合作机械厂开始试制生产12马力柴油机。1965年10月，天津市柴油机厂迁至呼和浩特建立内蒙古动力机厂。1966年，批量生产1105型柴油机。1967年，引进24马力295型柴油机，试产30台。1969年，引进上海沪东造船厂图纸，试制495型柴油机，由于未能通过试验而停止试制。1972年，该厂又从上海内燃机研究所引进图纸，试制成功X195型柴油机，生产到1979年。

汽车。1958年4月25日，筹建呼和浩特汽车修造厂。1961年，采用第一汽车制造厂解放牌汽车底盘角钢骨架，改装成自治区第一台长途客车。1964年，生产出内蒙古第一批载重3.5吨全挂车。1966年，由第一汽车制造厂供应发动机总成和部件，总装CA-10载重汽车。1970年，按标准图纸试制出草原牌JT661型长途客车和草原牌-120型4吨载重汽车。1972年，设计140型5吨载重汽车。1973年5月，用第一汽车厂四类底盘，生产出内蒙古第一台BK640型城市客车。20世纪80年代，生产改装车和15吨半挂车(黄河牵引车)、40吨专用半挂车，车身能伸缩，可运超大型水泥预制件。还生产出直冷式牛奶运输车、5吨货运厢式车、10吨半挂厢式车等。

风机。1979年，呼和浩特市风机厂成立，先后生产通风机、引风机、高压鼓风机，以及防爆、防腐、耐高温等专用风机。

四、专用机械技术

1960年，呼和浩特市主要机械工业产品达30大类，可生产矿石破碎机、风动机、皮带运输机、交流发电机、电动机、变压器、立式钻床、牛头刨床、低压锅炉、蒸汽机、农用水泵、制砖机、造纸机、饲料粉碎机、梳毛机、轧麻机、牛奶分离器、移动式电影放映机等机电产品。

2011 年,内蒙古纳顺装备工程(集团)有限公司研制的 XJDF－200×200 销钉冷喂料矩形斜交胎双复合挤出机、XJDF－(250×200)/200 三复合巨星胎胎面生产线获得呼和浩特市科技进步三等奖。

内蒙古航天金岗重工公司研发的空冷凝汽器项目实现中国第一家完全具备自主知识产权的空冷设计、制造技术,实现全部装备的国产化。2011 年,获呼和浩特市科技创新优秀企业奖。2012 年,研发的大型高精度五轴数控纤维缠绕机获呼和浩特市科技进步三等奖。

工业泵。1965 年,武川县机械厂(后为武川县水泵厂)开始生产 BA 型单级离心泵,后又开发生产 BPZ 型自吸离心泵、GC 型锅炉给水泵、IS 型单级悬挂式清水离心泵等。

冶金设备。1959 年,内蒙古第一机械制造厂、包头机械厂和呼和浩特机械厂等联合制造出 3 套 400/250 轧钢机设备。1972 年 5 月,自治区成立呼和浩特钢铁厂 650 轧钢机会战办公室。由自治区机械局负责组织呼和浩特和包头地区 20 余家企业制造 650 轧钢机成套非标准设备。历时 4 年多,共制造 50 多台设备,计 1800 吨。该套设备于 1980 年 5 月 22 日,在呼和浩特钢铁厂投入使用。

轻化机械。1964 年,内蒙古新生塑胶机械厂开发新产品。1965 年,生产出 Φ560 开放炼胶机及 Φ65、Φ115、Φ150 等规格的橡胶挤出机。1970 年,该厂由监狱系统移交地方管理,改称呼和浩特橡塑机械厂,为国家定点生产橡胶机械企业。主要产品有橡胶挤出机、平板硫化机和管带成型机 3 大系列 30 多种产品。1973 年,内蒙古化工机械厂在呼和浩特化工厂化机车间的基础上成立,为区内外化工企业生产碳化塔、换热器、蒸发器等化工设备及配件。1975 年,开始生产二类压力容器,扩大了制造和加工范围,并积极筹备三类压力容器设备的生产工作。1978 年,呼和浩特橡塑机械厂研制出 XTW－85 毫米冷喂料橡塑挤出机。1981 年,与青岛第六橡胶厂合作,研制的 3.25 米×8.75 米框架式平板硫化机,获自治区科技进步二等奖。1983 年,研制的呼字牌 XT－115A 型橡胶挤出机获国家银质奖。1984 年,呼字牌 XT－65 橡胶挤出机被评为国家化工部优质产品,Φ85、Φ65 毫米冷喂料挤出机获国家新产品金龙奖。1986 年,内蒙古化工机械厂研制成功 TLE－100 型、JLB－150 型聚脂大理石搅拌机,并通过鉴定。1987 年,呼和浩特橡胶厂通过对引进的 Q115 双管挤出机消化吸收,试制出中国第一台双管挤出机。同年,又采用电热技术开发了电热平板硫化机。1998 年 10 月,呼和浩特橡塑机械总厂改制为内蒙古宏立达橡塑机械有限公司,该公司自主研发具有运行参数监测系统功能的大规格橡胶冷喂料排气挤出机，整机效益提高20%。

五、农业机械技术

20世纪40年代中期，德丰义、义盛公等私营铁工厂开始仿制脱粒机、洋式步犁、马拉水车等农业机具，产量很少。1947年，德丰义铁工厂生产了5台弹毛机、6台电磨机、2台电碾机、4台去皮机和8台水车。1952年6月，由三家小型铁工厂合并成立了归绥农业机械厂，占地面积2万平方米，全厂职工60余人，有车、钻、刨、电焊机等加工设备16台，年工业总产值31.3万元。是本市最大的机械工厂。1953年，该厂有职工157人，生产解放式水车、拌种机等农业机具，工业总产值达62.8万元。1954年，农机产品新增双轮双铧犁。1956年，更名为内蒙古农牧业机械厂，划归自治区重工业厅直接管理，成为自治区最大的农牧业机械制造厂。至1957年，试制成功马拉搂草机、割草机、青饲切割机等结构较复杂的中小型农牧业机械。1958年，自治区筹建拖拉机制造厂，1962年，国民经济调整中，更名为拖拉机修配厂。1959年，工业总产值达1166.6万元，主要农牧机械有5大类，新增拖拉机、联合收割机等配件。1965年，内蒙古农牧业机械厂分立，一部分独立组建了呼和浩特市农业机械厂；10月，天津市柴油机厂迁至呼和浩特改为内蒙古动力机厂。1966年，生产1105型柴油机3500台。为达到农机配套产品自给自足和建立“拖拉机一条龙”生产线的目的；12月，将正在筹建中的标准件厂改建成内燃机齿轮厂，将内蒙古拖拉机修配厂一分为二，改建成市内燃机修配件厂（后为市油泵油嘴厂）和土默特左旗拖拉机修配厂，并为市内燃机齿轮厂、内燃机配件厂和农机厂3个农机企业投资187万元，以增强农机配件生产和修配能力。1967年，呼和浩特农机行业形成以柴油机为主机的配套生产网络，动力机厂生产柴油机主机，内燃机齿轮厂生产齿轮配件，内燃机配件厂生产高压油泵和配件，农机厂生产机油泵。1980年，呼和浩特农机厂停产，其余三厂经过调整时期的探索，各自形成新的主体产品，动力机厂以生产风力发电机和草原网围栏为主，齿轮厂以生产内燃机齿轮、花键轴和草原网围栏为主，油泵油咀厂以生产小型四轮拖拉机液压配套装置为主。1985年底，三个厂共有职工3064人，其中技术人员209人；固定资产原值4424.1万元，主要生产设备1135台；主要农机产品有S195型柴油机，12马力柴油机、50瓦风力发电机、饲料粉碎机、草原网围栏、圆柱和伞型齿轮、花键轴、柴油机配件，小拖拉机柱塞泵、前盖、后盖、油缸；电动工具厂生产牧业机械电动剪毛机。其中齿轮厂生产的环锁式高强度镀锌钢丝网围栏（草原网围栏）和动力机厂生产的旋转式割草机分别于1984年、1985年获自治区优秀新产品奖。同年，三厂工业总产值完成2511.2万元，约占全市机械工业总产值的15%；实现利润282.4万元，约占机械工业总利润13%。

20 世纪 50 年代，呼和浩特市农机厂成立后，开始生产滚筒式铡草机、9EP－0.1 型手摇式铡草机，后又生产 9Z－1.0 型(93ZF－1000 型)铡草机。1983—1985 年均评为自治区优质产品。

1955 年，呼和浩特市农牧机械厂仿制由西安草滩农场农牧机械厂改进仿制苏式 PCC－6.0 青贮刀碎机。1962—1966 年，该厂开发出的新产品有拖拉机链轨板、机动和畜力搂草机、割草机、拖拉机配件、柴油机、电动剪毛机等，部分产品在全国名列前茅，有的销往国外。1980 年，该厂试制成功 9GX－1.65 型双圆盘割草机，后该产品转到内蒙古动力机械厂生产。同年，该厂“剪毛机刀片磨损机理及热加工工艺的研究”获自治区科学技术进步二等奖。

1965 年，国家机械部呼和浩特畜牧机械研究所(今中国农业机械研究院呼和浩特分院)和海拉尔牧业机械厂在研究改进 9GC－1.4 畜力割草机的同时，开展了旋转式切割器的试验。1978 年 9 月，该所与内蒙古农牧学院、宝昌牧业机械厂等单位研制成功 9KJ－142 型捡拾压捆机；1979 年，该所同佳木斯机械厂联合试制的 9GS－4.0 型牵引式割草压扁机定型。1981 年，该所和宝昌牧业机械厂合作研制的 9JK－2.7 小方草捆装载机获得成功；同年，该所等单位同齐齐哈尔车辆总厂研制的 9JD－3.6 型集垛机通过鉴定，并同该厂生产的 7DY－3.6 型运垛车配套。同年，该所参加机械工业部组织的万吨级饲料加工厂成套设备中的颗粒压制系统研究工作。1985 年，该所和大同农牧机械厂共同研制的 9CJ－500 型草粉加工组通过部级鉴定并向全国销售。该产品小时产量 500 公斤，动力 17.5 千瓦，为粗饲料加工配套机型。同年，双方又共同开发 9KS－304 型颗粒饲料压制机。同时，该所研制成功滚压传动往复式 93YB－60 型饲草压饼机。

1972 年，在自治区农牧业机械化管理局主持下，由呼和浩特市郊区农机厂使用天津生产后桥、包头市固阳县农机厂组装的柴油机和呼和浩特农机修配厂生产的总成总装出铁牛－55 型拖拉机。

1975 年，托克托县农机制造厂试制成功适合牧区使用的 D－183 型风力提水机和 75 马力旋转开沟机；12 月，第二代风力提水机在北京农业展览馆展出。1976 年 3 月，国家农机部和一机部组织东北、西北、西南十省区风力提水机科研制造与使用单位在托克托县农机厂召开现场推广会。

1979 年，内蒙古畜牧科学院与呼和浩特市锅炉厂合作进行“六五”计划国家重点科技攻关项目——粗饲料热喷技术和设备研究；1985 年 12 月，通过自治区级鉴定验收，是国内首创的饲料科研重大成果，被评为自治区科技进步一等奖；1989 年，被评为国家技术应用与开发三等奖。此项技术后转让辽宁省，并推广应用到全国加工粗饲料、精饲料和饼粕脱毒等各领域。

1980 年,呼和浩特市网围栏厂试制成功一台代号为 WBH－环扣型网围栏编织机。机械化代替了手工操作,提高工效 28.4 倍,降低成本 15.3%,是自治区第一台网围栏编织机。是年,呼和浩特市农机厂试制成功 9GX－1.65 型双圆盘割草机。

1986 年 3 月,干草压饼(压块)机由自治区农牧业机械化管理局牵头研制。1988 年 9 月、1990 年,9GY－76 型辊式牧草压饼机和 9KU－650 型干草压块机分别通过自治区级鉴定。

1991 年,托克托县农机厂研究的"QD6－18－0.75 单项潜水泵"项目获呼和浩特市科学技术进步二等奖。2011 年,内蒙古华德新技术有限公司"FD2.3－0.3 型风力发电机组研究与开发"获国家机械工业部科学技术进步三等奖。

第三节　冶金、石油化工技术

一、冶金技术

1958 年,呼和浩特市开始发展冶金工业,主要企业有呼和浩特钢铁厂(炼铁、焦化、炼钢、轧钢、制氧),内蒙古新生钢铁厂(炼铁),内蒙古新生焦化厂和呼和浩特市氧气厂。

1958 年 7 月 12 日,呼和浩特钢铁厂(简称"呼钢")始建。首先建设 3 座 13 立方米炼铁高炉,之后 2 座 55 立方米炼铁高炉也动工。9 月 29 日 8 时 15 分,高炉炼出第一炉铁水。建厂初期,技术不过关,后从鞍山钢铁厂、本溪钢铁厂、太原钢铁厂等单位调来部分技术人员、干部和老工人,生产情况好转。同年,初步选定苏尼特右旗温都尔庙和达尔罕茂明安联合旗三合明两地为呼钢铁矿石矿山基地。1958—1961 年,呼钢共完成基本建设投资 3776.2 万元。1959 年 11 月 21 日 18 时 10 分,电炉炼出第一炉钢水;12 月 23 日,轧制出 16 毫米圆钢。炼钢、轧钢、焦化、机修车间及其他配套附属设施也先后建成投产,之后又生产出焦炭、水泥、玻璃、炭黑、煤焦油、电焊条等产品。1960 年前,呼钢又建成 6 吨转炉一座。1961 年,国家"调整、巩固、充实、提高"八字方针发布后,呼钢停止建设,精减人员。1962 年 2 月 1 日,全面停产。1964 年,自治区重工业厅决定呼钢恢复生产。同年,天津轧钢三厂迁来呼钢一套横列线材轧机并投产。年产直径 6.5 毫米线材近 4 万吨。1965 年 4 月,小型车间投产;9 月 6 日,天津轧钢一厂线材车间迁至呼钢;1966 年 6 月,正式投产。为供应这两个车间的原料,两架开口式 Φ500 毫米轧机同时投入生产。1971 年 5 月 27 日,成立达尔罕茂明安联合旗黑脑包矿山筹备处,经过 5 年建设,陆续建成开采场并进行基本剥离,建成了从原料破碎、输送、磁选到矿仓的全套设施。铺设窄轨

(762 毫米)铁路专用线 30 千米,兴建了相应的辅助生产及生活设施,累计投资 5104 万元。1972 年 5 月,自治区成立 650 轧钢机会战办公室,筹建 Φ650 轧机工程。1972 年起,自治区机械局组织呼和浩特和包头 20 余家企业制造 650 轧钢机成套非标准设备。历时 4 年,共完成 50 多台设备。650 轧机在呼钢投产后,与原有小型、线材两套轧机形成了综合轧钢生产能力。同时,相应地建设了配套工程、公用设施、自备水源地及配水厂,铺设排水管道 23 千米,热力管道 8 千米,新建铁路 7.5 千米,架设高压电缆 8.5 千米,架设低压线路 19 千米及职工宿舍楼等。1973 年,因选矿不过关不能继续建设。1975 年,动工建设,是自治区"五五"期间的重点工程建设项目;经 10 个月的施工安装,于 1980 年 5 月 23 日竣工投产,年加工钢坯 22 万吨。Φ650 毫米轧机是呼钢的主要生产设备,总建设面积 5.8 万平方米,投资 3600 万元,设备安装总重 3000 吨。1977 年 2 月 15 日,由于呼钢 255 立方米高炉缓建原因,技术人员及部分设备调拨至乌海市千里山钢铁厂,黑脑包矿山划归包头钢铁厂。1979 年,包头钢铁设计院与呼钢联合进行差劲调速线材轧机应用试验研究,将 8 架精轧机组改为连轧,经过一年试生产,证明当调速范围在 ±30% 时,调节快速性与直流电机拖动的连轧机相近。

呼钢是以轧钢生产为主的半联合钢铁企业。总厂为企业法人,二级厂是生产实体,实行四级管理(总厂、分厂、车间、班组),三级核算(总厂、分厂、车间)。有第一轧钢厂(即 650)、轧钢厂(二轧厂)、铁合金厂、金属制品厂,辅助单位有动力供应厂、机械厂、运输处、劳动服务公司和教育处。1985 年,有职工 4635 人,其中技术人员 179 人(工程师 66 人、经济师 5 人、统计师 3 人,会计师 17 人、主治医师 11 人、助理工程师 64 人、助理会计师 11 人、助理统计师 2 人)。少数民族职工 480 人,其中蒙古族 241 人、回族 149 人。中共党员 599 人,共青团员 737 人。主要生产设备:第一轧钢厂 Φ650 毫米 ×3 轧机、主电机 2800 千瓦,生产能力年加工钢坯 22 万吨;轧钢厂型钢车间 Φ400 毫米 ×2,Φ300 毫米 ×3,Φ280 毫米 ×4 轧机一套,主电机 1000 千瓦 1 台,710 千瓦 1 台,400 千瓦 2 台;线材车间 Φ400 毫米 ×2,Φ300 毫米 ×4,Φ280 毫米 ×8 共 14 架半连轧机一套,主电机 1000 千瓦 1 台,800 千瓦 1 台、630 千瓦 2 台、460 千瓦 2 台;铁合金厂 1800 千伏安矿热炉 2 座,年产 2680 吨;动供厂制氧设备 150 立方米/时 ×2 台,年产 240 万立方米,125 立方米/时 ×1 台,年产 99 万立方米,1000 立方米/时 ×1 台,年产 537 万立方米(1979 年停产);动力锅炉 11 台,重油罐 4 座,总配电站 2 座;蒸汽机车 2 台,轨道吊车 2 台,载重汽车 37 台,铁路专用线 17.2 千米;机修厂各种规格金属切削机床 105 台,其中通用机床 95 台,冶金专用机床 10 台;空气锻锤 5 台,铸造化铁炉 1 台,造型面积 530 平方米。劳动服务公司"知青"钢材改制厂,有 Φ300 毫米轧机 1 台,Φ250 毫米轧机 7 台,主电机 720 千瓦、220 千瓦各 1 台,年产 1 万吨。截至 1985 年,呼钢累计生产生铁(至 1976 年)41.33 万吨,钢锭(至 1978 年)51.84 万吨,钢材 92.06 万吨,其中线材 59.99 万吨,型钢 32.06 万吨,钢 97.78 万吨,硅铁 2.14 万吨,氧气 472.45 万立方米。呼钢建筑面积 21.23 万平方米,其中厂房 67 800 平方米,住宅 81 700 平方米,基建总投资 11 816 万元。1958—1978 年,亏损 1.05 亿元;1979—1985 年,累计盈利 3757 万元;1985 年,上缴利税 1355.1 万元;固定资产原值 8752 万元,净值 6702 万元。1985 年,经济效益创历史最高水平,实现利润 1010 万元,为国家纳税 884 万元,税利合计 1894 万元。其中利润比上年增长 334 万元,增长 33%;税金比上年增长 223 万元,增长 25.2%;税利合计增长 557 万元,增长 29.4%。1985 年,新投产了年产 4500 吨冷拔丝的金属制品厂。

内蒙古监狱新生焦化厂始建于 1959 年;1960 年 1 月 7 日,正式投产;1962 年 7 月,停产。1967 年 8 月 1 日,恢复生产。1968 年,全厂劳动定员为 580 人。1970 年 3 月,焦化厂改为地方国营企业,由内蒙古监狱移交呼钢总厂管理,更名呼和浩特市钢铁厂焦化分厂。1971 年 1 月,改为呼和浩特市焦化厂。1972 年,根据国家冶金工业部决定,在厂内进行“填平补齐”建设,形成综合生产能力。1973 年,收归自治区冶金工业局。1978 年后,为完善生产设施和环节,重点进行新的煤气鼓风冷凝设备安装、新建焦炭装载高料仓及 750 吨配煤罐工程。为改变单一生产焦炭的状况,综合利用煤焦油等副产品,进行化工生产设备建设。1981—1982 年,呼和浩特焦化厂外销日本 1.12 万吨焦炭。其他副产品有煤焦油、煤气、氨等。其中煤气过去除部分用于该厂生产外,其余释放在空气中,污染了环境。随着城市煤气建设发展,焦炉剩余煤气被利用为民用燃料。1982 年,为综合治理,解决环境污染问题,建成生物脱酚工程,并于 9 月正式投产;煤焦油贮存由土坑改为水泥池。同年,自治区和呼和浩特市两级政府决定,以焦化厂焦炉煤气为气源,尽快发展民用煤气。按照城市建设和煤气总体规划,呼和浩特市煤气建设计划以焦化厂改造为限,分为两期:一期工程 1983—1985 年;二期工程 1986—1988 年。1984 年 8 月,改属呼和浩特市城市建设局。焦化厂以生产冶金及机械铸造焦炭为主,建厂初有考勃式焦炉两座,共计 68 孔(1 号炉 30 孔,2 号炉 38 孔),年设计生产能力为焦炭 21.2 万吨(1 号炉 10 万吨,2 号炉 11.2 万吨),煤焦油 1 万吨。焦化厂原有生产设施不配套,机械化程度低,操作条件差,劳动强度大。截至 1985 年底,厂内已完成部分煤气配套工程,并开始筹备新焦炉等设备的建设。有职工 1560 人,其中干部 219 人(包括工程技术人员 82 人);固定资产 3063.2 万元,净值 2183.7 万元,年产值 2115.8 万元(按 1985 年实际价格),年产机制焦炭 14 万吨。1974—1985 年,共生产焦炭 157.07 万吨。全市有 7348 户使用了上管道煤气。内蒙古新生钢铁厂于 1968 年转交地方改为呼钢炼铁厂。1968—1985 年,生产铸造生铁37.7万吨,其中1977—1985年,生产24.6万吨。1979年,呼和浩特炼铁厂达到生产高峰,年产3.75万吨,但是焦比是全国小炼铁厂中倒数第一。1980年1-2月份,产量下降,号外铁(等外品)增多,产品滞销。上级部门要求减产1万吨,3号炉被迫停产;半年后,生产形势好转,后3个月实现了收支平衡。呼和浩特炼铁厂以生产铸造铁为主,有少部分炼钢生铁。铸造生铁,牌号E14-E34。质量:硅含量1.25;锰含量0.91;硫含量小于0.2。技术标准编号:GB71882。铸造生铁产品低磷、低硫,锰含量可根据用户需要进行调整,质量稳定可靠,铁锭表面平整光洁,容易破成5公斤的铁块,铸造性能好,成品率高。炼钢生铁,牌号L0.4-L1.0。质量:硅含量0.45~1.25,锰含量0.5,硫小于0.07,技术标准编号:GB71782。炼钢生铁各种化学成分稳定,完全符合国家标准,无杂质,表面质量光滑。

1975—1985年,呼和浩特炼铁厂由技术科和高炉车间技改小组进行技术革新。先后开展的技术改造项目有:试用在冷风管道上加装活性炭仓送风技术,过滤和吸附二氧化碳,提高高炉送风氧气含量,促进热风炉温度迅速提高,降低能耗;采用皮带机从原料仓将原料和焦炭输送至上料斗,提高上料速度和配料精确度;改造原有出铁沙模为铁模,后使用铸铁机,明显提高了成品率;自行设计制造电动泥炮封堵出铁口,代替原有蒸汽炮和人工封堵出铁口技术,提高了工效和安全系数;设计和制造对开抓斗机,捞取装载水冲高温炉渣,提高了渣场清理速度(并为呼和浩特焦化厂无偿提供一台同型号抓斗机,用于捞取装载煤泥);为克服55立方米高炉因高温热灰喷发,经常造成大小料钟连杆粘连不易操作问题,自行设计安装炉顶密封罩,解决了大小料钟分别开启操作问题;研发了玻璃纤维布袋除尘技术,降低了粉尘处理时间、工序和成本,该技术还推广到千里山钢铁厂,河北省宣化、唐山钢铁厂。技术改造和革新为该厂提高生产效率和产品质量起到了积极作用。1984年,该厂金鹰牌铸造生铁被自治区评为优质产品。1978年,生铁产量突破2.5万吨。1986年,该厂1号高炉大修,淘汰了称量车上料方式,采用皮带机上料计算机控制的新设备,实现了槽下过筛,装料程序自动控制漏料,自动计量、补偿,主要原料燃料用量累计、上料时间累计、批数自动记录、打印,方便生产管理。实施高炉停炉放残铁技术,采用炉缸下部另行开孔排放残铁,共放残铁11吨,节省400公斤炸药,并确保了人身设备安全,节省费用。该厂结合1号高炉大修,对高炉炉底采用自然通风冷却,炉缸采用自焙炭砖砌筑炉底技术。这些新技术首次应用在小高炉上,使投产后炉底温度始终稳定在500℃左右,对延长高炉寿命,效果明显。1987年,该厂3号高炉中修后,高炉开炉采用“全焦顶风上料,高风温点火开炉技术”。开炉后炉况顺行,炉缸温度充足,没有悬料、坐料,渣铁物理温度充沛,铁口打开顺畅。

1977 年,呼钢、乌海千里山钢铁厂先后新建高炉前滚轮移动式铸铁机。该机行走机构最大缺点是滚轮,铁轨磨损快,设备故障率高,1985 年,呼钢将滚轮移动式改为滚轮固定式,改造后设备维护费用大大降低,设备作业率得到提高。炉前缓冲包的改进,使铸铁机操作更为方便可靠。

“六五”计划期间(1981—1985),呼钢、千里山钢铁厂相继改造球团矿土烧结为半机械化盘式烧结工艺。1987 年,呼钢、千里山钢铁厂开始建设 15 平方米烧结机,采用计算机控制自动补偿配料工艺;呼钢在料场添置 ZL45 装载机、重型汽车、提高了料场的机械化水平。呼钢对烧结机风叶采用热喷涂焊技术,提高风机寿命 3 倍 ~6 倍。D300 - 43 风机采用液力偶合器技术,均达到节电节水,设备有效利用率和可靠性明显提高。

1985 年,内蒙古农牧业机械厂(后更名内蒙古铸锻厂)6 吨炼钢转炉建成并投产。

1986 年,呼和浩特炼铁厂 1 号高炉淘汰了称量车上料方式,采用皮带机上料计算机控制的新设备,实现了槽下过筛,装料程序自动控制漏料,自动计量,自动补偿,主要原料燃料用量累计、上料时间累计、批数自动记录、打印,方便了生产技术管理。1987 年,呼钢开始建设 15 平方米烧结机,采用微机控制自动补偿配料工艺。

“十一五”规划时期(2006—2010),内蒙古大唐国际再生资源公司通过高铝粉煤灰年产 20 万吨氧化铝项目采用预脱硅—碱石灰烧结法工艺技术获得自主知识产权,实现粉煤灰的综合利用。

“十二五”规划时期(2011—2015),托克托冶金产业链条快速延伸,大唐再生资源、广银铝业、光太铝业、东亚铝业等高新技术企业相继建成,铝生态工业园区已具雏形。

二、石油化学工业技术

石油化学工业是以石油、天然气等为原料进行化学加工的有机化工部门。呼和浩特石油化学工业伴随着自治区(二连浩特盆地、科尔沁草原、鄂尔多斯高原等地)丰富的石油、天然气资源开发而兴起的工业部门。呼和浩特炼油厂、内蒙古化肥厂是国家“八五”“九五”计划重点建设工程。随着二连浩特油田的开发和呼和浩特炼油厂的兴建,1988 年,国家计委批准在内蒙古自治区新建一座 30 万吨合成氨、52 万吨尿素的化肥厂,即内蒙古化肥厂。经自治区计划委员会和石油化学工业厅组织选址论证,决定化肥厂与炼油厂毗邻而建,化肥厂原料为呼和浩特炼油厂生产的减压渣油。内蒙古化肥厂和呼和浩特炼油厂统一规划为完整的工业区,形成市南郊化工工业区。内蒙古化肥厂的建成投产,能解决化肥严重缺口,对提高自治区 8000 万亩耕地施肥水平,提高粮食单产,促进农牧业发展意义重大。全市的石油化学工业从无到有,为改变呼和浩特产业结构,促进工农业和第三产业的发展,增加财政收入等方面做出贡献,经济和社会效益十分显著。

三、化工技术

呼和浩特市工业化工创办于20世纪50年代末期。1958年,在市西郊兴建内蒙古联合化工厂,后更名为呼和浩特市化工厂,投资500余万元,后一度停产。1959年后,建立的硫酸厂、内蒙古第二化工厂、呼和浩特市细菌肥料厂,郊区化肥厂、呼和浩特市催化剂厂等化工工厂,后都在产业调整中合并或停产。1966年,市化工厂恢复建设,形成年产5000吨盐酸能力。采用电解食盐生产烧碱副产品氢气和氯气,通过合成炉燃烧生产氯化氢气体,经冷却、吸收工艺生产盐酸。通过逐年技改,到1987年可年产2万吨盐酸。1970年,该厂建成3500吨/年电解法生产烧碱项目。工艺过程采用虎克8型碳板阳极的电解槽。20世纪80年代,改用金属阳极型电解槽,增大了极板的电流密度,降低电耗和成本,增加了生产能力。该厂新建氯碱车间、农药车间和化工机械车间投产,成为本市综合化工联合企业。1980—1982年,该厂针对市场变化向多品种、专用化发展,迅速开发出复配型产品,高效低泡复配增白洗衣膏。1985年获自治区科技进步三等奖。三联牌电石系列产品是市化工总厂主要产品。该产品一级品率达99%以上。畅销国内28个省市、自治区;出口到日本、东欧、东南亚十几个国家和地区,年创汇400万美元。其中100公斤、200公斤规格出口电石包装桶获国家商检局颁发的海用危险品包装合格证书。三联牌电石以其较高的质量深受用户欢迎。1996年,被授予内蒙古名牌产品称号。

20世纪50年代初,全市有9家私营作坊式修补轮胎小厂,从业人员22人,只能修补马车轮胎。1958年5月16日,呼和浩特橡胶厂成立。该厂用自制的"土炼胶机",木制的轮胎车型机头,简易的胶管成型机,试制出自治区第一条汽车外胎,第一根普通吸引胶管。1959年初,在天津、北京、长春、沈阳、青岛和延边朝鲜族自治州橡胶行业支边工程技术人员、技术工人和专业学校毕业生的参与下,试制出人力车胎、胶管、胶鞋、传送带、三角带、小型汽车外胎等6种产品,投入批量生产。1959年底,职工近500人。1960年,又增加夹布单胶鞋,运输带和再生胶产品。1961年后的三年国民经济调整时期,生产规模压缩,产品只保留了胶鞋1种。1964年后,原有产品逐渐恢复生产。1970年,新建轮胎生产车间,试制生产出"900-2"汽车外胎。1980年,轮胎成为该厂的主要产品。此后,逐步更新设备,采用国内先进的S型四辊轮压延机,轮胎骨架由棉线换成尼龙线,实现尼龙帘线两面同时挂胶,提高轮胎的耐磨性和行驶里程。1985年,该厂进行10万套标准轮胎生产线技术改造,实现炼胶密闭化,硫化以机代罐,成型半自动化,生产工艺技术接近国内先进水平。1987年,该厂通过对引进的Q115双管挤出机消化吸收,试制出中国第一台双管挤出机。又采用电热技术开发电热平板硫化机。

1959年,内蒙古政协塑料制品厂更名为呼和浩特塑料制品厂,对产品做了较大的改进,除生产电器吊盒、灯口、插销外,还开发聚氯乙烯压膜复制系列产品。1970 年,该厂生产出聚氯乙烯软管。1984 年,该厂从联邦德国引进聚酯大理石生产线,生产聚酯大理石卫生洁具和板材。此后,采取“土洋结合”的办法,自制搅拌机,生产卫生洁具。

1963 年,呼和浩特市交通局车辆修配厂撤销,以橡胶厂补胎车间为主,改建成轮胎翻修厂。建厂初,有 15 台专用机具,年翻新轮胎 1000 余条。

1964 年,内蒙古劳改系统新生联合机械厂机加工车间改建成橡塑机械厂。1965 年,生产出 Φ560 开放炼胶机和 Φ65、Φ115、Φ150 规格的橡胶挤出机。20 世纪 70 年代初,还为朝鲜民主主义人民共和国生产 35 台套出口援外的橡胶加工设备。1970 年,新生橡塑机械厂更名为呼和浩特市橡塑机械厂,是国家定点生产橡胶机械的企业之一。该厂引进日本万能坐标镗床,意大利坐标镗床等高精设备。主要产品有橡胶挤出机、平板硫化机和管带成型机 3 大系列 30 余种产品。

1965 年 9 月 1 日,天津红桥塑料厂按照中央关于沿海、内地支援边疆工业建设的精神,迁至内蒙古成立呼和浩特塑料厂。该厂是自治区第一个综合性塑料加工厂,生产聚氯乙烯、聚丙烯、聚乙烯产品。1966 年 1 月,生产出聚氯乙烯工业包装薄膜,投产聚氯乙烯民用薄膜。1968 年,利用 30 克、60 克、125 克注塑机,生产文具、日用品和小配件。1970 年,聚乙烯薄膜问世。1975—1976 年,该厂工程师刘家兴研制成功 75 - 1 耐低温防老化农业用蔬菜大棚膜,1980 年获自治区科技进步四等奖。1983 年,该厂引进日本地膜机组,开始批量生产。

1971 年,回民区房屋维修合作社试生产酚醛塑料;1974 年,又试制生产酚醛树脂。1976 年初,以呼和浩特市皮鞋厂雨鞋车间为基础,成立专业生产胶鞋的市第二橡胶厂,当年生产全胶雨鞋 10 万双。建厂初,有职工 72 人,设备简陋,主要靠手工生产胶鞋。1982 年,该厂研制成功尖头和圆头两用民族套鞋,销往少数民族地区。还引进台湾注塑胶鞋生产线,生产“YY”牌旅游鞋。橡胶加工行业通过技术革新和改造,生产能力和水平有较大提高。如第二橡胶厂试制成功工矿雨鞋面滚刀一次成型,自制了熟亮油设备、切胶机、汽水分离器等专业生产设备,使胶鞋生产由过去的手工作业基本实现机械化和半机械化,产量、质量都有较大提高,产品品种由建厂初的 4 种发展到 14 种。轮胎翻修厂先后自制胎面万能挤出机、压合机、喷浆机、片里机、翻新胎面万能挤出机头,使轮胎翻新量比建厂初的 1963 年提高 10 倍,修补胎产量提高 12 倍。市橡胶厂和橡塑机械厂都是国家化工部定点生产厂,橡胶厂是自治区重点企业,轮胎翻修厂是自治区唯一以翻新修补旧汽车轮胎为主的专业厂。全市橡塑产品有 9 大类,上百个品种,主要有轮胎(内外胎)、胶管、三角带、胶鞋、橡胶杂件,再生轮胎、平板硫化机、橡胶挤出(滤胶)机、管带专用设备等。其中橡胶厂生产的胶鞋,1981 年后,出口创汇 19.5 万美元。

1972 年,呼和浩特化工厂化工车间划出成立内蒙古化工机械厂,该厂拥有各类金属切削机床、焊接设备、热处理设备、仪器仪表,能生产各种化工专业设备、专用设备备件、通用机床及化工容器,是自治区压力容器的定点生产厂。主要产品分两类:化工设备类有各种类型的连杆、活塞、活塞销、曲轴和高压螺栓、螺母;化工容器有各种换热器、分类器、反应容器、储运容器、低中压容器等十几种产品。

1974 年,回民区维修合作社改建成市树脂厂。1978 年,更名为市第二化工厂。1981 年,利用停产的郊区化肥厂旧址,成立市天然甜素厂。

1979 年,内蒙古轻工科研所研制成功苛化法烧碱,该技术是通过苛化法烧碱工艺过程中副产品碱渣(其组分主要是碳酸钠、硫酸钠、氯化钠)和石英砂以及煤粉,通过反射炉生产硅酸钠(泡花碱)。固体泡花碱加水制取液体泡花碱,做黏合剂使用,为烧碱渣利用开辟新的途径。

1984 年,呼和浩特市第四塑料厂试制成特种劳动保护用品——塑料安全帽;1986 年,该厂与北京泡沫塑料厂联营,开发聚苯乙烯泡沫塑料,应用于包装。1985 年 6 月,呼和浩特市注塑制品厂从意大利 TRIUZI 公司引进 4200 克注塑机。1986 年 5 月 20 日,呼和浩特市第二塑料厂从日本引进一条塑料复合软包装生产线。结束了自治区不能生产塑料软包装材料的历史。同年,从日本引进挤出复合机、干法和湿法复合机、六色凹版印刷机、制袋机、分切机等先进设备,形成塑料与纸、铝箔多层复合的彩色薄膜生产线。结束自治区一流产品三流包装的历史。该产品为自治区食品生产配套出口包装,成为内蒙古唯一进入国际市场的塑料包装产品。

1985 年,全市有 5 个化工企业,即市化工厂、市第二化工厂、市氧气厂、市天然甜素厂、内蒙古化工机械厂。其中第二化工厂是集体所有制企业。5 个厂共有职工 2358 人。市化工厂生产电石、烧碱、漂精粉、合成盐酸、过氧乙酸、硫酸亚铁、纯碱、801 杀虫剂、叔丁基二茂铁、氯化锌、三十烷醇、液氯等 10 余种化工产品。所产“三联牌”电石和电石包装桶在 1980 年、1983 年分别获自治区优质产品奖和优质包装奖,远销苏联、日本、东南亚等国家和地区;其余产品销往国内 20 个省、市、自治区。第二化工厂产品有 5 类 16 种,主要产品有 R131、R133、D131、D133、D141、H161 等 6 种酚醛塑料粉(电水粉)。建筑涂料 107 建筑胶、106 和 832 内墙涂料,801 外墙涂料等 4 种。不饱和聚酯树脂、20 和 301 尿醛树脂、2123 树脂、磷酸三钠等。氧气厂主要产品有氧气、氮气、氩气、二氧化碳气、金属洗净剂等。天然甜素厂产品有甘草甜素和甘草浸粉,产品主要销往国外。

1986 年,呼和浩特市化工厂投资 70 万元,实施把烧碱从 7000 吨/年扩建到 1 万吨/

年的“万吨碱”技改工程。1987 年，投资 140 万元，扩建了固碱、液氯，使其生产能力从 2000 吨/年提高到 5000 吨/年。1988 年，投资 660 万元，实施“万五烧碱”技改工程，再次把烧碱生产能力扩大到 1.8 万吨/年。1989 年，对盐酸，漂粉精挖潜扩建，使盐酸生产规模从 1 万吨/年提高到 2 万吨/年；漂粉精提高到 2000 吨/年。1989—1990 年，该厂陆续开发出三氯乙烯，四氯乙烯新产品并通过自治区级产品鉴定。

1990 年，呼和浩特市合成洗涤剂厂从意大利引进一套年产 2 万吨全自动洗衣粉生产线。1991 年底开始生产，1992 年正式投产。“七五”时期，新建一条以生产香波为主产品的配套生产线，生产出了高效香波专用原料 AHM 表面活性剂。

“七五”计划时期（1986—1990），呼和浩特市橡胶厂采用微机设计产品，生产上采用另外自动化程度较高的双模定型硫化机，陆续开发 20 余种新规格品种轮胎。

呼和浩特市鑫荣五金化工有限公司是新城区的区街企业。1994 年，承担呼和浩特市科技攻关计划项目“碱法生产氯化稀土工艺技术条件的研究”，投产后每吨产品降低成本 400 余元。1995 年，生产氯化稀土 1000 余吨，产值达（不变价）1500 万元，销售收入 1000.68 万元，贷款回收率 91.6%，利税 116 万元，年内新增固定资产 22 万元。1995 年，该项目被评为自治区“金桥工程”优秀奖，并获呼和浩特市科教兴市效益奖四等奖。

“十五”计划时期（2001—2005），内蒙古乾坤金银精炼股份有限公司在纯金和纯银的冶炼技术方面取得突破性进展，金银产品的提纯率达到 99.999%，生产的金银产品在伦敦金银市场上被定为免检产品。内蒙古三联化工股份有限公司通过技术改造和技术革新，形成年产 24 万吨 PVC 和 24 万吨离子膜烧碱的产业规模；内蒙古天野化工集团有限责任公司利用新技术在建年产 20 万吨甲醇项目。富特公司与青岛科技大学共同研发和设计新型胶片挤出生产线，已通过国家石油和化学工业局的部级鉴定，其工艺和设备在国内外都处于领先水平。

2008 年，内蒙古天野化工公司对世界范围内的 15 种通用级聚甲醛进行了精细的结构剖析，找到影响聚甲醛质量好坏的关键性结构因素，同时也找到国内外聚甲醛质量差异的根本原因。依托于该技术项目的研究成果，天野公司申请国内发明专利 5 项。天野化工公司用高氯黄河水替代地下水用于工业生产。针对脱盐水系统，公司投入 750 万元建成一套黄河水预处理装置，公司用黄河水量达 30%。2011 年，对前期试用黄河水所出现的各类问题进行技术创新，针对循环水系统，对装置进一步改造，并对水稳剂、杀菌剂的配方进行优化改进、合理配伍，有效地满足了高氯黄河水的特殊要求。2012 年，由部分使用黄河水过渡到全部使用黄河水，成为全市第一家全部使用高氯黄河水的化工企业。对本地区地下水资源的节约及保护做出贡献。该公司对全世界 15 种通用级聚甲醛进行精细的结构剖析，找到影响国内外聚甲醛质量关键性结构因素和差异的根本原因。为全面剖析各种聚甲醛的分子结构和聚集态结构，采用多种聚合物结构剖析手段，以常规表征手段为辅助。聚甲醛结构剖析方法有核磁共振光谱分析聚甲醛分子链序列结构，二维相关红外光谱分析聚甲醛分子链精细聚集态结构，凝胶渗透色谱分析聚甲醛重均分子量、数均分子量、分子量分布及环状齐聚物的含量和偏光显微镜分析聚甲醛微观聚集态结构。辅助常规表征方法有聚甲醛热稳定性的TG分析，聚甲醛不稳定端基含量分析，聚甲醛熔融和结晶过程的DSC分析和聚甲醛的粘均分子量分析。该公司创立了共聚甲醛的聚合分子结构序列工业快速分析方法。

深入研究发现核磁共振方法可以全面的分析聚甲醛的各种分子结构。利用氢谱法可以分析聚甲醛的分子序列结构，共聚单体种类，共聚单体精确含量，判断分子量调节剂的种类，分析分子量调节剂的含量和分析聚甲醛分子链中端甲氧基的含量。利用碳谱法可以分析聚甲醛的分子序列结构和计算聚甲醛共聚单体的含量。

内蒙古天野化工公司，改变聚甲醛产品中荧光增白剂用量，添加结晶成核剂、筛选、开发出适合天野公司且优于原使用波兰助剂体系的聚甲醛通用、低模垢级助剂包，使公司能够生产出较高品质、高热稳定性的聚甲醛产品，增强了公司天野牌聚甲醛产品进入市场的竞争力。依托于项目的研究成果，天野化工公司申请国内发明专利5项。内蒙古三联化工集团是自治区生产基础和精细化工产品的支柱企业和全国氯碱工业重点企业。三联化工集团通过采用高新技术提升企业竞争力。引进世界最先进的零极距离子膜生产烧碱装置；采用一次盐水膜法过滤；淡盐水膜法除硝设备；反渗透制纯水设备；三效逆流降膜烧碱蒸发浓缩装置；淡盐水真空脱氯设备；新型垂直筛板塔技术；尾气变压吸附回收氯乙烯、乙炔气与氢气装置；二合一石墨炉；盐酸脱吸工艺装备；聚合釜密闭进料工艺；采用高效的防粘釜剂和自助喷涂装置；采用压缩冷凝回收氯乙烯技术；氯乙烯塔式气提技术；聚氯乙烯组合式旋流干燥技术等新工艺、新技术、新材料和本质安全型装置。使离子膜烧碱技术和PVC生产工艺均达到国内同行业领先水平。其中《氯乙烯工段精馏尾气回收及制氢联合装置》获呼和浩特市科技进步一等奖，《三氯乙烯生产关键技术改造与优化》《离子膜烧碱三效降膜蒸发技术国产化及其应用》获呼和浩特市科技进步二等奖，《电石渣浆乙炔回收装置》《乙炔清净液循环回用》获呼和浩特市科技进步三等奖。公司通过对高新技术的不断研发、运用，使生产运行保持低消耗、低成本、高产出、排放达标的良性循环状态。

四、化学化肥技术

硫酸。1958年，呼和浩特市建成青年硫酸厂，生产能力400吨/年，原料为硫铁矿，采用块矿炉焙烧,接触法生产工艺,当年投产。这是自治区历史上最早生产硫酸的厂家。

盐酸。1966 年,呼和浩特市化工厂开始建设,形成生产能力 5000 吨/年盐酸。采用电解食盐生产烧碱副产品的氢气和氯气通过合成炉燃烧生产氯化氢气体,经冷却、吸收工艺生产。以后逐年技改,到 1987 年,生产能力达 2 万吨/年盐酸。

氮肥。1958 年,土默特旗化肥厂(察素齐)是全国定点建设的 13 套 2000 吨/年合成氨厂家之一。1965 年 6 月 29 日,建成投产。主要原料以煤、水蒸气、空气生产半水煤气,生产合成氨,再制成氨水吸收二氧化碳的工艺制碳酸氢铵,产品含氮量 17% 左右。1971 年,土默特左旗化肥厂将 Φ700 毫米的滤油器改造成年产万吨合成氨的外筒、内筒触媒筐应用扁平管换热、下部为螺旋板换热器的一套合成塔装置,代替了原有两台 Φ420 毫米的合成塔。1976 年,内蒙古工学院和土默特左旗化肥厂设计 Φ500 毫米扁平单管并流螺旋换热合成塔内件,触媒筐容积由原有的 0.45 立方米提高到 0.62 立方米,合成氨生产能力由 3000 吨/年提高到 5000 吨/年。

碳酸氢铵。土默特左旗化肥厂为改善碳酸氢铵吸湿性大、易结块、易分解的缺点,在生产过程中添加了少量的十五烷基磺酰氯添加剂,缓解了碳酸氢铵易结块,氨易挥发弊病,提高了氮的有效利用率。1983 年,择优改造了土默特左旗化肥厂等 5 个企业。对主要设备更新换代、加大造气炉、变换炉、碳化塔、铜洗塔、合成塔的压力,改为 320 公斤/平方厘米,转动设备如离心机、压缩机都以新产品取代能耗较高的老产品,提高了技术装备水平并使技改企业的主要设备形成标准化和系列化,生产规模和技术装备更趋合理。1986 年,内蒙古工学院和土默特左旗催化剂厂研制开发 BX 型稀土低铬铁系中温变换催化剂。BX 型催化剂活性温度低,可降低能耗,减少了铬酐的用量,减少了环境污染。同年,土默特左旗化肥厂经技改后产品(骏马牌碳酸氢铵)被国家化工部评为优质产品。

五、轻化工业技术

经过多年的建设和发展,全市轻化工业形成一批具有一定规模的骨干企业。卷烟、制糖、灯泡、制药、橡胶等企业,均为千人以上的大中型企业,年工业总产值除灯泡厂外,都在 1000 万元以上。其中呼和浩特卷烟厂 1985 年以来的工业总产值超过亿元;呼和浩特糖厂的工业总产值 1986 年达 5195 万余元。

1978 年中共十一届三中全会以后,全市轻化工业经过拨乱反正,改革经济体制,进行企业整顿,企业普遍增强了活力,生产进一步发展。1982 年后,全市先后创新 22 个优质产品。其中获国家银质奖 2 个、优质奖 4 个,自治区优质奖 115 个,开发投产新产品、新品种 449 项。其中 3 项为国内首创,27 项为自治区首创,有 17 个产品分别荣获国家经委颁发的金龙奖和自治区优秀新产品奖。完成技改项目 73 个,新增产值 9074 万元,新增利润 1025. 3 万元；有 7 种产品进入国际市场，创汇产品出口额达 558. 8 万元。

20 世纪 80 年代中期，全市轻化企业年生产能力：年产卷烟达 18 万箱；糖厂日处理甜菜 1500 吨，榨期年产绵白糖 36 099 吨；啤酒、洗衣膏均达 1 万吨；机制纸 7000 余吨；干电池 1000 万支；安全火柴 211 万件；灯泡 1000 万只；制药甘草浸膏 720 余吨，土霉素 90 余吨，片剂 13 亿片，针剂 5500 万支，蜂王浆 500 万支；电石 1. 2 万吨；轮胎 10 万套。这些产品在自治区均占第一位和第二位。

第四节　轻纺工业技术

一、纺织工业技术

（一）毛纺织工业技术

毛纺工业是呼和浩特市轻纺工业的支柱产业，包括毛纺、棉纺、化纤、针织 4 个系列。形成选毛、梳毛、理条、纺织、染整相配套，从毛条生产到粗纺、精纺及毛线、毛毯加工等具有较强生产能力，生产布局和产品结构较为全面合理的专业化、系列化生产体系。重点企业有：内蒙古第一毛纺织厂、内蒙古第二毛纺织厂、内蒙古第三毛纺织厂、内蒙古第四毛纺厂（原呼和浩特市毛纺厂）、内蒙古化学纤维厂、内蒙古棉纺织厂、呼和浩特市驼绒梳纺厂等。

国家毛纺织业产品分 10 个大类，呼和浩特具有精纺、粗纺、毛线、毛毯、驼绒、长毛绒、羊毛衫、工业用毡 8 个大类，粗、细、厚、薄，高、中、低档的毛纺产品基本配套齐全。产品畅销 20 余个省、市、自治区，有 20% 的产品远销国外。

20 世纪 50 年代至 60 年代中期，自治区政府在呼和浩特相继兴建内蒙古第一毛纺织厂、第二毛纺织厂和第三毛纺织厂。1934 年建立的归绥毛纺织厂，经过多年改扩建，成为具有现代化设备的第四毛纺织厂。至 1985 年，全市纺织工业有毛纺织、化学纤维、棉纺织、针织、服装、制毡、织带等 21 个企业和事业单位。固定资产原值 1. 5 亿余元，净值 1 亿余元，工业产值 3. 2 亿元，税利 5542 万元。有职工 2. 3 万余名，其中少数民族职工 14. 12%，工程技术人员 2. 4%。呼和浩特市纺织系统共有纺锭 3. 9 万锭，其中毛精纺 1. 5 万锭，粗纺 3090 锭，毛线（包括长毛绒）5172 锭，毛毯 1680 锭，棉纺 1. 38 万锭，驼绒梳纺 240 锭。纺织业主要产品年产量：精纺毛织品 400 万米，粗纺毛织品 130 万米，毛绒 2000 吨，长毛绒 15 万米，毛毯 35 万条（其中素毯 10 万条），羊毛衫 34 万件，无毛驼绒 30 吨，驼绒纱 40 吨，毛毡制品 157 吨，毛条 400 吨，粘胶纤维 3960 吨，棉布 1520 万米，针织内衣 300 万件，西装 22 万件，袜子 23 万双。

1956年，始建的内蒙古第一毛纺织厂是自治区现代化毛纺企业之一。以生产毛线为主，有6000纺锭，生产精纺绒线及长毛绒两大类产品。年产绒线2000吨，长毛绒10万米~12万米，几项经济技术指标都超过部颁标准。配有6台精梳（圆梳）机及前后配套设备，属英式梳纺系统。成条称油毛条，含油率为3.5%。1980年，淘汰这种制条系统。历年来该厂试制出花色花式线40多种，长毛绒6种，其中稀土纯毛绒线MR168、MR178获国家经委优秀新产品"金龙奖"，该厂先后取得6项重要科技成果，其中闪光晴纶细绒线814-3获呼和浩特市科技成果一等奖；"稀土在纯绒线上的应用"于1984年获呼和浩特市科技成果一等奖、自治区科技成果二等奖、纺织工业部重大科技成果三等奖，1985年再获自治区科技进步二等奖；786、787异体染色花式绒线获呼和浩特市科技进步一等奖；713毛腈混纺花式线（又名锁链绒线）获呼和浩特市科技进步三等奖。第一毛纺厂在企业管理中运用计算机并编制《绒线成品库管理程序》，在自治区计算机推广应用展览会上获得优秀项目奖。

1958年，呼和浩特市毛纺织厂生产的高级提花毛毯出口国外，之后长毛绒、精纺、毛毯、毛毡、仿古地毯、针织绒、晴纶纱、毛针织品、羊毛衫、牛毛衫、细绒等十几大类产品销往日本、美国、英国、法国、苏联、坦桑尼亚、中国香港等十几个国家和地区。同年，自治区以进口毛条为原料开始生产绒线。

1978—1986年，全市纺织系统有30余项科研成果分别获得自治区和市两级科学技术进步奖励。有28种产品获得自治区级以上优质产品称号，其中内蒙古第二毛纺织厂"金羊牌"21901纯毛舍味呢获国家银质奖，"金羊牌"24502纯毛中厚花呢、内蒙古第一毛纺织厂"群羊牌"178纯毛粗绒线、内蒙古第三毛纺织厂"双雁牌"12084驼绒双面雪花大衣呢分别被评为国家纺织工业部优质产品；有40余个产品被列为自治区轻纺工业优秀产品。1983年，国家经委组织"全国优秀新产品金龙奖"评比，呼和浩特市6个企业的7个产品获"金龙奖"。内蒙古第四毛纺织厂的山羊绒提花毛毯、"山丹"牌毛毯在国内享有很高的声誉。内蒙古第一毛纺织厂将稀土应用于纯毛绒线染色，属全国首创，对提高毛线的鲜艳度，防止洗缩变形，减少穿着发毛起球等方面，改善毛线的实物质量和穿着性能，也为毛纺业稀土应用提供宝贵的经验。这项科研成果除获"金龙奖"外，内蒙古第一毛纺织厂还被评为全国稀土推广应用先进单位。

1980年开始，纺织系统狠抓设备更新。1982—1986年，内蒙古第二毛纺织厂、呼和浩特市西装总厂、内蒙古毛条厂、内蒙古第一毛纺织厂等先后从英国、联邦德国、意大利、日本等发达国家引进具有20世纪80年代世界水平的4800锭精纺生产线、男女西装生产线、梳条生产线以及1200锭毛纺针织绒生产线、花式捻线机等成套设备。大大提高了企业的综合生产能力,为呼和浩特市毛纺产品占领国内市场打入国际市场,在技术和设备上奠定了坚实基础。1983 年,呼和浩特经编厂从联邦德国引进西装生产线成套设备。在改变原料和产品结构、发展新品种方面,除使用化纤原料生产各种混纺产品外,在高档产品中还使用了山羊绒、驼绒、牦牛绒等原料,进一步丰富了产品的花色品种。1984 年,内蒙古第二毛纺厂 4800 锭精纺成套设备全面投产后,生产规模相当于新增一个中型精纺厂。同年,经国际羊毛局鉴定,该厂"金羊牌"纯毛华达呢质量达到国际标准,获准使用国际羊毛局纯羊毛标志。1984—1986 年,出口精纺产品 25 万米。

1982 年后,毛纺企业投入批量生产的驼绒大衣呢、羊绒大衣呢、牦牛绒大衣呢、牦牛绒毛衫、驼绒衫等产品,柔软挺括舒适,深受消费者欢迎。内蒙古毛条厂的"66 支先复洗、后精梳工艺研究",对降低消耗、增加产量、提高质量都收到良好效果。

1985 年,一毛职工总数 2987 人,其中高级工程师 1 人,工程师 4 人,助理工程师 15 人,技术员 15 人,技师 8 人,大专毕业生 40 人,技术工人 1689 人(其中 5 级工以上 639 人)。1986 年,一毛工业总产值达 5585.1 万元(历史最佳水平),全员劳动生产率 20 199.28 元/人(历史最佳水平为 2.12 万元/人),百元产值能耗率为 20.39 公斤(历史最佳水平),资金利用率历史最佳水平为 64.85 元。建厂 30 年累计为国家积累资金 2.15 亿元,相当于建厂初期总投资的 36 倍。

全市纺织系统的科研人员对良种细羊毛理化性能纺织工艺的研究,为畜牧部门育种改良提供理论根据。同时,还用国产良种细羊毛生产达到和超过澳大利亚羊毛产品和国家优质产品质量指标的毛纺织品。

全市在纺织工业中应用和推广使用电子计算机等新的科学技术,进行质量控制,微波、远红外线烘干定型、同位素 60 消杀羊毛布鲁氏杆菌,用计算机进行产品设计、配料、配毛等,都收到良好的效果。1984 年 10 月 2 日,自治区第一套微型计算机织机监测系统在内蒙古第二毛纺织厂研制成功,并首先用于对 4800 锭车间的 44 台织机进行监测,提高织机效率 30%。1985 年,内蒙古毛条厂从日本引进一套梳条设备,该技改项目共完成投资 1245 万元。1986 年,该厂又购进一台长城 0520CH 微机,使该厂的生产技术和财务管理初步实现了信息化。

1986 年,内蒙古化学纤维厂引进西德技术建成年产 2000 吨涤纶生产线,填补自治区合成纤维生产空白。1987 年,内蒙古化学纤维厂从无锡化工研究设计院引进舒纶专利项目。1988 年 10 月,试制成功国内首创的舒纶纤维,建成年产 300 吨的舒纶生产线。

1986—1988 年,呼和浩特市毛皮厂进行了羊剪绒制品的技术改造,通过技改年加工改良皮可达 13 万张。1991 年,完成了"高档毛革结合两用服装"新产品开发项目。

1987年，内蒙古自治区纺织科学研究所“中国科尔沁型美利奴羊毛不同卷曲形态理化性能及纺织性能研究”获内蒙古科技成果二等奖。

20世纪90年代，国际上兴起筒子染纱新型染色技术，具有可最小批量生产、染色新颖高雅、生产周期短、市场反应能力强、经济效益可观等优点。内蒙古青鸟毛纺织有限公司，引进国外设备进行创新，攻克关键技术难关，成为全国唯一将筒子染纱技术成功地应用到精粗纺面料规模生产的厂家。仅该项技术应用，每月公司获利润36万元。

1990年，由呼和浩特市化纺器材厂、内蒙古化学纤维厂劳动服务公司研究的“DOY、POY加弹纸质筒管”项目获呼和浩特市科学技术进步奖二等奖。

1991年，由呼和浩特市光华织布厂研究的“毛纺回丝回条下脚综合利用及产品的开发”项目获市科学技术进步奖二等奖；同年，由内蒙古化学纤维厂研究的“舒纶纤维新产品”项目获市科学技术进步一等奖。

1993年，内蒙古化纤总厂“稀土永磁提质粘胶纤维的处理方法”获发明专利并开始实施，3年新增产值1000万元，新增利税100万元。同年，内蒙古第二毛纺厂“细并捻纺纱轻薄织物”项目获呼和浩特市科教兴市效益奖二等奖。

1995年，内蒙古奕兴羊绒制品有限公司研究的“粗纺梳毛机实用新型专利的应用”项目获市科教兴市效益奖一等奖。

1998年，内蒙古铁骑集团棉纺厂“竹节呢研制开发”项目获科教兴市效益奖三等奖。2000年11月28日，由内蒙古棉纺厂、第四毛纺厂等单位组建成内蒙古铁骑纺织有限责任公司。2001年5月，内蒙古铁骑集团棉纺分厂研制的新产品“七彩呢”正式投入生产；9月，新研制的“贡丝锦”在棉纺分厂正式投入生产。

2004年，内蒙古泰龙纺织有限责任公司主研的“毛纺织粗梳高支纱产品及装备技术”项目获市科学技术进步二等奖。

1. 内蒙古第一毛纺厂（以下简称“一毛”）

1958年，该厂开始生产绒线，主要以进口毛条为原料。1960年后，一毛在国内首先利用内蒙古改良毛研制成精纺绒线，质量达到部颁标准。还研制出一批优质产品，如用四级毛、三级毛生产的168、178纯毛绒线先后于1980年和1986年获纺织工业部优质产品奖。814－3晴纶细绒线和776毛晴混纺绒线于1980年、1985年分获自治区优秀产品奖。群羊牌绒线还出口苏联、英国、科威特及东南亚等国家和地区。1958—1962年，一毛的绒线被评为全国第一，染色牢度达到当时的英国水平。1970年，为解决绒线手工拧绞易患职业病（肩周炎）问题，一毛研制出自动拧绞机。自动拧绞机技术特征和规格：占地面积1.5平方米；链条夹角 $Q=30°$；链条规格节距 $t=2$ 时，全长 $=3664$ 毫米 $\times 2$（外购标准件)；挂线脚间距 S = 3664/4 = 916 毫米；左右两侧相应两挂线脚的距离 L = 绒线成品圈长；成形主杆和固定取线脚间距离，H 应小于 1/2 升；电动机 2.2 千瓦。自动拧绞机对高粗、纯毛、毛粘、毛晴混纺等均适用。按理论产量班产为 2400 公斤，但因受人工喂线和设备故障的限制，实际班产量为 1500 公斤 ~2000 公斤。成形质量与人工拧绞无异，劳动强度比人工操作降低 50%。1980 年，自动拧绞机获自治区科技进步二等奖。1975 年，一毛将 20 世纪 40 年代水平的老式翼锭细纱机改造成 400 锭的环锭细纱机，组建细绒车间生产细绒、针织绒。1977 年，该厂经过对稀土元素的分析及其对染色性质的研究，筛选出适用于纯毛绒线染色的稀土品种氯化钕，不但提高染色牢度半级至一级，提高色泽的鲜艳度和绒线的实物质量，还节省燃料 15%。1983 年，稀土绒线 MB168 获国家经委优秀产品金龙奖。一毛的山丹牌系列产品在国内深受消费者青睐，产品畅销 26 个省、市、自治区。山丹牌 273 中粗绒线是自治区优质产品。

“七五”计划时期(1986—1990)，内蒙古第一毛纺织厂投入科技经费 114.1 万元，建立了一条新产品生产线，可实现条染复精梳、马海毛、团绒、花式线、间断印染等生产。羊绒高支纱可实现最高粗纺纱支 32 支。

“八五”计划时期(1991—1995)，一毛共投入 4700 万元进行 10 余项重大技术改造。到 1995 年末毛纺锭达 8300 锭，产品发展成为各类绒线、针织纱、羊绒纱、羊毛时装、针织服装、染色棉纱等 9 大类 100 余个品种，成为全国绒线行业中品种最齐全的厂家。企业规模从单一的毛线厂家发展成为拥有 4 个合资企业、2 个内联企业、3 个独资公司、两个分厂和一批跨地区、跨行业、跨所有制的大型毛纺织企业群体。企业固定资产达 1 亿元，比建厂初增长 12.5 倍；工业总产值 2.62 亿元，比建厂初增长 12 倍；年销售收入 2.5 亿元，年创利税 2000 万元。企业形成以名牌产品开拓市场、优质产品占领市场、新产品巩固市场的运行机制。1992 年，“山丹”商标被自治区工商局确定为自治区著名商标。1993—1995 年，连续三年荣获全国最畅销商品“金桥奖”。1995 年 5 月，自治区人民政府正式确认山丹系列产品为自治区名牌产品；10 月，“山丹”牌系列产品被评为当代内蒙古青年心目中的十大名牌之一。“山丹”牌已成为全国著名商标，产品销售量以每年 20% 的速度递增，产品在国内外享有盛誉。1996 年 1 月，一毛 ISO-9002-1994 质量体系获得国际认证，成为全国毛纺行业首批认证单位。“山丹”牌毛线被自治区技术监督局确定为免检产品。“山丹”牌 273 中粗绒线采用 48S-50S 外毛条经过精纺加工而成，是自治区优质产品。该产品光泽鲜亮，条干均匀圆胖，不发毛、不起球、拉强力好、手感柔软、色光明亮，是内蒙古第一毛纺织厂的拳头产品。

2. 内蒙古第二毛纺厂(以下简称“二毛”)

1958 年,开始筹建二毛厂。设备规模 1 万锭,采用国产 B581 细纱机、H212 织机等设备,以自治区改良羊毛做原料,生产纯毛精纺产品。1962 年正式投产,当年生产精纺毛料 28.5 万米。拥有 3 套毛条梳理设备,加工技术属法式梳纺系统,适用于加工细而短的羊毛,符合内蒙古改良毛特点,制成率高,除杂作用好,加工后的毛条称干毛条,含油率为 0.634%。原有规模 10 200 锭,1982 年从西欧 5 国引进了 4800 锭纺、织、染成套设备后,形成 1.5 万锭的生产规模。利用内蒙古羊毛生产了 4191.9 万米精纺毛织品,创税利 18 237万元,相当于国家投资 1831 万元的 9.98 倍。二毛厂主要生产纯毛、毛混、化纤三大类产品。品种有纯毛华达呢、纯毛舍味呢、纯毛花呢、毛涤华达呢、毛涤花呢、毛涤薄花呢以及羊绒、驼绒等高档产品。品种规格齐全,花色品种多样,共有几十个品种,上百个花型花色。1977 年以后,二毛有 11 种产品受到自治区、国家纺织工业部、国家经委的奖励。其中,“金羊”牌 21901 纯毛舍味呢产品获国家银质奖章。1978 年,为使匹染产品也能达到条染产品的风格,二毛采用匹套染方法生产具有全条染风格的涤、粘、棉花呢成功。1979 年初,在化纤产品中试制成功“用匹套染方法生产具有全条染风格的涤粘锦花呢”代替过去生产直销积压的粘锦凡立丁。1979—1981 年,二毛厂“毛涤产品的半精梳工艺”“拉幅烘干机改为高温定型”两项成果,在生产中得到应用后一等品率稳定在 96% 以上,使涤毛产品的利润提高到 37%,扩大了涤毛产品的产量,解决了产品定型的关键问题。1981 年前,染整工序均采用国产设备,采用部分进口染料。1982 年前,筒、并、捻工序分别在 1332 络筒机、1381 并线机、B631 捻线机上完成。织造转变工序一直沿用国产 H111 分条正经机,手工操作,穿经纬线使用 H191 自动卷纬机。1982 年,分别从英、法、德、意、西班牙、瑞士等国家引进 4800 锭纺、织、染成套设备和试验、化验仪器 110 台;同年,该厂引进法国 NSC 公司 FM5 系列前纺设备和意大利 CONGNETEX319L 型细纱机。从德国 SHLAPH - HORST(施拉夫霍斯特)和瑞士 BEINNINGER(贝宁格)引进高速整经机,各精纱毛织厂一直采用国产 N212 有梭织机织造。引进意大利 SMIT(斯密特)挠型剑杆织机,配用德国 FISHERDL - EL 型自动结经机,用于精纺毛织物生产,具有速度快、质量好、效率高、应用范围广、设备噪音小的特点,为中国开发新型织机提供了方向,成为纺织业主要选型设备之一。1982—1984 年,该厂引进意大利 SAVIO 公司自动络筒机、倍捻机;研制成功 SAT(赛络纺纱)装置,可将粗纱直接纺制具有股纱效应的精纺毛纱。二毛从西班牙、德国引进溢流染色机,从日本、德国、美国分别引进罐蒸机、双刀剪毛机,拉幅烘干机。罐蒸机、洗缩联合机、高速洗呢机和热定型机及英国绵丰染整技术,大幅度提高产品的实物质量和实用性能,形成一套比较合理的染整工艺。1983 年,从英国引进电脑配色仪,解决染色质量控制全靠人工掌握的局面,染色配方及质量控制获得自治区经委微机管理成果奖，成为全国毛纺行业第一个对引进电脑配色仪全套软件解密单位。电脑配色仪大大缩短染色生产的技术准备时间，加快投产速度，提高染色质量。同时，电脑配色仪的引进和使用，为国家染料制造和纺织染色技术的开发提供了宝贵经验。1984 年 8 月，“全国第七个质量月授奖大会”上，该厂的“金羊”牌 21901 国产毛舍味呢获国家优质品银牌奖，并进入英国等欧、亚、拉美地区 40 余个国家。10 月 2 日，自治区第一套微型计算机织机监测系统在二毛纺织厂研制成功，用于对 4800 锭车间的 44 台织机进行监测，提高织机效率 30%。10 月，该厂研制成功国内第一套织物“边字设计”软件，移植到 IBM－PC－AT 微机使用，并参加全国微机应用成果展览；同月，二毛生产的“金羊牌”纯毛花呢、纯毛舍味呢、纯毛花达呢经国际羊毛局批准，同意采用国际羊毛局标志，标志该厂毛纺产品质量达到国际先进水平。11 月，4800 锭纺织染引进设备获国家经委“引进技术改造现有企业全优奖”。大量引进和开发新技术，使产品品种、花色、花型进一步扩大，质量进一步提高。1984 年，该厂被国家经委评为引进设备全优工程。主要生产精纺毛织品，是国家大型精梳毛纺织产品生产厂之一。在企业管理和技术进步中，1985 年被评为自治区质量管理先进企业。1986 年，该厂又在国内首先用绘图仪绘制配色模纹图成功，“精纺产品织物配色模纹设计”通过鉴定。

1985 年，二毛创历史最佳生产水平。工业总产值 7776.8 万元，全员劳动生产率 1.86 万元/人，产品综合一等品率 96.14%，百元产值能耗为 0.0343 吨标准煤。全厂职工 4400 人，其中科技干部 139 人，中级工程技术人员 16 人，初级工程技术人员 57 人；大专学历以上 38 人，中专学历 90 人。技术工人中四级工以上 1982 人，五级工以上 1065 人。同年，二毛承担自治区科委下达的“细并捻纺纱新技术”比传统的精梳毛纺纱工艺缩短后纺工艺，由原来 5 道工序减为 3 道，是一种先进而又实用的纺纱新技术，填补了国内该类技术的空白。二毛纺织总厂“细并捻纺纱打断器”专利，是不经并捻工艺过程，由细纱一步纺成合股纱。用这种纱生产出的高档精纺毛织物面料质量好、成本低、生产效率高，是流行国际市场的产品。实施该项专利，1993—1994 年，企业新增产值 1255 万元，新增利税 203 万元。银狐牌精纺薄型面料是二毛纺织总厂利用优质国产羊毛和进口羊毛、染化料和助剂，采用严于国际的企业内控标准和英、日工艺技术生产的高档次、高质量、高技术含量的精纺毛织品，获得国际羊毛局纯羊毛标志特许执照。该厂有 16 个产品分别获国家、自治区、纺织行业优质产品奖，1995 年被自治区认定为名牌产品。二毛纺织总厂的技术装备和工艺水平属于国家领先水平。通过增加科技含量，开发高档毛纺面料和开拓市场，成为利税第一的全国毛纺企业。该厂以三高产品（高档次、高质量、高技术含量）为方向适应竞争激烈的市场。加大新产品新技术试制工作的考核力度，奖优罚劣，采用工艺微控的现代化管理手段,使染色一等品率得到稳定和提高。同时,全厂掀起群众性小改小革活动。1995 年,共完成技改项目 73 项,取得效益 109 万元。1996 年,进行或完成项目 69 项,进入评价鉴定和验收阶段。二毛纺厂推广科技先导型企业创建工作,摸索出一条适应毛纺企业“以技术开发为先导,带动新产品开发;以新产品开发为龙头,带动企业结构的调整;以产品结构的不断调整,提高企业的竞争力和经济效益”的特点和途径,使企业的经济效益、企业素质和技术质量提高到前所未有的水平。

3. 内蒙古第三毛纺厂(以下简称“三毛”)

三毛是一个全功能性的粗梳毛纺织厂。1980—1985 年,共生产 299 个品种,主要经济指标的历史最好水平为:年总产值 3504.96 万元,全员劳动生产率 1.47 万元,万元产值能耗率 4.62 吨。1985 年,生产规模为 2616 锭,年产粗纺呢绒 156 万米,产品 70% 内销,30% 出口。职工总数 2410 人,其中中级工程技术人员 6 人,初级工程技术人员 9 人,大专学历 56 人,技术工人 425 人,五级工以上 197 人。1981—1985 年,三毛厂研制驼绒新品种 44 个,有 31 个新品种批量投入生产。驼绒比例 5% ~100% ,成品重量从 370 克/米 ~850 克/米,出厂价从 20 元/米 ~90 元/米。1982 年,三毛利用粗纺呢绒设备,以全羊绒和羊绒与羊毛混合为原料生产出羊绒大衣呢,1989 年项目获纺织部优质产品称号。1984—1985 年,试制 7 种羊绒产品,羊绒产品的工艺技术,达到国内先进水平。特别是 02051 和 02141 两个品种,受到纺织工业部和区内外专家的好评。羊绒大衣呢的实际效益是同类产品的 15 倍。1984 年,该厂利用普通横编机研制成功无虚线的提花羊绒衫、套裙等新产品。1986 年 9 月,从日本岛津制作所引进 SEL-202FF 电脑横编机。1987 年,开始生产提花羊毛衫、套裙;同年,该厂利用微型计算机进行产品设计。DF 牌(双鱼)羊绒套衫获国家优质产品金奖,该厂所产 12084 号驼绒双面雪花大衣呢,采用驼绒与细支优质改良毛、锦纶为原料,双面反复整理,具有呢面丰满、细洁、平整、骨柔而不松的高档风格,该产品和驼绒纺拷花大衣呢 2065,及驼绒女式呢 05003,同获国家经委新产品“金龙”奖。02065 和 12084(包括翻新品号两个产品),成品综合一等品率 99% 。仅 1984 年和 1985 年两年销售量 8.63 万米,利润 106.6 万元,税金 84 万元。通过科学测算,驼绒大衣呢实际效益是 64 支国毛大衣呢的 6 倍,在区内外和国际市场上供不应求。三毛以国产设备为主,引进意大利特玛泰克斯公司 209/A 梳毛机、高第诺 FST/350 环锭纺纱机、LC-7V 洗缩联合机、MH 绳子状染呢机及日本 NK-M-4、NO4585 缩绒机、MS-33-双刀剪毛机共 19 台,占设备总数 8.7% 。1984 年,为加强羊绒、驼绒、牦牛绒等高档呢绒后整理效果,又从德国、比利时引进 PRS/FG 型剪烫机和 LMT 型起剪联合机。1982 年,该厂在羊绒粗纺呢绒研制项目中,针对羊绒特点,优选出羊绒 80% ,配比 20% 的 66 支改良毛

(撕断)纺13支纱,2/2破斜纹组织,增大纬度(经209、纬186)织成坯布,后整理采用先匹染后缩呢、用起剪机反复起剪、刺果拉毛新工艺,制成的02051、02141羊绒大衣呢,手感柔软滑爽、绒面平整、顺伏、膘光足。该厂研制牦牛绒产品时,针对牦牛绒具有手感细腻、滑爽,但纤维较之羊绒粗短,本色棕褐的特点,采取正常隔距大速比梳毛、后整理时在起剪机上起毛5次~6次,剪毛从高到低,刺果拉毛,剪烫机上正面两次烫光工艺。制成的大衣呢、手感滑爽,绒毛丰满,膘光足,穿着轻暖。02065驼绒仿拷花大衣呢、12084驼绒双面雪花大衣呢、05028驼绒平纹女士呢,同获1983年国家优秀新产品金龙奖。驼绒仿拷花大衣呢,驼绒双面雪花大衣呢并获1984年自治区优秀新产品奖。羊绒短顺毛大衣呢、牦牛绒大衣呢获1985年自治区优秀新产品奖。由三毛厂研发的"粗纺梭织羊绒围巾系列产品""羊绒大衣呢系列产品"两个项目分别获1993年度呼和浩特市"科技兴市效益奖"一等奖和三等奖。三毛厂生产的荣冠牌绒梭织羊绒围巾,选用内蒙古特有的优质白山羊绒,经先进工艺设备加工制成。产品光泽明亮自然,手感滑柔细腻,绒面毛齐平顺,穿着轻暖舒适,高贵典雅,是理想的高档装饰品。

4. 内蒙古第四毛纺厂(以下简称"四毛")

四毛的前身是1934年建成的"绥远毛织厂",1954年更名为地方国营呼和浩特市毛织厂,主要生产纯毛素毯、制服呢、大衣呢、工业用造纸呢、低粗毛线和地毯纱等。1956年,呼和浩特毛织厂对部分手工织机进行革新改造,生产出纯毛提花毯。1958年,生产的高级提花毛毯达到国际先进水平并出口。1980年,更名为内蒙古第四毛纺织厂,并进行总体改造工程。毛毯产量由改造前的8万条,增到1983年的28.71万条。固定资产由1980年302.2万元,增加到1985年1100.5万元,增加231.4%。年生产各种毛毯30万条,呢绒7万米,工业总产值1471.5万元,全员劳动生产率8822元/人。产品综合一等品率90%。"山丹"牌毛毯先后出口苏联、波兰、罗马尼亚、巴基斯坦、中东等国家和中国香港等地区,并被国家纺织部评为优质产品。1985年全厂职工2014人,其中中级工程技术人员9人;初级工程技术人员22人;大专学历以上28人;五级工以上448人。1986年,内蒙古第四毛纺织厂投入480万元进行技术改造,重点改造了梳纺设备,购进国产20世纪80年代最新68型梳纺设备,并引进当时国际先进水平的意大利宽幅剑杆织机4台及配套整理设备,研制生产出了高档羊绒毯及驼绒毯。2000年11月,该厂与内蒙古棉纺厂等单位组建成内蒙古铁骑纺织有限责任公司。

5. 内蒙古第五毛纺厂(以下简称"五毛")

五毛是1981年在呼和浩特市郊区农机修理厂旧址新建的。以郊区农机修造厂大部分职工和市第二羊毛衫厂合并组建成呼和浩特市羊绒衫厂。1983年6月,更名为内蒙古第五毛纺织厂。主要产品为羊毛衫、驼绒等,具有年产粗呢20万米、羊毛衫10万件生产能力。1985年,全厂有职工804人,其中中级技术人员2人,初级技术人员12人,大专学历21人,五级以上技术工人134人。工业总产值489.8万元,全员劳动生产率6309元/人,产品合格率99.98%。从1984年开始,第五毛纺织厂开始研究并成功地用5级毛及其他下脚毛,纺织中低档精纺毛呢,1985年投入批量生产。1984年,试制成功的绳状染呢机和洗呢机,填补了自治区纺织机械制造的空白。

(二)化学纤维工业技术

内蒙古化学纤维厂是自治区唯一生产化学纤维的工厂,前身是北京军区内蒙古生产建设兵团五七化纤厂。1969年4月筹建,1970年9月投产,投产第一年,化纤丝产量50吨,1973年达1212吨。全厂占地313亩,房屋166 690平方米,有干部、兵团战士和职工2117名。建厂初以生产粘胶纤维为主,主要产品1.5D×38棉型粘胶短纤维。有五合机5台,64锭纺丝机1台,后溶解机、粘胶过滤机、长丝精练机、酸浴蒸发机等220台件。大部分配套设备由自治区内协作加工完成。1975年10月25日,内蒙古生产建设兵团撤销后,原东、西两厂分成两个独立企业,东厂更名为呼和浩特市棉纺厂,西厂更名为呼和浩特市化纤厂。1984年8月,又移交呼和浩特市纺织局管理。1986年,内蒙古化学纤维厂引进西德技术建成年产2000吨涤纶生产线,填补自治区合成纤维生产空白。1987年,内蒙古化学纤维厂从无锡化工研究设计院引进舒纶专利项目。1988年10月,试制成功国内首创的舒纶纤维,建成年产300吨的舒纶生产线。

市化纤厂位于西郊发电厂南,建厂时设计生产能力为年产粘胶短纤维(1.5×38)240吨锦纶6,使用全套进口设备从内蒙古各地丰富的芦苇中提取化学纤维。经1982年设备技术改造,纺丝机增至104锭。已能生产1.67分特×38毫米棉型粘胶短纤维、2.78分特×51毫米、2.78分特×65毫米中长粘胶纤维和5.56分特×70毫米毛型粘胶纤维等4个品种及精制二硫化碳,年产量达4000吨左右。还生产氨肥皂、元明粉等工业原料与梳棉、洗发膏、花露水、冷烫精等日用产品,主要产品技术指标达到部颁标准。化纤厂主要经济技术指标和历史最佳值:年总产值1132万元,全员劳动生产率10 749元/人,百元产值能耗率0.17%。1985年,职工总数888人,其中中级技术人员14人,初级技术人员49人,大专学历4人,技术工人143人。化纤厂在科研成果上取得主要成就,对纺丝精炼工序进行技术改造,使产量由6吨/日提高到10吨/日。品种由单一的棉型短纤维,经过工艺改革增加中长、毛型等品种。对酸站、熟成工序进行技术改造,使产量达15吨/日的生产能力,减轻了工人劳动强度,提高了产品质量。1987年,该厂从无锡化工研究设计院引进舒纶专利项目;1988年10月,试制成功了国内首创的舒纶纤维,建成年产300吨的舒纶生产线。1988 年 8 月,内蒙古化学纤维厂建成规模 2000 吨/年涤纶低弹长丝车间。从德国巴马格公司引进切片输送干燥机、纺丝卷绕机(包括挤压机,过滤器等)、牵伸假捻机(FK6M－100 型)及测试仪器,技术性能属 20 世纪 80 年代水平。聚脂(PET)切片原料,经低速高密度输送,硫化床结晶,屋顶式充填干燥,螺杆挤压机加热熔融,高速纺丝卷绕予取向丝(POY),线速每分钟达 4000 米,摩擦盘式牵伸捻机加工成低弹丝(DTY),另加网络喷咀还可生产网络低弹力丝,最后长丝卷成筒,定时器控制满筒落纱。产品为涤纶拉伸变形丝(PTY),品种有 150D/36F、100D/36F、100D/30F、75D/30F 长丝。内蒙古化学纤维厂劳动服务公司与呼和浩特市化纺器材厂研究的“DOY、POY 加弹纸质筒管”项目获呼和浩特市 1990 年度科学技术进步奖二等奖。1991 年,内蒙古化学纤维厂研究的“舒纶纤维新产品”项目获呼和浩特市科学技术进步一等奖。1993 年,该厂“稀土永磁提质粘胶纤维的处理方法”获发明专利并开始实施,3 年新增产值 1000 万元,新增利税 100 万元。

内蒙古棉纺厂位于呼和浩特市南郊大台什路原内蒙古农业学校院内。设备为 1970 年水平,规模为纱锭 17 900 锭,布机 576 台,比较适应短纤维原料,纺中低支纱、织窄幅布。主要用化纤厂出产的化学纤维原料配以一定比例的纯棉,生产军用和民用的化纤混纺漂白布。全厂职工 1606 人,其中高级工程师 2 人,工程师 4 人,助理工程师 32 人,大专学历 50 人,技术工人 350 人。设有原料库、棉检室、清花、梳棉、并条、粗纱、细纱、整经穿扣、浆纱、织布和成品检验包装车间。另有动力、供热、电工和翻砂铸造及机械修理车间等。之后进行技改,设备有 17.8% 达到 20 世纪 80 年代水平,改造成一条 1.6 万锭仿毛织物生产线。年生产能力坯布 1500 万米,售纱 700 吨,棉纱 3163 吨。1985 年,棉纺厂工业总产值 1092 万元(历史最佳)。2000 年 11 月 28 日,由内蒙古棉纺厂、第四毛纺厂等单位组建成内蒙古铁骑纺织有限责任公司。2001 年,该公司完成棉纺织产品 2345 万米,比 2000 年增加 156 万米,羊绒产品 123.97 万条(标条),比 2000 年增加 28.42 万条(标条)。完成工业总产值(不变价)16 958 万元,比 2000 年增加 1788 万元。实现利税 771 万元。5 月,集团棉纺分厂研制的新产品“七彩呢”正式投入生产。9 月,新研制的“贡丝锦”在棉纺分厂正式投入生产。2005 年,铁骑公司生产各种棉布 215.51 万米,羊绒围巾 1 552 561 条,精纺羊绒纱 16.7 吨,实现销售收入 16 102 万元。

（三）驼绒梳纺技术

1961 年,由几家个体、集体企业组成呼和浩特驼绒梳纺厂。经多年演变发展成呼和浩特市絮棉厂,原来的主要产品是絮棉和棉被套。1980 年初,该厂开辟新的生产途径,改变了手工弹棉生产被褥套及简单加工絮用驼毛产品历史。1984 年,技改项目正式试车投产。主要产品有驼绒、驼绒纱、牦牛绒纱、絮毛、梳棉。分梳驼绒和驼绒质量优良,成为自治区商品检验免检的信得过产品,在国内外市场打开了销路。1985 年,驼绒合格率95%,制成率33%;牦牛绒合格率90%,制成率25%。驼绒纱一等一级率80%,一等二级率20%,成功率90%;牛绒纱一等一级率80%,一等二级率15%,等外率5%,成纱率90%;絮毛一等品率90%。1985 年,全厂职工277 人,实现产值313 万元,积累资金100 万元,年利润37.8 万元。1986 年,市驼绒梳纺厂董少云、陈建华、和家会研制出梳毛时用大隔距、小速比,纺纱时用小牵伸、慢锭速新工艺,梳纺18 支合股牦牛绒纱成功,为中国利用牦毛绒生产纺织品开辟了新途径,填补自治区针织行业的空白。1988 年,获自治区科技进步二等奖;1989 年,获国家科技进步三等奖。该厂董少云等研发的羊绒短纤维系列产品科技项目荣获1993 年度"科技兴市效益奖"二等奖。该厂"一种粗纺梳毛机"实用新型专利实施后,1994—1995 年创产值3200 万元,新增利税566 万元,创汇240 万美元,获转让费450 万元。

(四)毛条加工技术

1976 年4 月1 日,按照专业化原则,由内蒙古第二毛纺织厂毛条车间、选毛车间和原料科的一部分组建成内蒙古毛条厂,年生产精纺毛条1132.5 吨。1981 年,内蒙古第一毛纺织厂毛条车间划归毛条厂。经过合并调整,该厂拥有6 套精纺毛条设备,成为全国12 家专业生产毛条的大中型厂家之一。1985 年,毛条厂生产成品精纺毛条3912 吨,商品洗净毛7070 吨。成品毛条供应第一毛纺厂、第二毛纺厂;商品洗净毛供应第三毛纺厂、第四毛纺厂。为满足不断扩大的毛条需求量,同年,该厂引进一套日本OKK 公司年生产1500 吨梳条设备(属法式),相当于国产设备2.5 套的生产能力。年工业总产值5870.7 万元,毛条销售一等品率93.99%,毛条综合一等品率97.39%;精梳机利用率83.81%,运转率92.92%,生产效率75.1%。全厂有职工3045 人,中级工程技术人员11 人,初级工程技术人员70 人,大专学历58 人,技术工人490 人。该厂的主要产品有进口毛毛条、国产毛毛条、纯化纤毛条、化纤和羊毛混梳毛条等50 余个品种,同时还生产各种规格的下脚毛和商品洗净毛,主要产品质量为部颁一档水平。毛条厂的科研工作取得显著成果,其中毛条先复洗后精梳工艺,获国家纺织部科研成果二等奖和国家科研成果三等奖。刘秀英研发的"改良毛66 支、64 支毛条先复洗后精梳工艺"在原有设备条件下改变老工艺先精梳后复洗工艺流程。使精梳前增加针梳道数(58 型),提高纤维的伸直平行度,改善毛条结构,先复洗工艺可使羊毛纤维在一定张力下进行湿热处理,进一步得到伸直和定型,去除粘附在毛条上油污杂质;给予复洗下机毛条一定的含油和回潮,从而在精梳时减少纤维损伤,降低精梳落毛率,增加平均长度,提高制成率。改革工艺后,可提高纤维长度5毫米,短毛率下降4%,落毛率下降2.6%。该项目获国家科技进步三等奖。

呼和浩特市纺织原料公司是专门经营工业毛纺原料的国营专业公司,担负着全市纺织系统毛纺原料的收购、包储、供应等任务。年羊毛(包括化纤)计划调拨指标1.5万吨,占有资金4000万元,流动资金402万元。

呼和浩特市纺织科学研究所成立于1980年9月,科研方向主要是纺织工业应用技术的研究和推广。针对内蒙古毛纺资源的优势,重点是毛纺织生产技术研究、开发和推广运用。纺织科研所内部机构设置有技术研究室、情报资料室、试验化验室和560锭的毛纺织实验科研工厂(系城乡合资企业)。拥有各种测试仪器32台,科技图书资料2000余册。该所研制开发高档驼绒新产品——驼绒提花毯和驼绒衫,其中驼绒提花毯参加1983年国家纺织工业部举办的"全国纺织品新产品展销会"和国家经委举办的"全国工业新产品展览会",并由国家经委授予优秀新产品证书。

(五)毛毡地毯加工技术

呼和浩特市制毡业历史悠久,蒙元时期就有匠人手工制毡技术,其工序主要有"弹毛、铺帘、蹬洗、晾晒",每道工序细致复杂。弹毛用一张挂弹线的大弹弓,把要洗毡的羊毛弹散疏松;在专门的洗毡案板上铺上卷帘,根据毛毡尺寸把弹好的羊毛铺放在卷帘上,洒上适量的水;将洒好水的羊毛连同卷帘一起卷起,拿到洗毡案板上蹬洗、晾晒而成。1956年,十几家个体手工制毡厂家实行公私合营,成立呼和浩特市毛制品厂,后更名为市毛胶制品厂。1965年与市地毯厂的呢片车间合并更名为呼和浩特市制毡厂。制毡厂主要产品有:工业用毡、民用毡和帆布制毡。民用毡制品有条毡、毡帽、毡片等。帆布制品有门帘、蒙古包、单和棉帐篷等。工业毡年产40吨~70吨,年工业总产值150万元~300万元,上缴利税50万元~70万元。制毡厂部分产品出口,生产有厚20厘米和薄如呢料的工业用毡,到1985年,制毡厂共上缴利税1070万元。该厂开发的新产品毡筒,比工业用毡利润提高6%。1985年,全厂职工313人,五级以上技工62人。

呼和浩特市生产地毯约有160多年的历史。从清咸丰年间开始到清光绪年间,有较大发展。比较著名的作坊是由山西清源县(今清徐县)阎村人王俊办的地毯作坊"大有恒"。有织毯木机梁两套,徒工20余人,1930年工人增至150余人(其中包括纺纱工30人),地毯机梁达30套。产品分三蓝地毯和带彩地毯两类,地毯的道数(亦称码数)有60道、70道、80道、90道,最密的是120道。规格有2尺宽4尺长(俗称马褥子)、3尺宽6尺长、6尺宽5尺5寸长、6尺宽9尺长等10多种。地毯图案有五龙、五云、五牡丹、四季花(梅兰菊竹)、鹿鹤同春、博古、山水等20余种。到1932年,大有恒木机梁增到50余套,工人220余人,有资金约3万银圆。年产地毯2500平方米,最大的能制作17尺宽19

尺长的五龙地毯,成为市内地毯作坊中人数多、产量大、牌子亮的作坊。

1949年9月19日绥远和平解放,地毯行业也得到恢复与发展。1952年,第一家地毯作坊开始营业。1956年,呼和浩特市毛纺生产合作社成立,有社员72人(其中地毯工人40人)。生产地毯、车毯、毛衣、毛口袋等。1958年,毛纺社职工发展到400人,地毯产量达3000平方米。1958年6月1日,呼和浩特市地毯厂建成(前身为市第三毛织厂)。同年7月,毛纺社地毯车间的50名职工和近3万元的固定资产并入市地毯厂。当年生产机拉洗高级地毯608平方米,出口到苏联。1959年,为首都人民大会堂内蒙古厅制作了大型素古地毯。1961年,毛纺社重新组织地毯车间(有技工、徒工190人),并更名为呼和浩特毛纺地毯厂,开始生产出口高级地毯。1964年,增加出口仿古地毯。1965年,毛纺地毯厂地毯车间(职工200人,固定资产1万元)调入国营地毯厂,国营地毯厂的毛衣裤生产车间(工人20人,固定资产2000元)调入毛纺地毯厂。原毛纺地毯厂更名为呼和浩特市毛针织厂(集体企业)。1974年,国营地毯厂的地毯产量达5116平方米,比1972年提高1.34倍。1979年,根据外贸出口的变化,停止生产出口仿古地毯,改产机拉洗高级地毯和汉宫地毯。同年8月,在北京全国工艺美术行业人艺创作设计人员代表大会,呼和浩特市国营地毯厂职工郑根心携带着由他编织的艺术地毯“松鹤延年”出席会议,作品并在陶然亭公园展出,受到好评。1981年,国营地毯厂和市毛针织厂的地毯生产车间与市国营农机厂合并组建新的国营地毯厂。调整后的地毯厂,职工总数461人,厂外加工人员600人,生产出口高级地毯,包括京式、美术、彩花、素古等品种,还生产传统的内销地毯。1984年,地毯产量8924平方米,其中,出口地毯7260平方米。

呼和浩特市第二地毯厂建于1960年,属集体所有制企业。原属区街企业,厂名叫“大召公社地毯加工厂”。1963年,开始生产出口高级地毯。1974年,改产“女工平针地毯”,当年生产女工平针地毯1630平方米。1975年,在农村增设了厂外加工点(约40人),到1977年产量达10 200平方米,产品由北京口岸公司收购。1978年,北京口岸公司将这项产品转给北京郊区昌平县生产。女工平针地毯产量下降到7302平方米。1979年,改产男工地毯,产品受到市场欢迎,1979—1980年,共生产2.9万平方米。1982年,扩建地毯纱车间。1984年,改名为呼和浩特市第二地毯厂,有职工187人,工业总产值81.3万元。

土默特左旗地毯厂有职工160人,1984年产地毯3021平方米。托克托县地毯厂有职工287人,1984年产地毯1689平方米。呼和浩特地毯厂与内蒙古冶金研究所于1983年在该厂进行稀土助染地毯纱试验获得成功。同年5月14日,通过自治区经委、科委、二轻局、冶金局联合组织的鉴定。

二、服装鞋帽加工技术

20 世纪 50 年代，呼和浩特市服装行业大多使用脚踏缝纫机。1958 年开始改用电力带动；1966 年，所有脚踏缝纫机全部改为电动缝纫机。之后，呼和浩特市友谊服装厂开始使用电动裁剪刀和电熨斗，增加了电动梳毛机、打毛机、电动冲眼机、电动铺布机、电动钻孔机、切边机、高速花边机等。1984 年基本实现机械化作业，主要缝纫生产设备有高速平缝机、自动锁眼钉扣机、高速码边机、绣花机、双针机、撩边机、复衬机、串带机、打结机、粘合机、开斗机等 380 台。市服装四厂自制成功缝垫肩机、绷衬机、勾斗盖、勾领子机等。市服装三厂于 1960 年将全部机器改装成电动带地轴，1980 年又全部改为单机电动带动。

1976 年，成立呼和浩特市服装鞋帽工业公司，职工达 1657 人，有缝纫设备 875 台。1984 年底，市服装鞋帽工业公司下属有 7 个企业，友谊服装厂、服装二厂、服装三厂、服装四厂、儿童服装厂、布鞋厂、制帽厂。缝纫设备有 282 台，职工 2000 余人，工业总产值 2245 万元，实现利润 160 万元。托克托县服装厂有职工 29 人，1984 年产服装 4000 余件，总产值 15.5 万元。土默特左旗服装厂有职工 35 人，1984 年生产服装 2000 余件，总产值 23 万元。随着市场开放和人民生活水平提高，全市服装档次逐步提高，花色品种增多，款式新颖，面料以精粗毛纺或羊毛、化纤混合质为主，品种上增加了男女毛呢大衣、上衣、男女毛料西服等，出口服装也有很大增加。

（一）服装加工技术

呼和浩特市第一针织厂前身是 1945 年成立的乌兰浩特军分区后勤部被服厂，后陆续与呼和浩特市被服厂、被服二厂、市公私合营被服厂、上海金华内衣厂等合并。1971 年，改建为国营呼和浩特市针织厂。1980 年，更名为呼和浩特市第一针织厂。产品种类有各种纯棉、化纤、丝棉交织针织单面类、双面类、绒类衫裤、运动便服、毛卷床罩等 5 大类 12 个品种，几百个花色，年生产能力 250 万件。1984 年，研制并投入生产的涤棉交织双面提花面料获呼和浩特市科技成果三等奖。

1980 年 4 月，建成呼和浩特市西装总厂。该厂前身是由第一针织厂的一部分改为市经编厂而来。主要产品涤纶外衣料和各式成衣。该厂初期经济效益较高，后因进口涤纶布料大量涌入市场，使国内化纤产品大幅度降价，造成产品滞销、积压。1985 年，该厂从联邦德国全套引进一条男西装生产流水线（由英国绵丰公司和中国香港英亚有限公司以补偿贸易形式引进设备共 213 台。由德国坎尼克赛、百福、威捷、霍夫曼等公司制造，日产 1300 件，年产能力为 40 万件西装上衣），是全国首次从国外引进的西装流水线设备，同时引进工艺、款式、管理等技术软件和全套裁剪缝制技术，投产后更名为呼和浩特市西装总厂。试产期间，产品经国际羊毛局检验，符合国际羊毛局颁发的质量标准。1985 年

10月1日，产品取得使用国际羊毛局的特许执照，并被评为自治区优质新产品和优质产品。该厂主要产品为男女西装和仿毛产品。全厂职工938人，其中工程师1人，助理工程师22人，大专以上学历12人，五级工以上技术工人42人。1985年，该厂生产状况最佳的一年，总产值1990万元，全员劳动生产率2018.3元/人。

1984—1986年，西装总厂引进男女装生产线，改变了呼和浩特市毛纺工业单一生产经营毛纺产品为主的不合理结构，促进毛纺工业成龙配套地协调发展。西装产品销售到18个省市。

1985年，呼和浩特市西装总厂投资20万元对染整车间进行技术改造，开发了仿毛华达呢，仿毛啥味呢等新产品；该厂研究成功"纺毛产品松式染整新工艺"，于1986年被评为呼和浩特市科技成果一等奖；该厂双鱼(DF)牌男西装上衣以工艺先进、款式新颖、做工精细，被评为自治区优质产品；12月，鸿雁牌双排扣男西装获创新二等奖。1986年，投资500万元引进女装裤子生产线设备和技术；同年，小批量出口创汇，上缴国家利税由1984年的59.9万元增加到1986年的177.3万元。1986年获纺织部三大支柱产品创新一等奖。该厂利用引进新型科技项目HF-1型服装CAD系统进行服装加工，成为全市唯一利用计算机进行服装生产的企业。这套设备1991年进入试运行阶段，纸样输入、放码、排料等系统工作正常。1990年，开发了服装设计CDA系统，提高了服装设计排料制板的自动化程度。

呼和浩特市友谊服装厂是内蒙古服装行业的重点企业，是生产出口服装的主要工厂之一。1956年1月建厂，其前身是呼和浩特市第一成衣生产合作社。1960年开始向苏联出口长毛绒女大衣，产品一直延续到1980年，最高年出口额达3万件。从1974年开始，增加对澳大利亚、巴林、日本、联邦德国，美国等出口服装。1983年，出口服装产量占全部产量的75%。同年新建友谊服装厂大楼，建筑面积7674平方米。20世纪60年代，该厂研制电动梳毛机、打毛机、电动铺料机；电动钻孔机，沿边卡具，拧扣门、穿扣门工具，提高工效5倍。1968年，自制切边机、杨树码花机等。1975年后，有计划、有选择地引进了关键设备，如日本的打结机、码边机。1978—1983年，该厂实现技术革新64项583件。该厂推广电子计算机在服装设计和制作工艺上的应用，不仅提高产品质量，也提高了生产效率，比原来手工制版提高工效10倍以上，每件衣服可节约面料1.5厘米以上。

呼和浩特市童装厂是本市较大的生产童装、衬衫的专业厂家。前身是1958年成立的小西街军烈属、贫困户拆洗缝补小组，先后和石头巷、龙王庙、通顺街、大南街等缝补小组合并，是生产自救社会福利事业性质的生产单位。1959年3月，改为"三八被服厂"。1960年，加入市手工业联社。1964年，回民刺绣厂并入该厂，改为被服一社，职工达170

人。1966 年,改为童装生产合作社。1976 年,改称为儿童服装厂。1984 年,该厂主要设备缝纫机、绣花机、圈领机、熨领机、码边机、锁眼机、钉扣机、切领机、粘合机等 139 台,全厂职工 213 名。同年产量 12. 2 万件(其中童装 3. 8 万件)。该厂 1983 年生产的女衬衣、男童裤;1984 年生产的女衬衫、女童裙在自治区服装质量评比中获第一名。

呼和浩特市塞外时装厂由市服装鞋帽工业公司设计实验室演变而来。1976 年 5 月 15 日,成立了市服装鞋帽工业公司。1978 年,公司成立设计实验室和技术培训班。1980—1981 年,组建了 10 个服装加工销售门市部。1981 年 6 月 1 日,将设计实验室和技术培训班合并成立了教学实验室。1983 年,教学实验室改为塞外高级时装店。1985 年 4 月 5 日,撤销服装鞋帽工业公司,改为塞外时装厂。主要生产男女呢大衣,男女毛料西装套服和中山套服。1985 年,有职工 151 人,完成工业总产值 54. 2 万元。

呼和浩特市运动衣厂的前身是 1956 年成立的针织生产合作社,由几家个体生产者合资成立的手工业生产合作社。1980 年,更名为第二针织厂,专门生产针织棉毛衫裤。1985 年更名为呼和浩特市运动衣厂,是自治区生产运动服装的专业工厂。全厂职工 421 人,其中初级技术人员 6 人,五级以上技术工人 109 人。工业总产值达 396. 6 万元。产品主要有棉毛衫裤、腈纶衫裤、涤棉运动衫裤等。高档裁判服、排球服、篮球服、足球服、网球服、体操服、青春健美服等产品。该厂从联邦德国、日本、西班牙和中国香港地区引进了 20 世纪 80 年代世界先进水平的运动服装生产线,年生产能力 100 万件。所产的"梅菊"牌地垄型弹力衫,1982 年获市科技成果一等奖;1984 年又被评为自治区优质新产品奖。

呼和浩特市第一羊毛衫厂是羊毛衫生产的专业化企业,前身是 1956 年组成的毛纺生产合作社。后相继改称合作毛纺地毯厂、毛针织厂等。1981 年,改称为呼和浩特市第一羊毛衫厂。主要产品有:地毯、毛衣裤、棉针织品、腈纶衫、羊毛衫等。1982 年,出口羊毛衫 15. 22 万件,实现利润 50. 67 万元,创出口业务最好纪录。年总产值 310. 6 万元,全员劳动生产率 4757 元/人,羊毛衫一等品率 94. 7% ,毛衣裤合格率 94. 6% ,产品产量 296 754 件。1983 年,外销产品获海关免验,质量标准达 100% 。1985 年,从瑞士、日本引进了编织提花机和整理设备及洗缩脱烘干机、烫平机,年生产能力达 30 万件 ~40 万件,年产值达 500 万元 ~600 万元,实现利润 12 万元。同年,有职工 530 人,其中大专以上学历 3 人,技术员 1 人,五级以上技工 132 人。所产"黑河"牌贴花羊毛衫被评为优质新产品;"冰河"牌 TAS5019 晴纶衫获自治区优质产品奖;缩绒羊毛衫获市科技成果三等奖。

呼和浩特市舞美艺术服装厂是当时全国唯一集科研、设计、生产为一体的艺术服装专业生产厂家,主要研究设计新型的艺术舞蹈服装。舞蹈系列服装产品结构新颖,制作精良,为国内许多艺术团体研制生产整体大型艺术舞蹈配套系列服装。曾为中国著名舞蹈艺术家杨丽萍专门设计制作过“蛇舞”“秋叶”等演出服，在世界各地演出获得极佳效果，演出服装受到国内外同行的赞誉。在艺术服装系列化、新颖化方面达到国内领先水平。该厂“舞蹈与艺术服装系列产品的研究”项目在1994年获呼和浩特市科技进步二等奖。为使该厂自行研究开发的科技成果得到推广应用，呼和浩特市科委将“民族艺术霓裳的研究与开发”列入科技成果推广计划，并给予研究经费的支持。该项目既为企业带来很好的经济效益，也为发展民族文艺做出贡献。

1988年，内蒙古青松制衣有限公司投产。该厂是以生产仕奇牌高档男西装为主的中、日、港合资企业，是自治区早期的中外合资企业之一。该公司从意大利等国引进具有国际先进水平的制衣设备，组成了以生产日本款式男西装为主的多条生产流水线，1988年建成投产后，达到年生产20万套的生产规模。面料70%为内蒙古第二毛纺厂产品，成品90%销往日本。名牌产品为仕奇西装，在1994年国家计委等权威机构按国际惯例组织的“首届中国十大名牌西装”市场确认活动中，仕奇西装成为中国西装产品的第一品牌。1989年4月，该公司获准悬挂国际羊毛局标志。1990、1991年，被评为全国外商投资双优企业。1992、1993年，连续获得国家国内贸易部(原商业部)最畅销国产精品“金桥奖”。

呼和浩特市民族用品厂的名牌产品——金桨牌男女夹大衣系列，是内蒙古自治区消费者协会推荐产品。曾获俄罗斯圣彼得堡国际博览会金奖。1996年，被命名为内蒙古名牌产品。

(二)帽子加工技术

1956年9月5日，呼和浩特市制帽厂由8家个体户20多人组建而成。当时厂名为市成衣三社，有缝纫机设备16台。1958年人员增加到65人，设备增加到52台，生产的长毛绒和平帽、苏式帽是当时的畅销产品。制帽厂从建厂到1985年改革新工艺设备，如半自动烫帽机、革顶帽齐口机、裁帽口条机、划帽沿器，各种专用卡具等近30项，产品也由生产解放单夹帽、童花帽，发展到长毛绒和平帽、苏式帽及少数民族喜爱的乌克兰帽、土耳其帽、锻银丝风帽、蒙古女帽等。1959—1960年，开始出口皮帽的生产，2年生产2.2万顶，销往苏联。1976年，精心设计生产出“飞雪牌”细剪绒革顶帽，投放市场后，受到顾客欢迎，除供应本市外，还销往其他省市并出口到苏联。1976—1984年，年生产细剪绒革顶帽1万顶~1.5万顶。主要生产设备有缝纫机、长刀机、熨帽机、电剪、车床等92台。1984年，生产各种帽子54.9万顶。主要生产品种有毛呢圆顶帽、前进帽、细剪绒革顶帽、童花帽、出口旱獭皮帽、军帽等40余种，花色近百种，产品销售到十几个省市。在1981—1983年的自治区评比中，圆顶帽、前进帽获得第一名，毛呢圆顶帽、中朝帽、女帽获得第二名。

(三)鞋袜加工技术

呼和浩特市布鞋厂创建于1952年,最初为“老祥和工人制鞋厂”,由倒闭的“老祥和”鞋帽庄失业工人组建而成。1953年初,有34人,生产皮鞋和布鞋两种,年产皮鞋3700双,布鞋1.2万双左右。1956年,经过“互助合作化运动”,人员发展到140余人。从1969年开始,学习北京、唐山鞋厂的经验,研制出6工位半自动注塑机1台,开始生产塑料底布鞋,投产后台班日产量达500余双。1975年,注塑鞋产量由1970年的日产1200余双提高到日产3000双,年产量达90.5万双,人均日产量8.1双,创建厂以来的最好水平。1980年设计试制新产品,大胆突破布鞋行业的老传统,开拓了布鞋“皮鞋样式化”的路子。在设计中根据不同年龄、性别、地区及顾客需求,设计不同品种、花色的注塑鞋,使产品更新换代。1980—1983年,共设计出新产品59种,新花色100余个。在产品销售上,扩大到北京、河北、河南、湖北、辽宁、陕西、山西、甘肃等10余个省市;并从单一内销逐步发展到外销,1982年出口销售量达10余万双。

呼和浩特市国营袜厂于1981年建成。主要产品种类有弹力锦纶丝袜和锦纶丝袜,年产各种袜品130万双。1985年,工业总产值159万元,全员劳动生产率4890元/人,袜品合格率93%。全厂有职工341人,其中助理工程技术人员4人,大中专学历9人,技术工人262人。制袜厂生产的针织舞蹈服,成为国内两家生产舞蹈服装的厂家之一。

呼和浩特市织带厂于1960年成立。全厂有职工179人,五级以上技术工人68人。主要产品有红裤带、青腿带、斜纹带、鞋带和口罩绳。1980年以后,引进新设备,经济效益明显提高。历史最佳年总产值达到90万元,利润5.3万元,税金7.2万元,全员劳动生产率4180元/人,产品综合废品率3%。

呼和浩特市制鞋厂,前身是由1951年3月18日成立的“归绥市工人制鞋厂”,由政府借给300万元(旧币)资金启动,自备锥、斧、马扎开始生产。同年与蒙马靴小组合并,年底工人增加至69人。建厂初期的产品主要是布鞋,也生产少量的皮鞋。1951年,以生产帆布圆口毛布底解放鞋为主,也生产少量的皮鞋。1952年,增加了蒙古靴的生产。到1953年,生产布鞋26 154双,皮鞋4732双,蒙古靴1011双,产值达19.1万元。其中,“香牛皮”蒙古靴深受牧区蒙古族群众欢迎。全厂职工实行计件工资和供给伙食制。1954年1月1日,该厂改为地方国营呼和浩特市制鞋厂。1956年,国家进行私营工商业的社会主义改造;1月1日,私营美华号、吉兴斋、大兴隆、太平洋、蒙牛5家制鞋厂(店、社)组成“呼和浩特市公私合营制鞋厂”。拥有固定资产3万余元,工人100余名,年生产能力布鞋20余万双,皮鞋4000双。1958年8月1日,公私合营布鞋厂与国营制鞋厂合并。1958年下半年,承担对苏联、蒙古国的出口皮鞋任务,一直延续到1962年。1959年,年产皮鞋77 364双,布鞋222 707双,蒙古靴1151双。总产值达224.83万元;为国家上缴利润28万元;拥有固定资产达20.27万元;流动资金27.5万元。1965年1月1日,市国营皮鞋厂更名为呼和浩特市皮鞋厂。1968年,皮鞋厂安装了炼胶设备,并培训了第一批炼胶人员,解决鞋底胶的问题。1970年,该厂开始生产全胶雨鞋和橡胶制品。到1976年,共生产全胶雨鞋15万双。1980年,皮鞋厂试制的“氯丁胶黏合剂”获全国科研四等奖。1982年,试制的仿牛皮底革获呼和浩特市科学技术成果三等奖。呼和浩特市皮鞋厂的产品发展,历经由低到高的过程。1981—1984年,共生产出口皮鞋18.8万双。1984年,有职工503人(另有离退休人员105人,厂外加工人员150人)。主要设备有下料机、缝纫机、进口绷楦机、国产绷楦机等175台;同年,生产皮鞋26.78万双,完成工业总产值406万元,实现利润18.15万元,上缴税金15.58万元;有固定资产原值283.72万元,净值186.53万元,流动资金145.54万元。

三、轻工业技术

(一)民族制品加工技术

明清以来,呼和浩特地区就有蒙古包、蒙古刀、银碗、蒙式家具、马鞍、蒙古袍、蒙古靴等民族用品制作技术,多为前店后场私人作坊,个体工匠画样、选料、加工、生产。

牡丹牌蒙古刀。呼和浩特市民族用品厂生产的牡丹牌蒙古刀做工精良,质量上乘,式样新颖,具有浓厚的民族特色,深受少数民族群众喜爱。该产品曾获北京第二届国际博览会铜奖,远销世界30余个国家和地区。1995年5月,被命名为内蒙古名牌产品。

蒙古靴。蒙古靴是牧民生产生活必需品之一。特点是筒口宽大,穿脱方便,可防止骑马套蹬;靴底平而直,大搬尖是诸产品中的高档精品,其靴头向上翘起,适合牧民在草原、沙漠中行走,不易下陷不扬沙土。12世纪蒙古帝国时期,制作蒙古靴等手工业已从畜牧业中分离为独立行业。明万历九年(1581),归化城(今呼和浩特市)建城时,招募大批汉族工匠发展手工业,以皮毛制革为重点,靴鞋毡毯店铺达数10家。其中,“香牛皮”(精制压花牛皮)蒙古靴深受广大蒙古族群众欢迎。全厂职工实行计件工资和供给伙食制。1954年1月1日,该厂改为地方国营呼和浩特市制鞋厂。

蒙古银碗。由呼和浩特市民族用品厂老艺人吕金源制作生产,产品选用山西省五台山桦木根旋成,再将银箔镶在桦木碗上。碗内镶包白银箔,碗外镶嵌的银箔上有艺人精心雕刻的古代神话中张果老的宝葫芦,吕洞宾的宝剑,何仙姑的荷花等8件法宝。每只碗平均耗用白银150克左右,是蒙古民族的生活必需品。

马头琴。1963年,呼和浩特市民族乐器厂与自治区文化局、内蒙古歌舞团协作,对传统的马头琴进行改革、试验,扩大了音箱,改为蟒皮或木面蒙面,用尼龙弦代替了马尾弦,还增加音梁、间柱和定型的码子,使马头琴的音量显著增大。琴弓采用提琴弓式,富有弹性，并将定弦提高四度，既保持传统马头琴柔和音色，又增加清晰明快的特点。呼和浩特市民族乐器厂始建于1971年（前身为乐器社），主要产品有马头琴、蒙古四胡、大小三弦、胡拨斯、好来宝等民族乐器。1984年，制定马头琴产品自治区标准。1978年，机修工人李老丑、殷学思试制成功了“二胡、四胡综合旋杆机、万能圆盘锯、锯刨合一圆锯、竖笛拉荒机、铲风风机、成型刀具、铣把位机、铣头槽机、多孔打眼机、拉品槽机等专用设备，摆脱手工作业，提高工效2倍。

（二）日用五金加工技术

五金制品。1949年之前，呼和浩特市五金制品生产只有一些铁制用具、铁丝用品等。中华人民共和国成立后，五金制品行业逐渐发展起来，市制锁公司、丝钉厂、五金线材厂、五金制品厂、钣金制品厂、铸造厂、钢窗厂及农机附件厂等8个企业生产五金制品。主要产品有铜锁、铁锁、钢锁、铁丝、圆钉、铁窗纱、刺丝、铅丝布、铜丝布、电镀椅子、锅炉、水桶、烟筒、铝制品、保险丝、焊锡丝、火炉、钢窗等。1984年，实现总产值2131.72万元，占系统总产值27.62%。实现利润118.35万元，占全系统利润26.99%。上缴税金128.06万元，占全系统22.25%。固定资产原值992.2万元，占全系统24.86%。定额流动资金占用数758.27万元，占全系统21.17%。

制锁工业技术。1957年，内蒙古商业厅五金机械厂自制自动弹子机和弹簧机。1960年，又自制自动锁具装配机，该厂实现半机械化生产；同年，为支援边疆建设，上海市第11五金生产合作社，上海市地方国营第25五金制品厂迁至呼和浩特，并入内蒙古商业厅五金机械厂。1962年，该厂制锁车间独立建厂，为内蒙古商业厅制锁厂。1965年，企业试产彩色贴花弹子铁锁成功，新增6分，1英寸~2英寸5个规格铁挂锁，拓宽了市场。1970年，移交呼和浩特，改为呼和浩特市制锁厂。1972年，又研制成功百灵牌、柯达牌弹子铜挂锁，产品进入国际市场。1973—1979年，呼和浩特市锁厂成功制造锁体多工位联合钻孔机和半自动匙片开槽机，投产后，比老旧设备分别提高工效8倍和2倍。制锁厂历年基本建设投资总额达170.4万元。其中：国家拨款43万元，其余127.4万元均是企业自筹资金或银行贷款。建筑生产厂房车间16 893平方米，建筑住宅5020平方米。其他建筑房屋3499平方米。改制为制锁公司后，下属7个厂（制锁一厂、制锁二厂、制锁三厂、制锁四厂、配件厂、门锁厂、钢锁厂）及模具车间、供销经理部、劳动服务公司。制锁公司共占地面积76 693平方米，建筑面积33 238平方米。拥有固定资产（原值）516.79万元，（净值）397万元。1981年1月，正式成为呼和浩特市制锁工业公司，是专业化的国营工业公司，下属的7个工厂中有两个属集体所有制企业（制锁三厂与制锁四厂），其余均为国有企业。主要产品是铜挂锁、铁挂锁、钢挂锁、门锁和自行车锁。1984年末，占用流动资金547万元。主要生产设备1060台。其中:制锁专用设备392台,大小汽车11辆。1984年末,该公司有正式职工1574人,其中少数民族171人,工程技术人员26人。其中工程师1人,助理工程师7人,技师6人,技术员12人;生产工人1302人,其中8级工7人,7级工5人,6级工39人,5级工86人,4级工197人,3级工438人,2级工321人,1级工120人,学徒工89人。大学和大专学历17人,中专学历35人,高中307人,初中1070人。

1962—1984年,呼和浩特市制锁厂工业总产值累计6330万元,实现利润701万元,上缴税金298万元;总共生产各种挂锁3 269 283打。其中出口锁1 932 517打,占总产量59.11%。1965年,该厂开始铁挂锁出口。1972年,开始生产铜挂锁,90%是出口产品。1978年,该厂工程师胡祖根,根据古人惯用兽中王狮子看门的习俗,会同装潢技师陈云山仿照上海英商汇丰银行门口雄狮,设计出狮牌铜挂锁,由模型技师金成山将狮头刻绘在钢模上,经过600℃高温冲压铜锁壳成功。新产品投放市场后受到外商的青睐,远销至47个国家和地区。1979年,呼和浩特市制锁厂康振生等3人,为了防止氰污染环境,试制成功“数控无氰自动化光亮电镀流水线”。1980年,狮牌铜挂锁获得轻工业部优质产品证书;同年,又获自治区科技进步四等奖;同年,胡祖根、孔繁荣、云英男又研制成65毫米电镀钢挂锁,为直开式全封闭挂锁。电镀钢挂锁采用优质钢材制作,锁体全部采用电镀抛光;锁舌用无簧新工艺,锁芯用直径3毫米的小钢珠定位,锁梁改用尿素淬火,取代氰化钠,经特殊处理后,硬度为HRC40－45。闭合后的钢挂锁抗拉力度高达1100公斤/平方米;同年,获国家轻工业部科技进步三等奖。1980年之后,铁挂锁完全内销。1981年,获自治区科技进步二等奖,是自治区优质产品。呼和浩特市制锁工业公司是国家锁具生产基地之一,是自治区唯一的制锁工业企业。1982—1984年,该产品曾两次参加在美国芝加哥举办的国际博览会。1983年,国家轻工业部授予呼和浩特市制锁工业公司“科技先进集体”称号。1984年各种锁总产量41.11万打。其中,出口锁302 837打,占总产量73.67%。出口产品畅销96个国家和地区。内销到27个省、市、自治区。1987年,生产各种锁具585.19万把,其中出口537.22万把,占91.8%。1982年,该公司参加全国铜锁评比,被评为全国第5名。

呼和浩特市制锁厂关注市场信息,注重研发,产品适应市场变化,储备有不同的拳头产品。1962年,开始生产“天桥牌”铁挂锁;1965年,该产品进入国际市场。1972年,“百灵牌”“柯达牌”铜挂锁,先后投入生产,畅销国内外。1980年,生产热压狮牌铜挂锁,因造型优美,别具一格,谓之“锁中称魁”,远销多个国家和地区,并获国家轻工业部优质产品证书。1980—1981年,研发的65毫米“骆驼牌”电镀钢挂锁,结构合理先进,锁舌采用无舌簧新工艺,锁芯用直径3毫米小钢球定位,插拔省力,开启灵活,锁梁采用尿素淬火,取代过去的氰化钠淬火,提高了硬度;锁的外表采用电镀抛光工艺,光亮精致,美观大方,该锁闭合最高抗拉强度达1730公斤/平方米,超过美国钢锁220公斤,具有防拨、防砸、防锯、防撬、防震的性能,是保密机关、重要仓库、铁路运输及民用安全可靠的高档挂锁。1982年12月,该产品获国家轻工业部颁发优质新产品证书;1983年,被评为自治区优质产品;1983年9月,获国家经委优秀新产品金龙奖,并获国家对外经济贸易部颁发的钢挂锁荣誉证书,还被国家轻工业部评为试制新产品先进集体。1984年,该产品获自治区"四锁"评比第一名;11月,被国家轻工业部评为优质产品。受到国内外,尤其是发达国家客户的欢迎,列为国家对外经济贸易部的重点发展产品。1983年,根据外商要求,又试制成功底开不下马、双性能铜梁铜锁,通过鉴定。1984年,正式投产,年产达47 280打。"蒙Q/RQ28－83'双性弹子挂锁'自治区标准"获1985年自治区科技成果二等奖。狮牌铜、钢挂锁系呼和浩特市制锁工业公司的专利产品。产品工艺精湛,外表美观,规格齐全,质量可靠。铜锁有20毫米~65毫米多种规格;钢锁有45毫米、60毫米两种规格。采用特殊工艺而成,具有防砸、防撬、防锯等特殊功能。1995年,被命名为内蒙古名牌产品。

呼和浩特金华五金制品有限公司"七五"计划时期共开发新产品5项,其中自行车插锁已被国家专利局批准为专利产品,40毫米狮牌热压铜挂锁和凯轮牌煤气灶被评为自治区优质产品。铜、铁、钢挂锁及球型门锁,先后获1988年全国轻工业出口产品展览会优秀出口产品铜奖和1990年首届全国轻工产品博览会银奖。

1980年,呼和浩特制镜厂率先引进国产D兆瓦－1350真空镀膜机,生产真空镀铝穿衣镜。

（三）塑料制品加工技术

1965年9月,天津红桥塑料厂迁至呼和浩特市,建立自治区第一个综合性塑料加工厂。1966年1月,投产聚氯乙烯民用薄膜。同年,呼和浩特市塑料厂制得聚氯乙烯工业包装薄膜。1968年,呼和浩特市塑料厂利用30克、60克、125克注塑机,生产文具、日用品和小配件。1970年,生产出聚乙烯薄膜、聚氯乙烯软管。1975—1976年,呼和浩特市塑料厂研制成功75－1耐低温防老化农业用蔬菜大棚膜。1983年,呼和浩特市塑料厂,引进日本地膜机组。

1986年,呼和浩特市第二塑料厂从日本引进挤出复合机、干法和湿法复合机、六色凹版印刷机、制袋机、分切机等先进设备,形成塑料与纸、铝箔多层复合的彩色薄膜生产线。结束内蒙古许多一流产品三流包装的局面。该产品为自治区食品配套出口包装,成为自治区唯一进入国际市场的塑料包装产品。

1984年,呼和浩特市塑料四厂试制成特种劳动保护用品——塑料安全帽。同年,呼和浩特市塑料制品厂(聚酯大理石厂),从联邦德国引进聚酯大理石生产线,生产聚酯大理石卫生洁具和板材。后经摸索,采取土洋结合的办法,自制一台搅拌机,生产出卫生洁具。产品质量属全国同类产品前列。1985年,获国家建材总局的好评。1985年6月,呼和浩特市注塑制品厂从意大利TRIULZI公司引进4200克注射机,注射塑料制品由过去的日用小商品领域拓展到包装和军工等领域。

1986年,呼和浩特市第四塑料厂与北京泡沫塑料厂联营,开发聚苯乙烯泡沫塑料,应用于商品包装。

呼和浩特市塑料工业公司第三塑料厂生产的布谷牌聚乙烯吹塑农用地膜,具有质地轻、柔韧性好,耐寒、可降解、光转换等特殊功能,质量稳定可靠,是农牧民增产和增收的理想用品。1996年,被命名为内蒙古名牌产品。

(四)日用化工技术

肥皂。20世纪50年代,呼和浩特地区利用动物油脂,采用直火煮皂,自然冷却,人工切条,脚踏打印方式生产肥皂。

火柴。1959年,呼和浩特市火柴厂投产,为手工操作。1963年,增添制梗、选梗、排梗、磨药、调药、化胶设备,用油药连续机进行蘸油、蘸药,无链条装盒机代替手工装盒,产量较1961年提高近10倍。20世纪70年代后期,增配木材旋片、烘梗、卸梗、干燥、装盒、包封机,实现主要工序连续化。1979年,马球牌安全火柴被自治区评为优质产品。1984年,对自动联合机进行改造,采用自动负压上梗。1987年,购进糊盒机。至此,火柴生产全部实现机械化。

呼和浩特市合成洗涤剂厂是自治区唯一生产合成洗涤剂的专业厂,前身是市合作日用化工厂。1972年,呼和浩特市合成洗涤剂厂建成,规模为3000吨/年洗衣粉,由于产品单一,工艺设备落后,选用的烷基苯磺酸钠,因纯度低、用量大、废酸污染环境,投产后产量达不到设计能力。1973年前,以生产肥皂为主,5月改产洗衣膏。1978年,采用阴离子表面活性剂等多元活性物生产洗衣膏。1979年,生产的骏马牌增白洗衣膏被评为轻工业部一类产品;自治区的优质产品;同年,研制成ABS洗涤剂(含活性物≥23%,适合洗涤含土杂多的内蒙古改良羊毛,洗后羊毛洁白柔软,残油≤2%),满足了自治区毛纺织工业需要。1982年,被国家轻工业部评为优秀新产品。1983年,获国家经委优秀新产品金龙奖;同时被评为自治区优质产品;同年,该厂生产高效低泡复配增白洗衣膏,选用多种表面活性剂及其他助剂配制,并添加消泡剂;同年,产品获国家经委新产品金龙奖。1984年,该厂研制成功JM-2液状金属洗衣剂,在复合配方中,酸碱介质有良好的稳定性,可取代汽油、煤油、柴油及三氯甲烷等有机溶剂去除金属制品表面机油、防锈油等油污，并能形成防锈的覆盖膜，1 吨清洗剂约可代替 20 吨汽油，是国家经委推广的重点节能产品。1985 年，获自治区科技进步三等奖。1987 年，呼和浩特市合成洗涤剂厂已发展成年产 1.5 万吨各类洗涤用品的中型企业。

1973—1985 年，该厂工业总产值累计达 4995 万元，洗涤剂总产量 3.87 万吨，实现利润 363 万元，上缴税金 52.3 万元。1985 年底，该厂占地 40 292 平方米，其中生产建筑 9846.3 平方米，固定资产 258.5 万元，主要生产设备 256 台；有 4 个生产车间，9 个职能科室，358 名职工，其中工程技术人员 22 人。产品有两大系列 17 个品种，其中重点产品有骏马牌增白洗衣膏、骏马牌复配工业液体洗净剂、高效低泡增白洗衣膏、新型复配增白洗衣膏等。骏马牌增白洗衣膏曾连续两次在全国质量评比中评为第一名，是轻工业部一类产品。骏马牌复配工业液体洗净剂，先后获国家优秀新产品金龙奖和轻工业部优秀新产品奖。高效低泡增白洗衣膏，获国家优秀新产品金龙奖。产品行销 13 个省、市、自治区 100 余个地市。

（五）日用品生产技术

陶瓷。明正德年间（1506—1521），清水河县使用土法手工烧制缸、盆罐、碗盘、屋瓦和涵管等陶瓷制品，至民国时期年产达 30 万件。20 世纪 60 年代，清水河县第一陶瓷厂自制锤式粉碎机、刮缸机、刮盆机以及用石膏模具代替手工碎料、成型。1976 年，开发锰粉盘、锰粉甜菜坛、花盆等品种。1983 年，新建 92 米长隧道窑 1 座及配套设施，形成年产 100 万件的能力，除日用陶瓷外，新增园林陶瓷、工艺陶瓷等系列产品，产品销往华北、西北部分省、区。1987 年，有部分产品出口。

电池。1958 年 11 月，玉泉区电池厂修旧利废，试制出第一支“空气甲电池”。1959 年 2 月，建成的呼和浩特电池厂，纯手工操作，其前身是玉泉区皮革厂，原厂址在旧城大北街四眼井巷西口临街平房，前店后厂，面积约 230 平方米；8 月，收归市工业局管理，工厂迁到旧城兴隆巷 13 号院，占地面积 1670 平方米，职工 56 人。工艺仍是笨重手工劳动，生产出锌－锰电池，质量达到部颁标准。从 1959 年投产至 1985 年，共生产各种型号电池 1.47 亿支，上缴税利总额 328.7 万元，是建厂投资的 1.85 倍。1962 年，该厂购进芯机、扣帽机、锁口机等主要设备后，形成半机械化生产。1963 年，该厂“太阳”牌电池在全国 78 种电池的产品质量鉴定中，被列为一级品。1965 年夏，该厂迁入锡林南路 1 号。1967 年，增添拌粉机和四联机，进行上底、上盖、折纸口、锁过等工序，形成年产 1200 万只各类电池的生产线。1972 年，由糊式改变纸板电池，电池锌筒由焊接成型改为冷挤压拉伸整体锌筒，形成 3 条机械化生产线。1972—1976 年，经过十几次试制，低温单元电池研制工作取得成功。1983 年 8 月,“太阳”牌商标改为“海鹰牌”。1985 年,有 2 条 1 号专用电池生产线、1 条 2 号电池生产线、1 条 5 号电池生产线,主要产品有海鹰牌 R20 型全封闭锌 - 锰干电池,海鹰牌 R14 型高溶量纸板锌 - 锰干电池、鲜花牌 R6 型高溶量纸板锌 - 锰干电池。截至 1985 年底,占地 3.09 万平方米,其中生产性建筑面积 4799 平方米,固定资产 183.7 万元,主要生产设备 51 台,测量仪器仪表 45 台。生产车间 4 个,职能科室 6 个,劳动服务公司 1 个,机电修理门市部 1 个,有职工 128 人,其中工程技术员 9 人。1989 年,呼和浩特市电池厂与轻工业部化电研究所联合研制出国内锌 - 锰干电池的第三代新产品——“金竹”牌 R6P 型高功率 5 号电池。

灯泡。1961 年 10 月,呼和浩特市灯泡厂建成投产。生产 220 伏 15 瓦、25 瓦、40 瓦普通真空白炽灯泡。1963 年,建成水煤气发生炉,增置导线机、高速绕丝机、真空圆排车和制氧、灯丝烧氢等专用设备。建厂初期,设备落后,手工操作,零部件多由外地购入,只能生产普通白炽灯泡,年产 100 万只。同年,建成水煤气发生炉溶化玻璃,取代不安全的汽油气化法,并增添导线机、高速绕丝机、真空圆排车和制氢、灯丝烧氢等专用设备,生产灯泡所需零部件均可自行制造。1965 年,增加 60 瓦、100 瓦普通充气白炽灯泡。1970 年,新建 1300 平方米的玻璃车间,建成第一座池窑,安装了 8 头吹泡机,结束坩锅熔料,手工挑料,人工吹泡的历史。1971—1980 年,呼和浩特市灯泡厂新建备用玻璃、汞灯、特灯、机修车间,添置了 12 头立式喇叭机、28 头芯柱机、20 头绷丝机、12 头吹泡机多台及马蹄焰熔炉。1980 年产品综合一等品合格率达 89.44%。10 年间,试制新产品有小支光耐用灯泡、低压灯泡、汽车灯泡、拖拉机灯泡、长钨丝灯泡、复合灯泡、闸板灯泡多种。其中芦群胜研制的“高照度型普通照明灯泡”,孙敬训、芦群胜、胡广之开发的“自镇流汞灯充氩灯新工艺”技术,1980 年,分别获自治区科研成果三、四等奖。1981—1987 年,该厂主要设备 237 台(其中专用设备 115 台),仪器、仪表 59 台,生产能力为 1200 万只/年。先后研制成功 300 瓦缩型普通灯泡、小支光彩色灯泡、5 瓦和 10 瓦蘑菇形灯泡、P、Z、F220 伏、10 瓦反射型节能灯泡、彩色荧光灯管和供牧区风力发电机配套使用的 FZ12 伏、24 伏 15 瓦低压反射型灯泡,三基色荧光灯管和农用荧光灯管,其中消谐灯泡和反射型节能灯泡获 1983 年国家经委优秀新产品金龙奖。孙敬训研制的“耐震型大支光照明灯泡”“普通充气白炽灯泡放电机理”研究,1982 年均获自治区科技进步三等奖。张春泉、张培炎、芦群胜研制“YH 系列高效节能荧光灯”产品。1983 年,获自治区科技进步三等奖;1985 年,获自治区优秀新产品称号。20 世纪 70 年代至 80 年代,该厂试制多种小支光耐用灯泡、低压灯泡、汽车灯泡、拖拉机灯泡、长钨灯泡、复合灯泡、闸板灯泡。又研制成功 300 瓦缩型普通灯泡,小支光彩色灯泡,5 瓦和 10 瓦蘑菇形灯泡,PZF220 伏、24 伏 15 瓦低压反射型灯泡，三基色荧光灯管和农用荧光灯管。1984 年，获自治区优秀新产品的 FPZ12 伏 5 瓦、15 瓦牧区照明灯泡是为牧区太阳能、风能发电配套，蒙古包里照明专用灯泡。1991 年，呼和浩特市灯泡厂投资 253 万元，对该厂主要设备 CDY24 头吹泡机进行配套技术改造。1992 年，和香港万大进出口公司共同合资引进台湾产的电光源专用设备。

（六）制糖技术

1958 年 5 月，呼和浩特市糖厂开始破土动工，10 月进入设备安装。1959 年 12 月，建成并投入试生产，生产设计规模为日处理甜菜 1000 吨。除自备电站的锅炉和汽轮发电机组从芬兰引进外，其余设备均由国内自行设计、制造、安装。同年，糖厂采用双碳、双流，热主灰的清净工艺，当甜菜质量不好时试行二碳加灰，清净效果达 38% ~40%，稀汁纯度 92% ~93%。工艺损失 2. 64%，在全国同类企业中指标属于最佳。1966 年，该厂建成日产 10 吨的酒精车间。1984 年，酒精日产量达 15 吨。1968—1970 年，呼和浩特糖厂受自治区委托选派科技人员帮助河北省张北、玉田、围场、乐亭、静海、丰宁、南大港、中捷、永清等地糖厂的建设。1971 年，该厂派员援建西藏自治区拉萨糖厂。该厂在借鉴苏联和中国东北冻藏甜菜经验的同时，结合呼和浩特地区 12 月下旬至翌年 1 月底冬季平均气温在 -17℃左右的实际，采取将无冻化新鲜甜菜冻固后集中厂区冻藏。入堆甜菜控制在 -10℃为宜。再按加工进度，采取不同覆盖措施；甜菜冻藏至 4 月中下旬，冻堆月均回升温度 0. 59℃；出堆甜菜无腐烂变质现象，颜色正常，还原糖增加 0. 0226%；冻藏甜菜浸出汁纯度平均在 87 以上，浸入汁之 PH 值在 65 左右，使用板框式压滤机和箱式袋滤机流洗过程中，甜菜剥片率为 3. 13%。

1969 年，改用 90 平方米密压叶滤机、管式过滤机，用于一、二清汁及糖浆过滤。1970 年，建钾盐灰车间，利用糖蜜生产酒精后的废液提取钾盐成功。1972 年，该厂因陋就简建成牙膏车间；1975 年，清净工段推行电子自控技术。1978 年，该厂用糖蜜生产谷氨酸（味精）成功，年产 60 吨。1981 年，大青山牌绵白糖获自治区优质产品“著名商标”证书。1982 年，通过技术改造，生产能力达年产 90 吨。1983 年、1985 年，该厂生产的“天鹅牌”味精被评为自治区优质产品。白塔牌味精从 1983—1985 年，连续三年荣获自治区优质产品称号。1984 年，形成先进的自动生产线，年产牙膏 50 万支。1985 年，荣获国家轻工部优质产品证书；1986 年，荣获自治区名牌产品金杯奖。1985—1986 年，呼和浩特市糖厂冻藏甜菜 12 万吨。1987 年 2 月，又建成利用副产品“甜菜废丝”作原料的年产 9000 吨的颗粒粕车间；同年，生产味精 285 吨，实现工业产值 550 万元。1989 年，甜菜冻藏工程研究获自治区科技成果三等奖。建厂以来，该厂累计完成工业总产值 47 893 万元，实现税利 14 712 万元，生产白糖 36. 6 万吨，味精 289 吨，牙膏 928. 6 万支。多次荣获国家、自治区、市级荣誉。

（七）造纸技术

1971年，呼和浩特市第二造纸厂在内蒙古首家采用蒸球喷放工艺，浆料由喷放仓放入粗浆池，经洗涤、筛选、净化等过程，制成粗浆，在漂白机内漂白，再经加添、加胶等送抄纸机进行抄纸。筛选净化设备增加了高频振框筛、旋翼筛及606除渣器。

1987年，呼和浩特市造纸厂在长网纸机上使用聚酯成型网代替铜网，是内蒙古造纸企业较早利用该技术生产文化印刷用纸的企业。

第五节　建筑材料生产技术

一、砖瓦

战国时期，赵国筑云中城（今托克托县境内）。殿舍所用建筑材料就有石灰、砖、瓦等。建于公元10世纪的辽代丰州城（今呼和浩特市东郊），在其遗址中发现琉璃制品。万部华严经塔（白塔）塔身所用青砖，一般长度为30厘米～40厘米，最大的70厘米以上，并有大型砖刻浮雕天王、菩萨、花鸟等图案。系用澄浆泥制成砖坯，半干后雕出图形，干燥后抛光，然后入窑烧制而成。明清时期，修建归化城，绥远城及城墙，均使用大量烧制砖瓦。

民国时期至20世纪70年代，呼和浩特东瓦窑村、大黑河村、土默特左旗瓦窑村、托克托县乃只盖乡补还岱村等地都曾经采用圆形土窑手工烧制砖瓦。

1964年，呼和浩特市新生砖瓦厂（后呼和浩特市第二砖瓦厂）在城东陶卜齐筹建新厂；1973—1974年，新建两条96米隧道窑投产，是自治区首次采用"隧道窑烧砖工艺"。1968年，呼和浩特市粉煤灰砖厂（后改为硅酸盐制品厂）投产，年产粉煤灰砖1500万块，材料以发电厂排放的煤灰和石灰为原料，采用8孔圆盘式压砖机成型，高压釜蒸汽养护。1974年，呼和浩特市第一砖瓦厂研制成功半干法压瓦机；1987年5月，建成半硬塑挤出瓦生产线。1977年，呼和浩特市筹建年产能力5万立方米的加气混凝土厂（后内蒙古建筑构件公司加气混凝土厂），1979年建成投产。工艺设备均由国内设计制造。

1987年，土默特左旗青山瓦厂（紫砂陶瓷开发总公司）以紫砂为原料，用半干硬塑挤出成型，生产出外观好、抗折力强的紫砂平瓦，填补自治区的空白。该公司位于土默特左旗察素齐镇，占地面积为1.54万平方米，有职工258人。企业1992—1994年实施市、自治区、国家三级星火项目。1992年，企业获国家科学技术委员会星火计划向中西部转移暨内蒙古洽谈会金奖。该企业选用高品位紫砂粘土作为原材料，主要产品"阴山"牌紫砂琉璃瓦。1996 年，产量 280 万件，紫砂花盆，产量 80 万件。琉璃瓦产品满足自治区和周边省市古建修缮、园林建设和仿古建筑等需要。

二、水泥

1958 年，自治区第一家水泥企业——呼和浩特市联合水泥厂（后呼和浩特市水泥厂）筹建，当年即用土窑生产水泥。1964 年，进行技术改造，先后建成 2 座直径 3/2.4 × 60 米、直径 3.5/3 × 59 米回转窑。1987 年 4 月，开发成功 425 号 R 型矿渣水泥。

20 世纪 60 年代后，呼和浩特地区相继建成土默特旗水泥厂（察素齐镇西沟门村）、金山特种水泥厂（土默特左旗霍寨村）、武兰水泥厂（武川县可可以力更镇）、冀东水泥有限责任公司（武川县大青山乡工业园区）、振华水泥有限公司（武川县大青山乡工业园区）、托克托县水泥厂（托克托县双河镇南火盘）、青鹰水泥有限公司（呼和浩特炼铁厂内）等企业。

第六节　乳业加工技术

蒙古族乳制品制作已有上千年的历史，为适应游牧生活所需蛋白质和脂肪，牧民通过发酵、搅拌、加热、晾晒等方法，将牛羊奶手工制作成黄油、白油、奶酒、奶皮、奶酪、奶豆腐等富含乳酸菌和蛋白质的乳品。

20 世纪 50 年代初期，呼和浩特乳粉加工生产采用手工方式，即平锅乳粉。1968 年，筹建呼和浩特市乳品厂，从丹麦引进日处理 20 吨鲜奶的奶粉成套设备。浓缩采用双效降膜蒸发器，干燥采用带冷却床的立式离心喷雾干燥塔。每蒸发 1 公斤水耗蒸汽 0.37 公斤，与单效蒸发器相比可使蒸汽降低消耗 50% 以上。并且耗水低，物料受热时间短，可连续生产。带冷却床的立式离心喷雾干燥塔，可连续出粉，并经冷却床冷却。奶粉可直接包装，有效保证产品质量。由于采用离心喷雾，奶粉颗粒较大，所以冲调还原性比当时其他厂家生产的奶粉好。1979 年，呼和浩特市乳品厂荣宝辉等人试制成功速溶全脂奶粉并开始批量生产。该产品采用最新工艺特制而成，能保持牛奶固有色味和营养成分，颗粒酥松，溶解速度快，冲调方便，该产品填补了自治区空白。1980 年，获自治区科技进步三等奖。20 世纪 80 年代，该厂主要产品有全脂速溶奶粉、高蛋白速溶奶粉、嗜酸菌奶粉、奶油、奶饼、麦乳精、鲜牛奶、酸牛奶、奶油雪糕、蛋卷奶油雪糕等 10 余个品种。1968—1985 年，该厂累计投资 318 万元，通过扩建和改造，生产能力达日处理牛奶 25 吨 ~28 吨。1985 年，全厂有专业技术人员 38 人，主要生产设备 296 台。

改革开放之后，乳业加工发展达到新的水平。规模较大的内蒙古伊利实业集团股份有限公司(以下简称“伊利集团”)和内蒙古蒙牛乳业(集团)股份有限公司(以下简称“蒙牛集团”)。2015年,企业年报显示,伊利集团、蒙牛集团两家龙头企业的销售收入超过千亿元,其中伊利集团年收入首次突破600亿元,净利润46.54亿元。这两家企业生产的乳制品在国内市场占有率超过50%,乳制品加工业成为呼和浩特市支柱产业。

一、伊利集团

1993年2月,呼和浩特市回民奶食品加工厂改制,以定向募集方式设立伊利集团,并于6月14日更名为“内蒙古伊利实业股份有限公司”;7月,伊利集团成立伊利冷饮事业部。事业部成立后,公司以产品类别划分进行管理,开启品牌化运营模式,为冷饮业持续领跑行业发展奠定了扎实基础。1996年3月12日,“伊利股份”在上海证券交易所挂牌上市,成为全国乳品行业首家A股上市公司。1997年2月,内蒙古伊利实业集团股份有限公司正式成立。同年,引进第一条世界先进技术“利乐”包装液态奶生产线投产,推出伊利纯牛奶、麦芽奶、巧克力奶、草莓奶、酸牛奶等产品,延长液态奶的保质期,也使得液体牛奶的辐射范围进一步扩大。1998年,推出伊利优酸乳,缔造一种全新的品类。同年,伊利集团内部两个奶粉厂合并,推出婴幼儿奶粉和学生加锌奶粉。1999年,成立中国乳业第一个液态奶事业部,带领中国乳业全面进入“液态奶时代”。2000年,成立奶粉事业部。同年,伊利集团实现全国同行业利税第一。2001年,伊利集团进行液态奶中心实验室筹建和生产基地的扩建、完成冷饮技改项目及奶粉技改项目的建设。引进HACCP危害分析、生产关键控制体系、国际食品行业专用的产品质量认证管理标准体系GMP,加强产品安全控制。2003—2004年,伊利集团主营业务收入居国内同行业第一。2005年7月,成立酸奶事业部。产品包括7大系列90余个品种,发展速度行业名列前茅。同年,伊利集团主营业务收入突破100亿元大关,是呼和浩特市首家突破百亿元的企业,也成为第一家真正有能力同时覆盖全国市场的乳品企业。2007年,伊利建成中国首个母乳研究数据库,通过持续的中国母乳研究,将取得的母乳研究数据库成果运用于配方研发,打破国外奶粉的垄断地位,推出金领冠系列婴幼儿产品,为中国婴幼儿配方奶粉的研发走出一条科技发展之路。金领冠系列婴幼儿产品2008年荣获2007—2008年中国食品工业协会科学技术奖。还研发出国内第一款有机奶“伊利金典有机奶”;中国首款低乳糖牛奶伊利舒化奶,采用创新LHT乳糖水解技术,将牛奶中的乳糖营养细化分解,有效降低饮奶不适,消除乳糖不耐受。2008年,凭借国际领先的“三重保护系统”成长配方,研发出首款专助儿童成长的伊利QQ星儿童成长牛奶。2008年,牵手北京奥运会,成为国内符合奥运标准、为奥运会提供乳制品的企业。

2010年,伊利集团“畅轻酸奶”荣获国际乳品联合会(IDF)功能乳制品创新金奖,这是中国乳品企业首次在国际上获得的最高荣誉奖项。“有机奶产业链建设及产品开发”项目荣获2008年度中国轻工业联合会科学技术进步三等奖。同年，伊利赞助上海世界博览会，成为国内符合世博会标准，为2010年上海世博会提供乳制品的企业。2011年10月，伊利作为亚洲首家企业加入“国际冰淇淋协会”。2012年，作为伦敦奥运会中国体育代表团营养乳制品提供企业，伊利持续为中国奥运代表团提供营养支持。同年，伊利全球化战略取得新突破：在新西兰投资的年产4.7万吨奶粉生产线项目获批，并与意大利乳业巨头斯嘉达公司达成战略合作。2013年，内蒙古乳业技术研究院在伊利集团揭牌成立。该研究院是亚洲最大的乳业技术研究院。伊利金典有机奶全程可追溯系统正式上线，成为中国首个真正实现产品全程可追溯的乳品品牌。同年，伊利母婴营养研究中心“含α－乳清蛋白和β－酪蛋白的婴儿配方奶粉及其制备方法”获国家知识产权局颁发的发明专利证书。2014年1月28日，中共中央总书记、国家主席、中央军委主席习近平考察伊利集团。在液态奶生产基地化验室，习近平了解企业产品检测情况和生产经营情况，肯定伊利在产品质量保障方面所取得的成绩，叮嘱企业要高度重视食品安全问题。3月23日，伊利集团与荷兰瓦赫宁根大学合作成立伊利欧洲研发中心，国家主席习近平和荷兰国王亚历山大共同出席签订仪式，共建中荷首个食品安全保障体系。11月21日，国家主席习近平和新西兰总理约翰·基共同为伊利大洋洲生产基地揭牌。该基地是中新两国协力打造的全球最大的一体化乳业生产基地。同年，伊利集团进入全球乳业10强，成为唯一进入全球乳业10强的亚洲乳品企业。2015年，伊利集团主导实施全球农业食品领域高端智慧集群——中美食品智慧谷，集聚全球顶尖智慧资源，共同研究国际营养健康、食品安全、人才培养等领域前瞻课题。3月26日，伊利集团再度和欧洲生命科学领域顶尖学府荷兰瓦赫宁根大学针对“食品安全早期预警系统”及“母乳数据库”等内容签署重要合作协议。国家工信部公布2015年智能制造试点示范项目名单，伊利凭借“乳品生产智能工厂试点示范项目”成为唯一上榜的乳品企业。伊利智能工厂的内容包括：奶牛饲养设备设施集成化、规模化，预处理工艺通过自动化设备实现程序化控制，关键的单机设备实现全自动化运行。在过程管理方面，通过信息化系统实现从研发、成本管控、品质保障到产品流通的全过程信息化数据收集与分析，为过程管理提供准确的决策依据。2016年7月25日，荷兰合作银行发布2016年度“全球乳业20强”，伊利的排名跃升至全球乳业8强。该名次是中国乳制品企业有史以来的最好成绩，也是亚洲乳企的最高排名，被认为是中国正式迈入全球乳业强国和改写全球乳业格局的重要标志。2017年3月25日，伊利集团在新西兰奥克兰举行伊利大洋洲生产基地二期揭牌仪式。5月12日，伊利集团与中国银行正式签署精准扶贫项目“公益中行平台”战略合作。7月12日，荷兰合作银行发布2017年度“全球乳业20强”,伊利集团蝉联亚洲乳业第一,位居全球乳业8强,连续第四次入围全球乳业前十名。8月30日,北京冬奥组委与伊利集团正式签约并宣布:伊利集团成为北京2022年冬奥会和冬残奥会官方唯一乳制品合作伙伴。伊利成为中国唯一同时服务夏季和冬季奥运会的健康食品企业。

伊利集团在行业内率先建立三级研发体系,一级研发平台为谋求产学研合作的平台;二级平台为集团层面的创新平台,致力于对前瞻性产品技术、营养、质量安全和消费者洞察研究;三级平台是事业部的技术研发机构,针对现有品类产品技术及所用原辅料质量安全进行研发和控制。通过多年发展,集团已建立多个技术研发平台,包括国家认定企业技术中心、乳品深加工技术国家地方联合工程研究中心、国家乳制品加工技术研发专业分中心、全国冷冻饮品标准化技术委员会秘书处、国家技术创新示范基地、国家引智示范基地、国家农业部现代农业技术体系功能实验站、内蒙古乳业技术研究院、内蒙古自治区乳品深加工技术与乳品安全企业重点实验室、伊利集团博士后科研工作站、伊利集团母婴营养研究中心等机构。伊利集团累计投资5亿元建成1.6万平方米创新中心是集团研发核心机构,也是全国首个乳业科研成果转化的孵化器和乳业科研成果落地的加速器。研发领域涉及开发和产品改进、工艺研发和改进、设备研发和改进、产品营养功能研究、质量控制和检测方法、感官研究,以及原料和产品安全性评估。创新中心不仅服务于伊利集团,还是本地区经济和行业发展的科研中心。伊利集团不断推进原创新产品与技术开发,建立起适应未来发展的技术研发体系,吸纳了国内外大批乳业研究方面的优秀人才,拥有高中级技术人员940人,博士16人,硕士160人,享受国务院特殊津贴专家2人,引进外籍专家5人,创新团队获得草原英才工程“第一层次产业创新创业团队”。截至2015年底,伊利集团参与国家标准修订、制定29项,地方标准6项,行业标准3项;拥有国家注册商标3628个,境外注册商标642个;国家专利1835项,其中发明专利413项,实用新型专利437项,外观设计专利985项;驰名商标5件,著名商标7件;发明专利的获得率居国内乳品行业首位。专利保护遍及液态奶、奶粉、酸奶、冷饮、原奶等多个技术领域。累计承担国家科技攻关项目8项,自治区重大专项3项及自治区战略新兴项目2项,呼和浩特市重大科技专项1项。先后获得国家科技进步二等奖1项,中华农业科技一等奖1项,全国工商联科技进步一等奖1项,中国优秀专利奖2项,中国商标金奖,自治区科技进步一等奖2项,呼和浩特市科技进步一等奖2项。获得国际IDF奖1项,GDP奖1项,SLAL CHINA INNOVTION奖4项。其中,“每益添”活性乳酸菌饮料产品的开发、果粒优酸乳酸奶饮品系列产品的研制获得2014年度自治区科学技术进步奖三等奖;金领冠呵护婴幼儿配方奶粉、中老年牛奶产品开发获得2017年度自治区科学技术进步奖三等奖。

二、蒙牛集团

1999 年 6 月 10 日，蒙牛集团第一个自建生产基地——和林格尔县生产基地破土动工；8 月 18 日，内蒙古蒙牛乳业股份有限公司正式成立。2000 年 2 月 21 日，蒙牛液态奶生产线正式投产，蒙牛生产出中国第一袋“利乐枕”包装牛奶；8 月 5 日，蒙牛日收奶量突破 100 吨。2001 年，蒙牛率先提出“中国乳都”设想，并实现销售收入 7.24 亿元，行业排名快速上升至第 5 位。2002 年 2 月，蒙牛产品首次进入香港市场；12 月 19 日，摩根士丹利、鼎晖投资、英联投资等全球知名投资机构共同向蒙牛注资 2599 万美元。同年，蒙牛自主开发的“蒙牛液态奶利乐枕”获自治区科技进步三等奖，该技术将利乐枕产品的坏包残次率降低到了 1/5000，将牛奶生产中出现危害的可能性降至最低，达到产品无菌的标准。2003 年，蒙牛牛奶成为“中国航天员专用牛奶”。2004 年，蒙牛集团建成集欧洲式、美洲式、澳洲式、亚洲式的种草、养牛、挤奶技术于一体的蒙牛澳亚国际牧场，完成与欧美百年养殖技术的接轨。同时，在安徽省马鞍山市、黑龙江省尚志市、山东省汶上县、河北省张家口市等地投资新建万头规模现代奶牛养殖牧场，实行规范化、集约化养殖。在国内建起“奶车桑拿浴车间”，将“闪蒸”工艺全面应用到液体奶生产线上。2005 年，蒙牛集团与国际乳业巨头——丹麦爱氏晨曦（Arla Foods）公司签订协议，双方合作研制、生产奶粉；同年，中国第一款高端牛奶——特仑苏在蒙牛公司问世。2006 年 10 月，蒙牛荣获 IDF 世界乳业创新奖；蒙牛集团入选“亚洲品牌 500 强”。2007 年 3 月，蒙牛集团成为博鳌亚洲论坛官方合作伙伴，特仑苏成为博鳌亚洲论坛唯一专用牛奶；同年，蒙牛集团投资 12 亿、汇聚全球乳品智能的高科技乳品研究院暨高智能化生产基地落成。2009 年 7 月，蒙牛集团与中粮集团达成战略合作，中粮成为蒙牛第一大战略股东；蒙牛集团入选 2009 中国最有价值品牌排行榜，跻身世界乳业 16 强。

2010 年，蒙牛集团全年营收 302.65 亿元，成为首个突破 300 亿的中国乳品企业。2012 年 9 月 5 日，蒙牛与丹麦爱氏晨曦公司签订“中国——丹麦乳品技术合作中心”实施协议，首个合作项目是利用丹麦先进的技术和管理经验，在中国建立优质的示范牧场。2013 年 5 月 20 日，蒙牛、中粮、法国达能公司签署协议，达能入股蒙牛，成为蒙牛战略股东；5 月 31 日，蒙牛首款常温酸牛奶纯甄面市。2014 年 4 月 26 日，由中、丹两国农业部牵头成立的首个乳业国家级项目“中国——丹麦乳品技术合作中心”入驻北京昌平区中粮营养健康研究院；同日，研究“中国化”奶酪的 Arla 中国创新中心也在此揭幕，丹麦亲王亨里克殿下参加揭幕仪式；11 月 21 日，国家主席习近平与新西兰总理约翰·基共同见证蒙牛集团、雅士利在新西兰系列合作项目的签约。2015 年 2 月 3 日，蒙牛管理 SAP1.0

系统正式全面上线,项目创造多个业界纪录:实现乳品行业 ERP、CRM 双系统同时上线;短时间内高品质实现全集团财务业务一体化、产供销一体化;6 月,在荷兰阿姆斯特丹召开的第九届全球乳制品代表大会上,蒙牛精选牧场纯牛奶,凭借云技术和二维码追溯系统等创新沟通模式,赢得世界乳业创新大奖——“最佳创新商业品牌”(Best New Brand or Business)。成为大会唯一获奖的中国乳业品牌;9 月 3 日,蒙牛与美国加州大学戴维斯分校签署合作框架备忘录,双方计划共同建立运营“蒙牛——加州大学戴维斯分校营养健康创新研究院”,在营养健康创新及食品安全领域展开全球合作。2016 年 4 月 17 日,蒙牛科技成果“乳品企业基于大数据的牧场服务管理”获“国家级企业管理现代化创新成果”二等奖;4 月 19 日,中共中央政治局常委、全国人大常委会委员长张德江考察武汉蒙牛工厂,希望蒙牛专注食品安全,打造好中国本土品牌;5 月 8 日,张德江在中共自治区党委书记、人大常委会主任王君等陪同下,考察蒙牛和林格尔县基地和富源牧业牧场;6 月 28 日,在英国伦敦举办的第十届全球乳制品代表大会(简称“GDC”)上,蒙牛高端定制牛奶“嗨 Milk”夺得世界乳业创新大奖中“最佳乳品”“最佳乳品包装”两个奖项,蒙牛成为唯一独揽两项大奖的中国乳品公司;7 月 8 日,蒙牛乳业浙江(金华)有限公司开业,智能数字化的系统管理,拉开蒙牛打造智慧型工业 4.0 时代的乳品工厂序幕。2017 年初,蒙牛“新养道”获得国际乳糖协会(LIGN)认证,成为国内首款走向国际的无乳糖乳制品品牌;3 月 27 日,特仑苏新西兰专属牧场授牌仪式在奥克兰的蒙牛雅士利工厂举行;同日,蒙牛集团携手鹏欣集团,与新西兰 Asure Quality(安硕)集团及 Theland Tahi Farm 联合签署特仑苏新西兰专属牧场合作项目四方协议、与 Massey University(梅西大学)签订在食品营养健康研究、乳制品研发方面开展紧密合作的协议。至此,蒙牛已完成在大洋洲从奶源到生产销售、研发到质量管控的全部环节,开创中国乳品企业海外全产业链布局的先河;同年,蒙牛集团获得自治区政府颁发的主席质量奖。

蒙牛集团推进新产品研发,其中“特仑苏”牛奶解决高蛋白、高固形物含量长保质期内产品质量稳定问题,促进奶源向高品质方向发展。牛奶饮品“真果粒”,率先将“双无菌”生产工艺应用到乳制品生产过程中,解决含有颗粒水果乳饮料悬浮体系质量不稳定问题,获国家知识产权局颁发的“中国专利优秀奖”、呼和浩特市科技进步一等奖、中粮集团科技进步二等奖。国内首款不加香精的长保质期酸牛奶“纯甄酸牛奶”,解决超高温杀菌影响酸奶发酵成熟度、无香精添加仍能保持产品自然发酵风味和口感等课题;攻克无添加防腐剂情况下,无须冷藏、保质期达 150 天,产品结构质量稳定等一系列技术难题。获得中国食品科学技术协会产品创新二等奖。富含 BB - 12 双歧杆菌的保健酸奶产品“冠益乳”,解决双歧杆菌在好氧情况下易失活和风味不良问题,获中国乳制品工业协会新产品开发二等奖。首款常温液态奶保健产品“新养道牌佑益牛奶”，解决不溶性酵母β－葡聚糖在长保期牛奶中易沉淀问题。“未来星儿童成长奶”，解决多不饱和脂肪酸DHA在长保质期液态奶产品中易氧化不稳定问题，获中国轻工联合总会科技进步三等奖。“新养道”低乳糖牛奶，解决无菌乳糖酶因高温失活及微生物二次污染和货架期产品褐变和口感异常问题，获得国际乳业联合会(IDF)产品创新奖。“优益C”高端乳酸菌饮料，每100毫升富含300亿以上活性乳酸菌，解决保持期内活性菌易失活问题，获中粮集团科技进步一等奖。双色料间隔交替环绕雪糕“魔力炫”雪糕，研究设计出国内首款雪糕环绕成型设备，攻克冰霜料经凝冻可以连续环绕产品外围，高膨化料与冰霜料在产品外部间隔交替环绕成型等技术难题。“绿色心情”微冰粒雪糕，自主研制凝冻和灌装装置，解决冰粒分散不均问题，获得呼和浩特市科技进步三等奖。“蒂兰圣雪5＋1”高端冰淇淋产品，解决不添加化学稳定剂，用5种天然新鲜原料实现料液均匀匹配，质量稳定，口感细腻，填补国内高端冰淇淋产品空白，获呼和浩特市科技进步二等奖。常温酸奶关键技术研究与开发获2015年度自治区科学技术进步奖三等奖；新型谷粒乳关键技术研究及产业化获2016年度自治区科学技术进步奖三等奖；UHT再制干酪关键技术的研究与开发、乳制品质量控制信息化管理系统的研究及建立获2017年度自治区科学技术进步奖三等奖。

第七节　烟草工业技术

明末清初，烟草传入内蒙古地区。清同治年间，旅蒙商大盛魁年经营烟草达1000囤(每囤180包，每包十两)，多为山西曲沃等地产烟叶。蒙古族成年男子多有交换鼻烟壶闻吸鼻烟的习惯。本地烟草店铺经营烟叶、水烟、鼻烟及烟具，并有少量手工卷制烟卷、刨制水烟丝和鼻烟末产品。民国4年(1915)，绥远省开征烟税，在毕克齐、察素齐、武川、托克托、和林格尔等地设立烟酒事务分局征收烟税。1945年，日本商人获原园藏在归绥市(今呼和浩特)新城西街始建烟草厂。1953年前，本地卷烟生产方式均为作坊式的手工生产。

1964年，筹建的呼和浩特市卷烟厂是本地区唯一的卷烟企业，是国家自行设计、建设的中型卷烟生产厂家。1966年建成时，配备真空回潮机、压梗机、旋转式切丝机、烘丝机、卷烟机、包装机等卷烟专用设备，建成一条较为完整的卷烟生产流水线。原设计能力为年产卷烟10万箱。1969年，该厂进行技术改造，平衡各工序的生产能力，提高整条工艺线的连续半自动程度，使卷烟生产全部机械化，基本连续化；同年，采用打叶新技术，代替蒸烟机械抽梗工艺。1976 年,安装夹钳式的接咀机、包装机,开始生产过滤嘴烟。1985 年,在中国烟草总公司和自治区、呼和浩特市两级政府支持下,筹集 2900 余万元,开始“七五”技术改造项目,采用国内外先进工艺技术和设备,生产能力达年产 20 万箱卷烟,并实现多品种、多规格的生产,产品质量有大幅度的提高。原料、材料消耗进一步降低,经济效益明显提高。1986 年,市卷烟厂技术改造,又引进英国、意大利、荷兰等国家的卷烟制丝生产线及先进的卷、接、包设备,使卷烟工艺流程达到连续化、自动化;同时增加设备本身的检测系统,包装由传统的竖包改为横包。此次技术改造使市卷烟厂具备生产各种类型、规格的卷烟技术和工艺手段,达到国际 20 世纪 70 年代水平,年生产能力增加到 30 万箱。1987 年,市卷烟厂投资 500 万元从英国、意大利引进制丝生产线主机,对制丝工艺线进行改造,并采用烟丝、梗丝膨胀等新技术,使这条生产线能力由原来的 10 万箱增加到 15 万箱,并扩大甲级烟的品种数量。改造后的制丝生产线布局紧凑、流程合理、连续化、自动化、定量控制、程序控制等程度较高,达到国际 20 世纪 80 年代初水平。1988 年 12 月,技改项目通过鉴定验收,年生产能力增加至 30 万箱。1990 年,利税达 1.6 亿元。2003 年 10 月 10 日,市卷烟厂改制为内蒙古昆明卷烟有限责任公司。蒙昆公司由中国烟草实业发展中心直接管理又是跨省联合重组的有限责任公司,由股东会、董事会行使出资人权利又是具有较强生产经营自主权的法人企业。

2007 年,蒙昆公司完成异地搬迁技术改造项目,新厂址建筑面积 11.44 万平方米。截至 2017 年底,在岗员工 1371 人,离退休员工(含内退)1358 人,大专以上学历者 735 人,中级以上专业技术人员 149 人。蒙昆公司年卷烟生产能力 50 万箱,配备有 5000 公斤/时制丝线 1 条、卷包联合机组 15 组和公用动力设施等。

2017 年,生产卷烟 36.9 万箱,销售卷烟 31.25 万箱,实现销售收入 64.2 亿元,同比降低 1.74%;实现税利 51.32 亿元,同比增长 4.01%;实现税金 47.04 亿元,同比增长 5.26%。蒙昆公司多次获“内蒙古自治区用户满意企业”“内蒙古自治区 30 强企业”“内蒙古自治区物流统计重点企业”“内蒙古自治区质量管理小组活动优秀企业”“全国用户满意企业”“全国实施卓越绩效模式先进企业”等称号。

一、烟叶发酵

1965 年前,内蒙古卷烟生产所用烟叶,均是自然醇化。1966 年,市卷烟厂建成投产后,开始采用人工发酵烟叶。根据不同地区,不同等级的烟叶,采用高温高湿,低温低湿,重复发酵等方法进行烟叶发酵。

二、制丝

1953 年前,内蒙古烟草工业制丝多为锅蒸、手切、火炒的手工操作。1958—1963 年,为半机械化制丝，除梗、润叶、切丝、烘丝有专用设备。1966年，市卷烟厂又配备真空回潮、压梗设备，形成较为完整的机械抽梗制丝生产线。1969年，采用打叶新技术，代替蒸烟机械抽梗。1980年，在国家轻工业部郑州烟草研究院的指导和帮助下，对市卷烟厂制丝工艺进行改造，应用定量喂料，晾晒烟叶干燥新技术，使制丝基本达到机械化、连续化。1987年，该厂从英国、意大利引进制丝生产线主机，并采用烟丝、梗丝膨胀等新技术。改造后的制丝生产线布局紧凑、流程合理、连续化、自动化、定量控制、程序控制等程度较高，具备生产各种类型、规格的卷烟技术和工艺手段，达国际20世纪80年代初水平。

三、卷烟产品开发

内蒙古的卷烟用烟叶原料，主要从云南、贵州、河南、山东、福建、东北等省调入。卷烟配方也以这些省的烟叶为主。1971年前，研制乙级以下烤烟型产品。1971年，研制甲级烤烟型产品。1976年，研制雪茄型、外香型产品。1986年，研制混合型产品。1980年后，甲级烤烟型"钢花"牌、乙级"青城"牌、甲级混合型"昭君"牌、烤烟型"大青山"牌过滤嘴烟先后被国家轻工部、中国烟草总公司、自治区评为优质产品。1986年1月16日，市卷烟厂从印度引进烤烟品种在土默特左旗朱尔沟村试种成功，亩产烟叶150斤左右，定名为"HY01"即呼烟1号。1987年，生产卷烟229 870箱，其中甲级烟占17.4%，过滤嘴烟占9.4%。

公司有"冬虫夏草""苁蓉""大青山"系列3个品牌，11个规格，产品知名度、美誉度和市场占有率较高。2006年开始，"苁蓉"连续获得"首府百姓最满意的烟草品牌"称号。"冬虫夏草(和润)"获"2015—2017年度烟草行业十大优秀卷烟新产品"荣誉。

第八节　电子工业技术

1953年秋，归绥人民广播电台维修部在修理服务的同时，开始组装五灯、七灯电子管收音机；至1954年，累计制作各种交、直流电子管收音机200余台，是内蒙古地区首次生产的电子产品。1954年，内蒙古人民广播电台无线电维修服务部对外开放，经销和维修收音机、播音机、扬声器等广播器材。该维修部组装电子管收音机，年产量100台左右。1959年，由该维修部部分人员，组建内蒙古广播器材厂，组装生产中波广播发射机、载波机和收音、扩音、有线广播三用机等产品，由此诞生本地区第一家电子工业企业。

20世纪50年代初期，内蒙古师范学院和内蒙古大学，分别开设无线电或工业企业电气化专业课程。1958年，内蒙古师范学院建立半导体研究所；同年，内蒙古大学物理系组建物理研究室。1960年，在内蒙古大学物理实验室的基础上，建立内蒙古电子仪器厂，生产电子示波器等电子测量仪器。1975 年,内蒙古大学半导体厂试制成功 3CA 型大功率管。

在内蒙古师范学院半导体研究所的基础上于 1965 年建立内蒙古半导体厂,专门生产半导体元件。1972 年,内蒙古半导体厂试制成功测水仪并投入生产。1977 年,内蒙古半导体厂研制成功自动引线卡头机和云母电容器印银工艺,并运用到生产中,提高了生产效率和产品质量;同年,天津红星工厂电子设备试制车间,天津渤海无线电厂、天津电子仪器厂、天津调节器厂迁至呼和浩特市,建立呼和浩特电子设备厂、内蒙古无线电厂,充实内蒙古电子仪器厂,奠定呼和浩特地区电子工业的发展基础。

1965 年,为促进电子工业的发展,加强行业管理,成立呼和浩特无线电工业公司。1969 年,全市掀起大办电子工业热潮,先后新建或改建成 8 个电子企业,初步形成电子工业的生产格局。1971 年,成立内蒙古自治区电子工业局。1972 年,撤销呼和浩特无线电工业公司,同时成立呼和浩特电子工业局,负责组织领导全市电子工业的建设和发展。期间,先后成立内蒙古电子研究所、内蒙古电子产品检验所、内蒙古电子技术服务公司、内蒙古电子工业技术情报站、内蒙古电子器材公司、内蒙古电子技术推广应用领导小组和内蒙古电子学校等机构。呼和浩特地区的电子工业成为独立、完整的新兴工业系统。1973 年,全市各电子企业建立健全生产管理制度,逐步建立和完善技术、质量标准。

1979 年,国家实行"对外开放、对内搞活"的方针,各电子企业进行重大技术改造。内蒙古电视机厂与北京东风电视机厂共同研制、安装第一条电视机生产流水线,又依靠自己的力量,自行设计、自行制造安装 13 条生产线,为国家节约大量资金。其中彩电生产线达国内先进水平。电子仪器厂、电子元件五厂还从国外引进印刷线路板和薄膜电容器生产流水线,为全市电子工业的发展创造有利条件。1979 年,呼和浩特市全面推动质量管理工作;1982 年,进行企业整顿,各企业都按期达到整顿验收标准;1984 年,进行经济体制改革,涌现出许多以改革促效益的先进企业。由于产品质量提高和技术服务工作深入,企业在用户中建立良好的信誉,产品销售到 29 个省、市、自治区,并有部分产品进入国际市场。

"七五"计划时期(1986—1990),全市电子工业共完成电子科研新产品开发 63 项,电子科研项目获自治区科技成果奖 8 项,获市级科技成果奖 16 项。获国家优秀新产品开发奖 2 项,获自治区企业技术进步奖 2 项,获自治区技术开发成果奖 4 项,获自治区优秀新产品 10 项。达到国际先进技术水平 2 项,国家技术水平 10 项,自治区级水平 28 项。呼和浩特市电子设备厂在实施"火炬计划""科技成果推广计划"中取得了一定成绩。如列入 1990 年自治区"星火计划"的大幅面直线绘图机,经部级鉴定,填补自治区空白,正式成为国家定点绘图机生产厂家。

2004年,全市电子信息产业重点支持计算机网络系统集成、自动化控制、报警系统、应用软件研发与生产等具有市场竞争力的产品研发。尤其是“蒙古文类通用应用软件”等少数民族语言信息技术及计算机软件产品,具有地区特色和民族特点,达到国内先进水平。

内蒙古四达公司、四通公司研制生产的电子多种文字打字机,保密碎纸机、袖珍式图文扫描仪可使办公桌面化、小型化、自动化,提高工作的精确度和办事效率,已被普遍采用,年产值400万元。

呼和浩特市3C资讯企业联盟以其卓有成效的研究成果在桌面印刷系统、仪表自动化控制、笔记本电脑条形码技术、动画制作、资讯策进网、多媒体技术等诸多领域形成科技优势,成为内蒙古地区计算机市场最具影响的企业。

一、电子产品

经过多年发展,电子工业已初具规模。至1985年,全市已有电子工业企业16家,分属航天工业部、内蒙古大学、呼和浩特市电子工业局、呼和浩特市教育局和托克托县领导。其中,属市电子工业局管辖的企业有12户,从业职工有4000余人。1985年,年总产值达16 800余万元,占全市工业总产值的11.44%。全市电子工业系统可分为整机装配制造、元器件制造和工艺加工三个子系统。整机装配制造企业有内蒙古电视机厂、内蒙古电子仪器厂等6家。主要产品有:电子计算机外部设备、磁带机、绘图机、黑白电视机、彩色电视机、示波器、电视差转机、半导体收音机、电子测量仪器仪表等。年生产能力为:电视机20万台,电子测量仪器4千台,收音机30万台,电视差转机100余套。这些整机装配制造企业是本地区电子系统的主体企业,企业规模较大,生产设备较先进,技术力量较强。“六五”计划时期(1981—1985),电子企业大多进行了技术改造,应用先进工艺,增添检测仪器设备,强化质量控制手段。电视机厂、电子仪器厂均从国外引进技术和设备,通过消化吸收,促进企业产品的更新换代,提高工艺技术水平、产品质量和市场竞争力。

1972年,呼和浩特电子设备厂生产DL－1型磁带机、CTS－1型平板绘图仪,同年,被国家电子工业部推荐参加广州商品交易会。“七五”时期,市电子设备厂研制的直线电机系列绘图机,采用高精度数字式伺服控制和直线电机驱动技术,技术性能达到国内领先水平。

内蒙古电子设备厂生产的ZDC－207型磁带机被评为国家优质产品,获国家银牌奖。

内蒙古电视机厂的12英寸天鹅牌黑白电视机在国家电子工业部组织的全国质量评比中获三等奖;14英寸、18英寸彩色电视机质量稳定、适应性强,获得用户好评。“七五”时期,内蒙古电视机厂开发研制不同规格型号的彩色、黑白电视机,“在彩色电视机生产技术改造中采用新技术”项目获1989年自治区科技成果二等奖。“天鹅牌HB-35-5A/B交直流立式黑白电视接收机”项目获呼和浩特市1991年度科学技术进步二等奖。“天鹅牌CS47-S4型18寸遥控彩色电视机”项目获呼和浩特市1991年度科学技术进步一等奖。

内蒙古电子仪器厂引进日本技术,研制生产的SS系列示波器,经测试各项技术指标达到国外同类产品的先进水平。内蒙古电子设备厂、内蒙古电子仪器厂生产的光电机、磁带机、示波器等产品,在中国原子弹、氢弹、导弹发射试验,人造地球卫星发射和运行及其他重点科研工程中得到应用,多次获得中共中央,国务院和中央军委的嘉奖、贺电表彰。有些产品还出口创汇,支援朝鲜、巴基斯坦、柬埔寨等国家。扩音机、绘图机、示波器、电视差转机和电缆故障测试仪等产品先后参加广州出口商品交易会和巴拿马、巴黎、莱比锡国际博览会展出。

电子元器件制造企业有内蒙古半导体器件厂、呼和浩特市电子元件五厂、呼和浩特市电声器材厂3家。主要产品有晶体二极管、三极管、电容器、扬声器、补偿线圈、变压器等,年生产能力晶体管200万只,扬声器80万只,电容器300万只,补偿线圈30万只。其中元件五厂从日本引进有感薄膜电容器生产线,更新纸介电容器老产品,所产新型电容器各项技术指标达到国际同类产品水平。电声器材厂研制的YD100-2n型等3种扬声器获自治区优质产品及优秀新产品称号,技术指标达到国内先进水平。半导体器件厂生产的晶体管有3种规格,1985年被评为自治区优质产品。1985年和1987年,呼和浩特市电子元件五厂先后从日本引进了两条具有20世纪80年代国际水平的有感和无感薄膜电容器生产线技术,在消化吸收的基础上,运用国产翻版设备建成1条薄膜金属化电容器生产线。

呼和浩特市电动工具厂,于“七五”时期投资420余万元,引进台湾深槽电机生产线中的关键生产设备及检测设备。在新产品开发方面重点由一类工具向二类工具转产。在新技术推广方面,开始研究工艺的计算机管理;定转子冲片加工采用高速级进冲床;定子采用先进的等离子焊接;定转子绕线采用半自动绕线机;转子滴浸采用新型滴浸机。

电子工业是呼和浩特市新兴的工业系统,经过多年的建设已初具规模,是自治区电子工业最集中的地区。1985年,全市电子工业的产值约占自治区电子工业总产值的90%。

“十五”时期(2000—2005),内蒙古正星实业有限公司研发生产的“YTJ-Z1×8型制证一体机”、银安科技公司研发生产的“税控收款机”和“第二代身份证读卡机”等在机电一体化研究方面取得新突破。

2008年8月5日,呼和浩特市电视台第一辆电视转播机——“6+2”标清全数字电视转播车正式启动。

2009 年 8 月 28 日，第一台本土生产的液晶电视在创维电子（内蒙古）有限公司顺利下线。

二、电子技术及应用

电子技术应用。全市的电子技术推广应用分为两部分——电子工业企业自身的应用、电子工业企业产品和服务向社会各行业的推广应用。电子工业企业自身应用电子技术采用电子新技术，更新老产品，开发新产品，提高产品的性能，使电子产品服务于社会的更广阔领域。

晶体管技术。采用晶体管技术是实现机械电子化的重要条件。1965 年，内蒙古半导体厂开始生产晶体管，主要生产锗高频小功率晶体管 3AG 型系列和锗低频小功率晶体管 3AX 型系列。1959 年，内蒙古广播器材厂（后内蒙古无线电厂）试制成直流收、扩两用机，适宜无电地区使用。1964 年，内蒙古无线电厂试制并批量生产向阳花牌 3JS 型再生式晶体管收音机。1969 年，该厂制成晶体管收音机，是全市应用晶体管正式批量生产电子产品的开端。晶体管收音机与电子管收音机相比体积小、重量轻、电能消耗低，可用普通电池供电；1987 年，该厂生产 J11 型集成电路袖珍收音机并出口。1970 年，内蒙古生产建设兵团（后内蒙古青山无线电厂）试制生产群益牌、红梅牌等多种型号的半导体管收音机。1979 年，内蒙古电子仪器厂生产 SR3 型示波器，这是全国第一种晶体管化的示波器。

集成电路技术。用集成电路组装的电子机械，具有更高的可靠性。1978 年，在 CTS－2 型绘图机和台式电子计算机上应用集成电路器件，是全市电子工业生产在产品上应用集成电路器件的开端。此后，在示波器、电视接收机等产品上逐渐推广应用。

电子计算机技术。1979 年，呼和浩特市电子设备厂将电子计算机技术应用于磁带机、绘图机等产品的生产工艺检测。是该市电子工业系统企业生产最先应用电子计算机技术。1983 年，在 CTS－6 型绘图机上应用微型处理机（电子计算机）技术，使产品具有自检功能。是全市电子产品上应用电子计算机技术的开端。此后，在逻辑分析仪上也应用电子计算机技术。1985 年，内蒙古电视机厂将电子计算机技术用于计算职工的工资，是电子工业系统企业经营管理上首先应用电子计算机技术。

数字显示技术。数字显示技术是使仪器仪表将所测量的量值用数字方式显示出来的先进技术。这种显示方法比指针式显示方法具有直观、易读、准确的优点。1975 年，首先在电缆故障测试仪上应用数字显示技术。1982 年，生产数字显示测量万用表。

光电传感技术。电子机械应用光电传感技术，使机械具有快速能量转换的功能。1966 年，首先在光电输入机中应用光电传感技术。

电容传感技术。应用电容传感技术,可以实现能量快速转换,可以构成无触点开关。1975年,首先应用电容传感技术,研制成功电容传感式输入机。1979年,应用电容传感技术制成防盗报警器。1984年,应用电容传感技术,使彩色电视机实现触摸式频道变换。

波峰焊接技术。1983年,建成黑白电视接收机生产线,应用波峰焊接技术。此后,彩色电视接收机生产线和示波器生产线也应用波峰焊接技术。

自动检测分选技术。1985年,建成涤纶电容器生产线,实现电容器质量自动检测分选技术,比手工检测分选提高工效10倍以上。

电子工业企业向社会推广电子应用技术。第一种形式是电子工业企业研制生产电子技术应用产品,以产品的形式提供社会应用;第二种形式是电子工业部门以技术服务形式向社会推广应用电子技术。1970年,推广应用电子技术由内蒙古自治区革命委员会生产建设指挥部及市革命委员会生产建设指挥部负责组织领导。1972年,成立呼和浩特市电子工业局,改由市电子工业局负责组织领导。电子工业局向电子工业系统各企业下达电子技术推广应用计划。1976年,为推动该项工作的开展,成立呼和浩特市电子技术推广应用办公室,设在市电子工业局。之后,电子技术推广应用办公室迁出,成为一个独立职能机构,设行政科、技术科两个职能部门,有20余名工作人员。任务是组织领导各行业普及应用电子技术。先后在工业,农业、商业、医药、邮电等行业开展10余项电子技术推广应用,举办学习班培养了电子技术推广应用的技术队伍。1979年,因“压缩行政机构编制,精简临时机构”,撤销自治区和呼和浩特市两级电子技术推广应用办公室,划归自治区电子工业局和呼和浩特市电子工业局负责组织领导。

三、电子项目工程

重点项目、企业和产品。1968年,自治区成立广播、电视、电影大会战领导小组。1970年,自治区革命委员会“电视会战办公室”组织电视发射、接收设备大会战,呼和浩特市承担研制电视发射机的项目。自治区革命委员会拨款40万元,组织抽调内蒙古无线电厂、内蒙古农机厂、内蒙古工学院、内蒙古电视台和自治区体委等单位,30余名工程技术人员、干部和工人,利用内蒙古农机厂的机械加工设备和原呼和浩特市通道街天主教堂房舍开展研制工作。研制成功1000瓦电视发射机2台,用于内蒙古电视台和乌兰察布盟电视台。在研制电视发射机的基础上,建立呼和浩特市电视设备厂。大型工业控制机。1972年,自治区科委拨款70万元,研制大型工业控制机(即大型电子计算机),用于包头钢铁公司,促进实现球团生产自动化控制,由呼和浩特市电子工业局承担研制工作。1973年1月,自治区组织内蒙古大学、内蒙古师范学院、自治区电业管理局、包头钢铁公司和呼和浩特电子工业系统有关企业的技术人员、管理干部、工人30余名,利用内蒙古无线电厂电镀车间的部分房屋,选用上海无线电十三厂的TQ机型,于1976年4月29日研制成功。取名TQ1型图强号工业控制机,是自治区自己制造的第一台大型工业控制机。

糖厂清净工段自动化控制工程。1975年,为使呼和浩特市糖厂减少废液中的糖分,提高出糖率,由市电子技术推广应用办公室与糖厂共同研究并建成制糖生产清净工段的自动化控制工程。建成运营后,按当时的生产量计算,每月可增产白糖124吨,增加收入15万元。

制锁厂自动配弹装置。1975年,由市电子技术推广应用办公室与呼和浩特制锁厂共同研制成自动配弹装置。制锁工艺中的"配弹"工序,原来是依靠脑力记忆劳动,误差多,工效低。这项装置投入应用后,解除工人的繁重脑力劳动,消除操作失误,提高了工效。

内蒙古体育馆扩音工程。1974年,内蒙古体育馆扩音工程由市广播设备厂承担设计和安装,工程由300瓦扩音机2台、电源滤波和音频控制等7台设备组成,为防止音响反馈啸叫,采用移频技术。1976年,扩音工程安装完毕交付使用。由于设计合理,控制措施先进,在主大厅、休息厅的各个角落都能听到清晰的声音。1977年,中央民族乐团在内蒙古体育馆演出,中央民族乐团的音乐专家们认为这项扩音系统达到国内先进水平。巴彦塔拉饭店对讲机呼叫工程。1980年,巴彦塔拉饭店对讲机呼叫工程项目,由内蒙古广播设备厂承担设计和安装。该工程系高保真性能系统,具有国内先进水平,1982年完成交付使用。

四、电子产品研发

1971年,内蒙古电子研究所周景芳等人研制成黑白摄像机。1981年,该所试制的电子网围栏周长可达6万米。1986年,该所试制成小气候电脑检测仪,该机使用单板机,对小区域的地面气温、风向、风力等参数集中测量,交付内蒙古牙克石林业管理局(后为内蒙古大兴安岭林业管理局)使用。

1978年,呼和浩特市整流器厂将烧结工艺改为全扩散搪锡工艺,生产的可控硅成本低,提高质量,为国家节省了黄金。1986年,该厂在有关院校的协助下,利用VMOS管试制成电子节能灯,代替多年使用的电感式镇流器、启辉器,提高光电转换效率。1983年,该厂试制成J821型程控自动报时钟。1986年,该厂利用VMOS管试制成电子节能灯,代替多年使用的电感式镇流器、启辉器,提高光电转换效率。

1985年,呼和浩特市机电研究所参照引进样机,研制成YDY-I型氧(空气)弹老化试验仪。1986年,该所研制成功RYS型热延伸试验仪。

呼和浩特市万通科技开发研究所开发的"磁场扫描式理疗仪"是理疗业中的一项新

发明,可以带动理疗从常规医院中分离出来,形成与传统医学相竞争的理疗事业。该产品销往北京、上海、成都、广州等地。

呼和浩特电信局卫星地面站建成,02 号元器件认定设备一期工程完成。

呼和浩特市供电局研究和采用电子信息技术,建立全局综合信息管理系统。软件系统包括:生产技术、调度通讯、安全监察、工程、物资、劳动人事、计划统计、综合查询、科技信息管理子系统。另有办公自动化系统、营销管理子系统和财务管理子系统,由内蒙古电力公司统一配备开发。该系统的建立,实现调度运行、生产管理、电力销售、人事、财务、物资管理等系统联网,达到资源共享。在客户服务中心安装一块 2 ×4 的 DLP 背投大屏幕,面积为 6. 19 平方米,可浏览 MIS 系统信息、地理信息、客户服务实时信息。为全局 270 个管理岗位,配置 251 台微机,管理岗位微机配置率达 93% ,健全 MIS 系统,为自动化打下基础。对 2002 年千伏变电站全部实行微机管理。实现对变电站主变压器绝缘、氧化锌避雷器的阴性电流、全电流在线监测。通过在线监测手段,及时掌握变电站设备的数据、运行参数,在对数据、参数分析的基础上,对变电站进行状态检修的探索和实践。建成 GPS 线路巡检系统,以提高线路巡视质量。为东郊变电站、北郊变电站、海东变电站、中心变电站加装远程遥视系统,以完善无人值班变电站的监控手段。1993 年,呼供建成负荷管理系统。2002 年,建立能源管理系统,除可实现对各厂站 RTU 数据的采集、规约转换、通道监视、对时及系统主机的通讯外,增加潮流分析、状态估计、负荷预报、无功电压优化计算、网络拓展、数据网通信等功能;同年,对该系统进行升级改造,使负荷系统在以前负荷检测、控制功能的基础上,扩展负荷预测、电量远抄、电费催收、防窃电管理、用户电能质量监测分析、web 信息发布,公用配变监测等功能。电力负荷管理系统可监测呼和浩特地区总电量 71. 2% ,可控地区总负荷 16. 5% ;同年,有两项成果获全国优秀成果奖,一项获华北电力系统优秀成果奖。

内蒙古蒙瑞科技有限公司自主研发的有线电视数字双向标清机顶盒项目已进入产业化阶段,成为国家推进三网融合发展的重要终端设备。

五、电子信息技术

呼和浩特市以内蒙古 TCL 电器公司的高清彩电和 TCL 移动通信公司的手机,汉鼎光电高端 DVD 产品,兴达电脑年产 10 万台电脑等为代表的电子企业在呼和浩特建设生产基地,并采用新技术提升产品层次,在市场上取得较好的效益。一批电子信息科技型中小企业也逐步发展壮大,技术水平进一步提高,内蒙古灵奕高技术公司研发的“流程工业综合自动化控制系统”,内蒙古证联公司研发的“办公自动化软件”、内蒙古蒙科立公司研发的“蒙古文 OFFICE 办公套件”,内蒙古华利达公司研发的“GSM 移动通信直放机”,北特通信的

“光纤跳线尾纤”等计算机软件和电子产品，技术含量高，竞争力强，抢占电子产品市场。以高端的电子产品和计算机软件为特色的电子信息产业初步形成规模。

通讯企业开发研制的主要项目和产品。“北斗定位的应急联动物联网综合服务平台应用示范”，是内蒙古国讯富通公司构建和完善物联网共性平台为基础，采用GPS和北斗双模定位终端，针对社会上出现的各类紧急突发事件，多部门、多警区、多警种相关服务体系之间统一指挥、统一应急、协同行动系统。

“民生综合信息管理服务平台”，是将报警服务运营、民生信息发布一体化综合性安全服务、便民服务平台。平台定位为由各相关行业参与并服务于全社会民众的服务体系。主要依托接入、整合、共享各行业资源，打造为全社会民众提供报警服务、便民服务，为政府相关职能部门提供信息支撑和信息保障的综合性服务平台。该平台为建设“智慧内蒙古”打下基础，为打造“数字内蒙古”，构建“和谐内蒙古、平安内蒙古”提供支持和保障。

蒙古文网站内容开发管理系统研发。内蒙古蒙科立软件有限责任公司为了满足蒙古语言文字用户群体蒙古语言文字网络化应用需求，通过原始创新，独立研究开发出《蒙古文CMS系统》。该系统符合蒙古文编码标准和蒙古文处理习惯、兼容主流浏览器、支持多文种混合显示、具有信息采集、编辑加工、多级审核、多途径发布、网页自动生成等功能的B/S结构的分布式蒙古文网站内容管理及信息发布系统，为蒙古文的网络化应用提供公共服务技术支撑，使系统同步于汉文网站内容管理及信息发布系统技术体系。该技术体系已支撑起国内“中国蒙古语新闻网站”“索伦嘎新蒙古文新闻网”“中央电台蒙古文网”“中国蒙古文广播网”“内蒙古广播电视台”为代表的150余个各类蒙古文网站，成为中国的蒙古文CMS系统标准。蒙科立公司研发的蒙汉文并用资源管理应用平台，是一套针对蒙古文传统型文献资源和数字化资源进行加工、组织、发布、管理、应用的一体化操作平台，该平台满足建立数字化文献资源库的需求，并提供一体化管理、应用功能平台。可广泛适用于图书馆、档案馆、文献情报服务等部门，也适用机关、科研、教育、传媒等具有不同规模图书资料的机构或单位。该系统通过国家文化信息资源共享工程的招标采购，被自治区33个旗县级图书馆采用。蒙古文类文字键盘输入技术。该公司研发完成基于新版Windows操作系统，符合蒙古文国际标准编码及用户协定，涵盖传统蒙古文、托忒蒙古文、满文、锡伯文（含以上各文字阿礼嘎礼字母）Open Type字库系统的键盘输入方法，因Open Type字库已嵌入至“名义字符到变形显现字符转换规则”中，只需提供一键盘映射即可实现全读音输入法，升级推广非常方便，该技术拥有几十万用户。通过创新，开发出新一代《蒙古文Office》系统。该系统借鉴该公司原有《蒙古文WPS Office》系列产品推广应用基础、通过多年收集的各种技术参数和上百万用户新需求基础上,根据国家信息安全政策引导,蒙科立公司独立研发《蒙古文数字词典网络化在线编纂系统平台》。该系统平台具有多人多渠道同时输入词语、注解、编撰、修改、校对、添加、删除、集成相关网络资源利用等协调编撰功能,及词语管理、系统维护等强大后台功能。通过该系统平台,开发《蒙科立"固什"汉—蒙翻译数字词典》《蒙科立"固什"蒙—汉翻译数字词典》《汉—蒙双向对照名词术语数据库》等资源系统。蒙古文移动终端开发解决方案。随着移动互联网的迅猛发展,蒙古语言受众对蒙古语言文字移动互联网应用技术的急需越来越迫切。为满足市场需求,该公司运用多年积累的技术沉淀、丰富的产品基础、广泛的市场用户资源,通过原始创新,围绕 Andriod、ios、Windows Phone 等智能终端平台,提供整套技术解决方案,形成《蒙科立蒙古文移动终端应用解决方案》。方案可有效满足政府、企业、个人移动终端应用、开发、技术服务需要。该公司 针对少数民族地区政府、教育、出版、新闻媒体、企事业等不同行业特殊需求,开发出"蒙科立多文种图书馆信息管理系统""蒙古文新闻文稿系统""少数民族地区街面用语多语并用管理系统""蒙科立蒙汉双语基础信息库管理平台""蒙科立少数民族文字医院综合管理系统""蒙泰电子出版系统""蒙科立多文种档案管理系统""蒙科立组织干部人事信息管理系统""蒙科立网络OA 办公自动化系统""蒙科立蒙汉文资源应用管理系统""蒙药方剂数据库系统"等蒙古文软件系统。

万德智能流程引擎(wide - eFlow)。该系统由内蒙古万德系统集成有限责任公司研发,是一款创新的工作流管理系统,能快速定义和实施工作流程。万德无线城市接入中间件,利用多种有线、无线接入技术,为整个城市提供随时随地随需的网络接入,并建设与政府工作、企业运行、群众生活密切相关丰富的信息化应用,为市民、企业、访客、政府机构提供安全、方便、快捷、高效的应用服务。提高政府效能与生产力,节省管理成本,强化通讯架构,提升宽频服务和便捷性。万德无线城市接入中间件已在该公司多个软件系统中集成。该公司开发的万德短/彩信服务中间件,是一款针对运营商(各级移动公司、SP 等)开发的基于网络应用企业短信彩信业务推广管理系统。能够方便地实现企业彩信接入、账户管理、分销商体制建立以及有效管理通道资源。彩信接口灵活多样。彩信客户端软件方便实用。分销商体系便捷拥有更多社会资源。通道资源管理实现最优化,降低通信成本,实现各运营商互联互通,系统安全稳定。公司开发的万德 Portal 门户平台中间件,是一套面向企业用户建立的基于 B/S 结构的个性化企业信息平台。通过开发或集成各种应用系统、数据库、电子邮件汇总各种数据,进行数据处理,并通过基于角色的单一界面提供给用户。提高用户效率,提高企业对市场感应能力、反应能力、决策速度以及对各种事务协调和处理效率。该公司开发的 万德网上支付中间件,利用现代通信技术,建立企业与银行之间信息传输通道;遵循行业规范,提供通用的中间交易平台;采用先进数据库操作技术实现信息安全可靠的存取;达到银行收取企业业务费用的目的。在此基础上,以电子商务思想为主导,逐步实现银行自动转账、“电话银行”、Internet网、ATM机及语音等多种缴费方式以及网上移动各种业务服务功能。为移动运营商拓展营销活动空间、开发服务用户市场、加强行业竞争优势、挖掘新的经济增长点提供多种可行的手段。

天讯网络公司。该公司研发LTY - vs天目定位监控系统V4.0,是为信息化管理制定应用GPS监控定位系统。系统分为多个大功能模块:车辆信息查询历史报表管理模块、实时模式模块以及地图操作模块等。该系统数据接受采用多线程方式,可以提高数据交互速度。系统突出的特点是用户可以采取两种车辆监控模式:实时模式和压缩模式(省钱模式),该产品融合信息技术、计算机网络技术、通信技术等,共同实现车辆调度管理安全、有效、智能化体系。该系统遵循可靠性、可维护性、兼容性、便利性及可扩展性,为系统的安全运行提供可靠的前提。系统另一大特点是所有图片及地图等都采用动态更新方式,不仅方便用户操作,而且从系统的性能上有很大的改进。掌上青城公交查询软件V1.0.5系统。该系统可实现实时查询:公交线路实时运行情况查询在文本框中输入要查询的线路,点击带有放大镜图标的查询按钮,进入实时查询界面,展现公交线路实时运行情况。线路查询:在文本框中输入要查询的线路,点击查询按钮,进入线路查询界面;如用户输入的线路不存在,则加以提示。站点查询:公交线路线站点查询在文本框中输入要查询的站点,点击查询按钮,进入站点查询界面;如用户输入的站点不存在,则加以提示,如用户输入的站点名称存在多个模糊匹配项,则弹出“站点选择”对话框让用户选择。公交换乘:公交线路线换乘查询在文本框中输入“起始站点”“终点站点”名称,选择“换乘策略”,如“时间优先”“少换乘”“少步行”,点击查询按钮,查询换乘方案。如用户输入的站点名称存在多个模糊匹配项,则弹出“站点选择”对话框供用户选择。

天迅烟草GPS车辆采点程序软件V1.0系统。为减少烟草产品运输中,盗窃、抢劫、调包及监守自盗行为,该公司开发烟草配送车GPS调度管理系统技术方案。系统遵循原则:“安全提醒,安全监控”目标。安全提醒包括:超速提醒、危险路段提醒、超范围行车提醒、疲劳驾驶提醒。安全监控包括:线路监控、超速监控、越区监控、喊话提醒等。常用标准功能:远程锁车、监听、设置、通话、调度、报警等功能。

内蒙古方维电器制造公司。该公司研发的总线式宽频一线通电视监控系统成套产品,2006年12月获得自治区科技进步三等奖。煤矿井下安全生产自动化监测、监控系统和煤矿井下工业电视成套产品,2010年1月30日获得呼和浩特市科技进步二等奖。总线式宽频网络电视监控成套产品,2010 年 1 月 30 日获得呼和浩特市科技进步三等奖。

内蒙古电视机厂。1969 年,内蒙古电视机厂建厂,原名内蒙古广播设备修造厂,主要是组装和修理扩音机,制造扩音机用变压器等部件;同年,开始生产 35 厘米黑白电视机接收机。1970 年,与内蒙古金银制品厂(内蒙古东方红像章厂)合并,更名为内蒙古广播设备厂,主要生产 50 瓦~1200 瓦各种规格的扩音机,同时,生产电视机。1979 年 5 月 1 日,开始生产彩色电视机;同年,12 英寸"天鹅"牌电视机试制成功。1980 年,黑白电视机生产楼竣工。该厂陆续装配 12 英寸、14 英寸、17 英寸两条黑白电视机生产流水线;14 英寸、18 英寸彩色电视机生产流水线,成为国家电子工业部黑白电视机和彩色电视机定点生产企业之一。全晶体管、集成电路、通用机芯、小屏幕(12 英寸)、中屏幕(14 英寸)、大屏幕(17 英寸)天鹅电视机相继创优获奖。1981 年,内蒙古电视机厂仿日本样机研制成 CTP-236D 型彩色电视接收机,使用 51 厘米显像管;同年,引进日本电视接收机大组件成批组装成 35 厘米彩色电视机。1981 年,更名为内蒙古电视机厂。1982 年 3 月,研制成 HB31-3A 型交、直流两用黑白电视接收机;5 月,该厂重大技改项目——彩色电视机装配楼破土动工;同年,试制成 HB31-1 型晶体管黑白电视接收机;被评为呼和浩特市质量管理先进企业,在全国第一届、第二届、第三届电视机厂际竞赛中连续评为优胜单位。在改革中,通过横向联合,以"天鹅"牌电视机为龙头的电子产品,带动 12 个电子工厂的生产。1983 年,"天鹅"牌黑白电视接收机被评为自治区优秀新产品;3 月,研制成 HB31-3A 型交、直流两用黑白电视接收机。1984 年 11 月,该厂自行设计并引进关键设备建成彩色电视接收机生产线。1985 年,研制成 CS37-V2D 型直流供电的彩色电视接收机。同年,研制成 HB35-3A 型交、直流黑白电视接收机。1985 年 7 月,内蒙古电视机厂机箱分厂破土动工;11 月 3 日,正式竣工投产。另一项自行设计自行安装的现代化注塑分厂落成,具有年产电视机机箱和塑料件 30 万套的生产能力,仅生产机箱一项每年可节约外汇 100 余万美元,降低电视机成本近百万元,解决了电视机配套的难题。同年,研制成 HB35-3A 型交、直流黑白电视接收机和 CS37-V2D 型直流供电的彩色电视接收机。内蒙古电视机厂被自治区经委授予《"六五"技术进步全优企业》金杯奖;被市政府评为呼和浩特市十大优秀企业之一。

1986 年,研制成 HB44-3A 型交、直流黑白电视接收机;同年,研制成 CS47-S1 型彩色电视接收机、双伴音电视接收机。"在彩色电视机生产技术改造中采用新技术"项目获 1989 年自治区科技成果二等奖。"天鹅牌 HB-35-5A/B 交直流立式黑白电视接收机"项目获呼和浩特市 1991 年度科学技术进步二等奖。"天鹅牌 CS47-S4 型 18 英寸遥控彩色电视机"项目获呼和浩特市 1991 年度科学技术进步一等奖。

六、电子工业企业选介

创维电子(内蒙古)有限公司,位于呼和浩特市经济开发区如意区内,2005 年 8 月开始建设,2006 年 9 月竣工投产。2009 年,企业完成生产及其配套设备的首次升级改造,全面转型为 LCD 液晶产品的生产制造,结束了内蒙古地区液晶产品无法本土自制的历史。2012 年 4 月,设立模组一体化扩建项目,实现公司产品结构、制造工艺的再次升级,全面升级至 LED 产品、超高清、3D、4K 等智能电视的生产。同年,创维内蒙古公司研发中心正式挂牌成立,主要负责与模组制造相关的新技术、新工艺的研究、支持,新产品的研发等主要工作。2009 年 4 月, 该公司获批立项《LCD 生产线改造及其配套实施项目》,主要是将 CRT 彩色电视机生产基地改造成为一个新型以生产 LCD 高清晰彩色电视机为主的复合型电视产业基地,通过对高端平板电视的新生产工艺的引入、新工艺流程的改善研究,完成 LCD 高清电视机生产线的升级和改造、配套 SMT 贴片生产线、LCD 电源生产线及其他配套生产、检验检测设备,达到量产 LCD 产品的能力。项目达成后,实现创维内蒙古公司由 CRT 时代向 LCD 时代的升级转型。2013 年 3 月,该公司获批立项《模组一体化扩建暨 300 万台整机扩建项目》,是一个系统集成类项目,通过引进、消化、吸收、再创新与自主创新相结合。内容为新型液晶模组研发技术资源共享、液晶电视关键技术研究成果向内地导入(LED - TV 液晶生产线方案、LCM 背光模组生产线、导光板印刷线、背光模组装配)、模组整机一体化制造工艺的引入、控制、节能降耗等方面,涵盖整条液晶电视生产链。主要产品包括网络的云计算、云存储、3D 显示技术、健康互动、超高清、智能电视等功能。

第九节　生物制药及生物发酵技术

一、生物制药技术及产品

1958 年 3 月,呼和浩特制药厂派技术人员去上海第三制药厂和石家庄华北制药厂学习土霉素碱生产技术;9 月,试制成功。1959 年,正式投产。该厂成为国内第二批生产土霉素碱的 10 个厂家之一。土霉素碱的投产结束内蒙古地区不能生产抗生素合成药的历史。同年,该厂获准生产海马补肾丸(种玉丸)、接骨丹两个品种,注册商标为“三花牌”,并与外贸单位签订协议首次出口海马补肾丸 4994 瓶、接骨丹 412 瓶,呼和浩特地产的中成药首次进入国际市场。1967 年,该厂的“天坛牌”甘草浸膏获出口免检信誉,行销世界 20 余个国家和地区。

1970 年,北京军区内蒙古生产建设兵团制药厂成立,可以生产片剂、针剂、糖浆等西药。

1980年，“猪瘟猪丹毒肺疫三联苗试制及应用”“从甘草浸出液中直接提取甘草酸新方法的研究”“20%林丹乳油研制”获自治区科技成果二等奖。

呼和浩特市商检局工程师甄宏太和杨树贤进行“炭疽荚膜双染荧光血清及炭疽噬菌体荧光血清”研究，经过几年试验，取得较大突破，在全国商检系统推广运用；1980年，获自治区科技成果一等奖；并成为全国科技大会的获奖项目。

1983年，呼和浩特中药厂的三花牌沙棘精获国家经委全国新产品金龙奖；1985年，又获自治区科学技术进步三等奖。

1986年，呼和浩特第二制药厂（原生产建设兵团制药厂）生产的名牌产品正北芪蜂王浆获自治区优质产品奖。1987年，获自治区科技进步三等奖。1988年，获全国首届中成药健康杯金奖、全国首届肾病克星大赛铜奖。1989年，获第三十二届国际养蜂会议金奖。1990年，获中国优质保健产品银奖。

1987年，自治区第一座人类冷冻精子库在呼和浩特市中蒙医研究所男性学科建成。

1989年，内蒙古大学实验动物研究中心在旭日干博士的指导下，培育出中国第一胎“试管绵羊”。

“八五”计划时期（1991—1995），内蒙古生物制药厂已能生产20余种活菌疫菌和细胞繁殖疫菌以及抗菌素药剂的生产，产品不仅满足自治区使用，还可供其他省市使用，年产值550万元。

1993年，呼和浩特市甘草制品有限公司承担市科技攻关计划项目“甘草酸盐类系列产品开发”，先后研制生产“甘草酊系列产品”“甘草精霜”。产品无毒副作用，是食品、医药、卷烟等行业的理想添加剂。投产后，“干草酊系列产品”累计产量达551吨，实现利税184万元；“甘精霜”产量348吨，实现利税146万元，产品销往26个省市。企业连续两年被市政府评为“小型巨人企业”。

1998年，内蒙古黄河制药厂“大败毒胶囊开发”项目获科教兴市效益奖三等奖。

2003年5月，经国家科技部专家实地考察、评审，在托克托电力工业园正式批准呼和浩特市建立“国家火炬计划呼和浩特生物医药产业基地”，该基地是呼和浩特市唯一国家级产业基地。

2004年11月，内蒙古首例异体干细胞移植手术在内蒙古医院获得成功；同年，呼和浩特市第二医院的“大剂量甘草甜素治疗SARS的临床研究”“传染性非典型肺炎医院感染控制的研究”两项科技成果同时获市科技进步三等奖；内蒙古双奇药业公司主研的“乳杆菌活菌胶囊生产”项目获市科学技术进步奖二等奖。

2005 年 6 月,内蒙古首例体细胞克隆牛在和林格尔县大正美联胚胎移植基地降生。克隆牛“蒙蒙”高 0.77 米,长 1.05 米,体重 46.5 公斤。

2012 年,内蒙古金达威药业有限公司“发酵法高产辅酶 Q10 技术研究和应用”项目于获得市科技进步二等奖。

1. 内蒙古阜丰生物科技有限公司

2006 年,内蒙古阜丰生物科技有限公司成立,位于呼和浩特经济技术开发区金川区,是自治区、呼和浩特市两级重点招商引资项目。是国内生物制品行业的龙头企业,公司先后被授予“自治区农牧业产业化龙头企业”“呼和浩特市农牧业产业化重点龙头企业”“呼和浩特市经济发展突出贡献奖”。公司主要技术有对传统黄原胶生产工艺进行优化改造,积极开发高性能、多功能和高附加值的新型黄原胶产品。成功开发用于生产酱制品的黄原胶、提高淡水中黏度的黄原胶、高透明黄原胶等,并拥有相关技术的知识产权,申请国家专利 4 项,其中 3 项发明专利获得授权。公司参与修订《食品添加剂黄原胶》国家标准,为黄原胶产品质量控制和检测起到示范和带动作用。谷氨酸钠技术,谷氨酸生产采用的新型大型谷氨酸发酵罐,通过改变搅拌方式、优化传动装置、改变降温设施和发酵罐整体构架世界最大谷氨酸发酵罐(800 立方米),并全部实现核心配件国产化。该发酵罐运行 6 年,各项发酵指标得到有效提升,运行成本为行业通用发酵罐的 80%。采用的“谷氨酸生产关键技术与装备(谷氨酸绿色制造技术)”“生物吸附与等离子耦联净化工艺”处理废水喷浆造粒过程中产生的烟气,在谷氨酸生产全过程中实施闭路循环工艺,达到“低能耗、低消耗、低排放”“高收率、高利用度、高附加值”目标,实现经济效益、环境效益和社会效益共赢。该技术经自治区级成果鉴定达到国际先进水平。生物发酵肥技术,公司开发出“全膜法提取苏氨酸新技术”,采用全膜法提取苏氨酸新工艺后使苏氨酸提取过程中的酸碱消耗大幅降低,解决传统苏氨酸生产中高浓度废水排放造成环境污染严重的瓶颈问题。同时全膜法提取新工艺无须添加任何絮凝剂、助滤剂和活性炭,具有显著的经济效益。该技术经自治区级成果鉴定已达到国际先进水平。结晶果糖技术,开发并转化“结晶果糖生产新技术”,将结晶过程在水相中进行,降低生产成本、减少对环境的影响;采用模拟移动床现代化分离设备将果糖与葡萄糖彻底分离开来,得到 F90 果糖;将分离后的富含葡萄糖组分循环回用,提高原料利用率;采用连续结晶技术,实现结晶果糖的生产连续性。该技术获得专利授权。

2. 内蒙古金源康生物工程有限公司

2005 年,内蒙古金源康生物工程有限公司成立,前身为内蒙古生物药品厂血清分厂(2000—2005),位于呼和浩特市玉泉区裕隆工业园 B 区 4 号。公司生产经营动物血清、微生物培养基、细胞培养基和生物原材料、生物制剂的研发、加工、销售,生物技术转让;经商务部门备案的进出口业务。公司研发投产BHK21细胞生物反应器培养专用血清(2009)。血清原料经细胞悬浮培养试验,可以促进BHK21细胞的良好生长,口蹄疫抗体<1 : 8,该产品适用于BHK21细胞生物反应器规模化生产。产品符合2010版《中国药典》标准。圆环病疫苗专用血清(2011)。血清原料经中和法和酶标法筛选,BVDV抗原阴性,经细胞转瓶培养试验,表明其可以促进PK15细胞的良好生长,产品适用于PK15细胞规模化培养的圆环病疫苗生产。产品符合2010版《中国药典》标准。猪瘟疫苗专用血清(2012)。血清原料经中和法和酶标法筛选,BVDV抗原、抗体双阴性,经细胞转瓶培养试验,表明其可以促进ST细胞和牛睾丸细胞的良好生长,产品适用于猪瘟疫苗生产。产品符合2010版《中国药典》标准。公司研发投产BHK21细胞转瓶培养用低血清培养基(2013),BHK21细胞转瓶血清培养基是一种能支持BHK21细胞在低血清条件下良好贴壁生长的培养基。建议血清用量为2%~4%。培养基中除加入支持细胞生长的必需元素(无机盐、氨基酸、维生素等),还添加一些促进细胞贴壁和增殖的有效成分,使得该培养基能够在血清含量较低的情况下促进细胞良好生长。特别适合于转瓶培养生产口蹄疫苗及由BHK21细胞生产的其他疫苗。BHK21细胞悬浮培养用低血清培养基(2013),BHK21细胞悬浮培养用低血清培养基是一种能够支持BHK21细胞在低血清条件下良好悬浮生长的培养基。建议血清用量为0.5%~2%。培养基中除加入支持细胞生长的必需元素(无机盐、氨基酸、维生素等),还添加一些促进细胞增殖的有效成分,使得该培养基能够在血清含量较低的情况下促进细胞良好生长。该产品极大地降低口蹄疫疫苗生产中牛血清的使用量,从而降低疫苗使用过程中的生物安全风险。研发并投产微生物培养基大肠杆菌增菌培养基(2009),是大肠杆菌培养提供氮源、生长因子、维生素B族及碳水化合物等基本成分的同时,添加一些促进大肠杆菌大量表达蛋白的有效成分,适用于各种大肠杆菌的扩增。该产品特别适合于通过大肠杆菌表达蛋白的新型基因工程疫苗的生产使用,能够极大地提高蛋白的表达量。

3. 内蒙古宇航人高技术产业有限责任公司

1995年,内蒙古宇航人高技术产业有限责任公司成立。该公司注册地在和林格尔盛乐经济园区,占地面积400余亩,分为如意开发区一纬路10号、和林盛乐园区两个厂区。公司致力于沙棘产业综合开发利用,打造世界沙棘第一品牌。公司将超临界流体技术、生物工程技术、膜分离等高新技术应用于沙棘产业。从生态保护种植到产品深加工,逐步延长产业链,相继在医药、功能食品、个人护理品、保健食品等领域开发并上市近200余个优质产品,产品通过世界最权威检验机构检测,获得美国FDA、美国有机食品

(NOP)、欧盟有机食品、日本有机农产品(JAS)、中国有机食品认证。产品出口到近50个国家和地区。公司先后承担完成51项地方及国家星火计划项目、科技攻关项目、国家重大科技项目,并取得良好的效益。拥有20余项沙棘开发的专利和专有技术。2008年,公司成为国家沙棘行业标准委员会标准化工作秘书处,并承担沙棘系列产品国家标准的制订工作。该公司已获得 自治区科技进步奖2项。呼和浩特市科技进步一等奖4项、二等奖1项、三等奖2项。中国石油化工学会科技进步三等奖1项。

4. 内蒙古神舟生物科技有限责任公司

2006年12月22日,内蒙古神舟生物科技有限责任公司成立,位于托克托县工业园区,注册资本1.5亿元人民币,由中国空间技术研究院投资组建,以生物发酵产品技术为主导的航天生物产业基地。公司占地面积900亩,发酵规模1万立方米、以辅酶Q10等生物发酵类产品为主的生产能力,其中酶制剂产品达1.5万吨/年生产能力。同时筹建面积约1.5万平方米、设施先进、功能齐全的航天生物技术应用研发中心,公司依托航天生物技术,具有较强的生物医药研发、生产和销售实力。公司是航天生物产业化基地和生物发酵产业基地。公司致力于为国人提供健康、安全的优质生物发酵类产品,在工业用酶制剂应用领域以实现资源的高效环保利用和可持续发展。公司业务专注于生物发酵类产品的供应,利用生物发酵技术在医药原料药、工业酶制剂、维生素产品、胶类产品等相关业务单元上实现规模化生产和供应。2009年,内蒙古自治区航天生物科技企业孵化器通过自治区科技厅组织专家认定。正式成为自治区首家以航天生物搭载的科技企业孵化器,入孵项目12项,经孵化后生产水平平均提高10%以上。如辅酶Q10经利用航天搭载光合菌种选育,发酵水平达到行业领先水平,使糖化酶平均酶活力上升30%。孵化器完成神舟生物公司新产品C507、C115的中试和量产,取得好的效果。与华东理工大学签署《关于建立工业生物技术过程优化与放大研究平台的框架协议》,涉及人员培养、生产工艺数据系统、菌种研究、工艺优化及放大等多个方面,通过对外合作整合各方资源,提升孵化器对外服务的品质。2011年,孵化器陆续收到一些企业航天生物搭载意向,积极与相关企业接洽,开始各项技术准备,完善后期搭载菌种的分离筛选以及试验准备工作。

5. 齐鲁制药(内蒙古)有限公司

2009年,齐鲁制药(内蒙古)有限公司成立,是大型现代化生物制药企业,位于呼和浩特经济技术开发区金川工业园区。该公司研发提高阿维菌素生产水平。阿维菌素作为公司主打产品,公司致力其生产工艺的优化。通过与华东理工大学等大专院校、科研院所的合作,在补水控制、PH控制、提取浓缩等方面不断进行优化和改进,使得阿维菌素生产水平提高70%以上,达到行业领先水平。公司利用多尺度理论进行优化和改良泰乐菌素生产工艺,2011 年 5 月开始,从菌种到扩大生产,进行细致的研究和分析。最终在 2012 年末取得突破性进展,使得泰乐菌素生产水平提高 10%。2011 年,该项目获得科技项目资金资助 100 万元,泰乐菌素的生产水平达到国内领先水平。2009 年 12 月,公司成立研发中心,开发新产品,包括安丝菌素、杆菌肽锌、硫酸粘杆菌素、超级泰乐菌素在内的多个新品种,完成相关生产技术工艺条件的研发,具备投产条件。

6. 内蒙古赛科星繁育生物技术(集团)股份有限公司

2006 年 7 月,内蒙古赛科星繁育生物技术(集团)股份有限公司成立,位于呼和浩特市和林格尔盛乐现代服务业集聚区。拥有总部科研生产基地、犇腾牧业、赛科星草业等 9 家全资和控股子公司,集"种业、牧业、草业"为一体的现代化乳品上游产业链专业公司。公司主要生产、经营荷斯坦、娟姗、西门塔尔、安格斯牛冷冻精液;奶牛养殖繁育;奶牛人工授精冷配服务;机械设备租赁、机械设备专业技术服务;牧草与其他作物的种植;农牧业机械销售。2013 年,获批国家人事部以及全国博士后管委会授批的"博士后科研工作站"。该公司是国内具有自主知识产权的从事家畜繁殖、生物育种技术研究开发和产业化应用的高科技企业。

该公司开发新产品、新工艺、新技术有(1)以 X/Y 精子 DNA 含量差别为依据的家畜精子分离有效性研究和性控冻精生产技术流程的建立,证明 X/Y 分离精子的有效性和受精能力,建立具有自主知识产权的家畜性控冻精生产技术流程。(2)以哺乳动物"受精推流原理"为依据的高效奶牛性控冻精生产新技术开发。该技术使美国 XY 公司单台精子分离机生产能力由 3 万支 ~4 万支提高到 8 万支 ~9 万支(提高生产效率 2.3 倍 ~ 2.7 倍),生产成本由每支 80 元 ~100 元降低到 20 元 ~30 元(降低生产成本 70% ~ 75%)。(3)提高奶牛性控冻精产品质量和人工授精受胎率的关键技术开发。包括种公牛原精染色、卵黄冷冻液配方,特别是开发了以抗氧化剂为基础降低超氧化物对性控精子损伤的冷冻技术,使精子活力由 0.3 ~0.4 提高到 0.4 ~0.6,精子存活时间由 4 小时 ~ 6 小时延长到 8 小时 ~10 小时。制定了奶牛性控冻精人工授精关键技术流程,显著提高奶牛性控冻精受胎率及其推广应用效果。(4)建立和发布"奶牛性控冷冻精液生产技术流程""奶牛性控冷冻精液产品"两个国家标准,以及"鹿性控冷冻精液生产技术流程""鹿性控冷冻精液产品"两个地方标准。(5)研究开发"奶牛超级性控冻精"新产品,使产品应用范围拓展 1 倍以上,大幅度促进奶牛及其家畜性控技术的产业化应用,推动中国奶牛良种化进程。(6)开发奶牛性控胚胎生产和"黄牛受胎——胚胎移植"的良种奶牛性控繁育技术和产业化应用模式。(7)建立以从国内外引进高品质胚胎——胚胎移植——生产性能后裔测定一种公牛拍卖为流程的"中国奶牛种公牛生产——拍卖的奶牛种业市场新模式”。(8)开发以干细胞—克隆技术为基础的家畜育种技术模型。公司重大科技贡献和成果有,2006—2014年,在全国4200余个牧场推广应用性控冻精280万支,已繁育母犊超过100万头,新增产值50亿元,为奶牛养殖户增加经济效益30亿元。“产、学、研”科技创新体系及核心技术竞争力的建立。公司与国内外科研院校之间建立有效的“产、学、研”科技研发——成果转化机制,充分发挥科研院校基础研究特长和企业科技成果转化平台优势,整体技术成果有较高水平的基础研究,也有经济效益明显实用技术,特别是奶牛性控冻精生产新技术成果的应用,促进中国奶牛良种化进程和稳定乳品加工业持续发展具有重要的价值和意义。2007—2009年,成功进行绒山羊性控、马鹿性控研究及小规模示范应用,并研究成功中国首例、首批克隆马鹿。

7. 内蒙古神元生物工程股份有限公司

2000年12月27日,经自治区政府批准成立的民营股份制企业,位于呼和浩特市如意经济技术开发区。该公司研发的 羊胎盘转移因子注射液,2008年8月,国家农业部正式颁布公告,授予内蒙古神元生物工程股份有限公司申报的“羊胎盘转移因子注射液”一类新兽药证书(国家农业部公告第1064号,证书号:2008新兽药证字20号)。羊胎盘转移因子注射液系用怀孕100日以上的健康绵(山)羊胎盘经低温高压超声波蛋白裂解法制备而成,产品具有广泛的免疫学活性和抗菌、抗病毒、抗炎、抗应激、解毒、促愈合和营养等功能,可显著增强机体的特异性、非特异性免疫力,从而提高防病抗病的能力。临床用于动物免疫调节、疫病防治、免疫增效和临床辅助治疗,并能够显著提高动物生产性能。复方胎盘氨基酸口服液,是利用怀孕100日以上的健康动物(猪、羊)胎盘经生物化学结合工程学技术制备的复方氨基酸口服液,含有18种L氨基酸(包括6种必需氨基酸)和3种非蛋白氨基酸。氨基酸含量≥3.0毫克/毫升(必需氨基酸含量≥0.76毫克/毫升)。具有营养与免疫调节功能,临床靶动物设计为奶牛和宠物。该产品已完成中试生产,组织申报临床应用。鸡艾美耳球虫早熟弱毒三价疫苗,用于雏鸡(肉鸡、蛋鸡)球虫病的防控,由柔嫩艾美耳球虫北京早熟株BJS07－Pre123、巨型艾美耳球虫北京早熟株BJmax－Pre109和堆型艾美耳球虫北京早熟株BJacer－Pre69组成。免疫期4个月。产品的前期研究已完成,正在开展新兽药申报前的中试生产和临床试验。鸡艾美耳球虫早熟弱毒五价疫苗,用于种鸡和蛋鸡球虫病防控,基础虫种:柔嫩艾美耳球虫北京早熟株BJS07－Pre123、毒害艾美耳球虫山东早熟株SDnec－Pre125、巨型艾美耳球虫北京早熟株BJmax－Pre109、堆型艾美耳球虫北京早熟株BJacer－Pre69、和缓艾美耳球虫涿州早熟株ZZmit－Pre77。免疫期6个月。本产品研究工作全部完成,正在开展新兽药申报前的中试生产和临床试验。新型动物疫苗增效剂,本品以胎盘免疫调节因子(PIRF)为功能成分，主要针对病毒性传染病设计，通过与疫苗的同时使用，以缩短抗体产生时间、提高抗体滴度并延长抗体维持时间，从而发挥疫苗增效的作用。该产品已完成技术工艺和基础研究，并开展部分效力试验和安全性试验。2013 年，公司与有 GMP 条件的相关单位合作完成攻毒试验，为新产品的申报奠定基础。

8. 内蒙古银宏干细胞公司

2010 年 12 月 9 日，该公司成立，位于新城区鸿盛工业园区。该公司主要科研方向为干细胞与基因工程研究、干细胞临床研究、干细胞与组织工程研究。内蒙古干细胞生命科技产业化基地是“国家干细胞产品产业化基地、国家干细胞工程技术研究中心、细胞产品国家工程中心”在内蒙古的分支机构。基地及相关单位已经获得发明专利 5 项。新药证书 1 项，天津市科技进步奖 1 项，天津市自然科学奖 1 项，新药证书 1 个等科研成果。公司与中国军事医学科学院、中国医学科学院血液病研究所、上海同济大学等诸多国内从事干细胞领域研究、开发和临床使用的单位建立良好的产学研合作关系。主要科技成果：《人脐血/脐带来源间充质干细胞可塑性及干细胞神经分化研究》获 2007 年度河北省科技进步一等奖。《骨髓基质细胞的生物学特性及其对正常造血和白血病细胞影响的研究》获福建省 2007 年度科学技术进步二等奖，医学科技进步一等奖。《造血干细胞的多系统分化及其调控因子的研究》获 2006 年度教育部高等学校科学技术进步二等奖。《新型干细胞因子 HAPO 的克隆表达纯化及功能研究》2004 年 10 月获国家卫生部第八届医药卫生青年科技论坛基础组二等奖。“慢性粒细胞白血病 DC 疫苗的开发及临床应用”项目获吉林省科学技术进步二等奖。

9. 内蒙古普泽生物制品有限责任公司

2008 年 8 月，该公司成立，位于呼和浩特市经济技术开发区金川工业园区。公司主要从事益生菌原料及制剂的研发与产业化推广，产品涵盖各种益生菌菌粉、乳品发酵剂、普通食品、保健食品等。公司先后开发（包括肠道免疫调节、降低血脂及改善心血管系统功能）长双歧杆菌、干酪乳杆菌、保加利亚乳杆菌、嗜热链球菌、嗜酸乳杆菌和枯草芽孢杆菌等产品。其主要产品包括益生菌冻干粉、益生菌片剂、益生菌发酵剂、动物微生态制剂、饲料添加剂等，年生产各种益生菌产品能力达到 100 吨。该公司与内蒙古农业大学合作项目《双歧杆菌 V9 的创新研究及产业化开发》获自治区 2012 年度科技进步一等奖。

10. 内蒙古双奇药业股份有限责任公司

该公司于 1996 年底在呼和浩特市如意开发区组建。1998 年 12 月，金双歧经国家药品监督管理批准，同意正式投产，颁发生产许可证书。1998 年 10 月，金双歧列入国家重点工业性试验项目，得到国家 1000 万元拨款支持。1999 年 5 月，金双歧作为国家级新药正式投入生产并投放市场。2001 年,公司被国家计委认定为重点高技术产业化示范企业,公司片剂车间通过药品 GMP 认证,成为呼和浩特市首家通过药品 GMP 认证企业。2002 年,公司被国家科技部认定为国家火炬计划高新技术企业,新建胶囊剂车间也通过药品 GMP 认证。该公司长型双歧杆菌、保加利亚乳杆菌和嗜热链球菌,是内蒙古双奇药业的主导产品。从 1998 年开始,通过三次增资,分别从香港、深圳、内蒙古等地引进资金。2001 年公司完成股份制改造,企业注册资金从 1300 万元增加到 6892 万元,企业资产规模从 1300 万元增加到 1.2 亿元,企业生产规模由年产 10 吨发展到年产 200 吨。通过二次引资,进行技术改造,企业整体通过 GMP 认证,是呼和浩特市第一家通过 GMP 认证的企业。2004 年,由内蒙古双奇药业主研的“乳杆菌活菌胶囊生产”项目获呼和浩特市科学技术进步奖二等奖。该公司的主导产品微生态活菌制剂——双歧杆菌乳杆菌三联活菌片(商品名金双歧)被国家五部委评为重点新产品,也是自治区唯一的国家一类新药,主治肠道菌群失调,疗效显著。国内著名营养学专家于若木称金双歧为“人类健康自卫军”。公司拥有该产品成熟的工艺,掌握了科学合理的菌粉制造、保藏技术,该产品所用的三种菌——长双歧杆菌、保加利亚乳杆菌、嗜热链球菌均为公司自行筛选,并拥有自主知识产权,其中长双歧杆菌冻干菌粉原料药活菌数达 3500 亿个/克。公司产品阴道用乳杆菌活菌胶囊(商品名定君生)是国内唯一获得新药证书用于治疗细菌性阴道病的微生态活菌制剂,公司对核心技术拥有自主知识产权,以独特的生产工艺引领技术,具备国际市场的竞争实力。公司产品的关键工艺技术“干法制粒工艺”获得国家发明专利证书。2011 年 10 月,该技术通过呼和浩特科技局成果鉴定,并获得呼和浩特市科技进步一等奖;2013 年,获得自治区科技进步三等奖。该工艺已经应用到产业化生产过程中,干法造粒工艺在微生态活菌片剂生产工艺中的应用,解决部分国产辅料不能使用的问题,大幅降低生产成本;减少压片过程中压力对活菌数的影响,活菌存活率提高近 30%,进一步提高产品质量;该工艺应用于产业化以来,为公司节约成本 200 余万元。

11. 内蒙古金达威药业有限公司

2007 年 7 月,该公司成立,位于托克托县燕山营托电工业园区。该公司主要研发生产功能食品添加剂,以生产营养强化剂和生物医药类产品为主,是全球最主要的辅酶 Q10 生产企业,产品全球市场占有率在 40% 以上,DHA、ARA 工艺技术水平、产能达到国内领先水平。公司每年从上年度销售收入中拨出 5% 左右的资金作为研发经费,现有的三个系列产品包括辅酶 Q10、DHA、ARA 均属于高新产品。“微生物发酵法生产辅酶 Q10”项目于 2010 年获得呼和浩特市科技进步三等奖。“发酵法高产辅酶 Q10 技术研究和应用”项目于 2012 年获得呼和浩特市科技进步二等奖。

12. 金宇保灵生物药品有限公司

金宇保灵生物药品有限公司是国家农业部定点生产家畜口蹄疫疫苗的骨干企业之一，已成为集科研、开发、生产、销售为一体的高新技术企业。公司其前身为内蒙古生物药品厂，始建于1958年。1998年，隶属于自治区畜牧业厅；同年，加入内蒙古金宇集团股份有限责任公司。

2007年3月5日，为了做大、做强生物制药产业，经集团公司批准在内蒙古生物药品厂的基础上，由金宇集团出资5000万元，整合内部资源，构建生物制药产业平台，成立了金宇保灵生物药品有限公司。

2007年2月7日，全厂整体通过农业部GMP认证。公司经过10余年的不断创新发展，已拥有全国首家通过农业部GMP认证的强毒灭活疫苗车间两座、弱毒冻干活疫苗GMP车间1座等现代化生产车间，配套有研发中心、检测中心、3座接近P3标准动物检验室、物料仓库、成品冷库及设备动力等辅助生产的现代化设施。总建筑面积59 900平方米，总净化面积13 010平方米，总负压面积4720平方米。分别于2002年12月23日、2004年1月16日、2005年2月21日三次顺利通过车间的GMP认证；又于2007年2月7日，全厂整体通过农业部GMP认证。经国家农业部专家核准，该公司目前的口蹄疫疫苗年生产能力为24亿毫升，在行业内单品种生产能力最大，并拥有100亿羽/头份的弱毒冻干活疫苗年生产能力。生产猪、牛、羊、禽六大类60余个产品，形成口蹄疫2大类7个品种、牛羊疫苗16个品种、猪用疫苗13个品种、禽用疫苗2大类30个品种的产品结构。树立了“宝灵”优良品牌，为全国各地防治畜禽疫病提供大量优质高效的生物药品。其中牛羊疫苗产量占全国首位，尤其以牛羊O型－亚洲Ⅰ型口蹄疫双价灭活疫苗受到用户广泛赞誉，山羊痘活疫苗荣获国家农业部优质产品奖和首届中国农业博览会金奖；羊三联干粉灭活疫苗获首届中国农业博览会优质奖和第三届农业博览会名牌产品称号。

公司现有员工478人，其中包括研究员3名，高级兽医师及其他高级技术人员12名，中级技术人员80名，技术人员数量达428人，占员工总人数的89%。

公司采用先进的抗原纯化、浓缩技术、乳化技术，及内毒素控制等手段，使产品质量迅猛提高，产品品质深受用户的信赖。公司于2004年将生产的口蹄疫疫苗送检国际动物卫生组织（OIE）所属的英国PIRBRIGHT实验室（是世界专门从事疫情检测等项工作的权威机构），检验结果显示免疫效价高达6.06个PD50。而按照国际动物卫生组织（OIE）的规定，口蹄疫疫苗只要达到3.0个PD50以上即可用于免疫接种。

2008年7月，国家发改委正式批准金宇保灵生物药品有限公司承建兽用疫苗国家工程实验室项目；同年12月，举行“兽用疫苗国家工程实验室”揭牌仪式，是国内唯一的国家级兽用疫苗工程实验室。公司与复旦大学、吉林大学开展猪、牛羊口蹄疫基因工程疫苗的产业化研究合作;与国家疾病控制中心合作完成猪蓝耳病灭活疫苗的研制;同时还自主研发口蹄疫病毒快速检测试剂盒;参与国家农业部口蹄疫疫苗新标准制定的技术参数摸索实验工作;建立和掌握与国际通行标准相接轨的细胞测定毒价、血清微量中和实验、血清抗体检测等技术;同时还与美国UBI公司、法国赛比克公司、中国农业大学、扬州大学、中国人民解放军军事医学科学院军事兽医研究所、河南农业大学、国家农业部热带亚热带重点动物实验室、内蒙古畜牧科学院、内蒙古农业大学、北京清大天一等众多科研机构、大专院校及知名企业在新技术引进、新产品开发等领域保持着密切合作。

金宇保灵生物药品有限公司口蹄疫疫苗悬浮培养技术成功突破,表明口蹄疫疫苗质量已经达到国际水平。2009年7月,悬浮培养工艺的牛口蹄疫O型、亚洲I型二价灭活疫苗通过农业部兽药评审委员会评审并获得生产文号;2010年6月,悬浮培养工艺的猪口蹄疫O型灭活疫苗(OZK93/OR80株)通过国家农业部兽药评审委员会评审;至此,口蹄疫灭活疫苗悬浮培养生产线正式启动并全面投放市场。

公司重视在行业内的学术交流,积极参与同行业各学会和协会组织的活动。2005年,分别被授予中国畜牧兽医学会副理事长单位、中国畜牧兽医学会禽病学分会团体会员单位、中国动物保健品协会理事单位。主要技术专家均成为中国畜牧兽医学会生物制品学分会、中国畜牧兽医学会口蹄疫学分会、中国畜牧兽医学会动物传染病学分会、中国畜牧兽医学会动物药品学分会的会员。2003年,被中国动物保健品协会授予“中国兽用生物制品生产企业50强”。2006年,被中国动物保健品协会授予“中国兽用生物制品生产企业10强”“2006年度促进行业发展贡献奖”。

二、生物发酵技术

呼和浩特地区酿酒业兴起于清康熙中叶,原来只是一些古老的作坊,手工酿造高粱烧酒。中华人民共和国成立前,呼和浩特地区白酒生产采用固态发酵,自然培养大曲,生产设备简陋,依靠手抓、脚踢、鼻子闻的传统工艺生产。1955年后,自治区推行烟台“麸曲酒母,合理配料,低温入池来定温蒸烧”和“稳、准、细、净”及“清蒸配醅”等操作经验,淀粉出酒由原来的50%左右提高到65%~70%,每100公斤淀粉多出酒7.5公斤~10公斤。

1950年,归绥市人民政府在日本侵华期间建成的酒精厂废墟上建起归绥市制酒厂(后呼和浩特市制酒厂),有职工45人,年产白酒、黄酒160余吨。制酒的出入池、出入甄、拌料和扬凉等四大作业工序仍是笨重的体力劳动。1955年后,该厂经过技术革新、设备引进,制酒生产的各道工序逐步改为机械作业。经1959年、1961年和1979年3次大的扩建,到1985年,全厂占地面积达1.8万平方米,固定资产原值284.1万元,有职工

403人,年生产能力达1450吨,先后生产60度和65度白酒、精制黄酒、茸参虎骨药酒、红毛药酒、青城香酒、玉泉酒、青城黄酒、昭君酒、青城枣酒、青城曲酒等。20世纪50—60年代,呼和浩特市制酒厂生产的"红毛药酒"是用麝香、人参、藏红花等10余种名贵药材配制成的补酒,曾出口新加坡、马来西亚等国,有强身壮骨作用,对治疗关节炎病有效,后因材料缺少,停止生产。1969年,该厂采用液态发酵生产白酒,由手工作坊性操作改为工业化生产,打破固态发酵生产白酒的传统工艺,是白酒工业一次重大技术变革。

1955年12月,自治区轻工科学研究所沈怡芳等人筹建曲种站。1956年2月,在呼和浩特市生产的第一批酿酒用酵母菌及曲霉菌,供应自治区10家酒厂使用。曲种站现名中国微生物菌种保藏管理委员会工业微生物中心第八菌种站,向区内外近百家酒厂提供酿酒用酵母菌及霉菌。

1958年2月,内蒙古托克托县果酒厂成立。位于托克托县城关镇新建西路84号。1979年,该厂利用本地出产的葡萄为原料,试制成一种美味可口的新饮料——葡萄汽酒,获新产品四等奖,连续3年生产总产量110吨,产值为16.5万元,上交国家利润1.38万元。1984年,更名为托克托县葡萄酒厂。主要产品有古云中老窖、云中特曲、迎宾陈酿、桂花葡萄酒、红葡萄酒、白葡萄酒等。1985年,自治区轻工科学研究所为托克托县酒厂引进瓦斯兰旋转发酵罐,与传统工艺相比,提高了色素浸出率,发酵期缩短50%,其中前期发酵缩短30%,挥发性损失降低1%。其中,1986年,古云中老窖酒被评为自治区优质产品;1988年,获自治区优秀新产品奖。该厂生产的桂花半甜红葡萄酒采用世界先进技术——旋转发酵新工艺酿制而成,芳香浓郁,风格独特,是一种高级宴会用酒。1989年,获自治区优质产品奖。

1959年12月,呼和浩特市啤酒厂建成投产,由于质量不佳,市民不习惯饮用啤酒,生产217吨"五塔寺"牌啤酒后,于1960年压缩成糖厂的一个车间。1962年,因原料紧缺,啤酒生产车间停产。1966年春,啤酒厂恢复生产。1967年,啤酒产量99.56吨,产值44.87万元。经过1967年、1970年、1972年3次扩建。1980年,贷款513.7万元分两期扩建,共完成建筑面积9446.7平方米,完成设备安装202台,新建6层大楼糖化、酒处理、包装、制冷、锅炉车间,设备全部配套,成为一个中型啤酒制造厂。为适应市场开放的需要,1984年,在市东郊呼和浩特—白塔公路3.5千米处兴建1座年产3万吨的现代化大型啤酒厂。1985年,呼和浩特市啤酒厂(后内蒙古啤酒厂)分别从联邦德国、荷兰、保加利亚引进麦芽增湿粉碎设备、CO_2 添加器、SC35-06-177酵母离心分离机、ZHF-S25-B2硅藻土过滤机、5002H1100IA高浓度发酵后稀释装置和1.8万瓶/时的罐装生产线。1986年,呼和浩特市啤酒厂试制成功高浓度糖化、发酵、过滤稀释的啤酒新工艺,提高糖化能力40%，提高前发酵能力40%，降低成本，增加产量。1985年，呼和浩特市制酒厂和啤酒厂共有职工1001人，占地39 547平方米，固定资产1025.7万元，年产啤酒1万吨，白酒、黄酒等450吨。1978年，昭君牌精制黄酒被评为市名牌产品；1980年，又评为自治区优质产品。“企鹅牌”啤酒在1979年自治区第一次评酒会上，被列为自治区8个啤酒厂的产品之首。1982年，在自治区第二次评酒会上，又名列榜首。

1974年，自治区轻工科学研究所与呼和浩特市等酒厂合作，针对液态一步法白酒有焦煳邪味的缺点，经过半年试验，消除焦煳味，达到粮食白酒质量要求，酯含量有明显提高，其中乳酸乙酯及乙酸乙酯含量增多，使成品酒具有泸型大曲酒感，并首先将气相色谱分析法应用于白酒分析中。1976年，自治区一轻工业管理站、轻工科学研究所在呼和浩特市等酒厂推广应用UV－11黑曲糖化酶菌种成功。1986年，武川县制酒厂对“武川老窖”制酒工艺的改造，对酒曲、酵母制酒工艺改造成功，使每吨酒生产成本降低156元。

1976年，土默特左旗国营制酒厂（现土默特左旗制酒厂）成立，占地面积30 000平方米，年产1000吨，固定资产1200余万元，生产浓香型、清香型两个系列20余个品种，年产值达500万元。该厂敕勒川老窖被自治区评为优质产品；敕勒川白酒获呼和浩特市第二届食品博览会“金叶奖”；敕勒川精老窖获1995年内蒙古质量万里行全区信得过食品展销会优秀奖。1997年1月，在97首届全国老百姓年货大会上荣获最受老百姓欢迎产品；敕勒川系列酒荣获97港澳国际食品饮料（技术）博览会优质奖；4月，敕勒川酒被自治区产品质量监督检验所推荐为上榜品牌。该公司被中国酒文化研究会评为全国酒行业优秀企业；该厂“敕勒川”系列白酒，在自治区内外，拥有较高的美誉度，广受消费者喜爱和欢迎。2009年，“敕勒川商标”被认证为“呼和浩特市知名商标”。2010年，被认证为“内蒙古著名商标”。

第十节　电力工业技术

2001年，呼和浩特市成立以呼和浩特供电局长为组长的科技进步领导小组，组建科技、信息中心，设立科技管理专职岗位，形成科技管理网络。制订《呼和浩特供电局“十五”科技规划》，修订《呼和浩特供电局科技工作管理办法》。推行全面质量管理，广泛开展QC（质量控制）小组活动。并有1项成果获全国优秀成果奖，1项获内蒙古自治区优秀成果奖，1项获华北电力系统优秀成果奖。

呼和浩特供电局（以下简称“呼供”）有5项科技成果获得内蒙古电力公司成果奖，其中应用技术研究成果三等奖1项、四等奖2项、五等奖2项。并获得科技情报奖及科技信息奖。2001年，开展鸟害治理新技术研究、220千伏出线保护失灵回路技术改造、应用新技术带电水冲洗并对绝缘瓷瓶进行盐密度测试，昭君变电站建立微机保护故障信息处理系统。220千伏输电线路双端行测距系统的开发和应用。总投资为92.3万元，投入产出比为1∶5.5，科技进步贡献率为58.2%。

时在城区新建、扩建4座110千伏变电站。城网改造方面也投入相当资金，对呼和浩特部分主要街道的10千伏线路进行改造，改善呼市地区电网建设跟不上经济发展需要的格局。

2001—2002年，呼供所辖农电地区先后改造、扩建察素齐、和林格尔县、南坪、武川县、白塔110千伏变电站，更换主机5台，新增主变1台，纯增主变容量7.8万千伏安。新建盛乐园区110变电站1座，主变容量4万千伏安。新建土默特左旗北什轴、和林格尔县盛乐园、大红城、黑老夭、新营子、百什户、沙尔营、黄合少6座35千伏变电站，主变9台，合计容量31 250千伏安。改造扩建武川庙沟、什拉兔、沙塔子、哈乐，托克托县新营子、麻地壕等8座35千伏变电站，新增和更换主变10台，纯增容量35 765千伏安。同时对10千伏及以下配网也进行大规模的改造。2003年，立项配网自动化项目，MIS系统投运后完成升级并通过实用化验收。2004年，全年投资4.35亿元，掀起了以“2258”工程为标志的电网建设新高潮，新台阁牧、可可以力更镇2座220千伏输变电工程，扩建乌素图、燕山营2座220千伏变电站；新增220千伏容量540兆伏安，线路119.8千米。新建金川、王桂窑、托电工业园区、金桥、裕隆5座110千伏输变电工程，扩建大台、金川、光明、赛马场4座110千伏变电站，完成110千伏昭南线改造工程；新增110千伏386兆伏安线路116千米。同年，大唐内蒙古托克托发电有限公司一期工程首台60万千瓦机组完成168小时试运行，正式投产。针对全市配网薄弱的现状，成立配网建设管理办公室，配合城市建设制定规划。开展配网建设改造，相继完成呼伦北路、赛罕路、腾飞线、台东线、保东线等线路人地改造和通讯光缆迁移工程，内蒙古电力中心调度所临时供电安装工程等用户工程，全年共完成投资996万元。

2010年开始，呼供加快电网实现N-1(即一条线路一旦发生故障立刻有其他线路接替工作，以确保供电正常运行)运行实施计划进度，全年投资9.32亿元，根据城市建设规划和负荷密度超前建设坚强电网，保证城市发展对基础设施的需要。完成了220千伏黑河变新建、可可以力更镇2号主变扩建和丰泰电厂至永圣域220千伏线路送出工程，新增容量230兆伏安，线路63.2千米，保证了一批政府招商引资重点企业的按期投产用电，确保呼和浩特丰泰电厂供暖负荷的需要。新建西南郊、学院、清水河园区输变电工程及鼓楼、如意2号，金川、东郊3号主变扩建工程、航天变—陶卜齐110千伏线路工程、西南郊 110 千伏线路送出工程前期工作基本完成。统一集中小型基建工程管理，严格配网施工队伍资质审查，配网安全可靠运行。地区电动汽车充电站建设工作有序推进。积极主动加强与地方政府协调配合，以完全实现电网 N－1 运行为目标，根据网架结构和负荷发展特点，与市政规划同步，高标准编制地区电网十二五发展规划，基本实现呼市市政规划与电网规划的协调统一，为打造智能城市的地区电网奠定扎实基础。

一、输电线路

（一）呼和浩特—包头 110 千伏输电线路

由包头二电厂—呼和浩特南郊变电站的 110 千伏输电线路工程，是呼包电网第一条网架线路，是继包头—白云鄂博输变电工程之后，在同一年内完成的第二项 110 千伏输变电工程。1957 年，经自治区人民委员会批准，由长春电力设计院进行初步设计，后经国家电力建设总局决定，工程技术施工设计由北京送变电工程局负责，该局第一和第三工程处负责施工，实行扩大总承包。

呼包 110 千伏输电线路全长 160.3 千米，共有杆塔 648 基，其中铁塔 6 基，混凝土双杆 166 基，单杆 476 基，导线型号为 AC－120。线路沿线，山区占 8%，平原和丘陵占 92%。

1958 年 7 月 15 日开工，9 月 28 日竣工，历时 2.5 个月，比国家计划要求 6 个月完工提前 3.5 个月。在施工中，时逢包头地区连降暴雨，山洪暴发，形成百年不遇的水灾，线路杆坑 70% 冲毁，道路冲垮，运输中断，给施工带来极大困难。在紧急关头，公司全体干部总动员，深入施工现场，在“放卫星”“迎国庆”的口号下，深入开展技术革新，组织快速施工，掀起以创造全国送电线路施工优质高效新水平为中心的施工高潮，创造日立杆 22 基，日放线 16.18 千米的最高纪录。经过启动验收委员会检查验收，一次验收合格率 100%。9 月 29 日，一次启动成功，对总体工程评价为“优”。同包白输变电工程一起在全国送电施工现场会上介绍了快速施工的经验，受到国家电力建设总局和水利电力部的表彰和奖励。总预算投资 2 413 571 元，每千米造价 15 057 元。

（二）呼和浩特—包头 220 千伏输电线路

呼包 220 千伏输电线路，是从包头麻池变电站出线，到呼和浩特东郊变电站，全长 183.6 千米，杆塔 606 基（铁塔 109 基，混凝土杆 497 基），导线采用 LGJQ－400 型钢芯铝绞线。由内蒙古电力勘测设计院设计，内蒙古送变电工程处施工。于 1980 年 4 月 1 日开工，12 月 26 日竣工投入运行。

工程从准备开始，自治区即列为重点项目，自治区建委、经委、呼和浩特市政府主要领导人多次亲自主持和参加工程专题会议，自治区电管局领导多次深入施工现场，就地研究解决存在的问题。经自治区人民政府批准，成立呼包 22 万伏输变电工程启动验收委员会，由自治区建委、经委、呼和浩特市政府和自治区电管局主要领导人分别担任主任委员和副主任委员。启动验收委员会第四次会议，对这项工程当年开工当年投产，工程质量和几项主要经济指标都取得好成绩给予了高度评价。实际投资 2257 万元，每千米造价 122 930 元。

（三）大同—丰镇—呼和浩特 220 千伏联网线路

由大同二电厂出线，经丰镇—呼和浩特东郊变电站的 220 千伏输电线路，是内蒙古西部电网与华北电网相连接的线路。1980 年 10 月，国家电力工业部批准这项工程的计划任务书；1982 年 2 月，华北电管局批准了初步设计。由内蒙古电力勘测设计院设计，内蒙古送变电公司施工，实行甲乙方承发包的方式。

线路全长 203.3 千米，共有铁塔 554 基，分为两段大丰段有铁塔 156 基，采用 LGJQ－240 型双分裂导线；丰呼段有铁塔 398 基，采用 LGJQ－400 型导线。全线跨越铁路、公路、山谷、深沟、高压输电线等，沿线山区占 30%，丘陵占 40%，平原占 30%。

1982 年 9 月 15 日工程开工，1985 年 7 月 15 日竣工。在施工中，为克服施工条件差和生活条件艰苦等困难，公司领导干部深入施工现场，和工人同吃、同住、同劳动。时值初冬，在冷水中开挖基坑，浇制混凝土基础，经常用汽车灯照明，昼夜连续施工。基础开挖采用无声爆破，组立铁塔采用整体立塔，跨越输电线路采用带电跨越等，提高了工效，保证了质量。1987 年 7 月 28 日，一次启动成功，联网投产。工程质量评价为“优良”。实际投资 3846 万元，每千米造价 189 178 元。

（四）呼和浩特东郊变电站

呼和浩特东郊变电站位于市东郊机场路 1 千米处路南，是内蒙古西部电网与华北电网连接的枢纽变电站。第一期工程安装 12 万千伏·安主变压器 1 台，电压等级 220/110/10 千伏。进出线回路，220 千伏建成 1 回，110 千伏建成 3 回，10 千伏 12 回。由内蒙古电力勘测设计院设计，内蒙古送变电工程公司施工安装，实行扩大总承包。1979 年 9 月 26 日，土建开工。1980 年 8 月 15 日，开始安装；12 月 15 日竣工，试运一次启动成功；12 月 29 日，正式投入运行。工程质量总体评价为“优良”。1981 年，自治区组织基建工程评比，东郊变电站被评为“内蒙古自治区全优工程”，并颁发证书。实际投资 1094 万元，每千伏·安投资 87 元。

1987 年，呼和浩特市东郊变电站安装同步调相机 3 万千伏 1 台，作为系统无功调节点之一，以提高系统联络线传输能力，减少电能损失，改善电压质量。1988 年 3 月，安装了第二台 12 万千伏安主变压器，总容量达 24 万千伏安，有 220 千伏进出线 5 回，110 千伏进出线 4 回。

1988 年,呼和浩特—集宁 220 千伏输变电工程投运。至此,西部电网形成了 220 千伏供电设施的主网架,220 千伏线路全长 427.5 千米。随后,于 1989 年建成呼—包Ⅱ回 220 千伏线路,增强了该地区的电力输送能力。1990 年 11 月,集宁—丰镇 220 千伏线路投运,在呼、集、丰之间形成三角环网。

呼和浩特地区,在"一五"计划时期(1953—1957),对呼市 3.3 千伏配电线路进行更新改造,增装配电变压器容量 5900 千伏安。1958 年,呼包电网 110 千伏输电线路投入运行后,呼和浩特地区配电线路进行升压改造,形成 6 千伏、10 千伏供电网络。进入 20 世纪 60 年代以后,随着冶炼、机械制造等大型工矿企业陆续建成投产,呼市地区出现严重缺电局面,呼包电网长期过负荷运行。1980 年,呼包电网 220 千伏输电线路投入运行,呼和浩特地区实现 110 千伏环网供电。到 1990 年,全市地区供电设施更新改造,主要进行三方面的工作,一是东郊 220 千伏变电站增装主变压器 1 台 12 万千伏安;南郊和北郊 110 千伏变电站各更换 1 台 3615 千伏安主变压器,共增容 3.3 万千伏安。二是市区配电网络改造,敷设电缆 30 千米,解决重要用户双电源问题。三是对部分 35 千伏农用变电站增装电容器 1.25 万千法拉,解决无功补偿,提高电能质量,降低线损。20 世纪 80 年代,共完成更新改造投资 3685 万元。

1954 年,呼和浩特发电厂架设 10 千伏线路到近郊农村,除农户照明外,还装有电灌设备 28 千瓦,发展电灌面积 520.5 亩,粮食加工装机 83 千瓦,开始有农村动力用电。

1963 年,在市南郊建成百什户变电站,35 千伏线路 12.6 千米,主变压器 2×1800 千伏安。这是自治区人民委员会将农电建设列入全区基本建设计划安排投资建设的第一项农电工程。工程设计正规,设备符合标准,多年运行良好(随着供电量增长,变电站已扩大到主变压器容量 2 台/1.55 万千伏安)。1966 年,在呼和浩特市郊区建成第一座农村 110 千伏变电站—羊群窑变电站,主变压器容量 7500 千伏安,线路长 1.3 千米(从呼和浩特—卓资县 110 千伏线路 T 接)。

1974 年,为解决山老区人畜饮水所需动力,建成清水河县单台子 35 千伏输变电工程和电力扬水站,计 5 级提水,总扬程 537 米,净扬程 481 米。这是自治区扬程最高的电力提水工程,实现"千年古泉上高山"的理想,解决当地人民群众长期缺水的困难。

1976 年 6 月,建成的呼和浩特—武川 110 千伏输电线路,长 38.8 千米,跨越连绵的大青山,地形险峻,设计采用圆钢轻型拉线塔,这种新塔型在自治区和华北地区是首次采用,每千米造价 2.3 万元,节省了投资。

(五)220 千伏昭君变电站

昭君变电站位于呼和浩特市南郊,在桃花乡百什户村南侧,呼和浩特市—和林格尔县(209 国道)公路东侧,距市区约 11 千米,距昭君墓约 1.5 千米。

昭君变电站是内蒙古西部电网的一个枢纽变电站,它与准格尔坑口电厂、达拉特发电厂、呼和浩特电厂相连,并通过呼和浩特市东郊变电站与华北电网相连接,是内蒙古西部电网向北京送电的配套工程项目,是国家“八五”计划重点项目之一。设计单位为内蒙古电力勘测设计院。

昭君变电站工程规划设计容量为 2 台 12 万千伏安,初期 1 台 12 万千伏安主变压器,选用保定变压器厂生产的 SFPSZ7 - 120000/220 ± 8 × 1.25%/121/11 千伏三卷有载调压变压器。采用沈阳高压开关厂生产的 LW6 - 220 型、SW2 - 110IW 型断路器。LW6 - 220 型断路器在内蒙古西部电网中是首次使用。断路器以六氟化硫气体为内绝缘和灭弧介质,寿命长,绝缘水平高,自我保护和监视系统完备,操作功率小,缓冲平稳,检修周期长,维护工作量小,适用于频繁操作。隔离开关选用平顶山开关厂引进德国技术同时进行国产化的 GW16 和 GW17 型单臂折叠式刀闸,其结构紧凑,外形美观,操作力小,性能稳定可靠,安装调试方便,备品备件少,检修周期长。220 千伏出线 4 回,最终 9 回。110 千伏出线 5 回,最终 11 回,均采用双母线带旁路母线接线。10 千伏出线 10 回,最终 20 回,采用单母线分段带旁路母线接线。110 千伏、220 千伏配电装置为屋外配电装置,支持式管母线分相中型布置,从而取消中央门形架,大大地压缩了占地面积。架构为钢筋混凝土杆和矩形钢梁的组合结构。采用管母线分相中型配电装置,管母线在风吹和电动力的作用下,弧垂摇摆度小,母线相间距离和配电装置的间隔宽度均缩小,从而使配电装置纵向和横向尺寸都达到最小。管母线挠度小,不易发生全方位位移,加上 GW16 单柱式隔离开关新型设备的优点,没有较大跨度的引下导线,故整个配电装置为最节省占地面积的变电站,较普通中型变电站节省占地 31.6%。管母线配电装置的缺点是抗震性能不如软线,主要是支持绝缘子易断裂,因此选用高抗弯强度母线支持绝缘子,并在支柱绝缘子底座与支柱绝缘子之间加装减震阻尼装置等,采取了这种措施后,管母线支柱绝缘子可耐 9 度的地震袭击而不损坏。

控制系统采用强电控制,选用新型的马赛克屏。控制屏上的设备均强电小型化,可以密集布置,节省屏位,减少控制屏的宽度,使监视面大大缩小。

220 千伏、110 千伏线路均采用微机型保护。220 千伏系统选用不同动作原理双套主保护,另配后备保护。该保护的特点是动作时间快,能确保电力系统的稳定运行。选用新型线路单相重合闸,系统的运行方式改变,保护装置可实现不停电改变保护装置整定值,且能自动校验。该保护运行灵活、可靠,维护简单方便。主变压器保护采用集成电路型保护,其差动保护的特点是避开励磁涌流和外部故障的性能强,保护装置的灵敏度高,安全可靠性也随之提高。

技术经济指标,工程总投资4308万元,单位造价359元/千伏安,占地面积44.7亩,建筑面积2227平方米,钢材用量350吨。

1992年,昭君变电站工程站址选定;1993年3月,完成初步设计;1994年2月,完成施工图设计;1995年12月,竣工投产运行。

2007年,克服资金紧张、设备到位晚、前期工作困难等不利因素,全力推进电网建设和前期工作。完成220千伏台阁牧2号主变电站扩建工程和国能电厂220千伏线路接入系统工程,新增220千伏容量150兆伏安,线路15千米;完成新建110千伏如意变电站和赛马场2号主变电站扩建工程,实施鼓楼变电站110千伏线路改造和110千伏东北一、二回线路切改工程,新增110千伏容量103兆伏安,线路18千米。新建220千伏呼东南、呼西南、滨河变切改及东郊变电站易地改建、金山电厂220千伏送出工程的工作进展顺利。

同年,呼和浩特市投资6958万元,实施成吉思汗大街等22项重点线路改造工程,如期完成国际会展中心等8个主要迎庆场所和重点迎庆项目供电工程。完成自治区党政机关办公区、新城宾馆双电源供电工程和32条10千伏线路送出和改造工程,进一步优化城区配网结构,解决城市中心区域10千伏线路供电能力不足、负荷接带困难等问题。认真贯彻国家节能减排政策,积极开展呼和浩特发电厂直配线切改工程。根据城区配网发展现状和负荷分布特点,重新修订呼和浩特城区10千伏配网规划。

二、火力发电

呼和浩特市火力发电历史可追溯到呼和浩特发电厂前身——绥远电灯股份有限公司。始建于民国11年(1922),最初安装1台62千瓦发电机组。民国14、18、25年(1925、1929、1936),分别扩建100千瓦、500千瓦、848千瓦发电机组各1台(原62千瓦和100千瓦机组报废)。民国28年(1939),扩建1台1000千瓦发电机组(原500千瓦机组拆迁)。

1945年抗日战争胜利后,国民党绥远省政府接收蒙疆电业株式会社厚和支店,将厚和制粉有限公司与电灯公司合并,恢复原名绥远电灯股份有限公司。由于燃料不足,发电机时开时停,到1949年9月前,维持部分照明用电。1949年,归绥电面厂的电力设备有手烧炉2台,链条炉2台,发电机组848千瓦、1000千瓦各1台。1951年,绥远电灯股份有限公司、电面厂分家,建立地方国营归绥发电厂和地方国营归绥面粉厂。发电厂有职工150人。

随着城市的发展和工厂的建设速度加快,使呼和浩特市用电结构发生变化,2台发电机组解决不了供电、用电的矛盾。1953年下半年,从张家口市调进1台美国西屋公司产USA500千瓦快装发电机组，当年安装发电。1954年3月，该厂更名为呼和浩特发电厂，有职工204人，锅炉5台，发电机3部，装机容量为2348千瓦，发电量831.3万度。当年又扩建1台2000千瓦发电机组，1955年底投产。

1958年10月1日，呼包110千伏输变电工程竣工投产。自治区主管部门决定将2台4吨/时锅炉给呼和浩特市橡胶厂；2000千瓦机组与呼包输电线并网发电。1960年2月15日开始施工，建设规模为1.2万千瓦机组2台，总概算投资1682.2万元。新建电厂有国产31－16－Ⅰ型汽轮机发电2台，TQC－5674型汽轮发电机2台和65－40/450型链条炉2台及其附属设备。1号机组于1960年11月11日投产，配套锅炉为65吨/时机播式链条炉，由于施工质量差，加之出灰、排水等重大问题没有得到解决，除不能安全满负荷发电外，也不能长期运行，最长连续开机时间仅1个月，最大负荷在短时间内只能发电8000千瓦，一般均在2000千瓦左右。为防止设备冻坏，只能时开时停。由于处在低负荷运行和简易生产状态，设备磨损较为严重，1961年11月15日停机保养，结束为期1年、实际运行近4个月的简易发电。1963年7月27日，自治区电业管理局做出呼和浩特电厂1号机组的填平补齐和2号机组的续建规划和具体要求。1964年开始进行1号机组填平补齐和2号机组施工。1965年，将这台炉改造为煤粉炉，改善了安全经济运行条件，同时节省除灰工24人；2号炉也进行相应的改造，1号发电机转子护环，因上海电机厂当时技术设备条件所限，采用应该淘汰的双拼护环式，以致在运行中多次发生转子线圈匝间短路；10月，1号机组填平补齐工作基本完成，开始分部试运行，12月7日18时正式并网发电。同年底，2号机组并网发电；呼和浩特发电厂新厂2台1.2万千瓦发电机组正式投产；旧厂2000千瓦机组于1966年调给扎兰屯电厂。

1966年，遗留结尾工程全部完成，呼和浩特发电厂开始正式生产。1970年，呼和浩特市用电负荷达3.5万千瓦，预计1971年用电量将达6万千瓦（包括输送集宁市1万千瓦），除去呼包线最大输送容量和电厂最大出力外，将缺电2万千瓦。根据这一情况，扩建工程装机改为2×2.5万千瓦，总容量仍为7.4万千瓦，预算投资3987.64万元。1972年，将发电机转子护环改为整体瓦环式，消除转子绝缘不良等缺陷；4月14日，呼和浩特市电厂扩建工程开工建设。当时，国产汽轮机紧缺，自治区、呼和浩特市两级革命委员会和自治区电业管理局等单位研究决定，投资50万元，由电厂自行制造。1974年，2.5万千瓦汽轮机的制造和技术鉴定工作全部完成。1975年开始组装、安装。年底3号机组经72小时试运行合格，1976年1月12日并网发电。1977年4月6日，4号机组安装完毕，于4月11日正式并网发电。1978年，全部改为金属架构。

到1990年，该厂有发电机组4台，装机总容量7.4万千瓦（2台1.2万千瓦，2台2.5

万千瓦)。年发电量36 120万千瓦·时,年供热量1049太焦,发电标准煤耗率535克/千瓦·时,供热标准煤耗率41.04公斤/吉焦。

1999年10月,工程正式开工,扩建工程安装2台20万千瓦的发电机组,是自治区的重点工程、呼和浩特市的"蓝天绿地"工程,总投资20.66亿元。工程设计单位是内蒙古电力勘测设计院,主体施工单位有内蒙古第一、二、三电力建设工程公司。2001年12月,实现双机组投产发电。

2004年10月,由呼和浩特科林热电有限责任公司与内蒙古丰泰发电有限公司整合成立呼和浩特市热电厂,实行"一厂两公司、统一管理,分账核算"的管理模式。2005年,投资1.396亿元对这两台20万千瓦机组采用石灰石－石膏湿法脱硫新工艺进行改造。2006年,系统脱硫率达95%以上,每年可实现二氧化硫减排1.3万吨,成为北方公司首家对旧设备进行脱硫改造的企业,环境污染控制指标达到了国家标准。2009年7月,扩建的2台35万千瓦超临界燃煤供热机组,供热能力为1050万平方米,2010年底投产。2台35万千瓦超临界燃煤供热机组,选用超临界、高效电袋除尘、脱硫、脱硝、空冷、中水深度处理等技术。拥有四台机组,总装机容量50万千瓦,供热面积近900万平方米,是呼市地区最早开展集中供热的热电厂。

金桥热电厂2×300兆瓦供热机组是自治区和呼和浩特市的重点建设项目,是为确保呼市地区电力负荷发展、取缔小锅炉、有效缓解大气污染、满足呼市新市区集中供热的需要而建设的集发电、供热于一体的工程项目。2009年,金桥热电厂#1机组在全国火电机组能效对标和竞赛中,从参评的295家电厂728台机组中脱颖而出,获三等奖。同年6月,一期工程荣获"中国电力优质工程奖",成为北方公司同类型供热机组获此殊荣的第一家。2014年,华能金桥热电厂通过脱硫增容、脱硝和低氮燃烧器的改造工作,确保机组投运后满足新的火电厂大气污染物排放标准,创造环保治理工程的"三个实现"。

三、风力发电

风能利用是呼和浩特地区一大特点,开发风力发电机的产品和技术部门有内蒙古工业大学、内蒙古大学、内蒙古畜牧科学院、水利电力部牧区水利研究所、机械工程部畜牧机械研究所、航天部河西公司等单位。开发的风力发电机从50瓦~5000瓦的系列产品和技术。

2004年,世界风能行业领先企业维斯塔斯在位于呼和浩特市金山开发区的制造基地举行维斯塔斯风力系统(中国)有限公司项目启动建设。

2007年,内蒙古航天亿久公司科技发展有限公司成立,位于市金山开发区金山大道。该公司隶属中国航天科工集团第六研究院,是航天系统唯一一家集大型风机叶片研制生产与风机维修维护技术服务于一体的创新性风电企业，自主研发兆瓦级风电机组叶片，拥有企业主要产品的核心自主知识产权。2011 年 5 月 27 日，维斯塔斯风力系统（中国）有限公司项目（二期）扩容生产工程正式启动。

四、抽水蓄能电站建设

2004 年开始，呼和浩特抽水蓄能电站前期工作。2006 年 8 月 28 日，国家发改委正式以发改能源〔2006〕1744 号文件就核准内蒙古呼和浩特抽水蓄能电站项目做出批复。电站安装 4 台 30 万千瓦的立轴单级可逆混流式机组，总装机容量 120 万千瓦，设计年抽水用电量 26.77 亿千瓦时，年发电量 20.07 亿千瓦时。电站枢纽由上水库、下水库和引水发电系统等建筑物组成。上水库大坝为沥青混凝土面板堆石坝，最大坝高 62.5 米，正常蓄水位 1940 米，死水位 1903 米，水库总库容 666 万立方米，调节库容 629 万立方米；下水库利用哈拉沁沟的一个弯曲河道，在上下游筑坝围建而成，上下游大坝均为碾压混凝土重力坝，上游大坝最大坝高 57 米，下游大坝最大坝高 69 米，水库正常蓄水位 1400 米，死水位 1355 米，总库容 717 万立方米，调节库容 636 万立方米。按 2005 年底价格水平测算，电站工程静态总投资 49.34 亿元，动态总投资 56.43 亿元。该电站工程前期由内蒙古电力（集团）有限责任公司负责建设和管理。

2006 年 12 月 23 日，由三峡集团控股，在呼和浩特市开工建设，总装机容量 120 万千瓦的内蒙古首座抽水蓄能电站。电站建成后，将有效缓解内蒙古电网内火电机组的调峰压力，并可降低能耗、减轻污染。

五、电力供应

（一）城市供电

1953 年，由于第一个五年计划的实施，呼和浩特市出现用电紧张的局面。1955 年前后投产 2 台发电机组（1 台 500 千瓦，1 台 2000 千瓦），并对所有供电线路进行改造，架设一些新的线路，增加配电变压器。

1949—1956 年，全市配电变压器投入使用 72 台，比 1949 年总容量增加 4989 千伏安。1957 年，呼和浩特市供电量不断增加，而供电线路只增加了一条。供需矛盾突出，1957 年开始筹建 110 千伏呼包联网工程。

1957—1962 年，供电网络发展很快。110 千伏呼包联网形成，南郊变电站建成投产，电压提高到 0.4 千伏、6 千伏、10 千伏、110 千伏 4 个等级，供电网络初具规模。呼和浩特至包头 110 千伏输变电工程，全长 163 千米。呼供管辖 80.024 千米，杆塔 324 基，导线采用 1GJ－120。在呼包 110 千伏输电线建设的同时，又在呼和浩特市南郊三里营村兴建南郊变电站。设计容量 2×1.5 万千伏安，实际容量 1.5 万千伏安。南郊变电站 110 千伏，

10 千伏两个电压等级。随着 10 千伏线路的出现,原有的 3.3 千伏配电线全部淘汰。

1958 年开始,市区形成 10 千伏配电网络。

1960 年发电厂新厂简易发电,发电机母线电压 6.3 千伏,直配附近几家较大用户,形成西郊 6 千伏直配工业用电区。呼包 110 千伏输电线路送电后,将原老厂发电机组逐步停运并拆迁外地,只留下 1 台 2000 千瓦机组,通过 10 千伏锡林路线、西洪桥线、南郊变电站与系统并列发电。当时北郊工业迅速发展,焦化厂、炼铁厂、锅炉厂、汽车制造厂等大型厂矿陆续建成投产,用电量大增。北郊 110 千伏输变电工程,在 1960 年筹建,1961 年建成。容量 3.15 万千伏安,并在同年架设 110 千伏输电线路。但是由于选址不当,地基下陷,围墙倒塌,主变压器倾斜无法运行,设备外调。1964 年在原老电厂院内建设起市区变电站,容量为 7500 千伏安,主要解决北郊工业区用电。新建北郊变电站在原基础处往北移 500 米~600 米,容量为 1.5 万千伏安(1 台变压器),线路仍使用 1962 年建成的线路。1972 年动工,1974 年建成投产。北郊变电站的投产仍不能满足呼和浩特市用电需要,加上 110 千伏呼包输电线的超载运行和网络布局不合理,使用户设备屡遭毁坏,如:郊区八拜乡的 13 个村仅 1979 年就烧毁电动机 180 台。为缓解这一矛盾,分别于 1976 年、1979 年扩建南郊变电站和北郊变电站,使两站容量各增加一倍,达 2×1.5 千伏安。基本上解决两站超负荷问题,拉路限电也有所缓解。但还没有解决 110 千伏呼包输电线超负荷问题。

为解决这个问题,1979 年开始建设 220 千伏东郊变电站,220 千伏呼包输电线工程和 110 千伏环网工程。220 千伏系统 1980 年 12 月 27 日完工,29 日正式运行。东郊变电站共有 220 千伏、110 千伏、10 千伏 3 个电压等级;通过 220 千伏与包头联网,110 千伏与集宁联网;10 千伏出线设计 24 回,实际出线 10 回,全部采用电缆出线,集中控制。东郊变电站主变压器是保定变压器厂生产,型号:OS－DPS 型自耦变压器,容量为 12 万千伏安,在内蒙古电网中居首位。东郊变电站投资 997.5 万元;占地面积 48 600 平方米。220 千伏输电线从包头麻池变电站,到呼和浩特东郊变电站,全长 160.3 千米,杆塔 624 基。其中市供电局管辖段长度为 99.712 千米,杆塔 325 基,导线采用 LGJ－400,投资 1059.79 万元。110 千伏环网工程包括两条线路:一条是东郊变电站到北郊变电站,全长 18.17 千米,杆塔 77 基,导线采用 LGJ－185,1980 年 12 月投产。另一条是东郊变电站到南郊变电站,全长 11.26 千米,杆塔 57 基,导线采用 LGJ－185,1982 年投产。环网工程的建成使呼市供电网络结构趋于合理,保证供电质量及可靠性。至此,全市供电系统已形成以 220 千伏为主网具有 110 千伏、35 千伏、10 千伏、6.3 千伏、0.4 千伏 6 个电压等级供电网络。

1982年,开始建设呼和浩特—丰镇—大同的输变电工程,1985年建成,全长204千米,导线采用CGJ-400,总造价2800万元,其中呼和浩特—丰镇段148千米,呼供管辖64千米,丰镇—大同段56千米。

1982年7月25日,呼和浩特市东郊变电站开始内蒙古电网一台调相机的建设工程。1986年建成投产,它是220千伏输变电工程和华北地区联网工程的一个组成部分。调相机的投产,使系统无功得到有效补偿,无功补偿度从投产前的0.9提高到0.92,每天可发无功电量26万度~27万度,每年可增加收益100万元。

2002年,呼市城网改造220千伏乌泰线(呼厂升压站—乌素图变)建成投产,扩建220千伏昭君2号主变。至此,呼和浩特地区形成以220千伏环网为主网,110千伏为高压配网,10千伏为低压配网的网架结构,增强了电网的稳定性。同时在城区新建、扩建4座110千伏变电站。城网改造方面也投入相当资金,对呼和浩特部分主要街道的10千伏线路进行改造,改善呼市地区电网建设跟不上经济发展需要的格局。

2005年,呼市地区续建110千伏输变电工程4项,新建220千伏输变电工程4项,新扩建110千伏工程6项,计划总投资6.23亿元.4项续建工程110千伏金桥、裕隆变、托电工业园区2号变、110千伏昭南线和新建110千伏金山变已竣工投运;鼓楼、云中、台基营变和金桥电厂接入4项220千伏工程和5项110千伏工程正在施工。配网建设围绕新建、扩建电源点的投产建设10千伏送出线路17条,改造线路46千米;配合呼市城建完成乌兰察布路、兴安北路、通道北路等29项线路入地和迁移改造工程;承建自治区党政机关办公大楼电源供电等重要用户工程。

2010年,呼供开展电网N-1运行实施计划,全年投资9.32亿元,根据城市建设规划和符合密度超前建设坚强电网,保证城市发展对基础设施的需要。完成220千伏黑河变新建、可镇2号主变扩建和丰泰电厂—永圣域220千伏线路送出工程,新增容量230兆伏安,线路63.2千米,保证政府招商引资重点企业的按期投产用电,确保呼和浩特丰泰电厂供暖负荷的需要。新建西南郊、学院、清水河园区输变电工程、航天变—陶卜齐110千伏线路工程、西南郊110千伏线路送出工程前期工作基本完成。有序推进地区电动汽车充电站建设工作。以完全实现电网N-1运行为目标,根据网架结构和负荷发展特点,与呼和浩特市政府规范同步,编制地区电网十二五发展规划,基本实现市政规划与电网规划的协调统一,为打造智能地区电网奠定基础。

2012年,呼供完成售电量100.79亿千瓦时。全年主网完成投资4.65亿元,220千伏惠川变新建,清水河、黑河2号主变扩建,东乌线旅游学院段改造、集包电铁复线工程及110千伏如意2号、联化3号主变扩建,西南郊110千伏线路送出等8项输变电工程如期投运。110 千伏鸿盛、裕隆 2 号主变扩建工程具备投运条件。新增 110 千伏及以上等级变电容量 1512 兆伏安,线路 77.5 千米。新建东北、盛乐Ⅰ站 220 千伏输变电工程,电信云计算、金山南区、红山口 110 千伏输变电工程,220 千伏台基营、云中、航天 2 号主变扩建,110 千伏希望、金桥 2 号主变扩建及土察线送出,武川 500 千伏变电站介入系统等 12 项输变电工程均已开个建设。实施 10 千伏配套送出工程 15 项。与市政工程同步,完成呼市 5 条主干道及核心区道路电缆入地改造 14 项。投资 9177 万元,新建及改造 10 千伏线路 113 千米、低压线 84 千米,新增及轮换变压器 165 台,全局配网绝缘化率同比提高 3%。

2014 年,呼供供电面积 17 200 平方米,服务客户 115 万户,客户服务中心(供电所)71 个。全局管理运营 110 千伏及以上等级变电站 58 座,容量 8531 兆伏安。售电量完成 118.03 亿千瓦时;综合线损率完成 5.36%;10 千伏公用线路线损率 10.73%;供电可靠性完成 99.83%;综合电压合格率完成 98.34%。科技化水平进一步提高,完成调度自动化升级改造工程,33 座 35 千伏及以上变电站纳入调控一体化管理模式,调控一体化率达 52.38%,110 千伏及以上输电线路和变电站全部达标,35 千伏及以上输电线路全部纳入状态检修范围。全年安排重点工程 19 项,开个 16 项,竣工投产 11 项。220 千伏变电站结束单电源单主变运行历史,负荷接带和系统互带能力提高。7 月 8 日,东园线和乌海线同杆架设约 1.2 千米双回 110 千伏输电线路和十三基 10 千伏电杆全部拆除,同时一并由架空线路改为电缆入地,北垣东街道路中央电杆迁移改造项目竣工。

2015 年,呼供供电面积为 1.72 万平方千米,服务客户 124 万户,下辖客户服务中心(营业站、供电所)77 个。全局管理运营 220 千伏变电站 16 座,线路长度 1370.2 千米;35 千伏变电站 37 座,线路长度 7258 千米。年售电量完成 114.39 亿千瓦时;综合线损率完成 6.13%,同比下降 0.19%;10 千伏公用线路线损率 10.18%,同比下降 0.55%;供电可靠完成 99.87%;综合电压合格率完成 98.71%。海亮和万达 110 千伏输变电工程、京能盛乐冷热联供机组 220 千伏接入工程等市委、市政府和呼供关注的 10 项输变电工程成功投产,新增变电容量 927 兆伏安,线路 187.2 千米。网架结构进一步优化,电源接纳容量大幅增加,形成以 500 千伏网架为支撑、220 千伏网架双环网的电网结构。配合呼市市政部门,推进城市快速路电力改造项目,累计完成 125 处 80 余条线路的迁改和道路两旁路灯亮化。开展道路中央电杆迁改,累计拆除、迁移道路中央电杆和 110 千伏杆塔 113 基。改造架空线路 414.9 千米、电缆 34.4 千米,老旧小区低压线路与老旧 10 千伏线路 37 项,线路绝缘化率大幅提升,10 千伏配电线路绝缘化率达 78%,配电线路联络率到达 80%,保证全市人民的用电安全和用电质量。

2016年,全市电网主网架实现220千伏多边形环网运行,110千伏电网以放射网络为主,城区变电站基本实现一主一备双电源供电模式。截至年底,呼供拥有220千伏变电站17座,主变容量5910兆伏安,线路长度1593.962千米;110千伏变电站54座,线路长度1408.578千米,主变容量50 845兆伏安;35千伏变电站37座,线路长度1118.578千米,主变容量476.2兆伏安。全市电网内能源总装机容量5250.529兆瓦,最大供电负荷207.8万千瓦,最大日有供电量4102万千瓦时,同比增长12.06%。负荷突破200万大关,同比增长13.49%,供电量突破4000万大关。全年完成电网投资9.77亿元,新建、扩建35千伏以上等级输变电工程16项,新增容量1933兆伏安、线路365千米。配网建设工程投资总额5.2亿元,投产配网工程项目26项,新增储备项目14项,其中220千伏输变电工程4项,110千伏输变电工程7项,35千伏输变电工程3项。

2017年,全局管理运营220千伏变电站18座,主变38台,容量63 900兆伏安,线路长度1643.859千米;110千伏变电站56座,主变106台,容量5352.5兆伏安,线路长度1564.988千米;35千伏变电站37座,主变70台,容量483.65兆伏安,线路长度1143.03千米。10千伏配电线路13 861千米。年底,全市电网内能源总装机容量5334.529兆瓦。全年最大瞬时负荷2445兆瓦(11月4日),最小瞬时负荷1197兆瓦(10月9日),最大日电量5122.7756万千瓦时(12月23日),平均负荷率82.5%,地区功率因数0.96。全年完成电网投资7.78亿元,电网工程共22项,包括2016年结转工程10项,2017年新建工程11项,2017年应急项目1项,新增变电容量3615兆伏安,220千瓦线路156.48千米;110千伏线路245.6千米。其中作为自治区成立70周年庆祝活动的重点项目的呼张客专电气化铁路(呼和浩特段)配套220千伏供电工程于4月14日启动送电、呼准鄂电气化铁路配套220千伏供电工程(呼和浩特段)于5月28日具备启动送电条件。大力推广应用“三通一标”与项目创优工作,110千伏海亮、220千伏沙尔沁输变电工程荣获“呼和浩特安装工程优质奖”。全年创新科技项目立项3项,完成投入资金647.85万元。

(二)农村供电

呼和浩特市向农村供电开始于1957年夏季,当时只能给近郊西菜园互助组家庭照明供电。1957—1961年,又给什拉门更、攸攸板、石头新营子、一间房、南店、八拜等农村供电。

1963年,自治区要求在3年~5年内保证呼和浩特地区80%的社队用上电。内蒙古电业管理局制定了农村供电规划。1964年,在郊区建成百什户变电站。1966年后,分别为托克托县、土默特左旗、和林格尔县的部分社队供电。

1964年,已供电的社队农业生产进一步发展,部分农村社队开始自筹资金办电,后又发展到合资办电。合资办电虽使农用电量扩大,但还是没有从根本上解决问题;8 月,在昭君坟南 10 千米处建起百什户变电站,容量 2×1800 千伏安,电压为 35 千伏,全长 13.4 千米,导线型号 LCJ-50。变电站投入运行后,成为市南郊农业用电的主要来源。

由于农田水利化的发展,电力负荷增大。到 1972 年,百什户变电站经常处于满载运行,因此百什户变电站被迫增加容量,将原变压器更换为 7500 千伏安、8000 千伏安 2 台,暂时缓和了紧张的局面。百什户变电站的供电范围包括郊区 5 个乡,土默特左旗东部 3 个乡,和林格尔县 1 个乡,凉城县 3 个乡。供电设备容量为 22 440 千伏安/398 台,10 千伏输电线路 507 千米。

1966 年,在和林格尔县又相继建成舍必崖变电站,容量为 3×1800 千伏安;新营子变电站,容量为 2×1800 千伏安。1971 年建成黑老夭变电站,容量 2×1000 千伏安,三站全由百什户变电站出线,电压为 35 千伏。由此又造成电厂到昭君坟线路长期过载,压降超过部颁标准。1979 年,建设一条 35 千伏输电线,仍由市电厂出线,全长 13.6 千米,导线型号为 LGJ-120,运行后原有 35 千伏线拆除。和林格尔县的舍必崖变电站,新营子变电站,黑老夭变电站,为 16 个乡供电,35 千伏输电线共长 89.93 千米,10 千伏电线 541 千米。

同年,在土默特左旗建成 35 千伏铁帽变电站,全长 5.4 千米,容量为 2×1000 千伏安。1970 年以后,超负荷运行;1972 年,更换容量为 2×1800 千伏安,解决超负荷现象。1964 年,察素齐 110 千伏变电站投产。此站不仅供农用而且也为察素齐镇工业供电。电源来自 110 千伏呼包输电线,容量为 2×1.5 万千伏安。1977 年,为扩大土默特左旗农用电范围,建成哈素海变电站,容量为 1800 千伏安,由察素齐变电站 35 千伏出线受电,线路全长 15.5 千米。

同年,建成托克托县丁家窑变电站,电源来自察素齐变电站 35 千伏线路,容量 2×1800 千伏安,专为黄河灌区供电。后因超载严重,于 1979 年新建南坪变电站,容量为 1.5 万千伏安。旧的丁家窑变电站退出运行后,新建丁家窑变电站和麻地壕变电站(容量 2×2500 千伏安)、毛不浪变电站(容量 2500 千伏安)、张宗圐圙变电站(容量 3200 千伏安)。4 个变电站由托克托县负责运行。供电局管辖配电设备 10 千伏线路 415.4 千米,10 千伏变压器容量 12 585 千伏安/186 台,给全县 13 个乡供电。

1970 年,建成呼和浩特—卓资山 110 千伏变电站。1984 年,在武川县和四子王旗又相继建成 2 个 110 千伏工农业两用变电站,容量分别为 8000 千伏安,7500 千伏安。郊区东部的 110 千伏陶卜齐变电站 1969 年建成。供电网络的北端、东端已形成。到 1985 年底,农村供电基本满足所辖地区广大农牧民的用电需要,为农村供电的变电站共 23 个。以上地区的变压器容量 151 250 千伏安,输、配电线总计 4586.2 千米;网络分布占农村地区的80%；郊区供电占97.6%。

1979年以前，由于呼包220千伏线路没有投入运行，呼包110千伏线路最大输送容量3万千瓦，与呼和浩特市电厂的容量加在一起满足不了包头以东地区高峰负荷用电的需要，因此市发电厂的小机组只在低峰时停机备用。1979年以后，随着220千伏线路的投运，电厂开始成为全网的迎峰厂，设备完好率提高，使电厂适应全网这一新的要求。

1982年，兵州亥变电站建成投产，容量为3200千伏安，由北郊变电站35千伏出线供电，全长25.55千米；10千伏线路全长786.6千米，变压器容量71 715千伏安/735台。至此，呼和浩特市西部地区农电供电网络已经形成。

经过多年的建设发展，呼和浩特地区供电网络形成以220千伏为主网，具有110千伏、35千伏、10千伏、6千伏、0.4千伏线路和变电站的供电网络。供电范围包括整个市区及附近旗县，北到武川县和四子王旗；南到托克托县、和林格尔县和伊克昭盟（今鄂尔多斯市）色旺沟；东到凉城县、卓资县；西到土默特左旗。南北长212千米，东西长370千米，方圆38 440平方千米。1985年底，市供电局管辖的输电线路681.08千米，变电站15座，主变压器总容量27.45万千伏安/20台，10千伏配电线路2166.3千米，配电变压器容量15.93万千伏安/1790台。

2001—2002年，呼供所辖农电地区先后改造、扩建察素齐、和林格尔县、南坪、武川县、白塔110千伏变电站，更换主机5台，新增主变1台，纯增主变容量7.8万千伏安。新建盛乐园110变电站1座，主变容量4万千伏安。新建土默特左旗北什轴、和林格尔县盛乐园、大红城、黑老夭、新营子、百什户、沙尔营、黄河少6座35千伏变电站，主变9台，合计容量31 250千伏安。改造扩建武川庙沟、什拉兔、沙塔子、哈乐，托克托县新营子、麻地壕等8座35千伏安。同时对10千伏及以下配网也进行大规模改造。

2005年，呼供完成三期两批县城电网改造工程的初设、审查并部分实施。实现城乡居民生活照明用电同网同价。43个农村用电所全部实现规范化达标，其中2个被评为自治区级优质服务示范窗口。

2008年，武川电力公司顺利通过国网公司一流县级供电企业验收，清水河电力公司建设一流工作进展顺利具备验收条件。开展新农村电气化建设，土默特左旗建成电气化县，同时完成9个电气化村的建设任务。完成县城电网改造及农网完善工程投资2.05亿元。鸿盛110千伏输变电工程、和林2号主变扩建工程如期投产，新增容量60兆伏安。探索部分110千伏变电站和输电线路委托趸售局管理的新模式，有效地缓解了运行人员不足问题，提升趸售局生产管理能力，地区电网安全运行水平不断提高。

2010年，农网升级计划批复呼市供电局改造资金3.4亿元，主要有110千伏工程2

项、35 千伏工程 4 项,10 千伏配网及一户一表工程。

2012 年,农电一体化信息系统具备验收条件,土默特左旗、武川电力公司调控配一体化通过公式实用化验收。投资 3700 万元,开展技术改造和设备更新 102 项,消除各类隐患 1521 项。开展 10 千伏及以下建设改造工程 17 项,一户一表改造 5.75 万户。各趸售局集抄系统主站全部建成,安装台区终端 1544 台,集抄 4.95 万户。

2015 年,全市农电管理体制改革完成,4 个趸售旗县电力公司全部实现专业化管理。持续推进农牧区从用上电向用好电转变的供电网络建设和改造力度,对呼市 860 个村庄在内的农网进行升级改造。

2016 年,全市农网改造工程项目累计投资约 11.5 亿元,完成工程项目 72 项;加快推进新农村、新牧区和小城镇化建设,统筹解决全市农村牧区用电问题,完成 2014 年及以前农网工程建设、结算与阶段性资产清查工作。全年累计投资 7544 万元,所有剩余行政村和自然村共计 444 个村庄电力改造任务全部完成。

2017 年,全市配网建设工程投资总额 7.1 亿元,投产配网工程项目 31 项,其中当年建设 17 项,结转工程 14 项。完成 2016 年结转城网 10 项工程和信息通信 4 项工程的施工任务和结算工作、2017 年农网小城镇中心村、机井通电工程共 6 项工程的施工任务和结算工作以及公司下达的 2017 年城网 11 项工程的投资计划和 100% 开工率绩效考核指标。

第十一节 新能源 新材料

一、新能源技术

呼和浩特市抓住硅材料、光伏产业和绿色能源快速发展的有利时机,依托丰富电力资源和电价优势,着力发展硅产业、光伏发电产业。

1986 年,呼和浩特铁路局已推广应用太阳能电池 9845 瓦,该局的太阳能电池推广应用项目获 1986 年度国家科技进步三等奖。

1987 年,和林格尔县恼木气民族中学建成自治区第一座被动式太阳能采暖教室。建筑为砖木结构,由和林格尔县建材局设计,面积 88.4 平方米,采暖期间可节煤 86.1%。

“十五”计划时期(2001—2005),华利达公司的“通信用风光互补型电源系统”应用风光互补的技术,保证野外及条件差的地区电力的稳定运行,在新能源使用和研发方面取得了新成果;呼和浩特市得利新技术设备厂生产的“边远地区风光互补无振动高可靠路灯系统”使用效果稳定,市场销售良好。

2006 年,呼和浩特市引进内蒙古晟纳吉光伏材料有限公司半导体集成电路硅材料、太阳能电池硅材料项目和上海航天八院、南京大陆集团的多晶硅项目。

2007 年，神舟硅业一期年产 1500 吨多晶硅工程基本建成，二期年产 3000 吨多晶硅项目开始建设。2008 年，为完善产业链条，提高呼和浩特市硅产业的竞争力，全市依托神舟硅业多晶硅的生产优势，引进天津中环集团单晶硅及多晶硅铸锭项目、上海电器集团长江公司和内蒙古日月太阳能科技有限责任公司共同建设年产 100 兆瓦太阳能电池片、电池组件与 50 兆瓦太阳能电站项目，与台湾绿能集团签署在呼市建设光伏产业基地的协议，实现硅材料向新能源光伏领域的延伸和拓展。

2008 年 1 月，全球最大畜禽沼气发电厂——蒙牛生物质能沼气发电厂试运行成功，列入"联合国开发计划署全球环境基金加速中国可再生能源商业化能力建设"项目。

内蒙古晟纳吉光伏材料有限公司、内蒙古神舟硅业有限责任公司、南京大陆集团多晶硅公司的单晶硅产能达 4000 吨/年(包括电子级单晶硅)、多晶硅产能达 7500 吨/年(电子级多晶硅 1500 吨)，并建成 1 座 5 兆瓦太阳能发电站示范电站。到 2012 年，呼市可实现年产多晶硅 2. 55 万吨、单晶硅 1. 3 万吨(8 英寸以上电子级 4000 吨)、太阳能硅片产能 1. 2G 兆瓦、太阳能发电组件 400 兆瓦，100 兆瓦太阳能发电站，实现产值超过 200 亿元。在此基础上，全市在 5—10 年内，继续引进多家多晶硅、太阳能发电设备制造企业、LED 制造企业、集成电路制造企业及相关高纯气体、化学产品配套企业，重点在多晶硅、单晶硅、硅锭、硅片生产、半导体器件、大规模集成电路和光伏电池制造、组件封装、光伏系统集成应用等领域实现较快发展，最终实现年产多晶硅 5 万吨(电子级多晶硅 1 万吨)、单晶硅 1 万吨(包括 8100 兆瓦太阳能发电站，12 英寸电子级单晶硅 5000 吨)、1400 兆瓦太阳能发电组件、1000 兆瓦太阳能发电站，产值达 1000 亿元以上。

2015 年，以中环光伏为龙头的 7 户光伏制造及配套企业完成产值 61. 2 亿元，同比增长 170. 8%，占全市工业总量的比重为 3. 7%；全年共生产单晶硅 8580. 4 万吨，产量位居自治区第一。截至 2015 年，全市光伏产业链已形成从上游的硅材料生产、中游的发电主件制造，到下游的光伏发电应用以及相关配套产业协同发展的良好局面。

2018 年 2 月，重达 450 公斤的人造蓝宝石晶体在内蒙古晶环电子材料有限公司的生产车间诞生。该晶体为该公司主研发产品，经初步检测，该晶体外形规整，通体透明，无裂纹，无晶界，气泡较少，可应用于 LED 的 4 英寸晶棒有效长度达 4550 毫米以上。蓝宝石晶体具有优异的力学性能、良好的热学性能，属于国家重点支持和鼓励发展的能源材料及光电子材料。此前国际上尺寸最大的泡生法蓝宝石晶体是俄罗斯生产的 350 公斤晶体。同年，在新能源开发方面，市科技局支持华德公司开展分布式光伏并网发电系统中蓄电池储能技术的探索和应用，提升蓄电池储能领域的技术水平，合理配置蓄电池储能装置有效稳定分布式光伏系统并网输出,维持电网的稳定性和安全性。在新材料方面,支持中拓铝业开发新能源汽车动力电池专用外壳铝带,年产动力电池专用外壳铝带3000吨;支持欧晶公司研发28英寸及以上大尺寸高纯度石英坩埚,为全市光伏产业发展奠定更加坚实的基础。

(一)内蒙古日月太阳能科技有限责任公司

该公司位于呼市如意开发区南区,系包头市山晟新能源有限责任公司的全资子公司。公司于2009年5月成立,主要从事研发、生产和销售晶体硅太阳能电池片、电池组件及建设高效太阳能光伏电站。依托总公司在晶体硅材料生产中的低价格、低运费、低成本的优势,建成的4条生产线及1条研发试验线已全部投入运营,每年可生产电池片100兆瓦。公司在册员工271人,其中研发人员46人(含产学研的技术力量和专家),其中教授(研究员)4人,副高职称5人,博士6人,团队结构合理,学术力量雄厚。

2009年8月,该公司与内蒙古大学成立内蒙古太阳能电池研究中心,校企协同创新,在光伏发电技术的研究、应用开发进行系统的科研工作,经过3年的工作,光伏电池研发的重要技术平台取得阶段性成果。集中力量进行低成本冶金法提纯的多晶硅电池攻关,这是一项低成本的晶硅电池,主要解决高效冶金多晶硅太阳能电池在产业化生产中的高转换效率、稳定性和降低成本等重点问题。

2012年,校企合作项目"高效冶金多晶硅太阳能电池的研制及性能改善"立项,并通过呼和浩特市科技局组织的专家鉴定,研制生产的冶金多晶硅电池性能达到国内先进水平,碱性腐蚀液制绒工艺在国内属首创。2012年8月,呼和浩特市"十二五"重大科技专项"高效冶金多晶硅太阳能电池的研发与产业化"项目获批,于2014年10月圆满完成并通过验收。高效冶金多晶硅太阳电池平均效率达到17.4%以上,单片最高效率达到18.07%,电池成品率达到95%。

该公司化学法多晶硅电池片转换效率经过多次技术革新,平均转换效率为18.0%,已达到国内一流水平。扩散多次变温推结,双层减反射膜的优良光学效果和钝化效果,全新设计的丝网印刷图形等都有效的提升电池片的转换效率和品质,并取得多项国家专利。该公司是行业内第一批优先采用四主栅设计的光伏电池企业,电池片产品的转换效率比常规三主栅电池片的转换效率高约0.2%,且组件封装损耗低,有效提高光伏电站发电效率。

内蒙古日月太阳能科技有限公司2兆瓦光伏发电应用于公共农业观光生态园建设项目。

1. 新产品

低成本高效物理冶金多晶硅太阳电池(面积 156×156 平方毫米)。

2. 新工艺、新技术

在低成本高效物理冶金多晶硅太阳电池的研制过程中,根据物理冶金多晶硅材料本身的特点,逐步引入新技术、新工艺:短时间酸腐蚀制备冶金硅电池的表面结构;双层、三层氮化硅减反射、钝化薄膜的研制;双面短时间磷吸杂工艺提高冶金多晶硅片的少子寿命;冶金多晶硅太阳能电池的干法、湿法刻蚀周边工艺优化;扩散和选择性扩散工艺的合理优化;冶金多晶硅电池片和电池组件的光衰减测试分析。

两种不同方案的低成本碱性腐蚀制作多晶硅表面结构,2012 年获呼和浩特市科学技术进步三等奖。

2012 年 8 月,物理冶金多晶硅太阳电池研制及性能改善成果通过呼和浩特市科技局的鉴定。

(二)内蒙古神舟硅业有限责任公司

该公司是中国航天科技集团公司第八研究院上海航天工业(集团)有限公司、上海航天汽车机电股份有限公司为主投资的专业从事硅材料研发、多晶硅及下游产品生产及销售为一体的高新技术企业。

2010 年,神舟光伏电力项目进入调试阶段并入网发电。

2012 年,神舟硅业对现有两期生产装置进行技术升级,先后改造建设完成四氯化硅低温转化三氯氢硅、36 对棒大型还原炉、二氯二氢硅逆歧化、CDI 吸附柱改造等核心技术改进项目,装置均运行平稳,装置产能及性能较原两期装置设计有了根本性改变,经过能耗评估,装置整体能耗指标远远低于两套装置原设计技术工艺指标。标志着公司在装置稳定、技术革新和降本增效上取得突破性新进展,技术水平位居行业前列。

公司开发建设歧化法制备高纯硅烷项目,硅烷法制备电子级多晶硅项目,打破电子级多晶硅市场国外企业垄断局面,达到掌握国际领先技术水平的企业。公司已申报专利 27 项,其中 8 项专利已获得授权(含 2 项发明专利及 6 项实用新型专利),是拥有核心技术和自主知识产权的国内骨干现代化新能源企业。

内蒙古神舟硅业有限责任公司硅材料研发分公司,先后投入 5000 余万元,围绕冶金法生产太阳能级多晶硅生产技术、电子级多晶硅生产技术开发等多个科研项目展开研究,并先后对“5 万吨四氯化硅低温转化项目”“36 对棒还原炉项目”等 10 余项科研项目成功产业化应用,节约能源,降低生产成本。通过开展项目科研,储备大量的人力资源和技术资源。内蒙古神舟硅业有限责任公司每月生产多晶硅 400 吨以上,产品质量全部达到太阳能二级以上,其中电子级多晶硅产量占 40%。公司多晶硅产品占国内市场的 4.7%。

（三）内蒙古晟纳吉光伏材料有限公司

2008 年 1 月，该公司开展对 14 英寸 ~18 英寸半导体级大直径硅单晶的研发项目。

该项目攻关成功后，可以结束中国在大尺寸半导体级硅单晶的技术和生产方面长期滞后的局面，为国内集成电路的生产企业提供质优价廉的材料，有利于下游企业丰富产品，加快更新换代的速度。

（四）呼和浩特市博洋可再生能源有限公司

该公司是专门从事风力发电机制造和太阳能光伏电源系统研究、开发、销售的综合性企业。是自治区的科技型企业及中国可再生能源发展项目支持的光伏企业。2014 年，研发设计的新一代太阳能智能控制深井抽水系统特点是结构简单、性能稳定、操作方便。该系统主要应用于无电地区的抽水灌溉及牲畜饮水。已在锡林郭勒盟销售 600 台套，受到广大牧民欢迎。

（五）内蒙古中环光伏材料有限公司

1. 高新技术

提高拉速技术、复投料拉晶技术、硅片表面形态的研究、太阳能电池用超薄硅片的研发、研发新型高效 N 型太阳能硅单晶、降低单晶氧含量实验、降低 P 型单晶氧施主实验、Slurry 硅片成本降低的研发、DW 硅片质量提升及成本降低、10. NTC442 切 8 英寸单晶质量改善、洗质量改善、掺氮单晶生长实验。

2. 高新技术产品

钻石线切割高效率太阳能硅片、大尺寸太阳能硅单晶及硅片、N 型高效太阳能硅单晶及硅片、超薄太阳能硅片、高效率多晶硅锭及硅片和 P 型高电阻太阳能硅单晶及硅片。

（六）内蒙古神舟光伏电力有限公司

2008 年 8 月 1 日成立，公司隶属于中国航天科技集团公司第八研究院，主要业务是开展太阳能发电等可再生能源项目的投资、开发、建设及运营。

公司承担内蒙古首个兆瓦级荒漠电站的建设任务，在土默特左旗建设 5 兆瓦并网光伏示范电站项目。该公司成立内蒙古光伏能源工程技术研究中心，同时被认定为高新技术企业。公司参与编写、评审光伏电站设计规范等 7 项国家标准和行业认证规范。

该公司 5 兆瓦光伏电站并网发电，项目是自治区第一个兆瓦级荒漠示范电站，也是全市光伏电站技术的科研、实验、教育基地。

1. 太阳能组件横向排布系统

此系统改变电池组件在支架上的排布方式，有效地解决太阳光局部遮挡对发电量的影响。在装机同样功率的电池组件的前提下，采用横向排布电池组件与纵向排布电池组件的占用土地面积几乎相同,而横向排布的年平均发电量要比传统纵向排布高。

2. 平单轴跟踪系统

2011 年,该系统应用于市神舟光伏 5 兆瓦电站,应用情况良好。在中国西北地区实地试验小平单轴跟踪系统、联动平单轴跟踪系统、双轴跟踪系统。

3. 光伏并网逆变器

本项目在自治区科技厅、市科技局的指导和帮助下,试验 1 台 100 千瓦光伏逆变器样机,2012 年 12 月应用于神舟 5 兆瓦光伏发电示范电站,此光伏汇流逆变器样机运行良好。

(七)内蒙古航天亿久科技发展有限责任公司

1. 大型风力发电机叶片制造技术

风力发电机组通过叶片将风能转化为动能,是风力发电机组的关键部件。大型风力发电机组叶片由玻璃纤维增强树脂基复合材料制成,根据风场资源条件的不同,1.5 兆瓦风力发电机组叶片的长度分别有 34 米、37.5 米和 40.3 米等多种长度规格,以适应不同类型的风场。亿久公司小批量生产的 37.5 米叶片适应内蒙古地区二类风场风况;40.3 米叶片适应三类风场风况环境。

2. 叶片的模具设计与制造技术

利用专用的模具打板技术完成效验模板的设计与加工,并以该模板为样板完成叶片阴模的加工与制造。阴模的材料选用玻璃纤维复合材料,制作模具样板时适当考虑树脂收缩量,保证制作的叶片形面与设计的气动外形一致。采用数模 + 样板的叶片阴模的工艺路线,还可以有效地降低模具的制造成本。

3. 机舱罩

主要制作 1.5 兆瓦及以上级风力发电机组机舱罩,适用温度:-40℃ ~55℃,最小安全风速可达 59.5 米/秒,机舱罩分为上盖、下底和整流罩三个部分,上盖承载能力为 150 公斤,保证设备在进行 2 人维护时不会发生承载力不够的危险。上盖设置有入孔(带有防雨措施)、排风孔(具有防止鸟类或大的沙石进入壳体的防护装置)、扶手和测风仪的安装机构(方便维护);上盖前端设置有迷宫式结构,防止大的异物进入舱体内。下底的底部前端开有进气口(带有防异物进入装置),保证发电机组风冷(主动)的正常运行;开有取物孔,方便所需物件的正常提取。

4. 复合材料包装箱

2011 年,公司开始进行复合材料包装箱产品的研制工作。该类型包装箱主要用于发动机、精密仪器、药柱、助推器等重要军工产品的存储和运输。截至 2013 年底,公司共研制出多种规格和型号的特种多功能树脂基玻璃纤维增强复合材料包装箱 8 种,分别向航天科工31所、283厂、389厂等单位交付相关产品。公司的包装箱业务是在原叶片研制的技术基础上进行的新产品新业务的开发，一方面拓展公司的业务范围，另一方面与以往的包装箱相比在强度、耐腐性、使用寿命上都有极大的提高，并使包装箱具有充气密封、减振缓冲、对箱内振动、温度、湿度、光照等数据进行监测预警等特种功能。

5. 加油站檐面（包括檐面复合材料部分与钢架结构连接架）

特点是将此新型檐面设计为长度方向尺寸可调，即不同长度尺寸的加油站在安装此产品时不需要测量现有安装尺寸，只需调整连接钢架的伸缩部分就能满足使用要求。

6. 加油站指示牌

将市场上的普通亚克力材质改进为复合材料（玻璃钢）材质，可增加指示牌的使用寿命，同时可避免因指示牌碎裂后产生飞溅物造成加油站车辆的损伤。

7. 大型风力发电机组在线监测及故障诊断系统

该项目提出针对风电机组在运行过程对其进行状态在线监测、故障预警和诊断系统，使风力发电机维修方式从计划维修转变为预知维修，以期使国内风场在运行中减少重大事故的发生。通过系统对机组运行数据的分析，可以使维护队伍根据机组运行情况视情维护，合理安排零部件的采购计划，降低运维成本，提高风电的经济性。

8. 风场塔筒门锁防护机构

产品打破传统风机被盗是塔筒门锁不牢固的思维定式，通过对风场失窃过程中的作案手法分析和犯罪分子作案时的心理分析，提出针对塔筒门锁的保护装置，使犯罪分子难以实施撬锁的行为，从而降低风场失窃的风险。产品安装方便，价格低廉，产品受到多家电力公司的关注，并与10家风电场签署采购合同。

2011年，公司“大型复合材料叶片研制”项目获呼和浩特市科技进步一等奖；2012年，“大型复合材料叶片模具”项目获呼和浩特市科技进步二等奖；2013年，公司“大型风力发电机组叶片研制”项目获自治区科技进步三等奖。

二、新材料产业

20世纪70年代，开始研制新型建筑材料；20世纪80年代，开始批量生产。据1984年统计，全市直接或间接生产新型建筑材料，并具有一定规模的企业有20余家，从业人数4100人，工业总产值2038.4万元。已经生产应用的新型建筑材料有钢门窗、加气混凝土、聚酯大理石、水磨石制品、“107”黏结剂、“106”建筑涂料、铝合金门窗及卷帘门、建筑陶瓷。

“八五”计划时期（1991—1995），内蒙古工业大学研究开发的“稀土镁球磨可锻铸铁”为新型材料，具有球墨铸铁和可锻铸铁的双重特性，强度高、韧性好、易切削等性质。

稀土单金属材料、永磁材料、稀土铸造等新材料，既可提供这些材料，也可转让技术。内蒙古冶金研究所研制开发的稀土单金属材料有：镨、钕、镧等。

2004 年，新材料产业已形成一定规模和水平。感光级硝酸银、人造压电晶体、稀土金属、稀土氧化物、高性能钕铁硼磁性材料、高白超细煅烧高龄土以及多种化工新材料是呼市新材料产业的主要产品。

内蒙古三保高岭土公司、内蒙古金瑞稀土公司、呼和浩特东友稀土公司、内蒙古融信新金属等新材料制造企业加大科技研发力度，生产的稀土金属钕、金属钇等单一稀土和混合氯化稀土等产品远销区内外。大唐高铝粉煤灰公司利用清华大学煤燃烧国家重点实验室研究开发从粉煤灰中提取铝硅的技术生产铝硅初始合金，已完成中试，进入产业化实施中。

“十五”计划时期（2001—2005），内蒙古三保高岭土公司、内蒙古金瑞稀土公司、呼和浩特东友稀土公司、内蒙古融信新金属等新材料制造企业加大科技研发力度，生产的稀土金属钕、金属钇等单一稀土和混合氯化稀土等产品远销区内外。大唐高铝粉煤灰公司利用清华大学煤燃烧国家重点实验室研究开发的从粉煤灰中提取铝硅的技术生产铝硅初始合金，完成中试。

2006 年，呼和浩特市成功引进内蒙古晟纳吉光伏材料有限公司半导体集成电路硅材料、太阳能电池硅材料项目和上海航天八院、南京大陆集团的多晶硅项目。

“十一五”规划时期（2006—2010），形成以内蒙古晟纳吉光伏材料公司、内蒙古神舟硅业公司、内蒙古中环光伏材料公司、内蒙古日月太阳能公司等多晶硅生产、单晶硅硅棒和切片生产、光伏电池片制造、组件生产、光伏发电等完整的硅产业链，以及内蒙古金三角光纤科技有限公司研发生产的塑料光纤、内蒙古京蒙碳纳米材料高科技有限责任公司研制开发的富勒烯、内蒙古航天拓力科技发展公司研发生产的有机纤维等新材料产业。

内蒙古金三角光纤科技有限公司研究生产通信用突变型塑料光纤，技术水平居国内领先。

内蒙古京蒙碳纳米材料高科技有限责任公司研制开发的富勒烯提取新工艺，产率达到了国际领先水平。

内蒙古航天拓力科技发展公司拥有自主知识产权的 F－12 高强有机纤维生产技术，属国内领先水平。

2010 年，金三角公司塑料纤维进入试运行阶段；航天六院 F－2 高强有机纤维绳有 2 条中试生产线实现投产。

2011 年 4 月 19 日，由中国科学院化学研究所与内蒙古京蒙碳纳米材料高科技有限责任公司共同承担的煤制富勒烯产业化开发项目获评2009年公众关注的内蒙古科技十大进展。6月26日,中国航天科工集团第六研究院F－12高强有机纤维50吨产业化项目开工奠基仪式在呼市鸿盛工业园区举行。

“十二五”规划时期(2011—2015),全市新材料产业发展初步形成金桥和沙尔沁两大新材料工业园区。2015年,呼和浩特市浩源碳纤维有限公司在新三板上市。内蒙古航天新材料科技有限公司主要产品F－12高强有机纤维及其制品市场应用范围逐步扩大,新材料产业在呼市工业经济中的贡献率逐年提高。

“十二五”规划时期,呼和浩特市依托浩源碳纤维有限公司、金三角公司、航天新材料公司等企业,围绕碳纤维复合材料、纳米抗擦墨、F－12高强有机纤维等一批居国内领先水平的新材料产品展开关键技术攻关。经过几年的不断创新,通过自主研发的新材料已经取得巨大科技成果,产品质量达到预期水平,产品已经投放市场,打破国外对中国的新材料技术壁垒,大幅提升本市新材料技术水平。呼和浩特市的新材料产业已经走出创业初期,进一步做大做强。

航天新材料公司已达到年生产50吨F－12纤维的生产能力。超牌建材公司研制的具有完全的自主知识产权CYM系列超大型超细研磨机,单台一次研磨－2μm细度93%的超细煤系煅烧高岭土,年生产能力达10万吨。中拓铝业公司基于偏析法高纯铝开发出具有国际水平的高性能的高压电子铝箔,具有极高的技术含量。由显鸿新材料(内蒙古)有限公司与香港理工大学纳米技术实验室共同开发的“商品信息安全技术——纳米抗擦墨”项目,已在蒙牛、双汇、国台酒业等企业中应用,市场前景十分广阔。

三、新材料重点企业

(一)内蒙古鲁阳节能材料有限公司

该公司是亚洲最大的陶瓷纤维节能材料制造商—山东鲁阳股份有限公司之全资子公司。建于1984年的山东鲁阳股份有限公司,是国内陶瓷纤维行业唯一的上市公司,是集陶瓷纤维、光学玻璃、轻型钢结构建材等于一体的国际化、现代化、高科技型企业。先后参与国家重点项目建设260多项,公司在生产过程中大量应用高新技术,并进行大规模自主开发和创新,已取得专利85项,先后有22项科技成果通过省级鉴定,其中填补国内空白17项,先后承担、完成2项国家级火炬计划,3项地方级火炬计划。

该公司作为鲁阳集团最大的子公司,总投资10亿元人民币,注册资金2.1亿元,设计产能10万吨,占地500余亩。公司自2009年投产以来,致力于陶瓷纤维及其制品的生产与研发工作,先后成功实施“利用煤矸石生产陶瓷纤维及其制品”专利转化、陶瓷纤维节能产品技术改造等项目,成功研发包括消防卷帘毯、纺织棉、粒状棉、新型保温毯等符合市场需求的高科技产品。

2009 年,实施的“利用煤矸石生产陶瓷纤维及其制品”专利转化项目,完全以煤矸石为主材通过国际先进的电阻炉熔融甩丝生产技术精制而成,从而打造成利用煤矸石废料生产节能材料的循环经济发展之路。每生产 1 吨产品,可消化当地煤矸石 1.2 吨以上,在获取良好经济效益的同时,给社会,特别是给内蒙古当地发展创造出巨大的社会效益。

2011 年,开始实施的陶瓷纤维节能产品技术改造项目。该项目是将煤矸石熟料颗粒加入到电阻炉内,通过电极加热到 1900℃ ~2100℃后,熔融液通过耐高温流口流落到高速旋转的成纤辊表面,通过离心力,将熔融液瞬间分散、拉长,形成纤维,纤维收得率由 70% 提高到 85%,产品合格率由原来的 90% 提高到 98% 以上,生产线产能由原来的年产 7000 吨,提高至 1 万吨,在提高产品品质的同时,大幅度提升生产效率。

2013 年,实施研发的新型保温毯项目,创造性的发明了一种低铝型硅酸铝纤维保温毯,填补了 350℃ ~800℃工业市场节能保温区域的空白,避免原来硅酸铝纤维保温毯的“高温低用”现象。降低原料及生产成本,拓展保温领域,成为硅酸铝纤维保温行业发展的趋势。

2011 年,公司实施的“利用煤矸石生产陶瓷纤维及其制品”专利转化项目获得呼和浩特科技局科技专项资金 10 万元。2012 年,公司利用煤矸石生产硅酸铝纤维及制品技术改造项目获得呼市重大科技专项资金扶持 100 万元。

2012 年 11 月 1 日,公司被自治区科技厅认定为自治区第一批“十二五”制造业信息化科技工程示范企业。

(二)内蒙古精诚高压绝缘子有限责任公司

该公司的产品以应用到国内多项超高压输变电工程。如 2011 年 12 月,晋东南—荆门 1000 千伏特高压交流试验示范工程扩建工程投运,最高输送功率达 578 万千瓦,额定输送能力 500 万千瓦,创造世界交流输电的新纪录。2010 年 7 月,向家坝—上海 ±800 千伏直流示范工程投运,额定输送容量 640 万千瓦。2012 年 12 月,四川锦屏—江苏苏南 ±800 千伏直流输电工程投运,额定输送容量 720 万千瓦,这是目前世界上容量最大、距离最长、电压等级最高的直流输电工程。

该公司研发的新产品关键技术有三个方面,结构设计:特别是头部结构。因机电破坏负荷强度是产品的重要指标之一,头部结构又是影响机电破坏负荷强度的最主要因素。工艺条件:对大吨位、大盘径、大爬距的双伞形、三伞形、钟罩形耐污型产品,加强相应的过程控制,提高制造水平,保证零部件性能,确保设计思想的实现。特殊工装模具:专用制造设备的应用是实现大吨位、大盘径、大爬距产品的必备条件。

该公司试制的直流产品，在高强瓷配方中采用低钠长石原料，有效地减少瓷件的“钠”离子迁移，增大瓷件的体积电阻，使体积电阻值达1010(温度在120℃)单位数量级水平，产品的抗老化性能良好。

在绝缘子设计时，在保证强度裕度的前提下，合理采用较大的头部曲率半径。另外，光滑的头部结构能使绝缘子头部的电场分布更加均匀，进一步提高绝缘子的内绝缘水平。为提高绝缘子的外绝缘性能，采用钟罩形、双伞形和三伞形结构。双伞形和三伞形属于多层伞形，其特点为空气动力型，自洁性能好，自清洗能力强，积污率低，耐污水平高，适合风沙、粉尘等污秽地区使用；而钟罩型的伞裙下有比较发达的棱，具有较大的爬电距离，伞下棱深处受潮缓慢，易保持干燥，具有抑制电弧发展的作用，适合沿海及潮湿多雾地区使用。

在生产过程中各项工艺环节的控制，重点采用高强度铝质瓷配方；采用大口径(Φ630)练泥机挤制泥段，保证泥段足够的尺寸，减少坯体形变，成型时采用的压窝机保证足够的压力，确保坯件内部的均匀性和致密性；严格执行烧成制度，在抽屉窑烧成，保证瓷件内在质量；严格控制内水压、电检、抽查等检验检查环节，保证成品的质量。

2006—2013年，公司共计完成新产品鉴定39种，交流系统用产品30种，直流系统用产品30种。

2007年，该公司被自治区经信委认定为“资源综合利用企业”。公司“以黏土、煤矸石、铝矾土、长石粉为原料，采用新工艺生产系列高压瓷绝缘子技术”，被自治区科技厅认证为“应用技术类科技成果”。

2008年，该公司被自治区科技厅认定为“高新技术企业”。公司“年产6000吨特高压瓷绝缘子项目”，被国家科技部列入“国家火炬计划”。

2009年，一种交流系统用新产品XWP－400耐污型盘形悬式瓷绝缘子，通过中国电力企业联合会专家组成果鉴定，产品综合技术性能指标达到同类产品的国际先进水平。同年，该公司系列超(特)高压瓷绝缘子生产新技术，获自治区科技进步三等奖。

2010年，该公司生产的“70－530KN高压耐污型盘形瓷绝缘子”，被国家科技部批准为国家重点新产品。

2011年，该公司“窑炉余热综合利用项目”，获呼和浩特市科技进步二等奖。公司的“70－300KN系列瓷绝缘子产品开发应用技术”，获呼和浩特市科技进步二等奖。公司的“400KN悬式瓷绝缘子产品开发应用项目”，获自治区科技进步三等奖。公司生产的“70－420KN系列耐污型盘形悬式瓷绝缘子”，被自治区政府授予“内蒙古名牌产品”称号。公司生产的“精诚”牌耐污型盘形悬式瓷绝缘子，被评为内蒙古科技名牌产品。

2012 年,该公司“420KN 系列瓷绝缘子产品研发应用项目”,荣获呼和浩特市科学技术进步二等奖。

2013 年,该分别有 15 种直流系统用新产品 XZP－160、XZWP－160、XZP－210、XWZP－210、XZSP－210、XZSP－300、XZP－420、XZSP－420、XZP2－550、XZSP－550、XZSP－160、XZP－300、XZWP－300、XZWP－420、XZWP－550,通过中国电力企业联合会专家组成果鉴定,产品综合技术性能指标达到同类产品的国际先进水平。18 种交流系统用新产品 XSP1－300、XP1－420、XWP2－420、XP－550、XWP－550、XP－160、XMP－160、XWP2－160、XSP－160、XHP1－210、XMP－210、XP－210、XWP2－210、XHP1－300、XHP2－300、XP1－300、XSP－300、XWP2－420,通过中国电力企业联合会专家组成果鉴定,产品综合技术性能指标达到同类产品的国际先进水平。2 种交流系统用新产品交流 XSP1－420、交流 XSP－550,通过中国电力企业联合会专家组成果鉴定,产品综合技术性能指标达到同类产品的国际领先水平。3 种地线盘形瓷绝缘子新产品:XDP－70C/CN、XDP－100C/CN、XDP－120C/CN,通过中国电力企业联合会专家组成果鉴定。同年,该公司的“XP－550、XWP－550 交流系统盘形悬式瓷绝缘子新产品”荣获呼和浩特市科学技术进步一等奖。公司生产的“XP－550、XWP－550 耐污型盘形悬式瓷绝缘子”,被自治区质量奖审定委员会授予“内蒙古名牌产品”称号。公司生产的“精诚牌”550KN 盘形悬式瓷绝缘子,被评为自治区科技名牌产品。公司被授予“内蒙古自治区科技名牌企业”。

(三)内蒙古金瑞明光纤科技有限公司

该公司主要研发光学级 P 毫米 A 材料。采用连续化本体聚合 P 毫米 A 模塑料的生产新工艺,使生产的 P 毫米 A 模塑料的纯度达到进口光学级 P 毫米 A 模塑料的标准,透光率达 93% 以上,实现日产 200 公斤 P 毫米 A 原材料。

本产品的成功研发,打破日本企业在该领域的垄断地位,为国家高品质 P 毫米 A 光纤提供国产原料。金瑞明公司完全掌握用本体法生产 P 毫米 A 的核心技术,使光学级 P 毫米 A 生产工艺技术和核心设备上具有完全自主知识产权,将工艺进行扩展至 P 毫米 A 不经造粒而直接成纤,可大大提高生产效率和光纤的品质,为企业的可持续发展提供强有力的技术支撑。产品主要满足国内对高性能通信级塑料光纤对 P 毫米 A 材料的需求,以及满足下游产品如光学镜头、液晶面板、照明、导光板等对其需求。

2012 年,该企业被认定为自治区民营科技企业,金瑞明将建成超纯高分子材料工程技术研究中心,形成千吨级甲基丙烯酸甲酯(毫米 A)提纯和连续本体法光纤级聚甲基丙烯酸甲酯(P 毫米 A)树脂生产 2 项产业技术,并形成紫外正性光刻胶、电池隔膜、液晶和碳纤维用高纯度原纤等一批中试技术研究成果。

(四)内蒙古金三角光纤科技有限公司

塑料光纤(Plastic Optical Fiber)简称POF,是该公司的主营产品之一。POF是由高透明聚合物如聚苯乙烯(PS)、聚甲基丙烯酸甲酯(P毫米A)、聚碳酸酯(PC)作为芯层材料,P毫米A、氟塑料等作为皮层材料的一类光纤(光导纤维)。具有通信容量大、抗电磁干扰、保密性能较好、重量轻、易安装等特点。公司生产的POF属于SI-POF(阶跃折射率分布型塑料光纤),年产达22万千米塑料光纤的生产能力。自2012年批量生产以来,已生产30万多盘不同直径的光纤,产值达7000余万元,实现销售6000余万元。POF用于信号传输,是中国通信领域的一次革命,在三网融合、光纤入户以及工业设备、汽车、飞行器、舰船、音响等设备的高精度信号传输应用中发挥重要的作用。产品应用领域宽广,市场前景广阔。

微结构光子光纤(Microstructure Plastic Optical Fiber简称"MPOF")之Bragg塑料光纤连续挤出设备及工艺研发。Bragg光纤是一种蜘蛛网结构包层空芯光纤,它具有比原来实芯塑料光纤或光导管低得多的传输损耗,可以显著提高传输效率,是1978年由加拿大通信研究中心K. O. Hill等人提出并从理论上证明的在低损耗、色散控制、非线性等方面较之传统光纤有很大的优点的技术。为了使Bragg光纤迅速投入市场,金三角公司特聘国内微结构光纤研发方面资深专家中国科学院西安光机所副研究员王学忠和燕山大学博士生导师教授于荣金分别担任研发中心技术总工和技术顾问组建成了科技攻关团队,于2010年底建成"新一代POF研发试验中心"拉丝塔,已研发出预制棒,拉丝成光纤还需进一步得深入研发。

金三角采用"引进、消化、吸收、创新"的战略,在创新型研发过程中,获得2项自主研发的实用新型专利,"通信用突变型塑料光纤连续化工业生产技术研究"项目获得2013年度呼和浩特市科技进步三等奖。并于2012年认定为呼和浩特市知识产权工作试点单位。

(五)内蒙古航天新材料科技有限公司

该公司专业从事F-12高性能芳纶纤维及其制品的研制、生产和应用技术研究,先后研发出23tex、44tex、55tex、63tex、100tex、130tex等10种规格的F-12纤维新产品及023A、023F、044A、044B、063A、100A、100C、130A等多种规格的F-12纤维织物新产品,其中23tex纤维为国内首创,其性能达到世界先进水平。攻克并实现5000升聚合液低温缩聚等聚合新工艺技术两项、高强、高模纤维制备新工艺技术及多种规格F-12纤维和织物设计、制备(或加工)技术等项目,在航空、航天和高端民用等领域实现F-12纤维的国产化应用。

(六)内蒙古伊晨环境材料有限公司

1. 新产品

该公司开发空气净化功能涂料新产品。活性硅强吸附材料。

2. 新工艺

(1)$Ag-AgBr-TiO_2$ 复合光催化剂的装备技术;

(2)活性硅强吸附材料生产水性涂料的原料配比、温度控制等技术参数;

(3)年产2000吨空气净化功能涂料生产线工艺路线、物料平衡和关键设备的设计与优化;

(4)非晶态氧化硅的有效提取,强吸附性能活性硅的水热合成与成核控制,生产工艺条件对活性硅孔结构的调控和活性硅的改性技术。

公司采用活性硅强吸附材料制备水性涂料的新工艺技术,活性硅强吸附材料制备水性涂料的原料配比、控制温度、搅拌时间等参数得到优化。

3. 企业获得的科技成果

公司获得科技成果1项,获得国内发明专利1项。

新工艺包括粉煤灰生产活性硅强吸附材料工艺技术优化,脱硅液中碱回收与活性硅制备工艺优化与设备放大,活性硅改性与造粒集成工艺优化与设备放大,粉煤灰生产活性硅全过程的优化集成。

2015年,据不完全统计,以内蒙古中环光伏材料有限责任公司、内蒙古神舟硅业有限责任公司、内蒙古晶环电子材料有限公司等十多家新材料企业实现产值53亿元,占全市工业产值14%。

第十二节　云计算产业

2011年12月,《内蒙古自治区云计算产业发展规划》出台。2012年4月12日,自治区政府在香港举行内蒙古云计算产业发展专题推介会,向世界展示内蒙古发展云计算产业的有利条件和政策环境。

2012年5月,召开"中国·呼和浩特云计算产业基地奠基开工仪式暨高峰论坛",在《规划》及香港经贸活动周基础上又一次推动内蒙古云计算产业升级发展,向内蒙古区内外开展各领域产业项目招商、云产品示范应用、云技术引入及研发成为内蒙古国家级云计算数据中心产业基地建设与应用和云计算产业链形成的当务之急。

为更好地加强国际国内云计算领域的交流与合作,展示国内外云计算最新成果和示范应用,把握世界云计算产业发展方向和趋势,加快推进呼和浩特市云计算产业发展和产业链完善。2013 年 8 月 23—25 日，呼和浩特市政府在内蒙古国际会展中心举办 2013 中国·内蒙古国际云计算博览会。

2012 年 5 月 10 日，呼和浩特云计算产业基地开工奠基，该基地依托盛乐园区和鸿盛开发区，占地 25 平方千米，聚集一批云计算科研机构和产业链各环节核心企业，整合社会各类信息基础设施资源，推出面向不同需求的云计算服务模式，在电子商务、现代物流、旅游会展、中小企业服务、电子政务、城市管理等领域开展云计算应用工程示范，计划在 5 年内打造成国家级大型云计算基地，推动自治区信息化与工业化融合发展和产业转型升级。

作为省会城市，呼和浩特市拥有相对完善的信息网络、计算、存储和安全基础设施，集中了自治区绝大部分重点大专院校和科研院所。全市着力打造面向公共服务、社会管理、智能生活和经济建设的云服务平台，志在建设服务于全国的枢纽型云计算产业基地和数据中心。

中国电信云计算内蒙古信息园总投资估算 120 亿元，占地 1500 亩，基地集云计算中心、IDC 数据中心、呼叫中心等。

中国移动呼和浩特数据中心项目占地 1600 亩，采用模块扩展的思路，融合先进的制冷、供电技术，建立低耗能、低排放、高效率的运营模式，前两期投资大约为 120 亿元。

中国联通呼和浩特基地总投资 123 亿元，占地 973 亩，将建设中国联通集团 EDC 数据灾备中心、IDC 数据运营中心、云计算中心等。

宽带资本云计算创业产业园项目投资 81.5 亿元，建设内容有云数据存储加工中心、云计算服务器及配套设备生产基地及云计算科研创新与人才培养基地等。

内蒙古京能盛乐热电冷联供机组项目、内蒙古电力集团电力保障项目将为云计算基地提供有力的配套保障。

2013 年 8 月 16 日，首届中国国际云计算博览会在内蒙古呼和浩特国际会展中心隆重召开，包括中国联通、中国移动、思科、华为、TCL 等在内的 200 多家企业云集现场。

2016 年 10 月 8 日，国家批复在内蒙古推进国家大数据综合试验区，不仅是对内蒙古大数据发展成绩的肯定，也标志着内蒙古从推进云计算产业发展，步入统筹推进大数据产业发展的新阶段。

内蒙古作为国家已批复的推进国家大数据基础设施统筹发展综合试验区，有许多优势条件：

自然条件优越。呼和浩特市年平均气温 8 摄氏度，一年有 6 个月时间能够使用自然源进行数据中心设备冷却，有利于数据中心降低运营成本。全市绝大部分地区地质结构比较稳定,远离地震带,能够保障数据中心稳定运行。

电力保障充足。呼和浩特市由蒙西电网供电,电力资源丰富,供应稳定,价格便宜。通过电力多边交易,数据中心和云计算用电企业电价可享受低至每度0.26元,形成极具竞争力的综合成本优势。

基础设施完善。呼和浩特市地处内蒙古光缆通道中枢,是全国光缆大动脉的重要交汇点,已建成呼和浩特—北京4条直通光缆。截至2015年,全市接入网光缆线路长2.3万千米,互联网宽带接入端口135.6万个。联通、电信、移动、铁通、广电网络的宽带接入网已覆盖全市,互联网出口带宽530G,云计算产业园数据中心出口带宽可达1360G。由此可见,内蒙古经过多年的发展,大数据产业正在稳步走向成熟,并已经形成"两大产业园区、三大数据中心、一批应用和服务"的发展格局。

首府优势明显。作为自治区的首府,全市集中着自治区重点大专院校和科研院所,拥有自治区70%的科教资源,能够满足各类企业对不同层次人才的需求。自治区各大政府机关、区直企事业单位和区域总部汇集首府,为云计算、大数据的推广应用提供广阔的发展空间。

2016年11月7日,呼和浩特市大数据产业推介洽谈会在国家会议中心召开。洽谈会上,市政府以及新城区、和林格尔县等与航天云网、百度等企业共签订38个合作项目,签约资金超过80亿元。中国电信、中国移动、中国联通内蒙古分公司分别进行项目推介。

同年,自治区在呼和浩特市有盛乐和鸿盛两个云计算园区,相继引进中国电信、中国联通、中国移动三大运营商,建成大型云计算数据中心,投资规模达到446亿元,已形成66万台服务器的承载能力。同时以加快推进国家电子商务示范城市、国家信息惠民试点城市和国家智慧城市试点建设为契机,正在加快推进云应用的建设与服务。

同年,盛乐现代服务业集聚区和鸿盛两化融合示范区作为云计算发展重点园区,已形成70万台服务器规模,在包括阿里巴巴、百度、腾讯、浪潮、中兴、搜狐、上海证券、中科院云计算育成中心等一批知名企业入驻,乳业大数据平台、航天云网等产业平台全面上线等产业云共享经济整合多方资源的同时,通过"云"治理城市运行,利用"云"管理奶牛牧场、预测产奶量,根据"云"建议培养栽植草种,智能云更是浓墨重彩突出着地域特色。引入各类应用企业302家,吸纳就业近1.1万人。

同年,呼和浩特市凭借自治区获批国家大数据综合试验区契机,依托呼市独有的云计算产业发展基础,出台《呼和浩特关于促进大数据发展应用的若干政策》(简称"呼和浩特市十条")《扶持电子商务产业发展若干政策》《大数据人才引进暂行办法》,与已经出台的包括促进物流业和快递业发展的政策组合发力。

第十三节　航天及军工产业

呼和浩特市是国家航天工业基地之一。隶属于中国航天科工集团公司的中国航天科工集团第六研究院(以下简称“六院”)的研发和生产,开创呼和浩特航天工业的历史。

六院是中国第一个大型固体火箭发动机研制、生产和试验基地,被誉为中国固体火箭发动机的“摇篮”,是中国航天固体动力事业从无到有、从小到大、从弱到强的历史缩影和见证。

1962年7月,国防部五院在四川泸州建立中国第一个固体火箭发动机研究所。1964年4月,改称国防部第五研究院四分院。1965年1月,改称第七机械工业部第四研究院;同年,搬迁到内蒙古呼和浩特市。1978年10月,改称自治区第七工业局。1981年5月,改称第七机械工业部第四研究院驻内蒙古指挥部。1999年7月,国防科技工业十大集团公司成立,内蒙古基地改为中国航天科工集团第六研究院。六院下属单位有41所、46所、601所、602所和红岗机械厂、红峡化工厂等。

六院共研制出30余个型号、50余种配方的战略、战术及宇航用固体火箭发动机。1970年,长征一号第三级固体火箭将中国第一颗人造地球卫星——“东方红一号”送入太空。连续17次成功地将返回式卫星从太空送回地面。研制生产中国第一代、第二代陆基战略导弹两级发动机。六院研制的固体发动机——EPKM,两度准确地将“亚洲二号”卫星和“艾科斯达一号”卫星送入36 000千米的地球同步转移轨道,是中国第一个打入国际卫星发射市场的固体火箭发动机。随后开发研制的铱星变轨发动机将美国摩托罗拉铱星系统的12颗卫星准确释放在预定轨道,为中国航天走向世界做出了重要贡献。

六院拥有先进的生产、测试设备和精密的分析仪器,具备完善的质量保证体系,多年来交付飞行的固体火箭发动机成功率为100%。先后获得国家科技进步成果特等奖、一等奖、二等奖,获得国防科技进步一等奖。1997年1月,六院荣获中国航天系统唯一“优质固体火箭发动机”金牌。1998年,被中国航天工业总公司党组命名为“航天精神教育基地”。2007年,党中央、国务院、中央军委联合授予六院“某工程重大贡献奖”。

六院获得省部级以上科研成果奖上百余项,申请专利718件,发明专利523件,有力支撑重点战略导弹的研制、试验和批产,以及中国新一代陆基、海基战略导弹的研制、预研和演示验证任务。六院成功研制的东方红第三级固体火箭发动机、尖兵返回制动固体发动机和EPKM近地点固体发动机,在中国第一颗人造地球卫星、第一颗返回式侦察卫星、第一颗试验通信卫星、第一颗气象卫星和国际卫星发射中屡建功勋。

六院以“1 个国家级或国防级创新平台、2 个先进的技术中心、3 个民用产业主力板块、4 条精益研发制造线”构成的产业新体系建设为统领，全面打造成具有较强的价值创造力、系统创新力、战略影响力和国内外资源配置力的国内领先的现代化骨干研究院。成为治理现代化、机制市场化、资本多元化、经营资本化、技术一流化、产业高端化的高科技研究院，成为航天防务领域动力系统的领跑者，科技创新的排头兵。

2011 年，六院完成固体动力资源整合重组，成为集团公司固体动力配套的唯一责任主体。通过固体动力资源重组，形成了内蒙古、陕西、湖北三地协同发展格局，有效拓展产业布局空间，拓展六院固体火箭发动机专业范围、增强专业技术力量、扩大经济规模。

2017 年，六院资产总额 80 余亿元，拥有 5 所专业研究所，3 家大型生产厂，3 家民品公司，3 个配套服务保障单位，年营业收入达 50 亿元以上。在职职工 6600 余人，省部级以上专家 91 人，其中 42 人享受国务院政府特殊津贴。六院拥有先进的设计技术，完备的生产、试验条件，具备战略、战术、宇航用固体火箭发动机技术研究、设计、制造、试验能力和化工产品、机械加工、复合材料、工业自动化系统集成等多项民用产品的开发、生产能力，已经发展成为多地协同管理、高科技人才聚集、综合实力雄厚的军民融合发展的现代化企业。

第十四节　高新技术开发区及高新技术企业

一、国家级高新技术开发区

呼和浩特金山高新技术产业开发区是全市唯一的国家级高新技术产业开发区，开发区规划面积 100 平方千米，位于呼和浩特市土默特左旗境内。

呼和浩特金山高新技术产业开发区的前身是于 2002 年 3 月启动建设的金山经济技术开发区，2003 年升格为自治区级开发区，2011 年成为自治区高新技术产业开发区。2014 年，开发区由国务院批复升级为国家高新技术产业开发区。

金山高新区紧紧围绕建设创新园区的目标，积极面向海内外集聚创新资源和高层次人才，加快研发和转化先进科技成果，着力推动产业转型升级，自主创新能力明显提升。经过多年发展，金山高新区已形成乳业、装备制造、生物医药、新材料、节能环保和现代物流六大主导产业。

市政府高度重视金山高新区的建设工作，在组织机构、科技创新驱动服务体系建设、科技发展平台建设、完善科技金融服务体系、培育创新型中小企业、科技孵化器建设、“产、学、研”协作体系建设、引导技术创新人才向企业集聚、出台配套政策等方面进行探讨，并不断完善支持呼和浩特金山高新区建设的若干政策。在《呼和浩特市科学技术进步促进条例》《呼和浩特市人民政府关于加快推进高新技术企业和科技成长型企业发展的意见》等各类政策文件中，均对金山高新区给予重点扶持。

呼和浩特金山高新区内的自治区级科技企业孵化器、自治区众创空间试点培育基地为小微企业发展提供了持续创新创业服务。自治区级科技企业孵化器拥有7000平方米的办公场所，可为小微企业提供路演、沙龙、创业指导、资本对接、成果展示等活动。并与北京“优米”网共建“金山——优米企业云课堂”，为创业者提供在线视频学习课程，内容覆盖营销、创业商机、领导力、投资新趋势、行业管理等。金山众创基地依托首府国家高新区的优势、致力于打造一个具有内蒙古区域和行业特色的众创空间，同时与科研院所、科技企业孵化器、加速器及产业园等共同形成创新创业的生态体系。

2014年2月19日，市长秦义在政府工作报告中明确提出，要把金山国家级高新技术开发区建成全市高新技术产业发展高地；3月，市政府会同自治区、市两级科技部门召开进一步推进金山高新区升级后工作的座谈会，在组织机构、科技创新驱动服务体系建设、科技发展平台建设、完善科技金融服务体系、培育创新型中小企业、科技孵化器建设、“产、学、研”协作体系建设、引导技术创新人才向企业集聚、出台配套政策等方面进行探讨，并着手准备出台《呼和浩特市人民政府关于进一步支持金山高新区建设的若干意见》。

在“大众创新、万众创业”的大背景下，呼和浩特金山高新区积极引导区内企业、合作单位等开展各类创新、创业活动。其中，呼和浩特金山高新区众创基地的物联网集约化设施农业大棚环境参数采集终端项目获得中国“互联网+”大学生创新创业大赛铜奖，智控家居获得中国“互联网+”大学生创新创业人赛优秀作品。选派虚拟现实、增强现实项目和物联网集约化设施农业大棚环境参数采集终端项目参加内蒙古电视台录制的《创业内蒙古》，通过比赛，部分企业获得投资意向。

金山高新区积极开展与科研院所、行业协会、产业联盟等的产学研合作。目前与内蒙古工业大学建立战略合作伙伴关系。组织引导内蒙古地区各高校参与金山高新区企业的研发、技术改造升级，为高新区“二次创业”增添内动力。金山高新区还先后与重庆科学技术研究院、中国电子信息技术产业协会、中国科学院深圳先进技术研究院深圳市机器人协会，中国肉类加工产业技术创新战略联盟等开展一系列的科技合作。

呼和浩特金山高新区与内蒙古股权交易中心建立战略合作伙伴关系，全面开启科技金融合作，为呼和浩特金山高新区企业打通绿色通道。双方就科技支行、科技引导资金等方面进一步探索，推动科技与金融结合工作更加有效地开展。同时，积极与各类天使基金、风投机构接触，引进其进驻呼和浩特金山高新区。

2016年3月，呼和浩特金山高新区与西安交通大学快速制造国家工程研究中心签约，在呼和浩特金山高新区打造“快速制造国家工程研究中心内蒙古3D打印创新中心”。该中心将打造成3D打印数字智造产业化示范基地。5月16日，新能源汽车制造6个前期项目集中开工仪式在金山高新技术产业开发区举行。该项目占地面积约2605亩，计划总投资约200亿元，拟入驻规模以上工业企业20家以上，致力于发展新能源汽车电池、电机、电控等核心零部件生产以及整车制造等延伸产业链，预计年产值可达500亿元。9月，总投资80亿元的呼和浩特市新能源汽车产业园二期在金山高新区开工。

2017年5月8日，内蒙古浩普瑞新能源材料股份有限公司在呼和浩特金山高新技术产业开发区新能源汽车产业园正式投产。该项目总投资11亿元，全部建成后年产4万吨磷酸铁锂正极材料。

二、自治区级高新技术产业开发区

到2017年末，全市拥有自治区级高新技术产业开发区2家，包括呼和浩特经济技术开发区和金桥经济开发区，年收入超过700亿元，两区发展各有特色，是支撑呼和浩特市工业和科技发展的主要力量。

（一）呼和浩特经济技术开发区

始建于1992年，2000年7月被国务院批准晋升为国家级开发区。园区规划面积9.8平方千米。

2003年，呼和浩特经济技术开发区被自治区政府批准为自治区级高新技术产业开发区。开发区由6个经济功能区、1个镇组成，分别是沙尔沁工业区、如意工业园区、金川工业园区、国家级呼和浩特出口加工区、白塔空港物流园、国家级留学人员创业园（国家级科技企业孵化器），沙尔沁镇。

2015年，开发区营业收入占全市GDP比重的16.3%，研发经费支出占GDP比重达7%以上，科技财政投入占财政总支出的6%，专利拥有量达1170件，战略性新兴产业占工业总产值的比重达66.3%，科技型中小企业达300余家，实现利润131.4亿元，实现税收15.08亿元，逐渐成为开发区经济转型发展的重要增长源，在全市发挥较强的区域带动作用。

2016年，开发区工业总产值381.54亿元，税金31.89亿元。

呼和浩特经济技术开发区围绕技术创新、创业服务搭建各类服务载体和平台，截至“十二五”期末，开发区拥有国家级留学人员创业园1家，国家级科技企业孵化器1家，国家级知识产权优势企业2家，各级工程技术研究中心16家，各级企业研发中心45家，各级企业技术中心10家，各级知识产权工作试点企业16家，自治区新型科技研究开发机构2家，自治区级重点实验室 3 个，自治区众创空间试点依托单位 5 个，入孵园区企业 262 家。

工业方面基本形成 6 个产业体系：以伊利集团为代表的绿色食品加工业；以创维电子为代表的信息制造业；以阜丰、齐鲁制药、双奇药业为代表的生物发酵和生物制药业；以众环数控、富特橡塑为代表的装备制造业；以科林埃尔光伏材料、日月太阳能为代表的新能源新材料产业；以利乐为代表的新型包装材料产业。同时，现代物流、金融、电子商务等一批现代服务业在开发区成长壮大，开发区正在由单一工业型向多元发展的综合产业园迈进。

（二）呼和浩特金桥经济开发区

2014 年，该开发区经自治区政府批准为自治区级高新技术产业开发区，是国家发改委核准的经济开发区、自治区 24 家重点工业（园）区之一、自治区沿黄沿线规划战略确定的四大工业集中区之一和千亿元产业区，是第一家自治区呼和浩特市光伏材料产业示范基地、呼和浩特市发展装备制造业的产业基地。

在“2014 中国新能源产业经济发展年会”上，金桥光伏产业园被评为“2014 中国新能源产业创新园区”。到 2014 年，金桥开发区累计完成基础设施建设投资 21 亿元、固定资产投资 571 亿元、招商引资到位资金 571 亿元，累计实现财政收入 42.5 亿元，引进工业企业 44 户，其中规模以上工业企业 15 户，工业经济指标在自治区工业园区中排名前 15 位。

金桥开发区已形成以石油化工产业、光伏材料产业、半导体照明为主的三大主导产业，形成以卷烟、电力、印刷、建材为主的四大辅助产业，正在加快发展半导体材料产业和装备制造产业。2015 年，驻区企业研发投入占销售收入的比重为 2.5%，有发明专利 28 个，工程技术人员 1153 人；同年，中石油呼和浩特石化公司和中海油天野化工股份公司实现产值 187.4 亿元，占园区总产值的 56.2%。内蒙古神舟硅业有限公司和内蒙古中环光伏材料有限公司年产值 22.9 亿元，占园区总产值的 6.6%。内蒙古昆明卷烟有限责任公司年产值 53.4 亿元，年产量 40.5 万大箱，占园区总产值的 15.3%。呼和浩特金桥热电厂年发电量达 33 亿度，实现发电 31 亿度，营业收入 7.5 亿元，总投资 3.8 亿元的金桥热电厂循环水余热回收利用项目达产后可实现年产值 8000 万元。内蒙古爱信达教育印务公司和内蒙古日报社印务中心均拥有先进的德国海德堡印刷设备，总投资 3 亿元的爱信达印务中心，一期投资 1.4 亿元，园区印刷品年产值 1 亿元。内蒙古晶环电子材料有限公司 2015 年产值 5900 万元，已完成投资 10 亿元，后期扩能拟投资 16 亿元。

该开发区建设金桥电子商务产业园与金桥电子商务众创空间。金桥电子商务众创空间是集创新创业、创业服务、项目孵化为一体，引导区域的人才、技术、资本等创新要素向众创空间集聚，打造电子商务产业生态圈，为入驻企业免费提供办公房屋及软性公共服务。产业园规模10万平方米,集聚近300家电子商务及相关配套企业、全要素构建电子商务发展生态圈。园区采取政府主导,市场化运营模式,以“聚合、创新、共享为理念”,立足于呼市,辐射内蒙古地区,努力打造国家级电子商务示范基地。

三、高新技术企业

截至2018年底,全市有效期内高新技术企业达273家,占自治区高新技术企业总数的40%左右,居全区首位。2016年、2017年、2018年高新技术企业总数分别为131家、196家和273家,连续3年实现高速增长。

呼和浩特高新技术企业一览表

表4-14-1

序号	企业名称	所属技术领域	认定时间	所属区域
1	金宇保灵生物药品有限公司	生物与新医药技术	2016年	玉泉区
2	内蒙古华强通讯技术有限公司	电子信息技术	2016年	新城区
3	内蒙古路桥集团有限责任公司	高技术服务业	2016年	新城区
4	内蒙古康远工程建设监理有限责任公司	电子信息技术	2016年	赛罕区
5	内蒙古友云通信信息服务有限公司	电子信息技术	2016年	新城区
6	内蒙古安平科技咨询有限责任公司	高技术服务业	2016年	新城区
7	内蒙古凯通科技有限公司	资源与环境	2016年	如意开发区
8	呼和浩特市奥祥电力自动化有限公司	先进制造与自动化	2016年	赛罕区
9	内蒙古日清源环保科技有限责任公司	资源与环境	2016年	如意开发区
10	金河生物科技股份有限公司	生物与新医药技术	2016年	托克托县
11	内蒙古金源康生物工程有限公司	生物与新医药技术	2016年	玉泉区
12	内蒙古中科北讯信息技术开发有限责任公司	生物与新医药技术	2016年	如意开发区
13	内蒙古青城网络科技有限公司	电子信息技术	2016年	赛罕区
14	内蒙古蓝元科技发展有限公司	电子信息技术	2016年	赛罕区
15	内蒙古中牧生物药业有限公司	生物与新医药技术	2016年	托克托县
16	内蒙古普泽生物制品有限责任公司	生物与新医药技术	2016年	金川开发区
17	内蒙古校信通教育科技有限公司	电子信息技术	2016年	如意开发区
18	内蒙古总馨水处理设备有限公司	高技术服务业	2016年	赛罕区

续表 1

序号	企　业　名　称	所属技术领域	认定时间	所属区域
19	工大华远	高技术服务业	2016 年	如意开发区
20	内蒙古金田科技股份有限公司	高技术服务业	2016 年	赛罕区
21	内蒙古自治区邮电规划设计院有限公司	高技术服务业	2016 年	赛罕区
22	内蒙古仁达特种电缆有限公司	先进制造与自动化	2016 年	金山高开区
23	内蒙古金财信息技术有限公司	电子信息技术	2016 年	如意开发区
24	内蒙古四联教育有限公司	高技术服务业	2016 年	赛罕区
25	内蒙古鼎丽科技有限公司	电子信息技术	2016 年	新城区
26	内蒙古金华源环境资源工程咨询有限责任公司	资源与环境	2016 年	赛罕区
27	齐鲁制药(内蒙古)有限公司	生物与新医药技术	2016 年	金川开发区
28	内蒙古江格尔文化传播有限公司	电子信息技术	2016 年	金川开发区
29	内蒙古盛仁电子科技有限公司	先进制造与自动化	2016 年	新城区
30	内蒙古博通信息技术有限公司	电子信息技术	2016 年	赛罕区
31	内蒙古兰太药业有限责任公司	生物与新医药技术	2016 年	金川开发区
32	内蒙古开盛生物科技有限公司	生物与新医药技术	2016 年	托克托县
33	内蒙古友德信息技术有限公司	电子信息技术	2016 年	赛罕区
34	内蒙古电力勘测设计院有限责任公司	高技术服务业	2016 年	赛罕区
35	内蒙古科高电力技术检测有限公司	先进制造与自动化	2016 年	金山高开区
36	内蒙古坤瑞玻璃股份有限公司	新材料技术	2016 年	如意开发区
37	内蒙古华鑫宇安防科技有限公司	电子信息技术	2016 年	回民区
38	内蒙古民大薯业有限责任公司	生物与新医药技术	2016 年	武川县
39	呼和浩特市蒙谷香生物科技有限公司	生物与新医药技术	2016 年	玉泉区
40	内蒙古天堂草原文化传媒有限责任公司	高技术服务业	2016 年	新城区
41	内蒙古自治区机电设计研究院有限责任公司	新能源与节能技术	2016 年	赛罕区
42	内蒙古华仁达科技有限公司	高新技术改造传统产业	2016 年	呼和浩特留创园
43	内蒙古正隆谷物食品有限公司	生物与新医药技术	2016 年	托克托县

续表2

序号	企 业 名 称	所属技术领域	认定时间	所属区域
44	内蒙古网慧信息技术有限公司	电子信息技术	2016年	赛罕区
45	内蒙古网智科技服务有限责任公司	高技术服务业	2016年	新城区
46	内蒙古祥宇通信网络工程有限公司	新能源与节能技术	2016年	和林格尔县
47	健隆生物科技股份有限公司	生物与新医药技术	2016年	托克托县
48	内蒙古众路信息工程有限公司	电子信息技术	2016年	赛罕区
49	神舟生物科技有限责任公司	生物与新医药技术	2016年	托克托县
50	内蒙古富特橡塑机械有限责任公司	先进制造与自动化	2016年	金川开发区
51	内蒙古伊晨环境材料有限公司	新材料技术	2016年	呼和浩特留创园
52	元和药业股份有限公司	生物与新医药技术	2016年	金川开发区
53	内蒙古鲁阳节能材料有限公司	新材料技术	2016年	金山高开区
54	呼阀科技控股股份有限公司	先进制造与自动化	2016年	玉泉区
55	内蒙古宇航人高技术产业有限责任公司	生物与新医药技术	2016年	和林格尔县
56	内蒙古大唐国际再生资源开发有限公司	新材料技术	2016年	托克托县
57	内蒙古欧晶科技股份有限公司	新材料技术	2016年	赛罕区
58	内蒙古和讯气象科技有限责任公司	电子信息技术	2016年	呼和浩特留创园
59	内蒙古灵奕高科技(集团)有限责任公司	电子信息技术	2016年	如意开发区
60	内蒙古交通设计研究院有限责任公司	高技术服务业	2016年	新城区
61	内蒙古显鸿科技股份有限公司	新材料技术	2016年	和林格尔县
62	内蒙古尚亿科技有限责任公司	电子信息技术	2016年	新城区
63	尚尚云汇网络科技有限公司	高技术服务业	2016年	赛罕区
64	内蒙古万嘉信息技术有限公司	高技术服务业	2016年	呼和浩特留创园
65	内蒙古呼和浩特市立信电气技术有限责任公司	电子信息技术	2016年	赛罕区
66	盛银和睿科技有限公司	电子信息技术	2016年	赛罕区
67	内蒙古大唐药业股份有限公司	生物与新医药技术	2016年	如意开发区

续表 3

序号	企　业　名　称	所属技术领域	认定时间	所属区域
68	内蒙古新视播信息科技有限公司	电子信息技术	2016 年	新城区
69	内蒙古自立科技有限责任公司	电子信息技术	2016 年	赛罕区
70	内蒙古中环光伏材料有限公司	新材料技术	2017 年	赛罕区
71	内蒙古易捷贷金融信息服务有限公司	电子信息技术	2017 年	如意开发区
72	内蒙古航联科技开发有限责任公司	高技术服务业	2017 年	呼和浩特留创园
73	内蒙古山水绿景生态科技有限公司	资源与环境	2017 年	赛罕区
74	内蒙古神舟硅业有限责任公司	新材料技术	2017 年	赛罕区
75	内蒙古晶新科技有限责任公司	电子信息技术	2017 年	新城区
76	内蒙古蒙肥生物科技有限公司	生物与新医药技术	2017 年	土默特左旗
77	中科通正检验检测技术服务有限公司	高技术服务业	2017 年	赛罕区
78	内蒙古鎏畅电子科技有限公司	电子信息技术	2017 年	赛罕区
79	内蒙古路桥工程技术检测有限责任公司	高技术服务业	2017 年	新城区
80	内蒙古和盛生态育林有限公司	生物与新医药技术	2017 年	和林格尔县
81	内蒙古大学公路工程试验检测中心	高新技术服务业	2017 年	玉泉区
82	内蒙古凌动信息科技有限公司	电子信息技术	2017 年	金川开发区
83	内蒙古邦众科技有限公司	电子信息技术	2017 年	赛罕区
84	内蒙古宝亮信息技术股份有限公司	电子信息技术	2017 年	新城区
85	内蒙古巨鹏电子科技开发有限公司	电子信息技术	2017 年	赛罕区
86	内蒙古慧瑞系统集成有限公司	电子信息技术	2017 年	新城区
87	内蒙古日盛可再生资源有限公司	资源与环境	2017 年	托克托县
88	内蒙古证联网络技术有限公司	高技术服务业	2017 年	金川开发区
89	内蒙古送变电有限责任公司	先进制造与自动化	2017 年	赛罕区
90	内蒙古富源新纪检测有限责任公司	高技术服务业	2017 年	金川开发区
91	内蒙古能源规划设计研究院有限公司	高技术服务业	2017 年	赛罕区
92	内蒙古升腾电子科技有限公司	电子信息技术	2017 年	新城区
93	内蒙古中电联合电力技术有限公司	新能源与节能技术	2017 年	赛罕区

续表 4

序号	企业名称	所属技术领域	认定时间	所属区域
94	内蒙古大有生物肥业股份有限公司	生物与新医药技术	2017 年	和林格尔县
95	内蒙古必威安泰生物科技有限公司	生物与新医药技术	2017 年	和林格尔县
96	内蒙古牧野昕光信息技术有限公司	电子信息技术	2017 年	和林格尔县
97	内蒙古宇行信息科技有限公司	电子信息技术	2017 年	新城区
98	内蒙古瑞特优化科技股份有限公司	高新技术改造传统产业	2017 年	回民区
99	内蒙古能建国际工程建设投资有限公司	先进制造与自动化	2017 年	赛罕区
100	内蒙古神防安防科技有限公司	高技术服务业	2017 年	赛罕区
101	内蒙古超牌建材科技有限公司	资源与环境	2017 年	清水河县
102	内蒙古中天科技有限公司	生物与新医药技术	2017 年	赛罕区
103	内蒙古浩源新材料股份有限公司	新材料技术	2017 年	和林格尔县
104	内蒙古成迈科技信息有限公司	电子信息技术	2017 年	新城区
105	内蒙古博易智软技术有限公司	高技术服务业	2017 年	赛罕区
106	内蒙古证联信息技术有限责任公司	高技术服务业	2017 年	新城区
107	内蒙古博微计算机有限公司	电子信息技术	2017 年	赛罕区
108	内蒙古华富饲料有限责任公司	生物与新医药技术	2017 年	土默特左旗
109	内蒙古爱威天洋科技有限公司	先进制造与自动化	2017 年	玉泉区
110	内蒙古纳顺装备工程(集团)有限公司	先进制造与自动化	2017 年	回民区
111	内蒙古科达铝业装饰工程有限公司	新能源与节能技术	2017 年	回民区
112	内蒙古三联金山化工有限责任公司	资源与环境	2017 年	金山高开区
113	内蒙古梦像科技有限公司	高技术服务业	2017 年	新城区
114	内蒙古晶环电子材料有限公司	电子信息技术	2017 年	赛罕区
115	内蒙古钱道信息技术有限公司	高技术服务业	2017 年	新城区
116	内蒙古蒙草生态环境(集团)股份有限公司	生物与新医药技术	2017 年	和林格尔县
117	内蒙古华讯软件有限公司	高技术服务业	2017 年	新城区
118	华动泰越科技有限责任公司	电子信息技术	2017 年	新城区
119	华蒙通物流控股(集团)有限公司	高技术服务业	2017 年	和林格尔县

续表 5

序号	企业名称	所属技术领域	认定时间	所属区域
120	内蒙古华唐伟业再生资源有限公司	新材料技术	2017 年	托克托县
121	内蒙古腾信智慧电子有限责任公司	电子信息技术	2017 年	赛罕区
122	内蒙古蒙能建设工程监理有限责任公司	电子信息技术	2017 年	赛罕区
123	内蒙古蒙容肉业有限责任公司	生物与新医药技术	2017 年	土默特左旗
124	内蒙古成为电能服务有限公司	新能源与节能技术	2017 年	赛罕区
125	内蒙古华欧淀粉工业股份有限公司	生物与新医药技术	2017 年	和林格尔县
126	内蒙古睿达鑫科技有限责任公司	高技术服务业	2017 年	如意开发区
127	内蒙古众跃电力有限公司	高技术服务业	2017 年	赛罕区
128	内蒙古三主粮天然燕麦产业股份有限公司	生物与新医药技术	2017 年	如意开发区
129	内蒙古融成玉米开发有限公司	生物与新医药技术	2017 年	托克托县
130	中铁六局集团呼和浩特铁路建设有限公司	新能源与节能技术	2017 年	新城区
131	内蒙古汉尔信息科技有限公司	电子信息技术	2017 年	新城区
132	内蒙古银宏干细胞生命科技投资有限公司	高技术服务业	2017 年	新城区
133	内蒙古中科盛通科技有限公司	高技术服务业	2017 年	呼和浩特留创园
134	内蒙古京诚检测技术有限公司	高技术服务业	2017 年	赛罕区
135	内蒙古城市规划市政设计研究院有限公司	高技术服务业	2017 年	如意开发区
136	内蒙古微云信息技术有限公司	电子信息技术	2017 年	新城区
137	内蒙古电子口岸股份有限公司	电子信息技术	2017 年	新城区
138	内蒙古中电智通科技有限公司	高技术服务业	2017 年	呼和浩特留创园
139	内蒙古纵横伟业软件与技术服务有限公司	电子信息技术	2017 年	赛罕区
140	内蒙古薯元康生物科技有限公司	生物与新医药技术	2017 年	武川县
141	呼和浩特市传星科技有限责任公司	电子信息技术	2017 年	回民区
142	内蒙古蒙清农业科技开发有限责任公司	生物与新医药技术	2017 年	清水河县
143	内蒙古汇联科技有限公司	电子信息技术	2017 年	赛罕区
144	启明星宇节能科技股份有限公司	新能源与节能技术	2017 年	玉泉区

续表 6

序号	企 业 名 称	所属技术领域	认定时间	所属区域
145	呼和浩特中燃城市燃气发展有限公司	新能源与节能技术	2017 年	新城区
146	内蒙古爱众医学影像有限公司	生物与新医药技术	2017 年	回民区
147	内蒙古天地方正信息有限责任公司	电子信息技术	2017 年	赛罕区
148	华夏聚光(内蒙古)光伏电力有限公司	新能源与节能技术	2017 年	赛罕区
149	内蒙古新桑达电子有限责任公司	电子信息技术	2017 年	赛罕区
150	内蒙古雲图计算机软件开发有限公司	电子信息技术	2017 年	和林格尔县
151	内蒙古乳业技术研究院有限责任公司	高技术服务业	2017 年	金山高开区
152	内蒙古印象蒙古文化传播有限公司	高技术服务业	2017 年	新城区
153	内蒙古动力机械研究所(41 所)	航空航天	2017 年	新城区
154	中国农业机械化科学研究院呼和浩特分院有限公司	生物与新医药技术	2018 年	赛罕区
155	内蒙古昊琨公共安全技术信息有限公司	电子信息技术	2018 年	新城区
156	内蒙古安达文化传媒有限责任公司	高技术服务业	2018 年	新城区
157	呼和浩特市邦健信息技术有限公司	高技术服务业	2018 年	赛罕区
158	内蒙古红太阳食品有限公司	生物与新医药技术	2018 年	玉泉区
159	内蒙古达英尔科技有限责任公司	电子信息技术	2018 年	赛罕区
160	内蒙古艺虹印刷包装有限公司	先进制造与自动化	2018 年	和林格尔县
161	内蒙古新创环境科技有限公司	高技术服务业	2018 年	新城区
162	内蒙古信元网络安全技术股份有限公司	电子信息技术	2018 年	新城区
163	内蒙古泰佳科技有限公司	电子信息技术	2018 年	赛罕区
164	内蒙古科创测绘设计有限公司	高技术服务业	2018 年	赛罕区
165	内蒙古华融电力科技有限公司	电子信息技术	2018 年	赛罕区
166	内蒙古隆盛信息科技有限公司	电子信息技术	2018 年	赛罕区
167	内蒙古精功测绘科技发展有限责任公司	高技术服务业	2018 年	如意开发区
168	内蒙古江宏信息技术有限公司	电子信息技术	2018 年	赛罕区
169	内蒙古汇天网络技术有限公司	电子信息技术	2018 年	新城区
170	内蒙古合成化工研究所	航空航天	2018 年	新城区

续表 7

序号	企　业　名　称	所属技术领域	认定时间	所属区域
171	呼和浩特市利信机电设备有限公司	新能源与节能技术	2018 年	赛罕区
172	内蒙古佳惠科技有限公司	电子信息技术	2018 年	如意开发区
173	内蒙古万德系统集成有限责任公司	电子信息技术	2018 年	如意开发区
174	内蒙古华蒙科创环保科技工程有限公司	资源与环境	2018 年	和林格尔县
175	内蒙古双奇药业股份有限公司	生物与新医药技术	2018 年	如意开发区
176	内蒙古和美科盛生物技术有限公司	生物与新医药技术	2018 年	新城区
177	西电联合电气集团股份有限公司	先进制造与自动化	2018 年	金川开发区
178	内蒙古内化科技有限公司	高技术服务业	2018 年	呼和浩特留创园
179	内蒙古天大天财信息技术有限责任公司	电子信息技术	2018 年	赛罕区
180	内蒙古银安科技开发有限责任公司	电子信息技术	2018 年	如意开发区
181	内蒙古浙科信息技术有限公司	电子信息技术	2018 年	赛罕区
182	内蒙古意欧迅电子产品有限公司	电子信息技术	2018 年	赛罕区
183	内蒙古龙图电气有限公司	电子信息技术	2018 年	赛罕区
184	内蒙古金开信息技术有限公司	高技术服务业	2018 年	赛罕区
185	内蒙古炎林通讯技术有限公司	电子信息技术	2018 年	新城区
186	内蒙古赢领教育信息咨询有限公司	高技术服务业	2018 年	赛罕区
187	内蒙古日月太阳能科技有限责任公司	新能源与节能技术	2018 年	如意开发区
188	内蒙古国讯富通科技有限公司	电子信息技术	2018 年	新城区
189	内蒙古方维电子科技(集团)有限责任公司	电子信息技术	2018 年	金川开发区
190	内蒙古金河环保科技股份有限公司	资源与环境	2018 年	托克托县
191	呼和浩特市德众伟业信息技术有限公司	电子信息技术	2018 年	赛罕区
192	内蒙古易商信息科技有限公司	电子信息技术	2018 年	赛罕区
193	内蒙古盛图测绘科技有限公司	高技术服务业	2018 年	赛罕区
194	托克托县宏昌机械制造有限公司	生物与新医药技术	2018 年	托克托县
195	内蒙古蓝睿信息技术有限公司	电子信息技术	2018 年	回民区
196	内蒙古金河动物药业有限公司	生物与新医药技术	2018 年	托克托县

续表 8

序号	企　业　名　称	所属技术领域	认定时间	所属区域
197	内蒙古旗纳尔卫星运用科技有限公司	电子信息技术	2018 年	呼和浩特留创园
198	呼和浩特市欧通能源科技有限公司	资源与环境	2018 年	赛罕区
199	内蒙古赛宝伦科技有限公司	新材料技术	2018 年	如意开发区
200	内蒙古碳谷科技有限公司	新材料技术	2018 年	和林格尔县
201	内蒙古派德电子信息技术有限公司	高技术服务业	2018 年	赛罕区
202	内蒙古奥尔弘科技有限公司	电子信息技术	2018 年	赛罕区
203	内蒙古磐润科技有限公司	高技术服务业	2018 年	赛罕区
204	内蒙古德力海信息技术有限公司	电子信息技术	2018 年	新城区
205	内蒙古浪潮信息科技有限公司	高技术服务业	2018 年	新城区
206	内蒙古超想网络科技有限公司	电子信息技术	2018 年	回民区
207	内蒙古国风网络技术有限公司	电子信息技术	2018 年	新城区
208	内蒙古汇鑫电子商务有限公司	电子信息技术	2018 年	赛罕区
209	内蒙古胜日信息科技有限公司	电子信息技术	2018 年	赛罕区
210	内蒙古航天红岗机械有限公司	航空航天	2018 年	赛罕区
211	内蒙古亨利新技术工程股份有限公司	高技术服务业	2018 年	新城区
212	内蒙古春源环保科技有限公司	高技术服务业	2018 年	如意开发区
213	内蒙古东润能源科技有限公司	新能源与节能技术	2018 年	如意开发区
214	内蒙古众谊环保科技股份有限公司	资源与环境	2018 年	赛罕区
215	内蒙古司拓民航科技有限责任公司	航空航天	2018 年	赛罕区
216	呼和浩特市四方工程质量检测试验中心	高技术服务业	2018 年	赛罕区
217	内蒙古安邦安全科技有限公司	高技术服务业	2018 年	如意开发区
218	内蒙古航天信息有限公司	电子信息技术	2018 年	呼和浩特留创园
219	内蒙古誉华智能科技有限公司	电子信息技术	2018 年	赛罕区
220	内蒙古蒙新农种业有限责任公司	生物与新医药技术	2018 年	新城区
221	内蒙古常盛制药有限公司	生物与新医药技术	2018 年	托克托县

续表 9

序号	企 业 名 称	所属技术领域	认定时间	所属区域
222	内蒙古赛科星繁育生物技术(集团)股份有限公司	生物与新医药技术	2018 年	和林格尔县
223	内蒙古斯隆生物技术有限责任公司	生物与新医药技术	2018 年	和林格尔县
224	内蒙古优牧特农牧科技股份有限公司	生物与新医药技术	2018 年	和林格尔县
225	内蒙古麒麟明珠胶原蛋白肠衣有限公司	生物与新医药技术	2018 年	金川开发区
226	内蒙古科电电气有限责任公司	先进制造与自动化	2018 年	和林格尔县
227	内蒙古京能盛乐热电有限公司	先进制造与自动化	2018 年	和林格尔县
228	内蒙古富苑制冷设备有限公司	高技术服务业	2018 年	新城区
229	内蒙古金达威药业有限公司	生物与新医药技术	2018 年	托克托县
230	内蒙古华腾科技股份有限公司	电子信息技术	2018 年	如意开发区
231	呼和浩特市宇驰检测技术有限公司	高技术服务	2018 年	如意开发区
232	内蒙古腾信软件有限公司	电子信息技术	2018 年	赛罕区
233	内蒙古新泰天逸金服信息科技有限公司	电子信息技术	2018 年	新城区
234	内蒙古恒瑞新能源有限责任公司	新能源与节能技术	2018 年	赛罕区
235	内蒙古巨华集团大华建筑安装有限公司	新能源与节能技术	2018 年	新城区
236	内蒙古灵奕(集团)信息技术有限责任公司	电子信息技术	2018 年	如意开发区
237	内蒙古远想信息科技有限公司	电子信息技术	2018 年	玉泉区
238	内蒙古精诚高压绝缘子有限责任公司	先进制造与自动化	2018 年	金川开发区
239	呼和浩特市星火燎原科技有限公司	电子信息技术	2018 年	如意开发区
240	内蒙古昶辉生物科技股份有限公司	生物与新医药技术	2018 年	和林格尔县
241	内蒙古盛越新能源有限公司	高技术服务	2018 年	赛罕区
242	内蒙古自治区特种设备检验院	高技术服务	2018 年	玉泉区
243	内蒙古蒙草草种业有限公司	生物与新医药技术	2018 年	和林格尔县
244	呼和浩特市君子兰塑胶有限责任公司	新材料技术	2018 年	土默特左旗
245	内蒙古传祺科技有限公司	电子信息技术	2018 年	赛罕区
246	内蒙古天巨鑫能源技术有限公司	先进制造及自动化	2018 年	土默特左旗
247	内蒙古弘睿节能科技有限公司	新能源与节能技术	2018 年	回民区

续表 10

序号	企业名称	所属技术领域	认定时间	所属区域
248	内蒙古久鼎食品有限公司	生物与新医药技术	2018 年	和林格尔县
249	内蒙古工大建筑设计有限责任公司	高技术服务	2018 年	新城区
250	内蒙古硕博自动化科技有限公司	高技术服务	2018 年	新城区
251	内蒙古汇远信息技术有限公司	高技术服务	2018 年	赛罕区
252	内蒙古方鼎金荣企业服务有限责任公司	电子信息技术	2018 年	玉泉区
253	内蒙古海泰节能环保工程有限公司	新材料技术	2018 年	如意开发区
254	内蒙古华致再生资源有限责任公司	新材料技术	2018 年	金山高开区
255	内蒙古联易信息技术有限责任公司	高技术服务	2018 年	新城区
256	内蒙古亚欣环境工程技术有限公司	资源与环境	2018 年	新城区
257	内蒙古远达首大环保有限责任公司	资源与环境	2018 年	如意开发区
258	内蒙古高原蓝节能环保科技有限公司	资源与环境	2018 年	托克托县
259	内蒙古拜克生物有限公司	生物与新医药技术	2018 年	托克托县
260	内蒙古阜丰生物科技有限公司	生物与新医药技术	2018 年	如意开发区
261	内蒙古国兴科技有限公司	高技术服务	2018 年	玉泉区
262	内蒙古金豆农业科技有限公司	电子信息技术	2018 年	赛罕区
263	内蒙古达智能源科技有限公司	高技术服务	2018 年	玉泉区
264	内蒙古点击科技有限责任公司	高技术服务	2018 年	赛罕区
265	内蒙古中寰卫星导航通信有限公司	高技术服务	2018 年	赛罕区
266	内蒙古恒新消防科技有限公司	先进制造与自动化	2018 年	新城区
267	内蒙古申科国土技术有限责任公司	高技术服务	2018 年	赛罕区
268	内蒙古北青信息技术有限公司	电子信息技术	2018 年	赛罕区
269	呼和浩特市博洋可再生能源有限责任公司	新能源与节能	2018 年	金山高开区
270	内蒙古蒙科立蒙古文化股份有限公司	电子信息技术	2018 年	如意开发区
271	内蒙古中孚明丰农业科技有限公司	电子信息技术	2018 年	回民区
272	内蒙古雷奥世纪防砸窗有限公司	新材料技术	2018 年	金山高开区
273	内蒙古网讯信息工程有限公司	电子信息技术	2018 年	金川开发区

第五章　社会领域科学技术

从20世纪90年代初,呼和浩特市加大对社会领域科学技术工作的支持和发展。2011年,根据国家科技部印发的《关于加快发展民生科技的意见》精神,为加强社会领域科技工作,呼和浩特市科技局在内部机构设置中增设社会发展科技科,负责研究提出全市科技促进社会发展的政策措施;组织实施社会发展方面的重大科技专项和科技促进社会发展的综合示范工作;指导涉及人口健康、资源环境、中蒙医药、城镇发展等领域的科技工作;指导可持续发展实验区的科技工作。

第一节　医疗技术与中蒙医药

一、医疗技术

2001年,呼和浩特市卫生局上报自治区卫生厅科研推广项目4项,进行6项科研课题鉴定,均通过行业评审。

2003年,全市地区开展在职卫生专业技术人员传染病防治专题培训。全市所辖9个旗县区的乡镇卫生院、卫生所(室)、个体医疗机构和社区卫生服务机构中的卫生专业技术人员参加突发公共卫生事件应急知识,消毒、防护、隔离等知识和技能培训。

2004年,全市进行两年一度的科教兴医优秀学科带头人、优秀青年人才考核评选命名工作,经过分类整理和专家委员会评审,共评选优秀学科带头人14人,优秀青年人才36名;同年,呼和浩特市第一医院的科研课题《脑血管病与院内感染相关因素研究》和《腕高率对判断RA腕骨塌陷的临床意义》获呼和浩特市科技进步三等奖。

2005年,呼和浩特市第二医院的"大剂量甘草甜素治疗SARS的临床研究""传染性非典型肺炎医院感染控制的研究"两项科技成果获得呼和浩特市科技进步三等奖。由呼和浩特市卫生防疫站、土默特左旗卫生防疫站共同研究的科研成果"呼和浩特盆地饮水砷致皮肤损害及癌症机理的研究"获中华中医药学会科学技术三等奖。

"十一五"规划时期(2006—2010),市第一医院首次在内蒙古引进射频消融肺癌治疗技术,为肺癌患者寻找到一种新的、安全有效的治疗方法。

2007年,全市卫生系统共获得呼和浩特市科学技术进步奖二等奖1项、三等奖3项。年内共组织局属单位申报内蒙古医学会科学技术奖3项,申报呼和浩特市科学技术进步奖4项，申报自治区第四届自然科学学术论文1篇。积极进行科技成果及适宜技术推广，牵头举办“母婴保健三项技术”适宜技术推广、“高血压适宜技术”推广、“糖尿病适宜技术”推广、“预防艾滋病推广使用安全套”适宜技术推广以及“强化免疫阻断乙肝病毒母婴传播的应用研究”等适宜技术及科研成果推广，在全市范围内特别是基层社区取得很好效果。

2008年，全市进一步加强疾病预防控制体系建设，提高各级疾控机构设备装备水平和人员整体素质，强化农村和城市社区疾病预防控制能力建设，完成重大疾病的防治任务和突发公共卫生事件应急处理任务。市疾控中心利用荷兰政府贷款项目，引进价值2300万元的43台高、精、尖检验设备，建立实验室管理系统、健康体检管理系统、职业体检系统、事业性收费系统4个信息化管理软件系统，提升全市疾控能力建设水平。

2009年，市第一医院实施由市科技重大专项资助的“呼和浩特市远程医学交流服务平台”建设项目，2011年6月由中国人民解放军武警总医院、空军总医院、海军总医院为专家技术支撑的呼和浩特市远程医疗服务平台搭建完成，该平台可为全市9个旗县区及帮扶区域内的患者提供远程会诊、手术转播、专家异地手术等高技术医疗服务，同时也可实现异地医护人员培训、教学，获取最新医疗信息和技术。

2010年，全市大力推广就医“一卡通”，并于该年起实现农民在定点医疗机构住院就医费用及时报销。

2012年，市第一医院与上海华山医院在神经外科领域进行技术合作，开展讲学、临床教学、查房、手术等合作方式，不仅培训技术骨干，提高神经外科手术的医疗水平，也使全市医疗技术研发工作机制得到创新。

2013年，在内蒙古自治区与广东省的科技合作交流周活动中，市第一医院与广州医学院第一附属医院（广州呼吸疾病研究所）进行合作对接，经双方协商，在全市建立以呼吸病研究诊治为主的协作基地和实验室，在流感、禽流感、肺癌、哮喘等项目开展合作，带动少数民族地区呼吸病诊治技术的提升和进步；同年，呼和浩特市中蒙医院开展数字化医院信息管理平台建设，该平台可实现电子病历、智能诊断、合理用药、病历模板、动态床位、图像传输等功能，使医院信息系统互联互通和数据共享。根据民族医院特点，该平台开发同时使用蒙古文医院管理软件，对于促进本地区中医、蒙医医疗卫生现代化管理，提升全市中蒙医科技创新服务能力具有重要意义。

2014年6月，广州医科大学附属第一医院广州呼吸疾病研究所呼和浩特市第一医院临床协作部正式启动。中国工程院院士、广州呼吸疾病研究所荣誉所长钟南山与呼和浩特市政府市长秦义共同揭牌。

2015年,围绕人口健康与中蒙医药领域科技需求,实施1个重大科技专项和2个医疗水平提升工程。“呼和浩特地区过敏性鼻炎患者吸入过敏原谱分析”项目的实施,打破近20年呼和浩特市地区没有过敏性鼻炎患者吸入过敏原谱研究的现状,对提高全市医疗机构科学防治水平具有促进作用。

2017年,市第一医院实施“气管内微创冷冻治疗联合放射性粒子永久植入治疗主大支气管肺癌的临床研究”项目,该项目针对患者的主大支气管肺癌,利用冷冻技术、放射性粒子内照射技术和纤维支气管镜治疗技术相结合,在显示器的监视下,通过纤维支气管镜下气管内微创冷冻治疗联合永久植入放射性粒子治疗主大气管、支气管肺癌的操作,对肿瘤细胞持续进行杀灭,然后尽快应用冷冻切除坏死的肿瘤组织,使腔内肿瘤不易复发再阻塞,尽快改善通气功能,有效提高了患者的生活质量,为下一步治疗创造有利条件。同年,市第一医院还实施“治疗真菌性角膜炎角膜移植分类的选择”应用技术研究与开发项目,针对真菌性角膜炎给患者带来的痛苦和导致失明的严重后果,采取共焦显微镜、前节OCT、聚合酶链反应仪,全自动细菌、真菌测定系统完善鉴别诊断,根据患者病灶特点、侵犯部位、深度、真菌种类及特点选择手术分类。利用眼库设备,保存角膜供体的有利条件,争取国内外的角膜捐赠,使呼和浩特市和周边盟市眼角膜病患者能够及时便捷的得到救治,通过该项目的实施,使眼角膜移植在角膜病诊疗中的应用快速发展,有效解决全市地区角膜病患者的角膜移植中的各类问题,使更多的眼角膜病患者重见光明。

2018年,市科技局围绕常见病、重大疾病和传染病组织实施开展13项临床诊疗技术的应用研究。其中“胸腔镜下计划性亚肺叶切除术对肺功能影响的临床研究”“基于蛋白组学探讨青蒿素对SLE肾病疗效及作用机制的研究”“免气腹悬吊式腹腔镜在妇科手术中的安全性研究”“乙肝、乙肝肝硬化、乙肝肝癌患者体内α防御素的差异表达研究”等一批临床诊疗技术的应用研究,进一步提升全市在肺癌临床治疗、肾病治疗、妇科疾病安全防控以及传染病防治技术等方面的医疗水平。同年,市科技局通过对“中医经验方黄氏嗣育丸药效物质基础研究及作用机制探讨”“加味通拉嘎－5”治疗骨质疏松临床研究的支持与开发,进一步加快蒙药药理作用机制研究与成果转化,为蒙药在临床治疗中提供了科学依据。支持开展“三种蒙医特色疗法治疗急性期带状疱疹的临床疗效探究”“中药复方养肝活血汤对酒精性肝硬化保护作用的研究”“耳穴贴压治疗冠心病心绞痛的临床操作规范及疗效评价”等蒙中医传统特色治疗技术研究,将蒙中医传统疗术应用并推广到临床治疗中,推动传统蒙中医药临床治疗水平的发展。

二、中蒙医药与机构

(一)中蒙医药

2012年，在托克托县实施“甘草繁殖新技术的产业化及示范基地建设”，该项目利用甘草横走茎繁殖新技术在沙化的弱盐碱地种植近万亩甘草，并与传统种植方式所产生的甘草药材就生物学特性、药材性状、投入与产量进行的对比评价。项目的实施加强了全市甘草野生资源的保护和恢复，推动中草药GAP种植技术的示范推广，同时有助于开发利用托克托县境内大面积盐碱荒地。

2012年，内蒙古大唐药业在武川县实施“蒙古黄芪种植示范基地建设与相关特色中成药肝肾滋等系列产品的关键技术研发及产业化”，该项目推广种植蒙古黄芪1000亩。

“十二五”规划时期（2011—2015），为加强保护、发展和利用中蒙药资源，保障中医药和民族医药事业发展，市科技局组织实施一系列中蒙药材种植基地建设和药材育种关键技术攻关的科技重大专项。共组织实施科技项目22项，投入科技经费550万元，占“十二五”社会发展领域科技投入的30%。通过开展中蒙药材种植基地建设和药材育种关键技术攻关，培育一批中蒙药材GAP（生产质量管理规范）标准化生产基地，保障全市中蒙药产业可持续发展。培育一批中蒙药材GAP标准化生产基地，建成蒙古黄芪种植推广基地2000亩，甘草横走茎繁殖新技术示范基地200亩、推广基地2300亩。在建的有伊犁贝母标准化种植示范基地40亩，优质枸杞治碱示范基地200亩，蓝刺头、玉簪花、黄芩人工种植示范基地120亩。

2017年，市科技局围绕中蒙医药材种植，积极实施2项应用研发项目。其中“射干、知母等中药材引进种植及示范推广项目”项目位于新城区保合少镇大窑村，通过开展知母、射干等中药材示范种植，形成示范种植达500亩，有效促进大青山东北部区域保合少、榆林镇农民种植结构调整。“黄芩保健茶标准化种植与深度开发研究”项目通过制定适合当地自然环境的黄芩茶标准化种植技术规程，研究确定黄芩茶产量高、品质优的最佳采收期，开发研制出符合国家茶叶等级标准的黄芩茶。

2018年，重点推进武川县得胜牡丹芍药种植和哈乐镇小秦艽栽培种植技术研究与开发，通过对牡丹芍药种质资源的引种、驯化，筛选出适合武川县种植的牡丹芍药品种，在此基础上培育优良牡丹芍药种子及种栽，建立牡丹芍药种苗繁育基地500亩及规范化种植基地1000亩，实现产值2000余万元，有效带动革命老区农民200户发家致富。为推进蒙药道地药材的发展，实施“内蒙古道地药材小秦艽栽培示范基地建设及引种驯化技术研究”，探索出适合全市大规模人工培育小秦艽的引种驯化技术，建成种植示范区200亩。实施“黄芪规范化种植基地建设”重大科技专项，通过蒙古黄芪种子纯化育苗和规范化种植技术应用研发，建立黄芪药材种子种苗示范基地100亩及规范化栽培示范基地500亩，可为在武川县“集中连片特困地区”推广种植蒙古黄芪面积

500 亩～1000 亩，实现农户年均增收 5000 元以上。制定黄芪药材种子种苗检测检验标准、质量分级标准各 1 项，繁育、栽培技术规范各 1 项，加工规范 1 项，药材生产全链条质量追溯体系 1 个。

（二）中蒙医专业医疗机构

1. 内蒙古自治区中医医院

该院位于呼和浩特市中心健康街，与内蒙古自治区中医药研究所合署办公，其前身为内蒙古自治区中蒙医医院（始建于 1958 年）和内蒙古自治区中蒙医研究所（始建于 1956 年）。2013 年，更名为内蒙古自治区中医医院。医院现设有临床科室 24 个，医技科室 5 个，病区 13 个。拥有国家中医药管理局“十一五”重点专科 2 个（肛肠科、心病科），国家中医药管理局“十二五”重点专科建设项目 2 个（内分泌科、肾病科），国家中医药管理局重点学科建设项目 2 个（肛肠科、急诊科），国家卫生部中医临床重点专科建设项目 2 个（肛肠科、肾病科），内蒙古自治区卫生厅重点学科 2 个（肛肠科、心病科），国家三级实验室 1 个（中药分析实验室）。医院（所）主办《中国民族医药杂志》《内蒙古中医药》2 种刊物。医院承担国家级课题、省级课题、厅局级课题共 60 余项，其中获得科技进步奖 10 余项。

2. 内蒙古自治区国际蒙医医院

2007 年 12 月，在呼和浩特市成立自治区蒙中医药管理局和内蒙古自治区国际蒙医医院。该医院是以蒙医药医疗为主的集医疗、科研、教学、预防、保健、康复、急救、制剂为一体的现代化三级甲等蒙医综合医院，是国家民族医院重点建设单位、国家蒙药制剂中心。蒙医五疗科、康复科、萨病科、护理学、脾胃病科、心身医学科等 6 个科室为国家临床重点专科；蒙医血液科、五疗萨病科、脑病科、心身医学科等 4 个科室为国家中医药管理局重点学科；蒙医五疗科、康复科等 10 个科室为国家中医药管理局重点专科；蒙医包氏正骨科、儿科等 13 个科室为自治区领先学科。医院充分发挥蒙医药特色优势，开展蒙医火针、温针、放血、震脑术、熏蒸、正骨术、包金良正骨等 200 余项蒙医特色治疗技术；蒙药制剂中心生产 270 种 10 个剂型的蒙药，广泛应用于蒙医疗术、蒙医正骨技术等疑难疾病方面的治疗。医院承担各级各类科研课题 277 项，其中国家级项目 59 项、省级项目 45 项、厅级项目 116 项。获得自治区级和国家级科技进步奖及各类图书二等奖、三等奖近 20 项，发明专利 6 项，蒙医赞巴拉道尔吉温针、火针疗法、蒙医正骨疗法被列入国家级非物质文化遗产名录。

3. 呼和浩特市蒙中医院

该院（原呼和浩特市中蒙医院）位于呼和浩特市赛罕区包头东街 9 号，是国家办独立性中蒙医研究机构。前身是1962年创建的呼和浩特市中医研究所。1978年,呼和浩特市玉泉区医院中蒙医科并入该院后,改为呼和浩特市中蒙医研究所,时有职工39名,内设蒙医科、骨科、针灸、药房及注射处置室等医疗科室。1985年,研制的益心通脉汤,因临床治疗血栓性闭塞性脉管炎取得较好的成效,经内蒙古自治区有关专家鉴定,获呼和浩特市科研成果二等奖。该院研制的治疗男性不育的增精丸方剂,临床应用后亦取得良好的临床治疗效果。同年,市中蒙医研究所挂市中蒙医院,两个牌子一套班子。

2017年,该院有自治区名蒙医、名中医7人。拥有国家重点专科1个(蒙医五疗科)、全国名老中医专家传承工作室2个(温启宗传承工作室、黄海波传承工作室),自治区重点专科5个(脾胃科、针灸科、脑病科、心病科、蒙医针灸推拿科),市重点专科5个(蒙医肝胆科、蒙医肺病科、治未病中心、老年病科、肾病科)。医院设有蒙、中、西医门诊科室67个,病区12个,医技科室6个。配置有1.5T核磁、64排螺旋CT、血管造影机等大型先进诊疗设备及蒙中医特色治疗设备。

4. 旗县区蒙中医医疗机构

2014年,呼和浩特市全面贯彻落实《国务院关于扶持和促进中医药事业发展的若干意见》《内蒙古自治区蒙医药中医药条例》精神,加强蒙中医药服务能力建设,新建土默特左旗、和林格尔县、清水河县蒙中医院。加强蒙中医药人才培养方面,完成旗县区蒙中医药专业技术骨干人才培养8名,全科医师转岗培训10名;充分发挥蒙中医药特色和优势,在全市范围内组织开展全国社区中医药工作先进单位创建活动和中医药民族医药传统知识调查工作,重点针对分布在基层、民间的中医药民族医药传统知识进行抢救性调查、挖掘和整理,全面掌握中医药民族医药传统知识资源状况,为制定中医药民族医药传统知识保护名录、建立中医药民族医药传统知识保护专门制度奠定基础。

第二节　生态环保科技

一、生态科技

2002年,呼和浩特市一共建立7处青少年生态建设基地,绿化面积近2万亩。2002年,自治区人大常委会、自治区党委宣传部、中国农工民主党内蒙古区委和共青团内蒙古委员会等19家单位联合发起"双百万"京(津)北绿色屏障工程。

2004年,全市共完成退耕还林工程47.66万亩,完成水土保持治理面积54.68万亩。

"十五"计划时期(2001—2005),全市以创建国家级园林城市为目标,强化城市生态环境建设,大力开发研究城市绿化新技术、新品种,构建城市绿化生态系统。5年中,人工造林面积333万亩，栽植各类乔木灌木180万株，新增绿地近350万平方米。通过治理污染，环境状态得到了改善，空气质量二级以上优良天数达到310天，使呼和浩特成为环境优美、设施完善、宜人居住、极具活力竞争力、可持续发展的首府城市。

2006年，全市共完成国家退耕还林重点工程9.49万亩，其中退耕地还林1.41万亩、荒山荒地造林8.19万亩；三北防护林四期建设完成人工造林3.55万亩；天然林保护工程完成人工模拟飞播造林21.37万亩，封山育林15.52万亩。

2007年，呼和浩特市大青山自然保护区成功申报批准为国家级自然保护区，和林格尔县南天门森林公园被正式批准为自治区级森林公园；同年，实施大青山干旱阳坡造林科技示范工程，补植1.93万亩，保存率85%以上。

2009年，呼和浩特市创建国家森林城市总体框架初具规模，全市林地面积达到773万亩，森林覆盖率9.8%；建成区公共绿地面积达到2143万平方米，人均16.08平方米，建成区绿化覆盖率达到35.14%。

2010年，呼和浩特市取得国家森林城市称号；同年，全市生态建设完成人工造林11.5万亩，完成封山育林35万亩，完成退耕还林工程5万亩。

2011年，完成国家重点生态工程各项建设任务总计39万亩，其中人工造林17万亩，封育工程22万亩；建成自然保护区7个（国家级1个、自治区级1个、市级1个、县级4个）。

2012年，市科技局支持在内蒙古敕勒川文化旅游区进行万亩盐碱草地优化改良关键技术集成及模式研究，开展以文化旅游产业发展为核心的休闲农牧业以及草原湿地等生态建设方面的基础技术数据研究与关键新技术开发。项目与南开大学高分子化学研究所、中国农业科学院草原研究所开展产学研合作，在万亩盐碱草地优化改良关键技术集成及模式上进行重点研究，并广泛搜集、筛选优良耐盐牧草，开展试验田培植草场工作。该重大科技专项的实施对于建设具有综合生态系统服务功能的内蒙古敕勒川文化旅游区，协调全市文化旅游产业与人口、资源、环境和社会的关系，有效保护草原生态环境，实现可持续发展具有重要意义；同年，围绕生态环保领域，实施2个环保示范工程。依托内蒙古和盛生态科技研究院，实施重大科技专项“内蒙古生态屏障建设林业关键技术集成与示范”，首次系统开展生态屏障建设林业关键技术集成与示范，为促进自治区生态环境的可持续发展提供全面的技术支撑并起到示范作用。依托内蒙古蒙草草产业有限公司，实施重大科技专项“阴山南北部呼和浩特区域草原生态修复技术集成示范”，对促进大青山区域生态环境整体修复与社会经济协调发展、构筑中国北方生态安全屏障提供有效的技术支持具有重要意义。

2013年，全市共完成生态建设任务35万亩，其中人工造林完成17.7万亩（欧元贷款项目人工造林 1.7 万亩），封山育林 17.3 万亩。

2014 年，全年完成造林绿化面积 30.5 万亩，其中完成人工造林 15.5 万亩，封山育林 15 万亩，完成率 100%。

2018 年，全市围绕生态文明建设，加强环保企业的科技研究与成果转化，实施“寒冷地区城市立体绿化集成研究与开发”科技计划项目，完成红景天繁育种植 150 亩的工作目标计划，以模块种植技术为依托，开展轻基质屋顶绿化模块研究与开发，为推动城市立体绿化技术发展提供科学依据。继续推进“北方高寒干旱半干旱地区沟壑边坡植被修复技术研究”等生态建设重大科技专项的实施，该项目立足呼和浩特市地理地貌特征，经过 2 年研究开发，完成选育适宜于全市高寒干旱半干旱地区苗木树种 7 种，驯化乡土植物 5 种，引种选育 5 种，建成种质资源圃 200 亩，收集保存适应本地气候条件的树种 20 余种。

二、环境保护科技

1965—1985 年，呼和浩特发电厂在生产过程中，耗用大量天燃煤，累计达到 326 万吨，排出的粉煤灰渣达到 105 万吨。1977 年，形成 7.4 万千瓦发电能力后，生产用水也高达每年 500 余万吨，大部分水用于冲灰，成为工业废水。由于储灰场不完善等原因，冲灰水不时流入附近农田，大片耕地被灰水污染。原设计厂区有 60 米高烟囱 1 座，因高度不足，排尘量远远超出国家规定。因此，粉煤灰、冲灰水以及烟尘比较严重。冲灰水 pH 值和烟囱排尘量超过国家标准。自从国家实行环保超标收费规定以后，电厂每年缴纳排污费 7.5 万元（其中废水 6 万元，烟尘 1.5 万元）。

1977 年，呼和浩特发电厂输煤系统为机械化操作，粉尘较大，是造成硅肺病的主要因素，影响职工健康。为改善劳动环境，加强劳动保护，输煤车间曾自制除尘设备一套，安装在 1 号皮带下口试用，效果不太理想。1980 年，采用呼和浩特市产 KY－100 型静电除尘器，先安装在 3 号皮带下口试用，除尘效率达到 95% 以上，经现场测定，粉尘由原来的 20%～30% 降为 14% 以下，达到国家规定不高于 15% 的要求。1984 年，又在 1 号、2 号皮带下口处安装除尘设备，改善工作环境。

1980 年，呼和浩特发电厂输煤车间投资 4 万元购置市产 KY－100 型静电除尘设备的电气部分，与自制机械部分相配合，安装在运行现场试用，除尘效率可达 98.6%。1982 年，发电厂成立环保工作小组。1984 年，又安装 3 台该设备，输煤运行工人的劳动环境得到改善。1985 年，为治理烟尘，投资 19 万元，将 1 号锅炉的干式除尘器（除尘效率为 75% 左右）改为文丘里式水膜除尘器，使除尘效率达到 95% 左右，从而减少了烟囱的排尘量；同年，为消除噪音对人体的危害，在 4 号汽轮机控制表盘处，除氧器工作间建成 2 个带空调的隔音间，使室内噪音降到 80 分贝左右，达到国家要求标准。在不断进行小型环保项目改造的同时,制定发电厂环保规划,一是投资 180 万元重建 150 米高烟囱 1 座,使烟尘排放标准达到 2400 公斤/时,彻底解决烟尘对大气的污染;二是投资 40 万元,对原临时灰场进行彻底根治,使大片被灰水污染的农田复土还耕。

2003 年,完成全市大气污染源的调查分析和评估工作,编制完成《呼和浩特市地表水环境功能区划》;新建 2 座大气自动监测站,实现城区空气质量的自动监测,共获得环境监测数据 13 万个,向国家上报 3 万余个,科学地反映全市空气环境质量。

随着火电厂兴起,煤炭消费不断增长,燃煤排放的二氧化硫迅速增加,加速火电厂烟气脱硫装置技术和设备改造是一项紧迫的任务。呼和浩特热电厂丰泰公司在北方电力公司支持下,积极筹措资金,增设脱硫装置。2005 年 8 月 31 日,内蒙古丰泰发电有限公司 2×200 兆瓦机组脱硫工程开工,投资 13 958.86 万元,该系统的竣工运行,可将二氧化碳排放浓度从 2576 毫克/标准立方米下降到 129 毫克/标准立方米。

"十五"计划时期(2001—2005),开展"呼和浩特市清洁能源行动",建成 10 万吨/日的污水处理场,使全市污水处理能力达到 25 万吨;改善垃圾无害化处理,形成日处理生活垃圾总量 1350 吨的能力;建立现代化的管网遥测遥控系统,进一步完善水、电、气、暖供应系统和城镇信息网络建设,提高服务功能,为首府的可持续发展打下坚实基础。

2006 年,强化对重点污染源的监管,筛选出 20 家大气和 10 家水重点企业,安装废气在线监测设备 6 套,废水监测设备 8 套。

2007 年,公主府污水处理厂主体工程已完工,建成生物反应池主体工程、配电室主体工程和鼓风机房的主体工程,同时建成公主府污水处理厂综合楼工程并已交付使用,完成污水处理厂主要设备的采购工作。

2011 年,呼和浩特市京城固体废物处置有限公司承担"呼和浩特市循环经济环保科技示范产业园项目"。该公司先后与日本东京大学研究开发焚烧、污泥处置技术项目,与清华大学合作研究开发生活垃圾处置技术及应用,与内蒙古大学合作研究垃圾组分检测技术及应用等。企业利用合作科研单位的先进研发技术指导建设与生产,快速解决项目迫切需要攻关的关键技术与共性技术问题,使产业链条得到进一步延伸。该项目完成后,可将城市生活垃圾、餐厨垃圾、市政污泥、污水等污染物进行集中化和高标准的处理处置,实现不同固体废弃物之间物质流和能量流的高效、高值循环。2012 年,该公司建成餐厨垃圾、市政污泥与污水处置系统并投入试生产。该公司承担的"呼和浩特市循环经济环保科技示范产业园"建成,餐厨垃圾、市政污泥与污水处置系统已投入生产。

2011 年,呼和浩特市奕德康医疗垃圾处理有限公司承担的"呼和浩特医废处置集成技术示范应用"项目建设完成。该项目集成先进的 PLC 控制技术,建立由高温蒸汽灭菌器、蒸汽管路保温夹套、废液消毒系统、废气处理系统组成的医疗废物集中处置生产线，对全市1720家医疗单位产生的医疗废物进行无害化集中处理，满足全市医疗废物处置的实际需求，为医疗废物处置提供示范。同年，石药集团中润制药内蒙古公司采用同轴电絮凝技术、EST电吸附技术、双膜法三项技术集成和优化组合的工艺路线，实现对青霉素工业污水高标准治理。同年，内蒙古阜丰生物科技有限公司采用生物除味和等离子体除雾除烟治理工艺，解决复混肥喷浆造粒中产生异味和排放烟带的问题，达到国家要求的排放标准。

2012年，全市安装33套氨氮自动监测设备和8套氮氧化物自动监测设备，在全市48家重点污染源安装144套在线监测设备，其中烟气监测设备66套、COD监测设备45套、氨氮监测设备33套。

2014年1月，呼和浩特市正式开展PM2.5源解析采样工作，并与南开大学合作制定《呼和浩特市PM2.5来源解析实施方案》；同年，全市18台共770万千瓦火电机组脱硫、脱硝、除尘及旁路拆除工程全部完成；集中供热企业脱硫、除尘工程改造取得明显成效，4座热源厂共计1200蒸吨锅炉实施脱硫、除尘改造，脱硫效率从30%提升到70%以上，除尘效率由80%提升到95%以上；金桥污水处理厂正式投运，辛辛板、章盖营、公主府污水处理厂增容提标改造工程完成前期工作。

“十二五”规划时期（2011—2015），呼和浩特市在资源环境保护领域投入科研经费545万元，组织实施研发项目14项，重点支持全市循环经济环保科技示范产业园建设、市医院废物处置集成技术示范应用等项目建设。主要对生产生活相关废弃物进行无害化集中处理，为相关产业发展提供示范。

2018年，围绕改善环境保护和污染防治治理工作，进一步加强对环境保护和生态治理的科技研发支持。市科技局组织实施“呼和浩特市大气环境监测预警技术集成应用研究”“基于土著微生物和植物扩增与促生的呼和浩特市扎达盖河黑臭水体自净能力修复关键技术研究与示范”项目。深入实施“呼和浩特市餐厨废弃物资源化利用和无害化处理”重大科技专项计划，推动高温蒸汽湿热灭菌技术、餐厨废弃物好氧固态发酵和干燥一体化技术的成果转化应用，建成一条日处理250顿餐厨废弃物处理的高效回生产线。

第三节　防震减灾

2009年，在全市范围内开展的“进社区、进学校、进厂矿、进机关、进农村”防震减灾宣传活动，创新宣传形式，增加宣传广度，普及防震知识和避震常识。市地震局利用校园人员集中、学生接受能力强的特点，在市区及各旗县区20余所中小学举办多次防震减灾科普知识讲座和防震减灾科普知识智力竞赛活动，进行模拟地震应急演练。进一步规范全市地震“三网”（灾情速报网、宏观测报网、知识宣传网）建设，全市“三网”队伍通过整顿充实，建起由市、县、乡、村四级组成的176人宏观测报、灾情速报和防震减灾知识宣传网络。

2010年，市地震局共深入185个重大工程建设场地，完成30个重要工程地震安全性评价工作，提高26个新建学校、医院抗震设防标准。为使农村民居抗震设防工作在全市有效推广，先后组织旗、县（区）选择90个农户开展农居抗震设防示范建设。同时结合新农村建设工作，积极协调部分旗县和乡村开展民居地震安全建设宣传指导，通过宣传和示范收到良好效果。

2011年，市地震局设计印刷《农居地震安全应急常识》《农村民居建筑抗震结构图纸》等宣传资料，下发到乡村及农户，教育和启发广大农民学习和掌握科学防震避震、建设具有抗震性能房屋的知识。

2012年，在全市地区建立一处综合动物宏观观测站。新建强震台站15个，新建2口地下流体数字化观测井，实现与自治区、国家监测台网联网运行。这两个项目的实施，增加全市地区地震台网监测密度，提高全市地震监测能力和速报能力。

2013年，对全市地震应急组织、应急设施、医疗救护等主要情况进行搜集整理，建立全市地震应急基础数据库。按照地震应急实施方案，督促重大工程、生命线工程、易产生次生灾害工程、学校、商场等单位和企业制定地震应急预案，呼和浩特市政府组建呼和浩特市地震应急救援队，各旗、县（区）、大中型企业都建立志愿者救援队伍和抢险救援队。

2014年，通过整顿充实全市地震“三网”队伍，已建起由市、县、乡、村四级200人组成的“三网”和45个地震宏观观测点。对全市范围内“三网”人员全部进行业务培训。加大短临跟踪工作力度，明确工作职责，掌握宏观观测、信息报送和防震减灾知识宣传各个环节的工作。在已建观测点的基础上，建设以各类敏感动物为主的地震综合观测站，加大观测密度。2014年9月至2015年3月，在全市范围内安装49台地震烈度速报仪，组成地震速报监测台网，同时安装专业软件，建成全市地震预警和烈度速报系统。

2015年，全市为保证观测数据连续可靠，对微观观测手段和各宏观点进行加密观测，加强短临跟踪研判，投资3万元对东古楼井与和林格尔井观测设备进行全面更换。按时完成46次周会商、10次月会商、1次年中期会商和1次年终会商报告并及时准确地上报自治区地震局，未发生迟报漏报现象。

2016年，全市地区仅有和林测震台1个(地方台)及东古楼、和林格尔2个水位观测井。为弥补监测能力较薄弱的现状，市防震减灾工作在市委、市政府领导下，按照新时期防震减灾工作方针和发展思路，推进防震减灾"三大体系"(地震监测预防、震害防御、应急救援)建设。加强地震群测群防网络建设，全面建立"三网一员"工作制度，强化业务培训，使"三网"人员基本掌握宏观观测、信息报送和防震减灾知识宣传各个环节工作。完成内蒙古地震烈度速报与预警工程台址勘选——呼和浩特市地区43个一般站勘选任务。

2017年，全市加强对仪器的管理和维护，为确保观测数据连续、准确、可靠，发现问题及时处理，尽快恢复正常，不因人为因素造成仪器故障而拖延故障时间。投资18万完成东古楼及和林井升级改造，数据接入自治区地震局台网中心。建立地震速报短信平台系统，该平台是由计算机自动处理而无须人工干预的地震数据处理系统，能准确快速地自动测定出地震基本参数，并将自动测定的地震参数通过计算机网络发送给地震管理部门，通过移动通信网络以手机短信的方式发送给特定用户。

第四节　公共安全科技

一、食品、药品检测科技

"十二五"规划时期(2011—2015)，市科技局先后重点扶持"食品安全检测服务平台建设""呼和浩特市饮用水检测平台与检测体系建设""呼和浩特市食品检索监控系统"等一批重大科技专项，开展食品快速检测技术手段研发、食品安全状态预警体系开发、突发事件应急检测及各类食品经常性检测网络系统建立等关键技术研究。

2013年，"呼和浩特市食品安全检测服务平台"建成，通过引进食品安全检测新技术、新方法和购置超高效液相色谱仪、柱后衍生设备及纯水装置等大型仪器设备，新增食品检验项目69项，具备306项检测指标的能力，大幅提高全市地区食品安全检测水平和效率，达到自治区领先和国内先进水平。"呼和浩特市饮用水检测平台"项目采用新的检验方法58项，应用先进分析技术提高全市饮用水检测水平，使全市饮用水基本具备全项目水质监测的检测能力。"呼和浩特市食品检索监控系统"完成网络架构、系统软件开发，具备数据交互功能，该系统在全市食品经营企业推广应用后，提升全市食品企业的信息化水平和管理水平，对食品安全监管产生重大影响。

2015年，全市开展科学食品药品检测抽检工作，加快技术支撑能力建设。推动乳肉检验检测中心建设。争取第二批县级食品安全检验检测资源整合试点城市建设项目，在土默特左旗、清水河县、武川县建设食品检测中心。在自治区食药监局支持下，为每个旗县区配备价值50万元的快检设备,提高基层快速检验能力。在全市学校(含托幼机构)、农贸市场、大型食品超市推行食品安全检查制度,建立快速检测室,定期公布检测结果。坚持监督抽检与科学评价相结合,安排市本级食品抽检任务1726批次,向各旗县区下达食品抽检任务3854批次,完成自治区下达食品抽样任务877批次。按照《食品药品行政处罚程序规定》,开发新版(java)移动执法系统。更新"四品一械"执法文书,建立药品、医疗器械、餐饮监管相对人档案管理系统,导入药品、医疗器械、餐饮服务、化妆品、保健食品企业经营基础数据。建立食品药品信息实时动态监管系统。导入药品、医疗器械、食品产品数据库,实现对药品零售企业和药品批发企业销存业务的全程电子监控。开发设计药品、餐饮企业行政审批系统,并实现药品经营企业行政审批数据的实时更新。开发OA内部办公系统、执业药师(包括驻店药师)在线监管系统、在线审方系统。完成医药管理系统的单体药店版、批发企业版、连锁企业版、生产企业版数据采集系统和食品安全电子监管系统、餐饮视频监控系统。开展乳、肉、白酒、食品生产追溯体系建设。截至2015年底,蒙牛、伊利、蒙羊公司已建立信息化的产品追溯体系。

2016年,全市完成食品抽检9345批次,药品抽检947批次,核查处置不合格食品药品172批次。完成快速检测6812批次。全市投资425万元,为85个基层监管所配备食品快检设备,同步接入网格化管理平台,将全市设立的30个食品快速检测室(分别为监管部门10个,学校、幼儿园食堂20个)纳入统一平台,对食品快检工作进行动态监控。加强药品不良反应和药物滥用的监测工作,全市共计上报药品不良反应病例1725例,医疗器械可疑不良事件病例483例,化妆品不良反应监测报告6例,药物滥用监测病例221例。继续建设"四品一械"的网络监管系统,基本完成信息化监管平台建设工作,31家餐饮企业纳入监控平台,对5307家企业进行地理位置描点标注。继续完善药品经营企业质量追溯系统,629家药品生产经营企业纳入监管系统。系统中收集数据123 796条,储存数据301 948条,销售数据368 960条。

2017年,全市共设立85个食药监管所。印发《呼和浩特市基层食品药品监督管理所标准化建设实施意见(试行)》《2017年呼和浩特市食品安全监督抽检计划与实施方案的通知》《2017年呼和浩特市药品监督抽检工作方案》《呼和浩特市食品药品监督管理局食品生产经营风险分级监管工作实施方案》《关于开展创建"放心肉菜示范超市"活动工作方案的通知》《呼和浩特市药品类易制毒化学品专项督查工作实施方案》《呼和浩特市关于开展药品化妆品生产领域生产使用中药材中药饮片专项治理工作方案》,制定《呼和浩特市学生"小饭桌"食品安全备案管理办法(试行)》,并印发《关于加强2017年春季学校、幼儿园食堂、"小饭桌"和校园周边食品经营者食品安全监管工作的通知》。全市计划抽检食品 13 082 批次，完成 13 340 批次，达到 4 批次/千人的要求。检出不合格食品 465 批次。完成快速检测 11 927 批次。全市监督抽检药品 990 批次，检出不合格药品 57 批次。市本级处置不合格食品药品 320 份，核查处置、公示率均达到 100%。抽检医疗器械 9 批次，保健品、化妆品各 30 批次。全年办理投诉举报 1457 件，办结率均达到 100%。落实举报奖励办法，对符合奖励条件的 9 名举报人进行奖励。

二、城市管理

“十二五”规划时期，全市在社会治理领域重点支持“呼和浩特市人口信息共享与服务平台”建设等民生公益项目，有效提升人口基础数据综合利用等信息化管理水平。

“呼和浩特市人口信息共享与服务平台”建成，可实现对全市人口分地区、分类型、分年龄段查询汇总，强化综合查询功能，通过每年两次对人口计生部门全员人口信息与公安户籍个案基础信息的比对，取得较高质量的人口信息数据。全市已采集录入全员人口信息 287 万人，覆盖率达 97%，个案信息准确率达 98.82%，信息完整率达 98.95%，信息变更及时率达 99.36%。该平台建成后已为呼和浩特市水务局提供二环路周边人口分布情况、市规划局提供全市人口分布、市教育局提供少数民族人口及分布、市发改委提供城乡一体化和“十个全覆盖”人口情况、创城办提供人口及平均预期寿命、市公安局提供全市人口基础信息数据、安全局查询流动人员个案信息提供数据资料等服务，充分发挥人口信息在经济社会发展中的基础作用。

围绕公共安全领域，实施“城市公共安全体系及应急管理系统示范”项目，建成覆盖赛罕区“智慧赛罕”城市网络架构体系和应用系统，提高政府部门行政效能和决策能力，降低行政管理成本，提升智能化城市管理水平。

2017 年，呼和浩特市科技局针对全市发展和公共安全发展，实施一批应用研发科技计划项目。“无线电气象预警终端系统”项目，以现有无线广播为基础平台，广播接收区域基本覆盖全境，实现广播网覆盖下的终端设备在 30 秒内的强制唤起和强制调频，完成有效紧急预警发布。同时能够通过音频隐藏代码设置，实现预警终端分区域、分级别的选择性唤起，做到“不扰民”的精确预警，给出具体警报信息和应对指导，有效预防各类灾害发生。“复合型定位模块及新型消防设备互联网 + 定位系统的研制”项目，针对室内消防设备、消防人员定位的管理需求，运用动态定向装置专利并结合先进的 UWB(超宽带)及 ZigBee 技术，开发复合型定位模块及新型消防“互联网 + ”定位系统，包括定位模块、通信模块和电脑信息处理模块等。通过“互联网 + ”消防定位系统可快速获得消防人员、设备等相关重要信息，及时、有效的预报及排除各类潜在威胁，有效保障财产和人身安全。

2018 年，市科技局围绕平安首府建设，重点支持公共安全综合保障、社会安全监测预警与控制等方面应用技术应用研发和科技成果转化实施。通过实施“智能交通之信号灯自适应控制平台建设”，将单点优化自适应控制、信号灯联动自适应控制、区域协调控制、智能的控制等科技技术集成，研制开发出智能交通信号灯自适应控制系统，通过改变以往路口固定的计算模式，动态分配时间，减少无车时还要空等红灯的时间，提高路口通行效率，有效地缓解全市城区的交通压力，为人民群众提供优质高效交通服务。推进“呼和浩特快速路智能限高与监控系统集成技术项目”实施，项目已取得了阶段性成果。并以转化运用到全市城市管理之中，全面实现二环路超高车辆轨迹跟踪取证和警告引导功能以及远程智能限高门架控制功能，保障快速路的通行畅通，提高交通运输效率，保障交通安全畅通。

第五节　可持续发展实验区

一、国家级可持续发展实验区

赛罕区2008年开始可持续发展实验区建设工作，按照实验区建设规划，以“建设统筹城乡可持续发展的新城区”为主题，依靠科技创新，促进经济发展方式转变，加快产业转型升级，走现代设施农业、战略性新兴产业和现代服务业的发展之路，建立政府主导、市场推动的区域可持续发展支撑体系，成为可持续发展的现代化新型城区。赛罕区实验区建设工作成效明显，于2011年被自治区科技厅认定为自治区级可持续发展实验区，于2013年4月被认定为国家级可持续发展实验区。

该区被批准为国家级可持续发展实验区以来，按照“以城带乡、以工促农、城乡一体化”的总体思路，统筹城乡规划建设、产业布局和社会发展，打造一流首府城区、建设一流城区经济，走出一条城乡经济社会全面协调发展的新路子。2014年，该区生产总值完成594亿元，固定资产投资完成345亿元，公共财政预算收入完成39.8亿元，社会消费品零售总额完成175亿元，招商引资完成191亿元，城镇居民人均可支配收入达到41 155元，农民人均纯收入达到17 385元。在全市2014年度重点项目建设和重点工作考核验收中，农业、服务业和城市建设管理工作位列全市第一，工业位列全市第二。公共财政预算收入、固定资产投资和招商引资总量居全市首位。

“十二五”规划时期（2011—2015），赛罕区的可持续发展能力显著提升，绿色经济、低碳经济、循环经济建设进一步加快，万元GDP能耗在“十一五”基础上再降低15%。清洁生产技术得到推广，生产方式、消费模式、生态环境进一步改善，实现经济与环境、人与自然和谐发展，提升生态文明水平。

二、自治区级可持续发展实验区

托克托县于2014年制定3年可持续发展规划，以积极打造县域循环经济产业链和绿色农畜产品生产加工示范区为工作重点，为建成人口、资源、环境和谐统一的可持续发展实验区开展一系列工作。2014年12月，托克托县被自治区科技厅批准为自治区级可持续发展实验区。

2016年，托克托县全县地区生产总值完成249.55亿元，固定资产投资完成110.2亿元。在2016年全国中小城市科学发展评价中，托克托县位列全国最具投资潜力中小城市百强县第43位和全国中小城市综合实力百强县第55位。全县支柱产业实现多元化发展。积极谋划和储备一批新型煤化工、高端装备制造、新材料等战略性高新技术产业项目，庆华集团煤化工、神华集团煤化工、沃特玛锂电池前端材料、石墨稀与高端碳纳米材料产业园等一批项目正在洽谈，工业产业逐步向高端化、智能化、绿色化、服务化方向迈进。农业生产条件改善，农业产业化进程快速推进，支农惠农政策全面落实。环境保护工作深入推进，污水治理成效显著，大气污染治理稳步推进，固体废弃物处理步入科学化轨道，环保监管力度持续加大，生态绿化面积不断扩大。

第六章　知识产权

20世纪80年代初,呼和浩特市开始加强对知识产权工作的管理。2001年,成立呼和浩特市知识产权局,与市科技局实行“一套机构,两块牌子”的管理机制。2006年3月,市政府成立由分管副市长为组长、22个市级部门为成员的市知识产权工作领导小组,明确各成员单位的职责,建立知识产权工作领导小组联席会议制度,领导小组下设办公室,设在市知识产权局。

市知识产权局负责全市专利保护工作。2006年7月,呼和浩特市被国家知识产权局批准为国家知识产权试点城市;2009年,顺利通过验收。2014年,进入国家知识产权示范城市培育阶段。市知识产权局先后获得“全国知识产权培训工作先进集体”“全国专利系统先进集体”“全国专利执法先进集体”“全国知识产权系统开展打击侵犯知识产权和制售假冒伪劣商品专项行动工作先进集体”等荣誉。并建立中国(内蒙古)知识产权维权援助中心呼和浩特分中心,面向社会提供公益服务。

第一节　专利管理

一、机构和队伍

1985年10月,呼和浩特市科学技术委员会设立科技成果管理科,配备专职的专利管理人员,负责科技成果和专利工作。

1994年,科技成果管理科更名为科技成果专利科,1994—2001年间,全市的专利管理职能设在科技成果专利科。

2001年12月,经市政府批准,市知识产权局成立,主要负责管理全市专利工作。科技成果专利科更名为知识产权科,编制3人。2010年10月,根据《呼和浩特市科学技术局主要职责、内设机构和人员编制规定》,知识产权科更名为知识产权管理科。全市所属9个旗县区知识产权工作由旗县区科技行政部门具体负责,市经济技术开发区的知识产权工作由开发区经济发展局负责。

2006年2月,在行政事业机构改革中,呼和浩特市纺织科研所更名为“呼和浩特市知识产权服务中心”,编制23人,为差额拨款的正科级事业单位。

2008年5月,市知识产权服务中心被国家知识产权局认定为第二批国家专利技术

(呼和浩特)展示交易中心。

2019 年 2 月,根据自治区党委、政府批准的《呼和浩特市机构改革方案》,将市科技局的专利管理职责划入新组建的呼和浩特市市场监督管理局。

二、政策法规制定

“十五”计划时期(2001—2005),全市地方知识产权法规和政策体系不断完善,相继制定《呼和浩特市专利费用资助及奖励暂行办法》《呼和浩特市知识产权工作领导小组关于推进知识产权工作的实施方案》。市委、市政府对知识产权工作十分重视,组建市知识产权工作领导小组并制定《呼和浩特市知识产权工作领导小组联席会议制度》《呼和浩特市人民政府知识产权工作领导小组联席会议成员单位工作职责》等一系列法规及政策文件。

2006 年后,市委、市政府相继出台《呼和浩特市政府关于加强知识产权工作的通知》《呼和浩特市专利费用资助及奖励暂行办法》《呼和浩特市实施国家知识产权试点城市工作方案》《呼和浩特市知识产权事业发展“十一五”规划》《呼和浩特市专利费用资助及奖励办法》《呼和浩特市知识产权事业发展“十二五”规划》等一系列政策性规划和文件。市知识产权局制定《呼和浩特市知识产权工作试点单位认定管理办法(试行)》等有关知识产权工作的政策、措施,知识产权管理和保护政策体系不断完善,为全市经济发展和技术创新创造良好的政策环境和社会氛围。

2015 年,制定出台《2015 年呼和浩特市知识产权执法维权“护航”专项行动实施方案》,全面启动“护航”专项行动。修订《呼和浩特市知识产权工作试点单位认定管理办法》,在原有基础上,增加试点单位工作内容,将试点期限由原来的 3 年调整为 2 年,有利于试点单位继续申报高一级知识产权优势企业,提升企业运用知识产权制度创新发展的水平。制定和修订《呼和浩特市专利费用资助及奖励办法》《呼和浩特市知识产权工作试点单位认定管理办法》等政策性文件以及有关全市专利行政处罚自由裁量权标准的系列配套规则。

2016 年,制定出台《呼和浩特市知识产权工作试点单位认定管理办法》。

2017 年 3 月,市科学技术局(知识产权局)出台《呼和浩特市知识产权优势企业认定管理办法》。

三、企事业单位知识产权工作

1987 年 11 月,呼和浩特铁路局科研所研制的“自回水客车上水装置”技术获得国家专利。

1994 年 2 月,市锅炉制造总厂设计制造的 TC 型体内擦洗浮动床钠离子交换器,被国家专利局授予“中国专利优秀奖”。

2003 年后，市科技局以知识产权试点示范企业为抓手，积极落实国家、自治区有关部门关于加强企业专利管理工作的意见，不断推进企业知识产权工作。

2004 年，呼和浩特市国家级或自治区级的专利试点企业达到 6 家。配合自治区科技厅组织有关企业和个人申报、申请发明专利资助相关工作，发放专利发明资助费 4 万余元。

2005 年，由国家、自治区和市三级知识产权局与内蒙古伊利乳业集团合作建立“中外乳业专利信息服务平台”，是中国乳业首个专利信息平台。

2012 年 2 月，市知识产权局结合全市实际，制定《呼和浩特市知识产权工作试点单位认定管理办法（试行）》，指导全市大中型企业、高新技术企业、科研单位落实专利机构，建立专利制度，明确专利管理人员。

2000—2012 年，全市有 14 家企业被认定为自治区级知识产权工作试点企业。

2013—2017 年，全市有 3 家企业被认定为国家知识产权示范企业，有 10 家企业被认定为国家知识产权优势企业。

2017 年，全市开始市级知识产权优势企业认定工作，全市有 3 家企业被认定为市级知识产权优势企业。2008—2017 年，全市有 60 家企业被认定为市知识产权工作试点单位。这些被认定的企业大多建立完善的知识产权管理体系和知识产权管理制度，部分企业逐步形成知识产权管理运行机制，加快专利技术实施转化步伐。全市新认定市级知识产权试点企业 8 家，知识产权优势企业 3 家。全市投入 200 万元知识产权专项经费，用于企业专利的转化应用、知识产权运营平台的搭建及专利资助奖励。全市专利费用资助工作，共资助 741 件专利，共 711 920 元。

2018 年，全市获认定国家知识产权示范企业 1 家，国家知识产权优势企业 4 家，当年入选示范、优势企业数量分别占全自治区的 50%、33.3%。认定市级知识产权优势企业 1 家、市级知识产权工作试点单位 6 家。内蒙古伊利实业集团股份有限公司的 1 件发明专利获得第二十届中国专利优秀奖。市科技局为全市 44 家中小型企业开展了知识产权托管企业服务。共资助发明及实用新型专利 346 件，资助金额 22.9835 万元；奖励中国专利奖获奖专利 2 件，奖励金额 2 万元；奖励发明专利产业化奖专利 16 件，奖励金额 65 万元。全市新增入托企业 5 家，知识产权托管企业 45 家。

国家知识产权示范企业统计表

表 6－1－1

序号	单　　位	认定时间（年）	所属区域
1	内蒙古伊利实业集团股份有限公司	2013	土默特左旗金山开发区
2	内蒙古蒙牛乳业（集团）股份有限公司	2015	和林格尔县
3	内蒙古蒙科立软件有限责任公司	2016	经济技术开发区
4	内蒙古阜丰生物科技有限公司	2018	经济技术开发区

国家知识产权优势企业统计表

表 6－1－2

序号	单　　位	认定时间（年）	所属区域
1	金宇生物技术股份有限公司	2013	经济技术开发区
2	内蒙古宇航人高技术产业有限责任公司	2015	和林格尔县
3	中国农业机械化科学研究院呼和浩特分院	2015	赛罕区
4	元和药业股份有限公司	2015	经济技术开发区
5	内蒙古天一环境技术有限公司	2016	经济技术开发区
6	内蒙古阜丰生物科技有限公司	2016	经济技术开发区
7	内蒙古金达威药业有限公司	2016	托克托县工业园区
8	内蒙古山水绿景生态建设有限公司	2016	赛罕区
9	内蒙古蒙草生态环境（集团）股份有限公司	2017	和林格尔县
10	内蒙古航天亿久科技发展有限责任公司	2017	土默特左旗
11	金宇保灵生物药品有限公司	2018	玉泉区
12	内蒙古和盛生态育林有限公司	2018	和林格尔县
13	内蒙古瑞特优化科技股份有限公司	2018	回民区
14	内蒙古航天红峡化工有限公司	2018	赛罕区

自治区级知识产权工作试点企业统计表

表6－1－3

序号	单　　位	认定时间（年）	所属区域
1	内蒙古宇航人高技术产业有限责任公司	2000	和林格尔县
2	内蒙古双奇药业股份有限公司	2004	经济技术开发区
3	呼和浩特市泰尔力图医疗保健公司	2003	玉泉区
4	内蒙古永业生物技术有限公司	2007	金山开发区
5	内蒙古乾坤金银精炼股份有限公司	2004	经济技术开发区
6	呼和浩特市博思达机械制造有限责任公司	2008	经济技术开发区
7	内蒙古金达威药业有限公司	2007	托克托县
8	呼和浩特市多维太阳能配套工程有限公司	2009	新城区
9	呼和浩特市舞美艺术服装厂	2009	玉泉区
10	内蒙古航天亿久科技发展有限公司	2010	土默特左旗
11	内蒙古中环光伏材料有限公司	2012	赛罕区
12	内蒙古普泽生物制品有限责任公司	2012	经济技术开发区
13	青山恒信控股有限公司	2012	赛罕区
14	内蒙古硕高生物科技有限责任公司	2012	经济技术开发区

市级知识产权优势企业统计表

表6－1－4

序号	单　　位	认定时间（年）	所属区域
1	金宇保灵生物药品有限公司	2017	玉泉区
2	内蒙古和美科盛生物技术有限公司	2017	新城区
3	内蒙古神舟硅业有限责任公司	2017	赛罕区
4	内蒙古中环光伏材料有限公司	2018	赛罕区

市级知识产权工作试点单位统计表

表 6－1－5

序号	单　　位	认定时间（年）	所属区域
1	内蒙古爱众医学影像有限公司	2008	回民区
2	内蒙古呼和浩特市立信电气技术有限责任公司	2012	赛罕区
3	内蒙古蒙草生态环境（集团）股份有限公司（原内蒙古和信园蒙草抗旱绿化股份有限公司）	2012	和林格尔县
4	内蒙古神州光伏电力有限公司	2012	土默特左旗金山开发区
5	内蒙古天一环境技术有限公司	2012	经济技术开发区
6	内蒙古蒙清农业科技开发有限责任公司	2012	清水河
7	内蒙古赛科星繁育生物技术股份有限公司	2013	和林格尔县
8	中国农业机械化科学研究院呼和浩特分院	2013	赛罕区
9	内蒙古大唐药业有限公司	2013	经济技术开发区
10	元和药业股份有限公司	2013	经济技术开发区
11	内蒙古正隆谷物食品有限公司	2013	托克托县
12	内蒙古纳顺装备工程（集团）有限公司	2014	回民区
13	内蒙古薯元康生物科技有限公司（原内蒙古三联淀粉制品有限责任公司）	2014	武川县
14	内蒙古必威安泰生物科技有限公司	2014	和林格尔县
15	呼阀科技控股有限公司	2014	玉泉区
16	内蒙古宏利达橡塑机械有限责任公司	2014	回民区
17	内蒙古精诚高压绝缘子有限责任公司	2014	经济技术开发区
18	内蒙古健隆生化有限公司	2014	托克托县
19	内蒙古兰太药业有限责任公司	2015	经济技术开发区
20	内蒙古阜丰生物科技有限公司	2015	经济技术开发区
21	呼和浩特市海日瀚生物技术有限公司	2015	经济技术开发区
22	内蒙古金河动物药业有限公司	2015	托克托县
23	金河生物科技股份有限公司	2015	托克托县

续表 1

序号	单　　位	认定时间（年）	所属区域
24	托克托县宏昌机械制造有限公司	2015	托克托县
25	呼和浩特华欧淀粉制品有限公司	2015	和林格尔县
26	内蒙古九强机械有限公司	2015	和林格尔县
27	内蒙古自治区粮食科学研究设计院有限责任公司	2015	玉泉区
28	内蒙古红太阳食品有限公司	2015	玉泉区
29	内蒙古晶新科技有限责任公司	2015	赛罕区
30	内蒙古航天红岗机械有限公司	2015	赛罕区
31	内蒙古常盛制药有限公司	2016	托克托县
32	内蒙古开盛生物科技有限公司	2016	托克托县
33	内蒙古显鸿科技股份有限公司	2016	和林格尔县
34	内蒙古昶辉生物科技股份有限公司	2016	和林格尔县
35	内蒙古斯隆生物技术有限责任公司	2016	和林格尔县
36	中创云牧（内蒙古）科技咨询有限公司	2016	新城区
37	内蒙古瑞特优化科技股份有限公司	2016	回民区
38	内蒙古科达铝业装饰工程有限公司	2016	回民区
39	启明星宇节能科技股份有限公司	2016	玉泉区
40	呼和浩特市蒙谷香生物科技有限公司	2016	玉泉区
41	内蒙古欧晶科技股份有限公司	2016	赛罕区
42	内蒙古三主粮天然燕麦产业股份有限公司	2016	经济技术开发区
43	内蒙古银安科技开发有限责任公司	2016	经济技术开发区
44	内蒙古三联金山化工有限责任公司	2016	土默特左旗
45	内蒙古和盛生态育林有限公司	2017	和林格尔
46	内蒙古中牧生物药业有限公司	2017	托克托县
47	内蒙古山水绿景生态科技有限公司	2017	赛罕区
48	内蒙古华腾科技股份有限公司	2017	经济技术开发区
49	内蒙古坤瑞玻璃股份有限公司	2017	经济技术开发区

续表 2

序号	单　　位	认定时间（年）	所属区域
50	内蒙古维克生生物科技有限公司	2017	土默特左旗
51	内蒙古华迅软件有限公司	2017	新城区
52	内蒙古力源食品包装有限公司	2018	和林格尔县
53	内蒙古金河环保科技股份有限公司	2018	托克托县
54	内蒙古泰利达乳业有限公司	2018	土默特左旗
55	内蒙古金源康生物工程有限公司	2018	玉泉区
56	内蒙古碳谷科技有限公司	2018	和林格尔县
57	内蒙古蒙肥生物科技有限公司	2018	土默特左旗

2015 年,内蒙古伊利实业集团股份有限公司通过国家知识产权管理体系认证,这是自治区首家也是当时唯一通过国家认证的企业。2016 年,元和药业股份有限公司、内蒙古蒙科立软件有限公司通过国家知识产权管理体系认证。

“十二五”规划时期(2011—2015),全市 27.24% 的规模以上工业企业拥有自主知识产权,开展企业知识产权“贯标”工作,6 家企业成为首批试点。“十二五”时期,全市企业专利申请量累计 3926 件,比“十一五”时期增加 1840 件,增幅为 88.2% 。“十二五”时期,全市企业专利授权量累计 2871 件,比“十一五”时期增加 1589 件,增幅为 123.9% 。

2016 年,内蒙古蒙牛乳业(集团)股份有限公司“一种风味稳定的长保质期酸奶及其制备方法”(201310571401.8)和王建军“一种现浇生态护坡及其施工方法(ZL201110210801.7)”2 项专利获得第十八届中国专利优秀奖。同年,内蒙古红星美凯龙家居集团股份有限公司被认定为第一批国家级知识产权保护规范化市场。

2017 年,制定《呼和浩特市知识产权事业发展“十三五”规划》《呼和浩特市知识产权优势企业认定管理办法》,认定市级知识产权优势企业 3 家、知识产权工作试点单位 8 家;新增国家、自治区知识产权教育试点学校 3 家;获批国家知识产权优势企业 1 家;新增知识产权优势企业 4 家、知识产权试点单位 8 家、知识产权托管企业 7 家。

第二节 专利发明 运用和保护

一、专利申请和授权

2001—2017 年,全市累计申请专利 22 046 件,其中发明专利 6896 件、实用新型专利 10 129 件、外观设计专利 5021 件,分别占累计专利申请量的 31.3%、45.9% 和 22.8%。按发明创造申请人身份划分,职务发明专利申请 14 283 件,占申请量的 64.7%,其中企业专利申请 9816 件、大专院校专利申请 2708 件、科研单位申请 1566 件、机关团体专利申请 193 件;非职务发明专利申请 7763 件,占申请量的 35.3%。全市累计授权专利 13 431 件,其中发明专利 2288 件、实用新型专利 7113 件、外观设计专利 4030 件,分别占累计专利授权量的 17%、53% 和 30%。按发明创造授权人的身份划分,职务发明专利授权 8661 件,占授权量的 64.5%,其中企业专利授权 6460 件、大专院校专利授权 1258 件、科研单位授权 827 件、机关团体专利授权 116 件;非职务发明专利授权 4714 件,占授权量的 35.5%。

截至 2017 年底,全市累计专利申请量和授权量均居自治区第一,全市有效发明专利拥有量达到 2288 件,居自治区首位。

2001—2017 年呼和浩特市专利申请量统计表

表 6－2－1 单位:件

年度	项目	按专利类型分			按所在单位及职务类型分					
							其中			
		发明	实用新型	外观设计	非职务	职务	大专院校	科研单位	工矿企业	机关团体
2001	259	37	103	119	161	98	7	7	83	1
2002	331	53	109	169	166	165	2	10	151	2
2003	447	55	140	252	224	223	5	5	213	0
2004	535	69	130	336	244	291	9	14	267	1
2005	465	57	124	284	196	269	8	12	248	1
2006	702	113	170	419	262	440	16	9	415	0
2007	744	222	236	286	315	429	27	10	390	2
2008	966	350	290	326	370	596	37	21	537	1

续表 1

年度	项目	按专利类型分			按所在单位及职务类型分					
		发明	实用新型	外观设计	非职务	职务	其中			
							大专院校	科研单位	工矿企业	机关团体
2009	773	286	292	195	318	455	45	22	387	1
2010	910	422	343	145	407	503	79	67	355	2
2011	1452	538	681	233	570	882	82	171	628	1
2012	1452	505	696	251	548	904	142	93	663	6
2013	1729	726	759	244	457	1272	297	198	768	9
2014	1811	681	853	277	487	1324	317	154	831	22
2015	2614	774	1421	419	1008	1606	370	172	1036	28
2016	3203	1022	1629	552	934	2269	628	248	1337	56
2017	3653	986	2153	514	1096	2557	637	353	1507	60
总计	22 046	6896	10 129	5021	7763	14 283	2708	1566	9816	193

2001—2017 年呼和浩特市专利授权量统计表

表 6－2－2　　单位:件

年度	项目	按专利类型分			按所在单位及职务类型分					
		发明	实用新型	外观设计	非职务	职务	其中			
							大专院校	科研单位	工矿企业	机关团体
2001	202	15	78	109	109	93	2	2	86	3
2002	184	15	68	101	99	85	1	4	79	1
2003	290	22	81	187	130	160	0	5	154	1
2004	306	31	97	178	157	149	3	5	141	0
2005	313	23	98	192	132	181	6	4	171	0
2006	338	24	96	218	139	199	5	9	183	2
2007	476	26	170	280	193	283	13	6	264	0
2008	505	35	259	211	236	269	9	9	251	0
2009	597	58	208	331	271	326	15	11	300	0

续表 1

<table>
<tr><td rowspan="3">年度</td><td rowspan="3">项目</td><td colspan="3">按专利类型分</td><td colspan="6">按所在单位及职务类型分</td></tr>
<tr><td rowspan="2">发明</td><td rowspan="2">实用新型</td><td rowspan="2">外观设计</td><td rowspan="2">非职务</td><td rowspan="2">职务</td><td colspan="4">其中</td></tr>
<tr><td>大专院校</td><td>科研单位</td><td>工矿企业</td><td>机关团体</td></tr>
<tr><td>2010</td><td>633</td><td>111</td><td>319</td><td>203</td><td>273</td><td>360</td><td>37</td><td>28</td><td>293</td><td>2</td></tr>
<tr><td>2011</td><td>876</td><td>198</td><td>474</td><td>204</td><td>273</td><td>547</td><td>67</td><td>137</td><td>343</td><td>0</td></tr>
<tr><td>2012</td><td>1140</td><td>318</td><td>554</td><td>268</td><td>435</td><td>705</td><td>59</td><td>54</td><td>592</td><td>0</td></tr>
<tr><td>2013</td><td>1130</td><td>286</td><td>663</td><td>181</td><td>300</td><td>830</td><td>86</td><td>96</td><td>645</td><td>3</td></tr>
<tr><td>2014</td><td>1119</td><td>179</td><td>744</td><td>196</td><td>313</td><td>806</td><td>120</td><td>84</td><td>589</td><td>13</td></tr>
<tr><td>2015</td><td>1619</td><td>314</td><td>906</td><td>399</td><td>571</td><td>1048</td><td>241</td><td>92</td><td>702</td><td>13</td></tr>
<tr><td>2016</td><td>1814</td><td>341</td><td>1078</td><td>395</td><td>537</td><td>1277</td><td>285</td><td>116</td><td>853</td><td>23</td></tr>
<tr><td>2017</td><td>1889</td><td>292</td><td>1220</td><td>377</td><td>546</td><td>1343</td><td>309</td><td>165</td><td>814</td><td>55</td></tr>
<tr><td>总计</td><td>13 431</td><td>2288</td><td>7113</td><td>4030</td><td>4714</td><td>8661</td><td>1258</td><td>827</td><td>6460</td><td>116</td></tr>
</table>

截至 2018 年底,全市每万人发明专利拥有量达到 6.63 件,高于自治区 2.01 件/万人,位居全区首位。

二、专利技术实施与转化

全市大力推动专利技术的实施与转化工作,让一批专利技术得到转化,使企业的研究开发与生产实现有机结合。1993 年,呼和浩特锅炉辅机厂根据市场需求自行研究开发"TC 型体内擦洗浮动床钠离子交换器",实现该厂钠离子交换器产品升级换代,到 1995 年新增产值 600 万元,新增利税 120 万元。该产品参加 1995 年北京国际环保展览,获中国专利优秀奖。1993 年,内蒙古化纤总厂开始"稀土永磁提质粘胶纤维的处理方法"发明专利的应用,3 年新增产值 1000 万元,新增利税 100 万元。市驼绒梳纺厂"一种粗纺梳毛机"实用新型专利应用后,1994—1995 年创产值 3200 万元,新增利税 566 万元,创汇 240 万美元,获专利转让费 450 万元。内蒙古第二毛纺织总厂"细并捻纺纱打断器"专利,不经并捻工艺过程,由细纱一步纺成合股纱。用这种纱生产出的高档精纺毛织物面料质量好、成本低、生产效率高,是流行国际市场的产品。该专利实施后,1993—1994 年企业新增产值 1255 万元,新增利税 203 万元。呼和浩特市合成洗涤剂厂获得"羊绒净洗剂及制作方法"专利,选用特殊表面活性剂及助剂合成羊绒净洗剂,主要用于洗涤山羊绒,代替价格昂贵的同类进口产品,是经济价值和技术含量高的精细类洗涤用品,累计新增产值365万元、新增利税172万元。1995年,全市专利技术实施后创产值超百万元的有11项,这些项目共创产值7428万元,新增利税1305万元,创外汇240万美元。

20世纪90年代,全市斜多管除尘器、磁场扫描式理疗机、稀土永磁提质粘胶纤维处理方法、舌板重锤连续放灰装置等一些优秀专利分别获得自治区、市级科技进步奖;全方位旋转窗、九转回天医疗保健内裤等专利,分别在全国专利博览会、展览会获金奖。

为鼓励全市单位个人申请专利及实施专利技术,促进专利技术转化,从2002年开始,市财政每年在科技经费中安排专项资金,用于知识产权工作、专利资助奖励和专利技术转化实施的支持。根据《呼和浩特市专利费用资助及奖励暂行办法》,2006—2013年全市共有2318件专利获得资助,资助金额213.78万元;49件专利获得奖励,奖励金额109万元。2005—2013年,申请自治区知识产权局发明专利费用资助1048件,资助金额257.4万元。2008—2013年,累计争取并落实专利转化资金475万元。全市已形成一批拥有自主知识产权,且具有一定影响力的专利技术与产品。2010年,内蒙古蒙牛乳业(集团)股份有限公司"一种生产液态奶制品的方法"发明专利获第十二届中国专利优秀奖。2011年,内蒙古伊利实业集团股份有限公司"一种低乳糖奶的制备方法"获得第十三届中国专利优秀奖。2012年,内蒙古永业农丰生物科技有限责任公司"一种植物生长营养液的制备方法"、内蒙古华德科技有限责任公司"太阳能草捆干燥设备"以及中国农业机械化科学研究院呼和浩特分院、国家草原畜牧业装备工程技术研究中心的"多功能自走式灌木平茬收割机"等3件专利技术获第十四届中国专利优秀奖。

市科技局通过举办和组织参加各类专利技术展示交易会,为专利技术转让提供有效途径,促使专利技术得以实施。截至2013年底,市科技局共举办七届中国专利周内蒙古地区专利技术展示交易会和三届内蒙古地区高校工业设计作品展。自治区共有6000余件(次)专利技术和1000余件(次)工业设计作品参展。组织275件专利技术和发明成果参加全国发明展览会、中国大连国际专利技术与产品交易会、中国杨凌农业高新科技成果博览会、中国上海国际技术进出口交易会等各类专利展示交易会。在各类展会上,全市共有19件专利技术获奖,其中,5件获得金奖。

自治区重大自主知识产权成果(呼和浩特地区)统计表

表 6-2-3

序号	年份	成 果 名 称	单 位
1	2006	土壤凝结剂及其制备方法并在固沙中的应用	内蒙古交通设计研究院有限责任公司
2	2006	钉轮组合式排种器	内蒙古农业大学
3	2006	一种配制型含乳饮料及其生产方法	内蒙古蒙牛乳业(集团)股份有限公司
4	2007	一种低乳糖奶的制备方法	内蒙古伊利实业集团股份有限公司
5	2007	一种配制型含乳饮料及其生产方法	内蒙古蒙牛乳业集团股份有限公司
6	2008	一种奶粉	内蒙古伊利实业集团股份有限公司
7	2008	带有定位器的卡盘	呼和浩特众环(集团)有限责任公司
8	2008	一种保护胃黏膜保健食品的研究与开发	内蒙古宇航人高技术产业有限责任公司
9	2009	以精子分离、胚胎性别鉴定为基础的家畜性别控制	内蒙古蒙牛繁育生物技术股份有限公司
10	2009	营养舒化奶	内蒙古伊利实业集团股份有限公司
11	2009	新型胶片挤出生产线	内蒙古富特橡塑机械有限公司
12	2009	真果粒牛奶饮品	内蒙古蒙牛乳业(集团)有限公司
13	2009	小儿双解止泻颗粒	内蒙古惠丰药业有限公司
14	2011	生产含有鱼油的液态乳制品的方法及其制品	内蒙古伊利实业集团股份有限公司
15	2011	大型风力发电机组叶片研制	内蒙古航天亿久科技发展有限责任公司
16	2011	大行程弹簧气动管子卡盘	呼和浩特众环(集团)有限责任公司
17	2011	细叶百合组织培养和再生体系建立的研究	内蒙古和信园蒙草抗旱绿化股份有限公司
18	2011	牛口蹄疫〇型、亚洲I型二价灭活研制	金宇保灵生物药品有限公司

呼和浩特市分别于2007年和2011年评选十大实施应用专利技术和优秀专利,激发企业和专利人员的积极性。

2007 年呼和浩特市十大实施应用专利技术统计表

表 6－2－4

序号	专利名称	实施单位
1	以精子分离、胚胎性别鉴定为基础的家畜性别控制方法	内蒙古蒙牛繁育生物技术股份有限公司
2	一种修复胃粘膜的中药	内蒙古宇航人高技术产业有限责任公司
3	蒙古文整词输入法	内蒙古蒙科立软件有限责任公司
4	磁力直接载荷式安全阀	内蒙古新诺生态供暖科技发展公司
5	调节血脂、保护肝脏的产品及其制备工艺	内蒙古复旦蒙耀生物技术有限责任公司
6	一种膨化杂粮面粉的生产方法	内蒙古五谷高技术杂粮加工有限公司
7	“L”型辊筒机头	内蒙古富特橡塑机械有限公司
8	纳米硒生物活性多功能纤维织物	内蒙古泰尔力图医疗保健用品有限公司
9	可调排种滚筒	内蒙古农业大学机械厂
10	并尾内置绞绳风力发电机	呼和浩特市博洋可再生能源有限公司

2011 年呼和浩特市优秀专利统计表

表 6－2－5

序号	专利名称	实施单位
1	一种生产液态奶制品的方法	内蒙古蒙牛乳业(集团)股份有限公司
2	一种低乳糖奶的制备方法	内蒙古伊利实业集团股份有限公司
3	以精子分离、胚胎性别鉴定为基础的家畜性别控制方法	内蒙古赛科星繁育生物技术股份有限公司
4	利用双歧杆菌对硒进行生物转化的方法及其产品	内蒙古双奇药业股份有限公司
5	用于在冷冻饮品中同时添加颗粒和巧克力的设备	内蒙古伊利实业集团股份有限公司
6	一种修复胃粘膜的中药	内蒙古宇航人高技术产业有限责任公司
7	蒙古文整词输入法	内蒙古蒙科立软件有限责任公司
8	蔗糖密度梯度紫外光定量法检测口蹄疫抗原 146S 含量的方法	金宇保灵生物药品有限公司

三、专利行政执法

2001年后，全市逐步加强专利执法队伍主体建设。至2012年，全市共有17名管理人员经过培训取得专利行政执法资格并持证上岗，全市日常执法与专项执法相结合，横向联合和纵向延伸相结合的专利执法联动体系基本构成。市知识产权局不断加大全市商品、药品、家居、家电等流通领域打击假冒专利行为的力度，经常开展专利行政执法检查行动。

2005年，市知识产权局与自治区知识产权局、市公安局、市工商局等部门联合开展保护知识产权专项整治行动，重点对食品、医药领域的专利侵权、假冒专利和冒充专利行为进行执法检查。先后对有关商店的109项专利标识产品进行现场抽查，对不合格产品进行当场处理。

2008—2013年，出动执法人员350余人次，检查带有专利标识商品2750件，发现专利标识不规范及假冒专利163件，依照有关法律、法规做出相应行政处罚。共对20件(次)举报的侵权事件进行调查、调解、处理或移送司法部门，保护广大专利权人和消费者的合法权益，提高全社会知识产权保护意识。2011—2015年，按照国家、自治区要求制定《呼和浩特市知识产权执法维权“护航”专项行动方案》《呼和浩特市打击侵犯知识产权和制售假冒伪劣商品行动方案》，增强专利执法维权的针对性、可行性。2013年7月，根据国务院办公厅、国家知识产权局、商务部等部局要求，在自治区知识产权局和市政府的指导支持下，不断完善专利行政执法程序，规范专利执法行政处罚行为，结合执法实际，制定有关全市专利行政处罚自由裁量权标准的系列文件，包括《呼和浩特市科学技术局(知识产权局)行政处罚裁量标准适用规则》《呼和浩特市科学技术局(知识产权局)规范行政处罚自由裁量权配套制度》《呼和浩特市科学技术局(知识产权局)专利执法行政处罚依据汇总表》《呼和浩特市科学技术局(知识产权局)专利执法行政处罚项目自由裁量分解表》，切实完善全市专利保护规章制度。

“十一五”规划时期(2006—2010)，市知识产权局开展经常性地打击流通领域假冒专利产品的知识产权专项执法，累计组织20余次规模较大的执法行动，出动检查人员300余人次，对1132件专利产品进行执法检查，查处问题商品100件，调解或处理专利侵权案件4件。市工商局积极查处商标违法案件。

2015年，共开展专利执法检查19次，出动执法人员106人次，检查带有专利标识的商品660件，查处假冒专利案件22件，处理专利侵权案件2件。截至10月底，累计开展专利执法检查18次，检查商业场所16家，涉及商品种类126 852种，查处涉嫌假冒专利22件。

2016年，分别对赛罕区、和林格尔、托克托、武川县共11家流通企业的专利商品进行专利行政执法检查。共查处6件假冒专利，均已进行处理。

2017 年，全年共出动执法人员 31 人次，开展专利执法检查 7 次，其中通过“双随机”系统抽查 1 次，检查商业场所 6 家，检查带有专利标识的商品 56 件，查出专利标识不规范商品 2 件，涉嫌假冒专利商品 5 件，均已下发《责令整改通知书》，严厉打击侵权、假冒专利行为，为净化知识产权市场环境营造良好的知识产权保护氛围，发挥了积极作用。同年，市科技局（知识产权局）在全市范围内全面开展知识产权执法维权“护航”专项行动、专利执法维权“雷霆”专项行动。以旗县区专利执法工作作为重点，累计出动专利行政执法人员 31 人次，开展专利执法检查 7 次，其中通过“双随机”系统抽查 1 次，检查商业场所 6 家，查出专利标识不规范商品 2 件，涉嫌假冒专利商品 5 件。

2018 年，市科技局（知识产权局）全年共出动执法人员 67 人次，检查商品流通单位 12 家，包括 9 家药店、3 家超市，检查专利商品 46 件，其中 1 件专利涉嫌假冒专利，已进行整改。通过“双随机”系统抽查检查 5 家商品流通单位，未发现假冒专利。深入企业重点处理 11 件标识不规范专利，全部进行了整改。

四、宣传培训

2002 年后，市科技局（知识产权局）陆续组织企业参加国家、自治区、呼和浩特市举办的专利知识培训班和专利保护讲座。

以全国“3 · 15”消费者权益日、“4 · 26”世界知识产权日和专利法实施日等为契机，以宣传周或宣传月的方式，组织有关部门阶段性地开展知识产权宣传活动。同时加强与新闻媒体的合作，及时进行有关知识产权的新闻报道。先后组织三期培训班，全市相关行政部门管理人员和企事业相关人员参加培训。与市委宣传部共同举办高级知识产权讲座，聘请中国社科院知识产权中心副主任李顺德教授为市局处级以上领导干部作有关知识产权的形势报告。

市科技局（知识产权局）先后开通“知识产权网络服务平台”“呼和浩特市科技局数据检索系统”“呼和浩特市知识产权网”门户网站；2007 年，建成自治区首家国家专利技术（呼和浩特）展示交易中心，并成功举办四届专利技术展示交易会。

2007 年，在呼和浩特市委党校主题班增设知识产权专题课程，在全市专业技术人员继续教育课程中开设知识产权基础知识培训。结合每年“4 · 26”知识产权宣传周、中国专利周、科普宣传周等大型活动，深入到园区、企业、校园、社区在呼和浩特举办宣传、培训等各类活动近百次，展示展板、悬挂条幅等上千件，发放宣传资料 10 万余份，接待咨询上千人，培训近万人。通过广泛深入开展知识产权法律、法规宣传，社会公众知识产权意识明显增强。2008—2015 年，自治区、市级两级媒体共报道全市知识产权工作 240 篇。

建成国家专利技术（呼和浩特）展示交易中心、中国（内蒙古）知识产权维权援助中心呼和浩特分中心等服务平台，为社会提供公益服务。以“3·15”保护消费者权益日、知识产权宣传周、中国专利周为契机，扩大宣传培训规模，创新宣传培训手段，进企业、入社区，先后举办宣传培训活动50余次，培训企业人员1500余人次，发放宣传材料。

2015年，以“4·26”知识产权宣传周、中国专利周为契机，开展知识产权“进园区、进企业、进校园、进社区”活动，组织专利代理人、服务机构深入内蒙古格日勒皮艺有限公司、内蒙古金河动物药业有限公司等12家一线企业，面对面解决企业在生产经营过程中遇到的知识产权问题。针对全市大型商贸流通企业、各级知识产权试点企业及科技企业、中小学等不同群体分别举办专利保护、专利申请、知识产权基础知识方面的培训10次，累计培训1200余人次。利用电视、报刊、广播、各园区及社区宣传栏等传统媒介和网络、繁华商业街的LED大屏幕、各楼宇大众传媒宣传屏等新型媒介向社会公众宣传知识产权政策、普及知识产权知识，营造“尊重知识、崇尚创新、诚信守法”为核心的知识产权文化氛围。

2016年，以科普周、科技展会、知识产权宣传周、中国专利周等为契机，开展科技（知识产权）进园区、进社区、进校园及科技下乡等科普活动和知识产权宣传活动，发放宣传单万余份，发放各类科普知识书籍、读本、画册万余册，扩大受众范围。知识产权宣传周期间，举办《企业知识产权及科技政策法规》培训班、《中小学发明创造与知识产权》讲座、《专业市场中品牌与知识产权详解》讲座。共260余人参加各类培训。4月24日，在玉泉区科苑佳园社区举办市知识产权宣传周现场宣传咨询活动。中国专利周期间，共组织各旗县区、经济技术开发区、国家知识产权优势示范企业举办各类培训11场次，培训千余人次。其中主办为期2天的2016年市重点企业知识产权实务培训班，共培训760人次。

2017年，市科技局（知识产权局）充分利用世界知识产权日，全国知识产权宣传周、中国专利周等时间节点，开展专利宣传和培训。全市共开展各类培训13次，培训企业、学校等各类相关人员2500余人次，发放各类宣传资料万余份，张贴海报52张、摆放展板近600块。同年，市第二中学被评为国家级知识产权教育试点学校，市第一中学和实验中学被评为自治区级知识产权教育试点学校。

2018年，在知识产权宣传周期间，全市共组织开展宣传培训活动10余次，培训各类人员近1800余人次。在中国专利周期间，全市共组织开展培训活动9次，培训各类人员近400余人次。

科技人物

人物传略

收录1890年以后在呼和浩特地区出生或工作,2017年底之前去世的有突出贡献的专家、学者、技术人员,并按照汉语拼音音序排列。

耿庆汉(1928—2008)男,满族,辽宁阜新县人,作物遗传育种专家。1959年,在苏联乌克兰哈尔科夫库恰也夫农学院获农业科学博士学位,回国后到内蒙古农牧学院任教。曾任教授、副院长、内蒙古遗传学会理事长、农学会副理事长、中国遗传学会常务理事等职务。长期从事植物遗传与育种研究和教学,先后主讲过米丘林遗传学、摩尔根遗传学、分子遗传学、农作物遗传育种学、同位素及辐射育种专题等多门课程。主要著作有《农作物遗传》《趣味遗传》《中国玉米栽培学》等,并与他人合编出版《玉米遗传育种学》《人类遗传与优生》等专著。1990年,获自治区科技进步一等奖。

古　拿(1892—1972)汉名马俊生,男,蒙古族,辽宁省阜新县人,蒙医药学家。9岁到阜新县佛寺庙(瑞应寺)当喇嘛,学习蒙藏文及蒙医。18岁拜名医刘老和阿日布其嘎为师。28岁独自行医。30岁时被佛寺庙六世活佛舍布勒尼玛授予"道布尔"额木其称号,这是当时蒙医的最高职称。中华人民共和国成立后,佛寺庙成立蒙医学校,古拿在校收徒任教。1955年,调到乌兰浩特蒙医联合诊疗所。1956年,调到呼和浩特市,先后在内蒙古中蒙医研究所、内蒙古中蒙医院任所长、院长。同白清云翻译了中国第一部蒙文《四部医典》,并参照此书及有关资料,编写蒙、藏、汉3种文字对照的药品手册,连同《四部医典》于1959年由内蒙古人民出版社出版。还编写570多个方剂的蒙药单行本。1958年,参加创办内蒙古医学院中蒙医系蒙医专业,并任系主任,后又被任命为自治区卫生厅副厅长。当选为自治区第二、三届人大代表,全国政协委员,中国医学科学院专家组成员和特邀研究员。

古拿医术精湛,临床经验丰富,特别是对小儿麻痹和偏瘫病及脑血管病有较深的研究,对治疗肝炎、肠胃炎、肾病也有较深造诣,他创制的"散布拉敖日布"和"扎冲珠苏木"成为治偏瘫和小儿麻痹病的良方。

侯云浩(1964—2015)男,土家族,内蒙古呼和浩特市人。曾任北方电力公司生产技术部副经理,正高级工程师,电力行业热工自动化与信息标准化技术委员会委员,全国电站过程监控及信息标准化技术委员会委员，中国电机工程学会热工自动化及信息化专业委员。

在火电厂热工自动化改造方面，陆续完成27台机组的DCS改造，使自治区的热工自动化水平进入全国先进行列；水位测量方面，将传感器置于汽包内直接感应汽包液面的变化，消除间接取样所形成的取样误差，证明汽包高、低水位运行对机组存在较大影响；实现以REXA自容式执行器I REXA执行器l为转换装置、解决发电机组汽轮机调速系统稳定性问题；提出可在常规保护中以变送器等模拟量发讯装置替代开关类发讯装置的结论，并编写《火力发电厂热工自动化系统安全技术指南》，提出基于现场总线的数字化执行器总体设计方案。

侯云浩参与起草国家标准、行业标准3部，获发明专利2项，出版专著3部，发表科技论文20余篇。获自治区科技进步一等奖1项、二等奖1项、三等奖5项。获2013年度自治区中青年科学技术创新奖。

江福利（1909—1984）男，汉族，安徽省安庆市人，林业教育家、治沙专家。1931年，国立北平大学农学院林学系毕业后留校任教。后转聘于西北联合大学农学院林学系、国立西北技艺专科学校，任讲师、教授等职。中华人民共和国成立后，先后任国家农业部华北农科所森林系主任、林业部科学研究所办公室主任、扎兰屯林业学校副校长、内蒙古林业科学研究所所长、内蒙古林学院教授、系主任、副院长等职。兼任中国林学会常务理事、中国林学会教育研究会副会长、中国地理学会沙漠分会名誉副理事长、内蒙古林学会副理事长、《中国沙漠》编委会顾问、《林业科学》编委、国家林业部治沙专业教材编审委员会主任委员。第三届全国人大代表，第五、六届全国政协委员。

1960年，在江福利积极建议下内蒙古林学院创办全国第一个治沙专业，后又筹建治沙系，为全国培养大批治沙专业人才。

金世琳（1919—2007）男，蒙古族，内蒙古科尔沁左翼后旗人，乳品专家。1943年，日本京都帝国大学化工专业毕业，回国后在北平大学农学院任教。1946年，调兴安医学院工作。中华人民共和国成立以后，先后在内蒙古工业处、工商部、轻化工设计院、内蒙古轻工所、乳品科研所工作，曾任高级工程师、副总工程师、副院长、副所长、名誉所长等职。兼中国食品科技学会常务理事、中国畜产品加工协会顾问、全国政协委员等职。金世琳是中国乳品学科的奠基人和带头人。20世纪50年代，主持中国最大的乳品厂——海拉尔乳品厂及牙克石乳品厂的筹建工作。先后主持乳品科研课题20余项，其中“六五”攻关项目“配制奶粉中间试验”1987年获国家科技进步二等奖、“牧区小乳品厂生产工艺的研究”和“山羊奶加工工艺的研究”分别获自治区科技成果二等奖。主持开发的母乳化奶粉等8种新产品属国内首创。著有《乳品生物化学》《乳品工业手册》等7部专著。1991年，首批享受国务院颁发的突出贡献特殊津贴。

蓝　彝（1904—1977）字鼎勋，男，汉族，天津市人，外科学家。1931年，上海医学院毕业后留校任教，后任外科教研室副主任。曾与沈克非先生一起开创中国外科学，并在中国开展外科交感神经节切除术治疗动脉血栓性脉管炎成功。抗日战争期间参加中国抗战手术组并任组长。1948年，担任上海医学院余姚分院院长。中华人民共和国成立初期，受聘于国家卫生部。首批支援东北到中国医科大学任教，先后任外科教研室主任，第一附院院长。在此期间，开展半肝切除术和二尖瓣狭窄分离术获得成功，成为当时少数能开展此项手术的专家之一。1958年，受国家卫生部委托参加内蒙古医学院的创建工作并任教授，医疗系主任兼外科教研室主任。

蓝彝是中华医学会永久会员。曾任第一届全国卫生工作会议普外专业组副组长，历任东北地区外科学会会长、中华外科学杂志编委、内蒙古自治区政协委员、民盟常委、内蒙古外科学会名誉会长。著有《外科体表解剖学》，主编《门静脉高压症》《上消化道出血》专题讨论集。

李　博（1929—1998）男，汉族，山东夏津县人，草原生态学家。1953年，毕业于北京农业大学农学系。1959年，调到内蒙古大学任教，曾任教授，博士生导师，兼任中国农业科学院草原研究所所长，中国草原学会副理事长。主讲过普通生态学，草地植物学等多门课程。1977年，在内蒙古大学负责筹建中国第一个植物生态学专业。主持完成过多项国家和地方的重点科研项目，其中“遥感在内蒙古草场资源调查中的应用研究”项目1988年获国家科技进步三等奖；参加完成的《中国植被》1988年获国家自然科学二等奖。主编出版《普通生态学》《鄂尔多斯高原的自然资源与环境研究》《内蒙古自治区草场资源系列地图》（1∶150万）等多部教材或专著。1992—1997年，任国家农业部草地资源生态重点开放研究室主任。1993年10月，当选中国科学院院士。1996年1月至1998年5月，任内蒙古大学生命科学学院名誉院长。

李博支援边疆40多年来，对生态学教学与干旱、半干旱区植被与草原研究，对生态学人才培养与草地生态学的发展做出重要贡献。

李继侗（1897—1961）男，汉族，江苏兴化县人，著名植物学家。1916年，考入上海圣约翰大学。1918年，转入南京金陵大学林科。1921年，毕业后考取清华大学公费留美，入耶鲁大学林学院攻读研究生。1923年，获硕士学位。1925年，获博士学位，是中国在美国获得林学博士学位的第一人。回国后，先在南京金陵大学任教。1926年，受聘为南开大学生物系教授。1929年，又聘为清华大学生物系教授。1937年，抗日战争开始，李继侗率领学生迁到昆明,在西南联大任教。1945 年,抗战胜利又随清华大学师生返回北平。1952 年,李继侗任北京大学生物系教授。1953 年,在北京大学创办中国第一个植物生态学与地植物学专门组,并于次年开始招收研究生。1957 年,内蒙古大学成立,李继侗任副校长。1958 年,把北京大学植物生态学与地植物学专门组的全部师资、设备、资料迁移到内蒙古大学生物系。

李继侗是中国植物生理学、植物生态学与地植物学的创始人之一,杰出的教育家,中国科学院生物学部委员、常委,一级教授。1921 年,所著《青岛森林调查记》是中国生态学最早的论著之一。20 世纪 30 年代,在国外刊物上发表关于光合作用的瞬间效应的论文。在清华大学所做的银杏胚胎离体培养的研究,为中国奠定组织培养研究基础。他曾多次深入实地进行考察,为编写《中国植被》提供基础素材。他主张生态学研究要与生产建设结合起来,并对内蒙古植物资源及草原进行全面调查。

李士林(1896—1979)号文轩,男,汉族,呼和浩特市清水河县人,地质学家。曾在归绥中学堂读书。天资聪明,勤奋好学,考试连年夺魁。中学毕业后被保送入北京大学学习,并得到校长蔡元培赏识,并送他去法文专修班学习。1919 年,李士林赴法国留学。1933 年,在巴黎大学地质系毕业并获博士学位,曾赴瑞士阿尔卑斯山考察。1936 年,李士林应聘太原兵工厂任技正。1937 年,对西北矿产进行勘察。1942 年夏,受翁文灏委托带队到玉门老君庙进行第一次石油探矿,获取珍贵资料。抗战结束后,先后到宁夏、包头等地勘探煤铁。中华人民共和国成立后,担任华北地质总队队长。1958 年,先后在中国地质博物馆、地质部地质研究所工作。“文化大革命”中遭受迫害。

李士林是内蒙古第一位地质学博士。在采矿地质勘探等方面颇有建树,曾两次派测量队到内蒙古准格尔旗等地勘察并取得成果。

刘其端(1906—1990)字式谭,男,汉族,河北南宫县人,人体解剖学家。1931 年,北平大学医学院毕业后,先后在北大医学院、南通医学院、北平协和医学院任教。1940 年,赴日本东京帝国大学医学部留学,回国后在北京大学医学院任解剖学副教授。1947 年,到北京医学院任教授、解剖教研室主任。1956 年,援建内蒙古医学院,曾任教授、医学系主任。兼任中国解剖学会名词委员会委员,国家卫生部教材编审委员会特约编审,中国解剖学会内蒙古分会理事长,自治区政协第二、三届常委。刘其端是中国知名的解剖学专家,也是内蒙古解剖学的奠基者。他参加了内蒙古医学院及解剖教研室的筹建工作,培养大批的医学高等专门人才和青年师资。曾参加《人体解剖学名词》等书的编写工作。

刘震乙(1921—2011)男,汉族,河南新郑县人,动物遗传育种专家。1944 年,毕业于国立中央大学畜牧兽医专业并留校任教。1953 年,调到内蒙古畜牧兽医学院(今内蒙古农业大学)任教,曾任教授、自治区政协第五届副主席、全国政协第六届委员、自治区人大副主任,内蒙古畜牧学会理事长,中国畜牧兽医学会学术委员会副主任,自治区高级技术职务职称评定委员会畜牧学科组组长,原内蒙古农牧学院学位委员会、学术委员会副主任,畜牧系学术委员会主任、学位委员会主席、重点学科主任。编著和主编出版过多部家畜遗传、畜种方面的大中专教材,其中20世纪50年代出版《动物人工授精学》是国内该学科的第一部教材。曾主持完成“三河牛选育研究”“乌珠穆沁羊选育研究”等多项重大科技项目,参加完成中国(北方)黑白花奶牛的培育,并对中国三北防护林地区的农业、畜牧业区划研究做出重要贡献。曾获国家科技进步一等奖1项,二等奖1项,自治区科技进步一等奖1项,二等奖3项。1985年,被联合国粮农署聘为“中国北方草原与畜牧发展项目”高级畜牧专家。

彭文和(1911—1975)男,汉族,湖南新化县人,畜牧学家。1932年,苏北南通农科学校畜牧专业毕业后,曾在四川省农业改进所等处工作,参与建立中国最早的猪改良试验基地。1945年,赴美国留学。1946年,回国后被聘任为教授。1953年,调到内蒙古畜牧兽医学院(今内蒙古农业大学)任教授、系主任等职。当选为全国第二届政协委员和第三届全国人大代表。

彭文和是内蒙古农牧学院畜牧系的奠基人,内蒙古畜牧专业的带头人,国内知名的畜牧专家,主讲养羊学和养猪学。20世纪60年代,为内蒙古农牧学院首次培养出研究生。主编全国统编教材《养羊学》《内蒙古畜牧业》等著作,审定全国通用教材《养猪学》。参加中国农科院组织的《国外畜牧技术的新发展》翻译工作,组织并参加自治区家畜品种资源调查,参加指导敖汉细毛羊、乌珠穆沁羊的培育工作,主持育成内蒙古细毛羊,该项目1980年获自治区科技成果二等奖。

沈怡芳(1933—2017)男,汉族,江苏海门县人,酿造专家。1953年,东北化工学院有机合成系毕业后,到内蒙古轻工科学研究所工作,曾任高级工程师。1985年,调江苏省轻工食品工业公司工作,任总工程师,兼任省轻工白酒协会会长、中国白酒协会副会长、第五届全国白酒评选会专家业务组组长。他在内蒙古工作期间,先后负责试制成功包头鹿春液、丰镇大曲、集宁纳尔松酒等各种香型的白酒,主持完成“提高液体发酵白酒质量的研究”“纳尔松优质白酒的试验”,两个项目在1980年分别获得自治区科技成果二、三等奖。2004年,获中国酿酒工业协会特殊贡献奖。受聘为全国第三届白酒国家评酒委员,并负责主持第五届全国白酒评酒专家组工作。他在总结、发掘、提高、创新中国优质白酒传统生产工艺方面取得丰硕成果。

苏荣扎布(1929—2014)男,蒙古族,内蒙古镶黄旗人,蒙医学家。曾任内蒙古蒙医学院教授、主任医师、院长等职。在长期的临床实践中,积累丰富的经验,对诊治心脏病、神经系统、消化系统疾病、肾结石病、子宫癌等疑难症有独到之处。临床中研制的多种药方载入《中国药典》。曾担任《中国医学百科全书·蒙医分卷》副总编。著有《蒙医内科学》《蒙医医疗手册》《蒙西医结合治疗心脏病》《蒙医治疗心脏病》《蒙医治疗原则和方法》5部专著,组织领导编写高等医药院校蒙医药学统编教材。1978年,《蒙医内科学》获自治区科技成果二等奖。1984年,组织并担任总编,编写第一套包括25门学科的蒙医药高等院校统编教材出版发行,为蒙医药高等教育事业填补一项空白,是蒙医历史上的一大创举,结束蒙医高等教育教材内容不统一,自编油印的历史,对诊断标准的统一化,临床教育的规范化,人才培养的正规化起到划时代的重大作用,为蒙医教育事业做出卓越贡献。主持完成自治区科委的科研项目"蒙医西拉乌顺哈伦病"临床研究课题三项。

1985年,获得自治区优秀教育工作者称号。1988年,获得自治区有突出贡献的科技人员证书。1989年,获得国家级优秀教学成果奖。1991年,获得《为发展我国医疗卫生事业做出突出贡献》证书,享受政府特殊津贴。1994年,获得全国继承中医药专家学术经验指导老师荣誉证书。2006年,获得全国中医药传承特别贡献奖。2007年,内蒙古首届十佳杰出人才。2008年,被评为内蒙古自治区名蒙医。2009年,获得首届"国医大师"称号。

旭日干(1940—2015)男,蒙古族,内蒙古科尔沁右翼前旗人,家畜繁殖生物学与生物技术专家。1965年,内蒙古大学生物系毕业后留校任教。曾任内蒙古大学实验动物中心主任、副教授等职。1984年,被国家科学技术委员会批准为有突出贡献的中青年专家。1985年,获"全国优秀科技工作者"称号,并获"五一劳动奖章"。1982年,赴日本进修学习并获动物学博士学位。在此期间,与日本学者花田章博士成功地进行"山羊体外受精"技术的研究,培育出世界上第一胎试管山羊,1984年,获自治区科技进步特等奖。回国后,组建具有20世纪80年代先进水平的实验动物中心,承担自治区"七五"重点攻关项目、国家自然科学基金资助项目、国家"863"高技术研究项目,是国家"863"跟踪世界高技术计划专家组成员,完成近20项研究课题,并培育出中国首胎首批试管绵羊、试管牛,1991年获自治区科技进步一等奖。他首次探索出山羊、绵羊和牛精子体外诱导获能的途径,在国际上首次提出试管内杂交育种技术。1995年,当选为中国工程院院士,后任中国工程院副院长,第十、第十一届全国政协委员。

王聘臣(1912—1983)男,汉族,辽宁锦西县人,外科学专家。1938年,上海复旦大学医学院医学系毕业后,先后在吉林四平公教医院、归绥公教医院、北京万生医院从事医务工作。期间,曾赴比利时鲁汶大学医学院进修外科2年。1950年以后,在归绥市立医院工作,曾任副院长、外科主任。1957年,调到内蒙古医学院,曾任副院长。1979年,晋升为教授。兼任中华医学会内蒙古分会副会长、外科学会理事长、内蒙古第四届人大常委会委员。王聘臣是内蒙古医学院外科专业的奠基人和带头人之一。擅长治疗肝包虫病、特发性急性胃十二指肠扩张症、非穿孔性胆汁性腹膜炎等疾病。在培养医疗技术人才方面成绩显著。曾发表《包虫病及其防治》等10多篇论文。

王文景(1901—1955)字叔彬,男,汉族,河北滦县人,水利专家。1927年,唐山北方交通大学土木工程专业毕业后,先后在北宁铁路山海关段及河北省建设厅工作。1932年,任河套屯垦队水利技师。七七事变后,调到成都空军太平寺机场任少校工程师。1941年,回到河套地区工作,先后担任绥西水利局局长、第八战区副司令长官部水利指挥部副总指挥、绥远省水利局局长等职。1950年,任绥远省人民政府水利局局长、黄河水利委员会委员。1954年,担任自治区水利局副局长。

王文景对开发黄河河套灌区做出重要的贡献。他主持和参加多项水利工程的勘测设计和施工,设立水文组,建起多个水文站。创建草土结合的水工技术,为河套近代水利开发解决一大难题。特别是主持制定四首制水利规划和《后套灌溉区初步整理工程计划概要》,成为河套水利史上第一个规划蓝图。

张鹤龄(1931—2015)男,汉族,辽宁省沈阳市人,生物学家。1954年,东北农学院毕业后先后在国营友谊农场、东北农学院、内蒙古大学工作,曾任教授等职,兼任中国作物学会马铃薯专业委员会主任、内蒙古微生物学会副理事长。从事马铃薯病毒研究20多年,出版关于马铃薯病毒方面的专著3本,发表论文多篇。在学术界享有很高的声望,为内蒙古植物病毒分子生物学和植物基因工程建立与发展奠定基础,为中国微生物学、病毒学事业的发展做出突出贡献。1979年以来,主持完成5项科研课题,其中“马铃薯病毒血清鉴定”“马铃薯无病毒种薯生产试验”于1980年分别获自治区科技成果二等奖。试制出的多种马铃薯病毒抗血清已被国内数十个教学、科研和生产单位用于马铃薯病毒的诊断。他是国家“六五”科技攻关项目“马铃薯无病毒种薯生产和良种繁育体系”的主持人之一,获中科院科技进步一等奖。1988年,被评为国家级“有突出贡献的中青年专家”。1991年,享受国务院特殊津贴。1999年,获乌兰夫基金奖。2000年,被评为自治区劳动模范。

张立范(1902—1971)又名张化若,男,汉族,山西省河曲县人,农学家。1923年,江苏南通高等农业专科学校毕业后赴法国勤工俭学,就读于法国蒙伯里农学院园艺专业。1928年回国。先后执教于保定农学院和上海劳动大学。1933年,辞去教职,来到绥远省筹建五原农事试验场。1939年,任绥远省农林专员。次年任省农业改进所所长。1946

年，任省农林处处长。1949年，任建设厅厅长。中华人民共和国成立后，出任绥远省人民政府委员、农林厅厅长、省一届人大代表、政协委员。蒙绥合并后任内蒙古人民政府农牧部副部长兼内蒙古农牧科学院院长、第三届全国人大代表。

张立范是内蒙古农业科技界的奠基者、农业建设的开拓者和实际领导人之一。早在20世纪30年代，他就首次提出粮草轮作、农牧结合的综合治理措施，主张精耕细作，保墒蓄水，改变粗放的耕作方法，大力引进推广新技术、新品种。1935年，他引种德国甜菜成功。1941年，栽培繁殖并扩大种植面积，后筹建五原糖厂。1942年，从甘肃引进水稻品种。1946年，从兰州引进"华莱士瓜""白兰瓜"。主持指导选育"河套68号""河套527号""绥农1号"等小麦新品种并负责河套黄牛的培育和宁夏滩羊的引进。中华人民共和国成立后，负责综合管理农牧林业，担任业务领导和技术指导。

赵云海(1916—1986)男，满族，呼和浩特市新城人，中蒙医专家。医技精湛，被誉为"名医"。20世纪50年代初，响应政府号召，率先成立呼和浩特市"大北街联合诊所"并任所长。诊所后改为"东顺城街联合医院"，又在此基础上建立"回民区医院"，后任呼和浩特市中蒙医研究所(院)副所长。他以精湛的医疗技术治愈许多疑难杂症，特别对心脑、呼吸系统、消化系统、循环系统等疾病有独到的见解，辩证运用中蒙医理论和传统医学经验，在医疗实践中创造了许多成功范例，在医疗卫生行业中享有盛名。

赵云海是呼和浩特市首位中医科研成果奖获得者。《中医药治疗血栓闭塞性脉管炎疗效探讨》，获呼和浩特市优秀论文一等奖、科技成果进步一等奖，获自治区自然科学优秀论文二等奖。

郑　愈(1900—1971)又名郑瞻韩，男，汉族，浙江省乐清县人，物理学家。1918年，官费留学日本，就读于东京高等工科专门学校，九州帝国大学研究生院。1928年4月，毕业回国后在南京建设委员会电业局任技正;8月，到成都大学任教。1931年，调任四川大学教授、物理系主任。1941年，任西安战干四团生产工业委员、面粉厂经理。1943—1947年，应聘任四川大学总务长，1948年，兼任四川乐山中央技艺专科学校校长。中华人民共和国成立后，任北京工业学院教授。1957年，调内蒙古大学筹建物理系，任教授、系主任。

人物简介

收录获得呼和浩特市科教兴市市长特别奖、引进人才科技贡献奖的学者、专家、技术人员、企业家等，并按照汉语拼音音序排列。

廛洪武　男，汉族，1965年生，2005年从澳大利亚墨尔本大学留学归国。他长期从事家畜繁殖生物学技术和胚胎生物技术的研究，先后获得国家科技进步二等奖、自治区科技进步一等奖、自治区“骏马奖”和国务院颁发的“国家友谊奖”等多项奖励。2012年，获呼和浩特市引进人才科技贡献奖。

邓承远 男，1941年生，曾任内蒙古轻工研究所总工程师，教授级高级工程师。退休后任内蒙古双奇药业副总经理、总工程师。他主管生产、技术及新产品开发工作，研制生产出内蒙古第一个一类新药，为内蒙古及呼和浩特市科教兴区、振兴内蒙古经济做出贡献。他主持完成的“高效双歧杆菌制剂中间试验及其保健食品的开发”项目，获1995年自治区科技进步一等奖。获2004年呼和浩特市科教兴市市长特别奖。

冯艳丽 女，汉族，1966年5月生，山西省长治市人。内蒙古航天新材料科技有限公司技术总监，研究员。多年来，一直从事F－12高性能芳纶纤维织物的研制、中试、产业化放大及应用技术研究，致力于中国高性能芳纶制备技术的成果转化及F－12纤维应用的国产化工作。获2014年呼和浩特市科教兴市市长特别奖。

冯建明 男，汉族，湖南省人。高级工程师，内蒙古超牌建材科技有限公司董事长。2012年3月，由湖南省长沙市超牌科技有限公司引进呼和浩特市。他主持研发的煤矸石加工超细煅烧高岭土生产工艺技术和成套产业化核心装备获得科技成果3项、授权发明专利9项、实用新型专利5项，成功转化为年产15万吨超细煅烧高岭土产业，整体技术达到国际领先水平。获2016年呼和浩特市引进人才科技贡献奖。

郭继彤 男，2010年从澳大利亚莫纳什大学留学归国，任内蒙古赛科星繁育生物技术股份有限公司研发部长，研究员。2011年，利用动物体细胞克隆技术成功克隆繁育良种奶牛种公牛2头和种母牛6头，同时改进性控冻精生产技术。在技术推广上，利用改进的X/Y精子、DNA染色和过氧化剂添加技术，提高分离精子活力，延长冷冻精子解冻后的存活时间，优化奶牛性控冻精生产技术流程，提高产品质量。获2012年呼和浩特市引进人才科技贡献奖。

黄小平 男，高级工程师。2012年由重庆食品工业研究所引入呼和浩特市，任内蒙古伊利实业集团有限公司创新中心副主任。2012年到伊利集团工作，负责食品安全风险评估和质量安全工作。期间，开展了“微生物溯源研究项目”“早期风险预警系统项目”“细胞技术筛查潜在风险物质研究”等基础研究项目，为伊利国际化战略创造了条件。获2016年呼和浩特市引进人才科技贡献奖。

李　蓓 女，教授、博导，显鸿新材料内蒙古有限公司研发顾问。她带领研发团队研发出多款新型纳米功能油墨包括纳米抗擦墨、功能和常规墨系列油墨产品。获2014年呼和浩特市引进人才科技贡献奖。

李建昭 女,教授级高级工程师,2010 年被内蒙古开盛生物科技有限公司聘为高级顾问,主要从事抗生素的技术管理工作。她通过选育新菌种使工艺改进、优化,提高土霉素发酵单位,并获得国家发明专利。获 2014 年呼和浩特市引进人才科技贡献奖。

李喜和 男,汉族,1963 年 2 月生,内蒙古托克托县人。2005 年,他开始主持奶牛精子分离——性别控制技术产业化关键技术的研究和推广应用,证明采用 X/Y 精子 DNA 含量差别进行哺乳动物精子分离的可行性,并在此基础上确定应用该参数进行 X/Y 精子分离的技术改进流程。通过技术改进使精子分离效果提高到原来的 1.5 倍。获 2007 内蒙古自治区中青年科技创新奖、2008 年度呼和浩特市科教兴市市长特别奖、2009 内蒙古自治区科学技术特别贡献奖。

李银凤 女,蒙古族,1962 年生,内蒙古土默特左旗人。教授,主任医师,呼和浩特市第一医院副院长。1998 年留学日本,2004 年转赴美国深造,从事产前诊断研究 4 年,2010 年 5 月到呼和浩特市第一医院工作。她主要从事妇产科学、产前诊断方面的技术研究,将宫腔镜、非脱垂的子宫切除术、1.5 孔悬吊式腹腔镜子宫肌瘤切除术等 7 项技术成功运用于临床,其中 1.5 孔悬吊式腹腔镜子宫肌瘤切除术在北京、上海等地得到推广。获 2012 年呼和浩特市引进人才科技贡献奖。

李兆林 男,2004 年作为引进人才来到呼和浩特,曾任内蒙古奶联科技有限公司董事、副总经理。他通过技术集成、合作化生产方式的创新,颠覆内蒙古传统的青贮饲料生产制作方式,创造性解决青贮生产制作的关键性难题,使内蒙古规模化牧场粗饲料大规模生产的产业化水平得到显著提高。获 2012 年呼和浩特市引进人才科技贡献奖。

马甫行 男,高级兽医师。2010 年 3 月,由宁夏正鑫牧业公司引进呼和浩特市。曾任内蒙古优然牧业技术部总经理。他研发奶牛全系精补料产品 6 大系列 50 多个品种,年产量 50 万吨,年产值 15 亿元,产品辐射伊利、蒙牛等奶牛养殖基地。带领团队研发"固液分离 + 翻堆发酵 + 氧化塘 + 生态还田"粪污循环利用模式,为解决呼和浩特周边地区奶牛养殖场环保问题探索出一条可持续发展的路子。他先后参与国家级科技项目 5 项、自治区级科技项目 6 项、市级科技项目 3 项。获 2016 年呼和浩特市引进人才科技贡献奖。

潘　刚 男,汉族,1970 年生,内蒙古太仆寺旗人。内蒙古伊利实业集团股份有限公司董事长。他重视管理创新,积极引进先进的质量保障体系,完善企业运行机制和管理制度,创立"以现代化牧场园区为主体的新的奶牛饲养模式",为自治区和全国农牧业产业化进程做出贡献。从奶牛养殖、饲料生产、乳制品加工等方面进行技术开发、成果转化和产业化,提升整个行业的技术水平。获 2006 年呼和浩特市科教兴市市长特别奖。

仝宝生 男，高级工程师，曾任内蒙古永业生物技术有限责任公司副总裁。主持完成的《煤炭固体黄腐殖酸的提取研究及绿色农用产品应用研究》项目已实现产业化，加快对自治区及中国褐煤、风化煤、泥炭资源的综合开发利用，在农牧业实际生产中取得较大的经济效益，为自治区和全国腐殖酸行业发展做出突出贡献。获2012年呼和浩特市科教兴市市长特别奖。

司德亮 男，汉族，1972年8月生。高级工程师。他主要从事光伏发电产业和光伏发电方面的技术研究，致力于研究光伏产业的关键、共性及前沿课题。获2012年呼和浩特市引进人才科技贡献奖。

孙俊民 男，汉族，1966年10月生，河南省驻马店市人。曾任内蒙古大唐国际再生资源开发有限公司正高级工程师，内蒙古资源综合利用与循环经济研究院首席科学家。他带领研究团队到托克托县工业园区艰苦创业，自主开发高铝粉煤灰提取氧化铝和冶炼铝硅合金2条工艺技术路线和产业方向，并进入产业化实施阶段，为铝硅合金的生产开辟一条新型的节能环保技术路线。获2010年度呼和浩特市科教兴市市长特别奖、2011年度获内蒙古自治区中青年科技创新奖。

王全喜 男，汉族，1963年生。研究员，正高级工程师。曾任中国农业机械化科学研究院呼和浩特分院副总工程师。他长期从事农牧业机械研究、产品研发和推广工作，在牧草种子收获、种子加工、荞麦剥壳、种子制丸、太阳能——热泵干燥、太阳能储热、饲草压缩、滴灌、喷灌、灌木收割等方面具有深厚的造诣。获2016年呼和浩特市科教兴市市长特别奖。

魏学峰 男，汉族，1962年生。曾任金宇保灵生物药品有限公司推广研究员，总兽医师。他主持研制“牛羊口蹄疫O型、亚洲I型二价灭活疫苗”为代表的口蹄疫系列疫苗项目均根据自治区及中国口蹄疫紧急防控的需要，在国内率先研制成功并获得国家农业部颁发的《新兽药证书》和“生产批准文号”，获得4项发明专利，为中国的口蹄疫防控工作提供有力保障。获2012年呼和浩特市科教兴市市长特别奖。

王召明 男，蒙古族，1969年11月出生，内蒙古乌拉特中旗人。内蒙古蒙草生态环境(集团)股份有限公司董事长。他带领蒙草公司成为中国草原生态修复的引领者，致力于驯化本土植物进行生态环境建设，为节约型生态环境建设和生态文明建设做出积极贡献。公司建成中国最大的北方干旱半干旱地区植物种质资源库。获2016年呼和浩特市科教兴市市长特别奖。

谢昌贤 男，1962年生。曾任内蒙古金河生物科技股份有限公司技术总监、总经理，从事金霉素发酵技术的研究开发和生产管理工作。获2008年呼和浩特市科教兴市市长特别奖。

喻东威　男,高级工程师,2007 年从日本 Beacle 公司引进呼和浩特市。任蒙牛乳业(集团)有限公司高级经理。他主持制定蒙牛集团内部检测方法标准 150 余项,在蒙牛集团 36 个实验室推广应用。其中多项方法被行业内采纳应用,建立检测试剂和设备的评价方法,填补蒙牛集团及行业领域的空白。喻东威参与国家级科技项目 2 项、自治区级科技项目 1 项,个人取得授权发明专利 2 件。获 2016 年呼和浩特市引进人才科技贡献奖。

张耀辰　男,内蒙古精诚绝缘子有限责任公司董事长、总工程师。2001 年,他带领公司坚持依靠技术进步提高企业核心竞争力。多年来,致力于新产品的开发和新技术、新装备的更新以及工厂制造系统的改造升级。研制用于超高压、特高压输电线路大吨位瓷绝缘子产品,部分产品质量达到国际先进水平。获 2014 年呼和浩特市科教兴市市长特别奖。

附　录

呼和浩特市深入推进科技特派员农村科技创业行动的实施意见

呼政办发〔2012〕101号

为贯彻落实科技部等国家八部委《关于深入开展科技特派员农村科技创业行动的意见》和自治区科技厅等九部门《关于深入开展科技特派员农村科技创业行动的实施意见》，深入推进呼和浩特市科技特派员农村科技创业行动的开展，不断创新呼和浩特市科技特派员农村科技创业服务模式，现结合我市实际，制定如下实施意见。

一、指导思想

按照2012年"中央一号"文件和国家、自治区两级科技特派员工作推进会议精神，坚持"政府引导、以人为本、创新机制、强化服务"的原则，以实现农业增效、农民增收为目标，以政策引导支持为保障，充分发挥科技人才在发展现代农业和社会主义新农村建设中的重要作用，全面推进我市科技特派员农村科技创业行动的深入开展，从而促进呼市农业产业结构调整和优势特色产业升级，加快我市经济社会又好又快发展步伐。

二、主要目标和任务

（一）主要目标

用5年时间，通过优化政策环境、创新运行机制、扎实组织实施，基本建立呼市科技特派员创业服务平台，形成具有我市特色的产业、科技、人才、信息、管理等生产要素一体化的科技特派员农村创业体系。

——组建由区内外不同层次专家、技术人员和乡土人才组成的100名科技特派员队伍；

——围绕养殖业、设施农业和休闲观光农业，引进、示范、推广一批新品种、新技术、新材料；

——培养1000名农村创业型人才、科技致富带头人和科技明白人；

——培育一批县域优势特色产业，通过建设科技特派员创业链，培育科技特派员创业示范基地，促进县域优势特色产业发展；

——壮大一批科技型农村生产经营主体，引导科技特派员领办、创办、协办有一定规模的科技型农业龙头企业，壮大和培育农民专业合作组织，促进农民增收致富。

（二）主要任务

1. 转化推广一批农业科技成果

组织高校、科研院所的科技人才、离退休专业技术人员，发挥技术优势与农民建立利益共同体，转化、推广一批先进适用的科技成果。

2. 培育建设科技特派员创业链

主要围绕养殖业、设施农业和休闲观光农业，研究农业产业链的关键环节和瓶颈问题，引导支持科技特派员领办、创办、协办专业协会、合作社和企业等各种经济实体和合作组织，形成产业技术联合体；鼓励和支持高校、科研院所和经济合作组织等以法人身份深入基层、进入企业开展创业和服务，与龙头企业、基地、园区、专业合作组织、专家大院等形成风险共担、利益共享机制，培育和壮大区域优势特色产业，完善我市新型农村科技创新服务体系。

3. 搭建科技特派员创业服务平台

围绕我市农业主导产业和区域优势特色产业以及农村民生等领域，整合和集成星火计划、农业科技园区、农业科技成果转化资金、社会化农村科技综合服务站、“三网一员”农村产业科技信息服务和“12396”科技惠农服务热线等多种资源，为科技特派员农村科技创业提供良好的服务设施、研发项目等支撑条件，搭建好科技特派员创业服务平台。

4. 建立健全科技特派员培训体系

建立分工明确、特色鲜明的科技特派员培训体系，建设和完善我市科技特派员农村科技创业行动培训基地，完善科技特派员培训制度，规范培训内容，突出培训重点，分层次组织培训，进一步提升科技特派员的创业能力和服务能力。

三、实施原则

（一）创新机制，科学发展。不断创新体制机制，坚持政府引导，集成政策、资金、项目等科技资源，引导和支持科技特派员带领农民共同投入、共同创业、共同受益，实现科技特派员工作长效机制科学发展。

（二）尊重人才，以人为本。尊重科技特派员和农民的意愿，双向选择。重视和维护科技特派员和农民的合法权益，不断创新科技特派员工作方法和模式。

（三）突出创业，强化服务。突出科技创业，坚持以服务农民、服务产业为主，围绕我市主导产业和优势特色产业，加强龙头企业培育和专业合作组织建设，拉长农业产业链，推动我市多元化新型农村科技服务体系建设。

（四）结合实际，分类指导。按照各旗县区农业和农村经济发展对科技的需求，因地制宜，突出特色，注重实效，促进科技特派员农村科技创业行动稳步扎实开展。

四、优化政策环境

（一）拓宽科技特派员来源渠道，优化科技特派员队伍结构。坚持以人为本、双向选择的原则，参与科技特派员农村创业行动的人员不受身份、部门、地域限制，吸引区内外高校、科研院所和相关事业单位具有专业技术特长的人员（含离退休且身体健康的专家和技术人员）、先进地区乡土人才、农村科技致富带头人等具有创新和创业精神的科技人才参与科技特派员农村创业行动。特别是围绕设施蔬菜基地的大规模建设，由东北、山东、河北等先进地区引进一批善经营、懂技术的乡土人才。引导有条件的高校、科研院所和经济合作组织等以法人身份派出科技创业和服务团队，参与科技特派员农村创业行动。通过优化和丰富科技特派员的来源结构、壮大科技特派员队伍，使广大科技特派员成为新农村建设的新型主体。

（二）建立健全科技特派员农村创业保障机制。科技特派员服务期限由科技特派员与服务单位双方商定，原则上 2 年一轮。科技特派员在派出期间，其原职级、工资福利和岗位保留不变，工资、职务、职称晋升和岗位变动与派出单位在职人员同等对待，并把科技特派员的工作业绩，作为评聘和晋升专业技术职称的参考依据，在下派期间由市科特办根据工作和考核情况给予一定的补助。从先进地区引进的乡土人才，能长期入驻基地开展技术指导和科技服务的科技特派员，由市科特办和派驻单位共同给予一定的技术推广补贴。

（三）建立科技特派员利益机制。按照市场经济规律解决科技成果与农民的结合问题，鼓励科技特派员以项目支撑、资金入股、技术参股、技术承包、有偿服务等形式，与农民特别是农民专业合作组织、龙头企业和专家大院等结成利益共同体，实行“风险共担，利益共享”。法人科技特派员、科技特派员创办的企业、农村专业合作经济组织，可按规定享受国家相关支农优惠政策。

（四）集成科技资源，加大项目支持力度。引导各类科技资源有效集成，加强优化配置，集成现有科技计划，加强科技特派员农村科技创业行动与相关科技计划的衔接。引导科技支撑计划、星火计划、农业科技成果转化资金、科技富民强县工程等科技计划向科技特派员倾斜，各成员单位应对科技特派员的创业项目给予扶持，并积极争取上级项目，支持科技特派员农村科技创业和服务，加强科技特派员示范基地建设。

（五）加大资金扶持力度。市政府从科技经费中安排专项资金支持科技特派员农村科技创业行动，一是用于市级科技特派员补贴、培训、考核评估、表彰奖励、经验交流等工作，二是以项目、贴息、后补助等形式支持科技特派员创业项目。各旗县区要结合当地实际,不断增加对科技特派员农村科技创业行动的科技投入,引导和支持科技特派员带领农民创办、领办、协办科技型企业、农民专业合作组织等经济实体。

五、保障措施

(一)加强组织领导。成立由市政府分管领导任组长,市科技局、财政局、人力资源和社会保障局、农牧业局、林业局、科协等部门负责人为成员的呼和浩特市科技特派员农村科技创业行动领导小组(以下简称科特派领导小组),领导小组下设办公室(以下简称科特办),设在市科技局。市科特派领导小组负责呼市科技特派员农村科技创业行动的协调和组织领导。要通过各部门的紧密配合,形成部门联动、相互配合、共同支持科技特派员农村科技创业行动的合力。各旗县区要成立领导小组,设立工作机构,配备专门人员,为科技特派员工作提供组织保障。要结合各自的实际,制定切实可行的推进方案,确保科技特派员农村科技创业行动的各项工作和政策落到实处。

(二)不断健全和完善激励机制。建立和完善对科技特派员的考核评价制度,把科技特派员农村科技创业行动工作目标责任落实到地方政府。旗县区科技特派员农村科技创业行动领导小组办公室,定期向市科技特派员农村科技创业行动领导小组办公室报告本地区科技特派员农村科技创业行动目标任务完成情况。市科技特派员农村科技创业行动领导小组进行综合考评后,将考核结果作为表彰奖励的依据,对工作突出的旗县区在项目支持上给予倾斜。

加大表彰奖励力度。定期开展优秀科技特派员评选和表彰奖励活动,对做出突出贡献的优秀科技特派员、科技特派员团队以及科技特派员工作组织管理机构等予以表彰奖励,开展以奖代补,以项目代奖励等多种形式的表彰奖励。

(三)加强舆论宣传。各地区各部门要加强与宣传部门和新闻媒体的联系与合作,高度重视对科技特派员创业行动的舆论宣传,做好相关组织协调工作。要充分发挥新闻媒体的作用,大力宣传科技特派员农村科技创业行动中取得的显著成效和科技特派员的先进典型,营造全社会关心支持科技特派员农村科技创业的良好氛围。

呼和浩特市社会主义新农村科技示范村建设实施方案

呼科农字〔2013〕4 号

（2013 年 5 月）

为落实市委、市政府关于发展现代农业，推进社会主义新农村建设率先实现城乡一体战略目标任务，充分发挥科技在社会主义新农村建设中的示范导向作用，根据科技部《新农村建设科技示范（试点）实施方案》（国科发农字〔2007〕66 号）总体部署，制定呼和浩特市新农村科技示范村建设实施方案。

一、总体思路和目标

围绕科技促进社会主义新农村建设，以“富民、惠民”为核心，以优势特色产业发展为支撑，以提高产业综合生产能力为重点，统筹考虑农村生产发展、农民生活质量提高、农村生态和生活环境改善等，深化科技体制和机制创新，加强科技创新创业，营造良好的发展环境，培育一批依靠科技创新建设社会主义新农村的科技示范村。

“十二五”规划时期，重点引导建设 9 个 ~ 10 个新农村科技示范村，使示范村科技进步贡献率、土地产出率、资源利用率、农民收入增长率等有较大幅度提高，现代农业技术体系建设加快，产业结构进一步优化，社区建设取得较大进步，农民素质和生活质量明显提高，实现城乡一体化战略目标。

二、遴选要求

申报新农村科技示范村，应当具备以下基本条件：

（一）围绕我市农村重点工作和新农村建设的全面需求，提出了明确的科技发展目标。

（二）科技示范村首先要列入呼市新农村建设示范村，所在的旗县区必须在最近一次科技进步考核中获得通过。

（三）所在旗县区党委、政府高度重视，在党政主要负责同志直接领导下设立专项资金，形成科技部门牵头，相关部门联动的工作机制，保障科技示范村工作顺利实施。

（四）培育一个以上主导产业，发展“一村一品”，注重技术引进和扩散，促进特色产品或产业上水平、上规模。

（五）建立产学研合作机制，有试验示范基地，有不少于 3 人的技术服务团队，具备辐射带动周边产业发展能力。

（六）培育社会化农村科技综合服务站，根据农业生产和农民需求，开展科技与信息服务。

（七）制定了新农村科技示范村建设实施方案（附件 1），明确技术依托单位（大专院校、科研院所、有相当技术创新实力的企业和科技服务机构等），方案切实可行，管理和运行机制规范。

（八）严格落实中央有关社会主义新农村建设的方针和政策，特别是中央有关土地和环保的要求。

三、重点任务

（一）加强科技成果转化，培育特色优势产业。以“一村一品”为重要内容，围绕我市乳、肉、无公害果蔬、食用菌、花卉等优势特色产业，引进、转化一批先进适用技术成果。

（二）强化技术集成应用，引导现代农村社区发展。开展村镇优化布局与区域规划、废弃物资源化和新能源利用、农村饮用水安全和污水处理、农村生态环境整治等方面关键技术的集成应用，发展现代农村社区。

（三）搭建农村科技综合服务平台，提升科技服务能力。建设社会化农村科技综合服务站，与科研院所和大专院校建立长期的技术合作。

（四）运用现代信息技术，提高农村科技服务的信息化水平。搭建科技信息共享服务平台，依托“富农网”农牧业产业创新服务平台、“三网一员”农村产业科技信息服务站、“12396”科技服务热线，为广大农民提供及时、有效、可靠的技术、政策和市场等信息服务。

（五）培育新型农民，提高农村劳动者素质。组织实施农业科技培训行动，深入推进科技特派员农村科技创业行动，开展面向农民的适用技术和科普知识培训，提高农村劳动者的科技文化素质，培养一批农村科技致富带头人。

四、申报、评审和认定

（一）市科技局从宏观层面做好新农村科技示范村建设工作的总体设计，发布申报通知，明确申报和管理的具体要求。

（二）各旗县区科技部门负责组织申报，并确保申报材料的真实性和有效性，经所在旗县区人民政府批准后上报。

（三）申报单位为新农村科技示范村建设相关单位，申报单位需填写新农村科技示范村建设实施方案（附件 2）、新农村科技示范村建设和技术依托单位合作方案（附件 3）。

（四）市科技局组织专家，对各地申报的材料进行论证和实地考察，择优认定“呼和浩特市新农村建设科技示范村”。

五、组织保障

（一）加强组织领导。各旗县区要高度重视，将新农村科技示范村建设纳入议事日程，科技部门要根据《呼和浩特市新农村科技示范村建设实施方案》制定本地实施方案；要加强组织协调，争取当地党委政府的支持；要加强部门联动，提供必要的人力、物力和财力保障。

（二）保障引导投入。旗县区科技部门要争取当地党委政府的支持，设立专项资金，保障科技示范村工作实施。各地要根据实际情况，加强资源的整合和集成，引导金融资金支持，带动企业和社会力量投入，形成多元化投入格局。市科技局将在集成资源基础上，从重大科技专项中设置专项经费，持续加大引导支持力度。

呼和浩特市科学技术进步促进条例

（2014年6月27日呼和浩特市第十四届人民代表大会常务委员会第十三次会议通过
2014年9月27日内蒙古自治区第十二届人民代表大会常务委员会第十二次会议批准）

第一条 为促进科学技术进步，推动科学技术为经济建设和社会发展服务，建设创新型城市，根据《中华人民共和国科学技术进步法》《内蒙古自治区科学技术进步条例》等相关法律、法规，结合本市实际，制定本条例。

第二条 在本市行政区域内从事科学研究、技术开发、科学技术成果推广及产业化、科学技术普及以及相关的服务和保障活动，适用本条例。

第三条 市人民政府负责推进呼市科学技术进步工作，确定本市科学技术发展的战略、目标和任务，制定科学技术发展规划和促进科学技术进步的政策；确定科学技术及与科学技术发展密切相关的重大项目，保障科学技术进步与经济建设和社会发展相协调。

旗县区人民政府应当根据市科学技术发展规划，结合本地区实际情况，将科学技术进步工作纳入本地区国民经济和社会发展规划，采取有效措施，推动科学技术进步工作。

第四条 市、旗县区人民政府科学技术行政部门具体负责本行政区域内科学技术进步促进工作；呼和浩特经济技术开发区、呼和浩特金山高新技术产业开发区按照职责，负责本辖区内的科学技术进步促进工作。

其他有关部门按照各自的职责分工负责科学技术进步促进工作。

第五条 市、旗县区人民政府应当加强对科学技术普及工作的领导，不断增强全体市民的科学意识，提高科学文化素质。鼓励机关、企业事业单位、社会团体、其他组织和个人支持和参与科学技术进步活动。

科学技术协会和其他社会团体、学术组织应当开展经常性、群众性科学技术普及活动，组织学术技术交流。

第六条 市人民政府设立科学技术奖，对优秀的科学技术成果以及在科学技术进步活动中做出显著成绩的单位和个人给予奖励。市人民政府科学技术行政部门负责呼市科学技术奖评审的组织工作。

市科学技术奖分设科教兴市市长特别奖、引进人才科技贡献奖和科学技术进步奖。根据科学技术发展的需要，经市人民政府批准，可增设其他类的科学技术奖奖项。

奖励经费列入年度同级财政预算。

第七条 市、旗县区人民政府应当支持经济技术开发区、高新技术产业开发区、特色产业化基地、战略性新兴产业基地、大学科技园、留学人员创业园等建设，推进高新技术产业集群化发展。

市、旗县区人民政府应当引导和支持企业、高等院校、科学技术研究开发机构发挥科学技术优势，建设重点实验室、工程技术研究中心、企业技术研发中心、科学技术中间试验基地、院士工作站、博士后工作站和产业技术创新战略联盟等创新平台。

第八条 本市建立以企业为主体，以市场为导向，企业同科学技术研究开发机构、高等院校相结合的技术创新体系，发挥企业在技术创新中的主体作用，着力提升企业自主创新能力和核心竞争力。

第九条 本市鼓励和支持电子信息、生物制药、新材料、新能源等战略性新兴产业的研究开发。

第十条 本市鼓励和支持绿色食品加工、机械装备制造、冶金和现代化工等传统优势产业与特色产业的技术改造和提升，重点发展主要行业的共性关键技术，先进的工程设计技术、制造技术，节能降耗技术。

第十一条 市人民政府应当整合各类科学技术资源，建设呼市科学技术资源信息平台；制定科学技术资源共享扶持政策，鼓励企业、高等院校、科学技术研究开发机构及科学技术服务机构向科学技术资源信息平台提供并及时更新本单位有关科学技术信息。

第十二条 市、旗县区人民政府支持发展科学技术公共服务业，制定政策推进生产力促进中心、技术交易机构、知识产权服务机构和科技企业孵化器等科学技术公共服务机构的建设。

第十三条 市人民政府应当与金融机构制定科学技术与金融相结合的科学技术创新政策，建立信息沟通机制，定期发布科技型企业及高新技术项目建设情况，鼓励和引导金融机构开发符合科技型企业需求的金融产品和金融服务。

第十四条 市人民政府制定优惠政策，促进科学技术成果转化，支持企业、高等院校、科学技术研究开发机构等单位在本市建立科学技术研究开发机构和科学技术成果转化基地，鼓励科学技术人员从事科学技术成果转化、技术咨询和技术服务等工作。

第十五条 市人民政府鼓励企业等法人组织制定和实施知识产权战略，支持企业、事业单位、社会团体和个人通过申请专利、登记软件著作权、申请注册商标保护其创新成果。

市人民政府设立知识产权专项资金，用于引导企业、事业单位加大知识产权投入，促进重点产业和核心技术发明专利等自主知识产权的创造、运用，资助企业、事业单位、社会团体和个人申请专利，实施知识产权试点示范工程，提高全社会知识产权创造、运用、保护和管理能力。

市人民政府应当发挥知识产权行政执法作用，支持建立以行业协会为主导的知识产权联盟和维权援助机制。

建立知识产权多元化纠纷解决机制，健全知识产权行政机关诉前调解与司法诉讼程序的衔接机制，加大对知识产权的保护力度。

第十六条　市人民政府鼓励和引导企业制定技术创新战略规划，增加研发投入。

市、旗县区科学技术行政部门应当指导、支持企业申报高新技术企业、创新型企业、知识产权示范企业。

企业开发新技术、新产品、新工艺发生的研究开发费用，符合国家规定的可以在计算应纳税所得额时加计扣除。税务部门对企业申报的研究开发项目认定有异议的，由市科学技术行政部门出具鉴定意见。

第十七条　本市设立科技型企业创新资金，资助高新技术企业和科技成长型企业开展技术创新，推动科技型企业创新创业。

第十八条　本市鼓励和支持农牧业研究开发机构、高等院校和从事农牧业研究的科学技术人员围绕优势特色产业和设施农业、休闲观光农业、规模化养殖业、种植业等重点领域加快农牧业科学技术成果转化和产业化，加强农业科技园区、农业试验示范推广基地建设，培育农牧业科技企业。

本市鼓励和支持新品种的引进和培育，加强对原产地物种的保护。

第十九条　本市加强社会发展领域的科学技术进步与创新，积极开展社会公益性技术的研究推广，推进资源节约型和环境友好型社会建设。

本市鼓励和支持企业、高等院校、科学技术研究开发机构开展资源与环境、人口与健康、防灾减灾、公共安全等社会事业领域的科学研究与技术创新，促进科学技术成果惠及民生与社会发展。

第二十条　市、旗县区人民政府制定政策，推动和保障科学技术人员的引进；鼓励高层次科学技术人员到本市创新创业、提供短期技术指导、开展科学技术合作交流；对有突出贡献的高层次科学技术人员，应当按照有关规定提供便利、给予奖励。

对符合条件并带技术、带项目来我市创新创业发展的国内外高层次科学技术人员和团队，市科学技术行政部门应当按照市人民政府有关规定，通过市级科学技术计划项目给予资助。

第二十一条　市、旗县区人民政府制定并实施科学技术人员培养计划，为科学技术人员建立多形式、多渠道的培训途径。

国家机关、企业事业单位和其他组织应当保障本单位科学技术人员接受继续教育的权利。

第二十二条 本市鼓励科学技术人员深入基层从事技术开发、转化、推广等科学技术活动。科学技术人员在服务基层期间,其在原单位的待遇不变;在基层科学技术工作中创造的成果,可以作为专业技术职务评聘的依据。

第二十三条 本市建立以政府投入为引导、企业投入为主体、社会资金参与的科学技术经费投入体系。

本市全社会科学技术研究开发经费应当占地区生产总值的百分之二以上,并逐年提高。

第二十四条 市、旗县区人民政府应当逐步增加财政性科学技术资金的投入,财政性科学技术资金年度实际投入占本级人民政府公共财政预算收入的比例应当分别不低于百分之一点六和百分之一点二。

市、旗县区财政性科学技术资金的投入和落实情况应当纳入市、旗县区人民政府年度考核范围。

第二十五条 市、旗县区财政性科学技术资金主要用于支持以下科学技术创新活动:

(一)科学技术创新基础设施及科学技术重大项目建设;

(二)各级各类研究开发机构及平台、科学技术公共服务平台建设和运行保障;

(三)关键技术攻关;

(四)社会公益性技术研究与应用基础研究;

(五)科学技术成果转化;

(六)科学技术创新理论、战略、路径与方法研究;

(七)科学技术普及;

(八)引进技术的消化、吸收和再创新;

(九)科学技术交流与合作;

(十)知识产权保护。

市科学技术行政部门应当根据本市科学技术发展状况,每年确定财政性科学技术资金支持的重点领域,并向社会公布,为企业、高等院校、科学技术研究开发机构开展科学技术研究活动提供指引。

第二十六条 财政性科学技术资金支持设立的研究项目,市科学技术行政部门应当履行以下职责:

(一)公布项目的申请、管理办法;

（二）公布项目名称、项目内容、申请资格条件等信息；

（三）实施同行专家评审制度，建立专家资源库，完善专家诚信、遴选、回避、问责制度；

（四）公布项目立项结果和项目承担者；

（五）实施项目执行中的全过程监管，建立动态调整机制；

（六）对项目成果推广应用等情况进行后续评估。

申请财政性科学技术资金支持的，申请单位应当按照要求提交申请材料，并对申请材料的真实性负责。立项后，项目承担单位应当按照科学技术计划项目合同要求，科学、合理、有效地安排和使用资金，确保专款专用，并按照要求及时向市科学技术行政部门报送财政性科学技术资金使用情况和信息。

第二十七条　市人民政府建立财政性科学技术资金投入绩效评估机制，提高科学技术研究开发经费的使用效益。

市、旗县区财政、审计等行政部门应当按照规定，对财政性科学技术资金使用情况进行监督检查。

第二十八条　单位和个人在新技术、新产品开发或者科技成果申报中采取欺骗手段获取奖励的，由批准和奖励部门取消其已取得的奖励，追回奖金，依法给予处分，向社会公布其违法行为，并且取消其在五年内申报科技计划项目和获得奖励的资格。

第二十九条　单位和个人虚报、冒领、贪污、挪用、截留财政性科学技术资金的，依照有关财政违法行为处罚处分的规定责令改正，追回有关财政性科学技术资金和违法所得，依法给予行政处罚；对直接负责的主管人员和其他直接责任人员依法给予处分；构成犯罪的，依法追究刑事责任。

第三十条　科学技术行政部门或者其他有关部门及其工作人员滥用职权、玩忽职守、徇私舞弊的，对直接负责的主管人员和其他直接责任人员依法给予处分；构成犯罪的，依法追究刑事责任。

第三十一条　本条例自2014年10月10日起施行。

厅市产学研协同创新专项资金使用管理暂行办法

呼政字〔2015〕174 号

第一章　总则

第一条　为加强和规范厅市产学研协同创新专项资金（以下简称产学研专项资金）的使用和管理，提高资金的使用效益，建立以市场为导向、企业为主体、高校和科研院所为依托、产业化为目标的科技创新体系，加快提升呼和浩特市自主创新能力和产业竞争力，促进产业结构调整、升级，根据《内蒙古自治区教育厅与呼和浩特市人民政府产学研协同创新科技合作协议》《内蒙古自治区科学技术厅与呼和浩特市人民政府产学研协同创新科技合作协议》《内蒙古自治区人民政府关于加强财政专项资金管理的若干规定》（内政字〔2005〕91 号）等有关政策规定，制定本办法。

第二条　本办法所称产学研专项资金，是指由内蒙古自治区教育厅（以下简称教育厅）、内蒙古自治区科学技术厅（以下简称科技厅）和呼和浩特市人民政府（以下简称呼市政府）三方出资，专项用于支持呼和浩特企业与驻呼高校、科研院所合作开展的科技研发及成果转化项目的资金。

第三条　建立科技资源配置的统筹协调和决策机制。

（一）建立产学研专项资金使用决策机制。成立厅市产学研协同创新科技合作协调领导小组（以下简称产学研领导小组），产学研领导小组办公室（以下简称产学研办）设在呼和浩特市科学技术局。产学研专项资金采取专家评审与会议决策相结合的立项评审机制。

（二）产学研专项资金的管理和使用，坚持政府引导、集中资金、突出重点、单独核算、专款专用、注重绩效的原则。

第四条　产学研专项资金由呼市政府每年预算安排 2000 万元，教育厅和科技厅按一定比例配套。呼市政府安排的经费主要用于支持参与合作项目的呼和浩特企业，教育厅安排的经费主要用于支持参与合作项目的高等院校，科技厅安排的经费主要用于支持参与合作项目的企事业单位。

第二章　支持方向、方式和标准

第五条　产学研专项资金围绕教育厅、科技厅和呼市政府分别签署的产学研协同创新科技合作协议(以下简称厅市合作协议)确定的支持方向和重点领域,重点支持由高校、科研院所与呼和浩特企业合作开展的科技创新体系建设、关键技术难题攻关、国际和省际间的产学研合作、重大科技成果转化、人才团队培养以及标准制定等项目。

(一)创新体系建设。支持驻呼高校、科研院所与呼和浩特企业联合建设各级、各类研发机构、行业技术创新平台、科研基础条件平台、产业技术创新战略联盟等科技创新体系建设;支持驻呼高校、科研院所在呼和浩特市各类产业园区、开发区、科技孵化器等建设科技成果转化基地。

(二)关键技术难题攻关。重点支持拥有市级以上研发机构、具有研发团队、具备研发能力的呼和浩特企业与驻呼高校、科研院所合作,围绕呼和浩特市的优势特色产业、社会公共科技事业集成各方优势资源和力量,开展关键技术难题攻关,力争获得突破和创新,取得重大成果。

(三)国际、省际间的产学研合作。

(四)重大科技成果转化。支持具备研发能力和成果转化基础条件的呼和浩特企业引进和接纳驻呼高校、科研院所的研究成果进行中试放大、示范和推广;支持驻呼高校、科研院所拥有重大科技成果的科技人才和团队落户呼和浩特创办企业并进行成果转化。

(五)人才和团队培养。围绕呼和浩特市科技发展的重点领域和产业发展的关键共性技术难题,形成良好的人才和团队培养互动机制,支持驻呼高校、科研院所积极开展与呼和浩特企业的科技合作,把企业作为人才、团队的培养和实践基地;同时,鼓励驻呼高校、科研院所和呼和浩特企业利用各自优势,共同组建创新团队、培养科技领军人才。

(六)标准制定。支持驻呼高校、科研院所积极参与和帮助呼和浩特企业制定标准。

(七)产学研领导小组确定支持的其他事项。

第六条　产学研专项资金主要采取呼市政府、教育厅、科技厅科技经费补助的支持方式。

科技经费补助分为前补助和后补助方式。前补助是指立项后核定预算,按照项目执行进度拨付科技经费的支持方式,适用于项目实施过程中的基础性和公益性研究,以及重大关键共性技术研究、开发和集成等公共科技活动;后补助是指相关单位围绕项目的目标任务,先行投入并组织开展研究开发、成果转化和产业化活动,在项目完成并取得相应成果后,按规定程序进行答辩评审或验收,给予相应补助的支持方式,适用于具有明确的可考核目标的项目。

第七条　产学研专项资金比例和标准。

前补助项目可分年度予以支持,根据项目确定补助额度。科技厅每年利用自治区各类科技专项资金,支持驻呼科研院所、高等院校与呼和浩特市进行产学研合作。教育厅每年面向高校的科研经费,重点支持呼市政府和教育厅产学研合作项目。

后补助项目一般采取一次性支持方式。

第三章 项目申报及审核

第八条 产学研专项资金项目根据参与合作项目的单位级别、属性分别列入教育厅科研计划、科技厅科技计划和呼和浩特市科技计划。

产学研办草拟下一年度的产学研专项资金项目申报指南,经产学研领导小组研究审定,与呼和浩特市本级应用技术研究与开发资金项目申报指南、重大科技专项资金项目申报指南一同于每年 8 月底前发布。项目申报按照呼和浩特市年度科技计划项目申报指南的具体要求进行。

第九条 产学研专项资金项目采取网上申报、专家网评、会议答辩等方式进行项目初评,报产学研领导小组审定。

第十条 申报单位要求:

(一)呼和浩特企业与驻呼高等院校、科研院所联合申报,项目成果转化及产业化的实施地在呼和浩特市;

(二)企业必须是在呼和浩特市注册并具有法人资格的经济实体,有较强的技术实力和较高的管理水平;

(三)企业和高等院校、科研院所有良好的合作基础,已签订明确的产学研科技合作协议;

(四)项目承担单位有较好的信贷条件,自筹配套资金不少于 1∶1 。

第十一条 产学研办建立产学研专项资金项目预算管理数据库,完善信息公开公示制度。将项目预算安排情况、项目组织单位和承担单位、项目负责人和参与研究人员、承担单位承诺的科研条件等内容纳入数据库进行管理,对非保密信息及时予以公开,接受社会监督。

第四章 项目预算管理和资金拨付

第十二条 产学研办根据产学研领导小组确定的项目计划,批复项目总预算和分年度预算,由项目经费拨付单位分别与项目承担单位签订项目合同书。

第十三条 项目承担单位应严格按照批复的预算执行,并对产学研专项资金实行单独核算。

项目预算一般不予调整，确需调整的，应当履行相关程序。在项目执行期间出现目标和技术路线调整、承担单位变更等重大事项，致使项目总预算、年度预算和项目支出费用预算发生调整的，应当按规定程序向产学研办提出申请，报产学研领导小组核准。

第十四条 产学研专项资金的拨付按国库集中支付管理的有关规定办理。涉及政府采购的，按照政府采购的有关规定办理。

第十五条 对前补助方式支持的项目，项目承担单位应当建立专项资金年度预算执行情况和项目完成情况决算报告制度。

（一）在项目实施过程中，项目承担单位于每年 11 月底前，提供产学研专项资金年度预算执行情况报告及项目实施情况报告，按照项目申报程序上报产学研办，汇总后上报产学研领导小组，必要时组织人员进行重点核查。

（二）项目完成后，产学研领导小组组织有关专家按照合同书及其相关要求进行项目验收。

（三）未完项目的年度结存经费，按规定结转下一年度继续使用。项目因故中止，承担单位应当及时清理账目与资产，编制财务报告及资产清单，报产学研领导小组审批，结余资金（含处理已购物资、材料及仪器设备等变价收入）按有关规定收回。

（四）产学研专项资金形成的大型仪器设备等固定资产属国有资产，由项目承担单位进行使用和管理；形成的知识产权等无形资产的管理，按照国家有关规定执行；形成的科学数据、自然科技资源等，在保障有关参与单位合法权益的基础上，按照国家有关规定开放共享，以减少重复浪费，提高资源使用效率。

第十六条 对后补助方式支持的项目，项目承担单位可用于补偿组织开展相关研发活动发生的各项支出。

第五章 资金开支范围

第十七条 产学研专项资金由直接费用和间接费用组成。

（一）直接费用是指在项目实施过程中发生的与之直接相关的费用。主要包括：

1. 设备费：是指在项目实施过程中购置或试制专用仪器设备，对现有仪器设备进行升级改造，以及租赁使用外单位仪器设备而发生的费用。

2. 材料费：是指在项目实施过程中消耗的各种原材料、辅助材料等低值易耗品的采购、运输、装卸和整理等费用。

3. 测试化验加工费：是指在项目实施过程中支付给外单位（包括项目承担单位内部独立经济核算单位）的检验、测试、设计、化验及加工等费用。

4. 燃料动力费:是指在项目实施过程中相关大型仪器设备、专用科学装置等运行发生的可以单独计量的水、电、气、燃料消耗费用等。

5. 差旅费:是指在项目实施过程中开展科学实验(试验)、科学考察、业务调研、学术交流等发生的外埠差旅费等。

6. 会议费:是指在项目实施过程中为组织开展相关的学术研讨、咨询以及协调任务等活动而发生的会议费用。应当参照国家和自治区有关规定,严格控制会议数量、规模、开支标准和会期。

7. 合作与交流费:是指在项目实施过程中课题研究人员到外地参观考察调研等科技合作与交流活动以及外国专家来华工作的费用。

8. 出版/文献/信息传播/知识产权事务费:是指在项目实施过程中,需要支付的出版费、资料费、专用软件购买费、文献检索费、专业通信费、专利申请及其他知识产权事务等费用。

9. 劳务费:是指在项目实施过程中支付给课题研究人员中没有工资性收入的相关人员(如在校研究生)和临时聘用人员等的劳务费用。

10. 专家咨询费:是指在项目实施过程中支付给临时聘请的咨询专家的费用。专家咨询费不得支付给本单位参与项目研究及其管理相关的工作人员。

11. 其他费用:是指在项目实施过程中除上述支出项目之外的其他直接相关的支出。其他费用应当在申请预算时单独列支,单独核定。

(二)间接费用是指项目承担单位在组织实施项目过程对使用本单位现有设备及房屋、日常水、电、气、暖消耗,以及其他有关管理费用的补助支出。

第六章　监督管理

第十八条　产学研办受产学研领导小组委托,组织财政、审计等部门,对产学研专项资金的使用情况进行监督管理。

第十九条　产学研办要建立产学研专项资金使用情况和项目实施情况评价制度,实行信用评价、中期评价、绩效评价和第三方评价。考评结果及时上报产学研领导小组,作为继续安排专项资金支持的重要依据。

第二十条　产学研专项资金要按照规定的支持方向和范围,专款专用。对弄虚作假、截留、挪用等违反财经纪律的行为,按照《财政违法行为处罚处分条例》(国务院令第427号)等有关规定进行处理。

第七章　附则

第二十一条　本办法由产学研办负责解释。

第二十二条　本办法自发布之日起施行。

呼和浩特市人民政府
关于实施创新驱动发展战略的意见

呼政发〔2016〕20号

各旗、县、区人民政府,市各有关部门:

为贯彻党的十八大提出深入实施创新驱动发展战略、内蒙古自治区人民政府关于实施创新驱动发展战略的意见,加快建设国家创新型城市,提升呼和浩特市的核心竞争力,现提出以下实施意见。

一、指导思想、基本原则和发展目标

(一)指导思想

以《中共中央国务院关于深化科技体制改革加快实施创新驱动发展战略的若干意见》(中发〔2015〕8号)、《内蒙古自治区人民政府关于实施创新驱动发展战略的意见》(内政发〔2014〕79号)以及《内蒙古自治区关于深化科技体制改革加快实施创新驱动发展战略的行动方案(2015—2020)》(内科发〔2015〕57号)等文件精神为指导,以科技体制和机制创新、协同创新为动力,以增强自主创新能力为中心,以高新技术成果转化、重点领域关键技术攻关、科技创新平台载体建设三大工程为抓手,全力推进传统产业技术升级、新兴产业规模壮大、支柱产业多元发展,逐渐将经济发展方式导入创新驱动、内生增长轨道,推动国家创新型城市建设迈向新阶段,引领经济社会全面协调可持续发展。

(二)基本原则

1. 围绕中心,务实创新。紧紧围绕“8337”发展思路和自治区党委、政府的重大决策部署,以前瞻性的思维确立创新驱动发展的战略举措和重点任务,以解决实际问题为创新活动的出发点和落脚点。

2. 全面统筹,管理创新。以顶层设计引领各类科技计划的衔接和合理布局,营造创新环境,规范创新行为,激发创新活力。

3. 企业主体,协同创新。充分发挥资源的政府引导和市场配置作用,推进产学研协同创新。

4. 开放交流,合作创新。系统设计科技对外开放目标框架,集成利用全方位科技交流合作,提高创新活动的现代化水平。

（三）发展目标

到2020年，呼市科技创新能力和区域综合科技实力显著增强，区域创新体系更加完善，建成国家创新型城市。

科技对经济增长的贡献率达到55%，全社会R&D（科学研究与试验发展）经费占地区生产总值比例（R&D/GDP）达到2.5%，每万人口发明专利拥有量达到5件，高新技术产业产值占规模以上工业总产值比重达到30%，战略性新兴产业增加值占地区生产总值比重达到20%，市和县财政科技经费支出比例实现法定增长要求，研发孵化、示范推广、信息化服务三大科技创新体系支撑作用明显增强。在优势产业领域取得一批重大科技成果，建立一批基本技术标准，培植一批自主品牌。在县域经济发展中，形成一旗县一特色的发展格局。

二、建设科技创新体系

（一）建设完善研发孵化体系

1. 确立企业创新主体地位。着力构建以企业为主体、市场为导向、产学研相结合的技术创新体系。引导企业设立科技创新计划，建立创新平台，组织创新团队，加大研发投入。加强对企业研发机构建设的支持和指导力度，鼓励以企业为主导，产学研联合承担国家、自治区和呼和浩特市的科技项目。发挥大型企业技术创新骨干作用，大型企业技术进步规划的重大项目可纳入市本级科技计划指导范围，视其产业化程度申请战略性新兴产业专项支持。呼和浩特市重大专项资金、厅市协同资金、知识产权专项资金和创新奖励扶持资金等各类科技专项资金优先支持和培育一批具有自主知识产权、自主品牌和持续创新能力的创新型企业，激发企业创新活力，带动企业整体创新能力的提升。完善统一开放的技术市场交易，促进科技成果资本化、产业化。

2. 构建厅市协同创新平台，建立以企业为主体、高校和科研院所为依托、集科技创新与产业化为一体的科技创新平台，围绕地方产业特点，通过科技合作，建立特色产业创新研发平台，解决产业关键共性技术，拉动相关产业发展。

3. 优化升级创新服务平台。优化各级各类企业研发机构、博士后工作站、院士工作站等创新平台，互补创新优势，完善创新功能，形成一批具有核心竞争力的自主创新基地。围绕呼和浩特市的优势特色产业支持多种形式的产学研合作，组建一批产业技术创新战略联盟。

4. 拓展创业孵化体系。鼓励各类园区建立孵化机构，着力提升国家级经济技术开发区、高新技术产业开发区、孵化器等创新载体的科技孵化能力，形成以留学人员创业园、大学科技园、呼和浩特市科技创业服务中心等为主体的孵化体系。支持社会力量参与创办专业孵化器,建设众创空间基地。提高孵化器的孵化能力和管理水平,延伸服务空间,拓展孵化对象,创新商业模式。

(二)培育发展示范推广体系

1. 提升园区的示范引领作用。全面推进国家和自治区级高新技术产业开发区(园区)的升级和布局优化,重点支持一批骨干开发区(园区)二次创业。完善园区基地的创新创业环境,实现园区基地内产业集聚、产业链衔接、产业功能配套,显著提升园区基地自主创新能力。支持建设不同类型的县域科技示范园区、特色产业基地、可持续发展实验区,重视标准化示范和原料基地配套。

2. 创新发展生产力促进体系。改革生产力促进中心的体制、机制和服务模式,明确生产力促进中心科技服务枢纽的发展定位和多功能、市场化的发展方向。支持引导各类园区基地建立生产力促进中心,带动科技要素入园。鼓励生产力促进中心对接地区科技需求,重点推动区域技术交易、成果转化、人才引进培养、创新方法推广应用等服务,形成网络化服务功能。

3. 强化知识产权体系。努力创建国家级知识产权示范城市、示范园区和示范旗县,开展知识产权优势企业和知识产权管理标准贯标试点示范工作,培育专利信息利用试点企业。强化专利代理机构建设,实施知识产权托管工程,开放专利信息平台,实现资源共享。提升知识产权创造、运用、保护、管理和服务能力,不断提高自主知识产权的数量、质量和转化能力。

(三)构建信息化服务体系

构建科技创新综合信息化服务体系。建立“呼和浩特市科技创新综合信息服务平台”,以此为核心,建设形成服务内容完备、功能齐全的公益性、基础性、战略性科技创新服务体系。以“12396”服务热线、农牧业技术转移“信息通”为平台,开展农牧业技术服务功能建设示范,加强资源整合,开展在线服务。积极推进云计算应用平台建设,开展物联网技术研发与重点产业物联网技术示范应用,开发产品协同设计网络制造平台技术。

三、实施重大技术攻关

(一)组织实施绿色农畜产品生产加工输出基地建设技术攻关,引进集成现代农牧业技术,在产业化、规模化、集约化、标准化、良种化和信息化等六化技术研发和集成上下大力度,着力推进现代农牧业发展。

(二)组织实施生物与制药技术攻关,不断开发具有竞争力的新技术、新产品,扩大产业规模,提升呼市生物技术产业的整体水平和地位;加大生物发酵低污染、低排放关键技术研发,提升生物发酵产业整体技术水平。

（三）组织实施云计算产业技术攻关，借助我市云计算基地优势，加大云计算新技术的推广应用，扩大产业集聚和规模，提升呼市信息技术产业的整体水平和地位。

（四）组织实施装备制造产业技术攻关，用信息化技术改造我市传统装备制造和新型装备制造产业的设计、加工、生产工艺和产品的精度、性能和质量，提升我市装备制造产业的竞争优势。

（五）组织实施新材料、新能源产业技术攻关，加强和区内外的技术合作，开发具有国际和国内市场优势的新材料产品，延伸产业链，提升市场竞争力和市场占有率；充分利用我市区域和能源优势，开发新能源产业低成本生产关键技术，加强产业链的延伸，提升产业的竞争优势。

（六）组织实施蒙中药产业技术攻关，开展蒙中药有效成分提取物和蒙医药新药等方面研究，按照国家关于药材“GAP”种植要求优化、提升常规种植方法；研究和制定道地蒙药材规范化种植标准体系，逐步建立规范化、规模化和产业化的生产基地和集研发、种植、产品开发为一体的蒙中药产业链，提升我市蒙中药产业优势和地位。

（七）组织实施大青山生态建设技术攻关；推广适宜我市生态建设的抗旱造林技术；结合生态文明建设要求，加强乡土树种的引种驯化和繁育推广，增加造林树种多样性，提高造林质量，最大限度的发挥森林生态效益；推进不同类型区域综合节水技术集成与示范，提升废物资源化综合利用与污染综合治理技术水平，提高节能减排科技支撑能力。

四、实施技术标准战略

在优势特色产业领域率先制定技术标准，形成技术标准体系框架。鼓励传统优势产业、高新技术产业和战略性新兴产业链企业形成技术标准联盟，形成实施标准。鼓励和引导企业、高校和科研机构积极参与各类标准的制定、修订活动，提高企业采用国际标准和国内先进标准的比例。

五、深化科技合作创新

深化科技开放合作。推进与中科院北京分院的合作，深化与自治区科技厅、教育厅“厅市协同创新”制度，全面推进合作项目的实施，协调并争取利用自治区层面的创新资源解决呼和浩特市经济社会发展中的重大技术难题。继续推进与知名院校的科技合作，促进高校的学科和人才优势与呼和浩特市经济社会发展重大需求有效对接，探索协同创新科技发展新模式。

六、加大科技惠民助企力度

（一）支撑县域经济发展

加大农业科技成果转化力度，扩大科技特派员创业行动的覆盖面，大力培育县域科技型企业和高新技术企业,提升县域龙头企业、中小企业技术创新能力。

(二)引领非公经济发展

加大非公经济发展的各项政策落实,引导非公有制企业增加研发投入,对符合产业政策和高新技术产业发展方向的科技型中小企业给予重点扶持。支持有条件的非公有制企业与国有企业、高等院校和科研机构开展产学研合作,开发新技术、新产品、创办专业孵化器和众创空间基地建设。支持非公有制企业加强自主品牌建设,创建科技名牌产品和驰名商标。

(三)促进民生科技发展

以提升人民群众生活质量为导向,发展民生科技,以技术进步促进解决生产生活安全的重大科技问题。启动实施科技惠民计划,重视解决人口健康、生态环境、公共安全、防灾减灾、城镇化建设、公共服务等领域重大科技问题。积极推进可持续发展实验区建设,开展多主题多类型示范,形成实验区社会、经济、资源、环境的可持续发展模式。

七、深化科技体制改革

进一步推进科技管理体制和机制改革。一是推进科技计划和项目管理改革。形成良好的项目产生机制,关系国计民生的重大科技项目要实现科技资源的统筹配置。健全科技计划管理体制,探索实行项目决策、立项、执行、评价相对独立并且监督制约的运行机制。强化项目承担单位的法人责任,加强对项目的中期检查和验收管理,建立健全项目验收报告公开和项目单位信用管理制度。二是推进科技投入和经费管理改革。强化对财政科技项目经费的管理和绩效评价,修改完善评价方法和评价体系,确保项目实施效果。

八、优化科技创新环境

(一)加强人才引进培养

大力实施"人才强市"战略,依托呼市支柱、特色和新型产业等重点领域的战略布局和实际需求,通过政策引导、项目带动、平台载体建设、科技资源整合、定向扶持等措施,加大海内外高层次人才引进力度,推进领军型科技人才队伍建设,大力引进培育高端创新创业人才团队。通过实施厅市协同创新机制,大力培养企业紧缺实用人才,发展壮大法人科技特派员和科技特派员团队。以星火培训基地为基础,扶持、建设一批技能实训基地和职业教育培训联盟,培养技能型人才。

(二)建立财政科技投入稳定增长机制

依法保障财政科技投入逐年增长,呼和浩特市财政用于科学技术的经费增长幅度,要高于呼和浩特市财政经常性收入的增长幅度。旗县区财政设立科技专项资金,财政科技经费支出比例实现法定增长要求。充分发挥财政科技投入的引导作用,建立多元化的科技投入机制,鼓励企业增加科技投入,引导经营性国有资产向重大创新领域投入,确保全社会R&D占地区生产总值的比例有明显提高。

(三)提高科技人员成果转化收益

落实国家《中华人民共和国促进科技成果转化法》,完善科技成果、知识产权归属和利益分享机制,提高骨干团队、主要发明人收益比例。完善奖励报酬制度,健全职务发明的争议仲裁和法律救济制度。将职务发明成果转让收益在重要贡献人员、所属单位之间合理分配。

(四)加大科研人员股权激励力度

鼓励各类企业通过股权、期权、分红等激励方式,调动科研人员创新积极性。对高等院校和科研院所等事业单位以科技成果作价入股的企业,放宽股权奖励、股权出售对企业设立年限和盈利水平的限制。建立促进国有企业创新的激励制度,对在创新中做出重要贡献的技术人员实施股权和分红权激励。

(五)落实税收优惠政策

落实企业研发费用所得税前加计扣除、企业职工教育经费扣除、高新技术企业所得税率优惠、创业投资抵扣应纳税所得额、技术转让所得税减免等企业所得税优惠政策。执行科学研究、技术开发机构进口科技开发用品免征进口税政策;落实科研院所、高校和科技类民办非企业单位进口科学研究和教学用品免征进口税政策。执行技术市场税收优惠扶持政策,促进技术转移。

(六)完善金融支持措施

呼和浩特市设立创新奖励扶持资金,以贷款风险补偿、贴息、担保等方式,引导各类商业金融机构支持自主创新与产业化。加强政策性金融机构对国家、自治区和呼和浩特市重大科技专项、重大科技产业化项目、重点科技成果转化项目的支持。商业银行对国家、自治区和呼和浩特市重大科技专项、重大科技产业化项目、重点科技成果转化项目等,根据投资及信贷政策规定,积极给予信贷支持。鼓励和引导科技型企业上市融资。完善风险投资机制。鼓励和引导券商、保险公司在县域企业等开展创业投资。积极推广科技保险和知识产权质押贷款业务。

(七)营造良好法制环境

积极协调、推动有关科技法律法规的制定与实施。继续开展"创新政策进企业行动",将鼓励创新的相关优惠政策送入基层。探索建立知识产权法院,完善知识产权政策法规体系建设,加强知识产权保护,加大对知识产权侵权和假冒行为的打击力度,规范市场秩序。在企业中建立知识产权预警机制,降低侵权风险,帮助涉外企业建立企业知识产权投诉和维权通道。鼓励科技人员发明创造的积极性,对具有较高技术含量和较好市场应用前景的发明成果予以重点资助和扶持。

(八)健全考核评价制度

进一步完善科技创新统计指标体系及各项统计制度。加大科技创新考核指标权重,市政府相关职能部门制定科技创新工作考核办法,开展年度考核,对科技创新工作绩效优秀的旗县区和部门给予通报表彰和奖励。

(九)强化各级领导责任

各旗县区和部门要把实施创新驱动发展战略作为第一要务,纳入本地区发展战略,制定政策措施,加强统筹协调,尽快取得突破。成立科技创新工作领导小组,研究解决突出问题。各有关部门要把实施创新驱动发展战略作为重要职责,分解落实责任,确保各项政策措施的落实。

呼和浩特市加快推进高新技术企业和科技成长型企业发展的实施办法

呼政发〔2016〕21号

第一条　为提升我市企业自主创新能力，加快经济发展方式转变，促进产业结构优化升级，落实创新驱动发展战略，把推进高新技术企业和科技成长型企业发展放到突出的位置上，使之成为我市经济社会发展强有力的支撑，结合我市实际，制定《呼和浩特市加快推进高新技术企业和科技成长型企业发展的实施办法》（以下简称《办法》）。

第二条　本《办法》中的高新技术企业是指科技部、财政部、国家税务总局联合制定的《国家重点支持的高新技术领域》（国科发火〔2008〕172号）规定范围内，持续进行研究开发与技术成果转化，形成企业核心自主知识产权，并可以实现产业化的企业；科技成长型企业是指以科技开发人员比例高，科技投入大，产品或服务技术含量高，创新能力突出，并具有持续成长能力，将成为支撑经济发展支柱力量的企业。所支持的高新技术企业和科技成长型企业均须在呼和浩特市内注册。

第三条　本《办法》支持企业开展原始创新、集成创新和引进消化吸收再创新，不断推出新产品、新成果；支持企业开展前沿技术、关键技术、瓶颈技术攻关；支持重大科技成果产业化；支持高新技术改造提升传统产业。

第四条　支持我市新能源、新材料、生物技术与制药、新一代信息技术、先进装备制造、循环经济等战略性新兴产业及绿色农畜产品加工业、冶金化工等传统优势特色产业内的高新技术企业和科技成长型企业的科技创新活动；促进两化深度融合，推进“互联网+”战略，支持发展智能制造、智能工程、信息网络、文化创意等产业。

第五条　重点扶持高新技术产业开发区，特别是呼和浩特金山高新技术产业区高新技术企业和科技成长型企业发展壮大。

第六条　对符合《办法》要求并确定重点支持的高新技术企业和科技成长型企业由《呼和浩特市创新奖励扶持资金》（简称扶持资金）和《呼和浩特市科技创新投资引导基金》（简称科创基金）给予资金支持。具体支持方式参照相关管理办法和实施细则进行。

第七条　加大国家高新技术企业的培育力度，使之成为呼市高新技术产业科技发展和经济增长的重要引擎。扶持资金和科创基金对有突破性创新技术和成果产生的高新技术企业给予重点支持。

第八条　加大科技成长型企业，特别是科技型中小企业的培育力度，全面提升呼市自主创新能力，促进呼市经济社会的全面进步。扶持资金和科创基金对年销售收入突破1亿元以上的科技成长型企业给予重点支持。

第九条　支持推进“大众创业、万众创新”活动，鼓励留学归国人才、科技人才自主创业，支持科技型中小微企业发展。

第十条　支持重点企业开展关键技术研发和推进产业化。

（一）优先支持具有自主知识产权重大技术的研发能力，且具备产业化条件，对产业发展及形成、延长产业链条起重要作用、处于产业核心地位，特别是结合战略性新兴产业同步实施完善企业研发机构、关键技术开发、产业化的“三位一体”企业。

（二）支持推进呼市战略新兴产业发展所引进的科技型企业。

（三）支持从事高新技术服务业的科技型企业。

第十一条　支持有条件的高新技术企业和科技成长型企业上市融资。

（一）重点培育基础条件成熟、成长性好的企业改制上市。上市成功后给予相应的资金支持。

（二）科创基金对已上市、有较好发展潜力的高新技术企业和科技成长型企业进行跟进投资，但不对企业控股。

第十二条　鼓励企业增加研发投入，提高企业创新能力。切实落实国家关于鼓励企业创新投入的政策，加大企业研发投入。企业研发经费投入将作为对支持企业重要的考核指标。

第十三条　对确定获得支持的企业优先推荐申报国家、自治区等各类科技计划项目，扩大企业在区内外的影响力。

第十四条　加大落实有关高新技术企业和科技成长型企业的税收减免政策和研发费用加计扣除等政策的力度。税收等优惠政策参照国家有关政策执行。

第十五条　市科技行政管理部门提出拟支持企业的建议，经扶持资金和科创基金的决策机构确定后，组织实施。

第十六条　支持高新技术企业和科技成长型企业发展的年度申报工作要遵循公平、公开、公正的原则，每年定期向社会发布征集通知。

第十七条　进一步加强部门协调和配合，指导和推进我市高新技术产业协调发展，对已列入支持范围的企业做好跟踪、考核、服务和协调工作。

第十八条　企业在申报、经费使用过程中要严格执行有关规定。对采取弄虚作假、截留、挪用、挤占等手段违反财经纪律的企业，市财政部门和市科技部门根据情况将其纳入黑名单，构成犯罪的，依法追究刑事责任。

第十九条　本《办法》自公布之日起实施。

呼和浩特市创新奖励扶持资金实施方案

为创新财政资金使用方式，充分发挥财政资金的引导放大作用，打通科技创新与经济社会发展通道，促进产业健康发展，根据《国务院印发关于深化中央财政科技计划（专项、基金等）管理改革方案的通知》（国发〔2014〕64 号）、《内蒙古自治区人民政府关于深化科技计划管理改革加强科技项目和资金管理的意见》（内政发电〔2015〕23 号）等文件精神要求，结合我市实际，特设立呼和浩特市创新奖励扶持资金（以下简称“扶持资金”），制定如下实施方案。

一、呼和浩特市创新奖励扶持资金构成、类别与使用方式

（一）“扶持资金”构成

“扶持资金”由市本级财政每年用于支持农业、经信、商务、文化、旅游等部门竞争性领域的专项资金即一、二、三产的产业扶持资金统筹整合构成。

（二）“扶持资金”类别和使用方式

1. “扶持资金”类别

根据相关政策和一产、二产和三产的资金性质将“扶持资金”分为农业、工业和服务业三大类专项资金。

2. “扶持资金”使用方式

（1）无偿资助：产业技术创新、技术升级、公共服务平台建设以及市政府出台的政策性补助类或奖励类项目（研发机构等）采取无偿资助形式支持。

（2）贷款贴息：农业、工业和服务业（文化、教育、卫生计生、商务、旅游等）成果转化、产业化等营利性项目采取贷款贴息资助形式支持。对贷款项目按照实际贷款额产生的利息，根据项目性质给予贴息或免息。

二、专项资金支持方向和对象

（一）农业类专项资金

重点支持从事农牧林传统优势特色产业技术升级、新品种新技术引进示范和规模化生产、农牧林高新技术应用与成果转化、农牧林产业化科技示范基地建设、现代都市农业产业化、智慧农业和三产融合创新型产业、农畜产品生产安全追溯、农牧业全产业链产业化、林下经济产业、生态修复与保护示范工程的企事业单位申报的项目，以及市政府出台的政策性补助类或奖励类项目（研发机构等）。

(二)工业类专项资金

重点支持从事绿色食品、冶金化工、中蒙药、新型建材等传统优势产业转型升级及产业化的企业申报的项目;重点支持从事高端装备制造、新材料、新能源、新一代信息技术、节能环保新能源汽车等高新技术和新兴产业成果转化及产业化的企业申报的项目;重点支持工业企业创建自主品牌,与高校科研院所共建研发机构的企业申报的项目;重点支持中小微企业创新创业、知识产权示范企业创建、公共服务平台建设项目以及新型工业化产业示范基地建设项目,以及市政府出台的政策性补助类或奖励类项目(研发机构等)。

(三)服务业类专项资金

重点支持从事具有民族文化特色(动漫、创意等)、个性化教育、地方特色旅游开发、旅游示范区建设等文化、教育、旅游产业的企事业单位申报的项目;重点支持从事电子商务、现代物流、流通等产业以及科技企业孵化器、众创空间、中小企业公共服务平台建设的企事业单位申报的项目;重点支持从事食品安全检测、公共卫生检测、民族医药卫生和养老产业的企事业单位申报的项目。市政府出台的政策性补助类或奖励类项目(研发机构等)和非营利性服务业项目采取无偿资助方式支持;营利性服务业项目采取贴息贷款方式支持。

三、呼和浩特市创新奖励扶持资金管理机制

扶持资金实行决策与管理相分离的管理机制,按照"政府引导、专业管理、防范风险、科学决策"的原则进行运作。

四、工作制度与运作机制

扶持资金建立联席会议工作制度,开展项目征集、评选、项目储备、管理等工作,采用由联席会议成员单位推荐管理项目,联席会议确定各类项目、金额及办理相关手续,财政或金融集团拨付无偿支持经费,金融集团委托银行发放贷款,市科技局对确定的贷款项目进行不定比例贴息的运作机制。

五、联席会议构成及职能

联席会议由市长、分管副市长及市科技局、经济和信息化委员会、财政局、农牧业局、林业局、商务局、旅游局、卫生计生委、文新广局、金融集团等单位组成。联席会议负责人由市长担任,联席会议下设办公室,办公室设在市科技局。

联席会议为扶持资金的决策机构,行使决策、管理职能。

(一)联席会议的主要职责

1. 负责确定扶持资金的资金筹集、支持方向等重大决策。

2. 讨论、审定项目优选工作的项目评审办法、实施细则、制度规范等相关文件。

3. 审定年度的项目申报指南。

4. 对通过专家组评审的项目进行审定。

5. 协调解决扶持资金其他重大事项。

(二)联席会议办公室的主要职责

1. 拟定、起草项目优选工作的项目评审办法、实施细则、建立专家库、专家评审流程等相关文件、制度。

2. 收集、听取、汇总各成员单位申报指南初稿,制定年度项目申报指南,提请联席会议审定。

3. 负责各成员单位的组织、协调工作,统筹推进项目优选各项工作。

4. 汇总各成员单位推荐项目,建立项目库,并随时更新。

5. 对各成员单位推荐项目进行形式审查;组织、协调各成员单位对项目进行调研、考察。

6. 对初审合格的项目按评审办法、实施细则和专家评审流程组织专家评审。

7. 对通过专家组评审的项目提交联席会议审定。

8. 承担联席会议的会务工作。

(三)联席会议各成员单位的主要职责

各成员单位根据本系统产业发展需求,提出年度重点支持领域的建议、意见,推荐符合项目申报指南方向的项目,每季度报联席会议办公室;协助联席会议办公室,做好项目的调研和筛选工作;负责联席会议相关决定落实情况的检查和督办;定期参加联席会议,按照职责分工负责落实联席会议布置的相关工作等。

各成员单位的具体职责:

1. 市科技局履行联席会议办公室职责,提出和推荐呼市扶持资金科技创新领域项目,并对支持项目进行跟踪管理;提出扶持资金支持项目和贷款贴息建议。

2. 市财政局负责年度扶持资金及工作经费筹集、预算工作,定期聘请第三方对贷款项目进行绩效评价。

3. 市经信委负责提出和推荐呼市工业领域项目,并对支持项目进行跟踪管理。

4. 市农牧业局负责提出和推荐呼市农业领域项目,并对支持项目进行跟踪管理。

5. 市林业局负责提出和推荐呼市林业及其生态建设领域项目,并对支持项目进行跟踪管理。

6. 市商务局负责提出和推荐呼市商贸流通产业领域项目,并对支持项目进行跟踪管理。

7. 市文新广局负责提出和推荐文化产业建设与发展领域项目,并对支持项目进行跟踪管理。

8. 市卫生计生委负责提出和推荐卫生和计划生育领域项目,并对支持项目进行跟踪管理。

9. 市旅游局负责提出和推荐旅游产业领域项目,并对支持项目进行跟踪管理。

10. 金融集团负责扶持资金政策兑现、奖励及无偿资助经费拨付,委托银行发放贷款,以及扶持资金的运营管理。

六、项目的申报、立项及管理流程

(一)联席会议于当年度四季度审定下一年度的扶持资金项目申报指南,同时在各成员单位网站上公开向全社会发布。

(二)联席会议各成员单位按照指南要求,负责征集本系统符合指南要求的项目,于每季度第一个月上旬报联席会议办公室。

(三)联席会议办公室依据项目评审办法、实施细则、专家评审流程等相关文件,对各成员单位推荐的项目在每季度第一个月中旬开展项目实地调研、项目评审、排序等工作,并同时建立项目储备库。

(四)联席会议每季度第二个月中旬召开联席会议,审定扶持资金项目。

(五)市金融集团根据联席会议审定的项目和支持资金额度,对政策兑现、奖励及无偿资助项目进行直接拨付,对贴息贷款项目根据与协议银行签订的贷款协议要求协调银行发放贷款,将扶持资金项目名单及金额反馈到联席会议办公室。

(六)联席会议办公室负责确定项目贴息事宜。

(七)联席会议各成员单位负责本领域项目的实施和监管。

(八)市财政局负责项目绩效评价,定期聘请第三方对贷款项目进行评价。

七、保障和监督措施

(一)加强组织领导

加强扶持资金项目工作的组织领导和统筹,联席会议及各成员单位根据各自职能积极推进我市金融与产业融合发展。

(二)加强资金保障

市财政局积极发挥公共财政职能,将扶持资金及工作经费纳入年度财政预算。市财政局每年按当年扶持资金的一定比例安排工作经费,主要用于项目调研、专家评审、中期评估等工作支出,不足部分由联席会议办公室再行申请,结余部分结转下年使用。

（三）加强监督管理

加强扶持资金的监管工作，完善社会监督机制，建立信用评价体系。严肃处理违规行为，按规定采取通报批评、暂停项目拨款、终止项目执行、追回已拨项目资金、取消项目承担者一定期限内项目申报资格等措施。

（四）建立和完善容错机制

建立扶持资金的特殊风险容错机制，对因不可抗力等因素无法还本付息的企业不做负面评价，对所产生的贷款本金损失，由金融机构和扶持资金按比例分担。

呼和浩特市科技创新投资引导基金项目优选工作实施方案

为保证呼和浩特市科技创新投资引导基金(简称科创基金)项目优选工作的顺利开展,根据科创基金的功能及定位,结合实际,制定本实施方案。

一、成立科创基金项目优选机构

(一)市科技局作为科创基金项目的优选机构,专门负责科创基金的项目优选及相关管理工作。

(二)项目优选机构的主要职责:

1. 制定科创基金项目优选工作的实施细则、制度规范等相关文件;
2. 制定和发布每年度的项目申报指南;
3. 建立科创基金项目评审专家库;
4. 受理申请科创基金支持的项目,并建立项目库;
5. 对受理的项目进行形式审查、现场调研考察,并组织专家评审;
6. 提出科创基金项目立项建议报基金决策委员会决策;
7. 协调项目优选工作的其他问题和重要事项。

二、科创基金投资范围及条件

(一)科创基金的投资范围

根据呼市经济社会发展战略以及市委、市政府决策部署,科创基金主要围绕现代农牧业、高新技术产业、现代服务业发展等重点领域进行投资运作。

科创基金主要支持技术水平领先、竞争能力强、市场前景好的成长期、成熟期竞争类企业,通过投资企业开展的重大项目达到实施创新驱动、促进产业优化升级发展的目的。

(二)科创基金项目投资的企业和项目的条件

1. 科创基金支持企业应满足以下条件:

(1)在呼和浩特市内注册1年以上,具有独立企业法人资格,有固定的生产经营场所和人员;企业在同行业中处于领先水平,具有较高的经营管理水平和市场占有率;有良好的经营业绩,资产负债率合理;有健全的财务管理机构、严格的财务管理制度和合格的财务人员;

(2)从事动植物新品种培育、快速扩繁的农业企业及从事具有一定规模的设施农业、

休闲观光和都市现代农业科技示范园区建设的涉农企业;

(3)从事国家重点扶持的高新技术领域的企业及对我市发展起主导作用的传统优势特色产业和战略性新兴产业的企业;

(4)从事科技服务、电子商务、文化旅游等符合首府城市功能定位和资源禀赋条件的企业。

2. 申请科创基金支持的项目应符合以下条件:

(1)符合呼和浩特市产业、技术政策;

(2)技术含量较高,创新性较强;

(3)项目产品有较大的市场容量、市场竞争力经济效益;

(4)无任何形式的纠纷。

三、呼和浩特市科技创新投资引导基金项目优选及管理流程

(一)由市科技局负责建立符合科创基金项目要求的专家库;

(二)在年末审定并发布下一年度的《关于征集呼和浩特市科技创新投资引导基金项目的通知》,在市科技局网站上公布;

(三)申报企业在市科技局网站上下载并填写《申报企业基本情况表》《融资说明书》《项目申报书》及《申报承诺书》等,将相关附件材料一并于每一季度第一个月中旬报送至市科技局;

(四)市科技局在每季度第一个月下旬会同相关委办局、专家组成专家组对申报企业进行实地调研、项目评审等工作,并同时建立项目储备库;

(五)市科技局结合专家组的意见进行项目排序,提出项目优选名单;

(六)市科技局于每个季度第二个月底前将优选项目名单报基金决策委员会;

(七)基金决策委员会每季度决策一次本季度投资项目,并将结果在市科技局网站上公布。

四、科创基金的其他运行规则

科创基金的项目立项、基金支持额度、基金退出等其他事宜均按照《呼和浩特市科技创新投资引导基金管理办法》和《呼和浩特市科技创新投资引导基金实施细则》等规定进行,符合基金的运作规则和基本特征。

五、科创基金项目优选工作的经费保障

市财政每年为市科技局专项列支科创基金的政策宣传、项目调研、项目评审等费用,以保证项目优选工作的顺利进行。

呼和浩特市知识产权工作试点单位认定管理办法

呼科字〔2016〕4号

第一条 为加快我市经济发展方式转变,促进企事业单位知识产权工作深入开展,提高企事业单位运用知识产权制度的水平,增强企事业单位的自主创新能力和核心竞争力,推进创新型城市建设,根据国家知识产权局《关于知识产权试点示范工作的指导意见的通知》的精神,结合本市实际,制定本办法。

第二条 本办法适用于本市行政区域内的企事业法人单位。

第三条 市科学技术局(知识产权局)负责本市知识产权工作试点单位认定和管理工作。

各旗县区科学技术行政部门、呼和浩特经济技术开发区经济发展局、呼和浩特金山高新技术产业开发区具体负责本区域内知识产权工作试点单位的组织协调、申报推荐,帮助企事业单位开展知识产权试点工作。

第四条 知识产权工作试点单位的认定管理工作遵循“企业自愿、政府推动、动态管理、公平公正”的原则。

第五条 符合以下基本条件的,可以申报市知识产权工作试点单位:

(一)具有一定的知识产权工作基础,已建立或正在建立知识产权管理工作体系和运行机制,包括已在知识产权服务机构进行了知识产权托管,且能够结合实际,研究制定并实施知识产权管理制度;

(二)具有较强的自主创新能力,拥有有效发明专利1件及以上或有效实用新型专利3件及以上;

(三)重视专利技术转化实施和产业化,且取得了一定的经济效益或社会效益;

(四)知识产权自我保护、维权意识和能力较强,能够为促进技术创新和专利产品进入市场竞争提供基本法律保障;近三年没有知识产权侵权行为。

第六条 试点单位申报材料:

(一)《呼和浩特市知识产权工作试点单位申报表》;

(二)单位营业执照副本和组织机构代码证(复印件);

(三)拥有的有效专利证书(复印件),受让或许可实施的专利提供相应法律文书;

(四)知识产权试点工作方案;

（五）知识产权产出效益证明材料；

（六）其他相关材料。

第七条　试点单位认定程序：

（一）市科学技术局（知识产权局）发布试点单位申报通知，各旗县区科学技术行政部门、呼和浩特经济技术开发区经济发展局、呼和浩特金山高新技术产业开发区组织和指导本辖区内的相关单位做好申报工作；知识产权工作试点单位的申报工作每年组织进行一次；

（二）企事业单位向所在旗县区科学技术行政部门、呼和浩特经济技术开发区经济发展局、呼和浩特金山高新技术产业开发区提交规定的申报资料；

（三）各旗县区科学技术行政部门、呼和浩特经济技术开发区经济发展局、呼和浩特金山高新技术产业开发区对申报单位进行初审，审查符合规定条件的，统一报市科学技术局（知识产权局）；

（四）市科学技术局（知识产权局）审核、确定市知识产权工作试点单位名单。

第八条　试点单位工作内容

（一）建立较为完善的知识产权管理机构，落实相应的人员、经费和工作条件；

（二）健全并贯彻落实符合本单位特点的知识产权管理规章制度；

（三）开展企业知识产权战略的研究和实施，制定比较完善的知识产权发展规划，并纳入整体发展规划；

（四）促进专利技术的创造、运用及产业化，拥有专利的数量高于试点前，专利产品年销售收入占企业销售收入比值高于试点前；

（五）加强专利信息利用工作，能够经常性的进行专利文献检索，提高有效利用专利文献和专利信息的能力，增强创新的效能；

（六）将知识产权工作贯穿于研发、生产、经营等各个环节中，提高运用知识产权制度参与市场竞争的能力和水平；

（七）制订专项宣传培训计划，针对不同层次的人员，开展知识产权宣传培训活动，提高本单位人员的知识产权意识，培养知识产权管理人才。

第九条　企事业单位以不当方法影响认定结果或在申报材料中弄虚作假的，经调查确认后，取消其当年及今后两年的申报资格，给予呼市通报；已被认定的，予以撤销。

第十条　试点单位工作期限为两年，期满后，由市科学技术局（知识产权局）进行考核验收。考核合格的，可以继续申报高一级知识产权优势企业；考核不合格的，给予一年整改期，到期仍未通过考核验收的，取消试点单位资格。

第十一条　对试点单位给予以下支持：

（一）同等条件下，试点单位的专利技术转化和产业化项目优先立项；

（二）对试点单位开展的知识产权制度建设、宣传培训、知识产权战略研究和知识产权保护等方面工作进行重点指导服务；

（三）支持试点单位加强专利信息化建设和专利信息利用工作；

（四）适时组织试点单位参加知识产权交流合作、业务培训和考察活动，参加各类知识产权展览（展示）会给予一定优惠。

第十二条　本办法自 2016 年 2 月 27 日起施行，有效期五年，规范性文件统一编号为：BG－2016－03 号。

呼和浩特市工程技术研究中心认定管理办法

呼科字〔2016〕5号

第一条 为加快构建呼和浩特市科学技术创新体系，提升产业创新能力，建成国家创新型城市，呼和浩特市规划建设市级工程技术研究中心。为规范对工程技术研究中心（以下简称“工程中心”）的认定和管理，充分发挥其在工程化研究开发、转化科技成果和高新技术产业化方面的作用，特制定本管理办法。

第二条 工程技术研究中心是依托我市在某个行业或领域具有一定科研条件和研究开发实力，拥有较强的工程技术研究开发、设计和试验的专业技术队伍，具有较完备的工程技术综合配套试验条件，能够提供多种综合性技术服务，有广泛的科技合作基础，同时具有自我良性循环发展机制的科技型企业组建的科技创新机构。

第三条 组建市级工程技术研究中心旨在强化企业自主创新能力，引导企业增加科研投入，建立自我良性循环发展机制，带动行业或领域的技术进步，推进科技成果转化为现实生产力，使工程技术研究中心成为呼市科研开发、技术创新、成果转化、开放共享、科技合作交流、培养专业技术队伍、促进产学研用的创新平台。

第四条 市科技局根据呼市经济发展、产业结构、高技术产业和科技发展规划纲要，制定我市工程技术研究中心建设发展规划和年度建设计划，并组织申报和认定，一个研究领域只认定一家工程技术研究中心。

第五条 申请组建市级工程技术研究中心的依托单位应具备的条件：

1. 申请组建工程中心的依托单位必须是在我市辖区内工商注册两年以上和纳税的企业法人单位。

2. 所建设的工程技术研究中心符合我市经济和科技发展规划，注重解决行业发展中的重大、关键、迫切和共性关键技术难题。

3. 有成果转化意识和市场开发意识较强的领导班子和相关学术领域的技术带头人；有一支15人以上具有本科学历和技术职称（高级职称占1/3）、结构合理、业务素质较高的科技开发队伍，并具备培养高级人才和技术培训的条件。

4. 组建的工程中心具有能保证开展研究工作需要的科研仪器和基础设施条件，并能为项目建设和运行提供必要的技术支撑和后勤保障。固定资产不少于300万元，建筑面积在200平方米以上。企业年销售收入在1000万元以上，利税逐年增长，有良好的业绩。

5. 有一定的科研工作基础，在本专业、本学科、本行业的研究和开发工作方面具有较高的水平和声誉。近三年承担并按期完成市级以上科研课题不少于2项，拥有自主知识产权不少于2项(发明专利不少于1项或软件著作权)。

6. 具有工程技术试验条件和基础设施，由必要的检测手段、工艺设备和检测人才，具有稳定的科研投入，每年对中心的投入不低于销售收入的3%。

7. 有广泛的技术交流和获取科技信息的渠道和手段。

8. 具有可转化为现实生产力的科技成果。

9. 有灵活高效的运行机制和科学的管理体系。

第六条 凡符合第五条条件的单位均可填写《呼和浩特市工程技术研究中心认定申请表》(以下简称《申请表》，见附件一)，经主管部门同意后报市科技局。

第七条 市科技局经过初审后，确定申请组建工程中心的单位，由市科技局邀请专家对提出申请组建工程技术研究中心的单位进行评审论证和现场考察，依据评审和考察结果，最终确定是否认定该单位为市级工程技术研究中心。

第八条 市科技局对被认定的单位颁发“呼和浩特市×××工程技术研究中心”的证书和铭牌。

第九条 所建工程技术研究中心，与依托单位的隶属关系不变，依托单位自行管理，业务上受市科技局指导。

第十条 凡属市级、省级和国家级工程技术研究中心申报市科学技术研究与发展计划的科研项目，市科技局在科研立项时给予优先考虑。

第十一条 工程技术研究中心实行主任负责制，中心主任全权负责中心的工作。中心主任由依托单位聘任，每届任期三年，任期内不宜变动。

第十二条 工程技术研究中心必须设立独立的学术委员会，它是工程技术研究中心的学术领导机构，其主要职能是指导中心确定研究方向，审定研究课题，监督经费使用，组织研究成果评价。学术委员会由5名以上成员组成，其中本单位之外的成员在2名以上，每届任期三年。

第十三条 依托单位必须保证市工程技术研究中心有固定的编制，稳定的技术队伍，注意吸收青年科技人员参加，并努力培养和吸引人才。

第十四条 依托单位要保证研究经费的投入，同时，市工程技术研究中心要通过多种渠道，积极争取各方面的支持，不断完善、充实、更新实验设备，提高研究手段，并面向社会开放服务。

第十五条 工程技术研究中心实行报告、评估和动态管理制度。工程中心每年12

月向市科技局报告年度工作进展,市科技局邀请专家依照《呼和浩特市工程技术研究中心评估指标体系》(见附件二)每三年评估一次。

第十六条　市科技局依据评估结果进行奖惩。对工作开展的好,效益、成绩显著的单位,授予"市级先进工程技术研究中心"称号,优先支持申报各级科技计划项目;对管理不善,不能正常开展工作的市工程技术研究中心,给予警告、通报批评;对连续两次评估不合格的,取消其市级工程技术研究中心的资格。

第十七条　本办法自 2016 年 3 月 1 日起施行,有效期五年,规范性文件统一编号为:BG－2016－01 号。

呼和浩特市科技储备项目管理暂行办法

呼科字〔2016〕6号

第一条 为加快科技管理体制机制改革，创新科技项目形成机制，促进科技项目与产业发展的有效衔接，提高科技项目支持经济和社会发展的前展性和准确性，建立科技储备项目库，依据《内蒙古自治区科技储备项目管理暂行办法》（内科发〔2015〕52号），制定本办法。

第二条 储备项目反映呼和浩特市经济社会发展的科技需求，是编制科技计划项目指南、科研立项的依据和来源。

第三条 储备项目实行项目储备库管理。科技项目储备库是呼和浩特市科技计划管理信息系统的重要组成部分，其运行遵循“公开征集、客观评估、动态管理，统筹安排”的原则。

第四条 储备项目须符合呼和浩特市经济社会发展的需求，包括重大专项、应用研发、厅市产学研协同创新、知识产权等各类项目。

第五条 储备项目须符合以下标准：

1. 重大专项类项目支持科技创新体系建设，解决制约行业发展的重大科技问题，完成重大战略产品开发和高新技术重大产业化工程建设，实现项目核心技术突破，提升科技创新能力。

2. 应用研发类项目要重点解决制约行业发展的关键共性技术问题，突出需求导向和应用导向，研究成果须达到区内领先水平。

3. 厅市产学研协同创新类项目要注重发挥市场对各类创新要素配置的导向作用，注重集成创新资源和开展联合攻关，突出企业的主导地位和高校科研院所的技术支撑作用，研究成果须达到国内先进水平。

4. 知识产权类项目通过知识产权创造保护和运用、品牌培育等各项工作，不断优化创新环境，提高知识产权创造、保护、运用和管理水平。

第六条 呼和浩特市每年定期征集储备项目。

第七条 呼和浩特市各相关委办局、旗县区科技局、开发区等作为储备项目推荐主体，负责相关领域和地区储备项目的初审和推荐。

第八条 项目申报单位须是呼和浩特市内设立、登记、注册并具有独立法人资格的企事业单位或其他机构。

第九条 储备项目申报须在线填写申报书。申报书包括项目研究的重要性、国内外进展情况、研究内容、技术路线、预期目标、经费概算、研发周期等。

第十条 申报流程:项目申报单位须在线注册用户和密码,申报和填写储备项目申报书,提交成功后,在线打印项目申报书一式5份,加盖推荐单位和法人公章,统一报送呼和浩特市科技局。

第十一条 申报的储备项目属于重复性研究或在研项目的不予受理。

第十二条 呼和浩特市科技局组织对申报的项目进行评估,确定进入储备库的项目,形成呼和浩特市科技项目储备库。

第十三条 申报项目实用性分析,由各业务科室组织相关专家进行评估,重点审核项目是否符合呼和浩特市创新驱动发展规划,是否符合地方、行业发展及技术路线图对科技的重大需求,是否对经济社会的发展有重大支撑作用,研究内容是否重复等,并提出初筛入库项目建议。

第十四条 呼和浩特市科技局统一组织对初筛入库项目建议进行先进性、可行性分析,重点针对项目是否解决呼和浩特市当前急需的重大共性关键技术问题,研究内容的新颖性、研究路线的可行性、预期目标是否明确、经费概算的合理性等方面进行评估,确定入库项目。

第十五条 呼和浩特市科技局根据入库项目的可行性、实用性和先进性评估情况、行业领域分布、攻关重点以及年度科技资源配置要求,编制年度项目征集指南。

第十六条 呼和浩特市科技局负责项目储备库的建设与运行,项目储备库纳入到呼和浩特市科技计划管理信息系统统一管理,根据每年项目入库和出库情况,实行动态更新。

第十七条 入库项目每年定期向社会公开。

第十八条 储备项目推荐单位对推荐项目的真实性负责。对弄虚作假、剽窃他人成果的,取消立项资格,两年内不得申报储备项目。

第十九条 本办法自2016年3月1日起施行,有效期两年,规范性文件统一编号为:BG-2016-02号。

呼和浩特市深化科技体制改革实施方案

呼政办字〔2018〕3 号

为深入贯彻落实党的十九大精神，坚定实施科教兴国战略、人才强国战略、创新驱动发展战略，结合《中共中央办公厅、国务院办公厅关于印发 <深化科技体制改革实施方案> 的通知》（中办发〔2015〕46 号）、《内蒙古自治区党委办公厅、自治区人民政府办公厅关于印发 <内蒙古自治区深化科技体制改革实施方案> 的通知》（内党办发〔2015〕60 号）要求，积极推进呼和浩特市国家创新型城市建设实现跨越式发展，现就呼和浩特市深化科技体制改革工作制定如下实施方案。

一、总体要求

（一）指导思想

深入实施科教兴国战略、人才强国战略、创新驱动发展战略，破解制约科技与经济相结合的体制机制障碍，突出科技在转变经济发展方式和调整经济结构中的支撑引领作用，充分发挥科技创新资源配置中市场的决定性作用和政府的引导作用，着力构建以企业为主体、产学研相结合的科技创新体系，进一步强化企业在技术创新中的主体地位，以深入推进财政科技计划项目和资金管理改革为突破口，引领全社会研发投入实现较大增长。完善创新人才工作机制，营造激励创新的公平竞争环境，最大限度激发科技人员的创造性。

（二）基本原则

——创新驱动，支撑发展。更加重视科技创新在转方式、调结构、稳增长中的支撑引领作用，加强科技与经济发展的有效对接，打造促进经济增长的新引擎。

——市场主导，政府引导。充分发挥市场在科技创新资源配置中的决定性作用，完善激励科技创新的体制机制和政策措施，营造公平开放的市场环境，激发创新创业活力。

——放管结合，优化服务。进一步简政放权，为科研人员潜心研究营造良好环境，加强事中事后监管。

——有序统筹，持续推进。把科技体制改革作为全市全面深化改革的重要内容、统一部署和推进，统筹推进科技体制改革和经济社会领域改革，认真研究和妥善解决改革中遇到的新情况、新问题。

二、进一步推进科技项目改革向纵深发展

(一)改革科技项目形成机制

1. 建立科技计划项目储备机制。围绕呼和浩特市经济社会发展的需求,促进科技项目与产业发展的有效衔接,提高科技项目支持经济和社会发展的前瞻性和准确性,优化科技计划布局,建立科技储备项目库。(牵头部门:市科技局)

2. 加强科技项目形成机制的广泛性和民主性。保证项目申报指南编制工作的程序化和公开化,编制过程应当征询专家意见,

并通过网络征集公众意见,以保障指南编制的科学性和公开透明。(牵头部门:市科技局)

(二)完善科技项目管理办法。

3. 修订和完善相关科技计划管理办法和经费管理办法。(牵头部门:市科技局,责任部门:市财政局)

4. 完善科技项目管理机制,改进项目管理流程,建立健全科技计划项目申报、评审、立项、验收、统计、评估等网上全流程痕迹运行机制。(牵头部门:市科技局)

5. 探索专业机构管理项目机制,逐步推进专业机构的市场化和社会化,培育发展科技项目管理专业机构,建立呼和浩特市科技项目专家库。(牵头部门:市科技局)

6. 参照上级科技、财政主管部门运行模式,探索建立符合呼和浩特市实际的财政后补助方式,支持企事业单位、科技公共服务机构自主决策、先行投入,对绩效突出的科技创新项目、优秀科技创新平台载体、大型仪器开放共享、科技成果转移转化给予支持。(牵头部门:市科技局,责任部门:市财政局)

7. 按照国家、自治区有关科技报告制度的相关政策、科技报告标准和规范,实行呼和浩特市科技报告制度,建设与国家、自治区对接的科技报告管理系统,将科技报告呈交和共享情况作为对项目承担单位后续支持的依据。(牵头部门:市科技局)

8. 加大对科研人员的激励力度,逐步取消绩效支出比例限制。项目承担单位在统筹安排间接费用时,处理好合理分摊间接成本和对科研人员激励的关系,绩效支出安排应当与科研人员在项目工作中的实际贡献挂钩。(牵头部门:市科技局,责任部门:市财政局)

9. 明确市级科技计划项目劳务费开支范围,逐步放宽比例限制,参与项目研究的研究生、博士后、访问学者以及项目聘用的研究人员、科研辅助人员等,均可开支劳务费。(牵头部门:市科技局,责任部门:市财政局)

三、完善科技创新体系建设与运行机制

（一）强化企业创新主体地位。

10. 扩大企业在科技创新决策中的话语权。充分发挥企业在技术创新、研发投入、成果转化决策中的重要作用。研究制定市级科技创新规划、战略、政策时，要充分听取具有代表性的企业和企业家的意见。（市科技局、市发展改革委、市经济和信息化委、市国资委按照职能分别牵头）

11. 鼓励企业开放式创新，主动承接和转化研发机构、高等院校具有实际应用价值的科技成果，重视原创技术或前沿性技术的储备，构建以企业为创新主体的开放创新网络。（市科技局、市发展改革委、市经济和信息化委、市国资委按照职能分别牵头）

12. 大力培育和扶持高新技术企业、科技型中小企业，充分发挥其对技术创新的示范引领作用。（牵头部门：市科技局，责任部门：市发展改革委、市经济和信息化委、市商务局等）

13. 推动企业公共服务平台网络建设。整合现有创新资源，

实现平台网络互联互通、资源共享、服务协同，逐步构建信息畅通、功能完善、服务协同、供需对接便捷、具有较强社会影响力的企业服务体系骨干架构和基础环境。（牵头部门：市经济和信息化委，责任部门：市工商局、市科技局、市商务局等）

14. 完善企业金融服务体系。为企业融资营造良好环境，引导民间资本和境外投资基金进入。建立健全信用体系，完善无形资产质押融资的风险补偿机制，引导金融机构开展知识产权质押贷款、股权质押贷款等新型信贷业务。（牵头部门：市金融办，责任部门：科技局）

（二）加快科技服务业建设。

15. 围绕呼和浩特市产业发展重点领域和行业布局，制定科技服务业发展规划，做好自治区级科技服务业区域试点和科技服务业企业认定试点培育工作。（牵头部门：市科技局、市发展改革委）

16. 进一步加大对科技企业孵化器的建设力度，逐步完善政策支撑体系，促进其向专业化和特色化发展。鼓励社会资本投资兴办孵化器和科技企业加速器。（牵头部门：市科技局）

17. 推动众创空间发展，发挥政策集成和协同效应，培育创业孵化、研发外包、工业设计、科技评估、信息咨询、技术转移、知识产权、科技金融、科学技术普及等专业和综合科技服务组织。（牵头部门：市科技局，责任部门：市金融办、市科协）

18. 综合运用政府购买服务、无偿资助、项目资助、认定后补助、费用减免等多种方

式，支持科技公共服务平台机构建设。（牵头部门：市财政局，责任部门：市科技局）

（三）推进科技创新资源共享。

19. 整合各类科技资源，加快大型科学仪器设备、科技文献、科学数据等科技基础条件平台建设，探索推行“创新券”等能够调动资源所有者和使用者积极性的新机制。（牵头部门：市科技局，责任部门：市财政局、市经济和信息化委、市发展改革委）

（四）深化产学研合作

20. 创造更具竞争力的政策环境，持续加大对院士专家工作站和产学研合作优秀企业的支持力度。（牵头部门：市委组织部，责任部门：市科技局、科协）

21. 充分发挥现有集产学研用为一体、以企业为主体的新型科技研究开发机构的合作平台作用，加强技术转移和成果转化，集聚各类创新资源。（牵头部门：市科技局）

（五）加强知识产权保护和应用。

22. 加强知识产权的保护，强化知识产权综合行政执法，打击侵犯知识产权、制售假冒商品等违法犯罪行为。积极发挥知识产权法庭的作用，完善知识产权审判工作机制。（牵头部门：市知识产权局，责任部门：市工商局、市文新广局、市农牧业局、市林业局、呼和浩特市中级人民法院）

23. 促进知识产权的应用，推进知识产权成果的转化、交易和推广。调整完善知识产权激励政策，贯彻《企业知识产权管理规范》国家标准，提高知识产权的质量和数量。（牵头部门：市知识产权局）

四、构建科技人才创新发展新格局

（一）优化科技人才引进培养体系。

24. 坚持以需求为导向，以提高人才培养质量为核心，夯实基础，提高质量、优化结构、重点投入。建立人才培养与科研项目、产业发展紧密结合的培养机制。实施“人才（团队）+项目”、“人才（团队）+关键技术”的培养模式。（牵头部门：市委组织部，责任单位：市人力资源社会保障局、市科技局）

25. 充分利用呼和浩特市现有企业院士工作站、博士后工作站、科技创新团队等人才引进培养平台，整合资源、优化结构，着力培养一批创新能力卓越、引领作用突出的科技创新人才队伍，为深入实施创新驱动发展战略奠定人才基础。（牵头部门：市委组织部，责任单位：市人力资源社会保障局、市科技局、市科协）

（二）推进科技人才评价制度改革。

26. 建立以业绩和能力为重点的科技人才评价标准和价值导向，对在科技研发和成果转化中做出贡献的科研人员，加大专业技术职称（资格）评聘倾斜力度。将科技成果产

业化业绩作为科技人员职务职称晋升的重要依据。(牵头部门:市人力资源社会保障局)

27. 开展对民营(非公)科技企业专业技术职称(资格)的评

审辅导工作,指导和鼓励企业科技人才申报专业技术职称(资格)。根据专业技术人员在本专业、本岗位上的贡献,可按其学历、资历和工作实绩等条件评定相应的专业技术职务,符合条件的可以破格晋升。(牵头部门:市人力资源社会保障局)

(三)推进科技评价和科技奖励制度改革。

28. 改革科技评价制度,完善创新导向的科技评价办法,建立健全科技评价体系,推动呼和浩特市科技评价工作的科学化、规范化。(牵头部门:市科技局)

29. 紧跟自治区科技奖励制度改革步伐,进一步研究和完善我市推荐自治区科技奖励的制度和细则。研究出台对获得国家及自治区科技奖的单位和个人进行市级配套奖励的政策。(牵头部门:市科技局)

30. 坚持公益化、非营利性原则,鼓励和引导学术团体、行业协会、企业、基金会及个人等各种社会力量设立目标定位准确、专业特色鲜明、遵守国家法规、维护国家安全、严格自律管理的科学技术奖,鼓励民间资金支持科技奖励活动。(牵头部门:市科技局)

31. 加强事中事后监管,逐步构建信息公开、行业自律、政府指导、第三方评价、社会监督的有效模式,提升社会力量科技奖励的整体实力和社会美誉度。(牵头部门:市科技局)

五、加快科技成果转移转化

(一)调动科技成果转移转化主体积极性。

32. 强化市属研究开发机构、高等院校等作为科技成果转移转化主体的责任。市属研发机构、高等院校应当建立健全专业化技术转移服务机构或委托独立的专业服务机构,开展科技成果转移转化工作;建立职务科技成果披露与管理制度;结合实际形成有效的科技成果管理体系,建立完善包括发起、初审、评估、论证、决策、公示和实施等科技成果转移转化流程,完善相应的岗位管理、考核评价、收入分配、激励约束等制度。(牵头部门:市财政局,责任部门:市科技局、市属研究开发机构和高等院校的主管部门)

33. 激发市属研究开发机构、高等院校科技成果转移转化活力。各职能部门应当加强考核和引导,建立有利于促进科技成果转化的科研评价体系和绩效评价体系。(牵头部门:市人力资源社会保障局,责任部门:市科技局、市属研究开发机构和高等院校的主管部门)

34. 充分释放企业科技成果转移转化需求。鼓励和支持本市国有企业进行科技创新,在经营业绩考核中加大对本市国有企业科技成果转移转化等科技创新要素的考核力度;支持国有企业探索建立健全科技成果、知识产权的归属和利益分享机制,推进落实技术类无形资产等国资评估优化管理，设置技术性岗位和双通道的薪酬晋升序列，培养集聚一批创新领军人才。（牵头部门：市国资委，责任部门：市人力资源社会保障局）

（二）做好财政性资金支持产出的科技成果统计工作。

35. 加强科技成果管理，对财政性资金支持项目产出的科技成果进行统计汇总，加快启动科技成果信息共享与发布平台建设，为科技成果的传递、扩散、交流、转化提供丰富完备的信息资源支持。实行科技成果报告制度，推行科技成果转化年度报告制度。（牵头部门：市财政局，责任部门：市科技局、市发展改革委、市经济和信息化委、市教育局等）

（三）理顺科技成果使用权、收益权、处置权关系。

36. 国有企事业单位对其拥有的科技成果，除涉及国家安全、国家利益和重大社会公共利益外，可以自主决定采取转让、许可、作价入股等方式进行转化。科技成果的使用、处置和收益分配不再由行政主管部门和财政部门审批或事前备案，仅进行事后报备。科技成果转移转化所获得的收入不上缴国库，全部留归单位，纳入单位预算，实行统一管理。（牵头部门：市财政局，责任部门：市国资委、市科技局）

37. 职务科技成果转化收益，可用来奖励该成果研发及转化工作中做出重要贡献的人员。科技成果完成单位有明确收益分配制度或合同约定的，按其制度或合同约定给予奖励和报酬；没有制度和合同的，按成果转让或许可取得的净收入、技术入股形成的股权不低于80%的比例，或自主实施转化成功投产后5年内每年营业利润不低于5%的比例给予奖励。（牵头部门：市财政局，责任部门：市国资委、市科技局）

六、探索建立多元化科技资金投入机制

（一）整合统筹科技创新经费，推进科技与金融紧密结合。

38. 创新财政资金分配方式，构建以政府投入为引导、企业投入为主体、政府资金与社会资金、股权融资与债权融资、直接融资与间接融资有机结合的多元化、多层次、多渠道科技投融资体系。综合运用无偿资助、风险补偿、贷款贴息等多种方式，引导和带动社会资本进入科技成果转化和创业投资领域参与科技创新。（牵头部门：市财政局）

（二）落实科技创新普惠性财税政策。

39. 完善企业研发费用计核方法，逐步建立健全企业研发费用加计扣除项目鉴定实施细则，调整目录管理方式，落实上级部门关于扩大研发费用加计扣除优惠政策的适用范围和加大企业研发设备加速折旧等政策的落实力度。（牵头部门：市科技局，责任部门：市国税局、市地税局）

40. 建立企业科技创新减免税情况的统计和报告制度。（牵头部门：市国税局、市地税局）

七、精心组织稳步推进

（一）建立健全协调领导机制。

各旗县区党委和政府要认真贯彻落实好党中央、国务院关于科技体制改革的各项方针、政策，把深化科技体制改革，实施创新驱动发展战略，加快建设创新型城市摆上重要议事日程，围绕呼和浩特市深化科技体制改革部署，建立健全工作协调机制，分解任务，明确责任，分步实施。

（二）加强创新政策统筹。

涉及科技改革的牵头部门要根据改革的内容制定配套措施和路线图，并针对改革内容统筹制定创新政策，做好与经济、社会等方面的政策、规划和改革举措的统筹协调和有效衔接。各旗县区要按照改革部署，结合自身实际，进一步发挥县级科技行政管理机构的作用，形成推进创新驱动发展的强大动力。

（三）总结经验加强宣传。

对一些重大改革措施要做好试点工作，认真总结经验，加强相互学习交流，积极稳妥地推进改革。全面落实《呼和浩特市科学技术进步促进条例》，充分运用各类媒体拓宽传播渠道，大力宣传深化科技体制改革的重要意义、工作进展和先进经验，引导社会舆论，营造支持改革的良好氛围。

（2018 年 1 月 4 日印发）

呼和浩特市人民政府关于进一步推动科技创新构建区域创新中心的实施意见(试行)

呼政发〔2018〕18号

各旗、县、区人民政府,经济技术开发区管委会,市各委、办、局,各企业、事业单位:

为深入实施创新驱动发展战略,优化全市科技创新环境,推动科技与经济深度融合、互促互进,培育经济高质量发展新动能,经市人民政府研究,现就进一步推动科技创新、构建区域创新中心提出如下意见。

一、总体要求

深入贯彻落实党的十九大精神,以习近平新时代中国特色社会主义思想为指导,充分发挥科技创新引领发展的第一动力作用,加强对各级各类优秀科技创新创业主体的支持,促进人才、资本、信息、技术等创新要素区域融通,加快经济发展动力变革,使科技创新成为我市壮大实体经济、实现经济转型发展的强有力支撑和源头供给。

二、加强科技创新平台载体建设

(一)支持科技园区、特色产业化基地等创新载体建设。对获认定的国家级高新技术产业开发区、国家自主创新示范区、国家自主创新综合试验区、国家科技成果转移转化示范区、国家技术创新中心等国家级创新载体,一次性给予500万元奖励支持;对获认定的国家级可持续发展实验区、农业科技园区、新型工业化产业示范基地、国家火炬特色产业基地,一次性给予300万元奖励支持;对获认定的自治区级高新技术产业开发区、农业科技园区(基地)、高新技术特色产业基地、新型工业化产业示范基地,一次性给予100万元奖励支持;对获认定的市级科技园区(基地),一次性给予50万元奖励支持。

(二)支持科技企业孵化器、众创空间、星创天地等新型创新创业孵化平台建设。对获认定的国家级科技企业孵化器、大学科技园,一次性给予300万元奖励支持;对获认定的自治区级科技企业孵化器,一次性给予100万元奖励支持;对自治区认定的众创空间、星创天地,一次性给予20万元奖励支持。

对获认定的国家、自治区级小企业创业示范基地及我市各类创业孵化基地,对于特色鲜明、集聚水平较高、服务功能完善、带动就业作用明显的示范性创业园和创业孵化基地，按照自治区人社部门和我市有关规定，给予20万元——300万元不等“以奖代补”资金扶持。

对科技企业孵化器运营的支持政策依据《呼和浩特市促进科技企业孵化器发展办法》执行。

（三）支持科技创新服务机构建设。对获各级科技部门认定的，从事研究开发、技术转移、创业孵化、知识产权服务、科技咨询、科技金融、检验检测认证、科学技术普及、综合科技服务等科技服务示范机构，一次性给予10万元奖励支持。

（四）支持大型仪器开放共享。合理补偿大型科研仪器设备向社会开放所产生的费用支出。对共享设备的使用者，按实际支出费用的10%，给予最高不超过30万元的奖励支持；对共享设备的提供者，按其服务呼和浩特市用户实际收入的10%，给予最高不超过20万元奖励支持。

（五）支持首台（套）装备的使用。对首次购买具有自主知识产权的重大成套设备及核心零部件等先进装备，并且该设备能够填补地区产业空白的，对购买的企业一次性给予100万元奖励支持。

（六）支持小微企业创业创新发展。对获认定国家、自治区、市级小型微型企业创业创新示范基地，一次性分别给予50万元、30万元、20万元奖励支持。

三、支持以企业为首的各类创新主体开展创新活动

（七）推进企业研发机构建设。对获认定的国家级企业工程（重点）实验室、工程（技术）研发中心等研发机构，一次性给予200万元奖励支持；对获认定的自治区级企业重点实验室、企业技术中心、企业研究开发中心、工程技术研究中心等研发机构，一次性给予50万元奖励支持；对获认定的市级企业研究开发中心、工程技术研究中心，一次性给予20万元奖励支持。

（八）支持新型研发机构建立。对经市政府推荐并获认定的自治区新型科技研究开发机构，按照其所获自治区科技重大专项拨款额，一次性给予1∶1配套奖励。

（九）支持科技型企业发展。对获认定的国家高新技术企业，一次性给予10万元奖励支持；对获认定的国家级创新型企业、国家技术创新示范企业，一次性给予20万元奖励支持。

（十）支持企业申报各类国家科研项目。对获得国家科技计划项目支持，在本地实施并通过验收，其所获拨款资金在200——500万元（含500万元）的，一次性给予20万元的配套奖励；其所获拨款资金在500万元——1000万元（含1000万元）的，一次性给予30万元的配套奖励；其所获拨款资金在1000万元以上的，一次性给予50万元的配套奖励。

（十一）对获得国家及自治区科技奖的成果和个人进行配套奖励。对获国家科学技术奖励的成果（包括自然科学奖、技术发明奖、科学技术进步奖），第一完成单位分别给予一等奖50万元、二等奖30万元的配套奖励；参与单位分别给予一等奖20万元、二等奖10万元的配套奖励。对经我市提名并获自治区科学技术奖励的成果（包括自然科学奖、技术发明奖、科学技术进步奖），第一完成单位分别给予一等奖20万元、二等奖10万元、三等奖5万元的配套奖励；参与单位不予奖励。

对获得自治区科学技术特别贡献奖的个人，给予每人30万元的配套奖励；对获得自治区中青年科学技术创新奖的个人，给予每人10万元的配套奖励。

四、围绕产业技术需求推进产业创新发展

（十二）支持工业转型升级。对获得国家、自治区智能制造试点示范、智能制造综合标准化与新模式应用、制造业单项冠军认定的项目，一次性给予100万元奖励支持。对获得国家、自治区装备制造业"首台套"重大技术装备产业化、"两化"深度融合、"互联网+工业"、工业知名品牌培育示范认定的项目或企业，一次性给予30万元奖励支持。

（十三）支持农业科技示范引领。推进农牧业主导产业关键实用技术的研究与示范。加大农牧业良种化和配套技术的示范应用力度，推动规模化、标准化和产业化发展。对获得认定的自治区级农牧业产业化重点龙头企业，一次性给予100万元奖励支持。

（十四）支持文化创意产业创新发展。推动创新创意融合发展，坚持自主创新，鼓励民族文化传承，支持动漫企业发展。对获认定的国家动漫企业，一次性给予20万元奖励支持，对获认定的重点国家动漫企业，一次性给予50万元奖励支持。

（十五）支持符合我市产业发展和战略新兴产业发展方向、能够破解产业关键技术瓶颈和解决民生迫切需求的企业和项目落户。在项目实施后，预计能够形成产业规模或产生显著带动示范作用、取得明显经济社会效益的企业和项目，通过呼和浩特市创新投资引导基金予以优先支持。

五、全面提升协同创新能力

（十六）加强合作基地建设。对获认定的国家、自治区国际科技合作基地，一次性分别给予100万元、50万元奖励支持。

（十七）支持组建产业技术创新战略联盟或产学研联合体。对获各级科技部门认定的，以企业或者行业协会为主体，联合高等院校和科研院所等组建的产业技术创新战略联盟或产学研联合体，一次性给予50万元奖励支持。

（十八）鼓励企事业单位建设院士专家工作站。获认定的自治区院士专家工作站，对揭牌后运行良好并通过验收的，一次性给予50万元奖励支持。

六、支持自主知识产权的创造、运用、管理和保护

（十九）支持专利创造和应用。对发明专利、实用新型专利给予定额资助，对国外授权专利以及获中国专利奖的专利给予奖励。具体资助及奖励办法参照《呼和浩特市专利费用资助及奖励办法》执行。

（二十）支持高效益知识产权运用。对获认定的国家知识产权强县工程试点、示范县，分别一次性给予50万元、100万元奖励支持；对获认定的国家知识产权试点、示范园区，分别一次性给予50万元、100万元奖励支持；对获认定的国家知识产权优势、示范企业，分别一次性给予30万元、50万元奖励支持；对获认定的国家知识产权运用标杆企业，一次性给予20万元奖励支持；对获认定的市级知识产权优势企业，一次性给予20万元奖励支持；对获认定的市级知识产权工作试点单位，一次性给予10万元奖励支持；对通过《企业知识产权管理规范》国家标准认证的企业，一次性给予20万元奖励支持。

对获认定的自治区、国家中小学知识产权试点学校，分别一次性给予10万元、20万元奖励支持。

（二十一）支持以知识产权作为无形资产投资入股创办创新型企业。以知识产权出资入股的，其价值占注册资本的比例最高可达70%。

（二十二）支持专利权质押融资。对提供专利权中的财产权质押贷款的金融机构，经过国家知识产权局专利质押登记的，进行贴息资助，贴息比例不高于已发放贷款同期银行基准利率计算的利息总额的50%，每个企业每年贴息额度不超过30万元。

（二十三）鼓励参与各类标准制定。对由我市推荐立项，完成国际、国家、行业、地方标准制修订的企事业单位，作为第一起草单位的，分别一次性给予100万元、50万元、30万元、20万元的奖励支持；参与制修订的，分别一次性给予30万元、20万元、10万元、5万元的奖励支持。对同一年度、同一企事业单位制定的同一级别多个标准的，按最高不超过制定该级别的2个标准进行奖励。

七、支持科技成果转移转化

（二十四）简化成果转移转化审批。国有企事业单位对其拥有的科技成果，除涉及国家安全、国家利益和重大社会公共利益外，可以自主决定采取转让、许可、作价入股等方式进行转化。科技成果的使用、处置和收益分配不再由行政主管部门和财政部门审批或事前备案，仅单位公示后进行事后报备。科技成果转移转化所获得的收入不上缴国库，全部留归单位，纳入单位预算，实行统一管理。

（二十五）对科技成果转化活动实施配套补贴。工商注册和纳税所在地均在我市的企事业单位承接技术转化，完成合同登记，并在科技成果网上交易平台进行交易的，按照自治区补贴额的10%给予一次性配套补贴。

八、鼓励科研人员创新创业

（二十六）创新科研人员评价激励机制。构建多元化人才考评体系，把知识产权、成果转化和服务成效作为人才评价的重要指标，将评价结果作为事业单位绩效考核的重要依据。科研人员的企业兼职报酬、承担企业科研项目所获收入、科技成果转化奖励均不纳入绩效工资总额。

（二十七）提高对科研人员的奖励比例。职务科技成果转化收益，可用来奖励该成果研发及转化工作中做出重要贡献的人员。科技成果完成单位有明确收益分配制度或合同约定的，按其制度或合同约定给予奖励和报酬；没有制度和合同的，按成果转让或许可取得的净收入、技术入股形成的股权不低于80%的比例，或自主实施转化成功投产后5年内每年营业利润不低于5%的比例给予奖励和报酬。

（二十八）落实对科研人员的税收政策。科研人员以技术成果投资入股到我市企业，且该持股人属于国家"千人计划"、中科院"百人计划"、科技部"中青年科技创新领军人才"、国家有突出贡献的中青年专家、享受国务院特殊津贴专家、国家杰出青年基金获得者、自治区"草原英才"、享受自治区政府特殊津贴专家等自治区级以上科技领军人才，转让其以科技成果作价取得的股权的，对转让环节缴纳的个人所得税一次性给予50%的补贴，最多不超过参股企业当年纳税额。

九、加强组织领导和资金保障

（二十九）组织保障。成立由市长为组长、分管市长为副组长、各相关委办局为成员的推动科技创新工作领导小组，领导小组办公室设在市科技局。各成员单位要各司其职，各负其责，加强协调，密切配合，于每年6月30日之前，根据工作职责，将上一年度符合本《实施意见》的政策兑现情况详细列表，提请领导小组审核后，由市财政兑现。

（三十）经费保障。加大科技创新的财政支持力度，确保财政性科技投入实现法定增长。设立市级科技创新奖励专项资金，对本《实施意见》所需经费予以保障。

十、附则

（三十一）本《实施意见》不溯及既往。《实施意见》中提及的奖励和支持对象，是指《实施意见》颁布实施后新获认定或新达到规定条件的各级各类主体。

（三十二）本《实施意见》不重复奖励。对同一主体获认定的同一级别的创新平台载体称号，按从高不重复的原则进行奖励。

（三十三）当年发生安全生产、食品安全、环境污染等重大责任事故、群体性事件、列入诚信"黑名单"的企业，不享受《实施意见》的优惠政策。

（三十四）企业创新创业依法享受国家、自治区、市级有关税收和土地的优惠政策。

（三十五）本《实施意见》由市科学技术局负责解释。

（三十六）《呼和浩特市人民政府关于印发推进自主创新建设创新型城市若干意见的通知》（呼政发〔2011〕53 号）同时废止。

（三十七）本细则自公布之日起 30 日后施行，有效期 2 年，规范性文件统一编号为：ZG－2018－7 号。

呼和浩特市人民政府

2018 年 3 月 29 日

索　引

E

F

S

G

H

J

K

L

M

N

P

Q

T

W

X

Y

Z

修 志 始 末

盛世修志,地方志是一座巨大的文化宝库,是各级政府和全社会熟悉地情、了解地方历史发展、探索历史规律、提炼历史智慧、传承民族文化和现代文明的重要载体。《呼和浩特市科学技术志》(以下简称《科技志》)是呼和浩特市文化建设的重要组成部分,它记述了呼和浩特地区科学技术发展历程。

2013 年 10 月,在新上任的呼和浩特市科技局局长张振民的大力支持下,《科技志》编纂工作启动。一个部门启动编纂一本反映本系统 60 年工作历史的志书,这在呼和浩特市委办局中并不多见。

编纂工作伊始,呼和浩特市科技局内部就成立编纂委员会,局长张振民任编纂委员会主任,副局长刘晔和时任副局长的聂向东、王新厚任编纂委员会副主任,各科室、事业单位负责人任编纂委员会委员。编纂委员会办公室设在了当时的呼和浩特市科技情报研究所。委员会先后多次召开编纂会议,对《科技志》资料收集、整理、编纂工作进行安排部署。

就在对《科技志》进行篇目设置之初,得到了呼和浩特市地方志办公室主任王珺的悉心指导,时任地方志科科长谢勇(现任呼和浩特市地方志办公室副主任)还对《科技志》资料收集编写人员进行了业务培训。

呼和浩特市科技局各科室、事业单位,各旗县区科技部门都提供了大量的基础资料,为科技志的编纂创造了良好的前期条件。

此外,我们还得到了自治区科技厅科技志编纂工作人员胡德尔、郑美荣,呼和浩特市档案馆副馆长胡文亮、科长周丽英,呼和浩特市科协副部长张慧峰等专家老师的大力支持,为我们提供了许多很有价值的资料。

2016 年因为机构调整,呼和浩特市科技情报研究所撤销,《科技志》的编纂工作转入新成立的呼和浩特市科学奖励服务中心(以下简称奖励中心)继续实施。虽然具体编纂工作人员有所变动,但我们的热情一直未减。呼和浩特市档案馆、内蒙古图书馆、呼和浩特市地方志办公室的资料库,甚至呼和浩特市的古旧书店都曾留下我们编辑人员的足迹,只为了搜寻到一点有价值的资料。

由于修志工作专业性非常强,在资料的搜集过程中,需要科技局各科室、事业单位和相关人员的协助外,还需要全市各单位紧密配合,加之本职工作任务繁重,编辑人员难以按照修志的要求进行篇目的调整、撰写长编、编辑加工和总纂，故于2017年6月下旬，市科技局决定聘请内蒙古史志鉴传媒协会副会长赵国春（博士）担任执行主编，尚金荣老师和赵剑平老师担任责任编辑，并委托呼和浩特市万星文化传媒有限责任公司进行编撰和编务工作，并组建成新的《科技志》编辑部，按照编辑部的要求负责对资料征集收缴和图片的提供。

由于时间紧迫，《科技志》的基础工作欠缺，只好一边编撰，一边按照编写需要搜资，搜资后进行补充和调整，给编修工作带来一些困难。值得一提的是，在整个编撰过程中局长张振民高度重视和支持，故而编辑部虽面临重重困难，但在全体编辑人员的努力下，完成了志稿的文字编写、编辑、总纂、校对；完成了图片的筛选、修补、编排；完成了版式设计、封面装帧设计等工作。

该志书是在最初约15万字的资料长篇的基础上，用了大约3个月的时间，编写了约80万字的征求意见稿。该书在总纂的过程中，经过反复的考虑对结构进行了调整，最终形成了八大部分，包括：序、凡例、概述、大事记、专志（六篇）、科技人物、附录和编纂始末。经过编辑加工和总纂成书60余万字。

寒暑几易，初衷未改。在大量收集基础资料、编纂初稿几经征求意见、增删修改后，终于有了今天的《科技志》。因资料不全，任务繁重，许多问题无法考评查实，加之我们水平有限，不妥疏漏之处，在所难免，甚至可能出现错误，但它在我们的手里孕育、诞生，我们还是对它存满了期待。诚恳希望科技工作者和读者们批评指正。

希望通过这本志书出版发行能够让您了解到呼和浩特市这60年来科技工作的概貌，以便更好地汲取历史经验，开阔视野，发挥科技在促进经济社会发展中的作用。

《呼和浩特市科学技术志》编辑部

2019年6月8日